Win-Q

수질환경

기사·산업기사 필기

합격에 윙크
Win-Q
하다^

수질환경기사·산업기사 필기

Always with you

사람이 길에서 우연하게 만나거나 함께 살아가는 것만이 인연은 아니라고 생각합니다.
책을 펴내는 출판사와 그 책을 읽는 독자의 만남도 소중한 인연입니다.
SD에듀는 항상 독자의 마음을 헤아리기 위해 노력하고 있습니다.
늘 독자와 함께하겠습니다.

머리말

수질환경 분야의 전문가를 향한 첫 발걸음!

'시간을 덜 들이면서도 시험을 좀 더 효율적으로 대비하는 방법은 없을까?'

'짧은 시간 안에 시험을 준비할 수 있는 방법은 없을까?'

자격증 시험을 앞둔 수험생들이라면 누구나 한 번쯤 들었을 법한 생각이다. 실제로도 많은 자격증 관련 카페에서도 빈번하게 올라오는 질문이기도 하다. 이런 질문들에 대해 대체적으로 기출문제 분석 → 출제경향 파악 → 핵심이론 요약 → 관련 문제 반복 숙지의 과정을 거쳐 시험을 대비하라는 답변이 꾸준히 올라오고 있다.

윙크(Win-Q) 시리즈는 위와 같은 질문과 답변을 바탕으로 기획된 도서이다.

윙크 시리즈는 PART 01 핵심이론 + 핵심예제, PART 02 과년도 + 최근 기출복원문제로 구성되었다. PART 01은 과거에 치러 왔던 기출문제의 Keyword를 철저하게 분석하고, 반복 출제되는 문제를 추려낸 뒤 그에 따른 핵심예제를 수록하여 빈번하게 출제되는 문제는 반드시 맞힐 수 있게 하였고, PART 02에서는 과년도 + 최근 기출복원문제를 수록하여 PART 01에서 놓칠 수 있는 최근에 출제되고 있는 새로운 유형의 문제에 대비할 수 있게 하였다.

어찌 보면 본 도서는 이론에 대해 좀 더 심층적으로 알고자 하는 수험생들에게는 조금 불편한 책이 될 수도 있을 것이다. 그러나 전공자라면 대부분 관련 도서를 구비하고 있을 것이고 그러한 도서를 참고하여 공부를 해 나간다면 좀 더 경제적으로 시험을 대비할 수 있을 것이라 생각한다.

자격증 시험의 목적은 높은 점수를 받아 합격하는 것보다는 합격 그 자체에 있다고 할 것이다. 다시 말해 평균 60점만 넘으면 어떤 시험이든 합격이 가능하다. 효과적인 자격증 대비서로서 기존의 부담스러웠던 수험서에서 과감하게 군살을 제거하여 꼭 필요한 공부만 할 수 있도록 한 윙크 시리즈가 수험준비생들에게 "합격비법 노트"로서 함께하는 수험서로 자리 잡길 바란다.

수험생 여러분들의 건승을 기원한다.

편저자 문진영

시험안내

수질환경기사

개 요

수질오염이란 물의 상태가 사람이 이용하고자 하는 상태에서 벗어난 경우를 말하는데 그런 현상 중에는 물에 인, 질소와 같은 비료성분이나 유기물, 중금속과 같은 물질이 많아진 경우, 수온이 높아진 경우 등이 있다. 이러한 수질오염은 심각한 문제를 일으키고 있어 이에 따른 자연환경 및 생활환경을 관리 보전하여 쾌적한 환경에서 생활할 수 있도록 수질오염에 관한 전문적인 양성이 시급해짐에 따라 자격제도를 제정하였다.

진로 및 전망

❶ 정부의 환경 관련 공무원, 한국환경공단, 한국수자원공사 등 유관기관, 화공, 제약, 도금, 염색, 식품, 건설 등 오 · 폐수 배출업체, 전문폐수처리업체 등으로 진출할 수 있다.

❷ 우리나라의 환경 투자비용은 매년 증가하고 있으며 이 중 수질개선 부분, 즉 수질관리와 상하수도 보전에 쓰인 돈은 전체 환경 투자비용의 50%를 넘는 등 환경예산의 증가로 인하여 수질관리 및 처리에 있어 인력수요가 증가할 것이다.

시험일정

구 분	필기원서접수(인터넷)	필기시험	필기합격(예정)자발표	실기원서접수	실기시험	최종 합격자 발표일
제1회	1.23~1.26	2.15~3.7	3.13	3.26~3.29	4.27~5.17	6.18
제2회	4.16~4.19	5.9~5.28	6.5	6.25~6.28	7.28~8.14	9.10
제3회	6.18~6.21	7.5~7.27	8.7	9.10~9.13	10.19~11.8	12.11

※ 상기 시험일정은 시행처의 사정에 따라 변경될 수 있으니, www.q-net.or.kr에서 확인하시기 바랍니다.

시험요강

❶ 시행처 : 한국산업인력공단

❷ 관련 학과 : 대학이나 전문대학의 환경공학, 환경시스템공학, 환경공업화학 관련 학과

❸ 시험과목
  ㉠ 필기 : 1. 수질오염개론 2. 상하수도계획 3. 수질오염방지기술 4. 수질오염공정시험기준 5. 수질환경관계법규
  ㉡ 실기 : 수질오염방지 실무

❹ 검정방법
  ㉠ 필기 : 객관식 4지 택일형, 과목당 20문항(과목당 30분)
  ㉡ 실기 : 필답형(3시간)

❺ 합격기준
  ㉠ 필기 : 100점을 만점으로 하여 과목당 40점 이상, 전 과목 평균 60점 이상
  ㉡ 실기 : 100점을 만점으로 하여 60점 이상

수질환경산업기사

개 요

수질오염이란 물의 상태가 사람이 이용하고자 하는 상태에서 벗어난 경우를 말하는데 그런 현상 중에는 물에 인, 질소와 같은 비료성분이나 유기물, 중금속과 같은 물질이 많아진 경우, 수온이 높아진 경우 등이 있다. 이러한 수질오염은 심각한 문제를 일으키고 있어 이에 따른 자연환경 및 생활환경을 관리 보전하여 쾌적한 환경에서 생활할 수 있도록 수질오염에 관한 전문적인 양성이 시급해짐에 따라 자격제도를 제정하였다.

진로 및 전망

❶ 정부의 환경 관련 공무원, 한국환경공단, 한국수자원공사 등 유관기관, 화공, 제약, 도금, 염색, 식품, 건설 등 오 · 폐수 배출업체, 전문폐수처리업체 등으로 진출할 수 있다.

❷ 우리나라의 환경 투자비용은 매년 증가하고 있으며 이 중 수질개선 부분, 즉 수질관리와 상하수도 보전에 쓰인 돈은 전체 환경 투자비용의 50%를 넘는 등 환경예산의 증가로 인하여 수질관리 및 처리에 있어 인력수요가 증가할 것이다.

시험일정

구 분	필기원서접수 (인터넷)	필기시험	필기합격 (예정)자발표	실기원서접수	실기시험	최종 합격자 발표일
제1회	1.23~1.26	2.15~3.7	3.13	3.26~3.29	4.27~5.17	6.18
제2회	4.16~4.19	5.9~5.28	6.5	6.25~6.28	7.28~8.14	9.10
제3회	6.18~6.21	7.5~7.27	8.7	9.10~9.13	10.19~11.8	12.11

※ 상기 시험일정은 시행처의 사정에 따라 변경될 수 있으니, www.q-net.or.kr에서 확인하시기 바랍니다.

시험요강

❶ 시행처 : 한국산업인력공단

❷ 관련 학과 : 대학이나 전문대학의 환경공학, 환경시스템공학, 환경공업화학 관련 학과

❸ 시험과목

㉠ 필기 : 1. 수질오염개론 2. 수질오염방지기술 3. 수질오염공정시험기준 4. 수질환경관계법규

㉡ 실기 : 수질오염방지 실무

❹ 검정방법

㉠ 필기 : 객관식 4지 택일형, 과목당 20문항(과목당 30분)

㉡ 실기 : 필답형(2시간 30분)

❺ 합격기준

㉠ 필기 : 100점을 만점으로 하여 과목당 40점 이상, 전 과목 평균 60점 이상

㉡ 실기 : 100점을 만점으로 하여 60점 이상

시험안내

검정현황[수질환경기사]

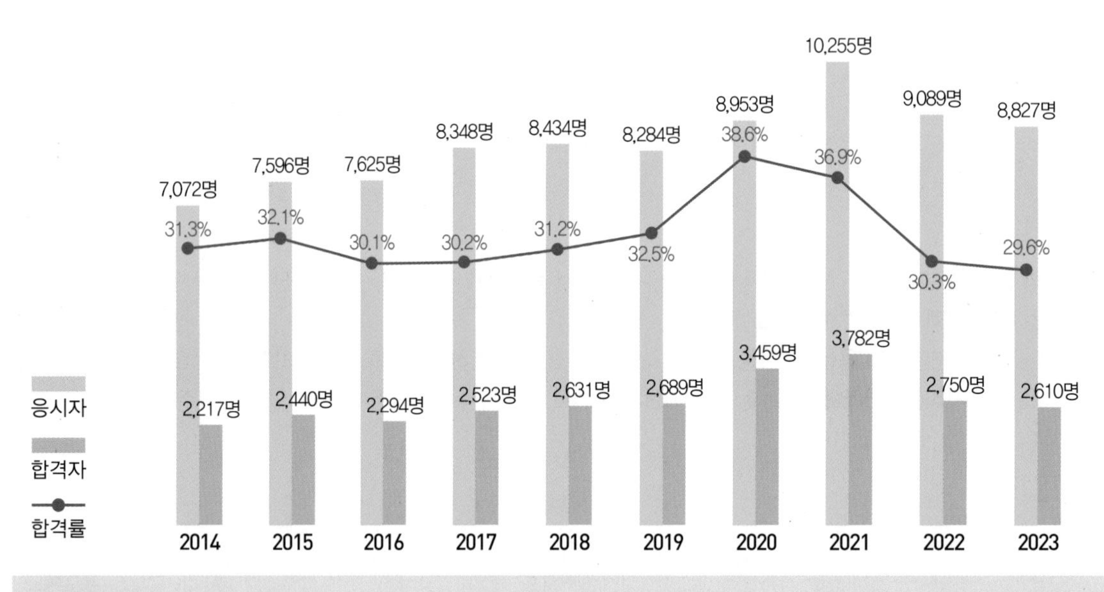

필기시험

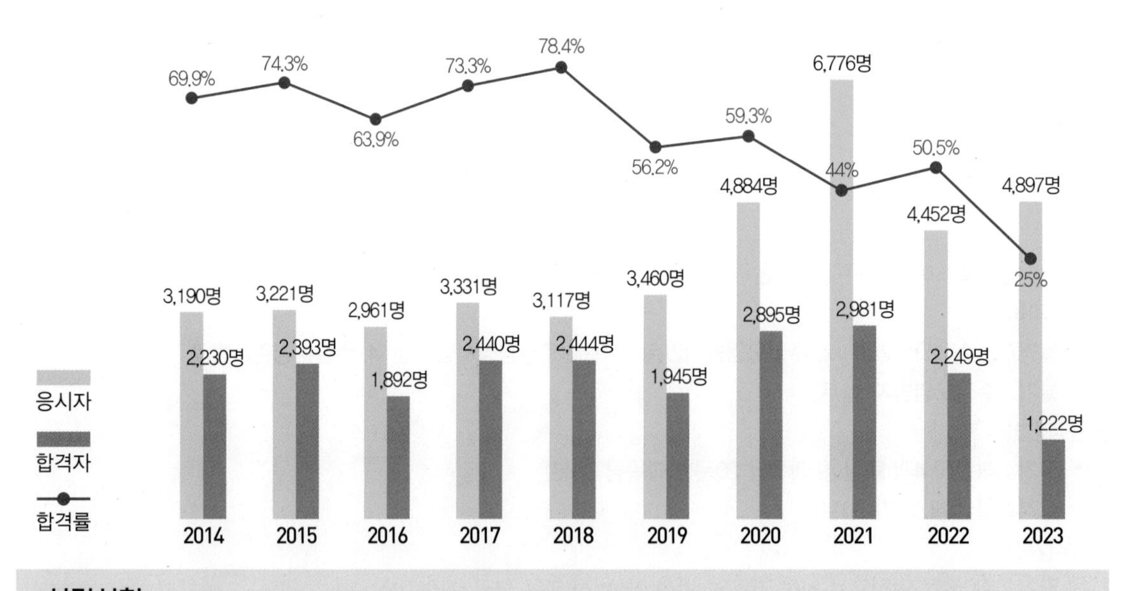

실기시험

검정현황[수질환경산업기사]

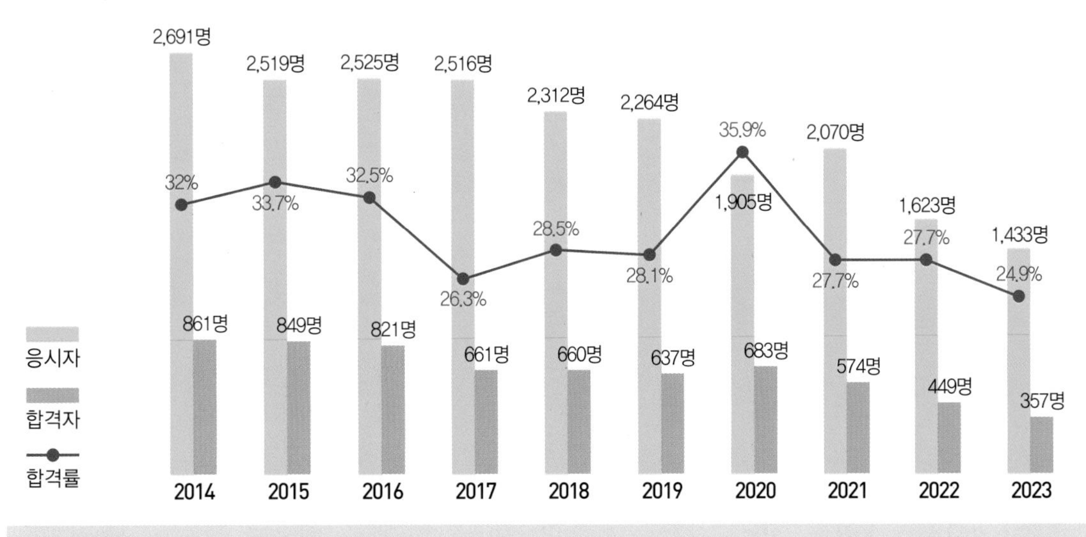

필기시험

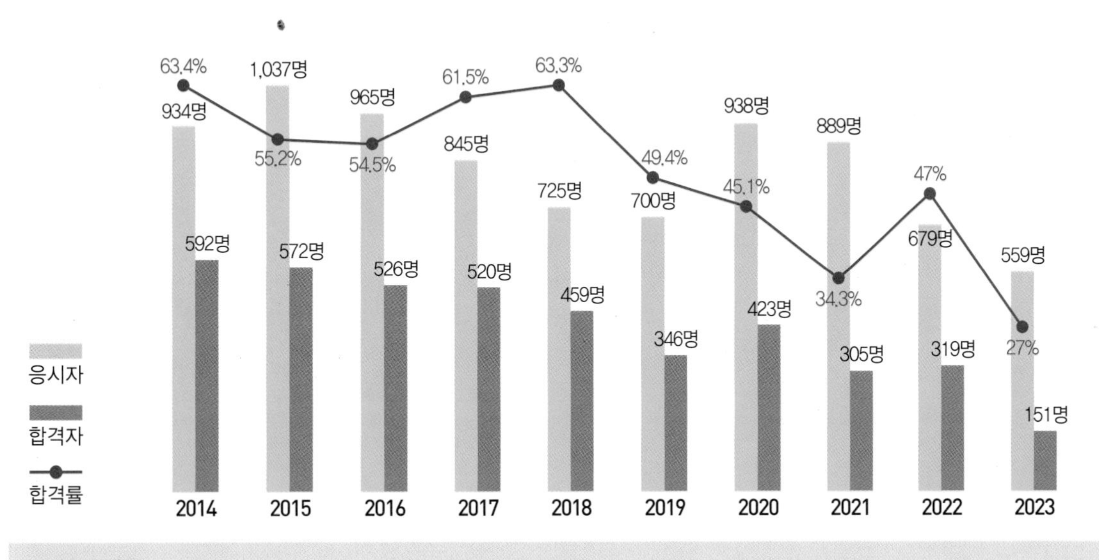

실기시험

시험안내

출제기준[기사]

필기과목명	주요항목	세부항목	
수질오염개론	물의 특성 및 오염원	• 물의 특성 • 수질오염 및 오염물질 배출원	
	수자원의 특성	• 물의 부존량과 순환 • 수자원의 용도 및 특성 • 중수도의 용도 및 특성	
	수질화학	• 화학양론 • 화학반응 • 반응속도	• 화학평형 • 계면화학현상 • 수질오염의 지표
	수중 생물학	• 수중 미생물의 종류 및 기능 • 수중의 물질순환 및 광합성 • 유기물의 생물학적 변화 • 독성시험과 생물농축	
	수자원관리	• 하천의 수질관리 • 연안의 수질관리 • 수질모델링	• 호 · 저수지의 수질관리 • 지하수관리 • 환경영향평가
	분뇨 및 축산폐수에 관한 사항	• 분뇨 및 축산폐수의 특징 • 분뇨, 축산폐수 수집 및 운반처리	
상하수도계획	상하수도 기본계획	• 기본계획의 수립	
	집수와 취수설비	• 수원 및 집수 · 저수시설	
	상수도시설	• 도수 및 송수시설 • 배수 및 급수시설 • 정수시설 • 기타 상수관리시설 및 설비	
	하수도시설	• 관거시설 • 기타 하수관리시설 및 설비	• 하수처리시설
	펌프 및 펌프장	• 펌 프	• 펌프장
수질오염 방지기술	하수 및 폐수의 성상	• 하수의 발생원 및 특성 • 비점오염원의 발생 및 특성	• 폐수의 발생원 및 특성
	하폐수 및 정수처리	• 물리학적 처리 • 생물학적 처리 • 슬러지처리 및 기타처리	• 화학적 처리 • 고도처리
	하폐수 · 정수처리시설의 설계	• 하폐수 · 정수처리의 설계 및 관리 • 시공 및 설계내역서 작성	
	분뇨 및 축산폐수 방지시설의 설계	• 분뇨처리시설의 설계 및 시공 • 축산폐수처리시설의 설계 및 시공	

필기과목명	주요항목	세부항목
수질오염공정 시험기준	총 칙	• 일반사항
	일반시험방법	• 유량측정 • 시료채취 및 보존 • 시료의 전처리
	기기분석방법	• 자외선/가시선 분광법 • 원자흡수분광광도법 • 유도결합플라스마 원자발광분광법 • 기체크로마토그래피법 • 이온크로마토그래피법 • 이온전극법 등
	항목별 시험방법	• 일반항목 • 금속류 • 유기물류 • 기 타
	하폐수 및 정수처리 공정에 관한 시험	• 침강성, SVI, JAR TEST 시험 등
	분석 관련 용액제조	• 시약 및 용액 • 완충액 • 배 지 • 표준액 • 규정액
수질환경 관계법규	물환경보전법	• 총 칙 • 공공수역의 물환경 보전 • 점오염원의 관리 • 비점오염원의 관리 • 기타수질오염원의 관리 • 폐수처리업 • 보칙 및 벌칙
	물환경보전법 시행령	• 시행령(별표 포함)
	물환경보전법 시행규칙	• 시행규칙(별표 포함)
	물환경보전법 관련법	• 환경정책기본법, 하수도법, 가축분뇨의 관리 및 이용에 관한 법률 등 수질환경과 관련된 기타 법규 내용

시험안내

출제기준[산업기사]

필기과목명	주요항목	세부항목
수질오염개론	물의 특성 및 오염원	• 물의 특성 • 수질오염 및 오염물질 배출원
	수자원의 특성	• 물의 부존량과 순환 • 수자원의 용도 및 특성 • 중수도의 용도 및 특성
	수질화학	• 화학양론 • 화학평형 • 화학반응 • 계면화학현상 • 반응속도 • 수질오염의 지표
	수중 생물학	• 수중 미생물의 종류 및 기능 • 수중의 물질순환 및 광합성 • 유기물의 생물학적 변화 • 독성시험과 생물농축
	수자원관리	• 하천의 수질관리 • 호 · 저수지의 수질관리 • 연안의 수질관리 • 지하수관리 • 수질모델링 • 환경영향평가
	분뇨 및 축산폐수에 관한 사항	• 분뇨 및 축산폐수의 특징 • 분뇨, 축산폐수 수집 및 운반처리
수질오염 방지기술	하수 및 폐수의 성상	• 하수의 발생원 및 특성 • 폐수의 발생원 및 특성 • 비점오염원의 발생 및 특성
	하폐수 및 정수처리	• 물리학적 처리 • 화학적 처리 • 생물학적 처리 • 고도처리 • 슬러지처리 및 기타처리
	하폐수 · 정수처리시설의 설계	• 하폐수 · 정수처리의 설계 및 관리 • 시공 및 설계내역서 작성
	오수, 분뇨 및 축산폐수 방지시설의 설계	• 분뇨처리시설의 설계 및 시공 • 축산폐수처리시설의 설계 및 시공

필기과목명	주요항목	세부항목
수질오염공정 시험기준	총 칙	• 일반사항
	일반시험방법	• 유량측정 • 시료채취 및 보존 • 시료의 전처리
	기기분석방법	• 자외선/가시선 분광법 • 원자흡수분광광도법 • 유도결합플라스마 원자발광분광법 • 기체크로마토그래피법 • 이온크로마토그래피법 • 이온전극법 등
	항목별 시험방법	• 일반항목 • 금속류 • 유기물류 • 기 타
	하폐수 및 정수처리 공정에 관한 시험	• 침강성, SVI, JAR TEST 시험 등
	분석 관련 용액제조	• 시약 및 용액 • 완충액 • 배 지 • 표준액 • 규정액
수질환경 관계법규	물환경보전법	• 총 칙 • 공공수역의 물환경 보전 • 점오염원의 관리 • 비점오염원의 관리 • 기타수질오염원의 관리 • 폐수처리업 • 보칙 및 벌칙
	물환경보전법 시행령	• 시행령(별표 포함)
	물환경보전법 시행규칙	• 시행규칙(별표 포함)
	물환경보전법 관련법	• 환경정책기본법, 가축분뇨의 관리 및 이용에 관한 법률 등 수질환경과 관련된 기타 법규내용

CBT 응시 요령

전면 CBT 시행에 따른

CBT 완전 정복!

"CBT 가상 체험 서비스 제공"

한국산업인력공단
(http://www.q-net.or.kr) 참고

시험장 감독위원이 컴퓨터에 나온 수험자 정보와 신분증이 일치하는지를 확인하는 단계입니다. 수험번호, 성명, 생년월일, 응시종목, 좌석번호를 확인합니다.

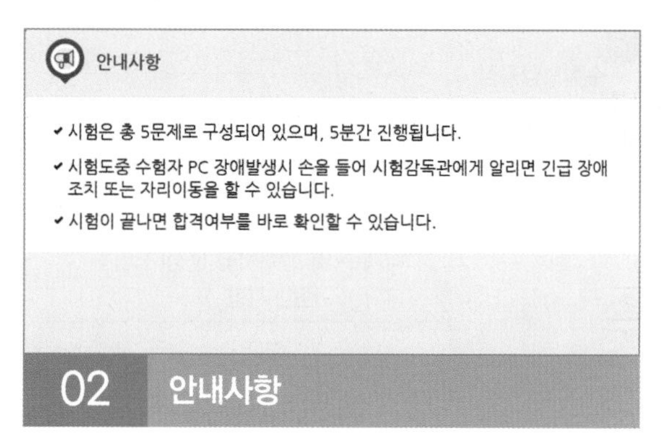

시험에 관한 안내사항을 확인합니다.

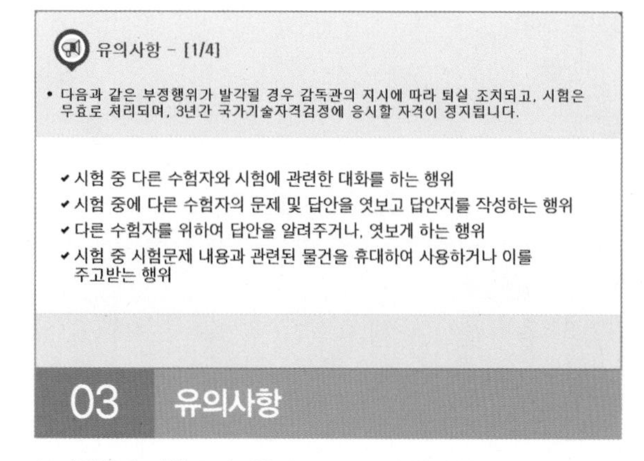

부정행위에 관한 유의사항이므로 꼼꼼히 확인합니다.

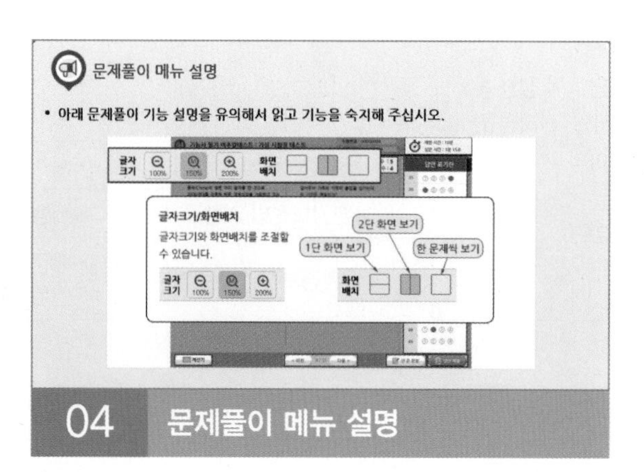

문제풀이 메뉴의 기능에 관한 설명을 유의해서 읽고 기능을 숙지해 주세요.

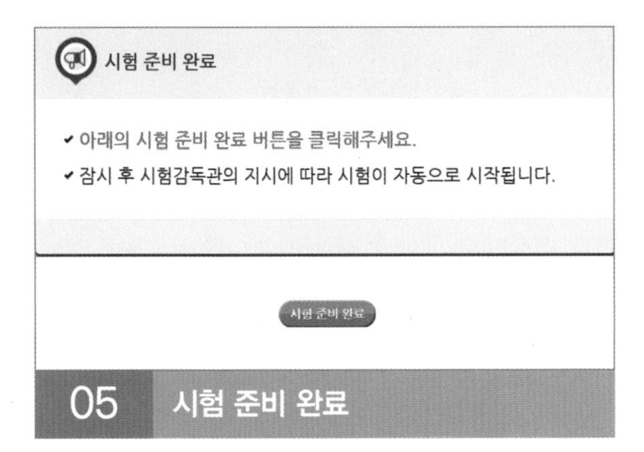

05 시험 준비 완료

시험 안내사항 및 문제풀이 연습까지 모두 마친 수험자는 시험 준비 완료 버튼을 클릭한 후 잠시 대기합니다.

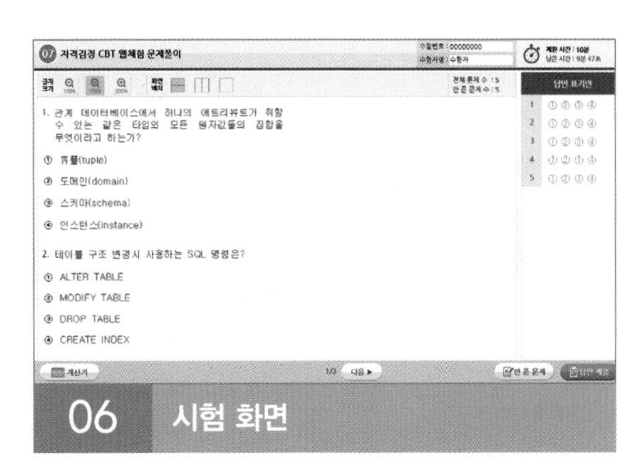

06 시험 화면

시험 화면이 뜨면 수험번호와 수험자명을 확인하고, 글자크기 및 화면배치를 조절한 후 시험을 시작합니다.

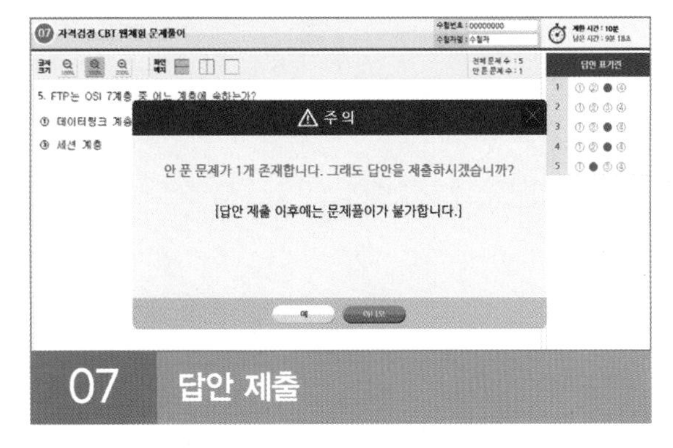

07 답안 제출

[답안 제출] 버튼을 클릭하면 답안 제출 승인 알림창이 나옵니다. 시험을 마치려면 [예] 버튼을 클릭하고 시험을 계속 진행하려면 [아니오] 버튼을 클릭하면 됩니다. 답안 제출은 실수 방지를 위해 두 번의 확인 과정을 거칩니다. [예] 버튼을 누르면 답안 제출이 완료되며 득점 및 합격여부 등을 확인할 수 있습니다.

CBT 완전 정복 Tip

내 시험에만 집중할 것
CBT 시험은 같은 고사장이라도 각기 다른 시험이 진행되고 있으니 자신의 시험에만 집중하면 됩니다.

이상이 있을 경우 조용히 손을 들 것
컴퓨터로 진행되는 시험이기 때문에 프로그램상의 문제가 있을 수 있습니다. 이때 조용히 손을 들어 감독관에게 문제점을 알리며, 큰 소리를 내는 등 다른 사람에게 피해를 주는 일이 없도록 합니다.

연습 용지를 요청할 것
응시자의 요청에 한해 연습 용지를 제공하고 있습니다. 필요시 연습 용지를 요청하며 미리 시험에 관련된 내용을 적어놓지 않도록 합니다. 연습 용지는 시험이 종료되면 회수되므로 들고 나가지 않도록 유의합니다.

답안 제출은 신중하게 할 것
답안은 제한 시간 내에 언제든 제출할 수 있지만 한 번 제출하게 되면 더 이상의 문제풀이가 불가합니다. 안 푼 문제가 있는지 또는 맞게 표기하였는지 다시 한 번 확인합니다.

이 책의 구성과 특징

CHAPTER 01

PART 01 핵심이론 + 핵심예제

수질오염개론

제1절 | 물의 특성 및 오염원

핵심이론 01 물의 특성

① 물은 수소원자 2개와 산소원자 1개로 구성되어 있으며, 분자량은 18이다.
② 물분자를 구성하고 있는 산소와 수소원자는 평행(180°)을 이루고 있지 않고, 104.5°의 각을 갖고 있다.
③ 평행이 아닌 분자구성으로 수소원자는 양의 전하, 산소원자는 음의 전하를 띠게 되어 물분자는 강한 양극성(Dipolar)을 갖게 된다. 물의 극성은 반대 전하 간 인력을 일으켜 물분자 간에 약한 결합을 만든다(수소결합, Hydrogen Bonds).
④ 수소결합에 의해 물은 분자량(M.W = 18)에 비해 아주 낮은 녹는점(0℃)과 높은 끓는점(100℃)을 갖는다.
※ 일반적으로 분자량이 클수록 끓는점이 높은 경향을 보이는데, 물과 분자량이 비슷한 메탄(CH_4, M.W = 16)의 경우 끓는점(−164℃)과 비교하면 물의 끓는점이 매우 높은 것을 알 수 있다.
⑤ 물의 밀도는 4℃에서 가장 크고, 온도가 증가할수록 물의 밀도는 감소한다.
⑥ 물의 극성(Polarity)은 물이 갖고 있는 높은 용해성(Solubility)과도 큰 연관이 있다(물의 높은 용해성으로 Universal Solvent라고 불린다).

핵심예제

1-1. 물의 물리, 화학적 특성에 관한 설명으로 가장 거리가 먼 것은? [2011년 1회 산업기사]

① 물은 고체 상태인 경우 수소결합에 의해 육각형 결정구조를 가진다.
② 물(액체)분자는 H^+와 OH^-의 극성을 형성하므로 다양한 용질에 유용한 용매이다.
③ 물은 광합성의 수소 공여체이며 호흡의 최종산물로서 생체의 중요한 대사물이 된다.
④ 물은 융해열이 크지 않기 때문에 생명체의 결빙을 방지할 수 있다.

1-2. 물의 특성으로 옳지 않은 것은? [2012년 2회 산업기사]

① 물의 표면장력은 온도가 상승할수록 감소한다.
② 물은 4℃에서 밀도가 가장 크다.
③ 물의 여러 가지 특성은 물의 수소결합 때문에 나타난다.
④ 융해열과 기화열이 작아 생명체의 열적안정을 유지할 수 있다.

|해설|

1-1
물은 융해열이 크기 때문에 생명체의 결빙이 쉽게 일어나지 않는다.
※ 물 분자의 산소와 수소의 큰 전기음성도 차이로 발생하는 극성으로 인한 수소결합 때문에 물은 분자 간 결합이 강하여 융해열이 크다.

1-2
물은 융해열(79cal/g), 기화열(539cal/g)이 높다.

정답 1-1 ④ 1-2 ④

2 ■ PART 01 핵심이론 + 핵심예제

핵심이론 06 침사지

① 침사지의 설치
㉠ 원수와 동시에 유입된 모래를 침강, 제거하기 위한 시설을 말한다.
㉡ 침사지의 위치는 가능한 한 취수구에 근접하여 제내지에 설치한다.
㉢ 지는 장방형 등 유입되는 모래가 효과적으로 침전될 수 있는 형상으로 하고 유입부 및 유출부를 각각 점차 확대·축소시킨 형태로 한다.
㉣ 지수는 2지 이상으로 한다.

② 구 조
㉠ 원칙적으로 철근콘크리트구조로 하며 부력에 대해서도 안전한 구조로 한다.
㉡ 표면부하율은 200~500mm/min을 표준으로 한다.
㉢ 지내 평균유속은 2~7cm/s를 표준으로 한다.
㉣ 지의 길이는 폭의 3~8배를 표준으로 한다.
㉤ 지의 고수위는 계획취수량이 유입될 수 있도록 취수구의 계획최저수위 이하로 정한다.
㉥ 지의 상단높이는 고수위보다 0.6~1m 여유고를 둔다.
㉦ 지의 유효수심은 3~4m를 표준으로 하고, 퇴사심도를 0.5~1m로 한다.
㉧ 바닥은 모래배출을 위하여 중앙에 배수로(Pit)를 설치하고, 길이방향에는 배수구로 향하여 1/100, 가로방향은 중앙배수로를 향하여 1/50 정도의 경사를 둔다.
㉨ 한랭지에서 저온으로 지의 수면이 결빙되거나 강설로 수중에 눈얼음 등이 보이는 곳에서는 기능장애를 방지하기 위하여 지붕을 설치한다.

핵심예제

6-1. 정수시설인 침사지에 대한 설명 중 틀린 것은? [2009년 2회 기사]

① 표면부하율은 200~500mm/min을 표준으로 한다.
② 지내 평균유속은 2~7cm/s를 표준으로 한다.
③ 지의 길이는 폭의 5~10배를 표준으로 한다.
④ 지의 상단높이는 고수위보다 0.6~1m의 여유고를 둔다.

6-2. 취수시설에서 침사지에 관한 설명으로 옳지 않은 것은? [2010년 2회 기사]

① 지의 위치는 가능한 한 취수구에 근접하여 제내지에 설치한다.
② 지의 상단높이는 고수위보다 0.3~0.6m의 여유고를 둔다.
③ 지의 고수위는 계획취수량이 유입될 수 있도록 취수구의 계획최저수위 이하로 정한다.
④ 지의 길이는 폭의 3~8배, 지내 평균유속은 2~7cm/s를 표준으로 한다.

|해설|

6-1
지의 길이는 폭의 3~8배를 표준으로 한다.

6-2
지의 상단높이는 고수위보다 0.6~1m의 여유고를 둔다.

정답 6-1 ③ 6-2 ②

40 ■ PART 01 핵심이론 + 핵심예제

핵심이론

필수적으로 학습해야 하는 중요한 이론들을 각 과목별로 분류하여 수록하였습니다.
시험과 관계없는 두꺼운 기본서의 복잡한 이론은 이제 그만!
시험에 꼭 나오는 이론을 중심으로 효과적으로 공부하십시오.

핵심예제

출제기준을 중심으로 출제빈도가 높은 기출문제와 필수적으로 풀어보아야 할 문제를 핵심이론당 1~2문제씩 선정했습니다.
각 문제마다 핵심을 찌르는 명쾌한 해설이 수록되어 있습니다.

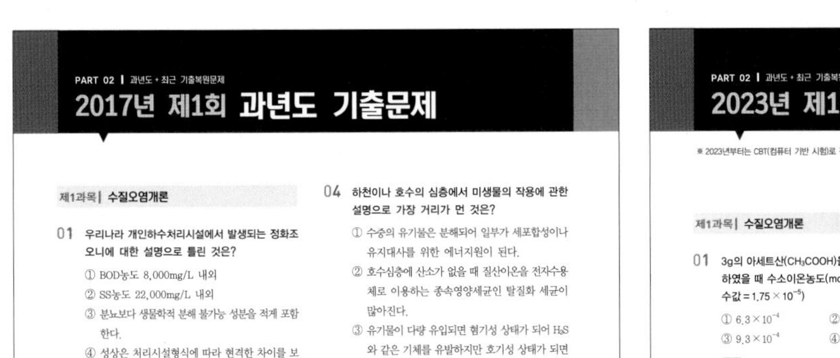
PART 02 | 과년도 + 최근 기출복원문제

2017년 제1회 과년도 기출문제

제1과목 | 수질오염개론

01 우리나라 개인하수처리시설에서 발생되는 정화조 오니에 대한 설명으로 틀린 것은?
① BOD농도 8,000mg/L 내외
② SS농도 22,000mg/L 내외
③ 분뇨보다 생물학적 분해 불가능 성분을 적게 포함한다.
④ 성상은 처리시설형식에 따라 현격한 차이를 보인다.

해설
정화조오니에는 분뇨보다 생물학적 분해 불가능한 성분이 많이

04 하천이나 호수의 심층에서 미생물의 작용에 관한 설명으로 가장 거리가 먼 것은?
① 수중의 유기물은 분해되어 일부가 세포합성이나 유지대사를 위한 에너지원이 된다.
② 호수심층에 산소가 없을 때 질산이온을 전자수용체로 이용하는 종속영양세균인 탈질화 세균이 많아진다.
③ 유기물이 다량 유입되면 혐기성 상태가 되어 H_2S와 같은 기체를 유발하지만 호기성 상태가 되면 암모니아성 질소가 증가한다.
④ 어느 정도 유기물이 분해된 하천의 경우 조류 발생이 증가할 수 있다.

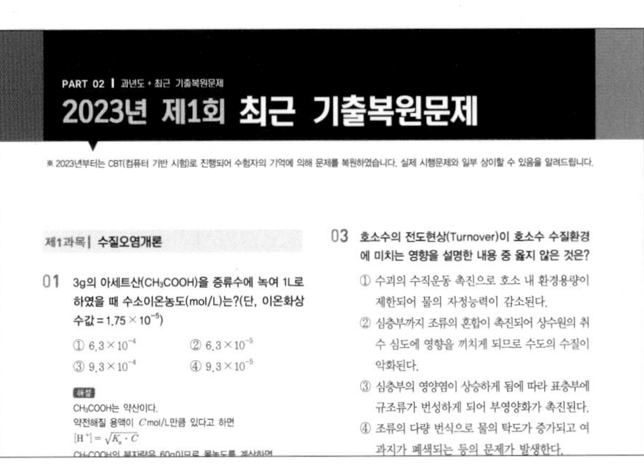
PART 02 | 과년도 + 최근 기출복원문제

2023년 제1회 최근 기출복원문제

※ 2023년부터는 CBT(컴퓨터 기반 시험)로 진행되어 수험자의 기억에 의해 문제를 복원하였습니다. 실제 시행문제와 일부 상이할 수 있음을 알려드립니다.

제1과목 | 수질오염개론

01 3g의 아세트산(CH_3COOH)을 증류수에 녹여 1L로 하였을 때 수소이온농도(mol/L)는?(단, 이온화상수값 = 1.75×10^{-5})
① 6.3×10^{-4}
② 6.3×10^{-5}
③ 9.3×10^{-4}
④ 9.3×10^{-5}

해설
CH_3COOH는 약산이다.
약전해질 용액이 Cmol/L만큼 있다고 하면
$[H^+] = \sqrt{K_a \cdot C}$

03 호소수의 전도현상(Turnover)이 호소수 수질환경에 미치는 영향을 설명한 내용 중 옳지 않은 것은?
① 수괴의 수직운동 촉진으로 호소 내 환경용량이 제한되어 물의 자정능력이 감소된다.
② 심층부까지 조류의 혼합이 촉진되어 상수원의 취수 심도에 영향을 끼치게 되므로 수도의 수질이 악화된다.
③ 심층부의 영양염이 상승하게 됨에 따라 표층부에 규조류가 번성하게 되어 부영양화가 촉진된다.
④ 조류의 다량 번식으로 물의 탁도가 증가되고 여과지가 폐색되는 등의 문제가 발생한다.

PART 02 | 과년도 + 최근 기출복원문제

2018년 제1회 과년도 기출문제

제1과목 | 수질오염개론

01 정체된 하천수역이나 호소에서 발생되는 부영양화 현장의 주원인물질은?
① 인
② 중금속
③ 용존산소
④ 유류성분

해설
질소와 인이 부영양화의 주원인물질에 해당한다.

03 지하수의 특성에 관한 설명으로 틀린 것은?
① 토양수 내 유기물질 분해에 따른 CO_2의 발생과 약산성의 빗물로 인한 광물질의 침전으로 경도가 낮다.
② 기온의 영향이 거의 없어 연중 수온의 변동이 적다.
③ 하천수에 비하여 흐름이 완만하여 한 번 오염된 후에는 회복되는데 오랜 시간이 걸리며, 자정작용이 느리다.
④ 토양의 여과작용으로 미생물이 적으며, 탁도가 낮다.

해설
빗물로 인하여 광물질이 용해되어 경도가 높다.

PART 02 | 과년도 + 최근 기출복원문제

2023년 제1회 최근 기출복원문제

제1과목 | 수질오염개론

01 물의 동점성계수를 가장 알맞게 나타낸 것은?
① 전단력 τ와 점성계수 μ를 곱한 값이다.
② 전단력 τ와 밀도 ρ를 곱한 값이다.
③ 점성계수 μ를 전단력 τ로 나눈 값이다.
④ 점성계수 μ를 밀도 ρ로 나눈 값이다.

해설
동점성계수는 점성계수(μ)를 밀도(ρ)로 나눈 값이다.

03 일반적으로 물속의 용존산소(DO) 농도가 증가하게 되는 경우는?
① 수온이 낮고 기압이 높을 때
② 수온이 낮고 기압이 낮을 때
③ 수온이 높고 기압이 높을 때
④ 수온이 높고 기압이 낮을 때

해설
용존산소량
• 수온이 낮을수록 용존산소량이 증가한다.
• 기압이 높을수록 용존산소량이 증가한다.
• 유속이 빠를수록 용존산소량이 증가한다.
• 염분이 낮을수록 용존산소량이 증가한다.

과년도 기출문제

지금까지 출제된 과년도 기출문제를 수록하였습니다. 각 문제에는 자세한 해설이 추가되어 핵심이론만으로는 아쉬운 내용을 보충 학습하고 출제경향의 변화를 확인할 수 있습니다.

최근 기출복원문제

최근에 출제된 기출문제를 복원하여 가장 최신의 출제경향을 파악하고 새롭게 출제된 문제의 유형을 익혀 처음 보는 문제들도 모두 맞힐 수 있도록 하였습니다.

이 책의 목차

빨 간 키

합격의 공식 SD에듀 www.sdedu.co.kr

당신의 시험에 빨간불이 들어왔다면!
최다빈출키워드만 쏙쏙! 모아놓은
합격비법 핵심 요약집 "빨간키"와 함께하세요!
당신을 합격의 문으로 안내합니다.

01 수질오염개론

▮ 물의 특성

수온이 감소하면 물의 점도와 표면장력은 증가한다.

▮ 분뇨의 특징

분과 뇨의 구성비는 약 1 : 8 ~ 1 : 10 정도이며, 분뇨 내 BOD와 SS는 COD의 1/3~1/2 정도이다.

▮ 산업폐수

수은 : 헌터-루셀 증후군, 카드뮴 : 이타이이타이병, PCB : 카네미유증, 구리 : 윌슨병, 망간 : 파킨슨병 유사증세

▮ 지구상 물의 분포

지구상 물은 해수 > 빙하(만년설 포함) > 지하수 > 지표수 > 대기 중의 수분 순으로 존재한다.

▮ 지하수의 특성

광물질이 용해되어 경도가 높으며, 여과기능에 의하여 SS 및 탁도가 낮다.

▮ 해수의 특성

- 해수의 Mg/Ca비는 3~4 정도로 담수(0.1~0.3)에 비해 크다.
- 해수의 주요성분 농도비는 항상 일정하고, 대표적인 구성원소는 $Cl^- > Na^+ > SO_4^{2-} > Mg^{2+} > Ca^{2+} > K^+ > HCO_3^-$(농도순)이다.

▮ SAR

- $SAR = \dfrac{Na^+}{\sqrt{\dfrac{Ca^{2+} + Mg^{2+}}{2}}}$
- 단위는 eq/L(또는 meq/L)을 사용한다.
- SAR(Sodium Adsorption Ratio) 값이 10 이하면 Na^+이 토양에 미치는 영향이 적다.

기체법칙

- Boyle의 법칙 : 일정한 온도에서 기체의 부피는 그 압력에 반비례한다.
- Henry의 법칙 : 용해도는 용매와 평형을 이루고 있는 그 기체의 부분압력에 비례한다.
- Graham의 법칙 : 기체의 확산속도(조그마한 구멍을 통한 기체의 탈출)는 기체 분자량의 제곱근에 반비례한다.
- Gay-Lussac의 기체반응 법칙 : 기체가 관련된 화학반응에서는 반응하는 기체와 생성되는 기체의 부피 사이에 정수관계가 있다.

용해도곱(K_{sp})

- $K_{sp} = [\text{A}]^m [\text{B}]^n$
- 용해도곱(K_{sp}) 값만 비교해서는 화합물들의 상대적 용해도를 예측할 수 없다.

산과 염기

염기는 전자쌍을 주는 화학종이며, 산은 전자쌍을 받는 화학종이다.

산-염기반응

산의 이온화 상수 $K_a = \dfrac{[\text{H}^+][\text{A}^-]}{[\text{HA}]}$

물의 자체 이온화

$K_w = [\text{H}^+][\text{OH}^-] = 10^{-14}$, $\text{pH} + \text{pOH} = 14$

중화반응

$N_a V_a = N_b V_b$

산화-환원반응

- 산화 : 산소 결합. 수소 잃음. 전자 잃음. 산화수 증가
- 환원 : 산소 잃음. 수소 결합. 전자 얻음. 산화수 감소

산화제, 환원제

- 산화제 : 상대방을 산화시키고 자신은 환원되는 물질(전자를 받는 물질)
- 환원제 : 상대방을 환원시키고 자신은 산화되는 물질(전자를 주는 물질)

1차 반응

$$C_t = C_0 \cdot \exp(-K \cdot t) \text{ 또는 } \ln\frac{C_t}{C_0} = -K \cdot t$$

반감기(Half Life)

$$t = \frac{0.693}{K}$$

반응조

1차 반응의 경우

- PFR : $C_t = C_0 \cdot \exp(-K \cdot t)$
- CFSTR : $C_t = \dfrac{C_0}{(1 + K \cdot t)}$

반응조의 혼합정도

- PFR : 분산 = 0, 분산수 = 0, $M_0 = 1$
- CFSTR : 분산 = 1, 분산수 = ∞, M_0 값이 클수록 이상적 CFSTR에 근접

수소이온농도 pH

$$\mathrm{pH} = \log\frac{1}{[\mathrm{H}^+]} = -\log[\mathrm{H}^+]$$

$$\mathrm{pH} = 14 - \mathrm{pOH} = 14 - \log\frac{1}{[\mathrm{OH}^-]}$$

경도(Hardness)

- 물의 세기 정도를 말하며, 2가 이상 양이온 금속의 함량을 탄산칼슘($CaCO_3$)의 농도로 환산한 값이다.
- 표토가 두껍고 석회암층이 존재하는 곳에서 경도가 높은 물이 생성된다.

경도의 계산

$$\text{경도}(\mathrm{mg/L\ as\ CaCO_3}) = \sum M_c^{\,2+} \times \frac{50}{E_q}$$

알칼리도

자연수 중에는 중탄산(HCO_3^-)알칼리도가 대부분을 차지한다.

경도와 알칼리도의 관계

- 총경도 > 알칼리도 → 알칼리도 = 탄산경도
- 총경도 < 알칼리도 → 총경도 = 탄산경도

COD와 BOD 관계

- $\mathrm{COD} = \mathrm{BDCOD} + \mathrm{NBDCOD}$
- $\mathrm{BDCOD} = \mathrm{BOD}_u = K \times \mathrm{BOD}_5$(도시하수의 경우 K는 대략 1.5)

트라이할로메탄

- 트라이할로메탄은 pH가 증가할수록 생성량이 증가하는 경향이 있다.
- 일반적으로 클로로폼이 가장 많이 차지한다.

소수성 콜로이드

현탁상태로 존재. 표면장력이 용매와 비슷함. 틴들효과 있다.

친수성 콜로이드

유탁상태(에멀션)로 존재. 표면장력이 용매보다 약함. 틴들효과 적다.

남조류

- 내부기관이 발달되어 있지 않고, 광합성을 하는 미생물이다.
- 엽록소가 엽록체 내부에 있지 않고 세포전체에 퍼져 있는 원핵생물이다(편모 없음).

규조류

- 봄과 가을에 급성장을 보여 호수의 성층현상과 관련있는 것으로 판단되는 조류이다.
- 보통 단세포이며 드물게 군락을 이루고 있는 경우가 있다.

원핵세포

미토콘드리아, 엽록체 등의 세포소기관을 갖고 있지 않다.

곰팡이(Fungi)

경험적 화학분자식 $C_{10}H_{17}O_6N$

녹색식물의 광합성

녹색식물의 광합성은 탄소가스와 물로부터 산소와 포도당(또는 포도당 유도산물)을 생성한다.

세균 광합성

세균활동에 의한 광합성은 수소원으로 물 이외의 화학물질(황화수소, 수소 등)을 사용하여 탄산가스를 환원시키기 때문에 산소가 발생되지 않는다.

비증식속도(Monod식)

$$\mu = \mu_{\max} \times \frac{S}{K_s + S}$$

하천의 자정단계

Wipple의 4지대 구분기준으로 '회복지대'에서는 혐기성 미생물이 호기성 미생물로 대체되며, Fungi도 조금씩 발생한다.

부수성

Kolkwitz와 Marson의 4지대 구분 기준으로 β-중부수성 수역에서는 유기물은 산화분해되어 무기화된다. 수질은 평지의 일반 하천에 상당하며 초록색으로 표시한다.

잔존 BOD

- BOD_t : t시간 이후 남아 있는 산소량(잔존 BOD)
- $BOD_t = BOD_u \cdot e^{-K \cdot t}$: 자연로그(ln) 베이스
- $BOD_t = BOD_u \cdot 10^{-K \cdot t}$: 상용로그(log) 베이스

▮ 소모 BOD

- BOD_t : t시간에서 소모 산소량(시간 t에서의 BOD)
- $BOD_t = BOD_u \cdot (1 - e^{-K \cdot t})$: 자연로그(ln) 베이스
- $BOD_t = BOD_u \cdot (1 - 10^{-K \cdot t})$: 상용로그(log) 베이스

▮ 자정작용

산소부족량 $D_t = \dfrac{K_1}{K_2 - K_1} \times L_0 (10^{-K_1 \cdot t} - 10^{-K_2 \cdot t}) + D_0 \times 10^{-K_2 \cdot t}$

▮ 자정계수

자정계수 $f = \dfrac{\text{재폭기계수}}{\text{탈산소계수}} = \dfrac{K_2}{K_1}$

▮ 부영양화 방지대책

조류가 번식할 경우 황산동($CuSO_4$)이나 활성탄을 살포한다.

▮ 부영양화 모델

Vollenweider 모델(인 부하모델), Sakamoto 모델(인-엽록소 모델), Dillan 모델, Larsen & Mercier 모델 등

▮ 부영양화도 지수

- TSI(Trophic State Index) 또는 Carlson 지수라고도 한다.
- 투명도(SD), 클로로필-a 농도(Chl-a), 총인(T-P)을 이용하는 지수가 있다.

▮ 성층현상

겨울과 여름에는 수직운동이 없어 정체현상이 생기며, 수심에 따라 온도와 용존산소 농도 차이가 크다.

적조현상

여름철 장마로 인한 염도가 감소되는 정체 해역에서 주로 발생된다.

Streeter-Phelps 모델

- 최초의 하천수질 모델로, 점오염원으로부터 오염부하량을 고려한다.
- 유기물 분해에 따른 DO 소비와 재폭기를 고려한다.

DO SAG 모델

- 1차원 정상상태 모델로, Streeter-Phelps 모델을 기본으로 한다.
- 점오염원이나 비점오염원이 하천의 DO에 미치는 영향을 알 수 있으나, 저질의 영향이나 광합성 작용에 의한 DO 반응은 무시한다.

QUAL-Ⅰ

- 유속, 수심, 조도계수에 의한 확산계수를 결정한다.
- 하천과 대기 사이의 열복사, 열교환을 고려한다.

WQRRS

- 하천 및 호수의 부영양화를 고려한 생태계 모델로, 정적 및 동적인 하천의 수질, 수문학적 특성이 광범위하게 고려된다.
- 호수에는 수심별 1차원 모델이 적용된다.

02 상하수도계획

상수도 급수계통

수원지에서 가정까지의 급수계통 : 취수 – 도수 – 정수 – 송수 – 배수 – 급수

계획(목표)연도

상수도 기본계획에서 대상이 되는 기간으로 계획수립 시부터 15~20년간을 표준으로 한다.

설계하중

얼음 두께에 비하여 결빙면이 작은 구조물의 설계에는 빙압이 고려되어야 한다.

저수시설의 계획기준년

계획취수량을 확보하기 위하여 필요한 저수용량의 결정에 사용하는 계획기준년은 원칙적으로 10개년에 제1위 정도의 갈수를 기준년으로 한다.

계획취수량

계획1일 최대급수량을 기준으로 하며, 기타 필요한 작업용수를 포함한 손실수량 등을 고려한다(계획1일 최대급수량의 10% 정도 증가된 수량).

취수보

- 하천취수로, 안정된 취수와 침사효과가 크다.
- 대량취수, 하천흐름이 불안정한 경우 적합하다.

취수탑

- 취수탑의 횡단면은 환상으로서 원형 또는 타원형으로 한다.
- 하천에 설치하는 경우에는 원칙적으로 타원형으로 하며, 장축방향을 흐름방향과 일치하도록 설치한다.
- 취수구의 전면에는 협잡물을 제거하기 위한 스크린을 설치해야 한다.

취수문

수위 및 하상 등이 안정된 지점에서 중소량의 취수에 알맞고 유지관리도 비교적 용이하다.

침사지

- 표면부하율 200~500mm/min, 지내 평균유속 2~7cm/s, 지의 길이는 폭의 3~8배, 지의 상단높이는 고수위보다 0.6~1m 여유고를 둔다.
- 지의 유효수심은 3~4m를 표준으로 하고, 퇴사심도를 0.5~1m로 한다.

양수량의 결정

적정양수량 : 한계양수량의 70% 이하의 양수량

도수시설

도수시설은 취수시설에서 취수된 원수를 정수시설까지 끌어들이는 시설로 도수관 또는 도수거(導水渠), 펌프설비 등으로 구성된다.

계획도수량과 계획송수량

- 도수시설의 계획도수량은 계획취수량을 기준으로 한다.
- 송수시설의 계획송수량은 계획1일 최대급수량을 기준으로 한다.

도수관 평균유속

자연유하식인 경우에는 허용최대한도를 3.0m/s로 하고, 도수관의 평균유속의 최소한도는 0.3m/s로 한다.

Manning 공식

$$V = \frac{1}{n} R^{2/3} I^{1/2}$$

여기서, R은 경심($R = A/S$, S는 윤변), I는 동수경사

덕타일 주철관

- 강도가 크고 내구성이 있다.
- 이음에 신축휨성이 있고 관이 지반의 변동에 유연하다.

강 관

- 용접이음에 의해 일체화가 가능하다.
- 라이닝(Lining)의 종류가 풍부하다.
- 내외의 방식면이 손상되면 부식되기 쉽다.

경질염화비닐관

- 내면조도가 변화하지 않는다.
- 특정 유기용제 및 열, 자외선에 약하다.

수도용 폴리에틸렌관

융착접속으로는 우천 시나 용천수지반에서의 시공이 곤란하다.

스테인리스 강관

- 라이닝이나 도장을 필요로 하지 않는다.
- 이종금속과의 절연처리를 필요로 한다.

응력과 관두께

$\sigma_t = \frac{PD}{2t}$, $t = \frac{PD}{2\sigma}$

배수지 유효용량

유효용량은 시간변동조정용량과 비상대처용량을 합하여 급수구역의 계획1일 최대급수량의 최소 12시간분 이상을 표준으로 하되, 지역특성과 상수도시설의 안정성 등을 고려하여 결정한다.

배수지의 위치와 높이

- 배수지는 가능한 한 급수지역의 중앙 가까이 설치한다.
- 자연유하식 배수지의 표고는 급수구역 내 관말지역의 최소동수압이 확보되는 높이여야 한다.

배수지의 유효수심

배수지의 유효수심은 3~6m 정도를 표준으로 한다.

배수관

- 배수관의 수압은 급수관을 분기하는 지점에서 배수관 내의 최소동수압은 150kPa(약 1.53kgf/cm^2) 이상을 확보한다.
- 최대정수압은 700kPa(약 7.1kgf/cm^2)을 초과하지 않는 것이 바람직하다.

착수정

- 도수시설에서 도수되는 원수의 수위동요를 안정시키고 원수량을 조절한다.
- 착수정의 용량은 체류시간을 1.5분 이상으로 하고, 수심은 3~5m 정도로 한다.

급속혼화시설

가압수확산, 인라인 고정식, 수류식, 기계식, 파이프 격자에 혼화 등이 있다.

플록형성지

- 플록형성시간은 계획정수량에 대하여 20~40분간을 표준으로 한다.
- 플록큐레이터의 주변속도 : 기계식 교반 15~80cm/s, 우류식 교반 15~30cm/s를 표준으로 한다.

고속응집침전지

- 원수탁도는 10NTU 이상이어야 한다.
- 최고 탁도는 1,000NTU 이하인 것이 바람직하다.

급속여과지

- 여과지 1지의 여과면적은 150m^2 이하로 한다.
- 여과속도는 120~150m/day를 표준으로 한다.

급속여과지의 모래층

- 모래층의 두께는 여과모래의 유효경이 0.45~0.7mm의 범위인 경우에는 60~70cm를 표준으로 한다.
- 모래의 균등계수(= d_{60}/d_{10})는 1.7 이하로 한다.

완속여과지

- 여과지 깊이는 하부집수장치의 높이에 자갈층과 모래층 두께, 모래면 위의 수심과 여유고를 더하여 2.5~3.5m를 표준으로 한다.
- 여과속도는 4~5m/day를 표준으로 한다.

완속여과지의 모래층

- 모래층의 두께는 70~90cm를 표준으로 한다.
- 유효경은 0.3~0.45mm, 균등계수 2.0 이하로 한다.
- 여과지의 모래면 위의 수심은 90~120cm를 표준으로 한다.

펌프설비

펌프형식에는 동작원리에 따라 터보형(원심펌프, 사류펌프, 축류펌프), 용적형, 특수형으로 분류할 수 있다.

펌프의 비속도

$$N_s = N \times \frac{Q^{1/2}}{H^{3/4}}$$

공동현상(Cavitation) 방지대책

- 펌프의 설치위치를 가능한 한 낮추어 가용유효흡입수두를 크게 한다.
- 흡입관의 손실을 가능한 한 작게 하여 가용유효흡입수두를 크게 한다.
- 펌프의 회전속도를 낮게 선정하여 필요유효흡입수두를 작게 한다.
- 흡입측 밸브를 완전히 개방하고 펌프를 운전한다.

하수도계획

하수도계획의 목표연도는 원칙적으로 20년으로 한다.

분류식

- 오수관거와 우수관거의 2계통을 동일도로에 매설하는 것은 매우 곤란하다.
- 관거 내 퇴적이 작다.
- 수세효과는 기대할 수 없다.
- 오수관거에서는 소구경관거에 의한 폐쇄의 우려가 있으나 청소는 비교적 용이하다.

합류식

- 대구경관거가 되면 좁은 도로에서의 매설에 어려움이 있다.
- 청천 시에 오물이 침전하기 쉬우나, 우천 시 수세효과가 있다.
- 폐쇄의 염려가 없고 검사 및 수리가 비교적 용이하다.

유출계수

유출계수는 토지이용도별 기초유출계수로부터 총괄유출계수를 구하는 것을 원칙으로 한다.

계획우수량

확률년수는 원칙적으로 5~10년을 원칙으로 하되, 지역의 중요도 또는 방재상 필요성이 있는 경우는 이보다 크게 정할 수 있다.

합리식(우수유출량 산정식)

$$Q = \frac{1}{360} C \cdot I \cdot A$$

계획오수량

- 지하수량은 1인1일 최대오수량의 20% 이하로 하며, 지역실태에 따라 필요시 하수관로 내구연수 경과 또는 관로의 노후도, 관로정비 이력에 따른 지하수 유입변화량을 고려하여 결정하는 것으로 한다.
- 계획1일 평균오수량은 계획1일 최대오수량의 70~80%를 표준으로 한다.
- 계획시간 최대오수량은 계획1일 최대오수량의 1시간당 수량의 1.3~1.8배를 표준으로 한다.
- 합류식에서 우천 시 계획오수량은 원칙적으로 계획시간 최대오수량의 3배 이상으로 한다.

역사이펀

오수관로와 우수관로가 교차하여 역사이펀을 피할 수 없는 경우에는 오수관로를 역사이펀으로 하는 것이 바람직하다.

관로별 계획하수량

- 오수관로에서는 계획시간 최대오수량, 우수관로에서는 계획우수량으로 한다.
- 합류식 관로에서는 계획시간 최대오수량에 계획우수량을 합한 것으로 한다.
- 차집관로는 우천 시 계획오수량으로 한다.

유 속

- 오수관로 : 계획시간 최대오수량에 대하여 유속을 최소 0.6m/s, 최대 3.0m/s로 한다.
- 우수관로 및 합류식 관로 : 계획우수량에 대하여 유속을 최소 0.8m/s, 최대 3.0m/s로 한다.

관로의 최소관경

- 오수관로는 200mm를 표준으로 한다.
- 우수관로 및 합류관로는 250mm를 표준으로 한다.

원형 관로

공장제품이므로 접합부가 많아져 지하수의 침투량이 많아질 염려가 있다.

직사각형 관거

- 만류가 되기까지는 수리학적으로 유리하다.
- 철근이 해를 받았을 경우 상부하중에 대하여 대단히 불안하게 된다.

말굽형 관거

대구경 관로에 유리하며 경제적이다.

계란형 관거

원형 관로에 비해 관폭이 작아도 되므로 수직방향의 토압에 유리하다.

토압계산

Marston 공식 : $W = C_1 \cdot r \cdot B^2$

관로접합

굴착 깊이를 얕게 함으로 공사비용을 줄일 수 있으며, 수위상승을 방지하고 양정고를 줄일 수 있어 펌프로 배수하는 지역에 적합하나 상류부에서는 동수경사선이 관정보다 높이 올라갈 우려가 있다.

중력식 침사지

- 침사지의 평균유속은 0.30m/s, 체류시간은 30~60초를 표준으로 한다.
- 표면부하율은 오수침사지의 경우 1,800m^3/m^2 · day, 우수침사지의 경우 3,600m^3/m^2 · day 정도로 한다.

일차침전지

- 슬러지 수집기를 설치하는 경우의 침전지 바닥 기울기는 직사각형에서는 1/100~2/100으로, 원형 및 정사각형에서는 5/100~10/100으로 한다.
- 표면부하율은 계획1일 최대오수량에 대하여 분류식의 경우 35~70m^3/m^2 · day, 합류식의 경우 25~50m^3/m^2 · day로 한다.
- 유효수심은 2.5~4m를 표준으로 한다.
- 침전시간은 계획1일 최대오수량에 대하여 표면부하율과 유효수심을 고려하여 정하며, 일반적으로 2~4시간으로 한다.

펌프의 비회전도(N_s)

- 사류펌프 : 700~1,200
- 축류펌프 : 1,100~2,000

03 수질오염방지기술

반응조 해석

1차 반응의 경우

- 회분식(Batch Reactor) 반응조 : $C_t = C_0 \cdot \exp(-K \cdot t)$
- 플러그흐름 반응조(PFR) : $C_t = C_0 \cdot \exp(-K \cdot t)$
- 완전혼합흐름 반응조(CFSTR 또는 CSTR) : $C_t = \dfrac{C_0}{(1+K \cdot t)}$

침전유형

간섭침전 : 침전하는 부유물과 상징수 간에 경계면을 형성하면서 침강한다. 침전지, 농축조에서 관찰된다.

Stokes 법칙

$$V_s = \frac{{d_s}^2(\rho_s - \rho_w)g}{18\mu}$$

부상분리

- 비순환방식 : $A/S = \dfrac{1.3\,C_{air}(f \cdot P - 1)}{SS}$
- 순환방식 : $A/S = \dfrac{1.3\,C_{air}(f \cdot P - 1)}{SS} \times \left(\dfrac{Q_R}{Q}\right)$

표면부하율

$$\text{표면부하율}(\mathrm{m^3/m^2 \cdot day}) = \frac{\text{유입유량}(\mathrm{m^3/day})}{\text{표면적}(\mathrm{m^2})}\ ;\ V_o = \frac{Q}{A}$$

월류위어 부하율

$$\text{월류위어 부하율}(\mathrm{m^3/m \cdot day}) = \frac{\text{월류유량}(\mathrm{m^3/day})}{\text{위어의 길이}(\mathrm{m})} \ ; \ V_w = \frac{Q}{L_w}$$

체류시간

$$\text{체류시간}(\mathrm{day}) = \frac{\text{침전지 용적}(\mathrm{m^3})}{\text{유입유량}(\mathrm{m^3/day})} \ ; \ t = \frac{\forall}{Q}$$

속도경사

$$G = \sqrt{\frac{P}{\mu V}}$$

이산화염소 소독

이산화염소는 맛과 냄새를 유발하는 페놀류화합물 제거에 주로 이용되고, 염소와 달리 THM을 생성하지 않는다.

클로라민 소독

클로라민은 차아염소산보다 소독력이 약하지만, 소독 후에 맛과 냄새가 나지 않고 소독작용이 오래 지속된다(다이클로라민은 불쾌한 맛과 냄새가 난다).

UV 소독

바이러스, 원생동물(Cryptosporidium) 소독에 효과적이고 소독부산물 생성이 없고, 잔류성이 없다.

Chick's Law

$$N = N_0 \cdot e^{-K \cdot t}$$

활성슬러지공법

$$\text{고형물 체류시간 SRT}(\text{MCRT}, \ \theta_c) = \frac{\forall \cdot X}{X_r Q_w + (Q - Q_w) X_e} \cong \frac{\forall \cdot X}{X_r Q_w}$$

SVI

$$SVI = \frac{SV(\%)}{X(mg/L)} \times 10^4 = \frac{SV(mL/L)}{X(mg/L)} \times 10^3$$

F/M비

$$F/M(day^{-1}) = \frac{S_i \cdot Q_i}{X \cdot \forall}$$

SRT와 F/M비의 관계

$$\frac{1}{SRT} = Y\left(\frac{F}{M}\right) \cdot \eta - K_d = \frac{Y(S_i - S_e)Q}{\forall \cdot X} - K_d$$

반송비 R

$$R = \frac{X}{X_r - X}$$

잉여슬러지량

$$SL = Q_w \cdot X_w = Y \cdot S_i \cdot \eta \cdot Q - K_d \cdot \forall \cdot X = \frac{YQ(S_i - S_e)}{(1 + K_d \cdot \theta_c)}$$

연속회분식 활성슬러지법(SBR)

- 충격부하나 첨두유량에 대한 대응성이 좋다.
- 슬러지 반송설비가 필요 없고, 소규모 처리에 적합하다.

초심층포기법

고부하 운전으로 표준활성슬러지법보다 F/M비를 높게 할 수 있다.

회전원판법(RBC)

활성슬러지법에 비해 2차 침전지에서 미세한 SS가 유출되기 쉽고, 처리수의 투명도가 나쁘다.

소화율

$$E = 1 - \left(\frac{VS_2 / FS_2}{VS_1 / FS_1} \right)$$

등온흡착식

Freundlich, Langmuir, B.E.T(Brunauer Emmett & Teller), Henry식 등이 있다.

Freundlich식

$$\frac{X}{m} = K C_e^{1/n}$$

Langmuir식

$$\frac{X}{m} = \frac{a b C_e}{1 + b C_e}$$

양이온의 선택성 크기

$Ba^{2+} > Pb^{2+} > Sr^{2+} > Ca^{2+} > Ni^{2+} > Cd^{2+} > Cu^{2+} > Zn^{2+} > Mg^{2+}$

음이온의 선택성 크기

$SO_4^{2-} > I^- > NO_3^- > CrO_4^{2-} > Br^- > Cl^- > OH^-$

연수화

$Ca^{2+} + 2Na \cdot EX \leftrightarrow Ca \cdot EX_2 + 2Na^+$

펜톤산화법

과산화수소(H_2O_2)와 철염으로 발생되는 OH 라디칼로 유기물을 분해하는 방법이다.

막여과 추진력

- MF, UF, NF, RO : 정수압차
- 투석(Dialysis) : 농도차
- 전기투석(ED) : 전위차

막모듈의 종류

- 중공사형 모듈(Hollow Fiber Membrane Module)
- 평판형 모듈(Flat Sheet Module)
- 나선형 모듈(Spiral Wound Module)
- 관형 모듈(Tubular Module)
- 단일체형 모듈(Monolith Module)

막의 유출수량

- 단위면적당 유출수량 : $Q_F = K(\Delta P - \Delta\pi)$
- 소요 막면적 : $A = Q/Q_F$

해수담수화

- 상변화(相變化)방식 : 증발법, 결정법
  - 증발법 : 다단플래쉬법(MSF), 다중효용법(MED), 증기압축법, 투과기화법
  - 결정법 : 냉동법, 가스수화물법
- 상불변(相不變)방식 : 막법(역삼투법, 전기투석법), 용매추출법

물리화학적 질소제거

파과점염소주입법(Breakpoint Chlorination), 공기탈기법(Ammonia Stripping), 이온교환법(Selective Ion Exchange), 막분리

생물학적 질소제거

살수여상법, 회전원판법(RBC), 혐기성유동상법, 산화구법

인 제거 공정

A/O 공정, Sidestream법(Phostrip법)

질소, 인 동시제거

A^2/O, Bardenpho, UCT, VIP, SBR, 수정 Phostrip

질소, 인 제거공정 역할

혐기조(BOD 흡수, 인 방출), 호기조(BOD 소비, 인 흡수, 질산화), 무산소조(탈질)

A/O 공정

- 폐슬러지 내 인의 함량이 3~5% 정도로 높아 비료가치가 있다.
- 높은 BOD/P비가 요구된다.

A^2/O 공정

혐기조(인방출)-무산소조(탈질)-호기조(인 과잉섭취)로 구성되어 있으며, 호기조에서 과잉섭취된 인이 침전지에서 폐슬러지로 제거된다.

슬러지 발생량

- $SL\,(m^3/day) = SS_i \times \frac{R(\%)}{100} \times Q_i \times \frac{100}{100-W} \times \frac{1}{\rho_{SL}}$
- $SL\,(m^3/day) = (SS_i - SS_o) \times Q_i \times \frac{100}{100-W} \times \frac{1}{\rho_{SL}}$

슬러지 밀도수지

$$\frac{m_{SL}}{\rho_{SL}} = \frac{m_{TS}}{\rho_{TS}} + \frac{m_w}{\rho_w} = \frac{m_{FS}\,X_{FS}}{\rho_{FS}} + \frac{m_{VS}\,X_{VS}}{\rho_{VS}} + \frac{m_w}{\rho_w}$$

시안처리법

알칼리염소법, 오존산화법, 전해법, 충격법, 감청법, 전기투석법, 활성오니법 등

알칼리 염소법(시안처리법)

- 1단계로 강한 알칼리성 상태(pH 10 이상)로 하여 염소를 주입하고, 시안화합물을 시안산화물로 변화시킨 다음, 산을 가하여 pH를 중성범위로 중화한다.
- 2단계로 염소를 재주입하여 시안화합물을 N_2와 CO_2로 분해시킨다.

수은처리법

- 유기수은계 : 흡착법, 산화분해법
- 무기수은계 : 황화물응집침전법, 활성탄흡착법, 이온교환법

04 수질오염공정시험기준

방울수

방울수라 함은 20℃에서 정제수 20방울을 적하할 때, 그 부피가 약 1mL 되는 것을 뜻한다.

감압 또는 진공

감압 또는 진공이라 함은 따로 규정이 없는 한 15mmHg 이하를 말한다.

정확히 취하여

규정한 양의 액체를 부피피펫으로 눈금까지 취하는 것을 말한다.

향량으로 될 때까지 건조한다

같은 조건에서 1시간 더 건조할 때 전후 차가 g당 0.3mg 이하일 때를 말한다.

벤투리미터

유량 측정공식 : $Q = \frac{C \cdot A}{\sqrt{1 - \left[\frac{d_2}{d_1}\right]^4}} \sqrt{2g \cdot H}$

여기서, $\frac{d_2}{d_1}$: 목(Throat)부 직경 / 유입부의 직경

위 어

- 직각 3각 위어 : $Q = K \cdot h^{\frac{5}{2}}$
- 4각 위어 : $Q = K \cdot b \cdot h^{\frac{3}{2}}$

개수로 유량측정

$Q = 60 \cdot A \cdot V$

- 단면 일정 시 Chezy 공식 적용 V : 평균유속$(= C\sqrt{Ri})$(m/s)
- 단면 불균일 시 $V = 0.75\,V_e$, V_e : 표면 최대유속(m/s)

시료의 채취방법

자동시료채취기로 시료를 채취할 경우에는 6시간 이내에 30분 이상 간격으로 2회 이상 채취(Composite Sample)하여 일정량의 단일 시료로 한다.

시료채취 시 유의사항

- 채취용기는 시료를 채우기 전에 시료로 3회 이상 씻은 다음 사용한다.
- 시료채취량은 시험항목 및 시험횟수에 따라 차이가 있으나 보통 3~5L 정도이어야 한다.

지하수 시료

지하수 시료는 취수정 내에 고여 있는 물을 충분히 퍼낸 다음 새로 나온 물을 채취한다. 이 경우 퍼내는 양은 고여 있는 물의 4~5배 정도이나 pH 및 전기전도도를 연속적으로 측정하여 이 값이 평형을 이룰 때까지로 한다.

시료채취지점(하천수)

하천의 단면에서 수심이 가장 깊은 수면의 지점과 그 지점을 중심으로 하여 좌우로 수면폭을 2등분한 각각의 지점의 수면으로부터 수심 2m 미만일 때에는 수심의 $\frac{1}{3}$에서, 수심이 2m 이상일 때에는 수심의 $\frac{1}{3}$ 및 $\frac{2}{3}$에서 각각 채수한다.

시료 최대보존기간

- 6가크롬, 분원성 대장균군 : 24시간
- 아질산성 질소와 질산성 질소, BOD : 48시간
- 클로로필-a, 부유물질 : 7일
- 시안 : 14일
- 노말헥산 추출물질, COD, 총인, 용존총인, 염소이온, 플루오린, 암모니아성 질소, 총질소, 용존 총질소 : 28일
- 크롬, 아연, 구리, 카드뮴 등 : 6개월

▮ 유리용기 보존

노말헥산 추출물질, 페놀류, 유기인, 휘발성 유기화합물, 석유계 총탄화수소(갈색 유리)

▮ 시료 전처리

- 질산-황산법 : 유기물 등을 많이 함유하고 있는 대부분의 시료에 적용. 그러나 칼슘, 바륨, 납 등을 다량 함유한 시료는 난용성의 황산염을 생성하여 다른 금속성분을 흡착하므로 주의한다.
- 질산-과염소산법 : 유기물을 다량 함유하고 있으면서 산화분해가 어려운 시료에 적용한다.

▮ 냄 새

냄새역치(TON)= $\dfrac{A+B}{A}$

▮ 노말헥산 추출물질

광유류의 양을 시험하고자 할 경우에는 활성규산마그네슘(플로리실) 칼럼을 이용하여 동식물유지류를 흡착 · 제거한다.

▮ 부유물질(SS)

증발 잔유물이 1,000mg/L 이상인 공장폐수 등은 높은 부유물질값을 나타낼 수 있기 때문에 여과지를 여러 번 세척해야 한다.

▮ 색 도

투과율법 : 색도의 측정은 시각적으로 눈에 보이는 색상에 관계없이 단순 색도차 또는 단일 색도차를 계산하는데 아담스-니컬슨(Adams-Nickerson)의 색도공식을 근거로 하고 있다.

▮ 20℃에서 표준용액의 pH값 순서

수산염 < 프탈산염 < 인산염 < 붕산염 < 탄산염 < 수산화칼슘

▮ 전기전도도

- 셀 상수는 전도도 표준용액(염화칼륨용액)을 사용하여 결정하거나 셀 상수가 알려진 다른 전도도 셀과 비교하여 결정할 수 있다.
- 측정결과는 정수로 정확히 표기하며 측정단위는 μS/cm를 사용한다.

▮ 투명도

- 지름 30cm의 투명도판(백색원판)을 사용하여 호소나 하천에 보이지 않는 깊이로 넣은 다음 이것을 천천히 끌어 올리면서 보이기 시작한 깊이를 0.1m 단위로 읽어 투명도를 측정하는 방법
- 투명도판 : 무게가 약 3kg인 지름 30cm의 백색 원판에 지름 5cm의 구멍 8개가 뚫린 것

▮ 용존산소(DO) 시료 전처리

Fe(Ⅲ) 공존하는 경우 : Fe(Ⅲ) 100~200mg/L가 함유되어 있는 시료의 경우 황산을 첨가하기 전에 플루오린화 칼륨용액 1mL를 가한다.

▮ 클로로필-a

자외선/가시선 분광법 : 아세톤(9+1) 용액으로 클로로필 색소를 추출하고 추출액의 흡광도를 663nm, 645nm, 630nm, 750nm에서 측정하여 클로로필-a의 양을 계산하는 방법

▮ 총질소

총질소 분석방법에는 자외선/가시선 분광법(산화법), 자외선/가시선 분광법(카드뮴-구리 환원법), 자외선/가시선 분광법(환원증류-킬달법), 연속흐름법이 있다.

▮ 암모니아성 질소

암모니아성 질소 측정방법에는 자외선/가시선 분광법(인도페놀법), 이온전극법, 적정법이 있다.

▮ 질산성 질소

- 질산성 질소 측정방법에는 이온크로마토그래피, 자외선/가시선 분광법(부루신법), 자외선/가시선 분광법(활성탄흡착법), 데발다합금 환원증류법이 있다.
- IC법 : 이온크로마토그래프를 이용하는 방법은 소량의 시료로 정량이 가능하며 시험 조작이 간편하고 재현성도 우수하다. 정량한계는 0.1mg/L이다.

▮ 인산염인

이염화주석 환원법 : 인산염인이 몰리브덴산 암모늄과 반응하여 생성된 몰리브덴산인 암모늄을 이염화주석으로 환원하여 생성된 몰리브덴 청의 흡광도를 690nm에서 측정하여 인산염인을 정량하는 방법이다.

▮ 시 안

자외선/가시선 분광법 : 잔류염소가 함유된 시료는 잔류염소 20mg당 L-아스코르빈산(10%) 0.6mL 또는 아비산나트륨 용액(10%) 0.7mL를 넣어 제거한다.

음이온 계면활성제

자외선/가시선 분광법 : 음이온 계면활성제를 메틸렌블루와 반응시켜 생성된 청색의 착화합물을 클로로폼으로 추출하여 흡광도를 650nm에서 측정하는 방법

페놀류

- 자외선/가시선 분광법 : 증류한 시료에 염화암모늄-암모니아 완충액을 넣어 pH 10으로 조절한 다음 4-아미노안티피린과 헥사시안화철(Ⅱ)산칼륨을 넣어 생성된 붉은색의 안티피린계 색소의 흡광도를 측정하는 방법으로 수용액에서는 510nm, 클로로폼 용액에서는 460nm에서 측정한다.
- 정량한계는 클로로폼 추출법일 때 0.005mg/L, 직접 측정법일 때 0.05mg/L이다.

구 리

구리 분석방법에는 원자흡수분광광도법, 자외선/가시선 분광법, 유도결합플라스마(원자발광분광법), 유도결합플라스마(질량분석법)이 있다.

크 롬

- 크롬 분석방법에는 원자흡수분광광도법, 자외선/가시선 분광법, 유도결합플라스마(원자발광분광법), 유도결합플라스마(질량분석법)이 있다.
- 자외선/가시선 분광법 : 과망간산칼륨으로 3가크롬을 크롬으로 산화시킨 후 산성에서 다이페닐카르바자이드와 반응하여 생성하는 적자색 착화합물의 흡광도를 540nm에서 측정하여 정량하는 방법이다.

아 연

- 아연 분석방법에는 원자흡수분광광도법, 자외선/가시선 분광법, 유도결합플라스마(원자발광분광법), 유도결합플라스마(질량분석법), 양극벗김전압전류법이 있다.
- 자외선/가시선 분광법 : 2가망간이 공존하지 않은 경우에는 아스코르빈산 나트륨을 넣지 않는다.

카드뮴

카드뮴 분석방법에는 원자흡수분광광도법, 자외선/가시선 분광법, 유도결합플라스마(원자발광분광법), 유도결합플라스마(질량분석법)이 있다.

비 소

- 비소분석방법에는 수소화물생성-원자흡수분광광도법, 자외선/가시선 분광법, 유도결합플라스마(원자발광분광법), 유도결합플라스마(질량분석법), 양극벗김전압전류법이 있다.
- 자외선/가시선 분광법은 적자색 착화합물의 흡광도를 530nm에서 측정한다.

▌양극벗김전압전류법

납, 비소, 수은, 아연 등에 사용한다.

▌비정화성 유기탄소(NPOC ; Nonpurgeable Organic Carbon)

총탄소 중 pH 2 이하에서 포기에 의해 정화(Purging)되지 않는 탄소를 말한다. 과거에는 비휘발성 유기탄소라고 구분하기도 하였다.

▌물벼룩

급성 독성 시험법 : 물벼룩은 배양 상태가 좋을 때 7~10일 사이에 첫 새끼를 부화하는데 이때 부화한 새끼는 시험에 사용하지 않고 같은 어미가 약 네 번째 부화한 새끼부터 시험에 사용해야 한다.

▌식물성 플랑크톤

현미경계수법 : 시료의 개체수는 계수면적당 10~40 정도가 되도록 희석 또는 농축하며 시료가 육안으로 녹색이나 갈색으로 보일 경우 정제수로 적절한 농도로 희석한다.

05 수질환경관계법규

비점오염원

도시, 도로, 농지, 산지, 공사장 등으로서 불특정 장소에서 불특정하게 수질오염물질을 배출하는 배출원을 말한다.

기타수질오염원

점오염원 및 비점오염원으로 관리되지 아니하는 수질오염물질을 배출하는 시설 또는 장소로서 환경부령으로 정하는 것을 말한다.

강우유출수

비점오염원의 수질오염물질이 섞여 유출되는 빗물 또는 눈 녹은 물 등을 말한다.

수면관리자

다른 법령에 따라 호소를 관리하는 자를 말한다. 이 경우 동일한 호소를 관리하는 자가 둘 이상인 경우에는 하천법에 따른 하천관리청 외의 자가 수면관리자가 된다.

오염총량관리기본계획

오염총량관리기본계획에 '점오염원, 비점오염원 및 기타 수질오염원의 분포현황'은 포함되지 않는다(대권역계획에 포함되는 사항임).

오염총량관리기본방침에 포함되는 사항

- 오염총량관리의 목표
- 오염총량관리의 대상 수질오염물질 종류
- 오염원의 조사 및 오염부하량 산정방법
- 오염총량관리기본계획의 주체, 내용, 방법 및 시한
- 오염총량관리시행계획의 내용 및 방법

▌ 대권역 물환경관리계획

유역환경청장은 대권역별로 국가 물환경관리기본계획에 따라 대권역 물환경관리계획을 10년마다 수립하여야 한다.

▌ 벌 칙

- 5년 이하의 징역 또는 5천만원 이하의 벌금 : 조업정지 · 폐쇄명령을 이행하지 아니한 자
- 3년 이하의 징역 또는 3천만원 이하의 벌금 : 공공수역에 특정수질유해물질 등을 누출 · 유출시키거나 버린 자
- 1년 이하의 징역 또는 1천만원 이하의 벌금 : 관계 공무원의 출입 · 검사를 거부 · 방해 또는 기피한 폐수무방류배출시설을 설치 · 운영하는 사업자
- 500만원 이하의 벌금 : 관계 공무원의 출입 · 검사를 거부 · 방해 또는 기피한 자(폐수무방류배출시설을 설치 · 운영하는 사업자를 제외한다)
- 100만원 이하의 벌금 : 환경기술인의 업무를 방해하거나 환경기술인의 요청을 정당한 사유없이 거부한 자

▌ 과태료

- 1천만원 이하의 과태료 : 골프장의 잔디 및 수목 등에 맹 · 고독성 농약을 사용한 자
- 3백만원 이하의 과태료 : 낚시금지구역 안에서 낚시행위를 한 자
- 1백만원 이하의 과태료
  - 하천 · 호소에서 자동차를 세차하는 행위를 한 자
  - 낚시제한구역 안에서 낚시행위를 한 자
  - 환경기술인 등의 교육을 받게 하지 아니한 자

▌ 측정유량 단위

오염총량초과과징금 산정 시 적용되는 측정유량(일일유량 산정 시 적용) 단위는 L/min이다.

▌ 기본배출부과금의 지역별 부과계수

- 청정지역 및 가지역 : 1.5
- 나지역 및 특례지역 : 1

▌ 기본배출부과금의 사업장별 부과계수

제1종 : 1.4~1.8, 제2종 : 1.3, 제3종 : 1.2, 제4종 : 1.1

초과배출부과금

- 사염화탄소, 다이클로로메탄은 부과대상이 아니다.
- 부과금액이 가장 높은 물질은 수은 및 그 화합물, 폴리염화바이페닐로 1,250,000원/kg이고, 가장 낮은 물질은 유기물질(배출농도를 생물화학적 산소요구량 또는 화학적 산소요구량으로 측정한 경우), 부유물질로 250원/kg이다.

조류경보 중 관심발령기준

- 상수원 구간 : 2회 연속 채취 시 남조류의 세포수가 1,000세포/mL 이상 10,000세포/mL 미만인 경우
- 친수활동 구간 : 2회 연속 채취 시 남조류의 세포수가 20,000세포/mL 이상 100,000세포/mL 미만인 경우

조류경보 중 경계발령기준

- 상수원 구간 : 2회 연속 채취 시 남조류의 세포수가 10,000세포/mL 이상 1,000,000세포/mL 미만인 경우
- 친수활동 구간 : 2회 연속 채취 시 남조류의 세포수가 100,000세포/mL 이상인 경우

조류대발생 발령기준

2회 연속 채취 시 남조류의 세포수가 1,000,000세포/mL 이상인 경우

사업장의 규모별 구분

- 제1종 : 폐수배출량 2,000m^3/일 이상
- 제2종 : 폐수배출량 700~2,000m^3/일 미만
- 제3종 : 폐수배출량 200~700m^3/일 미만
- 제4종 : 폐수배출량 50~200m^3/일 미만
- 제5종 : 제1~4종에 해당하지 아니하는 배출시설

일일유량 산정

- 일일유량 = 측정유량 × 일일조업시간
- 측정유량의 단위는 분당 리터(L/min)로 한다.
- 일일조업시간은 측정하기 전 최근 조업한 30일간의 배출시설 조업시간의 평균치로서 분으로 표시한다.

환경기술인

환경기술인을 두어야 하는 사업장의 범위와 환경기술인의 자격기준은 대통령령으로 정한다.

▮ 측정망

비점오염물질 측정망은 국립환경과학원장, 유역환경청장, 지방환경청장이 설치할 수 있는 측정망 중 하나이다(비점오염원 관리 측정망은 해당되지 않음).

▮ 시운전기간

- 폐수처리방법이 생물화학적 처리방법인 경우 : 가동시작일부터 50일. 다만, 가동시작일이 11월 1일부터 다음 연도 1월 31일까지에 해당하는 경우에는 가동시작일부터 70일로 한다.
- 폐수처리방법이 물리적 또는 화학적 처리방법인 경우 : 가동시작일부터 30일

▮ 교육기관

- 측정기기 관리대행업에 등록된 기술인력 : 국립환경인재개발원 또는 한국상하수도협회
- 폐수처리업에 종사하는 기술요원 : 국립환경인재개발원
- 환경기술인 : 환경보전협회

▮ 기타수질오염원

- 가두리양식업시설 : 면허대상 모두
- 골프장 : 면적 3만m^2 이상이거나 3홀 이상(비점오염원으로 설치 신고 대상인 골프장 제외)
- 자동차 폐차장시설 : 면적 1천500m^2 이상
- 조류의 알을 물세척만 하는 시설 : 물사용량이 1일 5m^3 이상(공공하수처리시설 및 개인하수처리시설에 유입하는 경우에는 1일 20m^3 이상)일 것
- 농산물의 보관·수송 등을 위하여 소금으로 절임만 하는 시설 : 용량이 10m^3 이상(공공하수처리시설 및 개인하수처리시설에 유입하는 경우에는 1일 20m^3 이상)일 것
- 복합물류터미널 시설 : 면적이 20만m^3 이상

▮ 비점오염저감시설

- 자연형 시설 : 저류시설, 인공습지, 침투시설, 식생형 시설
- 장치형 시설 : 여과형, 소용돌이형, 스크린형, 응집·침전 처리형, 생물학적 처리형 시설

▮ 배출허용기준 : 1일 폐수배출량 2천m^3 미만인 경우

청정지역(단위 : mg/L) : BOD 40 이하, TOC 30 이하, SS 40 이하

폐수운반차량

• 폐수운반차량은 청색으로 도색한다.
• 글씨는 노란색 바탕에 검은색 글씨로 표시하여야 한다.

위임업무 수시 보고사항

• 폐수무방류배출시설의 설치허가(변경허가) 현황
• 배출업소 등에 따른 수질오염사고 발생 및 조치사항

위임업무 연 1회 보고사항

• 폐수위탁 · 사업장 내 처리현황 및 처리실적
• 환경기술인의 자격별 · 업종별 현황
• 측정기기 관리대행업에 대한 등록 · 변경 등록, 관리 대행능력 평가 · 공시 및 행정처분 현황

Win-Q

수질환경기사 · 산업기사

PART 1

핵심이론 + 핵심예제

수질오염개론

제1절 | 물의 특성 및 오염원

핵심이론 01 물의 특성

① 물은 수소원자 2개와 산소원자 1개로 구성되어 있으며, 분자량은 18이다.

② 물분자를 구성하고 있는 산소와 수소원자는 평행(180°)을 이루고 있지 않고, 104.5°의 각을 갖고 있다.

③ 평행이 아닌 분자구성으로 수소원자는 양의 전하, 산소원자는 음의 전하를 띠게 되어 물분자는 강한 양극성(Dipolar)을 갖게 된다. 물의 극성은 반대 전하 간 인력을 일으켜 물분자 간에 약한 결합을 만든다(수소결합, Hydrogen Bonds).

④ 수소결합에 의해 물은 분자량(M.W = 18)에 비해 아주 낮은 녹는점(0℃)과 높은 끓는점(100℃)을 갖는다.

※ 일반적으로 분자량이 클수록 끓는점이 높은 경향을 보이는데, 물과 분자량이 비슷한 메탄(CH_4, M.W = 16)의 경우 끓는점(−164℃)과 비교하면 물의 끓는점이 매우 높은 것을 알 수 있다.

⑤ 물의 밀도는 4℃에서 가장 크고, 온도가 증가할수록 물의 밀도는 감소한다.

⑥ 물의 극성(Polarity)은 물이 갖고 있는 높은 용해성(Solubility)과도 큰 연관이 있다(물의 높은 용해성으로 Universal Solvent라고 불린다).

핵심예제

1-1. 물의 물리, 화학적 특성에 관한 설명으로 가장 거리가 먼 것은? [2011년 1회 산업기사]

① 물은 고체 상태인 경우 수소결합에 의해 육각형 결정구조를 가진다.
② 물(액체)분자는 H^+와 OH^-의 극성을 형성하므로 다양한 용질에 유용한 용매이다.
③ 물은 광합성의 수소 공여체이며 호흡의 최종산물로서 생체의 중요한 대사물이 된다.
④ 물은 융해열이 크지 않기 때문에 생명체의 결빙을 방지할 수 있다.

1-2. 물의 특성으로 옳지 않은 것은? [2012년 2회 산업기사]

① 물의 표면장력은 온도가 상승할수록 감소한다.
② 물은 4℃에서 밀도가 가장 크다.
③ 물의 여러 가지 특성은 물의 수소결합 때문에 나타난다.
④ 융해열과 기화열이 작아 생명체의 열적안정을 유지할 수 있다.

|해설|

1-1
물은 융해열이 크기 때문에 생명체의 결빙이 쉽게 일어나지 않는다.
※ 물 분자의 산소와 수소의 큰 전기음성도 차이로 발생하는 극성으로 인한 수소결합 때문에 물은 분자 간 결합이 강하여 융해열이 크다.

1-2
물은 융해열(79cal/g), 기화열(539cal/g)이 높다.

정답 1-1 ④ 1-2 ④

핵심이론 02 분뇨의 특징

① 분뇨 : 화장실에서 수거되는 액체성 또는 고체성의 오염물질(단, 수세식 화장실에서 발생되는 액체성, 고체성의 더러운 물질이 혼합된 물은 '오수')을 말한다.

② 특 징

㉠ 분과 뇨의 구성비는 약 1 : 8~1 : 10 정도, 고형물의 비는 7 : 1 정도이다.

㉡ COD : 64,000mg/L, BOD와 SS는 COD의 1/3~1/2(약 21,000~32,000mg/L) 정도이다.

㉢ 다량의 질소화합물(T-N : 5,000mg/L)을 함유하고 있고, 주로 $(NH_4)_2CO_3$, NH_4HCO_3 형태로 존재, 질소화합물은 분의 경우 전체 VS의 12~20% 정도, 뇨의 경우 80~90% 정도 함유한다.

㉣ 염소이온의 농도는 약 4,000mg/L 정도이다.

핵심예제

분뇨의 특성으로 가장 거리가 먼 것은? [2011년 2회 산업기사]

① 분뇨는 다량의 유기물을 함유하며 고액분리가 어렵다.
② 뇨는 VS 중의 80~90% 정도의 질소화합물을 함유하고 있다.
③ 분뇨의 질소는 주로 NH_4HSO_3, $(NH_4)_2SO_3$의 형태로 존재하고 소화조 내의 산도를 적정하게 유지시켜 pH의 상승을 막는 완충작용을 한다.
④ 분뇨의 특성은 시간에 따라 변한다.

|해설|

분뇨의 질소는 주로 NO_4HCO_3, $(NH_4)_2CO_3$의 형태로 존재하고 소화조 내의 알칼리도를 적정하게 유지시켜 pH의 강하를 막는 완충작용을 한다.

정답 ③

핵심이론 03 산업폐수

오염물질	발생원	영 향
수은(Hg)	제련, 살충제, 온도계·압력계 제조	미나마타병, 헌터-루셀(Hunter-Russel) 증후군, 말단동통증(Acrodynia)
PCB	변압기, 콘덴서 공장	카네미유증
비소(As)	지질(광산), 유리, 염료, 안료, 의약품, 농약제조에서 배출	• 급성 영향 : 구토, 설사, 복통, 탈수증, 위장염, 혈압저하, 혈변, 순환기 장애 등 • 만성중독 : 국소 및 전신마비, 피부염, 발암, 색소침착, 간장비대 등의 순환기 장애
카드뮴(Cd)	아연제련, 건전지, 플라스틱안료	이타이이타이병, 골연화증, 골다공증, 신장(Kidney) 손상
크롬(Cr)	도금, 피혁재료, 염색공업	폐암, 피부염, 피부궤양
납(Pb)	납제련소, 축전지 공장, 페인트	다발성 신경염, 관절염, 두통, 기억상실, 경련 등
구리(Cu)	광산폐수, 전기용품, 합금	메스꺼움, 간경변, 윌슨병

※ 플루오린 - 법랑반점, 반상치
망간 - 파킨슨 증후군과 유사증상

※ Hunter-Russel 장애(증후군) : 수은(Hg)에 의한 중독현상으로 팔다리가 마비되고 보행장애, 언어장애, 시야협착, 난청 등의 증상을 보인다.

핵심예제

수질오염물질과 그로 인한 공해병과의 관계를 잘못 짝지은 것은? [2012년 3회 산업기사]

① Hg : 미나마타병
② Cr : 이타이이타이병
③ F : 반상치
④ PCB : 카네미유증

|해설|

이타이이타이병은 카드뮴(Cd)에 의한 질환으로 크롬(Cr)은 생체 내에 필수적인 금속으로 결핍 시 인슐린의 저하로 인한 것과 같은 탄수화물의 대사 장애를 일으킨다.

정답 ②

제2절 | 수자원의 특성

핵심이론 01 물의 부존량

① 지구에 있는 물의 양은 13억8천5백만km^3 정도로 추정되고 있으며, 이 중 바닷물이 97%인 13억5천만km^3이고 나머지 3%인 3천5백만km^3가 담수로 존재한다.
② 담수 중 빙산이나 빙하가 69% 정도인 2천4백만km^3을 차지한다.
③ 담수 중 지하수가 29% 정도인 1천만km^3 정도를 차지한다.
④ 담수 중 호수나 강, 하천, 늪 등의 지표수와 대기층에 2% 정도인 1백만km^3가 존재한다.
⑤ 실제 인간이 이용하기에 용이한 지표수는 물 전체량의 0.003%에 불과하다.
⑥ 지표수로 존재하는 물 중에서도 21% 정도가 아시아주에, 26% 정도가 미국, 캐나다 등의 북미주에, 28% 정도가 아프리카에 있으며, 나머지 25%의 물이 이 3대주를 제외한 곳에 있다.

핵심예제

1-1. 우리나라의 물이용 형태에서 볼 때 수요가 가장 많은 분야는? [2013년 2회 기사]

① 공업용수　② 농업용수
③ 유지용수　④ 생활용수

1-2. 지구에서 물(담수)의 저장 형태 중 가장 많은 양을 차지하는 것은? [2013년 2회 산업기사]

① 만년설과 빙하　② 담수호
③ 토양수　④ 대 기

|해설|

1-1
우리나라의 물이용 형태에서 수요가 가장 많은 분야는 '농업용수'이다.

1-2
담수 중 많이 차지하는 순서
만년설과 빙하 > 지하수 > 지표수 > 공기 중 수분

정답 1-1 ② 1-2 ①

핵심이론 02 지하수의 특성

① 지표수보다 수질변동이 적으며, 유속이 느리고, 수온 변화가 적다.
② 무기물 함량이 높으며, 공기 용해도가 낮고, 알칼리도 및 경도가 높다.
③ 자정속도가 느리고, 유량변화가 적다.
④ 염분함량이 지표수보다 높다.
⑤ 혐기성 세균에 의한 유기물 분해작용이 일어난다.
⑥ SS 및 탁도가 낮고 환원상태이다.

핵심예제

지하수의 특성에 관한 설명으로 옳지 않은 것은?

[2011년 3회 산업기사]

① 염분농도는 비교적 얕은 지하수에서는 하천수보다 평균 30% 정도 이상 큰 값을 나타낸다.
② 지하수에 무기물질이 물에 용해되는 순서를 보면 규산염, Ca 및 Mg의 탄산염, 마지막으로 염화물 알칼리 금속의 황산염 순서로 된다.
③ 자연 및 인위의 국지적 조건의 영향을 받기 쉽다.
④ 세균에 의한 유기물의 분해가 주된 생물작용이 된다.

|해설|

지하수에 무기질이 물에 용해되는 순서는 염화물 알칼리 금속의 황산염, Ca 및 Mg의 탄산염, 규산염 순이다.

정답 ②

핵심이론 03 바닷물(해수)의 특성

① pH는 약 8.2로서 약알칼리성이다.
② 해수의 Mg/Ca비는 3~4 정도로 담수의 0.1~0.3에 비해 크다.
③ 해수의 밀도는 1.02~1.07g/cm^3 범위로 수온, 염분, 수압의 함수이며, 수심이 깊을수록 증가한다.
④ 해수의 염도는 약 35,000ppm 정도이다.
⑤ 염분은 적도 해역에서 높고, 남북극 해역에서는 다소 낮다.
⑥ 해수의 주요성분 농도비는 항상 일정하고, 대표적인 구성원소는 다음과 같다(농도순).

$Cl^- > Na^+ > SO_4^{2-} > Mg^{2+} > Ca^{2+} > K^+ > HCO_3^-$

⑦ 해수 내 전체 질소 중 35% 정도는 NH_3-N, 유기질소 형태이다.

핵심예제

3-1. 해수의 특성에 관한 설명으로 옳지 않은 것은?

[2011년 3회 산업기사]

① 해수의 밀도는 1.5~1.7g/cm^3 정도로 수심이 깊을수록 밀도는 감소한다.
② 해수는 강전해질이다.
③ 해수의 Mg/Ca비는 3~4 정도이다.
④ 염분은 적도해역보다 남·북극의 양극해역에서 다소 낮다.

3-2. 다음 중 해수에 관한 설명으로 옳지 않은 것은?

[2012년 1회 산업기사]

① 해수의 Mg/Ca비는 담수에 비하여 크다.
② 해수의 밀도는 수온, 수압, 수심 등과 관계없이 일정하다.
③ 염분은 적도해역에서 높고 남북 양극 해역에서 낮다.
④ 해수 내 전체 질소 중 35% 정도는 암모니아성, 유기질소 형태이다.

3-3. 해수의 특성에 대한 내용 중 옳지 않은 것은?

[2012년 2회 산업기사]

① 해수에서의 질소 분포 형태는 NO_2-N, NO_3-N 형태로 65% 존재한다.
② 해수의 pH는 8.2로 약알칼리성이다.
③ 일출 시 생물의 탄소동화작용으로 해수 표면의 CO_2 농도가 급증한다.
④ 해수의 밀도는 1.02~1.07g/cm^3 범위로서 수온, 염분, 수압의 함수이다.

|해설|

3-1
해수밀도는 약 1.02~1.07g/cm^3이며, 수심이 깊을수록 밀도는 증가한다.

3-2
해수는 수온이 낮을수록, 수심은 깊을수록, 수압이 높을수록 밀도는 증가한다.

3-3
탄소동화작용을 하게 되면 CO_2는 감소하고 O_2는 증가한다.

정답 3-1 ① 3-2 ② 3-3 ③

핵심이론 04 관개용수의 SAR(Sodium Adsorption Rate)

① 관개용수의 염류는 삼투압을 증가시켜 식물의 영양분 흡수를 방해한다.
② 관개용수의 Na^+ 함량기준으로 SAR이 사용된다.
③ 단위는 eq/L(또는 meq/L)를 사용한다.
④ SAR 판정 기준
㉠ SAR < 10 : 적합
㉡ SAR = 10~26 : 상당한 영향
㉢ SAR > 26 : 많은 영향

핵심예제

보통 농업용수의 수질평가 시 SAR(Sodium Adsorption Ratio)로 정의하는데 이에 대한 설명으로 틀린 것은?

[2003년 3회 기사]

① SAR값이 20 정도이면 Na^+가 토양에 미치는 영향이 적다.
② SAR값은 Na^+, Ca^{2+}, Mg^{2+} 농도와 관계가 있다.
③ 경수가 연수보다 토양에 더 좋은 영향을 미친다고 볼 수 있다.
④ SAR의 값 계산식에 사용되는 이온의 농도는 meq/L를 사용한다.

|해설|

SAR은 토양의 투수성과 관련이 있으며 값이 20 정도이면 상당한 영향을 미친다.

정답 ①

핵심이론 05 SAR의 산정

$$SAR = \frac{Na^{+}}{\sqrt{\frac{Ca^{2+} + Mg^{2+}}{2}}}$$

단위는 eq/L(또는 meq/L)를 사용한다.

핵심예제

Na^+ 368mg/L, Ca^{2+} 200mg/L, Mg^{2+} 264mg/L인 농업용수가 있다. 이때 SAR(Sodium Adsorption Rate)의 값은?(단, Na 원자량 : 23, Ca 원자량 : 40, Mg 원자량 : 24)

[2011년 1회 산업기사]

① 4 ② 8
③ 16 ④ 32

|해설|

$$SAR(eq/L\ or\ meq/L) = \frac{Na^{+}}{\sqrt{\frac{Ca^{+} + Mg^{2+}}{2}}} = \frac{(368/23)}{\sqrt{\frac{(200/20)+(264/12)}{2}}} = 4meq/L$$

정답 ①

제3절 | 수질화학

핵심이론 01 평형상수, 이온곱, 용해도곱

① **평형상수(Equilibrium Constant, K_{eq})** : 평형상태에서 반응물질(Reactants)과 생성물질(Products)의 상대적 비율

$aA + bB \leftrightarrow cC + dD$

$$K_{eq} = \frac{\text{생성물질 몰농도의 곱}}{\text{반응물질 몰농도의 곱}} = \frac{[C]^c[D]^d}{[A]^a[B]^b}$$

※ 물(H_2O)이나 고체는 위 식에 포함되지 않는다. 즉, $[H_2O]$ = [Solid] = 1로 간주한다.

② **용해도곱(Solubility Product, K_{sp})** : 이온성 고체와 포화용액이 평형상태에 있을 때의 평형상수

$A_mB_n \leftrightarrow mA^{n+} + nB^{m-}$

$K_{sp} = [A]^m[B]^n$

③ **이온곱(Q)** : 혼합용액 중의 이온농도의 곱

$A_mB_n \leftrightarrow mA^{n+} + nB^{m-}$

$Q = [A]^m[B]^n$

④ K_{sp}와 Q는 동일한 형태이지만 K_{sp}는 평형상태일 때의 평형상수이고, Q는 용액 중(평형상태일 수도 아닐 수도 있다)의 이온농도의 곱이다. Q와 K_{sp}를 비교함으로써 침전/용해 성향을 판단할 수 있다.

㉠ $Q < K_{sp}$: 불포화상태($Q = K_{sp}$이 될 때까지 용해)
㉡ $Q = K_{sp}$: 평형상태(포화용액)
㉢ $Q > K_{sp}$: 과포화상태($Q = K_{sp}$이 될 때까지 침전)

핵심예제

1-1. 수질오염물질의 침전과 용해현상을 설명하는 용해도곱(K_{sp}, $A_mB_n \leftrightarrow [A]^m[B]^n$)에 대한 설명으로 틀린 것은?

[2006년 3회 기사]

① K_{sp}값만 비교하더라도 화합물들의 상대적 용해도를 예측할 수 있다.

② $[A]^m[B]^n > K_{sp}$인 조건은 과포화 상태로 침전물이 생성된다.

③ 용해되어 있는 오염물질을 불용성으로 형성침전시킬 때는 그 물질의 K_{sp}값이 적을수록 해당오염물질의 침전에 유리하다.

④ K_{sp}가 적다는 것은 대부분이 불용성 고형물로 존재한다는 의미이다.

1-2. 25℃, AgCl의 물에 대한 용해도가 1.0×10^{-4}M이라면 AgCl에 대한 K_{sp}(용해도적)는? [2012년 2회 산업기사]

① 1.0×10^{-6} ② 2.0×10^{-6}
③ 1.0×10^{-8} ④ 2.0×10^{-8}

1-3. $PbSO_4$의 용해도는 0.04g/L이다. 이때 $PbSO_4$의 용해도적(K_{sp})은?(단, $PbSO_4$ 분자량은 303이다)

[2011년 3회 산업기사]

① 0.87×10^{-4} ② 0.87×10^{-8}
③ 1.32×10^{-4} ④ 1.74×10^{-8}

|해설|

1-1

K_{sp}값만으로는 화합물들의 상대적인 용해도를 예측하기 어렵다(이온가에 따라 다를 수 있다).

1-2

- AgCl의 반응식

$$AgCl \leftrightarrow Ag^+ + Cl^-$$
$$1\times10^{-4}M \quad 1\times10^{-4}M \quad 1\times10^{-4}M$$

- AgCl의 용해도적

$$K_{sp} = [Ag^+][Cl^-] = (1\times10^{-4})(1\times10^{-4}) = 1\times10^{-8}$$

1-3

$$PbSO_4 \leftrightarrow Pb^{2+} + SO_4^{2-}$$
$$\beta M \quad \beta M \quad \beta M$$
$$K_{sp} = [Pb^{2+}][SO_4^{2-}] = \beta^2$$
$$PbSO_4 = \frac{0.04g}{L} \times \frac{1mol}{303g} = 1.32\times10^{-4}mol/L$$
$$K_{sp} = (1.32\times10^{-4})^2 = 1.74\times10^{-8}$$

정답 1-1 ① 1-2 ③ 1-3 ④

핵심이론 02 산과 염기(Acid and Base)

① 산(Acid)의 정의

㉠ 수용액 중에서 수소이온(H^+)을 낼 수 있는 것

㉡ 다른 물질에 양성자(H^+)를 줄 수 있는 것

㉢ 전자쌍을 받는 물질

㉣ 물과 반응하여 H_3O^+(Hydronium)을 생성하는 이온이나 분자

② 염기(Base)의 정의

㉠ 수용액 중에서 수산화이온(OH^-)을 낼 수 있는 것

㉡ 다른 물질로부터 양성자(H^+)를 받아들일 수 있는 것

㉢ 전자쌍을 주는 물질

㉣ 물과 반응하여 OH^-을 생성하는 이온이나 분자

핵심예제

염기에 관한 내용으로 옳지 않은 것은? [2012년 2회 산업기사]

① 염기 수용액은 미끈미끈하다.
② 전자쌍을 받는 화학종이다.
③ 양성자를 받는 분자나 이온이다.
④ 수용액에서 수산화 이온을 내어 놓는 것이다.

|해설|

산은 비공유 전자쌍을 받는 물질이고 염기는 비공유 전자쌍을 주는 물질이다.

정답 ②

핵심이론 03 산-염기반응(Acid-Base Equilibrium)

① 산-염기반응은 물의 pH와 금속이온의 용해도에 영향을 미치기 때문에 중요하다. 침전·용해, 복합체형성(Complexation)도 산-염기반응을 내포하기도 한다.

② 평형상수(Equilibrium Constants)

㉠ 산의 이온화상수(K_a) → $pK_a = -\log K_a$

㉡ 염기의 이온화상수(K_b) → $pK_b = -\log K_b$

㉢ K_a값이 클수록 강산, K_b값이 클수록 강염기이다.

③ 물의 자체 이온화(Autoprotolysis of Water)

$H_2O \leftrightarrow H^+ + OH^-$

$[H^+][OH^-] = K_w = 10^{-14}$

$pH = -\log[H^+]$, $pOH = -\log[OH^-]$

$\rightarrow pH + pOH = 14$

핵심예제

0.02N 약산이 4% 해리되어 있을 때 이 수용액의 pH는? [2008년 3회 기사]

① 3.1 ② 3.4
③ 3.7 ④ 3.9

|해설|

$XH \rightarrow H^+ + X^-$

1M 1M

$[H^+] = 0.02N \times 0.04 = 8 \times 10^{-4}M$

$\therefore\ pH = -\log(8 \times 10^{-4}) = 3.1$

정답 ①

핵심이론 04 중화반응

$N_a V_a = N_b V_b$

여기서, N_a : 산의 N농도(= g당량 = eq/L)

V_a : 산의 부피

N_b : 염기의 N농도

V_b : 염기의 부피

핵심예제

어떤 공장에서 4%의 NaOH를 함유한 폐수 1,000m^{3}이 배출되었다. 이 폐수를 중화시키기 위해 37% HCl을 사용하였다. 배출된 폐수를 완전히 중화시키기 위하여 필요한 37% HCl의 양(m^3)은?(단, 폐수의 비중 1, 37% HCl의 비중 1.18)

[2009년 3회 기사]

① 약 5 ② 약 67
③ 약 84 ④ 약 97

|해설|

좌, 우의 변수가 서로 대응하므로 단위환산 없이 직접 적용가능하다.

$NV = N'V'$

$(4g/100mL)(1g/mL)(1eq/40g)(1{,}000m^3)$
$= (37g/100mL)(1.18g/mL)(1eq/36.5g)(V')$

$\therefore\ V' = 83.6m^3$

정답 ③

핵심이론 05 산화-환원반응(Oxidation-Reduction)

① **산화** : 산소와 결합. 수소를 잃음. 전자를 잃음. 산화수의 증가

② **환원** : 산소를 잃음. 수소와 결합. 전자를 얻음. 산화수의 감소

③ **산화제** : 자신은 환원되고 다른 물질을 산화시키는 물질

④ **환원제** : 자신은 산화되고 다른 물질을 환원시키는 물질

⑤ 산화 – 환원반응은 환경공학에서 중요한 반응이다.
   ㉠ 하수처리에서 유기물 산화, 메탄 생성(Methane Fermentation), 질산화(Nitrification), 탈질산화(Denitrification)와 같이 박테리아에 의해 야기되는 반응 등이 있다.
   ㉡ 철과 망간의 용해-침전
   ㉢ 염소와 오존과 같은 산화제(Oxidants)는 상수나 하수처리에 있어 소독제로 사용되기도 하고 유기물 및 무기물의 변환(Transformation)에 이용되기도 한다.

⑥ 산화-환원은 다른 대부분의 반응(산-염기, 용해, Complexation 등)과 같이 평형(Equilibrium) 상태에 대한 것이다.

⑦ 용액에서의 전류의 흐름(Current Flow)은 금속(Metal)을 통한 전류의 흐름과 유사하지만 다음과 같은 몇 가지의 차이점이 있다.
   ㉠ 용액 내에서 화학적 변화가 일어난다(금속의 경우는 화학적 특성이 변하지 않음).
   ㉡ 전류는 이온에 의해 이동(금속의 경우 전자에 의해 이동)한다.
   ㉢ 온도의 증가로 저항이 감소(금속의 경우 온도 증가로 저항이 증가)한다.
   ㉣ 저항은 일반적으로 금속보다 크다.

핵심예제

산화와 환원반응에 대한 설명으로 틀린 것은?

[2006년 8월 기사]

① 전자를 준 쪽은 산화된 것이고 전자를 얻은 쪽은 환원이 된 것이다.
② 산화수가 증가하면 산화, 감소하면 환원반응이라 한다.
③ 산화제는 전자를 주는 물질이며 전자를 주는 힘이 클수록 더 강한 산화제이다.
④ 상대방을 산화시키고 자신을 환원시키는 물질을 산화제라 한다.

|해설|

전자를 주는 물질은 환원제이다.

정답 ③

핵심이론 06 반응속도

반응속도는 반응에 참여하는 반응물질 또는 생성물질의 단위시간에 대한 농도변화를 말한다. 대부분의 반응은 하나 또는 여러 개의 반응물질(Reactants)의 농도에 비례하는 속도를 가진다.

$$r = \frac{dC}{dt} = -KC^m$$

① 0차 반응(Zero Order Reaction)

$$\frac{dC}{dt} = -KC^0 = -K$$

$$C_t = C_0 - K \cdot t$$

② 1차 반응(First Order Reaction)

$$\frac{dC}{dt} = -KC$$

$$C_t = C_0 \cdot \exp(-K \cdot t) \text{ 또는 } \ln\frac{C_t}{C_0} = -K \cdot t$$

③ 2차 반응(Second Order Reaction)

$$\frac{dC}{dt} = -KC^2$$

$$\frac{1}{C_t} - \frac{1}{C_0} = K \cdot t$$

④ 반감기(Half-life)

㉠ 반응물질의 초기농도가 반으로 감소하는 데 소요되는 시간을 말한다.

㉡ 위의 반응식에서 C_t 대신 $0.5C_0$를 대입하여 계산하면 된다.

예 1차 반응

$$\ln\left(\frac{0.5C_0}{C_0}\right) = -K \cdot t$$

$$t = \frac{0.693}{K}$$

핵심예제

6-1. 어느 물질의 반응시작 때의 농도가 200mg/L이고 1시간 후의 반응물질 농도가 83.6mg/L로 되었다. 반응시작 2시간 후 반응물질 농도는?(단, 1차 반응 기준) [2009년 1회 기사]

① 35mg/L
② 40mg/L
③ 45mg/L
④ 50mg/L

6-2. 어느 시료의 대장균 수가 5,000/mL라면 대장균 수가 50/mL가 될 때까지 필요한 시간은?(단, 1차 반응 기준, 대장균의 반감기는 1시간이다) [2010년 2회 기사]

① 약 4.8시간
② 약 5.3시간
③ 약 6.7시간
④ 약 7.9시간

|해설|

6-1

1차 반응식을 이용한다.

$C = C_0 \cdot \exp(-K \cdot t)$

$K = \frac{1}{t}\ln\frac{C}{C_0} = \ln\left(\frac{83.6}{200}\right)/1\text{h} = -0.8723\text{h}^{-1}$

$C_2 = 200 \cdot \exp(-0.8723 \times 2) = 34.9\text{mg/L}$

6-2

1차 반응식은 다음과 같은 형태로 표현된다.

$\ln\frac{N_t}{N_0} = -K \cdot t$

반감기가 1h이므로 위의 식에 대입하면

$\ln\frac{2,500}{5,000} = -K \cdot (1\text{h}) \rightarrow K = 0.693\text{h}^{-1}$

$\ln\frac{50}{5,000} = -0.693 \cdot t$

$\therefore\ t = 6.65\text{h}$

정답 6-1 ① 6-2 ③

핵심이론 07 반응조의 종류와 특성

① 회분식(Batch Reactor) 반응조

㉠ 반응물질을 채운 후 혼합하여 반응 종료 후 혼합물을 배출하는 형식이다.

㉡ 1차 반응의 경우

$C_t = C_0 \cdot \exp(-K \cdot t)$

② 연속식(Continuous Reactor) 반응조 : PFR, CFSTR, AFR

㉠ 플러그흐름 반응조(Plug Flow Reactor, PFR)

- 긴 형태의 탱크나 관(Pipe)에서 축방향으로 연속적 흐름이다.
- 횡적인 혼합은 일어나지 않는다.
- 지체시간과 이론적 체류시간은 동일하다(Reaction Time = Hydraulic Retention Time, HRT = $\forall / Q$).
- 1차 반응의 경우

  $C_t = C_0 \cdot \exp(-K \cdot t)$

㉡ 완전혼합흐름 반응조(CFSTR ; Continous Flow Stirred Tank Reactor 또는 CSTR ; Continuous Stirred Tank Reactor)

- 원형, 사각형 반응조에서 순간적으로 혼합이 일어나는 반응조이다.
- 1차 반응의 경우

  $C_t = \frac{C_0}{(1 + K \cdot t)}$

㉢ 분산플러그 흐름반응조(AFR ; Arbitrary Flow Reactor)

- 종방향으로 분산이 있는 플러그 흐름이다.
- PFR과 CFSTR의 중간형태로 짧고 넓은 반응조가 여기에 해당된다(현실에서의 반응조는 대부분 여기에 속한다).

핵심예제

1차 반응식이 적용된다고 할 때 완전혼합반응기(CFSTR)의 체류시간은 압출형반응기(PFR)의 체류시간의 몇 배가 되는가? (단, 1차 반응에 의해 초기농도의 70%가 감소되었고, 자연지수로 계산하며 속도상수는 같다고 가정함) [2013년 2회 기사]

① 1.34
② 1.51
③ 1.72
④ 1.94

|해설|

- CFSTR의 체류시간

$Q(C_o - C_t) = kVC_t$, $(C_o - C_t) = kC_t t$

초기농도의 70% 감소했으므로 $C_t = 0.3C_o$

$$t = \frac{(C_o - C_t)}{kC_t} = \frac{C_o - 0.3C_o}{k \times 0.3C_o} \fallingdotseq \frac{2.33}{k}$$

- PFR의 체류시간

$$\ln\frac{C_t}{C_o} = -kt,\ t = -\frac{\ln 0.3}{k} \fallingdotseq \frac{1.2}{k}$$

∴ CFSTR / PFR = 2.33 / 1.2 ≒ 1.94

정답 ④

핵심이론 08 반응조의 혼합정도

① 반응조에 있어 혼합정도는 분산(Variance), 분산수(Dispersion Number), Morill 지수(Morill Index, M_0)로 나타낼 수 있다.

② PFR : 분산 = 0, 분산수 = 0, $M_0 = 1$

③ CFSTR : 분산 = 1, 분산수 = ∞, M_0값이 클수록 이상적 CFSTR에 근접

※ $M_0 = \dfrac{t_{90}}{t_{10}}$

여기서, t_{90} : 90%가 유출될 때까지의 시간

t_{10} : 10%가 유출될 때까지의 시간

핵심예제

완전혼합 흐름 상태에 관한 설명 중 옳은 것은? [2010년 1회 기사]

① 분산이 1일 때 이상적 완전혼합 상태이다.
② 분산수가 0일 때 이상적 완전혼합 상태이다.
③ Morrill 지수의 값이 1에 가까울수록 이상적 완전혼합 상태이다.
④ 지체시간이 이론적 체류시간과 동일할 때 이상적 완전혼합 상태이다.

|해설|

② 분산수가 무한대일 때 이상적 완전혼합 상태이다.
③ Morrill 지수의 값이 클수록 이상적 완전혼합 상태이다.
④ 지체시간이 0일 때 이상적 완전혼합 상태이다.

정답 ①

핵심이론 09 수소이온농도(pH)

① 물의 산 또는 알칼리의 강도를 나타내는 데 이용한다.

② 수소이온농도$[H^+]$의 역수에 상용로그를 취하여 구한 값이다.

$$pH = \log\frac{1}{[H^+]} = -\log[H^+]$$

$$pOH = -\log[OH^-]$$

$$pH + pOH = 14$$

③ 순수한 자연수의 경우에는 물속에서 수소이온(H^+)이나 수산화이온(OH^-)이 소량으로 같은 양(10^{-7}mol/L, pH 7)이 존재한다.

④ pH값은 0에서 14까지 있고, 25℃에서 pH 7은 중성이다.

⑤ pH는 용존이온의 영향을 받아 변화하기 때문에 음용수에서는 중성부근이 바람직하다. pH가 낮은 물은 수도시설의 콘크리트나 철관 등을 부식시키기 쉽다.

⑥ 물의 pH는 수질측정 시 반드시 필요한 기본항목으로 보통 담수일 경우 pH 7(중성), 해수는 pH 8.2, 빗물의 경우 대기 중 CO_2로 인하여 pH 5.6(산성)을 띠게 된다.

⑦ 자연수의 pH 변화는 도시하수나 공장폐수의 유입으로 발생하기 쉽고, 상수관이나 구조물의 부식현상과 Cu, Fe, Zn 등의 산화환원현상에도 깊은 관계가 있다.

핵심예제

25℃ pH = 4.35인 용액에서 $[OH^-]$의 농도는?

[2011년 2회 산업기사]

① 4.47×10^{-5}mol/L ② 6.54×10^{-7}mol/L
③ 7.66×10^{-9}mol/L ④ 2.24×10^{-10}mol/L

|해설|

$$K_w = [H^+][OH^-] = 1\times10^{-14}$$

$$= 10^{-4.35}\times[OH^-] = 1\times10^{-14}$$

$$\therefore\ [OH^-] = 2.24\times10^{-10}\text{mol/L}$$

정답 ④

핵심이론 10 경도(Hardness)

① 물속에 용해되어 있는 Ca^{2+}, Mg^{2+} 등의 2가 양이온 금속이온에 의하여 발생하며 이에 대응하는 $CaCO_3$(mg/L)로 환산 표시한 값으로 물의 세기를 나타낸다.

② 대체로 경수는 표토가 두껍고 석회암 층이 존재하는 지역에서 생긴다.

㉠ 연수(Soft Water) : 0~75mg/L

㉡ 경수(Hard Water) : 150~300mg/L

③ 수중의 Ca^{2+}, Mg^{2+}는 주로 지질에 기인하는 것이며, 해수, 공장폐수, 하수 등의 혼합에 의한 것도 있다.

④ 총경도 = 일시경도 + 영구경도

㉠ 일시경도(Temporary Hardness)
끓일 경우 제거되는 경도성분이며, 칼슘, 마그네슘의 탄산염, 중탄산염이므로 탄산경도(Carbonate Hardness)라고도 한다.

㉡ 영구경도(Permanent Hardness)
끓여도 제거되지 않는 경도성분으로 칼슘, 마그네슘의 염화물, 질산염, 황산염으로 되어 있어 비탄산경도(Non-carbonate Hardness)라고도 한다.

⑤ 경도가 높으면 물때가 생기므로 가정용수로는 좋지 않으며, 공업용수로도 적합하지 않다.

⑥ 칼슘은 인체에 필요한 성분이므로, 음용수 중에 다소 있는 편이 좋으나, 경도가 높은 물은 설사를 유발한다.

⑦ 물이 센물이 되면 물의 이용에 많은 문제점을 발생시키는 데 다음과 같다.

㉠ 세탁효과를 저하시킨다. 센물 속의 이온들이 비누와 먼저 결합반응하여 세척효과를 떨어뜨리며, 비누의 거품을 만드는데 다량의 비누가 소비된다.

㉡ 보일러, 온수관 등의 설비에 물때(Scale)를 만들어 각종 장치의 장애를 일으키며 열효율을 떨어뜨린다.

㉢ 위생적인 면에서 경도가 높은 물을 마시면 설사, 복통을 유발한다.

핵심예제

다음 중 경도(Hardness)에 관한 설명에서 틀린 것은?
[2011년 2회 기사]

① 일반적으로 칼슘이온과 마그네슘이온이 경도의 주원인이 된다.
② 경도는 물의 세기 정도를 말하며 2가 이상 양이온 금속의 함량을 탄산칼슘($CaCO_3$)의 농도로 환산한 값이다.
③ 표토층이 얇거나 석회암층이 존재하는 곳에서 경도가 높은 물이 생성된다.
④ 탄산경도 성분은 물을 끓일 때 제거되므로 일시경도라 한다.

|해설|

표토층이 두껍고 석회암층이 존재하는 곳에서 경도가 높은 물이 생성된다.

정답 ③

핵심이론 11 경도의 계산

$$경도(mg/L\ as\ CaCO_3) = \sum M_c^{2+} \times \frac{50}{E_q}$$

① M_c^{2+} : 2가 양이온 금속물질의 각각의 농도(mg/L)
② E_q : 2가 양이온 금속물질의 각각의 당량수
　㉠ $Ca^{2+} = 40/2 = 20eq$
　㉡ $Mg^{2+} = 24/2 = 12eq$
　㉢ $Sr^{2+} = 87.6/2 = 43.8eq$

핵심예제

Ca^{2+}가 40mg/L, Mg^{2+}가 36mg/L이 포함된 물의 경도는?(단, Ca의 원자량 40, Mg의 원자량 24)
[2012년 3회 기사]

① 150mg/L as $CaCO_3$
② 200mg/L as $CaCO_3$
③ 250mg/L as $CaCO_3$
④ 300mg/L as $CaCO_3$

|해설|

• Ca^{2+}의 경도(mg/L as $CaCO_3$) $= \sum Ca^{2+} \times \frac{50}{20}$
$= 40mg/L \times \frac{50}{20} = 100mg/L$

• Mg^{2+}의 경도(mg/L as $CaCO_3$) $= \sum Mg^{2+} \times \frac{50}{12}$
$= 36mg/L \times \frac{50}{12} = 150mg/L$

∴ 물의 경도(mg/L) = Ca^{2+}의 경도(mg/L) + Mg^{2+}의 경도(mg/L)
= 100mg/L + 150mg/L = 250mg/L

정답 ③

핵심이론 12 알칼리도(Alkalinity)

① 수중에 수산화물, 탄산염, 중탄산염의 형태로 함유되어 있는 알칼리성을 이에 대응하는 $CaCO_3$로 환산하여 나타낸 것으로 물속에서 산을 중화시키는데 필요한 능력의 척도가 된다.

② 물속의 알칼리도에 기여하는 물질을 pH가 높은 순으로 열거한다면 수산화물, 탄산염, 중탄산염의 순서이며, 주로 약한 산의 염이나 센 염기로 구성되어 있어 산을 첨가할 때 pH가 감소하는 것을 억제하는 완충작용을 하게 된다.

③ 자연수 중에는 중탄산 알칼리도가 대부분을 차지하므로 알칼리도가 높아도 pH가 반드시 상승하는 것은 아니다.

④ 알칼리도가 낮은 물은 철관을 부식시키지만 알칼리도가 높은 물은 철관의 표면에 스케일을 부착시켜서 관을 보호한다. 그리고 알칼리도가 낮은 물에 황산반토를 첨가하여도 좀처럼 좋은 Floc을 만들기 어려운 반면에 알칼리도가 너무 높으면 황산반토의 양이 증대하여 비경제적이다. 알칼리도가 부족할 때는 소다염(Na_2CO_3)이나 소석회($Ca(OH)_2$)와 같은 알칼리제를 가하여 이를 조절하여야 한다.

⑤ 경도와 알칼리도의 관계

㉠ 총경도 > 알칼리도 → 알칼리도 = 탄산경도

㉡ 총경도 < 알칼리도 → 총경도 = 탄산경도

핵심예제

어떤 시료수의 알칼리도가 350mg/L as $CaCO_3$, 총경도가 240mg/L as $CaCO_3$였다. 이 물의 탄산경도는?

[2007년 3회 기사]

① 110mg/L as $CaCO_3$
② 240mg/L as $CaCO_3$
③ 350mg/L as $CaCO_3$
④ 540mg/L as $CaCO_3$

|해설|

총경도가 알칼리도보다 클 때 알칼리도는 탄산경도와 같고, 총경도가 알칼리도보다 작을 때는 총경도는 탄산경도와 같다. 문제의 경우 총경도가 알칼리도보다 작으므로 탄산경도는 총경도와 같다.

정답 ②

핵심이론 13 이론적 산소요구량 (ThOD ; Theoretical Oxygen Demand)

① 유기물질이 화학양론적으로 산화·분해될 때 이론적으로 요구되는 산소량을 말한다.

② 이론식에 의해 구한 ThOD값과 시험을 통해 구한 BOD 값과는 상당한 차이가 있을 수 있다(ThOD는 유기물이 완전히 산화되지만, BOD는 일반적으로 유기물의 일부가 미생물에 의해 분해 또는 세포로 변환됨).

핵심예제

13-1. Bacteria($C_5H_7O_2N$)의 호기성 산화과정에서 박테리아 3g당 소요되는 이론적 산소요구량은?(단, 박테리아는 CO_2, H_2O, NH_3로 전환됨) [2007년 2회 기사]

① 2.24g ② 3.42g
③ 4.25g ④ 5.96g

13-2. 다음의 유기물 1mol이 완전산화될 때 이론적인 산소요구량(ThOD)이 가장 큰 것은? [2019년 2회 기사]

① C_6H_6
② $C_6H_{12}O_6$
③ C_2H_5OH
④ CH_3COOH

|해설|

13-1

$C_5H_7O_2N + 5O_2 \rightarrow 5CO_2 + 2H_2O + NH_3$

113g　　5×32g

3g　　　xg

$\therefore \text{ThOD} = \dfrac{3\times5\times32}{113} = 4.25\text{g}$

13-2

반응식을 세워 계산한다.

① $C_6H_6 + 7.5O_2 \rightarrow 6CO_2 + 3H_2O$
　$\therefore$ ThOD = 7.5 × 32g = 240g/mol
② $C_6H_{12}O_6 + 6O_2 \rightarrow 6CO_2 + 6H_2O$
　$\therefore$ ThOD = 6 × 32g = 192g/mol
③ $C_2H_5OH + 3O_2 \rightarrow 2CO_2 + 3H_2O$
　$\therefore$ ThOD = 3 × 32g = 96g/mol
④ $CH_3COOH + 2O_2 \rightarrow 2CO_2 + 2H_2O$
　$\therefore$ ThOD = 2 × 32g = 64g/mol

정답 13-1 ③ 13-2 ①

핵심이론 14 화학적 산소요구량 (COD ; Chemical Oxygen Demand)

① COD는 유기물을 화학적으로 산화시킬 때 얼마만큼의 산소가 화학적으로 소모되는가를 측정하는 방법을 말하며, 산화제로 $K_2Cr_2O_7$이나 $KMnO_4$을 사용하고 있다.

② COD는 BOD와 마찬가지로 수중의 유기물 함유도를 측정하기 위한 간접적 지표(Indicator)이다.

③ 일반적으로 COD값이 BOD값보다 높게 나타난다. COD는 산화제에 의해 유기물을 산화시키므로 생물학적으로 산화될 수 있는 유기물 뿐만 아니라 생물학적으로 '분해' 불가능한 물질도 산화시킬 수 있다.

④ COD실험은 약 2시간 이내 측정이 가능(BOD는 일반적으로 5일)하다.

핵심예제

박테리아($C_5H_7O_2N$) 5g/L을 COD로 환산하면 몇 g/L인가?(단, 질소는 암모니아로 전환됨) [2010년 3회 기사]

① 6.3 ② 7.1
③ 8.3 ④ 9.2

|해설|

박테리아 산화식

$C_5H_7O_2N + 5O_2 \rightarrow 5CO_2 + 2H_2O + NH_3$

113g　　5×32g

COD = (5×32g)(5g/L)/(113g) = 7.08g/L

정답 ②

핵심이론 15 COD와 BOD의 관계

① $COD = BDCOD + NBDCOD$

② $BDCOD = BOD_u = K \times BOD_5$(도시하수의 경우 K는 대략 1.5)

여기서, BDCOD : 생물분해가 가능한 COD (Biodegradable COD)

NBDCOD : 생물분해가 불가능한 COD (Non-biodegradable COD)

핵심예제

BOD_5가 270mg/L이고, COD가 350mg/L인 경우, 탈산소계수(K_1)의 값이 0.2/day이라면, 이때 생물학적으로 분해 불가능한 COD는?(단, $BDCOD = BOD_u$, 상용대수 기준)

[2010년 2회 기사]

① 50mg/L
② 80mg/L
③ 120mg/L
④ 180mg/L

|해설|

$COD = BDCOD + NBDCOD$

$BDCOD = BOD_u$

$BOD_5 = BOD_u(1 - 10^{-K_1 \cdot t})$에서 $BOD_u = 300mg/L$

$NBDCOD = COD - BDCOD = 350 - 300 = 50mg/L$

정답 ①

핵심이론 16 트라이할로메탄(Trihalomethane)

① 트라이할로메탄(THM)은 정수처리의 염소주입공정에서 자연계에서 유래한 부식질계 유기물과 유리염소가 반응하여 생성된다.

② THM은 메탄(CH_4)의 유도체인 유기할로겐 화합물로 수소원자 4개 중 3개가 염소, 브롬(Br) 또는 아이오딘(I) 등으로 치환된 것으로, 화학식상 10가지 종류의 화합물이 존재할 수 있다. 이 중 수돗물에는 클로로폼($CHCl_3$), Bromodichloromethane($CHBrCl_2$), Dibromochloromethane($CHBr_2Cl$), 브로모폼($CHBr_3$)이 주로 존재하며 일반적으로 클로로폼이 가장 많이 존재한다.

③ THM은 발암성 물질로, 소독제로 염소를 사용하는 한 THM의 발생은 불가피하기 때문에 오존, 이산화염소, 결합염소를 사용한 소독법에 대한 연구가 활발히 진행되고 있으며, THM의 원인물질인 미량유기물의 제거와 생성된 THM의 활성탄흡착 등의 대책도 필요하다.

핵심예제

트라이할로메탄(THM)에 관한 설명으로 틀린 것은?

[2009년 2회 기사]

① 일정기준 이상의 염소를 주입하면 THM의 농도는 급감한다.
② pH가 증가할수록 THM의 생성량은 증가한다.
③ 온도가 증가할수록 THM의 생성량은 증가한다.
④ 수돗물에 생성된 트라이할로메탄류는 대부분 클로로폼으로 존재한다.

|해설|

물속의 자연유기물질(NOM ; Natural Organic Matter)은 염소(Cl_2)와 반응하여 소독부산물인 트라이할로메탄(THM ; Trihalomethane)을 생성한다. THM 생성에는 염소주입량, pH, 온도, 반응시간, 유기물 농도, 무기물 농도 등이 영향을 미친다. 염소주입량이 증가하면 THM 생성이 증가하고, 온도, pH, 반응시간, 유기물 농도(TOC), Br^-농도 증가에도 THM 생성이 증가한다. 일반적으로 수돗물 원수인 담수는 Br^-농도가 낮으므로, 수돗물에서 THM은 대부분 클로로폼 형태로 존재한다.

정답 ①

핵심이론 17 콜로이드(Colloid)

① 콜로이드는 0.001~1μm 범위의 크기로 물속에 존재하는 광물질, 유기물, 단백질, 플랑크톤, 조류, 박테리아 등으로 구성된다.

② 콜로이드는 브라운 운동, 투석, 흡착, 전기영동, Coagulation 등의 성질을 갖는다.

③ 전기적으로 대전되어 있으며, 중성 pH 범위에서는 대부분 음전하(Negative Charge)를 띤다.

④ 비표면적이 매우 크기 때문에 강한 선택적 흡착력을 지닌다.

⑤ 소수성(Hydrophobic)과 친수성(Hydrophilic) 콜로이드

㉠ 소수성 콜로이드 : 현탁상태로 존재, 점토, 석유, 금속입자, 물과 반발(Phobic)

㉡ 친수성 콜로이드 : 유탁상태(에멀션)로 존재, 단백질, 박테리아 등, 물과 쉽게 반응(Philic)

⑥ 제타전위(Zeta Potential) : 콜로이드 전단면에서의 정전기 전위를 말하며, 콜로이드 입자 간의 반발력을 나타내는 지표로 사용된다.

핵심예제

17-1. 친수성 콜로이드에 관한 설명으로 틀린 것은?

[2006년 3회 기사]

① 유탁상태(에멀션)로 존재한다.
② 염에 민감하지 못하다.
③ 표면장력이 용매보다 약하다.
④ 틴들효과가 있다.

17-2. 콜로이드 응집의 기본 메커니즘과 가장 거리가 먼 것은?

[2009년 3회 기사]

① 이중층 분산
② 전하의 중화
③ 침전물에 의한 포착
④ 입자 간의 가교 형성

|해설|

17-1

틴들효과는 현탁상태로 존재하는 소수성 콜로이드에서 크게 나타나고, 친수성 콜로이드에서는 약하거나 거의 없다.

틴들현상(Tyndall Phenomenon) : 빛의 파장과 같은 정도 또는 그것보다 더 큰 미립자가 분산되어 있을 때, 빛을 조사하면 광선이 통로에 떠 있는 미립자에 의해 산란되기 때문에 옆 방향에서 보면 광선의 통로가 밝게 나타나는 현상

17-2

이중층의 압축은 전해질 또는 반대이온의 주입에 따른 이중층의 압축을 말한다.

콜로이드입자의 응집 메커니즘

- 확산층(이중층)의 압축(Double-layer Compression)
- 전하의 중화(Charge Neutralization)
- 침전물에 의한 포획(Enmeshment in a Precipitate)
- 입자 간의 가교작용(Interparticle Bridging)

정답 **17-1** ④ **17-2** ①

제4절 | 수중생물학

핵심이론 01 남조류와 녹조류

① 남조류

㉠ 섬유상이나 군락상의 단세포로 구성되어 있다.

㉡ 수온이 높은 늦여름에 특히 많이 발생되는 조류이다.

㉢ 세포벽의 형태가 박테리아와 유사하며, 편모가 없으며, 엽록소가 엽록체 내부에 있지 않고 세포전체에 퍼져있는 원핵생물이다.

㉣ 내부기관이 발달되어 있지 않고, 광합성을 하는 미생물이다.

② 녹조류

㉠ 종류는 단세포와 다세포가 있으며, 비운동성이거나 Swimming Flagella를 갖춘 것도 있다.

㉡ 클로로필 a, b를 가지고 있다.

핵심예제

내부기관이 발달되어 있지 않고 Bacteria에 가까우며 광합성을 하는 미생물로 엽록소가 엽록체 내부에 있지 않고 세포전체에 퍼져 있는 것은?(단, 섬유상이나 군락상의 단세포로 편모 없음)

[2011년 2회 기사]

① 규조류 ② 남조류
③ 녹조류 ④ 진균류

|해설|

남조류의 특성

- 섬유상이나 군락상의 단세포로 구성
- 수온이 높은 늦여름에 특히 많이 발생되는 조류
- 세포벽의 형태가 박테리아와 유사
- 편모가 없으며, 엽록소가 엽록체 내부에 있지 않고 세포 전체에 퍼져있는 원핵생물
- 내부기관이 발달되어 있지 않고, 광합성을 하는 미생물

정답 ②

핵심이론 02 규조류

① 황조류 엽록소 a, c와 잔토필의 색소를 가지고 있고, 세포벽이 형태상 독특한 단세포 조류이다.

② 찬물 속에서 잘 자라 북극지방이나 겨울철에 번성한다.

③ 세포벽이 Silica로 구성되어 있는 조류이다.

④ 봄과 가을에 순간적 급성장을 보여 호수의 성층현상과 관련있는 것으로 판단되는 조류이다.

⑤ 보통 단세포이며, 드물게 군락을 이루고 있는 경우가 있다.

핵심예제

봄과 가을에 순간적 급성장을 보여 호수의 성층현상과 관련있는 것으로 판단되는 조류로 보통 단세포이며 드물게 군락을 이루고 있는 경우가 있으며 초기지질 시대에 호수에 번성하여 축적된 잔해가 가끔 거대한 퇴적층을 형성하기도 하는 것으로 가장 적절한 것은?

[2006년 1회 기사]

① 청-녹조류
② 녹조류
③ 규조류
④ 적조류

|해설|

규조류는 봄과 가을에 순간적 급성장을 보여 호수의 성층현상과 관련있는 것으로 판단되는 조류로 보통 단세포이며 드물게 군락을 이루고 있는 경우가 있고, 찬물 속에서 잘 자라 북극지방이나 겨울철에 번성한다.

정답 ③

핵심이론 03 원핵세포와 진핵세포

① 생물계는 세포 내에 막으로 둘러싸인 핵이 있는지 여부에 따라 크게 2가지로 나뉘는데, 막에 둘러싸인 핵이 있는 생물을 진핵생물, 없는 생물을 원핵생물이라고 한다.

② 원핵생물의 세포를 원핵세포라 하며, 일반적으로 진핵세포보다 작고, 미토콘드리아와 엽록체 등의 세포소기관을 보유하고 있지 않다.

③ 세포크기는 원핵세포 0.5~2μm, 진핵세포 2~200μm 정도이다.

④ 원핵세포(Procaryotic Cell, Prokaryotic Cell)는 막에 둘러싸여 있으나, 핵을 가지지 않은 세포이다.

⑤ 진핵세포(Eukaryotic Cell)은 핵막으로 둘러싸인 핵을 가지는 세포로, 세균과 남조류을 제외한 모든 동물 및 식물의 세포는 진핵세포이다.

핵심예제

3-1. 미생물에 관한 설명으로 옳지 않은 것은? [2012년 3회 산업기사]

① 진핵세포는 핵막이 있으나 원핵세포는 없다.
② 세포소기관인 리보솜은 원핵세포에 존재하지 않는다.
③ 조류는 진핵미생물로 엽록체라는 세포소기관이 있다.
④ 진핵세포는 유사분열을 한다.

3-2. 진핵세포 또는 원핵세포 내 기관 중 단백질 합성이 주요 기능인 것은? [2013년 3회 기사]

① 미토콘드리아 ② 리보솜
③ 액 포 ④ 리소좀

|해설|

3-1
세포소기관인 리보솜은 원핵세포에 리보솜(70S), 진핵세포에 리보솜(80S)로 존재한다.

3-2
진핵세포 또는 원핵세포 내 기관 중 단백질 합성이 주요 기능인 것은 리보솜이다.

정답 3-1 ② 3-2 ②

핵심이론 04 광합성

① 광합성 작용

$6CO_2 + 6H_2O \rightarrow C_6H_{12}O_6$(유기합성화합물)$+ 6O_2$

② 세균적 광합성

㉠ 일부 세균(홍색황세균, 녹색황세균, 홍색세균 등) 중에는 엽록소와 유사한 세균엽록소를 가지고 있어 광합성을 할 수 있다.

㉡ 수소원으로 물을 사용하지 않고, 황화수소(H_2S)나 수소(H_2)를 사용하여 CO_2를 환원시키기 때문에 산소가 발생되지 않는 특징을 가지고 있다.

㉢ 탄산가스의 환원이 혐기성 상태에서 이루어지기 때문에 혐기성 광합성이라고 한다.

$$6CO_2 + 12H_2S \rightarrow C_6H_{12}O_6 + 6H_2O + 12S$$

$$6CO_2 + 12H_2 \rightarrow C_6H_{12}O_6 + 6H_2O$$

핵심예제

미생물의 분류에서 탄소원이 CO_2이고 에너지원을 무기물의 산화·환원으로부터 얻는 미생물은? [2013년 2회 기사]

① Photoautotrophics
② Chemoautotrophics
③ Photoheterotrophics
④ Chemoheterotrophics

|해설|

에너지원과 탄소원에 따른 분류

명 칭	에너지원	탄소원
광합성 독립 영양 미생물 (Photoautotrophics)	빛	CO_2
화학합성 독립 영양 미생물 (Chemoautotrophics)	무기물의 산화환원반응	CO_2
광합성 종속 영양 미생물 (Photoheterotrophics)	빛	유기탄소
화학합성 종속 영양 미생물 (Chemoheterotrophics)	유기물의 산화환원반응	유기탄소

정답 ②

핵심이론 05 세포의 비증식속도

① 세균을 순수배양할 때 식종된 세균이 새로운 배지에 적응되어 증식되는 속도를 말한다.

② Monod식 : $\mu = \mu_{max} \times \frac{S}{K_s + S}$

㉠ μ : 세포의 비증식계수(속도) [T^{-1}]

㉡ μ_{max} : 세포의 최대비증식계수(속도) [T^{-1}]

㉢ S : 제한기질(Growth-limiting Substrate ; 필수 영양물질 중 첫번째로 고갈되는 물질)의 농도

㉣ K_s : 반포화농도($\mu = 1/2\mu_{max}$ 일 때 제한기질의 농도)

핵심예제

5-1. 어느 배양기(培養基)의 제한기질농도(S)가 100mg/L, 세포 최대비증식계수가 0.23/h일 때 Monod식에 의한 세포의 비증식계수(μ)는?(단, 제한기질 반포화농도(K_s)는 30mg/L이다) [2009년 1회 기사]

① 0.12/h ② 0.18/h
③ 0.23/h ④ 0.29/h

5-2. μ(세포비증가율)가 μ_{max}의 80%일 때 기질농도(S_{80})와 μ_{max}의 20%일 때의 기질농도(S_{20})와의 (S_{80}/S_{20})비는?(단, 배양기 내의 세포비증가율은 Monod식이 적용) [2013년 1회 기사]

① 4 ② 8
③ 16 ④ 32

|해설|

5-1

Monod식

$$\mu = \mu_{max} \times \frac{S}{K_s + S} = 0.23 \times \frac{100}{30 + 100} = 0.18/h$$

5-2

$$\mu = \mu_{max} \times \frac{S}{K_s + S}$$

• $0.8 = \frac{S_{80}}{K_s + S_{80}} \rightarrow S_{80} = 4K_s$

• $0.2 = \frac{S_{20}}{K_s + S_{20}} \rightarrow S_{20} = 0.25K_s$

$\therefore \frac{S_{80}}{S_{20}} = \frac{4}{0.25} = 16$

정답 5-1 ② 5-2 ③

제5절 | 수자원관리

핵심이론 01 하천의 자정단계(Whipple에 의한 분류)

하천의 수질은 하류로 유하하면서 일련의 변화과정을 거친다.

① 분해지대(Zone of Degradation)

㉠ 희석이 잘 되는 대하천보다는 소하천에서 뚜렷이 나타난다.

㉡ 이 지점에서 여름철 DO 포화도는 45%까지 내려간다.

㉢ 오염에 약한 고등동물 대신 오염에 강한 미생물로 대체된다.

㉣ 분해가 진행됨에 따라 세균수가 증가하고 유기물을 많이 함유하는 슬러지의 침전이 많아지며, DO는 감소하고 이산화탄소는 증가한다.

㉤ 분해가 심해지면 녹색 수중식물이나 고등생물 대신 균류(Fungi), 박테리아가 심하게 번식하고 오염에 강한 실지렁이가 나타난다.

② 활발한 분해지대(Zone of Active Decomposition)

㉠ 물이 회색 내지 흑색을 띠며 H_2S, CH_4 등에 의한 기포발생, 썩은 달걀냄새가 나며 흑색 또는 점성질의 슬러지가 하상에 침전된다.

㉡ 혐기성 분해가 진행되어 CO_2, NH_3-N, CH_4, H_2S의 농도가 증가한다.

㉢ 혐기성 미생물이 성장하게 되며 균류(Fungi)도 감소하다 완전히 사라진다.

㉣ 세균류가 급증하고, 자유유영성 섬모충류(Free Swimming Ciliate)가 번성한다.

③ 회복지대(Zone of Recovery)

㉠ 분해지대와는 반대현상이 나타나며 보통 장거리에 걸쳐서 일어난다.

㉡ 물이 차츰 깨끗해지고 기포발생이 중단된다.

㉢ DO가 증가하고 NO_2-N, NO_3-N의 농도가 증가한다.

㉣ 혐기성 미생물이 호기성 미생물로 대체되며 Fungi 도 조금씩 발생한다.

㉤ 세균류가 감소하고 자유유영성 섬모충류 → 흡관충류(Suctoria) → 고착성 섬모충류(Stalked Ciliate)로 우점종이 서서히 변화한다.

㉥ 조류가 번식하며 원생동물, 윤충(Rotifer), 갑각류(Crustacean)가 번식하기 시작하고 큰 수중식물도 다시 나타난다.

㉦ 바닥에서는 조개나 벌레의 유충이 번식하며 오염에 견디는 힘이 강한 생무지, 황어, 은빛 담수어 등의 물고기도 서식한다.

④ 정수지대(Zone of Clear Water)

㉠ 깨끗한 자연수처럼 보이며 DO가 풍부하여 많은 종류의 생물이 크게 번식하고 호기성 미생물이 다시 나타난다.

㉡ 착색조류, 윤충류(Rotifer), 무척추동물(May Fly, Stone Fly, Caddis Fly), 정수성 어류(송어 등)가 서서히 나타난다.

㉢ 위의 과정을 거치는 동안 대장균과 병균은 대부분 사멸되나 일부는 계속 남아있기 때문에 깨끗한 하천이라도 한 번 오염된 물은 적절한 수처리과정을 거쳐야 음용수로 사용할 수 있다.

핵심예제

하수 등의 유입으로 인한 하천 변화 상태를 Whipple의 4지대로 나타낼 수 있다. 그 중 '활발한 분해지대'에 관한 내용으로 옳지 않은 것은? [2012년 2회 기사]

① 용존산소가 없어 부패상태이며 물리적으로 이 지대는 회색 내지 흑색으로 나타낸다.
② 혐기성 세균과 곰팡이류가 호기성균과 교체되어 번식한다.
③ 수중의 CO_2 농도나 암모니아성 질소가 증가한다.
④ 화장실 냄새나 H_2S에 의한 달걀 썩는 냄새가 난다.

|해설|

하천에서 활발한 분해가 일어나는 지대는 혐기성 세균이 호기성 세균을 교체하며 Fungi는 사라진다(Whipple의 4지대 기준).

정답 ②

핵심이론 02 잔존 BOD 농도

① $BOD_t = BOD_u \times e^{-K \cdot t}$: 자연로그(ln) 베이스

② $BOD_t = BOD_u \times 10^{-K \cdot t}$: 상용로그(log) 베이스

핵심예제

어느 하천의 BOD_u가 8mg/L이고, 탈산소계수(K_1)가 0.1/d일 때, 4일 후 남아 있는 하천의 BOD 농도는?(단, 상용대수 기준) [2013년 2회 기사]

① 3.2mg/L
② 3.6mg/L
③ 4.1mg/L
④ 4.3mg/L

|해설|

• 남아있는 BOD 농도 계산
잔존 $BOD_t = BOD_u \times 10^{-K \cdot t}$
• 4일 후의 BOD 농도
$BOD_4 = 8 \times 10^{-0.1 \times 4} = 3.2$mg/L

정답 ①

핵심이론 03 소모 BOD 농도

① $BOD_t = BOD_u \times (1 - e^{-K \cdot t})$: 자연로그(ln) 베이스

② $BOD_t = BOD_u \times (1 - 10^{-K \cdot t})$: 상용로그(log) 베이스

핵심예제

3-1. 어떤 하천의 BOD_5가 220mg/L이고, BOD_u가 470mg/L이다. 이 하천의 탈산소계수(K_1) 값은?(단, 상용대수 기준) [2006년 3회 기사]

① 0.0256/day ② 0.0392/day
③ 0.0495/day ④ 0.0548/day

3-2. 최종 BOD가 300mg/L, 탈산소계수(자연대수를 Base로 함)가 $0.2day^{-1}$인 오수의 5일 소모 BOD는? [2010년 3회 기사]

① 약 170mg/L ② 약 190mg/L
③ 약 220mg/L ④ 약 240mg/L

3-3. 하천수 수온은 10℃이다. 20℃ 탈산소계수 K(상용대수)가 $0.1day^{-1}$이라면 최종 BOD와 BOD_4의 비(BOD_4/BOD_u)는?(단, $K_1 = K_{20} \times 1.047^{(T-20)}$) [2011년 2회 산업기사]

① 0.35 ② 0.44
③ 0.52 ④ 0.66

|해설|

3-1

$BOD_t = BOD_u \times (1 - 10^{-K \cdot t})$

$220 = 470(1 - 10^{-K \cdot 5})$

$\therefore K = 0.0548/day$

3-2

$BOD_t = BOD_u \times (1 - e^{-K \cdot t})$

$BOD_5 = 300 \times (1 - e^{-0.2 \times 5}) = 189.6 mg/L$

3-3

$BOD_t = BOD_u \times (1 - 10^{-K \cdot t})$

$K_{10} = K_{20} \times 1.047^{(T-20)}$

$= 0.1/day \times 1.047^{(10-20)} = 0.063/day$

$\therefore \frac{BOD_4}{BOD_u} = (1 - 10^{-0.063 \times 4}) = 0.44$

정답 3-1 ④ 3-2 ② 3-3 ②

핵심이론 04 자정작용과 용존산소

① 용존산소 부족곡선(DO Sag Curve) : 하천에 오염물질이 유입되면 시간 흐름에 따라 DO량이 변하는데, 이 곡선을 용존산소 부족곡선이라 한다.

② 산소부족량(Oxygen Deficit, D_t) : 주어진 수온에서 포화산소량과 실제 용존 산소량과의 차이를 말한다.

$$D_t = \frac{K_1}{K_2 - K_1} \times L_0 (10^{-K_1 \cdot t} - 10^{-K_2 \cdot t}) + D_0 \times 10^{-K_2 \cdot t}$$

㉠ D_0 : 초기($t = 0$) DO 부족량
㉡ D_t : t일 후의 DO 부족량
㉢ L_0 : 완전혼합된 하천수의 최종 BOD
㉣ K_1 : 탈산소계수
㉤ K_2 : 재폭기계수

③ 재폭기(Reaeration)

용존산소의 농도가 평형값 이하로 내려가면 산소는 대기로부터 물속으로 이동한다. 산소부족량이 커질수록, 용존산소농도가 감소할수록 재폭기속도는 증가하게 된다. 또한 재폭기속도는 수온, 불순물 농도, 수면교란상태 등에 따라 달라진다.

핵심예제

어느 하천의 DO가 8mg/L, BOD는 20mg/L이었다. 이때 용존산소곡선(DO Sag Curve)에서의 임계점에 도달하는 시간은?(단, 온도는 20℃, DO 포화농도는 9.2mg/L, K_1 = 0.1/day, K_2 = 0.2/day, $t_c = \frac{1}{K_1(f-1)}\log\left[f\left\{1-(f-1)\frac{D_0}{L_0}\right\}\right]$ 이다)

[2009년 1회 기사]

① 0.62일
② 1.58일
③ 2.74일
④ 3.26일

|해설|

주어진 임계점 도달시간 공식을 이용한다.

$$t_c = \frac{1}{K_1(f-1)}\log\left[f\left\{1-(f-1)\frac{D_0}{L_0}\right\}\right]$$

여기서,

- 자정계수 $f = \frac{K_2}{K_1} = \frac{0.2/\text{day}}{0.1/\text{day}} = 2$
- D_0 = 초기산소 부족량 $= 9.2 - 8 = 1.2\text{mg/L}$

$$\therefore\ t_c = \frac{1}{0.1\times(2-1)}\log\left[2\left\{1-(2-1)\frac{(9.2-8)}{20}\right\}\right] = 2.74\text{day}$$

정답 ③

핵심이론 05 탈산소계수와 재폭기계수의 온도보정

① 탈산소계수(K_1)의 온도보정 : Vant' Hoff-Arrhenius식

$$K_{1(T)} = K_{1(20℃)} \times 1.047^{(T-20)}$$

② 재폭기계수(K_2)의 온도보정 : Metcalf-Eddy식

$$K_{2(T)} = K_{2(20℃)} \times 1.024^{(T-20)}$$

③ 온도보정식에서 보듯이 재폭기계수(K_2)보다 탈산소계수(K_1)가 온도상승에 더 크게 증가한다.

핵심예제

수온이 20℃일 때 탈산소계수가 0.2/day(Base 10)이었다면 수온 30℃에서의 탈산소계수(Base 10)는?(단, θ = 1.042임)

[2012년 1회 산업기사]

① 0.24/day
② 0.27/day
③ 0.30/day
④ 0.34/day

|해설|

$$K_T = K_{20} \times \theta^{(T-20)} = 0.2/\text{day} \times 1.042^{(30-20)} = 0.302/\text{day}$$

정답 ③

핵심이론 06 자정계수(Self-purification Constant)

① 자정계수 $f = \frac{\text{재폭기계수}}{\text{탈산소계수}} = \frac{K_2}{K_1}$

② 자정계수를 크게 해주는 조건

㉠ 하천의 유속이 급류일 것

㉡ 하상이 자갈, 모래 등으로 바닥구배가 클 것

㉢ 하천의 수심은 얕을 것

핵심예제

자정상수(f)의 영향인자에 관한 설명으로 옳은 것은?

[2010년 2회 기사]

① 수심이 깊을수록 자정상수는 커진다.
② 수온이 높을수록 자정상수는 작아진다.
③ 유속이 완만할수록 자정상수는 커진다.
④ 바닥구배가 클수록 자정상수는 작아진다.

|해설|

자정계수(f)는 재폭기계수(K_2)와 탈산소계수(K_1)의 비로 정의된다.

$$f = \frac{K_2}{K_1}$$

재폭기계수(K_2)와 탈산소계수(K_1)는 모두 온도가 높을수록 커지지만, 탈산소계수가 온도에 더욱 크게 반응한다. 따라서 자정계수는 온도가 높아질수록 작아지게 된다.

정답 ②

핵심이론 07 부영양화(Eutrophication)

① 호수나 해역에 유기물이 유입되어 분해되면 질소(N)와 인(P) 등의 영양염류가 증가되어 조류(藻類)가 과다하게 번식한다. 과다하게 번식한 조류는 수중 산소를 고갈시키고 수질을 악화시키는데 이러한 현상을 부영양화라고 한다.

② **원인물질과 유입원** : 원인물질은 질소(N), 인(P)이 대표적이며 이러한 물질의 유입원은 다음과 같다.

㉠ 처리되지 않은 가정하수, 공장폐수

㉡ 농지에서 사용되는 비료(질소비료, 인산질비료)

㉢ 합성세제(무린세제 사용으로 영향이 감소되고 있다)

㉣ 목장지역의 동물의 분뇨

㉤ 자연의 산림지대 등에 있는 썩은 식물

㉥ 가두리 양식장이나 인공낚시터에서 나오는 사료, 분뇨

③ 특 징

㉠ 조류나 수생식물의 사멸 후 분해작용에 의한 악취가 발생하고, 용존산소를 소비한다.

㉡ 조류합성에 의한 유기물의 증가로 인해 COD가 증가한다.

㉢ 투명도가 저하되고, 착색된다.

㉣ 조류와 혐기성 분해에 의한 냄새가 발생한다.

㉤ 저부에 부니가 축적되고, 수심이 감소한다.

㉥ 마지막 단계에서 청록색 조류(남조류)가 번식한다.

㉦ 일단 부영양화된 호수는 회복이 힘들고 어패류의 폐사 등 생물체의 생존환경의 악화로 인한 생태계 파괴가 심각하다.

㉧ 부영양화가 진행될수록 상품가치가 높은 연어, 송어 등이 사라지고 저급어종인 붕어, 잉어 등으로 종의 대체 현상이 일어난다.

㉨ 질소과잉으로 인한 농작물의 성장 장애가 발생한다.

ⓩ 상수도에 미치는 영향

- 조류에 의한 여과지나 스크린이 폐쇄된다.
- 조류의 대사산물 또는 분해산물이 응집작용을 방해한다.

핵심예제

부영양화의 영향으로 틀린 것은? [2013년 3회 기사]

① 부영양화가 진행되면 상품가치가 높은 어종들이 사라져 수산업의 수익성이 저하된다.
② 부영양화된 호수의 수질은 질소와 인 등 영양염류의 농도가 높으나 이의 과잉공급은 농작물의 이상 성장을 초래하고 병충해에 대한 저항력을 약화시킨다.
③ 부영양의 pH는 중성 또는 약산성이나 여름에는 일시적으로 강산성을 나타내어 저니층의 용출을 유발한다.
④ 조류로 인해 정수공정의 효율이 저하된다.

|해설|

부영영화가 진행되면 pH는 중성에서 알칼리성이 되며 여름에는 일시적으로 강알칼리성을 띠는 경우도 있다.

정답 ③

핵심이론 08 부영양화 방지대책

① 저수지 내 질소, 인 등의 유입량을 감소시킨다.
② 인 함유 합성세제 및 비료의 사용을 제한한다.
③ 하수 내 질소, 인을 제거하기 위하여 폐수처리 시 고도처리(3차 처리)를 한다.
④ 조류가 번식할 경우 황산구리($CuSO_4$)이나 활성탄을 살포하거나 공기주입법, 강제혼합 등에 의해 자정능력을 촉진시킨다.
⑤ 상류 농경지의 유출수 처리를 위한 습지나 갈대밭, 삼림보전관리, 자연형 하천을 도입한다.
⑥ 퇴적물 준설이나 유입수 차단을 위한 제방, 펜스 설치 등 유로변경사업을 수행한다.

핵심예제

호소의 부영양화에 대한 일반적 영향으로 옳지 않은 것은? [2012년 1회 기사]

① 영양염류의 공급으로 농산물 수확량이 지속적으로 증가한다.
② 조류나 미생물에 의해 생성된 용해성 유기물질이 불쾌한 맛과 냄새를 유발한다.
③ 부영양화 평가모델은 인(P)부하모델인 Vollenweider 모델 등이 대표적이다.
④ 심수층의 용존산소량이 감소한다.

|해설|

부영양화가 진행된 수원은 질소와 인이 과다하게 존재하여 농산물 수확량이 일시적으로 증가할 수 있으나 지속적으로 증가하지는 않는다.

정답 ①

핵심이론 09 부영양화 지표

① 부영양화 평가방법

㉠ 정성적 방법 : 부영양화로 인해 나타날 수 있는 지표현상(투명도, 조류, 색도, DO, COD 등)을 조사하여 판정한다.

㉡ 정량적 방법 : 물의 영양단계와 각종 수질자료를 토대로 판정하는 방법으로 주요 평가항목에는 AGP, 투명도, 지표생물 존재와 조류의 현존량(개체수 or 클로로필), 용존산소농도, 영양염류(질소, 인 등)가 있다.

② 부영양화 평가모델 : Vollenweider 모델(인 부하모델), Sakamoto 모델(인-엽록소 모델), Dillan 모델, Larsen & Mercier 모델 등

핵심예제

하천 및 호수의 부영양화를 고려한 생태계 모델로 정적 및 동적인 하천의 수질 및 수문학적 특성을 광범위하게 고려한 수질관리모델은? [2013년 1회 기사]

① Vollenweider 모델
② QUALE 모델
③ WQRRS 모델
④ WASPO 모델

|해설|

WQRRS는 하천 및 호수의 부영양화를 고려한 생태계 모델이다.

정답 ③

핵심이론 10 TSI(Trophic State Index : 부영양화 지수)

① TSI는 Carlson에 의해 개발되어 Carlson 지수라고도 한다.

② 부영양화는 수중의 영양염도가 증가하여 식물 플랑크톤을 중심으로 한 1차 생산량이 증대하는 현상이라고 보고, 플랑크톤 농도를 부영양화도 판정인자로 하여 이를 대표하는 Parameter로서 가장 측정이 쉬운 언원판(堰圓版)에 의한 투명도(SD)를 선정한다.

③ 투명도(SD)에 의한 TSI(SD)지수, 투명도(SD)-클로로필 농도(Chl-a)의 상관관계에 의한 TSI(Chl-a)지수, 클로로필 농도(Chl-a)-총인(TP)의 상관관계를 이용한 TSI(T-P)가 있다.

핵심예제

10-1. 호소의 영양 상태를 평가하기 위한 Carlson 지수 산정 시 적용되는 인자와 가장 거리가 먼 것은? [2009년 2회 기사]

① 투명도
② T-N
③ T-P
④ 클로로필-a

10-2. 호소의 영양상태를 평가하기 위한 Carlson 지수를 산정하기 위해 요구되는 Parameter와 가장 거리가 먼 것은? [2012년 2회 기사]

① Chlorophyll-a
② SS
③ 투명도
④ T-P

|해설|

10-1, 10-2
부영양화 지수(TSI ; Trophic State Index)는 Carlson 지수라고도 하는데, 투명도(SD), SD와 클로로필-a, SD와 총인(T-P)을 이용한 지수 등이 있다.

정답 10-1 ② 10-2 ②

핵심이론 11 성층(成層)현상(Stratification)

① 저수지나 호수에서 물이 수심에 따라 온도변화로 인해 발생되는 밀도차에 의해서 여러개의 층으로 분리되는 현상을 말한다.

② 성층현상의 결과로 생긴 층을 수면으로부터 순환층(표수층, Eplimnion), 약층(躍層, 변온층, Thermocline), 정체층(Hypolimnion)이라고 한다.

㉠ 순환층 : 온도차에 의한 물의 유동은 없으나 바람에 의해 순환류를 형성할 수 있다. 공기 중 산소가 재폭기되므로 DO 농도가 높아 호기성 상태를 유지한다.

㉡ 약층(변온층) : 순환대와 정체대의 중간층에 해당하며, 수온이 수심에 따라 변화한다.

㉢ 정체층 : 온도차에 의한 물의 유동이 없는 호수의 최하부층으로 호수바닥에 침전된 유기물이 혐기성 미생물에 의해 분해되어 수질이 악화되고, CO_2, H_2S 등이 증가한다.

③ 성층현상의 발생

㉠ 성층현상은 주로 온도, 밀도 및 바람 등에 의해 주로 여름철과 겨울철에 일어난다(겨울성층 : 역성층, 여름성층 : 정렬성층).

㉡ 물의 수직운동이 없는 겨울이나 여름에 성층현상이 일어나며 겨울보다는 여름의 정체가 심하다. 수직혼합이 없기 때문에 수질은 양호한 편이다.

㉢ 수온이 내려가기 시작하는 봄과 가을에는 수직적인 정체현상이 파괴되어 다시 수직적인 혼합을 이루게 되어 수질은 나빠진다(Turnover : 봄 순환, 가을 순환).

㉣ 저수지에서 수질이 가장 좋은 곳은 보통 수심의 윗부분이다.

핵심예제

호소의 성층현상에 관한 설명으로 옳지 않은 것은?

[2012년 1회 기사]

① 수온약층은 순환층과 정체층의 중간층에 해당되고 변온층이라고도 하며 수온이 수심에 따라 크게 변화된다.
② 호소수의 성층현상은 연직 방향의 밀도차에 의해 층상으로 구분되어지는 것을 말한다.
③ 겨울 성층은 표층수의 냉각에 의한 성층이며 역성층이라고도 한다.
④ 여름 성층은 뚜렷한 층을 형성하며 연직온도경사와 분자확산에 의한 DO구배가 반대 모양을 나타낸다.

|해설|

여름 성층은 뚜렷한 층을 형성하며 연직온도경사와 분자확산에 의한 산소(DO)구배가 같은 모양을 나타낸다.

정답 ④

핵심이론 12 적조현상(Red Tide)

① 호소 또는 해수 중에서 부유하는 식물성 플랑크톤이 단시간 내에 급격히 증가하여 물의 색을 변화시키는 현상으로, 플랑크톤의 색깔에 따라 갈색이나 청색, 흑색을 띤다. 호소나 댐에서 편모조류의 이상증식으로 물의 색이 적색~갈색으로 변하는 경우가 있는데 이를 담수적조라고 한다.

② 원 인

㉠ 질소, 인 등의 풍부한 영양염류의 유입(주로 하수, 폐수 유입이 많은 인근해역)

㉡ 물의 이동이 없이 정체되었을 때

㉢ 생물생장 조건(빛, 수온, pH 등)이 유리할 때

㉣ 미량원소가 존재할 때

㉤ 해수의 Upwelling이 자주 발생하는 수역

※ Upwelling : 바람과 해양 및 육지의 상호작용으로 형성되는 상승류로서 해수가 밑에서 위로 상승하는 경우를 말한다.

③ 영향(피해)

㉠ 적조생물의 호흡이나 분해로 인해 수중의 용존산소가 감소한다.

㉡ 아가미 등에 부착하여 어패류 질식사시킨다.

㉢ 강한 독성을 가지고 있는 편모조류(*Gymnodinium*, *Peridinium*, *Eutrepteiella* 등)의 독분비로 인해 어패류가 폐사한다.

㉣ 적조생물의 급격한 분해에 의한 용존산소 결핍 및 황화수소(H_2S)나 부패독 같은 유해물질 발생으로 어패류가 폐사한다.

㉤ 양식업, 어업 등 생산활동 저해와 함께 해수욕 등 여가활동에도 피해를 준다.

핵심예제

우리나라 근해의 적조(Red Tide)현상의 발생 조건에 대한 설명으로 가장 적절한 것은? [2012년 3회 기사]

① 햇빛이 약하고 수온이 낮을 때 이상 균류의 이상 증식으로 발생한다.
② 수괴의 연직안정도가 적어질 때 발생된다.
③ 정체수역에서 많이 발생된다.
④ 질소, 인 등의 영양분이 부족하여 적색이나 갈색의 적조 미생물이 이상적으로 증식한다.

|해설|

적조(Red Tide)현상은 부영양화에 따른 플랑크톤류가 급격히 증식함으로써 해수가 황・적갈색으로 변화하는 현상을 말한다. 호소나 댐에서 편모조류의 이상증식으로 물의 색이 적갈색으로 변하는 경우가 있는데 이를 담수적조라고 한다. 적조발생 메커니즘은 완전히 규명되지 않았으나 다음과 같은 환경조건하에서 발생되는 것으로 알려져 있다.

- 수괴의 연직안정도가 크고 독립해 있을 때 발생한다.
- 강우에 따른 하천수의 유입으로 염분량이 낮아질 때 발생한다.
- 비타민 B_1, B_2 등의 자극성 물질과 미량 중금속류가 유입되거나 펄프폐액, 단백질 분해로 인한 영양염류, 미생물 대사산물 등이 유입될 때 발생한다.
- 해저에 빈산소층을 형성할 때 발생한다.

정답 ③

핵심이론 13 유류오염

① 유류오염은 해양오염의 가장 큰 비중을 차지하고 있다. 유류오염은 유조선의 좌초 이외에 선박 Ballast수 배출, 폐유방출 및 해양시설에서 배출되는 경우가 많고 연안시설물에서의 배출도 있다.

※ Ballast수 : 유조선이 하역 후에 배의 균형을 잡기 위하여 사용하는 물로, 주로 해수를 이용한다.

② 영 향

㉠ 태양광선 차단으로 인한 광합성을 감소시킨다.

㉡ 수표면에 형성된 유막으로 인한 DO가 감소한다.

㉢ 연안해역의 부착생물을 질식(어류, 갑각류, 갯지렁이, 게 종류, 무척추동물 등)시킨다.

㉣ 먹이연쇄에 따른 생물 농축이 일어난다.

㉤ 유기화합물인 탄화수소에 의한 기름 냄새가 발생한다.

㉥ 양식업, 어업 등 생산활동에 피해가 발생한다.

㉦ 유류오염처리에 사용된 유화제에 의한 2차 오염의 피해가 발생한다.

③ 제거방법

유류오염의 최선의 제거방법은 유류오염이 해양에서 일어나지 않도록 사전에 미리 방지하는 것이며, 일단 오염이 발생하면 기계적, 화학적 방법에 의해 회수하거나 소각, 분산 또는 침전시켜 제거한다.

핵심예제

해양으로 유출된 유류를 제어하는 방법과 가장 거리가 먼 것은? [2012년 2회 산업기사]

① 계면활성제를 살포하여 기름을 분산시키는 것
② 인공 포기로 기름 입자를 증산시키는 것
③ 오일펜스를 띄워 기름은 확산을 차단하는 것
④ 미생물을 이용하여 기름을 생화학적으로 분해하는 것

|해설|

유류 제어 방법

- 확산되는 것을 막기 위해 Oil Fence를 친다.
- 유류제거선박을 이용, 흡입 회수한다.
- 흡수포로 유류를 흡수한 후 흡수포를 회수하여 제거한다.
- 유화제(분산제)를 살포하여 기름을 분해한다.
- 응집제를 살포하여 침강시킨다.
- 미생물을 이용하여 생화학적으로 분해한다.

정답 ②

핵심이론 14 하천모델의 종류와 특징

① Streeter-Phelps Model
- ㉠ 최초의 하천수질 모델이다.
- ㉡ 점오염원으로부터 오염부하량을 고려한다.
- ㉢ 유기물 분해에 따른 DO 소비와 재폭기만을 고려한다.

② DO SAG－I, II, III
- ㉠ 1차원 정상상태 모델이다.
- ㉡ 점오염원 및 비점오염원이 하천의 DO에 미치는 영향을 알 수 있다.
- ㉢ Streeter-Phelps식을 기본으로 한다.
- ㉣ 저질의 영향이나 광합성작용에 의한 DO 반응은 무시한다.

③ QUAL－I, II
- ㉠ 유속, 수심, 조도계수에 의해 확산계수가 결정된다.
- ㉡ 하천과 대기의 열복사 및 열교환을 고려한다.
- ㉢ QUAL－II는 질소, 인, 클로로필-a 등을 고려한다.

④ WQRRS
- ㉠ 하천 및 호수의 부영양화를 고려한 생태계 모델이다.
- ㉡ 정적 및 동적인 하천의 수질, 수문학적 특성이 광범위하게 고려된다.
- ㉢ 호수에는 수심별 1차원 모델이 적용된다.

⑤ WASP
- ㉠ 하천의 수리학적 모델, 수질모델, 독성물질의 거동 등을 고려할 수 있다.
- ㉡ 1, 2, 3차원까지 고려할 수 있으며, 저니가 수질에 미치는 영향을 상세히 고려할 수 있다.

핵심예제

14-1. 하천모델의 종류 중 DO SAG-I, II, III에 관한 설명으로 틀린 것은? [2006년 3회 기사]

① 1차원 정상상태 모델이다.
② 비점오염원이 하천의 용존산소에 미치는 영향은 고려하지 않는다.
③ Streeter-Phelps식을 기본으로 한다.
④ 저질의 영향이나 광합성 작용에 의한 용존산소반응을 무시한다.

14-2. 하천 모델의 종류에 관한 설명으로 옳지 않은 것은? [2010년 1회 기사]

① Streeter-Phelps Model : 점오염원으로부터 오염부하량 고려
② WQRRS : 하천 및 호수의 부영양화를 고려한 생태계 모델
③ DO SAG-I : 확산을 고려한 1차원 정상 모델로 저니나 광합성에 의한 DO 반응 고려
④ QUAL-I : 유속, 수심, 조도계수 등에 의한 확산계수를 산출하고 유체와 대기 간의 열교환 고려

14-3. 다음과 같은 특징을 나타내는 하천 모델링 종류로 가장 알맞은 것은? [2011년 1회 기사]

- 하천 및 호수의 부영양화를 고려한 생태계 모델
- 정적 및 동적인 하천의 수질, 수문학적 특성이 고려
- 호수에는 수심별 1차원 모델이 적용

① WASP
② DO SAG
③ QUAL-I
④ WQRRS

|해설|

14-1

DO SAG－I, II, III
- Streeter-Phelps Model을 기본으로 하며, 1차원 정상상태 모델이다.
- 저질의 영향이나 광합성 작용에 의한 DO 반응을 무시한다.
- 점오염원 및 비점오염원이 하천의 DO에 미치는 영향을 나타낼 수 있다.

14-2

DO SAG－I은 다양한 유량 및 온도 조건하에서 용존산소 농도변화를 쉽게 계산할 수 있도록 기존의 Streeter and Phelps의 수식모델에 질산화과정에 의한 산소소모량을 첨가하여 프로그램화 한 것이다. 1차원 정상상태 모델로 점오염원 및 비점오염원이 하천의 DO에 미치는 영향을 나타낼 수 있으며 저질의 영향이나 광합성 작용에 의한 DO반응을 무시한다.

14-3

WQRRS의 특징을 설명한 것이다.

정답 14-1 ② 14-2 ③ 14-3 ④

상하수도계획

제1절 | 상수도 기본계획

핵심이론 01 기본사항의 결정

기본계획을 수립할 때에는 다음에 의한 계획의 기본사항을 정리해야 한다.

① **계획(목표)연도** : 기본계획에서 대상이 되는 기간으로 계획수립 시부터 15~20년간을 표준으로 한다.

② **계획급수구역** : 계획년도까지 배수관을 매설하여 급수하고자 하는 계획급수구역의 결정에는 여러 가지 상황들을 종합적으로 고려하여야 한다.

③ **계획급수인구** : 계획급수구역 내의 인구에 계획급수보급률을 곱하여 결정한다. 계획급수보급률은 과거의 실적이나 장래의 수도시설계획 등을 종합적으로 검토하여 결정한다.

④ **계획급수량** : 원칙적으로 용도별 사용수량을 기초로 하여 결정한다.

※ 수원지에서 가정까지의 급수계통 : 취수 – 도수 – 정수 – 송수 – 배수 – 급수

핵심예제

계획급수인구 결정 시 시계열경향분석에 의한 장래인구의 추계방법이 아닌 것은? [2013년 3회 기사]

① 변동곡선식에 의한 방법
② 수정지수곡선식에 의한 방법
③ 베기곡선식에 의한 방법
④ 이론곡선식에 의한 방법

|해설|

계획급수인구 결정 시 시계열경향분석에 의한 장래인구 추계방법
- 연평균 인구 증감수와 증감률에 의한 방법
- 수정지수곡선식에 의한 방법
- 베기곡선식에 의한 방법
- 이론곡선식에 의한 방법

정답 ①

핵심이론 02 설계하중 및 외력(시설구조)

시설물이 설계될 때는 시공 당시와 완공 후에 작용하는 하중 및 외력들이 적절하게 고려되어야 한다. 설계에 사용되는 주요 하중 및 외력은 다음에 따른다.

① 설계에 사용되는 재료의 단위중량은 특별한 경우를 제외하고는 건설공사표준품셈에 따른다.
② 적재하중은 해당 시설의 실정에 따라 산정되어야 한다.
③ 토압의 산정에는 일반적으로 인정되는 적절한 토압공식이 사용되어야 한다.
④ 풍압은 속도압에 풍력계수를 곱하여 산정된다.
⑤ 지진력은 시설의 중요도 및 지진동의 크기(또는 규모)에 따라 내진수준을 정하고 내진설계법에 근거하여 산정한다.
⑥ 적설하중은 눈의 단위중량에 그 지방에서의 수직최심 적설량을 곱하여 산정된다.
⑦ 얼음 두께에 비하여 결빙면이 작은 구조물의 설계에는 빙압이 고려되어야 한다.
⑧ 구조물 설계에는 일반적으로 온도변화의 영향이 고려되어야 한다.
⑨ 지하수위가 높은 곳에 설치되는 지상(池狀) 구조물은 비웠을 경우의 부력이 고려되어야 한다.
⑩ 양압력은 구조물의 전후에 수위차가 생기는 경우에 고려된다.

핵심예제

단면형태가 직사각형인 하수관거의 장단점으로 옳은 것은?

[2010년 3회 기사]

① 시공장소의 흙두께 및 폭원에 제한을 받는 경우에 유리하다.
② 만류가 되기까지는 수리학적으로 불리하다.
③ 철근이 해를 받았을 경우에도 상부하중에 대하여 대단히 안정적이다.
④ 현장타설의 경우, 공사기간이 단축된다.

|해설|

단면형태가 직사각형인 하수관거의 장단점

구분	내용
장 점	• 시공장소의 흙두께 및 폭원에 제한을 받는 경우에 유리하며 공장제품을 사용할 수 있다. • 역학 계산이 간단하다. • 만류가 될 때까지 수리학적으로 유리하다.
단 점	• 철근이 해를 받았을 경우 상부하중에 대해 불안하다. • 현장타설일 경우에는 공사기간이 지연된다.

정답 ①

제2절 | 집수와 취수설비

핵심이론 01 저수시설과 취수시설

① 저수시설의 계획기준년 : 계획취수량을 확보하기 위하여 필요한 저수용량의 결정에 사용하는 계획기준년은 원칙적으로 10개년에 제1위 정도의 갈수를 기준년으로 한다.

② 계획취수량과 취수시설의 선정

㉠ 계획취수량은 계획1일 최대급수량을 기준으로 하며, 기타 필요한 작업용수를 포함한 손실수량 등을 고려한다.

㉡ 취수시설은 수원의 종류에 따라 취수지점의 상황과 취수량의 대소 등을 고려하여 취수보, 취수탑, 취수문, 취수관거, 취수틀, 집수매거, 얕은 우물, 깊은 우물 중에서 가장 적절한 것을 선정한다.

㉢ 지표수의 취수

- 하천수를 수원으로 하는 경우 : 취수보, 취수탑, 취수문, 취수관거
- 호소・댐을 수원으로 하는 경우 : 취수탑(고정식, 가동식), 취수문, 취수틀

㉣ 지하수(복류수 포함)의 취수 : 집수매거, 얕은 우물(우물통식, 방사상집수정, 케이싱식), 깊은 우물

핵심예제

1-1. 계획취수량을 확보하기 위하여 필요한 저수용량의 결정에 사용되는 계획기준년에 관한 내용으로 가장 알맞은 것은?

① 원칙적으로 5개년에 제1위 정도의 갈수를 기준년으로 한다.
② 원칙적으로 7개년에 제1위 정도의 갈수를 기준년으로 한다.
③ 원칙적으로 10개년에 제1위 정도의 갈수를 기준년으로 한다.
④ 원칙적으로 15개년에 제1위 정도의 갈수를 기준년으로 한다.

1-2. 지하수(복류수 포함)의 취수시설인 집수매거에 관한 설명으로 옳지 않은 것은? [2010년 3회 기사]

① 일반적으로 중량 취수에 이용되고 있다.
② 하천에 대소에 관계없이 이용된다.
③ 하천바닥에 매몰되어 있어 관리하기 어렵다.
④ 토사유입으로 수질 변동이 크다.

1-3. 상수도 취수 시 계획취수량 기준으로 가장 적합한 것은? [2011년 3회 기사]

① 계획1일 최대급수량의 10% 정도 증가된 수량으로 정함
② 계획1일 평균급수량의 10% 정도 증가된 수량으로 정함
③ 계획1시간 최대급수량의 10% 정도 증가된 수량으로 정함
④ 계획1시간 평균급수량의 10% 정도 증가된 수량으로 정함

|해설|

1-1
계획취수량을 확보하기 위하여 필요한 저수용량의 결정에 사용하는 계획기준년은 원칙적으로 10개년에 제1위 정도의 갈수를 기준년으로 한다.

1-2
집수매거(Infiltration Galleries)는 하천부지의 하상 밑이나 구하천 부지 등의 땅속에 매설하여 집수기능을 갖는 관거이며 복류수나 자유수면을 갖는 지하수(자유 지하수)를 취수하는 시설이다. 지하수의 취수시설인 집수매거는 침투된 물을 취수하므로 토사유입은 거의 없고 일반적으로 수질이 좋다.

1-3
계획취수량은 계획1일 최대급수량을 기준으로 하며, 기타 필요한 작업용수를 포함한 손실수량 등을 고려하여, 계획1일 최대급수량의 10% 정도 증가된 수량으로 정한다.

정답 1-1 ③ 1-2 ④ 1-3 ①

핵심이론 02 취수보(하천)

① 취수시설의 선정

㉠ 하천을 막아 계획취수위를 확보하여 안정된 취수를 가능케 하기 위한 시설로서, 둑의 본체, 취수구, 침사지 등이 일체가 되어 기능을 한다.

㉡ 안정된 취수와 침사효과가 크다.

㉢ 개발이 진행된 하천 등에서 정확한 취수조정이 필요한 경우, 대량취수, 하천의 흐름이 불안정한 경우 등에 적합하다.

㉣ 하천에 대하여 직각으로 설치해야 한다.

㉤ 하천유황이 크게 변하는 장소에서는 취수구가 매몰되는 경우가 많아서 적당하지 않다.

㉥ 하천표면의 쓰레기가 스크린에 걸리기 쉬우므로 대책을 검토해야 한다.

② 위치와 구조

㉠ 유심이 취수구에 가까우며 안정되고 홍수에 의한 하상변화가 적은 지점으로 한다.

㉡ 원칙적으로 홍수의 유심방향과 직각의 직선형으로 가능한 한 하천의 직선부에 설치한다.

㉢ 침수 및 홍수 시의 수면상승으로 인하여 상류에 위치한 하천공작물 등에 미치는 영향이 적은 지점으로 한다.

㉣ 가동보의 상단 높이는 계획하상높이, 현재의 하상높이 및 장래의 하상변동 등을 고려하여 유수소통에 지장이 없는 높이로 한다.

㉤ 원칙적으로 철근콘크리트 구조로 한다.

③ 가동보

㉠ 계획취수위의 확보, 유심의 유지, 토사의 배제, 홍수의 소통 등의 기능을 충분히 할 수 있어야 한다.

㉡ 유심을 유지하고 원활한 취수를 가능하게 하기 위하여 배사문(排砂門)을 설치한다.

㉢ 홍수의 유하에 대비하여 홍수배출구(Spillway)를 설치한다.

㉣ 수문은 원칙적으로 강구조로 한다.

④ 물받이(Apron)

㉠ 월류수 또는 수문의 일부 개방에 의한 강한 수류에 의하여 보의 하류가 세굴되는 것을 방지하기 위하여 물받이를 설치한다.

㉡ 하류면의 물받이는 양압력에 견딜 수 있는 구조로 한다.

⑤ 바닥보호공

㉠ 원칙적으로 물받이의 상·하류에 바닥보호공을 설치한다.

㉡ 바닥보호공의 구조는 원칙적으로 유연성을 갖는 것으로 한다.

⑥ 취수구

㉠ 계획취수량을 언제든지 취수할 수 있고, 취수구에 토사가 퇴적하거나 유입되지 않으며 유지관리가 용이해야 한다.

㉡ 높이는 배사문의 바닥높이보다 0.5~1.0m 이상 높게 한다.

㉢ 유입속도는 0.4~0.8m/s를 표준으로 한다.

㉣ 폭은 바닥높이와 유입속도를 표준치의 범위로 유지하도록 결정한다.

$$B = \frac{Q}{H \cdot V}$$

(Q : 계획취수량, H : 유입수심, V : 유입속도)

㉤ 제수문의 전면에는 스크린을 설치한다.

㉥ 지형이 허용하는 한 취수유도수로를 설치한다.

㉦ 계획취수위는 취수구로부터 도수기점까지의 손실수두를 계산하여 결정한다.

핵심예제

2-1. 하천수를 수원으로 하는 경우에 사용하는 취수시설인 '취수보'에 관한 설명으로 틀린 것은? [2009년 2회 기사]

① 일반적으로 대하천에 적당하다.
② 안정된 취수가 가능하다.
③ 침사 효과가 크다.
④ 관거는 계획하상 이하로 매설한다.

2-2. 상수시설인 취수시설(지표수인 하천수를 수원으로 하는 경우) 중 안정된 취수와 침사효과가 큰 것이 특징이며 개발이 진행된 하천 등에서 정확한 취수조정이 필요한 경우, 대량취수할 때, 하천의 흐름이 불안정한 경우 등에 가장 적합한 것은? [2011년 1회 기사]

① 취수탑　　② 취수문
③ 취수관거　　④ 취수보

|해설|

2-1
취수보는 보통 대량 취수에 적합하지만 간이식은 중·소량 취수에도 사용된다. 취수관거의 경우 관거의 매설깊이는 원칙적으로 2m 이상으로 하지만, 부득이한 경우에도 계획하상 이하로 하는 것은 취수관거에 대한 사항이다.

2-2
취수보는 하천을 막아 계획수위를 확보하여 안정된 취수를 가능하게 하기 위한 시설로서, 둑의 본체, 취수구, 침사지 등이 일체가 되어 기능을 한다. 안정된 취수와 침사효과가 큰 것이 특징이며, 개발이 진행된 하천 등에서 정확한 취수조정이 필요한 경우, 대량 취수할 때, 하천의 흐름이 불안정한 경우 등에 적합하다.

정답 2-1 ④ 2-2 ④

핵심이론 03 취수탑(하천, 호소, 댐)

① 취수탑의 선정

㉠ 하천, 호소, 댐의 내에 설치된 탑모양의 구조물로 측벽에 만들어진 취수구에서 직접 탑 내로 취수하는 시설이다.
㉡ 하천의 수심이 일정한 깊이 이상인 지점에 설치하면 연간 안정적인 취수가 가능하다.
㉢ 취수구를 상하에 설치하여 수위에 따라 좋은 수질을 선택 취수할 수 있다.
㉣ 보통 대·중용량 취수 시 사용되며, 대량취수 시 경제적이다. 유황이 안정된 하천에서 대량 취수 시 특히 유리하다.
㉤ 취수보에 비하여 일반적으로 경제적이다.
㉥ 취수탑의 횡단면은 환상으로서 원형 또는 타원형으로 한다. 하천에 설치하는 경우에는 원칙적으로 타원형으로 하며, 장축방향을 흐름방향과 일치하도록 설치한다.
㉦ 어느 정도의 토사유입은 피할 수 없으나, 하천유량에 따라 수문을 조작하여 상당히 방지가 가능하다.
㉧ 갈수기에 일정수위 이상의 수심을 확보해야 한다. 수심은 2m 이상 필요하다.
㉨ 취수구가 상하 2개 이상인 경우에는 수문조작으로 파랑이나 결빙의 영향을 최소한으로 방지가 가능하다.

② 위치 및 구조

㉠ 연간을 통하여 최소수심이 2m 이상으로 하천에 설치하는 경우에는 유심이 제방에 되도록 근접한 지점으로 한다.
㉡ 세굴이 우려되는 경우에는 돌이나 또는 콘크리트공 등으로 탑 주위의 하상을 보강한다.
㉢ 수면이 결빙되는 경우에는 취수에 지장을 미치지 않는 위치에 설치한다.

③ 형상 및 높이

㉠ 취수탑의 내경의 결정은 계획취수량을 취수하기 위한 적절한 취수구의 크기 및 배치를 고려하되 구조적 검토를 통해 시설물의 안전을 확인하여야 한다.

㉡ 취수탑의 상단 및 관리교의 하단은 하천, 호소 및 댐의 계획최고수위보다 높게 한다.

④ 취수구

㉠ 계획최저수위인 경우에도 계획취수량을 확실히 취수할 수 있는 설치위치로 한다.

㉡ 단면형상은 장방형 또는 원형으로 한다.

㉢ 전면에는 협잡물을 제거하기 위한 스크린을 설치해야 한다.

㉣ 취수탑의 내측이나 외측에 슬루스게이트(제수문), 버터플라이밸브 또는 제수밸브 등을 설치한다.

㉤ 수면이 결빙되는 경우에도 취수에 지장을 주지 않도록 유의한다.

핵심예제

취수탑의 취수구에 관한 설명으로 가장 거리가 먼 것은?

[2019년 3회 기사]

① 단면형상은 정방형을 표준으로 한다.

② 취수탑의 내측이나 외측에 슬루스게이트(제수문), 버터플라이밸브 또는 제수밸브 등을 설치한다.

③ 전면에는 협잡물을 제거하기 위한 스크린을 설치해야 한다.

④ 최하단에 설치하는 취수구는 계획최저수위를 기준으로 하고 갈수 시에도 계획취수량을 확실하게 취수할 수 있는 것으로 한다.

|해설|

취수탑의 취수구

- 계획최저수위인 경우에도 계획취수량을 확실히 취수할 수 있는 설치위치로 한다.
- 단면형상은 장방형 또는 원형으로 한다.
- 전면에는 협잡물을 제거하기 위한 스크린을 설치해야 한다.
- 수면이 결빙되는 경우에도 취수에 지장을 주지 않도록 유의한다.
- 취수탑의 내측이나 외측에 슬루스게이트(제수문), 버터플라이밸브 또는 제수밸브 등을 설치한다.

정답 ①

핵심이론 04 취수문(하천, 호소, 댐)

① 취수문의 선정

㉠ 하천의 표류수나 호소의 표층수를 취수하기 위하여 물가에 만들어지는 취수시설로서 취수문을 지나서 취수된 원수는 접속되는 터널 또는 관로 등에 의하여 도수된다.

㉡ 일반적으로 구조는 문(門)모양이고 철근콘크리트제로 하며, 각형 또는 말발굽형 등의 입구에 취수량을 조정하기 위한 수문 또는 수위조절판(Stop Log)을 설치하고, 앞부분에는 스크린을 설치한다.

㉢ 수위 및 하상 등이 안정된 지점에서 중소량의 취수에 알맞고 유지관리도 비교적 용이하다.

㉣ 갈수 시, 홍수 시, 결빙 시에는 취수량 확보 조치 및 조정이 필요하다.

② 위치 및 구조

㉠ 양질이고 견고한 지반에 설치한다.

㉡ 수문의 크기를 결정할 때에는 모래나 자갈의 유입을 가능한 한 적게 되는 유속으로 한다.

㉢ 문설주(Gate Post)에는 수문 또는 수위조절판을 설치하고, 문설주의 구조는 철근콘크리트를 원칙으로 한다.

㉣ 적설, 결빙 등으로 수문의 개폐에 지장이 일어나지 않도록 한다.

㉤ 수문의 전면에는 스크린을 설치한다.

③ 게이트식 수문과 수위조절판식 수문이 있다.

④ 취수문을 통한 유입속도가 0.8m/s 이하가 되도록 취수문의 크기를 정한다.

핵심예제

취수구 시설에서 스크린, 수문 또는 수위조절판(Stop Log)을 설치하여 일체가 되어 작동하게 되는 취수시설은? [2021년 3회 기사]

① 취수보 ② 취수탑
③ 취수문 ④ 취수관거

|해설|

취수문

- 수문의 전면에는 스크린을 설치한다.
- 문설주에는 수문 또는 수위조절판을 설치하고, 문설주의 구조는 철근콘크리트를 원칙으로 한다.
- 수문의 크기를 결정할 때는 모래나 자갈의 유입을 가능한 한 적게 되는 유속으로 한다.

정답 ③

핵심이론 05 취수관거(하천)

① 취수관거의 선정

㉠ 취수관거는 취수구를 제방법선에 직각으로 설치하고, 직접 관거 내로 표류수를 취수하여 자연유하로 제내지에 도수하는 시설이다.

㉡ 유황이 안정되고 유량변화가 적은 하천에서의 취수에 적합하고, 유지관리가 비교적 용이하다(하상변동이 크고 유심이 불안정한 하천에서는 취수구 매몰이나 세굴에 의한 관거노출의 우려가 있음).

㉢ 홍수 등에 의한 쓰레기에 대한 방지대책이 요구된다.

② 취수구와 관거

㉠ 취수구는 철근콘크리트로 하고, 전면에 수위조절판이나 스크린을 설치한다.

㉡ 원칙적으로 관거의 상류부에 제수문 또는 제수밸브를 설치한다.

㉢ 관거를 제외지에 부설하는 경우에 원칙적으로 계획고수부지고에서 2m 이상 깊게 매설한다.

㉣ 필요에 따라 유사시설을 설치한다.

핵심예제

하천수의 취수에 관한 설명으로 옳지 않은 것은?

[2012년 1회 기사]

① 취수보는 안정된 취수와 침사 효과가 큰 것이 특징이다.
② 취수탑(취수지점)은 하천유황이 안정되고 또한 갈수수위가 2m 이상인 것이 필요하다.
③ 취수문은 하천유황의 영향을 직접 받는다.
④ 취수관거는 지하에 매설하므로 하상변동이 큰 지점에 적당하다.

|해설|

취수관거는 하상변동이 큰 지점에서는 적당하지 않다.

정답 ④

핵심이론 06 침사지

① 침사지의 설치

㉠ 원수와 동시에 유입된 모래를 침강, 제거하기 위한 시설을 말한다.

㉡ 침사지의 위치는 가능한 한 취수구에 근접하여 제내지에 설치한다.

㉢ 지는 장방형 등 유입되는 모래가 효과적으로 침전될 수 있는 형상으로 하고 유입부 및 유출부를 각각 점차 확대·축소시킨 형태로 한다.

㉣ 지수는 2지 이상으로 한다.

② 구 조

㉠ 원칙적으로 철근콘크리트구조로 하며 부력에 대해서도 안전한 구조로 한다.

㉡ 표면부하율은 200~500mm/min을 표준으로 한다.

㉢ 지내 평균유속은 2~7cm/s를 표준으로 한다.

㉣ 지의 길이는 폭의 3~8배를 표준으로 한다.

㉤ 지의 고수위는 계획취수량이 유입될 수 있도록 취수구의 계획최저수위 이하로 정한다.

㉥ 지의 상단높이는 고수위보다 0.6~1m 여유고를 둔다.

㉦ 지의 유효수심은 3~4m를 표준으로 하고, 퇴사심도를 0.5~1m로 한다.

㉧ 바닥은 모래배출을 위하여 중앙에 배수로(Pit)를 설치하고, 길이방향에는 배수구로 향하여 1/100, 가로방향은 중앙배수로를 향하여 1/50 정도의 경사를 둔다.

㉨ 한랭지에서 저온으로 지의 수면이 결빙되거나 강설로 수중에 눈얼음 등이 보이는 곳에서는 기능장애를 방지하기 위하여 지붕을 설치한다.

핵심예제

6-1. 정수시설인 침사지에 대한 설명 중 틀린 것은?

[2009년 2회 기사]

① 표면부하율은 200~500mm/min을 표준으로 한다.
② 지내 평균유속은 2~7cm/s를 표준으로 한다.
③ 지의 길이는 폭의 5~10배를 표준으로 한다.
④ 지의 상단높이는 고수위보다 0.6~1m의 여유고를 둔다.

6-2. 취수시설에서 침사지에 관한 설명으로 옳지 않은 것은?

[2010년 2회 기사]

① 지의 위치는 가능한 한 취수구에 근접하여 제내지에 설치한다.
② 지의 상단높이는 고수위보다 0.3~0.6m의 여유고를 둔다.
③ 지의 고수위는 계획취수량이 유입될 수 있도록 취수구의 계획최저수위 이하로 정한다.
④ 지의 길이는 폭의 3~8배, 지내 평균유속은 2~7cm/s를 표준으로 한다.

|해설|

6-1
지의 길이는 폭의 3~8배를 표준으로 한다.

6-2
지의 상단높이는 고수위보다 0.6~1m의 여유고를 둔다.

정답 6-1 ③ 6-2 ②

핵심이론 07 지하수 취수

① 취수지점의 선정

㉠ 기존 우물 또는 집수매거의 취수에 영향을 주지 않아야 한다.

㉡ 연해부의 경우에는 지하수 취수에 따른 해수침입으로 인한 지하수질 변화가 이루어지지 않는 적정 개발물량을 산정하고, 해수침입의 영향을 받지 않는 취수지점을 선정할 수 있도록 충분한 조사를 하여야 한다.

㉢ 주변의 오염원이 지하로 침투되어 영향이 없어야 하며, 장래에도 오염의 영향을 받지 않는 지점이어야 한다.

㉣ 복류수와 강변여과수인 경우에 장래 일어날 수 있는 유로변화 또는 하상저하 등을 고려하고 하천개수계획에 지장이 없는 지점을 선정한다. 그리고 하상 원래의 지질이 이토질(泥土質)인 지점은 피한다.

※ Ghyben-Herzberg 법칙 : 해안부근 지하수는 육지에서 바다로 유출되는 담수층과, 바다에서 육지로 침입하는 해수층과의 밀도관계로 균형을 이루고 있다.

$$H = 42h$$

(H : 해수면에서 지하수바닥까지의 두께, h : 해수면에서 지하수위까지의 두께)

② 양수량의 결정

㉠ 한 개의 우물에서 계획취수량을 얻는 경우의 적정양수량은 양수시험에 의해 판단한다.

㉡ 여러 개의 우물(기존 우물 포함)의 경우 우물 상호간의 영향권을 고려하여 개수를 결정하고, 양수량은 안전양수량으로 한다.

㉢ 양수량의 정의

- 최대양수량 : 양수시험의 과정에서 얻어진 최대의 양수량
- 한계양수량 : 단계양수시험으로 더 이상 양수량을 늘리면 급격히 수위가 강하되어 우물에 장애를 일으키는 양
- 적정양수량 : 한계양수량의 70% 이하의 양수량
- 안전양수량 : 우물이 여러 개인 경우 물수지에 균형을 무너뜨리지 않고 장기적으로 취수할 수 있는 양수량(부근 우물의 수위가 계속하여 강화하지 않는 양수량)

핵심예제

지하수 취수 시 적용되는 '적정양수량'의 정의로 맞는 것은?

[2009년 2회 기사]

① 최대양수량의 80% 이하의 양수량
② 한계양수량의 80% 이하의 양수량
③ 최대양수량의 70% 이하의 양수량
④ 한계양수량의 70% 이하의 양수량

|해설|

적정양수량은 한계양수량의 70% 이하의 양수량을 말한다.

정답 ④

제3절 | 상수도 시설

핵심이론 01 도수시설과 송수시설

① 도수시설

㉠ 도수시설의 계획도수량은 계획취수량을 기준으로 한다.

㉡ 도수시설은 취수시설에서 취수된 원수를 정수시설까지 끌어들이는 시설로 도수관 또는 도수거(導水渠), 펌프설비 등으로 구성된다.

㉢ 도수노선은 수평이나 수직방향의 급격한 굴곡을 피하고, 어떤 경우라도 최소동수경사선 이하가 되도록 노선을 선정한다.

② 송수시설

㉠ 송수시설의 계획송수량은 원칙적으로 계획1일 최대급수량을 기준으로 한다.

㉡ 송수관의 관종, 관경, 유속, 매설위치 및 깊이 등 제반사항은 도수관에 준한다.

핵심예제

상수도 시설인 도수시설의 도수노선에 관한 설명으로 옳지 않은 것은? [2010년 3회 기사]

① 원칙적으로 공공도로 또는 수도용지로 한다.
② 수평이나 수직방향의 급격한 굴곡을 피한다.
③ 관로상 어떤 지점도 동수경사선보다 낮게 위치하지 않도록 한다.
④ 몇 개의 노선에 대하여 건설비 등의 경제성, 유지관리의 난이도 등을 비교, 검토하고 종합적으로 판단하여 결정한다.

|해설|

도수시설의 도수노선은 어떤 경우라도 최소동수경사선 이하가 되도록 노선을 결정한다.

정답 ③

핵심이론 02 도수관

① 도수관은 원수를 관수로로 도수하는 시설로서, 도수관 본체, 펌프설비, 차단·제어용 밸브, 공기밸브, 유량계 및 배수설비, 접합정, 압력조절 탱크, 감압밸브, 그 외 부속설비로 구성된다.

② 도수관(수도관)으로는 덕타일 주철관, 강관, 스테인리스 강관, 경질염화비닐관 및 수도용 폴리에틸렌관 등의 관종을 사용한다.

※ [핵심이론 04] 수도관으로 사용되는 관종의 특징 참조

③ 도수관을 설계할 때의 평균유속은 다음과 같다.

㉠ 자연유하식인 경우에는 허용최대한도를 3.0m/s로 하고, 도수관의 평균유속의 최소한도는 0.3m/s로 한다.

㉡ 펌프가압식인 경우에는 경제적인 유속으로 한다.

④ 도·송·배수관의 시점, 종점, 분기장소, 연결관, 주요한 배수설비(퇴수관) 및 역사이펀부, 교량, 철도횡단 등에는 용도에 따라 차단용 밸브 또는 제어용 밸브를 설치한다.

⑤ Hazen – Williams 공식

$$V = 0.84935 \cdot C \cdot R^{0.63} \cdot I^{0.54}$$

$$Q = A \cdot V$$

핵심예제

다음은 상수시설인 도수관을 설계할 때의 평균유속에 관한 설명이다. 괄호 안에 알맞은 것은? [2011년 2회 기사]

> 자연유하식인 경우에는 허용최대한도를 (㉠)로 하고 도수관의 평균유속의 최소한도는 (㉡)로 한다.

① ㉠ 3.0m/s, ㉡ 0.3m/s
② ㉠ 3.0m/s, ㉡ 1m/s
③ ㉠ 5.0m/s, ㉡ 0.3m/s
④ ㉠ 5.0m/s, ㉡ 1m/s

|해설|

자연유하식인 경우에는 허용최대한도를 3.0m/s로 하고, 도수관의 평균유속의 최소한도는 0.3m/s로 한다.

정답 ①

핵심이론 03 도수거

① 도수거는 취수시설로부터 정수시설까지 원수를 개수로 방식으로 도수하는 시설로서, 수리적으로 자유수면을 갖고 중력작용으로 경사진 수로를 흐르는 시설이다.

② 구조적으로는 개거, 암거 및 터널 등이 있으며, 일정한 동수경사(통상 1/1,000~1/3,000)로 도수한다.

③ 도수거에서 평균유속의 최대한도는 3.0m/s로 하고, 최소유속은 0.3m/s로 한다.

④ 개수로의 단면결정 : Manning 공식

$$V = \frac{1}{n} R^{2/3} I^{1/2}$$

(여기서, R은 경심으로 $R = A/S$, S는 윤변)

핵심예제

3-1. 도수거에 관한 설명으로 옳지 않은 것은?

[2010년 2회 기사]

① 수리학적으로 자유수면을 갖고 중력작용으로 경사진 수로를 흐르는 시설이다.
② 개거나 암거인 경우에는 대개 300~500m 간격으로 시공조인트를 겸한 신축조인트를 설치한다.
③ 균일한 동수경사(통상 1/1,000~1/3,000)로 도수하는 시설이다.
④ 도수거의 평균유속의 최대한도는 3.0m/s로 하고 최소유속은 0.3m/s로 한다.

3-2. 상수관로에서 조도계수 0.014, 동수경사 1/100이고, 관경이 400mm일 때 이 관로의 유량은?(단, 만관 기준, Manning 공식에 의함)

[2005년 1회 기사]

① 3.8m^3/min
② 6.2m^3/min
③ 9.3m^3/min
④ 11.6m^3/min

|해설|

3-1

개거나 암거인 경우에는 대개 30~50m 간격으로 시공조인트를 겸한 신축조인트를 설치한다.

3-2

Manning 공식

$$V = \frac{1}{n} \cdot R^{\frac{2}{3}} \cdot I^{\frac{1}{2}}$$

여기서, n : 조도계수

I : 동수경사

R : 경심(유수단면적을 윤변으로 나눈 것$= \frac{A}{S}$, 원 또는 반원인 경우 $= \frac{D}{4}$)

$R = \frac{D}{4}$ 이므로 $R = \frac{0.4}{4} = 0.1\text{m}$

$$V = \frac{1}{n} \cdot R^{\frac{2}{3}} \cdot I^{\frac{1}{2}} = \frac{1}{0.014} \times 0.1^{\frac{2}{3}} \times 0.01^{\frac{1}{2}} ≒ 1.539\text{m/s}$$

$$\therefore Q(\text{m}^3/\text{min}) = \frac{\pi \times (0.4\text{m})^2}{4} \times \frac{1.539\text{m}}{\text{s}} \times \frac{60\text{s}}{1\text{min}}$$

$$≒ 11.6\text{m}^3/\text{min}$$

정답 3-1 ② 3-2 ④

핵심이론 04 수도관으로 사용되는 관종의 특징

① 덕타일주철관

㉠ 장 점

- 강도가 크고 내구성이 있다.
- 강인성이 뛰어나고 충격에 강하다.
- 이음에 신축휨성이 있고 관이 지반의 변동에 유연하다.
- 시공성이 좋다.
- 이음의 종류가 풍부하다.

㉡ 단 점

- 중량이 비교적 무겁다.
- 이음의 종류에 따라서는 이형관 보호공을 필요로 한다.
- 내외의 방식면이 손상되면 부식되기 쉽다.

② 강 관

㉠ 장 점

- 강도가 크고 내구성이 있다.
- 강인성이 뛰어나고 충격에 강하다.
- 용접이음에 의해 일체화가 가능, 지반의 변동에는 장대한 관로로서 유연하다.
- 가공성이 좋다.
- 라이닝(Lining)의 종류가 풍부하다.

㉡ 단 점

- 용접이음은 숙련공이나 특수한 공구를 필요로 한다.
- 전식에 대하여 고려해야 한다.
- 내외의 방식면이 손상되면 부식되기 쉽다.

③ 경질염화비닐관

㉠ 장 점

- 내식성이 뛰어나다.
- 중량이 가볍고 시공성이 좋다.
- 가공성이 좋다.
- 내면조도가 변화하지 않는다.
- 고무윤형은 조인트의 신축성이 있고, 관이 지반변동에 유연하게 대응할 수 있다.

㉡ 단 점

- 저온 시에 내충격성이 저하된다.
- 특정 유기용제 및 열, 자외선에 약하다.
- 표면에 상처가 생기면 강도가 저하된다.
- 조인트의 종류에 따라 이형관 보호공을 필요로 한다.

④ 수도용 폴리에틸렌관

㉠ 장 점

- 내식성이 우수하다.
- 중량이 가벼워 시공성이 좋다.
- 융착접속으로 일체화할 수 있고, 관체에 유연성이 있으므로 관로가 지반변동에 유연하게 대응할 수 있다.
- 가공성이 좋다.
- 내면조도가 변하지 않는다.

㉡ 단 점

- 열이나 자외선에 약하다.
- 유기용제에 의한 침투에 조심해야 한다.
- 융착접속으로는 우천 시나 용천수지반에서의 시공이 곤란하다.
- 융착접속은 컨트롤러나 특수공구를 필요로 한다.

⑤ 스테인리스 강관

㉠ 장 점

- 강도가 크고 내구성이 있다.
- 내식성이 우수하다.
- 강인성이 뛰어나고 충격에 강하다.
- 라이닝이나 도장을 필요로 하지 않는다.

㉡ 단 점

- 용접접속에 시간이 걸린다.
- 이종금속과의 절연처리를 필요로 한다.

※ 융착접속(融着接續, Fusion Splice) : 관(또는 필름 등)을 열로 녹여서 잇대어 접속하는 방법

핵심예제

4-1. 수도관의 관종 중 강관의 단점이 아닌 것은? [2007년 1회 기사]

① 가공성이 나쁘다(약하다).
② 전식에 대하여 고려해야 한다.
③ 내외의 방식면이 손상되면 부식되기 쉽다.
④ 용접이음은 숙련공이나 특수한 공구를 필요로 한다.

4-2. 수도관으로 사용되는 관종 중 스테인리스강관에 관한 특징으로 알맞지 않은 것은? [2008년 3회 기사]

① 강인성이 뛰어나고 충격에 강하다.
② 용접접속에 시간이 걸린다.
③ 라이닝이나 도장을 필요로 하지 않는다.
④ 이종금속과의 절연처리가 필요 없다.

4-3. 수도관에 사용하는 덕타일 주철관의 장점이라 볼 수 없는 것은? [2009년 1회 기사]

① 시공성이 좋다.
② 이음에 신축휨성이 있고 지반의 변동에 유연하다.
③ 이음종류에 따른 이형관 보호공이 필요 없다.
④ 이음의 종류가 풍부하다.

|해설|

4-1
강관의 장점은 가공성이 좋다는 점이다.

4-2
스테인리스강관은 이종금속과의 절연처리가 필요하다.

4-3
덕타일 주철관의 장단점

장 점	단 점
• 강도가 크고 내구성이 있다. • 강인성이 뛰어나고 충격에 강하다. • 이음에 신축휨성이 있고, 관이 지반의 변동에 유연하다. • 시공성이 좋다. • 이음의 종류가 풍부하다.	• 중량이 비교적 무겁다. • 이음의 종류에 따라서는 이형관 보호공을 필요로 한다. • 내외의 방식면이 손상되면 부식되기 쉽다.

정답 4-1 ① 4-2 ④ 4-3 ③

핵심이론 05 강관의 응력과 관두께

$$\sigma_t = \frac{PD}{2t},\ t = \frac{PD}{2\sigma_t}$$

σ_t : 내압에 의한 원주방향의 응력(Circumferential Direction Stress)(N/mm^2)
P : 내압(MPa)
D : 관의 내경(mm)
t : 관두께(mm)

핵심예제

내경 1.0m인 강관에 내압 10MPa로 물이 흐른다. 내압에 의한 원주방향의 응력도는 1,500N/mm^2일 때 산정되는 강관두께는? [2007년 2회 기사]

① 약 3.3mm
② 약 5.2mm
③ 약 7.4mm
④ 약 9.5mm

|해설|

$$t = \frac{PD}{2\sigma_t}$$

• $P = 10\text{MPa} = 10\times10^6\text{N/m}^2$
$= (10\times10^6\text{N/m}^2)(1\text{m}^2/10^6\text{mm}^2) = 10\text{N/mm}^2$
• $D = 1.0\text{m} = 1{,}000\text{mm}$
• $\sigma_t = 1{,}500\text{N/mm}^2$

$$\therefore\ t = \frac{(10\text{N/mm}^2)(1{,}000\text{mm})}{(2)(1{,}500\text{N/mm}^2)} = 3.33\text{mm}$$

정답 ①

핵심이론 06 배수시설과 배수지

① 배수시설

㉠ 배수시설은 정수를 저류, 수송, 분배, 공급하는 기능을 가지며, 배수지, 배수탑, 고가탱크, 배수관, 펌프 및 밸브와 기타 부속설비로 구성된다.

㉡ 배수구역은 지형과 지세 등의 자연적 조건 및 사회적 조건을 고려하여 합리적이고 경제적인 시설운용 및 시설관리가 가능하도록 설정한다.

㉢ 계획배수량은 원칙적으로 해당 배수구역의 계획시간 최대배수량으로 한다.

㉣ 배수방식은 자연유하식, 펌프가압식, 병용식이 있다.

② 배수지

㉠ 배수지는 정수장에서 송수를 받아 해당 배수구역의 수요량에 따라 배수하기 위한 저류지이다.

㉡ 배수량의 시간변동을 조절하는 기능과 함께 배수지로부터 상류측의 사고발생 시 등 비상시에도 일정한 수량과 수압을 유지할 수 있는 기능을 갖는다.

㉢ 유효용량은 '시간변동조정용량'과 '비상대처용량'을 합하여 급수구역의 계획1일 최대급수량의 최소 12시간분 이상을 표준으로 하되, 지역특성과 상수도시설의 안정성 등을 고려하여 결정한다.

㉣ 위치와 높이

- 배수지는 가능한 한 급수지역의 중앙 가까이 설치한다.
- 자연유하식 배수지의 표고는 급수구역 내 관말지역의 최소동수압이 확보되는 높이여야 한다.
- 급수구역 내에서 지반의 고저차가 심할 경우에는 고지구, 저지구 또는 고지구, 중지구, 저지구의 2~3개 급수구역으로 분할하여 각 구역마다 배수지를 만들거나 감압밸브 또는 가압밸브를 설치한다.
- 배수지는 붕괴의 우려가 있는 비탈의 상부나 하부 가까이는 피해야 한다.
- 배수지의 유효수심은 3~6m 정도를 표준으로 한다.

핵심예제

배수지의 고수위와 저수위의 수위차, 즉 배수지의 유효수심의 표준으로 적절한 것은? [2013년 3회 기사]

① 1~2m
② 2~4m
③ 3~6m
④ 5~8m

|해설|

배수지의 유효수심은 3~6m 정도를 표준으로 한다.

정답 ③

핵심이론 07 배수관

① 배수관에는 덕타일 주철관, 강관, 스테인리스 강관, 경질염화비닐관 및 수도용 폴리에틸렌관 등을 사용한다.

② 배수관의 수압은 급수관을 분기하는 지점에서 배수관 내의 최소동수압은 150kPa(약 1.53kgf/cm^2) 이상을 확보하고, 최대정수압은 700kPa(약 7.1kgf/cm^2)을 초과하지 않는 것이 바람직하다.

핵심예제

7-1. 상수도 시설인 배수관 관경 결정의 기초가 되는 수량은?

[2011년 2회 기사]

① 계획시간 최대배수량
② 계획시간 평균배수량
③ 계획1일 최대배수량
④ 계획1일 평균배수량

7-2. 배수시설인 배수관의 최소동수압 및 최대정수압 기준으로 옳은 것은?(단, 급수관을 분기하는 지점에서 배수관 내 수압기준)

[2013년 3회 기사]

① 100kPa 이상을 확보함, 500kPa를 초과하지 않아야 함
② 100kPa 이상을 확보함, 600kPa를 초과하지 않아야 함
③ 150kPa 이상을 확보함, 700kPa를 초과하지 않아야 함
④ 150kPa 이상을 확보함, 800kPa를 초과하지 않아야 함

|해설|

7-1
계획 배수량은 원칙적으로 해당 배수구역의 계획시간 최대배수량으로 한다.

7-2
배수시설의 배수관의 수압

- 급수관을 분기하는 지점에서 배수관 내의 최소동수압은 150kPa (≒1.53kgf/cm^2) 이상을 확보한다.
- 급수관을 분기하는 지점에서 배수관 내의 최대정수압은 700kPa (≒7.1kgf/cm^2)를 초과하지 않는 것이 바람직하다.

정답 7-1 ① 7-2 ③

핵심이론 08 착수정

① 착수정은 도수시설에서 도수되는 원수의 수위동요를 안정시키고 원수량을 조절하여 다음에 연결되는 약품주입, 침전, 여과 등 일련의 정수작업이 정확하고 용이하게 처리될 수 있도록 하기 위하여 설치되는 시설이다.

② 원수수질이 일시적으로 이상상태를 나타낼 때 분말활성탄을 주입하며, 고탁도일 때에 알칼리제와 응집보조제를 주입하고, 역세척배출수의 반송수를 받아들이는 등의 목적과 기능도 갖고 있다.

③ 구조, 형상 및 용량

㉠ 2지 이상으로 분할하는 것이 원칙이나 분할하지 않는 경우에는 반드시 우회관을 설치하여 배수설비를 설치한다.

㉡ 형상은 일반적으로 직사각형 또는 원형으로 하고 유입구에는 제수밸브 등을 설치한다.

㉢ 수위가 고수위 이상으로 올라가지 않도록 월류관이나 월류위어를 설치한다.

㉣ 착수정의 고수위와 주변벽체의 상단 간에는 60cm 이상의 여유를 두어야 한다.

㉤ 부유물이나 조류 등을 제거할 필요가 있는 장소에는 스크린을 설치한다.

㉥ 착수정의 용량은 체류시간을 1.5분 이상으로 하고, 수심은 3~5m 정도로 한다.

핵심예제

상수처리를 위한 정수시설 중 착수정에 관한 내용으로 틀린 것은? [2009년 2회 기사]

① 수위가 고수위 이상으로 올라가지 않도록 월류관이나 월류위어를 설치한다.
② 착수정의 고수위와 주변벽체의 상단 간에는 60cm 이상의 여유를 두어야 한다.
③ 착수정의 용량은 체류시간을 30분 이상으로 한다.
④ 필요에 따라 분말활성탄을 주입할 수 있는 장치를 설치하는 것이 바람직하다.

|해설|

착수정의 용량은 체류시간을 1.5분 이상으로 한다.

정답 ③

핵심이론 09 응집지

① 급속혼화시설(혼화지 포함) 방법

㉠ 가압수확산에 의한 혼화(Diffusion Mixing by Pressured Water Zet)
㉡ 인라인 고정식 혼화(Inline Static Mixing)
㉢ 수류식 혼화(Hydraulic Mixing)
㉣ 기계식 혼화(Mechanical Mixing)
㉤ 파이프 격자에 의한 혼화(Diffusion by Pipe Grid)

② 플록형성지

㉠ 플록형성지는 혼화지와 침전지 사이에 위치하고 침전지에 붙여서 설치한다.
㉡ 플록형성지는 직사각형이 표준이며 플록큐레이터(Flocculator)를 설치하거나 또는 저류판을 설치한 유수로로 하는 등 유지관리면을 고려하여 효과적인 방법을 선정한다.
㉢ 플록형성시간은 계획정수량에 대하여 20~40분간을 표준으로 한다.
㉣ 플록형성은 응집된 미소플록을 크게 성장시키기 위하여 적당한 기계식 교반이나 우류식 교반이 필요하다.

- 플록큐레이터의 주변속도 : 기계식 교반 15~80cm/s, 우류식 교반 15~30cm/s를 표준으로 한다.
- 플록형성지 내의 교반강도는 하류로 갈수록 점차 감소시키는 것이 바람직하다.
- 교반설비는 수질변화에 따라 교반강도를 조절할 수 있는 구조로 한다.

㉤ 플록형성지는 단락류나 정체부가 생기지 않으면서 충분하게 교반될 수 있는 구조로 한다.
㉥ 플록형성지에서 발생한 슬러지나 스컴이 쉽게 제거될 수 있는 구조로 한다.
㉦ 야간근무자도 플록형성상태를 감시할 수 있는 적절한 조명장치를 설치한다.

핵심예제

상수처리를 위한 응집지의 플록형성지에 대한 설명 중 틀린 것은? [2013년 1회 기사]

① 플록형성지는 혼화지와 침전지 사이에 위치하고 침전지에 붙여서 설치한다.
② 플록형성시간은 계획정수량에 대하여 20~40분간을 표준으로 한다.
③ 플록형성지 내의 교반강도는 하류로 갈수록 점차 감소시키는 것이 바람직하다.
④ 플록형성지에 저류벽이나 정류벽 등을 설치하면 단락류가 생겨 유효저류시간을 줄일 수 있다.

|해설|

플록형성이 잘 되지 않는 가장 일반적인 원인은 단락류나 정체부분이 생김으로써 유효체류시간을 크게 저하시키게 된다. 이러한 현상을 방지하기 위해서는 플록형성지에 저류벽이나 정류벽 등을 적절하게 설치해야 한다.

정답 ④

핵심이론 10 고속응집침전지

① 고속응집침전지는 기성 플록이 존재하는 중에 새로운 플록을 형성시키는 방식의 침전지로 응집침전의 효율을 향상시키는 것을 목적으로 하는 방식이다.

② 선정조건
  ㉠ 원수탁도는 10NTU 이상이어야 한다.
  ㉡ 최고 탁도는 1,000NTU 이하인 것이 바람직하다.
  ㉢ 탁도와 수온의 변동이 적어야 한다.
  ㉣ 처리수량의 변동이 적어야 한다.

③ 지수와 구조
  ㉠ 표면부하율은 40~60mm/min을 표준으로 한다.
  ㉡ 용량은 계획정수량의 1.5~2.0시간으로 한다.
  ㉢ 경사판 등의 침강장치를 설치하는 경우에는 슬러지 계면의 상부에 설치한다.

핵심예제

정수처리를 위한 침전지 중 고속응집침전지를 선택할 때 고려하여야 하는 조건으로 틀린 것은? [2009년 2회 기사]

① 원수탁도는 1.0NTU 이상이어야 한다.
② 최고 탁도는 1,000NTU 이하이어야 한다.
③ 처리수량의 변동이 적어야 한다.
④ 탁도와 수온의 변동이 적어야 한다.

|해설|

고속응집침전지를 선택할 때에는 원수탁도는 10NTU 이상이어야 한다.

정답 ①

핵심이론 11 급속여과지

① 급속여과지는 원수 중의 현탁물질을 약품으로 응집시킨 후에 입상여과층에서 비교적 빠른 속도로 물을 통과시켜 여재에 부착시키거나 여과층에서 체거름작용으로 탁질을 제거한다.

② 급속여과지는 중력식(수면개방형)과 압력식(유압밀폐형)으로 분류할 수 있으며, 중력식을 표준으로 한다.

③ 여과면적은 계획정수량을 여과속도로 나누어 계산한다.

④ 여과지 수는 예비지를 포함하여 2지 이상으로 하고, 10지를 넘을 경우에는 여과지 수의 1할 정도를 예비지로 설치하는 것이 바람직하다.

⑤ 여과지 1지의 여과면적은 $150m^2$ 이하로 한다.

⑥ 형상은 직사각형을 표준으로 한다.

⑦ 여과속도는 120~150m/day를 표준으로 한다.

⑧ 모래층의 두께는 여과모래의 유효경이 0.45~0.7mm의 범위인 경우에는 60~70cm를 표준으로 한다(모래의 균등계수(= d_{60}/d_{10})는 1.7 이하).

⑨ 고수위로부터 여과지 상단까지의 여유고는 30cm 정도로 한다.

핵심예제

11-1. 상수의 급속여과지의 설계기준에 대한 설명 중 틀린 것은? [2009년 2회 기사]

① 여과속도는 150~350m/day을 표준으로 한다.
② 모래층의 두께는 여과사의 유효경이 0.45~0.7mm의 범위인 경우에는 60~70cm을 표준으로 한다.
③ 여과면적은 계획정수량을 여과속도로 나누어 구한다.
④ 1지의 여과면적은 $150m^2$ 이하로 한다.

11-2. 상수처리를 위한 급속여과지의 형식 중 여과유량의 조절방식에 따른 구분으로 틀린 것은?(단, 정속여과방식의 정속여과 제어방식 기준) [2013년 2회 기사]

① 유량제어형　② 수위제어형
③ 정압제어형　④ 자연평형형

11-3. 상수도시설인 정수시설 중 급속여과지의 여과모래에 대한 기준으로 틀린 것은? [2013년 3회 기사]

① 강열감량은 0.75% 이하일 것
② 균등계수는 2.7 이하일 것
③ 비중은 2.55~2.65의 범위일 것
④ 마모율은 3% 이하일 것

|해설|

11-1
급속여과지의 여과속도는 120~150m/day를 표준으로 한다.

11-2
정속여과방식의 정속여과 제어방식
- 유량제어형
- 수위제어형
- 자연평형형

11-3
급속여과지의 여과모래 기준에서 균등계수는 1.7(낮을수록 유리, 통상적용 1.4 정도)이다.

정답 11-1 ① 11-2 ③ 11-3 ②

핵심이론 12 완속여과지

① 완속여과법은 모래층의 내부와 표면에 증식하는 미생물군으로 수중의 부유물질이나 용해성 물질 등 불순물을 포착하여 산화하고 분해하는 방법에 의존하는 정수방법이다.

② 비교적 양호한 원수에 알맞은 방법으로 생물의 기능을 저해하지 않는다면 수중의 현탁물질이나 세균뿐만 아니라 어느 한도 내에서는 암모니아성 질소, 냄새, 철, 망간, 합성세제, 페놀 등도 제거할 수 있다.

③ 구조와 형상

㉠ 여과지 깊이는 하부집수장치의 높이에 자갈층과 모래층 두께, 모래면 위의 수심과 여유고를 더하여 2.5~3.5m를 표준으로 한다.

㉡ 여과지의 형상은 직사각형을 표준으로 한다.

㉢ 주위 벽의 상단은 지반보다 15cm 이상 높여 여과지 내로 오염수나 토사 등의 유입을 방지해야 한다.

㉣ 한랭지에서는 여과지의 물이 동결될 우려가 있는 경우나 또는 공중에서 날아드는 오염물질로 물이 오염될 우려가 있는 경우에는 여과지를 복개한다.

④ 여과속도는 4~5m/day를 표준으로 한다.

⑤ 모래층의 두께는 70~90cm를 표준으로 한다(유효경은 0.3~0.45mm, 균등계수 2.0 이하).

⑥ 여과지의 모래면 위의 수심은 90~120cm를 표준으로 한다.

⑦ 고수위에서 여과지 상단까지의 여유고는 30cm 정도로 한다.

핵심예제

12-1. 상수처리를 위한 완속여과지의 구조 및 형상에 관한 설명으로 옳지 않은 것은?

① 여과지 깊이는 하부집수장치의 높이에 자갈층과 모래층 두께, 모래면 위의 수심과 여유고를 더하여 5.0~7.5m를 표준으로 한다.
② 여과지의 형상은 직사각형을 표준으로 한다.
③ 주위벽 상단은 지반보다 15cm 이상 높여 여과지 내로 오염수나 토사 등의 유입을 방지한다.
④ 한랭지에서는 여과지의 물이 동결될 우려가 있는 경우나 또는 공중에서 날아드는 오염물질로 물이 오염될 우려가 있는 경우에는 여과지를 복개한다.

12-2. 정수시설 중 완속여과지에 관한 설명으로 틀린 것은?

① 여과지의 깊이는 하부집수장치의 높이에 자갈층과 모래층 두께, 모래면 위의 수심과 여유고를 더하여 2.5~3.5m를 표준으로 한다.
② 완속여과지의 여과속도는 4~5m/day를 표준으로 한다.
③ 완속여과지의 모래층 두께는 70~90cm를 표준으로 한다.
④ 여과지의 모래면 위의 수심은 0.3~0.6m를 표준으로 한다.

|해설|

12-1
여과지 깊이는 하부집수장치의 높이에 자갈층과 모래층 두께, 모래면 위의 수심과 여유고를 더하여 2.5~3.5m를 표준으로 한다.

12-2
완속여과지의 모래면 위의 수심은 0.9~1.2m를 표준으로 한다.

정답 12-1 ① 12-2 ④

제4절 | 펌 프

핵심이론 01 펌프설비

① 펌프형식에는 동작원리에 따라 터보형(원심펌프, 사류펌프, 축류펌프), 용적형, 특수형으로 분류할 수 있다.

② 원심펌프는 벌류트(Volute)펌프와 디퓨저(Diffuser)펌프로 분류되며, 수도용으로 사용되는 펌프는 대부분 벌류트펌프이다.

㉠ 원심펌프 : 원심력의 작용에 의하여 임펠러 내의 물에 압력 및 속도에너지를 주고, 이 속도에너지의 일부를 압력으로 변환하여 양수하는 펌프이다. 벌류트 케이싱 내에서 압력을 변환하는 펌프를 벌류트펌프, 케이싱 내의 가이드 베인(Guide Vane)에서 변환하는 펌프를 디퓨저펌프라고 한다.

㉡ 사류펌프 : 원심펌프와 축류펌프의 중간적 특성을 가지며, 원심력과 베인의 양력작용에 의하여 임펠러 내의 물에 압력 및 속도에너지를 주어서 벌류트 케이싱 또는 디퓨저 케이싱에서 속도에너지의 일부를 압력으로 변환하여 양수작용을 하는 펌프이다.

㉢ 축류펌프 : 베인의 양력작용에 의하여 임펠러 내의 물에 압력 및 속도에너지를 주고 더욱이 가이드 베인으로 속도에너지의 일부를 압력으로 변환하여 양수작용을 하는 펌프이다.

핵심예제

수도용 펌프형식에서 동작원리에 따른 분류로 알맞지 않은 것은?

[2005년 1회 기사]

① 터보형 ② 용적형
③ 특수형 ④ 토출형

|해설|

펌프형식에는 동작원리에 따라 터보형(원심펌프, 사류펌프, 축류펌프), 용적형, 특수형으로 분류할 수 있다.

정답 ④

핵심이론 02 펌프의 비속도 N_s

① 비속도(N_s)는 펌프 임펠러의 형상을 나타내는 것으로 N_s가 작아짐에 따라 임펠러 외경에 대한 임펠러 폭은 작아지고, N_s가 커지면 임펠러의 폭도 넓어진다.

② N_s는 다음식과 같이 표시되고, N_s가 작으면 일반적으로 토출량이 적은 고양정의 펌프를 의미하고, N_s가 크면 토출량이 많은 저양정의 펌프로 된다.

$$N_s = N \times \frac{Q^{1/2}}{H^{3/4}}$$

㉠ N : 회전속도(rpm)

㉡ Q : 토출량(m^3/min)(양쪽흡입의 경우에는 한쪽의 유량을 취하여 $\frac{Q}{2}$로 한다)

㉢ H : 전양정(m)(다단펌프인 경우에는 1단당 전양정으로 한다)

③ N_s와 펌프형식의 관계

㉠ 한쪽흡입 벌류트펌프 : N_s = 100~약 300

㉡ 양쪽흡입 벌류트펌프 : N_s = 약 300~약 600

㉢ 사류펌프 : N_s = 600~약 1,200

㉣ 축류펌프 : N_s > 약 1,200

핵심예제

2-1. 하수도시설기준상 축류펌프의 비교회전도(N_s) 범위로 적절한 것은? [2012년 1회 기사]

① 100~250　② 200~850
③ 700~1,200　④ 1,100~2,000

2-2. 펌프의 토출량이 12m^3/min, 펌프의 유효흡입수두 8m, 규정회전수 2,000회/분인 경우, 이 펌프의 비교 회전도는? (단, 양흡입의 경우가 아님) [2013년 3회 기사]

① 892　② 1,045
③ 1,286　④ 1,457

|해설|

2-1

펌프의 형식과 비교회전도(N_s)와의 관계

형 식		N_s(회/분)
터빈펌프	1단식 편흡입 및 양흡입형	100~250
	다단식	100~250
원심펌프	1단식 편흡입형	100~450
	1단식 양흡입형	100~750
	다단식	100~200
사류펌프	-	700~1,200
축류펌프	-	1,100~2,000

2-2

비교회전도(N_s)$= N\times\dfrac{Q^{1/2}}{H^{3/4}} = 2{,}000\times\dfrac{12^{1/2}}{8^{3/4}} = 1{,}457$

※ 여기서 인자들의 단위는 N(rpm), Q(m^3/min), H(m)이다.

정답 2-1 ④ 2-2 ④

핵심이론 03 공동현상(캐비테이션, Cavitation)

① 공동현상 : 펌프내부에서 유속이 급변하거나 와류발생, 유로장애 등에 의하여 유체의 압력이 저하되어 포화수증기압에 가까워지면, 물속에 용존되어 있는 기체가 액체 중에서 분리되어 기포로 되며, 더욱이 포화수증기압 이하로 되면 물이 기화되어 흐름 중에 공동이 생기는 현상을 말한다.

② 공동현상은 펌프의 임펠러 입구에서 발생하기 쉽다. 기포는 흐름을 타고 이동하여 고압부에 오면 붕괴되고 순간적으로 파괴된다. 공동현상은 펌프에 진동, 소음, 침식(Erosion)을 발생시키며 또 양수불능 등 치명적인 영향을 준다.

③ 공동현상을 피하기 위하여 다음 사항을 검토한다.

㉠ 가용유효흡입수두(Available Net Positive Suction Head ; Available NPSH : H_{sv})

㉡ 필요유효흡입수두(Required NPSH : h_{sv})

㉢ 공동현상에 대하여 안전하기 위해서는 이용할 수 있는 유효흡입수두가 펌프에서 필요로 하는 유효흡입수두보다 커야 한다. 일반적으로 $H_{sv} - h_{sv} > 1$m로 하는 것이 좋다.

④ 캐비테이션 방지대책

㉠ 펌프의 설치위치를 가능한 한 낮추어 H_{sv}를 크게 한다.

㉡ 흡입관의 손실을 가능한 한 작게 하여 H_{sv}를 크게 한다.

㉢ 펌프의 회전속도를 낮게 선정하여 h_{sv}를 작게 한다.

㉣ 운전점이 변동하여 양정이 낮아지는 경우에는 토출량이 과다하게 되므로, 이것을 고려하여 충분한 H_{sv}를 주거나 밸브를 닫아서 과대토출량이 되지 않도록 한다.

㉤ 동일한 토출량과 회전속도이면, 일반적으로 양쪽흡입펌프가 한쪽흡입펌프보다 공동현상에 유리하다.

ⓗ 악조건에서 운전하는 경우에 임펠러의 침식을 피하기 위하여 공동현상에 강한 재료를 사용한다.
ⓢ 흡입측 밸브를 완전히 개방하고 펌프를 운전한다.

핵심예제

펌프의 캐피테이션(공동현상) 발생을 방지하기 위한 대책으로 옳은 것은? [2012년 3회 기사]

① 펌프의 설치위치를 가능한 한 높게 하여 가용유효흡입수두를 크게 한다.
② 흡입관의 손실을 가능한 한 작게 하여 가용유효흡입수두를 크게 한다.
③ 펌프의 회전속도를 높게 선정하여 필요유효흡입수두를 작게 한다.
④ 흡입측 밸브를 완전히 폐쇄하고 펌프를 운전한다.

|해설|

캐비테이션 방지대책

- 펌프의 설치위치를 가능한 한 낮추어 H_{sv}를 크게 한다.
- 흡입관의 손실을 가능한 한 작게 하여 H_{sv}를 크게 한다.
- 펌프의 회전속도를 낮게 선정하여 h_{sv}를 작게 한다.
- 운전점이 변동하여 양정이 낮아지는 경우에는 토출량이 과다하게 되므로, 이것을 고려하여 충분한 H_{sv}를 주거나 밸브를 닫아서 과대토출량이 되지 않도록 한다.
- 동일한 토출량과 회전속도이면, 일반적으로 양쪽흡입펌프가 한쪽흡입펌프보다 공동현상에 유리하다.
- 악조건에서 운전하는 경우에 임펠러의 침식을 피하기 위하여 공동현상에 강한 재료를 사용한다.
- 흡입측 밸브를 완전히 개방하고 펌프를 운전한다.

정답 ②

제5절 | 하수도 기본계획

핵심이론 01 하수도계획의 기본사항

① 계획목표연도 : 하수도계획의 목표연도는 원칙적으로 20년으로 한다.
② 하수의 배제방식에는 분류식과 합류식이 있으며 지역의 특성, 방류수역의 여건 등을 고려하여 배제방식을 정한다.
③ 계획외수위는 하천의 경우 해당 하천의 계획홍수위, 해역의 경우 삭망만조위(朔望滿潮位)로 한다.
※ 도시지역의 하수배제계획에서는 방류하천이나 해역의 계획외수위가 매우 중요하다.

핵심예제

하수도계획의 목표연도는 원칙적으로 몇 년으로 설정하는가? [2013년 2회 기사]

① 15년
② 20년
③ 25년
④ 30년

|해설|

하수도계획의 목표연도는 원칙적으로 20년으로 한다.

정답 ②

핵심이론 02 배제방식의 비교(분류식과 합류식)

① 건설면

㉠ 관로계획

- 분류식 : 우수와 오수를 별개의 관거에 배제하기 때문에 오수배제계획이 합리적이다.
- 합류식 : 우수를 신속하게 배수하기 위해서 지형조건에 적합한 관거망이 된다.

㉡ 시 공

- 분류식 : 오수관거와 우수관거의 2계통을 동일도로에 매설하는 것은 매우 곤란하다. 오수관거에서는 소구경 관거를 매설하므로 시공이 용이하지만, 관거의 경사가 급하면 매설깊이가 크게 된다.
- 합류식 : 대구경 관거가 되면 좁은 도로에서의 매설에 어려움이 있다.

㉢ 건설비

- 분류식 : 오수관거와 우수관거의 2계통을 건설하는 경우는 비싸지만 오수관거만을 건설하는 경우는 가장 저렴하다.
- 합류식 : 대구경 관거가 되면 1계통으로 건설되어 오수관거와 우수관거의 2계통을 건설하는 것보다는 저렴하지만 오수관거만을 건설하는 것보다는 비싸다.

② 유지관리면

㉠ 관거오접

- 분류식 : 철저한 감시가 필요하다.
- 합류식 : 없다.

㉡ 관거 내 퇴적

- 분류식 : 관거 내의 퇴적이 작고, 수세효과는 기대할 수 없다.
- 합류식 : 청천 시에 수위가 낮고 유속이 적어 오물이 침전하기 쉽다. 그러나 우천 시에 수세효과가 있기 때문에 관거 내의 청소빈도가 적을 수 있다.

㉢ 처리장으로의 토사유입

- 분류식 : 토사의 유입이 있지만 합류식 정도는 아니다.
- 합류식 : 우천 시에 처리장으로 다량의 토사가 유입하여 장기간에 걸쳐 수로바닥, 침전지 및 슬러지 소화조 등에 퇴적한다.

㉣ 관거 내의 보수

- 분류식 : 오수관거에서는 소구경 관거에 의한 폐쇄의 우려가 있으나 청소는 비교적 용이하다. 측구가 있는 경우는 관리에 시간이 걸리고 불충분한 경우가 많다.
- 합류식 : 폐쇄의 염려가 없다. 검사 및 수리가 비교적 용이하다. 청소에 시간이 걸린다.

㉤ 기존수로의 관리

- 분류식 : 기존의 측구를 존속할 경우는 관리자를 명확하게 할 필요가 있다. 수로부의 관리 및 미관상에 문제가 있다.
- 합류식 : 관리자가 불명확한 수로를 통폐합하고 우수배제계통을 하수도관리자가 총괄하여 관리할 수 있다.

③ 수질보전면

㉠ 우천 시의 월류

- 분류식 : 없다.
- 합류식 : 일정량 이상이 되면 우천 시 오수가 월류한다.

㉡ 청천 시의 월류

- 분류식 : 없다.
- 합류식 : 없다.

㉢ 강우초기의 노면 세정수

- 분류식 : 노면의 오염물질이 포함된 세정수가 직접 하천 등으로 유입된다.
- 합류식 : 시설의 일부를 개선 또는 개량하면 강우초기의 오염된 우수를 수용해서 처리할 수 있다.

④ 환경면

㉠ 쓰레기 등의 투기

- 분류식 : 측구가 있는 경우나 우수관거에 개거가 있을 때는 쓰레기 등이 불법투기 되는 일이 있다.
- 합류식 : 없다.

㉡ 토지이용

- 분류식 : 기존의 측구를 존속할 경우는 뚜껑의 보수가 필요하다.
- 합류식 : 기존의 측구를 폐지할 경우는 도로폭을 유효하게 이용할 수 있다.

핵심예제

2-1. 하수의 합류식 배제방식에 관한 설명 중 옳지 않은 것은?

[2010년 3회 기사]

① 건설면(시공) : 대구경 관거가 되면 좁은 도로에서의 매설에 어려움이 있다.
② 수질보전면(우천 시 월류) : 우천 시 오수의 월류가 없다.
③ 유지관리면(관거 내의 보수) : 폐쇄의 염려가 없으며 경사 및 수리가 비교적 용이하다.
④ 수질보전면(강우초기의 노면 세정수) : 시설의 일부를 개선 또는 개량하면 강우초기의 오염된 우수를 수용해서 처리할 수 있다.

2-2. 하수의 배제방식 중 분류식(합류식과 비교)에 대한 설명으로 옳지 않은 것은?

[2011년 1회 기사]

① 우천 시의 월류 : 일정량 이상이 되면 우천 시 오수가 월류한다.
② 처리장으로의 토사유입 : 토사의 유입이 있지만 합류식 정도는 아니다.
③ 관거오접 : 철저한 감시가 필요하다.
④ 관거 내 퇴적 : 관거 내의 퇴적이 적으며 수세효과는 기대할 수 없다.

|해설|

2-1
합류식은 일정량 이상이 되면 우천 시 오수가 월류한다.

2-2
①은 배제식이 아닌 합류식에 관한 설명이다.

정답 2-1 ② 2-2 ①

핵심이론 03 우수배제계획 : 계획우수량

① 최대계획우수유출량의 산정은 합리식에 의하는 것으로 한다.

② 유출계수는 토지이용도별 기초유출계수로부터 총괄유출계수를 구하는 것을 원칙으로 한다.

③ 확률년수는 원칙적으로 5~10년을 원칙으로 하되, 지역의 중요도 또는 방재상 필요성이 있는 경우는 이보다 크게 정할 수 있다.

④ 유달시간은 유입시간과 유하시간을 합한 것으로서 전자는 최소단위 배수구의 지표면 특성을 고려하여 구하며, 후자는 최상류관거의 끝으로부터 하류관거의 어떤 지점까지의 거리를 계획유량에 대응한 유속으로 나누어 구하는 것을 원칙으로 한다.

⑤ 배수면적은 지형도를 기초로 도로, 철도 및 기존하천의 배치 등을 답사에 의해 충분히 조사하고 장래의 개발계획도 고려하여 정확히 구한다.

핵심예제

계획우수량을 정할 때 고려하여야 하는 내용으로 틀린 것은?

[2009년 2회 기사]

① 최대계획우수유출량의 산정은 합리식에 의하는 것으로 한다.
② 확률 년수는 원칙적으로 5~10년으로 한다.
③ 유하시간은 유입시간과 유달시간의 합으로 한다.
④ 유출계수는 토지이용도별 기초유출계수로부터 총괄유출계수를 구하는 것을 원칙으로 한다.

|해설|

유달시간은 유입시간과 유하시간의 합으로 한다. 여기서, 유입시간은 최소단위배수구의 지표면 특성을 고려하여 구하고, 유하시간은 최상류관거의 끝으로부터 하류관거의 어떤 지점까지의 거리를 계획유량에 대응한 유속으로 나누어 구하는 것이 원칙이다.

정답 ③

핵심이론 04 우수유출량 산정식 : 합리식

① $Q=\frac{1}{360}C\cdot I\cdot A$

Q : 우수량(m^3/s), C : 유출계수, I : 강우강도(mm/h), A : 배수면적(ha)

※ 참 고

합리식 적용 시 Q, I, A의 단위에 유의해야 한다. Q, I, A의 단위를 같이 하면(즉, $Q(m^3/s)$, $I(m/s)$, $A(m^2)$ 등) 합리식은 $Q=C\cdot I\cdot A$로 주어진다.

② 강우강도 산출식(Talbot형)

$$I=\frac{a}{t+b}$$

I : 강우강도(mm/h), t : 강우지속시간(min), a, b : 상수

핵심예제

4-1. 유역면적이 $1.2km^2$, 유출계수가 0.2인 산림지역에 강우가 2.5mm/min율로 내렸다면 우수유출량은?(단, 합리식 적용)

[2011년 2회 기사]

① $4m^3/s$　② $6m^3/s$
③ $8m^3/s$　④ $10m^3/s$

4-2. 유역면적이 $2km^2$인 지역에서의 우수 유출량을 산정하기 위하여 합리식을 사용하였다. 다음과 같은 조건일 때 관거 길이 1,000m인 하수관의 우수유출량은?(단, 강우강도 I(mm/h) $=\frac{3,660}{t+30}$, 유입시간은 6분, 유출계수는 0.7, 관 내의 평균 유속은 1.5m/s이다)

[2012년 1회 기사]

① 약 $25m^3/s$　② 약 $30m^3/s$
③ 약 $35m^3/s$　④ 약 $40m^3/s$

|해설|

4-1

합리식 $Q=\frac{1}{360}CIA$

- 유출계수 : $C=0.2$
- 강우강도 : $I=2.5mm/min=(2.5mm/min)(60min/h)$ $=150\,mm/h$
- 유역면적 : $A=1.2km^2=120ha$

$\therefore\ Q=\frac{1}{360}(0.2)(150)(120)=10m^3/s$

※ 합리식은 경험식으로 좌우의 단위가 일치하지 않으므로, 각각의 적용단위에 유의한다.

4-2

합리식 적용 시 단위에 유의한다.

$Q=\frac{1}{360}CIA$

- 유출계수 : $C=0.7$
- 강우강도 : $I=\frac{3,660}{t+30}=\frac{3,660}{17.1+30}=77.7mm/h$

$(t=\text{유입시간}+\text{유하시간}=t_i+\frac{L}{V}$
$=6\min+\frac{(1,000m)}{(1.5m/s)(60s/min)}$
$=17.1\min)$

- 유역면적 : $A=(2.0km^2)\left(\frac{100ha}{1km^2}\right)=200ha$

$\therefore\ Q=\frac{1}{360}C\cdot I\cdot A=\frac{1}{360}\times0.7\times77.7\times200$
$=30.2\,m^3/s$

정답 4-1 ④ 4-2 ②

핵심이론 05 계획오수량

계획오수량은 생활오수량(가정오수량 및 영업오수량), 공장폐수량 및 지하수량으로 구분해 다음 사항을 고려하여 정한다.

① **생활오수량** : 생활오수량의 1인1일 최대오수량은 계획목표연도에서 계획지역 내 상수도계획(혹은 계획예정)상의 1인1일 최대급수량을 감안하여 결정하며, 용도지역별로 가정오수량과 영업오수량의 비율을 고려한다.

② **공장폐수량** : 공장용수 및 지하수 등을 사용하는 공장 및 사업소 중 폐수량이 많은 업체에 대해서는 개개의 폐수량조사를 기초로 장래의 확장이나 신설을 고려하며, 그 밖의 업체에 대해서는 출하액당 용수량 또는 부지면적당 용수량을 기초로 결정한다.

③ 지하수량은 1인1일 최대오수량의 20% 이하로 하며, 지역실태에 따라 필요시 하수관로 내구연수 경과 또는 관로의 노후도, 관로정비 이력에 따른 지하수 유입변화량을 고려하여 결정하는 것으로 한다.

④ 계획1일 최대오수량은 1인1일 최대오수량에 계획인구를 곱한 후 여기에 공장폐수량, 지하수량 및 기타 배수량을 더한 것으로 한다.

⑤ 계획1일 평균오수량은 계획1일 최대오수량의 70~80%를 표준으로 한다.

⑥ 계획시간 최대오수량은 계획1일 최대오수량의 1시간당 수량의 1.3~1.8배를 표준으로 한다.

⑦ 합류식에서 우천 시 계획오수량은 원칙적으로 계획시간 최대오수량의 3배 이상으로 한다.

핵심예제

5-1. 계획오수량에 관한 설명 중 틀린 것은?

① 계획시간 최대오수량은 계획1일 최대오수량의 1시간당 수량의 1.3~1.8배를 표준으로 한다.
② 지하수량은 1인1일 최대오수량의 20% 이하로 한다.
③ 합류식에서 우천 시 계획오수량은 원칙적으로 계획1일 최대오수량의 3배 이상으로 한다.
④ 계획1일 평균오수량은 계획1일 최대오수량의 70~80%를 표준으로 한다.

5-2. 계획오수량에 관한 설명으로 틀린 것은?

① 지하수량은 1인1일 최대오수량의 5~10%를 표준으로 한다.
② 계획1일 최대오수량은 1인1일 최대오수량에 계획인구를 곱한 후 여기에 공장 폐수량, 지하수량 및 기타 배수량을 더한 것으로 한다.
③ 계획1일 평균오수량은 계획1일 최대오수량의 70~80%를 표준으로 한다.
④ 계획시간 최대오수량은 계획1일 최대오수량의 1시간당 수량의 1.3~1.8배를 표준으로 한다.

|해설|

5-1
합류식에서 우천 시 계획오수량은 원칙적으로 계획시간 최대오수량의 3배 이상으로 한다.

5-2
지하수량은 1인1일 최대오수량의 20% 이하로 하며, 지역실태에 따라 필요시 하수관로 내구연수 경과 또는 관로의 노후도, 관로정비 이력에 따른 지하수 유입변화량을 고려하여 결정하는 것으로 한다.

정답 5-1 ③ 5-2 ①

핵심이론 06 관로 및 펌프장계획

① 관로계획

㉠ 오수관로는 계획시간 최대오수량을 기준으로 계획한다.

㉡ 합류식에서 하수의 차집관로는 우천 시 계획오수량을 기준으로 계획한다.

㉢ 분류식과 합류식이 공존하는 경우에는 원칙적으로 양 지역의 관로는 분리하여 계획한다. 부득이 합류시킬 경우에는 분류식 지역의 오수관로는 합류식 지역의 우수토실보다 하류의 차집관로(간선관로)에 접속함으로써 합류관로에 접속하는 것은 피한다.

㉣ 관로는 원칙적으로 암거로 하며, 수밀한 구조로 하여야 한다.

㉤ 관로배치는 지형, 지질, 도로폭 및 지하매설물 등을 고려하여 정한다.

㉥ 관로단면, 형상 및 경사는 관로 내에 침전물이 퇴적하지 않도록 적당한 유속을 확보할 수 있도록 정한다.

㉦ 관로의 역사이펀은 반드시 필요한 경우에 설치한다.

㉧ 오수관로와 우수관로가 교차하여 역사이펀을 피할 수 없는 경우에는 오수관로를 역사이펀으로 하는 것이 바람직하다.

② 펌프장계획

㉠ 오수펌프는 분류식인 경우는 계획시간 최대오수량으로 하고, 합류식인 경우는 우천 시 계획오수량으로 계획한다.

㉡ 펌프장은 침수되지 않는 구조로 한다.

핵심예제

오수배제계획 시 계획오수량, 오수관로계획에 관하여 고려할 사항으로 옳지 않은 것은?

① 오수관로는 계획1일 최대오수량을 기준으로 계획한다.
② 합류식에서 하수의 차집관로는 우천 시 계획오수량을 기준으로 계획한다.
③ 관로는 원칙적으로 암거로 하며, 수밀한 구조로 하여야 한다.
④ 오수관로와 우수관로가 교차하여 역사이펀을 피할 수 없는 경우에는 오수관로를 역사이펀으로 하는 것이 바람직하다.

|해설|

오수관로는 계획시간 최대오수량을 기준으로 계획한다.

정답 ①

제6절 | 관로시설

핵심이론 01 관로계획

① **관로별 계획하수량**

㉠ 오수관로에서는 계획시간 최대오수량으로 한다.

㉡ 우수관로에서는 계획우수량으로 한다.

㉢ 합류식 관로에서는 계획시간 최대오수량에 계획우수량을 합한 것으로 한다.

㉣ 차집관로는 우천 시 계획오수량으로 한다.

㉤ 지역의 실정에 따라 오수관로의 관경 결정 시 계획하수량에 여유율을 둘 수 있다.

② **유량의 계산** : Manning 공식, Hazen-Williams 공식 등을 이용하여 산출한다.

③ **유속 및 경사** : 중력식인 경우 하류방향 흐름에 따라 관경이 점차로 커지고, 관로경사는 점차 작아지도록 다음 사항을 고려하여 유속과 경사를 결정한다.

㉠ 오수관로 : 계획시간 최대오수량에 대하여 유속을 최소 0.6m/s, 최대 3.0m/s로 한다.

㉡ 우수관로 및 합류식 관로 : 계획우수량에 대하여 유속을 최소 0.8m/s, 최대 3.0m/s로 한다.

핵심예제

1-1. 하수관로인 오수관로의 유속 기준으로 맞는 것은?

① 계획1일 최대오수량에 대하여 유속을 최소 0.8m/s, 최대 3.0m/s로 한다.
② 계획1일 최대오수량에 대하여 유속을 최소 0.6m/s, 최대 3.0m/s로 한다.
③ 계획시간 최대오수량에 대하여 유속을 최소 0.8m/s, 최대 3.0m/s로 한다.
④ 계획시간 최대오수량에 대하여 유속을 최소 0.6m/s, 최대 3.0m/s로 한다.

1-2. 관로별 계획하수량을 정할 때 고려할 사항으로 틀린 것은?

① 오수관로에서는 계획1일 최대오수량으로 한다.
② 우수관로에서는 계획우수량으로 한다.
③ 합류식 관로에서는 계획시간 최대오수량에 계획우수량을 합한 것으로 한다.
④ 차집관로는 우천 시 계획오수량으로 한다.

|해설|

1-1

오수관로는 계획시간 최대오수량에 대하여 유속을 최소 0.6m/s, 최대 3.0m/s로 한다.

1-2

오수관로에서는 계획시간 최대오수량으로 한다.

정답 1-1 ④ 1-2 ①

핵심이론 02 관로의 단면과 관경

① 관로의 단면형상은 원형 또는 직사각형을 표준으로 하고, 소규모 하수도에서는 원형 또는 계란형을 표준으로 한다.

② 최소관경은 다음과 같이 한다.

㉠ 오수관로는 200mm를 표준으로 한다.

㉡ 우수관로 및 합류관로는 250mm를 표준으로 한다.

핵심예제

하수도설계기준에 의한 우수관로 및 합류관로의 최소관경 표준은?

① 200mm
② 250mm
③ 300mm
④ 350mm

|해설|

우수관로 및 합류관로의 최소관경은 250mm, 오수관로의 최소관경은 200mm를 표준으로 한다.

정답 ②

핵심이론 03 관로의 단면형상

① 원 형

㉠ 장 점

- 수리학적으로 유리하다.
- 일반적으로 내경 3,000mm 정도까지 공장제품을 사용할 수 있으므로 공사기간이 단축된다.
- 역학계산이 간단하다.

㉡ 단 점

- 안전하게 지지시키기 위해서 모래기초 외에 별도로 적당한 기초공을 필요로 하는 경우가 있다.
- 공장제품이므로 접합부가 많아져 지하수의 침투량이 많아질 염려가 있다.

② 직사각형 : 이 형상은 일반적으로 높이가 폭보다 작다.

㉠ 장 점

- 시공장소의 흙두께 및 폭원에 제한을 받는 경우에 유리하며 공장제품을 사용할 수도 있다.
- 역학계산이 간단하다.
- 만류가 되기까지는 수리학적으로 유리하다.

㉡ 단 점

- 철근이 해를 받았을 경우 상부하중에 대하여 대단히 불안하게 된다.
- 현장타설일 경우에는 공사기간이 지연된다. 따라서 공사의 신속성을 도모하기 위해 상부를 따로 제작해 나중에 덮는 방법을 사용할 수도 있다.

③ 말굽형 : 이 형상은 일반적으로 상부는 반원형의 아치(Arch)로 하며 측벽은 직선 또는 곡선을 갖고 내측으로 굽혀 수직으로 한다.

㉠ 장 점

- 대구경 관로에 유리하며 경제적이다.
- 수리학적으로 유리하다.
- 상반부의 아치작용에 의해 역학적으로 유리하다.

㉡ 단 점

- 단면형상이 복잡하기 때문에 시공성이 열악하다.
- 현장타설의 경우는 공사기간이 길어진다.

④ 계란형

㉠ 장 점

- 유량이 적은 경우 원형 관로에 비해 수리학적으로 유리하다.
- 원형 관로에 비해 관폭이 작아도 되므로 수직방향의 토압에 유리하다.

㉡ 단 점

- 재질에 따라 제조비가 늘어나는 경우가 있다.
- 수직방향의 시공에 정확도가 요구되므로 면밀한 시공이 필요하다.

핵심예제

3-1. 하수관로의 단면형상이 계란형인 경우에 관한 설명으로 옳지 않은 것은?

① 유량이 작으면 원형 관로에 비해 수리학적으로 유리하다.
② 원형 관로에 비해 관폭이 커도 되므로 수평방향의 토압에 유리하다.
③ 재질에 따라 제조비가 늘어나는 경우가 있다.
④ 수직방향의 시공에 정확도가 요구되므로 면밀한 시공이 필요하다.

3-2. 단면형태가 직사각형인 하수관로의 장단점으로 옳은 것은? [2010년 3회 기사]

① 시공장소의 흙두께 및 폭원에 제한을 받는 경우에 유리하다.
② 만류가 되기까지는 수리학적으로 불리하다.
③ 철근이 해를 받았을 경우에도 상부하중에 대하여 대단히 안정적이다.
④ 현장타설의 경우 공사기간이 단축된다.

|해설|

3-1
계란형은 원형 관로에 비해 관폭이 작아도 되므로 수직방향의 토압에 유리하다.

3-2
② 만류가 될 때까지 수리학적으로 유리하다.
③ 철근이 해를 받았을 경우 상부하중에 대해 불안하다.
④ 현장타설의 경우에는 공사기간이 지연된다.

정답 **3-1** ② **3-2** ①

핵심이론 04 마스톤(Marston) 공식

토압계산에 가장 널리 이용되는 공식이다.

$$W = C_1 \cdot r \cdot B^2$$

① W : 관이 받는 하중(kN/m)
② C_1 : 흙의 종류, 흙 두께, 굴착폭 등에 따라 결정되는 상수
③ r : 매설토의 단위중량(kN/m^3)
④ B : 폭요소(Width Factor)로서 관의 상부 90°부분에서의 관 매설을 위하여 굴토한 도랑의 폭(m)

핵심예제

하수관을 매설하려고 한다. 매설지점의 표토는 젖은 진흙으로서 흙의 단위중량은 1.85kN/m^3이고, 흙의 종류와 관의 깊이에 따라 결정되는 계수 C_1은 1.86이다. 이때 매설관이 받는 하중은?(단, Marston의 방법 적용, 관의 상부 90도 부분에서의 관 매설을 위하여 굴토한 도랑 폭은 1.2m이다) [2009년 2회 기사]

① 약 5kN/m ② 약 15kN/m
③ 약 25kN/m ④ 약 35kN/m

|해설|

Marston식에서 단위길이당 하중을 계산한다.
$W = C_1 \cdot r \cdot B^2 = (1.86)(1.85kN/m^3)(1.2m)^2 = 4.96kN/m$

정답 ①

핵심이론 05 관로의 접합

① 관로의 관경이 변화하는 경우 또는 2개의 관로가 합류하는 경우의 접합방법은 원칙적으로 수면접합 또는 관정접합으로 한다.

② 지표의 경사가 급한 경우에는 관경변화에 대한 유무에 관계없이 원칙적으로 지표의 경사에 따라서 단차접합 또는 계단접합으로 한다.

③ 2개의 관로가 합류하는 경우의 중심교각은 되도록 30~45°로 하고 장애물 등이 있을 경우에는 60° 이하로 한다. 곡선을 갖고 합류하는 경우의 곡률반경은 내경의 5배 이상으로 한다.

④ 관로의 접합방법

㉠ 수면접합 : 수리학적으로 대개 계획수위를 일치시켜 접합시키는 것으로서 양호한 방법이다.

㉡ 관정접합 : 관정을 일치시켜 접합하는 방법으로 유수는 원활한 흐름이 되지만 굴착 깊이가 증가됨으로 공사비가 증대되고 펌프로 배수하는 지역에서는 양정이 높게 되는 단점이 있다.

㉢ 관중심접합 : 관중심을 일치시키는 방법으로 수면접합과 관정접합의 중간적인 방법이다. 이 접합방법은 계획하수량에 대응하는 수위를 산출할 필요가 없으므로 수면접합에 준용되는 경우가 있다.

㉣ 관저접합 : 관로의 내면 바닥이 일치되도록 접합하는 방법이다. 이 방법은 굴착 깊이를 얕게 하므로 공사비용을 줄일 수 있으며, 수위상승을 방지하고 양정고를 줄일 수 있어 펌프로 배수하는 지역에 적합하다. 그러나 상류부에서는 동수경사선이 관정보다 높이 올라갈 우려가 있다.

핵심예제

5-1. 하수관로의 접합방법을 정할 때의 고려사항으로 ( )에 가장 적합한 것은? [2020년 1·2회 기사]

> 2개의 관로가 합류하는 경우의 중심교각은 되도록 (㉠) 이하로 하고, 곡선을 갖고 합류하는 경우의 곡률반경은 내경의 (㉡) 이상으로 한다.

① ㉠ 60°, ㉡ 5배
② ㉠ 60°, ㉡ 3배
③ ㉠ 30~45°, ㉡ 5배
④ ㉠ 30~45°, ㉡ 3배

5-2. 하수관로의 접합방법 중 굴착 깊이를 얕게 함으로써 공사비용을 줄일 수 있으며 수위상승을 방지하고 양정고를 줄일 수 있어 펌프로 배수하는 지역에 적합하나 상류부에서는 동수경사선이 관정보다 높이 올라갈 우려가 있는 것은? [2013년 3회 기사]

① 수면접합
② 관중심접합
③ 관저접합
④ 관정접합

|해설|

5-1
2개의 관로가 합류하는 경우의 중심교각은 되도록 30~45°로 하고 장애물 등이 있을 경우에는 60° 이하로 하고, 곡선을 갖고 합류하는 경우의 곡률반경은 내경의 5배 이상으로 한다.
※ 저자의견 : 중심교각의 경우 포괄적으로는 60° 이하이므로 ①번이 정답이다.

5-2
관저접합은 굴착 깊이를 얕게 함으로써 공사비용을 줄일 수 있으며 수위상승을 방지하고 양정고를 줄일 수 있어 펌프로 배수하는 지역에 적합하나 상류부에서는 동수경사선이 관정보다 높이 올라갈 우려가 있는 접합 방법이다.

정답 5-1 ① 5-2 ③

제7절 | 하수처리시설

핵심이론 01 중력식 침사지

① 침사지의 형상은 직사각형이나 정사각형 등으로 하고, 지수는 2지 이상으로 하는 것을 원칙으로 한다.

② 침사지의 평균유속은 0.30m/s를 표준으로 한다.

③ 체류시간은 30~60초를 표준으로 한다.

④ 수심은 유효수심에 모래퇴적부의 깊이를 더한 것으로 한다.

⑤ 표면부하율은 오수침사지의 경우 $1,800\text{m}^3/\text{m}^2 \cdot \text{day}$ 정도로 하고, 우수침사지의 경우 $3,600\text{m}^3/\text{m}^2 \cdot \text{day}$ 정도로 한다.

핵심예제

1-1. 하수처리시설인 우수침사지의 표면부하율로 옳은 것은?

[2012년 2회 기사]

① $2,400\text{m}^3/\text{m}^2 \cdot \text{day}$ 정도
② $2,800\text{m}^3/\text{m}^2 \cdot \text{day}$ 정도
③ $3,200\text{m}^3/\text{m}^2 \cdot \text{day}$ 정도
④ $3,600\text{m}^3/\text{m}^2 \cdot \text{day}$ 정도

1-2. 하수처리시설에서 중력식 침사지에 대한 설명으로 틀린 것은?

[2013년 2회 기사]

① 평균유속은 0.30m/s를 표준으로 한다.
② 체류시간은 2~3분을 표준으로 한다.
③ 수심은 유효수심에 모래퇴적부의 깊이를 더한 것으로 한다.
④ 침사지 표면부하율은 오수침사지의 경우 $1,800\text{m}^3/\text{m}^2 \cdot \text{day}$ 정도로 한다.

|해설|

1-1
침사지의 표면부하율은 오수침사지의 경우 $1,800\text{m}^3/\text{m}^2 \cdot \text{day}$, 우수침사지의 경우 $3,600\text{m}^3/\text{m}^2 \cdot \text{day}$ 정도로 한다.

1-2
중력식 침사지의 체류시간은 30~60초를 표준으로 한다.

정답 1-1 ④ 1-2 ②

핵심이론 02 일차침전지

① 형상 및 치수
㉠ 형상은 원형, 직사각형 또는 정사각형으로 한다.
㉡ 직사각형인 경우 폭과 길이의 비는 1 : 3 이상으로 하고, 폭과 깊이의 비는 1 : 1~2.25 : 1 정도로, 폭은 슬러지 수집기의 폭을 고려하여 정한다. 원형 및 정사각형의 경우 폭과 길이의 비는 6 : 1~12 : 1 정도로 한다.
㉢ 침전지 지수는 최소한 2지 이상으로 한다.

② 구 조
㉠ 침전지는 수밀성 구조로 하고 부력에 대해서도 안전한 구조로 한다.
㉡ 슬러지를 제거시키기 위해 슬러지 수집기를 설치한다.
㉢ 슬러지 수집기를 설치하는 경우의 침전지 바닥 기울기는 직사각형에서는 1/100~2/100으로, 원형 및 정사각형에서는 5/100~10/100으로 하고, 슬러지 호퍼(Hopper)를 설치하며, 그 측벽의 기울기는 60° 이상으로 한다.

③ 표면부하율은 계획1일 최대오수량에 대하여 분류식의 경우 $35\text{~}70\text{m}^3/\text{m}^2 \cdot \text{day}$, 합류식의 경우 $25\text{~}50\text{m}^3/\text{m}^2 \cdot \text{day}$로 한다.

④ 유효수심은 2.5~4m를 표준으로 한다.

⑤ 침전시간은 계획1일 최대오수량에 대하여 표면부하율과 유효수심을 고려하여 정하며, 일반적으로 2~4시간으로 한다.

⑥ 여유고는 40~60cm 정도로 한다.

핵심예제

2-1. 하수도시설인 일차침전지의 시설기준에 관한 설명으로 옳지 않은 것은? [2011년 1회 기사]

① 표면부하율은 계획1일 최대오수량에 대하여 분류식의 경우 35~70m^3/m^2 · day로 한다.
② 슬러지 수집기를 설치하는 경우의 침전지 바닥 기울기는 직사각형에서는 1/100~2/100으로 한다.
③ 침전시간은 계획1일 최대오수량에 대하여 표면부하율과 유효수심을 고려하여 정하며, 일반적으로 2~4시간으로 한다.
④ 유효수심은 3~6m를 표준으로 한다.

2-2. 하수처리시설인 일차침전지의 표면부하율 기준으로 옳은 것은? [2013년 1회 기사]

① 계획1일 최대오수량에 대하여 분류식의 경우 25~50m^3/m^2 · day로 한다.
② 계획1일 최대오수량에 대하여 분류식의 경우 15~25m^3/m^2 · day로 한다.
③ 계획1일 최대오수량에 대하여 합류식의 경우 15~25m^3/m^2 · day로 한다.
④ 계획1일 최대오수량에 대하여 합류식의 경우 25~50m^3/m^2 · day로 한다.

|해설|

2-1
유효수심은 2.5~4m를 표준으로 한다.

2-2
일차침전지의 표면부하율은 계획1일 최대오수량에 대하여 분류식의 경우 35~70m^3/m^2 · day, 합류식의 경우 25~50m^3/m^2 · day로 한다.

정답 2-1 ④ 2-2 ④

핵심이론 03 슬러지 농축방법의 비교

구 분	중력식 농축	부상식 농축	원심분리 농축	중력벨트 농축
설치비	크다.	중 간	작다.	작다.
설치면적	크다.	중 간	작다.	중 간
부대설비	적다.	많다.	중 간	많다.
동력비	작다.	중 간	크다.	중 간
장 점	• 구조가 간단하고 유지관리 용이 • 1차슬러지에 적합 • 저장과 농축이 동시에 가능 • 약품을 사용하지 않음	• 잉여슬러지에 효과적 • 약품주입 없이도 운전 가능	• 잉여슬러지에 효과적 • 운전조작이 용이 • 악취가 적음 • 연속운전이 가능 • 고농도로 농축가능	• 잉여슬러지에 효과적 • 벨트탈수기와 같이 연동운전이 가능 • 고농도로 농축가능
단 점	• 악취문제 발생 • 잉여슬러지의 농축에 부적합 • 잉여슬러지의 경우 소요면적이 큼	• 악취문제 발생 • 소요면적이 큼 • 실내에 설치할 경우 부식 문제 유발	• 동력비가 높음 • 스크루 보수필요 • 소음이 큼	• 악취문제 발생 • 소요면적이 크고 규격(용량)이 한정됨 • 별도의 세정장치가 필요함

핵심예제

하수슬러지 농축방법 중 잉여슬러지 농축에 부적합한 것은? [2013년 3회 기사]

① 부상식 농축
② 중력식 농축
③ 원심분리 농축
④ 중력벨트 농축

|해설|

하수슬러지 농축방법 중 잉여슬러지 농축에 부적합 농축방법은 중력식 농축이다.

정답 ②

핵심이론 04 호기성 소화

① 호기성 소화는 미생물의 내생호흡을 이용하여 유기물의 안정화를 도모하며, 슬러지 감량뿐만 아니라 차후의 처리 및 처분에 알맞은 슬러지를 만드는데 있다.

② 수와 형상

㉠ 소화조의 수는 최소한 2조 이상으로 한다.

㉡ 형상은 직사각형 또는 원형으로 하며, 원형인 경우 바닥의 기울기는 10~25% 정도 되게 한다.

㉢ 측심은 5m 정도로 하며, 0.9~1.2m의 여유고를 주어야 한다.

③ 혐기성 소화법과 비교한 호기성 소화법의 장단점

㉠ 장 점

- 최초시공비 절감
- 악취발생 감소
- 운전용이
- 상징수의 수질양호

㉡ 단 점

- 소화슬러지의 탈수불량
- 포기에 드는 동력비 과다
- 유기물 감소율 저조
- 건설부지 과다
- 저온 시의 효율 저하
- 가치 있는 부산물이 생성되지 않음

핵심예제

하수도시설인 호기성 소화조의 수와 형상에 관한 설명으로 옳지 않은 것은? [2010년 3회 기사]

① 소화조의 수는 최소한 2조 이상으로 한다.
② 형상이 원형인 경우 바닥의 기울기는 5~10% 정도 되게 한다.
③ 측심은 5m 정도로 한다.
④ 지붕이 불필요하며 가온시킬 필요성이 없다.

|해설|

호기성 소화조의 형상은 직사각형 또는 원형으로 하며, 원형인 경우 바닥의 기울기는 10~25% 정도 되게 한다.

정답 ②

제8절 | 하수도 펌프

핵심이론 01 펌프의 형식과 비회전도(N_s)와의 관계

형 식		N_s
터빈펌프	1단식 편흡입 및 양흡입형	100~250
	다단식	100~250
원심펌프	1단식 편흡입형	100~450
	1단식 양흡입형	100~750
	다단식	100~200
사류펌프	-	700~1,200
축류펌프	-	1,100~2,000

핵심예제

1-1. 비교회전도(N_s)에 대한 다음 설명 중 적절하지 않은 것은? [2009년 2회 기사]

① 펌프는 N_s의 값에 따라 그 형식이 변한다.
② N_s가 같으면 펌프의 크기에 관계없이 같은 형식의 펌프로 하고 특성도 대체로 같게 된다.
③ N_s값이 클수록 작은 수량과 고양정 펌프를 의미한다.
④ N_s 범위는 터빈펌프보다 축류펌프가 크다.

1-2. 비교회전도가 700~1,200인 경우에 사용되는 하수도용 펌프 형식으로 적절한 것은?(단, 일반적인 단위 적용 시) [2009년 3회 기사]

① 터빈펌프
② 볼류트펌프
③ 축류펌프
④ 사류펌프

|해설|

1-1

N_s의 값이 작으면 유량이 적은 고양정펌프, N_s의 값이 크면 유량이 많은 저양정펌프를 의미한다.

1-2

사류펌프의 비교회전도는 700~1,200이다.

정답 1-1 ③ 1-2 ④

핵심이론 02 펌프의 분류 및 특성

① **원심펌프** : 일반적으로 효율이 높고, 적용범위가 넓으며 적은 유량을 가감하는 경우 소요동력은 적어도 운전에 지장이 없다. 또 흡입성능도 우수하고 공동현상(Cavitation)이 잘 발생하지 않는다. 구조적으로 날개는 견고하지만 원심실이 크고 반경 및 축방향으로도 장소를 차지한다. 일반적으로 사류펌프는 수중베어링을 가지지만 원심펌프는 수중베어링을 필요로 하지 않으므로 보수가 쉽다.

② **사류펌프** : 양정변화에 대하여 수량의 변동이 적고 또 수량변동에 대해 동력의 변화도 적으므로 우수용 펌프 등 수위변동이 큰 곳에 적합하다. 구조적으로는 축방향으로 길게 되지만 일반적으로 원심펌프보다 소형이 된다. 흡입성능은 원심펌프보다 떨어지지만 축류펌프보다 우수하다.

③ **축류펌프** : 회전수를 높게 할 수 있으므로, 사류펌프보다 소형으로 되며 전양정이 4m 이하인 경우에는 축류펌프가 경제적으로 유리하다. 그러나 축류펌프는 규정양정이 130% 이상이 되면 소음 및 진동이 발생하여 축동력이 급속하게 증가해서 과부하로 되기 쉬우므로 수위가 변동이 현저한 경우에는 이점에 유의한다. 또 체절운전이 불가능하고 흡입성능이 낮고 효율폭이 좁다.

④ **수중펌프** : 펌프와 전동기를 일체로 펌프흡입실 내에 설치한다. 펌프실이 작고, 시동이 간단하며, 유입수량이 적은 경우 및 펌프장의 크기에 제한을 받는 경우 등에 사용한다.

⑤ **스크루(Screw)펌프** : 스크루(Screw)형의 날개를 용접한 속이 빈 축을 상부 및 하부의 수중베어링으로 지지하고 수평에 대해 약 30° 경사인 U자형 드럼통 속에서 회전시켜 하부로부터 양수하는 펌프이다. 최대양정은 약 8m가 한도이고, 효율은 75~80% 정도이며 회전수가 낮아 분당 100회 이하이다.

⑥ 스크루펌프의 장단점

㉠ 장 점

- 구조가 간단하고 개방형이어서 운전 및 보수가 쉽다.
- 회전수가 낮기 때문에 마모가 적다.
- 수중의 협잡물이 물과 함께 떠올라 폐쇄가 적다.
- 침사지 또는 펌프설치대를 두지 않고도 사용할 수 있다.
- 기동에 필요한 물채움 장치나 밸브 등 부대시설이 없으므로 자동운전이 쉽다.

㉡ 단 점

- 양정에 제한이 있다.
- 일반 펌프에 비하여 펌프가 크게 된다.
- 토출측의 수로를 압력관으로 할 수 없다.
- 오수의 경우 양수 시에 개방된 상태이므로 냄새가 발생한다.

핵심예제

2-1. 하수를 처리장으로 유입시키는 펌프 중 스크루펌프의 단점이라 볼 수 없는 것은? [2010년 2회 기사]

① 침사지를 설치하여야 한다.
② 일반펌프에 비하여 펌프가 크게 된다.
③ 토출측의 수로를 압력관으로 할 수 없다.
④ 양정에 제한이 있다.

2-2. 하수도에 사용되는 펌프형식 중 전양정이 3~12m일 때 적용하고 펌프구경은 400mm 이상을 표준으로 하며 양정변화에 대하여 수량의 변동이 적고, 또 수량변동에 대해 동력의 변화도 적으므로 우수용 펌프 등 수위변동이 큰 곳에 적합한 것은? [2011년 2회 기사]

① 원심펌프
② 사류펌프
③ 원심사류펌프
④ 축류펌프

|해설|

2-1
스크루펌프는 스크루형의 날개를 용접한 속이 빈 축을 상부 및 하부의 수중 베어링으로 지지하고 수평에 대해 약 30°경사인 U자형 드럼통 속에서 회전시켜 하부로부터 양수하는 펌프이며 침사지 또는 펌프설치대를 두지 않고도 사용할 수 있다.

2-2
사류펌프는 축방향으로 길게 되지만, 일반적으로 원심력펌프보다 소형이다. 양정변화에 대하여 수량의 변동이 적고 또 수량변동에 대하여 동력의 변화도 적으므로 우수용 펌프 등 수위변동이 큰 곳에 적합한 펌프이다.

정답 2-1 ① 2-2 ②

핵심이론 03 전양정에 대한 펌프의 형식

전양정(m)	형 식	펌프구경(mm)
5 이하	축류펌프	400 이상
3~12	사류펌프	400 이상
5~20	원심사류펌프	300 이상
4 이상	원심펌프	80 이상

핵심예제

3-1. 하수도에 사용되는 펌프형식 중 전양정이 5m 이하일 때 적용하고 펌프구경 400mm 이상을 표준으로 하며 흡입성능이 낮고 효율폭이 좁은 것은? [2006년 3회 기사]

① 원심펌프 ② 스크루펌프
③ 원심사류펌프 ④ 축류펌프

3-2. 펌프의 토출량은 200m³/min이며 흡입구의 유속이 2m/s인 경우에 펌프의 흡입구경(mm)은? [2012년 2회 기사]

① 1,060 ② 1,260
③ 1,460 ④ 1,660

|해설|

3-1
전양정이 5m 이하일 때 적용하고 펌프구경 400mm 이상일 때 적용하는 펌프는 축류펌프가 적합하다.

3-2
펌프의 흡입구경

$$D_s = 146\sqrt{\frac{Q_m}{V_s}} = 146 \times \sqrt{\frac{200}{2}} = 1,460\text{mm}$$

여기서, D_s : 펌프의 흡입구경(mm)
Q_m : 펌프의 토출량(m^3/min)
V_s : 흡입구의 유속(m/s)

정답 3-1 ④ 3-2 ③

수질오염방지기술

제1절 | 수질오염방지기술

핵심이론 01 반응조 해석(1차반응의 경우)

① 회분식(Batch Reactor) 반응

$C_t = C_0 \cdot \exp(-K \cdot t)$

② 플러그흐름 반응조(PFR ; Plug Flow Reactor)

$C_t = C_0 \cdot \exp(-K \cdot t)$

③ 완전혼합흐름 반응조(CFSTR ; Continuous Flow Stirred Tank Reactor 또는 CSTR ; Continuous Stirred Tank Reactor) : $C_t = \dfrac{C_0}{(1+K \cdot t)}$

핵심예제

1차반응에 있어 반응 초기의 농도가 100mg/L이고, 4시간 후에 10mg/L로 감소되었다. 반응 3시간 후의 농도는?

[2010년 1회 기사]

① 17.8mg/L ② 24.8mg/L
③ 31.6mg/L ④ 36.8mg/L

|해설|

$C_t = C_0 \cdot \exp(-K \cdot t)$

$10 = 100 \cdot \exp(-K \times 4) \rightarrow K = 0.576\text{h}^{-1}$

$C_3 = 100 \cdot \exp(-0.576 \times 3) = 17.8\text{mg/L}$

정답 ①

핵심이론 02 침전유형

① 독립침전(Discrete Settling, 자유침전)
㉠ 비중이 1보다 큰 무기성 침사고형물 입자 간의 상호결합력 없이 자연침강한다.
㉡ Stokes 법칙이 적용된다.
㉢ 1차침전지나 침사지에서 관찰된다.

② 플록침전(Flocculent Settling, 응집·응결침전)
㉠ 침강하는 입자들이 서로 접촉하면서 플록을 형성하여 침전하는 형태이다.
㉡ 수학적 해석이 곤란하여 실험에 의하여 분석된다.
㉢ 약품침전지에서 관찰된다.

③ 지역침전(Zone Settling, 간섭·계면·방해침전)
㉠ 플록을 형성하여 침강하는 입자들이 서로 방해를 받아 침전속도가 감소하는 침전을 한다.
㉡ 침전하는 부유물과 상징수 간에 경계면을 형성하면서 침강한다.
㉢ 침전지, 농축조에서 관찰된다.

④ 압축침전(Compression Settling, 압밀침전)
㉠ 고농도 입자들의 침전으로 침전된 입자군이 바닥에 쌓일 때 발생한다.
㉡ 입자군의 무게에 의해 물이 빠져나가면서 농축된다.
㉢ 침전지의 침전슬러지, 농축조의 슬러지 영역에서 관찰된다.

핵심예제

2-1. 폐수처리에 관련된 침전현상으로 입자 간의 작용하는 힘에 의해 주변입자들의 침전을 방해하는 중간 정도 농도의 부유액에서의 침전은? [2010년 3회 기사]

① 제1형 침전(독립입자침전)
② 제2형 침전(응집침전)
③ 제3형 침전(계면침전)
④ 제4형 침전(압밀침전)

2-2. 플록을 형성하여 침강하는 입자들이 서로 방해를 받으므로 침전속도는 점차 감소하게 되며 침전하는 부유물과 상등수 간에 뚜렷한 경계면이 생기는 침전형태로 가장 적합한 것은? [2013년 3회 기사]

① 지역침전
② 압축침전
③ 압밀침전
④ 응집침전

|해설|

2-1
계면(간섭)침전이란 플록을 형성하여 침강하는 입자들이 서로 방해를 받아 침전속도가 감소하는 침전이다. 중간 정도의 농도로서 침전하는 부유물과 상징수 간에 경계면을 지키면서 침강한다. 방해, 장애, 집단, 계면, 지역 침전 등으로 칭하며 상하류식 부유물 접촉 침전지, 농축조가 이에 해당한다.

2-2
지역침전은 플록을 형성하여 침강하는 입자들이 서로 방해를 받으므로 침전속도는 점차 감소하게 되며 침전하는 부유물과 상등수 간에 뚜렷한 경계면이 생기는 침전형태이다.

정답 2-1 ③ 2-2 ①

핵심이론 03 Stokes 법칙

$$V_s = \frac{{d_s}^2(\rho_s - \rho_w)g}{18\mu}$$

① V_s : 침강속도(cm/s)

② d_s : 입자직경(cm)

③ ρ_s : 입자밀도(g/cm^3)

④ ρ_w : 물의 밀도(g/cm^3)

⑤ g : 중력가속도(980cm/s^2)

⑥ μ : 점성계수(g/cm·s)

※ Stokes 식에서 침강속도는 입자직경의 제곱에 비례하고 점성계수에 반비례한다.

핵심예제

비중 1.7, 입경 0.05mm인 입자가 침전지에서 침강할 때 침강속도가 0.36m/h이었다면 비중 2.7, 입경 0.06mm인 입자의 침강속도는?(단, 물의 온도, 점성도 등 조건은 같고, Stokes 법칙을 따르며, 물의 비중은 1.0이다) [2013년 2회 기사]

① 약 0.63m/h　　② 약 0.87m/h
③ 약 1.12m/h　　④ 약 1.26m/h

|해설|

Stokes 침강속도 식

$$V_s = \frac{{d_s}^2(\rho_s - \rho_w)g}{18\mu}$$

이때, 각각의 침강속도를 구하면

- $V_1 = \frac{0.05^2\text{mm}^2 \times (1.7-1) \times g}{18\mu} = 0.36\text{m/h}$
- $V_2 = \frac{0.06^2\text{mm}^2 \times (2.7-1) \times g}{18\mu}$

$$\frac{V_1}{V_2} = \frac{0.36\text{m/h}}{V_2} = \frac{0.05^2 \times (1.7-1)}{0.06^2 \times (2.7-1)}$$

$$\therefore\ V_2 = \frac{0.36\text{m}}{\text{h}} \times \frac{0.06^2 \times (2.7-1)}{0.05^2 \times (1.7-1)} = 1.26\text{m/h}$$

정답 ④

핵심이론 04 부상분리(Floatation)

① A/S비

㉠ 폐수처리 : A/S = 0.03~0.05

하수처리 : A/S = 0.01~0.3

㉡ 비순환방식

$$A/S = \frac{1.3C_{air}(f \cdot P - 1)}{SS}$$

㉢ 순환방식

$$A/S = \frac{1.3\,C_{air}(f \cdot P - 1)}{SS} \times \left(\frac{Q_R}{Q}\right)$$

- C_{air} : 공기의 용해도(mL/L)
- f : 압력 P에서 용존되는 공기의 비율 (통상 0.5~0.8)
- P : 압력(atm)

② 부상속도(Stokes 식)

$$V_F = \frac{d_p^{\,2}(\rho_w - \rho_p)g}{18\mu}$$

핵심예제

4-1. 활성슬러지의 혼합액을 0.2%에서 4%로 부상 농축시키기 위한 조건이 A/S비 = 0.008, 온도 20℃, 공기의 용해도 = 18.7 mL/L, 포화도 = 0.5, 표면부하율 = 8L/m^2·min, 슬러지유량 = 500m^3/day일 때 요구되는 압력(atm)은? [2013년 1회 기사]

① 3.32 ② 4.97

③ 5.24 ④ 6.75

4-2. 폐수유량이 1,000m^3/day, 고형물 농도가 2,700mg/L인 슬러지를 부상법에 의해 농축시키고자 한다. 압축탱크의 압력이 4기압, 공기의 밀도 1.3g/L, 공기의 용해량이 29.2cm^3/L일 때 Air/Solid의 비는?(단, f는 0.5이며 비순환방식이다) [2013년 2회 기사]

① 0.009

② 0.014

③ 0.019

④ 0.025

|해설|

4-1

$$A/S = \frac{1.3C_{air}(f \cdot P - 1)}{SS} \text{(반송은 고려하지 않음)}$$

$$SS = (0.002\text{g/mL})\left(\frac{10^3\text{mL}}{\text{L}}\right)\left(\frac{10^3\text{mg}}{\text{g}}\right) = 2{,}000\text{mg/L}$$

$$0.008 = \frac{1.3(18.7)(0.5 \times P - 1)}{2{,}000}$$

$$\therefore\ P = 3.32\,\text{atm}$$

4-2

$$A/S = \frac{1.3C_{air}(f \cdot P - 1)}{SS}$$

$$= \frac{1.3 \times 29.2(0.5 \times 4 - 1)}{2{,}700} = 0.014$$

정답 4-1 ① 4-2 ②

핵심이론 05 침사지/침전지 설계공식

① 표면부하율$(m^3/m^2 \cdot day) = \dfrac{유입유량(m^3/day)}{표면적(m^2)}$:

$$V_o = \frac{Q}{A}$$

② 월류위어 부하율$(m^3/m \cdot day) = \dfrac{월류유량(m^3/day)}{위어의\ 길이(m)}$:

$$V_w = \frac{Q}{L_w}$$

③ 체류시간$(day) = \dfrac{침전지\ 용적(m^3)}{유입유량(m^3/day)}$: $t = \dfrac{\forall}{Q}$

④ 수평유속$(m/day) = \dfrac{유입유량(m^3/day)}{단면적(m^2)}$: $V = \dfrac{Q}{WH}$

⑤ 제거효율$(\%) = \dfrac{입자의\ 침강속도}{표면부하율} \times 100$:

$$\eta = \frac{V_p}{V_s} \times 100$$

핵심예제

5-1. 평균유량 $8,000m^3/day$인 도시하수처리장의 1차 침전지를 설계하고자 한다. 1차 침전지의 표면부하율을 $40m^3/m^2 \cdot day$로 하여 원형침전지를 설계한다면 침전지의 직경은?

[2010년 1회 기사]

① 약 12m ② 약 14m
③ 약 16m ④ 약 18m

5-2. 상수처리를 위한 사각 침전조에 유입된 유량은 $30,000 m^3/day$이고 표면부하율은 $24m^3/m^2 \cdot day$이며 체류시간은 6시간이다. 침전조의 길이와 폭의 비는 2 : 1이라면 조의 크기는?

[2013년 2회 기사]

① 폭 : 20m, 길이 : 40m, 깊이 : 6m
② 폭 : 20m, 길이 : 40m, 깊이 : 4m
③ 폭 : 25m, 길이 : 50m, 깊이 : 6m
④ 폭 : 25m, 길이 : 50m, 깊이 : 4m

|해설|

5-1

$$표면부하율(V_o) = \frac{처리유량}{침전지\ 표면적} = \frac{Q}{A_s}$$

$$40m/day = \frac{8,000m^3/day}{A_s}$$

$$A_s = 200m^2 = \frac{\pi D^2}{4}$$

$\therefore D = 16m$

5-2

• 표면부하율 $= \dfrac{Q}{A}$

$$A = \frac{Q}{표면부하율} = \frac{30,000m^3/day}{24m^3/m^2 \cdot day} = 1,250m^2$$

침전조의 길이와 폭의 비가 2 : 1이므로,
침전조의 폭을 x라 하면 길이는 $2x$이다.

$2x^2 = 1,250m^2$, $x = 25m$

∴ 침전조의 폭은 25m이며, 길이는 50m이다.

• 체류시간 $t = \dfrac{V}{Q}$

$$6h = \frac{day}{30,000m^3} \times \frac{24h}{1day} \times V$$

$V = 7,500m^3$

$V = A \times h$이므로 $7,500m^3 = 1,250m^2 \times h$

$h = 6m$

∴ 침전조의 깊이는 6m이다.

정답 5-1 ③ 5-2 ③

핵심이론 06 속도경사(G)와 완속교반(Flocculator) 동력(P)

① $G= \sqrt{\frac{P}{\mu V}}$

② $P= F_D V_P= \frac{C \cdot A \cdot \rho \cdot V_p{}^3}{2}$

핵심예제

1일 10,000m³의 폐수를 급속혼화지에서 체류시간 60s, 평균 속도경사(G) 400s⁻¹인 기계식 고속 교반장치를 설치하여 교반하고자 한다. 이 장치에 필요한 소요 동력은?(단, 수온은 10℃, 점성계수(μ)는 1.307×10⁻³kg/m · s) [2013년 2회 기사]

① 약 2,621W
② 약 2,226W
③ 약 1,842W
④ 약 1,452W

|해설|

동력 계산식은 다음과 같다.

$P(W) = G^2 \mu V$

$$P= \frac{400^2}{s^2} \times \frac{1.307\times10^{-3}kg}{m \cdot s} \times \frac{10,000m^3}{day} \times \frac{day}{24\times3,600s} \times 60s$$

$= 1,452.2kg \cdot m^2/s^3$

정답 ④

핵심이론 07 소독법 비교

구 분	염소(Cl_2)	이산화염소(ClO_2)	오존(O_3)	자외선(UV)
소독효과(Bacteria)	좋 음	좋 음	좋 음	좋 음
소독효과(Virus)	나 쁨	좋 음	좋 음	좋 음
부산물	소독부산물(THM, HAA 등) 생성	THM, HAA 생성 없음. ClO_2^-, ClO_3^- 생성	THM, HAA 생성 없음. 물속에 Br^-이 있을 때 브로메이트(BrO_3^-) 생성	없 음
잔류성	있 음	보 통	없 음	없 음

핵심예제

하수처리 시 소독방법인 자외선 소독의 장단점으로 틀린 것은?(단, 염소 소독과의 비교) [2012년 3회 산업기사]

① 요구되는 공간이 적고 안전성이 높다.
② 소독이 성공적으로 되었는지 즉시 측정할 수 없다.
③ 잔류효과, 잔류독성이 없다.
④ 대장균 살균을 위한 낮은 농도에서 Virus, Spores, Cysts 등을 비활성화시키는데 효과적이다.

|해설|

자외선 소독은 대부분의 Virus, Spores, Cysts 등을 비활성화시키는데 염소 소독보다 효과적이다. 그러나 대장균 살균을 위한 낮은 농도에서는 Virus, Spores, Cysts 등을 비활성시키는데 염소 소독보다 효과적이지 못하다.

정답 ④

핵심이론 08 클로라민 소독

① 염소에 암모니아를 주입하면 클로라민이 형성된다.

② 반응식

㉠ 염소 생성반응

$Cl_2 + H_2O \rightarrow HOCl + H^+ + Cl^-$

(차아염소산 : Hypochlorous Acid)

$HOCl \leftrightarrow H^+ + OCl^-$

(차아염소산 이온 : Hypochlorite Ion)

$pK_a = 2.5 \times 10^{-8}$ at 25℃

㉡ 결합염소생성 반응

$NH_2 + HOCl \rightarrow H_2O + NH_2Cl$

(Monochloramine)

$NH_2Cl + HOCl \rightarrow H_2O + NHCl_2$

(Dichloramine)

$NHCl_2 + HOCl^- \rightarrow H_2O + NCl_3$

(Trichloramine)

㉢ 차아염소산보다 소독력이 약해 주입량이 많이 요구되거나 접촉시간이 장시간이 필요하다. 소독 후에 맛과 냄새가 나지 않고 소독작용이 오래 지속된다(다이클로라민은 불쾌한 맛과 냄새가 난다).

핵심예제

염소 소독에 관련된 내용으로 옳지 않은 것은? [2012년 2회 기사]

① 원소상태의 염소는 보통의 온도와 압력에서 독성이 있는 황록색의 기체이며 수분이 존재하면 부식성이 높다.
② 염소 처리된 하수는 수역에 방류되면 해수가 가지고 있는 세균감소작용을 회복시킨다.
③ 병원균은 염소처리에 대하여 대장균보다 강한 내성을 보이기 때문에 대장균이 검출되지 않더라도 병원균은 존재할 수 있다.
④ 염소가스는 비폭발성, 비가연성이지만 250℃의 높은 온도에서는 연소를 도울 수 있다.

|해설|

염소 처리된 하수는 해수가 가지고 있는 세균감소작용을 손상시킨다.

정답 ②

핵심이론 09 자외선(UV) 소독

① 오랫동안 선박의 식수소독과 생수(먹는샘물) 소독에 이용되고 있다.

② 파장(Wave Length) 250~270nm에서 효과적(265nm)이다.

③ 장 점

㉠ Virus, 원생동물(Giardia, Cryptosporidium)의 소독에 효과적이다.
㉡ 소독부산물 생성이 없다.
㉢ 안정성이 높고, 요구공간이 적다.
㉣ 비용이 저렴하다.

④ 단 점

㉠ 잔류성이 없다(상수도에서 염소와 병행사용 필요).
㉡ 탁도 또는 부유물질이 효과를 저해한다(투과효율 저하).
㉢ 소독효과에 대한 즉시측정이 어렵다.

핵심예제

자외선 하수 살균 소독의 장단점과 가장 거리가 먼 것은? [2012년 2회 기사]

① 물의 혼탁이나 탁도는 소독 능력에 영향을 미치지 않는다.
② 화학적 부작용 적고 전원의 제어가 용이하다.
③ pH 변화에 관계없이 지속적인 살균이 가능하다.
④ 유량과 수질의 변동에 대해 적응력이 강하다.

|해설|

자외선 소독은 물이 혼탁하거나 탁도가 높으면 소독능력에 영향을 미친다.

정답 ①

핵심이론 10 Chick's Law

① $\frac{dN}{dt} = r = -KN$

② $N = N_0 \cdot e^{-K \cdot t}$

㉠ r : Inactivation Rate

㉡ N : 살아있는 미생물(Viable Organisms) 개체수

㉢ N_0 : 초기 미생물 개체수

핵심예제

염소 소독에 의한 세균의 사멸은 1차 반응속도식에 따른다. 잔류염소 농도 0.4mg/L에서 2분간 85%의 세균이 살균되었다면 99.9% 살균을 위해서 몇 분의 시간이 필요한가?

[2012년 2회 기사]

① 약 5.9분
② 약 7.3분
③ 약 10.2분
④ 약 16.7분

|해설|

Chick's Law
소독제에 의한 미생물의 사멸 또는 불활성화(Inactivation)는 화학적 1차 반응과 유사하며, 1차 반응식으로 표시될 수 있다.

$\ln \frac{N_t}{N_0} = -K \cdot t \rightarrow N_t = N_0 \cdot \exp(-K \cdot t)$

85% 사멸($N_t = 0.15N_0$)에 2min가 소요되었으므로,

$0.15 = \exp(-K \cdot 2) \rightarrow K = 0.9486\,\text{min}^{-1}$

99.9% 사멸($N_t = 0.001N_0$)되는 데 소요되는 시간은

$0.001 = \exp(-0.9486 \cdot t) \rightarrow t = 7.28\,\text{min}$

정답 ②

핵심이론 11 수리학적 체류시간(HRT)과 고형물 체류시간(SRT) – 활성슬러지공법

① 수리학적 체류시간(HRT ; Hydraulic Retention Time) : 하수가 반응조 내에 체류하는 시간을 말한다.

② 고형물 체류시간(SRT ; Solids Retention Time) : 처리장 내에 존재하는 활성슬러지가 전체 시스템(반응조, 이차침전지, 반송슬러지 등) 내에 체재하는 시간으로 세포체류시간(MCRT ; Microbial Cell Retention Time)이라고도 한다.

③ 계산식

㉠ 수리학적 체류시간 $\text{HRT}(\theta) = \frac{\forall}{Q}$

㉡ 고형물 체류시간 SRT(MCRT, θ_c)

$$= \frac{\forall \cdot X}{X_r Q_w + (Q - Q_w) X_e} \cong \frac{\forall \cdot X}{X_r Q_w}$$

※ X_e는 처리수의 SS 농도를 말하며, 처리수 중의 활성슬러지량이 작으므로 무시하는 경우가 많다.

핵심예제

11-1. 부피가 $4,000m^3$인 포기조의 MLSS 농도가 2,000mg/L이다. 반송슬러지의 SS농도가 8,000mg/L, 슬러지 체류시간(SRT)이 5일이면 폐슬러지의 유량은?(단, 2차 침전지 유출수 중의 SS는 무시한다) [2013년 1회 기사]

① $125m^3/day$
② $150m^3/day$
③ $175m^3/day$
④ $200m^3/day$

11-2. 포기조 내의 MLSS가 4,000mg/L, 포기조 용적이 $500m^3$인 활성슬러지법에서 매일 $25m^3$의 폐슬러지를 뽑아 소화조로 보내 처리한다면 세포의 평균 체류시간은?(단, 반송슬러지의 농도는 2%, 비중은 1.0, 유출수 내 SS 농도 고려 안함) [2012년 3회 산업기사]

① 2일 ② 3일
③ 4일 ④ 5일

|해설|

11-1

$$SRT = \frac{\forall \cdot X}{Q_w \cdot X_w}$$

$$5 = \frac{(4,000m^3)(2,000mg/L)}{Q_w \cdot (8,000mg/L)}$$

$$Q_w = 200m^3/day$$

11-2

유출수 내 SS 농도를 고려하지 않은 SRT공식은 다음과 같다.

$$SRT(day) = \frac{X \cdot \forall}{Q_r \cdot SS_r},\ 1\% = 10^4 ppm$$

$$SRT(day) = \frac{4,000mg/L \times 500m^3}{25m^3/day \times (2 \times 10^4 ppm)} = 4day$$

정답 11-1 ④ 11-2 ③

핵심이론 12 SVI(슬러지부피지표, Sludge Volume Index)

① 활성슬러지의 침강성을 나타내는 지표 : SVI 50~150 침강성 양호, SVI 200 이상이면 Sludge Bulking 현상

② 활성슬러지 부유물질이 포함하는 용적을 mL로 표시한 것을 말한다.

③ SV_{30} : 용적 1L의 메스실린더에 시료를 30분간 정체시킨 후의 침전슬러지량을 그 시료량에 대한 백분율로 표시한 것을 말한다.

④ 슬러지 밀도지표(SDI ; Sludge Density Index)는 SVI의 역수에 100을 곱한 것을 말한다.

⑤ $SVI = \frac{SV(\%)}{X(mg/L)} \times 10^4 = \frac{SV(mL/L)}{X(mg/L)} \times 10^3$

⑥ $SDI = \frac{100}{SVI}$

핵심예제

포기조 용액을 1L 메스실린더에서 30분간 침강시킨 침전슬러지 부피가 500mL이었다. MLSS 농도가 2,500mg/L라면 SDI는? [2013년 2회 산업기사]

① 0.5 ② 1
③ 2 ④ 4

|해설|

$$SDI = \frac{1}{SVI} \times 100$$

$$SVI = \frac{SV_{30}(mL/L)}{MLSS농도(mg/L)} \times 10^3 = \frac{500mL/L}{2,500mg/L} \times 10^3 = 200$$

$$SDI = \frac{1}{200} \times 100 = 0.5$$

정답 ①

핵심이론 13 F/M비

F/M비 : 유입유기물 부하에 대한 미생물량의 비를 말한다.

$$F/M(day^{-1}) = \frac{S_i \cdot Q_i}{X \cdot \forall}$$

여기서, S_i : 반응조 유입수의 기질(BOD) 농도(mg/L)

X : 반응조(포기조)의 MLSS 농도(mg/L)

Q_i : 유입유량(m^3/day)

$\forall$: 포기조 용량(m^3)

핵심예제

다음 조건하에서의 포기조 용적은? [2012년 3회 기사]

조건
- 유입폐수량 $Q = 50m^3/h$
- 유입수 BOD 농도 = $200g/m^3$
- MLVSS 농도 = $2kg/m^3$
- F/M비 = 0.5kg BOD/kg MLVSS · day

① $240m^3$ ② $380m^3$
③ $430m^3$ ④ $520m^3$

|해설|

$$F/M = \frac{BOD_i \cdot Q}{\forall \cdot X}$$

$$0.5\text{kg BOD/kg MLVSS} = \frac{(200mg/L)(50m^3/h)(24h/day)}{\forall \cdot (2{,}000g/m^3)}$$

$$\forall = 240m^3$$

정답 ①

핵심이론 14 SRT – F/M비의 관계

$$\frac{1}{SRT} = Y\left(\frac{F}{M}\right) \cdot \eta - K_d = \frac{Y(S_i - S_e)Q}{\forall \cdot X} - K_d$$

여기서, Y : 세포증식계수(수율)

η : 제거율

K_d : 자기분해속도 상수(내호흡계수, day^{-1})

S_e : 유출수의 기질(BOD)농도

핵심예제

유량 1,000m³/day, 유입 BOD 600mg/L인 폐수를 활성슬러지 공법으로 처리하고 있다. 폭기시간 12시간, 처리수 BOD농도 40mg/L, 세포 증식계수 0.8, 내생호흡계수 0.08/d, MLSS농도 4,000mg/L라면 고형물의 체류시간(day)은? [2013년 1회 산업기사]

① 약 4.3
② 약 6.9
③ 약 8.6
④ 약 10.3

|해설|

$$\frac{1}{SRT(day)} = \frac{Y \times (S_i - S_o) \times Q}{MLSS \times \forall} - K_d$$

$$= \frac{0.8 \times (600-40)mg/L \times 1{,}000m^3/day}{4{,}000mg/L \times 1{,}000m^3/24h \times 12h} - 0.08/day$$

$$= 0.144/day$$

$\therefore$ SRT(day) ≒ 6.9day

정답 ②

핵심이론 15 반송비 R

① 반송비 $R=\dfrac{X}{X_r-X}=\dfrac{\text{SV}(\%)}{100-\text{SV}(\%)}$

② 반송률 $R(\%)=\dfrac{X}{X_r-X}\times 100$

㉠ X_r : 반송슬러지의 SS 농도(mg/L)

㉡ X : 반응조 내의 MLSS 농도(mg/L)

핵심예제

15-1. 유량이 500m^3/day, SS 농도가 220mg/L인 하수가 체류시간이 2시간인 최초 침전지에서 60%의 제거효율을 보였다. 이 때 발생되는 슬러지 양은?(단, 슬러지 비중은 1.0, 함수율은 98%, SS만 고려함) [2011년 1회 기사]

① 약 4.2m^3/day
② 약 3.3m^3/day
③ 약 2.4m^3/day
④ 약 1.8m^3/day

15-2. 포기조의 MLSS 농도를 3,000mg/L로 유지하기 위한 슬러지 반송비는?(단, SVI=120, 유입수 내 SS는 무시한다) [2013년 3회 기사]

① 0.43 ② 0.56
③ 0.62 ④ 0.74

|해설|

15-1

$$SL=SS_i\times\frac{R(\%)}{100}\times Q_i\times\frac{100}{100-W}\times\frac{1}{\rho_{SL}}$$

$$=\left(\frac{220\text{mg}}{\text{L}}\right)\left(\frac{60}{100}\right)(500\text{m}^3)\left(\frac{100}{100-98}\right)\left(\frac{1\text{m}^3}{1.0\times10^3\text{kg}}\right)\left(\frac{1\text{kg}}{10^6\text{mg}}\right)\left(\frac{10^3\text{L}}{1\text{m}^3}\right)$$

$$=3.3\text{m}^3$$

15-2

$$\text{반송비}(R)=\frac{X}{SS_r-X}\rightarrow\frac{X}{(10^6/SVI)-X}$$

$$=\frac{3{,}000\text{mg/L}}{(10^6/120)-3{,}000\text{mg/L}}=0.56$$

정답 15-1 ② 15-2 ②

핵심이론 16 잉여슬러지량

$$SL=Q_w\cdot X_w=Y\cdot S_i\cdot\eta\cdot Q-K_d\cdot\forall\cdot X$$

$$=\frac{YQ(S_i-S_e)}{(1+K_d\cdot\theta_c)}$$

여기서, S_e : 유출수의 BOD 농도(mg/L)

핵심예제

유량이 3,000m^3/일이고, BOD 농도가 400mg/L인 폐수를 활성슬러지법으로 처리하고 있다. 포기시간을 8시간으로 처리한 결과 처리수의 BOD 및 SS농도가 각각 30mg/L이었고 MLSS 농도는 4,000mg/L이었으며, 폐슬러지 생산량은 50m^3/일이었다면 폐슬러지 농도가 0.9%이며, 세포증식계수가 0.8인 경우 내호흡률(K_d)은? [2011년 2회 기사]

① 약 0.032/일
② 약 0.046/일
③ 약 0.063/일
④ 약 0.087/일

|해설|

$$\text{SRT}=\frac{X\cdot\forall}{Q_w\cdot X_w+(Q-Q_w)S_e}\text{에서}$$

$$\forall=Q\cdot t=(3{,}000\text{m}^3/\text{d})(8\text{h})(1\text{d}/24\text{h})=1{,}000\text{m}^3$$

$$X_w=X_r=(0.9\%)\left(\frac{10^4\text{mg/L}}{1\%}\right)=9{,}000\text{mg/L}$$

$Q_w=50\text{m}^3/\text{d}$, $X=4{,}000\text{mg/L}$이므로

$$\text{SRT}=\frac{(4{,}000\text{mg/L})(1{,}000\text{m}^3)}{(50\text{m}^3/\text{d})(9{,}000\text{mg/L})+(3{,}000-50)(\text{m}^3/\text{d})(30\text{mg/L})}$$

$$=7.43\text{day}$$

$$\frac{1}{\text{SRT}}=YQ(S_i-S_e)\frac{1}{\forall\cdot X}-K_d$$

$$\frac{1}{7.43}=(0.8)(3{,}000)(400-30)\frac{1}{(1{,}000)(4{,}000)}-K_d$$

$$K_d=0.087\text{day}^{-1}$$

정답 ④

핵심이론 17 연속회분식 활성슬러지법 (SBR ; Sequencing Batch Reactor)

① SBR은 채우고 제거하는 식의 활성슬러지 처리공정으로, 1개의 회분조(Batch)에서 주입(유입), 반응, 침전, 제거(유출), 휴지의 각 과정을 거친다.

② 특 징

㉠ 유입하수의 부하변동이 일정한 경우, 비교적 안정된 처리를 행할 수 있다.

㉡ 유입하수의 질과 양에 따라 포기시간과 침전시간을 자유롭게 설정할 수 있다.

㉢ 단일 반응조 내에서 1Cycle 중에 호기성조건-무산소조건-혐기성조건을 설정하여, 질산화 및 탈질반응을 도모할 수 있다.

㉣ 슬러지 반송설비가 필요 없다.

㉤ 소규모 처리에 적합하고, 대용량 처리시설에 적용하기 어렵다.

㉥ 운전자동화가 가능하다.

핵심예제

17-1. 연속회분식 활성슬러지법인 SBR(Sequencing Batch Reactor)에 대한 설명으로 '최대의 수량을 포기조 내에 유지한 상태에서 운전 목적에 따라 포기와 교반을 하는 단계'는 어떤 운전 공정인가? [2011년 2회 기사]

① 유입기 ② 반응기
③ 침전기 ④ 유출기

17-2. 연속회분식(SBR)의 운전단계에 관한 설명으로 틀린 것은? [2013년 1회 기사]

① 주입 : 주입단계 운전의 목적은 기질(원폐수 또는 1차 유출수를 반응조에 주입하는 것이다.
② 주입 : 주입단계는 총 Cycle시간의 약 25% 정도이다.
③ 반응 : 반응단계는 총 Cycle시간의 약 65% 정도이다.
④ 침전 : 연속흐름식 공정에 비하여 일반적으로 더 효율적이다.

|해설|

17-2

반응 : 반응단계는 총 Cycle시간의 약 35% 정도이다.

정답 17-1 ② 17-2 ③

핵심이론 18 초심층포기법

① 초심층포기법은 심층포기법보다 대심도를 유지함으로써 기체-액체의 접촉시간을 길게 하여 높은 산소농도를 얻고, 용지이용률을 높이는 방법이다.

② 특징(표준활성슬러지와 비교)

㉠ 고부하 운전이 가능하다.

㉡ 포기조 내 MLSS 농도를 높게 유지할 수 있다.

㉢ 시설면적이 작다(부지절감 효과).

㉣ 송풍량이 작고 악취대책이 쉽다.

㉤ 송기동력이 작으므로 에너지비용을 절약할 수 있다.

㉥ 탈기시설이 필요하다.

㉦ 지질조건에 따라 포기조 깊이의 결정에 제약을 받는 경우가 있다.

㉧ 기포화 미생물이 접촉하는 시간이 표준활성슬러지법보다 길어서 산소전달 효율이 높다.

핵심예제

활성슬러지법인 심층포기법에 관한 설명으로 틀린 것은? [2013년 1회 기사]

① 심층포기법은 수심이 깊은 조를 이용하여 용지이용률을 높이고자 고안된 공법이다.
② 산기수심을 깊게 할수록 단위 송풍량당 압축동력이 증대하여 소비동력이 증가된다.
③ 용존질소의 재기포화에 따른 대책이 필요하다.
④ 포기조를 설치하기 위해서 필요한 단위 용량당 용지면적은 조의 수심에 비례하여 감소한다.

|해설|

산기수심을 깊게 할수록 단위송기량당 압축동력은 증대하지만, 산소용해도가 높은 만큼 송기량이 감소하기 때문에 소비동력은 증가하지 않는다.

정답 ②

핵심이론 19 회전원판법 (RBC ; Rotating Biological Contactor)

① 수조 속에 다수의 원판을 천천히 회전시켜 원판에 부착한 미생물과 수조 속에서 증식한 부유미생물에 의해 폐수 중의 유기물질을 호기적으로 산화・분해시키는 방법이다.

② 특 징

㉠ 운전관리상 조작이 간단하다.

㉡ 소비전력량은 소규모 처리시설에서는 표준활성슬러지법에 비하여 적다.

㉢ 질산화가 일어나기 쉬우며, 이로 인하여 처리수의 BOD가 높아질 수 있으며, pH가 내려가는 경우도 있다.

㉣ 활성슬러지법에서와 같이 벌킹으로 인한 다량의 슬러지가 유출되는 현상이 없다.

㉤ 활성슬러지법에 비해 2차 침전지에서 미세한 SS가 유출되기 쉽고, 처리수의 투명도가 나쁘다.

㉥ 살수여상과 같이 여상에 파리는 발생하지 않으나 하루살이가 발생하는 수가 있다.

㉦ 슬러지 반송이 불필요하고, 질소・인 등의 영양염류 제거가 가능하다.

핵심예제

회전원판법(RBC)의 장점과 가장 거리가 먼 것은?

[2012년 3회 기사]

① 미생물에 대한 산소 공급 소요전력이 적다.
② 고정메디아로 높은 미생물 농도 및 슬러지일령을 유지할 수 있다.
③ 기온에 따른 처리효율의 영향이 적다.
④ 재순환이 필요 없다.

|해설|

회전원판법은 살수여상법과 같이 생물막을 이용하여 하수를 처리하는 방식으로, 원판의 일부가 수면에 잠기도록 하여, 원판을 천천히 회전시키면서 호기성미생물을 이용할 수 있게 된다. 처리효율은 온도에 큰 영향을 받는데 특히 질산화 미생물은 수온저하에 매우 민감하다.

정답 ③

핵심이론 20 소화율(혐기성소화)

① 혐기성 소화법에서 소화율은 유입슬러지 중의 유기성분이 가스화 및 무기화 되는 비율을 말한다. 일반적으로 도시폐수처리장의 소화율은 50% 전후이다.

② $\text{소화율}(E) = 1 - \left(\dfrac{VS_2 / FS_2}{VS_1 / FS_1} \right)$

㉠ FS_1 : 투입슬러지의 무기성분(%)

㉡ VS_1 : 투입슬러지의 유기성분(%)

㉢ FS_2 : 소화슬러지의 무기성분(%)

㉣ VS_2 : 소화슬러지의 유기성분(%)

핵심예제

하수 슬러지의 감량시설인 소화조의 소화효율은 일반적으로 슬러지의 VS 감량률로 표시된다. 소화조로 유입되는 슬러지의 VS/TS 비율이 70%, 소화 슬러지의 VS/TS 비율이 50%일 경우 소화조의 효율은 몇 %인가? [2013년 2회 기사]

① 42.7%
② 48.1%
③ 51.7%
④ 57.1%

|해설|

소화조의 효율

$$\text{소화율}(\%) = \frac{VS/FS - VS'/FS'}{VS/FS} \times 100$$

$$= \frac{70/30 - 50/50}{70/30} \times 100 = 57.14\%$$

정답 ④

핵심이론 21 메탄가스 발생량

① 탄수화물의 혐기성 분해 : 탄수화물이 혐기성 분해될 때 이론적으로 생성되는 CH_4와 CO_2의 몰비율은 각각 50%로 동일하다.

② 글루코스의 경우 : $C_6H_{12}O_6 \rightarrow 3CO_2 + 3CH_4$

③ 아세트산의 경우 : $CH_3COOH \rightarrow CH_4 + CO_2$

※ 가스 용적은 0℃, 1기압에서 1mol당 22.4L이다.

핵심예제

500g Glucose($C_6H_{12}O_6$)가 완전한 혐기성 분해를 한다고 가정할 때 이론적으로 발생 가능한 CH_4 Gas 용적은?(단, 표준상태 기준) [2011년 2회 산업기사]

① 24.2L
② 62.2L
③ 186.7L
④ 1,339.3L

|해설|

$C_6H_{12}O_6 \rightarrow 3CO_2 + 3CH_4$

180g　　　　　$3\times22.4L$

$\therefore$ CH_4 Gas 용적 $= 500g \times \dfrac{3\times22.4L}{180g} \fallingdotseq 186.67L$

정답 ③

핵심이론 22 등온흡착식(Isotherm Equation)

① 일정한 온도에서 흡착량(q)와 평형상태의 농도(C) 사이의 관계를 나타내는 식으로 Freundlich, Langmuir, B.E.T(Brunauer Emmett & Teller), Henry 식 등이 있다.

② Freundlich Adsorption Isotherm

$$\frac{X}{m} = KC_e^{1/n}$$

㉠ X/m : 단위 중량의 활성탄에 흡착된 물질의 양
㉡ C_e : 흡착이 일어난 후 용액 중의 흡착질의 평형농도
㉢ K, n : 상수

③ Langmuir식

$$\frac{X}{m} = \frac{abC_e}{1+bC_e}$$

a, b : 상수

핵심예제

어떤 공장폐수에 미처리된 유기물이 10mg/L 함유되어 있다. 이 폐수를 부말활성탄 흡착법으로 처리하여 2mg/L까지 처리하고자 할 때 분말활성탄은 폐수 1m³당 몇 g이 필요한가?(단, Freundlich 식을 이용, K=0.5, n=1) [2011년 2회 산업기사]

① 4　② 8
③ 16　④ 32

|해설|

Freundlich식

$\dfrac{X}{m} = K \times C^{\frac{1}{n}}$

$\dfrac{(10-2)}{m} = 0.5 \times 2^{1/1}$

$m = 8mg/L = 8g/m^3$

정답 ②

핵심이론 23 Langmuir 등온흡착식

① Langmuir식은 흡착제와 흡착물질 사이에 결합력이 약한 화학흡착에 적용한다.

② 흡착에 있어서 결합력은 단분자층의 두께에 작용한다는 것을 기초로 하여 단분자층 흡착이라 한다.

③ 가 정

㉠ 흡착은 가역적이고 평형상태(흡착률 = 탈착률)이다.

㉡ 표면에 흡착된 용질의 두께가 분자 한 개 정도 두께이다.

㉢ 한정된 표면에만 흡착이 이루어진다.

핵심예제

Langmuir 등온흡착식을 유도하기 위한 가정으로 옳지 않은 것은? [2011년 2회 기사]

① 한정된 표면만이 흡착에 이용된다.
② 표면에 흡착된 용질물질은 그 두께가 분자 한 개 정도의 두께이다.
③ 흡착은 비가역적이다.
④ 평형조건이 이루어졌다.

|해설|

Langmuir 등온흡착식은 ① 한정된 표면만이 흡착에 이용되고 ② 표면에 흡착된 용질물질은 그 두께가 분자 한 개 정도의 두께이며 ③ 흡착은 가역적이고 ④ 평형조건이 이루어진다는 가정하에 유도된 식이다.

정답 ③

핵심이론 24 이온교환(Ionic Exchange)

① 물속에 존재하는 이온과 고체상의 이온교환수지에서의 이온 간 교환을 말한다.

② 양이온의 선택성 크기 : $Ba^{2+} > Pb^{2+} > Sr^{2+} > Ca^{2+} > Ni^{2+} > Cd^{2+} > Cu^{2+} > Zn^{2+} > Mg^{2+}$

③ 음이온의 선택성 크기 : $SO_4^{2-} > I^- > NO_3^- > CrO_4^{2-} > Br^- > Cl^- > OH^-$

④ 연수화 : $Ca^{2+} + 2Na \cdot EX \leftrightarrow Ca \cdot EX_2 + 2Na^+$

핵심예제

24-1. 다음 중 보통 음이온 교환수지에 대해서 가장 일반적인 음이온의 선택성 순서가 옳게 배열된 것은? [2011년 2회 산업기사]

① $SO_4^{2-} > I^- > CrO_4^{2-} > Br^- > Cl^- > NO_3^- > OH^-$
② $SO_4^{2-} > I^- > NO_3^- > CrO_4^{2-} > Cl^- > Br^- > OH^-$
③ $SO_4^{2-} > I^- > CrO_4^{2-} > Cl^- > Br^- > NO_3^- > OH^-$
④ $SO_4^{2-} > I^- > NO_3^- > CrO_4^{2-} > Br^- > Cl^- > OH^-$

24-2. 36mg/L의 암모늄 이온(NH_4^+)을 함유한 5,000m^3의 폐수를 50,000g $CaCO_3/m^3$의 처리용량을 가지는 양이온 교환수지로 처리하고자 한다. 이때 소요되는 양이온 교환수지의 부피는? [2013년 2회 기사]

① $6m^3$　② $8m^3$
③ $10m^3$　④ $12m^3$

|해설|

24-1

음이온 교환수지의 선택성 순서

$SO_4^{2-} > I^- > NO_3^- > CrO_4^{2-} > Br^- > Cl^- > OH^-$

24-2

교환수지부피

$$V = \frac{36g}{m^3} \times 5{,}000m^3 \times \frac{1eq}{18g\ NH_4^+} \times \frac{100g\ CaCO_3}{2eq} \times \frac{1m^3}{50{,}000g}$$

$= 10m^3$

정답 24-1 ④ 24-2 ③

핵심이론 25 펜톤(Fenton)산화법

① 펜톤산화법은 고급산화법(AOP ; Advanced Oxidation Process : 맛, 냄새를 비롯한 유기물을 산화력이 강한 라디칼(Radical)을 이용하여 산화·분해하는 방법)의 일종이다.

② 과산화수소(H_2O_2)와 철염으로 발생되는 OH 라디칼로 유기물을 분해하는 방법이다.

③ 많은 유기물, 특히 불포화 탄화수소를 효과적으로 산화시킨다.

④ COD는 감소되지만 BOD는 감소되지 않고 증가하는 경우도 있다. 이는 난분해성 유기물이 과산화수소에 의해 부분산화되어 생분해성 물질로 바뀌기 때문이다.

⑤ 산성폐수에 효과적이나 알칼리성 폐수에는 pH 조절제의 사용량이 많아 비경제적이다.

⑥ 일반적인 펜톤산화공정은 pH 조정조, 산화반응, 중화 및 응집·침전 등의 공정으로 구성된다.

핵심예제

펜톤(Fenton)반응에서 사용되는 과산화수소의 용도는?

[2013년 2회 산업기사]

① 응집제
② 촉매제
③ 산화제
④ 침강촉진제

|해설|

펜톤(Fenton)시약은 H_2O_2(과산화수소)와 $FeSO_4$(철염)으로 이루어져있다. 과산화수소는 산화제, 철염은 촉매제 역할을 한다.

정답 ③

핵심이론 26 막여과(Membrane Filtration)

① 막여과 : 막(Membrane)을 여재로 사용하여 물을 통과시켜서 원수 중의 불순물질을 분리제거하여 깨끗한 여과수를 얻는 정수방법을 말한다.

② 막여과법의 종류 및 특성

종 류 / 특 성	정밀여과법(MF) (Micro Filtration)	한외여과법(UF) (Ultra Filtration)	나노여과법(NF) (Nano Filtration)
막	정밀여과막 (MF막)	한외여과막 (UF막)	나노여과막 (NF막)
분리입경 분자량	입경 0.01μm 이상	분자량 1,000~ 300,000 정도	분자량 최대 수백 정도
조작압력 (MPa)	흡인방식 0.06 이상, 가압방식 0.2 이하	흡인방식 0.06 이상, 가압방식 0.3 이하	0.2~0.5 정도
원 리	체거름	체거름	-
제거물질	현탁물질, 콜로이드, 세균, 조류, 크립토스포리디움 등	현탁물질, 콜로이드, 세균, 조류, 크립토스포리디움 등	소독부산물, 전구물질, 농약, 냄새, 합성세제, 칼슘, 마그네슘 등 경도성분, 증발잔류물 등

※ 해수담수화에 사용되는 역삼투막(RO ; Reverse Osmosis)도 막여과의 일종이다.

③ 막면적은 여과수량과 막여과유속으로부터 다음 식으로 산출한다.

$$\text{막면적}(m^2) = \frac{\text{여과수량}(m^3/d)}{\text{막여과유속}(m^3/m^2 \cdot d)}$$

④ 막모듈의 종류

㉠ 중공사형 모듈(Hollow Fiber Membrane Module) : 외경 수 nm 정도의 중공사막을 사용하는 모듈이다.

㉡ 평판형 모듈(Flat Sheet Module) : 막을 수직으로 다수 배치한 Plate and Frame형과 막을 수평방향으로 배치한 Stack형이 있다.

㉢ 나선형 모듈(Spiral Wound Module) : 평판형막을 Spacer와 함께 김밥모양으로 말아서 성형한 막모듈에 Element와 Vessel로 구성된다. 막의 충전밀도가 높고 압력손실이 작다.

ⓔ 관형 모듈(Tubular Module) : 다공관의 내측 또는 외측에 막을 장착한 막모듈로 외압식 여과법과 내압식 여과법이 있다.

ⓜ 단일체형 모듈(Monolith Module) : Multi-lumen 막 또는 Multi-channel막이라고도 한다. 일반적으로 단일체 막재질은 세라믹계이다. 내압식이 일반적이지만 외압식으로도 가능하다.

핵심예제

26-1. 고도 수처리에 사용되는 분리막에 관한 설명으로 옳은 것은? [2011년 3회 산업기사]

① 정밀여과의 막형태는 대칭형 다공성막이다.
② 한외여과의 구동력은 농도차이다.
③ 역삼투의 분리형태는 Pore Size 및 흡착현상에 기인한 체거름이다.
④ 투석의 구동력은 전위차이다.

26-2. 하수 고도처리(잔류 SS 및 잔류 용존유기물 제거) 방법인 막분리법에 적용되는 분리막 모듈 형식과 가장 거리가 먼 것은? [2013년 3회 기사]

① 중공사형 ② 투사형
③ 판 형 ④ 나선형

|해설|

26-1
② 한외여과의 구동력은 정수압차다.
③ 역삼투의 분리형태는 흡착현상이 아닌 체거름 메커니즘 또는 막확산이다.
④ 투석의 구동력은 농도차다.

26-2
분리막 모듈 형식은 중공사형(Hollow Fiber), 나선형(Spiral), 관형(Tubular), 평판형(Plate Frame) 등이 있다.

정답 26-1 ① 26-2 ②

핵심이론 27 막의 단위면적당 유출수량(Q_F)

$$Q_F = K(\Delta P - \Delta\pi)$$

$$\text{막면적 } A = Q/Q_F$$

① Q_F : 단위 면적당 유출수량(L/m^2 · day)
② K : 물질전달계수(L/m^2 · day · kPa)
③ ΔP : 유입수와 유출수 사이의 압력차(kPa)
④ $\Delta\pi$: 유입수와 유출수의 삼투압차(kPa)
⑤ Q : 유출유량(L/day)

핵심예제

역삼투 장치로 하루에 20,000L의 3차 처리된 유출수를 탈염시키고자 한다. 25℃에서의 물질전달 계수는 0.2068L/day · m^2 · kPa, 유입수와 유출수의 압력차는 2,400kPa, 유입수와 유출수의 삼투압차는 310kPa, 최저운전온도는 10℃이다. 요구되는 막면적은?(단, $A_{10℃} = 1.2A_{25℃}$) [2013년 3회 기사]

① 약 39m^2 ② 약 56m^2
③ 약 78m^2 ④ 약 94m^2

|해설|

$Q_F(\text{L/m}^2 \cdot \text{day as } 25℃) = \dfrac{Q}{A} = K(\Delta P - \Delta\pi)$

$\dfrac{20{,}000\text{L}}{X(\text{m}^2)} = \dfrac{0.2068\text{L}}{\text{m}^2 \cdot \text{day} \cdot \text{kPa}} \times (2{,}400\text{kPa} - 310\text{kPa})$

$X(\text{m}^2 \text{ as } 25℃) = 46.27\text{m}^2 \text{ as } 25℃$

$A_{10℃} = 1.2A_{25℃} = 1.2 \times 46.27\text{m}^2 = 55.5\text{m}^2$

정답 ②

핵심이론 28 해수담수화 방식의 분류침전유형

① 상변화(相變化) 방식 : 증발법, 결정법
 ㉠ 증발법 : 다단플래쉬법(MSF), 다중효용법(MED), 증기압축법, 투과기화법
 ㉡ 결정법 : 냉동법, 가스수화물법

② 상불변(相不變) 방식 : 막법(역삼투법, 전기투석법), 용매추출법
 ㉠ 역삼투법(RO) : 역삼투막(Reverse Osmosis Membrane, RO막)을 사용하여 해수에서 담수를 생산한다.
 ㉡ 전기투석법(ED) : 이온에 대하여 선택투과성을 갖는 양이온, 음이온교환막을 교대로 다수 배열하고 전류를 통과시켜 농축수와 희석수를 교대로 분리시키는 방법으로 주로 짠물(汽水, Brackish Water)에 적용된다.

핵심예제

상수담수화방식(상변화 방식) 중 증발법에 해당되지 않는 것은? [2012년 3회 기사]

① 다단플래시법
② 다중효용법
③ 가스수화물법
④ 투과기화법

|해설|

해수담수화방식은 상변화방식과 상불변방식으로 구분된다. 상변화방식에는 증발법(다단플래시법(MSF), 다중효용법(MED), 증기압축법, 투과기화법)과 결정법(냉동법, 가스수화물법)이 있다.

정답 ③

핵심이론 29 질소제거 공정

① 물리화학적 공법
 ㉠ 파괴점염소주입법(Breakpoint Chlorination) : 염소를 가하여 수중의 암모니아성 질소를 질소가스로 변환하여 제거하는 방법을 말한다.
 ㉡ 공기탈기법(Ammonia Stripping) : pH를 11 이상 높인 후 공기를 불어넣어 수중의 암모니아를 NH_3 가스로 탈기하는 방법을 말한다.
 ㉢ (선택적)이온교환법(Selective Ion Exchange) : Zeolite 등을 이용하여 암모니아를 이온교환에 의해 제거하는 방법을 말한다.
 ㉣ 막분리 : RO, NF막을 이용 암모니아를 제거하는 방법을 말한다.

② 생물학적 방법
 ㉠ 살수여상법
 ㉡ 회전원판법(RBC)
 ㉢ 혐기성유동상법
 ㉣ 산화구법

핵심예제

질소제거를 위한 파괴점염소주입법에 관한 설명과 가장 거리가 먼 것은? [2012년 2회 기사]

① 적절한 운전으로 모든 암모니아성 질소의 산화가 가능하다.
② 시설비가 낮고 기존 시설에 적용이 용이하다.
③ 수생생물에 독성을 끼치는 잔류염소농도가 높아진다.
④ 독성물질과 온도에 민감하다.

|해설|

파괴점염소주입법은 염소를 가하여 암모늄염을 질소가스로 변환하여 제거하는 방법으로 매우 급속하게 반응이 일어난다.

정답 ④

핵심이론 30 생물학적 질소, 인 제거공정

① 질소제거 공정

㉠ 살수여상법, 회전원판법

㉡ 혐기성 유동상법, 산화구법

② 인제거 공정

㉠ A/O 공정

㉡ Sidestream법(Phostrip법)

③ 질소, 인 동시제거 공정

㉠ A^2/O

㉡ Bardenpho

㉢ UCT(University of Cape Town Process)

㉣ VIP(Virginia Initiative Plant)

㉤ SBR

㉥ 수정 Phostrip

※ 혐기조에서는 BOD 흡수, 인 방출, 호기조에서는 BOD 소비, 인 흡수, 질산화, 무산소조에서는 탈질이 일어난다.

핵심예제

30-1. 다음의 생물학적 인 및 질소 제거 공정 중 질소 제거를 주목적으로 개발한 공법으로 가장 적절한 것은?

[2012년 1회 산업기사]

① 4단계 Bardenpho 공법 ② A^2/O 공법
③ A/O 공법 ④ Phostrip 공법

30-2. 다음의 생물학적 고도처리 공정 중 수중 인의 제거를 주목적으로 개발한 공법은? [2013년 2회 산업기사]

① 4단계 Bardenpho 공법 ② 5단계 Bardenpho 공법
③ A^2/O 공법 ④ A/O 공법

|해설|

30-1
질소 제거를 주목적으로 하는 공법은 4단계 Bardenpho 공법이다.

30-2
① 질소 제거 공정
②・③ 질소, 인 동시 제거 공정

정답 30-1 ① 30-2 ④

핵심이론 31 A/O 공정

① 활성슬러지 공법의 포기조 앞에 혐기조를 추가시킨 것으로 BOD와 인을 제거한다.

② 혐기성조(인 방출), 호기성조(인 흡수)로 구성된다.

③ 장 점

㉠ 운전이 비교적 간단하다.

㉡ 폐슬러지 내 인의 함량이 3~5% 정도로 높아 비료 가치가 있다.

㉢ 수리학적 체류시간이 비교적 짧다.

④ 단 점

㉠ 질소제거가 고려되지 않아 높은 효율의 질소, 인 동시제거가 곤란하다.

㉡ 공정의 유연성이 제한적이며, 동절기에는 성능이 불안정하게 된다.

㉢ 수리학적 체류시간이 짧아 고효율의 산소전달장치가 요구된다.

㉣ 높은 BOD/P비가 요구된다.

핵심예제

생물학적 인 제거 공정 중 A/O 공법의 장단점으로 틀린 것은?

[2013년 3회 기사]

① 폐슬러지 내의 인의 함량(1% 이하)이 낮다.
② 타 공법에 비하여 운전이 비교적 간단하다.
③ 높은 BOD/P비가 요구된다.
④ 비교적 수리학적 체류시간이 짧다.

|해설|

A/O 공법은 폐슬러지 내 인(P)의 함량이 3~6% 정도로 높아 비료로서의 가치가 있다.

정답 ①

핵심이론 32 A²/O 공정

① A/O 공정을 개량하여 질소 제거가 가능하도록 무산소조(Anoxic)를 추가한 방법이다.

② 포기조에서 질산화를 통하여 생성된 질산성 질소를 무산소조로 반송하여 탈질한다.

③ 장 점

㉠ A/O 공정에 비해 탈질성능이 우수하다.

㉡ 폐슬러지 내 인의 함량이 높아(3~5%) 비료가치가 있다.

④ 단 점

㉠ A/O 공정에 비해 장치가 복잡하다.

㉡ 동절기 제거효율이 저하된다.

㉢ 반송 슬러지 내 질산염에 의해 인 방출이 억제되어 인 제거효율이 감소할 수 있다.

핵심예제

A²/O 공법에 대한 설명으로 옳지 않은 것은? [2012년 1회 기사]

① A²/O 공정은 혐기조-무산소조-호기조-침전조 순으로 구성된다.

② A²/O 공정은 내부재순환이 있다.

③ 미생물에 의한 인의 섭취는 주로 혐기조에서 일어난다.

④ 무산소조에서는 질산성 질소가 질소가스로 전환된다.

|해설|

A²/O 공정은 A/O공정을 개량하여 질소제거가 가능하도록 무산소조를 추가한 방법이다. 혐기조(인 방출), 무산소조(탈질), 포기조(인 흡수)가 일어난다.

정답 ③

핵심이론 33 슬러지 발생량

① 제거효율 사용

슬러지량(m³/day) = 유입 SS 농도 × 제거효율 × 하수량 × 100/(100 − 함수율) × 비체적(= 밀도의 역수)

SL (m³/day)

$$= SS_i \times \frac{R(\%)}{100} \times Q_i \times \frac{100}{100-W} \times \frac{1}{\rho_{SL}}$$

② 유입・유출농도 사용

슬러지량(m³/day) = (유입 SS 농도 − 유출 SS 농도) × 하수량 × 100/(100 − 함수율) × 비체적(= 밀도의 역수)

SL (m³/day)

$$= (SS_i - SS_o) \times Q_i \times \frac{100}{100-W} \times \frac{1}{\rho_{SL}}$$

핵심예제

33-1. 부유물질의 농도가 300mg/L인 하수 1,000톤의 1차 침전지(체류시간 1시간)에서의 부유물질 제거율은 60%이다. 체류시간을 2배 증가시켜 제거율이 90%로 되었다면 체류시간을 증대시키기 전과 후의 슬러지발생량의 차이는?(단, 하수비중 : 1.0, 슬러지비중 : 1.0, 슬러지 함수율 95% 기준)

[2013년 1회 산업기사]

① 1.3m³ ② 1.8m³
③ 2.3m³ ④ 2.7m³

33-2. 1차 침전지로 유입되는 하수는 300mg/L의 부유 고형물을 함유하고 있다. 1차 침전지를 거쳐 방류되는 유출수 중의 부유 고형물 농도는 120mg/L이다. 처리 유량이 50,000m³/day이면 1차 침전지에서 제거되는 슬러지의 양은?(단, 1차 슬러지 고형물 함량은 2%, 비중은 1.0이다) [2013년 2회 기사]

① 300m³/day ② 350m³/day
③ 400m³/day ④ 450m³/day

|해설|

33-1

$건조SL(m^3) = C \times \forall \times \eta$

• 1차 침전지 제거율이 60%, 90%일 때의 각각 슬러지생성량을 구한다.

- $건조SL_{60\%}$

$$= \frac{300mg}{L} \times \frac{1kg}{10^6mg} \times 10^6kg \times \frac{1m^3}{10^3kg} \times \frac{10^3L}{1m^3} \times 0.6$$

$= 180kg$

- $수분포함SL_{60\%} = 180kg \times \frac{1m^3}{10^3kg} \times \frac{100}{100-95} = 3.6m^3$

- $건조SL_{90\%}$

$$= \frac{300mg}{L} \times \frac{1kg}{10^6mg} \times 10^6kg \times \frac{1m^3}{10^3kg} \times \frac{10^3L}{1m^3} \times 0.9$$

$= 270kg$

- $수분포함SL_{90\%} = 270kg \times \frac{1m^3}{10^3kg} \times \frac{100}{100-95} = 5.4m^3$

• $슬러지발생량\ 차이 = 수분포함SL_{90\%} - 수분포함SL_{60\%}$

$= 5.4m^3 - 3.6m^3 = 1.8m^3$

33-2

$$슬러지량 = \frac{(300-120)g}{m^3} \times \frac{kg}{10^3g} \times \frac{50,000m^3}{day} \times \frac{100}{2} \times \frac{1m^3}{10^3kg}$$

$= 450m^3/day$

정답 33-1 ② 33-2 ④

핵심이론 34 슬러지 밀도(비중) 수지

$$\frac{m_{SL}}{\rho_{SL}} = \frac{m_{TS}}{\rho_{TS}} + \frac{m_w}{\rho_w}$$

$$= \frac{m_{FS}X_{FS}}{\rho_{FS}} + \frac{m_{VS}X_{VS}}{\rho_{VS}} + \frac{m_w}{\rho_w}$$

① m : 질량

② X : 유기 또는 무기물질이 고형물에서 차지하는 무게 비

③ ρ : 밀도(또는 비중)

④ TS : 총고형물($TS = FS + VS$)

⑤ FS : 무기물질

⑥ VS : 유기물질

핵심예제

1차 처리결과 생성되는 슬러지를 분석한 결과 함수율이 80%, 고형물 중 무기성 고형물질이 30%, 유기성 고형물질이 70%, 유기성 고형물질의 비중 1.1, 무기성 고형물질의 비중이 2.2로 판정되었다. 이때 슬러지의 비중은? [2013년 1회 기사]

① 1.017 ② 1.023

③ 1.032 ④ 1.048

|해설|

$$\frac{m_{SL}}{\rho_{SL}} = \frac{m_{TS}}{\rho_{TS}} + \frac{m_w}{\rho_w} = \frac{m_{무기}X_{무기}}{\rho_{무기}} + \frac{m_{유기}X_{유기}}{\rho_{유기}} + \frac{m_w}{\rho_w}$$

$$\frac{100}{\rho_{SL}} = \frac{100 \times (1-0.8) \times 0.3}{2.2} + \frac{100 \times (1-0.8) \times 0.7}{1.1} + \frac{80}{1.0}$$

$\rho_{SL} = 1.048$

정답 ④

핵심이론 35 시안(CN)처리

① 시안처리에는 알칼리염소법, 오존산화법, 전해법, 충격법, 감청법, 전기투석법, 활성오니법 등이 있다.

② **알칼리염소법** : 염소처리는 시안처리에 가장 많이 이용하는 방법으로, 염소를 주입하여 시안화합물을 N_2와 CO_2로 분해하는 방법이다.

③ **오존산화법** : 알칼리성 영역(pH 11~12)에서 오존을 이용하여 시안화합물을 높은 효율로 N_2로 분해하는 방법이다.

④ **전해법** : 양극에서 시안을 시안산으로 산화시키고, 시안산이온(CNO^-)을 가수분해하여 N_2와 CO_2로 분해하는 방법이다.

⑤ **충격법** : 시안을 pH 3 이하의 강산성 영역에서 강하게 폭기하여 산화하는 방법으로 맹독성 가스 HCN이 발생되므로 유의한다.

⑥ **감청법(청침법)** : 과잉의 황산제1철염 또는 황산제2철염을 가하여 불용성의 침전물로 제거하는 방법이다.

핵심예제

100mg/L의 시안함유 폐액 10m³를 알칼리염소법으로 완전분해하려고 한다. 이때 필요한 이론적인 염소의 양은?(단, 반응식은 다음과 같으며 Cl 원자량은 35.5이다) [2011년 1회 기사]

$$2CN^- + 5Cl_2 + 4H_2O \rightarrow 2CO_2 + N_2 + 8HCl + 2Cl^-$$

① 5.7kg ② 6.8kg
③ 7.7kg ④ 9.6kg

|해설|

반응식으로부터 시안 1몰 산화에 염소 2.5몰이 소요됨을 알 수 있다.

$$\text{시안 농도} = \frac{100\text{mg/L}}{26\text{g/mol}} \times \frac{\text{g}}{10^3\text{mg}} = 3.85 \times 10^{-3}\text{mol/L}$$

$$\text{염소소요량} = 2.5 \times \frac{71\text{g}}{\text{mol}} \times \frac{3.85 \times 10^{-3}\text{mol}}{\text{L}} \times 10\text{m}^3 \times \frac{10^3\text{L}}{1\text{m}^3} = 6,834\text{g} = 6.83\text{kg}$$

정답 ②

핵심이론 36 유해중금속 처리 등

① **크롬** : 환원침전법, 전해법, 이온교환수지법

② **카드뮴** : 수산화물침전법, 황화물침전법, 탄산염침전법, 이온교환수지법, 부상분리법, 활성탄흡착법

③ **납** : 수산화침전법, 황화물침전법

④ **수 은**
 ㉠ 유기수은계 : 흡착법, 산화분해법, 아말감침전법
 ㉡ 무기수은계 : 황화물응집침전법, 활성탄흡착법, 이온교환법

⑤ **유기인** : 알칼리 상태에서 가수분해 시킨 후 활성탄 흡착

⑥ **PCB**
 ㉠ 무해화 : 열분해, 광분해, 탈염소, 방사선조사
 ㉡ 분리법 : 응집침전, 활성탄흡착, 용제추출법(헥산, 아세톤, 에탄올)

⑦ **비소** : 수산화물공침법, 흡착법

핵심예제

다음의 중금속과 그 처리방법으로 가장 거리가 먼 것은? [2013년 3회 기사]

① 카드뮴 - 아말감침전법
② 납 - 황화물침전법
③ 시안 - 알칼리염소법
④ 비소 - 수산화물공침법

|해설|

아말감침전법
Hg을 포함한 폐수를 처리하는 방법으로 폐수에 수은보다 이온화 경향이 큰 금속을 반응시키면 금속이 수은이온을 환원시켜 아말감을 만들면서 수은을 제거하게 되며 이온화 경향이 큰 금속일수록 아말감을 만들기 쉽다. 또한 유기수은의 처리에도 효과가 있으나 수은의 완전한 처리가 어렵다는 단점이 있다.

정답 ①

수질오염공정시험기준

※ CHAPTER 04는 잦은 개정으로 인하여 기준 내용이 도서와 달라질 수 있으며, 가장 최신 기준의 내용은 국가법령정보센터(https://www.law.go.kr/)를 통해서 확인이 가능합니다.

제1절 | 총 칙

핵심이론 01 용어의 정의

① **방울수** : 20℃에서 정제수 20방울을 적하할 때, 그 부피가 약 1mL 되는 것을 뜻한다.

② **항량으로 될 때까지 건조한다** : 같은 조건에서 1시간 더 건조할 때 전후 무게의 차가 g당 0.3mg 이하일 때를 말한다.

③ **감압 또는 진공** : 따로 규정이 없는 한 15mmHg 이하를 뜻한다.

④ **약** : 기재된 양에 대하여 ±10% 이상의 차가 있어서는 안 된다.

⑤ **정밀히 단다** : 규정된 양의 시료를 취하여 화학저울 또는 미량저울로 칭량함을 말한다.

⑥ **무게를 정확히 단다** : 규정된 수치의 무게를 0.1mg까지 다는 것을 말한다.

⑦ **정확히 취하여** : 규정한 양의 액체를 부피피펫으로 눈금까지 취하는 것을 말한다.

⑧ **용기** : 시험용액 또는 시험에 관계된 물질을 보존, 운반 또는 조작하기 위하여 넣어두는 것으로 시험에 지장을 주지 않도록 깨끗한 것을 뜻한다.

⑨ **밀폐용기** : 취급 또는 저장하는 동안에 이물질이 들어가거나 또는 내용물이 손실되지 아니하도록 보호하는 용기를 말한다.

⑩ **기밀용기** : 취급 또는 저장하는 동안에 밖으로부터의 공기 또는 다른 가스가 침입하지 아니하도록 내용물을 보호하는 용기를 말한다.

⑪ **밀봉용기** : 취급 또는 저장하는 동안에 기체 또는 미생물이 침입하지 아니하도록 내용물을 보호하는 용기를 말한다.

⑫ **차광용기** : 광선이 투과하지 않는 용기 또는 투과하지 않게 포장을 한 용기이며 취급 또는 저장하는 동안에 내용물이 광화학적 변화를 일으키지 아니하도록 방지할 수 있는 용기를 말한다.

⑬ **바탕시험을 하여 보정한다** : 시료에 대한 처리 및 측정을 할 때, 시료를 사용하지 않고 같은 방법으로 조작한 측정치를 빼는 것을 뜻한다.

⑭ **냄새가 없다** : 냄새가 없거나 또는 거의 없는 것을 표시하는 것이다.

⑮ **즉시** : 시험조작 중 즉시란 30초 이내에 표시된 조작을 하는 것을 뜻한다.

핵심예제

1-1. 공정시험기준의 내용으로 옳지 않은 것은?

[2013년 2회 기사]

① 온수는 60~70℃, 냉수는 15℃ 이하를 말한다.
② 방울수는 20℃에서 정제수 20방울을 적하할 때 그 부피가 약 1mL가 되는 것을 뜻한다.
③ '정밀히 단다'라 함은 규정된 수치의 무게를 0.1mg까지 다는 것을 말한다.
④ 각각의 시험은 따로 규정이 없는 한 상온에서 조작하고 조작 직후에 그 결과를 관찰한다. 단, 온도의 영향이 있는 것의 판정은 표준온도를 기준으로 한다.

1-2. 수질오염공정시험기준 총칙에 관한 설명으로 옳지 않은 것은?

[2013년 3회 기사]

① 분석용 저울은 0.1mg까지 달 수 있는 것이어야 한다.
② 시험결과의 표시는 정량한계의 결과 표시 자리수를 따르며, 정량한계 미만은 불검출된 것으로 간주한다.
③ '바탕시험을 하여 보정한다.'라 함은 시료를 사용하여 같은 방법으로 조작한 측정치를 보정하는 것을 말한다.
④ '정확히 취하여'라 하는 것은 규정한 양의 액체를 부피피펫으로 눈금까지 취하는 것을 말한다.

|해설|

1-1

• '정밀히 단다'라 함은 규정된 양의 시료를 취하여 화학저울 또는 미량저울로 칭량함을 말한다.
• '무게를 정확히 단다'라 함은 규정된 수치의 무게를 0.1mg까지 다는 것을 말한다.

1-2

③ '바탕시험을 하여 보정한다'라 함은 시료에 대한 처리 및 측정을 할 때, 시료를 사용하지 않고 같은 방법으로 조작한 측정치를 빼는 것을 뜻한다.

정답 1-1 ③ 1-2 ③

제2절 | 일반시험기준

핵심이론 01 정도관리 요소

① 바탕시료

㉠ 방법바탕시료 : 시료와 유사한 매질을 선택하여 추출, 농축, 정제 및 분석과정에 따라 측정한 것

㉡ 시약바탕시료 : 시료를 사용하지 않고 추출, 농축, 정제 및 분석 과정에 따라 모든 시약과 용매를 처리하여 측정한 것

② 검정곡선(감응계수 $= \frac{R}{C}$)

㉠ 검정곡선법 : 시료의 농도와 지시값과의 상관성을 검정곡선식에 대입하여 작성하는 방법

㉡ 표준물첨가법 : 시료와 동일한 매질에 일정량의 표준물질을 첨가하여 검정곡선을 작성하는 방법

㉢ 내부표준법 : 검정곡선 작성용 표준용액과 시료에 동일한 양의 내부표준물질을 첨가하여 시험분석 절차, 기기 또는 시스템의 변동으로 발생하는 오차를 보정하기 위해 사용하는 방법

③ 검출한계

㉠ 기기검출한계 : 시험분석 대상물질을 기기가 검출할 수 있는 최소한의 농도 또는 양

㉡ 방법검출한계 : 시료와 비슷한 매질 중에서 시험분석 대상을 검출할 수 있는 최소한의 농도

㉢ 정량한계(LOQ ; Limit of Quantification) : 시험분석 대상을 정량화할 수 있는 측정값으로서, 제시된 정량한계 부근의 농도를 포함하도록 시료를 준비하고 이를 반복 측정하여 얻은 결과의 표준편차(s)에 10배한 값을 사용한다.

$$정량한계 = 10 \times s$$

④ **정밀도** : 시험분석 결과의 반복성을 나타내는 것으로 반복시험하여 얻은 결과를 상대표준편차(RSD ; Relative Standard Deviation)로 나타내며, 연속적으로 n회 측정한 결과의 평균값($\overline{x}$)과 표준편차(s)로 구한다.

$$정밀도(\%) = \frac{s}{\overline{x}} \times 100$$

⑤ **정확도** : 시험분석 결과가 참값에 얼마나 근접하는가를 나타내는 것

핵심예제

1-1. 정량한계(LOQ)를 옳게 표시한 것은? [2012년 1회 기사]

① 정량한계 = 3 × 표준편차
② 정량한계 = 3.3 × 표준편차
③ 정량한계 = 5 × 표준편차
④ 정량한계 = 10 × 표준편차

1-2. 감응계수를 옳게 나타낸 것은?(단, 검정곡선 작성용 표준용액의 농도 : C, 반응값 : R) [2012년 1회 기사]

① 감응계수 = $\frac{R}{C}$
② 감응계수 = $\frac{C}{R}$
③ 감응계수 = $R \times C$
④ 감응계수 = $C - R$

|해설|

1-1
정량한계(LOQ ; Limit Of Quantification)란 시험분석 대상을 정량화할 수 있는 측정값으로서, 제시된 정량한계 부근의 농도를 포함하도록 시료를 준비하고 이를 반복 측정하여 얻은 결과의 표준편차(s)에 10배한 값을 사용한다.
정량한계 = $10 \times s$

1-2
감응계수는 검정곡선 작성용 표준용액의 농도(C)에 대한 반응값(R ; Response)으로 다음과 같이 구한다.
감응계수 = $\frac{R}{C}$

정답 **1-1** ④ **1-2** ①

핵심이론 02 유량 측정방법의 종류

① **공장폐수 및 하수유량**

㉠ 관(Pipe) 내의 유량측정방법(관 내에 압력이 존재하는 관수로의 흐름)
- 벤투리미터(Venturi Meter)
- 유량측정용 노즐(Nozzle)
- 오리피스(Orifice)
- 피토(Pitot)관
- 자기식 유량측정기(Magnetic Flow Meter)

㉡ 측정용 수로에 의한 유량측정방법
- 위어(Weir) : 직각삼각위어, 사각위어 등
- 파샬수로(Parshall Flume)

㉢ 기타 유량 측정방법
- 용기에 의한 측정
- 개수로에 의한 측정

② **하천수 유량측정(하천유량-유속 면적법)**

㉠ 유속계 : 유체의 속도를 측정할 수 있는 기기

㉡ 초음파유속계(ADV) : 도플러(Doppler) 효과를 이용하여 유속을 구하는 측정기기로 얕은 수심, 저유속에서 정확도 높은 유속을 측정할 수 있다.

㉢ 도섭봉 : 일반적으로 수심 측정을 위해서는 측량에서 사용되는 표척이나 유속계 부착이 가능한 도섭봉을 이용한다.

㉣ 청음장치(헤드폰) : 청음식의 경우 소리의 시작을 찾아내기 어렵다. 따라서 소리의 끝과 끝을 기준으로 시간을 측정하는 것이 보다 정확한 측정방법이다.

③ 유량계에 따른 정밀/정확도 및 최대유속과 최소유속의 비율

명 칭	범위 (최대유량 : 최소유량)	정확도 (실제유량에 대한, %)	정밀도 (최대유량에 대한, %)
벤투리미터(Venturi Meter)	4 : 1	±1	±0.5
유량측정용 노즐(Nozzle)	4 : 1	±0.3	±0.5
오리피스(Orifice)	4 : 1	±1	±1
피토(Pitot)관	3 : 1	±3	±1
자기식 유량측정기 (Magnetic Flow Meter)	10 : 1	±1~2	±0.5
위어(Weir)	500 : 1	±5	±0.5
파샬수로(Flume)	10 : 1~75 : 1	±5	±0.5

핵심예제

2-1. 공장폐수나 하수의 관 내 유량측정방법 중 공정수(Process Water)에 적용하지 않는 것은? [2012년 1회 기사]

① 유량측정용 노즐
② 벤투리미터
③ 오리피스
④ 자기식 유량측정기

2-2. 다음 유량계 중 최대유량/최소유량 비가 가장 큰 것은? [2013년 2회 기사]

① 벤투리미터
② 오리피스
③ 자기식 유량 측정기
④ 피토관

|해설|

2-1
공정수에는 유량측정용 노즐(Nozzle), 오리피스(Orifice), 피토(Pitot)관, 자기식 유량측정기(Magnetic Flow Meter)가 적용가능하다.

2-2
최대유량/최소유량 비율(관 내 유량측정방법)

벤투리미터	노 즐	오리피스	피토관	자기식 유량측정기
4 : 1	4 : 1	4 : 1	3 : 1	10 : 1

정답 2-1 ② 2-2 ③

핵심이론 03 관(Pipe) 내의 유량측정방법

① **벤투리미터(Venturi Meter)** : 긴 관의 일부로써 단면이 작은 목(Throat)부분과 점점 축소, 점점 확대되는 단면을 가진 관으로 축소부분에서 정역학적 수두의 일부는 속도수두로 변하게 되어 관의 목(Throat)부분의 정역학적 수두보다 적게 된다. 이러한 수두의 차에 의해 직접적으로 유량을 계산할 수 있다.

$$Q = \frac{C \cdot A}{\sqrt{1 - \left[\frac{d_2}{d_1}\right]^4}} \cdot \sqrt{2g \cdot H}$$

㉠ Q : 유량(cm^3/s)
㉡ C : 유량계수
㉢ A : 목(Throat)부분의 단면적(cm^2) $\left[= \frac{\pi {d_2}^2}{4}\right]$
㉣ H : $H_1 - H_2$(수두차 : cm)
㉤ H_1 : 유입부 관 중심부에서의 수두(cm)
㉥ H_2 : 목(Throat)부의 수두(cm)
㉦ g : 중력가속도($980cm/s^2$)
㉧ d_1 : 유입부의 직경(cm)
㉨ d_2 : 목(Throat)부 직경(cm)

② **유량측정용 노즐(Nozzle)** : 유량측정용 노즐은 수두와 설치비용 이외에도 벤투리미터와 오리피스 간의 특성을 고려하여 만든 유량측정용 기구로서 측정원리의 기본은 정수압이 유속으로 변화하는 원리를 이용한 것이다. 그러므로 벤투리미터의 유량 공식을 노즐에도 이용할 수 있다.

③ **오리피스(Orifice)** : 설치에 비용이 적게 들고 비교적 유량측정이 정확하여 얇은 판 오리피스가 널리 이용되고 있으며 흐름의 수로 내에 설치한다. 오리피스의 장점은 단면이 축소되는 목(Throat)부분을 조절함으로써 유량이 조절된다는 점이며, 단점은 오리피스(Orifice) 단면에서 커다란 수두손실이 일어난다는 점이다. 측정공식은 벤투리미터와 동일하다.

④ 피토(Pitot)관 : 피토관의 유속은 마노미터에 나타나는 수두의 차에 의하여 계산한다. 왼쪽의 관은 정수압을 측정하고 오른쪽 관은 유속이 0인 상태인 정체압력(Stagnation Pressure)을 측정한다. 피토관으로 측정할 때는 반드시 일직선상의 관에서 이루어져야 하며, 관의 설치장소는 엘보(Elbow), 티(Tee) 등 관이 변화하는 지점으로부터 최소한 관 지름의 15~50배 정도 떨어진 지점이어야 한다.

$$Q = C \cdot A \cdot V$$

㉠ Q : 유량(cm^3/s)

㉡ C : 유량계수

㉢ A : 관의 유수단면적(cm^2) $\left[= \frac{\pi D^2}{4}\right]$

㉣ V : 유속(cm/s) $\left[= \sqrt{2g \cdot H}\right]$

⑤ 자기식 유량측정기(Magnetic Flow Meter) : 측정원리는 패러데이(Faraday)의 법칙을 이용하여 자장의 직각에서 전도체를 이동시킬 때 유발되는 전압은 전도체의 속도에 비례한다는 원리를 이용한 것으로 이 경우 전도체는 폐·하수가 되며, 전도체의 속도는 유속이 된다. 이때 발생된 전압은 유량계 전극을 통하여 조절변류기로 전달된다. 이 측정기는 전압이 활성도, 탁도, 점성, 온도의 영향을 받지 않고 다만 유체(폐·하수)의 유속에 의하여 결정되며 수두손실이 적으며 연속방정식을 이용하여 유량을 측정한다.

$$Q = C \cdot A \cdot V$$

㉠ Q : 유량(m^3/s)

㉡ C : 유량계수

㉢ A : 관의 유수단면적(m^2)

㉣ V : 유속(m/s)

핵심예제

3-1. 공장폐수 및 하수유량(관 내의 유량측정방법)의 측정방법에 관한 설명으로 틀린 것은? [2013년 1회 기사]

① 오리피스는 설치비용이 적고 유량측정이 정확하나 목부분의 단면조절을 할 수 없어 유량조절이 어렵다.
② 피토관의 유속은 마노미터에 나타나는 수두차에 의하여 계산한다.
③ 자기식 유량측정기의 측정원리는 패러데이의 법칙을 이용하여 자장의 직각에서 전도체를 이동시킬 때 유발되는 전압은 전도체의 속도에 비례한다는 원리를 이용한 것이다.
④ 피토관으로 측정할 때는 반드시 일직선상의 관에서 이루어져야 한다.

3-2. 유입부의 직경이 100cm, 목(Throat)부 직경이 50cm인 벤투리미터로 폐수가 유입되고 있다. 이 벤투리미터 유입부 관 중심부에서의 수두는 100cm, 목(Throat)부의 수두는 10cm일 때 유량(cm^3/s)은?(단, 유량계수는 1.0이다) [2013년 1회 기사]

① 약 852,000 ② 약 858,000
③ 약 862,000 ④ 약 868,000

3-3. 벤투리미터(Venturi Meter)의 유량측정공식,

$$Q = \frac{C \cdot A}{\sqrt{1-[(ㄱ)]^4}} \cdot \sqrt{2g \cdot H}$$

에서 (ㄱ)에 들어갈 내용으로 옳은 것은?[단, Q : 유량(cm^3/s), C : 유량계수, A : 목부분의 단면적(cm^2), g : 중력가속도($980cm/s^2$), H : 수두차(cm)] [2013년 2회 기사]

① 유입부의 직경/목(Throat)부 직경
② 목(Throat)부 직경/유입부의 직경
③ 유입부 관 중심부에서의 수두/목(Throat)부의 수두
④ 목(Throat)부의 수두/유입부 관 중심부에서의 수두

|해설|

3-1

오리피스의 장점은 단면이 축소되는 목(Throat)부분을 조절함으로써 유량이 조절된다는 점이며, 단점은 오리피스(Orifice) 단면에서 커다란 수두손실이 일어난다는 점이다.

3-2

벤투리미터의 유량측정공식

$$Q = C \times \frac{\pi d_2^{\,2}}{4} \times \sqrt{\frac{2g\Delta H}{1-\left(\frac{d_2}{d_1}\right)^4}}$$

$$= 1.0 \times \frac{\pi (50)^2}{4} \times \sqrt{\frac{2 \times 980 \times (100-10)}{1-\left(\frac{50}{100}\right)^4}}$$

$$= 851,714\text{cm}^3/\text{s}$$

3-3

벤투리미터의 유량측정공식

$$Q = \frac{C \times A}{\sqrt{1-\left(\frac{d_2}{d_1}\right)^4}} \times \sqrt{2gH}$$

d_1 : 유입부의 직경

d_2 : 목부 직경

정답 3-1 ① 3-2 ① 3-3 ②

핵심이론 04 측정용 수로에 의한 유량측정방법

① 위어(Weir)

㉠ 직각 3각 위어 : $Q = K \cdot h^{\frac{5}{2}}$

- Q : 유량(m^3/min)
- K : 유량계수
- h : 위어의 수두(m)

㉡ 4각 위어 : $Q = K \cdot b \cdot h^{\frac{3}{2}}$

- Q : 유량(m^3/min)
- K : 유량계수
- b : 절단의 폭(m)
- h : 위어의 수두(m)

㉢ 각종 위어와 수량 측정 범위

위어 형식	폭(m)	수두의 범위(mm)	수량의 범위(m^3/min)
60° 삼각 위어	0.45	40~120	0.018~0.26
90° 삼각 위어	0.60	70~200	0.11~1.5
90° 삼각 위어	0.80	70~260	0.11~2.9
사각 위어	0.9×0.36	30~270	0.21~5.5
사각 위어	1.2×0.48	30~312	0.28~8.0

② 파샬수로(Parshall Flume)

㉠ 특성 : 수두차가 작아도 유량측정의 정확도가 양호하며 측정하려는 폐하수 중에 부유물질 또는 토사 등이 많이 섞여 있는 경우에도 목(Throat)부분에서의 유속이 상당히 빠르므로 부유물질의 침전이 적고 자연유하가 가능하다.

㉡ 재질 : 부식에 대한 내구성이 강한 스테인리스 강판, 염화비닐합성수지, 섬유유리, 강철판, 콘크리트 등을 이용하여 설치하되 면처리는 매끄럽게 처리하여 가급적 마찰로 인한 수두 손실을 적게 한다.

핵심예제

4-1. 위어의 수두가 0.8m, 절단의 폭이 5m인 4각 위어를 사용하여 유량을 측정하고자 한다. 유량계수가 1.6일 때 유량(m^3/day)은?

[2013년 3회 기사]

① 약 4,345
② 약 6,925
③ 약 8,245
④ 약 10,370

4-2. 파샬수로(Parshall Flume)에 대한 설명으로 옳은 것은?

[2013년 3회 기사]

① 수두차가 작은 경우에는 유량 측정의 정확도가 현저히 떨어진다.
② 부유물질 또는 토사 등이 많이 섞여 있는 경우에는 목(Throat) 부분에 부유물질의 침전이 다량 발생되어 자연유하가 어렵다.
③ 재질은 부식에 대한 내구성이 강한 스테인리스 강판, 염화비닐합성수지 등을 이용하며 면처리는 매끄럽게 처리하여 가급적 마찰로 인한 수두손실을 적게 한다.
④ 관형 및 장방형으로 구분되며 패러데이(Faraday)의 법칙을 이용한다.

|해설|

4-1

4각 위어에서 유량(Q)을 구하는 공식은 다음과 같으며 주어진 인자들을 넣어준다. 계산에 사용되는 단위는 모두 m 단위이며 계산한 Q의 단위는 m^3/min이다.

$$Q(m^3/min) = K \cdot b \cdot h^{\frac{3}{2}} = 1.6 \times 5 \times 0.8^{\frac{3}{2}} = 5.7243\,m^3/min$$

$$Q(m^3/day) = \frac{5.7243m^3}{min} \times \frac{60min}{1h} \times \frac{24h}{1day} = 8,243\,m^3/day$$

4-2

④ 패러데이(Faraday)의 법칙을 이용하는 유량계는 자기식 유량계이다.

파샬수로(Parshall Flume)에 의한 유량측정법은 금속, 목재 또는 콘크리트로 제작할 수 있으며 설치비는 고가이나 수두차가 작아도 유량측정의 정확도는 비교적 양호하다. 따라서 측정하려는 하·폐수 중의 부유물질 또는 토사 등이 많이 섞여 있어도 부유물의 침전이 일어나지 않고, 녹 등이 유수에 의해 자연히 제거되므로 유지비가 거의 소요되지 않는 특징이 있다. 단, 경제적으로 측정폐수량이 소량인 시설에는 적용하지 않는 것이 바람직하다.

정답 4-1 ③ 4-2 ③

핵심이론 05 기타 유량측정방법

① 용기에 의한 측정방법

㉠ 최대 유량이 $1m^3$/min 미만인 경우 : $Q = 60\frac{V}{t}$

㉡ 최대 유량 $1m^3$/min 이상인 경우 : 침전지, 저수지, 기타 적당한 수조(水槽)를 이용한다.

② 개수로에 의한 측정방법

㉠ 수로의 구성재질과 수로 단면의 형상이 일정하고 수로의 길이가 적어도 10m까지 똑바른 경우

- 직선 수로의 구배와 횡단면을 측정하고 이어서 자(尺) 등으로 수로폭 간의 수위를 측정한다.
- 다음의 식을 사용하여 유량을 계산한다(평균유속은 케이지(Chezy)의 유속공식에 의한다).

$$Q(m^3/min) = 60 \cdot V \cdot A$$

- V : 평균유속(m/s) $[= C\sqrt{Ri}\,]$
- A : 유수단면적(m^2)
- i : 홈 바닥의 구배(비율)
- C : 유속계수(Bazin의 공식)
- R : 경심[유수 단면적 A를 윤변 S로 나눈 것(m)]

㉡ 수로의 구성, 재질, 수로단면의 형상, 구배 등이 일정하지 않은 개수로의 경우

- 수로는 될수록 직선적이며, 수면이 물결치지 않는 곳을 고른다.
- 10m를 측정구간으로 하여 2m마다 유수의 횡단면적을 측정하고, 산술평균값을 구하여 유수의 평균 단면적으로 한다.
- 유속의 측정은 부표를 사용하여 10m 구간을 흐르는데 걸리는 시간을 스톱워치(Stop Watch)로 재며 이 때 실측유속을 표면 최대유속으로 한다.
- 수로의 수량은 다음 식을 사용하여 계산한다.

$$V = 0.75\,V_e$$

- V : 총평균유속(m/s)

– V_e : 표면 최대유속(m/s)

$$Q(\mathrm{m^3/min}) = 60 \cdot V \cdot A$$

– A : 측정구간 유수의 평균단면적($\mathrm{m^2}$)

핵심예제

5-1. 개수로 유량측정에 관한 설명으로 틀린 것은?(단, 수로의 구성, 단면의 형상, 기울기 등이 일정하지 않은 개수로의 경우)

[2013년 1회 기사]

① 수로는 가능한 한 직선적이며 수면이 물결치지 않는 곳을 고른다.

② 10m를 측정구간으로 하여 2m마다 유수의 횡단면적을 측정하고, 산술평균값을 구하여 유수의 평균 단면적으로 한다.

③ 유속의 측정은 부표를 사용하여 100m 구간을 흐르는 데 걸리는 시간을 스톱워치로 재며 이때 실측 유속을 표면 최대유속으로 한다.

④ 총평균유속(m/s)은 [0.75 × 표면 최대유속(m/s)]식으로 계산된다.

5-2. 다음은 관 내의 압력이 필요하지 않은 측정용 수로에서 유량을 측정하는 데 적용하는 방법 중 용기에 의한 측정에 관한 내용이다. 괄호 안에 옳은 내용은?

[2013년 3회 기사]

> 최대 유량이 $1\mathrm{m^3/min}$ 미만인 경우 : 유수를 용기에 받아서 측정하며 용기는 용량 (　　)를 사용하여 유수를 채우는 데에 요하는 시간을 스톱워치로 잰다.

① 100~200L

② 200~300L

③ 300~400L

④ 400~500L

|해설|

5-1

유속의 측정은 부표를 사용하여 10m 구간을 흐르는 데 걸리는 시간을 스톱워치(Stop Watch)로 재며 이때 실측유속을 표면 최대유속으로 한다.

5-2

용기에 의한 유량측정(최대유량이 $1\mathrm{m^3/min}$ 미만인 경우)

- 유수를 용기에 받아서 측정한다.
- 용기는 용량 100~200L인 것을 사용하여 유수를 채우는 데 요하는 시간을 스톱워치로 잰다.
- 용기에 물을 받아 넣는 시간을 20초 이상이 되도록 용량을 결정한다.

정답 5-1 ③ 5-2 ①

핵심이론 06 하천수 유량측정(유량-유속 면적법)

① **적용범위** : 단면의 폭이 크며 유량이 일정한 곳에 활용한다.

㉠ 균일한 유속분포를 확보하기 위한 충분한 길이(약 100m 이상)의 직선 하도(河道)의 확보가 가능하고 횡단면상의 수심이 균일한 지점

㉡ 모든 유량 규모에서 하나의 하도로 형성되는 지점

㉢ 가능하면 하상이 안정되어 있고, 식생의 성장이 없는 지점

㉣ 유속계나 부자가 어디에서나 유효하게 잠길 수 있을 정도의 충분한 수심이 확보되는 지점

㉤ 합류나 분류가 없는 지점

㉥ 교량 등 구조물 근처에서 측정할 경우 교량의 상류 지점

㉦ 대규모 하천을 제외하고 가능하면 도섭으로 측정할 수 있는 지점

㉧ 선정된 유량측정 지점에서 말뚝을 박아 동일 단면에서 유량측정을 수행할 수 있는 지점

② 용 어

㉠ 부자(浮子) : 하천이나 용수로의 유속을 관측할 때 사용하는 기구로서, 유속을 관측하고자 하는 구간을 부자가 유하하는데 걸리는 시간으로부터 유속을 구하는 것을 말한다. 부자의 종류에는 표면부자, 이중부자, 막대(봉)부자 등이 있다.

㉡ 도섭(徒涉) : 물을 걸어서 건널 수 있는 것이다.

③ **결과보고** : 유황(流況)이 일정하고 하상의 상태가 고른 지점을 선정하여 물이 흐르는 방향과 직각이 되도록 하천의 양 끝을 로프로 고정하고 등 간격으로 측정점을 정한다. 소구간 단면에 있어서 평균유속 V_m은 수심 0.4m를 기준으로 다음과 같이 구한다.

㉠ 수심이 0.4m 미만일 때 $V_m = V_{0.6}$

㉡ 수심이 0.4m 이상일 때 $V_m = (V_{0.2} + V_{0.8}) \times \frac{1}{2}$

여기서, $V_{0.2}$, $V_{0.6}$, $V_{0.8}$은 각각 수면으로부터 전 수심의 20%, 60%, 80%인 점의 유속이다.

핵심예제

유속 면적법을 이용하여 하천유량을 측정할 때 적용 적합 지점에 관한 내용으로 틀린 것은? [2013년 1회 기사]

① 가능하면 하상이 안정되어 있고 식생의 성장이 없는 지점
② 합류나 분류가 없는 지점
③ 교량 등 구조물 근처에서 측정할 경우 교량의 상류 지점
④ 대규모 하천을 제외하고 가능한 부자(浮子)로 측정할 수 있는 지점

|해설|

대규모 하천을 제외하고 가능하면 도섭으로 측정할 수 있는 지점

정답 ④

핵심이론 07 시료의 채취방법

시료채취는 수질을 정확히 대표하고 실험실에 도착할 때까지 조성의 변화가 일어나지 않도록 하여야 하며 지표수, 지하수, 하수, 도시하수, 산업폐수 등의 시료채취에 적용한다.

① **배출허용기준 적합여부 판정을 위한 시료채취** : 배출허용기준 적합여부 판정을 위하여 채취하는 시료는 시료의 성상, 유량, 유속 등의 시간에 따른 변화를 고려하여 현장 물의 성질을 대표할 수 있도록 채취하여야 하며, 복수채취를 원칙으로 한다. 단, 신속한 대응이 필요한 경우 등 복수채취가 불합리한 경우에는 예외로 할 수 있다.

㉠ 복수시료채취방법 등

- 수동으로 시료를 채취할 경우에는 30분 이상 간격으로 2회 이상 채취(Composite Sample)하여 일정량의 단일 시료로 한다. 단, 부득이한 사유로 6시간 이상 간격으로 채취한 시료는 각각 측정분석한 후 산술평균하여 측정분석값을 산출한다(2개 이상의 시료를 각각 측정분석한 후 산술평균한 결과 배출허용기준을 초과한 경우의 위반일 적용은 최초 배출허용기준이 초과된 시료의 채취일을 기준으로 한다).
- 자동시료채취기로 시료를 채취할 경우에는 6시간 이내에 30분 이상 간격으로 2회 이상 채취(Composite Sample)하여 일정량의 단일 시료로 한다.
- 수소이온농도(pH), 수온 등 현장에서 즉시 측정하여야 하는 항목인 경우에는 30분 이상 간격으로 2회 이상 측정한 후 산술평균하여 측정값을 산출한다(단, pH의 경우 2회 이상 측정한 값을 pH 7을 기준으로 산과 알칼리로 구분하여 평균값을 산정하고 산정한 평균값 중 배출허용기준을 많이 초과한 평균값을 측정분석값으로 함).

• 시안(CN), 노말헥산 추출물질, 대장균군 등 시료채취기구 등에 의하여 시료의 성분이 유실 또는 변질 등의 우려가 있는 경우에는 30분 이상 간격으로 2개 이상의 시료를 채취하여 각각 분석한 후 산술평균하여 분석값을 산출한다.

㉡ 복수시료채취방법 적용을 제외할 수 있는 경우

• 환경오염사고 또는 취약시간대(일요일, 공휴일 및 평일 18 : 00~09 : 00 등)의 환경오염감시 등 신속한 대응이 필요한 경우

• 물환경보전법의 규정에 의한 비정상적인 행위를 할 경우

• 사업장 내에서 발생하는 폐수를 회분식(Batch식) 등 간헐적으로 처리하여 방류하는 경우

• 기타 부득이 복수시료채취방법으로 시료를 채취할 수 없을 경우

② **하천수 등 수질조사를 위한 시료채취** : 시료는 시료의 성상, 유량, 유속 등의 시간에 따른 변화(폐수의 경우 조업상황 등)를 고려하여 현장물의 성질을 대표할 수 있도록 채취하여야 하며, 수질 또는 유량의 변화가 심하다고 판단될 때에는 오염상태를 잘 알 수 있도록 시료의 채취횟수를 늘려야 하며, 이때에는 채취 시의 유량에 비례하여 시료를 서로 섞은 다음 단일시료로 한다.

③ **지하수 수질조사를 위한 시료채취** : 지하수 침전물로부터 오염을 피하기 위하여 보존 전에 현장에서 여과($0.45\mu m$)하는 것을 권장한다. 단, 기타 휘발성 유기화합물과 민감한 무기화합물질을 함유한 시료는 그대로 보관한다.

핵심예제

자동시료채취기의 시료채취 기준으로 옳은 것은?(단, 배출허용기준 적합여부 판정을 위한 시료채취-복수시료채취방법 기준)

[2012년 2회 산업기사]

① 2시간 이내에 30분 이상 간격으로 2회 이상 채취하여 일정량의 단일시료로 한다.
② 4시간 이내에 30분 이상 간격으로 2회 이상 채취하여 일정량의 단일시료로 한다.
③ 6시간 이내에 30분 이상 간격으로 2회 이상 채취하여 일정량의 단일시료로 한다.
④ 8시간 이내에 30분 이상 간격으로 2회 이상 채취하여 일정량의 단일시료로 한다.

|해설|

자동시료채취기로 시료를 채취할 경우에는 6시간 이내에 30분 이상 간격으로 2회 이상 채취하여 일정량의 단일시료로 한다.

정답 ③

핵심이론 08 시료채취 시 유의사항

① 시료는 목적시료의 성질을 대표할 수 있는 위치에서 시료채취용기 또는 채수기를 사용하여 채취하여야 한다.

② 시료채취용기는 시료를 채우기 전에 시료로 3회 이상 씻은 다음 사용하며, 시료를 채울 때에는 어떠한 경우에도 시료의 교란이 일어나서는 안 되며 가능한 한 공기와 접촉하는 시간을 짧게 하여 채취한다.

③ 시료채취량은 시험항목 및 시험횟수에 따라 차이가 있으나 보통 3~5L 정도이어야 한다. 다만, 시료를 즉시 실험할 수 없어 보존하여야 할 경우 또는 시험항목에 따라 각각 다른 채취용기를 사용하여야 할 경우에는 시료채취량을 적절히 증감할 수 있다.

④ 시료채취 시에 시료채취시간, 보존제 사용여부, 매질 등 분석결과에 영향을 미칠 수 있는 사항을 기재하여 분석자가 참고할 수 있도록 한다.

⑤ 용존가스, 환원성 물질, 휘발성 유기화합물, 냄새, 유류 및 수소이온 등을 측정하기 위한 시료를 채취할 때에는 운반 중 공기와의 접촉이 없도록 시료용기에 가득 채운 후 빠르게 뚜껑을 닫는다.

㉠ 휘발성 유기화합물 분석용 시료를 채취할 때에는 뚜껑의 격막을 만지지 않도록 주의하여야 한다.

㉡ 병을 뒤집어 공기방울이 확인되면 다시 채취해야 한다.

⑥ 현장에서 용존산소 측정이 어려운 경우에는 시료를 가득 채운 300mL BOD병에 황산망간 용액 1mL와 알칼리성 요오드화칼륨-아자이드화나트륨 용액 1mL를 넣고 기포가 남지 않게 조심하여 마개를 닫고 수회 병을 회전하고 암소에 보관하여 8시간 이내 측정한다.

⑦ 유류 또는 부유물질 등이 함유된 시료는 시료의 균일성이 유지될 수 있도록 채취해야 하며, 침전물 등이 부상하여 혼입되어서는 안 된다.

⑧ 지하수 시료는 취수정 내에 고여 있는 물과 원래 지하수의 성상이 달라질 수 있으므로 고여 있는 물을 충분히 퍼낸 다음 새로 나온 물을 채취한다. 이 경우 퍼내는 양은 고여 있는 물의 4~5배 정도이나 pH 및 전기전도도를 연속적으로 측정하여 이 값이 평형을 이룰 때까지로 한다.

⑨ 지하수 시료채취 시 심부층의 경우 저속양수펌프 등을 이용하여 반드시 저속시료채취하여 시료 교란을 최소화하여야 하며, 천부층의 경우 저속양수펌프 또는 정량이송펌프 등을 사용한다.

⑩ 냄새 측정을 위한 시료채취 시 유리기구류는 사용 직전에 새로 세척하여 사용한다. 먼저 냄새 없는 세제로 닦은 후 정제수로 닦아 사용하고, 고무 또는 플라스틱 재질의 마개는 사용하지 않는다.

⑪ 총유기탄소를 측정하기 위한 시료 채취 시 시료병은 가능한 외부의 오염이 없어야 하며, 이를 확인하기 위해 바탕시료를 시험해 본다. 시료병은 폴리테트라플루오로에틸렌(PTFE)으로 처리된 고무마개를 사용하며, 암소에서 보관하며 깨끗하지 않은 시료병은 사용하기 전에는 산세척하고, 알루미늄 포일로 포장하여 400℃ 회화로에서 1시간 이상 구워 냉각한 것을 사용한다.

⑫ 퍼클로레이트를 측정하기 위한 시료채취 시 시료 용기를 질산 및 정제수로 씻은 후 사용하며, 시료채취 시 시료병의 2/3를 채운다.

⑬ 저농도 수은(0.0002mg/L 이하)시료를 채취하기 위한 시료 용기는 채취 전에 미리 다음과 같이 준비한다. 우선 염산용액(4M)이나 진한질산을 채워 내산성 플라스틱 덮개를 이용하여 오목한 부분이 밑에 오도록 덮고 가열판을 이용하여 48시간 동안 65~75℃가 되도록 한다(후두에서 실시한다). 실온으로 식힌 후 정제수로 3회 이상 헹구고, 염산용액(1%) 세정수로 다시 채운다. 마개를 막고 60~70℃에서 하루 이상 부식성에 강한 깨끗한 오븐에 보관한다. 실온으로 다시

식힌 후 정제수로 3회 이상 헹구고, 염산용액(0.4%)로 채워서 클린벤치에 넣고 용기 외벽을 완전히 건조시킨다. 건조된 용기를 밀봉하여 폴리에틸렌 지퍼백으로 이중 포장하고 사용시까지 플라스틱이나 목재상자에 넣어 보관한다.

⑭ 다이에틸헥실프탈레이트를 측정하기 위한 시료채취 시 스테인리스강이나 유리재질의 시료채취기를 사용한다. 플라스틱 시료채취기나 튜브 사용을 피하고 불가피한 경우 시료 채취량의 5배 이상을 흘려보낸 다음 채취하며, 갈색 유리병에 시료를 공간이 없도록 채우고 폴리테트라플루오로에틸렌(PTFE) 마개(또는 알루미늄 포일)나 유리마개로 밀봉한다. 시료병을 미리 시료로 헹구지 않는다.

⑮ 1,4-다이옥산, 염화비닐, 아크릴로나이트릴, 브로모폼을 측정하기 위한 시료용기는 갈색유리병을 사용하고, 사용 전 미리 질산 및 정제수로 씻은 다음, 아세톤으로 세정한 후 120℃에서 2시간 정도 가열한 후 방랭하여 준비한다. 시료에 산을 가하였을 때에 거품이 생기면 그 시료는 버리고 산을 가하지 않은 시료를 채취한다.

⑯ 과플루오린화화합물을 측정하기 위한 시료 용기는 폴리프로필렌 용기를 사용하고, 사용 전에 메탄올 또는 아세톤으로 세정하고, HPLC급 정제수로 헹구어 자연 건조하여 준비한다.

⑰ 미생물 시료는 멸균된 용기를 이용하여 무균적으로 채취하여야 하며, 시료채취 직전에 물속에서 채수병의 뚜껑을 열고 폴리글로브를 착용하는 등 신체접촉에 의한 오염이 발생하지 않도록 유의하여야 한다.

⑱ 생태독성 시료용기로 폴리에틸렌(PE) 재질을 사용하는 경우 멸균 채수병 사용을 권장하며, 재사용할 수 없다.

⑲ 식물성 플랑크톤을 측정하기 위한 시료 채취 시 플랑크톤 네트(Mesh Size 25μm)를 이용한 정성채집과, 반돈(Van-Dorn) 채수기 또는 채수병을 이용한 정량 채집을 병행한다. 정성채집 시 플랑크톤 네트는 수평 및 수직으로 수회씩 끌어 채집한다.

⑳ 채취된 시료는 즉시 실험하여야 하며, 그렇지 못한 경우에는 시료의 보존방법에 따라 보존하고 규정된 시간 내에 실험하여야 한다.

핵심예제

시료채취 시 유의사항에 관련된 설명으로 옳은 것은?

[2013년 1회 산업기사]

① 휘발성 유기화합물 분석용 시료를 채취할 때에는 뚜껑의 격막을 만지지 않도록 주의하여야 한다.
② 유류물질을 측정하기 위한 시료는 밀도차를 유지하기 위해 시료용기에 70~80% 정도를 채워 적정공간을 확보하여야 한다.
③ 지하수 시료는 고여 있는 물의 10배 이상을 퍼낸 다음 새로 고이는 물을 채취한다.
④ 시료채취량은 보통 5~10L 정도이어야 한다.

|해설|

② 유류물질을 측정하기 위한 시료를 채취할 때에는 운반 중 공기와의 접촉이 없도록 시료용기에 가득 채운 후 빠르게 뚜껑을 닫는다.
③ 지하수 시료는 취수정 내에 고여 있는 물과 원래 지하수의 성상이 달라질 수 있으므로 고여 있는 물을 충분히 퍼낸 다음 새로 나온 물을 채취한다. 이 경우 퍼내는 양은 고여 있는 물의 4~5배 정도이나 pH 및 전기전도도를 연속적으로 측정하여 이 값이 평형을 이룰 때까지로 한다.
④ 시료채취량은 보통 3~5L 정도이어야 한다.

정답 ①

핵심이론 09 시료채취 지점

① 배출시설 등의 폐수 : 폐수의 성질을 대표할 수 있는 곳에서 채취하며 폐수의 방류수로가 한 지점 이상일 때에는 각 수로별로 채취하여 별개의 시료로 하며 필요에 따라 부지 경계선 외부의 배출구 수로에서도 채취할 수 있다. 시료채취 시 우수나 조업목적 이외의 물이 포함되지 말아야 한다.

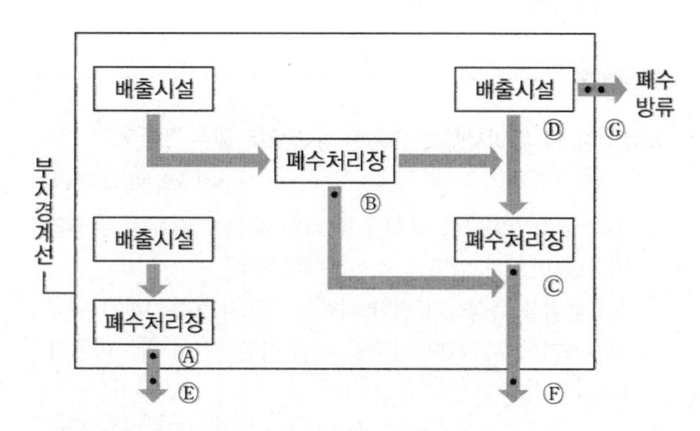

㉠ 당연 채취지점 : Ⓐ, Ⓑ, Ⓒ, Ⓓ

㉡ 필요시 채취지점 : Ⓔ, Ⓕ, Ⓖ

※ Ⓐ, Ⓑ, Ⓒ : 방지시설 최초 방류지점

Ⓓ : 배출시설 최초 방류지점(방지시설을 거치지 않을 경우)

Ⓔ, Ⓕ, Ⓖ : 부지경계선 외부 배출수로

② 하천수

㉠ 하천수의 오염 및 용수의 목적에 따라 채수지점을 선정하며 하천본류와 하천지류가 합류하는 경우에는 합류 이전의 각 지점과 합류 이후 충분히 혼합된 지점에서 각각 채수한다.

㉡ 하천의 단면에서 수심이 가장 깊은 수면의 지점과 그 지점을 중심으로 하여 좌우로 수면폭을 2등분한 각각의 지점의 수면으로부터 수심 2m 미만일 때에는 수심의 $\frac{1}{3}$에서, 수심이 2m 이상일 때에는 수심의 $\frac{1}{3}$ 및 $\frac{2}{3}$에서 각각 채수한다.

㉢ ㉠, ㉡ 이외의 경우에는 시료채취 목적에 따라 필요하다고 판단되는 지점 및 위치에서 채수한다.

핵심예제

다음은 하천수의 오염 및 용수의 목적에 따른 채수지점에 관한 내용이다. 괄호 안에 옳은 내용은? [2013년 1회 산업기사]

하천의 단면에서 수심이 가장 깊은 수면의 지점과 그 지점을 중심으로 하여 좌우로 수면 폭을 2등분한 각각의 지점의 수면으로부터 (　)

① 수심이 2m 미만일 때는 표층수를 대표로 하고, 2m 이상일 때는 수심 1/3 지점에서 채수한다.
② 수심이 2m 미만일 때는 수심의 1/2에서, 2m 이상일 때는 수심 1/3 및 2/3 지점에서 채수한다.
③ 수심이 2m 미만일 때는 표층수를 대표로 하고, 2m 이상일 때는 수심 2/3 지점에서 채수한다.
④ 수심이 2m 미만일 때는 수심의 1/3에서, 2m 이상일 때는 수심 1/3 및 2/3 지점에서 채수한다.

|해설|

• 수심 2m 미만일 때 : 수심의 $\frac{1}{3}$ 지점

• 수심 2m 이상일 때 : 수심의 $\frac{1}{3}$ 지점과 $\frac{2}{3}$ 지점에서 각각 채수한다.

정답 ④

핵심이론 10 시료의 보존방법

채취된 시료를 현장에서 실험할 수 없을 때에는 따로 규정이 없는 한 다음 표의 보존방법에 따라 보존하고 어떠한 경우에도 보존기간 이내에 실험을 실시하여야 한다.

[시료의 보존방법]

측정항목	시료 용기	보존방법	최대보존기간 (권장보존기간)
냄 새	G	가능한 한 즉시 분석 또는 냉장보관	6시간
노말헥산 추출물질	G	4℃, H_2SO_4로 pH 2 이하	28일
부유물질	P, G	4℃ 보관	7일
색 도	P, G	4℃ 보관	48시간
생물화학적 산소요구량	P, G	4℃ 보관	48시간 (6시간)
수소이온농도	P, G	–	즉시 측정
온 도	P, G	–	즉시 측정
용존산소 –적정법	BOD병	즉시 용존산소 고정 후 암소 보관	8시간
용존산소 –전극법	BOD병	–	즉시 측정
잔류염소	G(갈색)	즉시 분석	–
전기전도도	P, G	4℃ 보관	24시간
총유기탄소 (용존 유기탄소)	P, G	즉시 분석 또는 HCl 또는 H_3PO_4 또는 H_2SO_4를 가한 후 (pH < 2) 4℃ 냉암소에서 보관	28일(7일)
클로로필-a	P, G	즉시 여과하여 −20℃ 이하에서 보관	7일 (24시간)
탁 도	P, G	4℃ 냉암소에서 보관	48시간 (24시간)
투명도	–	–	–
화학적 산소요구량	P, G	4℃ 보관, H_2SO_4로 pH 2 이하	28일(7일)
플루오린	P	–	28일
브롬이온	P, G	–	28일
시 안	P, G	4℃ 보관, NaOH로 pH 12 이상	14일 (24시간)
아질산성 질소	P, G	4℃ 보관	48시간 (즉시)
암모니아성 질소	P, G	4℃ 보관, H_2SO_4로 pH 2 이하	28일(7일)
염소이온	P, G	–	28일
음이온 계면활성제	P, G	4℃ 보관	48시간
인산염인	P, G	즉시 여과한 후 4℃ 보관	48시간
질산성 질소	P, G	4℃ 보관	48시간
총인 (용존 총인)	P, G	4℃ 보관, H_2SO_4로 pH 2 이하	28일
총질소 (용존 총질소)	P, G	4℃ 보관, H_2SO_4로 pH 2 이하	28일(7일)
퍼클로레이트	P, G	6℃ 이하 보관, 현장에서 멸균된 여과지로 여과	28일
페놀류	G	4℃ 보관, H_3PO_4로 pH 4 이하 조정한 후 시료 1L당 $CuSO_4$ 1g 첨가	28일
황산이온	P, G	6℃ 이하 보관	28일(48시간)
금속류(일반)	P, G	시료 1L당 HNO_3 2mL 첨가	6개월
비 소	P, G	1L당 HNO_3 1.5mL로 pH 2 이하	6개월
셀레늄	P, G	〃	6개월
수은 (0.2μg/L 이하)	P, G	1L당 HCl(12M) 5mL 첨가	28일
6가크롬	P, G	4℃ 보관	24시간
알킬수은	P, G	HNO_3 2mL/L	1개월
다이에틸헥실 프탈레이트	G(갈색)	4℃ 보관	7일 (추출 후 40일)
1,4-다이옥산	G(갈색)	HCl(1+1)을 시료 10mL당 1~2방울씩 가하여 pH 2 이하	14일
염화비닐, 아크릴로 나이트릴, 브로모폼	G(갈색)	HCl(1+1)을 시료 10mL당 1~2방울씩 가하여 pH 2 이하	14일
석유계 총탄화수소	G(갈색)	4℃ 보관, H_2SO_4 또는 HCl으로 pH 2 이하	7일 이내 추출, 추출 후 40일
유기인	G	4℃ 보관, HCl로 pH 5~9	7일 (추출 후 40일)

측정항목	시료 용기	보존방법	최대보존기간 (권장보존기간)
폴리클로리네이티드바이페닐 (PCB)	G	4℃ 보관, HCl로 pH 5~9	7일 (추출 후 40일)
휘발성 유기화합물	G	냉장보관 또는 HCl을 가해 pH < 2로 조정 후 4℃ 냉암소에서 보관	7일 (추출 후 14일)
과플루오린화화합물	PP	냉장보관 (4 ± 2℃) 보관, 2주 이내 분석 어려울 때 냉동(-20℃) 보관	냉동 시 필요에 따라 분석 전까지 시료의 안정성 검토(2주)
총대장균군 -환경기준적용	P, G	저온(10℃ 이하)	24시간
총대장균군 -배출허용기준 및 방류수기준 적용	P, G	저온(10℃ 이하)	6시간
분원성 대장균군	P, G	저온(10℃ 이하)	24시간
대장균	P, G	저온(10℃ 이하)	24시간
물벼룩 급성 독성	P, G	4℃ 보관(암소에 통기되지 않는 용기에 보관)	72시간 (24시간)
식물성 플랑크톤	P, G	즉시 분석 또는 포르말린용액을 시료의 3~5%를 가하거나 글루타르알데하이드 또는 루골용액을 시료의 1~2%를 가하여 냉암소보관	6개월

※ 시료용기의 구분(P : Polyethylene, G : Glass, PP : Polypropylene)

① 클로로필-a 분석용 시료는 즉시 여과하여 여과한 여과지를 알루미늄 포일로 싸서 -20℃ 이하에서 보관한다. 여과한 여과지는 상온에서 3시간까지 보관할 수 있으며, 냉동보관 시에는 25일까지 가능하다. 즉시 여과할 수 없다면 시료를 빛이 차단된 암소에서 4℃ 이하로 냉장하여 보관하고 채수 후 24시간 이내에 여과하여야 한다.

② 시안 분석용 시료에 잔류염소가 공존할 경우 시료 1L당 아스코르브산 1g을 첨가하고, 산화제가 공존할 경우에는 시안을 파괴할 수 있으므로 채수 즉시 이산화비소산나트륨 또는 티오황산나트륨을 시료 1L당 0.6g을 첨가한다.

③ 암모니아성 질소 분석용 시료에 잔류염소가 공존할 경우 증류과정에서 암모니아가 산화되어 제거될 수 있으므로 시료채취 즉시 티오황산나트륨용액(0.09%)을 첨가한다.

※ 티오황산나트륨용액(0.09%) 1mL를 첨가하면 시료 1L 중 2mg 잔류염소를 제거할 수 있다.

④ 페놀류 분석용 시료에 산화제가 공존할 경우 채수 즉시 황산암모늄철용액을 첨가한다.

⑤ 비소와 셀레늄 분석용 시료를 pH 2 이하로 조정할 때에는 질산(1 + 1)을 사용할 수 있으며, 시료가 알칼리화되어 있거나 완충효과가 있다면 첨가하는 산의 양을 질산(1 + 1) 5mL까지 늘려야 한다.

⑥ 저농도 수은(0.0002mg/L 이하) 분석용 시료는 보관기간 동안 수은이 시료 중의 유기성 물질과 결합하거나 벽면에 흡착될 수 있으므로 가능한 빠른 시간 내 분석하여야 하고, 용기 내 흡착을 최대한 억제하기 위하여 산화제인 브롬산/브롬용액(0.1N)을 분석하기 24시간 전에 첨가한다.

⑦ 다이에틸헥실프탈레이트 분석용 시료에 잔류염소가 공존할 경우 시료 1L당 티오황산나트륨을 80mg 첨가한다.

⑧ 1,4-다이옥산, 염화비닐, 아크릴로나이트릴 및 브로모폼 분석용 시료에 잔류염소가 공존할 경우 시료 40mL(잔류염소 농도 5mg/L 이하)당 티오황산나트륨 3mg 또는 아스코르브산 25mg을 첨가하거나 시료 1L당 염화암모늄 10mg을 첨가한다.

⑨ 휘발성 유기화합물 분석용 시료에 잔류염소가 공존할 경우 시료 1L당 아스코르브산 1g을 첨가한다.

⑩ 식물성 플랑크톤을 즉시 시험하는 것이 어려울 경우 포르말린용액을 시료의 3~5% 가하여 보존한다. 침강성이 좋지 않은 남조류나 파괴되기 쉬운 와편모조류와 황갈조류 등은 글루타르알데하이드나 루골용액을 시료의 1~2% 가하여 보존한다.

핵심예제

10-1. 시료의 보존방법과 최대보존기간에 관한 내용으로 틀린 것은? [2013년 2회 기사]

① 탁도 측정대상 시료는 4℃ 냉암소에 보존하고 최대 보존기간은 48시간이다.
② 시안 측정대상 시료는 4℃에서 NaOH로 pH 12 이상으로 하여 보존하고 최대 보존기간은 14일이다.
③ 냄새 측정대상 시료는 4℃로 보존하며 최대 보존기간은 12시간이다.
④ 전기전도도 측정대상 시료는 4℃로 보존하며 최대 보존기간은 24시간이다.

10-2. 다음 항목 중 시료 보존방법이 나머지와 다른 것은? [2013년 3회 기사]

① 전기전도도
② 아질산성 질소
③ 잔류염소
④ 음이온계면활성제

|해설|

10-1
냄새 측정대상 시료는 G(유리용기)에 보존하며, 가능한 한 즉시 분석 또는 냉장보관을 한다. 최대 보존기간은 6시간이다.

10-2
- 전기전도도, 아질산성 질소, 음이온 계면활성제 : 4℃에 보관하며 용기는 P, G이다.
- 잔류염소 : 즉시 분석하며 용기는 G(갈색)이다.

정답 10-1 ③ 10-2 ③

핵심이론 11 시료의 전처리 방법

채취된 시료에는 보통 유기물 및 부유물질 등을 함유하고 있어 탁하거나 색상을 띠고 있는 경우가 있을 뿐만 아니라 목적성분들이 흡착되어 있거나 난분해성의 착화합물 또는 착이온 상태로 존재하는 경우가 있기 때문에 실험의 목적에 따라 적당한 방법으로 전처리를 한 다음 실험하여야 한다. 특히 금속성분을 측정하기 위한 시료일 경우에는 유기물 등을 분해시킬 수 있는 전처리 조작이 필수적이며, 전처리에 사용되는 시약은 목적성분을 함유하지 않은 고순도의 것을 사용하여야 한다.

① 산분해법
㉠ 질산법 : 유기함량이 비교적 높지 않은 시료의 전처리에 사용한다.
㉡ 질산-염산법 : 유기물 함량이 비교적 높지 않고 금속의 수산화물, 산화물, 인산염 및 황화물을 함유하고 있는 시료에 적용되며 휘발성 또는 난용성 염화물을 생성하는 금속 물질의 분석에는 주의한다.
㉢ 질산-황산법 : 유기물 등을 많이 함유하고 있는 대부분의 시료에 적용된다. 그러나 칼슘, 바륨, 납 등을 다량 함유한 시료는 난용성의 황산염을 생성하여 다른 금속성분을 흡착하므로 주의한다.
㉣ 질산-과염소산법 : 유기물을 다량 함유하고 있으면서 산분해가 어려운 시료에 적용된다.
㉤ 질산-과염소산-플루오린화수소산 : 다량의 점토질 또는 규산염을 함유한 시료에 적용된다.

② **마이크로파 산분해법** : 밀폐 용기를 이용한 마이크로파 장치에 의한 방법에 적용되는 방법으로 유기물을 다량 함유하고 있으면서 산분해가 어려운 시료에 적용된다.

③ **회화에 의한 분해** : 목적성분이 400℃ 이상에서 휘산되지 않고 쉽게 회화될 수 있는 시료에 적용된다. 시료 중에 염화암모늄, 염화마그네슘 등이 다량 함유된 경우에는 납, 철, 주석, 아연, 안티몬 등이 휘산되어 손실을 가져오므로 주의하여야 한다.

④ 용매 추출법 : 원자흡수분광광도법을 사용한 분석 시 목적성분의 농도가 미량이거나 측정에 방해하는 성분이 공존할 경우 시료의 농축 또는 방해물질을 제거하기 위한 목적으로 사용된다.

㉠ 다이에틸다이티오카바민산 추출법 : 시료 중 구리, 아연, 납, 카드뮴 및 니켈의 측정에 적용한다.

㉡ 디티존-메틸아이소부틸케톤 추출법(MIBK) : 시료 중 구리, 아연, 납, 카드뮴, 니켈 및 코발트 등의 측정에 적용한다.

㉢ 디티존-사염화탄소 추출법 : 시료 중 아연, 납, 카드뮴 등의 측정에 적용한다.

㉣ 피로리딘 다이티오카르바민산 암모늄 추출법 : 시료 중 구리, 아연, 납, 카드뮴, 니켈, 철, 망간, 6가크롬, 코발트 및 은 등의 측정에 적용. 다만 망간은 착화합물 상태에서 매우 불안정하므로 추출 즉시 측정하여야 하며, 크롬은 6가크롬 상태로 존재할 경우에만 추출된다. 또한 철의 농도가 높을 경우에는 다른 금속의 추출에 방해를 줄 수 있으므로 주의해야 한다.

핵심예제

시료의 전처리 방법에 관한 내용으로 틀린 것은?

[2013년 2회 기사]

① 마이크로파 산분해법 : 전반적인 처리 절차 및 원리는 산분해법과 같으나 마이크로파를 이용해서 시료를 가열하는 것이 다르다.

② 마이크로파 산분해법 : 마이크로파를 이용하여 시료를 가열할 경우 고온, 고압하에서 조작할 수 있어 전처리 효율이 좋아진다.

③ 용매추출법 : 시료에 적당한 착화제를 첨가하여 시료 중의 금속류와 착화합물을 형성시킨 다음, 형성된 착화합물을 유기용매로 추출하여 분석하는 방법이다.

④ 용매추출법 : 시료 중에 분석 대상물의 농도가 높거나 단순한 물질을 추출·분석할 때 사용한다.

|해설|

- 산분해법 : 시료에 산을 첨가하고 가열하여 시료 중의 유기물 및 방해물질을 제거하는 방법이다. 이 과정에서 시료 중의 유기물 및 방해물질은 산에 의해 분해되고 이들과 착화합물을 형성하고 있던 중금속류는 이온 상태로 시료 중에 존재하게 된다.
- 마이크로파 산분해법 : 전반적인 처리 절차 및 원리는 산분해법과 같으나 마이크로파를 이용해서 시료를 가열하는 것이 다르다. 마이크로파를 이용하여 시료를 가열할 경우 고온 고압하에서 조작할 수 있어 전처리 효율이 좋아진다.
- 용매추출법 : 시료에 적당한 착화제를 첨가하여 시료 중의 금속류와 착화합물을 형성시킨 다음 형성된 착화합물을 유기용매로 추출하여 분석하는 방법이다. 이 방법은 시료 중의 분석대상물의 농도가 낮거나 복잡한 매질 중에서 분석대상물만을 선택적으로 추출하여 분석하고자 할 때 사용한다.

정답 ④

제3절 | 항목별 시험방법-일반항목

핵심이론 01 냄 새

① 물속의 냄새를 측정하기 위하여 측정자의 후각을 이용하는 방법으로 시료를 정제수로 희석하면서 냄새가 느껴지지 않을 때까지 반복하여 희석배수를 수치화한다.

② **적용범위** : 지표수, 지하수, 폐수 등에 적용

③ **냄새역치(TON ; Threshold Odor Number)** : 냄새를 감지할 수 있는 최대 희석배수를 말한다.

$$\text{냄새역치(TON)} = \frac{A+B}{A}$$

㉠ A : 시료 부피(mL)

㉡ B : 무취 정제수 부피(mL)

④ **간섭물질** : 잔류염소 냄새는 측정에서 제외한다. 따라서 잔류염소가 존재하면 티오황산나트륨 용액을 첨가하여 잔류염소를 제거한다.

핵심예제

냄새 측정 시 잔류염소 제거를 위해 첨가하는 용액은?

[2013년 3회 기사]

① L-아스코르브산나트륨
② 티오황산나트륨
③ 과망간산칼륨
④ 질산은

|해설|

티오황산나트륨 용액 1mL는 잔류염소 농도가 1mg/L인 시료 500mL의 잔류염소를 제거할 수 있다.

정답 ②

핵심이론 02 노말헥산 추출물질

① 물 중에 비교적 휘발되지 않는 탄화수소, 탄화수소유도체, 그리스유상물질 및 광유류를 함유하고 있는 시료를 pH 4 이하의 산성으로 하여 노말헥산층에 용해되는 물질을 노말헥산으로 추출하고 노말헥산을 증발시킨 잔류물의 무게로부터 구하는 방법이다. 다만, 광유류의 양을 시험하고자 할 경우에는 활성규산마그네슘(플로리실) 칼럼을 이용하여 동식물유지류를 흡착·제거하고 유출액을 같은 방법으로 구할 수 있다.

② **적용범위** : 지표수, 지하수, 폐수 등에 적용

③ **정량한계** : 0.5mg/L

④ **정확도** : 75~125%

⑤ **정밀도** : 상대표준편차가 ±25% 이내

⑥ **계산식**

$$\text{총노말헥산 추출물질(mg/L)} = (a-b) \times \frac{1,000}{V}$$

㉠ a : 시험전후의 증발용기의 무게(mg)

㉡ b : 바탕시험 전후의 증발용기의 무게(mg)

㉢ V : 시료의 양(mL)

핵심예제

노말헥산 추출물질 시험법에서 노말헥산 추출을 위한 시료의 pH 기준은?

[2013년 2회 기사]

① pH 2 이하
② pH 4 이하
③ pH 9 이상
④ pH 10 이상

|해설|

시료를 pH 4 이하의 산성으로 하여 노말헥산을 추출한다.

정답 ②

핵심이론 03 부유물질(SS ; Suspended Solids)

① 미리 무게를 단 유리섬유여과지(GF/C)를 여과장치에 부착하여 일정량의 시료를 여과시킨 다음 항량으로 건조(105~110℃의 건조기 안에서 2시간 건조)하여 무게를 달아 여과 전·후의 유리섬유 여과지의 무게차를 산출하여 부유물질의 양을 구하는 방법이다.

② 간섭물질

㉠ 나무 조각, 큰 모래입자 등과 같은 큰 입자들은 부유물질 측정에 방해를 주며, 이 경우 직경 2mm 금속망에 먼저 통과시킨 후 분석을 실시한다.

㉡ 증발잔류물이 1,000mg/L 이상인 경우의 해수, 공장폐수 등은 특별히 취급하지 않을 경우, 높은 부유물질 값을 나타낼 수 있다. 이 경우 여과지를 여러 번 세척한다.

㉢ 철 또는 칼슘이 높은 시료는 금속 침전이 발생하며 부유물질 측정에 영향을 줄 수 있다.

㉣ 유지(Oil) 및 혼합되지 않는 유기물도 여과지에 남아 부유물질 측정값을 높게 할 수 있다.

핵심예제

부유물질 측정 시 간섭물질에 관한 설명과 가장 거리가 먼 것은? [2013년 2회 기사]

① 유지(Oil) 및 혼합되지 않는 유기물도 여과지에 남아 부유물질 측정값을 높게 할 수 있다.
② 철 또는 칼슘이 높은 시료는 금속 침전이 발생하며 부유물질 측정에 영향을 줄 수 있다.
③ 나무 조각, 큰 모래입자 등과 같은 큰 입자들은 부유물질 측정에 방해를 주며, 이 경우 직경 2mm 금속망에 먼저 통과시킨 후 분석을 실시한다.
④ 증발잔류물이 1,000mg/L 이상인 공장폐수 등은 여과지에 의한 측정 오차를 최소화하기 위해 여과지 세척을 하지 않는다.

|해설|

증발잔류물이 1,000mg/L 이상인 공장폐수 등은 높은 부유물질 값을 나타낼 수 있기 때문에 여과지를 여러 번 세척해야 한다.

정답 ④

핵심이론 04 색 도

① 색도를 측정하기 위하여 시각적으로 눈에 보이는 색상에 관계없이 단순 색도차 또는 단일 색도차를 계산하는데 아담스-니컬슨(Adams-Nickerson)의 색도공식을 근거로 하고 있다. 예를 들면, 육안적으로 두 개의 서로 다른 색상을 가진 A, B가 무색으로부터 같은 정도로 색도가 있다고 판정되면, 이들의 색도값(ADMI 값 : American Dye Manufacturers Institute)도 같게 된다.

② **적용범위** : 지표수, 지하수, 폐수 등에 적용

③ **아담스-니컬슨(Adams-Nickerson)의 색도공식** : 백금-코발트 표준물질과 아주 다른 색상의 폐·하수에서 뿐만 아니라 표준물질과 비슷한 색상의 폐·하수에도 적용할 수 있다.

핵심예제

색도 측정에 관한 설명 중 옳지 않은 것은? [2012년 2회 기사]

① 색도측정은 시각적으로 눈에 보이는 색상에 관계없이 단순 색도차 또는 단일 색도차를 계산한다.
② 백금-코발트 표준물질과 아주 다른 색상의 폐·하수에는 적용할 수 없다.
③ 근본적인 간섭은 적용 파장에서 콜로이드 물질 및 부유물질의 존재로 빛이 흡수 또는 분산되면서 일어난다.
④ 아담스-니컬슨(Adams-Nickerson) 색도공식을 근거로 한다.

|해설|

백금-코발트 표준물질과 아주 다른 색상의 폐·하수에서 뿐만 아니라 표준물질과 비슷한 색상의 폐·하수에도 적용할 수 있다.

정답 ②

핵심이론 05 생물화학적 산소요구량 (BOD ; Biochemical Oxygen Demand)

① 시료를 20℃에서 5일간 저장하여 두었을 때 시료 중의 호기성 미생물의 증식과 호흡작용에 의하여 소비되는 용존산소의 양으로부터 측정하는 방법이다.

② **질산화억제 시약** : ATU용액, TCMP

③ **시료의 전처리**

㉠ 산성 또는 알칼리성 시료 : pH가 6.5~8.5의 범위를 벗어나는 시료는 염산용액(1M) 또는 수산화나트륨 용액(1M)으로 시료를 중화하여 pH 7~7.2로 맞춘다. 다만 이때 넣어주는 염산 또는 수산화나트륨의 양이 시료량의 0.5%가 넘지 않도록 하여야 한다. pH가 조정된 시료는 반드시 식종을 실시한다.

㉡ 잔류염소를 함유한 시료 : 시료 100mL에 아자이드화나트륨 0.1g과 아이오딘화칼륨 1g을 넣고 흔들어 섞은 다음 염산을 넣어 산성(약 pH 1)으로 한다. 유리된 아이오딘을 전분지시약을 사용하여 아황산나트륨용액(0.025N)으로 액의 색깔이 청색에서 무색으로 변화될 때까지 적정하여 얻은 아황산나트륨용액(0.025N)의 소비된 부피(mL)를 남아 있는 시료의 양에 대응하여 넣어 준다. 일반적으로 잔류염소를 함유한 시료는 반드시 식종을 실시한다.

㉢ 용존산소가 과포화되어 있는 시료(수온이 20℃ 이하일 때) : 수온을 23~25℃로 상승시킨 이후에 15분간 통기하고 방치하고 냉각하여 수온을 다시 20℃로 한다.

㉣ 기타 독성을 나타내는 시료 : 독성을 제거한 후 식종을 실시한다.

④ **시료의 조제** : 예상 BOD값에 대한 사전경험이 없을 때에는 희석하여 시료를 조제한다. 오염정도가 심한 공장폐수는 0.1~1.0%, 처리하지 않은 공장폐수와 침전된 하수는 1~5%, 처리하여 방류된 공장폐수는 5~25%, 오염된 하천수는 25~100%의 시료가 함유되도록 희석 조제한다.

핵심예제

5-1. 생물화학적 산소요구량(BOD) 측정방법으로 옳지 않은 것은? [2011년 2회 기사]

① 시료 중의 용존산소가 소비되는 산소의 양보다 적을 때에는 시료를 희석수로 적당히 희석하여 사용한다.
② 시료의 pH가 5.5~8.5 범위를 벗어나는 시료는 염산(1 + 5) 또는 10% 수산화나트륨으로 중화하여 pH 7로 하되, 이때 넣어주는 산 또는 알칼리의 양은 시료량의 5%가 넘지 않도록 한다.
③ 예상 BOD치에 대한 사전경험이 없는 오염된 하천수의 경우에는 25~100% 정도의 시료가 함유되도록 희석 조제한다.
④ 일반적으로 잔류염소가 함유된 시료는 BOD용 식종희석수로 사용한다.

5-2. 생물화학적 산소요구량 측정 시 사용되는 ATU 용액의 용도는? [2012년 2회 기사]

① 식종수 제조
② 질산화 억제
③ 난분해성 유기물 분해
④ 독성물질 검출

|해설|

5-1
② pH가 6.5~8.5의 범위를 벗어나는 산성 또는 알칼리성 시료는 염산용액(1M) 또는 수산화나트륨용액(1M)으로 시료를 중화하여 pH 7~7.2로 맞춘다. 다만 이때 넣어주는 염산 또는 수산화나트륨의 양이 시료량의 0.5%가 넘지 않도록 하여야 한다. pH가 조정된 시료는 반드시 식종을 실시한다.

5-2
ATU(Allylthiourea, $C_4H_8N_2S$, 분자량 : 116.19) 용액은 질산화 억제 시약이다.

정답 5-1 ② 5-2 ②

핵심이론 06 수소이온농도(pH)

① 적용범위 : 수온이 0~40℃인 지표수, 폐수에 적용되며, 정량범위는 pH 0~14이다.

② 간섭물질

㉠ 일반적으로 유리전극은 용액의 색도, 탁도, 콜로이드성 물질들, 산화 및 환원성 물질들 그리고 염도에 의해 간섭을 받지 않는다.

㉡ pH 10 이상에서 나트륨에 의해 오차가 발생할 수 있는데, 이는 '낮은 나트륨 오차 전극'을 사용하여 줄일 수 있다.

㉢ pH는 온도변화에 따라 영향을 받는다. 대부분의 pH 측정기는 자동으로 온도를 보정하나 다음 표에 따라 수동으로 보정할 수 있다.

[온도별 표준용액의 pH값]

온도(℃)	수산염 표준용액	프탈산염 표준용액	인산염 표준용액	붕산염 표준용액	탄산염 표준용액	수산화칼슘 표준용액
0	1.67	4.01	6.98	9.46	10.32	13.43
5	1.67	4.01	6.95	9.39	10.25	13.21
10	1.67	4.00	6.92	9.33	10.18	13.00
15	1.67	4.00	6.90	9.27	10.12	12.81
20	1.68	4.00	6.88	9.22	10.07	12.63
25	1.68	4.01	6.86	9.18	10.02	12.45
30	1.69	4.01	6.85	9.14	9.97	12.30
35	1.69	4.02	6.84	9.10	9.93	12.14
40	1.70	4.03	6.84	9.07	-	11.99
50	1.71	4.06	6.83	9.01	-	11.70
60	1.73	4.10	6.84	8.96	-	11.45

핵심예제

수소이온농도 측정을 위한 표준용액 중 거의 중성 pH값을 나타내는 것은? [2012년 3회 산업기사]

① 인산염 표준용액　② 수산염 표준용액
③ 탄산염 표준용액　④ 프탈산염 표준용액

|해설|

인산염 표준용액의 pH는 20℃일 때 6.88이며 중성에 가깝다.

정답 ①

핵심이론 07 온 도

① 물의 온도를 수은 막대 온도계 또는 서미스터를 사용하여 측정하는 방법으로 지표수, 폐수 등에 적용할 수 있다.

② 담금 : 온도 측정을 위해 대상 시료에 담그는 것

㉠ 온담금 : 감온액주의 최상부까지를 측정하는 대상 시료에 담그는 것

㉡ 76mm담금 : 구상부 하단으로부터 76mm까지를 측정 대상 시료에 담그는 것

핵심예제

온도 측정 시 사용되는 용어 중 '담금'에 관한 내용으로 옳은 것은? [2013년 3회 기사]

① 온도 측정을 위해 대상 시료에 담그는 것으로 온담금과 반담금이 있다.
② 온도 측정을 위해 대상 시료에 담그는 것으로 온담금과 부분담금이 있다.
③ 온도 측정을 위해 대상 시료에 담그는 것으로 온담금과 55mm 담금이 있다.
④ 온도 측정을 위해 대상 시료에 담그는 것으로 온담금과 76mm 담금이 있다.

|해설|

- 담금 : 온도 측정을 위해 대상 시료에 담그는 것
- 담금의 종류
  - 온담금 : 감온액주의 최상부까지를 측정하는 대상 시료에 담그는 것
  - 76mm담금 : 구상부 하단으로부터 76mm까지를 측정 대상 시료에 담그는 것

정답 ④

핵심이론 08 전기전도도

① 전기전도도 측정계를 이용하여 물중의 전기전도도를 측정하는 방법이다. 지표수, 폐수 등에 적용할 수 있다.

② **간섭물질** : 전극의 표면이 부유물질, 그리스, 오일 등으로 오염될 경우, 전기전도도의 값이 영향을 받을 수 있다.

③ **전기전도도 측정계**

㉠ 지시부와 검출부로 구성되어 있으며, 지시부는 교류 휘트스톤브리지(Wheatstone Bridge)회로나 연산 증폭기 회로 등으로 구성된 것을 사용하며, 검출부는 한 쌍의 고정된 전극(보통 백금 전극 표면에 백금흑도금을 한 것)으로 된 전도도 셀 등을 사용한다.

㉡ 전도도 셀은 그 형태, 위치, 전극의 크기에 따라 각각 자체의 셀 상수를 가지고 있다. 셀 상수는 전도도 표준용액(염화칼륨용액)을 사용하여 결정하거나 셀 상수가 알려진 다른 전도도 셀과 비교하여 결정할 수 있으나, 일반적으로 기기제작사의 지침서 또는 설명서에 명시되어 있다.

㉢ 전기전도도 측정계 중에서 25℃에서의 자체온도 보상회로가 장치되어 있는 것이 사용하기에 편리하다. 그러한 장치가 없는 경우에는 온도에 따른 환산식을 사용하여 25℃에서 전기전도도 값으로 환산해야 한다.

㉣ 전기전도도 셀은 항상 수중에 잠긴 상태에서 보존하여야 하며, 정기적으로 점검한 후 사용한다.

④ **정밀도** : RSD ±20% 이내

⑤ **측정결과** : 정수로 표기하며 측정단위는 μS/cm이다.

핵심예제

전기전도도 측정기를 이용하여 물 중에 전기전도도를 측정 시 셀 상수 측정을 위한 전도도 표준용액은? [2012년 3회 기사]

① 염화나트륨용액 ② 염화칼륨용액
③ 과망간산칼륨용액 ④ 묽은 염산용액

|해설|

셀 상수는 전도도 표준용액(염화칼륨용액)을 사용하여 결정하거나 셀 상수가 알려진 다른 전도도 셀과 비교하여 결정할 수 있으나, 일반적으로 기기제작사의 지침서 또는 설명서에 명시되어 있다.

정답 ②

핵심이론 09 투명도

① 지름 30cm의 투명도판(백색원판)을 사용하여 호소나 하천에 보이지 않는 깊이로 넣은 다음 이것을 천천히 끌어 올리면서 보이기 시작한 깊이를 0.1m 단위로 읽어 투명도를 측정하는 방법이다.

② **적용범위** : 지표수 중 호소수 또는 유속이 작은 하천에 적용할 수 있다.

③ **투명도판** : 투명도판(백색원판)은 지름이 30cm로 무게가 약 3kg이 되는 원판에 지름 5cm의 구멍 8개가 뚫려 있다.

④ **측정방법**

㉠ 측정에 앞서 상판에 이물질이 없도록 깨끗하게 닦아 주고, 측정시간은 오전 10시에서 오후 4시 사이에 측정한다.

㉡ 날씨가 맑고 수면이 잔잔할 때 측정하고, 직사광선을 피하여 배의 그늘 등에서 투명도판을 조용히 보이지 않는 깊이로 넣은 다음 천천히 끌어 올리면서 보이기 시작한 깊이를 반복해서 측정한다.

⑤ **주의사항**

㉠ 투명도판의 색도차는 투명도에 미치는 영향이 적지만 원판의 광반사능도 투명도에 영향을 미치므로 표면이 더러울 때에는 다시 색칠하여야 한다.

㉡ 투명도는 일기, 시각, 개인차 등에 의하여 약간의 차이가 있을 수 있으므로 측정조건을 기록해 두어야 한다.

㉢ 흐름이 있어 줄이 기울어질 경우에는 2kg 정도의 추를 달아서 줄을 세워야 하고 줄은 10cm 간격으로 눈금표시가 되어 있으며, 충분히 강도가 있는 것을 사용한다.

㉣ 강우 시나 수면에 파도가 격렬하게 일 때는 정확한 투명도를 얻을 수 없으므로 투명도를 측정하지 않는 것이 좋다.

핵심예제

투명도 측정에 관한 내용으로 틀린 것은? [2013년 1회 기사]

① 투명도판의 지름은 30cm이다.
② 투명도판에 뚫린 구멍의 지름은 5cm이다.
③ 투명도판에는 구멍이 8개 뚫려있다.
④ 투명도판의 무게는 약 2kg이다.

| 해설 |

투명도판(백색원판)은 지름이 30cm로 무게가 약 3kg이 되는 원판에 지름 5cm의 구멍 8개가 뚫려 있다.

정답 ④

핵심이론 10 용존산소(DO ; Dissolved Oxygen)

① 적정법

㉠ 물속에 존재하는 용존산소를 측정하기 위하여 시료에 황산망간과 알칼리성 아이오딘화칼륨용액을 넣어 생기는 수산화제일망간이 시료 중의 용존산소에 의하여 산화되어 수산화제이망간으로 되고, 황산산성에서 용존산소량에 대응하는 아이오딘을 유리한다. 유리된 아이오딘을 티오황산나트륨으로 적정하여 용존산소의 양을 정량하는 방법이다.

㉡ 적용범위 : 지표수, 지하수, 폐수 등에 적용할 수 있으며, 정량한계는 0.1mg/L이다.

㉢ 시료의 전처리

- 시료의 착색, 현탁된 경우 : 칼륨명반용액 10mL와 암모니아수 1~2mL
- 황산구리-설퍼민산법(미생물 플록(Floc)이 형성된 경우) : 황산구리-설퍼민산용액 10mL
- 산화성 물질을 함유한 경우(잔류염소) : 알칼리성 아이오딘화칼륨-아자이드화나트륨용액 1mL와 황산 1mL를 넣은 후 마개를 닫는다. 시료를 넣은 병을 상·하를 바꾸어 가면서 약 1분간 흔들어 섞는다. 여기에 황산망간용액 1mL를 넣고 다시 상·하를 바꾸어 가면서 흔들어 섞은 다음 이 용액 200mL를 취하여 삼각플라스크에 옮기고 전분용액을 지시약으로 하여 티오황산나트륨용액(0.025M)으로 적정하고 그 측정값을 용존산소량의 측정값에 보정한다.
- 산화성 물질을 함유한 경우(Fe(Ⅲ)) : Fe(Ⅲ) 100~200mg/L가 함유되어 있는 시료의 경우, 황산을 첨가하기 전에 플루오린화칼륨용액 1mL를 가한다.

㉣ 용존산소 농도 산정방법

$$\text{용존산소(mg/L)} = a \times f \times \frac{V_1}{V_2} \times \frac{1,000}{V_1 - R} \times 0.2$$

- a : 적정에 소비된 티오황산나트륨용액(0.025M)의 양(mL)
- f : 티오황산나트륨(0.025M)의 인자(Factor)
- V_1 : 전체 시료의 양(mL)
- V_2 : 적정에 사용한 시료의 양(mL)
- R : 황산망간용액과 알칼리성 아이오딘화칼륨-아자이드화나트륨용액 첨가량(mL)

② 전극법

㉠ 물속에 존재하는 용존산소를 측정하기 위하여 시료 중의 용존산소가 격막을 통과하여 전극의 표면에서 산화, 환원반응을 일으키고 이때 산소의 농도에 비례하여 전류가 흐르게 되는데 이 전류량으로부터 용존산소량을 측정하는 방법이다.

㉡ 적용범위 : 지표수, 폐수 등에 적용할 수 있으며, 정량한계는 0.5mg/L이다. 특히 산화성 물질이 함유된 시료나 착색된 시료와 같이 윙클러-아자이드화나트륨변법을 적용할 수 없는 폐하수의 용존산소 측정에 유용하게 사용할 수 있다.

㉢ 정확도 : 수중의 용존산소를 윙클러-아자이드화나트륨변법으로 측정한 결과와 비교하여 산출한다. 4회 이상 측정하여 측정 평균값의 상대 백분율로서 나타내며 그 값이 95~105% 이내이어야 한다.

③ 광학식 센서방법

핵심예제

다음은 용존산소를 전극법으로 측정할 때 정확도에 관한 내용이다. 괄호 안에 내용으로 옳은 것은? [2012년 1회 기사]

> 수중의 용존산소를 윙클러-아자이드화나트륨변법으로 측정한 결과와 비교하여 산출한다. 4회 이상 측정하여 측정 평균값의 상대백분율로서 나타내며 그 값이 (　) 이내이어야 한다.

① 95~105%　② 90~110%
③ 80~120%　④ 75~125%

|해설|

정확도는 수중의 용존산소를 윙클러-아자이드화나트륨변법으로 측정한 결과와 비교하여 산출한다. 4회 이상 측정하여 측정 평균값의 상대 백분율로서 나타내며 그 값이 95~105% 이내이어야 한다.

정답 ①

핵심이론 11 화학적 산소요구량 (COD ; Chemical Oxygen Demand)

① 적정법-산성 과망간산칼륨법

㉠ 시료를 황산산성으로 하여 과망간산칼륨 일정과량을 넣고 30분간 수욕상에서 가열반응시킨 다음 소비된 과망간산칼륨량으로부터 이에 상당하는 산소의 양을 측정하는 방법이다.

㉡ 적용범위 : 지표수, 하수, 폐수 등에 적용하며, 염소이온농도가 2,000mg/L 미만인 시료(100mL)에 적용한다.

㉢ 간섭물질의 제거

- 염소이온은 과망간산에 의해 정량적으로 산화되어 양의 오차를 유발하므로 황산은을 첨가하여 염소이온의 간섭을 제거한다.
- 아질산염은 아질산성 질소 1mg당 1.1mg의 산소를 소모하여 COD값의 오차를 유발한다. 아질산염의 방해가 우려되면 아질산성 질소 1mg당 10mg의 설퍼민산을 넣어 간섭을 제거한다.

㉣ 정확도 : 75~125% 이내

㉤ 정밀도 : 상대표준편차(RSD)가 ±25% 이내

② 적정법-알칼리성 과망간산칼륨법

㉠ 시료를 알칼리성으로 하여 과망간산칼륨 일정과량을 넣고 60분간 수욕상에서 가열반응시키고 아이오딘화칼륨 및 황산을 넣어 남아있는 과망간산칼륨에 의하여 유리된 아이오딘의 양으로부터 산소의 양을 측정하는 방법이다.

㉡ 적용범위 : 염소이온농도(2,000mg/L 이상)가 높은 하수, 폐수 등에 적용한다.

㉢ 정확도 : 75~125% 이내

㉣ 정밀도 : 상대표준편차(RSD)가 ±25% 이내

③ 적정법-다이크롬산칼륨법

㉠ 시료를 황산산성으로 하여 다이크롬산칼륨 일정과량을 넣고 2시간 가열반응시킨 다음 소비된 다이크롬산칼륨의 양을 구하기 위해 환원되지 않고 남아있는 다이크롬산칼륨을 황산제일철암모늄용액으로 적정하여 시료에 의해 소비된 다이크롬산칼륨을 계산하고 이에 상당하는 산소의 양을 측정하는 방법이다.

㉡ 적용범위 : 지표수, 지하수, 폐수 등에 적용하며, COD 5~50mg/L의 낮은 농도범위를 갖는 시료에 적용한다. 따로 규정이 없는 한 해수를 제외한 모든 시료의 다이크롬산칼륨에 의한 화학적 산소요구량을 필요로 하는 경우에 이 방법에 따라 시험한다.

㉢ 간섭물질의 제거

- 염소이온은 다이크롬산에 의해 정량적으로 산화되어 양의 오차를 유발하므로 황산수은(Ⅱ)을 첨가하여 염소이온과 착물을 형성하도록 하여 간섭을 제거할 수 있다. 염소이온의 양이 40mg 이상 공존할 경우에는 $HgSO_4 : Cl^- = 10 : 1$의 비율로 황산수은(Ⅱ)의 첨가량을 늘린다.
- 아질산 이온(NO_2^-) 1mg으로 1.1mg의 산소(O_2)를 소비한다. 아질산 이온에 의한 방해를 제거하기 위해 시료에 존재하는 아질산성 질소(NO_2-N) mg당 설퍼민산 10mg을 첨가한다.

㉣ 정확도 : 75~125% 이내

㉤ 정밀도 : 상대표준편차(RSD)가 ±25% 이내

핵심예제

화학적 산소요구량(COD)을 적정법-산성 과망간산칼륨법으로 측정할 때 아질산염의 방해가 우려되는 경우, 간섭 제거방법으로 옳은 것은? [2012년 3회 기사]

① 아질산성 질소 1mg당 10mg의 황산은을 넣는다.
② 아질산성 질소 1mg당 10mg의 질산은을 넣는다.
③ 아질산성 질소 1mg당 10mg의 옥살산나트륨을 넣는다.
④ 아질산성 질소 1mg당 10mg의 설퍼민산을 넣는다.

|해설|

아질산염의 방해가 우려되면 아질산성 질소 1mg당 10mg의 설퍼민산을 넣어 간섭을 제거한다.

정답 ④

핵심이론 12 총유기탄소(TOC)

① **고온연소산화법** : 물속에 존재하는 총유기탄소를 측정하기 위하여 시료 적당량을 산화성 촉매로 충전된 고온의 연소기에 넣은 후에 연소를 통해서 수중의 유기탄소를 이산화탄소(CO_2)로 산화시켜 정량하는 방법이다. 정량방법은 무기성 탄소를 사전에 제거하여 측정하거나, 무기성 탄소를 측정한 후 총탄소에서 감하여 총유기탄소의 양을 구한다.

② **과황산 UV 및 과황산 열 산화법** : 물속에 존재하는 총유기탄소를 측정하기 위하여 시료에 과황산염을 넣어 자외선이나 가열로 수중의 유기탄소를 이산화탄소로 산화하여 정량하는 방법이다. 정량방법은 무기성 탄소를 사전에 제거하여 측정하거나, 무기성 탄소를 측정한 후 총탄소에서 감하여 총유기탄소의 양을 구한다.

③ **적용범위** : 지표수, 지하수, 폐수 등에 적용하며, 정량한계는 0.3mg/L로 한다.

④ **용어 정의**

㉠ 총유기탄소(TOC ; Total Organic Carbon) : 수중에서 유기적으로 결합된 탄소의 합을 말한다.

㉡ 총탄소(TC ; Total Carbon) : 수중에서 존재하는 유기적 또는 무기적으로 결합된 탄소의 합을 말한다.

㉢ 무기성 탄소(IC ; Inorganic Carbon) : 수중에 탄산염, 중탄산염, 용존 이산화탄소 등 무기적으로 결합된 탄소의 합을 말한다.

㉣ 용존성 유기탄소(DOC ; Dissolved Organic Carbon) : 총유기탄소 중 공극 0.45μm의 막 여지를 통과하는 유기탄소를 말한다.

㉤ 비정화성 유기탄소(NPOC ; Nonpurgeable Organic Carbon) : 총탄소 중 pH 2 이하에서 포기에 의해 정화(Purging)되지 않는 탄소를 말한다. 과거에는 비휘발성 유기탄소라고 구분하기도 하였다.

⑤ 분석기기

㉠ 고온연소산화법

- 산화부 : 시료를 산화코발트, 백금, 크롬산바륨과 같은 산화성 촉매로 충전된 550℃ 이상의 고온반응기에서 연소시켜 시료 중의 탄소를 이산화탄소로 전환하여 검출부로 운반한다.
- 검출부 : 비분산적외선분광분석법(NDIR ; Non-dispersive Infrared), 전기량적정법(Coulometric Titration Method) 또는 이와 동등한 검출 방법으로 측정한다.

㉡ 과황산 UV 및 과황산 열 산화법

- 산화부 : 시료에 과황산염을 넣은 상태에서 자외선이나 가열로 시료 중의 유기탄소를 이산화탄소로 산화시켜 검출부로 운반한다.
- 검출부 : 비분산적외선분광분석법(NDIR ; Non-dispersive Infrared), 전기량적정법(Coulometric Titration Method) 및 전도도법(Conductometry) 또는 이와 동등한 검출 방법으로 측정한다.

⑥ 결 과

㉠ 비정화성 유기탄소법으로 정량한 경우 :
총유기탄소(TOC) = 비정화성 유기탄소(NPOC)

㉡ 가감법으로 정량한 경우 :
총유기탄소(TOC) = 총탄소(TC) − 무기성 탄소(IC)

핵심이론 13 클로로필-a와 탁도

① 클로로필-a

㉠ 클로로필-a는 모든 조류에 존재하는 녹색 색소로써 유기물 건조량의 1~2%를 차지하고 있으며, 조류의 생물량을 평가하기 위한 유력한 지표이다.

㉡ 시험방법 : 아세톤(9 + 1) 용액을 이용하여 시료를 여과한 여과지로부터 클로로필 색소를 추출하고, 추출액의 흡광도를 663nm, 645nm, 630nm, 750nm에서 측정하여 클로로필-a양을 계산하는 방법이다.

② 탁 도

㉠ 탁도계를 이용하여 물의 흐림 정도를 측정하는 방법이다.

㉡ 간섭물질

- 파편과 입자가 큰 침전이 존재하는 시료를 빠르게 침전시킬 경우, 탁도값이 낮게 측정된다.
- 시료 속의 거품은 빛을 산란시키고, 높은 측정값을 나타낸다. 따라서 시료 분취 시 거품 생성을 방지하고 시료를 셀의 벽을 따라 부어야 한다.
- 물에 색깔이 있는 시료는 색이 빛을 흡수하기 때문에 잠재적으로 측정값이 낮게 분석된다.

㉢ 단위 : NTU(Nephelometric Turbidity Unit)

㉣ 정확도 : 75~125% 이내

㉤ 정밀도 : 상대표준편차(RSD) ± 25% 이내

핵심예제

클로로필-a 측정 시 클로로필 색소를 추출하는 데 사용되는 용액은? [2012년 2회 산업기사]

① 아세톤(1 + 9) 용액 ② 아세톤(9 + 1) 용액
③ 에틸알코올(1 + 9) 용액 ④ 에틸알코올(9 + 1) 용액

|해설|

아세톤 용액(9 + 1)을 이용하여 시료를 여과한 여과지로부터 클로로필 색소를 추출한다.

정답 ②

제4절 | 항목별 시험방법-이온류

핵심이론 01 플루오린화합물

플루오린	정량한계(mg/L)	정밀도(%RSD)
자외선/가시선 분광법	0.15	±25% 이내
이온전극법	0.1	±25% 이내
이온크로마토그래피	0.05	±25% 이내

① 자외선/가시선 분광법

㉠ 시료에 넣은 란탄알리자린 콤프렉손의 착화합물이 플루오린이온과 반응하여 생성하는 청색의 복합 착화합물의 흡광도를 620nm에서 측정하는 방법이다.

㉡ 간섭물질 : 알루미늄 및 철의 방해가 크나 증류하면 영향이 없다.

㉢ 전처리 : 직접증류법, 수증기증류법

② 이온전극법 : 시료에 이온강도 조절용 완충용액을 넣어 pH 5.0~5.5로 조절하고 플루오린이온 전극과 비교전극을 사용하여 전위를 측정하고 그 전위차로부터 플루오린을 정량하는 방법이다.

③ 이온크로마토그래피 : 지하수, 지표수, 폐수 등을 이온교환 칼럼에 고압으로 전개시켜 분리되는 플루오린이온을 분석하는 방법이다. 물속에 존재하는 플루오린이온(F^-)의 정성 및 정량분석방법이다.

핵심예제

자외선/가시선 분광법을 적용한 플루오린 측정에 관한 설명으로 틀린 것은? [2013년 1회 산업기사]

① 란탄알리자린 콤프렉손의 착화합물이 플루오린이온과 반응 생성하는 청색의 복합 착화합물의 흡광도를 620nm에서 측정한다.
② 정량한계는 0.03mg/L이다.
③ 알루미늄 및 철의 방해가 크나 증류하면 영향이 없다.
④ 전처리법으로 직접증류법과 수증기증류법이 있다.

|해설|

자외선/가시선 분광법을 적용한 플루오린 측정방법의 정량한계는 0.15mg/L이다.

정답 ②

핵심이론 02 염소이온

염소이온	정량한계(mg/L)	정밀도(%RSD)
이온크로마토그래피	0.1	±25% 이내
적정법	0.7	±25% 이내
이온전극법	5	±25% 이내

① **이온크로마토그래피** : 지표수, 폐수 등을 이온교환 칼럼에 고압으로 전개시켜 분리되는 염소이온을 분석하는 방법이다.

② **적정법**

㉠ 염소이온을 질산은과 정량적으로 반응시킨 다음 과잉의 질산은이 크롬산과 반응하여 크롬산은의 침전으로 나타나는 점을 적정의 종말점으로 하여 염소이온의 농도를 측정하는 방법이다.

㉡ 적용범위 : 비교적 분해되기 쉬운 유기물을 함유하고 있거나 자외부에서 흡광도를 나타내는 브롬이온이나 크롬을 함유하지 않는 시료에 적용된다.

㉢ 간섭물질 : 브롬화물이온, 아이오딘화물이온, 시안화물이온 등이 공존하면 염화물 이온으로 정량된다. 아황산이온, 티오황산이온, 황산이온도 방해하지만 과황산수소로 산화시키면 방해되지 않는다.

③ **이온전극법** : 시료에 아세트산염 완충용액을 가해 pH를 약 5로 조절하고, 전극과 비교전극을 사용하여 전위를 측정하고 그 전위차로부터 정량하는 방법이다.

핵심예제

적정법으로 염소이온을 측정할 때 정량한계로 옳은 것은?

[2013년 3회 기사]

① 0.1mg/L ② 0.3mg/L
③ 0.5mg/L ④ 0.7mg/L

|해설|

염소이온 적정법의 정량한계는 0.7mg/L 이상이다.

정답 ④

핵심이론 03 총질소

총질소	정량한계(mg/L)	정밀도(%RSD)
자외선/가시선 분광법 (산화법)	0.1	±25% 이내
자외선/가시선 분광법 (카드뮴-구리 환원법)	0.004	±25% 이내
자외선/가시선 분광법 (환원증류-킬달법)	0.02	±25% 이내
연속흐름법	0.06	±25% 이내

① **자외선/가시선 분광법(산화법)** : 시료 중 모든 질소화합물을 알칼리성 과황산칼륨을 사용하여 120℃ 부근에서 유기물과 함께 분해하여 질산이온으로 산화시킨 후 산성상태로 하여 흡광도를 220nm에서 측정하여 총질소를 정량하는 방법이다.

㉠ 적용범위 : 비교적 분해되기 쉬운 유기물을 함유하고 있거나 자외부에서 흡광도를 나타내는 브롬이온이나 크롬을 함유하지 않는 시료에 적용된다.

㉡ 간섭물질 : 자외부에서 흡광도를 나타내는 모든 물질이 분석을 방해할 수 있으며 특히, 브롬이온 농도 10mg/L, 크롬 농도 0.1mg/L 정도에서 영향을 받으며 해수와 같은 시료에는 적용할 수 없다.

② **자외선/가시선 분광법(카드뮴-구리 환원법)** : 시료 중의 질소화합물을 알칼리성 과황산칼륨의 존재하에 120℃에서 유기물과 함께 분해하여 질산이온으로 산화시킨 다음 산화된 질산이온을 다시 카드뮴-구리환원 칼럼을 통과시켜 아질산이온으로 환원시키고 아질산성 질소의 양을 구하여 총질소로 환산하는 방법이다.

㉠ 산업폐수 등 매우 혼탁한 시료나 오염이 많이 된 하천, 호소수를 사용할 경우 초음파 균질화기 등을 사용하여 시료 중의 입자를 잘게 부순 후 분석하여야 한다.

㉡ 시료가 착색된 경우 흡광도에 영향을 주어 분석결과에 영향을 미친다.

㉢ 시료의 pH가 5~9의 범위를 초과하면 발색에 영향을 받으므로 염산(2%) 또는 수산화나트륨용액(2%)으로 pH를 조절하여야 한다.

③ 자외선/가시선 분광법(환원증류-킬달법) : 시료에 데발다합금을 넣고 알칼리성에서 증류하여 시료 중의 무기질소를 암모니아로 환원 유출시키고, 다시 잔류 시료 중의 유기질소를 킬달 분해한 다음 증류하여 암모니아로 유출시켜 각각의 암모니아성 질소의 양을 구하고 이들을 합하여 총질소를 정량하는 방법이다.

㉠ 시료 중에 잔류염소가 존재하면 정량을 방해하므로 시료를 증류하기 전에 아황산나트륨 용액을 넣어 잔류염소를 제거한다. 이 용액 1mL는 0.5mg/L의 잔류염소를 제거할 수 있다.

㉡ 시료 중에 칼슘이온(Ca^{2+})이나 마그네슘이온(Mg^{2+})이 다량 존재하면 발색 시 침전물이 형성되어 흡광도 측정에 영향을 주므로 발색된 시료를 원심분리한 다음 상층액을 취하여 흡광도를 측정하거나 미리 전처리를 통해 방해이온을 제거한다.

④ **연속흐름법** : 시료 중 모든 질소화합물을 산화분해하여 질산성 질소(NO_3^-) 형태로 변화시킨 다음 카드뮴-구리환원 칼럼을 통과시켜 아질산성 질소의 양을 550nm 또는 기기에서 정해진 파장에서 측정하는 방법이다.

㉠ 산업폐수 등 매우 혼탁한 시료나 오염이 많이 된 하천, 호소수를 사용할 경우 초음파 균질화기를 사용하여 분석 라인의 오염 또는 막힘을 예방할 수 있다.

㉡ 고농도로 오염된 시료의 사용으로 분석 라인의 오염이 발생할 수 있으므로 시료를 분석범위 내로 희석하여 사용하여야 한다.

㉢ 카드뮴-구리 환원법을 사용할 경우 착색된 시료는 흡광도에 영향을 주어 분석결과에 영향을 미칠 수 있으며, 시료의 pH가 5~9의 범위를 초과하면 발색에 영향을 받으므로 염산용액(2%) 또는 수산화나트륨용액(2%)으로 pH를 조절하여야 한다.

핵심예제

다음은 총질소-연속흐름법 측정에 관한 내용이다. 괄호 안에 내용으로 옳은 것은? [2013년 2회 기사]

시료 중 모든 질소화합물을 산화분해하여 질산성 질소 형태로 변화시킨 다음, (   )을 통과시켜 아질산성 질소의 양을 550nm 또는 기기에서 정해진 파장에서 측정하는 방법이다.

① 수산화나트륨(0.025N)용액 칼럼
② 무수황산나트륨 환원 칼럼
③ 환원증류·킬달 칼럼
④ 카드뮴-구리환원 칼럼

|해설|

총질소-연속흐름법

시료 중 모든 질소화합물을 산화, 분해하여 질산성 질소 형태로 변화시킨 다음, 카드뮴 - 구리환원 칼럼을 통과시켜 아질산성 질소의 양을 550nm 또는 기기에서 정해진 파장에서 측정하는 방법이다.

정답 ④

핵심이론 04 암모니아성 질소

암모니아성 질소	정량한계(mg/L)	정밀도(%RSD)
자외선/가시선 분광법	0.01	±25% 이내
이온전극법	0.08	±25% 이내
적정법	1	±25% 이내

① **자외선/가시선 분광법(인도페놀법)** : 암모늄이온이 하이포염소산의 존재하에서 페놀과 반응하여 생성하는 인도페놀의 청색을 630nm에서 측정하는 방법이다.

② **이온전극법**

㉠ 시료에 수산화나트륨을 넣어 pH 11~13으로 하여 암모늄이온을 암모니아로 변화시킨 다음 암모니아 이온전극을 이용하여 암모니아성 질소를 정량하는 방법이다.

㉡ 간섭물질 제거

- 아민은 측정값이 높아지는 간섭현상을 일으키며, 이와 같은 영향은 산성화에 의해서 더 커질 수 있다.
- 수은과 은은 암모니아와 결합함으로써 측정값을 축소하는 간섭현상을 일으키며, NaOH/EDTA용액을 사용하여 제거할 수 있다.
- 고농도의 용존 이온은 측정에 영향을 줄 수 있지만, 색도와 탁도는 영향을 주지 않는다.

③ **적정법** : 시료를 증류하여 유출되는 암모니아를 황산용액에 흡수시키고 수산화나트륨 용액으로 잔류하는 황산을 적정하여 암모니아성 질소를 정량하는 방법이다.

핵심예제

암모니아성 질소를 자외선/가시선 분광법으로 측정하고자 할 때의 측정파장 (㉠)과 이온전극법으로 측정하고자 할 때 암모늄 이온을 암모니아로 변화시킬 때의 시료의 pH범위 (㉡)로 옳은 것은? [2011년 2회 기사]

① ㉠ 630nm, ㉡ 4~6　　② ㉠ 540nm, ㉡ 4~6
③ ㉠ 630nm, ㉡ 11~13　　④ ㉠ 540nm, ㉡ 11~13

|해설|

- 자외선/가시선 분광법 : 인도페놀의 청색을 630nm에서 측정하는 방법
- 이온전극법 : 시료의 pH를 11~13으로 하여 암모늄이온을 암모니아로 변화시킨 다음 암모니아성 질소를 정량하는 방법

정답 ③

핵심이론 05 질산성 질소

질산성 질소	정량한계(mg/L)	정밀도(%RSD)
이온크로마토그래피	0.1	±25% 이내
자외선/가시선 분광법 (부루신법)	0.1	±25% 이내
자외선/가시선 분광법 (활성탄흡착법)	0.3	±25% 이내
데발다합금 환원증류법	중화적정법 : 0.5 분광법 : 0.1	±25% 이내

① **이온크로마토그래피** : 지표수, 폐수 등을 이온교환 칼럼에 고압으로 전개시켜 분리되는 질산성 이온을 분석하는 방법이다. 물속에 존재하는 질산성 이온(NO_3^-)의 정성 및 정량분석방법이다.

② **자외선/가시선 분광법**

㉠ 부루신법 : 황산산성(13N H_2SO_4 용액, 100℃)에서 질산이온이 부루신과 반응하여 생성된 황색화합물의 흡광도를 410nm에서 측정하여 질산성 질소를 정량하는 방법이다.

- 용존 유기물질이 황산산성에서 착색이 선명하지 않을 수 있으며 이때 부루신설퍼닐산을 제외한 모든 시약을 추가로 첨가하여야 하며, 용존 유기물이 아닌 자연 착색이 존재할 때에도 적용된다.
- 바닷물과 같이 염분이 높은 경우, 바탕시료와 표준용액에 염화나트륨용액(30%)을 첨가하여 염분의 영향을 제거한다.
- 모든 강산화제 및 환원제는 방해를 일으킨다. 산화제의 존재 여부는 잔류염소측정기로 알 수 있다.
- 잔류염소는 이산화비소산나트륨으로 제거할 수 있다.
- 제1철, 제2철 및 4가망간은 약간의 방해를 일으키나 1mg/L 이하의 농도에서는 무시해도 된다.
- 전처리 : 시료의 pH를 아세트산 또는 수산화나트륨을 이용하며 약 7로 조절한다. 탁도가 있는 경우에는 여과한다.

㉡ 활성탄흡착법 : pH 12 이상의 알칼리성에서 유기물질을 활성탄으로 흡착한 다음 혼합 산성액으로 산성으로 하여 아질산염을 은폐시키고 질산성 질소의 흡광도를 215nm에서 측정하는 방법이다.

- 혼합산성용액 : 황산(Sulfuric Acid, H_2SO_4, 분자량 : 98.08, 비중 : 1.84, 함량 : 95% 이상) 17mL를 정제수 400mL에 천천히 넣어 방랭하고 설퍼민산(Sulfamic Acid, $HOSO_2 \cdot NH_2$) 30g을 넣어 녹이고 물에 녹여 500mL로 한다. 갈색 유리병에 보관하고 2개월 안에 사용한다.
- 전처리 : 탁도가 있는 경우에는 여과한다.

③ **데발다합금 환원증류법** : 아질산성 질소를 설퍼민산으로 분해 제거하고 암모니아성 질소 및 일부 분해되기 쉬운 유기질소를 알칼리성에서 증류제거한 다음 데발다합금으로 질산성 질소를 암모니아성 질소로 환원하여 이를 암모니아성 질소 시험방법에 따라 시험하고 질산성 질소의 농도를 환산하는 방법이다.

핵심예제

다음 중 질산성 질소의 측정방법이 아닌 것은?

[2013년 3회 기사]

① 이온크로마토그래피
② 자외선/가시선 분광법-부루신법
③ 자외선/가시선 분광법-활성탄흡착법
④ 자외선/가시선 분광법-데발다합금·킬달법

|해설|

질산성 질소의 측정방법은 이온크로마토그래피, 자외선/가시선 분광법(부루신법), 자외선/가시선 분광법(활성탄흡착법), 데발다합금환원증류법이 있다.

정답 ④

핵심이론 06 인산염인

인산염인	정량한계(mg/L)	정밀도(%RSD)
자외선/가시선 분광법 (이염화주석환원법)	0.003	±25% 이내
자외선/가시선 분광법 (아스코르브산환원법)	0.003	±25% 이내
이온크로마토그래피	0.1	±25% 이내

① **자외선/가시선 분광법(이염화주석환원법)** : 시료 중의 인산염인이 몰리브덴산 암모늄과 반응하여 생성된 몰리브덴산인 암모늄을 이염화주석으로 환원하여 생성된 몰리브덴 청의 흡광도를 690nm에서 측정하는 방법이다.

② **자외선/가시선 분광법(아스코르브산환원법)** : 몰리브덴산암모늄과 반응하여 생성된 몰리브덴산인암모늄을 아스코르브산으로 환원하여 생성된 몰리브덴산 청의 흡광도를 880nm에서 측정하여 인산염인을 정량하는 방법이다.

③ **이온크로마토그래피** : 지표수, 폐수 등을 이온교환 칼럼에 고압으로 전개시켜 분리되는 인산염인을 분석하는 방법으로 물속에 존재하는 인산이온(PO_4^-)의 정성 및 정량분석방법이다.

핵심예제

인산염인을 측정하기 위해 적용 가능한 시험방법과 가장 거리가 먼 것은?(단, 공정시험기준 기준) [2013년 2회 기사]

① 자외선/가시선 분광법(이염화주석환원법)
② 자외선/가시선 분광법(아스코르브산환원법)
③ 자외선/가시선 분광법(부르신환원법)
④ 이온크로마토그래피

정답 ③

핵심이론 07 시 안

시 안	정량한계(mg/L)	정밀도(%RSD)
자외선/가시선 분광법	0.01	±25% 이내
이온전극법	0.1	±25% 이내
연속흐름법	0.01	±25% 이내

① **자외선/가시선 분광법**

㉠ 물속에 존재하는 시안을 측정하기 위하여 시료를 pH 2 이하의 산성에서 가열 증류하여 시안화물 및 시안착화합물의 대부분을 시안화수소로 유출시켜 포집한 다음 포집된 시안이온을 중화하고 클로라민-T를 넣어 생성된 염화시안이 피리딘-피라졸론 등의 발색시약과 반응하여 나타나는 청색을 620nm에서 측정하는 방법이며 각 시안화합물의 종류를 구분하여 정량할 수 없다.

㉡ 간섭물질 제거

- 다량의 유지류가 함유된 시료는 아세트산 또는 수산화나트륨 용액으로 pH 6~7로 조절하고 시료의 약 2%에 해당하는 노말헥산 또는 클로로폼을 넣어 짧은 시간동안 흔들어 섞고 수층을 분리하여 시료를 취한다.
- 황화합물이 함유된 시료는 아세트산아연용액(10%) 2mL를 넣어 제거한다. 이 용액 1mL는 황화물이온 약 14mg에 대응한다.

② **이온전극법** : 지표수, 폐수 등에 존재하는 시안을 측정하기 위하여 pH 12~13의 알칼리성에서 시안이온전극과 비교전극을 사용하여 전위를 측정하고 그 전위차로부터 시안을 정량하는 방법이다.

③ **연속흐름법**

㉠ 시료를 산성상태에서 가열 증류하여 시안화물 및 시안착화합물의 대부분을 시안화수소로 유출시켜 포집한 다음 포집된 시안이온을 중화하고 클로라민-T를 넣어 생성된 염화시안이 발색시약과 반응하여 나타나는 청색을 620nm 또는 기기에 따라 정해진 파장에서 분석하는 시험방법이다.

㉡ 간섭물질 제거

- 고농도(60mg/L 이상)의 황화물(Sulfide)은 측정과정에서 오차를 유발하므로 전처리를 통해 제거한다.
- 황화시안이 존재하면 분석 시 양의 오차를 유발한다.
- 고농도의 염(10g/L 이상)은 증류 시 증류코일을 차폐하여 음의 오차를 일으키므로 증류 전에 희석을 한다.
- 알데하이드는 시안을 시아노하이드린으로 변화시키고 증류 시 아질산염으로 전환시키므로 증류 전에 질산은을 첨가하여 제거한다. 단, 이 작업은 총시안/유리시안의 비율을 변화시킬 수 있으므로 이를 고려하여야 한다.

핵심예제

다음은 시안(자외선/가시선 분광법) 측정에 관한 내용이다. 괄호 안에 내용으로 옳은 것은? [2013년 2회 기사]

> 물속에 존재하는 시안을 측정하기 위하여 시료를 pH 2 이하의 산성에서 가열 증류하여 시안화물 및 시안착화합물의 대부분을 시안화수소로 유출시켜 포집한 다음, 포집된 시안이온을 중화하고 ( )을(를) 넣어 생성된 염화시안이 피리딘-피라졸론 등의 발색 시약과 반응하여 나타나는 청색을 620nm에서 측정하는 방법이다.

① 클로라민-T
② 설퍼민 아마이드산
③ 염화제이철
④ 하이포염소산

|해설|

포집된 시안이온을 중화하고 클로라민-T를 넣어 생성된 염화시안이 피리딘-피라졸론 등의 발색시약과 반응하여 나타나는 흡광도를 측정한다.

정답 ①

핵심이론 08 총 인

총 인	정량한계(mg/L)	정밀도(%RSD)
자외선/가시선 분광법	0.005	±25% 이내
연속흐름법	0.003	±25% 이내

① **자외선/가시선 분광법** : 물속에 존재하는 총인을 측정하기 위하여 유기물화합물 형태의 인을 산화 분해하여 모든 인 화합물을 인산염(PO_4^{3-}) 형태로 변화시킨 다음 몰리브덴산암모늄과 반응하여 생성된 몰리브덴산인암모늄을 아스코르브산으로 환원하여 생성된 몰리브덴산의 흡광도를 880nm에서 측정하여 총인의 양을 정량하는 방법이다.

② **연속흐름법** : 시료 중 유기물화합물 형태의 인을 산화 분해하여 모든 인화합물을 인산염(PO_4^{3-}) 형태로 변화시킨 다음 몰리브덴산암모늄과 반응하여 생성된 몰리브덴산암모늄을 아스코르브산으로 환원하여 생성된 몰리브덴산 등의 흡광도를 880nm 또는 기기의 정해진 파장에서 측정하여 총인의 양을 분석하는 방법이다.

핵심예제

총인을 자외선/가시선 분광법으로 분석할 때 측정파장으로 옳은 것은? [2011년 3회 산업기사]

① 460nm
② 540nm
③ 620nm
④ 880nm

|해설|

총인의 경우 880nm에서 흡광도를 측정하며 880nm에서 측정이 불가능할 경우에는 710nm에서 측정한다.

정답 ④

핵심이론 09 음이온 계면활성제

음이온 계면활성제	정량한계(mg/L)	정밀도(%RSD)
자외선/가시선 분광법	0.02	±25% 이내
연속흐름법	0.09	±25% 이내

① **자외선/가시선 분광법** : 물속에 존재하는 음이온 계면활성제를 측정하기 위하여 메틸렌블루와 반응시켜 생성된 청색의 착화합물을 클로로폼으로 추출하여 흡광도를 650nm에서 측정하는 방법이다.

㉠ 시료 중의 계면활성제를 종류별로 구분하여 측정할 수 없다.

㉡ 약 1,000mg/L 이상의 염소이온 농도에서 양의 간섭을 나타내며 따라서 염분농도가 높은 시료의 분석에는 사용할 수 없다.

㉢ 양이온 계면활성제 혹은 아민과 같은 양이온 물질이 존재할 경우 음의 오차가 발생할 수 있다.

② **연속흐름법** : 물속에 존재하는 음이온 계면활성제가 메틸렌블루와 반응하여 생성된 청색의 착화합물을 클로로폼 등으로 추출하여 650nm 또는 기기의 정해진 흡수파장에서 흡광도를 측정하는 방법이다.

㉠ 메틸렌블루에 활성을 가지는 계면활성제의 총량 측정에 사용할 수 있으며, 모든 계면활성제를 종류별로 구분하여 측정할 수는 없다.

㉡ 해수와 같이 염도가 높은 시료의 계면활성제 측정에는 적용할 수 없다.

핵심예제

음이온 계면활성제를 자외선/가시선 분광법으로 측정할 때 사용되는 시약으로 옳은 것은? [2013년 3회 기사]

① 메틸레드　　② 메틸오렌지
③ 메틸렌블루　　④ 메틸렌옐로

|해설|

음이온 계면활성제 자외선/가시선 분광법은 음이온 계면활성제와 메틸렌블루를 반응시켜 생성된 청색의 착화합물을 클로로폼으로 추출하여 흡광도를 650nm에서 측정하는 방법이다.

정답 ③

핵심이론 10 페놀류

페놀 및 그 화합물	정량한계(mg/L)	정밀도(%RSD)
자외선/가시선 분광법	추출법 : 0.005 직접법 : 0.05	±25% 이내
연속흐름법	0.007	±25% 이내

① **자외선/가시선 분광법** : 증류한 시료에 염화암모늄-암모니아 완충용액을 넣어 pH 10으로 조절한 다음 4-아미노안티피린과 헥사시안화철(Ⅱ)산칼륨을 넣어 생성된 붉은색의 안티피린계 색소의 흡광도를 측정하는 방법으로 수용액에서는 510nm, 클로로폼용액에서는 460nm에서 측정한다.

㉠ 적용범위 : 지표수, 폐수 등에 적용할 수 있으며 시료 중의 페놀을 종류별로 구분하여 정량할 수는 없다.

㉡ 간섭물질

- 황화합물의 간섭을 받을 수 있는데 이는 인산(H_3PO_4)을 사용하여 pH 4로 산성화하여 교반하면 황화수소(H_2S)나 이산화황(SO_2)으로 제거할 수 있다. 황산구리($CuSO_4$)를 첨가하여 제거할 수도 있다.
- 오일과 타르 성분은 수산화나트륨을 사용하여 시료의 pH를 12~12.5로 조절한 후 클로로폼(50mL)으로 용매 추출하여 제거할 수 있다. 시료 중에 남아있는 클로로폼은 항온 물중탕으로 가열시켜 제거한다.

② **연속흐름법** : 물속에 존재하는 페놀 및 그 화합물을 분석하기 위하여 증류한 시료에 염화암모늄-암모니아 완충용액을 넣어 pH 10으로 조절한 다음 4-아미노안티피린과 헥사시안화철(Ⅱ)산칼륨을 넣어 생성된 붉은색의 안티피린계 색소의 흡광도를 510nm 또는 기기에서 정해진 파장에서 측정하는 방법이다.

핵심예제

10-1. 다음은 자외선/가시선 분광법을 적용하여 페놀류를 측정할 때 간섭물질에 관한 설명이다. 괄호 안에 옳은 내용은?

[2013년 3회 기사]

> 황화합물의 간섭을 받을 수 있는데 이는 ( )을 사용하여 pH 4로 산성화하여 교반하면 황화수소, 이산화황으로 제거할 수 있다.

① 염 산 ② 질 산
③ 인 산 ④ 과염소산

10-2. 페놀류-자외선/가시선 분광법 측정 시 정량한계에 관한 내용으로 옳은 것은?

[2013년 3회 산업기사]

① 클로로폼추출법 : 0.003mg/L, 직접측정법 : 0.03mg/L
② 클로로폼추출법 : 0.03mg/L, 직접측정법 : 0.003mg/L
③ 클로로폼추출법 : 0.005mg/L, 직접측정법 : 0.05mg/L
④ 클로로폼추출법 : 0.05mg/L, 직접측정법 : 0.005mg/L

|해설|

10-1
페놀류-자외선/가시선 분광법에서 간섭요소인 황화합물이 존재 시 인산(H_3PO_4)을 사용하여 pH 4로 산성화하여 교반하면 황화수소(H_2S)나 이산화황(SO_2)으로 제거할 수 있다.

10-2
페놀류-자외선/가시선 분광법 측정 시 클로로폼추출법의 정량한계는 0.005mg/L, 직접법은 0.05mg/L이다.

정답 10-1 ③ 10-2 ③

제5절 | 항목별 시험방법-금속류

핵심이론 01 구 리

구 리	정량한계(mg/L)	정밀도(%RSD)
원자흡수분광광도법	0.008	±25% 이내
자외선/가시선 분광법	0.01	±25% 이내
유도결합플라스마-원자발광분광법	0.006	±25% 이내
유도결합플라스마-질량분석법	0.002	±25% 이내

① **원자흡수분광광도법** : 물속에 존재하는 구리를 측정하는 방법으로, 시료를 산분해법, 용매추출법으로 전처리 후 시료를 직접 불꽃으로 주입하여 원자화한 후 원자흡수분광광도법에 따라 측정한다.

② **자외선/가시선 분광법** : 물속에 존재하는 구리이온이 알칼리성에서 다이에틸다이티오카르바민산나트륨과 반응하여 생성하는 황갈색의 킬레이트 화합물을 아세트산부틸로 추출하여 흡광도를 440nm에서 측정하는 방법이다.

③ **유도결합플라스마-원자발광분광법** : 물속에 존재하는 구리를 측정하는 방법으로, 시료를 산분해법, 용매추출법으로 전처리 후 시료를 플라스마에 주입하여 방출하는 발광선 및 발광강도를 측정하는 방법이다.

④ **유도결합플라스마-질량분석법** : 시료를 산분해법, 용매추출법으로 전처리 후 시료를 고온 플라스마에 분사시켜 이온화된 원소를 진공상태에서 질량 대 전하비(m/z)에 따라 분리하는 방법이다.

핵심예제

자외선/가시선 분광법(다이에틸다이티오카르바민산법)으로 측정하는 항목은? [2010년 1회 기사]

① 구 리 ② 아 연
③ 크 롬 ④ 시 안

|해설|

구리이온이 알칼리성에서 다이에틸다이티오카르바민산나트륨과 반응하여 생성하는 황갈색의 킬레이트 화합물을 아세트산부틸로 추출하여 흡광도를 440nm에서 측정하는 방법이다.

정답 ①

핵심이론 02 납

납	정량한계(mg/L)	정밀도(%RSD)
원자흡수분광광도법	0.04	±25% 이내
자외선/가시선 분광법	0.004	±25% 이내
유도결합플라스마 –원자발광분광법	0.04	±25% 이내
유도결합플라스마 –질량분석법	0.002	±25% 이내
양극벗김전압전류법	0.0001	±20% 이내

① **원자흡수분광광도법** : 시료를 직접 불꽃으로 주입하여 원자화한 후 원자흡수분광광도법에 따라 측정한다.

② **자외선/가시선 분광법** : 납 이온이 시안화칼륨 공존하에 알칼리성에서 디티존과 반응하여 생성하는 납 디티존착염을 사염화탄소로 추출하고 과잉의 디티존을 시안화칼륨 용액으로 씻은 다음 납착염의 흡광도를 520nm에서 측정하는 방법이다.

③ **유도결합플라스마–원자발광분광법** : 시료를 플라스마에 주입하여 방출하는 발광선 및 발광강도를 측정하는 방법이다.

④ **유도결합플라스마–질량분석법** : 시료를 고온 플라스마에 분사시켜 이온화된 원소를 진공상태에서 질량 대 전하비(m/z)에 따라 분리하는 방법이다.

⑤ **양극벗김전압전류법** : 자유이온화된 납을 유리탄소전극에 수은막(Mercury Film)을 입힌 전극에 의한 은/염화은 전극에 대해 –1,000mV 전위차에서 작용전극에 농축시킨 다음 이를 양극벗김전압전류법으로 분석하는 방법이다.

핵심예제

납에 적용 가능한 시험방법으로 옳지 않은 것은?(단, 수질오염공정시험기준 기준) [2012년 3회 산업기사]

① 유도결합플라스마 – 원자발광분광법
② 원자형광법
③ 양극벗김전압전류법
④ 유도결합플라스마 – 질량분석법

|해설|

② 원자형광법은 수은 냉증기 시험방법이다.

정답 ②

핵심이론 03 크 롬

크 롬	정량한계(mg/L)	정밀도(%RSD)
원자흡수분광광도법	산처리법 : 0.01 용매추출법 : 0.001	±25% 이내
자외선/가시선 분광법	0.04	±25% 이내
유도결합플라스마 –원자발광분광법	0.007	±25% 이내
유도결합플라스마 –질량분석법	0.0002	±25% 이내

① **원자흡수분광광도법** : 시료를 산분해하거나 용매추출하여 시료를 직접 불꽃으로 주입하여 원자흡수분광광도계로 분석하는 방법이며, 크롬은 공기–아세틸렌 불꽃에 주입하여 분석하며 357.9nm에서 측정한다.

② **자외선/가시선 분광법** : 3가크롬은 과망간산칼륨을 첨가하여 크롬으로 산화시킨 후, 산성 용액에서 다이페닐카바자이드와 반응하여 생성하는 적자색 착화합물의 흡광도를 540nm에서 측정한다.

③ **유도결합플라스마–원자발광분광법** : 시료를 플라스마에 주입하여 방출하는 발광선 및 발광강도를 측정하는 방법이다.

④ **유도결합플라스마–질량분석법** : 시료를 산분해법, 용매추출법으로 전처리 후 시료를 고온 플라스마에 분사시켜 이온화된 원소를 진공상태에서 질량 대 전하비(m/z)에 따라 분리하는 방법이다.

핵심예제

다음은 크롬 분석에 관한 내용이다. 괄호 안에 옳은 내용은? (단, 크롬-자외선/가시선 분광법 기준)

> 물속에 존재하는 크롬을 자외선/가시선 분광법으로 측정할 때 3가크롬은 (   )을/를 첨가하여 크롬으로 산화시킨다.

① 과망간산칼륨　② 염화제일주석
③ 과염소산나트륨　④ 사염화탄소

|해설|

3가크롬은 과망간산칼륨을 첨가하여 크롬으로 산화시킨 후, 산성 용액에서 다이페닐카바자이드와 반응하여 생성하는 적자색 착화합물의 흡광도를 540nm에서 측정한다.

정답 ①

핵심이론 04 6가크롬

6가크롬	정량한계(mg/L)	정밀도(%RSD)
원자흡수분광광도법	0.01	±25% 이내
자외선/가시선 분광법	0.04	±25% 이내
유도결합플라스마-원자발광분광법	0.007	±25% 이내

① **원자흡수분광광도법** : 6가크롬을 피로리딘 다이티오카르바민산 착물로 만들어 메틸아이소부틸케톤으로 추출한 다음 원자흡수분광광도계로 흡광도를 측정하여 6가크롬의 농도를 구하는 것이 목적이다. 최종 분석시료는 불꽃에 분무하여 원자화되는 크롬 원소가 그 원자증기층을 투과하는 빛을 흡수하는 흡수 정도를 시료에 포함된 크롬의 농도로 환산한다.

② **자외선/가시선 분광법** : 산성 용액에서 다이페닐카바자이드와 반응하여 생성하는 적자색 착화합물의 흡광도를 540nm에서 측정한다.

③ **유도결합플라스마-원자발광분광법** : 시료를 용매추출법으로 전처리 후 시료를 플라스마에 주입하여 방출하는 발광선 및 발광강도를 측정하는 방법이다.

핵심예제

6가크롬(Cr^{6+})의 측정방법과 가장 거리가 먼 것은?(단, 수질오염공정시험기준 기준) [2015년 2회 산업기사]

① 원자흡수분광광도법
② 양극벗김전압전류법
③ 자외선/가시선 분광법
④ 유도결합플라스마-원자발광분광법

|해설|

② 양극벗김전압전류법으로 측정하는 금속류에는 납, 비소, 수은, 아연 등이 있다.

정답 ②

핵심이론 05 아 연

아 연	정량한계(mg/L)	정밀도(%RSD)
원자흡수분광광도법	0.002	±25% 이내
자외선/가시선 분광법	0.010	±25% 이내
유도결합플라스마 -원자발광분광법	0.002	±25% 이내
유도결합플라스마 -질량분석법	0.006	±25% 이내
양극벗김전압전류법	0.0001	±20% 이내

① **원자흡수분광광도법** : 시료를 산분해법, 용매추출법으로 전처리 후 원자흡수분광광도법에 따라 측정한다.

② **자외선/가시선 분광법** : 아연이온이 pH 약 9에서 진콘과 반응하여 생성하는 청색 킬레이트 화합물의 흡광도를 620nm에서 측정하는 방법이다.

③ **유도결합플라스마-원자발광분광법** : 시료를 산분해법, 용매추출법으로 전처리 후 시료를 플라스마에 주입하여 방출하는 발광선 및 발광강도를 측정하는 방법이다.

④ **유도결합플라스마-질량분석법** : 시료를 고온 플라스마에 분사시켜 이온화된 원소를 진공상태에서 질량 대 전하비(m/z)에 따라 분리하는 방법이다.

⑤ **양극벗김전압전류법** : 자유이온화된 아연을 유리탄소 전극(GCE)에 수은막(Mercury Film)을 입힌 전극에 의한 은/염화은 전극에 대해 -1,300mV 전위차에서 작용전극에 농축시킨 다음 이를 양극벗김전압전류법으로 분석하는 방법이다.

핵심예제

다음은 아연의 자외선/가시선 분광법에 관한 설명이다. 괄호 안에 알맞은 것은? [2011년 3회 기사]

> 아연이온이 (   )에서 진콘과 반응하여 생성하는 청색 킬레이트 화합물의 흡광도를 측정하는 방법이다.

① pH 약 2
② pH 약 4
③ pH 약 9
④ pH 약 12

|해설|

아연이온은 pH 약 9에서 진콘과 반응하여 청색 킬레이트화합물을 생성한다.

정답 ③

핵심이론 06 카드뮴

카드뮴	정량한계(mg/L)	정밀도(%RSD)
원자흡수분광광도법	0.002	±25% 이내
자외선/가시선 분광법	0.004	±25% 이내
유도결합플라스마 –원자발광분광법	0.004	±25% 이내
유도결합플라스마 –질량분석법	0.002	±25% 이내

① **원자흡수분광광도법** : 시료를 직접 불꽃으로 주입하여 원자화한 후 원자흡수분광광도법에 따라 측정한다.

② **자외선/가시선 분광법** : 카드뮴이온을 시안화칼륨이 존재하는 알칼리성에서 디티존과 반응시켜 생성하는 카드뮴착염을 사염화탄소로 추출하고, 추출한 카드뮴 착염을 타타르산용액으로 역추출한 다음 다시 수산화나트륨과 시안화칼륨을 넣어 디티존과 반응하여 생성하는 적색의 카드뮴착염을 사염화탄소로 추출하고 그 흡광도를 530nm에서 측정하는 방법이다.

③ **유도결합플라스마–원자발광분광법** : 시료를 플라스마에 주입하여 방출하는 발광선 및 발광강도를 측정하는 방법이다.

④ **유도결합플라스마–질량분석법** : 시료를 고온 플라스마에 분사시켜 이온화된 원소를 진공상태에서 질량 대 전하비(m/z)에 따라 분리하는 방법이다.

핵심예제

다음은 카드뮴 측정원리(자외선/가시선 분광법)에 대한 내용이다. 괄호 안에 들어갈 내용이 순서대로 옳게 나열된 것은?

[2013년 3회 산업기사]

> 카드뮴 이온을 시안화칼륨이 존재하는 알칼리성에서 디티존과 반응시켜 생성하는 카드뮴 착염을 사염화탄소로 추출하고, 추출한 카드뮴착염을 타타르산용액으로 역추출한 다음 다시 수산화나트륨과 시안화칼륨을 넣어 디티존과 반응하여 생성하는 (　)의 카드뮴착염으로 사염화탄소로 추출하고 그 흡광도를 (　)에서 측정하는 방법이다.

① 적색, 420nm　　② 적색, 530nm
③ 청색, 620nm　　④ 청색, 680nm

|해설|

적색의 카드뮴착염을 사염화탄소로 추출하여 그 흡광도를 530nm에서 측정한다.

정답 ②

핵심이론 07 망 간

망 간	정량한계(mg/L)	정밀도(%RSD)
원자흡수분광광도법	0.005	±25% 이내
자외선/가시선 분광법	0.2	±25% 이내
유도결합플라스마 –원자발광분광법	0.002	±25% 이내
유도결합플라스마 –질량분석법	0.0005	±25% 이내

① **원자흡수분광광도법** : 시료를 산분해법, 용매추출법으로 전처리 후 시료를 직접 불꽃으로 주입하여 원자화한 후 원자흡수분광광도법에 따라 측정한다.

② **자외선/가시선 분광법** : 물속에 존재하는 망간이온을 황산산성에서 과아이오딘산칼륨으로 산화하여 생성된 과망간산이온의 흡광도를 525nm에서 측정하는 방법이다.

③ **유도결합플라스마-원자발광분광법** : 시료를 플라스마에 주입하여 방출하는 발광선 및 발광강도를 측정하는 방법이다.

④ **유도결합플라스마-질량분석법** : 시료를 산분해법, 용매추출법으로 전처리 후 시료를 고온 플라스마에 분사시켜 이온화된 원소를 진공상태에서 질량 대 전하비(m/z)에 따라 분리하는 방법이다.

핵심예제

측정항목과 측정방법에 관한 설명으로 옳지 않은 것은?

[2011년 3회 기사]

① 플루오린 : 란탄-알리자린콤플렉손에 의한 착화합물의 흡광도를 측정한다.

② 시안 : pH 12~13의 알칼리성에서 시안이온전극과 비교전극을 사용하여 전위를 측정한다.

③ 크롬 : 산성 용액에서 다이페닐카바자이드와 반응하여 생성하는 착화합물의 흡광도를 측정한다.

④ 망간 : 황산산성에서 과황산칼륨으로 산화하여 생성된 과망간산 이온의 흡광도를 측정한다.

|해설|

망간-자외선/가시선 분광법은 물속에 존재하는 망간이온을 황산산성에서 과아이오딘산칼륨으로 산화하여 생성된 과망간산이온의 흡광도를 525nm에서 측정하는 방법이다.

정답 ④

핵심이론 08 바 륨

바 륨	정량한계(mg/L)	정밀도(%RSD)
원자흡수분광광도법	0.1	±25% 이내
유도결합플라스마 –원자발광분광법	0.003	±25% 이내
유도결합플라스마 –질량분석법	0.003	±25% 이내

① **원자흡수분광광도법** : 시료를 산분해법, 용매추출법으로 전처리 후 시료를 직접 불꽃으로 주입하여 원자화한 후 원자흡수분광광도법에 따라 측정한다.

② **유도결합플라스마-원자발광분광법** : 시료를 산분해법, 용매추출법으로 전처리 후 시료를 플라스마에 주입하여 방출하는 발광선 및 발광강도를 측정하는 방법이다.

③ **유도결합플라스마-질량분석법** : 시료를 산분해법, 용매추출법으로 전처리 후 시료를 고온 플라스마에 분사시켜 이온화된 원소를 진공상태에서 질량 대 전하비(m/z)에 따라 분리하는 방법이다.

핵심예제

수질오염공정기준에서 금속류인 바륨의 시험방법과 가장 거리가 먼 것은?

[2017년 2회 기사]

① 원자흡수분광광도법

② 자외선/가시선 분광법

③ 유도결합플라스마 원자발광분광법

④ 유도결합플라스마 질량분석법

|해설|

자외선/가시선 분광법은 바륨의 시험방법이 아니다.

정답 ②

핵심이론 09 비 소

비 소	정량한계(mg/L)	정밀도(%RSD)
수소화물생성 -원자흡수분광광도법	0.005	±25% 이내
자외선/가시선 분광법	0.004	±25% 이내
유도결합플라스마 -원자발광분광법	0.05	±25% 이내
유도결합플라스마 -질량분석법	0.006	±25% 이내
양극벗김전압전류법	0.0003	±20% 이내

① **수소화물생성-원자흡수분광광도법** : 아연 또는 나트륨붕소수화물($NaBH_4$)을 넣어 수소화비소로 포집하여 아르곤(또는 질소)-수소 불꽃에서 원자화시켜 193.7nm에서 흡광도를 측정하고 비소를 정량하는 방법이며 높은 농도의 크롬, 코발트, 구리, 수은, 몰리브덴, 은 및 니켈은 비소 분석을 방해한다.

② **자외선/가시선 분광법** : 3가비소로 환원시킨 다음 아연을 넣어 발생되는 수소화비소를 다이에틸다이티오카바민산은(Ag-DDTC)의 피리딘 용액에 흡수시켜 생성된 적자색 착화합물을 530nm에서 흡광도를 측정한다.

㉠ 안티몬 또한 이 시험 조건에서 스티빈(SbH_3)으로 환원되고 흡수용액과 반응하여 510nm에서 최대 흡광도를 갖는 붉은 색의 착화합물을 형성한다. 안티몬이 고농도의 경우에는 이 방법을 사용하지 않는 것이 좋다.

㉡ 높은 농도($>$ 5mg/L)의 크롬, 코발트, 구리, 수은, 몰리브덴, 은 및 니켈은 비소 정량을 방해한다.

㉢ 황화수소(H_2S) 기체는 비소 정량에 방해하므로 아세트산납을 사용하여 제거하여야 한다.

③ **유도결합플라스마-원자발광분광법** : 시료를 플라스마에 주입하여 방출하는 발광선 및 발광강도를 측정하는 방법이다.

④ **유도결합플라스마-질량분석법** : 시료를 고온 플라스마에 분사시켜 이온화된 원소를 진공상태에서 질량 대 전하비(m/z)에 따라 분리하는 방법이다.

⑤ **양극벗김전압전류법** : 자유이온화된 비소를 금전극(SGE)의 전극에 의한 은/염화은 전극에 대해 -1,600mV 전위차에서 작용전극에 농축시킨 다음 이를 양극벗김전압전류법으로 분석하는 방법이다.

핵심예제

폐수 중의 비소를 자외선/가시선 분광법으로 측정할 때 황화수소 기체는 비소의 정량을 방해한다. 이를 제거할 때 사용되는 시약은?

[2013년 1회 기사]

① 몰리브덴산나트륨
② 나트륨붕소
③ 안티몬수은
④ 아세트산납

|해설|

황화수소(H_2S) 기체는 비소 정량에 방해하므로 아세트산납을 사용하여 제거하여야 한다.

정답 ④

핵심이론 10 니 켈

니 켈	정량한계(mg/L)	정밀도(%RSD)
원자흡수분광광도법	0.01	±25% 이내
자외선/가시선 분광법	0.008	±25% 이내
유도결합플라스마-원자발광분광법	0.015	±25% 이내
유도결합플라스마-질량분석법	0.002	±25% 이내

① **원자흡수분광광도법** : 시료를 직접 불꽃으로 주입하여 원자화한 후 원자흡수분광광도법에 따라 측정한다.

② **자외선/가시선 분광법** : 물속에 존재하는 니켈이온을 암모니아의 약알칼리성에서 다이메틸글리옥심과 반응시켜 생성한 니켈착염을 클로로폼으로 추출하고 이것을 묽은 염산으로 역추출한다. 추출물에 브롬과 암모니아수를 넣어 니켈을 산화시키고 다시 암모니아 알칼리성에서 다이메틸글리옥심과 반응시켜 생성한 적갈색 니켈착염의 흡광도 450nm에서 측정하는 방법이다.

③ **유도결합플라스마-원자발광분광법** : 시료를 플라스마에 주입하여 방출하는 발광선 및 발광강도를 측정하는 방법이다.

④ **유도결합플라스마-질량분석법** : 시료를 고온 플라스마에 분사시켜 이온화된 원소를 진공상태에서 질량 대 전하비(m/z)에 따라 분리하는 방법이다.

핵심예제

다음은 자외선/가시선 분광법을 적용한 니켈의 측정 방법에 관한 내용이다. 괄호 안에 옳은 내용은? [2013년 3회 기사]

> 니켈이온을 암모니아의 약알칼리성에서 다이메틸글리옥심과 반응시켜 생성한 니켈착염을 클로로폼으로 추출하고 이것을 묽은 염산으로 역추출 한다. 추출물에 브롬과 암모니아수를 넣어 니켈을 산화시키고 다시 암모니아 알칼리성에서 다이메틸글리옥심과 반응하여 생성한 ( )의 흡광도를 측정한다.

① 적색 니켈착염
② 청색 니켈착염
③ 적갈색 니켈착염
④ 황갈색 니켈착염

|해설|

암모니아 알칼리성에서 다이메틸글리옥심과 반응시켜 생성한 적갈색 니켈착염의 흡광도 450nm에서 측정하는 방법이다.

정답 ③

핵심이론 11 셀레늄

셀레늄	정량한계(mg/L)	정밀도(%RSD)
수소화물생성 -원자흡수분광광도법	0.005	±25% 이내
유도결합플라스마 -질량분석법	0.03	±25% 이내

① **수소화물생성-원자흡수분광광도법** : 나트륨붕소수화물($NaBH_4$)을 넣어 수소화 셀레늄으로 포집하여 아르곤(또는 질소)-수소 불꽃에서 원자화시켜 196.0nm에서 흡광도를 측정하고 셀레늄을 정량하는 방법이며 높은 농도의 크롬, 코발트, 구리, 수은, 몰리브덴, 은 및 니켈은 셀레늄 분석을 방해한다.

② **유도결합플라스마-질량분석법** : 시료를 산분해법, 용매추출법으로 전처리 후 시료를 고온 플라스마에 분사시켜 이온화된 원소를 진공상태에서 질량 대 전하비(m/z)에 따라 분리하는 방법이다.

핵심예제

물속에 존재하는 셀레늄 측정방법으로 옳은 것은?

[2012년 3회 기사]

① 자외선/가시선 분광법 - 산화법
② 자외선/가시선 분광법 - 환원 증류법
③ 수소화물생성 - 원자흡수분광광도법
④ 양극벗김전압전류법

|해설|

셀레늄 측정방법에는 수소화물생성-원자흡수분광광도법과 유도결합플라스마-질량분석법이 있다.

정답 ③

핵심이론 12 수 은

수 은	정량한계(mg/L)	정밀도(%RSD)
냉증기 -원자흡수분광광도법	0.0005	±25% 이내
자외선/가시선 분광법	0.003	±25% 이내
양극벗김전압전류법	0.0001	±20% 이내
냉증기-원자형광법	0.0005(μg/L)	±25% 이내

① **냉증기-원자흡수분광광도법** : 시료에 이염화주석($SnCl_2$)을 넣어 금속수은으로 산화시킨 후, 이 용액에 통기하여 발생하는 수은증기를 원자흡수분광광도법으로 253.7nm의 파장에서 측정하여 정량하는 방법이다.

② **자외선/가시선 분광법** : 수은을 황산산성에서 디티존・사염화탄소로 일차추출하고 브롬화칼륨 존재하에 황산산성에서 역추출하여 방해성분과 분리한 다음 인산-탄산염 완충용액 존재하에서 디티존・사염화탄소로 수은을 추출하여 490nm에서 흡광도를 측정하는 방법이다.

③ **양극벗김전압전류법** : 시료를 산성화시킨 후 자유이온화된 수은을 유리탄소전극에 금막을 입힌 전극에 의한 은/염화은 전극에 대해 -200mV 전위차에서 작용전극에 농축시킨 다음 이를 양극벗김전압전류법으로 분석하는 방법이다.

④ **냉증기-원자형광법** : 물속에 존재하는 저농도의 수은(0.0002mg/L 이하)을 정량하기 위하여 사용한다. 시료에 이염화주석($SnCl_2$)을 넣어 금속 수은으로 산화시킨 후 이 용액에 통기하여 발생하는 수은증기를 원자형광광도법으로 253.7nm의 파장에서 측정하여 정량하는 방법이다.

핵심예제

측정 금속이 수은인 경우, 시험방법으로 해당되지 않는 것은?

[2013년 3회 산업기사]

① 자외선/가시선 분광법
② 양극벗김전압전류법
③ 유도결합플라스마 원자발광분광법
④ 냉증기-원자형광법

|해설|

유도결합플라스마 원자발광분광법은 수은의 시험방법이 아니다.

정답 ③

핵심이론 13 알킬수은

알킬수은	정량한계(mg/L)	정밀도(%RSD)
기체크로마토그래피	0.0005	±25% 이내
원자흡수분광광도법	0.0005	±25% 이내

① **기체크로마토그래피** : 물속에 존재하는 알킬수은화합물을 기체크로마토그래피에 따라 정량하는 방법이다. 알킬수은화합물을 벤젠으로 추출하여 L-시스테인용액에 선택적으로 역추출하고 다시 벤젠으로 추출하여 기체크로마토그래프로 측정하는 방법이다.
   ㉠ 칼럼은 안지름 3mm, 길이 40~150cm의 모세관 칼럼이나 이와 동등한 분리능을 가지고 대상 분석 물질의 분리가 양호한 것을 택하여 시험한다.
   ㉡ 운반기체는 순도 99.999% 이상의 질소 또는 헬륨으로서 유속은 30~80mL/min, 시료주입부 온도는 140~240℃, 칼럼온도는 130~180℃로 사용한다.
   ㉢ 검출기로 전자포획형 검출기(ECD ; Electron Capture Detector)를 사용하고, 검출기의 온도는 140~200℃로 한다.

② **원자흡수분광광도법** : 물속에 존재하는 알킬수은화합물을 벤젠으로 추출하고 알루미나 칼럼으로 농축한 후 벤젠으로 다시 추출한 다음 박층크로마토그래피에 의하여 농축분리하고 분리된 수은을 산화분해하여 정량하는 방법이다.

핵심예제

13-1. 폐수 중의 알킬수은을 기체크로마토그래피로 정량할 때 사용되는 검출기와 운반기체를 맞게 짝지은 것은?

[2012년 2회 기사]

① TCD, 헬륨
② FPD, 질소
③ ECD, 헬륨
④ FTD, 질소

13-2. 기체크로마토그래피를 적용한 알킬수은 정량에 관한 내용으로 틀린 것은?

[2011년 3회 기사]

① 검출기는 전자포획형 검출기를 사용하고 검출기의 온도는 140~200℃로 한다.
② 정량한계는 0.0005mg/L이다.
③ 알킬수은화합물을 사염화탄소로 추출한다.
④ 정밀도(%RSD)는 ±25%이다.

|해설|

13-1
운반기체는 순도 99.999% 이상의 질소 또는 헬륨을 사용하며, 검출기는 전자포획형 검출기(ECD)를 사용한다.

13-2
물속에 존재하는 알킬수은화합물을 기체크로마토그래피에 따라 정량하는 방법이다. 알킬수은화합물을 벤젠으로 추출하여 L-시스테인용액에 선택적으로 역추출하고 다시 벤젠으로 추출하여 기체크로마토그래프로 측정하는 방법이다.

정답 13-1 ③ 13-2 ③

핵심이론 14 방사성 핵종

① **고분해능 감마선 분광법** : 감마선 분광계(다중채널 분석기와 게르마늄 검출기)를 이용하여, 물 시료에서 40keV~2MeV 범위 또는 효율교정이 가능한 에너지의 감마선을 방출하는 여러 가지 방사성 핵종의 방사능 농도를 동시에 측정하는 방법에 대해 규정한다.

② **적용범위**

㉠ 연구대상 측정 시스템의 에너지 교정 절차, 에너지 의존성 감도 측정, 스펙트럼 분석 및 여러 가지 방사성 핵종의 방사능 농도측정을 포함한다. 균질 시료에 적용하며, 일반적으로 1~10^4Bq 사이의 방사능을 가지는 시료는 희석이나 농축 또는 특수(전자)장치 없이 측정할 수 있다.

㉡ 핵 붕괴당 감마선 에너지와 방사확률, 시료와 검출기의 크기와 구조, 차폐, 계수시간과 다른 실험 매개 변수와 같은 다른 요인에 따라 약 1Bq 이하의 방사능을 측정해야 할 때에는 방사능이 이 이상이 되도록 시료를 증발시켜 농축하여야 한다. 또한 방사능이 10^4Bq보다 높을 때에는 전원 대비 검출기 거리를 늘리거나 우연동시합산효과를 보정하여야 한다.

③ **시험방법** : KS I ISO 10703 : 2008을 따른다.

제6절 | 항목별 시험방법-유기물질

핵심이론 01 석유계 총탄화수소(TPH)

① 용매추출/기체크로마토그래피 : 물속에 존재하는 비등점이 높은(150~500℃) 유류에 속하는 석유계 총탄화수소(제트유·등유·경유·벙커 C유·윤활유·원유 등)를 다이클로로메탄으로 추출하여 기체크로마토그래프에 따라 확인 및 정량하는 방법으로 크로마토그램에 나타난 피크의 패턴에 따라 유류 성분을 확인하고 탄소수가 짝수인 노말알칸(C_8~C_{40}) 표준물질과 시료의 크로마토그램 총면적을 비교하여 정량한다.

② 적용범위 : 지표수, 지하수, 폐수 등에 적용할 수 있으며, 정량한계는 0.2mg/L이다.

③ 간섭물질

㉠ 산업폐수 등 매우 혼탁한 시료나 오염이 많이 된 하천, 호소수를 분석할 경우 주사기 및 주입구 등 분석 장비로부터 오염될 수 있으므로 순수한 용매로서 점검해야 한다.

㉡ 시료와 접촉하는 기구의 재질은 폴리테트라플루오로에틸렌(PTFE), 스테인리스강 또는 유리이어야 한다. 폴리염화비닐(PVC)이나 폴리에틸렌 재질과 접촉해서는 안 된다.

㉢ 실리카겔 칼럼 정제는 폐수 등 방해성분이 다량으로 포함된 시료에서 이들을 제거하기 위하여 수행하며, 시판용 실리카 카트리지를 사용할 수 있다.

㉣ 시료의 운반, 보관 및 분석 중 공기 속에 기화된 용매로 오염이 될 수 있으므로 바탕시료를 사용하여 점검하여야 한다.

핵심예제

물속에 존재하는 비등점이 높은 유류에 속하는 석유계 총탄화수소를 다이클로로메탄으로 추출하여 기체크로마토그래피에 따라 확인 및 정량할 때의 정량한계는?(단, 석유계 총탄화수소 용매추출/기체크로마토그래피법) [2012년 3회 기사]

① 0.2mg/L ② 0.5mg/L
③ 1.0mg/L ④ 2.0mg/L

|해설|

기체크로마토그래피에 따른 시험방법의 정량한계는 0.2mg/L이다.

정답 ①

핵심이론 02 유기인

① **용매추출/기체크로마토그래피** : 물속에 존재하는 유기인계 농약성분 중 다이아지논, 파라티온, 이피엔, 메틸디메톤 및 펜토에이트를 측정하기 위한 것으로, 채수한 시료를 헥산으로 추출하여 필요시 실리카겔 또는 플로리실 칼럼을 통과시켜 정제한다. 이 액을 농축시켜 기체크로마토그래프에 주입하고 크로마토그램을 작성하여 유기인을 확인하고 정량하는 방법이다.

② **적용범위** : 지표수, 폐수 등에 적용할 수 있으며, 각 성분별 정량한계는 0.0005mg/L이다.

③ **검출기** : 불꽃광도검출기(FPD) 또는 질소인검출기(NPD)

④ **전처리** : 헥산으로 추출하는 경우 메틸디메톤의 추출률이 낮아질 수도 있다. 이때에는 헥산 대신 다이클로로메탄과 헥산의 혼합용액(15 : 85)을 사용한다.

⑤ **정제** : 방해물질을 함유하지 않은 시료일 경우에는 정제과정을 생략할 수 있으며, 필요시 실리카겔, 플로리실 같은 정제 작업을 선택하여 수행할 수 있다.

핵심예제

기체크로마토그래피에 의해 유기인을 측정하는 방법으로 옳지 않은 것은? [2011년 2회 기사]

① 수질오염공정시험기준에 의해 시험할 경우 유효측정 농도는 0.0005mg/L 이상으로 한다.
② 검출기는 불꽃광도검출기(FPD)를 사용한다.
③ 메틸디메톤의 추출률을 높이기 위해서 헥산 대신 에틸렌글리콜과 다이클로로메탄의 혼합액을 사용한다.
④ 방해물질을 함유하지 않은 시료일 경우 정제조작을 생략할 수 있다.

|해설|

헥산으로 추출하면 메틸디메톤의 추출률이 낮아질 수도 있다. 이때에는 헥산 대신 다이클로로메탄과 헥산의 혼합용액(15 : 85)을 사용한다.

정답 ③

핵심이론 03 폴리클로리네이티드바이페닐(PCBs)

① **용매추출/기체크로마토그래피** : 물속에 존재하는 폴리클로리네이티드바이페닐(PCB)을 측정하는 방법으로, 채수한 시료를 헥산으로 추출하여 필요시 알칼리 분해한 다음 다시 헥산으로 추출하고 실리카겔 또는 플로리실 칼럼을 통과시켜 정제한다. 이 액을 농축시켜 기체크로마토그래피에 주입하고 크로마토그램을 작성하여 나타난 피크 패턴에 따라 PCB를 확인하고 정량하는 방법이다.

② **적용범위** : 지표수, 지하수, 폐수 등에 적용할 수 있으며, 정량한계는 0.0005mg/L이다.

③ **간섭물질**

㉠ 기구류는 사용 전에 아세톤, 분석 용매 순으로 각각 3회 세정한 후 건조시킨 것을 사용하여 오염을 최소화할 수 있다.

㉡ 고순도의 시약이나 용매를 사용하여 방해물질을 최소화하여야 한다.

㉢ 전자포획검출기(ECD)를 사용하여 PCB를 측정할 때 프탈레이트가 방해할 수 있는데 이는 플라스틱 용기를 사용하지 않음으로서 최소화할 수 있다.

㉣ 실리카겔 칼럼 정제는 산, 염화페놀 등 극성화합물을 제거하기 위하여 수행하며, 사용 전에 정제하고 활성화시켜야 하거나 시판용 실리카 카트리지를 이용할 수 있다.

④ **검출기** : 전자포획검출기(ECD)

핵심예제

용매추출/기체크로마토그래피에 의한 PCB 분석방법에 관한 설명으로 옳지 않은 것은? [2011년 3회 기사]

① 정량한계는 0.0005mg/L이다.
② 시료도입부 온도는 25~50℃ 정도이다.
③ ECD를 사용할 때 프탈레이트의 방해는 플라스틱 용기를 사용하지 않음으로서 최소화할 수 있다.
④ 실리카겔 칼럼 정제는 산, 염화페놀 등의 극성화합물을 제거하기 위하여 수행한다.

|해설|

운반기체는 순도 99.999% 이상의 질소로서 유량은 0.5~3mL/min, 시료도입부 온도는 250~300℃, 칼럼 온도는 50~320℃, 검출기 온도는 270~320℃로 사용한다.

정답 ②

핵심이론 04 휘발성 유기화합물

① **퍼지・트랩/기체크로마토그래피-질량분석법** : 시료 중 휘발성 유기화합물을 불활성 기체로 퍼지시켜 기상으로 추출한 다음 트랩관으로 흡착・농축하고, 가열・탈착시켜 모세관 칼럼을 사용한 기체크로마토그래프-질량분석기로 분석한다. 매우 혼탁한 시료를 제외한 지표수 등에 적용할 수 있으며, 각 성분별 정량한계는 0.001mg/L이다.

② **헤드스페이스/기체크로마토그래피-질량분석법** : 물속에 존재하는 휘발성 유기화합물을 측정하기 위한 것으로 지표수, 폐수 및 매우 혼탁한 시료 등에 적용할 수 있으며, 각 성분별 정량한계는 0.005mg/L이다.

③ **퍼지・트랩/기체크로마토그래피** : 채수한 시료는 퍼지-트랩 전처리 과정을 거쳐 기체크로마토그래피를 이용하여 분석하는 방법이며, 측정원리는 시료 중에 휘발성 유기화합물 성분을 불활성 기체로 퍼지시켜 기상으로 추출한 다음 트랩관으로 흡착・농축하고, 가열・탈착시켜 모세관 칼럼을 사용한 기체크로마토그래프로 분석하는 방법이다. 매우 혼탁한 시료를 제외한 지표수 등에 적용할 수 있으며, 각 성분별 정량한계는 ECD 검출기를 사용할 경우 0.001mg/L, FID 검출기를 사용할 경우 0.002mg/L이다. 단, 벤젠, 톨루엔, 에틸벤젠, 자일렌은 FID 검출기를 사용하여 측정한다.

④ **헤드스페이스/기체크로마토그래피** : 휘발성 유기화합물 성분을 측정하기 위한 것으로 지표수, 폐수 및 매우 혼탁한 시료 등에도 적용할 수 있으며, 각 성분별 정량한계는 ECD 검출기의 경우 0.001mg/L, FID 검출기의 경우 0.002mg/L이다. 단, 벤젠, 톨루엔, 에틸벤젠, 크실렌은 FID검출기를 사용하여 측정한다.

⑤ **용매추출/기체크로마토그래피-질량분석법** : 시료를 헥산으로 추출하여 기체크로마토그래프-질량분석기를 이용하여 분석하는 방법으로 지표수, 폐수 등에 적용할 수 있으며, 각 성분별 정량한계는 0.002mg/L이다.

⑥ **용매추출/기체크로마토그래피** : 채수한 시료를 헥산으로 추출하여 기체크로마토그래프를 이용하여 분석하는 방법으로 매우 혼탁한 시료를 제외한 지표수, 폐수 등에 적용할 수 있으며, 각 성분별 정량한계는 0.002mg/L이다. 단, 트라이클로로에틸렌은 0.008mg/L이다.

핵심예제

용매추출/기체크로마토그래피를 이용한 휘발성 유기화합물 측정에 관한 내용으로 틀린 것은? [2017년 3회 기사]

① 채수한 시료를 헥산으로 추출하여 기체크로마토그래프를 이용하여 분석하는 방법이다.
② 검출기는 전자포획검출기를 선택하여 측정한다.
③ 운반기체는 질소로 유량은 20~40mL/min이다.
④ 칼럼온도는 35~250℃이다.

|해설|

운반기체는 순도 99.999% 이상의 질소로 유량은 0.5~2mL/min이다.

정답 ③

제7절 | 항목별 시험방법-생물

핵심이론 01 총대장균군

① **막여과법** : 물속에 존재하는 총대장균군을 측정하기 위하여 페트리접시에 배지를 올려놓은 다음 배양 후 금속성 광택을 띠는 적색이나 진한 적색 계통의 집락을 계수하는 방법이다.

② **시험관법** : 물속에 존재하는 총대장균군을 측정하는 방법으로 다람시험관을 이용하는 추정시험과 백금이를 이용하는 확정시험 방법으로 나뉘며 추정시험이 양성일 경우 확정시험을 시행한다.

③ **평판집락법** : 물속에 존재하는 총대장균군을 측정하는 방법으로 페트리접시의 배지표면에 평판집락법 배지를 굳힌 후 배양한 다음 진한 전형적인 적색의 집락을 계수하는 방법이다.

④ **효소이용정량법** : 물속에 존재하는 총대장균군을 측정하는 방법으로 하천수, 호소수, 지하수, 하・폐수 등에 적용할 수 있다. 시료 자체에 탁도와 색도가 있으면 수질검사 결과에 영향을 미칠 수 있다. 이때는 막여과법이나 시험관법 등을 이용해야 한다.

⑤ **건조필름법** : 물속에 존재하는 총대장균군을 측정하는 방법으로 하・폐수에 적용할 수 있다. 양성대조군과 음성대조군 시험을 동시에 실시하여야 하며, 양성대조군은 *E.coli* 표준균주를 사용하고, 음성대조군은 멸균 희석액을 사용하도록 한다.

핵심예제

다음은 총대장균군-시험관법에 관한 설명이다. 괄호 안에 내용으로 옳은 것은? [2013년 2회 기사]

> 물속에 존재하는 총대장균군을 측정하는 방법으로 (   )으로 나뉘며 추정시험이 양성일 경우 확정시험을 시행한다.

① 배지를 이용하는 추정시험과 배양시험관을 이용하는 확정시험 방법
② 배양시험관을 이용하는 추정시험과 배지를 이용하는 확정시험 방법
③ 백금이를 이용하는 추정시험과 다람시험관을 이용하는 확정시험 방법
④ 다람시험관을 이용하는 추정시험과 백금이를 이용하는 확정시험 방법

|해설|

총대장균군-시험관법
이 시험기준은 물속에 존재하는 총대장균군을 측정하는 방법으로 다람시험관을 이용하는 추정시험과 백금이를 이용하는 확정시험 방법으로 나뉘며 추정시험이 양성일 경우 확정시험을 시행한다.

정답 ④

핵심이론 02 분원성 대장균군

① 막여과법 : 물속에 존재하는 분원성 대장균군을 측정하기 위하여 페트리접시에 배지를 올려놓은 다음 배양 후 여러 가지 색조를 띠는 청색 집락을 계수하는 방법이다.
② 시험관법 : 물속에 존재하는 분원성 대장균군을 측정하기 위하여 다람시험관을 이용하는 추정시험과 백금이를 이용하는 확정시험으로 나뉘며 추정시험이 양성일 경우 확정시험을 시행하는 방법이다.
③ 효소이용정량법

핵심예제

다음은 시험관법으로 분원성 대장균군을 측정하는 방법이다. 괄호 안에 옳은 내용은? [2012년 2회 기사]

> 물속에 존재하는 분원성 대장균군을 측정하기 위하여 (   )를 이용하는 추정시험과 백금이를 이용하는 확정시험으로 나뉘며 추정시험이 양성일 경우 확정시험을 시행하는 방법이다.

① 배양시험관
② 다람시험관
③ 페트리시험관
④ 멸균시험관

|해설|

시험관법은 물속에 존재하는 분원성 대장균군을 측정하기 위하여 다람시험관을 이용하는 추정시험과 백금이를 이용하는 확정시험으로 나뉘며 추정시험이 양성일 경우 확정시험을 시행하는 방법이다.

정답 ②

핵심이론 03 대장균

① 효소이용정량법

㉠ 물속에 존재하는 대장균을 분석하기 위한 것으로, 상용화된 효소기질 시약과 시료를 혼합하여 배양한 후 자외선 램프로 측정하는 방법이다.

㉡ 대조군시험

- 이 시험기준을 처음 실시할 경우나 상용화된 제품, 시약 등이 바뀔 때마다 막여과법 또는 시험관법을 이용하여 대장균을 분석하는 방법과 동등 또는 이상의 결과값을 확보한 후에 실험을 진행한다.
- 양성대조군과 음성대조군 시험을 동시에 실시하여야 하며, 양성대조군은 *E. coli* 표준균주를 사용하고, 음성대조군은 멸균 희석액을 사용하도록 한다.

② 막여과법

③ 시험관법

핵심예제

다음은 대장균(효소이용정량법) 측정에 관한 내용이다. 괄호 안에 옳은 내용은? [2013년 3회 기사]

> 물속에 존재하는 대장균을 분석하기 위한 것으로, 효소기질 시약과 시료를 혼합하여 배양한 후 ( ) 검출기로 측정하는 방법이다.

① 자외선　　② 적외선
③ 가시선　　④ 기전력

|해설|

대장균(효소이용정량법)은 물속에 존재하는 대장균을 분석하기 위한 것으로, 효소기질 시약과 시료를 혼합하여 배양한 후 자외선 램프로 측정하는 방법이다.

정답 ①

핵심이론 04 물벼룩

① 급성 독성 시험법

㉠ 수서무척추동물인 물벼룩을 이용하여 시료의 급성 독성을 평가하는 것을 목적으로 한다.

㉡ 용어의 정의 및 단위

- 치사(Mortality) : 일정 희석비율로 준비된 시료에 물벼룩을 투입하여 24시간 경과 후 시험용기를 손으로 살짝 두드리고, 15초 후 관찰했을 때 독성물질에 영향을 받아 움직임이 명백하게 없는 상태를 '치사'로 판정한다.
- 유영저해(Immobilization) : 일정 희석비율로 준비된 시료에 물벼룩을 투입하여 24시간 경과 후 시험용기를 손으로 살짝 두드리고, 15초 후 관찰했을 때 독성물질에 영향을 받아 움직임이 없으면 '유영저해'로 판정한다. 이때 안테나나 다리 등 부속지를 움직이더라도 유영하지 못한다면 '유영저해'로 판정한다.
- 반수영향농도(EC_{50}값) : 투입 시험생물의 50%가 치사 혹은 유영저해를 나타낸 농도이다.
- 생태독성값(TU) : 통계적 방법으로 반수영향농도 EC_{50}값을 구한 후 이를 100에서 EC_{50}값을 나눈 값을 말한다. 이때 EC_{50}값의 단위는 %이다.
- 지수식 시험방법(Static Non-renewal Test) : 시험기간 중 시험용액을 교환하지 않는 시험을 말한다.
- 표준 독성 물질 : 독성시험이 정상 조건에서 수행되는지를 주기적으로 확인하고자 사용하며 다이크롬산포타슘($K_2Cr_2O_7$)을 사용한다.

㉢ 시험생물

- 시험생물은 물벼룩인 *Daphnia magna* Straus를 사용하며, 출처가 명확하고 건강한 개체를 사용한다.

- 시험을 할 때는 계대배양(여러 세대를 거쳐 배양)한 생후 2주 이상 물벼룩 암컷 성체를 시험 전날에 새롭게 준비한 배양액이 담긴 용기에 옮기고, 그 다음날까지 생산한 생후 24시간 미만인 어린 개체를 사용한다. 물벼룩은 배양 상태가 좋을 때 7~10일 사이에 첫 새끼를 부화하는데 이때 부화한 새끼는 시험에 사용하지 않고 같은 어미가 약 네 번째 부화한 새끼부터 시험에 사용해야 한다. 군집배양일 때, 부화 횟수를 정확히 알기 어려우므로 생후 약 2주 이상의 어미에서 생산된 새끼를 시험에 사용하면 된다.
- 외부기관에서 새로 분양 받았다면 위의 방법과 동일한 방법으로 계대배양하여, 2번 이상 세대교체 후 물벼룩을 시험에 사용해야 한다.
- 시험 2시간 전에 먹이를 충분히 공급하여 시험 중 먹이가 주는 영향을 최소화한다.
- 먹이는 *Chlorella* sp., *Pseudokirchneriella subcapitata* 등과 같은 녹조류와 Yeast, Cerophyll(R), Trout Chow의 혼합액인 YCT를 사용한다.

㉣ 시료의 채취 및 준비 : 수질오염공정시험기준 시료의 채취 및 보존방법을 따른다.

핵심예제

물벼룩을 이용한 급성 독성 시험법에 관한 내용으로 틀린 것은?

[2013년 2회 기사]

① 물벼룩은 배양 상태가 좋을 때 7~10일 사이에 첫 부화된 건강한 새끼를 시험에 사용한다.
② 시험하기 2시간 전에 먹이를 충분히 공급하여 시험 중 먹이가 주는 영향을 최소화한다.
③ 시험생물은 물벼룩인 *Daphnia magna* Straus를 사용하며, 출처가 명확하고 건강한 개체를 사용한다.
④ 먹이는 *Chlorella* sp., *Pseudokirchneriella subcapitata* 등과 같은 녹조류와 Yeast, Cerophyll(R), Trout Chow의 혼합액인 YCT를 사용한다.

|해설|

물벼룩은 배양 상태가 좋을 때 7~10일 사이에 첫 새끼를 부화하는데 이때 부화한 새끼는 시험에 사용하지 않고 같은 어미가 약 네 번째 부화한 새끼부터 시험에 사용해야 한다.

정답 ①

핵심이론 05 식물성 플랑크톤

① 현미경계수법

㉠ 물속 부유생물인 식물성 플랑크톤의 개체수를 현미경계수법을 이용하여 조사하는 것을 목적으로 하는 정량분석 방법이며 지표수에 적용할 수 있다.

㉡ 분석절차

- 시료의 개체수는 계수면적당 10~40 정도가 되도록 희석 또는 농축하며 시료가 육안으로 녹색이나 갈색으로 보일 경우 정제수로 적절한 농도로 희석한다.
- 시료농축
  - 원심분리방법 : 일정량 시료를 원심침전관에 넣고 1,000×g으로 20분 정도 원심분리하여 일정배율로 농축한다. 미세조류의 경우는 1,500×g에서 30분 정도를 행한다. 침강성이 좋지 않은 남조류가 많은 시료는 루골용액으로 고정한 후 농축하거나 일정량을 플랑크톤 네트 또는 핸드 네트로 걸러 일정배율로 농축한다.
  - 자연침전법 : 일정시료에 포르말린 용액을 1% 또는 루골용액을 1~2% 가하여 플랑크톤을 고정해 실린더 용기에 넣고 일정시간 정치 후(0.5h/mm) 사이펀을 사용하여 상층액을 따라내어 일정량으로 농축한다. 이때 침전용기는 얇고 투명한 유리 실린더를 사용한다.
- 시험방법
  - 정성시험 : 정성시험의 목적은 식물성 플랑크톤의 종류를 조사하는 것이며, 검경배율 100~1,000배 시야에서 세포의 형태와 내부구조 등 미세한 사항을 관찰하면서 종 분류표에 따라 식물성 플랑크톤 종을 확인하여 계수일지에 기재한다.
  - 정량시험 : 식물성 플랑크톤의 계수는 정확성과 편리성을 위하여 일정부피가 있는 계수용 체임버를 사용한다. 식물성 플랑크톤의 동정에는 고배율을 많이 사용하지만 계수에는 저~중배율을 많이 사용한다. 계수 시 식물성 플랑크톤의 종류에 따라 필요한 배율이 달라지므로 다음 방법 중 하나를 이용한다.
    ⓐ 저배율 방법(200배율 이하) : 스트립 이용 계수, 격자 이용 계수
    ⓑ 중배율 방법(200~500배율 이하) : 팔머-말로니 체임버 이용 계수, 혈구계수기 이용 계수

핵심예제

5-1. 식물성 플랑크톤 시험 방법으로 옳은 것은?(단, 수질오염공정시험기준 기준) [2013년 1회 기사]

① 현미경계수법 ② 최적확수법
③ 평판집락계수법 ④ 시험관정량법

5-2. 식물성 플랑크톤 측정에 관한 설명으로 틀린 것은? [2013년 2회 기사]

① 시료가 육안으로 녹색이나 갈색으로 보일 경우 정제수로 적절한 농도로 희석한다.
② 물속에 식물성 플랑크톤은 평판집락법을 이용하여 면적당 분포하는 개체수를 조사한다.
③ 식물성 플랑크톤은 운동력이 없거나 극히 적어 수체의 유동에 따라 수체 내에 부유하면서 생활하는 단일개체, 집락성, 선상형태의 광합성 생물을 총칭한다.
④ 시료의 개체수는 계수면적당 10~40 정도가 되도록 희석 또는 농축한다.

|해설|

5-1
식물성 플랑크톤 시험방법은 현미경계수법이다.

5-2
식물성 플랑크톤은 현미경계수법(저배율, 중배율)으로 개체수를 조사한다.

정답 5-1 ① 5-2 ②

수질환경관계법규

※ CHAPTER 05는 잦은 개정으로 인하여 법령 내용이 도서와 달라질 수 있으며, 가장 최신 법령의 내용은 국가법령정보센터(https://www.law.go.kr/)를 통해서 확인이 가능합니다.

제1절 | 환경정책기본법

핵심이론 01 법 제12조(환경기준의 설정)

① 국가는 생태계 또는 인간의 건강에 미치는 영향 등을 고려하여 환경기준을 설정하여야 하며, 환경 여건의 변화에 따라 그 적정성이 유지되도록 하여야 한다.
② 환경기준은 대통령령으로 정한다.
③ 특별시・광역시・특별자치시・도・특별자치도(이하 '시・도')는 해당 지역의 환경적 특수성을 고려하여 필요하다고 인정할 때에는 해당 시・도의 조례로 ①에 따른 환경기준보다 확대・강화된 별도의 환경기준(이하 '지역환경기준')을 설정 또는 변경할 수 있다.
④ 특별시장・광역시장・특별자치시장・도지사・특별자치도지사(이하 '시・도지사')는 ③에 따라 지역환경기준을 설정하거나 변경한 경우에는 이를 지체 없이 환경부장관에게 통보하여야 한다.

핵심이론 02 시행령 [별표 1] 환경기준(하천)

① 사람의 건강보호 기준

항 목	기준값(mg/L)
카드뮴(Cd)	0.005 이하
비소(As)	0.05 이하
시안(CN)	검출되어서는 안 됨(검출한계 0.01)
수은(Hg)	검출되어서는 안 됨(검출한계 0.001)
유기인	검출되어서는 안 됨(검출한계 0.0005)
폴리클로리네이티드 바이페닐(PCB)	검출되어서는 안 됨(검출한계 0.0005)
납(Pb)	0.05 이하
6가크롬(Cr^{6+})	0.05 이하
음이온 계면활성제(ABS)	0.5 이하
사염화탄소	0.004 이하
1,2-다이클로로에탄	0.03 이하
테트라클로로에틸렌(PCE)	0.04 이하
다이클로로메탄	0.02 이하
벤 젠	0.01 이하
클로로폼	0.08 이하
다이에틸헥실프탈레이트(DEHP)	0.008 이하
안티몬	0.02 이하
1,4-다이옥세인	0.05 이하
폼알데하이드	0.5 이하
헥사클로로벤젠	0.00004 이하

② 생활환경 기준

등 급		기 준				
		pH	BOD (mg/L)	COD (mg/L)	TOC (mg/L)	SS (mg/L)
매우 좋음	Ia	6.5~8.5	1 이하	2 이하	2 이하	25 이하
좋 음	Ib	6.5~8.5	2 이하	4 이하	3 이하	25 이하
약간 좋음	II	6.5~8.5	3 이하	5 이하	4 이하	25 이하
보 통	III	6.5~8.5	5 이하	7 이하	5 이하	25 이하
약간 나쁨	IV	6.0~8.5	8 이하	9 이하	6 이하	100 이하
나 쁨	V	6.0~8.5	10 이하	11 이하	8 이하	쓰레기 등이 떠 있지 않을 것
매우 나쁨	VI	–	10 초과	11 초과	8 초과	–

등 급		기 준			
		DO (mg/L)	총인 (mg/L)	대장균군(군수/100mL)	
				총대장균군	분원성 대장균군
매우 좋음	Ia	7.5 이상	0.02 이하	50 이하	10 이하
좋 음	Ib	5.0 이상	0.04 이하	500 이하	100 이하
약간 좋음	II	5.0 이상	0.1 이하	1,000 이하	200 이하
보 통	III	5.0 이상	0.2 이하	5,000 이하	1,000 이하
약간 나쁨	IV	2.0 이상	0.3 이하	–	–
나 쁨	V	2.0 이상	0.5 이하	–	–
매우 나쁨	VI	2.0 미만	0.5 초과	–	–

핵심예제

2-1. 수질 및 수생태계 환경기준 중 하천에서 사람의 건강보호 기준으로 틀린 것은? [2013년 1회 산업기사]

① 1,4-다이옥세인 : 0.05mg/L 이하
② 수은 : 0.05mg/L 이하
③ 납 : 0.05mg/L 이하
④ 6가크롬 : 0.05mg/L 이하

2-2. 수질 및 수생태계 환경기준 중 하천에서의 사람의 건강보호 기준으로 옳은 것은? [2013년 2회 기사]

① 사염화탄소 : 0.05mg/L 이하
② 다이클로로메탄 : 0.05mg/L 이하
③ 벤젠 : 0.01mg/L 이하
④ 카드뮴 : 0.01mg/L 이하

|해설|

2-1
환경정책기본법 시행령 [별표 1] 환경기준(하천)
사람의 건강보호 기준
수은의 경우 기준값은 검출되어서는 안 되며 검출한계는 0.001mg/L 이다.

2-2
환경정책기본법 시행령 [별표 1] 환경기준(하천)
사람의 건강보호 기준

항 목	기준값(mg/L)
카드뮴(Cd)	0.005 이하
사염화탄소	0.004 이하
다이클로로메탄	0.02 이하
벤 젠	0.01 이하

정답 2-1 ② 2-2 ③

핵심이론 03 시행령 [별표 1] 환경기준(호소)

① 사람의 건강보호 기준 : 하천의 건강보호 기준과 같다.

② 생활환경 기준

등 급		기 준				
		pH	COD (mg/L)	TOC (mg/L)	SS (mg/L)	DO (mg/L)
매우 좋음	Ia	6.5~8.5	2 이하	2 이하	1 이하	7.5 이상
좋 음	Ib	6.5~8.5	3 이하	3 이하	5 이하	5.0 이상
약간 좋음	II	6.5~8.5	4 이하	4 이하	5 이하	5.0 이상
보 통	III	6.5~8.5	5 이하	5 이하	15 이하	5.0 이상
약간 나쁨	IV	6.0~8.5	8 이하	6 이하	15 이하	2.0 이상
나 쁨	V	6.0~8.5	10 이하	8 이하	쓰레기 등이 떠 있지 않을 것	2.0 이상
매우 나쁨	VI	-	10 초과	8 초과	-	2.0 미만

등 급		기 준				
		총인 (mg/L)	총질소 (mg/L)	Chl-a (mg/m^3)	대장균군 (군수/100mL)	
					총 대장균군	분원성 대장균군
매우 좋음	Ia	0.01 이하	0.2 이하	5 이하	50 이하	10 이하
좋 음	Ib	0.02 이하	0.3 이하	9 이하	500 이하	100 이하
약간 좋음	II	0.03 이하	0.4 이하	14 이하	1,000 이하	200 이하
보 통	III	0.05 이하	0.6 이하	20 이하	5,000 이하	1,000 이하
약간 나쁨	IV	0.10 이하	1.0 이하	35 이하	-	-
나 쁨	V	0.15 이하	1.5 이하	70 이하	-	-
매우 나쁨	VI	0.15 초과	1.5 초과	70 초과	-	-

핵심예제

수질 및 수생태계 환경기준 중 호소의 생활환경 기준항목인 클로로필-a 기준값(mg/m^3)으로 옳은 것은?(단, 매우좋음 등급일 경우)

[2011년 3회 기사]

① 3 이하
② 5 이하
③ 9 이하
④ 14 이하

|해설|

환경정책기본법 시행령 [별표 1] 환경기준(호소)
생활환경 기준
호소의 환경기준으로 매우 좋음 등급일 경우 클로로필-a의 농도는 $5mg/m^3$ 이하이다.

정답 ②

핵심이론 04 시행령 [별표 1] 환경기준(해역)

① 생활환경

항 목	기 준
pH	6.5~8.5
총대장균군(총대장균군수/100mL)	1,000 이하
용매추출유분(mg/L)	0.01 이하

② 생태기반 해수수질 기준

등 급	수질평가 지수값(Water Quality Index)
Ⅰ(매우 좋음)	23 이하
Ⅱ(좋음)	24~33
Ⅲ(보통)	34~46
Ⅳ(나쁨)	47~59
Ⅴ(매우 나쁨)	60 이상

③ 해양생태계 보호기준(단위 : $\mu g/L$)

중금속류	구 리	납	아 연	비 소	카드뮴	6가크로뮴
단기기준	3.0	7.6	34	9.4	19	200
장기기준	1.2	1.6	11	3.4	2.2	2.8

④ 사람의 건강보호

등 급	항 목	기준(mg/L)
모든 수역	6가크로뮴(Cr^{6+})	0.05
	비소(As)	0.05
	카드뮴(Cd)	0.01
	납(Pb)	0.05
	아연(Zn)	0.1
	구리(Cu)	0.02
	시안(CN)	0.01
	수은(Hg)	0.0005
	폴리클로리네이티드바이페닐(PCB)	0.0005
	다이아지논	0.02
	파라티온	0.06
	말라티온	0.25
	1,1,1-트라이클로로에탄	0.1
	테트라클로로에틸렌	0.01
	트라이클로로에틸렌	0.03
	다이클로로메탄	0.02
	벤 젠	0.01
	페 놀	0.005
	음이온 계면활성제(ABS)	0.5

핵심예제

수질 및 수생태계 환경기준 중 해역의 생활환경 기준 항목이 아닌 것은? [2013년 2회 기사]

① 음이온 계면활성제
② 용매 추출유분
③ 총대장균군
④ 수소이온농도

|해설|

환경정책기본법 시행령 [별표 1] 환경기준(해역)
생활환경 기준
수질 및 수생태계 환경기준 중 해역의 생활환경 기준 항목은 수소이온농도, 총대장균군, 용매 추출유분이다.

정답 ①

제2절 | 물환경보전법

핵심이론 01 제2조(정의)

이 법에서 사용하는 용어의 뜻은 다음과 같다.

① '물환경'이란 사람의 생활과 생물의 생육에 관계되는 물의 질(이하 수질) 및 공공수역의 모든 생물과 이들을 둘러싸고 있는 비생물적인 것을 포함한 수생태계(水生態系, 이하 수생태계)를 총칭하여 말한다.

② '점오염원'이란 폐수배출시설, 하수발생시설, 축사 등으로서 관로·수로 등을 통하여 일정한 지점으로 수질오염물질을 배출하는 배출원을 말한다.

③ '비점오염원'이란 도시, 도로, 농지, 산지, 공사장 등으로서 불특정 장소에서 불특정하게 수질오염물질을 배출하는 배출원을 말한다.

④ '기타수질오염원'이란 점오염원 및 비점오염원으로 관리되지 아니하는 수질오염물질을 배출하는 시설 또는 장소로서 환경부령으로 정하는 것을 말한다.

⑤ '폐수'란 물에 액체성 또는 고체성의 수질오염물질이 섞여 있어 그대로는 사용할 수 없는 물을 말한다.

⑥ '폐수관로'란 폐수를 사업장에서 ⑳의 공공폐수처리시설로 유입시키기 위하여 공공폐수처리시설을 설치·운영하는 자가 설치·관리하는 관로와 그 부속시설을 말한다.

⑦ '강우유출수'란 비점오염원의 수질오염물질이 섞여 유출되는 빗물 또는 눈 녹은 물 등을 말한다.

⑧ '불투수면'이란 빗물 또는 눈 녹은 물 등이 지하로 스며들 수 없게 하는 아스팔트·콘크리트 등으로 포장된 도로, 주차장, 보도 등을 말한다.

⑨ '수질오염물질'이라 함은 수질오염의 요인이 되는 물질로서 환경부령으로 정하는 것을 말한다.

⑩ '특정수질유해물질'이란 사람의 건강, 재산이나 동식물의 생육에 직접 또는 간접으로 위해를 줄 우려가 있는 수질오염물질로서 환경부령으로 정하는 것을 말한다.

⑪ '공공수역'이란 하천, 호소, 항만, 연안해역, 그 밖에 공공용으로 사용되는 수역과 이에 접속하여 공공용으로 사용되는 환경부령으로 정하는 수로를 말한다.

⑫ '폐수배출시설'이란 수질오염물질을 배출하는 시설물, 기계, 기구, 그 밖의 물체로서 환경부령으로 정하는 것을 말한다. 다만, 해양환경관리법에 따른 선박 및 해양시설은 제외한다.

⑬ '폐수무방류배출시설'이란 폐수배출시설에서 발생하는 폐수를 해당 사업장에서 수질오염방지시설을 이용하여 처리하거나 동일 폐수배출시설에 재이용하는 등 공공수역으로 배출하지 아니하는 폐수배출시설을 말한다.

⑭ '수질오염방지시설'이란 점오염원, 비점오염원 및 기타수질오염원으로부터 배출되는 수질오염물질을 제거하거나 감소하게 하는 시설로서 환경부령으로 정하는 것을 말한다.

⑮ '비점오염저감시설'이란 수질오염방지시설 중 비점오염원으로부터 배출되는 수질오염물질을 제거하거나 감소하게 하는 시설로서 환경부령으로 정하는 것을 말한다.

⑯ '호소'란 다음의 어느 하나에 해당하는 지역으로서 만수위(댐의 경우에는 계획홍수위를 말한다) 구역 안의 물과 토지를 말한다.

㉠ 댐·보 또는 둑(사방사업법에 따른 사방시설은 제외한다) 등을 쌓아 하천 또는 계곡에 흐르는 물을 가두어 놓은 곳

㉡ 하천에 흐르는 물이 자연적으로 가두어진 곳

㉢ 화산활동 등으로 인하여 함몰된 지역에 물이 가두어진 곳

⑰ '수면관리자'란 다른 법령에 따라 호소를 관리하는 자를 말한다. 이 경우 동일한 호소를 관리하는 자가 둘 이상인 경우에는 하천법에 따른 하천의 관리청 외의 자가 수면관리자가 된다.

⑱ '수생태계 건강성'이란 수생태계를 구성하고 있는 요소 중 환경부령으로 정하는 물리적·화학적·생물적 요소들이 훼손되지 아니하고 각각 온전한 기능을 발휘할 수 있는 상태를 말한다.

⑲ '상수원호소'란 수도법에 따라 지정된 상수원보호구역(이하 '상수원보호구역') 및 환경정책기본법에 따라 지정된 수질보전을 위한 특별대책지역(이하 '특별대책지역') 밖에 있는 호소 중 호소의 내부 또는 외부에 수도법에 따른 취수시설(이하 '취수시설')을 설치하여 그 호소의 물을 먹는 물로 사용하는 호소로서 환경부장관이 정하여 고시한 것을 말한다.

⑳ '공공폐수처리시설'이란 공공폐수처리구역의 폐수를 처리하여 공공수역에 배출하기 위한 처리시설과 이를 보완하는 시설을 말한다.

㉑ '공공폐수처리구역'이란 폐수를 공공폐수처리시설에 유입하여 처리할 수 있는 지역으로서 환경부장관이 지정한 구역을 말한다.

㉒ '물놀이형 수경시설'이란 수돗물, 지하수 등을 인위적으로 저장 및 순환하여 이용하는 분수, 연못, 폭포, 실개천 등의 인공시설물 중 일반인에게 개방되어 이용자의 신체와 직접 접촉하여 물놀이를 하도록 설치하는 시설을 말한다. 다만, 다음의 시설은 제외한다.

㉠ 관광진흥법에 따라 테마파크업의 허가를 받거나 신고를 한 자가 설치한 물놀이형 테마파크시설

㉡ 체육시설의 설치·이용에 관한 법률에 따른 체육시설 중 수영장

㉢ 환경부령으로 정하는 바에 따라 물놀이시설이 아니라는 것을 알리는 표지판과 울타리를 설치하거나 물놀이를 할 수 없도록 관리인을 두는 경우

핵심예제

1-1. 물환경보전법상 폐수에 대한 정의로 (　　)에 맞는 것은?

[2018년 3회 기사]

> '폐수'란 물에 (　　)의 수질오염물질이 섞여 있어 그대로는 사용할 수 없는 물을 말한다.

① 액체성 또는 고체성
② 기체성, 액체성 또는 고체성
③ 기체성 또는 가연성
④ 고체성

1-2. 물환경보전법에서 사용하는 용어의 설명이 틀린 것은?

① 수질오염물질이란 수질오염의 요인이 되는 물질로서 대통령령으로 정하는 것은 말한다.
② 점오염원이란 폐수배출시설, 하수발생시설, 축사 등으로서 관로·수로 등을 통하여 일정한 지점으로 수질오염물질을 배출하는 배출원을 말한다.
③ 공공수역이란 하천, 호소, 항만, 연안해역, 그 밖에 공공용으로 사용되는 수역과 이에 접속하여 공공용으로 사용되는 환경부령으로 정하는 수로를 말한다.
④ 강우유출수란 비점오염원의 수질오염물질이 섞여 유출되는 빗물 또는 눈 녹은 물 등을 말한다.

|해설|

1-1

물환경보전법 제2조(정의)

폐수 : 물에 액체성 또는 고체성의 수질오염물질이 섞여 있어 그대로는 사용할 수 없는 물을 말한다.

1-2

물환경보전법 제2조(정의)

수질오염물질이란 수질오염의 요인이 되는 물질로서 환경부령으로 정하는 것을 말한다.

정답 1-1 ① 1-2 ①

핵심이론 02 제4조의3(오염총량관리기본계획의 수립 등)

① 오염총량관리지역을 관할하는 시·도지사는 오염총량관리기본방침에 따라 다음의 사항을 포함하는 기본계획(이하 '오염총량관리기본계획')을 수립하여 환경부령으로 정하는 바에 따라 환경부장관의 승인을 받아야 한다. 오염총량관리기본계획 중 대통령령으로 정하는 중요한 사항을 변경하는 경우에도 또한 같다.

㉠ 해당 지역 개발계획의 내용

㉡ 지방자치단체별·수계구간별 오염부하량의 할당

㉢ 관할 지역에서 배출되는 오염부하량의 총량 및 저감계획

㉣ 해당 지역 개발계획으로 인하여 추가로 배출되는 오염부하량 및 그 저감계획

② 시행령 제4조(오염총량관리기본방침)

오염총량관리기본방침에는 다음의 사항이 포함되어야 한다.

㉠ 오염총량관리의 목표

㉡ 오염총량관리의 대상 수질오염물질 종류

㉢ 오염원의 조사 및 오염부하량 산정방법

㉣ 오염총량관리기본계획의 주체, 내용, 방법 및 시한

㉤ 오염총량관리시행계획의 내용 및 방법

핵심예제

오염총량관리기본계획에 포함되어야 하는 사항과 가장 거리가 먼 것은? [2013년 2회 기사]

① 관할 지역에서 배출되는 오염부하량의 총량 및 저감계획

② 해당 지역 개발계획으로 인하여 추가로 배출되는 오염부하량 및 그 저감계획

③ 해당 지역별 및 개발계획에 따른 오염부하량의 할당

④ 해당 지역 개발계획의 내용

정답 ③

핵심이론 03 제24조(대권역 물환경관리계획의 수립)

① 유역환경청장은 국가 물환경관리기본계획에 따라 대권역별로 대권역 물환경관리계획(이하 '대권역계획')을 10년마다 수립하여야 한다.

② 대권역계획에는 다음의 사항이 포함되어야 한다.

㉠ 물환경의 변화 추이 및 물환경목표기준

㉡ 상수원 및 물 이용현황

㉢ 점오염원, 비점오염원 및 기타 수질오염원의 분포현황

㉣ 점오염원, 비점오염원 및 기타 수질오염원에서 배출되는 수질오염물질의 양

㉤ 수질오염 예방 및 저감대책

㉥ 물환경 보전조치의 추진방향

㉦ 기후위기 대응을 위한 탄소중립·녹색성장 기본법에 따른 기후변화에 대한 적응대책

㉧ 그 밖에 환경부령으로 정하는 사항

핵심예제

대권역 물환경관리계획에 포함되어야 하는 사항과 가장 거리가 먼 것은? [2018년 1회 산업기사]

① 상수원 및 물 이용현황

② 점오염원, 비점오염원 및 기타 수질오염원별 수질오염 저감시설 현황

③ 점오염원, 비점오염원 및 기타 수질오염원의 분포현황

④ 점오염원, 비점오염원 및 기타 수질오염원에서 배출되는 수질오염물질의 양

정답 ②

핵심이론 04 제55조(관리대책의 수립)

① 환경부장관은 관리지역을 지정・고시하였을 때에는 다음의 사항을 포함하는 비점오염원관리대책(이하 관리대책)을 관계 중앙행정기관의 장 및 시・도지사와 협의하여 수립하여야 한다.

㉠ 관리목표

㉡ 관리대상 수질오염물질의 종류 및 발생량

㉢ 관리대상 수질오염물질의 발생 예방 및 저감방안

㉣ 그 밖에 관리지역을 적정하게 관리하기 위하여 환경부령으로 정하는 사항

② 환경부장관은 관리대책을 수립하였을 때에는 시・도지사에게 이를 통보하여야 한다.

③ 환경부장관은 관리대책을 수립하기 위하여 관계 중앙행정기관의 장, 시・도지사 및 관계되는 기관・단체의 장에게 관리대책의 수립에 필요한 자료의 제출을 요청할 수 있다.

핵심예제

환경부장관이 비점오염원관리지역을 지정, 고시한 때에 수립하는 비점오염원관리대책에 포함되어야 하는 사항과 가장 거리가 먼 것은? [2013년 3회 산업기사]

① 관리목표
② 관리대상 수질오염물질의 종류 및 발생량
③ 관리대상 수질오염물질의 발생 예방 및 저감방안
④ 관리대상 수질오염물질의 수질오염에 미치는 영향

정답 ④

핵심이론 05 제75조, 제76조(벌칙)

① 제75조(벌칙)

다음의 어느 하나에 해당하는 자는 7년 이하의 징역 또는 7천만원 이하의 벌금에 처한다.

㉠ 제33조제1항 또는 제2항에 따른 허가 또는 변경허가를 받지 아니하거나 거짓으로 허가 또는 변경허가를 받아 배출시설을 설치 또는 변경하거나 그 배출시설을 이용하여 조업한 자

㉡ 제33조제7항 및 제8항에 따라 배출시설의 설치를 제한하는 지역에서 제한되는 배출시설을 설치하거나 그 시설을 이용하여 조업한 자

㉢ 제38조제2항의 어느 하나에 해당하는 행위를 한 자

② 제76조(벌칙)

다음의 어느 하나에 해당하는 자는 5년 이하의 징역 또는 5천만원 이하의 벌금에 처한다.

㉠ 제4조의6제4항에 따른 조업정지・폐쇄명령을 이행하지 아니한 자

㉡ 제33조제1항에 따른 신고를 하지 아니하거나 거짓으로 신고를 하고 배출시설을 설치하거나 그 배출시설을 이용하여 조업한 자

㉢ 제38조제1항의 어느 하나에 해당하는 행위를 한 자

㉣ 제38조의2제1항에 따라 측정기기의 부착 조치를 하지 아니한 자(적산전력계 또는 적산유량계를 부착하지 아니한 자는 제외한다)

㉤ 제38조의3제1항제1호・제3호 또는 제4호에 해당하는 행위를 한 자

㉥ 제40조에 따른 조업정지명령을 위반한 자

㉦ 제42조에 따른 조업정지 또는 폐쇄명령을 위반한 자

㉧ 제44조에 따른 사용중지명령 또는 폐쇄명령을 위반한 자

㉨ 제50조제1항의 어느 하나에 해당하는 행위를 한 자

핵심예제

폐수무방류배출시설의 설치허가 또는 변경허가를 받은 사업자의 폐수무방류배출시설에서 배출되는 폐수를 오수 또는 다른 배출시설에서 배출되는 폐수와 혼합하여 처리하거나 처리할 수 있는 시설을 설치하는 행위를 한 경우 벌칙 기준은?

[2017년 1회 산업기사]

① 2년 이하의 징역 또는 2천만원 이하의 벌금
② 3년 이하의 징역 또는 3천만원 이하의 벌금
③ 5년 이하의 징역 또는 5천만원 이하의 벌금
④ 7년 이하의 징역 또는 7천만원 이하의 벌금

|해설|

물환경보전법 제75조(벌칙)
폐수무방류배출시설의 설치허가 또는 변경허가를 받은 사업자는 폐수무방류배출시설에서 배출되는 폐수를 오수 또는 다른 배출시설에서 배출되는 폐수와 혼합하여 처리하거나 처리할 수 있는 시설을 설치하는 행위를 하면 7년 이하의 징역 또는 7천만원 이하의 벌금에 처한다.

정답 ④

핵심이론 06 제77조, 제78조(벌칙)

① 제77조(벌칙)

다음의 어느 하나에 해당하는 자는 3년 이하의 징역 또는 3천만원 이하의 벌금에 처한다.

㉠ 제15조제1항제1호를 위반하여 특정수질유해물질 등을 누출·유출하거나 버린 자
㉡ 제62조제1항에 따른 허가 또는 변경허가를 받지 아니하거나 거짓이나 그 밖의 부정한 방법으로 허가 또는 변경허가를 받아 폐수처리업을 한 자

② 제78조(벌칙)

다음의 어느 하나에 해당하는 자는 1년 이하의 징역 또는 1천만원 이하의 벌금에 처한다.

㉠ 제12조제2항에 따른 시설의 개선 등의 조치명령을 위반한 자
㉡ 업무상 과실 또는 중대한 과실로 제15조제1항제1호를 위반하여 특정수질유해물질 등을 누출·유출한 자
㉢ 제15조제1항제2호를 위반하여 분뇨·가축분뇨 등을 버린 자
㉣ 제15조제3항에 따른 방제조치의 이행명령을 위반한 자
㉤ 제17조제1항에 따른 통행제한을 위반한 자
㉥ 제21조의3제1항에 따른 특별조치 명령을 위반한 자
㉦ 제37조제1항에 따른 가동시작 신고를 하지 아니하고 조업한 자
㉧ 제37조제4항에 따른 조사를 거부·방해 또는 기피한 자
㉨ 제38조의2제4항 단서를 위반하여 수질오염방지시설(공동방지시설을 포함한다), 공공폐수처리시설 또는 공공하수처리시설의 운영을 수탁받은 자에게 측정기기의 관리업무를 대행하게 한 자
㉩ 제38조의4제2항에 따른 조업정지명령을 이행하지 아니한 자
㉪ 제38조의6제1항을 위반하여 측정기기 관리대행업

의 등록 또는 변경등록을 하지 아니하고 측정기기 관리업무를 대행한 자

ⓔ 제50조제4항에 따른 시설의 개선 등의 조치명령을 위반한 자

ⓕ 제53조제5항의 각 호 외의 본문에 따른 비점오염저감시설을 설치하지 아니한 자

ⓖ 제53조제7항에 따른 비점오염저감계획의 이행명령 또는 비점오염저감시설의 설치·개선명령을 위반한 자

㉮ 제53조의3제1항에 따른 성능검사를 받지 아니한 비점오염저감시설을 공급한 자

㉯ 제53조의4에 따라 성능검사 판정의 취소처분을 받은 자 또는 성능검사 판정이 취소된 비점오염저감시설을 공급한 자

㉰ 제60조제1항에 따른 신고를 하지 아니하고 기타 수질오염원을 설치 또는 관리한 자

㉱ 제60조제8항 또는 제9항에 따른 조업정지·폐쇄명령을 위반한 자

㉲ 제68조제1항에 따른 관계 공무원의 출입·검사를 거부·방해 또는 기피한 폐수무방류배출시설을 설치·운영하는 사업자

핵심예제

업무상 과실 또는 중대한 과실로 인하여 공공수역에 특정수질유해물질을 누출, 유출시킨 자에 대한 벌칙 기준은?

[2013년 2회 기사]

① 1년 이하의 징역 또는 1천만원 이하의 벌금
② 2년 이하의 징역 또는 1천5백만원 이하의 벌금
③ 3년 이하의 징역 또는 2천만원 이하의 벌금
④ 5년 이하의 징역 또는 3천만원 이하의 벌금

|해설|

물환경보전법 제78조(벌칙)
업무상 과실 또는 중대한 과실로 공공수역에 특정수질유해물질 등을 누출·유출한 자는 1년 이하의 징역 또는 1천만원 이하의 벌금에 처한다.

정답 ①

핵심이론 07 제79조, 제80조(벌칙)

① 제79조(벌칙)
다음의 어느 하나에 해당하는 자는 500만원 이하의 벌금에 처한다.
㉠ 제38조의4제1항에 따른 조치명령을 이행하지 아니한 자
㉡ 제62조제3항제1호 또는 제2호에 따른 준수사항을 지키지 아니한 폐수처리업자
㉢ 제68조제1항에 따른 관계공무원의 출입·검사를 거부·방해 또는 기피한 자(폐수무방류배출시설을 설치·운영하는 사업자는 제외한다)

② 제80조(벌칙)
다음의 어느 하나에 해당하는 자는 100만원 이하의 벌금에 처한다.
㉠ 제38조의2제1항에 따라 적산전력계 또는 적산유량계를 부착하지 아니한 자
㉡ 제47조제4항을 위반하여 환경기술인의 업무를 방해하거나 환경기술인의 요청을 정당한 사유 없이 거부한 자

핵심예제

물환경보전법상 100만원 이하의 벌금에 해당되는 경우는?

[2018년 3회 산업기사]

① 환경관리인의 요청을 정당한 사유 없이 거부한 자
② 배출시설 등의 운영사항에 관한 기록을 보존하지 아니한 자
③ 배출시설 등의 운영사항에 관한 기록을 허위로 기록한 자
④ 환경관리인 등의 교육을 받게 하지 아니한 자

|해설|

물환경보전법 제80조(벌칙)
환경기술인의 업무를 방해하거나 환경기술인의 요청을 정당한 사유 없이 거부한 자는 100만원 이하의 벌금에 처한다.

정답 ①

핵심이론 08 제82조(과태료)

① 다음의 어느 하나에 해당하는 자에게는 1천만원 이하의 과태료를 부과한다.
㉠ 제4조의5제4항에 따른 측정기기를 부착하지 아니하거나 측정기기를 가동하지 아니한 자
㉡ 제4조의5제4항에 따른 측정결과를 기록·보존하지 아니하거나 거짓으로 기록·보존한 자
㉢ 제15조제1항제4호를 위반하여 환경부령으로 정하는 기준 이상의 토사를 유출하거나 버리는 행위를 한 자
㉣ 제35조제2항에 따른 준수사항을 지키지 아니한 자
㉤ 제38조의3제1항제2호에 해당하는 행위를 한 자
㉥ 제38조의3제2항을 위반하여 운영·관리기준을 준수하지 아니한 자
㉦ 제46조의2제1항에 따른 조사결과를 제출하지 아니하거나 거짓으로 제출한 자
㉧ 제46조의2제2항에 따른 자료 제출 명령을 이행하지 아니한 자
㉨ 제47조제1항을 위반하여 환경기술인을 임명하지 아니한 자
㉩ 제53조제1항에 따른 신고를 하지 아니한 자
㉪ 제61조를 위반하여 골프장의 잔디 및 수목 등에 맹·고독성 농약을 사용한 자
㉫ 제62조제3항제4호부터 제6호까지의 어느 하나에 해당하는 준수사항을 지키지 아니한 폐수처리업자

② 다음의 어느 하나에 해당하는 자에게는 300만원 이하의 과태료를 부과한다.
㉠ 제10조제1항 후단을 위반한 자
㉡ 제20조제1항에 따른 낚시금지구역 안에서 낚시행위를 한 사람
㉢ 제38조제3항을 위반하여 배출시설 등의 운영상황에 관한 기록을 보존하지 아니하거나 이를 거짓으로 기록한 자
㉣ 제50조의2제1항을 위반하여 기술진단을 실시하지 아니한 자
㉤ 제53조제1항 후단에 따른 변경신고를 하지 아니한 자
㉥ 제60조제6항을 위반하여 시설의 설치, 그 밖에 필요한 조치를 하지 아니한 자
㉦ 제61조의2제1항을 위반하여 물놀이형 수경시설의 설치신고 또는 변경신고를 하지 아니하고 시설을 운영한 자
㉧ 제61조의2제4항에 따른 물놀이형 수경시설의 수질기준 또는 관리기준을 위반하거나 수질검사를 받지 아니한 자

③ 다음의 어느 하나에 해당하는 자에게는 100만원 이하의 과태료를 부과한다.
㉠ 제15조제1항제3호를 위반한 자
㉡ 제20조제2항에 따른 제한사항을 위반하여 낚시제한구역에서 낚시행위를 한 사람
㉢ 제33조제2항 단서 또는 같은 조 제3항에 따른 변경신고를 하지 아니한 자
㉣ 제60조제1항 후단에 따른 변경신고를 하지 아니한 자
㉤ 제66조의2제2항에 따른 입력을 하지 아니하거나 거짓으로 입력한 자
㉥ 제67조를 위반하여 환경기술인 등의 교육을 받게 하지 아니한 자
㉦ 제68조제1항에 따른 보고를 하지 아니하거나 거짓으로 보고한 자 또는 자료를 제출하지 아니하거나 거짓으로 제출한 자

핵심예제

낚시금지구역에서 낚시행위를 한 자에 대한 과태료 처분 기준은?

[2019년 1회 산업기사]

① 100만원 이하 ② 200만원 이하
③ 300만원 이하 ④ 500만원 이하

|해설|

물환경보전법 제82조(과태료)
낚시행위의 제한 규정에 따른 낚시금지구역에서 낚시행위를 한 사람에게는 300만원 이하의 과태료를 부과한다.

정답 ③

제3절 | 물환경보전법 시행령

핵심이론 01 제10조(오염총량초과과징금 산정의 방법과 기준)

① 법 제4조의7제1항에 따른 오염총량초과과징금의 구체적인 산정방법과 기준은 [별표 1]과 같다.

② ①에 따른 위반횟수는 최근 2년간 조치명령, 조업정지명령 또는 폐쇄명령을 받은 횟수로 하며, 사업장별로 산정한다.

[별표 1] 오염총량초과과징금 산정방법 및 기준

1. 오염총량초과과징금의 산정방법

> 오염총량초과과징금 = 초과배출이익 × 초과율별 부과계수 × 지역별 부과계수 × 위반횟수별 부과계수 − 감액 대상 과징금

[비고] 감액 대상 과징금은 법 제4조의7제3항에 따른 배출부과금과 과징금을 말한다.

2. 초과배출이익의 산정방법

가. 초과배출이익이란 수질오염물질을 초과배출함으로써 지출하지 아니하게 된 수질오염물질 처리 비용을 말하며 산정방법은 다음과 같다.

> 초과배출이익 = 초과오염배출량 × 연도별 과징금 단가

나. 초과오염배출량이란 법 제4조의5제1항 전단에 따라 할당된 오염부하량(이하 할당오염부하량)이나 지정된 배출량(이하 지정배출량)을 초과하여 배출되는 수질오염물질의 양을 말하며, 산정방법은 다음과 같다.

> 초과오염배출량 = 일일초과오염배출량 × 배출기간

1) 일일초과오염배출량

가) 일일초과오염배출량은 다음의 방법에 따라 산정한 값 중 큰 값을 킬로그램으로 표시한 양으로 한다.

> • 일일초과오염배출량
> = 일일유량 × 배출농도 × 10^{-6} − 할당오염부하량
> • 일일초과오염배출량
> = (일일유량 − 지정배출량) × 배출농도 × 10^{-6}

[비 고]
1. 일일초과오염배출량의 단위는 킬로그램(kg)으로 하며, 생물화학적 산소요구량(BOD)은 소수점 이하 둘째 자리까지 계산(셋째 자리 이하는 버린다)하고, 총인(T-P)은 소수점 이하 셋째 자리까지 계산(넷째 자리 이하는 버린다)한다.
2. 일일유량은 법 제4조의6에 따른 조치명령 등의 원인이 되는 배출오염물질을 채취하였을 때의 오수 및 폐수유량(이하 측정유량)으로 계산한 오수 및 폐수총량을 말한다.
3. 배출농도는 법 제4조의6에 따른 조치명령 등의 원인이 되는 배출오염물질을 채취하였을 때의 배출농도를 말하며, 배출농도의 단위는 리터당 밀리그램(mg/L)으로 한다.
4. 할당오염부하량과 지정배출량의 단위는 1일당 킬로그램(kg/일)과 1일당 리터(L/일)로 한다.

나) 일일유량의 산정방법은 다음과 같다.

> 일일유량 = 측정유량 × 조업시간

[비 고]
1. 일일유량의 단위는 리터(L)로 한다.
2. 측정유량의 단위는 분당 리터(L/min)로 한다.
3. 일일조업시간은 측정하기 전 최근 조업한 30일간의 오수 및 폐수 배출시설의 조업시간 평균치로서 분으로 표시한다.

다) 측정유량과 배출농도는 환경분야 시험・검사 등에 관한 법률 제6조에 따른 환경오염공정시험기준에 따라 산정한다. 다만, 측정유량의 산정이 불가능하거나 실제 유량과 뚜렷한 차이가 있다고 인정될 경우에는 다음 중 어느 하나의 방법에 따라 산정한다.

(1) 적산유량계에 의한 산정

(2) 적산유량계에 의한 방법이 적합하지 아니하다고 인정될 경우에는 방지시설 운영일지상의 시료채취일 직전 최근 조업한 30일간의 평균유량에 의한 산정. 이 경우 갑작스런 폭우로 인하여 측정유량 증가가 있는 경우 등 비정상적인 조업일은 제외하고 30일을 산정할 수 있다.

(3) (1)이나 (2)의 방법이 적합하지 아니하다고 인정되는 경우에는 해당 사업장의 용수사용량(수돗물 · 공업용수 · 지하수 · 하천수 또는 해수 등 해당 사업장에서 사용하는 모든 용수를 포함한다)에서 생활용수량 · 제품함유량, 그 밖에 오수 및 폐수가 발생하지 아니한 용수량을 빼는 방법에 의한 산정

2) 배출기간

가) 배출시설과 방지시설이 다음 중 어느 하나에 해당하는 경우에는 수질오염물질을 배출하기 시작한 날부터 그 행위를 중단한 날

(1) 방지시설을 가동하지 아니하거나 방지시설을 거치지 아니하고 수질오염물질을 배출하거나, 처리약품을 투입하지 아니하고 수질오염물질을 배출하는 경우

(2) 비밀배출구로 수질오염물질을 배출하는 경우

나) 위 가)에 해당하지 아니할 경우에는 할당오염부하량이나 지정배출량을 초과하여 배출하기 시작한 날(배출하기 시작한 날을 알 수 없을 경우에는 초과 여부를 검사한 날을 말한다)부터 법 제4조의6제1항 또는 법 제4조의6제4항에 따른 조치명령, 조업정지명령, 폐쇄명령(이하 조치명령 등)의 이행완료 예정일

다. 연도별 과징금 단가는 다음과 같다.

연 도	수질오염물질 1kg당 연도별 과징금 단가
2004	3,000원
2005	3,300원
2006	3,600원
2007	4,000원
2008	4,400원
2009	4,800원
2010	5,300원
2011	5,800원

[비고] 2012년 이후에는 2011년도 과징금 단가에 연도별 과징금 산정지수를 곱한 값으로 하며, 연도별 과징금 산정지수는 전년도 과징금 산정지수에 환경부장관이 매년 고시하는 가격변동지수를 곱하여 산출한다. 이 경우 2011년도 과징금 산정지수는 1로 한다.

3. 초과율별 부과계수

초과율	부과계수
20% 미만	1.0
20% 이상 40% 미만	1.5
40% 이상 60% 미만	2.0
60% 이상 80% 미만	2.5
80% 이상 100% 미만	3.0
100% 이상 200% 미만	3.5
200% 이상 300% 미만	4.0
300% 이상 400% 미만	4.5
400% 이상	5.0

[비고] 초과율은 법 제4조의5제1항에 따른 할당오염부하량에 대한 일일초과배출량의 백분율을 말한다.

4. 지역별 부과계수

<table>
<tr><td rowspan="2">목표수질</td><td>등 급</td><td>Ⅰa</td><td>Ⅰb</td><td>Ⅱ</td><td>Ⅲ</td><td>Ⅳ</td><td>Ⅴ</td><td>Ⅵ</td></tr>
<tr><td>생물화학적 산소요구량</td><td>1 이하</td><td>1 초과 2 이하</td><td>2 초과 3 이하</td><td>3 초과 5 이하</td><td>5 초과 8 이하</td><td>8 초과 10 이하</td><td>10 초과</td></tr>
<tr><td colspan="2">부과계수</td><td>1.6</td><td>1.5</td><td>1.4</td><td>1.3</td><td>1.2</td><td>1.1</td><td>1.0</td></tr>
</table>

[비고] 목표수질은 법 제4조의2제1항에 따른 고시 또는 공고된 해당 유역의 목표수질을 말한다.

5. 위반횟수별 부과계수

1일 오수 · 폐수 배출량 규모(m^3)	위반횟수별 부과계수
10,000 이상	• 최초의 위반행위 : 1.8 • 두 번째 이후의 위반행위 : 그 위반행위 직전의 부과계수에 1.5를 곱한 값
7,000 이상 10,000 미만	• 최초의 위반행위 : 1.7 • 두 번째 이후의 위반행위 : 그 위반행위 직전의 부과계수에 1.5를 곱한 값
4,000 이상 7,000 미만	• 최초의 위반행위 : 1.6 • 두 번째 이후의 위반행위 : 그 위반행위 직전의 부과계수에 1.5를 곱한 값
2,000 이상 4,000 미만	• 최초의 위반행위 : 1.5 • 두 번째 이후의 위반행위 : 그 위반행위 직전의 부과계수에 1.5를 곱한 값
700 이상 2,000 미만	• 최초의 위반행위 : 1.4 • 두 번째 이후의 위반행위 : 그 위반행위 직전의 부과계수에 1.4를 곱한 값
200 이상 700 미만	• 최초의 위반행위 : 1.3 • 두 번째 이후의 위반행위 : 그 위반행위 직전의 부과계수에 1.3을 곱한 값
50 이상 200 미만	• 최초의 위반행위 : 1.2 • 두 번째 이후의 위반행위 : 그 위반행위 직전의 부과계수에 1.2를 곱한 값
50 미만	• 최초의 위반행위 : 1.1 • 두 번째 이후의 위반행위 : 그 위반행위 직전의 부과계수에 1.1을 곱한 값

핵심예제

할당오염부하량 등을 초과하여 배출한 자로부터 부과 · 징수하는 오염총량초과과징금 산정방법으로 (   )에 들어갈 내용은? [2018년 3회 기사]

오염총량초과과징금 = 초과배출이익 × (   ) – 감액 대상 과징금

① 초과율별 부과계수
② 초과율별 부과계수 × 지역별 부과계수
③ 초과율별 부과계수 × 위반횟수별 부과계수
④ 초과율별 부과계수 × 지역별 부과계수 × 위반횟수별 부과계수

|해설|

물환경보전법 시행령 [별표 1] 오염총량초과과징금의 산정방법 및 기준

오염총량초과과징금 = 초과배출이익 × 초과율별 부과계수 × 지역별 부과계수 × 위반횟수별 부과계수 – 감액 대상 과징금

정답 ④

핵심이론 02 법 제41조(배출부과금)

① 법 제41조(배출부과금)

환경부장관은 수질오염물질로 인한 수질오염 및 수생태계 훼손을 방지하거나 감소시키기 위하여 수질오염물질을 배출하는 사업자(공공폐수처리시설, 공공하수처리시설 중 환경부령으로 정하는 시설을 운영하는 자를 포함한다) 또는 제33조제1항부터 제3항까지의 규정에 따른 허가 · 변경허가를 받지 아니하거나 신고 · 변경신고를 하지 아니하고 배출시설을 설치하거나 변경한 자에게 배출부과금을 부과 · 징수한다. 이 경우 배출부과금은 다음과 같이 구분하여 부과하되, 그 산정방법과 산정기준 등에 관하여 필요한 사항은 대통령령으로 정한다.

㉠ 기본배출부과금
- 배출시설(폐수무방류배출시설은 제외한다)에서 배출되는 폐수 중 수질오염물질이 제32조에 따른 배출허용기준 이하로 배출되나 방류수 수질기준을 초과하는 경우
- 공공폐수처리시설 또는 공공하수처리시설에서 배출되는 폐수 중 수질오염물질이 방류수 수질기준을 초과하는 경우

㉡ 초과배출부과금
- 수질오염물질이 제32조에 따른 배출허용기준을 초과하여 배출되는 경우
- 수질오염물질이 공공수역에 배출되는 경우(폐수무방류배출시설로 한정한다)

② 시행령 제41조(기본배출부과금 산정의 기준 및 방법)

㉠ 법 제41조제1항제1호 가목 및 나목에 따른 기본배출부과금은 수질오염물질 배출량과 배출농도를 기준으로 다음의 계산식에 따라 산출한 금액으로 한다.

기준 이내 배출량 × 수질오염물질 1킬로그램당 부과금액 × 연도별 부과금산정지수 × 사업장별 부과계수 × 지역별 부과계수 × 방류수수질기준초과율별 부과계수

㉡ ㉠에 따른 기준 이내 배출량은 다음의 구분에 따른 배출량으로 한다.
- 법 제41조제1항제1호 가목의 경우 : 배출허용기준의 범위에서 공공폐수처리시설의 방류수 수질기준을 초과한 배출량
- 법 제41조제1항제1호 나목의 경우 : 공공폐수처리시설의 방류수 수질기준을 초과한 배출량

㉢ 기본배출부과금의 산정에 필요한 수질오염물질 1킬로그램당 부과금액에 관하여는 제45조제5항을 준용하고, 연도별 부과금산정지수에 관하여는 제49조제1항을 준용하며, 사업장별 부과계수는 [별표 9], 지역별 부과계수는 [별표 10], 방류수수질기준초과율별 부과계수는 [별표 11]과 같다.

㉣ 공동방지시설의 기본배출부과금은 사업장별로 ㉠부터 ㉢까지의 규정에 따라 산정한 금액을 더한 금액으로 한다.

[별표 9] 사업장별 부과계수

사업장 규모	제1종사업장(단위 : m^3/일)					제2종 사업장	제3종 사업장	제4종 사업장
	10,000 이상	8,000 이상 10,000 미만	6,000 이상 8,000 미만	4,000 이상 6,000 미만	2,000 이상 4,000 미만			
부과계수	1.8	1.7	1.6	1.5	1.4	1.3	1.2	1.1

[비 고]
1. 사업장의 규모별 구분은 [별표 13]에 따른다.
2. 공공하수처리시설과 공공폐수처리시설의 부과계수는 폐수배출량에 따라 적용한다.

[별표 10] 지역별 부과계수

청정지역 및 가지역	나지역 및 특례지역
1.5	1

[비고] 청정지역 및 가지역, 나지역 및 특례지역의 구분에 대하여는 환경부령으로 정한다.

[별표 16] 위반횟수별 부과계수

사업장의 종류별 구분에 따른 위반횟수별 부과계수

종 류	위반횟수별 부과계수	
제1종 사업장	• 처음 위반한 경우	
	사업장 규모	부과 계수
	2,000m^3/일 이상 4,000m^3/일 미만	1.5
	4,000m^3/일 이상 7,000m^3/일 미만	1.6
	7,000m^3/일 이상 10,000m^3/일 미만	1.7
	10,000m^3/일 이상	1.8
	• 다음 위반부터는 그 위반 직전의 부과계수에 1.5를 곱한 것으로 한다.	
제2종 사업장	• 처음 위반의 경우 : 1.4 • 다음 위반부터는 그 위반 직전의 부과계수에 1.4를 곱한 것으로 한다.	
제3종 사업장	• 처음 위반의 경우 : 1.3 • 다음 위반부터는 그 위반 직전의 부과계수에 1.3을 곱한 것으로 한다.	
제4종 사업장	• 처음 위반의 경우 : 1.2 • 다음 위반부터는 그 위반 직전의 부과계수에 1.2를 곱한 것으로 한다.	
제5종 사업장	• 처음 위반의 경우 : 1.1 • 다음 위반부터는 그 위반 직전의 부과계수에 1.1을 곱한 것으로 한다.	

[비고] 사업장의 규모별 구분은 [별표 13]에 따른다.

핵심예제

기본배출부과금 산정 시 '가'지역의 지역별 부과계수로 옳은 것은? [2011년 3회 기사]

① 1　② 1.2
③ 1.3　④ 1.5

|해설|

물환경보전법 시행령 [별표 10] 지역별 부과계수
'가'지역의 경우 부과계수는 1.5이다.

정답 ④

핵심이론 03 [별표 11] 방류수수질기준초과율별 부과계수

초과율	부과계수
10% 미만	1
10% 이상 20% 미만	1.2
20% 이상 30% 미만	1.4
30% 이상 40% 미만	1.6
40% 이상 50% 미만	1.8
50% 이상 60% 미만	2.0
60% 이상 70% 미만	2.2
70% 이상 80% 미만	2.4
80% 이상 90% 미만	2.6
90% 이상 100%까지	2.8

[비 고]

1. 방류수수질기준초과율 = (배출농도 - 방류수수질기준) ÷ (배출허용기준 - 방류수수질기준) × 100
2. 분모의 값이 방류수수질기준보다 작을 경우와 공공폐수처리시설인 경우에는 방류수수질기준을 분모의 값으로 한다.
3. 제1호의 배출허용기준은 공공하수처리시설의 하수처리구역에 있는 배출시설에 대하여 환경부장관이 따로 배출허용기준을 정하여 고시하는 경우에도 그 배출허용기준을 적용하지 아니하고, 환경부령으로 정하는 배출허용기준을 적용한다.

핵심예제

3-1. 다음 중 방류수수질기준초과율별 부과계수가 틀린 것은?

[2006년 1회 기사]

① 초과율이 30% 이상 40% 미만인 경우 부과계수는 1.6을 적용한다.
② 초과율이 50% 이상 60% 미만인 경우 부과계수는 2.0을 적용한다.
③ 초과율이 70% 이상 80% 미만인 경우 부과계수는 2.4를 적용한다.
④ 초과율이 90% 이상 100% 미만인 경우 부과계수는 2.6을 적용한다.

3-2. 다음 중 방류수수질기준초과율 산정공식으로 옳은 것은?

[2011년 3회 산업기사]

① $\dfrac{(\text{배출허용기준} - \text{방류수수질기준})}{(\text{배출농도} - \text{방류수수질기준})} \times 100$

② $\dfrac{(\text{배출농도} - \text{배출허용기준})}{(\text{방류수수질농도} - \text{방류수수질기준})} \times 100$

③ $\dfrac{(\text{배출농도} - \text{방류수수질기준})}{(\text{배출허용기준} - \text{방류수수질기준})} \times 100$

④ $\dfrac{(\text{배출허용기준} - \text{배출농도})}{(\text{방류수수질기준} - \text{배출허용기준})} \times 100$

정답 3-1 ④ 3-2 ③

핵심이론 04 제45조(초과배출부과금의 산정기준 및 산정방법)

법 제41조제1항제2호에 따른 초과배출부과금은 수질오염물질 배출량 및 배출농도를 기준으로 다음 계산식에 따라 산출한 금액에 제3항의 구분에 따른 금액을 더한 금액으로 한다. 다만, 법 제41조제1항제2호 가목에 따른 초과배출부과금을 부과하는 경우로서 배출허용기준을 경미하게 초과하여 법 제39조에 따른 개선명령을 받지 아니한 측정기기부착사업자 등에게 부과하는 경우 또는 제40조제1항제2호에 따라 개선계획서를 제출하고 개선하는 사업자에게 부과하는 경우에는 배출허용기준초과율별 부과계수와 위반횟수별 부과계수를 적용하지 아니하고, 제3항제1호의 금액을 더하지 아니한다.

> 기준초과배출량 × 수질오염물질 1킬로그램당 부과금액 × 연도별 부과금산정지수 × 지역별 부과계수 × 배출허용기준초과율별 부과계수(법 제41조제1항제2호 나목의 경우에는 유출계수・누출계수) × 배출허용기준 위반횟수별 부과계수

[별표 14] 초과부과금의 산정기준

1. 수질오염물질 1킬로그램당 부과금액

(단위 : 원)

수질오염물질		수질오염물질 1킬로그램당 부과금액	
유기물질		배출농도를 생물화학적 산소요구량 또는 화학적 산소요구량으로 측정한 경우	250
		배출농도를 총유기탄소량으로 측정한 경우	450
부유물질		250	
총질소		500	
총 인		500	
크롬 및 그 화합물		75,000	
망간 및 그 화합물		30,000	
아연 및 그 화합물		30,000	
페놀류		150,000	
특정유해물질	시안화합물	150,000	
	구리 및 그 화합물	50,000	
	카드뮴 및 그 화합물	500,000	
	수은 및 그 화합물	1,250,000	
	유기인화합물	150,000	
	비소 및 그 화합물	100,000	
	납 및 그 화합물	150,000	
	6가크롬화합물	300,000	
	폴리염화바이페닐	1,250,000	
	트라이클로로에틸렌	300,000	
	테트라클로로에틸렌	300,000	

[비고] 유기물질 초과부과금은 생물화학적 산소요구량 및 총유기탄소량별로 산정한 금액 중 높은 금액으로 한다. 다만, 2020년 1월 1일 전에 법 제33조제1항에 따라 설치허가를 받거나 설치신고를 한 폐수배출시설에 대한 유기물질 초과부과금은 2020년 1월 1일부터 2021년 12월 31일까지 생물화학적 산소요구량 및 화학적 산소요구량별로 산정한 금액 중 높은 금액으로 한다.

2. 배출허용기준초과율별 부과계수 및 지역별 부과계수

수질오염물질	배출허용기준초과율별 부과계수							
	20% 미만	20% 이상 40% 미만	40% 이상 80% 미만	80% 이상 100% 미만	100% 이상 200% 미만	200% 이상 300% 미만	300% 이상 400% 미만	400% 이상
유기물질	3.0	4.0	4.5	5.0	5.5	6.0	6.5	7.0
부유물질	3.0	4.0	4.5	5.0	5.5	6.0	6.5	7.0
총질소	3.0	4.0	4.5	5.0	5.5	6.0	6.5	7.0
총 인	3.0	4.0	4.5	5.0	5.5	6.0	6.5	7.0
크롬 및 그 화합물	3.0	4.0	4.5	5.0	5.5	6.0	6.5	7.0
망간 및 그 화합물	3.0	4.0	4.5	5.0	5.5	6.0	6.5	7.0
아연 및 그 화합물	3.0	4.0	4.5	5.0	5.5	6.0	6.5	7.0
페놀류	3.0	4.0	4.5	5.0	5.5	6.0	6.5	7.0

수질오염 물질		배출허용기준초과율별 부과계수							
		20% 미만	20% 이상 40% 미만	40% 이상 80% 미만	80% 이상 100% 미만	100% 이상 200% 미만	200% 이상 300% 미만	300% 이상 400% 미만	400% 이상
특정유해물질	시안 화합물	3.0	4.0	4.5	5.0	5.5	6.0	6.5	7.0
	구리 및 그 화합물	3.0	4.0	4.5	5.0	5.5	6.0	6.5	7.0
	카드뮴 및 그 화합물	3.0	4.0	4.5	5.0	5.5	6.0	6.5	7.0
	수은 및 그 화합물	3.0	4.0	4.5	5.0	5.5	6.0	6.5	7.0
	유기인 화합물	3.0	4.0	4.5	5.0	5.5	6.0	6.5	7.0
	비소 및 그 화합물	3.0	4.0	4.5	5.0	5.5	6.0	6.5	7.0
	납 및 그 화합물	3.0	4.0	4.5	5.0	5.5	6.0	6.5	7.0
	6가크롬 화합물	3.0	4.0	4.5	5.0	5.5	6.0	6.5	7.0
	폴리염화 바이페닐	3.0	4.0	4.5	5.0	5.5	6.0	6.5	7.0
	트라이 클로로 에틸렌	3.0	4.0	4.5	5.0	5.5	6.0	6.5	7.0
	테트라 클로로 에틸렌	3.0	4.0	4.5	5.0	5.5	6.0	6.5	7.0

수질오염물질		지역별 부과계수		
		청정지역 및 가 지역	나 지역	특례 지역
유기물질		2	1.5	1
부유물질		2	1.5	1
총질소		2	1.5	1
총 인		2	1.5	1
크롬 및 그 화합물		2	1.5	1
망간 및 그 화합물		2	1.5	1
아연 및 그 화합물		2	1.5	1
페놀류		2	1.5	1
특정유해물질	시안화합물	2	1.5	1
	구리 및 그 화합물	2	1.5	1
	카드뮴 및 그 화합물	2	1.5	1
	수은 및 그 화합물	2	1.5	1
	유기인화합물	2	1.5	1
	비소 및 그 화합물	2	1.5	1
	납 및 그 화합물	2	1.5	1
	6가크롬화합물	2	1.5	1
	폴리염화바이페닐	2	1.5	1
	트라이클로로에틸렌	2	1.5	1
	테트라클로로에틸렌	2	1.5	1

[비 고]

1. 배출허용기준초과율
   = (배출농도 − 배출허용기준농도) ÷ 배출허용기준농도 × 100
2. 희석하여 배출하는 경우 배출허용기준초과율별 부과계수의 산정 시 배출허용기준초과율의 적용은 희석수를 제외한 폐수의 배출농도를 기준으로 한다.
3. 폐수무방류배출시설의 유출·누출계수는 배출허용기준초과율별 부과계수 400퍼센트 이상, 지역별 부과계수는 청정지역 및 가지역을 적용한다.

핵심예제

초과부과금의 산정기준인 수질오염물질 1킬로그램당 부과금액이 가장 적은 것은? [2012년 2회 산업기사]

① 수은 및 그 화합물　② 폴리염화바이페닐
③ 트라이클로로에틸렌　④ 카드뮴 및 그 화합물

|해설|

물환경보전법 시행령 [별표 14] 초과부과금의 산정기준

① 수은 및 그 화합물 : 1,250,000원
② 폴리염화바이페닐 : 1,250,000원
③ 트라이클로로에틸렌 : 300,000원
④ 카드뮴 및 그 화합물 : 500,000원

정답 ③

핵심이론 05 제52조(배출부과금의 감면 등)

① 법 제41조제3항 전단에서 '대통령령이 정하는 양 이하의 수질오염물질을 배출하는 사업자'란 다음과 같다.

㉠ 제5종 사업장의 사업자

㉡ 공공폐수처리시설에 폐수를 유입하는 사업자

㉢ 공공하수처리시설에 폐수를 유입하는 사업자

㉣ 해당 부과기간의 시작일 전 6개월 이상 방류수 수질기준을 초과하는 수질오염물질을 배출하지 아니한 사업자

㉤ 최종방류구에 방류하기 전에 배출시설에서 배출하는 폐수를 재이용하는 사업자

② 법 제41조제3항에 따른 감면의 대상은 기본배출부과금으로 하고, 그 감면의 범위는 다음과 같다.

㉠ 위 ①의 ㉠부터 ㉢까지의 어느 하나에 해당되는 사업자 : 기본배출부과금 면제

㉡ 위 ①의 ㉣에 해당하는 사업자 : 방류수 수질기준을 초과하지 아니하고 수질오염물질을 배출한 기간별로 다음의 구분에 따른 감면율을 적용하여 해당 부과기간에 부과되는 기본배출부과금을 감경

- 6개월 이상 1년 내 : 100분의 20
- 1년 이상 2년 내 : 100분의 30
- 2년 이상 3년 내 : 100분의 40
- 3년 이상 : 100분의 50

㉢ 위 ①의 ㉤에 해당되는 사업자 : 다음의 구분에 따른 폐수 재이용률별 감면율을 적용하여 해당 부과기간에 부과되는 기본배출부과금을 감경

- 재이용률이 10퍼센트 이상 30퍼센트 미만인 경우 : 100분의 20
- 재이용률이 30퍼센트 이상 60퍼센트 미만인 경우 : 100분의 50
- 재이용률이 60퍼센트 이상 90퍼센트 미만인 경우 : 100분의 80
- 재이용률이 90퍼센트 이상인 경우 : 100분의 90

핵심예제

해당 부과기간의 시작일 전 1년 6개월 이상 방류수 수질기준을 초과하지 아니한 사업자의 기본배출부과금 감면율로 옳은 것은?

[2011년 1회 산업기사]

① 100분의 20
② 100분의 30
③ 100분의 40
④ 100분의 50

|해설|

물환경보전법 시행령 제52조(배출부과금의 감면 등)
1년 이상 2년 내 : 100분의 30

정답 ②

핵심이론 06 [별표 3] 수질오염경보의 종류별 경보단계 및 그 단계별 발령·해제기준

① 조류경보

㉠ 상수원 구간

경보단계	발령·해제기준
관 심	2회 연속 채취 시 남조류 세포수가 1,000세포/mL 이상 10,000세포/mL 미만인 경우
경 계	2회 연속 채취 시 남조류 세포수가 10,000세포/mL 이상 1,000,000세포/mL 미만인 경우
조류 대발생	2회 연속 채취 시 남조류 세포수가 1,000,000 세포/mL 이상인 경우
해 제	2회 연속 채취 시 남조류 세포수가 1,000세포/mL 미만인 경우

㉡ 친수활동 구간

경보단계	발령·해제기준
관 심	2회 연속 채취 시 남조류 세포수가 20,000세포/mL 이상 100,000세포/mL 미만인 경우
경 계	2회 연속 채취 시 남조류 세포수가 100,000세포/mL 이상인 경우
해 제	2회 연속 채취 시 남조류 세포수가 20,000세포/mL 미만인 경우

[비 고]

1. 발령주체는 위 ㉠ 및 ㉡의 발령·해제기준에 도달하는 경우에도 강우 예보 등 기상상황을 고려하여 조류경보를 발령 또는 해제하지 않을 수 있다.
2. 남조류 세포수는 마이크로시스티스(Microcystis), 아나베나(Anabaena), 아파니조메논(Aphanizomenon) 및 오실라토리아(Oscillatoria) 속(屬) 세포수의 합을 말한다.

② 수질오염감시경보

경보단계	발령·해제기준
관 심	• 수소이온농도, 용존산소, 총질소, 총인, 전기전도도, 총유기탄소, 휘발성 유기화합물, 페놀, 중금속(구리, 납, 아연, 카드뮴 등) 항목 중 2개 이상 항목이 측정항목별 경보기준을 초과하는 경우 • 생물감시 측정값이 생물감시 경보기준 농도를 30분 이상 지속적으로 초과하는 경우
주 의	• 수소이온농도, 용존산소, 총질소, 총인, 전기전도도, 총유기탄소, 휘발성 유기화합물, 페놀, 중금속(구리, 납, 아연, 카드뮴 등) 항목 중 2개 이상 항목이 측정항목별 경보기준을 2배 이상(수소이온농도 항목의 경우에는 5 이하 또는 11 이상을 말한다) 초과하는 경우 • 생물감시 측정값이 생물감시 경보기준 농도를 30분 이상 지속적으로 초과하고, 수소이온농도, 총유기탄소, 휘발성 유기화합물, 페놀, 중금속(구리, 납, 아연, 카드뮴 등) 항목 중 1개 이상의 항목이 측정항목별 경보기준을 초과하는 경우와 전기전도도, 총질소, 총인, 클로로필-a 항목 중 1개 이상의 항목이 측정항목별 경보기준을 2배 이상 초과하는 경우
경 계	생물감시 측정값이 생물감시 경보기준 농도를 30분 이상 지속적으로 초과하고, 전기전도도, 휘발성 유기화합물, 페놀, 중금속(구리, 납, 아연, 카드뮴 등) 항목 중 1개 이상의 항목이 측정항목별 경보기준을 3배 이상 초과하는 경우
심 각	경계경보 발령 후 수질오염사고 전개속도가 매우 빠르고 심각한 수준으로서 위기발생이 확실한 경우
해 제	측정항목별 측정값이 관심단계 이하로 낮아진 경우

[비 고]

1. 측정소별 측정항목과 측정항목별 경보기준 등 수질오염감시경보에 관하여 필요한 사항은 환경부장관이 고시한다.
2. 용존산소, 전기전도도, 총유기탄소 항목이 경보기준을 초과하는 것은 그 기준초과 상태가 30분 이상 지속되는 경우를 말한다.
3. 수소이온농도 항목이 경보기준을 초과하는 것은 5 이하 또는 11 이상이 30분 이상 지속되는 경우를 말한다.
4. 생물감시장비 중 물벼룩감시장비가 경보기준을 초과하는 것은 양쪽 모든 시험조에서 30분 이상 지속되는 경우를 말한다.

핵심예제

수질오염감시경보에 관한 내용으로 측정항목별 측정값이 관심단계 이하로 낮아진 경우의 수질오염감시경보단계는?

[2016년 1회 산업기사]

① 경 계 ② 주 의
③ 해 제 ④ 관 찰

정답 ③

핵심이론 07 [별표 4] 수질오염경보의 종류별 · 경보 단계별 조치사항

① 조류경보(상수원 구간)

단 계	관계 기관	조치사항
관 심	4대강(한강, 낙동강, 금강, 영산강)물환경연구소장 (시·도 보건환경연구원장 또는 수면관리자)	• 주 1회 이상 시료 채취 및 분석 (남조류 세포수, 클로로필-a) • 시험분석 결과를 발령기관으로 신속하게 통보
	수면관리자 (수면관리자)	취수구와 조류가 심한 지역에 대한 차단막 설치 등 조류 제거 조치 실시
	취수장·정수장 관리자 (취수장·정수장 관리자)	정수 처리 강화(활성탄 처리, 오존 처리)
	유역·지방환경청장 (시·도지사)	• 관심경보 발령 • 주변오염원에 대한 지도·단속
	홍수통제소장, 한국수자원공사사장 (홍수통제소장, 한국수자원공사사장)	댐, 보 여유량 확인·통보
	한국환경공단이사장 (한국환경공단이사장)	• 환경기초시설 수질자동측정자료 모니터링 실시 • 하천구간 조류 예방·제거에 관한 사항 지원
경 계	4대강 물환경연구소장 (시·도 보건환경연구원장 또는 수면관리자)	• 주 2회 이상 시료 채취 및 분석 (남조류 세포수, 클로로필-a, 냄새물질, 독소) • 시험분석 결과를 발령기관으로 신속하게 통보
	수면관리자 (수면관리자)	취수구와 조류가 심한 지역에 대한 차단막 설치 등 조류 제거 조치 실시
	취수장·정수장 관리자 (취수장·정수장 관리자)	• 조류증식 수심 이하로 취수구 이동 • 정수처리 강화(활성탄 처리, 오존 처리) • 정수의 독소분석 실시
	유역·지방환경청장 (시·도지사)	• 경계경보 발령 및 대중매체를 통한 홍보 • 주변오염원에 대한 단속 강화 • 낚시·수상스키·수영 등 친수활동, 어패류 어획·식용, 가축 방목 등의 자제 권고 및 이에 대한 공지(현수막 설치 등)
	홍수통제소장, 한국수자원공사사장 (홍수통제소장, 한국수자원공사사장)	기상상황, 하천수문 등을 고려한 방류량 산정
	한국환경공단이사장 (한국환경공단이사장)	• 환경기초시설 및 폐수배출사업장 관계기관 합동점검 시 지원 • 하천구간 조류 제거에 관한 사항 지원 • 환경기초시설 수질자동측정자료 모니터링 강화
조류 대발생	4대강 물환경연구소장 (시·도 보건환경연구원장 또는 수면관리자)	• 주 2회 이상 시료 채취 및 분석 (남조류 세포수, 클로로필-a, 냄새물질, 독소) • 시험분석 결과를 발령기관으로 신속하게 통보
	수면관리자 (수면관리자)	• 취수구와 조류가 심한 지역에 대한 차단막 설치 등 조류 제거 조치 실시 • 황토 등 조류제거물질 살포, 조류 제거선 등을 이용한 조류 제거 조치 실시
	취수장·정수장 관리자 (취수장·정수장 관리자)	• 조류증식 수심 이하로 취수구 이동 • 정수 처리 강화(활성탄 처리, 오존 처리) • 정수의 독소분석 실시
	유역·지방환경청장 (시·도지사)	• 조류대발생경보 발령 및 대중매체를 통한 홍보 • 주변오염원에 대한 지속적인 단속 강화 • 낚시·수상스키·수영 등 친수활동, 어패류 어획·식용, 가축 방목 등의 금지 및 이에 대한 공지(현수막 설치 등)
	홍수통제소장, 한국수자원공사사장 (홍수통제소장, 한국수자원공사사장)	댐, 보 방류량 조정
	한국환경공단이사장 (한국환경공단이사장)	• 환경기초시설 및 폐수배출사업장 관계기관 합동점검 시 지원 • 하천구간 조류 제거에 관한 사항 지원 • 환경기초시설 수질자동측정자료 모니터링 강화

단 계	관계 기관	조치사항
해 제	4대강 물환경연구소장 (시·도 보건환경연구원장 또는 수면관리자)	시험분석 결과를 발령기관으로 신속하게 통보
	유역·지방환경청장 (시·도지사)	각종 경보 해제 및 대중매체 등을 통한 홍보

[비 고]
1. 관계 기관란의 괄호는 시·도지사가 조류경보를 발령하는 경우의 관계 기관을 말한다.
2. 관계 기관은 위 표의 조치사항 외에도 현지 실정에 맞게 적절한 조치를 할 수 있다.
3. 조류경보를 발령하기 전이라도 수면관리자, 홍수통제소장 및 한국수자원공사사장 등 관계 기관의 장은 수온 상승 등으로 조류발생 가능성이 증가할 경우에는 일정 기간 방류량을 늘리는 등 조류에 따른 피해를 최소화하기 위한 방안을 마련하여 조치할 수 있다.

② 수질오염감시경보

단 계	관계 기관	조치사항
관 심	한국환경공단이사장	• 측정기기의 이상 여부 확인 • 유역·지방환경청장에게 보고 – 상황 보고, 원인 조사 및 관심경보 발령 요청 • 지속적 모니터링을 통한 감시
	수면관리자	물환경변화 감시 및 원인 조사
	취수장·정수장 관리자	정수 처리 및 수질분석 강화
	유역·지방환경청장	• 관심경보 발령 및 관계 기관 통보 • 수면관리자에게 원인 조사 요청 • 원인 조사 및 주변 오염원 단속 강화
주 의	한국환경공단이사장	• 측정기기의 이상 여부 확인 • 유역·지방환경청장에게 보고 – 상황 보고, 원인 조사 및 주의경보 발령 요청 • 지속적인 모니터링을 통한 감시
	수면관리자	• 물환경변화 감시 및 원인조사 • 차단막 설치 등 오염물질 방제 조치
	취수장·정수장 관리자	• 정수의 수질분석을 평시보다 2배 이상 실시 • 취수장 방제 조치 및 정수 처리 강화
	4대강 물환경연구소장	• 원인 조사 및 오염물질 추적 조사 지원 • 유역·지방환경청장에게 원인 조사 결과 보고 • 새로운 오염물질에 대한 정수처리 기술 지원
	유역·지방환경청장	• 주의경보 발령 및 관계 기관 통보 • 수면관리자 및 4대강 물환경연구소장에게 원인 조사 요청 • 관계 기관 합동 원인 조사 및 주변 오염원 단속 강화
경 계	한국환경공단이사장	• 측정기기의 이상 여부 확인 • 유역·지방환경청장에게 보고 – 상황 보고, 원인조사 및 경계경보 발령 요청 • 지속적 모니터링을 통한 감시 • 오염물질 방제조치 지원
	수면관리자	• 물환경변화 감시 및 원인 조사 • 차단막 설치 등 오염물질 방제 조치 • 사고 발생 시 지역사고대책본부 구성·운영
	취수장·정수장 관리자	• 정수처리 강화 • 정수의 수질분석을 평시보다 3배 이상 실시 • 취수 중단, 취수구 이동 등 식용수 관리대책 수립
	4대강 물환경연구소장	• 원인조사 및 오염물질 추적조사 지원 • 유역·지방환경청장에게 원인 조사 결과 통보 • 정수처리 기술 지원
	유역·지방환경청장	• 경계경보 발령 및 관계 기관 통보 • 수면관리자 및 4대강 물환경연구소장에게 원인 조사 요청 • 원인조사대책반 구성·운영 및 사법기관에 합동단속 요청 • 식용수 관리대책 수립·시행 총괄 • 정수처리 기술 지원

단 계	관계 기관	조치사항
심 각	환경부장관	중앙합동대책반 구성·운영
	한국환경공단이사장	• 측정기기의 이상 여부 확인 • 유역·지방환경청장에게 보고 – 상황 보고, 원인조사 및 경계 경보 발령 요청 • 지속적 모니터링을 통한 감시 • 오염물질 방제조치 지원
	수면관리자	• 물환경변화 감시 및 원인 조사 • 차단막 설치 등 오염물질 방제 조치 • 중앙합동대책반 구성·운영 시 지원
	취수장·정수장 관리자	• 정수처리 강화 • 정수의 수질분석 횟수를 평시보다 3배 이상 실시 • 취수 중단, 취수구 이동 등 식용수 관리대책 수립 • 중앙합동대책반 구성·운영 시 지원
	4대강 물환경연구소장	• 원인 조사 및 오염물질 추적조사 지원 • 유역·지방환경청장에게 시료분석 및 조사결과 통보 • 정수처리 기술 지원
	유역·지방환경청장	• 심각경보 발령 및 관계 기관 통보 • 수면관리자 및 4대강 물환경연구소장에게 원인 조사 요청 • 필요한 경우 환경부장관에게 중앙합동대책반 구성 요청 • 중앙합동대책반 구성 시 사고수습본부 구성·운영
	국립환경과학원장	• 오염물질 분석 및 원인 조사 등 기술 자문 • 정수처리 기술 지원
해 제	한국환경공단이사장	관심 단계 발령기준 이하 시 유역·지방환경청장에게 수질오염감시경보 해제 요청
	유역·지방환경청장	수질오염감시경보 해제

핵심예제

수질오염경보의 종류별, 경보단계별 조치사항에 관한 내용 중 조류경보(조류대발생 단계) 시 취수장, 정수장 관리장의 조치사항으로 틀린 것은? [2013년 2회 기사]

① 정수의 독소 분석 실시
② 정수처리 강화(활성탄 처리, 오존 처리)
③ 취수구와 조류가 심한 지역에 대한 차단막 설치
④ 조류증식 수심 이하로 취수구 이동

|해설|

물환경보전법 시행령 [별표 4] 수질오염경보의 종류별·경보단계별 조치사항
조류경보–상수원 구간

단 계	관계 기관	조치사항
조류 대발생	취수장·정수장 관리자 (취수장·정수장 관리자)	• 조류증식 수심 이하로 취수구 이동 • 정수 처리 강화(활성탄 처리, 오존 처리) • 정수의 독소분석 실시

정답 ③

핵심이론 08 [별표 13] 사업장의 규모별 구분

종 류	배출규모
제1종 사업장	1일 폐수배출량이 $2,000m^3$ 이상인 사업장
제2종 사업장	1일 폐수배출량이 $700m^3$ 이상 $2,000m^3$ 미만인 사업장
제3종 사업장	1일 폐수배출량이 $200m^3$ 이상 $700m^3$ 미만인 사업장
제4종 사업장	1일 폐수배출량이 $50m^3$ 이상 $200m^3$ 미만인 사업장
제5종 사업장	위 제1종부터 제4종까지의 사업장에 해당하지 아니하는 배출시설

[비 고]

1. 사업장의 규모별 구분은 1년 중 가장 많이 배출한 날을 기준으로 정한다.
2. 폐수배출량은 그 사업장의 용수사용량(수돗물 · 공업용수 · 지하수 · 하천수 및 해수 등 그 사업장에서 사용하는 모든 물을 포함한다)을 기준으로 다음 산식에 따라 산정한다. 다만, 생산 공정에 사용되는 물이나 방지시설의 최종 방류구에 방류되기 전에 일정 관로를 통하여 생산공정에 재이용되는 물은 제외하되, 희석수, 생활용수, 간접냉각수, 사업장 내 청소용 물, 원료야적장 침출수 등을 방지시설에 유입하여 처리하는 물은 포함한다.

   > 폐수배출량 = 용수사용량 − (생활용수량 + 간접냉각수량 + 보일러용수량 + 제품함유수량 + 공정 중 증발량 + 그 밖의 방류구로 배출되지 아니한다고 인정되는 물의 양) + 공정 중 발생량

3. 최초 배출시설 설치허가 시의 폐수배출량은 사업계획에 따른 예상용수사용량을 기준으로 산정한다.

핵심예제

8-1. 사업장의 규모별 구분에 관한 설명으로 옳지 않은 것은? [2012년 1회 기사]

① 1일 폐수배출량이 $400m^3$인 사업장은 제3종 사업장이다.
② 1일 폐수배출량이 $800m^3$인 사업장은 제2종 사업장이다.
③ 사업장의 규모별 구분은 1년 중 가장 많이 배출한 날을 기준으로 정한다.
④ 최초 배출시설 설치허가 시의 폐수배출량은 사업계획에 따른 예상폐수배출량을 기준으로 한다.

8-2. 1일 폐수배출량이 $500m^3$인 사업장의 규모 기준으로 옳은 것은?(단, 기타 조건은 고려하지 않음) [2013년 1회 기사]

① 2종 사업장
② 3종 사업장
③ 4종 사업장
④ 5종 사업장

|해설|

8-1

물환경보전법 시행령 [별표 13] 사업장의 규모별 구분

최초 배출시설 설치허가 시의 폐수배출량은 사업계획에 따른 예상용수사용량을 기준으로 산정한다.

8-2

물환경보전법 시행령 [별표 13] 사업장의 규모별 구분

폐수배출량이 $500m^3$인 사업장은 제3종 사업장에 속한다.

정답 8-1 ④ 8-2 ②

핵심이론 09 [별표 15] 일일기준초과배출량 및 일일유량 산정방법

① 일일기준초과배출량의 산정방법

> 일일기준초과배출량
> = 일일유량 × 배출허용기준 초과농도 × 10^{-6}

[비 고]

1. 배출허용기준 초과농도는 다음과 같다.
   가. 법 제41조제1항제2호 가목의 경우 : 배출농도 − 배출허용기준농도
   나. 법 제41조제1항제2호 나목의 경우 : 배출농도
2. 특정수질유해물질의 배출허용기준 초과 일일오염물질배출량은 소수점 이하 넷째 자리까지 계산하고, 그 밖의 수질오염물질은 소수점 이하 첫째 자리까지 계산한다.
3. 배출농도의 단위는 리터당 밀리그램(mg/L)으로 한다.

② 일일유량의 산정방법

> 일일유량 = 측정유량 × 일일조업시간

[비 고]

1. 측정유량의 단위는 분당 리터(L/min)로 한다.
2. 일일조업시간은 측정하기 전 최근 조업한 30일간의 배출시설 조업시간의 평균치로서 분으로 표시한다.

핵심예제

일일기준초과배출량 산정 시 적용되는 일일유량의 산정방법은 [측정유량 × 일일조업시간]이다. 측정유량의 단위는?

[2005년 2회 기사]

① 초당 리터
② 분당 리터
③ 시간당 리터
④ 일당 리터

|해설|

물환경보전법 시행령 [별표 15] 일일기준초과배출량 및 일일유량 산정방법

측정유량의 단위는 분당 리터(L/min)로 한다.

정답 ②

핵심이론 10 제59조(환경기술인의 임명 및 자격기준 등)

① 사업자가 환경기술인을 임명하려는 경우에는 다음의 구분에 따라 임명하여야 한다.
   ㉠ 최초로 배출시설을 설치한 경우 : 가동시작 신고와 동시
   ㉡ 환경기술인을 바꾸어 임명하는 경우 : 그 사유가 발생한 날부터 5일 이내

② 사업장별로 두어야 하는 환경기술인의 자격기준은 [별표 17]과 같다.

[별표 17] 사업장별 환경기술인의 자격기준

구 분	환경기술인
제1종 사업장	수질환경기사 1명 이상
제2종 사업장	수질환경산업기사 1명 이상
제3종 사업장	수질환경산업기사, 환경기능사 또는 3년 이상 수질 분야 환경관련 업무에 직접 종사한 자 1명 이상
제4종 사업장 · 제5종 사업장	배출시설 설치허가를 받거나 배출시설 설치신고가 수리된 사업자 또는 배출시설 설치허가를 받거나 배출시설 설치신고가 수리된 사업자가 그 사업장의 배출시설 및 방지시설업무에 종사하는 피고용인 중에서 임명하는 자 1명 이상

1. 사업장의 규모별 구분은 [별표 13]에 따른다.
2. 특정수질유해물질이 포함된 수질오염물질을 배출하는 제4종 또는 제5종 사업장은 제3종 사업장에 해당하는 환경기술인을 두어야 한다. 다만, 특정수질유해물질이 포함된 1일 $10m^3$ 이하의 폐수를 배출하는 사업장의 경우에는 그러하지 아니하다.
3. 공동방지시설의 경우에는 폐수배출량이 제4종 또는 제5종 사업장의 규모에 해당하면 제3종 사업장에 해당하는 환경기술인을 두어야 한다.
4. 법 제48조에 따른 공공폐수처리시설에 폐수를 유입시켜 처리하는 제1종 또는 제2종 사업장은 제3종 사업장에 해당하는 환경기술인을, 제3종 사업장은 제4종 사업장·제5종 사업장에 해당하는 환경기술인을 둘 수 있다.
5. 방지시설 설치면제 대상인 사업장과 배출시설에서 배출되는 수질오염물질 등을 공동방지시설에서 처리하게 하는 사업장은 제4종 사업장·제5종 사업장에 해당하는 환경기술인을 둘 수 있다.
6. 연간 90일 미만 조업하는 제1종부터 제3종까지의 사업장은 제4종 사업장·제5종 사업장에 해당하는 환경기술인을 선임할 수 있다.
7. 대기환경보전법 제40조제1항에 따라 대기환경기술인으로 임명된 자가 수질환경기술인의 자격을 함께 갖춘 경우에는 수질환경기술인을 겸임할 수 있다.
8. 환경산업기사 이상의 자격이 있는 자를 임명하여야 하는 사업장에서 환경기술인을 바꾸어 임명하는 경우로서 자격이 있는 구직자를 찾기 어려운 경우 등 부득이한 사유가 있는 경우에는 잠정적으로 30일 이내의 범위에서는 제4종 사업장·제5종 사업장의 환경기술인 자격에 준하는 자를 그 자격을 갖춘 자로 보아 제59조제1항제2호에 따른 신고를 할 수 있다.

핵심예제

1일 폐수배출량이 800m^{3}인 사업장의 환경기술인의 자격기준으로 옳은 것은? [2012년 2회 기사]

① 수질환경기사 1명 이상
② 수질환경산업기사 1명 이상
③ 수질환경산업기사, 환경기능사 또는 2년 이상 수질분야 환경관련 업무에 직접 종사한 자 1명 이상
④ 수질환경산업기사, 환경기능사 또는 3년 이상 수질분야 환경관련 업무에 직접 종사한 자 1명 이상

|해설|

물환경보전법 시행령 [별표 13] 사업장의 규모별 구분, [별표 15] 일일기준초과배출량 및 일일유량 산정방법
1일 폐수배출량이 800m^{2}인 사업장은 제2종 사업장이므로 환경기술인의 자격기준은 수질환경산업기사 1명 이상이다.

정답 ②

제4절 | 물환경보전법 시행규칙

핵심이론 01 제22조(국립환경과학원장 등이 설치·운영하는 측정망의 종류 등)

① 국립환경과학원장, 유역환경청장, 지방환경청장이 설치할 수 있는 측정망은 다음과 같다.
　㉠ 비점오염원에서 배출되는 비점오염물질 측정망
　㉡ 수질오염물질의 총량관리를 위한 측정망
　㉢ 대규모 오염원의 하류지점 측정망
　㉣ 수질오염경보를 위한 측정망
　㉤ 대권역·중권역을 관리하기 위한 측정망
　㉥ 공공수역 유해물질 측정망
　㉦ 퇴적물 측정망
　㉧ 생물 측정망
　㉨ 그 밖에 국립환경과학원장, 유역환경청장 또는 지방환경청장이 필요하다고 인정하여 설치·운영하는 측정망
② 한국수자원공사법에 따른 한국수자원공사의 장은 ①의 ㉤, ㉦, ㉧에 따른 측정망을 설치할 수 있다.

핵심예제

국립환경과학원장이 설치할 수 있는 측정망의 종류와 가장 거리가 먼 것은? [2019년 3회 산업기사]

① 비점오염원에서 배출되는 비점오염물질 측정망
② 퇴적물 측정망
③ 도심하천 측정망
④ 공공수역 유해물질 측정망

정답 ③

핵심이론 02 제24조(측정망 설치계획의 내용・고시 등)

① 측정망 설치계획에 포함되어야 하는 내용은 다음과 같다.
  ㉠ 측정망 설치시기
  ㉡ 측정망 배치도
  ㉢ 측정망을 설치할 토지 또는 건축물의 위치 및 면적
  ㉣ 측정망 운영기관
  ㉤ 측정자료의 확인방법

② 환경부장관, 시・도지사 또는 대도시의 장은 측정망 설치계획을 결정하거나 승인한 경우(변경하거나 변경 승인한 경우를 포함한다)에는 측정망 설치를 시작하는 날의 90일 전까지 그 측정망 설치계획을 고시하여야 한다.

핵심예제

측정망 설치계획에 포함되어야 하는 사항이라 볼 수 없는 것은?
[2018년 3회 산업기사]

① 측정망 설치시기
② 측정오염물질 및 측정 농도 범위
③ 측정망 배치도
④ 측정망을 설치할 토지 또는 건축물의 위치 및 면적

정답 ②

핵심이론 03 제30조(낚시제한구역에서의 제한사항)

'환경부령으로 정하는 사항'이란 다음의 사항을 말한다.

① 낚시방법에 관한 다음의 행위
  ㉠ 낚시바늘에 끼워서 사용하지 아니하고 물고기를 유인하기 위하여 떡밥・어분 등을 던지는 행위
  ㉡ 어선을 이용한 낚시행위 등 낚시 관리 및 육성법에 따른 낚시어선업을 영위하는 행위(내수면어업법 시행령에 따른 외줄낚시는 제외한다)
  ㉢ 1명당 4대 이상의 낚싯대를 사용하는 행위
  ㉣ 1개의 낚시대에 5개 이상의 낚시바늘을 떡밥과 뭉쳐서 미끼로 던지는 행위
  ㉤ 쓰레기를 버리거나 취사행위를 하거나 화장실이 아닌 곳에서 대・소변을 보는 등 수질오염을 일으킬 우려가 있는 행위
  ㉥ 고기를 잡기 위하여 폭발물・배터리・어망 등을 이용하는 행위(내수면어업법에 따라 면허 또는 허가를 받거나 신고를 하고 어망을 사용하는 경우는 제외한다)

② 내수면어업법 시행령에 따른 내수면 수산자원의 포획금지행위

③ 낚시로 인한 수질오염을 예방하기 위하여 그 밖에 시・군・자치구의 조례로 정하는 행위

핵심예제

낚시제한구역에서의 낚시방법의 제한사항에 관한 내용으로 틀린 것은?
[2012년 3회 기사]

① 1명당 4대 이상의 낚싯대를 사용하는 행위
② 1개의 낚싯대에 5개 이상의 낚싯바늘을 사용하는 행위
③ 쓰레기를 버리거나 취사행위를 하거나 화장실이 아닌 곳에서 대, 소변을 보는 등 수질오염을 일으킬 우려가 있는 행위
④ 낚시바늘에 끼워서 사용하지 아니하고 물고기를 유인하기 위하여 떡밥, 어분 등을 던지는 행위

|해설|

물환경보전법 시행규칙 제30조(낚시제한구역에서의 제한사항)
1개의 낚싯대에 5개 이상의 낚싯바늘을 떡밥과 뭉쳐서 미끼로 던지는 행위

정답 ②

핵심이론 04 제47조(시운전기간 등)

① 법 제37조제2항 전단에서 '환경부령으로 정하는 기간'이란 다음의 구분에 따른 기간을 말한다.

㉠ 폐수처리방법이 생물화학적 처리방법인 경우 : 가동시작일부터 50일. 다만, 가동시작일이 11월 1일부터 다음 연도 1월 31일까지에 해당하는 경우에는 가동시작일부터 70일로 한다.

㉡ 폐수처리방법이 물리적 또는 화학적 처리방법인 경우 : 가동시작일부터 30일

② 가동시작신고(가동시작일의 변경신고를 포함한다)를 받은 시·도지사는 ①에 따른 기간이 지난 날부터 15일 이내에 폐수배출시설 및 수질오염방지시설의 가동상태를 점검하고, 수질오염물질을 채취한 후 다음의 어느 하나에 해당하는 검사기관에 오염도검사를 하도록 하여 배출허용기준의 준수 여부를 확인하도록 하여야 한다. 다만, 영 제33조제2호 또는 제3호에 해당되는 경우 또는 폐수무방류배출시설에 대하여는 오염도검사 절차를 생략할 수 있다.

㉠ 국립환경과학원 및 그 소속기관

㉡ 특별시·광역시 및 도의 보건환경연구원

㉢ 유역환경청 및 지방환경청

㉣ 한국환경공단 및 그 소속 사업소

㉤ 국가표준기본법에 따라 인정된 수질 분야의 검사기관 중 환경부장관이 정하여 고시하는 기관

㉥ 그 밖에 환경부장관이 정하여 고시하는 수질검사기관

③ ②에 따른 오염도검사의 결과를 통보받은 시·도지사는 그 검사 결과가 배출허용기준을 초과하는 경우에는 개선명령을 하여야 한다.

핵심예제

4-1. 폐수처리방법이 화학적 처리방법인 경우에 시운전기간 기준은?(단, 가동시작일은 1월 1일임)

① 가동시작일로부터 30일
② 가동시작일로부터 40일
③ 가동시작일로부터 50일
④ 가동시작일로부터 60일

4-2. 폐수처리방법이 생물화학적 처리방법인 경우 시운전기간 기준은?(단, 가동시작일은 2월 3일이다) [2018년 2회 기사]

① 가동시작일부터 50일로 한다.
② 가동시작일부터 60일로 한다.
③ 가동시작일부터 70일로 한다.
④ 가동시작일부터 90일로 한다.

|해설|

4-1, 4-2
물환경보전법 시행규칙 제47조(시운전기간 등)

- 폐수처리방법이 생물화학적 처리방법인 경우 : 가동시작일부터 50일. 다만, 가동시작일이 11월 1일부터 다음 연도 1월 31일까지에 해당하는 경우에는 가동시작일부터 70일로 한다.
- 폐수처리방법이 물리적 또는 화학적 처리방법인 경우 : 가동시작일부터 30일

정답 4-1 ① 4-2 ①

핵심이론 05 제93조(기술인력 등의 교육기간 · 대상자 등)

① 기술인력, 환경기술인 또는 폐수처리업에 종사하는 기술요원(이하 '기술인력 등')을 고용한 자는 다음의 구분에 따른 교육을 받게 하여야 한다.

㉠ 최초교육 : 기술인력 등이 최초로 업무에 종사한 날부터 1년 이내에 실시하는 교육

㉡ 보수교육 : ㉠에 따른 최초교육 후 3년마다 실시하는 교육

② ①에 따른 교육은 다음의 구분에 따른 교육기관에서 실시한다. 다만, 환경부장관 또는 시 · 도지사는 필요하다고 인정하면 다음의 교육기관 외의 교육기관에서 기술인력 등에 관한 교육을 실시하도록 할 수 있다.

㉠ 측정기기 관리대행업에 등록된 기술인력 : 국립환경인재개발원 또는 한국상하수도협회

㉡ 폐수처리업에 종사하는 기술요원 : 국립환경인재개발원

㉢ 환경기술인 : 환경정책기본법에 따른 환경보전협회

핵심예제

기술인력 등의 교육기관을 맞게 짝지은 것은?

① 국립환경과학원-환경보전협회
② 국립환경과학원-한국환경공단
③ 국립환경인재개발원-환경보전협회
④ 국립환경인재개발원-한국환경공단

정답 ③

핵심이론 06 [별표 1] 기타수질오염원

① 수산물 양식시설

㉠ 양식산업발전법 시행령에 따른 가두리양식업시설 : 면허대상 모두

㉡ 양식산업발전법 시행령에 따른 육상수조식해수양식업시설 : 수조면적의 합계가 500제곱미터 이상일 것

㉢ 양식산업발전법 시행령에 따른 육상수조식내수양식업시설 : 수조면적의 합계가 500제곱미터 이상일 것

② 골프장

체육시설의 설치 · 이용에 관한 법률 시행령 별표 1에 따른 골프장 : 면적이 3만제곱미터 이상이거나 3홀 이상일 것(법 제53조제1항에 따라 비점오염원으로 설치 신고 대상인 골프장은 제외한다)

③ 운수장비 정비 또는 폐차장 시설

㉠ 동력으로 움직이는 모든 기계류 · 기구류 · 장비류의 정비를 목적으로 사용하는 시설 : 면적이 200제곱미터 이상(검사장 면적을 포함한다)일 것

㉡ 자동차 폐차장시설 : 면적이 1천500제곱미터 이상일 것

④ 농축수산물 단순가공시설

㉠ 조류의 알을 물세척만 하는 시설 : 물사용량이 1일 5세제곱미터 이상(하수도법 제2조제9호 및 제13호에 따른 공공하수처리시설 및 개인하수처리시설에 유입하는 경우에는 1일 20세제곱미터 이상)일 것

㉡ 1차 농산물을 물세척만 하는 시설 : 물사용량이 1일 5세제곱미터 이상(공공하수처리시설 및 개인하수처리시설에 유입하는 경우에는 1일 20세제곱미터 이상)일 것

㉢ 농산물의 보관 · 수송 등을 위하여 소금으로 절임만 하는 시설 : 용량이 10세제곱미터 이상(공공하수처리시설 및 개인하수처리시설에 유입하는 경우에는 1일 20세제곱미터 이상)일 것

㉣ 고정된 배수관을 통하여 바다로 직접 배출하는 시설(양식어민이 직접 양식한 굴의 껍질을 제거하고 물세척을 하는 시설을 포함한다)로서 해조류・갑각류・조개류를 채취한 상태 그대로 물세척만 하거나 삶은 제품을 구입하여 물세척만 하는 시설 : 물사용량이 1일 5세제곱미터 이상(농축수산물 단순가공시설이 바다에 붙어 있는 경우에는 물사용량이 1일 20세제곱미터 이상)일 것

⑤ 사진 처리 또는 X-Ray 시설

㉠ 무인자동식 현상・인화・정착시설 : 1대 이상일 것

㉡ 한국표준산업분류 733사진촬영 및 처리업의 사진처리시설(X-Ray 시설을 포함한다) 중에서 폐수를 전량 위탁처리하는 시설 : 1대 이상일 것

⑥ 금은판매점의 세공시설이나 안경원

㉠ 금은판매점의 세공시설(국토의 계획 및 이용에 관한 법률 시행령 제30조에 따른 준주거지역 및 상업지역에서 금은을 세공하여 금은판매점에 제공하는 시설을 포함한다)에서 발생되는 폐수를 전량 위탁처리하는 시설 : 폐수발생량이 1일 0.01세제곱미터 이상일 것

㉡ 안경원에서 렌즈를 제작하는 시설 : 1대 이상일 것

⑦ 복합물류터미널 시설

화물의 운송, 보관, 하역과 관련된 작업을 하는 시설 : 면적이 20만제곱미터 이상일 것

⑧ 거점소독시설

조류인플루엔자 등의 방역을 위하여 축산 관련 차량의 소독을 실시하는 시설 : 면적이 15제곱미터 이상일 것

[비 고]

1. ①의 ㉡ 및 ㉢에 해당되는 시설 중 증발과 누수로 인하여 줄어드는 물을 보충하여 양식하는 양식장, 전복양식장은 제외한다.
2. ⑧의 거점소독시설은 가축전염병예방법 제3조제1항에 따른 가축전염병 예방 및 관리대책에 따른 거점소독시설 및 같은 조 제5항에 따라 농림축산식품부장관이 고시한 방역기준에 따른 거점소독시설을 말한다.
3. 환경영향평가법 시행령 별표 3 제1호아목에 해당되어 비점오염원 설치신고 대상이 되는 사업은 기타수질오염원 신고대상에서 제외한다.

핵심예제

기타수질오염원 시설인 복합물류터미널 시설(화물의 운송, 보관, 하역과 관련된 작업을 하는 시설)의 규모 기준으로 옳은 것은?

[2013년 2회 기사]

① 면적이 10만제곱미터 이상일 것
② 면적이 15만제곱미터 이상일 것
③ 면적이 20만제곱미터 이상일 것
④ 면적이 30만제곱미터 이상일 것

|해설|

물환경보전법 시행규칙 [별표 1] 기타수질오염원

복합물류터미널 시설의 화물의 운송, 보관, 하역과 관련된 작업을 하는 시설의 규모는 면적이 20만m^2 이상이어야 한다.

정답 ③

핵심이론 07 [별표 3] 특정수질유해물질

① 구리와 그 화합물
② 납과 그 화합물
③ 비소와 그 화합물
④ 수은과 그 화합물
⑤ 시안화합물
⑥ 유기인화합물
⑦ 6가크롬화합물
⑧ 카드뮴과 그 화합물
⑨ 테트라클로로에틸렌
⑩ 트라이클로로에틸렌
⑪ 폴리클로리네이티드바이페닐
⑫ 셀레늄과 그 화합물
⑬ 벤 젠
⑭ 사염화탄소
⑮ 다이클로로메탄
⑯ 1,1-다이클로로에틸렌
⑰ 1,2-다이클로로에탄
⑱ 클로로폼
⑲ 1,4-다이옥산
⑳ 다이에틸헥실프탈레이트(DEHP)
㉑ 염화비닐
㉒ 아크릴로나이트릴
㉓ 브로모폼
㉔ 아크릴아미드
㉕ 나프탈렌
㉖ 폼알데하이드
㉗ 에피클로로하이드린
㉘ 페 놀
㉙ 펜타클로로페놀
㉚ 스티렌
㉛ 비스(2-에틸헥실)아디페이트
㉜ 안티몬

핵심예제

7-1. 다음 중 특정수질유해물질로 분류되어 있지 않은 것은?
[2011년 2회 기사]

① 1,4-다이옥산
② 아세트알데하이드
③ 아크릴아미드
④ 브로모폼

7-2. 특정수질유해물질이 아닌 것은? [2011년 3회 기사]

① 1,4-트라이클로로메탄
② 1,2-다이클로로에탄
③ 1,1-다이클로로에틸렌
④ 테트라클로로에틸렌

|해설|

7-1
물환경보전법 시행규칙 [별표 3] 특정수질유해물질
아세트알데하이드는 특정수질유해물질에 해당하지 아니 한다.

7-2
물환경보전법 시행규칙 [별표 3] 특정수질유해물질
1,4-트라이클로로메탄은 특정수질유해물질에 해당하지 아니 한다.

정답 7-1 ② 7-2 ①

핵심이론 08 [별표 5] 수질오염방지시설

① 물리적 처리시설

㉠ 스크린

㉡ 분쇄기

㉢ 침사(沈砂)시설

㉣ 유수분리시설

㉤ 유량조정시설(집수조)

㉥ 혼합시설

㉦ 응집시설

㉧ 침전시설

㉨ 부상시설

㉩ 여과시설

㉪ 탈수시설

㉫ 건조시설

㉬ 증류시설

㉭ 농축시설

② 화학적 처리시설

㉠ 화학적 침강시설

㉡ 중화시설

㉢ 흡착시설

㉣ 살균시설

㉤ 이온교환시설

㉥ 소각시설

㉦ 산화시설

㉧ 환원시설

㉨ 침전물 개량시설

③ 생물화학적 처리시설

㉠ 살수여과상

㉡ 포기(瀑氣)시설

㉢ 산화시설(산화조(酸化槽) 또는 산화지(酸化池)를 말한다)

㉣ 혐기성・호기성 소화시설

㉤ 접촉조(接觸槽 : 폐수를 염소 등의 약품과 접촉시키기 위한 탱크)

㉥ 안정조

㉦ 돈사톱밥발효시설

④ ①부터 ③까지의 시설과 같거나 그 이상의 방지효율을 가진 시설로서 환경부장관이 인정하는 시설

⑤ [별표 6]에 따른 비점오염저감시설

[비 고]

①의 ㉢부터 ㉤까지의 시설은 해당 시설에 유입되는 수질오염물질을 더 이상 처리하지 아니하고 직접 최종방류구에 유입시키거나 최종방류구를 거치지 아니하고 배출하는 경우에는 이를 수질오염방지시설로 보지 아니한다. 다만, 그 시설이 최종처리시설인 경우에는 수질오염방지시설로 본다.

핵심예제

8-1. 다음의 수질오염방지시설 중 물리적 처리시설이 아닌 것은? [2005년 3회 기사]

① 혼합시설
② 침전물 개량시설
③ 응집시설
④ 유수분리시설

8-2. 다음의 수질오염방지시설 중 생물화학적 처리시설이 아닌 것은? [2013년 2회 기사]

① 접촉조
② 살균시설
③ 포기시설
④ 살수여과상

|해설|

8-1

물환경보전법 시행규칙 [별표 5] 수질오염방지시설

침전물 개량시설은 화학적 처리시설에 해당한다.

8-2

물환경보전법 시행규칙 [별표 5] 수질오염방지시설

살균시설은 화학적 처리시설에 해당한다.

정답 8-1 ② 8-2 ②

핵심이론 09 [별표 6] 비점오염저감시설

① 다음의 구분에 따른 시설

㉠ 자연형 시설

- 저류시설 : 강우유출수를 저류(貯留)하여 침전 등에 의하여 비점오염물질을 줄이는 시설로 저류지・연못 등을 포함한다.
- 인공습지 : 침전, 여과, 흡착, 미생물 분해, 식생 식물에 의한 정화 등 자연상태의 습지가 보유하고 있는 정화능력을 인위적으로 향상시켜 비점오염물질을 줄이는 시설을 말한다.
- 침투시설 : 강우유출수를 지하로 침투시켜 토양의 여과・흡착 작용에 따라 비점오염물질을 줄이는 시설로서 투수성(透水性)포장, 침투조, 침투저류지, 침투도랑 등을 포함한다.
- 식생형 시설 : 토양의 여과・흡착 및 식물의 흡착(吸着)작용으로 비점오염물질을 줄임과 동시에, 동식물 서식공간을 제공하면서 녹지경관으로 기능하는 시설로서 식생여과대와 식생수로 등을 포함한다.

㉡ 장치형 시설

- 여과형 시설 : 강우유출수를 집수조 등에서 모은 후 모래・토양 등의 여과재(濾過材)를 통하여 걸러 비점오염물질을 줄이는 시설을 말한다.
- 소용돌이형 시설 : 중앙회전로의 움직임으로 소용돌이가 형성되어 기름・그리스(Grease) 등 부유성(浮游性) 물질은 상부로 부상시키고, 침전가능한 토사, 협잡물(挾雜物)은 하부로 침전・분리시켜 비점오염물질을 줄이는 시설을 말한다.
- 스크린형 시설 : 망의 여과・분리 작용으로 비교적 큰 부유물이나 쓰레기 등을 제거하는 시설로서 주로 전(前)처리에 사용하는 시설을 말한다.
- 응집・침전 처리형 시설 : 응집제(應集劑)를 사용하여 비점오염물질을 응집한 후, 침강시설에서 고형물질을 침전・분리시키는 방법으로 부유물질을 제거하는 시설을 말한다.
- 생물학적 처리형 시설 : 전처리시설에서 토사 및 협잡물 등을 제거한 후 미생물에 의하여 콜로이드(Colloid)성, 용존성(溶存性) 유기물질을 제거하는 시설을 말한다.

② 위 ①의 시설과 같거나 그 이상의 저감효율을 갖는 시설로서 환경부장관이 인정하여 고시하는 시설

핵심예제

9-1. 비점오염저감시설 중 자연형 시설이 아닌 것은?

[2012년 3회 기사]

① 식생형 시설
② 인공습지
③ 여과형 시설
④ 저류시설

9-2. 비점오염저감시설 중 장치형 시설에 해당되는 것은?

[2013년 3회 기사]

① 생물학적 처리형 시설
② 저류시설
③ 식생형 시설
④ 침투시설

|해설|

9-1

물환경보전법 시행규칙 [별표 6] 비점오염저감시설

비점오염저감시설 중 자연형 시설은 저류시설, 인공습지, 침투시설, 식생형 시설이다.

9-2

물환경보전법 시행규칙 [별표 6] 비점오염저감시설

비점오염저감시설 중 장치형 시설은 여과형 시설, 소용돌이형 시설, 스크린형 시설, 응집・침전 처리형 시설, 생물학적 처리형 시설이다.

정답 9-1 ③ 9-2 ①

핵심이론 10 [별표 10] 공공폐수처리시설의 방류수 수질기준

구 분	수질기준			
	Ⅰ 지역	Ⅱ 지역	Ⅲ 지역	Ⅳ 지역
BOD (mg/L)	10(10) 이하	10(10) 이하	10(10) 이하	10(10) 이하
TOC (mg/L)	15(25) 이하	15(25) 이하	25(25) 이하	25(25) 이하
SS (mg/L)	10(10) 이하	10(10) 이하	10(10) 이하	10(10) 이하
T－N (mg/L)	20(20) 이하	20(20) 이하	20(20) 이하	20(20) 이하
T－P (mg/L)	0.2(0.2) 이하	0.3(0.3) 이하	0.5(0.5) 이하	2(2) 이하
총대장균군수 (개/mL)	3,000 (3,000) 이하	3,000 (3,000) 이하	3,000 (3,000) 이하	3,000 (3,000) 이하
생태독성 (TU)	1(1) 이하	1(1) 이하	1(1) 이하	1(1) 이하

[비 고]

1. 산업단지 및 농공단지 공공폐수처리시설의 페놀류 등 수질오염물질의 방류수 수질기준은 위 표에도 불구하고 해당 처리시설에서 처리할 수 있는 수질오염물질 항목으로 한정하여 별표 13 제2호나목의 표 중 특례지역에 적용되는 배출허용기준의 범위에서 해당 처리시설 설치사업시행자의 요청에 따라 환경부장관이 정하여 고시한다.
2. 적용기간에 따른 수질기준란의 ( )는 농공단지 공공폐수처리시설의 방류수 수질기준을 말한다.
3. 생태독성 항목의 방류수 수질기준은 물벼룩에 대한 급성독성시험기준을 말한다.
4. 생태독성 방류수 수질기준 초과의 경우 그 원인이 오직 염(산의 음이온과 염기의 양이온에 의해 만들어지는 화합물을 말한다) 성분 때문이라고 증명된 때에는 그 방류수를 공공수역 중 항만 또는 연안해역에 방류하는 경우에 한정하여 생태독성 방류수 수질기준을 초과하지 아니하는 것으로 본다.
5. 4.에 따른 생태독성 방류수 수질기준 초과원인이 오직 염성분 때문이라는 증명에 필요한 구비서류, 절차·방법 등에 관하여 필요한 사항은 국립환경과학원장이 정하여 고시한다.

핵심예제

공공폐수처리시설의 방류수 수질기준으로 틀린 것은?(단, 적용기간 2013년 1월 1일 이후 Ⅳ지역 기준이며, ( ) 안의 기준은 농공단지의 경우이다)

[2019년 2회 산업기사]

① 부유물질량 : 10(10)mg/L 이하
② 총인 : 2(2)mg/L 이하
③ 화학적 산소요구량 : 30(30)mg/L 이하
④ 총질소 : 20(20)mg/L 이하

|해설|

물환경보전법 시행규칙 [별표 10] 공공폐수처리시설의 방류수 수질기준

구 분	수질기준
	Ⅳ지역
생물화학적 산소요구량(BOD, mg/L)	10(10) 이하
총유기탄소량(TOC, mg/L)	25(25) 이하
부유물질(SS, mg/L)	10(10) 이하
총질소(T-N, mg/L)	20(20) 이하
총인(T-P, mg/L)	2(2) 이하
총대장균군수(개/mL)	3,000(3,000) 이하
생태독성(TU)	1(1) 이하

적용기간에 따른 수질기준란의 ( )는 농공단지 공공폐수처리시설의 방류수 수질기준을 말한다.

정답 ③

핵심이론 11 [별표 12] 안내판의 규격 및 내용

① 두께 및 재질 : 3밀리미터 또는 4밀리미터 두께의 철판
② 바탕색 : 청색
③ 글씨 : 흰색

핵심예제

낚시금지, 제한구역의 안내판 규격에 관한 내용으로 옳은 것은?
[2013년 2회 기사]

① 바탕색 : 흰색, 글씨 : 청색
② 바탕색 : 청색, 글씨 : 흰색
③ 바탕색 : 녹색, 글씨 : 흰색
④ 바탕색 : 흰색, 글씨 : 녹색

|해설|

물환경보전법 시행규칙 [별표 12] 안내판의 규격 및 내용
안내판은 두께 및 재질이 3mm 또는 4mm 두께의 철판에, 청색바탕에 흰색글씨로 표기한다.

정답 ②

핵심이론 12 [별표 13] 수질오염물질의 배출허용기준

① 지역구분 적용에 대한 공통기준
㉠ ②의 표 및 비고의 지역구분란의 청정지역, 가지역, 나지역 및 특례지역은 다음과 같다.
- 청정지역 : 환경정책기본법 시행령에 따른 수질 및 수생태계 환경기준 매우 좋음(Ia) 등급 정도의 수질을 보전하여야 한다고 인정되는 수역의 수질에 영향을 미치는 지역으로서 환경부장관이 정하여 고시하는 지역
- 가지역 : 수질 및 수생태계 환경기준 좋음(Ib), 약간 좋음(II) 등급 정도의 수질을 보전하여야 한다고 인정되는 수역의 수질에 영향을 미치는 지역으로서 환경부장관이 정하여 고시하는 지역
- 나지역 : 수질 및 수생태계 환경기준 보통(III), 약간 나쁨(IV), 나쁨(V) 등급 정도의 수질을 보전하여야 한다고 인정되는 수역의 수질에 영향을 미치는 지역으로서 환경부장관이 정하여 고시하는 지역
- 특례지역 : 공공폐수처리지역 및 시장·군수가 산업입지 및 개발에 관한 법률에 따라 지정하는 농공단지

㉡ 자연공원법에 따른 자연공원의 공원구역 및 수도법에 따라 지정·공고된 상수원보호구역은 항목별 배출허용기준을 적용할 때에는 청정지역으로 본다.
㉢ 정상가동 중인 공공하수처리시설에 배수설비를 연결하여 처리하고 있는 폐수배출시설에 ②에 따른 항목별 배출허용기준(②의 나목은 해당 공공하수처리시설에서 처리하는 수질오염물질 항목만 해당한다)을 적용할 때에는 나지역의 기준을 적용한다.

② 항목별 배출허용기준

대상규모 / 항목 / 지역구분	1일 폐수배출량 2천m^3 이상			1일 폐수배출량 2천m^3 미만		
	BOD (mg/L)	TOC (mg/L)	SS (mg/L)	BOD (mg/L)	TOC (mg/L)	SS (mg/L)
청정지역	30 이하	25 이하	30 이하	40 이하	30 이하	40 이하
가지역	60 이하	40 이하	60 이하	80 이하	50 이하	80 이하
나지역	80 이하	50 이하	80 이하	120 이하	75 이하	120 이하
특례지역	30 이하	25 이하	30 이하	30 이하	25 이하	30 이하

[비 고]

1. 하수처리구역에서 하수도법에 따라 공공하수도관리청의 허가를 받아 폐수를 공공하수도에 유입시키지 아니하고 공공수역으로 배출하는 폐수배출시설 및 하수도법을 위반하여 배수설비를 설치하지 아니하고 폐수를 공공수역으로 배출하는 사업장에 대한 배출허용기준은 공공하수처리시설의 방류수 수질기준을 적용한다.
2. 국토의 계획 및 이용에 관한 법률에 따른 관리지역에서의 건축법 시행령에 따른 공장에 대한 배출허용기준은 특례지역의 기준을 적용한다.
3. 특례지역(공공폐수처리구역의 경우로 한정한다) 내 폐수배출시설에서 발생한 폐수를 공공폐수처리시설에 유입하지 않고 공공수역으로 배출하는 사업장에 대한 배출허용기준은 공공폐수처리시설의 방류수 수질기준을 적용한다.

핵심예제

다음 조건에서 적용되는 오염물질의 배출허용기준은?

- 1일 폐수배출량이 2,000m^3 미만
- 환경기준(수질) Ⅱ등급 정도의 수질을 보전하여야 한다고 인정하는 수역의 수질에 영향을 미치는 지역으로서 환경부장관이 정하여 고시하는 지역
- 단위 : mg/L

① BOD 80 이하, SS 80 이하
② BOD 70 이하, SS 70 이하
③ BOD 60 이하, SS 60 이하
④ BOD 50 이하, SS 50 이하

|해설|

물환경보전법 시행규칙 [별표 13] 수질오염물질의 배출허용기준

- 항목별 배출허용기준

대상규모	1일 폐수배출량 2,000m^3 미만		
구분 / 항목	BOD(mg/L)	TOC(mg/L)	SS(mg/L)
청정지역	40 이하	30 이하	40 이하
가지역	80 이하	50 이하	80 이하
나지역	120 이하	75 이하	120 이하
특례지역	30 이하	25 이하	30 이하

- 환경기준(수질) Ⅱ등급 정도의 수질을 보전하여야 한다고 인정하는 수역의 수질에 영향을 미치는 지역은 '가지역'이다.

정답 ①

핵심이론 13 [별표 16] 폐수관로 및 배수설비의 설치방법 · 구조기준 등

① 배수관은 폐수관로와 연결되어야 하며, 관경(관지름)은 안지름 150밀리미터 이상으로 하여야 한다.

② 배수관은 우수관과 분리하여 빗물이 혼합되지 아니하도록 설치하여야 한다.

③ 배수관의 기점 · 종점 · 합류점 · 굴곡점과 관경 · 관의 종류가 달라지는 지점에는 맨홀을 설치하여야 하며, 직선인 부분에는 안지름의 120배 이하의 간격으로 맨홀을 설치하여야 한다.

④ 배수관 입구에는 유효간격 10밀리미터 이하의 스크린을 설치하여야 하고, 다량의 토사를 배출하는 유출구에는 적당한 크기의 모래받이를 각각 설치하여야 하며, 배수관 · 맨홀 등 악취가 발생할 우려가 있는 시설에는 방취(防臭)장치를 설치하여야 한다.

⑤ 사업장에서 공공폐수처리시설까지로 폐수를 유입시키는 배수관에는 유량계 등 계량기를 부착하여야 한다.

⑥ 시간당 최대폐수량이 일평균폐수량의 2배 이상인 사업자와 순간수질과 일평균수질과의 격차가 리터당 100밀리그램 이상인 시설의 사업자는 자체적으로 유량조정조를 설치하여 공공폐수처리시설 가동에 지장이 없도록 폐수배출량 및 수질을 조정한 후 배수하여야 한다.

핵심예제

공공폐수처리시설종류별 배수설비의 설치방법 및 구조기준으로 틀린 것은?

① 배수관의 관경은 안지름 150mm 이상으로 하여야 한다.
② 배수관은 우수관과 분리하여 빗물이 혼합되지 아니하도록 설치하여야 한다.
③ 배수관 입구에는 유효간격 5밀리미터 이하의 스크린을 설치하여야 한다.
④ 배수관이 직선인 부분에는 안지름의 120배 이하의 간격으로 맨홀을 설치하여야 한다.

|해설|

물환경보전법 시행규칙 [별표 16] 폐수관로 및 배수설비의 설치방법 · 구조기준

배수관 입구에는 유효간격 10밀리미터 이하의 스크린을 설치하여야 한다.

정답 ③

핵심이론 14 [별표 20] 폐수처리업의 허가요건

구 분 종 류	운반장비
폐수수탁 처리업	① 폐수운반장비는 용량 $2m^3$ 이상의 탱크로리, $1m^3$ 이상의 합성수지제 용기가 고정된 차량이어야 한다. 다만, 아파트형 공장 내에서 수집하는 경우에는 고정식 파이프라인으로 갈음할 수 있다. ② 폐수운반장비는 운반폐수에 부식되지 아니하는 재질로서 운반 도중 폐수가 누출되지 아니하도록 안전한 구조로 되어 있어야 한다. ③ 폐수운반장비는 내부용량을 계측할 수 있는 구조 또는 그 양을 확인할 수 있도록 되어 있어야 한다. ④ 폐수운반차량은 청색[색번호 10B5-12(1016)]으로 도색하고, 양쪽 옆면과 뒷면에 가로 50cm, 세로 20cm 이상 크기의 노란색 바탕에 검은색 글씨로 폐수운반차량, 회사명, 등록번호, 전화번호 및 용량을 지워지지 아니하도록 표시하여야 한다. ⑤ 운송 시 안전을 위한 보호구, 중화제 및 소화기를 갖추어 두어야 한다.
폐수 재이용업	① 폐수운반장비는 용량 $2m^3$ 이상의 탱크로리, $1m^3$ 이상의 합성수지제 용기가 고정된 차량, 18L 이상의 합성수지제 용기(유가품인 경우만 해당한다)이어야 한다. 다만, 아파트형공장 내에서 수집하는 경우에는 고정식 파이프라인으로 갈음할 수 있다. ②~⑤는 폐수수탁처리업과 동일

핵심예제

다음은 폐수처리업의 허가요건 중 폐수재이용업의 운반장비에 관한 기준이다. 괄호 안에 옳은 내용은?

> 폐수운반차량은 청색(색번호 10B5-12(1016))으로 도색하고 양쪽 옆면과 뒷면에 가로 50센티미터, 세로 20센티미터 이상의 크기의 (   )로 폐수운반차량, 회사명, 등록번호, 전화번호 및 용량을 지워지지 아니하도록 표시하여야 한다.

① 노란색 바탕에 청색 글씨
② 노란색 바탕에 검은색 글씨
③ 흰색 바탕에 청색 글씨
④ 흰색 바탕에 검은색 글씨

|해설|

물환경보전법 시행규칙 [별표 20] 폐수처리업의 허가요건
폐수재이용업의 폐수운반차량은 청색으로 도색하고, 노란색 바탕에 검은색 글씨로 폐수운반차량, 회사명, 등록번호, 전화번호 및 용량을 지워지지 아니하도록 표시하여야 한다.

정답 ②

핵심이론 15 [별표 23] 위임업무 보고사항

업무내용	보고횟수	보고자
폐수배출시설의 설치허가, 수질오염물질의 배출상황검사, 폐수배출시설에 대한 업무처리 현황	연 4회	시·도지사
폐수무방류배출시설의 설치허가(변경허가) 현황	수 시	시·도지사
기타 수질오염원 현황	연 2회	시·도지사
폐수처리업에 대한 허가·지도단속실적 및 처리실적 현황	연 2회	시·도지사
폐수위탁·사업장 내 처리현황 및 처리실적	연 1회	시·도지사
환경기술인의 자격별·업종별 현황	연 1회	시·도지사
배출업소의 지도·점검 및 행정처분 실적	연 4회	시·도지사
배출부과금 부과 실적	연 4회	시·도지사, 유역환경청장, 지방환경청장
배출부과금 징수 실적 및 체납처분 현황	연 2회	시·도지사, 유역환경청장, 지방환경청장
배출업소 등에 따른 수질오염사고 발생 및 조치사항	수 시	시·도지사, 유역환경청장, 지방환경청장
과징금 부과 실적	연 2회	시·도지사
과징금 징수 실적 및 체납처분 현황	연 2회	시·도지사
비점오염원의 설치신고 및 방지시설 설치 현황 및 행정처분 현황	연 4회	유역환경청장, 지방환경청장
골프장 맹·고독성 농약 사용 여부 확인 결과	연 2회	시·도지사
측정기기 부착시설 설치 현황	연 2회	시·도지사, 유역환경청장, 지방환경청장
측정기기 부착사업장 관리 현황	연 2회	시·도지사, 유역환경청장, 지방환경청장
측정기기 부착사업자에 대한 행정처분 현황	연 2회	시·도지사, 유역환경청장, 지방환경청장
측정기기 관리대행업에 대한 등록·변경등록, 관리대행능력 평가·공시 및 행정처분 현황	연 1회	유역환경청장, 지방환경청장
수생태계 복원계획(변경계획) 수립·승인 및 시행계획(변경계획) 협의현황	연 2회	유역환경청장, 지방환경청장
수생태계 복원 시행계획(변경계획) 협의현황	연 2회	유역환경청장, 지방환경청장

핵심예제

15-1. 위임업무 보고 업무내용 중 보고횟수가 연 1회에 해당되는 것은?

① 기타 수질오염원 현황
② 환경기술인의 자격별, 업종별 현황
③ 폐수무방류배출시험의 설치허가 현황
④ 폐수처리업에 대한 허가, 지도단속실적 및 처리실적 현황

15-2. 위임업무 보고사항 중 보고횟수 기준이 나머지와 다른 업무내용은?

① 배출업소의 지도, 점검 및 행정처분 실적
② 폐수처리업에 대한 허가, 지도단속실적 및 처리실적 현황
③ 배출부과금 부과 실적
④ 비점오염원의 설치신고 및 방지시설 설치 현황 및 행정처분 현황

|해설|

15-1

물환경보전법 시행규칙 [별표 23] 위임업무 보고사항

① 기타 수질오염원 현황 : 연 2회
② 환경기술인의 자격별, 업종별 현황 : 연 1회
③ 폐수무방류배출시험의 설치허가(변경허가) 현황 : 수시
④ 폐수처리업에 대한 허가, 지도단속실적 및 처리실적 현황 : 연 2회

15-2

물환경보전법 시행규칙 [별표 23] 위임업무 보고사항

- ①, ③, ④ : 연 4회
- ② : 연 2회

정답 15-1 ② 15-2 ②

교육은 우리 자신의 무지를 점차 발견해 가는 과정이다.

– 윌 듀란트 –

Win-Q

수질환경기사 · 산업기사

CHAPTER 01　수질환경기사 기출복원문제

CHAPTER 02　수질환경산업기사 기출복원문제

※ 기준 및 법령 관련 문제는 잦은 개정으로 인하여 내용이 도서와 달라질 수 있으며, 가장 최신 기준 및 법령의 내용은 국가법령정보센터(https://www.law.go.kr/)를 통해서 확인이 가능합니다.

PART 2

과년도 + 최근 기출복원문제

Win-Q

수질환경기사 · 산업기사

CHAPTER 1

2017~2022년 과년도 기출문제

2023년 최근 기출복원문제

수질환경기사 기출복원문제

2017년 제1회 과년도 기출문제

제1과목 | 수질오염개론

01 우리나라 개인하수처리시설에서 발생되는 정화조 오니에 대한 설명으로 틀린 것은?

① BOD농도 8,000mg/L 내외
② SS농도 22,000mg/L 내외
③ 분뇨보다 생물학적 분해 불가능 성분을 적게 포함한다.
④ 성상은 처리시설형식에 따라 현격한 차이를 보인다.

해설
정화조오니에는 분뇨보다 생물학적 분해 불가능한 성분이 많이 포함되어 있다.

02 하천수의 난류확산 방정식과 상관성이 적은 인자는?

① 유 량
② 침강속도
③ 난류확산계수
④ 유 속

03 지구상에 분포하는 수량 중 빙하(만년설 포함) 다음으로 가장 많은 비율을 차지하고 있는 것은?(단, 담수 기준)

① 하천수　② 지하수
③ 대기습도　④ 토양수

해설
담수 중 많이 차지하는 순서
만년설, 빙하 > 지하수 > 지표수 > 공기 중 수분

04 하천이나 호수의 심층에서 미생물의 작용에 관한 설명으로 가장 거리가 먼 것은?

① 수중의 유기물은 분해되어 일부가 세포합성이나 유지대사를 위한 에너지원이 된다.
② 호수심층에 산소가 없을 때 질산이온을 전자수용체로 이용하는 종속영양세균인 탈질화 세균이 많아진다.
③ 유기물이 다량 유입되면 혐기성 상태가 되어 H_2S와 같은 기체를 유발하지만 호기성 상태가 되면 암모니아성 질소가 증가한다.
④ 어느 정도 유기물이 분해된 하천의 경우 조류 발생이 증가할 수 있다.

해설
호기성 상태가 되면 질산성 질소가 증가한다.

05 생체 내에 필수적인 금속으로 결핍 시에는 인슐린의 저하를 일으킬 수 있는 유해물질은?

① Cd
② Mn
③ CN
④ Cr

해설
생체 내 필수적이면서 결핍되면 인슐린의 저하를 일으키는 물질은 크롬(Cr)이다.

1 ③ 2 ① 3 ② 4 ③ 5 ④ 정답

06 25℃, 2기압의 메탄가스 40kg을 저장하는 데 필요한 탱크의 부피(m^3)는?(단, 이상기체의 법칙, R = 0.082L · atm/mole · K)

① 20.6
② 25.3
③ 30.6
④ 35.3

해설
메탄 40kg의 몰수를 계산하면 다음과 같다.

$$40\text{kg } CH_4 \times \frac{1\text{mol}}{16\text{g}} \times \frac{10^3\text{g}}{1\text{kg}} = 2,500\text{mol}$$

$$\therefore V = \frac{nRT}{P}$$

$$= \frac{2,500\text{mol}}{2\text{atm}} \times \frac{0.082\text{L} \cdot \text{atm}}{\text{mol} \cdot \text{K}} \times (273+25)\text{K} \times \frac{1\text{m}^3}{10^3\text{L}}$$

$$\fallingdotseq 30.5\text{m}^3$$

07 하천의 수질관리를 위하여 1920년대 초에 개발된 수질예측모델로 BOD와 DO반응, 즉 유기물 분해로 인한 DO소비와 대기로부터 수면을 통해 산소가 재공급되는 재폭기만 고려한 것은?

① DO SAG Ⅰ 모델
② QUAL-Ⅰ 모델
③ WQRRS 모델
④ Streeter-Phelps 모델

해설
Streeter-Phelps Model
- 최초의 하천 수질모델링이다.
- 점오염원으로부터 오염부하량을 고려한다.
- 유기물의 분해에 따른 DO 소비와 재폭기만을 고려한다.

08 알칼리도(Alkalinity)에 관한 설명으로 가장 거리가 먼 것은?

① P-알칼리도와 M-알칼리도를 합친 것을 총알칼리도라 한다.
② 알칼리도 계산은 다음 식으로 나타낸다.

$$\text{Alk}(CaCO_3 \text{ mg/L}) = \frac{a \cdot N \cdot 50}{V} \times 1,000$$

a : 소비된 산의 부피(mL), N : 산의 농도(eq/L), V : 시료의 양(mL)

③ 실용목적에서는 자연수에 있어서 수산화물, 탄산염, 중탄산염 이외, 기타물질에 기인되는 알칼리도는 중요하지 않다.
④ 부식제어에 관련되는 중요한 변수인 Langelier 포화지수 계산에 적용된다.

해설
M-알칼리도를 총알칼리도라고 한다.

09 하천 수질모델 중 WQRRS에 관한 설명으로 가장 거리가 먼 것은?

① 하천 및 호수의 부영양화를 고려한 생태계모델이다.
② 유속, 수심, 조도계수에 의해 확산계수를 결정한다.
③ 호수에는 수심별 1차원 모델이 적용된다.
④ 정적 및 동적인 하천의 수질, 수문학적 특성이 광범위하게 고려된다.

해설
유속, 수심, 조도계수에 의해 확산계수를 결정하는 하천 수질모델은 QUAL-Ⅰ이다.

정답 6 ③ 7 ④ 8 ① 9 ②

10 세포의 형태에 따른 세균의 종류를 올바르게 짝지은 것은?

① 구형 – Vibrio Cholera
② 구형 – Spirillum Volutans
③ 막대형 – Bacillus Subtilis
④ 나선형 – Streptococcus

해설
- Vibrio Cholera, Spirillum Volutans : 나선형
- Streptococcus : 구형

11 물에 관한 설명으로 틀린 것은?

① 수소결합을 하고 있다.
② 수온이 증가할수록 표면장력은 커진다.
③ 온도가 상승하거나 하강하면 체적은 증대한다.
④ 용융열과 증발열이 높다.

해설
물의 표면장력은 수온이 증가할수록 감소한다.

12 오염된 물속에 있는 유기성 질소가 호기성 조건하에서 50일 정도 시간이 지난 후에 가장 많이 존재하는 질소의 형태는?

① 암모니아성 질소
② 아질산성 질소
③ 질산성 질소
④ 유기성 질소

해설
질소순환 형태
유기성 질소 → 암모니아성 질소 → 아질산성 질소 → 질산성 질소

13 글리신($CH_2(NH_2)COOH$)의 이론적 COD/TOC의 비는?(단, 글리신의 최종 분해산물은 CO_2, HNO_3, H_2O이다)

① 2.83 ② 3.76
③ 4.67 ④ 5.38

해설
$CH_2(NH_2)COOH + 3.5O_2 \rightarrow 2CO_2 + 2H_2O + HNO_3$

$\therefore \frac{COD}{TOC} = \frac{3.5 \times 32}{2 \times 12} \fallingdotseq 4.67$

14 자정상수(f)의 영향인자에 관한 설명으로 옳은 것은?

① 수심이 깊을수록 자정상수는 커진다.
② 수온이 높을수록 자정상수는 작아진다.
③ 유속이 완만할수록 자정상수는 커진다.
④ 바닥구배가 클수록 자정상수는 작아진다.

해설
① 수심이 깊을수록 자정상수는 작아진다.
③ 유속이 완만할수록 자정상수는 작아진다.
④ 바닥구배가 클수록 자정상수는 커진다.

10 ③ 11 ② 12 ③ 13 ③ 14 ② 정답

15 하천의 BOD_5가 220mg/L이고, BOD_u 가 470mg/L일 때 탈산소계수(K_1, day^{-1})값은?(단, 상용대수 기준)

① 0.045　② 0.055
③ 0.065　④ 0.075

해설

$BOD_t = BOD_u \times (1 - 10^{-K_1 \cdot t})$

$220 = 470 \times (1 - 10^{-K_1 \times 5})$

$K_1 = 0.055\ day^{-1}$

16 물질대사 중 동화작용을 가장 알맞게 나타낸 것은?

① 잔여영양분 + ATP → 세포물질 + ADP + 무기인 + 배설물
② 잔여영양분 + ADP + 무기인 → 세포물질 + ATP + 배설물
③ 세포 내 영양분의 일부 + ATP → ADP + 무기인 + 배설물
④ 세포 내 영양분의 일부 + ADP + 무기인 → ATP + 배설물

17 해수에서 영양염류가 수온이 낮은 곳에 많고 수온이 높은 지역에서 적은 이유로 틀린 것은?

① 수온이 낮은 바닥의 표층수는 본래 영양염류가 풍부한 극지방의 심층수로부터 기원하기 때문이다.
② 수온이 높은 바다의 표층수는 적도부근의 표층수로부터 기원하므로 영양염류가 결핍되어 있다.
③ 수온이 낮은 바다는 겨울에도 표층수 냉각에 따른 밀도 변화가 적어 심층수로의 침강작용이 일어나지 않기 때문이다.
④ 수온이 높은 바다는 수계의 안정으로 수직혼합이 일어나지 않아 표층수의 영양염류가 플랑크톤에 의해 소비되기 때문이다.

18 다음 화합물($C_5H_7O_2N$)에 대한 이론적인 BOD_{10}/COD는?(단, 탈산소계수 0.1/day, Base는 상용대수, 화합물은 100% 산화됨(최종산물은 CO_2, NH_3, H_2O), COD = BOD_u)

① 0.80
② 0.85
③ 0.90
④ 0.95

해설

- $C_5H_7O_2N + 5O_2 \rightarrow 5CO_2 + 2H_2O + NH_3$
  113g : 5×32g

  ∴ COD = 160g
- $BOD_t = BOD_u \times (1 - 10^{-K_1 \cdot t})$

  $BOD_{10} = 160g \times (1 - 10^{-0.1/day \times 10day}) = 144g$

  ∴ $BOD_{10}/COD = 144g/160g = 0.9$

정답 15 ② 16 ① 17 ③ 18 ③

19 **해수의 특성으로 가장 거리가 먼 것은?**

① 해수의 밀도는 수온, 염분, 수압에 영향을 받는다.
② 해수는 강전해질로서 1L당 평균 35g의 염분을 함유한다.
③ 해수 내 전체질소 중 35% 정도는 질산성 질소 등 무기성 질소 형태이다.
④ 해수의 Mg/Ca비는 3~4 정도이다.

해설

해수에서의 질소분포 형태는 아질산성 질소와 질산성 질소 형태로 65% 정도 존재한다.

20 **하수량에서 첨두율(Peaking Factor)이라는 것은?**

① 하수량의 평균유량에 대한 비
② 하수량의 최소유량에 대한 비
③ 하수량의 최대유량에 대한 비
④ 최대유량의 최소유량에 대한 비

해설

첨두율은 첨두유량과 평균유량의 비이다.

제2과목 | 상하수도계획

21 **정수시설인 배수지에 관한 내용으로 ( )에 맞는 내용은?**

유효용량은 시간변동조정용량과 비상대처용량을 합하여 급수구역의 계획1일 최대급수량의 ( )을 표준으로 하여야 하며 지역특성과 상수도시설의 안정성 등을 고려하여 결정한다.

① 4시간분 이상 ② 6시간분 이상
③ 8시간분 이상 ④ 12시간분 이상

해설

유효용량은 '시간변동조정용량'과 '비상대처용량'을 합하여 급수구역의 계획1일 최대급수량의 최소 12시간분 이상을 표준으로 하되 비상시나 무단수 공급 등 상수도서비스 향상을 고려하여 용량을 확장할 수 있으며 지역특성과 상수도시설의 안정성 등을 고려하여 결정한다.

22 **하수도 관거 계획 시 고려할 사항으로 틀린 것은?**

① 오수관거는 계획시간 최대오수량을 기준으로 계획한다.
② 오수관거와 우수관거가 교차하여 역사이펀을 피할 수 없는 경우, 우수관거를 역사이펀으로 하는 것이 좋다.
③ 분류식과 합류식이 공존하는 경우에는 원칙적으로 양 지역의 관거는 분리하여 계획한다.
④ 관거는 원칙적으로 암거로 하며 수밀한 구조로 하여야 한다.

해설

오수관거와 우수관거가 교차하여 역사이펀을 피할 수 없는 경우에는 오수관거를 역사이펀으로 하는 것이 바람직하다.

19 ③ 20 ① 21 ④ 22 ② 정답

23 하수도시설인 유량조정조에 관한 내용으로 틀린 것은?

① 조의 용량은 체류시간 3시간을 표준으로 한다.
② 유효수심은 3~5m를 표준으로 한다.
③ 유량조정조의 유출수는 침사지에 반송하거나 펌프로 일차 침전지 혹은 생물반응조에 송수한다.
④ 조 내에 침전물의 발생 및 부패를 방지하기 위해 교반장치 및 산기장치를 설치한다.

해설
조의 용량에서 체류시간 3시간을 표준으로 하는 규정은 없다. 유입하수량은 유입부하량의 시간변동을 고려하여 일시적으로 저류시키는 조건을 가진다.

24 막여과 정수시설의 막을 약품 세척할 때 사용되는 약품과 제거 가능 물질이 틀린 것은?

① 수산화나트륨 : 유기물
② 황산 : 무기물
③ 옥살산 : 유기물
④ 산 세제 : 무기물

해설
산(Acid)은 무기물 오염 제거에 사용되고 NaOH, 차아염소산나트륨은 유기물 제거에 사용된다.

25 정수시설인 플록형성지에 관한 설명으로 틀린 것은?

① 혼화지와 침전지 사이에 위치하고 침전지에 붙여서 설치한다.
② 플록형성시간은 계획정수량에 대하여 20~40분간을 표준으로 한다.
③ 플록형성지 내의 교반강도는 하류로 갈수록 점차 감소시키는 것이 바람직하다.
④ 야간근무자도 플록형성상태를 감시할 수 있는 투명도 게이지를 설치하여야 한다.

해설
야간근무자도 플록형성상태를 감시할 수 있는 적절한 조명장치를 설치한다.

26 하천표류수를 수원으로 할 때 하천기준수량은?

① 평수량
② 갈수량
③ 홍수량
④ 최대홍수량

해설
하천표류수를 수원으로 할 경우 하천기준수량은 갈수량을 기준으로 한다.

정답 23 ① 24 ③ 25 ④ 26 ②

27 역사이펀 관로의 길이 500m, 관경은 500mm이고, 경사는 0.3%라고 하면 상기 관로에서 일어나는 손실수두(m)와 유량(m^3/s)은?(단, Manning 조도계수 n값 = 0.013, 역사이펀 관로의 미소손실 = 총 5cm수두, 역사이펀 손실수두(H) $= I \times L + (1.5 \times V^2/2g) + a$, 만관이라 가정)

① 1.63, 0.207　② 2.61, 0.207

③ 1.63, 0.827　④ 2.61, 0.827

해설

- $V = \frac{1}{n} \times R^{2/3} \times I^{1/2}$

$$= \frac{1}{0.013} \times \left(\frac{0.5}{4}\right)^{2/3} \times \left(\frac{0.3}{100}\right)^{1/2}$$

$$= 1.053\text{m/s}$$

- $H = I \times L + (1.5 \times V^2/2g) + a$

$$= \left(\frac{0.3}{100}\right) \times 500 + \left(\frac{1.5 \times 1.053^2}{2 \times 9.8}\right) + 0.05$$

$$= 1.63\text{m}$$

- $Q = A \times V$

$$= \frac{\pi \times 0.5^2}{4} \times 1.053$$

$$= 0.207\text{m}^3/\text{s}$$

28 상수도 시설인 도수시설의 도수노선에 관한 설명으로 틀린 것은?

① 원칙적으로 공공도로 또는 수도용지로 한다.

② 수평이나 수직방향의 급격한 굴곡을 피한다.

③ 관로상 어떤 지점도 동수경사선보다 낮게 위치하지 않도록 한다.

④ 몇 개의 노선에 대하여 건설비 등의 경제성, 유지관리의 난이도 등을 비교, 검토하고 종합적으로 판단하여 결정한다.

해설

도수시설의 도수노선은 어떤 경우라도 최소 동수경사선 이하가 되도록 노선을 결정한다.

29 하천표류수 취수시설 중 취수문에 관한 설명으로 틀린 것은?

① 취수보에 비해서는 대량취수에도 쓰이나, 보통 소량취수에 주로 이용된다.

② 유심이 안정된 하천에 적합하다.

③ 토사, 부유물의 유입방지가 용이하다.

④ 갈수 시 일정수심확보가 안 되면 취수가 불가능하다.

해설

취수문은 토사, 부유물의 유입방지가 용이하지 않다.

30 하수 고도처리(잔류 SS 및 잔류 용존유기물 제거) 방법인 막 분리법에 적용되는 분리막 모듈형식으로 가장 거리가 먼 것은?

① 중공사형　② 투사형

③ 판 형　④ 나선형

해설

분리막 모듈형식은 다음과 같다.

- 중공사형(Hollow Fiber)
- 나선형(Spiral)
- 관형(Tubular)
- 평판형(Plate Frame)

31 관거별 계획하수량을 정할 때 고려할 사항으로 틀린 것은?

① 오수관거에서는 계획1일 최대오수량으로 한다.

② 우수관거에서는 계획우수량으로 한다.

③ 합류식 관거에서는 계획시간 최대오수량에 계획우수량을 합한 것으로 한다.

④ 차집관거는 우천 시 계획오수량으로 한다.

해설

오수관거에서는 계획시간 최대오수량으로 한다.

27 ① 28 ③ 29 ③ 30 ② 31 ① **정답**

32 수돗물의 부식성 관련 지표인 랑게리아 지수(포화지수, LI)의 계산식으로 옳은 것은?(단, pH = 물의 실제 pH, pHs = 수중의 탄산칼슘이 용해되거나 석출되지 않는 평형상태의 pH)

① LI = pH + pHs
② LI = pH − pHs
③ LI = pH × pHs
④ LI = pH / pHs

해설
랑게리아 지수 계산식
LI = pH − pHs

33 유역면적이 100ha이고 유입시간(Time of Inlet)이 8분, 유출계수(C)가 0.38일 때 최대계획 우수유출량(m^3/s)은?(단, 하수관거의 길이(L) = 400m, 관 유속 = 1.2m/s로 되도록 설계, $I=\frac{655}{\sqrt{t}+0.09}$ (mm/h), 합리식 적용)

① 약 18　② 약 24
③ 약 36　④ 약 42

해설
합리식 적용 시 단위에 유의한다.

$Q=\frac{1}{360}CIA$

- C = 유출계수 = 0.38
- A = 유역면적 = 100 ha
- t = 유입시간 + 유하시간 $= t_i + \frac{L}{V}$

$= 8\text{min} + \frac{400\text{m}}{1.2\text{m/s} \times 60\text{s/min}}$

$= 13.56\,\text{min}$

- $I=\frac{655}{\sqrt{t}+0.09}=\frac{655}{\sqrt{13.56}+0.09}=173.63\,\text{mm/h}$
- $Q=\frac{1}{360}CIA=\frac{1}{360}\times 0.38\times 173.63\times 100=18.3\,\text{m}^3/\text{s}$

34 정수장에서 염소 소독 시 pH가 낮아질수록 소독효과가 커지는 이유는?

① OCl^-의 증가
② HOCl의 증가
③ H^+의 증가
④ O(발생기 산소)의 증가

해설
pH가 낮아질수록 HOCl의 농도가 높아지므로 산성영역에서 살균력이 가장 높다.

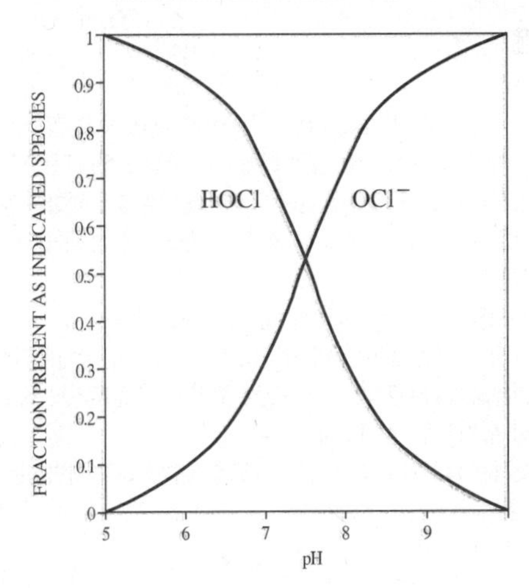

35 정수처리를 위한 막여과 설비에서 적절한 막여과의 유속 설정 시 고려사항으로 틀린 것은?

① 막의 종류
② 막공급의 수질과 최고 수온
③ 전처리설비의 유무와 방법
④ 입지조건과 설치 공간

정답 32 ② 33 ① 34 ② 35 ②

36 상수의 배수시설인 배수지에 관한 설명으로 틀린 것은?

① 가능한 한 급수지역의 중앙 가까이 설치한다.

② 유효수심은 1~2m 정도를 표준으로 한다.

③ 유효용량은 '시간변동조정용량'과 '비상대처용량'을 합하여 급수구역의 계획1일 최대급수량의 12시간분 이상을 표준으로 한다.

④ 자연유하식 배수지의 표고는 최소동수압이 확보되는 높이여야 한다.

해설

배수지

- 유효용량은 '시간변동조정용량'과 '비상대처용량'을 합하여 급수구역의 계획1일 최대급수량의 최소 12시간분 이상을 표준으로 하되 비상시나 무단수 공급 등 상수도서비스 향상을 고려하여 용량을 확장할 수 있으며 지역특성과 상수도시설의 안정성 등을 고려하여 결정한다.
- 배수지의 유효수심은 3~6m를 표준으로 한다.
- 배수지는 가능한 한 급수지역의 중앙 가까이 설치한다.
- 자연유하식 배수지의 표고는 급수구역 내 관말지역의 최소동수압이 확보되는 높이여야 한다.
- 배수지는 붕괴의 우려가 있는 비탈의 상부나 하부 가까이는 피해야 한다.

37 합류식에서 우천 시 계획오수량은 원칙적으로 계획시간 최대오수량의 몇 배 이상으로 고려하여야 하는가?

① 1.5배 ② 2.0배

③ 2.5배 ④ 3.0배

해설

합류식에서 우천 시 계획오수량은 원칙적으로 계획시간 최대오수량의 3배 이상으로 한다.

38 공동현상(Cavitation)이 발생하는 것을 방지하기 위한 대책으로 틀린 것은?

① 흡입측 밸브를 완전히 개방하고 펌프를 운전한다.

② 흡입관의 손실을 가능한 크게 한다.

③ 펌프의 위치를 가능한 한 낮춘다.

④ 펌프의 회전속도를 낮게 선정한다.

해설

흡입관의 손실을 가능한 한 작게 하여 가용유효흡입 수두를 크게 한다.

39 하수 관거시설에 대한 설명으로 틀린 것은?

① 오수관거의 유속은 계획시간 최대오수량에 대하여 최소 0.6m/s, 최대 3.0m/s로 한다.

② 우수관거 및 합류관거에서의 유속은 계획우수량에 대하여 최소 0.8m/s, 최대 3.0m/s로 한다.

③ 오수관거의 최소관경은 200mm를 표준으로 한다.

④ 우수관거 및 합류관거의 최소관경은 350mm를 표준으로 한다.

해설

우수관거 및 합류관거의 최소관경은 250mm, 오수관거의 최소관경은 200mm를 표준으로 한다.

40 로지스틱(Logistic)인구 추정공식$\left(y=\dfrac{K}{1+e^{a-bx}}\right)$에 관한 설명으로 틀린 것은?

① y : 추정치

② K : 연평균 인구증가율

③ x : 경과연수

④ a, b : 상수

해설

K는 포화인구를 뜻한다.

정답 36 ② 37 ④ 38 ② 39 ④ 40 ②

제3과목 | 수질오염방지기술

41 역삼투장치로 하루에 20,000L의 3차 처리된 유출수를 탈염시키고자 한다. 25℃에서의 물질전달계수는 0.2068L/{(day · m^2)(kPa)}, 유입수와 유출수의 압력차는 2,400kPa, 유입수와 유출수의 삼투압차는 310kPa, 최저 운전온도는 10℃이다. 요구되는 막면적(m^2)은?(단, $A_{10℃}=1.2A_{25℃}$)

① 약 39 ② 약 56
③ 약 78 ④ 약 94

해설

• 막의 단위면적당 유출수량

$Q_F = K(\Delta P - \Delta\pi)$

$= (0.2068\text{L/day} \cdot \text{m}^2 \cdot \text{kPa}) \times (2,400-310)\text{kPa}$

$= 432.2\text{L/day} \cdot \text{m}^2$

• 하루 20,000L를 처리하기 위한 막면적

$A_{25℃} = Q/Q_F = (20,000\text{L/day})/(432.2\text{L/day} \cdot \text{m}^2)$

$= 46.27\text{m}^2$

$A_{10℃} = 1.2 \times A_{25℃} = 1.2 \times 46.27 = 55.5\text{m}^2$

42 어떤 물질이 1차 반응으로 분해되며, 속도상수는 0.05day^{-1}이다. 유량이 395m^3/day일 때, 이 물질의 90%를 제거하는데 필요한 PFR 부피(m^3)는?

① 17,250 ② 18,190
③ 19,530 ④ 20,350

해설

• $\ln\frac{C_t}{C_o} = -K \times t$

$\ln\frac{10}{100} = -0.05/\text{day} \times t$

∴ $t = 46.05\text{day}$

• $V = Q \times t$

$= 395\text{m}^3/\text{day} \times 46.05\text{day} = 18,189.75\text{m}^3$

43 수처리 과정에서 부유되어 있는 입자의 응집을 초래하는 원인으로 가장 거리가 먼 것은?

① 제타 포텐셜의 감소
② 플록에 의한 체거름 효과
③ 정전기 전하 작용
④ 가교현상

해설

정전기 전하 작용은 응집을 방해한다.

44 혼합에 사용되는 교반강도의 식에 대한 설명으로 틀린 것은?(단, 교반강도 식 : $G=(P/\mu V)^{1/2}$)

① G = 속도경사(1/s)
② P = 동력(N/s)
③ μ = 점성계수(N · s/m^2)
④ V = 부피(m^3)

해설

동력(P)의 단위는 N/m · s이다.

45 생물학적 질소제거 공정에서 질산화로 생성된 NO_3–N 40mg/L가 탈질되어 질소로 환원될 때 필요한 이론적인 메탄올(CH_3OH)의 양(mg/L)은?

① 17.2
② 36.6
③ 58.4
④ 76.2

해설

6NO_3–N : 5CH_3OH

6 × 14 : 5 × 32

∴ 40mg/L NO_3 – N × $\frac{5 \times 32}{6 \times 14}$ = 76.2mg/L CH_3OH

정답 41 ② 42 ② 43 ③ 44 ② 45 ④

46 다음 물질 중 증기압(mmHg)이 가장 큰 것은?

① 물 ② 에틸 알코올
③ n-헥산 ④ 벤 젠

47 플록을 형성하여 침강하는 입자들이 서로 방해를 받으므로 침전속도는 점차 감소하게 되며 침전하는 부유물과 상등수 간에 뚜렷한 경계면이 생기는 침전형태는?

① 지역침전 ② 압축침전
③ 압밀침전 ④ 응집침전

해설

지역침전(계면 · 방해 · 간섭침전)
플록을 형성하여 침강하는 입자들이 서로 방해를 받아 침전속도가 감소하는 침전으로 중간정도의 농도로서 침전하는 부유물과 상징수 간에 경계면을 지키면서 침강한다. 입자 등은 서로 간의 상대적 위치를 변경시키려 하지 않고 전체 입자들은 한 개의 단위로 침전한다.

48 1차 처리된 분뇨의 2차 처리를 위해 포기조, 2차 침전지로 구성된 표준활성슬러지를 운영하고 있다. 운영조건이 다음과 같을 때 고형물 체류시간(SRT, day)은?(단, 유입유량 = 1,000m^3/day, 포기조 수리학적 체류시간 = 6시간, MLSS농도 = 3,000mg/L, 잉여슬러지 배출량 = 30m^3/day, 잉여슬러지 SS농도 = 10,000mg/L, 2차 침전지 유출수 SS농도 = 5mg/L)

① 약 2 ② 약 2.5
③ 약 3 ④ 약 3.5

해설

$$\mathrm{SRT(day)} = \frac{XV}{SS_r Q_w + SS_e Q_e}$$

$$Q_e = Q - Q_w = 1{,}000 - 30 = 970\mathrm{m^3/day}$$

$$V = Q \times t_d = \frac{1{,}000\mathrm{m^3}}{\mathrm{day}} \times \frac{\mathrm{day}}{24\mathrm{h}} \times 6\mathrm{h} = 250\mathrm{m^3}$$

$$\mathrm{SRT} = \frac{3{,}000\mathrm{mg/L} \times 250\mathrm{m^3}}{(10{,}000\mathrm{mg/L} \times 30\mathrm{m^3/day}) + (5\mathrm{mg/L} \times 970\mathrm{m^3/day})} = 2.46\mathrm{day}$$

49 하수관거 내에서 황화수소(H_2S)가 발생되는 조건으로 가장 거리가 먼 것은?

① 용존산소의 결핍 ② 황산염의 환원
③ 혐기성 세균의 증식 ④ 염기성 pH

해설

pH는 산성상태이어야 한다.

50 미처리 폐수에서 냄새를 유발하는 화합물과 냄새의 특징으로 가장 거리가 먼 것은?

① 황화수소 – 썩은 달걀냄새
② 유기 황화물 – 썩은 채소냄새
③ 스카톨 – 배설물 냄새
④ 다이아민류 – 생선 냄새

해설

다이아민류 : 부패된 고기냄새

46 ③ 47 ① 48 ② 49 ④ 50 ④ 정답

51 NO_3^-가 박테리아에 의하여 N_2로 환원되는 경우 폐수의 pH는?

① 증가한다.
② 감소한다.
③ 변화없다.
④ 감소하다가 증가한다.

해설
탈질과정에서 알칼리도가 생성되기 때문에 pH가 증가하게 된다.

52 염소의 살균력에 대한 설명으로 옳지 않은 것은?

① 살균강도는 HOCl > OCl^-이다.
② 염소의 살균력은 반응시간이 길고 온도가 높을 때 강하다.
③ 염소의 살균력은 주입농도가 높고 pH가 낮을 때 강하다.
④ Chloramines은 살균력은 강하나 살균작용은 오래 지속되지 않는다.

해설
살균력의 크기는 HOCl > OCl^- > Chloramines 순이다.

53 활성슬러지 공정에서 포기조나 침전지 표면에 갈색거품을 유발시키는 방선균의 일종인 Nocardia의 과도한 성장을 유발시킬 수 있는 요인 또는 제어방법에 관한 내용으로 틀린 것은?

① 낮은 F/M비가 유발 요인이 된다.
② 불충분한 슬러지 인출로 인한 MLSS 농도의 증가가 유발 요인이 된다.
③ 미생물 체류시간을 증가시킨다.
④ 화학약품을 투여하여 포기조의 pH를 낮춘다.

해설
미생물 체류시간을 감소시켜야 한다.

54 슬러지를 진공 탈수시켜 부피가 50% 감소되었다. 유입슬러지 함수율이 98%이었다면 탈수 후 슬러지의 함수율(%)은?(단, 슬러지 비중은 1.0 기준)

① 90 ② 92
③ 94 ④ 96

해설
$SL_1 \times V_1 = SL_2 \times V_2$
$(1-0.98) \times 1 = (1-x) \times 0.5$
$\therefore\ x = 96\%$

55 여과에서 단일 메디아 여과상보다 이중 메디아 혹은 혼합 메디아를 사용하는 장점으로 가장 거리가 먼 것은?

① 높은 여과속도
② 높은 탁도를 가진 물을 여과하는 능력
③ 긴 운전시간
④ 메디아 수명 연장에 따른 높은 경제성

해설
수명이 연장되지는 않는다.

56 급속 모래여과를 운전할 때 나타나는 문제점이라 할 수 없는 것은?

① 진흙 덩어리(Mud Ball)의 축적
② 여재의 층상구조 형성
③ 여과상의 수축
④ 공기 결합(Air Binding)

정답 51 ① 52 ④ 53 ③ 54 ④ 55 ④ 56 ②

57 다음 그림은 하수 내 질소, 인을 효과적으로 제거하기 위한 어떤 공법을 나타낸 것인가?

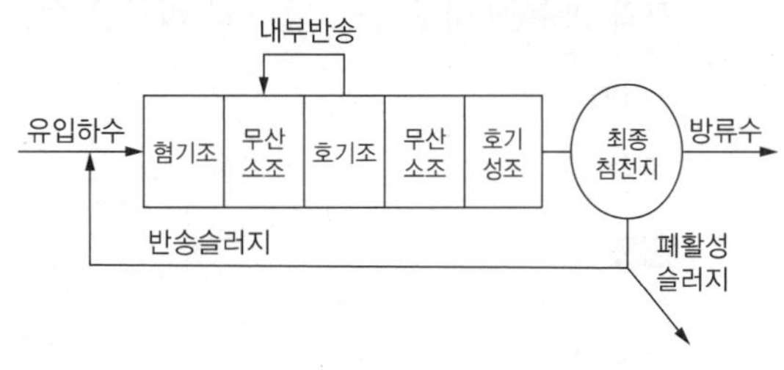

① VIP Process

② A^2/O Process

③ 수정-Bardenpho Process

④ Phostrip Process

해설

수정-Bardenpho Process 공법은 질소와 인을 모두 제거할 수 있으며, 혐기조 – 1차 무산소조 – 1차 호기조 – 2차 무산소조 – 2차 호기조로 이루어져 있다.

58 2,000m^3/day의 하수를 처리하는 하수처리장의 1차 침전지에서 침전고형물이 0.4ton/day, 2차 침전지에서 0.3ton/day이 제거되며 이때 각 고형물의 함수율은 98%, 99.5%이다. 체류시간을 3일로 하여 고형물을 농축시키려면 농축조의 크기(m^3)는?(단, 고형물의 비중은 1.0으로 가정)

① 80 ② 240

③ 620 ④ 1,860

해설

- 1차 슬러지 $= 0.4\text{ton/day} \times \frac{100}{2} = 20\text{ton/day}$
- 2차 슬러지 $= 0.3\text{ton/day} \times \frac{100}{0.5} = 60\text{ton/day}$
- $V = SL \times t = (20+60)\text{ton/day} \times \frac{1\text{m}^3}{1\text{ton}} \times 3\text{day} = 240\text{m}^3$

59 폐수 중 크롬이 함유되었을 경우의 설명으로 가장 거리가 먼 것은?

① 크롬은 자연수에서 3가크롬 형태로 존재한다.

② 3가크롬은 인체 건강에 그다지 해를 끼치지 않는다.

③ 3가크롬은 자연수에서 완전 가수분해된다.

④ 6가크롬은 합금, 도금, 페인트 생산 공정에 이용된다.

해설

크롬은 자연수에서 6가크롬 형태로 존재한다.

60 평균유량이 20,000m^3/day이고 최고유량이 30,000m^3/day인 하수처리장에 1차 침전지를 설계하고자 한다. 표면월류는 평균유량 조건하에서 25m/day, 최대유량 조건하에서 60m/day를 유지하고자 할 때 실제 설계하여야 하는 1차 침전지의 수면적(m^2)은?(단, 침전지는 원형침전지라 가정)

① 500 ② 650

③ 800 ④ 1,300

해설

- 평균유량 조건 : $A = \frac{Q}{\text{표면월류}} = \frac{20{,}000\text{m}^3/\text{day}}{25\text{m/day}} = 800\text{m}^2$
- 최대유량 조건 : $A = \frac{Q}{\text{표면월류}}$

$$= \frac{20{,}000\text{m}^3/\text{day}}{60\text{m/day}} = 333.33\text{m}^2$$

평균유량 조건일 때 수면적이 더 크므로 1차 침전지의 수면적은 800m^{3}으로 한다.

57 ③ 58 ② 59 ① 60 ③ 정답

제4과목 | 수질오염공정시험기준

61 $0.005M-KMnO_4$ 400mL를 조제하려면 $KMnO_4$ 약 몇 g을 취해야 하는가?(단, 원자량 K = 39, Mn = 55)

① 약 0.32 ② 약 0.63
③ 약 0.84 ④ 약 0.98

해설

$$\frac{0.005mol}{L}\times\frac{158g}{1mol}\times0.4L=0.316g$$

62 원자흡수분광광도법의 일반적인 분석오차 원인으로 가장 거리가 먼 것은?

① 계산의 잘못
② 파장선택부의 불꽃 역화 또는 과열
③ 검량선 작성의 잘못
④ 표준시료와 분석시료의 조성이나 물리적 화학적 성질의 차이

63 백분율(W/V, %)의 설명으로 옳은 것은?

① 용액 100g 중의 성분무게(g)를 표시
② 용액 100mL 중의 성분용량(mL)을 표시
③ 용액 100mL 중의 성분무게(g)을 표시
④ 용액 100g 중의 성분용량(mL)을 표시

해설

ES 04000.d 총칙
백분율(Parts Per Hundred)은 용액 100mL 중의 성분무게(g) 또는 기체 100mL 중의 성분무게(g)를 표시할 때는 w/v%의 기호를 쓴다.

64 유기물을 다량 함유하고 있으면서 산분해가 어려운 시료에 적용되는 전처리법은?

① 질산-염산법
② 질산-황산법
③ 질산-초산법
④ 질산-과염소산법

해설

ES 04150.1b 시료의 전처리 방법

65 크롬-자외선/가시선 분광법에 관한 내용으로 틀린 것은?

① $KMnO_4$로 3가크롬을 6가크롬으로 산화시킨다.
② 적자색 착화합물의 흡광도를 430nm에서 측정한다.
③ 정량한계는 0.04mg/L이다.
④ 6가크롬을 산성에서 다이페닐카바자이드와 반응시킨다.

해설

ES 04414.2e 크롬-자외선/가시선 분광법
적자색 착화합물의 흡광도를 540nm에서 측정한다.
※ 공정시험기준 개정으로 보기 ①번 내용 중 '6가크롬'이 '크롬'으로 변경됨

정답 61 ① 62 ② 63 ③ 64 ④ 65 ②

66 수질오염공정시험기준에서 암모니아성 질소의 분석방법으로 가장 거리가 먼 것은?

① 자외선/가시선 분광법
② 연속흐름법
③ 이온전극법
④ 적정법

해설

암모니아성 질소 분석방법
- 자외선/가시선 분광법(ES 04355.1c)
- 이온전극법(ES 04355.2b)
- 적정법(ES 04355.3b)

67 람베르트-비어(Lambert-Beer)의 법칙에서 흡광도의 의미는?(단, I_o = 입사광의 강도, I_t = 투사광의 강도, t = 투과도)

① $\frac{I_t}{I_o}$　② $t \times 100$
③ $\log\frac{1}{t}$　④ $I_t \times 10^{-1}$

해설

흡광도$(A) = \log\frac{1}{t}$

68 분원성 대장균군-막여과법의 측정방법으로 ( ) 에 옳은 내용은?

> 물속에 존재하는 분원성 대장균군을 측정하기 위하여 페트리접시에 배지를 올려놓은 다음 배양 후 여러 가지 색조를 띠는 ( )의 집락을 계수하는 방법이다.

① 황 색　② 녹 색
③ 적 색　④ 청 색

해설

ES 04702.1e 분원성 대장균군-막여과법
배양 후 여러 가지 색조를 띠는 청색 집락을 계수하며, 집락수가 20~60개 범위인 것을 선정하여 다음의 식에 따라 계산한다.

분원성 대장균군수/100mL $= \frac{C}{V} \times 100$

여기서, C : 생성된 집락수
V : 여과한 시료량(mL)

69 배수로에 흐르는 폐수의 유량을 부유체를 사용하여 측정했다. 수로의 평균단면적 $0.5m^2$, 표면 최대속도 6m/s일 때 이 폐수의 유량(m^3/min)은?(단, 수로의 구성, 재질, 수로단면의 형상, 기울기 등이 일정하지 않은 개수로)

① 115　② 135
③ 185　④ 245

해설

ES 04140.2b 공장폐수 및 하수유량-측정용 수로 및 기타 유량측정방법
수로의 구성, 재질, 수로단면의 형상, 구배 등이 일정하지 않은 개수로의 경우
- $V = 0.75\,V_e$(여기서, V = 총평균 유속(m/s), V_e = 표면 최대유속(m/s))
  $= 0.75 \times 6\text{m/s} = 4.5\text{m/s}$
- $Q = 60\,VA = 60 \times 4.5\text{m/s} \times 0.5\text{m}^2 = 135\text{m}^3/\text{s}$

66 ② 67 ③ 68 ④ 69 ② 정답

70 기체크로마토그래피법에 의한 PCB 정량법에서 실리카겔 칼럼의 역할은?

① 기체크로마토그래피의 정량물질을 고열로부터 보호하기 위한 칼럼이다.
② 기체크로마토그래피에 분석용 시료를 주입하기 전에 PCB 이외 극성화합물을 제거하는 칼럼이다.
③ 분석용 시료 중의 수분을 흡수시키는 칼럼이다.
④ 시료 중 가용성 염류를 분리시키는 이온교환칼럼이다.

해설
ES 04504.1b 폴리클로리네이티드바이페닐-용매추출/기체크로마토그래피
실리카겔 칼럼 정제는 산, 염화페놀, 폴리클로로페녹시페놀 등의 극성화합물을 제거하기 위하여 수행하며, 사용 전에 정제하고 활성화시키거나 시판용 실리카 카트리지를 이용할 수 있다.

71 수질오염공정시험기준상 냄새 측정에 관한 내용으로 틀린 것은?

① 물속의 냄새를 측정하기 위하여 측정자의 후각을 이용하는 방법이다.
② 잔류염소의 냄새는 측정에서 제외한다.
③ 냄새 역치는 냄새를 감지할 수 있는 최대 희석배수를 말한다.
④ 각 판정 요원의 냄새의 역치를 산술평균하여 결과로 보고한다.

해설
ES 04301.1b 냄새
각 판정 요원의 냄새의 역치를 기하평균하여 결과로 보고한다.

72 수질연속자동측정기기의 설치방법 중 시료채취지점에 관한 내용으로 ( )에 옳은 것은?

> 취수구의 위치는 수면하 10cm 이상, 바닥으로부터 ( )을 유지하여 동절기의 결빙을 방지하고 바닥 퇴적물이 유입되지 않도록 하되, 불가피한 경우는 수면하 5cm에서 채취할 수 있다.

① 5cm 이상　② 15cm 이상
③ 25cm 이상　④ 35cm 이상

해설
ES 04900.0d 수질연속자동측정기기의 기능 및 설치방법
취수구의 위치는 수면하 10cm 이상, 바닥으로부터 15cm 이상을 유지하여 동절기의 결빙을 방지하고 바닥 퇴적물이 유입되지 않도록 하되, 불가피한 경우는 수면하 5cm에서 채취할 수 있다.

73 취급 또는 저장하는 동안에 이물질이 들어가거나 내용물이 손실되지 아니하도록 보호하는 용기는?

① 밀폐용기　② 기밀용기
③ 밀봉용기　④ 차광용기

해설
ES 04000.d 총칙
'밀폐용기'라 함은 취급 또는 저장하는 동안에 이물질이 들어가거나 또는 내용물이 손실되지 아니하도록 보호하는 용기를 말한다.

74 흡광광도계용 흡수셀의 재질과 그에 따른 파장범위를 잘못 짝지은 것은?(단, 재질-파장범위)

① 유리제 – 가시부
② 유리제 – 근적외부
③ 석영제 – 자외부
④ 플라스틱제 – 근자외부

해설
플라스틱제는 근적외부 측정 시 사용된다.

정답 70 ② 71 ④ 72 ② 73 ① 74 ④

75 황산산성에서 과아이오딘산칼륨으로 산화하여 생성된 이온을 흡광도 525nm에서 측정하여 정량하는 금속은?

① Mn^{2+}
② Ni^{2+}
③ Co^{2+}
④ Pb^{2+}

해설

ES 04404.2b 망간-자외선/가시선 분광법
물속에 존재하는 망간이온을 황산산성에서 과아이오딘산칼륨으로 산화하여 생성된 과망간산이온의 흡광도를 525nm에서 측정하는 방법이다.

76 70% 질산을 물로 희석하여 5% 질산으로 제조하려고 한다. 70% 질산과 물의 비율은?

① 1 : 9
② 1 : 11
③ 1 : 13
④ 1 : 15

해설

- $\dfrac{70}{100+x} = \dfrac{5}{100}$

  $\therefore x = 1{,}300$
- 70% 질산 : 물 = 100 : 1,300

  ∴ 1 : 13

77 유도결합플라스마 발광광도법에 대한 설명으로 틀린 것은?

① 플라스마는 그 자체가 광원으로 이용되기 때문에 매우 넓은 농도범위에서 시료를 측정한다.
② ICP의 토치는 제일 안쪽으로는 시료가 운반가스와 함께 흐르며, 가운데 관으로는 보조가스, 제일 바깥쪽 관에는 냉각가스가 도입된다.
③ 아르곤 플라스마는 토치 위에 불꽃형태로 생성되지만 온도, 전자 밀도가 가장 높은 영역은 중심축보다 안쪽에 위치한다.
④ ICP 발광광도 분석장치는 시료주입부, 고주파전원부, 광원부, 분광부, 연산처리부 및 기록부로 구성되어 있다.

해설

아르곤 플라스마는 토치 위에 불꽃형태로 생성되지만 온도, 전자 밀도가 가장 높은 영역은 중심축보다 약간 바깥쪽에 위치한다.

78 용해성 망간을 측정하기 위해 시료를 채취 후 속히 여과해야 하는 이유는?

① 망간을 공침시킬 우려가 있는 현탁물질을 제거하기 위해
② 망간 이온을 접촉적으로 산화, 침전시킬 우려가 있는 이산화망간을 제거하기 위해
③ 용존상태에서 존재하는 망간과 침전상태에서 존재하는 망간을 분리하기 위해
④ 단시간 내에 석출, 침전할 우려가 있는 콜로이드 상태의 망간을 제거하기 위해

해설

용존상태에서 존재하는 망간과 침전상태에서 존재하는 망간을 분리하기 위해 시료 채취 후 속히 여과해야 한다.

75 ① 76 ③ 77 ③ 78 ③ **정답**

79 카드뮴을 자외선/가시선 분광법으로 이용하여 측정할 때에 관한 설명으로 (   )에 내용으로 옳은 것은?

> 물속에 존재하는 카드뮴이온을 시안화칼륨이 존재하는 알칼리성에서 디티존과 반응하여 생성하는 카드뮴 착염을 사염화탄소로 추출하고, 추출한 카드뮴 착염을 (㉠)으로 역추출한 다음 다시 (㉡)과(와) 시안화칼륨을 넣어 디티존과 반응하여 생성하는 (㉢)의 카드뮴 착염을 사염화탄소로 추출하고 그 흡광도를 측정하는 방법이다.

① ㉠ 타타르산용액 ㉡ 수산화나트륨 ㉢ 적색
② ㉠ 아스코르브산용액 ㉡ 염산(1 + 15) ㉢ 적색
③ ㉠ 타타르산용액 ㉡ 수산화나트륨 ㉢ 청색
④ ㉠ 아스코르브산용액 ㉡ 염산(1 + 15) ㉢ 청색

해설

ES 04413.2d 카드뮴-자외선/가시선 분광법
물속에 존재하는 카드뮴이온을 시안화칼륨이 존재하는 알칼리성에서 디티존과 반응시켜 생성하는 카드뮴착염을 사염화탄소로 추출하고, 추출한 카드뮴 착염을 타타르산용액으로 역추출한 다음 다시 수산화나트륨과 시안화칼륨을 넣어 디티존과 반응하여 생성하는 적색의 카드뮴착염을 사염화탄소로 추출하고 그 흡광도를 530nm에서 측정하는 방법이다.

80 기체크로마토그래피법의 어떤 정량법에 대한 설명인가?

> 크로마토그램으로부터 얻은 시료 각 성분의 봉우리 면적을 측정하고 그것들의 합을 100으로 하여 이에 대한 각각의 봉우리 넓이비를 각 성분의 함유율로 한다.

① 내부표준 백분율법
② 보정성분 백분율법
③ 성분 백분율법
④ 넓이 백분율법

제5과목 | 수질환경관계법규

81 대권역 수질 및 수생태계 보전계획에 포함되어야 할 사항으로 틀린 것은?

① 상수원 및 물 이용현황
② 점오염원, 비점오염원 및 기타수질오염원의 분포현황
③ 점오염원, 비점오염원 및 기타수질오염원의 수질오염 저감시설 현황
④ 점오염원, 비점오염원 및 기타수질오염원에서 배출되는 수질오염물질의 양

해설

물환경보전법 제24조(대권역 물환경관리계획의 수립)
대권역계획에는 다음의 사항이 포함되어야 한다.
- 물환경의 변화 추이 및 물환경목표기준
- 상수원 및 물 이용현황
- 점오염원, 비점오염원 및 기타수질오염원의 분포현황
- 점오염원, 비점오염원 및 기타수질오염원에서 배출되는 수질오염물질의 양
- 수질오염예방 및 저감대책
- 물환경보전조치의 추진방향
- 기후위기 대응을 위한 탄소중립·녹색성장 기본법에 따른 기후변화에 대한 적응대책
- 그 밖에 환경부령으로 정하는 사항

82 비점오염저감계획서에 포함되어야 하는 사항으로 틀린 것은?

① 비점오염원 저감방안
② 비점오염원 관리 및 모니터링 방안
③ 비점오염저감시설 설치계획
④ 비점오염원 관련 현황

해설

물환경보전법 시행규칙 제74조(비점오염저감계획서의 작성방법)
비점오염저감계획에는 다음의 사항이 포함되어야 한다.
- 비점오염원 관련 현황
- 저영향개발기법 등을 포함한 비점오염원 저감방안
- 저영향개발기법 등을 적용한 비점오염저감시설 설치계획
- 비점오염저감시설 유지관리 및 모니터링 방안

정답 79 ① 80 ④ 81 ③ 82 ②

83 사업장별 환경기술인의 자격기준에 관한 설명으로 틀린 것은?

① 연간 90일 미만 조업하는 제1종부터 제3종까지의 사업장은 제4종 사업장 · 제5종 사업장에 해당하는 환경기술인을 선임할 수 있다.

② 공동방지시설의 경우에 폐수배출량이 제1종 또는 제2종 사업장은 제3종 사업장에 해당하는 환경기술인을 둘 수 있다.

③ 제1종 또는 제2종 사업장 중 1개월간 실제 작업한 날만을 계산하여 1일 평균 17시간 이상 작업하는 경우 그 사업장은 환경기술인을 각각 2명 이상 두어야 한다.

④ 방지시설 설치면제 대상인 사업장과 배출시설에서 배출되는 수질오염물질 등을 공동방지시설에서 처리하게 하는 사업장은 제4종 사업장 · 제5종 사업장에 해당하는 환경기술인을 둘 수 있다.

해설

물환경보전법 시행령 [별표 17] 사업장별 환경기술인의 자격기준

- 공동방지시설의 경우에는 폐수배출량이 제4종 또는 제5종 사업장의 규모에 해당하면 제3종 사업장에 해당하는 환경기술인을 두어야 한다.
- 법 개정으로 보기 ③번의 내용은 삭제됨

84 호소수 이용 상황 등의 조사 · 측정에 관한 내용으로 (　　)에 옳은 것은?

> 시 · 도지사는 환경부장관이 지정 · 고시하는 호소 외의 호소로서 만수위일 때의 면적이 (　　) 이상인 호소의 수질 및 수생태계 등을 정기적으로 조사 · 측정하여야 한다.

① 10만m^2　　② 20만m^2

③ 30만m^2　　④ 50만m^2

해설

물환경보전법 시행령 제30조(호소수 이용 상황 등의 조사 · 측정 및 분석 등)

시 · 도지사는 환경부장관이 지정 · 고시하는 호소 외의 호소로서 만수위일 때의 면적이 500,000m^2 이상인 호소의 물환경 등을 정기적으로 조사 · 측정 및 분석하여야 한다.

85 폐수처리업자의 준수사항에 관한 설명으로 (　　)에 옳은 것은?

> 수탁한 폐수는 정당한 사유 없이 (㉠) 보관할 수 없으며, 보관폐수의 전체량이 저장시설 저장능력의 (㉡) 이상 되게 보관하여서는 아니 된다.

① ㉠ 10일 이상, ㉡ 80%

② ㉠ 10일 이상, ㉡ 90%

③ ㉠ 30일 이상, ㉡ 80%

④ ㉠ 30일 이상, ㉡ 90%

해설

물환경보전법 시행규칙 [별표 21] 폐수처리업자의 준수사항

수탁한 폐수는 정당한 사유 없이 10일 이상 보관할 수 없으며, 보관폐수의 전체량이 저장시설 저장능력의 90% 이상되게 보관하여서는 아니 된다.

86 수질 및 수생태계 하천 환경기준 중 생활환경 기준에 적용되는 등급에 따른 수질 및 수생태계 상태를 나타낸 것이다. 다음 설명에 해당하는 등급의 수질 및 수생태계 상태는?

> 상당량의 오염물질로 인하여 용존산소가 소모되는 생태계로 농업용수로 사용하거나 여과, 침전, 활성탄 투입, 살균 등 고도의 정수처리 후 공업용수로 사용할 수 있음

① 약간 나쁨

② 나 쁨

③ 상당히 나쁨

④ 매우 나쁨

해설

환경정책기본법 시행령 [별표 1] 환경기준

83 ②, ③　84 ④　85 ②　86 ①　정답

87 공공폐수처리시설의 유지 · 관리기준에 관한 사항으로 ( )에 옳은 내용은?

> 처리시설의 관리, 운영자는 처리시설의 적정 운영여부를 확인하기 위하여 방류수 수질검사를 (㉠) 실시하되, 1일당 2천m^3 이상인 시설은 주 1회 이상 실시하여야 한다. 다만, 생태독성(TU)검사는 (㉡) 실시하여야 한다.

① ㉠ 월 2회 이상, ㉡ 월 1회 이상
② ㉠ 월 1회 이상, ㉡ 월 2회 이상
③ ㉠ 월 2회 이상, ㉡ 월 2회 이상
④ ㉠ 월 1회 이상, ㉡ 월 1회 이상

해설

물환경보전법 시행규칙 [별표 15] 공공폐수처리시설의 유지 · 관리기준

처리시설의 관리 · 운영자는 방류수 수질기준 항목(측정기기를 부착하여 관제센터로 측정자료가 전송되는 항목은 제외한다)에 대한 방류수 수질검사를 다음과 같이 실시하여야 한다.

- 처리시설의 적정 운영 여부를 확인하기 위하여 방류수 수질검사를 월 2회 이상 실시하되, 1일당 2,000m^3 이상인 시설은 주 1회 이상 실시하여야 한다. 다만, 생태독성(TU)검사는 월 1회 이상 실시하여야 한다.
- 방류수의 수질이 현저하게 악화되었다고 인정되는 경우에는 수시로 방류수 수질검사를 하여야 한다.

88 오염총량관리기본방침에 포함되어야 하는 사항으로 틀린 것은?

① 오염총량관리의 목표
② 오염총량관리의 대상 수질오염물질 종류
③ 오염원의 조사 및 오염부하량 산정방법
④ 오염총량관리 현황

해설

물환경보전법 시행령 제4조(오염총량관리기본방침)

오염총량관리기본방침에는 다음의 사항이 포함되어야 한다.

- 오염총량관리의 목표
- 오염총량관리의 대상 수질오염물질 종류
- 오염원의 조사 및 오염부하량 산정방법
- 오염총량관리기본계획의 주체, 내용, 방법 및 시한
- 오염총량관리시행계획의 내용 및 방법

89 하천, 호소에서 자동차를 세차하는 행위를 한 자에 대한 과태료 처분기준으로 적절한 것은?

① 100만원 이하의 과태료
② 50만원 이하의 과태료
③ 30만원 이하의 과태료
④ 10만원 이하의 과태료

해설

물환경보전법 제82조(과태료)

하천, 호소에서 자동차를 세차하는 행위를 한 자는 100만원 이하의 과태료를 부과한다.

90 환경부장관이 설치 · 운영하는 측정망의 종류로 틀린 것은?

① 퇴적물 측정망
② 점오염원 배출 오염물질 측정망
③ 공공수역 유해물질 측정망
④ 생물 측정망

해설

물환경보전법 시행규칙 제22조(국립환경과학원장 등이 설치 · 운영하는 측정망의 종류)

국립환경과학원장, 유역환경청장, 지방환경청장이 설치할 수 있는 측정망 종류는 다음과 같다.

- 비점오염원에서 배출되는 비점오염물질 측정망
- 수질오염물질의 총량관리를 위한 측정망
- 대규모 오염원의 하류지점 측정망
- 수질오염경보를 위한 측정망
- 대권역, 중권역을 관리하기 위한 측정망
- 공공수역 유해물질 측정망
- 퇴적물 측정망
- 생물 측정망

※ 법 개정으로 '환경부장관'이 '국립환경과학원장, 유역환경청장, 지방환경청장'으로 변경됨

정답 87 ① 88 ④ 89 ① 90 ②

91 **수질오염물질 총량관리를 위하여 시·도지사가 오염총량관리기본계획을 수립하여 환경부장관에게 승인을 얻어야 한다. 계획수립 시 포함되는 사항으로 거리가 먼 것은?**

① 해당 지역 개발계획의 내용
② 시·도지사가 설치·운영하는 측정망 관리계획
③ 관할 지역에서 배출되는 오염부하량의 총량 및 저감계획
④ 해당 지역 개발계획으로 인하여 추가로 배출되는 오염부하량 및 그 저감계획

해설

물환경보전법 제4조의3(오염총량관리기본계획의 수립 등)
오염총량관리지역을 관할하는 시·도지사는 오염총량관리기본방침에 따라 다음의 사항을 포함하는 기본계획(이하 '오염총량관리기본계획'이라 한다)을 수립하여 환경부령으로 정하는 바에 따라 환경부장관의 승인을 받아야 한다. 오염총량관리기본계획 중 대통령령으로 정하는 중요한 사항을 변경하는 경우에도 또한 같다.
- 해당 지역 개발계획의 내용
- 지방자치단체별·수계구간별 오염부하량(汚染負荷量)의 할당
- 관할 지역에서 배출되는 오염부하량의 총량 및 저감계획
- 해당 지역 개발계획으로 인하여 추가로 배출되는 오염부하량 및 그 저감계획

92 **수질자동측정기기 및 부대시설을 모두 부착하지 아니할 수 있는 시설의 기준으로 옳은 것은?**

① 연간 조업일수가 60일 미만인 사업장
② 연간 조업일수가 90일 미만인 사업장
③ 연간 조업일수가 120일 미만인 사업장
④ 연간 조업일수가 150일 미만인 사업장

해설

물환경보전법 시행령 [별표 7] 측정기기의 종류 및 부착 대상
연간 조업일수가 90일 미만인 사업장에는 수질자동측정기기 및 부대시설을 모두 부착하지 아니할 수 있다.

93 **공공폐수처리시설의 관리·운영자가 처리시설의 적정운영 여부 확인을 위한 방류수 수질검사 실시기준으로 옳은 것은?(단, 시설규모는 1,000m^3/day 이며, 수질은 현저히 악화되지 않았음)**

① 방류수 수질검사 월 2회 이상
② 방류수 수질검사 월 1회 이상
③ 방류수 수질검사 매 분기 1회 이상
④ 방류수 수질검사 매 반기 1회 이상

해설

물환경보전법 시행규칙 [별표 15] 공공폐수처리시설의 유지·관리기준
처리시설의 관리·운영자는 방류수 수질기준 항목(측정기기를 부착하여 관제센터로 측정자료가 전송되는 항목은 제외한다)에 대한 방류수 수질검사를 다음과 같이 실시하여야 한다.
- 처리시설의 적정 운영 여부를 확인하기 위하여 방류수 수질검사를 월 2회 이상 실시하되, 1일당 2,000m^3 이상인 시설은 주 1회 이상 실시하여야 한다. 다만, 생태독성(TU) 검사는 월 1회 이상 실시하여야 한다.
- 방류수의 수질이 현저하게 악화되었다고 인정되는 경우에는 수시로 방류수 수질검사를 하여야 한다.

94 **배출부과금을 부과할 때 고려하여야 하는 사항으로 틀린 것은?**

① 배출허용기준 초과 여부
② 자가측정 여부
③ 수질오염물질 처리 비용
④ 배출되는 수질오염물질의 종류

해설

물환경보전법 제41조(배출부과금)
배출부과금을 부과할 때에는 다음의 사항을 고려하여야 한다.
- 배출허용기준 초과 여부
- 배출되는 수질오염물질의 종류
- 수질오염물질의 배출기간
- 수질오염물질의 배출량
- 자가측정 여부

91 ② 92 ② 93 ① 94 ③ 정답

95 초과부과금 산정 시 1kg당 부과금액이 가장 큰 수질오염물질은?

① 크롬 및 그 화합물
② 비소 및 그 화합물
③ 테트라클로로에틸렌
④ 납 및 그 화합물

해설

물환경보전법 시행령 [별표 14] 초과부과금의 산정기준
수질오염물질 1kg당 부과금액은 다음과 같다.
- 크롬 및 그 화합물 : 75,000원
- 비소 및 화합물 : 100,000원
- 테트라클로로에틸렌 : 300,000원
- 납 및 그 화합물 : 150,000원

96 기본배출부과금 산정 시 적용되는 지역별 부과계수로 맞는 것은?

① 가지역 : 1.2
② 청정지역 : 0.5
③ 나지역 : 1
④ 특례지역 : 2

해설

물환경보전법 시행령 [별표 10] 지역별 부과계수
- 청정지역 및 가지역 : 1.5
- 나지역 및 특례지역 : 1

97 호소수 이용 상황 등의 조사·측정 등에 관한 설명으로 (　　)에 알맞은 내용은?

환경부장관이나 시·도지사는 지정, 고시된 호소의 생성·조성 연도, 유역면적, 저수량 등 호소를 관리하는 데에 필요한 기초자료에 대하여 (　　) 마다 조사, 측정함을 원칙으로 한다.

① 2년　　② 3년
③ 5년　　④ 10년

해설

물환경보전법 시행령 제30조(호소수 이용 상황 등의 조사·측정 및 분석 등)

① 환경부장관은 다음의 어느 하나에 해당하는 호소로서 물환경을 보전할 필요가 있는 호소를 지정·고시하고, 그 호소의 물환경을 정기적으로 조사·측정 및 분석하여야 한다.
　㉠ 1일 30만 톤 이상의 원수(原水)를 취수하는 호소
　㉡ 동식물의 서식지·도래지이거나 생물다양성이 풍부하여 특별히 보전할 필요가 있다고 인정되는 호소
　㉢ 수질오염이 심하여 특별한 관리가 필요하다고 인정되는 호소

② 시·도지사는 ①에 따라 환경부장관이 지정·고시하는 호소 외의 호소로서 만수위(滿水位)일 때의 면적이 50만 제곱미터 이상인 호소의 물환경 등을 정기적으로 조사·측정 및 분석하여야 한다.

③ ①과 ②에 따라 조사·측정 및 분석하여야 하는 내용은 다음과 같다.
　㉠ 호소의 생성·조성 연도, 유역면적, 저수량 등 호소를 관리하는 데에 필요한 기초자료
　㉡ 호소수의 이용 목적, 취수장의 위치, 취수량 등 호소수의 이용 상황
　㉢ 수질오염도, 오염원의 분포 현황, 수질오염물질의 발생·처리 및 유입 현황
　㉣ 호소의 생물다양성 및 생태계 등 수생태계 현황

④ 환경부장관 또는 시·도지사는 ③의 각 사항을 다음의 구분에 따라 조사·측정 및 분석해야 한다. 다만, 호소의 물환경보전을 위하여 필요한 경우에는 매년 조사·측정 및 분석할 수 있다.
　㉠ ③의 ㉠ 및 ㉡의 사항 : 3년마다 1회
　㉡ ③의 ㉢의 사항 : 5년마다 1회
　㉢ ③의 ㉣의 사항
　　- ①에 따라 환경부장관이 조사·측정 및 분석하는 경우 : 3년마다 1회
　　- ②에 따라 시·도지사가 조사·측정 및 분석하는 경우 : 5년마다 1회

⑤ 시·도지사는 ②에 따른 조사·측정 및 분석 결과를 다음해 2월 말까지 환경부장관에게 제출해야 한다.

※ 법 개정으로 내용 변경

정답 95 ③ 96 ③ 97 ②

98 수질 및 수생태계 보전에 관한 법률상의 용어 정의가 틀린 것은?

① 폐수 : 물에 액체성 또는 고체성의 수질오염물질이 섞여 있어 그대로는 사용할 수 없는 물
② 수질오염물질 : 사람의 건강, 재산이나 동식물 생육에 위해를 줄 수 있는 물질로 환경부령으로 정하는 것
③ 강우유출수 : 비점오염원의 수질오염물질이 섞여 유출되는 빗물 또는 눈 녹은 물 등
④ 기타수질오염원 : 점오염원 및 비점오염원으로 관리되지 아니하는 수질오염물질을 배출하는 시설 또는 장소로서 환경부령으로 정하는 것

해설

물환경보전법 제2조(정의)
수질오염물질이란 수질오염의 요인이 되는 물질로서 환경부령으로 정하는 것을 말한다.

99 휴경 등 권고대상 농경지의 해발고도 및 경사도는?

① 해발고도 : 해발 200m, 경사도 : 10%
② 해발고도 : 해발 400m, 경사도 : 15%
③ 해발고도 : 해발 600m, 경사도 : 20%
④ 해발고도 : 해발 800m, 경사도 : 25%

해설

물환경보전법 시행규칙 제85조(휴경 등 권고대상 농경지의 해발고도 및 경사도)
'환경부령으로 정하는 해발고도'란 해발 400m를 말하고 '환경부령으로 정하는 경사도'란 경사도 15%를 말한다.

100 수질 및 수생태계 중 하천의 생활환경 기준으로 틀린 것은?(단, 등급 : 약간 좋음, 단위 : mg/L)

① COD : 2 이하
② BOD : 3 이하
③ SS : 25 이하
④ DO : 5.0 이상

해설

환경정책기본법 시행령 [별표 1] 환경기준
수질 및 수생태계–하천–생활환경 기준

등 급		기 준			
		BOD(mg/L)	COD(mg/L)	SS(mg/L)	DO(mg/L)
약간 좋음	Ⅱ	3 이하	5 이하	25 이하	5.0 이상

98 ② 99 ② 100 ① 정답

2017년 제2회 과년도 기출문제

제1과목 | 수질오염개론

01 **산소포화농도가 9mg/L인 하천에서 처음의 용존산소농도가 7mg/L라면 3일간 흐른 후 하천 하류지점에서의 용존산소농도(mg/L)는?(단, BOD_u = 10mg/L, 탈산소계수 = 0.1day^{-1}, 재포기계수 = 0.2day^{-1}, 상용대수기준)**

① 4.5 ② 5.0
③ 5.5 ④ 6.0

해설
- $D_0 = C_s - C = 9\text{mg/L} - 7\text{mg/L} = 2\text{mg/L}$
- $D_t = \left(\dfrac{K_1 \times L_0}{K_2 - K_1}\right)(10^{-K_1 \cdot t} - 10^{-K_2 \cdot t}) + D_0 \times 10^{-K_2 \cdot t}$
- $D_3 = \left(\dfrac{0.1 \times 10}{0.2 - 0.1}\right)(10^{-0.1 \times 3} - 10^{-0.2 \times 3}) + 2 \times 10^{-0.2 \times 3}$
  $= 3.0\text{mg/L}$
- 3일 후 DO 농도 = $9\text{mg/L} - 3.0\text{mg/L} = 6.0\text{mg/L}$

02 **담수와 해수에 대한 일반적인 설명으로 틀린 것은?**

① 해수의 용존산소 포화도는 담수보다 작은데 주로 해수 중의 염류때문이다.
② Upwelling은 담수가 해수의 표면으로 상승하는 현상이다.
③ 해수의 주성분으로는 Cl^-, Na^+, SO_4^{2-} 등이 가장 많다.
④ 하구에서는 담수와 해수가 쐐기형상으로 교차한다.

해설
Upwelling은 온도가 낮고 영양염이 많은 심층수가 바람의 작용으로 인해 온도가 높고 영양염이 고갈된 표층수를 제치고 올라오는 해양학적 현상이다.

03 **생물체 내에서 일어나는 에너지 대사에 적용되는 열역학법칙 내용과 거리가 먼 것은?**

① 에너지의 총량은 일정하다.
② 자연적인 반응은 질서도가 커지는 방향으로 진행한다.
③ 엔트로피는 끊임없이 증가하고 있다.
④ 절대온도 0K(−273.16℃)에서는 분자운동이 없으며 엔트로피는 0이다.

해설
자연적 반응은 질서도가 작아지는 방향으로 진행한다.

04 **분변성 오염을 나타낼 때 사용되는 지표미생물이 갖추어야 할 조건 중 옳지 않은 것은?**

① 사람의 대변에만 많은 수로 존재해야 한다.
② 자연환경에는 없거나 적은 수로 존재해야 한다.
③ 비병원성으로 간단한 방법에 의해 쉽고 빠르게 검출될 수 있어야 한다.
④ 병원균보다 적은 수로 존재하고 자연환경에서 병원균보다 생존력이 약해야 한다.

해설
병원균보다 더 많은 수로 존재하여야 하며, 자연환경에서 병원균보다 생존력이 강해야 한다.

05 **운동기관이 없으며, 먹이를 흡수에 의해 섭식하는 원생동물 종류는?**

① 포자충류 ② 편모충류
③ 섬모충류 ④ 육질충류

해설
포자충류는 운동기관이나 수축포가 없고, 먹이를 흡수에 의해 섭식하며 다양한 세포 내에 기생한다.

정답 1 ④ 2 ② 3 ② 4 ④ 5 ①

06 0.01M-KBr과 0.02M-$ZnSO_4$ 용액의 이온강도는?(단, 완전해리 기준)

① 0.08
② 0.09
③ 0.12
④ 0.14

해설

- $KBr \rightleftarrows K^+ + Br^-$
- $ZnSO_4 \rightleftarrows Zn^{2+} + SO_4^{2-}$

이온강도 $= \frac{1}{2}\sum_i C_i Z_i^2$

$= \frac{1}{2}[0.01\times1^2 + 0.01\times(-1)^2 + 0.02\times2^2 + 0.02\times(-2)^2]$

$= 0.09$

여기서, C_i : 이온의 몰농도
Z_i : 이온의 전하

07 지하수의 오염의 특징으로 틀린 것은?

① 지하수의 오염경로는 단순하여 오염원에 의한 오염범위를 명확하게 구분하기가 용이하다.
② 지하수는 흐름을 눈으로 관찰할 수 없기 때문에 대부분의 경우 오염원의 흐름방향을 명확하게 확인하기 어렵다.
③ 오염된 지하수층을 제거, 원상 복구하는 것은 매우 어려우며 많은 비용과 시간이 소요된다.
④ 지하수는 대부분의 지역에서 느린 속도로 이동하여 관측정이 오염원으로부터 원거리에 위치한 경우 오염원의 발견에 많은 시간이 소요될 수 있다.

해설

지하수는 오염 정도는 측정과 예측 및 감시가 어려워 오염원에 의한 오염범위를 명확하게 구분하는 것이 용이하지 않다.

08 광합성에 대한 설명으로 틀린 것은?

① 호기성 광합성(녹색식물의 광합성)은 진조류와 청녹조류를 위시하여 고등식물에서 발견된다.
② 녹색식물의 광합성은 탄산가스와 물로부터 산소와 포도당(또는 포도당 유도산물)을 생성하는 것이 특징이다.
③ 세균활동에 의한 광합성은 탄산가스의 산화를 위하여 물 이외의 화합물질이 수소원자를 공여, 유리산소를 형성한다.
④ 녹색식물의 광합성 시 광은 에너지를 그리고 물은 환원반응에 수소를 공급해 준다.

해설

세균활동에 의한 광합성은 탄산가스의 산화를 위하여 물 이외의 화합물질이 수소원자를 공여하나 유리산소를 형성하지 못한다.

09 생 하수 내에 주로 존재하는 질소의 형태는?

① 암모니아와 N_2
② 유기성 질소와 암모니아성 질소
③ N_2와 NO
④ NO_2^-와 NO_3^-

해설

질소의 순환 형태

유기질소 → 암모니아성 질소 → 아질산성 질소 → 질산성 질소
그러므로 생 하수 내에는 질소 초기 형태인 유기질소 및 암모니아성 질소의 형태로 존재한다.

6 ② 7 ① 8 ③ 9 ② 정답

10 우리나라 근해의 적조(Red Tide) 현상의 발생 조건에 대한 설명으로 가장 적절한 것은?

① 햇빛이 약하고 수온이 낮을 때 이상 균류의 이상 증식으로 발생한다.
② 수괴의 연직 안정도가 적어질 때 발생된다.
③ 정체수역에서 많이 발생된다.
④ 질소, 인 등의 영양분이 부족하여 적색이나 갈색의 적조 미생물이 이상적으로 증식한다.

해설

적조현상의 발생 조건
- 정체수역이면서 수온 증가 시에 발생한다.
- 여름철 홍수기일 때에 무기영양분(T-P, T-N)이 급격하게 증가된 수역에서 발생한다.
- 용승(Upwelling)현상이 자주 일어나는 수역에서 발생한다.
- 해수의 염소농도저하, 산소부족으로 조류포자 발아촉진과 연직 안정도가 큰 지역에서 발생한다.

11 호수 내의 성층현상에 관한 설명으로 가장 거리가 먼 것은?

① 여름성층의 연직 온도경사는 분자확산에 의한 DO구배와 같은 모양이다.
② 성층의 구분 중 약층(Thermocline)은 수심에 따른 수온변화가 적다.
③ 겨울성층은 표층수 냉각에 의한 성층이어서 역성층이라고도 한다.
④ 전도현상은 가을과 봄에 일어나며 수괴(水槐)의 연직혼합이 왕성하다.

해설

수온약층은 표수층에 비하여 수심에 따른 수온차이가 크다.

12 하천수에서 난류확산에 의한 오염물질의 농도분포를 나타내는 난류확산방정식을 이용하기 위하여 일차적으로 고려해야 할 인자와 가장 관련이 적은 것은?

① 대상 오염물질의 침강속도(m/s)
② 대상 오염물질의 자기감쇠계수
③ 유속(m/s)
④ 하천수의 난류지수(Re No.)

해설

난류확산방정식 인자
- 하천수의 오염물질농도
- 유하거리, 단면, 수심방향의 유속 및 방향
- 난류확산계수
- 오염물질의 침강속도
- 오염물질의 자기감쇠계수

13 수질예측모형의 공간성에 따른 분류에 관한 설명으로 틀린 것은?

① 0차원 모형 : 식물성 플랑크톤의 계절적 변동사항에 주로 이용된다.
② 1차원 모형 : 하천이나 호수를 종방향 또는 횡방향의 연속교반 반응조로 가정한다.
③ 2차원 모형 : 수질의 변동이 일방향성이 아닌 이방향성으로 분포하는 것으로 가정한다.
④ 3차원 모형 : 대호수의 순환 패턴분석에 이용된다.

해설

0차원 모형

대상수계는 CSTR로 가정, 일반적인 이용은 호수에 매년 축적되는 무기물질(인산 등)의 수지를 평가하는데 이용된다.

정답 10 ③ 11 ② 12 ④ 13 ①

14 호소수의 전도현상(Turnover)이 호소수 수질환경에 미치는 영향을 설명한 내용 중 바르지 않은 것은?

① 수괴의 수직운동 촉진으로 호소 내 환경용량이 제한되어 물의 자정능력이 감소된다.

② 심층부까지 조류의 혼합이 촉진되어 상수원의 취수 심도에 영향을 끼치게 되므로 수도의 수질이 악화된다.

③ 심층부의 영양염이 상승하게 됨에 따라 표층부에 규조류가 번성하게 되어 부영양화가 촉진된다.

④ 조류의 다량 번식으로 물의 탁도가 증가되고 여과지가 폐색되는 등의 문제가 발생한다.

해설

① 수괴의 수직운동 촉진으로 물의 자정작용이 증가한다.

15 시료의 수질분석을 실시하여 다음 표와 같은 결과값을 얻었을 때 시료의 비탄산경도(mg/L as $CaCO_3$)는?(단, K = 39, Na = 23, Ca = 40, Mg = 24, C = 12, O = 16, H = 1, Cl = 35.5, S = 32)

성 분	농도(mg/L)	성 분	농도(mg/L)
K^+	13	OH^-	32
Na^+	23	Cl^-	71
Ca^{2+}	20	SO_4^{2-}	96
Mg^{2+}	12	HCO_3^-	61

① 50

② 100

③ 150

④ 200

16 하구(Estuary)의 혼합 형식 중 하상구배와 조차(潮差)가 적어서 염수와 담수의 2층 밀도류가 발생되는 것은?

① 강 혼합형

② 약 혼합형

③ 중 혼합형

④ 완 혼합형

해설

- 약 혼합형 : 하상구배와 조차가 적어 염수와 담수의 2층 밀도류가 발생된다.
- 완 혼합형 : 하상구배가 어느 정도 크고, 조차가 적당히 있을 때 난류성분에 의해 밀도 경계면이 명확하지 않으며, 연직방향의 밀도차가 작아진다.
- 강 혼합형 : 하상구배와 조차가 매우 커서 난류성분이 발달하여 연직혼합을 촉진시키며, 유하방향으로의 밀도차가 확실해진다.

17 Glucose($C_6H_{12}O_6$) 500mg/L 용액을 호기성 처리 시 필요한 이론적인 인(P) 농도(mg/L)는?(단, BOD_5 : N : P = 100 : 5 : 1, K_1 = 0.1day^{-1}, 상용대수기준, 완전분해 기준, BOD_u = COD)

① 약 3.7

② 약 5.6

③ 약 8.5

④ 약 12.8

해설

$C_6H_{12}O_6 + 6O_2 \rightarrow 6CO_2 + 6H_2O$

180g : 6 × 32g

500mg/L : x

x ≒ 533.3mg/L

$BOD_5 = BOD_u \times (1-10^{-0.5}) = 533.3\text{mg/L} \times (1-10^{-0.5})$

$\fallingdotseq 364.7$

∴ BOD_5 : P = 100 : 1이므로 필요한 P의 양은 약 3.6mg/L이다.

14 ① 15 ④ 16 ② 17 ① 정답

18 기상수(우수, 눈, 우박 등)에 관한 설명으로 틀린 것은?

① 기상수는 대기 중에서 지상으로 낙하할 때는 상당한 불순물을 함유한 상태이다.
② 우수의 주성분은 육수의 주성분과 거의 동일하다.
③ 해안 가까운 곳의 우수는 염분함량의 변화가 크다.
④ 천수는 사실상 증류수로서 증류단계에서는 순수에 가까워 다른 자연수보다 깨끗하다.

해설
우수의 주성분은 육수(陸水)보다는 해수(海水)의 주성분과 거의 동일하다고 할 수 있다.

19 20℃의 하천수에 있어서 바람 등에 의한 DO공급량이 0.02mg−O_2/L·day이고, 이 강이 항상 DO 농도가 7mg/L 이상 유지되어야 한다면 이 강의 산소전달계수(h^{-1})는?(단, α와 β는 무시, 20℃ 포화 DO = 9.17mg/L)

① 1.3×10^{-3}　② 3.8×10^{-3}
③ 1.3×10^{-4}　④ 3.8×10^{-4}

해설

$$K_{LA} = \frac{\text{DO공급량}}{C_s - C}$$
$$= \frac{0.02\text{mg/L} \cdot \text{day}}{(9.17-7)\text{mg/L}} \times \frac{\text{day}}{24\text{h}}$$
$$= 3.8 \times 10^{-4}\text{h}^{-1}$$

20 호수의 수질관리를 위하여 일반적으로 사용할 수 있는 예측모형으로 틀린 것은?

① WASP5 모델
② WQRRS 모델
③ POM 모델
④ Vollenweider 모델

해설
POM 모델은 해양모델이다.

제2과목 | 상하수도계획

21 정수시설의 시설능력에 관한 내용으로 (　) 안에 옳은 내용은?

> 소비자에게 고품질의 수도 서비스를 중단 없이 제공하기 위하여 정수시설은 유지보수, 사고대비, 시설 개량 및 확장 등에 대비하여 적절한 예비용량을 갖춤으로서 수도시스템으로서의 안정성을 높여야 한다. 이를 위하여 예비용량을 감안한 정수시설의 가동률은 (　) 내외가 적당하다.

① 55%　② 65%
③ 75%　④ 85%

해설
정수시설의 가동률은 75% 내외가 적정하다.

22 상수도관 부식의 종류 중 매크로셀 부식으로 분류되지 않는 것은?(단, 자연부식 기준)

① 콘크리트·토양
② 이종금속
③ 산소농담(통기차)
④ 박테리아

해설
자연부식
- 마이크로셀 부식 : 특수토양부식, 박테리아부식, 일반토양부식
- 매크로셀 부식 : 이종금속, 산소농담(통기차), 콘크리트, 토양

23 경사가 2‰인 하수관거의 길이가 6,000m일 때 상류관과 하류관의 고저차(m)는?(단, 기타 조건은 고려하지 않음)

① 3　　② 6
③ 9　　④ 12

해설
고저차 $= \frac{2}{1,000} \times 6,000\text{m} = 12\text{m}$

24 지하수 취수 시 적용되는 양수량 중에서 적정양수량의 정의로 옳은 것은?

① 최대양수량의 80% 이하의 양수량
② 한계양수량의 80% 이하의 양수량
③ 최대양수량의 70% 이하의 양수량
④ 한계양수량의 70% 이하의 양수량

해설
적정양수량은 한계양수량의 70% 이하를 의미한다.

25 펌프효율 $\eta = 80\%$, 전양정 $H = 16\text{m}$인 조건하에서 양수량 $Q = 12\text{L/s}$로 펌프를 회전시킨다면 이때 필요한 축동력(kW)은?(단, 전동기는 직렬, 물의 밀도 $r = 1,000\text{kg/m}^3$)

① 1.28　　② 1.73
③ 2.35　　④ 2.88

해설
- $\text{kW} = \frac{r \times Q \times H}{102 \times E}$
- $Q = 12\text{L/s} \times 1\text{m}^3/10^3\text{L} = 0.012\text{m}^3/\text{s}$
- $\text{kW} = \frac{1,000 \times 0.012 \times 16}{102 \times 0.8} = 2.35\text{kW}$

26 양수량(Q) 14m³/min, 전양정(H) 10m, 회전수(N) 1,100rpm인 펌프의 비교회전도(N_s)는?

① 412　　② 732
③ 1,302　　④ 1,416

해설
$N_s = N \times \frac{Q^{0.5}}{H^{0.75}} = 1,100\text{rpm} \times \frac{(14\text{m}^3/\text{min})^{0.5}}{10^{0.75}} = 731.91$

27 취수시설에서 침사지에 관한 설명으로 틀린 것은?

① 지의 위치는 가능한 한 취수구에 근접하여 제내지에 설치한다.
② 지의 상단높이는 고수위보다 0.3~0.6m의 여유고를 둔다.
③ 지의 고수위는 계획취수량이 유입될 수 있도록 취수구의 계획최저수위 이하로 정한다.
④ 지의 길이는 폭의 3~8배, 지 내 평균유속은 2~7cm/s를 표준으로 한다.

해설
지의 상단높이는 고수위보다 0.6~1m의 여유고를 둔다.

23 ④　24 ④　25 ③　26 ②　27 ②　정답

28 Cavitation 발생을 방지하기 위한 대책으로 틀린 것은?

① 펌프의 설치위치를 가능한 한 낮추어 가용유효흡입수두를 크게 한다.
② 펌프의 회전속도를 낮게 선정하여 필요유효흡입수두를 크게 한다.
③ 흡입측 밸브를 완전히 개방하고 펌프를 운전한다.
④ 흡입관에 손실을 가능한 한 작게 하여 가용유효흡입수두를 크게 한다.

해설
펌프의 회전속도를 낮게 선정하여 필요유효흡입수두(Required NPSH)를 작게 한다.

29 정수시설인 급속여과지 시설기준에 관한 설명으로 옳지 않은 것은?

① 여과면적은 계획정수량을 여과속도로 나누어 구한다.
② 1지의 여과면적은 $200m^2$ 이상으로 한다.
③ 여과모래의 유효경이 0.45~0.7mm의 범위인 경우에는 모래층의 두께는 60~70cm를 표준으로 한다.
④ 여과속도는 120~150m/day를 표준으로 한다.

해설
정수시설용 급속여과지의 1지당 여과면적은 $150m^2$ 이하로 설계한다.

30 정수시설인 막여과시설에서 막모듈의 파울링에 해당되는 내용은?

① 막모듈의 공급유로 또는 여과수 유로가 고형물로 폐색되어 흐르지 않는 상태
② 미생물과 막 재질의 자화 또는 분비물의 작용에 의한 변화
③ 건조되거나 수축으로 인한 막 구조의 비가역적인 변화
④ 원수 중의 고형물이나 진동에 의한 막 면의 상처나 마모, 파단

해설
②, ③, ④는 막모듈의 열화에 대한 설명이다.

31 급수시설의 설계유량에 대한 설명으로 틀린 것은?

① 수원지, 저수지, 유역면적 결정에는 1일평균급수량이 기준
② 배수지, 송수관구경 결정에는 1일최대급수량을 기준
③ 배수본관의 구경결정에는 시간최대급수량을 기준
④ 정수장의 설계유량은 1일평균급수량을 기준

정답 28 ② 29 ② 30 ① 31 ④

32 도시의 상수도 보급을 위하여 최근 7년간의 인구를 이용하여 급수인구를 추정하려고 한다. 최근 7년간 도시의 인구가 다음과 같은 경향을 나타낼 때 2018년도의 인구를 등차급수법으로 추정한 것은?

년 도	인 구
2008	157,000
2009	176,200
2010	185,400
2011	198,400
2012	201,100
2013	213,520
2014	225,270

① 약 265,324명 ② 약 270,786명
③ 약 277,750명 ④ 약 294,416명

해설

- $P_n = P_0 + (n \times a)$
- $n = 4$년, $P_0 = 225,270$명,

$$a = \frac{P_0 - P_t}{t} = \frac{225,270 - 157,000}{6} = 11,378\text{명/년}$$

- $P_n = 225,270$명$+ (4$년 $\times 11,378$명/년$) = 270,782$명

33 상수도시설의 계획 기준으로 옳지 않은 것은?

① 계획취수량은 계획1일 최대급수량을 기준으로 한다.
② 계획배수량은 원칙적으로 해당 배수구역의 계획1일 최대급수량으로 한다.
③ 도수시설의 계획도수량은 계획취수량을 기준으로 한다.
④ 계획정수량은 계획1일 최대급수량을 기준으로 한다.

해설

배수시설의 계획배수량은 원칙적으로 해당 배수구역의 계획시간 최대배수량으로 한다.

34 최근 정수장에서 응집제로서 많이 사용되고 있는 폴리염화알루미늄(PACL)에 대한 설명으로 옳은 것은?

① 일반적으로 황산알루미늄보다 적정주입 pH의 범위가 넓으며 알칼리도의 감소가 적다.
② 일반적으로 황산알루미늄보다 적정주입 pH의 범위가 좁으며 알칼리도의 감소가 적다.
③ 일반적으로 황산알루미늄보다 적정주입 pH의 범위가 좁으며 알칼리도의 감소가 크다.
④ 일반적으로 황산알루미늄보다 적정주입 pH의 범위가 넓으며 알칼리도의 감소가 크다.

해설

폴리염화알루미늄은 황산알루미늄보다 적정주입 pH의 범위가 넓으며 알칼리도의 감소가 적다.

35 하수관거 설계 시 오수관거의 최소관경에 관한 기준은?

① 150mm를 표준으로 한다.
② 200mm를 표준으로 한다.
③ 250mm를 표준으로 한다.
④ 300mm를 표준으로 한다.

해설

하수관거 설계 시 최소관경

- 오수관거 : 200mm
- 우수관거, 합류관거 : 250mm

32 ② 33 ② 34 ① 35 ② 정답

36 도수거에 대한 설명으로 맞는 것은?

① 도수거의 개수로 경사는 일반적으로 1/100~1/300의 범위에서 선정된다.
② 개거나 암거인 경우에는 대개 30~50m 간격으로 시공조인트를 겸한 신축조인트를 설치한다.
③ 도수거에서 평균유속의 최대한도는 2.0m/s로 한다.
④ 도수거에서 최소유속은 0.5m/s로 한다.

해설

① 도수거의 개수로 경사는 일반적으로 1/1,000~1/3,000의 범위이다.
③ 도수거에서 평균유속의 최대한도는 3.0m/s로 한다.
④ 도수거에서 최소유속은 0.3m/s로 한다.

37 하수슬러지 소각을 위한 소각로 중에서 건설비가 가장 큰 것은?

① 다단소각로
② 유동층소각로
③ 기류건조소각로
④ 회전소각로

해설

하수슬러지 소각로에서 기류건조소각로의 건설비가 가장 크다.

38 상수로관의 길이 800m, 내경 200mm에서 유속 2m/s로 흐를 때 관마찰 손실수두(m)는?(단, Darcy-Weisbach 공식을 이용, 마찰손실계수 = 0.02)

① 약 16.3　　② 약 18.4
③ 약 20.7　　④ 약 22.6

해설

$$h = f \times \frac{L}{D} \times \frac{V^2}{2 \times g} = 0.02 \times \frac{800}{0.2} \times \frac{2^2}{2 \times 9.8} = 16.33\text{m}$$

39 상수도 기본계획수립 시 기본사항에 대한 결정 중 계획(목표)년도에 관한 내용으로 옳은 것은?

① 기본계획의 대상이 되는 기간으로 계획수립 시부터 10~15년간을 표준으로 한다.
② 기본계획의 대상이 되는 기간으로 계획수립 시부터 15~20년간을 표준으로 한다.
③ 기본계획의 대상이 되는 기간으로 계획수립 시부터 20~25년간을 표준으로 한다.
④ 기본계획의 대상이 되는 기간으로 계획수립 시부터 25~30년간을 표준으로 한다.

해설

상수도 기본계획 중 계획(목표)년도는 기본계획의 대상이 되는 기간으로 계획수립 시부터 15~20년간을 표준으로 한다.

40 계획취수량이 $10\text{m}^3/\text{s}$, 유입수심이 5m, 유입속도가 0.4m/s인 지역에 취수구를 설치하고자 할 때 취수구의 폭(m)은?(단, 취수보 설계기준)

① 0.5
② 1.25
③ 2.5
④ 5.0

해설

취수구의 폭

$$B = \frac{Q}{VH} = \frac{10\text{m}^3/\text{s}}{0.4\text{m/s} \times 5\text{m}} = 5.0\text{m}$$

정답 36 ② 37 ③ 38 ① 39 ② 40 ④

제3과목 | 수질오염방지기술

41 직경이 1.0×10^{-2}cm인 원형 입자의 침강속도(m/h)는?(단, Stokes공식 사용, 물의 밀도 = 1.0g/cm³, 입자의 밀도 = 2.1g/cm³, 물의 점성계수 = 1.0087×10^{-2}g/cm · s)

① 21.4 ② 24.4
③ 28.4 ④ 32.4

해설

$$V_s = \frac{d_s^{\ 2}(\rho_s - \rho_w)g}{18\mu}$$

$$= \frac{(1.0 \times 10^{-2}\text{cm})^2 \times (2.1-1.0)\text{g/cm}^3 \times 9.8\text{m/s}^2}{18 \times (1.0087 \times 10^{-2}\text{g/cm} \cdot \text{s})} \times \frac{3,600\text{s}}{\text{h}}$$

$= 21.37$m/h

42 Michaelis-Menten 공식에서 반응속도(r)가 $R_{\max}$의 80%일 때 기질농도와 $R_{\max}$의 20%일 때의 기질농도의 비(S_{80}/S_{20})는?

① 8 ② 16
③ 24 ④ 41

해설

- $r = R_{\max} \times \dfrac{S}{K_s + S}$
- $R_{\max} = 100$으로 가정
  - $80 = 100 \times \dfrac{S_{80}}{K_s + S_{80}} \rightarrow S_{80} = 4K_s$
  - $20 = 100 \times \dfrac{S_{20}}{K_s + S_{20}} \rightarrow S_{20} = 0.25K_s$

$\therefore \dfrac{S_{80}}{S_{20}} = \dfrac{4K_s}{0.25K_s} = 16$

43 분뇨의 생물학적 처리공법으로서 호기성 미생물이 아닌 혐기성 미생물을 이용한 혐기성 처리공법을 주로 사용하는 근본적인 이유는?

① 분뇨에는 혐기성 미생물이 살고 있기 때문에
② 분뇨에 포함된 오염물질은 혐기성 미생물만이 분해할 수 있기 때문에
③ 분뇨의 유기물 농도가 너무 높아 포기에 너무 많은 비용이 들기 때문에
④ 혐기성 처리공법으로 발생되는 메탄가스가 공법에 필수적이기 때문에

44 상수처리를 위한 사각침전조에 유입되는 유량은 30,000m³/day이고 표면부하율은 24m³/m² · day이며 체류시간은 6시간이다. 침전조의 길이와 폭의 비는 2 : 1이라면 조의 크기는?

① 폭 : 20m, 길이 : 40m, 깊이 : 6m
② 폭 : 20m, 길이 : 40m, 깊이 : 4m
③ 폭 : 25m, 길이 : 50m, 깊이 : 6m
④ 폭 : 25m, 길이 : 50m, 깊이 : 4m

해설

- 표면부하율 $= \dfrac{Q}{A}$

$$A = \frac{Q}{\text{표면부하율}} = \frac{30,000\text{m}^3/\text{day}}{24\text{m}^3/\text{m}^2 \cdot \text{day}} = 1,250\text{m}^2$$

침전조의 길이와 폭의 비가 2 : 1이므로,
침전조의 폭을 x라 하면 길이는 $2x$이다.
$2x^2 = 1,250\text{m}^2$, $x = 25\text{m}$
∴ 침전조의 폭은 25m이며, 길이는 50m이다.

- 체류시간 $t = \dfrac{V}{Q}$

$$6\text{h} = \frac{\text{day}}{30,000\text{m}^3} \times \frac{24\text{h}}{1\text{day}} \times V$$

$V = 7,500\text{m}^3$
$V = A \times h$이므로 $7,500\text{m}^3 = 1,250\text{m}^2 \times h$
$h = 6\text{m}$
∴ 침전조의 깊이는 6m이다.

41 ① 42 ② 43 ③ 44 ③ 정답

45 수량 36,000m^3/day의 하수를 폭 15m, 길이 30m, 깊이 2.5m의 침전지에서 표면적 부하 40m^3/m^2 · day의 조건으로 처리하기 위한 침전지 수는?(단, 병렬 기준)

① 2 ② 3
③ 4 ④ 5

해설

- $A = \dfrac{Q}{\text{수면적 부하}} = \dfrac{36,000\text{m}^3/\text{day}}{40\text{m}^3/\text{day}\cdot\text{m}^2} = 900\text{m}^2$
- 침전지 1개 면적 = 15m × 30m = 450m^2
- 침전지 수 = $\dfrac{900\text{m}^2}{450\text{m}^2/\text{개}}$ = 2개

46 생물학적 원리를 이용하여 하수 내 질소를 제거(3차 처리)하기 위한 공정으로 가장 거리가 먼 것은?

① SBR 공정 ② UCT 공정
③ A/O 공정 ④ Bardenpho 공정

해설

A/O 공정은 인 처리만 가능하다.

47 NaOH를 1% 함유하고 있는 60m^3의 폐수를 HCl 36% 수용액으로 중화하려 할 때 소요되는 HCl 수용액의 양(kg)은?

① 1,102.46 ② 1,303.57
③ 1,520.83 ④ 1,601.57

해설

- $1\% = 10^4\,\text{ppm} = 10^4\,\text{mg/L}$
- $\text{NaOH(eq/L)} = 10^4\text{mg/L} \times \dfrac{\text{g}}{10^3\text{mg}} \times \dfrac{1\text{eq}}{40\text{g}} = 0.25\text{eq/L}$
- $\text{HCl(eq/L)} = (36 \times 10^4\text{mg/L}) \times \dfrac{\text{g}}{10^3\text{mg}} \times \dfrac{1\text{eq}}{36.5\text{g}} = 9.863\text{eq/L}$
- $V_1 = 60\text{m}^3 \times \dfrac{10^3\text{kg}}{\text{m}^3} = 60,000\text{kg}$
- 중화적정공식 : $N_1 \times V_1 = N_2 \times V_2$

  $0.25\text{eq/L} \times 60,000\text{kg} = 9.863\text{eq/L} \times V_2$

  $\therefore\ V_2 = 1,520.835\text{kg}$

48 A^2/O 공법에 대한 설명으로 틀린 것은?

① 혐기조 – 무산소조 – 호기조 – 침전조 순으로 구성된다.
② A^2/O 공정은 내부재순환이 있다.
③ 미생물에 의한 인의 섭취는 주로 혐기조에서 일어난다.
④ 무산소조에서는 질산성 질소가 질소가스로 전환된다.

해설

호기성조에서 인의 과잉섭취가 일어난다.

정답 45 ① 46 ③ 47 ③ 48 ③

49 **질산화 반응에 관한 설명으로 옳은 것은?**

① 질산균의 에너지원은 유기물이다.
② 질산균의 증식속도는 활성슬러지 내 미생물보다 빠르다.
③ 질산균의 질산화 반응 시 알칼리도가 생성된다.
④ 질산균의 질산화 반응 시 용존산소는 2mg/L 이상이어야 한다.

해설

질산균의 에너지원은 질소 산화물이고, 질산균의 증식속도는 활성슬러지 내 미생물보다 느리다. 또한 질산균의 질산화 반응 시 알칼리도가 소모된다.

50 **역삼투장치로 하루에 1,710m³의 3차 처리된 유출수를 탈염시킬 때 요구되는 막면적(m²)은?(단, 유입수와 유출수 사이의 압력차 = 2,400kPa, 25℃에서 물질전달계수 = 0.2068L/(day−m²)(kPa), 최저운전온도 = 10℃, $A_{10℃} = 1.58A_{25℃}$, 유입수와 유출수의 삼투압 차 = 310kPa)**

① 약 5,351　② 약 6,251
③ 약 7,351　④ 약 8,121

해설

• $Q_F = K(\Delta P - \Delta\pi)$
$= (0.2068\text{L/day}\cdot\text{m}^2\cdot\text{kPa})(2{,}400-310)\text{kPa}$
$= 432.21\text{L/day}\cdot\text{m}^2$

• $A_{25℃} = \dfrac{Q}{Q_F} = \dfrac{1{,}710\text{m}^3/\text{day}\times10^3\text{L/m}^3}{432.21\text{L/day}\cdot\text{m}^2} = 3{,}956.41\text{m}^2$

• $A_{10℃} = 1.58\times A_{25℃} = 1.58\times3{,}956.41\text{m}^2 = 6{,}251.13\text{m}^2$

51 **슬러지 건조상 면적을 결정하기 위한 건조고형성분 중량치(건조 Alum 슬러지)는 73kg/m², 평균 Alum 주입량 10mg/L, 원수의 평균 탁도가 12NTU이라면 30일간의 슬러지를 저류하기 위한 정사각형 슬러지 건조상의 한 변의 길이(m)는?(단, 일일 평균 처리수 유량 75,700m³)**

> 1일당 건조 Alum 슬러지 발생량(단위 : 처리수 1,000m³당 kg)은 [Alum 주입량(mg/L) × 0.26] + [원수 탁도(NTU) × 1.3]의 공식으로 산정

① 약 12　② 약 16
③ 약 20　④ 약 24

52 **포기조 내 MLSS농도가 4,000mg/L이고 슬러지 반송률이 55%인 경우 이 활성슬러지의 SVI는?(단, 유입수 SS 고려하지 않음)**

① 약 69　② 약 79
③ 약 89　④ 약 99

해설

• $r = \dfrac{X}{X_r - X}$

$0.55 = \dfrac{4{,}000\text{mg/L}}{X_r - 4{,}000\text{mg/L}}$

$\therefore X_r = 11{,}272.73\text{mg/L}$

• $\text{SVI} = \dfrac{10^6}{X_r(\text{mg/L})} = \dfrac{10^6}{11{,}272.73\text{mg/L}} = 88.71$

49 ④ 50 ② 51 ④ 52 ③ 정답

53 **연속회분식(SBR)의 운전단계에 관한 설명으로 틀린 것은?**

① 주입 : 주입단계 운전의 목적은 기질(원폐수 또는 1차 유출수)을 반응조에 주입하는 것이다.
② 주입 : 주입단계는 총 Cycle 시간의 약 25% 정도이다.
③ 반응 : 반응단계는 총 Cycle 시간의 약 65% 정도이다.
④ 침전 : 연속흐름식 공정에 비하여 일반적으로 더 효율적이다.

해설
반응단계는 총 Cycle 시간의 약 35% 정도이다.

54 **하수고도처리를 위한 A/O공정의 특징으로 옳은 것은?(단, 일반적인 활성슬러지공법과 비교 기준)**

① 혐기조에서 인의 과잉흡수가 일어난다.
② 포기조 내에서 탈질이 잘 이루어진다.
③ 잉여슬러지 내의 인 농도가 높다.
④ 표준활성슬러지공법의 반응조 전반 10% 미만을 혐기반응조로 하는 것이 표준이다.

해설
A/O 공정 중 혐기조는 유기물 제거 및 용해성 인 방출이 일어나고, 포기조(호기조)에서는 인의 과잉섭취가 일어난다. 또한, 표준활성슬러지공법의 반응조 전반 20~40% 정도를 혐기반응조로 하는 것이 표준이다.

55 **생물학적 방법과 화학적 방법을 함께 이용한 고도처리 방법은?**

① 수정 Bardenpho 공정
② Phostrip 공정
③ SBR 공정
④ UCT 공정

해설
Phostrip 공법은 생물학적 및 화학적 인 제거의 조합으로서 반송슬러지의 일부를 혐기성 상태의 탈인조로 유입시켜 혐기성 상태에서 인을 방출시키는 공정이다.

56 **고농도의 유기물질(BOD)이 오염이 적은 수계에 배출될 때 나타나는 현상으로 가장 거리가 먼 것은?**

① pH의 감소
② DO의 감소
③ 박테리아의 증가
④ 조류의 증가

57 **혐기성 소화법과 비교한 호기성 소화법의 장단점으로 옳지 않은 것은?**

① 운전이 용이하다.
② 소화슬러지 탈수가 용이하다.
③ 가치 있는 부산물이 생성되지 않는다.
④ 저온 시의 효율이 저하된다.

해설
호기성 소화법의 경우 소화슬러지 탈수성능이 혐기성 소화보다 저하된다.

정답 53 ③ 54 ③ 55 ② 56 ④ 57 ②

58 고도 수처리에 이용되는 정밀여과 분리막 방법에 관한 설명으로 가장 거리가 먼 것은?

① 분리형태 : 용해, 확산
② 구동력 : 정수압차(0.1~1bar)
③ 막 형태 : 대칭형 다공성막(Pore Size 0.1~10μm)
④ 적용분야 : 전자공업의 초순수 제조, 무균수 제조

해설
분리형태는 Pore Size 및 흡착현상에 기인한 체거름이다.

59 회전원판법의 특징에 해당되지 않는 것은?

① 운전관리상 조작이 간단하고 소비전력량은 소규모 처리시설에서는 표준활성슬러지법에 비하여 적다.
② 질산화가 일어나기 쉬우며 이로 인하여 처리수의 BOD가 낮아진다.
③ 활성슬러지법에 비해 이차 침전지에서 미세한 SS가 유출되기 쉽고 처리수의 투명도가 나쁘다.
④ 살수여상과 같이 파리는 발생하지 않으나 하루살이가 발생하는 수가 있다.

해설
질산화가 일어나기 쉬우며 pH가 저하되는 경우가 있다.

60 4L의 물은 0.3atm의 분압에서 CO_2를 포함하는 가스혼합물과 평형상태에 있다. H_2CO_3*의 용해도에 대한 Henry 상수는 2.0g/L · atm이다. 물에서 용존된 CO_2는 몇 g이며 물의 pH는?(단, H_2CO_3*의 일차 용해도적 $K_1 = 4.3 \times 10^{-7}$, 이차해리는 무시)

① 1.20g, pH = 2.56
② 1.45g, pH = 4.12
③ 2.23g, pH = 2.56
④ 2.41g, pH = 4.12

제4과목 | 수질오염공정시험기준

61 자외선/가시선 분광법(o-페난트로린법)을 이용한 철분석의 측정원리에 관한 내용으로 틀린 것은?

① 철 이온을 암모니아 알칼리성으로 하여 수산화제이철로 침전분리한다.
② 침전을 염산에 녹인 후 염산하이드록실아민으로 제일철로 환원한다.
③ o-페난트로린을 넣어 약알칼리성에서 나타나는 청색의 철착염의 흡광도를 측정한다.
④ 지표수, 지하수, 폐수 등에 적용할 수 있으며 정량한계는 0.08mg/L이다.

해설
ES 04412.2c 철-자외선/가시선 분광법
물속에 존재하는 철 이온을 수산화제이철로 침전분리하고 염산하이드록실아민으로 제일철로 환원한 다음, o-페난트로린을 넣어 약산성에서 나타나는 등적색 철착염의 흡광도를 510nm에서 측정하는 방법이다.

62 수산화나트륨 1g을 증류수에 용해시켜 400mL로 하였을 때 이 용액의 pH는?

① 13.8 ② 12.8
③ 11.8 ④ 10.8

해설
NaOH 분자량 = 40g

$$\text{NaOH(mol/L)} = \frac{1\text{g}}{0.4\text{L}} \times \frac{1\text{mol}}{40\text{g}} = 0.0625\text{M}$$

0.0625M NaOH = 0.0625M OH^-
pOH = $-\log[OH^-] = -\log 0.0625$M ≒ 1.20
∴ pH = 14 − pOH ≒ 12.8

58 ① 59 ② 60 ④ 61 ③ 62 ② 정답

63 **노말헥산 추출물질의 정량한계(mg/L)는?**

① 0.1 ② 0.5
③ 1.0 ④ 5.0

해설
ES 04302.1b 노말헥산 추출물질
정량한계는 0.5mg/L이다.

64 **산소전달률을 측정하기 위하여 실험 시작 초기에 물속에 존재하는 DO를 제거하기 위하여 첨가하는 시약은?**

① $AgNO_3$ ② Na_2SO_3
③ $CaCO_3$ ④ NaN_3

65 **공장폐수 및 하수의 관 내 유량측정을 위한 측정장치 중 관 내의 흐름이 완전히 발달하여 와류에 영향을 받지 않고 실질적으로 직선적인 흐름을 유지하기 위해 난류 발생의 원인이 되는 관로상의 점으로부터 충분히 하류지점에 설치하여야 하는 것은?**

① 오리피스 ② 벤투리미터
③ 피토관 ④ 자기식 유량측정기

해설
ES 04140.1c 공장폐수 및 하수유량-관(Pipe) 내의 유량측정방법
벤투리미터 설치에 있어 관 내의 흐름이 완전히 발달하여 와류에 영향을 받지 않고 실질적으로 직선적인 흐름을 유지해야 한다. 그러므로 벤투리미터는 난류 발생에 원인이 되는 관로상의 점으로부터 충분히 하류지점에 설치해야 하며, 통상 관 직경의 약 30~50배 하류에 설치해야 효과적이다.

66 **전기전도도 측정계에 관한 내용으로 옳지 않은 것은?**

① 전기전도도 셀은 항상 수중에 잠긴 상태에서 보존하여야 하며 정기적으로 점검한 후 사용한다.
② 전도도 셀은 그 형태, 위치, 전극에 크기에 따라 각각 자체의 셀 상수를 가지고 있다.
③ 검출부는 한 쌍의 고정된 전극(보통 백금 전극 표면에 백금흑도금을 한 것)으로 된 전도도 셀 등을 사용한다.
④ 지시부는 직류 휘트스톤브리지 회로나 자체보상 회로로 구성된 것을 사용한다.

해설
ES 04310.1d 전기전도도
지시부는 교류 휘트스톤브리지(Wheatstone Bridge) 회로나 연산증폭기 회로 등으로 구성된 것을 사용한다.

67 **수질오염물질을 측정함에 있어 측정의 정확성과 통일성을 유지하기 위한 제반사항에 관한 설명으로 틀린 것은?**

① 시험에 사용하는 시약은 따로 규정이 없는 한 1급 이상 또는 이와 동등한 규격의 시약을 사용한다.
② '항량으로 될 때까지 건조한다.'라는 의미는 같은 조건에서 1시간 더 건조할 때 전후 무게의 차가 g당 0.3mg 이하일 때를 말한다.
③ 기체 중의 농도는 표준상태(0℃, 1기압)로 환산 표시한다.
④ '정확히 취하여'라 하는 것은 규정한 양의 시료를 부피피펫으로 0.1mL까지 취하는 것을 말한다.

해설
ES 04000.d 총칙
'정확히 취하여'는 규정된 양의 액체를 부피피펫으로 눈금까지 취하는 것을 말한다.

정답 63 ② 64 ② 65 ② 66 ④ 67 ④

68 **수질오염공정시험기준에서 시료의 최대 보존기간이 다른 측정항목은?**

① 페놀류 ② 인산염인
③ 화학적 산소요구량 ④ 황산이온

해설
ES 04130.1e 시료의 채취 및 보존 방법
시료의 최대 보존기간
- 인산염인 : 48시간
- 페놀류, 화학적 산소요구량, 황산이온 : 28일

69 **유도결합플라스마 발광광도 분석장치를 바르게 배열한 것은?**

① 시료주입부 – 고주파전원부 – 광원부 – 분광부 – 연산처리부 및 기록부
② 시료주입부 – 고주파전원부 – 분광부 – 광원부 – 연산처리부 및 기록부
③ 시료주입부 – 광원부 – 분광부 – 고주파전원부 – 연산처리부 및 기록부
④ 시료주입부 – 광원부 – 고주파전원부 – 분광부 – 연산처리부 및 기록부

70 **수질오염공정시험기준에서 금속류인 바륨의 시험방법과 가장 거리가 먼 것은?**

① 원자흡수분광광도법
② 자외선/가시선 분광법
③ 유도결합플라스마 원자발광분광법
④ 유도결합플라스마 질량분석법

해설
바륨 시험방법
- 원자흡수분광광도법(ES 04405.1a)
- 유도결합플라스마–원자발광분광법(ES 04405.2a)
- 유도결합플라스마–질량분석법(ES 04405.3a)

71 **배출허용기준 적합여부 판정을 위한 시료채취 시 복수 시료채취방법 적용을 제외할 수 있는 경우가 아닌 것은?**

① 환경오염사고, 취약시간대의 환경오염감시 등 신속한 대응이 필요한 경우
② 부득이 복수시료채취 방법으로 할 수 없을 경우
③ 유량이 일정하며 연속적으로 발생되는 폐수가 방류되는 경우
④ 사업장 내에서 발생하는 폐수를 회분식 등 간헐적으로 처리하여 방류하는 경우

해설
ES 04130.1e 시료의 채취 및 보존 방법
복수시료채취방법 적용을 제외할 수 있는 경우
- 환경오염사고 또는 취약시간대(일요일, 공휴일 및 평일 18:00~09:00 등)의 환경오염감시 등 신속한 대응이 필요한 경우 제외할 수 있다.
- 물환경보전법 제38조 제1항의 규정에 의한 비정상적인 행위를 할 경우 제외할 수 있다.
- 사업장 내에서 발생하는 폐수를 회분식(Batch식) 등 간헐적으로 처리하여 방류하는 경우 제외할 수 있다.
- 기타 부득이 복수시료채취방법으로 시료를 채취할 수 없을 경우 제외할 수 있다.

72 **수질오염공정시험기준에서 시료보존 방법이 지정되어 있지 않은 측정항목은?**

① 용존산소(윙클러법) ② 플루오린
③ 색 도 ④ 부유물질

해설
ES 04130.1e 시료의 채취 및 보존 방법
플루오린, 브롬이온, 염소이온 등은 시료보존방법이 지정되어 있지 않는 항목이다.

68 ② 69 ① 70 ② 71 ③ 72 ② 정답

73 다음 중 시료의 보존 방법이 다른 측정항목은?

① 화학적 산소요구량 ② 질산성 질소
③ 암모니아성 질소 ④ 총질소

해설
ES 04130.1e 시료의 채취 및 보존 방법
시료의 보존 방법
- 화학적 산소요구량, 암모니아성 질소, 총질소 : 4℃ 보관, H_2SO_4로 pH 2 이하
- 질산성 질소 : 4℃ 보관

74 원자흡수분광광도법에서 사용하고 있는 용어에 관한 설명으로 틀린 것은?

① 공명선은 원자가 외부로부터 빛을 흡수했다가 다시 먼저 상태로 돌아갈 때 방사하는 스펙트럼선이다.
② 역화는 불꽃의 연소속도가 작고 혼합기체의 분출속도가 클 때 연소현상이 내부로 옮겨지는 것이다.
③ 소연료불꽃은 가연성 가스와 조연성 가스의 비를 작게 한 불꽃, 즉 가연성 가스/조연성 가스의 값을 작게 한 불꽃이다.
④ 멀티패스는 불꽃 중에서 광로를 길게 하고 흡수를 증대시키기 위하여 반사를 이용하여 불꽃 중에 빛을 여러 번 투과시키는 것이다.

75 생물화학적 산소요구량(BOD)을 측정할 때 가장 신뢰성이 높은 결과를 갖기 위해서는 용존산소 감소율이 5일 후 어느 정도이어야 하는가?

① 10~20 ② 20~40
③ 40~70 ④ 70~90

해설
ES 04305.1c 생물화학적 산소요구량
5일 저장기간 동안 산소의 소비량이 40~70% 범위 안의 희석시료를 선택하여 초기용존산소량과 5일간 배양한 다음 남아 있는 용존산소량의 차로부터 BOD를 계산한다.

76 NaOH 0.01M은 몇 mg/L인가?

① 40 ② 400
③ 4,000 ④ 40,000

해설
NaOH 0.01M = 0.01mol/L

$$\therefore \frac{0.01\text{mol}}{\text{L}} \times \frac{40\text{g}}{1\text{mol}} \times \frac{10^3\text{mg}}{1\text{g}} = 400\text{mg/L}$$

77 기체크로마토그래피법에 관한 설명으로 틀린 것은?

① 가스시료도입부는 가스계량관(통상 0.5~5mL)과 유로변환기구로 구성된다.
② 검출기오븐은 검출기 한 개를 수용하며, 분리관 오븐 온도보다 높게 유지되어서는 안 된다.
③ 열전도도형 검출기에서는 순도 99.9% 이상의 수소나 헬륨을 사용한다.
④ 수소염이온화 검출기에서는 순도 99.9% 이상의 질소 또는 헬륨을 사용한다.

정답 73 ② 74 ② 75 ③ 76 ② 77 ②

78 COD값을 증가시키는 원인이 되지 않는 이온은?

① 염소이온 ② 제1철이온
③ 아질산이온 ④ 크롬산이온

해설

ES 04315.1b 화학적 산소요구량-적정법-산성 과망간산칼륨법

- 염소이온은 과망간산에 의해 정량적으로 산화되어 양의 오차를 유발한다.
- 아질산염은 아질산성 질소 1mg당 1.1mg의 산소를 소모하여 COD값의 오차를 유발한다.
- 제1철이온, 아황산염 등 실험 조건에서 산화되는 물질이 있을 때에 해당되는 COD값을 정량적으로 빼주어야 한다.

79 흡광광도 분석장치의 구성 순서로 옳은 것은?

① 광원부 – 파장선택부 – 시료부 – 측광부
② 시료부 – 광원부 – 파장선택부 – 측광부
③ 시료부 – 파장선택부 – 광원부 – 측광부
④ 광원부 – 시료부 – 파장선택부 – 측광부

해설

흡광광도 분석장치

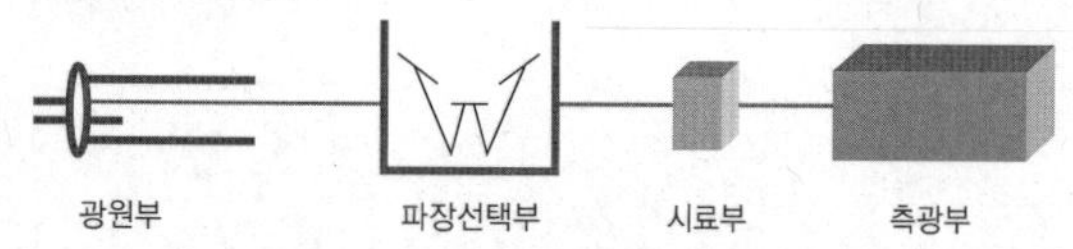

80 수질오염공정시험기준의 원자흡수분광광도법에 의한 수은 측정 시 수은 표준원액 제조를 위한 표준시약은?

① 염화수은 ② 이산화수은
③ 황화수은 ④ 황화제이수은

해설

ES 04400.1d 금속류-불꽃 원자흡수분광광도법

수은 표준원액(1,000mg/L)

염화수은(Mercury Chloride, $HgCl_2$, 분자량 : 271.50) 0.1354g을 정제수에 녹인다. 다시 질산 5mL를 넣고 정제수로 100mL를 만든다.

제5과목 | 수질환경관계법규

81 위임업무 보고사항 중 보고횟수가 연 1회에 해당되는 것은?

① 기타수질오염원 현황
② 폐수위탁·사업장 내 처리현황 및 처리실적
③ 과징금 징수 실적 및 체납처분 현황
④ 폐수처리업에 대한 등록·지도단속실적 및 처리실적 현황

해설

물환경보전법 시행규칙 [별표 23] 위임업무 보고사항

업무내용	보고횟수
기타수질오염원 현황	연 2회
폐수처리업에 대한 허가·지도단속실적 및 처리실적 현황	연 2회
폐수위탁·사업장 내 처리현황 및 처리실적	연 1회
과징금 징수 실적 및 체납처분 현황	연 2회

※ 법 개정으로 ④번의 내용 변경

82 비점오염저감시설의 설치기준에서 자연형 시설 중 인공습지의 설치기준으로 틀린 것은?

① 습지에는 물이 연중 항상 있을 수 있도록 유량공급대책을 마련하여야 한다.
② 인공습지의 유입구에서 유출구까지의 유로는 최대한 길게 하고, 길이 대 폭의 비율은 2 : 1 이상으로 한다.
③ 유입부에서 유출부까지의 경사는 1.0~5.0%를 초과하지 아니하도록 한다.
④ 생물의 서식 공간을 창출하기 위하여 5종부터 7종까지의 다양한 식물을 심어 생물다양성을 증가시킨다.

해설

물환경보전법 시행규칙 [별표 17] 비점오염저감시설의 설치기준

자연형 시설-인공습지

유입부에서 유출부까지의 경사는 0.5% 이상 1.0% 이하의 범위를 초과하지 아니하도록 한다.

78 ④ 79 ① 80 ① 81 ② 82 ③ 정답

83 환경기준 중 수질 및 수생태계에서 호소의 생활환경 기준 항목에 해당되지 않는 것은?

① DO ② COD
③ T-N ④ BOD

해설

환경정책기본법 시행령 [별표 1] 환경기준
수질 및 수생태계-호소-생활환경 기준
항목 : pH, TOC, SS, DO, 총인, 총질소, 클로로필-a, 총대장균군, 분원성 대장균군

84 간이공공하수처리시설에서 배출하는 하수 찌꺼기 성분 검사주기는?

① 월 1회 이상 ② 분기 1회 이상
③ 반기 1회 이상 ④ 연 1회 이상

해설

하수도법 시행규칙 제12조(하수·분뇨 찌꺼기 성분검사)
찌꺼기 성분의 검사대상·항목 등은 다음과 같다.
- 검사대상 : 공공하수처리시설·간이공공하수처리시설 또는 분뇨처리시설에서 배출하는 하수·분뇨 찌꺼기
- 검사주기 : 연 1회 이상
- 검사항목 : 토양환경보전법 시행규칙에 따른 토양오염우려기준에 해당하는 물질

85 공공폐수처리시설의 방류수 수질기준 중 잘못된 것은?(단, Ⅰ지역, 2013.1.1 이후)

① BOD 10mg/L 이내 ② COD 20mg/L 이내
③ SS 20mg/L 이내 ④ T-N 20mg/L 이내

해설

물환경보전법 시행규칙 [별표 10] 공공폐수처리시설의 방류수 수질기준
방류수 수질기준-2020년 1월 1일부터 적용되는 기준

구 분	수질기준
	Ⅰ지역
생물화학적 산소요구량(BOD, mg/L)	10(10) 이하
부유물질(SS, mg/L)	10(10) 이하
총질소(T-N, mg/L)	20(20) 이하

적용기간에 따른 수질기준란의 ( )는 농공단지 공공폐수처리시설의 방류수 수질기준을 말한다.
※ 법 개정으로 정답은 ②, ③번이다.

86 환경부장관이 수질 및 수생태계를 보전할 필요가 있다고 지정, 고시하고 수질 및 수생태계를 정기적으로 조사, 측정하여야 하는 호소의 기준으로 틀린 것은?

① 1일 30만톤 이상의 원수를 취수하는 호소
② 만수위일 때 면적이 10만m^2 이상인 호소
③ 수질오염이 심하여 특별한 관리가 필요하다고 인정되는 호소
④ 동식물의 서식지·도래지이거나 생물다양성이 풍부하여 특별히 보전할 필요가 있다고 인정되는 호소

해설

물환경보전법 시행령 제30조(호소수 이용 상황 등의 조사·측정 및 분석 등)
환경부장관은 다음의 어느 하나에 해당하는 호소로서 물환경을 보전할 필요가 있는 호소를 지정·고시하고, 그 호소의 물환경을 정기적으로 조사·측정 및 분석하여야 한다.
- 1일 30만톤 이상의 원수(原水)를 취수하는 호소
- 동식물의 서식지·도래지이거나 생물다양성이 풍부하여 특별히 보전할 필요가 있다고 인정되는 호소
- 수질오염이 심하여 특별한 관리가 필요하다고 인정되는 호소

정답 83 ②, ④ 84 ④ 85 ③ 86 ②

87 **7년 이하의 징역 또는 7천만원 이하의 벌금에 처하는 자에 해당되지 않는 것은?**

① 허가 또는 변경허가를 받지 아니하거나 거짓으로 허가 또는 변경허가를 받아 배출시설을 설치 또는 변경하거나 그 배출시설을 이용하여 조업한 자
② 방지시설에 유입되는 수질오염물질을 최종방류구를 거치지 아니하고 배출하거나 최종방류구를 거치지 아니하고 배출할 수 있는 시설을 설치하는 행위를 한 자
③ 폐수무방류배출시설에서 배출되는 폐수를 사업장 밖으로 반출하거나 공공수역으로 배출하거나 배출할 수 있는 시설을 설치하는 행위를 한 자
④ 배출시설의 설치를 제한하는 지역에서 제한되는 배출시설을 설치하거나 그 시설을 이용하여 조업한 자

해설
② 물환경보전법 제76조(벌칙) 5년 이하의 징역 또는 5천만원 이하의 벌금

88 **배출시설 변경신고에 따른 가동시작 신고의 대상으로 틀린 것은?**

① 폐수배출량이 신고 당시보다 100분의 50 이상 증가하는 경우
② 배출시설에 설치된 방지시설의 폐수처리방법을 변경하는 경우
③ 배출시설에서 배출허용기준보다 적게 발생한 오염물질로 인해 개선이 필요한 경우
④ 방지시설 설치면제기준에 따라 방지시설을 설치하지 아니한 배출시설에 방지시설을 새로 설치하는 경우

해설
③ 배출시설에서 배출허용기준을 초과하는 새로운 수질오염물질이 발생되어 배출시설 또는 방지시설의 개선이 필요한 경우
※ 물환경보전법 시행령 제34조

89 **낚시제한구역에서의 제한사항이 아닌 것은?**

① 1명당 3대의 낚시대를 사용하는 행위
② 1개의 낚시대에 5개 이상의 낚시바늘을 떡밥과 뭉쳐서 미끼로 던지는 행위
③ 낚시바늘에 끼워서 사용하지 아니하고 물고기를 유인하기 위하여 떡밥・어분 등을 던지는 행위
④ 어선을 이용한 낚시행위 등 낚시관리 및 육성법에 따른 낚시어선업을 영위하는 행위(내수면어업법 시행령에 따른 외줄낚시는 제외한다)

해설
① 1명당 4대 이상의 낚시대를 사용하는 행위
※ 물환경보전법 시행규칙 제30조

90 **수질 및 수생태계 보전에 관한 법령상 호소 및 해당 지역에 관한 설명으로 틀린 것은?**

① 제방(사방사업법의 사방시설 포함)을 쌓아 하천에 흐르는 물을 가두어 놓은 곳
② 하천에 흐르는 물이 자연적으로 가두어진 곳
③ 화산활동 등으로 인하여 함몰된 지역에 물이 가두어진 곳
④ 댐・보를 쌓아 하천에 흐르는 물을 가두어 놓은 곳

해설
물환경보전법 제2조(정의)
'호소'란 다음의 어느 하나에 해당하는 지역으로서 만수위(滿水位)[댐의 경우에는 계획홍수위(計劃洪水位)를 말한다] 구역 안의 물과 토지를 말한다.
• 댐・보 또는 둑(사방사업법에 따른 사방시설은 제외한다) 등을 쌓아 하천 또는 계곡에 흐르는 물을 가두어 놓은 곳
• 하천에 흐르는 물이 자연적으로 가두어진 곳
• 화산활동 등으로 인하여 함몰된 지역에 물이 가두어진 곳

87 ② 88 ③ 89 ① 90 ① 정답

91 수질오염방지시설 중 물리적 처리시설에 해당되는 것은?

① 포기시설
② 산화시설(산화조 또는 산화지)
③ 이온교환시설
④ 부상시설

해설

물환경보전법 시행규칙 [별표 5] 수질오염방지시설
물리적 처리시설 : 스크린, 분쇄기, 침사시설, 유수분리시설, 유량조정시설(집수조), 혼합시설, 응집시설, 침전시설, 부상시설, 여과시설, 탈수시설, 건조시설, 증류시설, 농축시설

92 환경부장관이 수립하는 대권역 수질 및 수생태계 보전을 위한 기본계획에 포함되어야 하는 사항으로 틀린 것은?

① 수질오염관리 기본 및 시행계획
② 점오염원, 비점오염원 및 기타수질오염원에 의한 수질오염물질의 양
③ 점오염원, 비점오염원 및 기타수질오염원의 분포현황
④ 수질 및 수생태계 변화 추이 및 목표기준

해설

물환경보전법 제24조(대권역 물환경관리계획의 수립)
대권역계획에는 다음의 사항이 포함되어야 한다.
- 물환경의 변화 추이 및 물환경목표기준
- 상수원 및 물 이용현황
- 점오염원, 비점오염원 및 기타수질오염원의 분포현황
- 점오염원, 비점오염원 및 기타수질오염원에서 배출되는 수질오염물질의 양
- 수질오염 예방 및 저감대책
- 물환경 보전조치의 추진방향
- 기후위기 대응을 위한 탄소중립·녹색성장 기본법에 따른 기후변화에 대한 적응대책
- 그 밖에 환경부령으로 정하는 사항

93 수변생태구역의 매수·조성 등에 관한 내용으로 ( )에 옳은 것은?

> 환경부장관은 하천·호소 등의 수질 및 수생태계 보전을 위하여 필요하다고 인정하는 때에는 (㉠)으로 정하는 기준에 해당하는 수변습지 및 수변토지를 매수하거나 (㉡)으로 정하는 바에 따라 생태적으로 조성·관리할 수 있다.

① ㉠ 환경부령, ㉡ 대통령령
② ㉠ 대통령령, ㉡ 환경부령
③ ㉠ 환경부령, ㉡ 국무총리령
④ ㉠ 국무총리령, ㉡ 환경부령

해설

물환경보전법 제19조의3(수변생태구역의 매수·조성)
환경부장관은 하천, 호소 등의 물환경보전을 위하여 필요하다고 인정할 때에는 대통령령으로 정하는 기준에 해당하는 수변습지 및 수변토지를 매수하거나 환경부령으로 정하는 바에 따라 생태적으로 조성·관리할 수 있다.

94 환경기술인에 대한 교육기관으로 옳은 것은?

① 국립환경인력개발원
② 국립환경과학원
③ 한국환경공단
④ 환경보전협회

해설

물환경보전법 시행규칙 제93조(기술인력 등의 교육기간·대상자 등)
교육은 다음의 구분에 따른 교육기관에서 실시한다. 다만, 환경부장관 또는 시·도지사는 필요하다고 인정하면 다음의 교육기관 외의 교육기관에서 기술인력 등에 관한 교육을 실시하도록 할 수 있다.
- 측정기기 관리대행업에 등록된 기술인력 : 국립환경인재개발원 또는 한국상하수도협회
- 폐수처리업에 종사하는 기술요원 : 국립환경인재개발원
- 환경기술인 : 환경보전협회

※ 법 개정으로 '국립환경인력개발원'이 '국립환경인재개발원'으로 변경됨

정답 91 ④ 92 ① 93 ② 94 ④

95 다음 중 특정수질유해물질이 아닌 것은?

① 1,1-다이클로로에틸렌
② 브로모폼
③ 아크릴로나이트릴
④ 2,4-다이옥산

해설

물환경보전법 시행규칙 [별표 3] 특정수질유해물질

- 구리와 그 화합물
- 납과 그 화합물
- 비소와 그 화합물
- 수은과 그 화합물
- 시안화합물
- 유기인화합물
- 6가크롬화합물
- 카드뮴과 그 화합물
- 테트라클로로에틸렌
- 트라이클로로에틸렌
- 폴리클로리네이티드바이페닐
- 셀레늄과 그 화합물
- 벤 젠
- 사염화탄소
- 다이클로로메탄
- 1,1-다이클로로에틸렌
- 1,2-다이클로로에탄
- 클로로폼
- 1,4-다이옥산
- 다이에틸헥실프탈레이트(DEHP)
- 염화비닐
- 아크릴로나이트릴
- 브로모폼
- 아크릴아미드
- 나프탈렌
- 폼알데하이드
- 에피클로로하이드린
- 페 놀
- 펜타클로로페놀
- 스티렌
- 비스(2-에틸헥실)아디페이트
- 안티몬

96 수질오염경보의 종류별 · 경보단계별 조치사항 중 상수원 구간에서 조류경보의 [관심] 단계일 때 유역, 지방환경청장의 조치사항인 것은?

① 관심경보 발령
② 대중매체를 통한 홍보
③ 조류제거 조치 실시
④ 주변오염원 단속 강화

해설

물환경보전법 시행령 [별표 4] 수질오염경보의 종류별 · 경보단계별 조치사항

조류경보-상수원 구간

단 계	관계기관	조치사항
관 심	유역 · 지방환경청장(시 · 도지사)	• 관심경보 발령 • 주변오염원에 대한 지도 · 단속

97 일 8,000톤의 폐수를 배출하고 있는 사업장으로 처음 위반한 경우 위반횟수별 부과계수는?

① 1.5
② 1.6
③ 1.7
④ 1.8

해설

물환경보전법 시행령 [별표 16] 위반횟수별 부과계수

종 류	위반횟수별 부과계수	
제1종 사업장	• 처음 위반한 경우	
	사업장 규모	부과계수
	2,000m³/일 이상 4,000m³/일 미만	1.5
	4,000m³/일 이상 7,000m³/일 미만	1.6
	7,000m³/일 이상 10,000m³/일 미만	1.7
	10,000m³/일 이상	1.8
	• 다음 위반부터는 그 위반 직전의 부과계수에 1.5를 곱한 것으로 한다.	

※ 제1종 사업장 : 1일 폐수배출량이 2,000m³ 이상인 사업장

98 수질오염물질의 배출허용기준의 지역구분에 해당되지 않는 것은?

① 나지역
② 다지역
③ 청정지역
④ 특례지역

해설

물환경보전법 시행규칙 [별표 13] 수질오염물질의 배출허용기준

지역구분 : 청정지역, 가지역, 나지역, 특례지역

95 ④ 96 ① 97 ③ 98 ② 정답

99 수질 및 수생태계 환경기준 중 해역의 생활환경 기준 항목이 아닌 것은?

① 음이온 계면활성제
② 용매 추출유분
③ 총대장균군
④ 수소이온농도

해설

환경정책기본법 시행령 [별표 1] 환경기준
수질 및 수생태계-해역-생활환경
항목 : 수소이온농도(pH), 총대장균군, 용매 추출유분

100 배출시설에 대한 일일기준초과배출량 산정에 적용되는 일일유량은 (측정유량 × 일일조업시간)이다. 일일유량을 구하기 위한 일일조업시간에 대한 설명으로 ( )에 맞는 것은?

측정하기 전 최근 조업한 30일간의 배출시설 조업시간의 (㉠)로서 (㉡)으로 표시한다.

① ㉠ 평균치, ㉡ 분(min)
② ㉠ 평균치, ㉡ 시간(h)
③ ㉠ 최대치, ㉡ 분(min)
④ ㉠ 최대치, ㉡ 시간(h)

해설

물환경보전법 시행령 [별표 15] 일일기준초과배출량 및 일일유량 산정 방법
일일조업시간은 측정하기 전 최근 조업한 30일간의 배출시설 조업시간의 평균치로서 분으로 표시한다.

정답 99 ① 100 ①

2017년 제3회 과년도 기출문제

제1과목 | 수질오염개론

01 분뇨의 특성에 관한 설명으로 틀린 것은?

① 분의 경우 질소화합물을 전체 VS의 12~20% 정도 함유하고 있다.
② 뇨의 경우 질소화합물을 전체 VS의 40~50% 정도 함유하고 있다.
③ 질소화합물은 주로 $(NH_4)_2CO_3$, NH_4HCO_3 형태로 존재한다.
④ 질소화합물은 알칼리도를 높게 유지시켜주므로 pH의 강하를 막아주는 완충작용을 한다.

해설
뇨는 VS 중의 80~90% 정도의 질소화합물을 함유하고 있다.

02 식물과 조류세포의 엽록체에서 광합성의 명반응과 암반응을 담당하는 곳은?

① 틸라코이드와 스트로마
② 스트로마와 그라나
③ 그라나와 내막
④ 내막과 외막

해설
광합성은 크게 명반응과 암반응이라는 두 단계로 나뉜다. 명반응은 빛이 있어야 진행되는 반응이며, 암반응은 빛이 없어도 진행되는 반응이다. 명반응이 일어난 후 암반응이 진행되는데, 명반응은 틸라코이드의 막에서 일어나고, 암반응은 스트로마에서 일어난다.

03 하천의 자정단계와 오염의 정도를 파악하는 Whipple의 자정단계(지대별 구분)에 대한 설명으로 틀린 것은?

① 분해지대 : 유기성 부유물의 침전과 환원 및 분해에 의한 탄산가스의 방출이 일어난다.
② 분해지대 : 용존산소의 감소가 현저하다.
③ 활발한 분해지대 : 수중환경은 혐기성 상태가 되어 침전저니는 흑갈색 또는 황색을 띤다.
④ 활발한 분해지대 : 오염에 강한 실지렁이가 나타나고 혐기성 곰팡이가 증식한다.

해설
분해지대에서 오염에 강한 실지렁이가 나타나고 곰팡이가 증식하며, 박테리아 등이 번성하기 시작한다.

04 미생물과 그 특성에 관한 설명으로 가장 거리가 먼 것은?

① Algae : 녹조류와 규조류 등은 조류 중 진핵조류에 해당한다.
② Fungi : 곰팡이와 효모를 총칭하며, 경험적 조성식이 $C_7H_{14}O_3N$이다.
③ Bacteria : 아주 작은 단세포생물로서 호기성 박테리아의 경험적 조성식은 $C_5H_7O_2N$이다.
④ Protozoa : 대개 호기성이며 크기가 100μm 이내가 많다.

해설
균류(Fungi)는 곰팡이, 버섯, 효모 등의 진균류와 먼지, 곰팡이 등의 변형 균류를 포함하는 생물군이다. 진핵생물의 한 군으로서 원핵생물인 세균류와는 세포구조나 증식형태가 다르기 때문에 명료하게 구별되며, 유기물을 섭취하는 호기성 종속 미생물이다. 경험적 조성식은 $C_{10}H_{17}O_6N$이다.

1 ② 2 ① 3 ④ 4 ② 정답

05 우리나라의 수자원 이용 현황 중 가장 많은 용도로 사용하는 용수는?

① 생활용수 ② 공업용수
③ 농업용수 ④ 유지용수

해설
우리나라 수자원 이용현황
농업용수 > 유지용수 > 생활용수 > 공업용수

06 해수에서 영양염류가 수온이 낮은 곳에 많고 수온이 높은 지역에서 적은 이유로 가장 거리가 먼 것은?

① 수온이 낮은 바다의 표층수는 원래 영양염류가 풍부한 극지방의 심층수로부터 기원하기 때문이다.
② 수온이 높은 바다의 표층수는 적도부근의 표층수로부터 기원하므로 영양염류가 결핍되어 있다.
③ 수온이 낮은 바다는 겨울에 표층수가 냉각되어 밀도가 커지므로 침강작용이 일어나지 않기 때문이다.
④ 수온이 높은 바다는 수계의 안정으로 수직혼합이 일어나지 않아 표층수의 영양염류가 플랑크톤에 의해 소비되기 때문이다.

해설
겨울에는 온도가 4℃ 이하로 내려가 밀도가 작아지게 된다.

07 무더운 늦여름에 급증식하는 조류로서 수화현상(Water Bloom)과 가장 관련이 있는 것은?

① 청-녹조류 ② 갈조류
③ 규조류 ④ 적조류

해설
수화현상과 관련 있는 조류는 청-녹조류이다.

08 150kL/day의 분뇨를 산기관을 이용하여 포기하였더니 BOD의 20%가 제거되었다. BOD 1kg을 제거하는데 필요한 공기공급량이 40m^{3}이라 했을 때 하루당 공기공급량(m^3)은?(단, 연속포기, 분뇨의 BOD = 20,000mg/L)

① 2,400 ② 12,000
③ 24,000 ④ 36,000

해설
전체 분뇨의 BOD는 다음과 같다.

$$\frac{150\text{kL}}{\text{day}} \times \frac{20{,}000\text{mg}}{\text{L}} \times \frac{10^3\text{L}}{1\text{kL}} \times \frac{1\text{kg}}{10^6\text{mg}} = 3{,}000\text{kg/day}$$

20%를 제거하였으므로 제거된 BOD양은 600kg/day이다.

$$\therefore \frac{600\text{kg}}{\text{day}} \times \frac{40\text{m}^3\ \text{Air}}{1\text{kg}} = 24{,}000\text{m}^3\ \text{Air/day}$$

09 물의 일반적인 성질에 관한 설명으로 가장 거리가 먼 것은?

① 물의 밀도는 수온, 압력에 따라 달라진다.
② 물의 점성은 수온 증가에 따라 증가한다.
③ 물의 표면장력은 수온 증가에 따라 감소한다.
④ 물의 온도가 증가하면 포화증기압도 증가한다.

해설
물의 점성은 수온이 증가하면 감소한다.

정답 5 ③ 6 ③ 7 ① 8 ③ 9 ②

10 미생물 중 세균(Bacteria)에 관한 특징으로 가장 거리가 먼 것은?

① 원시적 엽록소를 이용하여 부분적인 탄소동화작용을 한다.
② 용해된 유기물을 섭취하며 주로 세포분열로 번식한다.
③ 수분 80%, 고형물 20% 정도로 세포가 구성되며, 고형물 중 유기물이 90%를 차지한다.
④ 환경인자(pH, 온도)에 대하여 민감하며 열보다 낮은 온도에서 저항성이 높다.

해설

박테리아는 엽록소가 없기 때문에 탄소동화작용을 하지 못한다.

11 40℃에서 순수한 물 1L의 몰농도(mole/L)는?(단, 40℃의 물의 밀도 = 0.9455kg/L)

① 25.4　② 37.6
③ 48.8　④ 52.5

해설

몰농도 $= 0.9455\text{kg/L} \times \dfrac{1\text{mole}}{18\text{g}} \times \dfrac{10^3\text{g}}{\text{kg}} = 52.53\text{mole/L}$

12 글루코스($C_6H_{12}O_6$) 300g을 35℃ 혐기성 소화조에서 완전분해시킬 때 발생 가능한 메탄가스의 양(L)은?(단, 메탄가스는 1기압, 35℃로 발생 가정)

① 약 112　② 약 126
③ 약 154　④ 약 174

해설

$C_6H_{12}O_6$ 분자량 = 180

$C_6H_{12}O_6 \rightarrow 3CH_4 + 3CO_2$

180g : 3 × 22.4L

300g : CH_4

∴ CH_4 = 112L

35℃의 CH_4가스량 $= 112\text{L} \times \left(\dfrac{273+35}{273+0}\right) = 126.36\text{L}$

13 호수나 저수지 등에 오염된 물이 유입될 경우, 수온에 따른 밀도차에 의하여 형성되는 성층현상에 대한 설명으로 틀린 것은?

① 표수층(Epilimnion)과 수온약층(Thermocline)의 깊이는 대개 7m 정도이며, 그 이하는 저수층(Hypolimnion)이다.
② 여름에는 가벼운 물이 밀도가 큰 물 위에 놓이게 되며 온도차가 커져서 수직운동은 점차 상부층에만 국한된다.
③ 저수지 물이 급수원으로 이용될 경우 봄, 가을 즉 성층현상이 뚜렷하지 않을 경우가 유리하다.
④ 봄과 가을의 저수지 물의 수직운동은 대기 중의 바람에 의해서 더욱 가속된다.

해설

봄, 가을에 전도현상이 발생하여 수직혼합이 활발히 진행되므로 수질이 악화되어 급수원으로 이용하기에 적합하지 않다.

10 ① 11 ④ 12 ② 13 ③ 정답

14 호수의 성층 중에서 부영양화(Eutrophication)가 주로 발생하는 곳은?

① Epilimnion
② Thermocline
③ Hypolimnion
④ Mesolimnion

해설
부영양화는 호수의 성층 중 표수층(Epilimnion)에서 주로 발생한다.

15 지하수의 수질을 분석한 결과가 다음과 같을 때 지하수의 이온강도(I)는?(단, Ca^{2+} : 3×10^{-4}mole/L, Na^{+} : 5×10^{-4}mole/L, Mg^{2+} : 5×10^{-5}mole/L, CO_3^{2-} : 2×10^{-5} mole/L)

① 0.0099
② 0.00099
③ 0.0085
④ 0.00085

해설
$I=\frac{1}{2}\sum C_iZ_i^2$
$=\frac{1}{2}(3\times10^{-4}\times2^2+5\times10^{-4}\times1^2+5\times10^{-5}\times2^2+2\times10^{-5}\times2^2)$
$=9.9\times10^{-4}$

16 다음 물질 중 산화제가 아닌 것은?

① 오 존
② 염 소
③ 아황산나트륨
④ 브 롬

해설
아황산나트륨은 환원제이다.

17 원생동물(Protozoa)의 종류에 관한 내용으로 옳은 것은?

① Paramecia는 자유롭게 수영하면서 고형물질을 섭취한다.
② Vorticella는 불량한 활성슬러지에서 주로 발견된다.
③ Sarcodina는 나팔의 입에서 물 흐름을 일으켜 고형물질만 걸러서 먹는다.
④ Suctoria는 몸통을 움직이면서 위족으로 고형물질을 몸으로 싸서 먹는다.

해설
② Vorticella는 활성슬러지가 양호할 때 발견되는 생물이다.
③ Sarcodina는 위족으로 먹이를 잡아먹으며, 아메바가 이에 해당한다.
④ Suctoria는 섬모운동을 하지 않아 자유롭게 움직이지 못하며, 관으로 양분을 섭취한다.

18 물의 전도도(도전율)에 대한 설명으로 틀린 것은?

① 함유 이온이나 염의 농도를 종합적으로 표시하는 지표이다.
② 0℃에서 단면 $1cm^2$, 길이 1cm 용액의 대면 간의 비저항치로 표시된다.
③ 하구와 같이 담수와 해수가 혼합되어 있으면 그 분포를 해석함에 있어 전도도 조사가 간편하다.
④ 증류수나 탈이온화수의 광물 함량도의 평가에 이용된다.

해설
물의 전도도는 비저항치의 역수로 표시된다.

정답 14 ① 15 ② 16 ③ 17 ① 18 ②

19 10가지 오염물질 즉 DO, pH, 대장균군, 비전도도, 알칼리도, 염소이온농도, CCE, 용해성물질 보정계수 등을 대상으로 각기 가중치를 주어 계산하는 수질오염평가지수는?

① Dinins Social Accounting System
② Prati's Implicit Index of Pollution
③ NSF Water Quality Index
④ Horton's Quality Index

20 직경이 0.1mm인 모관에서 10℃일 때 상승하는 물의 높이(cm)는?(단, 공기밀도 1.25×10^{-3}g · cm^{-3}(10℃일 때), 접촉각은 0°, h(상승높이) = $4\sigma/[gr(Y-Y_a)]$, 표면장력 74.2dyne · cm^{-1})

① 30.3
② 42.5
③ 51.7
④ 63.9

해설

- dyne = g × cm/s^2 → 74.2dyne · cm^{-1} = 74.2g/s^2
- $h = \dfrac{4\times74.2\text{g/s}^2}{980\text{cm/s}^2\times0.01\text{cm}\times[(1-1.25\times10^{-3})\text{g}\cdot\text{cm}^{-3}]}$
  = 30.32cm

제2과목 | 상하수도계획

21 기존의 하수처리시설에 고도처리시설을 설치하고자 할 때 검토사항으로 틀린 것은?

① 표준활성슬러지법이 설치된 기존처리장의 고도처리 개량은 개선 대상 오염물질별 처리특성을 감안하여 효율적인 설계가 되어야 한다.
② 시설개량은 시설개량방식을 우선 검토하되 방류수 수질기준 준수가 곤란한 경우에 한해 운전개선방식을 함께 추진하여야 한다.
③ 기본설계과정에서 처리장의 운영실태 정밀분석을 실시한 후 이를 근거로 사업추진방향 및 범위 등을 결정하여야 한다.
④ 기존시설물 및 처리공정을 최대한 활용하여야 한다.

해설

기존 하수처리시설의 고도처리시설 설치 시 사전검토사항

- 기본설계과정에서 처리장의 운영실태 정밀분석을 실시한 후 이를 근거로 사업추진방향 및 범위 등을 결정하여야 한다.
- 시설개량은 운전개선방식을 우선 검토하되 방류수 수질기준 준수가 곤란한 경우에 한해 시설개량방식을 추진하여야 한다.
- 기존 하수처리장의 부지여건을 충분히 고려하여야 한다.
- 기존시설물 및 처리공정을 최대한 활용하여야 한다.
- 표준활성슬러지법이 설치된 기존처리장의 고도처리개량은 개선대상 오염물질별 처리특성을감안하여 효율적인 설계가 되어야 한다.

22 상수도 시설 중 침사지에 관한 설명으로 틀린 것은?

① 지의 길이는 폭의 3~8배를 표준으로 한다.
② 지의 상단높이는 고수위보다 0.6~1m의 여유고를 둔다.
③ 지의 유효수심은 5~7m를 표준으로 한다.
④ 표면부하율은 200~500mm/min을 표준으로 한다.

해설

지의 유효수심은 3~4m를 표준으로 한다.

19 ④ 20 ① 21 ② 22 ③ 정답

23 강우 배수구역이 다음 표와 같은 경우 평균 유출계수는?

구 분	유출계수	면 적
주거지역	0.4	2ha
상업지역	0.6	3ha
녹지지역	0.2	7ha

① 0.22　　② 0.33
③ 0.44　　④ 0.55

해설

$$\text{평균유출계수} = \frac{C_1A_1 + C_2A_2}{A_1 + A_2} = \frac{(0.4\times2)+(0.6\times3)+(0.2\times7)}{2+3+7} = 0.33$$

24 취수탑 설치 위치는 갈수기에도 최소 수심이 얼마 이상이어야 하는가?

① 1m　　② 2m
③ 3m　　④ 3.5m

해설

취수탑 설치 위치는 갈수기에도 최소 수심은 2m 이상이어야 한다.

25 우수배제계획의 수립 중 우수유출량의 억제에 대한 계획으로 옳지 않은 것은?

① 우수유출량의 억제방법은 크게 우수저류형, 우수침투형 및 토지이용의 계획적 관리로 나눌 수 있다.
② 우수저류형 시설 중 On-site 시설은 단지 내 저류 및 우수조정지, 우수체수지 등이 있다.
③ 우수침투형은 우수유출총량을 감소시키는 효과로서 침투 지하매설관, 침투성 포장 등이 있다.
④ 우수저류형은 우수유출총량은 변하지 않으나 첨두유출량을 감소시키는 효과가 있다.

해설

우수저류형 시설

- On-site 시설 : 공원 내 저류, 학교운동장 내 저류, 광장 내 저류, 주택 내 저류, 공공시설용지 내의 저류, 단지 내 저류, 주차장 내 저류
- Off-site 시설 : 치수녹지, 방재조정지, 우수체수지, 우수저류관, 우수조정지, 다목적유수지

26 정수처리방법 중 트라이할로메탄(Trihalomethane)을 감소 또는 제거시킬 수 있는 방법으로 가장 거리가 먼 것은?

① 중간염소처리　　② 전염소처리
③ 활성탄처리　　④ 결합염소처리

정답 23 ② 24 ② 25 ② 26 ②

27 정수시설인 착수정의 용량기준으로 적절한 것은?

① 체류시간 : 0.5분 이상, 수심 : 2~4m 정도
② 체류시간 : 1.0분 이상, 수심 : 2~4m 정도
③ 체류시간 : 1.5분 이상, 수심 : 3~5m 정도
④ 체류시간 : 1.0분 이상, 수심 : 3~5m 정도

해설

착수정의 용량기준
체류시간을 1.5분 이상으로 하고, 수심은 3~5m 정도로 한다.

28 하수관거시설인 우수토실에 관한 설명으로 틀린 것은?

① 우수월류량은 계획하수량에서 우천 시 계획오수량을 뺀 양으로 한다.
② 우수토실의 오수유출관거에는 소정의 유량 이상이 흐르도록 하여야 한다.
③ 우수토실은 위어형 이외에 수직오리피스, 기계식 수동 수문 및 자동식 수문, 볼텍스 밸브류 등을 사용할 수 있다.
④ 우수토실을 설치하는 위치는 차집관거의 배치, 방류수면 및 방류지역의 주변 환경 등을 고려하여 선정한다.

해설

우수토실의 오수유출관거에는 유량이 흐르지 않도록 하여야 한다.

29 막여과 정수처리설비에 대한 내용으로 옳은 것은?

① 막여과 유속은 경제성 및 보수성을 종합적으로 고려하여 최저치를 설정한다.
② 회수율은 취수조건 등과 상관없이 일정하게 운영하는 것이 효율적이고 경제적이다.
③ 구동압방식과 운전제어방식은 구동압이나 막의 종류, 배수(配水)조건 등을 고려하여 최적방식을 선정한다.
④ 막여과방식은 막 공급 수질을 제외한 막여과 수량과 막의 종별 등의 조건을 고려하여 최적방식을 선정한다.

해설

정수막(Membrane) 여과설비 기준
- 원수 수질에 따라 다르지만 막여과 유속(Flux)은 1~1.5m^3/day · m^2일 것
- 회수율은 85~95% 범위일 것
- 막여과방식(Mode)은 수질과 막의 종류에 따라 다르나 여과시간이 길고 억제시간이 짧으면서 최적 통합관리체계일 것

30 정수시설의 플록형성지에 관한 설명으로 틀린 것은?

① 플록형성지는 혼화지와 침전지 사이에 위치하게 하고 침전지에 붙여서 설치한다.
② 플록형성지는 응집된 미소플록을 크게 성장시키기 위하여 기계식 교반이나 우류식 교반이 필요하다.
③ 기계식 교반에서 플록큐레이터의 주변속도는 15~80cm/s로 하고, 우류식 교반에서는 평균유속을 15~30cm/s를 표준으로 한다.
④ 플록형성지 내의 교반강도는 하류로 갈수록 점차 증가시켜 플록 간 접촉횟수를 높인다.

해설

플록형성지 내의 교반강도는 하류로 갈수록 점차 감소시키는 것이 바람직하다.

27 ③ 28 ② 29 ③ 30 ④ 정답

31 **펌프의 흡입관 설치 요령으로 틀린 것은?**

① 흡입관은 각 펌프마다 설치해야 한다.
② 저수위로부터 흡입구까지의 수심은 흡입관 직경의 1.5배 이상으로 한다.
③ 흡입관과 취수정 벽의 유격은 직경의 1.5배 이상으로 한다.
④ 흡입관과 취수정 바닥까지의 깊이는 직경의 1.5배 이상으로 유격을 둔다.

해설

흡입관과 취수정 바닥까지의 깊이는 흡입관 직경의 0.5배 이상으로 유격을 둔다.

32 **정수처리시설 중에서 이상적인 침전지에서의 효율을 검증하고자 한다. 실험결과, 입자의 침전속도가 0.15cm/s이고, 유량이 30,000m³/day로 나타났을 때 침전효율(제거율, %)은?(단, 침전지의 유효표면적은 100m²이고 수심은 4m이며, 이상적 흐름상태 가정)**

① 73.2
② 63.2
③ 53.2
④ 43.2

해설

$$침전효율(제거율, \%) = \frac{침전속도}{수면적\ 부하} \times 100$$

- 침전속도 $= \frac{0.15\text{cm}}{\text{s}} \times \frac{24 \times 3{,}600\text{s}}{\text{day}} \times \frac{\text{m}}{10^2\text{cm}}$
  $= 129.6\text{m/day}$
- 수면적 부하 $= \frac{유입유량(\text{m}^3/\text{day})}{수면적(\text{m}^2)} = \frac{30{,}000\text{m}^3/\text{day}}{100\text{m}^2}$
  $= 300\text{m}^3/\text{m}^2 \cdot \text{day}$

$\therefore$ 침전효율 $= \frac{129.6}{300} \times 100 = 43.2\%$

33 **길이가 500m이고, 안지름 50cm인 관을 안지름 30cm인 등치관으로 바꾸면 길이(m)는?(단, Williams-Hazen식 적용)**

① 35.45
② 41.55
③ 43.55
④ 45.45

34 **상수시설인 배수시설 중 배수지의 유효수심(표준)으로 적절한 것은?**

① 6~8m
② 3~6m
③ 2~3m
④ 1~2m

해설

배수지의 유효수심은 3~6m 정도를 표준으로 한다.

35 **하수관거를 매설하기 위해 굴토한 도랑의 폭이 1.8m이다. 매설지점의 표토는 젖은 진흙으로서 흙의 밀도가 2.0ton/m³이고, 흙의 종류와 관의 깊이에 따라 결정되는 계수 C_1 = 1.5이었다. 이때 매설관이 받는 하중(ton/m)은?(단, Marston공식에 의해 계산)**

① 2.5
② 5.8
③ 7.4
④ 9.7

해설

Marston 하중(W)계산공식

$W = C_1 \times \gamma \times B^2$
$= 1.5 \times 2.0\text{ton/m}^3 \times 1.8^2\text{m}^2$
$= 9.72\text{ton/m}$

정답 31 ④ 32 ④ 33 ② 34 ② 35 ④

36 하수관의 최소관경 기준이 바르게 연결된 것은?

① 오수관거 : 150mm,
우수관거 및 합류관거 : 200mm
② 오수관거 : 200mm,
우수관거 및 합류관거 : 250mm
③ 오수관거 : 250mm,
우수관거 및 합류관거 : 300mm
④ 오수관거 : 300mm,
우수관거 및 합류관거 : 350mm

해설
우수관거 및 합류관거의 최소관경은 250mm, 오수관거의 최소관경은 200mm를 표준으로 한다.

37 정수시설 중 약품침전지에 대한 설명으로 틀린 것은?

① 각 지마다 독립하여 사용 가능한 구조로 하여야 한다.
② 고수위에서 침전지 벽체 상단까지의 여유고는 30cm 이상으로 한다.
③ 지의 형상은 직사각형으로 하고, 길이는 폭의 3~8배 이상으로 한다.
④ 유효수심은 2~2.5m로 하고 슬러지 퇴적심도는 50cm 이하를 고려하되 구조상 합리적으로 조정할 수 있다.

해설
유효수심은 3~5.5m로 하고, 슬러지의 퇴적깊이로 30cm 이상을 고려한다.

38 수원 선정 시 고려하여야 할 사항으로 옳지 않은 것은?

① 수량이 풍부하여야 한다.
② 수질이 좋아야 한다.
③ 가능한 한 높은 곳에 위치해야 한다.
④ 수돗물 소비지에서 먼 곳에 위치해야 한다.

해설
수돗물 소비지에서 가까운 곳에 위치해야 한다.

39 캐비테이션 방지대책으로 틀린 것은?

① 펌프의 설치위치를 가능한 한 낮춘다.
② 펌프의 회전속도를 낮게 한다.
③ 흡입측 밸브를 조금만 개방하고 펌프를 운전한다.
④ 흡입관 손실을 가능한 한 적게 한다.

해설
흡입측 밸브를 완전히 개방하고 펌프를 운전한다.

40 상수시설에서 급수관을 배관하고자 할 경우의 고려사항으로 옳지 않은 것은?

① 급수관을 공공도로에 부설할 경우에는 다른 매설물과의 간격을 30cm 이상 확보한다.
② 수요가의 대지 내에서 가능한 한 직선배관이 되도록 한다.
③ 가급적 건물이나 콘크리트의 기초 아래를 횡단하여 배관하도록 한다.
④ 급수관이 개거를 횡단하는 경우에는 가능한 한 개거의 아래로 부설한다.

해설
가급적 건물이나 콘크리트의 기초 아래를 횡단하는 배관은 피해야 한다.

36 ② 37 ④ 38 ④ 39 ③ 40 ③ 정답

제3과목 | 수질오염방지기술

41 다음에서 설명하는 분리방법으로 가장 적합한 것은?

> • 막형태 : 대칭형 다공성막
> • 구동력 : 정수압차
> • 분리형태 : Pore Siz6e 및 흡착현상에 기인한 체거름
> • 적용분야 : 전자공업의 초순수 제조, 무균수 제조식품의 무균여과

① 역삼투 ② 한외여과
③ 정밀여과 ④ 투 석

해설

정밀여과

• 대칭형 다공성막을 사용하여 체거름 원리에 의해 입자를 분리하는 방법이다.
• 구동력은 정수압차이다.
• 대표적인 공정 : 부유물 제거, 콜로이드 제거, 초순수 및 무균수 제조

42 물 $5m^3$의 DO가 9.0mg/L이다. 이 산소를 제거하는데 필요한 아황산나트륨의 양(g)은?

① 256.5 ② 354.7
③ 452.6 ④ 488.8

해설

• 물속에 존재하는 산소

$$DO(g) = \frac{9.0mg}{L} \times 5m^3 \times \frac{1{,}000L}{1m^3} \times \frac{1g}{1{,}000mg} = 45g$$

• $Na_2SO_3 + 0.5O_2 \rightarrow Na_2SO_4$

  126g 0.5×32g

  x g 45g

$$\therefore \text{아황산나트륨}(Na_2SO_3) = 45g\ O_2 \times \frac{126g\ Na_2SO_3}{0.5 \times 32g\ O_2} = 354.38g\ Na_2SO_3$$

43 생물학적 인 제거 공정에서 설계 SRT가 상대적으로 짧으며, 높은 유기부하율을 설계에 사용할 수 있는 장점이 있고, 타공법에 비해 운전이 비교적 간단하고 폐슬러지의 인 함량이 높아(3~5%) 비료의 가치를 가지는 것은?

① A/O 공정
② 개량 Bardenpho 공정
③ 연속회분식반응조(SBR) 공정
④ UTC 공법

해설

A/O 공정은 타공법에 비해 운전이 비교적 간단하고, 폐슬러지 내 인의 함량이 비교적 높아(3~5%) 비료의 가치가 있다. 또한, 높은 BOD/P비 조건이 요구되며, 추운 기후의 운전조건에서 성능이 불확실하다.

44 폐수 시료에 대해 BOD 시험을 수행하여 얻은 결과가 다음과 같을 때 시료의 BOD(mg/L)는?

시료번호	1	2	3
희석률(%)	1	2	3
용존산소 감소(mg/L)	2.7	4.9	7.2

① 약 115
② 약 190
③ 약 250
④ 약 300

해설

• 시료1 BOD $= 2.7 \times \frac{100}{1} = 270mg/L$

• 시료2 BOD $= 4.9 \times \frac{100}{2} = 245mg/L$

• 시료3 BOD $= 7.2 \times \frac{100}{3} = 240mg/L$

$\therefore$ 시료의 BOD $= \frac{270 + 245 + 240}{3} = 251.67mg/L$

정답 41 ③ 42 ② 43 ① 44 ③

45 다음 공정에서 처리될 수 있는 폐수의 종류는?

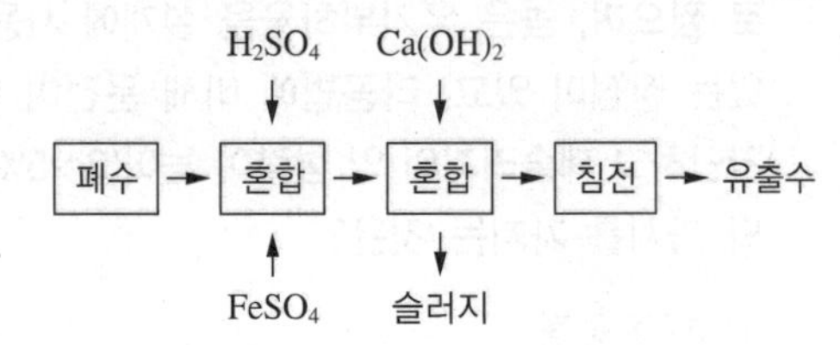

① 크롬폐수　　② 시안폐수
③ 비소폐수　　④ 방사능폐수

해설
크롬폐수를 환원침전하여 제거하는 공정이다.

46 원형 1차 침전지를 설계하고자 할 때 가장 적당한 침전지의 직경(m)은?(단, 평균유량 = 9,000m³/day, 평균표면부하율 = 45m³/m² · day, 최대유량 = 2.5 × 평균유량, 최대표면부하율 = 100m³/m² · day)

① 12　　② 15
③ 17　　④ 20

해설
표면부하율 = 유량/표면적($V = Q/A$)를 기억해 두자.
설계조건은 최대유량을 기준으로 한다.
최대유량 = 평균유량 × 2.5 = $9,000\text{m}^3/\text{day} \times 2.5$
$= 22,500\,\text{m}^3/\text{day}$

$$A = \frac{22,500\text{m}^3/\text{day}}{100\text{m}^3/\text{m}^2 \cdot \text{day}} = 225\,\text{m}^2 = \frac{\pi D^2}{4}$$

$\therefore D = 17\text{m}$

47 CSTR 반응조를 일차반응 조건으로 설계하고, A의 제거 또는 전환율이 90%가 되게 하고자 한다. 반응상수 K가 0.35/h일 때 CSTR 반응조의 체류시간(h)은?

① 12.5　　② 25.7
③ 32.5　　④ 43.7

해설
CSTR 반응조의 1차 반응식

$$V = \frac{(C_i - C)Q}{kC}$$

전환율이 90%이므로 $C = 0.1C_i$

$$V = \frac{0.9C_i \times Q}{k \times 0.1C_i} = \frac{9Q}{0.35/\text{h}}$$

$\therefore$ 체류시간 $t = \dfrac{V}{Q} = \dfrac{9}{0.35/\text{h}} ≒ 25.7\text{h}$

48 산기식 포기장치가 수심 4.5m의 곳에 설치되어 있고, 유입하수의 수온은 20℃, 포기조 산소흡수율이 10%인 포기장치에 대한 산소포화농도값(C_s, mg/L)은? (단, 20℃일 때 증류수의 포화용존산소농도 = 9.02 mg/L, $\beta = 0.95$)

① 8.9　　② 9.9
③ 10.09　　④ 12.3

45 ① 46 ③ 47 ② 48 ③ 정답

49 **활성슬러지의 2차 침전조에 대한 설명으로 틀린 것은?**

① 고형물 부하로만 설계한다.

② 미생물(Biomass)의 보관 창고 역할을 한다.

③ 슬러지 농축의 역할을 한다.

④ 고액 분리의 역할을 한다.

해설

고형물 부하 외에도 여러 인자들을 고려하여 설계하여야 한다.

50 **소독을 위한 자외선 방사에 관한 설명으로 틀린 것은?**

① 5~400nm 스펙트럼 범위의 단파장에서 발생하는 전자기 방사를 말한다.

② 미생물이 사멸되며 수중에 잔류방사량(잔류살균력이 있음)이 존재한다.

③ 자외선 소독은 화학물질 소비가 없고 해로운 부산물도 생성되지 않는다.

④ 물과 수중의 성분은 자외선의 전달 및 흡수에 영향을 주며 Beer-Lambert 법칙이 적용된다.

해설

자외선은 잔류살균력이 없다.

51 **생물학적 처리법 가운데 살수여상법에 대한 설명으로 가장 거리가 먼 것은?**

① 슬러지일령은 부유성장 시스템보다 높아 100일 이상의 슬러지일령에 쉽게 도달된다.

② 총괄 관측수율은 전형적인 활성슬러지공정의 60~80% 정도이다.

③ 덮개 없는 여상의 재순환율을 증대시키면 실제로 여상 내의 평균온도가 높아진다.

④ 정기적으로 여상에 살충제를 살포하거나 여상을 침수토록 하여 파리문제를 해결할 수 있다.

해설

덮개 없는 여상의 재순환율을 증대시키면 실제로 여상 내의 평균온도가 낮아진다.

52 **연속회분식 활성슬러지법인 SBR(Sequencing Batch Reactor)에 대한 설명으로 '최대의 수량을 포기조 내에 유지한 상태에서 운전 목적에 따라 포기와 교반을 하는 단계'는?**

① 유입기 ② 반응기

③ 침전기 ④ 유출기

해설

최대의 수량을 포기조 내에 유지한 상태에서 운전 목적에 따라 포기와 교반을 하는 단계는 반응기이다.

정답 49 ① 50 ② 51 ③ 52 ②

53 평균 유량이 20,000m^3/day인 도시하수처리장의 1차 침전지를 설계하고자 한다. 최대유량/평균유량 = 2.75이라면 침전조의 직경(m)은?(단, 1차 침전지에 대한 권장 설계기준 : 최대표면부하율 = 50m^3/m^2 · day, 평균표면부하율 = 20m^3/m^2 · day)

① 32.7 ② 37.4
③ 42.5 ④ 48.7

해설

• $A = \frac{\pi D^2}{4} = \frac{Q}{\text{표면부하율}}$
• 평균직경
 – $A = \frac{20{,}000\text{m}^3/\text{day}}{20\text{m}^3/\text{m}^2 \cdot \text{day}} = 1{,}000\text{m}^2$
 – $D = \sqrt{\frac{4A}{\pi}} = \sqrt{\frac{4 \times 1{,}000\text{m}^2}{\pi}} = 35.68\text{m}$
• 최대직경
 – $A = \frac{20{,}000\text{m}^3/\text{day} \times 2.75}{50\text{m}^3/\text{m}^2 \cdot \text{day}} = 1{,}100\text{m}^2$
 – $D = \sqrt{\frac{4A}{\pi}} = \sqrt{\frac{4 \times 1{,}100\text{m}^2}{\pi}} = 37.42\text{m}$

∴ 더 큰 직경을 침전조의 직경으로 하여야 하므로 37.42m가 된다.

54 하수 내 질소 및 인을 생물학적으로 처리하는 UCT 공법의 경우 다른 공법과는 달리 침전지에서 반송되는 슬러지를 혐기조로 반송하지 않고 무산소조로 반송하는데, 그 이유로 가장 적합한 것은?

① 혐기조에서 질산염의 부하를 감소시킴으로써 인의 방출을 증대시키기 위해
② 호기조에서 질산화된 질소의 일부를 잔류 유기물을 이용하여 탈질시키기 위해
③ 무산소조에 유입되는 유기물 부하를 감소시켜 탈질을 증대시키기 위해
④ 후속되는 호기조의 질산화를 증대시키기 위해

55 활성슬러지 공정의 2차 침전지에서 나타나는 일반적인 고형물 농도와 침전속도의 관계를 바르게 나타낸 그래프는?

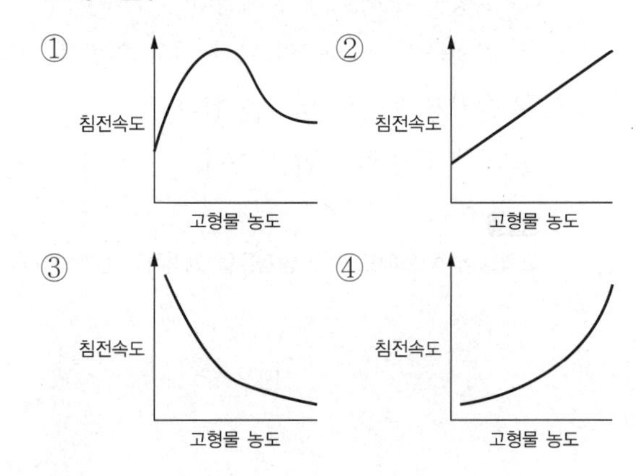

해설

침전속도와 고형물 농도는 반비례 관계이다.

56 탈질소 공정에서 폐수에 첨가하는 약품은?

① 응집제
② 질 산
③ 소석회
④ 메탄올

해설

탈질소 공정에서 가스 방출을 위해 메탄올을 첨가해야 한다.

53 ② 54 ① 55 ③ 56 ④ 정답

57

폐수처리 후 나머지 BOD 25kg과 인 1.5kg을 호수로 방류하였다. 1mg의 인은 0.1g의 Algae를 합성하고 1g의 Algae가 부패하면 140mg의 DO를 소비한다. 이 처리로 인한 호수의 DO소비량(kg)은?(단, BOD 1kg = O_2 1kg이다)

① 21 ② 25
③ 46 ④ 55

해설

DO 소비량

$$= 25\text{kg} + \left(1.5\text{kg}-\text{P} \times \frac{0.1\text{g}-\text{Algae}}{1\text{mg}-\text{P}} \times \frac{140\text{mg}-\text{DO}}{1\text{g}-\text{Algae}}\right)$$

$= 46\text{kg}$

58

유기물의 감소반응이 2차 반응($V_c = -KC^2$)이라 할 때 반응 후 초기농도($C_o = 1$)에 대하여 유출농도($C_e = 2$)가 80% 감소되도록 하는데 필요한 CFSTR(완전혼합반응기)와 PFR(플록흐름반응기)의 부피비는?(단, CFSTR의 물질수지식 : $0 = QC_o - QC_e - VKC_e^2$(정상상태), PFR은 정상상태에서 $V = \frac{Q}{K}\left(\frac{1}{C_e} - \frac{1}{C_o}\right)$의 식으로 표현)

① CFSTR : PFR = 5 : 1
② CFSTR : PFR = 7 : 1
③ CFSTR : PFR = 10 : 1
④ CFSTR : PFR = 15 : 1

해설

- CFSTR 부피

$$V = \frac{Q(C_o - C_e)}{K \times C_e^2} = \frac{Q(1-0.2)}{K \times 0.2^2} = 20\frac{Q}{K}$$

- PFR 부피

$$V = \frac{Q}{K}\left(\frac{1}{C_e} - \frac{1}{C_o}\right) = \frac{Q}{K}\left(\frac{1}{0.2} - \frac{1}{1}\right) = 4\frac{Q}{K}$$

- CFSTR : PFR = $20\frac{Q}{K} : 4\frac{Q}{K} = 5 : 1$

59

음용수 중 철과 망간의 기준 농도에 맞추기 위한 그 제거 공정으로 알맞지 않은 것은?

① 포기에 의한 침전
② 생물학적 여과
③ 제올라이트 수착
④ 인산염에 의한 산화

해설

철과 망간 제거에 쓰이는 산화제로는 염소, 과망간산염, 이산화염소, 오존 등이 있다.

60

농축슬러지를 혐기성 소화로 안정화시키고자 할 때 메탄 생성량(kg/day)은?(단, 농축슬러지에 포함된 유기성분은 모두 글루코스($C_6H_{12}O_6$)이며, 미생물에 의해 100% 분해, 소화조에서 모두 메탄과 이산화탄소로 전환된다고 가정, 농축슬러지 BOD = 480mg/L, 유입유량 = 200m^3/day)

① 18
② 24
③ 32
④ 41

해설

- BOD = 480g/m^3 × 200m^3/day × kg/10^3g = 96kg/day
- $C_6H_{12}O_6 + 6O_2 \rightarrow 6CO_2 + 6H_2O$

  180 : 6 × 32

  x : 96kg/day

  ∴ x = 90kg/day
- $C_6H_{12}O_6 + 6O_2 \rightarrow 3CH_4 + 3CO_2$

  180 : 3 × 16

  90kg/day : y

  ∴ y = 24kg/day

정답 57 ③ 58 ① 59 ④ 60 ②

제4과목 | 수질오염공정시험기준

61 배출허용기준 적합여부를 판정을 위해 자동시료채취기로 시료를 채취하는 방법의 기준은?

① 6시간 이내에 30분 이상 간격으로 2회 이상 채취하여 일정량의 단일 시료로 한다.
② 6시간 이내에 1시간 이상 간격으로 2회 이상 채취하여 일정량의 단일 시료로 한다.
③ 8시간 이내에 1시간 이상 간격으로 2회 이상 채취하여 일정량의 단일 시료로 한다.
④ 8시간 이내에 2시간 이상 간격으로 2회 이상 채취하여 일정량의 단일 시료로 한다.

해설
ES 04130.1e 시료의 채취 및 보존 방법
자동시료채취기로 시료를 채취할 경우에는 6시간 이내에 30분 이상 간격으로 2회 이상 채취(Composite Sample)하여 일정량의 단일 시료로 한다.

62 수질분석용 시료채취 시 유의사항과 가장 거리가 먼 것은?

① 시료채취 용기는 시료를 채우기 전에 깨끗한 물로 3회 이상 씻은 다음 사용한다.
② 유류 또는 부유물질 등이 함유된 시료는 시료의 균일성이 유지될 수 있도록 채취하여야 하며, 침전물 등이 부상하여 혼입되어서는 안 된다.
③ 용존가스, 환원성 물질, 휘발성 유기화합물, 냄새, 유류 및 수소이온 등을 측정하는 시료는 시료용기에 가득 채워야 한다.
④ 시료채취량은 보통 3~5L 정도이어야 한다.

해설
ES 04130.1e 시료의 채취 및 보존 방법
시료채취 용기는 시료를 채우기 전에 시료로 3회 이상 씻은 다음 사용하며, 시료를 채울 때에는 어떠한 경우에도 시료의 교란이 일어나서는 안 되며 가능한 한 공기와 접촉하는 시간을 짧게 하여 채취한다.

63 원자흡수분광광도법의 용어에 관한 설명으로 틀린 것은?

① 공명선 : 원자가 외부로부터 빛을 흡수했다가 다시 처음 상태로 돌아갈 때 방사하는 스펙트럼선
② 역화 : 불꽃의 연소속도가 크고 혼합기체의 분출속도가 작을 때 연소현상이 내부로 옮겨지는 것
③ 다음극 중공음극램프 : 두 개 이상의 중공음극을 갖는 중공음극램프
④ 선프로파일 : 파장에 대한 스펙트럼선의 근접도를 나타내는 곡선

64 알킬수은화합물의 분석방법으로 옳은 것은?(단, 수질오염공정시험기준 기준)

① 기체크로마토그래피법
② 자외선/가시선 분광법
③ 이온크로마토그래피법
④ 유도결합플라스마-원자발광분광법

해설
알킬수은 분석방법
- 기체크로마토그래피(ES 04416.1b)
- 원자흡수분광광도법(ES 04416.2b)

61 ① 62 ① 63 ④ 64 ① 정답

65 시험관법으로 분원성 대장균군을 측정하는 방법으로 (　　)에 옳은 내용은?

> 물속에 존재하는 분원성 대장균군을 측정하기 위하여 (　　)을 이용하는 추정시험과 백금이를 이용하는 확정시험으로 나뉘며 추정시험이 양성일 경우 확정시험을 시행하는 방법이다.

① 배양시험관　　② 다람시험관
③ 페트리시험관　　④ 멸균시험관

해설

ES 04701.2g 총대장균군–시험관법
희석된 시료를 다람시험관이 들어있는 추정시험용 배지(락토스 또는 라우릴트립토스 배지)에 접종하여 35±0.5℃에서 24±2시간 배양하고 각 시험관을 흔들어 확인한 후, 기포가 형성되지 않았으면 총 48±3시간까지 연장하여 배양한다. 기포가 발생하지 않은 시험관은 총대장균군 음성으로 판정하고, 양성시험관은 기포 발생을 확인한 즉시 확정시험을 수행한다.

66 수질오염공정시험기준상 질산성 질소의 측정법으로 가장 적절한 것은?

① 자외선/가시선 분광법(다이아조화법)
② 이온크로마토그래피법
③ 이온전극법
④ 카드뮴 환원법

해설

질산성 질소 측정법
- 이온크로마토그래피(ES 04361.1b)
- 자외선/가시선 분광법–부루신법(ES 04361.2c)
- 자외선/가시선 분광법–활성탄흡착법(ES 04361.3c)
- 데발다합금 환원증류법(ES 04361.4c)

67 크롬을 원자흡수분광광도법으로 분석할 때 0.02M–$KMnO_4$(M.W = 158.03)용액을 조제하는 방법은?

① $KMnO_4$ 8.1g을 정제수에 녹여 전량을 100mL로 한다.
② $KMnO_4$ 3.4g을 정제수에 녹여 전량을 100mL로 한다.
③ $KMnO_4$ 1.8g을 정제수에 녹여 전량을 100mL로 한다.
④ $KMnO_4$ 0.32g을 정제수에 녹여 전량을 100mL로 한다.

해설

ES 04414.1d 크롬–원자흡수분광광도법
과망간산칼륨용액(0.02M)
과망간산칼륨(Potassium Permanganate, $KMnO_4$, 분자량 : 158.03) 0.32g을 정제수에 녹여 100mL로 한다.

68 물벼룩을 이용한 급성 독성 시험법에 관한 내용으로 틀린 것은?

① 물벼룩을 배양 상태가 좋을 때 7~10일 사이에 첫 부화된 건강한 새끼를 시험에 사용한다.
② 시험하기 2시간 전에 먹이를 충분히 공급하여 시험 중 먹이가 주는 영향을 최소화한다.
③ 시험생물은 물벼룩인 *Daphnia magna* Straus를 사용하며, 출처가 명확하고 건강한 개체를 사용한다.
④ 보조먹이로 YCT(Yeast, Chlorophyll, Trout Chow)를 첨가하여 사용할 수 있다.

해설

ES 04704.1c 물벼룩을 이용한 급성 독성 시험법
물벼룩은 배양 상태가 좋을 때 7~10일 사이에 첫 새끼를 부화하는데 이때 부화한 새끼는 시험에 사용하지 않고 같은 어미가 약 네 번째 부화한 새끼부터 시험에 사용해야 한다.
※ 공정시험기준 개정으로 보기 ④번 내용이 다음과 같이 변경됨
먹이는 *Chlorella* sp., *Pseudokirchneriella subcapitata* 등과 같은 녹조류와 Yeast, Cerophyll(R), Trout Chow의 혼합액인 YCT를 사용한다.

정답 65 ② 66 ② 67 ④ 68 ①

69 **수질오염공정시험기준상 시료의 보존 방법이 다른 항목은?**

① 클로로필 a
② 색 도
③ 부유물질
④ 음이온 계면활성제

해설

ES 04130.1e 시료의 채취 및 보존 방법
시료의 보존 방법
• 클로로필 a : 즉시 여과하여 -20℃ 이하에서 보관
• 색도, 부유물질, 음이온 계면활성제 : 4℃ 보관

70 **기준전극과 비교전극으로 구성된 pH 측정기를 사용하여 수소이온농도를 측정할 때 간섭물질에 관한 내용으로 옳지 않은 것은?**

① pH는 온도변화에 따라 영향을 받는다.
② pH 10 이상에서 나트륨에 의한 오차가 발생할 수 있는데 이는 낮은 나트륨 오차 전극을 사용하여 줄일 수 있다.
③ 일반적으로 유리전극은 산화 및 환원성 물질, 염도에 의해 간섭을 받는다.
④ 기름층이나 작은 입자상이 전극을 피복하여 pH 측정을 방해할 수 있다.

해설

ES 04306.1c 수소이온농도
일반적으로 유리전극은 용액의 색도, 탁도, 콜로이드성 물질들, 산화 및 환원성 물질들 그리고 염도에 의해 간섭을 받지 않는다.

71 **유기물 함량이 비교적 높지 않고 금속의 수산화물, 산화물, 인산염 및 황화물을 함유하는 시료의 전처리(산분해법)방법으로 가장 적합한 것은?**

① 질산법　② 황산법
③ 질산-황산법　④ 질산-염산법

해설

ES 04150.1b 시료의 전처리 방법

72 **플루오린화합물 측정에 적용 가능한 시험방법과 가장 거리가 먼 것은?(단, 수질오염공정시험기준 기준)**

① 자외선/가시선 분광법
② 원자흡수분광광도법
③ 이온전극법
④ 이온크로마토그래피

해설

플루오린화합물 시험방법
• 자외선/가시선 분광법(ES 04351.1b)
• 이온전극법(ES 04351.2a)
• 이온크로마토그래피(ES 04351.3a)

69 ① 70 ③ 71 ④ 72 ② 정답

73 용매추출/기체크로마토그래피를 이용한 휘발성 유기화합물 측정에 관한 내용으로 틀린 것은?

① 채수한 시료를 헥산으로 추출하여 기체크로마토그래프를 이용하여 분석하는 방법이다.
② 검출기는 전자포획검출기를 선택하여 측정한다.
③ 운반기체는 질소로 유량은 20~40mL/min이다.
④ 칼럼온도는 35~250℃이다.

해설
ES 04603.6c 휘발성 유기화합물-용매추출/기체크로마토그래피
운반기체는 순도 99.999% 이상의 질소로 유량은 0.5~2mL/min이다.

74 유량산출의 기초가 되는 수두측정치는 영점 수위측정치에서 무엇을 뺀 값인가?

① 흐름의 수위측정치
② 위어의 수두
③ 유속측정치
④ 수로의 폭

해설
ES 04140.2b 공장폐수 및 하수유량-측정용 수로 및 기타 유량측정방법
수두측정치 = 영점 수위측정치(mm) − 흐름의 수위측정치(mm)

75 시험과 관련된 총칙에 관한 설명으로 옳지 않은 것은?

① '방울수'라 함은 0℃에서 정제수 20방울을 적하할 때 그 부피가 약 10mL 되는 것을 뜻한다.
② '찬 곳'은 따로 규정이 없는 한 0~15℃의 곳을 뜻한다.
③ '감압 또는 진공'이라 함은 따로 규정이 없는 한 15mmHg 이하를 말한다.
④ '약'이라 함은 기재된 양에 대하여 ±10% 이상의 차가 있어서는 안 된다.

해설
ES 04000.d 총칙
방울수라 함은 20℃에서 정제수 20방울을 적하할 때, 그 부피가 약 1mL 되는 것을 뜻한다.

76 용존산소를 적정법으로 측정하고자 할 때 Fe(Ⅲ)(100~200mg/L)이 함유되어 있는 시료의 전처리 방법으로 적절한 것은?

① 황산의 첨가 후 플루오린화칼륨용액(100g/L) 1mL를 가한다.
② 황산의 첨가 후 플루오린화칼륨용액(300g/L) 1mL를 가한다.
③ 황산의 첨가 전 플루오린화칼륨용액(100g/L) 1mL를 가한다.
④ 황산의 첨가 전 플루오린화칼륨용액(300g/L) 1mL를 가한다.

해설
ES 04308.1e 용존산소-적정법
Fe(Ⅲ) 100~200mg/L가 함유되어 있는 시료의 경우, 황산을 첨가하기 전에 플루오린화칼륨용액(300g/L) 1mL를 가한다.

정답 73 ③ 74 ① 75 ① 76 ④

77 자외선/가시선 분광법으로 시안을 정량할 때 시료에 포함되어 분석에 영향을 미치는 물질과 이를 제거하기 위해 사용되는 시약을 틀리게 연결한 것은?

① 유지류 : 클로로폼
② 황화합물 : 아세트산아연용액
③ 잔류염소 : 아비산나트륨용액
④ 질산염 : L-아스코르브산

해설
ES 04353.1e 시안-자외선/가시선 분광법
잔류염소가 함유된 시료는 L-아스코르브산 또는 아비산나트륨용액을 넣어 제거한다.

78 기체크로마토그래피로 측정되지 않는 것은?

① 염소이온
② 알킬수은
③ PCB
④ 휘발성 저급염소화탄화수소류

해설
염소이온 시험방법
- 이온크로마토그래피(ES 04356.1b)
- 이온전극법(ES 04356.2a)
- 적정법(ES 04356.3d)

79 자외선/가시선 분광법으로 하는 크롬 측정에 관한 내용으로 틀린 것은?

① 3가크롬은 과망간산칼륨을 첨가하여 6가크롬으로 산화시킨다.
② 정량한계는 0.04mg/L이다.
③ 적자색 착화물의 흡광도를 620nm에서 측정한다.
④ 몰리브덴, 수은, 바나듐, 철, 구리 이온이 과량 함유되어 있는 경우 방해 영향이 나타날 수 있다.

해설
ES 04414.2e 크롬-자외선/가시선 분광법
3가크롬은 과망간산칼륨을 첨가하여 크롬으로 산화시킨 후, 산성 용액에서 다이페닐카바자이드와 반응하여 생성하는 적자색 착화합물의 흡광도를 540nm에서 측정한다.
※ 공정시험기준 개정으로 보기 ①번 내용 중 '6가크롬'이 '크롬'으로 변경됨

80 유속 면적법을 이용하여 하천 유량을 측정할 때 적용 적합 지점에 관한 내용으로 틀린 것은?

① 가능하면 하상이 안정되어 있고, 식생의 성장이 없는 지점
② 합류나 분류가 없는 지점
③ 교량 등 구조물 근처에서 측정할 경우 교량의 상류 지점
④ 대규모 하천을 제외하고 가능한 부자(浮子)로 측정할 수 있는 지점

해설
ES 04140.3b 하천유량-유속 면적법
대규모 하천을 제외하고 가능하면 도섭으로 측정할 수 있는 지점

77 ④ 78 ① 79 ③ 80 ④ 정답

제5과목 | 수질환경관계법규

81 **5년 이하의 징역 또는 5천만원 이하의 벌금형에 처하는 경우가 아닌 것은?**

① 공공수역에 특정수질유해물질 등을 누출·유출시키거나 버린 자
② 배출시설에서 배출되는 수질오염물질을 방지시설에 유입하지 않고 배출한 자
③ 배출시설의 조업정지 또는 폐쇄명령을 위반한 자
④ 신고를 하지 아니하거나 거짓으로 신고를 하고 배출시설을 설치하거나 그 배출시설을 이용하여 조업한 자

해설
물환경보전법 제77조(벌칙)
공공수역에 특정수질유해물질 등을 누출·유출하거나 버린 자는 3년 이하의 징역 또는 3천만원 이하의 벌금에 처한다.
②·③·④ 물환경보전법 제76조(벌칙)

82 **배출부과금 부과 시 고려사항이 아닌 것은?**

① 배출허용기준 초과 여부
② 배출되는 수질오염물질의 종류
③ 수질오염물질의 배출기간
④ 수질오염물질의 위해성

해설
물환경보전법 제41조(배출부과금)
배출부과금을 부과할 때에는 다음의 사항을 고려하여야 한다.
- 배출허용기준 초과 여부
- 배출되는 수질오염물질의 종류
- 수질오염물질의 배출기간
- 수질오염물질의 배출량
- 자가측정 여부

83 **산업폐수의 배출규제에 관한 설명으로 옳은 것은?**

① 폐수배출시설에서 배출되는 수질오염물질의 배출허용기준은 대통령이 정한다.
② 시·도 또는 인구 50만 이상의 시는 지역환경기준을 유지하기가 곤란하다고 인정할 때에는 시·도지사가 특별배출허용기준을 정할 수 있다.
③ 특별대책지역의 수질오염방지를 위해 필요하다고 인정할 때는 엄격한 배출허용기준을 정할 수 있다.
④ 시·도 안에 설치되어 있는 폐수무방류배출시설은 조례에 의해 배출허용기준을 적용한다.

해설
물환경보전법 제32조(배출허용기준)
① 폐수배출시설에서 배출되는 수질오염물질의 배출허용기준은 환경부령으로 정한다.
② 시·도(해당 관할구역 중 대도시는 제외한다) 또는 대도시는 환경정책기본법에 따른 지역환경기준을 유지하기가 곤란하다고 인정할 때에는 조례로 배출허용기준보다 엄격한 배출허용기준을 정할 수 있다. 다만, 환경부장관의 권한이 시·도지사 또는 대도시의 장에게 위임된 경우로 한정한다.
④ 폐수무방류배출시설에 대해서는 위의 규정을 적용하지 아니한다.

84 **공공폐수처리시설의 유지·관리기준에 따라 처리시설의 관리·운영자가 실시하여야 하는 방류수 수질검사의 주기는?(단, 시설의 규모는 1일당 2,000m^3이며, 방류수 수질이 현저하게 악화되지 않은 상황임)**

① 월 2회 이상　　② 주 2회 이상
③ 월 1회 이상　　④ 주 1회 이상

해설
물환경보전법 시행규칙 [별표 15] 공공폐수처리시설의 유지·관리기준
처리시설의 적정 운영 여부를 확인하기 위하여 방류수 수질검사를 월 2회 이상 실시하되, 1일당 2,000m^3 이상인 시설은 주 1회 이상 실시하여야 한다. 다만, 생태독성(TU)검사는 월 1회 이상 실시하여야 한다.

정답 81 ① 82 ④ 83 ③ 84 ④

85 발생폐수를 공공폐수처리시설로 유입하고자 하는 배출시설 설치자는 배수관거 등 배수설비를 기준에 맞게 설치하여야 한다. 배수설비의 설치방법 및 구조기준으로 틀린 것은?

① 배수관의 관경은 내경 150mm 이상으로 하여야 한다.

② 배수관은 우수관과 분리하여 빗물이 혼합되지 아니하도록 설치하여야 한다.

③ 배수관 입구에는 유효간격 10mm 이하의 스크린을 설치하여야 한다.

④ 배수관의 기점·종점·합류점·굴곡점과 관경·관종이 달라지는 지점에서 유출구를 설치하여야 하며, 직선인 부분에는 내경의 200배 이하의 간격으로 맨홀을 설치하여야 한다.

해설

물환경보전법 시행규칙 [별표 16] 폐수관로 및 배수설비의 설치방법·구조기준 등

- 배수관은 폐수관로와 연결되어야 하며, 관경(관지름)은 안지름 150mm 이상으로 하여야 한다.
- 배수관은 우수관과 분리하여 빗물이 혼합되지 아니하도록 설치하여야 한다.
- 배수관의 기점·종점·합류점·굴곡점과 관경·관 종류가 달라지는 지점에는 맨홀을 설치하여야 하며, 직선인 부분에는 안지름의 120배 이하의 간격으로 맨홀을 설치하여야 한다.
- 배수관 입구에는 유효간격 10mm 이하의 스크린을 설치하여야 하고, 다량의 토사를 배출하는 유출구에는 적당한 크기의 모래받이를 각각 설치하여야 하며, 배수관·맨홀 등 악취가 발생할 우려가 있는 시설에는 방취(防臭)장치를 설치하여야 한다.

86 환경정책기본법에서 지하·지표 및 지상의 모든 생물과 이들을 둘러싸고 있는 비생물적인 것을 포함한 자연의 상태를 의미하는 것은?

① 생활환경 ② 대자연
③ 자연환경 ④ 환경보전

해설

환경정책기본법 제3조(정의)

87 사업장별 환경기술인의 자격기준에 관한 설명으로 ( )에 맞는 것은?

> 환경산업기사 이상의 자격이 있는 자를 임명하여야 하는 사업장에서 환경기술인을 바꾸어 임명하는 경우로서 자격이 있는 구직자를 찾기 어려운 경우 등 부득이한 사유가 있는 경우에는 잠정적으로 ( ) 이내의 범위에서는 제4종 사업장·제5종 사업장의 환경기술인 자격에 준하는 자를 그 자격을 갖춘 자로 보아 신고를 할 수 있다.

① 6월 ② 90일
③ 60일 ④ 30일

해설

물환경보전법 시행령 [별표 17] 사업장별 환경기술인의 자격기준

환경산업기사 이상의 자격이 있는 자를 임명하여야 하는 사업장에서 환경기술인을 바꾸어 임명하는 경우로서 자격이 있는 구직자를 찾기 어려운 경우 등 부득이한 사유가 있는 경우에는 잠정적으로 30일 이내의 범위에서는 제4종 사업장·제5종 사업장의 환경기술인 자격에 준하는 자를 그 자격을 갖춘 자로 보아 신고를 할 수 있다.

88 초과배출부과금의 부과 대상이 되는 수질오염물질이 아닌 것은?

① 유기인화합물 ② 시안화합물
③ 대장균 ④ 유기물질

해설

물환경보전법 시행령 제46조(초과배출부과금 부과 대상 수질오염물질의 종류)

- 유기물질
- 부유물질
- 카드뮴 및 그 화합물
- 시안화합물
- 유기인화합물
- 납 및 그 화합물
- 6가크롬화합물
- 비소 및 그 화합물
- 수은 및 그 화합물
- 폴리염화바이페닐(Polychlorinated Biphenyl)
- 구리 및 그 화합물
- 크롬 및 그 화합물
- 페놀류
- 트라이클로로에틸렌
- 테트라클로로에틸렌
- 망간 및 그 화합물
- 아연 및 그 화합물
- 총질소
- 총 인

85 ④ 86 ③ 87 ④ 88 ③ 정답

89 수질오염방지시설 중 생물화학적 처리시설이 아닌 것은?

① 살균시설　　② 접촉조
③ 안정조　　④ 폭기시설

해설
물환경보전법 시행규칙 [별표 5] 수질오염방지시설
생물화학적 처리시설
• 살수여과상
• 폭기시설
• 산화시설(산화조(酸化槽) 또는 산화지(酸化池)를 말한다)
• 혐기성 · 호기성 소화시설
• 접촉조(폐수를 염소 등의 약품과 접촉시키기 위한 탱크)
• 안정조
• 돈사톱밥발효시설

90 시 · 도지사 등이 환경부장관에게 보고할 사항 중 보고횟수가 연 1회에 해당되는 것은?(단, 위임업무 보고사항)

① 기타수질오염원 현황
② 폐수위탁 · 사업장 내 처리현황 및 처리실적
③ 골프장 맹 · 고독성 농약 사용 여부 확인 결과
④ 비점오염원의 설치신고 및 현황

해설
물환경보전법 시행규칙 [별표 23] 위임업무 보고사항

업무내용	보고횟수
기타수질오염원 현황	연 2회
폐수위탁 · 사업장 내 처리현황 및 처리실적	연 1회
비점오염원의 설치신고 및 방지시설 설치 현황 및 행정처분 현황	연 4회
골프장 맹 · 고독성 농약 사용 여부 확인 결과	연 2회

91 다음에 해당되는 수질오염감시경보 단계는?

> 생물감시 측정값이 생물감시 경보기준 농도를 30분 이상 지속적으로 초과하고, 전기전도도, 휘발성 유기화합물, 페놀, 중금속(구리, 납, 아연, 카드뮴 등) 항목 중 1개 이상의 항목이 측정항목별 경보기준을 3배 이상 초과하는 경우

① 주의단계　　② 경계단계
③ 심각단계　　④ 발생단계

해설
물환경보전법 시행령 [별표 3] 수질오염경보의 종류별 경보단계 및 그 단계별 발령 · 해제기준
수질오염감시경보

경보단계	발령 · 해제기준
경 계	생물감시 측정값이 생물감시 경보기준 농도를 30분 이상 지속적으로 초과하고, 전기전도도, 휘발성 유기화합물, 페놀, 중금속 항목 중 1개 이상의 항목이 측정항목별 경보기준을 3배 이상 초과하는 경우

92 폐수처리업의 업종구분을 가장 알맞게 짝지은 것은?

① 폐수 위탁처리업 – 폐수 재활용업
② 폐수 수탁처리업 – 측정대행업
③ 폐수 위탁처리업 – 방지시설업
④ 폐수 수탁처리업 – 폐수 재이용업

해설
물환경보전법 제62조(폐수처리업의 허가)
폐수처리업의 업종구분 : 폐수 수탁처리업, 폐수 재이용업

정답 89 ① 90 ② 91 ② 92 ④

93 공공수역의 전국적인 수질현황을 파악하기 위해 환경부장관이 설치할 수 있는 측정망의 종류로 틀린 것은?

① 생물 측정망
② 토질 측정망
③ 공공수역 유해물질 측정망
④ 비점오염원에서 배출되는 비점오염물질 측정망

해설
물환경보전법 시행규칙 제22조(국립환경과학원장 등이 설치·운영하는 측정망의 종류 등)
국립환경과학원장, 유역환경청장, 지방환경청장이 설치할 수 있는 측정망은 다음과 같다.
- 비점오염원에서 배출되는 비점오염물질 측정망
- 수질오염물질의 총량관리를 위한 측정망
- 대규모 오염원의 하류지점 측정망
- 수질오염경보를 위한 측정망
- 대권역·중권역을 관리하기 위한 측정망
- 공공수역 유해물질 측정망
- 퇴적물 측정망
- 생물 측정망
- 그 밖에 국립환경과학원장, 유역환경청장 또는 지방환경청장이 필요하다고 인정하여 설치·운영하는 측정망

※ 법 개정으로 '환경부장관'이 '국립환경과학원장, 유역환경청장, 지방환경청장'으로 변경됨

94 환경부장관이 지정할 수 있는 비점오염원관리 지역의 지정기준에 관한 내용으로 (　　)에 옳은 것은?

인구 (　　) 이상인 도시로서 비점오염원관리가 필요한 지역

① 10만명
② 30만명
③ 50만명
④ 100만명

해설
※ 법 개정으로 해당 기준이 삭제되어 정답 없음

95 오염총량관리기본방침에 포함되어야 하는 사항으로 틀린 것은?

① 오염총량관리 대상지역
② 오염원의 조사 및 오염부하량 산정방법
③ 오염총량관리의 대상 수질오염물질 종류
④ 오염총량관리의 목표

해설
물환경보전법 시행령 제4조(오염총량관리기본방침)
오염총량관리기본방침에는 다음의 사항이 포함되어야 한다.
- 오염총량관리의 목표
- 오염총량관리의 대상 수질오염물질 종류
- 오염원의 조사 및 오염부하량 산정방법
- 오염총량관리 기본계획의 주체, 내용, 방법 및 시한
- 오염총량관리시행계획의 내용 및 방법

96 배출시설에 대한 일일기준초과배출량 산정 시 적용되는 일일유량의 산정 방법으로 (　　)에 맞는 것은?

일일조업시간은 측정하기 전 최근 조업한 (㉠) 간의 배출시설의 조업시간의 평균치로서 (㉡)으로 표시한다.

① ㉠ 3월, ㉡ 분
② ㉠ 3월, ㉡ 시간
③ ㉠ 30일, ㉡ 분
④ ㉠ 30일, ㉡ 시간

해설
물환경보전법 시행령 [별표 15] 일일기준초과배출량 및 일일유량 산정 방법
일일조업시간은 측정하기 전 최근 조업한 30일간의 배출시설 조업시간의 평균치로서 분으로 표시한다.

93 ② 94 ④ 95 ① 96 ③ 정답

97 방지시설을 설치하지 아니한 자에 대한 1차 행정처분기준 중 개선명령에 해당되는 것은?(단, 항상 배출허용기준 이하로 배출된다는 사유 및 위탁처리한다는 사유로 방지시설을 설치하지 아니한 경우)

① 폐수를 위탁하지 아니하고 그냥 배출한 경우
② 폐수 성상별 저장시설을 설치하지 아니한 경우
③ 개선계획서를 제출하지 아니하고 배출허용기준을 초과하여 수질오염물질을 배출한 경우
④ 폐수위탁처리 시 실적을 기간 내에 보고하지 아니한 경우

해설
물환경보전법 시행규칙 [별표 22] 행정처분기준

98 대권역 수질 및 수생태계 보전계획의 수립 시 포함되어야 하는 사항으로 틀린 것은?

① 수질 및 수생태계 변화 추이 및 목표기준
② 수질오염원 발생원 대책
③ 수질오염예방 및 저감 대책
④ 상수원 및 물 이용현황

해설
물환경보전법 제24조(대권역 물환경관리계획의 수립)
대권역계획에는 다음의 사항이 포함되어야 한다.
- 물환경의 변화 추이 및 물환경목표기준
- 상수원 및 물 이용현황
- 점오염원, 비점오염원 및 기타수질오염원의 분포현황
- 점오염원, 비점오염원 및 기타수질오염원에서 배출되는 수질오염물질의 양
- 수질오염 예방 및 저감 대책
- 물환경 보전조치의 추진방향
- 기후위기 대응을 위한 탄소중립·녹색성장 기본법에 따른 기후변화에 대한 적응대책
- 그 밖에 환경부령으로 정하는 사항

99 특별시장·광역시장·특별자치시장·특별자치도지사가 오염총량관리시행계획을 수립할 때 포함하여야 하는 사항으로 틀린 것은?

① 해당 지역 개발계획의 내용
② 수질예측 산정자료 및 이행 모니터링 계획
③ 연차별 오염부하량 삭감 목표 및 구체적 삭감방안
④ 오염원 현황 및 예측

해설
물환경보전법 시행령 제6조(오염총량관리시행계획 승인 등)
특별시장·광역시장·특별자치시장·특별자치도지사는 다음의 사항이 포함된 오염총량관리시행계획을 수립하여 환경부장관의 승인을 받아야 한다.
- 오염총량관리시행계획 대상 유역의 현황
- 오염원 현황 및 예측
- 연차별 지역 개발계획으로 인하여 추가로 배출되는 오염부하량 및 해당 개발계획의 세부 내용
- 연차별 오염부하량 삭감 목표 및 구체적 삭감 방안
- 오염부하량 할당 시설별 삭감량 및 그 이행 시기
- 수질예측 산정자료 및 이행 모니터링 계획

100 비점오염저감시설 중 장치형 시설이 아닌 것은?

① 생물학적 처리형 시설
② 응집·침전 처리형 시설
③ 와류형 시설
④ 침투형 시설

해설
물환경보전법 시행규칙 [별표 6] 비점오염저감시설
장치형 시설
- 여과형 시설
- 소용돌이형 시설
- 스크린형 시설
- 응집·침전 처리형 시설
- 생물학적 처리형 시설

※ 법 개정으로 '와류형'이 '소용돌이형'으로 변경됨

정답 97 ③ 98 ② 99 ① 100 ④

2018년 제1회 과년도 기출문제

제1과목 | 수질오염개론

01 **0.2N CH_3COOH 100mL를 NaOH로 적정하고자 하여 0.2N NaOH 97.5mL를 가했을 때 이 용액의 pH는?(단, CH_3COOH의 해리상수 $K_a = 1.8 \times 10^{-5}$)**

① 3.67 ② 5.56
③ 6.34 ④ 6.87

02 **다음 설명과 가장 관계있는 것은?**

> 유리산소가 존재해야만 생장하며, 최적 온도는 20~30℃, 최적 pH는 4.5~6.0이다. 유기산과 암모니아를 생성해 pH를 상승 또는 하강시킬 때도 있다.

① 박테리아 ② 균 류
③ 조 류 ④ 원생동물

해설

균류(Fungi)
- 화학유기영양계로서, 용해된 유기물질을 흡수하면서 성장한다.
- 대부분 절대호기성이다.
- 낮은 DO 및 pH(3~5)에서도 잘 성장한다.
- 수중의 유기물질을 분해하고 유기산이나 암모니아를 생성해 pH 변화를 주기도 한다.

03 **하천의 자정계수(f)에 관한 설명으로 맞는 것은? (단, 기타 조건은 같다고 가정함)**

① 수온이 상승할수록 자정계수는 작아진다.
② 수온이 상승할수록 자정계수는 커진다.
③ 수온이 상승하여도 자정계수는 변화가 없이 일정하다.
④ 수온이 20℃인 경우 자정계수는 가장 크며, 그 이상의 수온에서는 점차로 낮아진다.

해설

하천의 자정계수는 '재폭기계수/탈산소계수'로 나타내며, 수온이 상승할수록 자정계수는 작아진다.

04 **수질오염물질 중 중금속에 관한 설명으로 틀린 것은?**

① 카드뮴 : 인체 내에서 투과성이 높고 이동성이 있는 독성 메틸 유도체로 전환된다.
② 비소 : 인산염 광물에 존재해서 인화합물 형태로 환경 중에 유입된다.
③ 납 : 급성 독성은 신장, 생식계통, 간 그리고 뇌와 중추신경계에 심각한 장애를 유발한다.
④ 수은 : 수은 중독은 BAL, Ca_2EDTA로 치료할 수 있다.

05 **Formaldehyde(CH_2O)의 COD/TOC비는?**

① 1.37 ② 1.67
③ 2.37 ④ 2.67

해설

$CH_2O + O_2 \rightarrow CO_2 + H_2O$

$$\therefore \frac{COD}{TOC} = \frac{1 \times 32}{1 \times 12} \fallingdotseq 2.67$$

1 ③ 2 ② 3 ① 4 ① 5 ④ 정답

06 피부점막, 호흡기로 흡입되어 국소 및 전신마비, 피부염, 색소침착을 일으키며 안료, 색소, 유리공업 등이 주요 발생원인 중금속은?

① 비 소 ② 납
③ 크 롬 ④ 구 리

해설
② 납 : 근육과 관절의 장애
③ 크롬 : 비중격 연골천공
④ 구리 : 윌슨병 증후군

07 공장의 COD가 5,000mg/L, BOD_5가 2,100mg/L이었다면 이 공장의 NBDCOD(mg/L)는?(단, $K = BOD_u/BOD_5 = 1.5$)

① 1,850 ② 1,550
③ 1,450 ④ 1,250

해설
• BOD_u(=BDCOD)를 구한다.

$BOD_t = BOD_u \times (1-10^{-K_1 \cdot t})$

$\frac{BOD_u}{BOD_5} = \frac{1}{1-10^{-K_1 \times 5}} = 1.5$

$\therefore K_1 = 0.095/\text{day}$

$BOD_u = \frac{BOD_5}{1-10^{-K_1 \cdot t}} = \frac{2,100}{1-10^{-0.095 \times 5}} = 3,157.73\text{mg/L}$

• 생물학적으로 분해 불가능한 COD(=NBDCOD)
NBDCOD(mg/L) = COD − BDCOD(= BOD_u)이므로,
$\therefore$ NBDCOD(mg/L) = 5,000mg/L − 3,157.73mg/L
= 1,842.27mg/L

08 분뇨를 퇴비화 처리할 때 초기의 최적 환경조건으로 가장 거리가 먼 것은?

① 축분에 수분조정을 위해 부자재를 혼합할 때 퇴비재료의 적정 C/N비는 25~30이 좋다.
② 부자재를 혼합하여 수분함량이 20~30% 되도록 한다.
③ 퇴비화는 호기성 미생물을 활용하는 기술이므로 산소공급을 충분히 한다.
④ 초기 재료의 pH는 6.0~8.0으로 조정한다.

해설
수분함량은 50~60%가 되도록 한다.

09 C_2H_6 15g이 완전 산화하는데 필요한 이론적 산소량(g)은?

① 약 46 ② 약 56
③ 약 66 ④ 약 76

해설
$C_2H_6 + 3.5O_2 \rightarrow 2CO_2 + 2H_2O$
30 : 3.5 × 32
15g : x
$\therefore x = 56$g

10 연못의 수면에 용존산소 농도가 11.3mg/L이고 수온이 20℃인 경우, 가장 적절한 판단이라 볼 수 있는 것은?

① 수면의 난류로 계속 포기가 일어나 DO가 계속 높아질 가능성이 있다.
② 연못에 산화제가 유입되었을 가능성이 있다.
③ 조류가 번식하여 DO가 과포화 되었을 가능성이 있다.
④ 물속에 수산화물과 (중)탄산염을 포함하여 완충능력이 클 가능성이 있다.

정답 6 ① 7 ① 8 ② 9 ② 10 ③

11 팔당호와 의암호와 같이 짧은 체류시간, 호수 수질의 수평적 균일성의 특징을 가지는 호수의 형태는?

① 하천형 호수
② 가지형 호수
③ 저수지형 호수
④ 하구형 호수

해설

하천형 호수는 체류시간이 비교적 짧고, 호수연안이 비교적 단순하며, 호수의 수질이 수평적 균일성의 특징을 갖고 있다.

12 일차반응에서 반응물질의 반감기가 5일이라고 한다면 물질의 90%가 소모되는데 소요되는 시간(일)은?

① 약 14 ② 약 17
③ 약 19 ④ 약 22

해설

$$\ln\frac{C_t}{C_0} = -kt$$

- $\ln\frac{1}{2} = -k \times 5\text{day}$

  $\therefore k = 0.1386/\text{day}$

- $\ln\frac{10}{100} = -0.1386/\text{day} \times t$

  $\therefore t = 16.6\text{day}$

13 $PbSO_4$가 25℃ 수용액 내에서 용해도가 0.075g/L이라면 용해도적은?(단, Pb 원자량 : 207)

① 3.4×10^{-9} ② 4.7×10^{-9}
③ 5.8×10^{-8} ④ 6.1×10^{-8}

해설

$PbSO_4 = \frac{0.075\text{g}}{\text{L}} \times \frac{\text{mol}}{303\text{g}} = 2.475 \times 10^{-4}\text{M}$

$PbSO_4 \leftrightarrow Pb^{2+} + SO_4^{2-}$

$\qquad\qquad\quad \beta \qquad \beta$

$K_{sp} = [Pb^{2+}][SO_4^{2-}] = \beta^2 = (2.475 \times 10^{-4})^2 = 6.1 \times 10^{-8}$

14 분체증식을 하는 미생물을 회분배양하는 경우 미생물은 시간에 따라 5단계를 거치게 된다. 5단계 중 생존한 미생물의 중량보다 미생물 원형질의 전체 중량이 더 크게 되며, 미생물수가 최대가 되는 단계로 가장 적합한 것은?

① 증식단계 ② 대수성장단계
③ 감소성장단계 ④ 내생성장단계

해설

감소성장단계

- 영양소의 공급이 부족하기 시작하여 증식률이 사망률과 같아질 때까지 둔화된다.
- 생존한 미생물의 중량보다 미생물 원형질의 전체 중량이 더 크게 된다.
- 미생물수가 최대가 된다.

15 효소 및 기질이 효소-기질을 형성하는 가역반응과 생성물 P를 이탈시키는 착화합물의 비가역 분해 과정인 다음의 식에서 Michaelis 상수 K_m은?(단, $k_1 = 1.0 \times 10^7 M^{-1}s^{-1}$, $k_{-1} = 1.0 \times 10^2 s^{-1}$, $k_2 = 3.0 \times 10^2 s^{-1}$)

$$E + S \underset{k_{-1}}{\overset{k_1}{\longleftrightarrow}} ES \xrightarrow{k_2} E + P$$

① 1.0×10^{-5}M
② 2.0×10^{-5}M
③ 3.0×10^{-5}M
④ 4.0×10^{-5}M

11 ① 12 ② 13 ④ 14 ③ 15 ④ 정답

16 보통 농업용수의 수질평가 시 SAR로 정의하는데 이에 대한 설명으로 틀린 것은?

① SAR값이 20 정도이며 Na^+가 토양에 미치는 영향이 적다.
② SAR의 값은 Na^+, Ca^{2+}, Mg^{2+} 농도와 관계가 있다.
③ 경수가 연수보다 토양에 더 좋은 영향을 미친다고 볼 수 있다.
④ SAR의 계산식에 사용되는 이온의 농도는 meq/L를 사용한다.

해설

SAR

- $SAR = \dfrac{Na^+}{\sqrt{\dfrac{Ca^{2+}+Mg^{2+}}{2}}}$
- SAR에 의한 관개용수의 영향
  - SAR이 10 이하이면 적합하다.
  - SAR이 10~18이면 중간 정도의 영향을 미친다.
  - SAR이 18~26이면 비교적 높은 영향을 미치게 된다.
  - SAR이 26 이상이면 매우 높은 영향을 미치게 된다.

17 공장폐수의 BOD를 측정하였을 때 초기 DO는 8.4mg/L이고, 20℃에서 5일간 보관한 후 측정한 DO는 3.6mg/L이었다. BOD 제거율이 90%가 되는 활성슬러지 처리시설에서 처리하였을 경우 방류수의 BOD(mg/L)는?(단, BOD 측정 시 희석배율 : 50배)

① 12　② 16
③ 21　④ 24

해설

$BOD_5 = (8.4-3.6)\times 50 = 240\,mg/L$
제거율이 90%이므로 방류수 BOD는 24mg/L이다.

18 하천수의 수온은 10℃이다. 20℃의 탈산소계수 K(상용대수)가 $0.1day^{-1}$일 때 최종 BOD에 대한 BOD_6의 비는?(단, $K_T = K_{20}\times 1.047^{(T-20)}$)

① 0.42　② 0.58
③ 0.63　④ 0.83

해설

$K_{10℃} = 0.1\times 1.047^{(10-20)} = 0.0632\,day^{-1}$
$BOD_t = BOD_u(1-10^{-K\cdot t})$에서
$BOD_6/BOD_u = 1-10^{-K\cdot t}$
$= 1-10^{-(0.0632\times 6)}$
$= 0.582$

19 부영양화 현상을 억제하는 방법으로 가장 거리가 먼 것은?

① 비료나 합성세제의 사용을 줄인다.
② 축산폐수의 유입을 막는다.
③ 과잉번식된 조류(Algae)는 황산망간($MnSO_4$)을 살포하여 제거 또는 억제할 수 있다.
④ 하수처리장에서 질소와 인을 제거하기 위해 고도처리공정을 도입하여 질소, 인의 호소유입을 막는다.

해설

과잉번식된 조류는 황산구리나 활성탄을 살포하여 제거 또는 억제할 수 있다.

20 수자원의 순환에서 가장 큰 비중을 차지하는 것은?

① 해양으로의 강우
② 증 발
③ 증 산
④ 육지로의 강우

해설

수자원의 순환에서 가장 큰 비중을 차지하는 것은 증발이다.

정답 16 ① 17 ④ 18 ② 19 ③ 20 ②

제2과목 | 상하수도계획

21 24시간 이상 장시간의 강우강도에 대해 가까운 저류시설 등을 계획할 경우에 적용하는 강우강도식은?

① Cleveland형　② Japanese형
③ Talbot형　④ Sherman형

22 다음 하수관로에서 평균유속이 2.5m/s일 때 흐르는 유량(m^3/s)은?

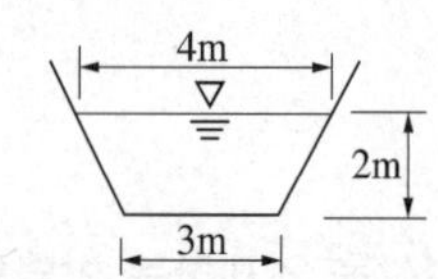

① 7.8　② 12.3
③ 17.5　④ 23.3

해설

$Q = AV = \{(4+3)\times 2/2\}m^2 \times 2.5m/s$
$= 17.5m^3/s$

23 펌프의 회전수 N = 2,400rpm, 최고 효율점의 토출량 Q = 162m³/h, 전양정 H = 90m인 원심펌프의 비회전도는?

① 약 115　② 약 125
③ 약 135　④ 약 145

해설

펌프의 비교회전도(비속도)

$$N_s = N \times \frac{Q^{1/2}}{H^{3/4}}$$

여기서, N_s : 비회전도(rpm)
N : 펌프의 실제 회전수(rpm)
Q : 최고 효율점의 토출유량(m^3/min)
H : 최고 효율점의 전양정(m)

$$Q = \frac{162m^3}{h} \times \frac{h}{60min} = 2.7m^3/min$$

$$\therefore N_s = 2,400 \times \frac{2.7^{1/2}}{90^{3/4}} \fallingdotseq 134.96rpm$$

24 단면 ㉠(지름 0.5m)에서 유속이 2m/s일 때, 단면 ㉡(지름 0.2m)에서의 유속(m/s)은?(단, 만관기준이며, 유량은 변화 없음)

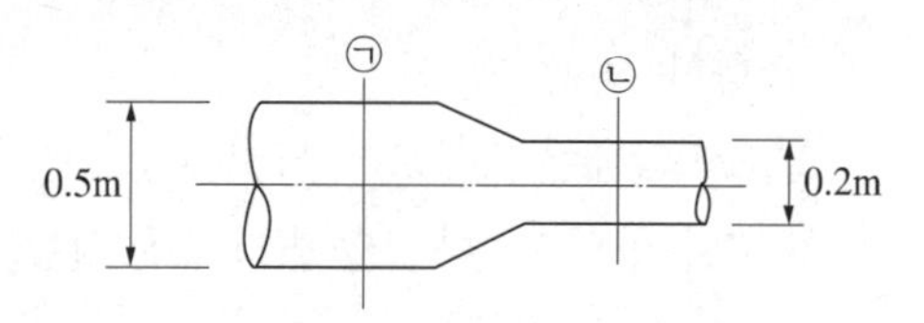

① 약 5.5
② 약 8.5
③ 약 9.5
④ 약 12.5

해설

$Q_1 = A_1 \cdot V_1,\ Q_2 = A_2 \cdot V_2$
$Q_1 = Q_2 \rightarrow A_1 \cdot V_1 = A_2 \cdot V_2$
$\frac{\pi \times 0.5^2}{4} m^2 \times 2m/s = \frac{\pi \times 0.2^2}{4} m^2 \times V_2$
$\therefore V_2 = 12.5m/s$

25 취수시설 중 취수보의 위치 및 구조에 대한 고려사항으로 옳지 않은 것은?

① 유심이 취수구에 가까우며 안정되고 홍수에 의한 하상변화가 적은 지점으로 한다.
② 원칙적으로 철근콘크리트 구조로 한다.
③ 침수 및 홍수 시 수면상승으로 인하여 상류에 위치한 하천공작물 등에 미치는 영향이 적은 지점에 설치한다.
④ 원칙적으로 홍수의 유심방향과 평행인 직선형으로 가능한 한 하천의 곡선부에 설치한다.

해설

원칙적으로 홍수의 유심방향과 직각의 직선형으로 가능한 한 하천의 직선부에 설치한다.

21 ① 22 ③ 23 ③ 24 ④ 25 ④ 정답

26 관경 1,100mm이고 역사이펀 관거 내의 동수경사 2.4‰, 유속 2.15m/s, 역사이펀 관거의 길이 L = 76m일 때, 역사이펀의 손실수두(m)는?(단, β = 1.5, α = 0.05m이다)

① 0.29 ② 0.39
③ 0.49 ④ 0.59

해설

$$H = I \times L + \beta \times \frac{V^2}{2g} + \alpha$$

$$= \frac{2.4}{1,000} \times 76 + 1.5 \times \frac{2.15^2}{2 \times 9.8} + 0.05$$

$= 0.59$m

27 상수처리를 위한 약품침전지의 구성과 구조로 틀린 것은?

① 슬러지의 퇴적심도로서 30cm 이상을 고려한다.
② 유효수심은 3~5.5m로 한다.
③ 침전지 바닥에는 슬러지 배제에 편리하도록 배수구를 향하여 경사지게 한다.
④ 고수위에서 침전지 벽체 상단까지의 여유고는 10cm 정도로 한다.

해설

고수위에서 침전지 벽체에서 상단까지의 여유고는 30cm 이상으로 한다.

28 하수관거 개·보수계획 수립 시 포함되어야 할 사항이 아닌 것은?

① 불명수량 조사
② 개·보수 우선순위의 결정
③ 개·보수공사 범위의 설정
④ 주변 인근 신설관거 현황 조사

29 하수배제방식이 합류식인 경우 중계펌프장의 계획하수량으로 가장 옳은 것은?

① 우천 시 계획오수량
② 계획우수량
③ 계획시간 최대오수량
④ 계획1일 최대오수량

해설

하수배제방식이 합류식일 때, 중계펌프장의 계획하수량은 우천 시 계획오수량으로 한다.

30 우물의 양수량 결정 시 적용되는 '적정양수량'의 정의로 옳은 것은?

① 최대양수량의 70% 이하
② 최대양수량의 80% 이하
③ 한계양수량의 70% 이하
④ 한계양수량의 80% 이하

해설

적정양수량의 정의 : 한계양수량의 70% 이하의 양수량

정답 26 ④ 27 ④ 28 ④ 29 ① 30 ③

31 펌프의 토출유량은 1,800m^3/h, 흡입구의 유속은 4m/s일 때 펌프의 흡입구경(mm)은?

① 약 350　　② 약 400
③ 약 450　　④ 약 500

해설
펌프의 흡입구경

$$D_s = 146\sqrt{\frac{Q_m}{V_s}}$$

여기서, D_s : 펌프의 흡입구경(mm)
Q_m : 펌프의 토출량(m^3/min)
V_s : 흡입구의 유속(m/s)

$$Q_m = \frac{1,800\text{m}^3}{\text{h}} \times \frac{\text{h}}{60\text{min}} = 30\text{m}^3/\text{min}$$

$$\therefore D_s = 146 \times \sqrt{\frac{30}{4}} \fallingdotseq 399.84\text{mm}$$

32 상수도 취수시설 중 취수틀에 관한 설명으로 옳지 않은 것은?

① 구조가 간단하고 시공도 비교적 용이하다.
② 수중에 설치되므로 호소 표면수는 취수할 수 없다.
③ 단기간에 완성하고 안정된 취수가 가능하다.
④ 보통 대형취수에 사용되며, 수위변화에 영향이 작다.

해설
취수틀
- 호소·하천 등의 수중에 설치되는 취수설비로서 하상 또는 호상의 변화가 심한 곳은 부적당하다.
- 가장 간단한 취수시설로서 소량 취수에 사용한다.

33 펌프의 공동현상(Cavitation)에 관한 설명 중 틀린 것은?

① 공동현상이 생기면 소음이 발생한다.
② 공동 속의 압력은 절대로 0이 되지는 않는다.
③ 장시간이 경과하면 재료의 침식을 생기게 한다.
④ 펌프의 흡입양정이 작아질수록 공동현상이 발생하기 쉽다.

해설
펌프의 흡입양정이 커질수록 공동현상이 발생하기 쉽다.

34 정수처리시설인 응집지 내의 플록형성지에 관한 설명 중 틀린 것은?

① 플록형성지는 혼화지와 침전지 사이에 위치하고 침전지에 붙여서 설치한다.
② 플록형성은 응집된 미소플록을 크게 성장시키기 위해 적당한 기계식 교반이나 우류식 교반이 필요하다.
③ 플록형성지 내의 교반강도는 하류로 갈수록 점차 증가시키는 것이 바람직하다.
④ 플록형성지는 단락류나 정체부가 생기지 않으면서 충분하게 교반될 수 있는 구조로 한다.

해설
플록형성지 내의 교반강도는 하류로 갈수록 점차 감소시키는 것이 바람직하다.

31 ② 32 ④ 33 ④ 34 ③ 정답

35 도수관을 설계할 때 평균유속 기준으로 옳은 것은?

자연유하식인 경우에는 허용최대한도를 (㉠)로 하고, 도수관의 평균유속의 최소한도는 (㉡)로 한다.

① ㉠ 1.5m/s, ㉡ 0.3m/s
② ㉠ 1.5m/s, ㉡ 0.6m/s
③ ㉠ 3.0m/s, ㉡ 0.3m/s
④ ㉠ 3.0m/s, ㉡ 0.6m/s

해설

자연유하식인 경우에는 허용최대한도를 3.0m/s로 하고, 도수관의 평균유속의 최소한도는 0.3m/s로 한다.

36 상수도 기본계획 수립 시 기본적 사항인 계획1일 최대급수량에 관한 내용으로 적절한 것은?

① 계획1일 평균사용수량/계획유효율
② 계획1일 평균사용수량/계획부하율
③ 계획1일 평균급수량/계획유효율
④ 계획1일 평균급수량/계획부하율

해설

$$\text{계획1일 최대급수량} = \frac{\text{계획1일 평균급수량}}{\text{계획부하율}}$$

37 길이 1.2km의 하수관이 2‰의 경사로 매설되어 있을 경우, 이 하수관 양 끝단 간의 고저차(m)는?(기타 사항은 고려하지 않음)

① 0.24 ② 2.4
③ 0.6 ④ 6.0

해설

$$\text{고저차} = \frac{2}{1,000} \times 1,200\text{m} = 2.4\text{m}$$

38 계획송수량과 계획도수량의 기준이 되는 수량은?

① 계획송수량 : 계획1일 최대급수량
　계획도수량 : 계획시간 최대급수량
② 계획송수량 : 계획시간 최대급수량
　계획도수량 : 계획1일 최대급수량
③ 계획송수량 : 계획취수량
　계획도수량 : 계획1일 최대급수량
④ 계획송수량 : 계획1일 최대급수량
　계획도수량 : 계획취수량

해설

계획송수량은 계획1일 최대급수량을 기준으로 하며, 계획도수량은 계획취수량을 기준으로 한다.

정답 35 ③ 36 ④ 37 ② 38 ④

39 하수 관거시설인 빗물받이의 설치에 관한 설명으로 틀린 것은?

① 협잡물 및 토사의 유입을 저감할 수 있는 방안을 고려하여야 한다.
② 설치위치는 보・차도 구분이 없는 경우에는 도로와 사유지의 경계에 설치한다.
③ 도로 옆의 물이 모이기 쉬운 장소나 L형 측구의 유하방향 하단부에 설치한다.
④ 우수침수방지를 위하여 횡단보도 및 가옥의 출입구 앞에 설치함을 원칙으로 한다.

해설
빗물받이는 횡단보도 및 가옥의 출입구 앞에 설치하지 않도록 하는 것이 좋다.

40 우리나라 대규모 상수도의 수원으로 가장 많이 이용되며, 오염물질에 노출을 주의해야 하는 수원은?

① 지표수
② 지하수
③ 용천수
④ 복류수

해설
지표수는 상수도의 수원으로 가장 많이 이용되고, 유량, 계절 등의 영향을 쉽게 받으며, 주변 오염물질의 유입에 주의하여야 한다.

제3과목 | 수질오염방지기술

41 처리유량이 200m^3/h이고 염소요구량이 9.5mg/L, 잔류염소 농도가 0.5mg/L일 때 하루에 주입되는 염소의 양(kg/day)은?

① 2
② 12
③ 22
④ 48

해설
염소주입량 = 염소요구량 + 잔류염소량 = 9.5mg/L + 0.5mg/L = 10mg/L
∴ 염소주입량(kg/day)

$$= \frac{10\text{mg}}{\text{L}} \times \frac{200\text{m}^3}{\text{h}} \times \frac{24\text{h}}{\text{day}} \times \frac{10^3\text{L}}{\text{m}^3} \times \frac{\text{kg}}{10^6\text{mg}} = 48\text{kg/day}$$

42 BOD 400mg/L, 폐수량 1,500m^3/day의 공장폐수를 활성슬러지법으로 처리하고자 한다. BOD-MLSS 부하를 0.25kg/kg・day, MLSS 2,500mg/L로 운전한다면 포기조의 크기(m^3)는?

① 2,000
② 1,500
③ 1,250
④ 960

해설

$$\text{F/M비} = \frac{\text{BOD} \times Q}{\text{MLSS} \times V}$$

$$0.25\text{kg/kg} \cdot \text{day} = \frac{400\text{mg/L} \times 1{,}500\text{m}^3\text{/day}}{2{,}500\text{mg/L} \times V}$$

$\therefore V = 960\text{m}^3$

39 ④ 40 ① 41 ④ 42 ④ 정답

43 분뇨 소화슬러지 발생량은 1일 분뇨 투입량의 10%이다. 발생된 소화슬러지의 탈수 전 함수율이 96%라고 하면 탈수된 소화슬러지의 1일 발생량(m^3)은? (단, 분뇨 투입량 : 360kL/day, 탈수된 소화슬러지의 함수율 : 72%, 분뇨 비중 : 1.0)

① 2.47　　② 3.78
③ 4.21　　④ 5.14

44 일반적으로 염소계 산화제를 사용하여 무해한 물질로 산화 분해시키는 처리방법을 사용하는 폐수의 종류는?

① 납을 함유한 폐수
② 시안을 함유한 폐수
③ 유기인을 함유한 폐수
④ 수은을 함유한 폐수

해설

시안처리-알칼리염소법
폐수에 염소를 주입하여 시안화합물을 시안산화물로 변화시킨 후 산을 가하여 pH를 중성범위로 만들고, 염소를 재주입하여 N_2와 CO_2로 분해시킨다.

45 SS가 55mg/L, 유량이 13,500m^3/day인 흐름에 황산제이철($Fe_2(SO_4)_3$)을 응집제로 사용하여 50mg/L가 되도록 투입한다. 응집제를 투입하는 흐름에 알칼리도가 없는 경우, 황산제이철과 반응시키기 위해 투입하여야 하는 이론적인 석회($Ca(OH)_2$)의 양(kg/day)은?(단, Fe : 55.8, S : 32, O : 16, Ca : 40, H : 1)

① 285　　② 375
③ 465　　④ 545

해설

$Fe_2(SO_4)_3$ (kg/day)

$$= 50mg/L \times 13,500m^3/day \times \frac{10^3L}{m^3} \times \frac{kg}{10^6mg} = 675kg/day$$

$$Fe_2(SO_4)_3 + 3Ca(OH)_2 \rightarrow 3CaSO_4 + 2Fe(OH)_3$$

399.6g : 3×74g

675kg/day : x

$\therefore x = 375$kg/day

46 생물학적 질소 및 인 동시 제거공정으로서 혐기조, 무산소조, 호기조로 구성되며, 혐기조에서 인방출, 무산소조에서 탈질화, 호기조에서 질산화 및 인섭취가 일어나는 공정은?

① A^2/O 공정
② Phostrip 공정
③ Modified Bardenphor 공정
④ Modified UCT 공정

해설

①, ③, ④는 질소, 인이 동시에 제거가 가능하고, ②는 인만 제거가 가능하다.

- A^2/O 공정 : 혐기조 → 무산소조 → 호기조 → 침전조
- Modified Bardenphor 공정 : 혐기조 → 제1무산소조 → 제1호기조 → 제2무산소조 → 제2호기조 침전조
- Modified UCT 공정 : 혐기조 → 제1무산소조 → 제2무산소조 → 호기조 → 침전조

정답 43 ④ 44 ② 45 ② 46 ①

47 정수장 응집 공정에 사용되는 화학약품 중 나머지 셋과 그 용도가 다른 하나는?

① 오 존
② 명 반
③ 폴리비닐아민
④ 황산제일철

해설

응집 공정 시 오존으로 전처리를 하면 응집효과가 증가하며 응집제의 절감을 가져올 수 있다. 명반, 폴리비닐아민, 황산제일철은 응집 공정에 쓰이는 응집제이다.

48 pH 3.0인 산성폐수 1,000m^3/day를 도시하수 시스템으로 방출하는 공장이 있다. 도시하수의 유량은 10,000m^3/day이고, pH 8.0이다. 하수와 폐수의 온도는 20℃이고, 완충작용이 없다면 산성폐수 첨가 후 하수의 pH는?

① 3.2 ② 3.5
③ 3.8 ④ 4.0

49 혐기성 처리와 호기성 처리의 비교 설명으로 가장 거리가 먼 것은?

① 호기성 처리가 혐기성 처리보다 유출수의 수질이 더 좋다.
② 혐기성 처리가 호기성 처리보다 슬러지 발생량이 더 적다.
③ 호기성 처리에서는 1차 침전지가 필요하지만 혐기성 처리에서는 1차 침전지가 필요 없다.
④ 주어진 기질량에 대한 영양물질의 필요성은 호기성 처리보다 혐기성 처리에서 더 크다.

50 연속회분식 활성슬러지법(SBR ; Sequencing Batch Reactor)에 대한 설명으로 잘못된 것은?

① 단일 반응조에서 1주기(Cycle) 중에 호기-무산소-혐기 등의 조건을 설정하여 질산화와 탈질화를 도모할 수 있다.
② 충격부하 또는 첨두유량에 대한 대응성이 약하다.
③ 처리용량이 큰 처리장에는 적용하기 어렵다.
④ 질소(N)와 인(P)의 동시 제거 시 운전의 유연성이 크다.

해설

SBR은 충격부하 또는 첨두유량에 대한 대응성이 좋은 장점이 있다.

47 ① 48 ④ 49 ④ 50 ② 정답

51 **오존을 이용한 소독에 관한 설명으로 틀린 것은?**

① 오존은 화학적으로 불안정하여 현장에서 직접 제조하여 사용해야 한다.
② 오존은 산소의 동소체로서 HOCl 보다 더 강력한 산화제이다.
③ 오존은 20℃ 증류수에서 반감기가 20~30분이고, 용액 속에 산화제를 요구하는 물질이 존재하면 반감기는 더욱 짧아진다.
④ 잔류성이 강하여 2차 오염을 방지하며, 냄새제거에 매우 효과적이다.

해설
오존 살균은 잔류성이 없어 상수도 살균 시 염소와 병행하여 사용한다.

52 **부피가 $2,649m^3$인 탱크에서 G값을 50/s로 유지하기 위해 필요한 이론적 소요동력(W)과 패들 면적(m^2)은?(단, 유체 점성계수 : $1.139\times10^{-3}N\cdot s/m^2$, 밀도 : $1,000kg/m^3$, 직사각형 패들의 항력계수 : 1.8, 패들 주변속도 : 0.6m/s, 패들 상대속도 = 패들 주변속도 ×0.75로 가정, 패들면적 $A=2P/(C\cdot\rho\cdot V^3)$ 식 적용)**

① 8,543, 104　　② 8,543, 92
③ 7,543, 104　　④ 7,543, 92

해설
- $P=G^2\mu V$
  $=(50/s)^2\times(1.139\times10^{-3}N\cdot s/m^2)\times2,649m^3$
  $=7,543.03W$
- 패들 상대속도(V) = 패들 주변속도 × 0.75
  $=0.6m/s\times0.75$
  $=0.45m/s$
- $A=\dfrac{2P}{C\rho V^3}$
  $=\dfrac{2\times7,543.03W}{1.8\times1,000kg/m^3\times(0.45m/s)^3}$
  $=92m^2$

53 **하·폐수를 통하여 배출되는 계면활성제에 대한 설명 중 잘못된 것은?**

① 계면활성제는 메틸렌블루 활성물질이라고도 한다.
② 계면활성제는 주로 합성세제로부터 배출되는 것이다.
③ 물에 약간 녹으며, 폐수처리 플랜트에서 거품을 만들게 된다.
④ ABS는 생물학적으로 분해가 매우 쉬우나 LAS는 생물학적으로 분해가 어려운 난분해성 물질이다.

해설
ABS는 LAS보다 미생물에 의해 분해가 잘되지 않는다.

54 **고농도의 액상 PCB 처리방법으로 가장 거리가 먼 것은?**

① 방사선 조사(코발트 60에 의한 γ선 조사)
② 연소법
③ 자외선 조사법
④ 고온고압 알칼리 분해법

해설
방사선 조사법은 저농도 액상 PCB 처리방법에 적합하다.

정답 51 ④ 52 ④ 53 ④ 54 ①

55 유기물을 함유한 유체가 완전혼합 연속반응조를 통과할 때 유기물의 농도가 200mg/L에서 20mg/L로 감소한다. 반응조 내의 반응이 일차반응이고, 반응조 체적이 20m^{3}이며, 반응속도 상수가 0.2day^{-1}이라면 유체의 유량(m^3/day)은?

① 0.11
② 0.22
③ 0.33
④ 0.44

해설

CFSTR의 반응식을 이용한다.

1차 반응일 때 $C_t = \dfrac{C_0}{1+K \cdot t}$ 에서

$$20\text{mg/L} = \frac{200\text{mg/L}}{1+(0.2\times t)} \rightarrow t = 45\text{day}$$

$$Q = \frac{\forall}{t} = \frac{20\text{m}^3}{45\text{day}} = 0.44\text{m}^3/\text{day}$$

56 혐기성 공법 중 혐기성 유동상의 장점이라 볼 수 없는 것은?

① 짧은 수리학적 체류시간과 높은 부하율로 운전이 가능하다.
② 유출수의 재순환이 필요 없으므로 공정이 간단하다.
③ 매질의 첨가나 제거가 쉽다.
④ 독성 물질에 대한 완충능력이 좋다.

해설

혐기성 유동상의 경우 유출수의 재순환이 필요하다.

57 MLSS의 농도가 1,500mg/L인 슬러지를 부상법(Flotation)에 의해 농축시키고자 한다. 압축탱크의 유효전달 압력이 4기압이며, 공기의 밀도를 1.3g/L, 공기의 용해량이 18.7mL/L일 때 Air/Solid(A/S)비는?(단, 유량 : 300m^3/day, f : 0.5, 처리수의 반송은 없다)

① 0.008 ② 0.010
③ 0.016 ④ 0.020

해설

$$\text{A/S비} = \frac{1.3C_{air}(f \cdot P-1)}{SS} = \frac{1.3\times 18.7\times(0.5\times 4-1)}{1,500} ≒ 0.016$$

58 시공계획의 수립 시 준비단계에서 고려할 사항 중 가장 거리가 먼 것은?

① 계약조건, 설계도, 시방서 및 공사조건을 충분히 검토한 후 시공할 작업의 범위를 결정
② 이용 가능한 자원을 최대로 활용할 수 있도록 현장의 각종 제약조건을 분석
③ 계획, 실시, 검토, 통제의 단계를 거쳐 작성
④ 예정공기를 벗어나지 않는 범위 내에서 가장 경제적인 시공이 될 수 있는 공법과 공정계획 수립

55 ④ 56 ② 57 ③ 58 ③ 정답

59 바퀴모양의 극미동물이며, 상당히 양호한 생물학적 처리에 대한 지표 미생물은?

① Psychodidae
② Rotifera
③ Vorticella
④ Sphaerotillus

60 폐수를 처리하기 위해 시료 200mL를 취하여 Jar Test하여 응집제와 응집보조제의 최적 주입농도를 구한 결과, $Al_2(SO_4)_3$ 200mg/L, $Ca(OH)_2$ 500mg/L였다. 폐수량 $500m^3$/day을 처리하는데 필요한 $Al_2(SO_4)_3$의 양(kg/day)은?

① 50
② 100
③ 150
④ 200

해설

$$\frac{200mg}{L}\times\frac{kg}{10^6mg}\times\frac{500m^3}{day}\times\frac{10^3L}{m^3}=100kg/day$$

제4과목 | 수질오염공정시험기준

61 퇴적물의 완전연소가능량 측정에 관한 내용으로 ( )에 옳은 것은?

> 110℃에서 건조시킨 시료를 도가니에 담고 무게를 측정한 다음 (㉠)℃에서 (㉡)시간 가열한 후 다시 무게를 측정한다.

① ㉠ 400, ㉡ 1
② ㉠ 400, ㉡ 2
③ ㉠ 550, ㉡ 1
④ ㉠ 550, ㉡ 2

해설

ES 04852.1 퇴적물 완전연소가능량
110℃에서 건조시킨 시료를 도가니에 담고 무게를 측정한 다음 550℃에서 2시간 가열한 후 다시 무게를 측정한다.

62 총질소-연속흐름법에 관한 내용으로 ( )에 옳은 것은?

> 시료 중 모든 질소화합물을 산화분해하여 질산성 질소 형태로 변화시킨 다음 ( )을 통과시켜 아질산성 질소의 양을 550nm 또는 기기에서 정해진 파장에서 측정하는 방법

① 수산화나트륨(0.025N)용액 칼럼
② 무수황산나트륨 환원 칼럼
③ 환원증류·킬달 칼럼
④ 카드뮴-구리환원 칼럼

해설

ES 04363.4c 총질소-연속흐름법
시료 중 모든 질소화합물을 산화분해하여 질산성 질소(NO_3^-) 형태로 변화시킨 다음 카드뮴-구리환원 칼럼을 통과시켜 아질산성 질소의 양을 550nm 또는 기기에서 정해진 파장에서 측정하는 방법이다.

정답 59 ② 60 ② 61 ④ 62 ④

63 '정확히 취하여'라고 하는 것은 규정한 양의 액체를 무엇으로 눈금까지 취하는 것을 말하는가?

① 메스실린더
② 뷰 렛
③ 부피피펫
④ 눈금 비커

해설
ES 04000.d 총칙
'정확히 취하여'라 하는 것은 규정한 양의 액체를 부피피펫으로 눈금까지 취하는 것을 말한다.

64 ppm을 설명한 것으로 틀린 것은?

① ppb 농도의 1,000배이다.
② 백만분율이라고 한다.
③ mg/kg이다.
④ % 농도의 1/1,000이다.

해설
ppm은 % 농도의 1/10,000이다.

65 자외선/가시선 분광법으로 아연을 정량하는 방법으로 ( )에 옳은 내용은?

> 물속에 존재하는 아연을 측정하기 위하여 아연이온이 pH 약 ( )에서 진콘과 반응하여 생성하는 청색 킬레이트 화합물의 흡광도를 측정한다.

① 4　　② 9
③ 10　　④ 12

해설
ES 04409.2b 아연-자외선/가시선 분광법
물속에 존재하는 아연을 측정하기 위하여 아연이온이 pH 약 9에서 진콘과 반응하여 생성하는 청색 킬레이트화합물의 흡광도를 620nm에서 측정하는 방법이다.

66 전기전도도 측정에 관한 설명으로 틀린 것은?

① 용액이 전류를 운반할 수 있는 정도를 말한다.
② 온도차에 의한 영향이 작아 폭 넓게 적용된다.
③ 용액에 담겨 있는 2개의 전극에 일정한 전압을 가해주면 가한 전압이 전류를 흐르게 하며, 이때 흐르는 전류의 크기는 용액의 전도도에 의존한다는 사실을 이용한다.
④ 용액 중의 이온세기를 신속하게 평가할 수 있는 항목으로 국제적으로 S(Siemens) 단위가 통용되고 있다.

해설
전기전도도는 온도차에 의한 영향이 크다.

67 수질오염공정시험기준상 탁도 측정에 관한 설명으로 틀린 것은?

① 파편과 입자가 큰 침전이 존재하는 시료를 빠르게 침전시킬 경우 탁도값이 낮게 측정된다.
② 물에 색깔이 있는 시료는 잠재적으로 측정값이 높게 분석된다.
③ 시료 속에 거품은 빛을 산란시키고 높은 측정값을 나타낸다.
④ 탁도를 측정하기 위해서는 탁도계를 이용하여 물의 흐림 정도를 측정한다.

해설
ES 04313.1b 탁도
물에 색깔이 있는 시료는 색이 빛을 흡수하기 때문에 잠재적으로 측정값이 낮게 분석된다.

63 ③ 64 ④ 65 ② 66 ② 67 ② 정답

68 수질오염공정시험기준에서 기체크로마토그래피로 측정하지 않는 항목은?

① 유기인
② 음이온 계면활성제
③ 폴리클로리네이티드바이페닐
④ 알킬수은

해설

음이온 계면활성제 분석방법
- 자외선/가시선 분광법(ES 04359.1d)
- 연속흐름법(ES 04359.2b)

69 공공하수 및 폐수처리장 등의 원수, 공정수, 배출수 등의 개수로의 유량을 측정하는데 사용하는 위어의 정확도 기준은?(단, 실제유량에 대한 %)

① ±5% ② ±10%
③ ±15% ④ ±25%

해설

ES 04140.2b 공장폐수 및 하수유량-측정용 수로 및 기타 유량측정방법

70 pH 미터의 유지관리에 대한 설명으로 틀린 것은?

① 전극이 더러워졌을 때는 유리전극을 묽은 염산에 잠시 담갔다가 증류수로 씻는다.
② 유리전극을 사용하지 않을 때는 증류수에 담가둔다.
③ 유지, 그리스 등이 전극표면에 부착되면 유기용매로 적신 부드러운 종이로 전극을 닦고 증류수로 씻는다.
④ 전극에 발생하는 조류나 미생물은 전극을 보호하는 작용이므로 떨어지지 않게 주의한다.

해설

전극에서 발생하는 조류와 미생물은 pH 측정을 방해하므로 제거해야 한다.

71 카드뮴을 자외선/가시선 분광법으로 측정할 때 사용되는 시약으로 가장 거리가 먼 것은?

① 수산화나트륨용액
② 아이오딘화칼륨용액
③ 시안화칼륨용액
④ 타타르산용액

해설

ES 04413.2d 카드뮴-자외선/가시선 분광법
시 약
- 디티존 · 사염화탄소용액
- 사이트르산이암모늄용액
- 수산화나트륨용액
- 시안화칼륨용액
- 염 산
- 염산하이드록실아민용액
- 타타르산용액

72 폐수 20mL를 취하여 산성 과망간산칼륨법으로 분석하였더니 0.005M-$KMnO_4$ 용액의 적정량이 4mL이었다. 이 폐수의 COD(mg/L)는?(단, 공시험값 : 0mL, 0.005M-$KMnO_4$ 용액의 f : 1.00)

① 16 ② 40
③ 60 ④ 80

해설

ES 04315.1b 화학적 산소요구량-적정법-산성 과망간산칼륨법

$$\mathrm{COD(mg/L)} = (b-a)\times f\times\frac{1{,}000}{V}\times 0.2$$
$$= (4-0)\times 1.00\times\frac{1{,}000}{20}\times 0.2$$
$$= 40\mathrm{mg/L}$$

정답 68 ② 69 ① 70 ④ 71 ② 72 ②

73 총유기탄소 분석기기 내 산화부에서 유기탄소를 이산화탄소로 산화하는 방법으로 옳게 짝지은 것은?

① 고온연소 산화법, 저온연소 산화법
② 고온연소 산화법, 전기전도도 산화법
③ 고온연소 산화법, 과황산열 산화법
④ 고온연소 산화법, 비분산적외선 산화법

해설
- ES 04311.1c 총유기탄소-고온연소산화법
- ES 04311.2b 총유기탄소-과황산 UV 및 과황산 열 산화법

74 35% HCl(비중 1.19)을 10% HCl으로 만들려면 35% HCl과 물의 용량비는?

① 1 : 1.5
② 3 : 1
③ 1 : 3
④ 1.5 : 1

75 일반적으로 기체크로마토그래피의 열전도도 검출기에서 사용하는 운반기체의 종류는?

① 헬 륨
② 질 소
③ 산 소
④ 이산화탄소

해설
열전도도 검출기에서는 99.9% 이상의 수소나 헬륨을 운반기체로 사용한다.

76 시료의 전처리 방법 중 유기물을 다량 함유하고 있으면서 산분해가 어려운 시료에 적용하는 방법은?

① 질산-염산 산분해법
② 질산 산분해법
③ 마이크로파 산분해법
④ 질산-황산 산분해법

해설
ES 04150.1b 시료의 전처리 방법

77 채취된 시료를 즉시 실험할 수 없을 때 4℃에서 NaOH로 pH 12 이상으로 보존해야 하는 항목은?

① 시 안
② 클로로필a
③ 페놀류
④ 노말헥산 추출물질

해설
ES 04130.1e 시료의 채취 및 보존 방법
시료의 보존 방법
- 시안 : 4℃ 보관, NaOH로 pH 12 이상
- 클로로필 a : 즉시 여과하여 -20℃ 이하에서 보관
- 페놀류 : 4℃ 보관, H_3PO_4로 pH 4 이하 조정한 후 시료 1L당 $CuSO_4$ 1g 첨가
- 노말헥산 추출물질 : 4℃ 보관, H_2SO_4로 pH 2 이하

73 ③ 74 ③ 75 ① 76 ③ 77 ① 정답

78 분원성 대장균군–막여과법에서 배양온도 유지기준은?

① 25±0.2℃
② 30±0.5℃
③ 35±0.5℃
④ 44.5±0.2℃

해설

ES 04702.1e 분원성 대장균군–막여과법
배양온도를 44.5±0.2℃로 유지할 수 있는 배양기 또는 항온수조를 사용한다.

79 BOD 측정 시 산성 또는 알칼리성 시료에 대하여 전처리를 할 때 중화를 위해 넣어주는 산 또는 알칼리의 양은 시료량의 몇 %가 넘지 않도록 하여야 하는가?

① 0.5 ② 1.0
③ 2.0 ④ 3.0

해설

ES 04305.1c 생물화학적 산소요구량
pH가 6.5~8.5의 범위를 벗어나는 산성 또는 알칼리성 시료는 염산용액(1M) 또는 수산화나트륨용액(1M)으로 시료를 중화하여 pH 7~7.2로 맞춘다. 다만, 이때 넣어주는 염산 또는 수산화나트륨의 양이 시료량의 0.5%가 넘지 않도록 하여야 한다. pH가 조정된 시료는 반드시 식종을 실시한다.

80 알칼리성 $KMnO_4$법으로 COD를 측정하기 위하여 사용하는 표준적정액은?

① NaOH
② $KMnO_4$
③ $Na_2S_2O_3$
④ $Na_2C_2O_4$

해설

ES 04315.2b 화학적 산소요구량–적정법–알칼리성 과망간산칼륨법
표준적정액 : 티오황산나트륨($Na_2S_2O_3$)용액(0.025M)

제5과목 | 수질환경관계법규

81 조치명령 또는 개선명령을 받지 아니한 사업자가 배출허용기준을 초과하여 오염물질을 배출하게 될 때 환경부장관에게 제출하는 개선계획서에 기재할 사항이 아닌 것은?

① 개선사유
② 개선내용
③ 개선기간 중의 수질오염물질 예상배출량 및 배출농도
④ 개선 후 배출시설의 오염물질 저감량 및 저감효과

해설

물환경보전법 시행령 제40조(조치명령 또는 개선명령을 받지 아니한 사업자의 개선)
조치명령을 받지 아니한 자 또는 개선명령을 받지 아니한 사업자는 측정기기를 정상적으로 운영하기 어렵거나 배출허용기준을 초과할 우려가 있다고 인정하여 측정기기·배출시설 또는 방지시설(이하 '배출시설 등')을 개선하려는 경우에는 개선계획서에 개선사유, 개선기간, 개선내용, 개선기간 중의 수질오염물질 예상배출량 및 배출농도 등을 적어 환경부장관에게 제출하고 그 배출시설 등을 개선할 수 있다.

82 수질오염방지시설 중 화학적 처리시설이 아닌 것은?

① 농축시설 ② 살균시설
③ 흡착시설 ④ 소각시설

해설

물환경보전법 시행규칙 [별표 5] 수질오염방지시설
농축시설은 물리적 처리시설에 해당한다.

정답 78 ④ 79 ① 80 ③ 81 ④ 82 ①

83 공공수역에 분뇨 · 가축분뇨 등을 버린 자에 대한 벌칙기준은?

① 5년 이하의 징역 또는 5천만원 이하의 벌금
② 3년 이하의 징역 또는 3천만원 이하의 벌금
③ 2년 이하의 징역 또는 2천만원 이하의 벌금
④ 1년 이하의 징역 또는 1천만원 이하의 벌금

해설

물환경보전법 제78조(벌칙)
정당한 사유 없이 공공수역에 분뇨, 가축분뇨, 동물의 사체, 폐기물(지정폐기물 제외) 또는 오니를 버리는 행위를 하여서는 아니 된다. 이를 위반하여 분뇨 · 가축분뇨 등을 버린 자는 1년 이하의 징역 또는 1천만원 이하의 벌금에 처한다.

84 위임업무 보고사항 중 업무내용에 따른 보고횟수가 연 1회에 해당되는 것은?

① 기타수질오염원 현황
② 환경기술인의 자격별 · 업종별 현황
③ 폐수무방류배출시설의 설치허가 현황
④ 폐수처리업에 대한 등록 · 지도단속실적 및 처리실적 현황

해설

물환경보전법 시행규칙 [별표 23] 위임업무 보고사항

업무내용	보고횟수
폐수무방류배출시설의 설치허가(변경허가) 현황	수 시
기타수질오염원 현황	연 2회
폐수처리업에 대한 허가 · 지도단속실적 및 처리실적 현황	연 2회
환경기술인의 자격별 · 업종별 현황	연 1회

※ 법 개정으로 ④번의 내용 변경

85 수질오염물질의 배출허용기준에서 나지역의 화학적 산소요구량(COD)의 기준(mg/L 이하)은?(단, 1일 폐수배출량이 2,000m^3 미만인 경우)

① 150 ② 130
③ 120 ④ 90

해설

물환경보전법 시행규칙 [별표 13] 수질오염물질의 배출허용기준
항목별 배출허용기준

대상 규모 / 항 목 / 지역구분	1일 폐수배출량 2,000m^3 미만		
	생물화학적 산소요구량 (mg/L)	총유기 탄소량 (mg/L)	부유물질량 (mg/L)
나지역	120 이하	75 이하	120 이하

※ 법 개정으로 정답 없음

86 물환경보전법에서 사용하는 용어의 정의로 틀린 것은?

① 비점오염원 : 도시, 도로, 농지, 산지, 공사장 등으로서 불특정 장소에서 불특정하게 수질오염물질을 배출하는 배출원을 말한다.
② 기타수질오염원 : 점오염원 및 비점오염원으로 관리되지 아니하는 수질오염물질 배출원으로서 대통령령으로 정하는 것을 말한다.
③ 폐수 : 물에 액체성 또는 고체성의 수질오염물질이 혼입되어 그대로 사용할 수 없는 물을 말한다.
④ 강우유출수 : 비점오염원의 수질오염물질이 섞여 유출되는 빗물 또는 눈 녹은 물 등을 말한다.

해설

물환경보전법 제2조(정의)
기타수질오염원이란 점오염원 및 비점오염원으로 관리되지 아니하는 수질오염물질을 배출하는 시설 또는 장소로서 환경부령으로 정하는 것을 말한다.

83 ④ 84 ② 85 ② 86 ② 정답

87 대권역 물환경관리계획의 수립 시 포함되어야 할 사항으로 틀린 것은?

① 상수원 및 물 이용현황
② 물환경의 변화 추이 및 물환경목표기준
③ 물환경 보전조치의 추진방향
④ 물환경관리 우선순위 및 대책

해설
물환경보전법 제24조(대권역 물환경관리계획의 수립)
대권역계획에는 다음의 사항이 포함되어야 한다.
- 물환경의 변화 추이 및 물환경목표기준
- 상수원 및 물 이용현황
- 점오염원, 비점오염원 및 기타수질오염원의 분포현황
- 점오염원, 비점오염원 및 기타수질오염원에서 배출되는 수질오염물질의 양
- 수질오염예방 및 저감대책
- 물환경 보전조치의 추진방향
- 기후위기 대응을 위한 탄소중립 · 녹색성장 기본법에 따른 기후변화에 대한 적응대책
- 그 밖에 환경부령으로 정하는 사항

88 중점관리저수지의 관리자와 그 저수지의 소재지를 관할하는 시 · 도지사가 수립하는 중점관리저수지의 수질오염방지 및 수질개선에 관한 대책에 포함되어야 하는 사항으로 (　　)에 옳은 것은?

> 중점관리저수지의 경계로부터 반경 (　　)의 거주인구 등 일반현황

① 500m 이내　② 1km 이내
③ 2km 이내　④ 5km 이내

해설
물환경보전법 시행규칙 제33조의3(수질오염방지 등에 관한 대책의 수립 등)
중점관리저수지의 관리자와 그 저수지의 소재지를 관할하는 시 · 도지사는 중점관리저수지의 지정을 통보받은 날부터 1년 이내에 중점관리저수지의 경계로부터 반경 2km 이내의 거주인구 등 일반현황이 포함된 중점관리저수지의 수질오염방지 및 수질개선에 관한 대책을 수립하여 환경부장관에게 제출하여야 한다. 이 경우 중점관리저수지의 관리자와 그 저수지의 소재지를 관할하는 시 · 도지사는 공동으로 대책을 수립하여 제출할 수 있다.

89 특별자치시장 · 특별자치도지사 · 시장 · 군수 · 구청장이 하천 · 호소의 이용목적 및 수질상황 등을 고려하여 대통령령이 정하는 바에 따라 낚시금지구역 또는 낚시제한구역을 지정할 경우 누구와 협의하여야 하는가?

① 수면관리자　② 지방의회
③ 해양수산부장관　④ 지방환경청장

해설
물환경보전법 제20조(낚시행위의 제한)
특별자치시장 · 특별자치도지사 · 시장 · 군수 · 구청장은 하천(하천법에 따른 국가하천 및 지방하천은 제외) · 호소의 이용목적 및 수질상황 등을 고려하여 대통령령으로 정하는 바에 따라 낚시금지구역 또는 낚시제한구역을 지정할 수 있다. 이 경우 수면관리자와 협의하여야 한다.

90 총량관리 단위유역의 수질 측정방법 중 측정수질에 관한 내용으로 (　　)에 맞는 것은?

> 산정 시점으로부터 과거 (　　) 측정한 것으로 하며, 그 단위는 리터당 밀리그램(mg/L)으로 표시한다.

① 1년간
② 2년간
③ 3년간
④ 5년간

해설
물환경보전법 시행규칙 [별표 7] 총량관리 단위유역의 수질 측정방법
측정수질은 산정 시점으로부터 과거 3년간 측정한 것으로 하며, 그 단위는 리터당 밀리그램(mg/L)으로 표시한다.

정답 87 ④ 88 ③ 89 ① 90 ③

91 폐수무방류배출시설의 세부 설치기준으로 틀린 것은?

① 특별대책지역에 설치되는 경우 폐수배출량이 200m^3/day 이상이면 실시간 확인 가능한 원격유량감시장치를 설치하여야 한다.

② 폐수는 고정된 관로를 통하여 수집・이송・처리・저장되어야 한다.

③ 특별대책지역에 설치되는 시설이 1일 24시간 연속하여 가동되는 것이면 배출폐수를 전량 처리할 수 있는 예비방지시설을 설치하여야 한다.

④ 폐수를 고체 상태의 폐기물로 처리하기 위하여 증발・농축・건조・탈수 또는 소각시설을 설치하여야 하며, 탈수 등 방지시설에서 발생하는 폐수가 방지시설에 재유입되지 않도록 하여야 한다.

해설

물환경보전법 시행령 [별표 6] 폐수무방류배출시설의 세부 설치기준

- 배출시설에서 분리・집수시설로 유입하는 폐수의 관로는 맨눈으로 관찰할 수 있도록 설치하여야 한다.
- 배출시설의 처리공정도 및 폐수 배관도는 누구나 알아 볼 수 있도록 주요 배출시설의 설치장소와 폐수처리장에 부착하여야 한다.
- 폐수를 고체 상태의 폐기물로 처리하기 위하여 증발・농축・건조・탈수 또는 소각시설을 설치하여야 하며, 탈수 등 방지시설에서 발생하는 폐수가 방지시설에 재유입하도록 하여야 한다.
- 폐수를 수집・이송・처리・저장하기 위하여 사용되는 설비는 폐수의 누출을 맨눈으로 관찰할 수 있도록 설치하되, 부득이한 경우에는 누출을 감지할 수 있는 장비를 설치하여야 한다.
- 누출된 폐수의 차단시설 또는 차단 공간과 저류시설은 폐수가 땅속으로 스며들지 아니하는 재질이어야 하며, 폐수를 폐수처리장의 저류조에 유입시키는 설비를 갖추어야 한다.
- 특별대책지역에 설치되는 폐수무방류배출시설의 경우 1일 24시간 연속하여 가동되는 것이면 배출 폐수를 전량 처리할 수 있는 예비 방지시설을 설치하여야 하고, 1일 최대 폐수발생량이 200m^3 이상이면 배출 폐수의 무방류 여부를 실시간으로 확인할 수 있는 원격유량감시장치를 설치하여야 한다.

92 시・도지사가 측정망을 이용하여 수질오염도를 상시 측정하거나 수생태계 현황을 조사한 경우, 결과를 며칠 이내에 환경부장관에게 보고하여야 하는지 ( )에 맞는 것은?

- 수질오염도 : 측정일이 속하는 달의 다음달 (㉠) 이내
- 수생태계 현황 : 조사 종료일부터 (㉡) 이내

① ㉠ 5일, ㉡ 1개월

② ㉠ 5일, ㉡ 3개월

③ ㉠ 10일, ㉡ 1개월

④ ㉠ 10일, ㉡ 3개월

해설

물환경보전법 시행규칙 제23조(시・도지사 등이 설치・운영하는 측정망의 종류 등)

시・도지사, 대도시의 장 또는 수면관리자는 수질오염도를 상시 측정하거나 수질의 관리 등을 위한 조사를 한 경우에는 그 결과를 다음의 구분에 따른 기간까지 환경부장관에게 보고하여야 한다.

- 수질오염도 : 측정일이 속하는 달의 다음달 10일 이내
- 수생태계 현황 : 조사 종료일부터 3개월 이내

93 오염총량초과부과금 산정 방법 및 기준에서 적용되는 측정유량(일일유량 산정 시 적용) 단위로 옳은 것은?

① m^3/min

② L/min

③ m^3/s

④ L/s

해설

물환경보전법 시행령 [별표 1] 오염총량초과과징금의 산정 방법 및 기준

일일유량 산정 방법

측정유량의 단위는 분당 리터(L/min)로 한다.

91 ④ 92 ④ 93 ② 정답

94 수계영향권별 물환경보전에 관한 설명으로 옳은 것은?

① 환경부장관은 공공수역의 관리·보전을 위하여 국가 물환경관리기본계획을 10년마다 수립하여야 한다.

② 시·도지사는 수계영향권별 오염원의 종류, 수질오염물질 발생량 등을 정기적으로 조사하여야 한다.

③ 환경부장관은 국가 물환경기본계획에 따라 중권역의 물환경관리계획을 수립하여야 한다.

④ 수생태계 복원계획의 내용 및 수립절차 등에 필요한 사항은 환경부령으로 정한다.

해설

물환경보전법 제23조의2(국가 물환경관리기본계획의 수립)
환경부장관은 공공수역의 물환경을 관리·보전하기 위하여 대통령령으로 정하는 바에 따라 국가 물환경관리기본계획을 10년마다 수립하여야 한다.
물환경보전법 제23조(오염원 조사)
환경부장관 및 시·도지사는 환경부령으로 정하는 바에 따라 수계영향권별로 오염원의 종류, 수질오염물질 발생량 등을 정기적으로 조사하여야 한다.
③ 지방환경관서의 장은 대권역계획에 따라 중권역별로 중권역 물환경관리계획을 수립하여야 한다(물환경보전법 제25조).
④ 복원계획의 내용 및 수립 절차 등에 필요한 사항은 대통령령으로 정한다(물환경보전법 제27조의2).
※ 법 개정으로 정답은 ①, ②번이다.

95 공공폐수처리시설 배수설비의 설치방법 및 구조기준에 관한 내용으로 (　　)에 맞는 것은?

> 시간당 최대폐수량이 일평균폐수량의 (㉠) 이상인 사업자와 순간수질과 일평균수질과의 격차가 (㉡)mg/L 이상인 시설의 사업자는 자체적으로 유량조정조를 설치하여 공공폐수처리시설 가동에 지장이 없도록 폐수배출량 및 수질을 조정한 후 배수하여야 한다.

① ㉠ 2배, ㉡ 100　　② ㉠ 2배, ㉡ 200
③ ㉠ 3배, ㉡ 100　　④ ㉠ 3배, ㉡ 200

해설

물환경보전법 시행규칙 [별표 16] 폐수관로 및 배수설비의 설치방법·구조기준 등
시간당 최대폐수량이 일평균폐수량의 2배 이상인 사업자와 순간수질과 일평균수질과의 격차가 100mg/L 이상인 시설의 사업자는 자체적으로 유량조정조를 설치하여 공공폐수처리시설 가동에 지장이 없도록 폐수배출량 및 수질을 조정한 후 배수하여야 한다.

96 특정수질유해물질로만 구성된 것은?

① 시안화합물, 셀레늄과 그 화합물, 벤젠
② 시안화합물, 바륨화합물, 페놀류
③ 벤젠, 바륨화합물, 구리와 그 화합물
④ 6가크롬화합물, 페놀류, 니켈과 그 화합물

해설

물환경보전법 시행규칙 [별표 3] 특정수질유해물질

- 구리와 그 화합물
- 납과 그 화합물
- 비소와 그 화합물
- 수은과 그 화합물
- 시안화합물
- 유기인화합물
- 6가크롬화합물
- 카드뮴과 그 화합물
- 테트라클로로에틸렌
- 트라이클로로에틸렌
- 폴리클로리네이티드바이페닐
- 셀레늄과 그 화합물
- 벤 젠
- 사염화탄소
- 다이클로로메탄
- 1,1-다이클로로에틸렌
- 1,2-다이클로로에탄
- 클로로폼
- 1,4-다이옥산
- 다이에틸헥실프탈레이트(DEHP)
- 염화비닐
- 아크릴로나이트릴
- 브로모폼
- 아크릴아미드
- 나프탈렌
- 폼알데하이드
- 에피클로로하이드린
- 페 놀
- 펜타클로로페놀
- 스티렌
- 비스(2-에틸헥실)아디페이트
- 안티몬

정답 94 ① 95 ① 96 ①

97 수질오염경보의 종류별 · 경보단계별 조치사항 중 상수원 구간에서 조류경보 '경계'단계 발령 시 조치사항이 아닌 것은?

① 정수의 독소분석 실시
② 황토 등 흡착제 살포 등을 이용한 조류제거 조치 실시
③ 주변오염원에 대한 단속 강화
④ 어패류 어획 · 식용, 가축 방목 등의 자제 권고

해설

물환경보전법 시행령 [별표 4] 수질오염경보의 종류별 · 경보단계별 조치사항

조류경보-상수원 구간

단 계	관계 기관	조치사항
경 계	4대강 물환경연구소장 (시 · 도 보건환경연구원장 또는 수면관리자)	• 주 2회 이상 시료채취 및 분석(남조류 세포수, 클로로필-a, 냄새물질, 독소) • 시험분석 결과를 발령기관으로 신속하게 통보
	수면관리자	취수구와 조류가 심한 지역에 대한 차단막 설치 등 조류제거 조치 실시
	취수장 · 정수장 관리자	• 조류증식 수심 이하로 취수구 이동 • 정수처리 강화(활성탄처리, 오존처리) • 정수의 독소분석 실시
	유역 · 지방 환경청장 (시 · 도지사)	• 경계경보 발령 및 대중매체를 통한 홍보 • 주변오염원에 대한 단속 강화 • 낚시 · 수상스키 · 수영 등 친수활동, 어패류 어획 · 식용, 가축 방목 등의 자제 권고 및 이에 대한 공지(현수막 설치 등)
	홍수통제소장, 한국수자원공사사장	기상상황, 하천수문 등을 고려한 방류량 산정
	한국환경공단이사장	• 환경기초시설 및 폐수배출사업장 관계기관 합동점검 시 지원 • 하천구간 조류 제거에 관한 사항 지원 • 환경기초시설 수질자동측정자료 모니터링 강화

98 시 · 도지사는 오염총량관리기본계획을 수립하거나 오염총량관리기본계획 중 대통령령이 정하는 중요한 사항을 변경하는 경우 환경부장관의 승인을 얻어야 한다. 중요한 사항에 해당되지 않는 것은?

① 해당 지역 개발계획의 내용
② 지방자치단체별 · 수계구간별 오염부하량의 할당
③ 관할 지역에서 배출되는 오염부하량의 총량 및 저감계획
④ 최종방류구별 · 단위기간별 오염부하량 할당 및 배출량 지정

해설

물환경보전법 제4조의3(오염총량관리기본계획의 수립 등)

오염총량관리지역을 관할하는 시 · 도지사는 오염총량관리기본방침에 따라 다음의 사항을 포함하는 기본계획(이하 '오염총량관리기본계획')을 수립하여 환경부령으로 정하는 바에 따라 환경부장관의 승인을 받아야 한다. 오염총량관리기본계획 중 대통령령으로 정하는 중요한 사항을 변경하는 경우에도 또한 같다.

• 해당 지역 개발계획의 내용
• 지방자치단체별 · 수계구간별 오염부하량의 할당
• 관할 지역에서 배출되는 오염부하량의 총량 및 저감계획
• 해당 지역 개발계획으로 인하여 추가로 배출되는 오염부하량 및 그 저감계획

97 ② 98 ④ 정답

99 **환경정책기본법령에 의한 수질 및 수생태계 상태를 등급으로 나타내는 경우 '좋음' 등급에 대해 설명한 것은?(단, 수질 및 수생태계 하천의 생활환경 기준)**

① 용존산소가 풍부하고 오염물질이 거의 없는 청정상태에 근접한 생태계로 침전 등 간단한 정수처리 후 생활용수로 사용할 수 있음
② 용존산소가 풍부하고 오염물질이 거의 없는 청정상태에 근접한 생태계로 여과·침전 등 간단한 정수처리 후 생활용수로 사용할 수 있음
③ 용존산소가 많은 편이고 오염물질이 거의 없는 청정상태에 근접한 생태계로 여과·침전·살균 등 일반적인 정수처리 후 생활용수로 사용할 수 있음
④ 용존산소가 많은 편이고 오염물질이 거의 없는 청정상태에 근접한 생태계로 활성탄 투입 등 일반적인 정수처리 후 생활용수로 사용할 수 있음

해설

환경정책기본법 시행령 [별표 1] 환경기준
수질 및 수생태계-하천-생활환경 기준
등급별 수질 및 수생태계 상태

- 매우 좋음 : 용존산소가 풍부하고 오염물질이 없는 청정상태의 생태계로 여과·살균 등 간단한 정수처리 후 생활용수로 사용할 수 있음
- 좋음 : 용존산소가 많은 편이고 오염물질이 거의 없는 청정상태에 근접한 생태계로 여과·침전·살균 등 일반적인 정수처리 후 생활용수로 사용할 수 있음
- 약간 좋음 : 약간의 오염물질은 있으나 용존산소가 많은 상태의 다소 좋은 생태계로 여과·침전·살균 등 일반적인 정수처리 후 생활용수 또는 수영용수로 사용할 수 있음
- 보통 : 보통의 오염물질로 인하여 용존산소가 소모되는 일반 생태계로 여과, 침전, 활성탄 투입, 살균 등 고도의 정수처리 후 생활용수로 이용하거나 일반적 정수처리 후 공업용수로 사용할 수 있음
- 약간 나쁨 : 상당량의 오염물질로 인하여 용존산소가 소모되는 생태계로 농업용수로 사용하거나 여과, 침전, 활성탄 투입, 살균 등 고도의 정수처리 후 공업용수로 사용할 수 있음
- 나쁨 : 다량의 오염물질로 인하여 용존산소가 소모되는 생태계로 산책 등 국민의 일상생활에 불쾌감을 주지 않으며, 활성탄 투입, 역삼투압 공법 등 특수한 정수처리 후 공업용수로 사용할 수 있음
- 매우 나쁨 : 용존산소가 거의 없는 오염된 물로 물고기가 살기 어려움

100 **사업장의 규모별 구분에 관한 내용으로 (　　)에 맞는 내용은?**

> 최초 배출시설 설치허가 시의 폐수배출량은 사업계획에 따른 (　　)을 기준으로 산정한다.

① 예상용수사용량
② 예상폐수배출량
③ 예상하수배출량
④ 예상희석수사용량

해설

물환경보전법 시행령 [별표 13] 사업장의 규모별 구분
최초 배출시설 설치허가 시의 폐수배출량은 사업계획에 따른 예상용수사용량을 기준으로 산정한다.

정답 99 ③ 100 ①

2018년 제2회 과년도 기출문제

제1과목 | 수질오염개론

01 시료의 BOD_5가 200mg/L이고, 탈산소계수값이 0.15day^{-1}일 때 최종 BOD(mg/L)는?

① 약 213
② 약 223
③ 약 233
④ 약 243

해설

BOD 소모공식을 이용한다.

$$BOD_t = BOD_u(1-10^{-Kt})$$

$$200 = BOD_u(1-10^{-0.15\times5})$$

$$\therefore BOD_u \fallingdotseq 243.26\text{mg/L}$$

02 배양기의 제한기질농도(S)가 100mg/L, 세포 최대비증식계수(μ_{max})가 0.35h^{-1}일 때 Monod식에 의한 세포의 비증식계수(μ, h^{-1})는?(단, 제한기질 반포화농도(K_s) = 30mg/L)

① 약 0.27
② 약 0.34
③ 약 0.42
④ 약 0.54

해설

$$\mu = \mu_{max}\times\frac{S}{K_s+S} = 0.35\times\frac{100}{30+100} = 0.27/\text{h}$$

03 도시에서 DO 0mg/L, BOD_u 200mg/L, 유량 1.0m^3/s, 온도 20℃의 하수를 유량 6m^3/s인 하천에 방류하고자 한다. 방류지점에서 몇 km 하류에서 DO 농도가 가장 낮아지겠는가?(단, 하천의 온도 20℃, BOD_u 1mg/L, DO 9.2mg/L, 방류 후 혼합된 유량의 유속 3.6km/h이며, 혼합수의 k_1 : 0.1/day, k_2 : 0.2/day, 20℃에서 산소포화농도는 9.2mg/L이다. 상용대수기준)

① 약 243 ② 약 258
③ 약 273 ④ 약 292

해설

- BOD_u 혼합 $= \dfrac{6\times1+1\times200}{6+1} = 29.43\text{mg/L}$
- DO혼합 $= \dfrac{6\times9.2+1\times0}{6+1} = 7.89\text{mg/L}$
- $f = \dfrac{k_2}{k_1} = \dfrac{0.2}{0.1} = 2$

$$t_c = \frac{1}{k_1(f-1)}\times\log\left[f\left\{1-(f-1)\frac{D_0}{BOD_u}\right\}\right]$$

$$= \frac{1}{0.1\times(2-1)}\times\log\left[2\left(1-(2-1)\frac{9.2-7.89}{29.43}\right)\right]$$

$$= 2.81\text{day}$$

$$\therefore \frac{3.6\text{km}}{\text{h}}\times\frac{24\text{h}}{\text{day}}\times2.81\text{day}=243\text{km}$$

04 수산화칼슘[$Ca(OH)_2$]은 중탄산칼슘[$Ca(HCO_3)_2$]과 반응하여 탄산칼슘($CaCO_3$)의 침전을 형성한다고 할 때 10g의 $Ca(OH)_2$에 대하여 몇 g의 $CaCO_3$가 생성되는가?(단, 원자량 Ca : 40)

① 37 ② 27
③ 17 ④ 7

1 ④ 2 ① 3 ① 4 ② 정답

05 **생물학적 질화 중 아질산화에 관한 설명으로 옳지 않은 것은?**

① 반응속도가 매우 빠르다.
② 관련 미생물은 독립영양성 세균이다.
③ 에너지원은 화학에너지이다.
④ 산소가 필요하다.

06 **미생물에 의한 산화·환원반응에 있어 전자수용체에 속하지 않는 것은?**

① O_2
② CO_2
③ NH_3
④ 유기물

07 **수온이 20℃인 저수지의 용존산소농도가 12.4mg/L이었을 때 저수지의 상태를 가장 적절하게 평가한 것은?**

① 물이 깨끗하다.
② 대기로부터의 산소 재포기가 활발히 일어나고 있다.
③ 조류가 많이 번성하고 있다.
④ 수생동물이 많다.

해설

용존산소농도가 12.4mg/L이면 적정 용존산소보다 높으며, 용존산소가 높은 것으로 보아 조류가 많이 번식하고 있을 가능성을 유추할 수 있다.

08 **일반적으로 적용되는 부영양화 모델의 방정식 $\frac{\partial x}{\partial t} = f(x,\ u,\ a,\ p)$의 설명으로 틀린 것은?**

① a : 호수생태계의 특색을 나타내는 상수 Vector
② f : 유입, 유출, 호수 내에서의 이류, 확산 등 상태 변수의 변화속도
③ p : 수량부하, 일사량 등에 관련되는 입력함수
④ x : 호수 및 저니 속의 어떤 지점에서의 물리적·화학적·생물학적인 상태량

09 **직경 3mm인 모세관의 표면장력이 0.0037kg$_f$/m이라면 물 기둥의 상승높이(cm)는?(단, $h = \frac{4r\cos\beta}{wd}$, 접촉각 $\beta = 5°$)**

① 0.26 ② 0.38
③ 0.49 ④ 0.57

해설

$$\Delta h = \frac{4 \times (0.037\text{g/cm}) \times \cos 5°}{1\text{g/cm}^3 \times 0.3\text{cm}} = 0.49\text{cm}$$

정답 5 ① 6 ③ 7 ③ 8 ③ 9 ③

10 **산화 – 환원에 대한 설명으로 알맞지 않은 것은?**

① 산화는 전자를 받아들이는 현상을 말하며, 환원은 전자를 잃는 현상을 말한다.
② 이온 원자가나 공유 원자가에 (+)나 (–) 부호를 붙인 것을 산화수라 한다.
③ 산화는 산화수의 증가를 말하며, 환원은 산화수의 감소를 말한다.
④ 산화는 수소화합물에서 수소를 잃는 현상이며, 환원은 수소와 화합하는 현상을 말한다.

해설

산화는 전자를 잃는 현상을 말하며, 환원은 전자를 받아들이는 현상을 말한다.

11 **유리산소가 존재하는 상태에서 발육하기 어려운 미생물로 가장 알맞은 것은?**

① 호기성 미생물
② 통성혐기성 미생물
③ 편성혐기성 미생물
④ 미호기성 미생물

해설

편성혐기성 미생물은 산소가 없는 상태에서만 발육할 수 있다.

12 **자체의 염분농도가 평균 20mg/L인 폐수에 시간당 4kg의 소금을 첨가시킨 후 하류에서 측정한 염분의 농도가 55mg/L이었을 때 유량(m^3/s)은?**

① 0.0317 ② 0.317
③ 0.0634 ④ 0.634

해설

$$Q = \frac{4\text{kg/h} \times 10^6\text{mg/kg} \times \text{h}/3{,}600\text{s}}{(55-20)\text{mg/L} \times 10^3\text{L/m}^3} = 0.0317\text{m}^3/\text{s}$$

13 **물의 특성을 설명한 것으로 적절치 못한 것은?**

① 상온에서 알칼리금속, 알칼리토금속, 철과 반응하여 수소를 발생시킨다.
② 표면장력은 불순물농도가 낮을수록 감소한다.
③ 표면장력은 수온이 증가하면 감소한다.
④ 점도는 수온과 불순물의 농도에 따라 달라지는데 수온이 증가할수록 점도는 낮아진다.

14 **일반적으로 처리조 설계에 있어서 수리모형으로 Plug Flow형과 완전혼합형이 있다. 다음의 혼합 정도를 나타내는 표시항 중 이상적인 Plug Flow형일 때 얻어지는 값은?**

① 분산수 : 0
② 통계학적 분산 : 1
③ Morrill지수 : 1보다 크다.
④ 지체시간 : 0

해설

이상적인 Plug Flow형
- 분산 : 0
- Morrill지수 : 1에 가까울수록
- 지체시간 : 이론적 체류시간

10 ① 11 ③ 12 ① 13 ② 14 ① 정답

15 방사성 물질인 스트론튬(Sr^{90})의 반감기가 29년이라면 주어진 양의 스트론튬(Sr^{90})이 99% 감소하는 데 걸리는 시간(년)은?

① 143　　② 193
③ 233　　④ 273

해설
1차 반응식을 이용한다.

$\ln\frac{C_t}{C_0} = -Kt$

스트론튬(Sr^{90})의 반감기가 29년이므로

$\ln 0.5 = -K \times 29,\ K \fallingdotseq 0.0239$

주어진 양의 스트론튬(Sr^{90})이 99%가 감소한다면

$\ln\frac{1}{100} = -0.0239 \times t$

$\therefore\ t \fallingdotseq 192.68$년

16 유기화합물에 대한 설명으로 옳지 않은 것은?

① 유기화합물들은 일반적으로 녹는점과 끓는점이 낮다.
② 유기화합물들은 하나의 분자식에 대하여 여러 종류의 화합물이 존재할 수 있다.
③ 유기화합물들은 대체로 이온반응보다는 분자반응을 하므로 반응속도가 빠르다.
④ 대부분의 유기화합물은 박테리아의 먹이가 될 수 있다.

해설
유기화합물들은 대체로 이온반응보다는 분자반응을 하므로 반응속도가 느리다.

17 호소의 부영양화를 방지하기 위해서 호소로 유입되는 영양염류의 저감과 성장조류를 제거하는 수면관리 대책을 동시에 수립하여야 하는데, 유입저감 대책으로 바르지 않은 것은?

① 배출허용기준의 강화
② 약품에 의한 영양염류의 침전 및 황산동 살포
③ 하·폐수의 고도처리
④ 수변구역의 설정 및 유입배수의 우회

18 우리나라 호수들의 형태에 따른 분류와 그 특성을 나타낸 것으로 가장 거리가 먼 것은?

① 하천형 : 긴 체류시간
② 가지형 : 복잡한 연안구조
③ 가지형 : 호수 내 만의 발달
④ 하구형 : 높은 오염부하량

해설
하천형은 비교적 체류시간이 짧다.

정답 15 ② 16 ③ 17 ② 18 ①

19 해수의 특성으로 틀린 것은?

① 해수는 HCO_3^-를 포화시킨 상태로 되어 있다.
② 해수의 밀도는 염분비 일정법칙에 따라 항상 균일하게 유지된다.
③ 해수 내 전체 질소 중 약 35% 정도는 암모니아성 질소와 유기 질소의 형태이다.
④ 해수의 Mg/Ca비는 3~4 정도로 담수에 비하여 크다.

해설
해수는 수온이 낮을수록, 수심이 깊을수록(수압이 높을수록), 염분의 농도가 높을수록 해수의 밀도는 증가한다.

20 바다에서 발생되는 적조현상에 관한 설명과 가장 거리가 먼 것은?

① 적조 조류의 독소에 의한 어패류의 피해가 발생한다.
② 해수 중 용존산소의 결핍에 의한 어패류의 피해가 발생한다.
③ 갈수기 해수 내 염소량이 높아질 때 발생된다.
④ 플랑크톤의 번식에 충분한 광량과 영양염류가 공급될 때 발생된다.

해설
적조현상은 영양염류가 높고 염분이 낮을 때 발생된다.

제2과목 | 상하수도계획

21 지하수의 취수지점 선정에 관련한 설명 중 틀린 것은?

① 연해부의 경우에는 해수의 영향을 받지 않아야 한다.
② 얕은 우물인 경우에는 오염원으로부터 5m 이상 떨어져서 장래에도 오염의 영향을 받지 않는 지점이어야 한다.
③ 기존 우물 또는 집수매거의 취수에 영향을 주지 않아야 한다.
④ 복류수인 경우에 장래에 일어날 수 있는 유로변화 또는 하상저하 등을 고려하고 하천개수계획에 지장이 없는 지점을 선정한다.

해설
얕은 우물이나 복류수인 경우에는 오염원으로부터 15m 이상 떨어져서 장래에도 오염의 영향을 받지 않는 지점이어야 한다.

22 상향류식 경사판 침전지의 표준 설계요소에 관한 설명으로 잘못된 것은?

① 표면부하율은 4~9mm/min로 한다.
② 침강장치는 1단으로 한다.
③ 경사각은 55~60°로 한다.
④ 침전지 내의 평균상승유속은 250mm/min 이하로 한다.

해설
상향류식 경사판 침전지의 경사판 침강장치는 구조적으로 1단만 설치되며, 표면부하율 7~14mm/min, 경사각은 60°, 침전지 내 평균상승유속은 250mm/min 이하이다.

19 ② 20 ③ 21 ② 22 ① 정답

23 하수관로의 유속과 경사는 하류로 갈수록 어떻게 되도록 설계하여야 하는가?

① 유속 : 증가, 경사 : 감소
② 유속 : 증가, 경사 : 증가
③ 유속 : 감소, 경사 : 증가
④ 유속 : 감소, 경사 : 감소

24 배수지의 고수위와 저수위와의 수위차, 즉 배수지의 유효수심의 표준으로 적절한 것은?

① 1~2m
② 2~4m
③ 3~6m
④ 5~8m

해설
배수지의 유효수심은 3~6m 정도를 표준으로 한다.

25 응집시설 중 완속교반시설에 관한 설명으로 틀린 것은?

① 완속교반기는 패들형과 터빈형이 사용된다.
② 완속교반 시 속도경사는 40~100초$^{-1}$ 정도로 낮게 유지한다.
③ 조의 형태는 폭 : 길이 : 깊이 = 1 : 1 : 1~1.2가 적당하다.
④ 체류시간은 5~10분이 적당하고 3~4개의 실로 분리하는 것이 좋다.

해설
- 응집시설의 HRT(수리학적 체류시간)은 20~30분이다.
- 응집시설은 대형 1조보다는 3~4조로 분리하는 것이 좋다.

26 취수탑의 위치에 관한 내용으로 ( )에 옳은 것은?

> 연간을 통하여 최소수심이 ( ) 이상으로 하천에 설치하는 경우에는 유심이 제방에 되도록 근접한 지점으로 한다.

① 1m　② 2m
③ 3m　④ 4m

해설
연간을 통하여 최소수심이 2m 이상으로 하천에 설치하는 경우에는 유심이 제방에 되도록 근접한 지점으로 한다.

27 비교회전도가 700~1,200인 경우에 사용되는 하수도용 펌프 형식으로 옳은 것은?

① 터빈펌프　② 벌류트펌프
③ 축류펌프　④ 사류펌프

해설
펌프의 형식과 비교회전도(N_S)와의 관계

형식		N_S(회/분)
터빈펌프	1단식 편흡입 및 양흡입형 다단식	100~250 100~250
원심펌프	1단식 편흡입형 1단식 양흡입형 다단식	100~450 100~750 100~200
사류펌프	–	700~1,200
축류펌프	–	1,100~2,000

정답 23 ① 24 ③ 25 ④ 26 ② 27 ④

28 1분당 300m^{3}의 물을 150m 양정(전양정)할 때 최고 효율점에 달하는 펌프가 있다. 이 때의 회전수가 1,500rpm이라면, 이 펌프의 비속도(비교회전도)는?

① 약 512 ② 약 554
③ 약 606 ④ 약 658

해설

펌프의 비교회전도(비속도)

$$N_s = N \times \frac{Q^{1/2}}{H^{3/4}} = 1,500 \times \frac{300^{1/2}}{150^{3/4}} \fallingdotseq 606\text{rpm}$$

여기서, N_s : 비교회전도(rpm)
N : 펌프의 실제 회전수(rpm)
Q : 최고효율점의 토출유량(m^3/min)
H : 최고효율점의 전양정(m)

29 오수관로의 유속 범위로 알맞은 것은?(단, 계획시간 최대오수량 기준이다)

① 최소 0.2m/s, 최대 2.0m/s
② 최소 0.3m/s, 최대 2.0m/s
③ 최소 0.6m/s, 최대 3.0m/s
④ 최소 0.8m/s, 최대 3.0m/s

해설

오수관로는 계획시간 최대오수량을 기준으로 유속의 범위는 0.6~3m/s으로 한다.

30 하수처리시설의 계획유입수질 산정방식으로 옳은 것은?

① 계획오염부하량을 계획1일 평균오수량으로 나누어 산정한다.
② 계획오염부하량을 계획시간 평균오수량으로 나누어 산정한다.
③ 계획오염부하량을 계획1일 최대오수량으로 나누어 산정한다.
④ 계획오염부하량을 계획시간 최대오수량으로 나누어 산정한다.

해설

- 계획유입수질은 계획오염부하량을 계획1일 평균오수량으로 나눈 값으로 한다.
- 계획오염부하량은 생활오수, 영업오수, 공장폐수 및 관광오수 등의 오염부하량을 합한 값으로 한다.

31 정수시설인 급속여과지의 표준 여과속도(m/day)는?

① 120~150
② 150~180
③ 180~250
④ 250~300

해설

여과지 1지의 여과면적은 150m^2 이하로 하고, 여과속도는 120~150m/일을 표준으로 한다.

32 정수시설 중 응집을 위한 시설인 플록형성지의 플록형성시간은 계획정수량에 대하여 몇 분을 표준으로 하는가?

① 0.5~1분
② 1~3분
③ 5~10분
④ 20~40분

해설

플록형성시간은 계획정수량에 대하여 20~40분간을 표준으로 하며, 직사각형이 표준이다.

28 ③ 29 ③ 30 ① 31 ① 32 ④ 정답

33 원형 원심력 철근콘크리트관에 만수된 상태로 송수된다고 할 때 Manning 공식에 의한 유속(m/s)은? (단, 조도계수 = 0.013, 동수경사 = 0.002, 관지름 d = 250mm)

① 0.24 ② 0.54
③ 0.72 ④ 1.03

해설

$$V=\frac{1}{n}\times R^{2/3}\times I^{1/2}$$

$$R=\frac{A}{S}=\frac{\frac{\pi}{4}D^2}{\pi D}=\frac{D}{4}=\frac{0.25\text{m}}{4}=0.0625\text{m}$$

$$V=\frac{1}{0.013}\times 0.0625^{2/3}\times 0.002^{1/2}=0.54\text{m/s}$$

34 상수도시설의 등급별 내진설계 목표에 대한 내용으로 ( )에 옳은 내용은?

> 상수도시설물의 내진성능 목표에 따른 설계지진강도는 붕괴방지수준에서 시설물의 내진등급이 Ⅰ등급인 경우에는 재현주기 (㉠), Ⅱ등급인 경우에는 (㉡)에 해당되는 지진지반운동으로 한다.

① ㉠ 100년, ㉡ 50년
② ㉠ 200년, ㉡ 100년
③ ㉠ 500년, ㉡ 200년
④ ㉠ 1,000년, ㉡ 500년

해설

재현주기가 Ⅰ등급은 1,000년, Ⅱ등급은 500년으로 지진지반운동을 한다.

35 $I=\frac{3,660}{t+15}$ mm/h, 면적 2.0km^2, 유입시간 6분, 유출계수 C = 0.65, 관 내 유속이 1m/s인 경우, 관 길이 600m인 하수관에서 흘러나오는 우수량(m^3/s)은?(단, 합리식 적용)

① 약 31
② 약 38
③ 약 43
④ 약 52

해설

- $I=\frac{3,660}{t+15}=\frac{3,660}{16+15}\fallingdotseq 118.06\text{mm/h}$

  여기서, t(min) : 유달시간(= 유입시간 + 유하시간)
  - 유입시간 = 6min
  - 유하시간 = $\frac{600\text{m}}{1\text{m/s}}\times\frac{1\text{min}}{60\text{s}}=10\text{min}$
- $A=2\text{km}^2=200\text{ha}$

$\therefore\ Q=\frac{1}{360}CIA=\frac{1}{360}\times 0.65\times 118.06\times 200\fallingdotseq 42.63\text{m}^3/\text{s}$

36 하수의 배제방식에 대한 설명으로 잘못된 것은?

① 하수의 배제방식에는 분류식과 합류식이 있다.
② 하수의 배제방식의 결정은 지역의 특성이나 방류수역의 여건을 고려해야 한다.
③ 제반 여건상 분류식이 어려운 경우 합류식으로 설치할 수 있다.
④ 분류식 중 오수관로는 소구경관로로 폐쇄염려가 있고, 청소가 어렵고, 시간이 많이 소요된다.

정답 33 ② 34 ④ 35 ③ 36 ④

37 **계획오수량에 관한 내용으로 틀린 것은?**

① 지하수 유입량은 토질, 지하수위, 공법에 따라 다르지만 1인1일 평균오수량의 10~20% 정도로 본다.

② 계획1일 최대오수량은 1인1일 최대오수량에 계획인구를 곱한 후 여기에 공장폐수량, 지하수량 및 기타배수량을 가산한 것으로 한다.

③ 계획1일 평균오수량은 계획1일 최대오수량의 70~80%를 표준으로 한다.

④ 계획시간 최대오수량은 계획1일 최대오수량의 1시간당의 수량의 1.3~1.8배를 표준으로 한다.

해설

지하수량은 1인1일 최대오수량의 20% 이하로 하며, 지역실태에 따라 필요시 하수관로 내구연수 경과 또는 관로의 노후도, 관로정비 이력에 따른 지하수 유입변화량을 고려하여 결정하는 것으로 한다.

38 **저수댐의 위치에 관한 설명으로 틀린 것은?**

① 댐 지점 및 저수지의 지질이 양호하여야 한다.

② 가장 작은 댐의 크기로서 필요한 양의 물을 저수할 수 있어야 한다.

③ 유역면적이 작고 수원보호상 유리한 지형이어야 한다.

④ 저수이용지 내에 보상해야 할 대상물이 적어야 한다.

39 **계획우수량을 정할 때 고려하여야 할 사항 중 틀린 것은?**

① 하수관거의 확률년수는 원칙적으로 10~30년으로 한다.

② 유입시간은 최소단위 배수구의 지표면 특성을 고려하여 구한다.

③ 유출계수는 지형도를 기초로 답사를 통하여 충분히 조사하고 장래 개발계획을 고려하여 구한다.

④ 유하시간은 최상류관거의 끝으로부터 하류관거의 어떤 지점까지의 거리를 계획유량에 대응한 유속으로 나누어 구하는 것을 원칙으로 한다.

해설

유출계수는 토지이용도별 기초유출계수로부터 총괄유출계수를 구하는 것을 원칙으로 하며, 배수면적은 지형도를 기초로 답사에 의해 충분히 조사하고 장래의 개발계획도 고려하여 정확히 구한다.

40 **지하수(복류수 포함)의 취수시설 중 집수매거에 관한 설명으로 옳지 않은 것은?**

① 복류수의 유황이 좋으면 안정된 취수가 가능하다.

② 하천의 대소에 영향을 받으며 주로 소하천에 이용된다.

③ 침투된 물을 취수하므로 토사유입은 거의 없고 대개는 수질이 좋다.

④ 하천바닥의 변동이나 강바닥의 저하가 큰 지점은 노출될 우려가 크므로 적당하지 않다.

해설

하천의 대소에 영향을 받지 않는다.

37 ① 38 ③ 39 ③ 40 ② 정답

제3과목 | 수질오염방지기술

41 폐수의 고도처리에 관한 다음의 기술 중 옳지 않은 것은?

① Cl^-, SO_4^{2-} 등의 무기염류의 제거에는 전기투석법이 이용된다.

② 활성탄 흡착법에서 폐수 중의 인산은 제거되지 않는다.

③ 모래여과법은 고도처리 중에서 흡착법이나 전기투석법의 전처리로써 이용된다.

④ 폐수 중의 무기성 질소화합물은 철염에 의한 응집침전으로 완전히 제거된다.

해설

폐수 중의 질소화합물은 응집침전으로 제거되지 않으며, 철염을 사용하여 응집침전 제거가 가능한 물질은 인화합물이다.

42 잔류염소 농도 0.6mg/L에서 3분간에 90%의 세균이 사멸되었다면 같은 농도에서 95% 살균을 위해서 필요한 시간(분)은?(단, 염소소독에 의한 세균의 사멸이 1차 반응 속도식을 따른다고 가정한다)

① 2.6

② 3.2

③ 3.9

④ 4.5

해설

$\ln \frac{N_t}{N_0} = -k \cdot t \rightarrow N_t = N_0 \cdot \exp(-k \cdot t)$

90% 사멸($N_t = 0.1N_0$)에 3min이 소요되었으므로

$0.1 = \exp(-k \times 3) \rightarrow k = 0.7675\text{min}^{-1}$

95% 사멸($N_t = 0.05N_0$)되는 데 소요되는 시간은

$0.05 = \exp(-0.7675 \times t)$

$\therefore\ t = 3.9\text{min}$

43 여섯 개의 납작한 날개를 가진 터빈임펠러로 탱크의 내용물을 교반하려 한다. 교반은 난류영역에서 일어나며 임펠러의 직경은 3m이고 깊이 20m, 바닥에서 4m 위에 설치되어 있다. 30rpm으로 임펠러가 회전할 때 소요되는 동력(kg · m/s)은?(단, $P = kpn^3D^5/g_c$ 식 적용, 소요동력을 나타내는 계수 $k = 3.3$)

① 9,356　　② 10,228

③ 12,350　　④ 15,421

44 하수처리방식 중 회전원판법에 관한 설명으로 가장 거리가 먼 것은?

① 활성슬러지법에 비해 2차 침전지에서 미세한 SS가 유출되기 쉽고, 처리수의 투명도가 나쁘다.

② 운전관리상 조작이 간단한 편이다.

③ 질산화가 거의 발생하지 않으며, pH 저하도 거의 없다.

④ 소비 전력량이 소규모 처리시설에서는 표준활성슬러지법에 비하여 적은 편이다.

해설

질산화가 일어나기 쉬우며 pH가 저하되는 경우가 있다.

45 포기조 부피가 1,000m^3이고 MLSS 농도가 3,500mg/L일 때, MLSS 농도를 2,500mg/L로 운전하기 위해 추가로 폐기시켜야 할 잉여슬러지량(m^3)은?(단, 반송슬러지 농도 = 8,000mg/L)

① 65　　② 85

③ 105　　④ 125

해설

잉여슬러지량(m^3) $= \frac{(3{,}500 - 2{,}500)\text{mg/L}}{8{,}000\text{mg/L}} \times 1{,}000\text{m}^3$

$= 125\text{m}^3$

정답 41 ④ 42 ③ 43 ② 44 ③ 45 ④

46 활성슬러지 공정에서 포기조 유입 BOD가 180mg/L, SS가 180mg/L, BOD-슬러지 부하가 0.6kg BOD/kg MLSS · day일 때, MLSS 농도(mg/L)는?(단, 포기조 수리학적 체류시간 = 6시간)

① 1,100　　② 1,200
③ 1,300　　④ 1,400

해설

$$\text{F/M비} = \frac{\text{BOD} \times Q}{\text{MLSS} \times V},\ t = \frac{V}{Q}$$

$$t = 6\text{h} \times \frac{\text{day}}{24\text{h}} = 0.25\text{day}$$

$$\text{MLSS} = \frac{\text{BOD}}{\text{F/M비} \times t}$$

$$= \frac{180\text{mg/L}}{(0.6\text{kg BOD/kg MLSS} \cdot \text{day}) \times 0.25\text{day}}$$

$$= 1{,}200\text{mg/L}$$

47 폐수로부터 암모니아를 제거하는 방법의 하나로 천연 제올라이트를 사용하기로 한다. 천연 제올라이트로 암모니아를 제거할 경우 재생방법을 가장 적절하게 나타낸 것은?

① 깨끗한 증류수로 세척한다.
② 황산이나 질산 등 산성 용액으로 재생한다.
③ NaOH나 석회수 등 알칼리성 용액으로 재생한다.
④ LAS 등 세제로 세척한 후 가열하여 재생한다.

48 무기물이 0.30g/g VSS로 구성된 생물성 VSS를 나타내는 폐수의 경우, 혼합액 중의 TSS와 VSS 농도가 각각 2,000mg/L, 1,480mg/L라 하면 유입수로부터 기인된 불활성 고형물에 대한 혼합액 중의 농도(mg/L)는?(단, 유입된 불활성 부유 고형물질의 용해는 전혀 없다고 가정한다)

① 76　　② 86
③ 96　　④ 116

해설

TSS = VSS + FSS

FSS = TSS − VSS

여기서, VSS 중 무기물의 농도 $= 1{,}480\text{mg/L VSS} \times \frac{0.30\text{mg}}{1\text{mg VSS}}$

$= 444\text{mg/L}$

∴ 불활성 고형물 = FSS − 무기물 = 520 − 444 = 76mg/L

49 생물학적 3차 처리를 위한 A/O 공정을 나타낸 것으로 각 반응조 역할을 가장 적절하게 설명한 것은?

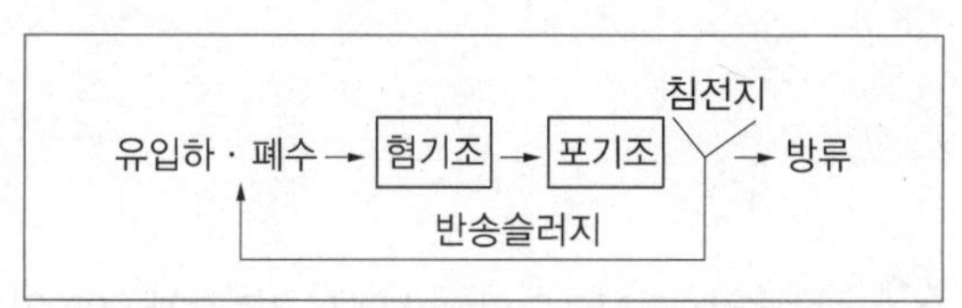

① 혐기조에서는 유기물 제거와 인의 방출이 일어나고, 포기조에서는 인의 과잉섭취가 일어난다.
② 포기조에서는 유기물 제거가 일어나고, 혐기조에서는 질산화 및 탈질이 동시에 일어난다.
③ 제거율을 높이기 위해서는 외부 탄소원인 메탄올 등을 포기조에 주입한다.
④ 혐기조에서는 인의 과잉섭취가 일어나며, 포기조에서는 질산화가 일어난다.

해설

A/O 공정은 활성슬러지 공법의 포기조 앞에 혐기조를 추가시킨 것으로 유기물과 인을 제거한다. 혐기조에서는 유기물 제거와 인의 방출이 일어나고, 포기조(호기조)에서는 인의 과잉섭취가 일어난다. A/O 공정은 질소 제거가 고려되지 않아 질소, 인의 동시제거가 곤란하다. 또한 높은 BOD/P비가 요구된다. 메틸알코올과 같은 외부탄소원을 첨가하는 것은 탈질공정에서 적용된다.

46 ② 47 ③ 48 ① 49 ① 정답

50 수질 성분이 부식에 미치는 영향으로 틀린 것은?

① 높은 알칼리도는 구리와 납의 부식을 증가시킨다.
② 암모니아는 착화물 형성을 통해 구리, 납 등의 금속용해도를 증가시킬 수 있다.
③ 잔류염소는 Ca와 반응하여 금속의 부식을 감소시킨다.
④ 구리는 갈바닉 전지를 이룬 배관상에 흠집(구멍)을 야기한다.

해설
잔류염소는 Ca와 반응하여 금속의 부식을 증가시킨다.

51 길이 : 폭의 비가 3 : 1인 장방형 침전조에 유량 $850m^3/day$의 흐름이 도입된다. 깊이는 4.0m이고 체류시간은 1.92h이라면 표면부하율($m^3/m^2 \cdot day$)은?(단, 흐름은 침전조 단면적에 균일하게 분배한다)

① 20　　② 30
③ 40　　④ 50

해설
표면부하율 $= \dfrac{Q}{A}$

- $V = Q \times t$
$= 850m^3/day \times (1day/24h) \times 1.92h$
$= 68m^3$
- $A = \dfrac{V}{H}$
$= \dfrac{68m^3}{4m} = 17m^2$

∴ 표면부하율 $= \dfrac{850m^3/day}{17m^2} = 50m^3/m^2 \cdot day$

52 1차 처리결과 슬러지의 함수율이 80%, 고형물 중 무기성 고형물질이 30%, 유기성 고형물질이 70%, 유기성 고형물질의 비중 1.1, 무기성 고형물질의 비중이 2.2일 때 슬러지의 비중은?

① 1.017　　② 1.023
③ 1.032　　④ 1.047

해설
$$\frac{m_{SL}}{\rho_{SL}} = \frac{m_{TS}}{\rho_{TS}} + \frac{m_w}{\rho_w} = \frac{m_{무기}X_{무기}}{\rho_{무기}} + \frac{m_{유기}X_{유기}}{\rho_{유기}} + \frac{m_w}{\rho_w}$$
$$\frac{100}{\rho_{SL}} = \frac{100 \times (1-0.8) \times 0.3}{2.2} + \frac{100 \times (1-0.8) \times 0.7}{1.1} + \frac{80}{1.0}$$
∴ $\rho_{SL} = 1.0476$

53 반지름이 8cm인 원형 관로에서 유체의 유속이 20m/s일 때 반지름이 40cm인 곳에서의 유속(m/s)은?(단, 유량 동일, 기타 조건은 고려하지 않음)

① 0.8　　② 1.6
③ 2.2　　④ 3.4

해설
유 량
$$Q = AV = \frac{\pi D^2}{4} V$$
유량은 동일하므로, 반지름이 40cm인 곳에서의 유속을 x라 하면
$$\frac{\pi \times (0.16m)^2}{4} \times 20m/s = \frac{\pi \times (0.8m)^2}{4} \times x$$
∴ $x = 0.8m/s$

정답 50 ③ 51 ④ 52 ④ 53 ①

54 **하수처리과정에서 소독방법 중 염소와 자외선 소독의 장단점을 비교할 때 염소소독의 장단점으로 틀린 것은?**

① 암모니아의 첨가에 의해 결합잔류염소가 형성된다.
② 염소접촉조로부터 휘발성 유기물이 생성된다.
③ 처리수의 총용존고형물이 감소한다.
④ 처리수의 잔류독성이 탈염소과정에 의해 제거되어야 한다.

해설

염소소독은 처리수의 총용존고형물이 증가하는 단점이 있다.

55 **하수로부터 인 제거를 위한 화학제의 선택에 영향을 미치는 인자가 아닌 것은?**

① 유입수의 인 농도
② 슬러지 처리시설
③ 알칼리도
④ 다른 처리공정과의 차별성

해설

인 제거를 위한 화학제 선택 시 고려사항

- 유입수의 인 농도
- 슬러지 처리시설
- 알칼리도
- 다른 처리공정과의 호환성

56 **CFSTR에서 물질을 분해하여 효율 95%로 처리하고자 한다. 이 물질은 0.5차 반응으로 분해되며, 속도상수는 $0.05(mg/L)^{1/2}/h$이다. 유량은 500L/h이고 유입농도는 250mg/L로 일정하다면 CFSTR의 필요 부피(m^3)는?(단, 정상상태라고 가정한다)**

① 약 520　② 약 570
③ 약 620　④ 약 670

해설

$0 = C_iQ - CQ - V\frac{dC}{dt}$

$0 = (C_i - C)Q - VKC^{0.5}$

$\therefore V = \frac{(250 - 0.05 \times 250)\text{mg/L} \times 500\text{L/h}}{0.05(\text{mg/L})^{1/2}/\text{h} \times (12.5\text{mg/L})^{1/2}} \times \frac{\text{m}^3}{10^3\text{L}} = 671.8\text{m}^3$

57 **질소 제거를 위한 파괴점 염소주입법에 관한 설명과 가장 거리가 먼 것은?**

① 적절한 운전으로 모든 암모니아성 질소의 산화가 가능하다.
② 시설비가 낮고 기존 시설에 적용이 용이하다.
③ 수생생물에 독성을 끼치는 잔류염소농도가 높아진다.
④ 독성물질과 온도에 민감하다.

해설

독성물질과 온도에 영향을 받지 않는다.

54 ③ 55 ④ 56 ④ 57 ④ 정답

58 총잔류염소 농도를 3.05mg/L에서 1.00mg/L로 탈염시키기 위해 유량 4,350m^3/day인 물에 가해주는 아황산염(SO_3^{2-})의 양(kg/day)은?(단, 원자량 : Cl = 35.5, S = 32.1)

① 약 6 ② 약 8
③ 약 10 ④ 약 12

해설

- Cl_2 제거량 = (3.05 − 1.00)g/m^3 × 4,350m^3/day × 10^{-3}kg/g = 8.92kg/day
- 분자량 : Cl_2 = 71, SO_3 = 80.1
- SO_3^{2-} 주입량 = 8.92kg/day × $\frac{80.1\text{kg}}{71\text{kg}}$ = 10.06kg/day

59 슬러지의 열처리에 대해 기술한 것으로 옳지 않은 것은?

① 슬러지의 열처리는 탈수의 전처리로서 한다.
② 슬러지의 열처리에 의해 슬러지의 탈수성과 침강성이 좋아진다.
③ 슬러지의 열처리에 의해 슬러지 중의 유기물이 가수분해되어 가용화된다.
④ 슬러지의 열처리에 의한 분리액은 BOD가 낮으므로 그대로 방류할 수 있다.

60 무기수은계 화합물을 함유한 폐수의 처리방법이 아닌 것은?

① 황화물 침전법 ② 활성탄 흡착법
③ 산화분해법 ④ 이온교환법

해설

- 무기수은계 폐수처리법 : 황화물응집침전법, 활성탄흡착법, 이온교환법
- 유기수은계 폐수처리법 : 흡착법, 산화분해법

제4과목 | 수질오염공정시험기준

61 수질분석용 시료의 보존 방법에 관한 설명 중 틀린 것은?

① 6가크롬 분석용 시료는 c−HNO_3 1mL/L를 넣어 보관한다.
② 페놀분석용 시료는 인산을 넣어 pH 4 이하로 조정한 후, 황산구리(1g/L)를 첨가하여 4℃에서 보관한다.
③ 시안 분석용 시료는 수산화나트륨으로 pH 12 이상으로 하여 4℃에서 보관한다.
④ 화학적 산소요구량 분석용 시료는 황산으로 pH 2 이하로 하여 4℃에서 보관한다.

해설

ES 04130.1e 시료의 채취 및 보존 방법
시료의 보존 방법
6가크롬 : 4℃ 보관

62 흡광광도 측정에서 입사광의 60%가 흡수되었을 때의 흡광도는?

① 약 0.6 ② 약 0.5
③ 약 0.4 ④ 약 0.3

해설

$$\text{흡광도}(A) = \log\frac{1}{t} = \log\frac{1}{0.4} = 0.4$$

정답 58 ③ 59 ④ 60 ③ 61 ① 62 ③

63 **자외선/가시선 분광법을 적용하여 페놀류를 측정할 때 사용되는 시약은?**

① 4-아미노안티피린 ② 인도페놀
③ o-페난트로린 ④ 디티존

해설

ES 04365.1d 페놀류-자외선/가시선 분광법
증류한 시료에 염화암모늄-암모니아 완충용액을 넣어 pH 10으로 조절한 다음 4-아미노안티피린과 헥사시안화철(Ⅱ)산칼륨을 넣어 생성된 붉은색의 안티피린계 색소의 흡광도를 측정하는 방법으로 수용액에서는 510nm, 클로로폼 용액에서는 460nm에서 측정한다.

64 **시료채취 시 유의사항으로 틀린 것은?**

① 채취 용기는 시료를 채우기 전에 시료로 3회 이상 씻은 다음 사용한다.
② 시료채취 용기에 시료를 채울 때에는 어떠한 경우에도 시료의 교란이 일어나서는 안 된다.
③ 지하수 시료는 취수정 내에 고여 있는 물과 원래 지하수의 성상이 달라질 수 있으므로 고여 있는 물을 충분히 퍼낸 다음 새로 나온 물을 채취한다.
④ 시료채취량은 시험항목 및 시험횟수의 필요량의 3~5배 채취를 원칙으로 한다.

해설

ES 04130.1e 시료의 채취 및 보존 방법
시료채취량은 시험항목 및 시험횟수에 따라 차이가 있으나 보통 3~5L 정도이어야 한다.

65 **0.1mg N/mL 농도의 NH_3-N 표준원액을 1L 조제하고자 할 때 요구되는 NH_4Cl의 양(mg/L)은?(단, NH_4Cl의 MW = 53.5)**

① 227
② 382
③ 476
④ 591

해설

- N(질소) 원자량 = 14
- NH_4Cl량 = 0.1mg − N/mL × $\frac{53.5}{14}$ × 1,000mL/L
  = 382.14mg/L

66 **시료 중 구리, 아연, 납, 카드뮴, 니켈, 철, 망간, 6가크롬, 코발트 및 은 등 측정에 적용되고 이들을 암모니아수로 색을 변화 후 다시 산으로 처리하는 전처리 방법은?**

① DDTC-MIBK법
② 디티존-MIBK법
③ 디티존-사염화탄소법
④ APDC-MIBK법

67 **플루오린 측정시험 시 수증기 증류법으로 전처리하지 않아도 되는 것은?**

① 색도가 30도인 시료
② PO_4^{3-}의 농도가 4mg/L인 시료
③ Al^{3+}의 농도가 2mg/L인 시료
④ Fe^{2+}의 농도가 7mg/L인 시료

63 ① 64 ④ 65 ② 66 ④ 67 ④ 정답

68 온도에 관한 내용으로 옳지 않은 것은?

① 찬 곳은 따로 규정이 없는 한 0~15℃의 곳을 뜻한다.

② 냉수는 15℃ 이하를 말한다.

③ 온수는 70~90℃를 말한다.

④ 상온은 15~25℃를 말한다.

해설

ES 04000.d 총칙
온수는 60~70℃를 말한다.

69 시료를 채취해 얻은 결과가 다음과 같고, 시료량이 50mL이었을 때 부유고형물의 농도(mg/L)와 휘발성 부유고형물의 농도(mg/L)는?

- Whatman GF/C 여과지무게 = 1.5433g
- 105℃ 건조 후 Whatman GF/C 여과지의 잔여무게 = 1.5553g
- 550℃ 소각 후 Whatman GF/C 여과지의 잔여무게 = 1.5531g

① 44, 240

② 240, 44

③ 24, 4.4

④ 4.4, 24

70 수질오염공정시험기준상 기체크로마토그래피법으로 정량하는 물질은?

① 플루오린 ② 유기인

③ 수 은 ④ 비 소

해설

유기인 분석방법 : 용매추출/기체크로마토그래피(ES 04503.1c)

71 '항량으로 될 때까지 강열한다'는 의미에 해당하는 것은?

① 강열할 때 전후 무게의 차가 g당 0.1mg 이하일 때

② 강열할 때 전후 무게의 차가 g당 0.3mg 이하일 때

③ 강열할 때 전후 무게의 차가 g당 0.5mg 이하일 때

④ 강열할 때 전후 무게의 차가 없을 때

해설

ES 04000.d 총칙

72 pH 표준액의 온도보정은 온도별 표준액의 pH값을 표에서 구하고 또한 표에 없는 온도의 pH값은 내삽법으로 구한다. 다음 중 20℃에서 가장 낮은 pH값을 나타내는 표준액은?

① 붕산염 표준액

② 프탈산염 표준액

③ 탄산염 표준액

④ 인산염 표준액

해설

ES 04306.1c 수소이온농도
20℃에서 pH값 순서
수산염 < 프탈산염 < 인산염 < 붕산염 < 탄산염 < 수산화칼슘

정답 68 ③ 69 ② 70 ② 71 ② 72 ②

73 원자흡수분광광도법을 적용하여 비소를 분석할 때 수소화비소를 직접적으로 발생시키기 위해 사용하는 시약은?

① 염화제일주석
② 아 연
③ 아이오딘화칼륨
④ 과망간산칼륨

해설

ES 04406.1c 비소-수소화물생성법-원자흡수분광광도법
아연 또는 나트륨붕소수화물($NaBH_4$)을 넣어 수소화비소로 포집하여 아르곤(또는 질소)-수소 불꽃에서 원자화시켜 193.7nm에서 흡광도를 측정하여 비소를 정량하는 방법이다.

74 전기전도도의 정밀도 기준으로 (　)에 옳은 것은?

> 측정값의 % 상대표준편차(RSD)로 계산하며 측정값이 (　) 이내이어야 한다.

① 15%　② 20%
③ 25%　④ 30%

해설

ES 04310.1d 전기전도도
정밀도는 측정값의 % 상대표준편차(RSD)로 계산하며, 측정값이 20% 이내이어야 한다.

75 BOD 측정 시 표준 글루코스 및 글루탐산 용액의 적정 BOD값(mg/L)이 아닌 것은?(단, 글루코스 및 글루탐산을 각 150mg씩 물에 녹여 1,000mL로 한다)

① 200　② 215
③ 230　④ 260

해설

글루코스 및 글루탐산 용액의 적정 BOD값은 200±30mg/L의 범위 안에 있어야 한다.

76 다음 중 용량분석법으로 측정하지 않는 항목은?

① 용존산소
② 부유물질
③ 화학적 산소요구량
④ 염소이온

해설

부유물질은 무게차를 산출하여 구하는 방법이다(ES 04303.1b).

77 20℃ 이하에서 BOD 측정 시료의 용존산소가 과포화되어 있을 때 처리하는 방법은?

① 시료에 산소가 과포화되어 있어도 배양 전 용존산소값으로 측정되므로 상관이 없다.
② 시료의 수온을 23~25℃로 하여 15분간 통기하고 방랭한 후 수온을 20℃로 한다.
③ 아황산나트륨을 적당량 넣어 산소를 소모시킨다.
④ 5℃ 이하로 냉각시켜 냉암소에서 15분간 잘 저어준다.

해설

ES 04305.1c 생물화학적 산소요구량
수온이 20℃ 이하일 때의 용존산소가 과포화되어 있을 경우에는 수온을 23~25℃로 상승시킨 이후에 15분간 통기하고 방치하고 냉각하여 수온을 다시 20℃로 한다.

73 ② 74 ② 75 ④ 76 ② 77 ② 정답

78 자외선/가시선 분광법을 이용한 철의 정량에 관한 내용으로 틀린 것은?

① 등적색 철착염의 흡광도를 측정하여 정량한다.
② 측정파장은 510nm이다.
③ 염산하이드록실아민에 의해 산화제이철로 산화된다.
④ 철이온을 암모니아 알칼리성으로 하여 수산화제이철로 침전분리한다.

해설
ES 04412.2c 철-자외선/가시선 분광법
철이온을 수산화제이철로 침전분리하고 염산하이드록실아민으로 제일철로 환원한 다음 o-페난트로린을 넣어 약산성에서 나타나는 등적색 철착염의 흡광도를 510nm에서 측정하는 방법이다.

79 0.1N $Na_2S_2O_3$ 용액 100mL에 증류수를 가해 500mL로 한 다음, 여기서 250mL를 취하여 다시 증류수로 전량 500mL로 하면 용액의 규정농도(N)는?

① 0.01 ② 0.02
③ 0.04 ④ 0.05

80 COD 측정에서 최초의 첨가한 $KMnO_4$량의 1/2 이상이 남도록 첨가하는 이유는?

① $KMnO_4$ 잔류량이 1/2 이하로 되면 유기물의 분해온도가 저하한다.
② $KMnO_4$ 잔류량이 1/2 이상이면 모든 유기물의 산화가 완료한다.
③ $KMnO_4$ 잔류량이 많을 경우 유기물의 산화속도가 저하한다.
④ $KMnO_4$ 농도가 저하되면 유기물의 산화율이 저하한다.

해설
$KMnO_4$ 농도가 저하되면 유기물의 산화율이 저하되기 때문에 처음 첨가한 $KMnO_4$용액의 양의 50~70%가 남도록 채취한다.

제5과목 | 수질환경관계법규

81 폐수처리방법이 생물화학적 처리방법인 경우 시운전기간 기준은?(단, 가동시작일은 2월 3일이다)

① 가동시작일부터 50일로 한다.
② 가동시작일부터 60일로 한다.
③ 가동시작일부터 70일로 한다.
④ 가동시작일부터 90일로 한다.

해설
물환경보전법 시행규칙 제47조(시운전기간 등)
폐수처리방법이 생물화학적 처리방법인 경우 : 가동시작일부터 50일. 다만, 가동시작일이 11월 1일부터 다음 연도 1월 31일까지에 해당하는 경우에는 가동시작일부터 70일로 한다.

82 오염총량관리기본계획 수립 시 포함되지 않는 내용은?

① 해당 지역 개발계획의 내용
② 지방자치단체별 · 수계구간별 오염부하량의 할당
③ 관할 지역에서 배출되는 오염부하량의 총량 및 저감계획
④ 오염총량초과부과금의 산정방법과 산정기준

해설
물환경보전법 제4조의3(오염총량관리기본계획의 수립 등)
오염총량관리지역을 관할하는 시 · 도지사는 오염총량관리기본방침에 따라 다음의 사항을 포함하는 기본계획(이하 '오염총량관리기본계획')을 수립하여 환경부령으로 정하는 바에 따라 환경부장관의 승인을 받아야 한다.
- 해당 지역 개발계획의 내용
- 지방자치단체별 · 수계구간별 오염부하량의 할당
- 관할 지역에서 배출되는 오염부하량의 총량 및 저감계획
- 해당 지역 개발계획으로 인하여 추가로 배출되는 오염부하량 및 그 저감계획

정답 78 ③ 79 ① 80 ④ 81 ① 82 ④

83 공공폐수처리시설의 유지 · 관리기준에 관한 내용으로 (   )에 맞는 것은?

> 처리시설의 관리 · 운영자는 처리시설의 적정 운영 여부를 확인하기 위한 방류수 수질검사를 (㉠) 실시하되 2,000m^3/일 이상 규모의 시설은 (㉡) 실시하여야 한다.

① ㉠ 분기 1회 이상, ㉡ 월 1회 이상
② ㉠ 월 1회 이상, ㉡ 월 2회 이상
③ ㉠ 월 2회 이상, ㉡ 주 1회 이상
④ ㉠ 주 1회 이상, ㉡ 수시

해설

물환경보전법 시행규칙 [별표 15] 공공폐수처리시설의 유지 · 관리기준
처리시설의 관리 · 운영자는 방류수 수질기준 항목(측정기기를 부착하여 관제센터로 측정자료가 전송되는 항목은 제외한다)에 대한 방류수 수질검사를 다음과 같이 실시하여야 한다.

- 처리시설의 적정 운영 여부를 확인하기 위하여 방류수 수질검사를 월 2회 이상 실시하되, 1일당 2,000m^3 이상인 시설은 주 1회 이상 실시하여야 한다. 다만, 생태독성(TU)검사는 월 1회 이상 실시하여야 한다.
- 방류수의 수질이 현저하게 악화되었다고 인정되는 경우에는 수시로 방류수 수질검사를 하여야 한다.

84 초과부과금 산정 시 적용되는 위반횟수별 부과계수에 관한 내용으로 (   )에 맞는 것은?(단, 폐수무방류배출시설의 경우)

> 처음 위반의 경우 (㉠), 다음 위반부터는 그 위반 직전의 부과계수에 (㉡)를 곱한 것으로 한다.

① ㉠ 1.5, ㉡ 1.3
② ㉠ 1.5, ㉡ 1.5
③ ㉠ 1.8, ㉡ 1.3
④ ㉠ 1.8, ㉡ 1.5

해설

물환경보전법 시행령 [별표 16] 위반횟수별 부과계수
폐수무방류배출시설에 대한 위반횟수별 부과계수는 처음 위반한 경우 1.8로 하고, 다음 위반부터는 그 위반 직전의 부과계수에 1.5를 곱한 것으로 한다.

85 환경부장관이 수질 등의 측정자료를 관리 · 분석하기 위하여 측정기기부착사업자 등이 부착한 측정기기와 연결, 그 측정결과를 전산처리할 수 있는 전산망 운영을 위한 수질원격감시체계 관제센터를 설치 · 운영할 수 있는 곳은?

① 국립환경과학원
② 유역환경청
③ 한국환경공단
④ 시 · 도 보건환경연구원

해설

물환경보전법 시행령 제37조(수질원격감시체계 관제센터의 설치 · 운영)
환경부장관은 측정자료를 관리 · 분석하기 위하여 측정기기부착사업자 등이 부착한 측정기기와 연결하여 그 측정결과를 전산처리할 수 있는 전산망을 운영하기 위하여 한국환경공단법에 따른 한국환경공단에 수질원격감시체계 관제센터를 설치 · 운영할 수 있다.

86 물환경보전법상 용어의 정의 중 틀린 것은?

① 폐수라 함은 물에 액체성 또는 고체성의 수질오염물질이 혼입되어 그대로 사용할 수 없는 물을 말한다.
② 수질오염물질이라 함은 수질오염의 요인이 되는 물질로서 환경부령으로 정하는 것을 말한다.
③ 폐수배출시설이라 함은 수질오염물질을 공공수역에 배출하는 시설물 · 기계 · 기구 · 장소 · 기타 물체로서 환경부령으로 정하는 것을 말한다.
④ 수질오염방지시설이라 함은 폐수배출시설로부터 배출되는 수질오염물질을 제거하거나 감소시키는 시설로서 환경부령으로 정하는 것을 말한다.

해설

물환경보전법 제2조(정의)
폐수배출시설이란 수질오염물질을 배출하는 시설물, 기계, 기구, 그 밖의 물체로서 환경부령으로 정하는 것을 말한다. 다만, 해양환경관리법에 따른 선박 및 해양시설은 제외한다.

83 ③ 84 ④ 85 ③ 86 ③ 정답

87 환경정책기본법령에 따른 수질 및 수생태계 환경기준 중 하천의 생활환경 기준으로 옳지 않은 것은?(단, 등급은 매우 좋음 기준)

① 수소이온농도(pH) : 6.5~8.5
② 용존산소량 DO(mg/L) : 7.5 이상
③ 부유물질량(mg/L) : 25 이하
④ 총인(mg/L) : 0.1 이하

해설

환경정책기본법 시행령 [별표 1] 환경기준
수질 및 수생태계–하천–생활환경 기준

등 급		기 준			
		수소이온농도 (pH)	부유물질량 (mg/L)	용존산소량 (mg/L)	총인 (mg/L)
매우 좋음	Ia	6.5~8.5	25 이하	7.5 이상	0.02 이하

88 대권역 물환경관리계획에 포함되지 않는 것은?

① 상수원 및 물 이용현황
② 수질오염 예방 및 저감대책
③ 기후변화에 대한 적응대책
④ 폐수배출시설의 설치 제한계획

해설

물환경보전법 제24조(대권역 물환경관리계획의 수립)
대권역 계획에는 다음의 사항이 포함되어야 한다.
- 물환경의 변화 추이 및 물환경목표기준
- 상수원 및 물 이용현황
- 점오염원, 비점오염원 및 기타수질오염원의 분포 현황
- 점오염원, 비점오염원 및 기타수질오염원에서 배출되는 수질오염물질의 양
- 수질오염 예방 및 저감 대책
- 물환경 보전조치의 추진방향
- 기후위기 대응을 위한 탄소중립 · 녹색성장 기본법에 따른 기후변화에 대한 적응대책
- 그 밖에 환경부령으로 정하는 사항

89 수질오염방지시설 중 화학적 처리시설에 해당되는 것은?

① 침전물 개량시설
② 혼합시설
③ 응집시설
④ 증류시설

해설

물환경보전법 시행규칙 [별표 5] 수질오염방지시설
- 침전물 개량시설 : 화학적 처리시설
- 혼합시설, 응집시설, 증류시설 : 물리적 처리시설

90 1일 200톤 이상으로 특정수질유해물질을 배출하는 산업단지에서 설치하여야 할 시설은?

① 무방류배출시설
② 완충저류시설
③ 폐수고도처리시설
④ 비점오염저감시설

해설

물환경보전법 시행규칙 제30조의3(완충저류시설의 설치대상)
'환경부령으로 정하는 지역'과 '환경부령으로 정하는 단지'란 다음의 공업지역(국토의 계획 및 이용에 관한 법률에 따른 공업지역을 말한다) 또는 산업단지(산업입지 및 개발에 관한 법률에 따른 산업단지를 말한다)를 말한다.
- 면적이 150만m^2 이상인 공업지역 또는 산업단지
- 특정수질유해물질이 포함된 폐수를 1일 200톤 이상 배출하는 공업지역 또는 산업단지
- 폐수배출량이 1일 5천톤 이상인 경우로서 다음의 어느 하나에 해당하는 지역에 위치한 공업지역 또는 산업단지
  - 영 제32조 각 호의 어느 하나에 해당하는 배출시설의 설치제한 지역
  - 한강, 낙동강, 금강, 영산강 · 섬진강 · 탐진강 본류의 경계(하천법의 하천구역의 경계를 말한다)로부터 1km 이내에 해당하는 지역
  - 한강, 낙동강, 금강, 영산강 · 섬진강 · 탐진강 본류에 직접 유입되는 지류(하천법에 따른 국가하천 또는 지방하천에 한정한다)의 경계(하천법의 하천구역의 경계)로부터 500m 이내에 해당하는 지역
- 화학물질관리법의 유해화학물질의 연간 제조 · 보관 · 저장 · 사용량이 1천톤 이상이거나 면적 1m^2당 2kg 이상인 공업지역 또는 산업단지

정답 87 ④ 88 ④ 89 ① 90 ②

91 폐수수탁처리업에서 사용하는 폐수운반차량에 관한 설명으로 틀린 것은?

① 청색으로 도색한다.
② 차량 양쪽 옆면과 뒷면에 폐수운반차량, 회사명, 등록번호, 전화번호 및 용량을 표시하여야 한다.
③ 차량에 표시는 흰색바탕에 황색글씨로 한다.
④ 운송 시 안전을 위한 보호구, 중화제 및 소화기를 갖추어 두어야 한다.

해설
물환경보전법 시행규칙 [별표 20] 폐수처리업의 허가요건
폐수운반차량은 청색으로 도색하고, 양쪽 옆면과 뒷면에 가로 50cm, 세로 20cm 이상 크기의 노란색 바탕에 검은색 글씨로 폐수운반차량, 회사명, 등록번호, 전화번호 및 용량을 지워지지 아니하도록 표시하여야 한다.

92 다음은 배출시설의 설치허가를 받은 자가 배출시설의 변경허가를 받아야 하는 경우에 대한 기준이다. (　)에 들어갈 내용으로 옳은 것은?

폐수배출량이 허가 당시보다 100분의 50(특정수질유해물질이 배출되는 시설의 경우에는 100분의 30) 이상 또는 (　) 이상 증가하는 경우

① 1일 500m^3
② 1일 600m^3
③ 1일 700m^3
④ 1일 800m^3

해설
물환경보전법 시행령 제31조(설치허가 및 신고 대상 폐수배출시설의 범위 등)
폐수배출량이 허가 당시보다 100분의 50(특정수질유해물질이 규정에 따른 기준 이상으로 배출되는 시설의 경우에는 100분의 30) 이상 또는 1일 700m^3 이상 증가하는 경우에는 배출시설의 변경허가를 받아야 한다.

93 기본배출부과금 산정에 필요한 지역별 부과계수로 옳은 것은?

① 청정지역 및 가지역 : 1.5
② 청정지역 및 가지역 : 1.2
③ 나지역 및 특례지역 : 1.5
④ 나지역 및 특례지역 : 1.2

해설
물환경보전법 시행령 [별표 10] 지역별 부과계수
• 청정지역 및 가지역 : 1.5
• 나지역 및 특례지역 : 1

94 비점오염저감시설의 설치와 관련된 사항으로 틀린 것은?

① 도시의 개발, 산업단지의 조성 등 사업을 하는 자는 환경부령이 정하는 기간 내에 비점오염저감시설을 설치하여야 한다.
② 강우유출수의 오염도가 항상 배출허용기준 이내로 배출되는 사업장은 비점오염저감시설을 설치하지 아니할 수 있다.
③ 한강대권역의 완충저류시설에 유입하여 강우유출수를 처리할 경우 비점오염저감시설을 설치하지 아니할 수 있다.
④ 대통령령으로 정하는 규모 이상의 사업장에 제철시설, 섬유염색시설, 그 밖에 대통령령으로 정하는 폐수배출시설을 설치하는 자는 비점오염저감시설을 설치하여야 한다.

해설
③ 물환경보전법 제21조의4에 따른 완충저류시설에 유입하여 강우유출수를 처리하는 경우(물환경보전법 제53조)

91 ③ 92 ③ 93 ① 94 ③ 정답

95 오염총량관리기본방침에 포함되어야 할 사항으로 틀린 것은?

① 오염원의 조사 및 오염부하량 산정방법
② 오염총량관리시행 대상 유역 현황
③ 오염총량관리의 대상 수질오염물질 종류
④ 오염총량관리의 목표

해설
물환경보전법 시행령 제4조(오염총량관리기본방침)
오염총량관리기본방침에는 다음의 사항이 포함되어야 한다.
• 오염총량관리의 목표
• 오염총량관리의 대상 수질오염물질 종류
• 오염원의 조사 및 오염부하량 산정방법
• 오염총량관리기본계획의 주체, 내용, 방법 및 시한
• 오염총량관리시행계획의 내용 및 방법

96 위임업무 보고사항 중 '골프장 맹·고독성 농약 사용 여부 확인 결과'의 보고횟수 기준은?

① 수 시
② 연 4회
③ 연 2회
④ 연 1회

해설
물환경보전법 시행규칙 [별표 23] 위임업무 보고사항

업무내용	보고횟수
골프장 맹·고독성 농약 사용 여부 확인 결과	연 2회

97 현장에서 배출허용기준 또는 방류수 수질기준의 초과 여부를 판정할 수 있는 수질오염물질 항목으로 나열한 것은?

① 수소이온농도, 화학적 산소요구량, 총질소, 부유물질량
② 수소이온농도, 화학적 산소요구량, 용존산소, 총인
③ 총유기탄소, 화학적 산소요구량, 용존산소, 총인
④ 총유기탄소, 생물화학적 산소요구량, 총질소, 부유물질량

해설
물환경보전법 시행규칙 제104조(현장에서 배출허용기준 등의 초과 여부를 판정할 수 있는 수질오염물질)
검사기관에 오염도검사를 의뢰하지 아니하고 현장에서 배출허용기준, 방류수 수질기준 또는 물놀이형 수경시설의 수질 기준의 초과 여부를 판정할 수 있는 수질오염물질의 종류는 다음과 같다.
• 수소이온농도
• 영 별표 7에 따른 수질자동측정기기(측정기기의 정상 운영 여부를 확인한 결과 정상으로 운영되지 아니하는 경우는 제외한다)로 측정 가능한 수질오염물질
  – 수소이온농도(pH)
  – 총유기탄소량(TOC)
  – 부유물질량(SS)
  – 총질소(T-N)
  – 총인(T-P)

※ 법 개정으로 정답 없음

98 사업자가 환경기술인을 바꾸어 임명하는 경우는 그 사유가 발생한 날부터 며칠 이내에 신고하여야 하는가?

① 3일 ② 5일
③ 7일 ④ 10일

해설
물환경보전법 시행령 제59조(환경기술인의 임명 및 자격기준 등)
사업자가 환경기술인을 임명하려는 경우에는 다음의 구분에 따라 임명하여야 한다.
• 최초로 배출시설을 설치한 경우 : 가동시작 신고와 동시
• 환경기술인을 바꾸어 임명하는 경우 : 그 사유가 발생한 날부터 5일 이내

정답 95 ② 96 ③ 97 ① 98 ②

99 **공공수역에 정당한 사유없이 특정수질유해물질 등을 누출·유출시키거나 버린 자에 대한 처벌기준은?**

① 1년 이하의 징역 또는 1천만원 이하의 벌금
② 2년 이하의 징역 또는 2천만원 이하의 벌금
③ 3년 이하의 징역 또는 3천만원 이하의 벌금
④ 5년 이하의 징역 또는 5천만원 이하의 벌금

해설

물환경보전법 제77조(벌칙)

공공수역에 정당한 사유없이 특정수질유해물질 등을 누출·유출하거나 버린 자는 3년 이하의 징역 또는 3천만원 이하의 벌금에 처한다.

100 **시·도지사는 공공수역의 수질보전을 위하여 환경부령이 정하는 해발고도 이상에 위치한 농경지 중 환경부령이 정하는 경사도 이상의 농경지를 경작하는 자에 대하여 경작방식의 변경, 농약·비료의 사용량 저감, 휴경 등을 권고할 수 있다. 위에서 언급한 환경부령이 정하는 해발고도와 경사도 기준은?**

① 400m, 15%
② 400m, 25%
③ 600m, 15%
④ 600m, 25%

해설

물환경보전법 시행규칙 제85조(휴경 등 권고대상 농경지의 해발고도 및 경사도)

'환경부령으로 정하는 해발고도'란 해발 400m를 말하고 '환경부령으로 정하는 경사도'란 경사도 15%를 말한다.

99 ③ 100 ① 정답

2018년 제3회 과년도 기출문제

제1과목 | 수질오염개론

01 알칼리도가 수질환경에 미치는 영향에 관한 설명으로 가장 거리가 먼 것은?

① 높은 알칼리도를 갖는 물은 쓴맛을 낸다.
② 알칼리도가 높은 물은 다른 이온과 반응성이 좋아 관 내에 Scale을 형성할 수 있다.
③ 알칼리도는 물속에서 수중생물의 성장에 중요한 역할을 함으로써 물의 생산력을 추정하는 변수로 활용한다.
④ 자연수 중 알칼리도의 형태는 대부분 수산화물의 형태이다.

해설
자연수의 알칼리도는 주로 중탄산염(HCO_3^-)의 형태를 이룬다.

02 성층현상에 관한 설명으로 틀린 것은?

① 수심에 따른 온도변화로 발생되는 물의 밀도차에 의해 발생된다.
② 봄, 가을에는 저수지의 수직혼합이 활발하여 분명한 층의 구별이 없어진다.
③ 여름에는 수심에 따른 연직온도경사와 산소구배가 반대 모양을 나타내는 것이 특징이다.
④ 겨울과 여름에는 수직운동이 없어 정체현상이 생기며 수심에 따라 온도와 용존산소농도의 차이가 크다.

해설
성층현상(Stratification)으로 여름철에 저수지, 댐, 호수에서 수표면의 수온이 증가되면서 연직으로 온도구배(경사)는 분자 확산으로 용존 산소와 동일한 경향(Trend)을 나타낸다.

03 다음 물질 중 이온화도가 가장 큰 것은?

① CH_3COOH
② H_2CO_3
③ HNO_3
④ NH_3

04 수산화칼슘[$Ca(OH)_2$]이 중탄산칼슘[$Ca(HCO_3)_2$]과 반응하여 탄산칼슘($CaCO_3$)의 침전이 형성될 때 10g의 $Ca(OH)_2$에 대하여 생성되는 $CaCO_3$의 양(g)은?(단, 칼슘 원자량 = 40)

① 17　② 27
③ 37　④ 47

해설
$Ca(OH)_2 + Ca(HCO_3)_2 \rightarrow 2CaCO_3 + 2H_2O$
74 : 2×100
10g : x
$\therefore x = 27.03$g

05 2,000mg/L $Ca(OH)_2$ 용액의 pH는?(단, $Ca(OH)_2$는 완전 해리, Ca 원자량 = 40)

① 12.13　② 12.43
③ 12.73　④ 12.93

해설
$\frac{2g}{L} \times \frac{2eg}{74g} = 0.054N$
$pOH = -\log[OH^-] = -\log 0.054 = 1.27$
$\therefore pH = 14 - pOH = 14 - 1.27 = 12.73$

정답 1 ④ 2 ③ 3 ③ 4 ② 5 ③

06 다음 반응식 중 환원상태가 되면 가장 나중에 일어나는 반응은?(단, ORP값 기준이다)

① $SO_4^{2-} \rightarrow S^{2-}$

② $NO_2^- \rightarrow NH_3$

③ $Fe^{3+} \rightarrow Fe^{2+}$

④ $NO_3^- \rightarrow NO_2^-$

07 부영양호의 수면관리 대책으로 틀린 것은?

① 수생식물의 이용

② 준 설

③ 약품에 의한 영양염류의 침전 및 황산동 살포

④ N, P 유입량의 증대

해설

N, P 유입량을 증대시키면 부영양화가 더 진행된다.

08 카드뮴이 인체에 미치는 영향으로 가장 거리가 먼 것은?

① 칼슘 대사기능 장해

② Hunter-Russel 장해

③ 골연화증

④ Fanconi씨 증후군

해설

Hunter-Russel 장해는 수은이 인체에 미치는 영향이다.

09 알칼리도에 관한 반응 중 가장 부적절한 것은?

① $CO_2 + H_2O \rightarrow H_2CO_3 \rightarrow HCO_3^- + H^+$

② $HCO_3^- \rightarrow CO_3^{2-} + H^+$

③ $CO_3^{2-} + H_2O \rightarrow HCO_3^- + OH^-$

④ $HCO_3^- + H_2O \rightarrow H_2CO_3 + OH^-$

10 BOD 1kg의 제거에 보통 1kg의 산소가 필요하다면 1.45ton의 BOD가 유입된 하천에서 BOD를 완전히 제거하고자 할 때 요구되는 공기량(m^3)은?(단, 물의 공기 흡수율은 7%(부피기준)이며, 공기 $1m^3$은 0.236kg의 O_2를 함유한다고 하고 하천의 BOD는 고려하지 않음)

① 약 84,773

② 약 85,773

③ 약 86,773

④ 약 87,773

해설

공기량(m^3)

$$= 1.45\text{ton} \times \frac{1\text{kg } O_2}{1\text{kg BOD}} \times \frac{1\text{m}^3 \text{ Air}}{0.236\text{kg } O_2} \times \frac{1}{0.07} \times \frac{10^3\text{kg}}{\text{ton}}$$

$= 87,772.4m^3$

6 ① 7 ④ 8 ② 9 ④ 10 ④ 정답

11 **소수성 콜로이드의 특성으로 틀린 것은?**

① 물속에서 에멀션으로 존재함
② 염에 아주 민감함
③ 물에 반발하는 성질이 있음
④ 소량의 염을 첨가하여도 응결 침전됨

해설

소수성 콜로이드
- 현탁상태로 존재한다.
- Tyndall효과가 크다.
- 소량의 염을 첨가하여도 응결 침전된다.
- 염에 민감하다.

12 **하수나 기타 물질에 의해서 수원이 오염되었을 때에 물은 일련의 변화과정을 거친다. Fungi와 같은 정도로 청록색 내지 녹색 조류가 번식하고, 하류로 내려갈수록 규조류가 성장하는 지대는?**

① 분해지대 ② 활발한 분해지대
③ 회복지대 ④ 정수지대

해설

회복지대에서는 용존산소의 농도가 점차 증가하고, 혐기성균은 사라지며, 조류는 증가한다.

13 **25℃, 4atm의 압력에 있는 메탄가스 15kg을 저장하는 데 필요한 탱크의 부피(m^3)는?(단, 이상기체의 법칙 적용, 표준상태 기준, $R=0.082$L · atm/mol · K)**

① 4.42 ② 5.73
③ 6.54 ④ 7.45

해설

메탄 15kg의 몰수를 계산하면 다음과 같다.

$$15\text{kg } CH_4 \times \frac{1\text{mol}}{16\text{g}} \times \frac{10^3\text{g}}{1\text{kg}} = 937.5\text{mol}$$

$$\therefore\ V = \frac{nRT}{P}$$

$$= \frac{937.5\text{mol}}{4\text{atm}} \times \frac{0.082\text{L} \cdot \text{atm}}{\text{mol} \cdot \text{K}} \times (273+25)\text{K} \times \frac{1\text{m}^3}{10^3\text{L}}$$

$$\fallingdotseq 5.73\text{m}^3$$

14 **수원의 종류 중 지하수에 관한 설명으로 틀린 것은?**

① 수온 변동이 적고 탁도가 높다.
② 미생물이 거의 없고 오염물이 적다.
③ 유속이 빠르고 광역적인 환경조건의 영향을 받아 정화되는데 오랜 기간이 소요된다.
④ 무기염류 농도와 경도가 높다.

해설

지하수는 유속이 느리고 수질변동이 적으며, 탁도가 낮다.

15 **Fungi(균류, 곰팡이류)에 관한 설명으로 틀린 것은?**

① 원시적 탄소동화작용을 통하여 유기물질을 섭취하는 독립영양계 생물이다.
② 폐수 내의 질소와 용존산소가 부족한 경우에도 잘 성장하며, pH가 낮은 경우에도 잘 성장한다.
③ 구성물질의 75~80%가 물이며 $C_{10}H_{17}O_6N$을 화학구조식으로 사용한다.
④ 폭이 약 5~10μm로서 현미경으로 쉽게 식별되며 슬러지팽화의 원인이 된다.

해설

균류(Fungi)는 곰팡이, 버섯, 효모 등의 진균류와 먼지, 곰팡이 등의 변형 균류를 포함하는 생물군이다. 진핵생물의 한 군으로서 원핵생물인 세균류와는 세포구조나 증식형태가 다르기 때문에 명료하게 구별되며, 유기물을 섭취하는 호기성 종속미생물이다.

정답 11 ① 12 ③ 13 ② 14 ①, ③ 15 ①

16 내경 5mm인 유리관을 정수 중에 연직으로 세울 때 유리관 내의 모세관높이(cm)는?(단, 물의 수온=15℃, 이 때의 표면장력=0.076g/cm, 물과 유리의 접촉각=8°)

① 0.5
② 0.6
③ 0.7
④ 0.8

해설

$$\Delta h = \frac{4r \times \cos\beta}{w \cdot d} = \frac{4 \times (0.076\text{g/cm}) \times \cos 8°}{1\text{g/cm}^3 \times 0.5\text{cm}} = 0.6\text{cm}$$

17 미생물 세포의 비증식 속도를 나타내는 식에 대한 설명이 잘못된 것은?

$$\mu = \mu_{\max} \times \frac{[S]}{[S] + K_s}$$

① $\mu_{\max}$는 최대 비증식속도로 시간$^{-1}$ 단위이다.
② K_s는 반속도상수로서 최대성장률이 1/2일 때의 기질의 농도이다.
③ $\mu = \mu_{\max}$인 경우, 반응속도가 기질농도에 비례하는 1차 반응을 의미한다.
④ $[S]$는 제한기질 농도이고 단위는 mg/L이다.

해설

$\mu = \mu_{\max}$인 경우, 반응속도가 기질농도와는 무관한 0차 반응을 의미한다.

18 세균(Bacteria)의 경험적 분자식으로 옳은 것은?

① $C_5H_7O_2N$
② $C_5H_8O_2N$
③ $C_7H_8O_5N$
④ $C_8H_9O_5N$

해설

미생물 분자식

미생물	호기성 세균	혐기성 세균	조 류	균 류
분자식	$C_5H_7O_2N$	$C_5H_9O_3N$	$C_5H_8O_2N$	$C_{10}H_{17}O_6N$

19 수은(Hg)에 대한 설명으로 틀린 것은?

① 아연정련업, 도금공장, 도자기제조업에서 주로 발생한다.
② 대표적 만성질환으로는 미나마타병, 헌터-루셀 증후군이 있다.
③ 유기수은은 금속상태의 수은보다 생물체 내에 흡수력이 강하다.
④ 상온에서 액체상태로 존재하며, 인체에 노출 시 중추신경계에 피해를 준다.

해설

수은은 살충제·온도계·압력계 제조업에서 주로 발생한다.

20 pH 2.5인 용액을 pH 6.0의 용액으로 희석할 때 용량비를 1 : 9로 혼합하면 혼합액의 pH는?

① 3.1　② 3.3
③ 3.5　④ 3.7

해설

혼합액 용량을 10L로 가정

• 혼합액의 $[H^+] = \frac{(10^{-2.5} \times 1) + (10^{-6.0} \times 9)}{10} = 3.17 \times 10^{-4}$

• 혼합액의 pH $= -\log(3.17 \times 10^{-4}) = 3.5$

16 ② 17 ③ 18 ① 19 ① 20 ③ 정답

제2과목 | 상하수도계획

21 **용해성 성분으로 무기물인 플루오린(처리대상물질)을 제거하기 위해 유효한 고도정수처리 방법으로 가장 거리가 먼 것은?**

① 응집침전
② 골 탄
③ 이온교환
④ 전기분해

22 **하수도계획의 목표연도는 원칙적으로 몇 년으로 설정하는가?**

① 15년 ② 20년
③ 25년 ④ 30년

해설
하수도계획의 목표연도는 원칙적으로 20년으로 한다.

23 **길이가 100m, 직경이 40cm인 하수관로의 하수유속을 1m/s로 유지하기 위한 하수관로의 동수경사는? (단, 만관기준, Manning식의 조도계수 n = 0.012)**

① 1.2×10^{-3} ② 2.3×10^{-3}
③ 3.1×10^{-3} ④ 4.6×10^{-3}

해설
Manning 공식 : $V(\mathrm{m/s}) = \frac{1}{n} \times R^{2/3} \times I^{1/2}$

$1\mathrm{m/s} = \frac{1}{0.012} \times \left(\frac{0.4}{4}\right)^{2/3} \times I^{1/2}$

$\therefore\ I = 3.10 \times 10^{-3}$

24 **복류수나 자유수면을 갖는 지하수를 취수하는 시설인 집수매거에 관한 설명으로 틀린 것은?**

① 집수매거의 길이는 시험우물 등에 의한 양수시험 결과에 따라 정한다.
② 집수매거의 매설깊이는 1.0m 이하로 한다.
③ 집수매거는 수평 또는 흐름방향으로 향하여 완경사로 하고, 집수매거의 유출단에서 매거 내의 평균유속은 1.0m/s 이하로 한다.
④ 세굴의 우려가 있는 제외지에 설치할 경우에는 철근콘크리트틀 등으로 방호한다.

해설
집수매거의 매설깊이는 5m를 표준으로 한다.

25 **계획오수량에 관한 설명으로 틀린 것은?**

① 지하수량은 1인1일 최대오수량의 20% 이하로 한다.
② 계획시간 최대오수량은 계획1일 최대오수량의 1시간당 수량의 1.3~1.8배를 표준으로 한다.
③ 합류식에서 우천 시 계획오수량은 원칙적으로 계획시간 최대오수량의 3배 이상으로 한다.
④ 계획1일 평균오수량은 계획1일 최대오수량의 50~60%를 표준으로 한다.

해설
계획1일 평균오수량은 계획1일 최대오수량의 70~80%를 표준으로 한다.

정답 21 ③ 22 ② 23 ③ 24 ② 25 ④

26 **표준맨홀의 형상별 용도에서 내경 1,500mm 원형에 해당하는 것은?**

① 1호 맨홀
② 2호 맨홀
③ 3호 맨홀
④ 4호 맨홀

27 **비교회전도(N_s)에 대한 설명으로 틀린 것은?**

① 펌프는 N_s값에 따라 그 형식이 변한다.
② N_s값이 같으면 펌프의 크기에 관계없이 같은 형식의 펌프로 하고 특성도 대체로 같아진다.
③ 수량과 전양정이 같다면 회전수가 많을수록 N_s값이 커진다.
④ 일반적으로 N_s값이 작으면 유량이 큰 저양정의 펌프가 된다.

해설
일반적으로 N_s값이 작으면 유량이 작은 고양정의 펌프가 된다.

28 **하수관이 부식하기 쉬운 곳은?**

① 바닥 부분
② 양 옆 부분
③ 하수관 전체
④ 관정부(Crown)

29 **상수도 취수관거의 취수구에 관한 설명으로 틀린 것은?**

① 높이는 배사문의 바닥높이보다 0.5~1m 이상 낮게 한다.
② 유입속도는 0.4~0.8m/s를 표준으로 한다.
③ 제수문의 전면에는 스크린을 설치한다.
④ 계획취수위는 취수구로부터 도수기점까지의 손실수두를 계산하여 결정한다.

해설
취수구의 높이는 배사문의 바닥높이보다 0.5~1.0m 이상 높게 한다.

30 **우수배제계획에서 계획우수량을 산정할 때 고려할 사항이 아닌 것은?**

① 유출계수 ② 유속계수
③ 배수면적 ④ 유달시간

해설
계획우수량을 산정할 때에는 유출계수, 배수면적, 유달시간, 강우강도 등을 고려한다.

26 ③ 27 ④ 28 ④ 29 전항정답 30 ② 정답

31 상수도 급수배관에 관한 설명으로 틀린 것은?

① 급수관을 공공도로에 부설할 경우에는 도로관리자가 정한 점용위치와 깊이에 따라 배관해야 하며 다른 매설물과의 간격을 30cm 이상 확보한다.
② 급수관을 부설하고 되메우기를 할 때에는 양질토 또는 모래를 사용하여 적절하게 다짐하여 관을 보호한다.
③ 급수관이 개거를 횡단하는 경우에는 가능한 한 개거의 위로 부설한다.
④ 동결이나 결로의 우려가 있는 급수설비의 노출 부분에 대해서는 적절한 방한조치나 결로방지 조치를 강구한다.

해설
급수관이 개거를 횡단하는 경우에는 가능한 한 개거의 아래로 부설한다.

32 상수도시설인 완속여과지에 관한 설명으로 틀린 것은?

① 여과지 깊이는 하부집수장치의 높이에 자갈층 두께와 모래층 두께까지 2.5~3.5m를 표준으로 한다.
② 완속여과지의 여과속도는 4~5m/day를 표준으로 한다.
③ 모래층의 두께는 70~90cm를 표준으로 한다.
④ 여과지의 모래면 위의 수심은 90~120cm를 표준으로 한다.

해설
여과지 깊이는 하부집수장치의 높이에 자갈층과 모래층 두께, 모래면 위의 수심과 여유고를 더하여 2.5~3.5m를 표준으로 한다.

33 전양정에 대한 펌프의 형식 중 틀린 것은?

① 전양정 5m 이하는 펌프구경 400mm 이상의 축류펌프를 사용한다.
② 전양정 3~12m는 펌프구경 400mm 이상의 원심펌프를 사용한다.
③ 전양정 5~20m는 펌프구경 300mm 이상의 원심사류펌프를 사용한다.
④ 전양정 4m 이상은 펌프구경 80mm 이상의 원심펌프를 사용한다.

해설
전양정 3~12m는 펌프구경 400mm 이상의 사류펌프를 사용한다.

34 펌프의 규정회전수는 10회/s, 규정토출량은 $0.3m^3/s$, 펌프의 규정양정이 5m일 때 비교회전도는?

① 642 ② 761
③ 836 ④ 935

해설

$$N_s = N \times \frac{Q^{1/2}}{H^{3/4}}$$

$$= \frac{10회}{s} \times \frac{60s}{min} \times \frac{18^{1/2}}{5^{3/4}} = 761$$

※ $Q = 0.3m^3/s \times \frac{60s}{min} = 18m^3/min$

35 계획우수량 산정 시 고려하는 하수관로의 설계강우로 알맞은 것은?

① 30~50년 빈도
② 10~30년 빈도
③ 10~15년 빈도
④ 5~10년 빈도

해설
계획우수량 산정 시 하수관로의 설계강우로 10~30년 빈도를 기준으로 한다.

정답 31 ③ 32 ① 33 ② 34 ② 35 ②

36 상수도 송수시설의 계획송수량 산정에 기준이 되는 수량은?

① 계획1일 최대급수량
② 계획1일 평균급수량
③ 계획1일시간 최대급수량
④ 계획1일시간 평균급수량

해설
송수시설의 계획송수량 산정 시 계획1일 최대급수량을 기준으로 한다.

37 정수처리를 위해 완속여과방식(불용해성 성분의 처리방식)만을 선택하였을 때 거의 처리할 수 없는 항목(물질)은?

① 탁 도 ② 철분, 망간
③ ABS ④ 농 약

38 관로의 접합과 관련된 고려사항으로 틀린 것은?

① 접합의 종류에는 관성접합, 관중심접합, 수면접합, 관저접합 등이 있다.
② 관로의 관경이 변화하는 경우의 접합방법은 원칙적으로 수면접합 또는 관정접합으로 한다.
③ 2개의 관로가 합류하는 경우 중심교각은 되도록 60° 이상으로 한다.
④ 지표의 경사가 급한 경우에는 관경변화에 대한 유무에 관계없이 원칙적으로 단차접합 또는 계단접합을 한다.

해설
2개의 관로가 합류하는 경우 중심교각은 되도록 60° 이하로 한다.

39 정수시설의 착수정 구조와 형상에 관한 설계기준으로 틀린 것은?

① 착수정은 분할을 원칙으로 하며 고수위 이상으로 유지되도록 월류관이나 월류위어를 설치한다.
② 형상은 일반적으로 직사각형 또는 원형으로 하고 유입구에는 제수밸브 등을 설치한다.
③ 착수정의 고수위와 주변벽체의 상단 간에는 60cm 이상의 여유를 두어야 한다.
④ 부유물이나 조류 등을 제거할 필요가 있는 장소에는 스크린을 설치한다.

해설
수위가 고수위 이상을 올라가지 않도록 월류관이나 월류위어를 설치한다.

40 펌프를 선정할 때 고려사항으로 적당하지 않은 것은?

① 펌프를 최대효율점 부근에서 운전하도록 용량 및 대수를 결정한다.
② 펌프의 설치대수는 유지관리상 가능한 적게 하고 동일용량의 것으로 한다.
③ 펌프는 저용량일수록 효율이 높으므로 가능한 저용량으로 한다.
④ 내부에서 막힘이 없고, 부식 및 마모가 적어야 한다.

해설
펌프는 용량이 클수록 효율이 높으므로 가능한 대용량의 것으로 하며, 오수유입량에 따라 대응운전이 가능한 대·중·소 조합이 되도록 한다.

36 ① 37 ④ 38 ③ 39 ① 40 ③ 정답

제3과목 | 수질오염방지기술

41 활성슬러지법의 변법인 접촉안정화법에 대한 설명으로 가장 거리가 먼 것은?

① 활성슬러지를 하수와 약 5~20분간 비교적 짧은 시간동안 접촉조에서 포기, 혼합한다.

② 활성슬러지를 안정조에서 3~6시간 포기하여 흡수, 흡착된 유기물질을 산화시킨다.

③ 침전지에서는 접촉조에서 유기물을 흡수, 흡착한 슬러지를 분리한다.

④ 유기물의 상당량이 콜로이드 상태로 존재하는 도시하수처리에 적합하다.

해설

활성슬러지를 하수와 약 20~60분간 접촉조에서 포기, 혼합한다.

42 소독제로서 오존(O_3)의 효율성에 대한 설명으로 가장 거리가 먼 것은?

① 오존은 대단히 반응성이 큰 산화제이다.

② 오존은 매우 효과적인 바이러스 사멸제이다.

③ 오존 처리는 용존고형물을 증가시키지 않는다.

④ pH가 높을 때 소독효과가 좋다.

43 호기성 미생물에 의하여 발생되는 반응은?

① 포도당 → 알코올

② 초산 → 메탄

③ 아질산염 → 질산염

④ 포도당 → 초산

해설

아질산염은 호기성 미생물에 의해 질산염으로 산화된다.

44 난분해성 폐수처리에 이용되는 펜톤시약은?

① H_2O_2 + 철염

② 알루미늄염 + 철염

③ H_2O_2 + 알루미늄염

④ 철염 + 고분자응집제

해설

펜톤시약은 철염과 과산화수소를 말한다.

45 BOD 250mg/L인 폐수를 살수여상법으로 처리할 때 처리수의 BOD는 80mg/L, 온도가 20℃였다. 만일 온도가 23℃로 된다면 처리수의 BOD 농도(mg/L)는?(단, 온도 이외의 처리조건은 같음, $E_t = E_{20} \times C_i^{T-20}$, E : 처리효율, C_i = 1.035)

① 약 46 ② 약 53

③ 약 62 ④ 약 71

해설

- $E_{20} = \frac{250-80}{250} = 0.68$
- $E_{23} = 0.68 \times 1.035^{23-20} = 0.75$

∴ BOD = 250 × 0.25 = 62.5mg/L

정답 41 ① 42 ④ 43 ③ 44 ① 45 ③

46 흡착장치 중 고정상 흡착장치의 역세척에 관한 설명으로 가장 알맞은 것은?

> (㉠) 동안 먼저 표면세척을 한 다음 (㉡)$m^3/m^2 \cdot h$의 속도로 역세척수를 사용하여 층을 (㉢) 정도 부상시켜 실시한다.

① ㉠ 24시간, ㉡ 14~48, ㉢ 25~30%
② ㉠ 24시간, ㉡ 24~28, ㉢ 10~50%
③ ㉠ 짧은 시간, ㉡ 14~28, ㉢ 25~30%
④ ㉠ 짧은 시간, ㉡ 24~48, ㉢ 10~50%

해설

짧은 시간 동안 먼저 표면세척을 한 다음 24~48$m^3/m^2 \cdot h$의 속도로 역세척수를 사용하여 층을 10~50% 정도 부상시켜 실시한다.

47 정수장의 침전조 설계 시 어려운 점은 물의 흐름은 수평방향이고 입자 침강방향은 중력방향이어서 두 방향의 운동을 해석해야 한다는 점이다. 이상적인 수평 흐름 장방형 침전지(제 I 형 침전) 설계를 위한 기본 가정 중 틀린 것은?

① 유입부의 깊이에 따라 SS농도는 선형으로 높아진다.
② 슬러지 영역에서는 유체이동이 전혀 없다.
③ 슬러지 영역상부에 사영역이나 단락류가 없다.
④ 플러그 흐름이다.

해설

SS 농도는 수심과 길이에 관계없이 일정하게 분포된다.

48 다음의 공정은 A^2/O 공정을 나타낸 것이다. 각 반응조의 주요 기능에 대하여 옳은 것은?

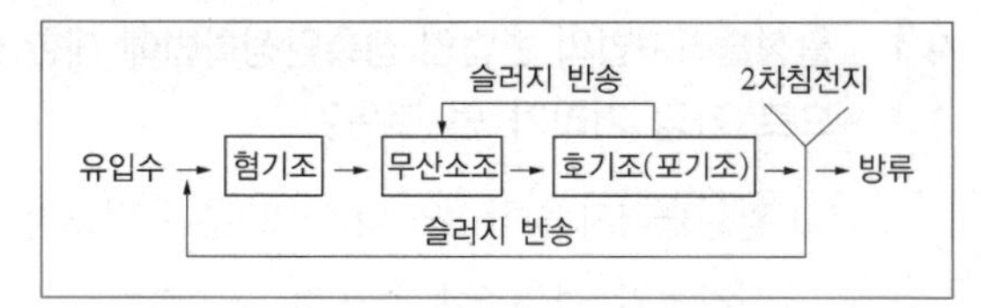

① 혐기조 : 인방출, 무산소조 : 질산화, 포기조 : 탈질, 인과잉섭취
② 혐기조 : 인방출, 무산소조 : 탈질, 포기조 : 인과잉섭취, 질산화
③ 혐기조 : 탈질, 무산소조 : 질산화, 포기조 : 인방출 및 과잉섭취
④ 혐기조 : 탈질, 무산소조 : 인과잉섭취, 포기조 : 질산화, 인방출

해설

A^2/O 공정 : 혐기조 – 무산소조 – 호기조
- 혐기조 : 인방출
- 무산소조 : 탈질
- 호기조(포기조) : 인의 과잉섭취, 질산화

49 폐수의 고도처리에 관한 설명으로 가장 거리가 먼 것은?

① 염수 등 무기염류의 제거에는 전기투석, 역삼투 등을 사용한다.
② 질소제거는 소석회 등을 사용하여 pH 10.8~11.5에서 암모니아 스트리핑을 한다.
③ 인산이온은 수산화나트륨 등으로 중화하여 침전 처리한다.
④ 잔류 COD는 급속사 여과 후 활성탄 흡착 처리한다.

해설

인산이온은 석회 등으로 침전 처리한다.

46 ④ 47 ① 48 ② 49 ③ 정답

50 Bar Rack의 설계조건이 다음과 같을 때 손실수두(m)는?(단, $h_L = 1.79\left(\frac{W}{b}\right)^{4/3} \cdot \frac{v^2}{2g}\sin\theta$, 원형봉의 지름 = 20mm, Bar의 유효간격 = 25mm, 수평설치각도 = 50°, 접근유속 = 1.0m/s)

① 0.0427
② 0.0482
③ 0.0519
④ 0.0599

해설

$h_L = 1.79\left(\frac{W}{b}\right)^{4/3} \times \frac{v^2}{2g}\sin\theta$

$= 1.79 \times \left(\frac{20}{25}\right)^{4/3} \times \frac{1^2}{2 \times 9.8}\sin 50°$

$= 0.0519\text{m}$

51 화학적 인 제거방법으로 정석탈인법에 사용되는 것은?

① Al ② Fe
③ Ca ④ Mg

해설

정석탈인법은 석회를 주입하여 인을 제거하는 방법이다.

52 특정의 반응물을 포함하는 폐수가 연속혼합 반응조를 통과할 때 반응물의 농도가 250mg/L에서 25mg/L로 감소하였다. 반응조 내의 반응은 일차반응이고, 폐수의 유량이 1일 5,000m^3이면 반응조의 체적(m^3)은?(단, 반응속도 상수(K) = 0.2day^{-1})

① 45,000
② 90,000
③ 112,500
④ 214,286

53 살수여상처리공정에서 생성되는 슬러지의 농도는 4.5%이며 하루에 생성되는 고형물의 양은 1,000kg이다. 중력을 이용하여 농축할 때 중력농축조의 직경(m)은?(단, 농축조의 형태는 원형, 깊이 = 3m, 중력농축조의 고형물 부하량 = 25kg/m^2 · day, 비중 = 1.0)

① 3.55 ② 5.10
③ 6.72 ④ 7.14

해설

농축조면적(A) = $\frac{\text{슬러지량(kg/day)}}{\text{고형물부하(kg/m}^2 \cdot \text{day)}}$

$= \frac{1,000\text{kg/day}}{25\text{kg/day} \cdot \text{m}^2} = 40\text{m}^2$

$A = 0.785 \times D^2 = 40\text{m}^2$

$\therefore D = 7.14\text{m}$

54 혐기성 소화조 내의 pH가 낮아지는 원인이 아닌 것은?

① 유기물 과부하
② 과도한 교반
③ 중금속 등 유해물질 유입
④ 온도 저하

해설

혐기성 소화조 내의 pH 저하 원인
- 유기물의 과부화
- 온도 저하
- 교반의 부족
- 메탄균 활성을 저해하는 유해물질 유입

정답 50 ③ 51 ③ 52 전항정답 53 ④ 54 ②

55 **정수장에 적용되는 완속여과의 장점이라 볼 수 없는 것은?**

① 여과시스템의 신뢰성이 높고 양질의 음용수를 얻을 수 있다.
② 수량과 탁질의 급격한 부하변동에 대응할 수 있다.
③ 고도의 지식이나 기술을 가진 운전자를 필요로 하지 않고 최소한의 전력만 필요로 한다.
④ 여과지를 간헐적으로 사용하여도 양질의 여과수를 얻을 수 있다.

56 **막공법에 관한 설명으로 가장 거리가 먼 것은?**

① 투석은 선택적 투과막을 통해 용액 중에 다른 이온 혹은 분자의 크기가 다른 용질을 분리시키는 것이다.
② 투석에 대한 추진력은 막을 기준으로 한 용질의 농도차이다.
③ 한외여과 및 미여과의 분리는 주로 여과작용에 의한 것으로 역삼투현상에 의한 것이 아니다.
④ 역삼투는 반투막으로 용매를 통과시키기 위해 동수압을 이용한다.

해설

역삼투는 용매는 통과하지만 용질은 통과하지 않는 반투막성질을 이용한 처리시설로, 정수압차를 이용한다.

57 **수질성분이 금속 하수도관의 부식에 미치는 영향으로 가장 거리가 먼 것은?**

① 잔류염소는 용존산소와 반응하여 금속부식을 억제시킨다.
② 용존산소는 여러 부식 반응속도를 증가시킨다.
③ 고농도의 염화물이나 황산염은 철, 구리, 납의 부식을 증가시킨다.
④ 암모니아는 착화물의 형성을 통하여 구리, 납 등의 용해도를 증가시킬 수 있다.

해설

염소는 습기에 반응하여 금속을 부식시킨다.

58 **포기조의 MLSS 농도가 3,000mg/L이고, 1L 실린더에 30분 동안 침전시킨 후 슬러지 부피가 150mL이면 슬러지의 SVI는?**

① 20　　② 50
③ 100　　④ 150

해설

$$SVI = \frac{SV(mL/L)}{MLSS(mg/L)} \times 1,000$$

$$= \frac{150}{3,000} \times 1,000 = 50$$

55 ④　56 ④　57 ①　58 ② 정답

59 인구가 10,000명인 마을에서 발생되는 하수를 활성 슬러지법으로 처리하는 처리장에 저율 혐기성 소화조를 설계하려고 한다. 생슬러지(건조고형물 기준) 발생량은 0.11kg/인 · 일이며, 휘발성 고형물은 건조고형물의 70%이다. 가스발생량은 $0.94m^3$/VSS · kg이고 휘발성 고형물의 65%가 소화된다면 일일 가스발생량(m^3/day)은?

① 약 345

② 약 471

③ 약 563

④ 약 644

해설

- VS량 = 10,000인 × (0.11kg TS/인 · day) × (0.7kg VS/kg TS) = 770kg VS/day
- 가스발생량 = (770kg VS/day) × ($0.94m^3$/kg VS) × 0.65 = $470.47m^3$ 가스/day

60 폐수로부터 질소물질을 제거하는 주요 물리화학적 방법이 아닌 것은?

① Phostrip법

② 암모니아스트리핑법

③ 파과점염소처리법

④ 이온교환법

해설

Phostrip 공법은 인을 제거하는 공정이다.

제4과목 | 수질오염공정시험기준

61 원자흡수분광광도법에서 일어나는 간섭에 대한 설명으로 틀린 것은?

① 광학적 간섭 : 분석하고자 하는 원소의 흡수파장과 비슷한 다른 원소의 파장이 서로 겹쳐 비이상적으로 높에 측정되는 경우

② 물리적 간섭 : 표준용액과 시료 또는 시료와 시료 간의 물리적 성질(점도, 밀도, 표면장력 등)의 차이 또는 표준물질과 시료의 매질(Matrix) 차이에 의해 발생

③ 화학적 간섭 : 불꽃의 온도가 분자를 들뜬 상태로 만들기에 충분히 높지 않아서, 해당 파장을 흡수하지 못하여 발생

④ 이온화 간섭 : 불꽃온도가 너무 낮을 경우 중성원자에서 전자를 빼앗아 이온이 생성될 수 있으며 이 경우 양(+)의 오차가 발생

해설

ES 04400.1d 금속류-불꽃 원자흡수분광광도법

이온화 간섭 : 불꽃온도가 너무 높을 경우 중성원자에서 전자를 빼앗아 이온이 생성될 수 있으며, 이 경우 음(-)의 오차가 발생하게 된다.

62 자외선/가시선 분광법을 이용하여 아연을 측정하는 원리로 (　　)에 옳은 내용은?

> 아연이온이 (　)에서 진콘과 반응하여 생성하는 청색의 킬레이트화합물의 흡광도를 620nm에서 측정하는 방법이다.

① pH 약 2　　② pH 약 4

③ pH 약 9　　④ pH 약 11

해설

ES 04409.2b 아연-자외선/가시선 분광법

아연이온이 pH 약 9에서 진콘과 반응하여 생성하는 청색 킬레이트 화합물의 흡광도를 620nm에서 측정하는 방법이다.

정답 59 ② 60 ① 61 ④ 62 ③

63 하천수의 시료채취 지점에 관한 내용으로 ( )에 공통으로 들어갈 내용은?

> 하천의 단면에서 수심이 가장 깊은 수면의 지점과 그 지점을 중심으로 하여 좌우로 수면폭을 2등분한 각각의 지점의 수면으로부터 수심 ( ) 미만일 때에는 수심의 1/3에서, 수심 ( ) 이상일 때에는 수심의 1/3 및 2/3에서 각각 채수한다.

① 2m ② 3m
③ 5m ④ 6m

해설
ES 04130.1e 시료의 채취 및 보존 방법
하천의 단면에서 수심이 가장 깊은 수면의 지점과 그 지점을 중심으로 하여 좌우로 수면폭을 2등분한 각각의 지점의 수면으로부터 수심 2m 미만일 때에는 수심의 1/3에서, 수심이 2m 이상일 때에는 수심의 1/3 및 2/3에서 각각 채수한다.

64 불꽃 원자흡수분광광도법 분석절차 중 가장 먼저 수행되는 것은?

① 최적의 에너지 값을 얻도록 선택파장을 최적화한다.
② 버너헤드를 설치하고 위치를 조정한다.
③ 바탕시료를 주입하여 영점조정을 한다.
④ 공기와 아세틸렌을 공급하면서 불꽃을 발생시키고 최대감도를 얻도록 유량을 조절한다.

해설
ES 04400.1d 금속류-불꽃 원자흡수분광광도법
분석방법 순서 : ① → ② → ④ → ③

65 기기분석법에 관한 설명으로 틀린 것은?

① 유도결합플라스마(ICP)는 시료도입부, 고주파전원부, 광원부, 분광부, 연산처리부 및 기록부로 구성되어 있다.
② 원자흡수분광광도법은 시료 중의 유해중금속 및 기타 원소의 분석에 적용한다.
③ 흡광광도법은 파장 200~900nm에서의 액체의 흡광도를 측정한다.
④ 기체크로마토그래피법의 검출기 중 열전도도 검출기는 인 또는 유황화합물의 선택적 검출에 주로 사용된다.

해설
인 또는 황화합물을 선택적으로 검출할 수 있는 검출기는 불꽃광도형 검출기이다.

66 기체크로마토그래피법의 전자포획 검출기에 관한 설명으로 ( )에 알맞은 것은?

> 방사선 동위원소로부터 방출되는 ( )이 운반기체를 전리하여 미소전류를 흘려보낼 때 시료 중의 할로겐이나 산소와 같이 전자포획력이 강한 화합물에 의하여 전자가 포획되어 전류가 감소하는 것을 이용하는 방법이다.

① α(알파)선
② β(베타)선
③ γ(감마)선
④ 중성자선

해설
전자포획형 검출기(ECD ; Electron Capture Detector) : 방사선 동위원소로부터 방출되는 β선이 운반가스를 전리하여 미소전류를 흘려보낼 때 시료 중의 할로겐이나 산소와 같이 전자포획력이 강한 화합물에 의하여 전자가 포획되어 전류가 감소하는 것을 이용하는 방법으로 유기할로겐화합물, 나이트로화합물 및 유기금속화합물을 선택적으로 검출할 수 있다.

63 ① 64 ① 65 ④ 66 ② 정답

67 **시료 중 분석대상물의 농도가 낮거나 복잡한 매질 중에서 분석대상물만을 선택적으로 추출하여 분석하고자 할 때 사용되는 전처리 방법으로 가장 적당한 것은?**

① 마이크로파 산분해법

② 전기회화로법

③ 산분해법

④ 용매추출법

해설

ES 04150.1b 시료의 전처리 방법

68 **분석물질의 농도변화에 대한 지시값을 나타내는 검정곡선방법에 대한 설명으로 옳은 것은?**

① 검정곡선법은 시료의 농도와 지시값과의 상관성을 검정곡선 식에 대입하여 작성하는 방법으로, 직선성이 유지되는 농도범위 내에서 제조농도 3~5개를 사용한다.

② 표준물첨가법은 시료와 동일한 매질에 일정량의 표준물질을 첨가하여 검정곡선을 작성하는 것으로, 시험분석 절차, 기기 또는 시스템의 변동으로 발생하는 오차를 보정하기 위해 사용한다.

③ 내부표준법은 표준용액과 시료에 동일한 양의 내부표준물질을 첨가하여 검정곡선을 작성하는 것으로, 매질효과가 큰 시험분석 방법에서 분석대상 시료와 동일한 매질의 시료를 확보하지 못한 경우에 매질효과를 보정하기 위해 사용한다.

④ 검정곡선의 검증은 방법검출한계의 2~5배 또는 검정곡선의 중간 농도에 해당하는 표준용액에 대한 측정값이 검정곡선 작성 시의 지시값과 10% 이내에서 일치하여야 한다.

해설

ES 04001.b 정도보증/정도관리

② 표준물첨가법은 시료와 동일한 매질에 일정량의 표준물질을 첨가하여 검정곡선을 작성하는 방법으로써, 매질효과가 큰 시험분석 방법에서 분석대상 시료와 동일한 매질의 표준시료를 확보하지 못한 경우에 매질효과를 보정하여 분석할 수 있는 방법이다.

③ 내부표준법은 검정곡선 작성용 표준용액과 시료에 동일한 양의 내부표준물질을 첨가하여 시험분석 절차, 기기 또는 시스템의 변동으로 발생하는 오차를 보정하기 위해 사용하는 방법이다. 내부표준법은 시험분석하려는 성분과 물리·화학적 성질은 유사하나 시료에는 없는 순수물질을 내부표준물질로 선택한다. 일반적으로 내부표준물질로는 분석하려는 성분에 동위원소가 치환된 것을 많이 사용한다.

④ 검증은 방법검출한계의 5~50배 또는 검정곡선의 중간 농도에 해당하는 표준용액에 대한 측정값이 검정곡선 작성 시의 지시값과 10% 이내에서 일치하여야 한다. 만약 이 범위를 넘는 경우 검정곡선을 재작성하여야 한다.

69 **막여과법에 의한 총대장균군 측정방법에 대한 설명으로 틀린 것은?**

① 페트리접시에 배지를 올려놓은 다음 배양 후 금속성 광택을 띠는 적색이나 진한 적색 계통의 집락을 계수하는 방법이다.

② 총대장균군은 그람 음성, 무아포성의 간균으로서 락토스를 분해하여 가스 또는 산을 발생하는 모든 호기성 또는 통성 혐기성균을 말한다.

③ 양성대조군은 *E.Coli* 표준균주를 사용하고 음성대조군은 멸균 희석수를 사용하도록 한다.

④ 고체배지는 에탄올(90%) 20mL를 포함한 정제수 1L에 배지를 정해진 고체배지 조성대로 넣고 완전히 녹을 때까지 저어주면서 끓인다. 이때 고압증기 멸균한다.

해설

ES 04701.1g 총대장균군-막여과법

상용화된 완성제품을 사용할 수 있으며, 제조하여 사용할 때는 에탄올(95%) 20mL를 포함한 정제수 1L에 배지를 정해진 고체배지 조성대로 넣고 pH 7.2±0.2를 확인한 다음 완전히 녹을 때까지 저어주면서 끓인 후, 45~50℃까지 식힌 다음 5~7mL를 페트리접시에 넣어 굳힌다. 이때 고압증기멸균하지 않는다.

정답 67 ④ 68 ① 69 ④

70 위어의 수두가 0.25m, 수로의 폭이 0.8m, 수로의 밑면에서 절단 하부점까지의 높이가 0.7m인 직각 3각 위어의 유량(m^3/min)은?(단, 유량계수

$$k=81.2+\frac{0.24}{h}+\left(8.4+\frac{12}{\sqrt{D}}\right)\times\left(\frac{h}{B}-0.09\right)^2$$)

① 1.4　　② 2.1
③ 2.6　　④ 2.9

해설

ES 04140.2b 공장폐수 및 하수유량-측정용 수로 및 기타 유량측정방법

여기서, h : 위어의 수두(m)
D : 수로의 밑면으로부터 절단 하부점까지의 높이(m)
B : 수로의 폭(m)

$$k=81.2+\frac{0.24}{0.25}+\left(8.4+\frac{12}{\sqrt{0.7}}\right)\times\left(\frac{0.25}{0.8}-0.09\right)^2$$

$\fallingdotseq 83.2859$

$\therefore Q=kh^{5/2}=83.2859\times0.25^{5/2}\fallingdotseq 2.60m^3/min$

71 원자흡수분광광도법에 의한 크롬 측정에 관한 설명으로 (　　)에 맞는 것은?

> 공기-아세틸렌 불꽃에 주입하여 분석하며 정량한계는 (　　)nm에서의 산처리법은 (　　)mg/L, 용매추출법은 (　　)mg/L이다.

① 357.9, 0.01, 0.001
② 357.9, 0.001, 0.01
③ 715.8, 0.01, 0.001
④ 715.8, 0.001, 0.01

해설

ES 04414.1d 크롬-원자흡수분광광도법

크롬은 공기-아세틸렌 불꽃에 주입하여 분석하며 정량한계는 357.9nm에서 산처리법은 0.01mg/L, 용매추출법은 0.001mg/L이다.

72 유기물 함량이 낮은 깨끗한 하천수나 호소수 등의 시료 전처리 방법으로 이용되는 것은?

① 질산에 의한 분해　　② 염산에 의한 분해
③ 황산에 의한 분해　　④ 아세트산에 의한 분해

해설

ES 04150.1b 시료의 전처리 방법

73 수질오염공정시험기준 총칙에서 용어의 정의가 틀린 것은?

① 무게를 '정확히 단다'라 함은 규정된 수치의 무게를 0.1mg까지 다는 것을 말한다.
② 시험조작 중 '즉시'란 30초 이내에 표시된 조작을 하는 것을 뜻한다.
③ '바탕시험을 하여 보정한다'라 함은 시료를 사용하여 같은 방법으로 조작한 측정치를 보정하는 것을 말한다.
④ '정확히 취하여'라 하는 것은 규정한 양의 액체를 부피피펫으로 눈금까지 취하는 것을 말한다.

해설

ES 04000.d 총칙

바탕시험을 하여 보정한다 : 시료에 대한 처리 및 측정을 할 때 시료를 사용하지 않고 같은 방법으로 조작한 측정치를 빼는 것을 뜻한다.

74 유도결합플라스마-원자발광분광법에 의해 측정할 수 있는 항목이 아닌 것은?

① 6가크롬　　② 비 소
③ 플루오린　　④ 망 간

해설

플루오린 분석방법

- 자외선/가시선 분광법(ES 04351.1b)
- 이온전극법(ES 04351.2a)
- 이온크로마토그래피(ES 04351.3a)

70 ③　71 ①　72 ①　73 ③　74 ③ 정답

75 총대장균군 측정 시에 사용하는 배양기의 배양온도 기준으로 옳은 것은?

① 20±1℃ ② 25±0.5℃
③ 30±1℃ ④ 35±0.5℃

해설

ES 04701.1g 총대장균군-막여과법
배양기는 배양온도를 35±0.5℃로 유지할 수 있는 것을 사용한다.

76 산화성 물질이 함유된 시료나 착색된 시료에 적합하며 특히 윙클러-아자이드화나트륨 변법에 사용할 수 없는 폐하수의 용존산소 측정에 유용하게 사용할 수 있는 측정법은?

① 이온크로마토그래피법
② 기체크로마토그래피법
③ 알칼리비색법
④ 전극법

해설

ES 04308.2c 용존산소-전극법
이 시험기준은 지표수, 폐수 등에 적용할 수 있으며, 정량한계는 0.5mg/L이다. 특히 산화성 물질이 함유된 시료나 착색된 시료와 같이 윙클러-아자이드화나트륨변법을 적용할 수 없는 폐·하수의 용존산소 측정에 유용하게 사용할 수 있다.

77 자외선/가시선 분광법을 적용한 페놀류 측정에 관한 내용으로 옳은 것은?

① 정량한계는 클로로폼 측정법일 때 0.025mg/L이다.
② 정량범위는 직접 측정법일 때 0.025~0.05mg/L이다.
③ 증류한 시료에 염화암모늄-암모니아 완충액을 넣어 pH 10으로 조절한다.
④ 4-아미노안티피린과 페리시안칼륨을 넣어 생성된 청색의 안티피린계 색소의 흡광도를 측정하는 방법이다.

해설

ES 04365.1d 페놀류-자외선/가시선 분광법

- 증류한 시료에 염화암모늄-암모니아 완충용액을 넣어 pH 10으로 조절한 다음 4-아미노안티피린과 헥사시안화철(Ⅱ)산칼륨을 넣어 생성된 붉은색의 안티피린계 색소의 흡광도를 측정하는 방법으로 수용액에서는 510nm, 클로로폼 용액에서는 460nm에서 측정한다.
- 정량한계는 클로로폼 추출법일 때 0.005mg/L, 직접 측정법일 때 0.05mg/L이다.

78 환원제인 $FeSO_4$ 용액 25mL을 H_2SO_4 산성에서 0.1N-$K_2Cr_2O_7$으로 산화시키는 데 31.25mL 소비되었다. $FeSO_4$ 용액 200mL를 0.05N 용액으로 만들려고 할 때 가하는 물의 양(mL)은?

① 200 ② 300
③ 400 ④ 500

해설

- $NV = N_1 V_1$
  $a \times 25\text{mL} = 0.1\text{N} \times 31.25\text{mL}$
  $a = 0.125\text{N}$
- $NV = N_1 V_1$
  $0.125\text{N} \times 200\text{mL} = 0.05\text{N} \times b$
  $b = 500\text{mL}$

∴ 0.05N 용액으로 만들기 위해 추가하는 물의 양
= 500 − 200 = 300mL
즉, 0.05N 용액으로 만들기 위해서는 물 300mL를 추가하여 500mL로 만든다.

정답 75 ④ 76 ④ 77 ③ 78 ②

79 용기에 의한 유량 측정방법 중 최대유량 $1m^3$/분 이상인 경우에 관한 내용으로 (　　)에 맞는 것은?

> 수조가 큰 경우는 유입시간에 있어서 유수의 부피는 상승한 수위와 상승수면의 평균표면적의 계측에 의하여 유량을 산출한다. 이 경우 측정시간은 (㉠) 정도, 수위의 상승속도는 적어도 (㉡) 이상이어야 한다.

① ㉠ 1분, ㉡ 매분 1cm
② ㉠ 1분, ㉡ 매분 3cm
③ ㉠ 5분, ㉡ 매분 1cm
④ ㉠ 5분, ㉡ 매분 3cm

해설

ES 04140.2b 공장폐수 및 하수유량–측정용 수로 및 기타 유량측정방법
용기에 의한 측정–최대유량 $1m^3$/분 이상인 경우
수조가 큰 경우 : 유입시간에 있어서 유수의 부피는 상승한 수위와 상승수면의 평균표면적의 계측에 의하여 유량을 산출한다. 이 경우 측정시간은 5분 정도, 수위의 상승속도는 적어도 매분 1cm 이상이어야 한다.

80 자외선/가시선 분광법(인도페놀법)으로 암모니아성 질소를 측정할 때 암모늄이온이 차아염소산의 공존 아래에서 페놀과 반응하여 생성하는 인도페놀의 색깔과 파장은?

① 적자색, 510nm
② 적색, 540nm
③ 청색, 630nm
④ 황갈색, 610nm

해설

ES 04355.1c 암모니아성 질소–자외선/가시선 분광법
암모늄이온이 하이포염소산의 존재하에서 페놀과 반응하여 생성되는 인도페놀의 청색을 630nm에서 측정하는 방법이다.

제5과목 | 수질환경관계법규

81 환경정책기본법에 따른 환경기준에서 하천의 생활환경 기준에 포함되지 않는 검사항목은?

① T–P　　② T–N
③ DO　　④ TOC

해설

환경정책기본법 시행령 [별표 1] 환경기준
하천의 생활환경 기준 항목 : pH, BOD, COD, TOC, SS, DO, 총인, 대장균군(총대장균군, 분원성 대장균군)

82 거짓이나 그 밖의 부정한 방법으로 폐수배출시설 설치허가를 받았을 때의 행정처분기준은?

① 개선명령
② 허가취소 또는 폐쇄명령
③ 조업정지 5일
④ 조업정지 30일

해설

물환경보전법 시행규칙 [별표 22] 행정처분기준
거짓이나 그 밖의 부정한 방법으로 폐수배출시설 설치허가·변경허가를 받았거나, 신고·변경신고를 한 경우 : 허가취소 또는 폐쇄명령

83 규정에 의한 관계공무원의 출입·검사를 거부·방해 또는 기피한 폐수무방류배출시설을 설치·운영하는 사업자에게 처하는 벌칙기준은?

① 3년 이하의 징역 또는 3천만원 이하의 벌금
② 2년 이하의 징역 또는 2천만원 이하의 벌금
③ 1년 이하의 징역 또는 1천만원 이하의 벌금
④ 500만원 이하의 벌금

해설

물환경보전법 제78조(벌칙)
규정에 따른 관계 공무원의 출입·검사를 거부·방해 또는 기피한 폐수무방류배출시설을 설치·운영하는 사업자는 1년 이하의 징역 또는 1천만원 이하의 벌금에 처한다.

79 ③　80 ③　81 ②　82 ②　83 ③ 정답

84 환경부령으로 정하는 폐수무방류배출시설의 설치가 가능한 특정수질유해물질이 아닌 것은?

① 다이클로로메탄
② 구리 및 그 화합물
③ 카드뮴 및 그 화합물
④ 1,1-다이클로로에틸렌

해설

물환경보전법 시행규칙 제39조(폐수무방류배출시설의 설치가 가능한 특정수질유해물질)
'환경부령으로 정하는 특정수질유해물질'이란 다음의 물질을 말한다.
- 구리 및 그 화합물
- 다이클로로메탄
- 1,1-다이클로로에틸렌

85 사업장별 환경기술인의 자격기준 중 제2종 사업장에 해당하는 환경기술인의 기준은?

① 수질환경기사 1명 이상
② 수질환경산업기사 1명 이상
③ 환경기능사 1명 이상
④ 2년 이상 수질분야에 근무한 자 1명 이상

해설

물환경보전법 시행령 [별표 17] 사업장별 환경기술인의 자격기준

구 분	환경기술인
제2종 사업장	수질환경산업기사 1명 이상

86 비점오염저감시설 중 자연형 시설인 인공습지 설치기준으로 틀린 것은?

① 인공습지의 유입구에서 유출구까지의 유로는 최대한 길게 하고, 길이 대 폭의 비율은 2:1 이상으로 한다.
② 유입부에서 유출부까지의 경사는 0.5% 이상 1.0% 이하의 범위를 초과하지 아니하도록 한다.
③ 침전물로 인하여 토양의 공극이 막히지 아니하는 구조로 설계한다.
④ 생물의 서식 공간을 창출하기 위하여 5종부터 7종까지의 다양한 식물을 심어 생물다양성을 증가시킨다.

해설

물환경보전법 시행규칙 [별표 17] 비점오염저감시설의 설치기준

87 수질오염방지시설 중 물리적 처리시설에 해당되지 않는 것은?

① 혼합시설 ② 흡착시설
③ 응집시설 ④ 유수분리시설

해설

물환경보전법 시행규칙 [별표 5] 수질오염방지시설
흡착시설은 화학적 처리시설에 해당한다.

정답 84 ③ 85 ② 86 ③ 87 ②

88 **공공폐수처리시설의 유지·관리기준에 따라 처리시설의 관리·운영자가 실시하여야 하는 방류수 수질검사의 횟수 기준은?(단, 시설의 규모는 1,500m^3/day, 처리시설의 적정 운영을 확인하기 위한 검사이다)**

① 2월 1회 이상 ② 월 1회 이상
③ 월 2회 이상 ④ 주 1회 이상

해설
물환경보전법 시행규칙 [별표 15] 공공폐수처리시설의 유지·관리기준
처리시설의 관리·운영자는 방류수 수질기준 항목(측정기기를 부착하여 관제센터로 측정자료가 전송되는 항목은 제외한다)에 대한 방류수 수질검사를 다음과 같이 실시하여야 한다.
- 처리시설의 적정 운영 여부를 확인하기 위하여 방류수 수질검사를 월 2회 이상 실시하되, 1일당 2,000m^3 이상인 시설은 주 1회 이상 실시하여야 한다. 다만, 생태독성(TU)검사는 월 1회 이상 실시하여야 한다.
- 방류수의 수질이 현저하게 악화되었다고 인정되는 경우에는 수시로 방류수 수질검사를 하여야 한다.

89 **공공폐수처리시설의 유지·관리기준에 관한 내용으로 ( )에 맞는 것은?**

처리시설의 가동시간, 폐수방류량, 약품투입량, 관리·운영자, 그 밖에 처리시설의 운영에 관한 주요사항을 사실대로 매일 기록하고 이를 최종 기록한 날부터 ( ) 보존하여야 한다.

① 1년간 ② 2년간
③ 3년간 ④ 5년간

해설
물환경보전법 시행규칙 [별표 15] 공공폐수처리시설의 유지·관리기준
처리시설의 가동시간, 폐수방류량, 약품투입량, 관리·운영자, 그 밖에 처리시설의 운영에 관한 주요사항을 사실대로 매일 기록하고 이를 최종기록한 날부터 1년간 보존하여야 한다.

90 **수질오염방지시설 중 생물화학적 처리시설이 아닌 것은?**

① 접촉조
② 살균시설
③ 돈사톱밥발효시설
④ 폭기시설

해설
물환경보전법 시행규칙 [별표 5] 수질오염방지시설
살균시설은 화학적 처리시설에 해당한다.

91 **폐수배출시설을 설치하려고 할 때 수질오염물질의 배출허용기준을 적용받지 않는 시설은?**

① 폐수무방류배출시설
② 일 50톤 미만의 폐수처리시설
③ 일 10톤 미만의 폐수처리시설
④ 공공폐수처리시설로 유입되는 폐수처리시설

해설
물환경보전법 제32조(배출허용기준)
다음의 어느 하나에 해당하는 배출시설에 대해서는 수질오염물질의 배출허용기준을 적용하지 아니한다.
- 폐수무방류배출시설
- 환경부령으로 정하는 배출시설 중 폐수를 전량(全量) 재이용하거나 전량 위탁 처리하여 공공수역으로 폐수를 방류하지 아니하는 배출시설

88 ③ 89 ① 90 ② 91 ① 정답

92 **폐수배출시설 외에 수질오염물질을 배출하는 시설 또는 장소로서 환경부령이 정하는 것(기타수질오염원)의 대상시설과 규모기준에 관한 내용으로 틀린 것은?**

① 자동차 폐차장 시설 : 면적 1,000m^2 이상

② 수조식육상양식어업시설 : 수조면적 합계 500m^2 이상

③ 골프장 : 면적 3만m^2 이상

④ 무인자동식 현상, 인화, 정착시설 : 1대 이상

해설

물환경보전법 시행규칙 [별표 1] 기타수질오염원

시설구분	대 상	규 모
수산물 양식시설	양식산업발전법 시행령에 따른 육상수조식내수양식업시설	수조면적의 합계가 500m^2 이상일 것
골프장	체육시설의 설치·이용에 관한 법률 시행령에 따른 골프장	면적이 30,000m^2 이상이거나 3홀 이상일 것(비점오염원으로 설치 신고대상인 골프장은 제외한다)
운수장비 정비 또는 폐차장 시설	자동차 폐차장 시설	면적이 1,500m^2 이상일 것
사진 처리 또는 X-Ray 시설	무인자동식 현상·인화·정착시설	1대 이상일 것

※ 법 개정으로 ②번의 내용 변경

93 **특정수질유해물질이 아닌 것은?**

① 구리 및 그 화합물

② 셀레늄 및 그 화합물

③ 플루오린화합물

④ 테트라클로로에틸렌

해설

물환경보전법 시행규칙 [별표 3] 특정수질유해물질

- 구리와 그 화합물
- 납과 그 화합물
- 비소와 그 화합물
- 수은과 그 화합물
- 시안화합물
- 유기인화합물
- 6가크롬화합물
- 카드뮴과 그 화합물
- 테트라클로로에틸렌
- 트라이클로로에틸렌
- 폴리클로리네이티드바이페닐
- 셀레늄과 그 화합물
- 벤 젠
- 사염화탄소
- 다이클로로메탄
- 1,1-다이클로로에틸렌
- 1,2-다이클로로에탄
- 클로로폼
- 1,4-다이옥산
- 다이에틸헥실프탈레이트(DEHP)
- 염화비닐
- 아크릴로나이트릴
- 브로모폼
- 아크릴아미드
- 나프탈렌
- 폼알데하이드
- 에피클로로하이드린
- 페 놀
- 펜타클로로페놀
- 스티렌
- 비스(2-에틸헥실)아디페이트
- 안티몬

정답 92 ① 93 ③

94 수질오염경보 중 수질오염감시경보 대상항목이 아닌 것은?

① 용존산소 ② 전기전도도
③ 부유물질 ④ 총유기탄소

해설

물환경보전법 시행령 [별표 3] 수질오염경보의 종류별 경보단계 및 그 단계별 발령·해제기준

수질오염감시경보 대상항목 : 수소이온농도, 용존산소, 총질소, 총인, 전기전도도, 총유기탄소, 휘발성 유기화합물, 페놀, 중금속

95 물환경보전법상 폐수에 대한 정의로 ( )에 맞는 것은?

> '폐수'란 물에 ( )의 수질오염물질이 섞여 있어 그대로는 사용할 수 없는 물을 말한다.

① 액체성 또는 고체성
② 기체성, 액체성 또는 고체성
③ 기체성 또는 가연성
④ 고체성

해설

물환경보전법 제2조(정의)

폐수란 물에 액체성 또는 고체성의 수질오염물질이 섞여 있어 그대로는 사용할 수 없는 물을 말한다.

96 폐수처리방법이 물리적 또는 화학적 처리방법인 경우 적정 시운전기간은?

① 가동개시일부터 70일
② 가동개시일부터 50일
③ 가동개시일부터 30일
④ 가동개시일부터 15일

해설

물환경보전법 시행규칙 제47조(시운전기간 등)

폐수처리방법이 물리적 또는 화학적 처리방법인 경우 : 가동시작일부터 30일

※ 법 개정으로 '가동개시일'이 '가동시작일'로 변경됨

97 할당오염부하량 등을 초과하여 배출한 자로부터 부과·징수하는 오염총량초과과징금 산정 방법으로 ( )에 들어갈 내용은?

> 오염총량초과과징금 = 초과배출이익 × ( ) − 감액 대상 과징금

① 초과율별 부과계수
② 초과율별 부과계수 × 지역별 부과계수
③ 초과율별 부과계수 × 위반횟수별 부과계수
④ 초과율별 부과계수 × 지역별 부과계수 × 위반횟수별 부과계수

해설

물환경보전법 시행령 [별표 1] 오염총량초과과징금의 산정 방법 및 기준

오염총량초과과징금 = 초과배출이익 × 초과율별 부과계수 × 지역별 부과계수 × 위반횟수별 부과계수 − 감액 대상 과징금

94 ③ 95 ① 96 ③ 97 ④ 정답

98 국립환경과학원장이 설치할 수 있는 측정망이 아닌 것은?

① 도심하천 측정망
② 공공수역 유해물질 측정망
③ 퇴적물 측정망
④ 생물 측정망

해설

물환경보전법 시행규칙 제22조(국립환경과학원장 등이 설치·운영하는 측정망의 종류 등)
국립환경과학원장, 유역환경청장, 지방환경청장이 설치할 수 있는 측정망은 다음과 같다.

- 비점오염원에서 배출되는 비점오염물질 측정망
- 수질오염물질의 총량관리를 위한 측정망
- 대규모 오염원의 하류지점 측정망
- 수질오염경보를 위한 측정망
- 대권역·중권역을 관리하기 위한 측정망
- 공공수역 유해물질 측정망
- 퇴적물 측정망
- 생물 측정망
- 그 밖에 국립환경과학원장, 유역환경청장 또는 지방환경청장이 필요하다고 인정하여 설치·운영하는 측정망

99 초과부과금 산정기준에서 수질오염물질 1kg당 부과금액이 가장 적은 것은?

① 카드뮴 및 그 화합물
② 수은 및 그 화합물
③ 유기인화합물
④ 비소 및 그 화합물

해설

물환경보전법 시행령 [별표 14] 초과부과금의 산정기준
수질오염물질 1kg당 부과금액은 다음과 같다.

- 카드뮴 및 그 화합물 : 500,000원
- 수은 및 그 화합물 : 1,250,000원
- 유기인화합물 : 150,000원
- 비소 및 그 화합물 : 100,000원

100 정당한 사유 없이 공공수역에 분뇨, 가축분뇨, 동물의 사체, 폐기물(지정폐기물 제외) 또는 오니를 버리는 행위를 하여서는 아니 된다. 이를 위반하여 분뇨·가축분뇨 등을 버린 자에 대한 벌칙기준은?

① 6개월 이하의 징역 또는 5백만원 이하의 벌금
② 1년 이하의 징역 또는 1천만원 이하의 벌금
③ 2년 이하의 징역 또는 2천만원 이하의 벌금
④ 3년 이하의 징역 또는 3천만원 이하의 벌금

해설

물환경보전법 제78조(벌칙)
정당한 사유 없이 공공수역에 분뇨, 가축분뇨, 동물의 사체, 폐기물(지정폐기물 제외) 또는 오니를 버리는 행위를 하여서는 아니 된다. 이를 위반하여 분뇨·가축분뇨 등을 버린 자는 1년 이하의 징역 또는 1천만원 이하의 벌금에 처한다.

정답 98 ① 99 ④ 100 ②

2019년 제1회 과년도 기출문제

제1과목 | 수질오염개론

01 3g의 아세트산(CH_3COOH)을 증류수에 녹여 1L로 하였을 때 수소이온농도(mol/L)는?(단, 이온화상수값 = 1.75×10^{-5})

① 6.3×10^{-4}　② 6.3×10^{-5}
③ 9.3×10^{-4}　④ 9.3×10^{-5}

해설

CH_3COOH는 약산이다.
약전해질 용액이 Cmol/L만큼 있다고 하면
$[H^+] = \sqrt{K_a \cdot C}$
CH_3COOH의 분자량은 60g이므로 몰농도를 계산하면,
$CH_3COOH(mol/L) = \frac{3g}{1L} \times \frac{1mol}{60g} = 0.05M$
$\therefore [H^+] = \sqrt{1.75 \times 10^{-5} \times 0.05} \fallingdotseq 9.35 \times 10^{-4}$

02 지하수의 특성에 관한 설명으로 옳지 않은 것은?

① 염분 함량이 지표수보다 낮다.
② 주로 세균(혐기성)에 의한 유기물 분해작용이 일어난다.
③ 국지적인 환경조건의 영향을 크게 받는다.
④ 빗물로 인하여 광물질이 용해되어 경도가 높다.

해설

지하수는 지표수에 비해 염분의 함량이 크다.
지하수의 특성
- 광물질이 용존되어 있어 지표수보다 경도가 높다.
- 광합성 반응이 일어나지 않으며 세균에 의한 유기물의 분해가 주된 생물작용이다.
- 유속이 느려 국지적인 환경조건에 영향을 크게 받는다.
- 탁도가 낮다.

03 $BaCO_3$의 용해도적 $K_{sp} = 8.1 \times 10^{-9}$일 때 순수한 물에서 $BaCO_3$의 몰용해도(mol/L)는?

① 0.7×10^{-4}
② 0.7×10^{-5}
③ 0.9×10^{-4}
④ 0.9×10^{-5}

해설

$BaCO_3 \leftrightarrow Ba^{2+} + CO_3^{2-}$
$K_{sp} = [Ba^{2+}][CO_3^{2-}]$
$8.1 \times 10^{-9} = x^2$
$\therefore x = 0.9 \times 10^{-4}$

04 오염물질의 희석 및 확산작용에 대한 내용으로 틀린 것은?

① 수계에 오염물질이 유입되면 Brown 운동, 밀도차, 온도차, 농도차로 인해 발생된 밀도 흐름이나 난류에 의해서 희석 및 확산된다.
② 폐쇄성 수역은 수질밀도류보다는 난류가 희석에 큰 영향을 준다.
③ 바다는 오염물질의 방류지점에서 생긴 분출확산, 밀도류, 밀물, 썰물, 파도, 표층부의 난류확산으로 희석된다.
④ 하천수는 상류에서 하류로의 오염물질 이동이 희석에 큰 영향을 준다.

해설

폐쇄성 수역에서는 난류가 잘 일어나지 않으며 밀도류가 더 영향을 준다.

1 ③ 2 ① 3 ③ 4 ② 정답

05 **BOD_5가 270mg/L이고, COD가 450mg/L인 경우, 탈산소계수(K_1)의 값이 0.1/day일 때, 생물학적으로 분해 불가능한 COD(mg/L)는?(단, BDCOD = BOD_u, 상용대수 기준)**

① 약 55　② 약 65
③ 약 75　④ 약 85

해설
BOD 소모식
$BOD_t = BOD_u(1-10^{-K_1 t})$
$270mg/L = BOD_u(1-10^{-0.5})$
$BOD_u \fallingdotseq 394.9mg/L$
$COD = BOD_u + NBDCOD$이므로
∴ NBDCOD ≒ 55mg/L

06 **물의 특성에 관한 설명으로 옳지 않은 것은?**

① 물은 2개의 수소원자가 산소원자를 사이에 두고 104.5°의 결합각을 가진 구조로 되어 있다.
② 물은 극성을 띠지 않아 다양한 물질의 용매로 사용된다.
③ 물은 유사한 분자량의 다른 화합물보다 비열이 매우 커 수온의 급격한 변화를 방지해 준다.
④ 물의 밀도는 4℃에서 가장 크다.

해설
물은 수소와 산소의 공유결합과 수소결합으로 이루어져 있으며 쌍극성을 이루므로 많은 용질에 대하여 우수한 용매로 작용한다.
물의 특성
- 물분자를 구성하고 있는 산소원자와 수소원자는 평행(180°)을 이루지 않고, 104.5°의 각을 갖고 있다.
- 물은 비점, 용해도, 증발열량, 표면장력 등이 크다.
- 물의 밀도는 4℃에서 가장 크고, 온도가 높아질수록 감소한다.
- 물의 비열은 1cal/g·℃이며, 비슷한 분자량을 갖는 다른 화합물보다 크다.
- 물의 점성은 온도가 증가할수록 감소한다.
- 물의 표면장력은 온도가 상승함에 따라 감소한다.
- 물의 극성은 물이 갖고 있는 높은 용해성과 연관이 있다.

07 **최근 해양에서의 유류 유출로 인한 피해가 증가하고 있는데, 유출된 유류를 제어하는 방법으로 적당하지 않은 것은?**

① 계면활성제를 살포하여 기름을 분산시키는 방법
② 미생물을 이용하여 기름을 생화학적으로 분해하는 방법
③ 오일펜스를 띄워 기름의 확산을 차단하는 방법
④ 누출된 기름의 막이 두꺼워졌을 때 연소시키는 방법

해설
누출된 기름의 막이 얇을 때 연소시키는 방법을 사용한다.
유출된 유류의 제어 방법
- 유출된 기름을 펌프로 흡입하여 수거하는 방법
- 오일펜스, 붐을 띄어 기름의 확산을 차단시키는 방법
- 폴리우레탄, 밀집, 톱밥, 글라스울 등의 흡수제에 의한 흡수 처리 방법
- 화학약품을 살포하여 기름을 분해시키는 방법
- 계면활성제를 살포하여 기름을 분산시키는 방법
- 미생물을 이용한 기름의 생화학적 분해법
- 점토 등을 사용하여 침전시키는 방법

08 **탈질화와 가장 관계가 깊은 미생물은?**

① *Nitrosomonas*　② *Pseudomonas*
③ *Thiobacillus*　④ *Vorticella*

해설
탈질화 반응식
$2NO_3^- + 5H_2 \rightarrow N_2 + 2OH^- + 4H_2O$
탈질화에 관여하는 미생물은 대표적으로 *Pseudomonas*와 *Bacillus*가 존재한다.
※ 질산화 반응과 관계가 깊은 미생물은 *Nitrosomonas*이다.

정답 5 ① 6 ② 7 ④ 8 ②

09 바닷물에 0.054M의 $MgCl_2$가 포함되어 있을 때 바닷물 250mL에 포함되어 있는 $MgCl_2$의 양(g)은? (단, 원자량 Mg = 24.3, Cl = 35.5)

① 약 0.8 ② 약 1.3
③ 약 2.3 ④ 약 3.9

해설

$$MgCl_2(g) = \frac{0.054mol}{L} \times 0.25L \times \frac{95.3g}{1mol} \fallingdotseq 1.3g$$

10 NBDCOD가 0일 경우 탄소(C)의 최종 BOD와 TOC 간의 비(BOD_u/TOC)는?

① 0.37 ② 1.32
③ 1.83 ④ 2.67

해설

- 탄소원자량 = 12 → TOC
- 산소분자량 = 16 × 2 = 32 → BOD_u
- $BOD_u/TOC \fallingdotseq 2.67$

11 섬유상 유황박테리아로 에너지원으로 황화수소를 이용하며 균체에 황입자를 축적하는 것은?

① *Sphaerotilus* ② *Zooglea*
③ *Cyanophyia* ④ *Beggiatoa*

해설

황산화 미생물에는 *Thiobacillus*, *Beggiatoa*, *Thiothrix*, *Thioploca* 등이 있다.

12 해수의 특성에 대한 설명으로 옳은 것은?

① 염분은 적도해역과 극해역이 다소 높다.
② 해수의 주요성분 농도비는 수온, 염분의 함수로 수심이 깊어질수록 증가한다.
③ 해수의 Na/Ca비는 3~4 정도로 담수보다 매우 높다.
④ 해수 내 전체 질소 중 35% 정도는 암모니아성 질소, 유기질소 형태이다.

해설

① 해수의 염분 농도는 적도 해역에서 높고, 극지방에서는 다소 낮다.
② 해수의 주요성분 농도비는 일정하다.
③ 해수의 Mg/Ca비는 약 3~4 정도로 담수(0.1~0.3) 보다 월등히 높다.

13 물의 순환과 이용에 관한 설명으로 틀린 것은?

① 지구 전체의 강수량은 대략 $4 \times 10^{14} m^3$/년으로서 그중 약 1/4 가량이 육지에 떨어진다.
② 지구상 존재하는 물의 약 97%가 해수이다.
③ 물의 순환은 물의 이동이 일정하게 연속적으로 이루어진다는 의미를 갖는다.
④ 자연계에서 물을 순환하게 하는 근원은 태양에너지이다.

해설

자연적인 물의 이동현상을 물의 순환이라 하는데, 물의 순환은 일정하게 연속적으로 이루어지지 않는다.

9 ② 10 ④ 11 ④ 12 ④ 13 ③ 정답

14 하천의 자정작용에 관한 설명으로 옳지 않은 것은?

① 하천의 자정작용은 일반적으로 겨울보다 수온이 상승하여 자정계수(f)가 커지는 여름에 활발하다.
② β중부수성 수역(초록색)의 수질은 평지의 일반 하천에 상당하며 많은 종류의 조류가 출현한다(Kolkwitz-Marson법 기준).
③ 하천에서 활발한 분해가 일어나는 지대는 혐기성 세균이 호기성 세균을 교체하며 Fungi는 사라진다(Whipple의 4지대 기준).
④ 하천이 회복되고 있는 지대는 용존산소가 포화될 정도로 증가한다(Whipple의 4지대 기준).

해설
하천의 자정작용은 일반적으로 겨울보다 수온이 상승하여 자정계수가 작아지는 여름에 활발하다.

15 하천의 단면적이 350m², 유량이 428,400m³/h, 평균수심이 1.7m일 때, 탈산소계수가 0.12/day인 지점의 자정계수는?(단, $K_2 = 2.2 \times \frac{V}{H^{1.33}}$, 단위는 V[m/s], H[m])

① 0.3　　② 1.6
③ 2.4　　④ 3.1

해설
$Q = A \times V$

$V = \frac{428,400\text{m}^3}{\text{h}} \times \frac{1}{350\text{m}^2} = 1,224\text{m/h}$

유속을 m/s로 변환하면

$V = \frac{1,224\text{m}}{\text{h}} \times \frac{1\text{h}}{3,600\text{s}} = 0.34\text{m/s}$

$K_2 = 2.2 \times \frac{V}{H^{1.33}} = 2.2 \times \frac{0.34}{1.7^{1.33}} \fallingdotseq 0.3693$

자정계수(f)$= K_2/K_1$(K_1 : 탈산소계수, K_2 : 재포기계수)

$\therefore f = 0.3693/0.12 \fallingdotseq 3.1$

16 호수의 성층현상에 대한 설명으로 틀린 것은?

① 수심에 따른 온도변화로 인해 발생되는 물의 밀도차에 의하여 발생한다.
② Thermocline(약층)은 순환층과 정체층의 중간층으로 깊이에 따른 온도변화가 크다.
③ 봄이 되면 얼음이 녹으면서 수표면 부근의 수온이 높아지게 되고 따라서 수직운동이 활발해져 수질이 악화된다.
④ 여름이 되면 연직에 따른 온도경사와 용존산소 경사가 반대모양을 나타낸다.

해설
여름 성층은 뚜렷한 층을 형성하며, 연직온도경사와 분자 확산에 의한 산소(DO)구배가 같은 모양을 나타낸다.

17 다음의 기체 법칙 중 옳은 것은?

① Boyle의 법칙 : 일정한 압력에서 기체의 부피는 절대온도에 정비례한다.
② Henry의 법칙 : 기체와 관련된 화학반응에서는 반응하는 기체와 생성되는 기체의 부피 사이에 정수관계가 있다.
③ Graham의 법칙 : 기체의 확산속도(조그마한 구멍을 통한 기체의 탈출)는 기체 분자량의 제곱근에 반비례한다.
④ Gay-Lussac의 결합 부피 법칙 : 혼합 기체 내의 각 기체의 부분압력은 혼합물 속의 기체의 양에 비례한다.

해설
① Boyle의 법칙 : 일정한 온도에서 기체의 부피는 그 압력에 반비례한다.
② Henry의 법칙 : 기체의 용해도는 기체의 부분압력에 비례한다는 법칙이다. 헨리의 법칙과 관계없이 기체와 관련된 화학반응에서는 반응물과 생성물의 부피 사이에 반비례 관계가 성립한다.
④ Gay-Lussac의 결합 부피 법칙 : 기체 사이에서 화학반응이 일어날 때 같은 온도와 같은 압력에서 반응하는 기체와 생성되는 기체의 부피 사이에는 간단한 정수비가 성립한다.

정답 14 ① 15 ④ 16 ④ 17 ③

18 **수은(Hg) 중독과 관련이 없는 것은?**

① 난청, 언어장애, 구심성 시야협착, 정신장애를 일으킨다.
② 이타이이타이병을 유발한다.
③ 유기수은은 무기수은보다 독성이 강하며 신경계통에 장해를 준다.
④ 무기수은은 황화물 침전법, 활성탄 흡착법, 이온교환법 등으로 처리할 수 있다.

해설
수은은 미나마타병을 유발하며, 이타이이타이병은 카드뮴 중독에 의해 발생한다.

19 **수질오염물질별 인체 영향(질환)이 틀리게 짝지어진 것은?**

① 비소 : 반상치(법랑반점)
② 크롬 : 비중격 연골 천공
③ 아연 : 기관지 자극 및 폐렴
④ 납 : 근육과 관절의 장애

해설
반상치는 플루오린(F)의 영향에 의해 발생하며, 비소에 중독되면 흑피증, 순환기 장애 등이 발생한다.

20 **이상적 Plug Flow에 관한 내용으로 옳은 것은?**

① 분산 = 0, 분산수 = 0
② 분산 = 0, 분산수 = 1
③ 분산 = 1, 분산수 = 0
④ 분산 = 1, 분산수 = 1

해설
반응조의 혼합 정도는 분산(Variance), 분산수(Dispersion Number), Morrill 지수로 나타낼 수 있다.

혼합 정도	완전혼합 흐름 상태	플러그 흐름 상태
분 산	1일 때	0일 때
분산수	∞	0
Morrill 지수	클수록	1에 가까울수록

제2과목 | 상하수도계획

21 **유출계수가 0.65인 $1km^2$의 분수계에서 흘러내리는 우수의 양(m^3/s)은?(단, 강우강도 = 3mm/min, 합리식 적용)**

① 1.3
② 6.5
③ 21.7
④ 32.5

해설
- $I = \frac{3mm}{min} \times \frac{60min}{h} = 180mm/h$
- $A = 1km^2 = 100ha$

$\therefore\ Q = \frac{1}{360}CIA = \frac{1}{360} \times 0.65 \times 180 \times 100 = 32.5m^3/s$

22 **펌프의 형식 중 베인의 양력작용에 의하여 임펠러 내의 물에 압력 및 속도에너지를 주고 가이드베인으로 속도에너지의 일부를 압력으로 변환하여 양수작용을 하는 펌프는?**

① 원심펌프
② 축류펌프
③ 사류펌프
④ 플랜지펌프

해설
축류펌프는 베인의 양력작용에 의하여 임펠러 내의 물에 압력 및 속도에너지를 주고 가이드베인으로 속도에너지의 일부를 압력으로 변환하여 양수작용을 하는 펌프이다.
축류펌프의 특징
- 회전수를 높게 할 수 있어 사류펌프보다 소형이며, 전양정이 4m 이하인 경우에는 축류펌프가 경제적이다.
- 규정양정이 130% 이상이 되면 소음 및 진동이 발생하여 축동력이 급속하게 증가해서 과부하가 되기 쉬우므로, 수위의 변동이 현저한 경우에는 유의하여야 한다.
- 비회전도가 크기 때문에 저양정에 대해서도 비교적 고속이다.
- 체절운전이 불가능하고 흡입성능이 낮으며 효율폭이 좁다.

18 ② 19 ① 20 ① 21 ④ 22 ② 정답

23 **표준활성슬러지법에 관한 내용으로 틀린 것은?**

① 수리학적 체류시간은 6~8시간을 표준으로 한다.

② 반응조 내 MLSS 농도는 1,500~2,500mg/L를 표준으로 한다.

③ 포기조의 유효수심은 심층식의 경우 10m를 표준으로 한다.

④ 포기조의 여유고는 표준식의 경우 30~60cm 정도를 표준으로 한다.

해설

포기조의 여유고는 표준식 80cm 정도, 심층식은 100cm 정도를 표준으로 한다.

24 **급속여과지에 대한 설명으로 잘못된 것은?**

① 여과 및 여과층의 세척이 충분하게 이루어질 수 있어야 한다.

② 급속여과지는 중력식과 압력식이 있으며 압력식을 표준으로 한다.

③ 여과면적은 계획정수량을 여과속도로 나누어 계산한다.

④ 여과지 1지의 여과면적은 150m² 이하로 한다.

해설

급속여과지

- 급속여과지는 중력식(수면개방형)과 압력식(유압밀폐형)으로 분류할 수 있으며, 중력식을 표준으로 한다.
- 여과면적은 계획정수량을 여과속도로 나누어 구한다.
- 여과지 1지의 여과면적은 150m² 이하로 한다.
- 형상은 직사각형을 표준으로 한다.
- 여과속도는 120~150m/d를 표준으로 한다.

25 **토출량 20m³/min, 전양정 6m, 회전속도 1,200rpm인 펌프의 비교회전도(비속도)는?**

① 약 1,300

② 약 1,400

③ 약 1,500

④ 약 1,600

해설

펌프의 비교회전도(비속도) 계산식은 다음과 같다.

$$N_s = N \times \frac{Q^{1/2}}{H^{3/4}}$$

여기서, N_s : 비회전도(rpm)

N : 펌프의 실제 회전수(rpm)

Q : 최고 효율점의 토출유량(m³/min)

H : 최고 효율점의 전양정(m)

$$\therefore\ N_s = N \times \frac{Q^{1/2}}{H^{3/4}} = 1,200 \times \frac{20^{1/2}}{6^{3/4}} \fallingdotseq 1,400\text{rpm}$$

26 **슬러지탈수 방법 중 가압식 벨트프레스탈수기의 관한 내용으로 옳지 않은 것은?(단, 원심탈수기와 비교)**

① 소음이 작다.

② 동력이 작다.

③ 부대장치가 적다.

④ 소모품이 적다.

해설

벨트프레스탈수기는 원심탈수기에 비하여 부대장치가 많다.

벨트프레스탈수의 특징

- 연속운전이 가능하다.
- 약품 사용량 및 동력소모가 작다.
- 부지 면적이 넓어야 한다.
- 세척수 사용량이 많다.

정답 23 ④ 24 ② 25 ② 26 ③

27 **농축 후 소화를 하는 공정이 있다. 농축조에서의 건조슬러지가 1m^3이고, 소화공정에서 VSS 60%, 소화율 50%, 소화 후 슬러지의 함수율이 96%일 때 소화 후 슬러지의 부피(m^3)는?**

① 0.7

② 9

③ 18

④ 36

해설

소화 전 건조슬러지의 양을 TS라고 하면 TS는 1m^3이고 VSS는 60%이므로 VS는 0.6m^3, FS는 0.4m^3이다.
소화 후 슬러지의 양을 VS_1, FS_1라고 하면,
VS_1은 $0.6m^3 \times 0.5 = 0.3m^3$,
FS_1은 제거되지 않으므로 0.4m^3이다.
따라서 소화 후 건조슬러지의 양 TS_1은 0.7m^3이며 함수율이 96%이므로 소화 후 슬러지의 부피는 $0.7m^3 / 0.04 ≒ 18m^3$이다.

28 **펌프의 운전 시 발생되는 현상이 아닌 것은?**

① 공동현상

② 수격작용(수충작용)

③ 노크현상

④ 맥동현상

해설

노크현상은 내연기관의 실린더 내에서 연료가 부적당한 관계로 이상폭발을 일으켜서 금속음이 발생하는 현상으로, 문을 노크하는 소리와 비슷하여 노크현상이라고 한다.

29 **하수배제 방식 중 합류식에 관한 설명으로 알맞지 않은 것은?**

① 관로계획 : 우수를 신속히 배수하기 위해 지형조건에 적합한 관거망이 된다.

② 청천 시의 월류 : 없음

③ 관로오접 : 없음

④ 토지이용 : 기존의 측구를 폐지할 경우는 뚜껑의 보수가 필요하다.

해설

합류식은 측구를 폐지할 경우 도로의 폭을 유용하게 이용할 수 있다.

- 분류식 : 오수와 우수를 별개의 관거계통으로 배제하는 방식이다.
  - 자연배수가 용이하거나 기존 수로가 확보되어 있는 지역에서는 오수관만의 매설로 비용 절감이 가능하다.
  - 하수처리장의 처리부하량 또는 수질의 변동이 적다.
  - 합류식에 비하여 관거 등의 건설비가 많이 들고 시공이 어렵다.
  - 오수관은 일반적으로 소구경이 많고, 관거의 구배가 크므로 하수관거의 매설 깊이가 깊어진다.
  - 수질오탁방지가 요구되는 지역 및 하수처리가 시급한 지역에 적용한다.
  - 오수관과 우수관을 동시에 매설할 수 있는 지역에 적용한다.
- 합류식 : 오수와 오수를 동일 관거계통으로 배제하는 방식이다.
  - 관거설비 비용이 분류식에 비해 적게 들고, 시공이 비교적 용이하다.
  - 합류식은 대구경을 요하므로 관거의 구배가 완만하고, 하수관거의 매설 깊이가 분류식에 비해 얕다.
  - 우천 시 대량의 우수로 관 내가 자연적으로 세정된다.
  - 관거의 구배가 완만하여 관 내 오염물질이 퇴적하기 쉽다.
  - 우수 배제가 잘되지 않고 간혹 침수가 되는 지역에 유리하다.
  - 도시발전이 한정적이거나 방류지역의 수량이 풍부하여 수질오탁의 우려가 적은 지역에 적용한다.

27 ③ 28 ③ 29 ④ 정답

30 정수시설 중 플록형성지에 관한 설명으로 틀린 것은?

① 기계식 교반에서 플록큐레이터(Flocculator)의 주변속도는 5~10cm/s를 표준으로 한다.
② 플록 형성시간은 계획정수량에 대하여 20~40분간을 표준으로 한다.
③ 직사각형이 표준이다.
④ 혼화지와 침전지 사이에 위치하고 침전지에 붙여서 설치한다.

해설

플록큐레이터의 주변속도는 기계식 교반에서 15~80cm/s, 우류식 교반에서 15~30cm/s를 표준으로 한다.

31 강우강도에 대한 설명 중 틀린 것은?

① 강우강도는 그 지점에 내린 우량을 mm/h 단위로 표시한 것이다.
② 확률강우강도는 강우강도의 확률적 빈도를 나타낸 것이다.
③ 범람의 피해가 적을 것으로 예상될 때는 재현기간 2~5년의 확률강우강도를 채택한다.
④ 강우강도가 큰 강우일수록 빈도가 높다.

해설

강우강도는 자기우량계를 사용하여 짧은 지속시간 동안에 관측된 강우량을 단위시간으로 환산하여 표시한 것으로, 단위시간 내에 내린 비의 깊이로 정의한다.

- 강우강도가 클수록 지속시간이 짧다.
- 강우강도가 큰 경우일수록 빈도가 낮다.

32 호소, 댐을 수원으로 하는 취수문에 관한 설명으로 틀린 것은?

① 일반적으로 중・소량 취수에 쓰인다.
② 일반적으로 취수량을 조정하기 위한 수문 또는 수위조절판(Stop Log)를 설치한다.
③ 파랑, 결빙 등의 기상조건에 영향이 거의 없다.
④ 하천의 표류수나 호소의 표층수를 취수하기 위하여 물가에 만들어지는 취수시설이다.

해설

취수문은 적설, 결빙 등으로 수문의 개폐에 지장이 일어나지 않도록 한다.

취수문의 특징

- 유황, 하상이 안정되어 있으면 취수가 용이하다.
- 중・소량 취수에 적합하다.
- 하상변동이 작은 지점에서 사용이 가능하다.
- 간단한 수문 조작만을 필요로 하므로 유지관리가 쉽다.
- 갈수, 홍수, 결빙 시에는 취수량 확보 조치 및 조정이 필요하다.

33 화학적 응집에 영향을 미치는 인자의 설명 중 잘못된 내용은?

① 수온 : 수온 저하 시 플록형성에 소요되는 시간이 길어지고, 응집제의 사용량도 많아진다.
② pH : 응집제의 종류에 따라 최적의 pH 조건을 맞추어 주어야 한다.
③ 알칼리도 : 하수의 알칼리도가 많으면 플록을 형성하는 데 효과적이다.
④ 응집제 양 : 응집제 양을 많이 넣을수록 응집효율이 좋아진다.

해설

응집제를 많이 넣는다고 하여 응집효율이 계속 올라가지는 않으므로 적당한 양을 첨가해 주어야 한다.

정답 30 ① 31 ④ 32 ③ 33 ④

34 **상수시설 중 배수지에 관한 설명 중 틀린 것은?**

① 유효용량은 시간변동조정용량, 비상대처용량을 합하여 급수구역의 계획1일 최대급수량의 12시간분 이상을 표준으로 한다.

② 배수지는 가능한 한 급수지역의 중앙 가까이 설치한다.

③ 유효수심은 1~2m 정도를 표준으로 한다.

④ 자연유하식 배수지의 표고는 최소 동수압이 확보되는 높이어야 한다.

해설

배수지

- 유효용량은 '시간변동조정용량'과 '비상대처용량'을 합하여 급수구역의 계획1일 최대급수량의 최소 12시간분 이상을 표준으로 하되 비상시나 무단수 공급 등 상수도서비스 향상을 고려하여 용량을 확장할 수 있으며 지역특성과 상수도시설의 안정성 등을 고려하여 결정한다.
- 배수지의 유효수심은 3~6m를 표준으로 한다.
- 배수지는 가능한 한 급수지역의 중앙 가까이 설치한다.
- 자연유하식 배수지의 표고는 급수구역 내 관말지역의 최소동수압이 확보되는 높이여야 한다.
- 배수지는 붕괴의 우려가 있는 비탈의 상부나 하부 가까이는 피해야 한다.

35 **계획급수량 결정 시, 사용수량의 내역이나 다른 기초자료가 정비되어 있지 않은 경우 산정의 기초로 사용할 수 있는 것은?**

① 계획1인1일 최대급수량

② 계획1인1일 평균급수량

③ 계획1인1일 평균사용수량

④ 계획1인1일 최대사용수량

해설

계획1일 평균사용수량을 기초로 하여 계획1일 평균급수량 및 계획1일 최대급수량을 결정한다.

상수도의 계획급수량은 원칙적으로 용도별 사용수량을 기초로 하여 결정된다.

- 계획1일 평균급수량 = 계획1일 평균사용수량 / 계획유효율
- 계획1일 최대급수량 = 계획1일 평균급수량 × 계획첨두율

36 **하수처리계획에서 계획오염부하량 및 계획유입수질에 관한 설명으로 틀린 것은?**

① 계획유입수질 : 하수의 계획유입수질은 계획오염부하량을 계획1일 평균오수량으로 나눈 값으로 한다.

② 공장폐수에 의한 오염부하량 : 폐수배출부하량이 큰 공장은 업종별 오염부하량 원단위를 기초로 추정하는 것이 바람직하다.

③ 생활오수에 의한 오염부하량 : 1인1일당 오염부하량 원단위를 기초로 하여 정한다.

④ 관광오수에 의한 오염부하량 : 당일 관광과 숙박으로 나누고 각각의 원단위에서 추정한다.

해설

폐수배출부하량이 큰 공장에 대해서는 부하량을 실측하는 것이 바람직하다.

계획오염부하량

- 계획유입수질은 계획오염부하량을 계획1일 평균오수량으로 나눈 값으로 한다.
- 계획오염부하량은 생활오수, 영업오수, 공장폐수 및 관광오수 등의 오염부하량을 합한 값으로 한다.
- 생활오수에 의한 오염부하량은 1인1일당 오염부하량 원단위를 기초로 하여 정한다.
- 공장폐수에 의한 오염부하량은 폐수배출부하량이 큰 공장에 대해서는 부하량을 실측하는 것이 바람직하며, 실측치를 얻기 어려운 경우에는 업종별의 출하액당 오염부하량 원단위를 기초에 두고 추정한다.
- 영업오수에 의한 오염부하량은 업무의 종류 및 오수의 특징 등을 감안하여 정한다.
- 관광오수에 의한 오염부하량은 당일 관광과 숙박으로 나누고 각각의 원단위에서 추정한다.

34 ③ 35 ③ 36 ② 정답

37 **정수방법인 완속여과방식에 관한 설명으로 틀린 것은?**

① 약품처리가 필요 없다.
② 완속여과의 정화는 주로 생물작용에 의한 것이다.
③ 비교적 양호한 원수에 알맞은 방식이다.
④ 소요 부지면적이 작다.

해설

완속여과는 넓은 부지가 필요하다.

완속여과와 급속여과의 비교

구 분	완속여과	급속여과
여과속도	4~5m/day (한계 8m/day)	• 단층 : 120~150m/day • 다층 : 120~240m/day
전처리 공정	보통침전	약품침전(응집침전)
모래층의 두께	70~90cm	60~70cm
유효경	0.3~0.45mm	0.45~0.7mm
세균 제거	좋다.	나쁘다.
약품처리	불필요	필 수
손실수두	작다.	크다.
유지관리비	적다.	많다(약품 사용).
수질과의 관계	저탁도에 적합	고탁도, 고색도 및 동결에 문제가 있을 때 적합

38 **상수처리를 위한 응집지의 플록형성지에 대한 설명 중 틀린 것은?**

① 플록형성지는 혼화지와 침전지 사이에 위치하고 침전지에 붙여서 설치한다.
② 플록 형성시간은 계획정수량에 대하여 20~40분간을 표준으로 한다.
③ 플록형성지 내의 교반강도는 하류로 갈수록 점차 감소시키는 것이 바람직하다.
④ 플록형성지에 저류벽이나 정류벽 등을 설치하면 단락류가 생겨 유효저류시간을 줄일 수 있다.

해설

플록 형성이 잘되지 않은 가장 일반적인 원인은 단락류로, 정체부분이 생김으로써 유효체류시간이 크게 저하되기 때문이다. 이러한 현상을 방지하기 위해 플록형성지에 저류벽이나 정류벽 등을 적절하게 설치해야 한다.

39 **상수처리를 위한 침사지 구조에 관한 기준으로 옳지 않은 것은?**

① 지의 상단높이는 고수위보다 0.3~0.6m의 여유고를 둔다.
② 지내 평균유속은 2~7cm/s를 표준으로 한다.
③ 표면부하율은 200~500mm/min을 표준으로 한다.
④ 지의 유효수심은 3~4m를 표준으로 하고 퇴사심도를 0.5~1m로 한다.

해설

상수도 침사지 시설의 구조

• 가능한 한 취수구에 근접하여 제내지에 설치한다.
• 지의 형상은 장방형 등 유입되는 모래가 효과적으로 침전될 수 있는 형상으로 하며, 2지 이상 설치한다.
• 지내 평균유속은 2~7cm/s, 표면부하율은 200~500mm/min을 표준으로 한다.
• 지의 길이는 폭의 3~8배를 표준으로 한다.
• 지의 상단높이는 고수위보다 0.6~1m의 여유고를 둔다.
• 지의 유효수심은 3~4m로 하고, 퇴사심도는 0.5~1m로 한다.
• 바닥은 모래 배출을 위하여 중앙에 배수로를 설치하고 길이방향은 배수구로 향하여 1/100, 가로방향은 중앙배수로를 향하여 1/50 정도의 경사를 둔다.

40 **말굽형 하수관로의 장점으로 옳지 않은 것은?**

① 대구경 관로에 유리하며 경제적이다.
② 수리학적으로 유리하다.
③ 단면형상이 간단하여 시공성이 우수하다.
④ 상반부의 아치작용에 의해 역학적으로 유리하다.

해설

말굽형 하수관로 장단점

• 장 점
  – 대구경 관거에 유리하며 경제적이다.
  – 수리학적으로 유리하다.
  – 상반부의 아치작용에 의해 역학적으로 유리하다.
• 단 점
  – 단면형상이 복잡하기 때문에 시공성이 열악하다.
  – 현장타설의 경우는 공사기간이 길어진다.

정답 37 ④ 38 ④ 39 ① 40 ③

제3과목 | 수질오염방지기술

41 공장에서 배출되는 pH 2.5인 산성폐수 500m^3/day를 인접 공장 폐수와 혼합처리하고자 한다. 인접 공장 폐수 유량은 10,000m^3/day이고, pH는 6.5이다. 두 폐수를 혼합한 후의 pH는?

① 1.61

② 3.82

③ 7.64

④ 9.54

해설

$pH = \log\frac{1}{[H^+]}$ 이므로 $[H^+] = 10^{-pH}$

혼합폐수의 $[H^+]$ 농도 $= \frac{10^{-2.5}\times 500 + 10^{-6.5}\times 10,000}{500 + 10,000}$

$\fallingdotseq 1.509\times 10^{-4}$

$\therefore\ pH = \log\frac{1}{[H^+]} = \log\frac{1}{1.509\times 10^{-4}} \fallingdotseq 3.82$

42 생물학적 폐수처리 반응과 그것을 주도하는 미생물 분류 중에서 틀린 것은?

① 활성슬러지 : 화학유기 영양계

② 질산화 : 화학무기 영양계

③ 탈질산화 : 화학유기 영양계

④ 회전원판(생물막) : 광유기 영양계

해설

회전원판 미생물은 광유기 영양계가 아닌 화학유기 영양계이다.

43 포기조 내의 혼합액 중 부유물 농도(MLSS)가 2,000g/m^3, 반송슬러지의 부유물 농도가 9,576g/m^{3}이라면 슬러지 반송률(%)은?

① 23.2　　② 26.4

③ 28.6　　④ 32.8

해설

슬러지 반송비

$R = \frac{MLSS - SS_i}{SS_r - MLSS}$

유입수 내 SS를 무시하면,

$R = \frac{MLSS}{SS_r - MLSS} = \frac{2,000}{9,576 - 2,000} \fallingdotseq 0.264$

∴ 반송률 = 0.264 × 100 ≒ 26.4%

44 정수처리 시 적용되는 랑게리아 지수에 관한 내용으로 틀린 것은?

① 랑게리아 지수란 물의 실제 pH와 이론적 pH(pHs : 수중의 탄산칼슘이 용해되거나 석출되지 않는 평형상태로 있을 때의 pH)의 차이를 말한다.

② 랑게리아 지수가 양(+)의 값으로 절대치가 클수록 탄산칼슘피막 형성이 어렵다.

③ 랑게리아 지수가 음(−)의 값으로 절대치가 클수록 물의 부식성이 강하다.

④ 물의 부식성이 강한 경우의 랑게리아 지수는 pH, 칼슘경도, 알칼리도를 증가시킴으로써 개선할 수 있다.

해설

Langelier 지수(LI ; Langelier Index)

- 원수의 pH가 6.5~9.5 범위 내에 있을 때 탄산칼슘을 용해시킬 것인지 아니면 침전시킬 것인지를 나타내는 척도로서, 물의 실제 pH와 이론적인 pH의 차이로 표시된다.
- LI = 물의 실제 pH − 포화상태에서의 물의 pH
  - 랑게리아 지수값이 양인 경우(LI > 0), 과포화상태로 침전이 발생되며, 탄산칼슘피막이 형성되므로 물의 부식성이 적다.
  - 랑게리아 지수값이 음인 경우(LI < 0), 불포화 상태로 부식성이 크다고 할 수 있다.
  - 랑게리아 지수값이 0인 경우(LI = 0), 평형상태이므로 물이 안정되어 있다.

41 ② 42 ④ 43 ② 44 ② 정답

45 염소 소독의 특징으로 틀린 것은?(단, 자외선 소독과 비교)

① 소독력 있는 잔류염소를 수송관로 내에 유지시킬 수 있다.

② 처리수의 총용존고형물이 감소한다.

③ 염소접촉조로부터 휘발성 유기물이 생성된다.

④ 처리수의 잔류독성이 탈염소과정에 의해 제거되어야 한다.

해설

염소 소독의 장단점

- 소독이 효과적이며 잔류염소의 유지가 가능하다.
- 암모니아의 첨가에 의해 결합잔류염소가 형성된다.
- 소독력이 있는 잔류염소를 수송관거(관로) 내에 유지시킬 수 있다.
- 처리수의 총용존고형물이 증가한다.
- THM 및 기타 염화탄화수소가 생성된다.
- 소독으로 인한 냄새와 맛이 발생할 수 있다.
- 플루오린, 오존보다 산화력이 낮다.

46 활성슬러지를 탈수하기 위하여 98%(중량비)의 수분을 함유하는 슬러지에 응집제를 가했더니 [상등액 : 침전 슬러지]의 용적비가 2 : 1이 되었다. 이때 침전 슬러지의 함수율(%)은?(단, 응집제의 양은 매우 적고, 비중 = 1.0)

① 92

② 93

③ 94

④ 95

해설

슬러지의 양을 100이라 하고, 응집제를 가한 후 침전슬러지의 수분량을 x라 하면

$100(1-0.98) = 33.3(1-x)$

$x \fallingdotseq 0.94$

∴ 함수율 $= 0.94 \times 100 \fallingdotseq 94\%$

47 하수 소독 시 적용되는 UV 소독방법에 관한 설명으로 틀린 것은?(단, 오존 및 염소 소독 방법과 비교)

① pH 변화에 관계없이 지속적인 살균이 가능하다.

② 유량과 수질의 변동에 대해 적응력이 강하다.

③ 설치가 복잡하고, 전력 및 램프수가 많이 소요되므로 유지비가 높다.

④ 물이 혼탁하거나 탁도가 높으면 소독능력에 영향을 미친다.

해설

UV 소독의 장단점

- THM을 형성하지 않는다.
- 요구되는 공간이 작고 건물이 불필요하다.
- 소독 비용이 저렴하며, 유지관리비가 적게 든다.
- pH에 관계없이 지속적인 살균이 가능하다.
- 접촉시간이 짧고 잔류효과가 없다.
- 물이 혼탁하거나 탁도가 높으면 소독능력이 저하된다.

48 생물화학적 인 및 질소 제거 공법 중 인 제거만을 주목적으로 개발된 공법은?

① Phostrip

② A^2/O

③ UCT

④ Bardenpho

해설

인 제거 공법에는 A/O법, Phostrip 공정이 있다.

정답 45 ② 46 ③ 47 ③ 48 ①

49 함수율 98%, 유기물 함량이 62%인 슬러지 100 m^3/day를 25일 소화하여 유기물의 2/3를 가스화 및 액화하여 함수율 95%의 소화슬러지로 추출하는 경우 소화조의 필요 용량(m^3)은?(단, 슬러지 비중 = 1.0)

① 1,244　② 1,344
③ 1,444　④ 1,544

해설

$Q_1 = 100m^3/day$

- 소화 후 VS

$$\frac{100m^3 SL}{day} \times \frac{(100-98)TS}{100SL} \times \frac{62VS}{100TS} \times \frac{1}{3} \fallingdotseq 0.413m^3/day$$

- 소화 후 FS

$$\frac{100m^3 SL}{day} \times \frac{(100-98)TS}{100SL} \times \frac{38VS}{100TS} = 0.76m^3/day$$

- 소화 후 TS = FS + VS ≒ $1.173m^3$/day
- 소화 후 함수율이 95%이므로 고형물의 함량은 5%이다.

$$5\% = \frac{1.173m^3\ TS/day}{SL(m^3/day)} \times 100$$

$$SL \fallingdotseq 23.46m^3/day$$

∴ 소화조의 부피

$$V = \frac{(Q_1+Q_2)t}{2} = \frac{(100+23.46)}{2} \times 25 \fallingdotseq 1,543.25m^3$$

50 하수고도처리 공법 중 생물학적 방법으로 질소와 인을 동시에 제거하기 위한 것은?

① Phostrip
② 4단계 Bardenpho
③ A/O
④ A^2/O

해설

생물학적 방법으로 질소와 인을 동시에 제거하기 위한 공정으로는 A^2/O, 5단계 Bardenpho, UCT, SBR, 수정 Phostrip 등이 있다.

51 연속회분식 반응조(Sequencing Batch Reactor)에 관한 설명으로 틀린 것은?

① 하나의 반응조 안에서 호기성 및 혐기성 반응 모두를 이룰 수 있다.
② 별도의 침전조가 필요 없다.
③ 기본적인 처리계통도는 5단계로 이루어지며 요구하는 유출수에 따라 운전 Mode를 채택할 수 있다.
④ 기존 활성슬러지 처리에서의 시간개념을 공간개념으로 전환한 것이라고 할 수 있다.

해설

SBR 공법(SBR ; Sequencing Bach Reactor)은 기존 폐수처리공정의 공간개념을 시간개념으로 바꾼 것으로, 하수처리공정의 구조를 큰 변화 없이 활용할 수 있는 처리공정이다.

SBR 공법의 장단점

- 운전이 간단하며, 운전방식 변경이 용이하다.
- 유기물 제거율이 높다.
- 별도의 2차 침전지 및 슬러지 반송설비가 불필요하다.
- 소규모에 적합하다.
- 여분의 반응조가 필요하며 연속적으로 유입되는 폐수처리에 제한적이다.

52 펜톤처리공정에 관한 설명으로 가장 거리가 먼 것은?

① 펜톤시약의 반응시간은 철염과 과산화수소수의 주입 농도에 따라 변화를 보인다.
② 펜톤시약을 이용하여 난분해성 유기물을 처리하는 과정은 대체로 산화반응과 함께 pH 조절, 펜톤산화, 중화 및 응집, 침전으로 크게 4단계로 나눌 수 있다.
③ 펜톤시약의 효과는 pH 8.3~10 범위에서 가장 강력한 것으로 알려져 있다.
④ 폐수의 COD는 감소하지만 BOD는 증가할 수 있다.

해설

펜톤산화의 최적반응은 pH 3~4.5이다. 따라서 산성폐수에 효과적이나, 알칼리성 폐수에는 pH 조절제의 사용량이 많아 비경제적이다.

49 ④　50 ④　51 ④　52 ③　정답

53 폐수처리에 관련된 침전현상으로 입자 간에 작용하는 힘에 의해 주변입자들의 침전을 방해하는 중간 정도 농도 부유액에서의 침전은?

① 제1형 침전(독립입자침전)
② 제2형 침전(응집침전)
③ 제3형 침전(계면침전)
④ 제4형 침전(압밀침전)

해설

입자의 침강이론

- Ⅰ형 침전(독립침전, 자유침전)
  - 부유물의 농도가 낮고, 비중이 큰 독립성을 갖고 있는 입자들이 침전하는 형태이다.
  - 입자가 상호 간섭 없이 침전한다.
  - Stokes 법칙이 적용된다(보통침전지, 침사지).
- Ⅱ형 침전(플록침전, 응결침전)
  - 입자들이 서로 응집하여 플록을 형성하며 침전하는 형태이다.
  - 입자 크기의 증대가 SS 제거에 중요한 역할을 한다.
  - 독립입자보다 침강속도가 빠르다(약품침전지).
- Ⅲ형 침전(간섭침전, 지역침전)
  - 플록을 형성한 입자들이 서로 방해를 받아 침전속도가 감소하는 침전이다.
  - 침전하는 부유물과 상징수 간에 뚜렷한 경계면이 나타난다.
  - 입자 및 플록이 아닌 단면이 침전하는 것처럼 보인다.
  - 하수처리장의 2차 침전지에 해당한다.
- Ⅳ형 침전(압축침전, 압밀침전)
  - 고농도의 침전된 입자군이 바닥에 쌓일 때 일어난다.
  - 바닥에 쌓인 입자군의 무게에 의해 공극의 물이 빠져나가면서 농축되는 현상이다.
  - 침전된 슬러지와 농축조의 슬러지 영역에서 나타난다.

54 활성슬러지법과 비교하여 생물막공법의 특징이 아닌 것은?

① 작은 에너지를 요구한다.
② 단순한 운전이 가능하다.
③ 2차 침전지에서 슬러지 벌킹의 문제가 없다.
④ 충격독성부하로부터 회복이 느리다.

해설

생물막공법은 활성슬러지법에 비해 충격부하가 강하다.

55 역삼투장치로 하루에 600,000L의 3차 처리된 유출수를 탈염하고자 할 때 10℃에서 요구되는 막 면적(m^2)은?

- 25℃에서 물질전달계수 = 0.2068L/(day · m^2)(kPa)
- 유입수와 유출수의 압력차 = 2,400kPa
- 유입수와 유출수의 삼투압차 = 310kPa
- 최저운전온도 = 10℃, $A_{10℃} = 1.3A_{25℃}$

① 약 1,200 ② 약 1,400
③ 약 1,600 ④ 약 1,800

해설

막의 단위면적당 유출수량(Q_F)

$Q_F = K(\Delta P - \Delta\pi)$

여기서, K : 물질전달계수(m^3/m^2 · day · kPa)
ΔP : 압력차(유입측 - 유출측)(kPa)
$\Delta\pi$: 삼투압차(유입측 - 유출측)(kPa)

대입하여 식을 만들면

$$\frac{600{,}000\text{L/day}}{A\text{m}^2} = \frac{0.2068\text{L}}{\text{day}\cdot\text{m}^2\cdot\text{kPa}} \times (2{,}400 - 310)\text{kPa}$$

$A \fallingdotseq 1{,}388.21\text{m}^2$

마지막으로 온도 보정하면,

$A_{10} = A_{25} \times 1.3 = 1{,}388.21 \times 1.3 \fallingdotseq 1{,}805\text{m}^2$

56 포기조의 MLSS 농도를 3,000mg/L로 유지하기 위한 재순환율(%)은?(단, SVI = 120, 유입 SS는 고려하지 않고, 방류수 SS = 0mg/L)

① 36.3 ② 46.3
③ 56.3 ④ 66.3

해설

슬러지 반송비

$$R = \frac{\text{MLSS} - \text{SS}_i}{\text{SS}_r - \text{MLSS}}$$

유입수 내 SS를 무시하면,

$$R = \frac{\text{MLSS}}{\text{SS}_r - \text{MLSS}} = \frac{X}{(10^6/\text{SVI}) - X}$$

$$= \frac{3{,}000}{(10^6/120) - 3{,}000} = 0.5625$$

∴ 반송률 = 0.5625 × 100 = 56.25%

57 분리막을 이용한 다음의 폐수 처리방법 중 구동력이 농도차에 의한 것은?

① 역삼투(Reverse Osmosis)
② 투석(Dialysis)
③ 한외여과(Ultrafiltration)
④ 정밀여과(Microfiltration)

해설

투석은 농도에 따른 확산계수의 차에 의해 분리한다.

막분리의 구동력
- 투석 : 농도차
- 전기투석 : 전위차
- 역삼투 : 정수압차
- 한외여과 : 정수압차
- 정밀여과 : 정수압차

58 유해물질인 시안(CN) 처리방법에 관한 설명으로 틀린 것은?

① 오존산화법 : 오존은 알칼리성 영역에서 시안화합물을 N_2로 분해시켜 무해화한다.
② 전해법 : 유가(有價)금속류를 회수할 수 있는 장점이 있다.
③ 충격법 : 시안을 pH 3 이하의 강산성 영역에서 강하게 폭기하여 산화하는 방법이다.
④ 감청법 : 알칼리성 영역에서 과잉의 황산알루미늄을 가하여 공침시켜 제거하는 방법이다.

해설

감청법은 철을 함유한 시안폐수를 제거하는 방법이다. 철착염은 단순히 염소법과 전해법에 의해서는 분해되기 어렵다. 이 경우 과잉의 황산제1철 또는 황산제2철을 가하여 불용성의 침전물로 제거하는데 이를 감청법 또는 청침법이라 한다.

59 질산화 미생물의 전자공여체로 가장 거리가 먼 것은?

① 메탄올
② 암모니아
③ 아질산염
④ 환원된 무기성 화합물

해설

전자공여체는 자기가 산화되면서 전자를 내놓는 물질로 환원제 역할을 한다. 메탄올은 탈질과정에서 유기탄소원으로 제공되는 물질이다.

60 300m³/day의 도금공장 폐수 중 CN^-이 150mg/L 함유되어, 다음 반응식을 이용하여 처리하고자 할 때 필요한 NaClO의 양(kg)은?

$$2NaCN + 5NaClO + H_2O \rightarrow 2NaHCO_3 + N_2 + 5NaCl$$

① 180.4
② 300.5
③ 322.4
④ 344.8

해설

$2NaCN + 5NaClO + H_2O \rightarrow 2NaHCO_3 + N_2 + 5NaCl$

$$\frac{150\text{mg CN}^-}{\text{L}} \times \frac{10^3\text{L}}{1\text{m}^3} \times \frac{300\text{m}^3}{\text{day}} \times \frac{1\text{g}}{10^3\text{mg}} = 45,000\text{g/day}$$

$$45,000\text{g} \times \frac{1\text{mol}}{26\text{g}} \fallingdotseq 1,730.8\text{mol}$$

필요한 NaClO 몰수 $= 1,730.8 \times \frac{5}{2} \fallingdotseq 4,327\text{mol}$

$$\therefore 4,327\text{mol} \times \frac{74.5\text{g}}{1\text{mol}} \times \frac{1\text{kg}}{10^3\text{g}} \fallingdotseq 322.4\text{kg}$$

57 ② 58 ④ 59 ① 60 ③ 정답

제4과목 | 수질오염공정시험기준

61 자외선/가시선 분광법에 관한 설명으로 틀린 것은?

① 측정파장은 원칙적으로 최고의 흡광도가 얻어질 수 있는 최대 흡수파장을 선정한다.

② 대조액은 일반적으로 용매 또는 바탕시험액을 사용한다.

③ 측정된 흡광도는 되도록 1.0~1.5의 범위에 들도록 시험용액의 농도 및 흡수셀의 길이를 선정한다.

④ 부득이 흡광도를 0.1 미만에서 측정할 때는 눈금 확대기를 사용하는 것이 좋다.

해설

자외선/가시선 분광법을 이용하여 측정할 때 측정된 흡광도는 되도록 0.2~0.8 범위에 들도록 시험용액의 농도 및 흡수셀의 길이를 선정한다.

62 수질오염공정시험기준에서 사용하는 용어에 대한 설명으로 틀린 것은?

① '항량으로 될 때까지 건조한다'라 함은 같은 조건에서 1시간 더 건조하여 전후 차가 g당 0.3mg 이하일 때를 말한다.

② 시험조작 중 '즉시'란 30초 이내에 표시된 조작을 하는 것을 뜻한다.

③ '기밀용기'라 함은 취급 또는 저장하는 동안에 이물질이 들어가거나 또는 내용물이 손실되지 아니하도록 보호하는 용기를 말한다.

④ '방울수'라 함은 20℃에서 정제수 20방울을 적하할 때 그 부피가 약 1mL가 되는 것을 뜻한다.

해설

ES 04000.d 총칙

③ '기밀용기'라 함은 취급 또는 저장하는 동안에 밖으로부터의 공기 또는 다른 가스가 침입하지 아니하도록 내용물을 보호하는 용기를 말한다.

63 시료를 적절한 방법으로 보존할 때 최대 보존기간이 다른 항목은?

① 시 안

② 노말헥산 추출물질

③ 화학적 산소요구량

④ 총 인

해설

ES 04130.1e 시료의 채취 및 보존 방법

시료의 최대 보존기간

- 시안 : 14일
- 노말헥산 추출물질, 화학적 산소요구량, 총인 : 28일

64 다음 설명 중 틀린 것은?

① 현장 이중시료는 동일 위치에서 동일한 조건으로 중복 채취한 시료를 말한다.

② 검정곡선은 분석물질의 농도변화에 따른 지시값을 나타낸 것을 말한다.

③ 정량범위라 함은 시험분석 대상을 정량화할 수 있는 측정값을 말한다.

④ 기기검출한계(IDL)란 시험분석 대상물질을 기기가 검출할 수 있는 최소한의 농도 또는 양을 의미한다.

해설

ES 04001.b 정도보증/정도관리

③ 정량한계란 시험분석 대상을 정량화할 수 있는 측정값으로서, 제시된 정량한계 부근의 농도를 포함하도록 시료를 준비하고, 이를 반복 측정하여 얻은 결과의 표준편차에 10배한 값을 사용한다.

정답 61 ③ 62 ③ 63 ① 64 ③

65 총대장균군-시험관법의 정량방법에 대한 설명으로 틀린 것은?

① 용량 1~25mL의 멸균된 눈금피펫이나 자동피펫을 사용한다.

② 안지름 6mm, 높이 30mm 정도의 다람시험관을 사용한다.

③ 고리의 안지름이 10mm인 백금이를 사용한다.

④ 배양온도를 35±0.5℃로 유지할 수 있는 배양기를 사용한다.

해설

ES 04701.2g 총대장균군-시험관법

- 다람시험관 : 소시험관 및 중시험관용 다람(Durham)시험관(안지름 9mm, 높이 30mm)을 사용한다. 고압증기 멸균할 수 있어야 하며 기체포집을 위해 거꾸로 집어넣는다.
- 백금이 : 고리의 안지름이 약 3mm인 백금이를 사용한다.

※ 기준 개정으로 정답은 ②, ③번이다.

66 적정법으로 용존산소를 정량 시 0.01N $Na_2S_2O_3$용액 1mL가 소요되었을 때 이것 1mL는 산소 몇 mg에 상당하겠는가?

① 0.08

② 0.16

③ 0.2

④ 0.8

해설

$$O_2(mg/L) = \frac{0.01eq}{L} \times 1 \times 10^{-3}L \times \frac{8 \times 10^3 mg}{1eq} = 0.08mg$$

67 용존산소의 정량에 관한 설명으로 틀린 것은?

① 전극법은 산화성 물질이 함유된 시료나 착색된 시료에 적합하다.

② 일반적으로 온도가 일정할 때 용존산소 포화량은 수중의 염소이온량이 클수록 크다.

③ 시료가 착색, 현탁된 경우는 시료에 칼륨명반용액과 암모니아수를 주입한다.

④ Fe(Ⅲ) 100~200mg/L가 함유되어 있는 시료의 경우 황산을 첨가하기 전에 플루오린화칼륨용액 1mL을 가한다.

해설

ES 04308.1e 용존산소-적정법

일반적으로 온도가 일정할 때 용존산소 포화량은 수중의 염소이온량이 클수록 작다.

※ 기준 내 '표 2. 수중의 용존산소 포화량' 참고

68 음이온 계면활성제를 자외선/가시선 분광법으로 분석하고자 할 때 음이온 계면활성제와 메틸렌블루가 반응하여 생성된 청색의 착화합물을 추출하는 데 사용하는 용액은?

① 디티존

② 디티오카르바민산

③ 메틸이소부틸케톤

④ 클로로폼

해설

ES 04359.1d 음이온 계면활성제-자외선/가시선 분광법

물속에 존재하는 음이온 계면활성제를 측정하기 위하여 메틸렌블루와 반응시켜 생성된 청색의 착화합물을 클로로폼으로 추출하여 흡광도를 650nm에서 측정하는 방법이다.

65 ③ 66 ① 67 ② 68 ④ 정답

69 **기체크로마토그래피법에서 검출기와 사용되는 운반가스를 틀리게 짝지은 것은?**

① 열전도도형 검출기 – 질소
② 열전도도형 검출기 – 헬륨
③ 전자포획형 검출기 – 헬륨
④ 전자포획형 검출기 – 질소

해설
열전도도검출기(TCD)는 일반적으로 헬륨을 사용하며, 수소는 감도는 높으나 사용상 주의를 요한다.

70 **채수된 폐수시료의 보존에 관한 설명으로 옳은 것은?**

① BOD 검정용 시료는 동결하면 장기간 보존할 수 있다.
② COD 검정용 시료는 황산을 가하여 약산성으로 한다.
③ 노말헥산 추출물질 검정용 시료는 염산으로 pH 4 이하로 한다.
④ 부유물질 검정용 시료는 황산을 가하여 pH 4로 한다.

해설
ES 04130.1e 시료의 채취 및 보존 방법
시료의 최대 보존방법
• 생물화학적 산소요구량 : 4℃ 보관
• 화학적 산소요구량 : 4℃ 보관, H_2SO_4로 pH 2 이하
• 노말헥산 추출물질 : 4℃ 보관, H_2SO_4로 pH 2 이하
• 부유물질 : 4℃ 보관

71 **수질오염공정시험기준상 총대장균군의 시험방법이 아닌 것은?**

① 현미경계수법
② 막여과법
③ 시험관법
④ 평판집락법

해설
총대장균군 시험방법
• 막여과법(ES 04701.1g)
• 시험관법(ES 04701.2g)
• 평판집락법(ES 04701.3e)
• 효소이용정량법(ES 04701.4b)

72 **자외선/가시선 분광법을 적용한 페놀류 측정에 관한 내용으로 옳지 않은 것은?**

① 붉은색의 안티피린계 색소의 흡광도를 측정한다.
② 수용액에서는 510nm, 클로로폼 용액에서는 460nm에서 측정한다.
③ 정량한계는 클로로폼 추출법일 때 0.05mg, 직접법일 때 0.5mg이다.
④ 시료 중의 페놀을 종류별로 구분하여 정량할 수 없다.

해설
ES 04365.1d 페놀류-자외선/가시선 분광법
정량한계는 클로로폼 추출법일 때 0.005mg/L, 직접측정법일 때 0.05mg/L이다.

정답 69 ① 70 전항정답 71 ① 72 ③

73 질산성 질소의 자외선/가시선 분광법 중 부루신법에 대한 설명으로 틀린 것은?

① 이 시험기준은 지표수, 지하수, 폐수 등에 적용할 수 있으며 정량한계는 0.1mg/L이다.

② 용존 유기물질이 황산 산성에서 착색이 선명하지 않을 수 있으며 이때 부루신설퍼닐산을 포함한 모든 시약을 추가로 첨가하여야 한다.

③ 바닷물과 같이 염분이 높은 경우 바탕시료와 표준용액에 염화나트륨용액(30%)을 첨가하여 염분의 영향을 제거한다.

④ 잔류염소는 이산화비소산나트륨으로 제거할 수 있다.

해설

ES 04361.2c 질산성 질소–자외선/가시선 분광법

간섭물질

- 용존 유기물질이 황산 산성에서 착색이 선명하지 않을 수 있으며 이때 부루신설퍼닐산을 제외한 모든 시약을 추가로 첨가하여야 하며, 용존유기물이 아닌 자연 착색이 존재할 때에도 적용된다.
- 바닷물과 같이 염분이 높은 경우, 바탕시료와 표준용액에 염화나트륨용액(30%)을 첨가하여 염분의 영향을 제거한다.
- 모든 강산화제 및 환원제는 방해를 일으킨다. 산화제의 존재 여부는 잔류염소측정기로 알 수 있다.
- 잔류염소는 이산화비소산나트륨으로 제거할 수 있다.
- 제1철, 제2철 및 4가 망간은 약간의 방해를 일으키나 1mg/L 이하의 농도에서는 무시해도 된다.
- 시료의 반응시간 동안 균일하게 가열하지 않은 경우 오차가 생기며 착색이 이루어지는 시간대에는 확실한 온도 조절이 필요하다.

※ 공정시험기준 개정으로 보기 ①번 내용 중 '지하수'가 삭제됨

74 30배 희석한 시료를 15분간 방치한 후와 5일간 배양한 후의 DO가 각각 8.6mg/L, 3.6mg/L이었고, 식종액의 BOD를 측정할 때 식종액의 배양 전과 후의 DO가 각각 7.5mg/L, 3.7mg/L이었다면 이 시료의 BOD(mg/L)는?(단, 희석시료 중의 식종액 함유율과 희석한 식종액 중의 식종액 함유율의 비는 0.1임)

① 139 ② 143

③ 147 ④ 150

해설

ES 04305.1c 생물화학적 산소요구량

$BOD(mg/L) = [(D_1 - D_2) - (B_1 - B_2) \times f] \times P$

여기서, D_1 : 15분간 방치된 후의 희석한 시료의 DO(mg/L)

D_2 : 5일간 배양한 다음의 희석한 시료의 DO(mg/L)

B_1 : 식종액의 BOD를 측정할 때 희석된 식종액의 배양 전 DO(mg/L)

B_2 : 식종액의 BOD를 측정할 때 희석된 식종액의 배양 후 DO(mg/L)

f : 희석시료 중의 식종액 함유율(x%)과 희석한 식종액 중의 식종액 함유율(y%)의 비(x/y)

P : 희석시료 중 시료의 희석배수(희석시료량/시료량)

$$\therefore BOD(mg/L) = \left[(8.6-3.6)-(7.5-3.7)\times\frac{1}{10}\right]\times 30 \fallingdotseq 139mg/L$$

75 유도결합플라스마–원자발광분광법에 의한 원소별 정량한계로 틀린 것은?

① Cu : 0.006mg/L ② Pb : 0.004mg/L

③ Ni : 0.015mg/L ④ Mn : 0.002mg/L

해설

ES 04400.3c 금속류–유도결합플라스마–원자발광분광법

원소별 정량한계

원소명	정량한계(mg/L)
Cu	0.006
Pb	0.04
Ni	0.015
Mn	0.002

73 ② 74 ① 75 ② 정답

76 **물속에 존재하는 비소의 측정방법으로 틀린 것은?**

① 수소화물생성-원자흡수분광광도법
② 자외선/가시선 분광법
③ 양극벗김전압전류법
④ 이온크로마토그래피법

해설

비소 측정방법
- 수소화물생성법-원자흡수분광광도법(ES 04406.1c)
- 자외선/가시선 분광법(ES 04406.2c)
- 유도결합플라스마-원자발광분광법(ES 04406.3a)
- 유도결합플라스마-질량분석법(ES 04406.4a)
- 양극벗김전압전류법(ES 04406.5a)

77 **냄새 측정 시 잔류염소 제거를 위해 첨가하는 용액은?**

① L-아스코르브산나트륨
② 티오황산나트륨
③ 과망간산칼륨
④ 질산은

해설

ES 04301.1b 냄새
잔류염소가 존재하면 티오황산나트륨 용액을 첨가하여 잔류염소를 제거한다.

78 **시료채취 방법 중 옳지 않은 것은?**

① 지하수 시료는 물을 충분히 퍼낸 다음, pH와 전기전도도를 연속적으로 측정하여 각각의 값이 평형을 이룰 때 채취한다.
② 시료채취 용기에 시료를 채울 때에는 어떠한 경우라도 시료교란이 일어나서는 안 된다.
③ 시료채취량은 시험항목 및 시험 횟수에 따라 차이가 있으나 보통 1~2L 정도이어야 한다.
④ 채취용기는 시료를 채우기 전에 대상시료로 3회 이상 씻은 다음 사용한다.

해설

ES 04130.1e 시료의 채취 및 보존 방법
시료채취량은 시험항목 및 시험 횟수에 따라 차이가 있으나 보통 3~5L 정도이어야 한다. 다만, 시료를 즉시 실험할 수 없어 보존하여야 할 경우 또는 시험항목에 따라 각각 다른 채취용기를 사용하여야 할 경우에는 시료채취량을 적절히 증감할 수 있다.

79 **잔류염소(비색법)를 측정할 때 크롬산(2mg/L 이상)으로 인한 종말점 간섭을 방지하기 위해 가하는 시약은?**

① 염화바륨 ② 황산구리
③ 염산용액(25%) ④ 과망간산칼륨

해설

ES 04309.1c 잔류염소-비색법
2mg/L 이상의 크롬산은 종말점에서 간섭을 하는데 이때 염화바륨을 가하여 침전시켜 제거한다.

정답 76 ④ 77 ② 78 ③ 79 ①

80 COD 측정에 있어서 COD값에 영향을 주는 인자가 아닌 것은?

① 온 도　　② MnO_4^- 농도
③ 황산량　　④ 가열시간

해설

MnO_4^- 농도는 COD값에 영향을 주지 않는다.
ES 04315.1b 화학적 산소요구량–적정법–산성 과망간산칼륨법
제일철이온, 아황산염 등 실험 조건에서 산화되는 물질이 있을 때에 해당되는 COD값을 정량적으로 빼주어야 하며, 가열과정에서 오차가 발생할 수 있으므로 물중탕의 온도와 가열시간을 잘 지켜야 한다.

제5과목 | 수질환경관계법규

81 사업자가 배출시설 또는 방지시설의 설치를 완료하여 해당 배출시설 및 방지시설을 가동하고자 하는 때에는 환경부령이 정하는 바에 의하여 미리 환경부장관에게 가동개시신고를 하여야 한다. 이를 위반하여 가동개시신고를 하지 아니하고 조업한 자에 대한 벌칙 기준은?

① 2백만원 이하의 벌금
② 3백만원 이하의 벌금
③ 5백만원 이하의 벌금
④ 1년 이하의 징역 또는 1천만원 이하의 벌금

해설

물환경보전법 제78조(벌칙)
사업자는 배출시설 또는 방지시설의 설치를 완료하여 그 배출시설 및 방지시설을 가동하려면 환경부령으로 정하는 바에 따라 미리 환경부장관에게 가동시작신고를 하여야 한다. 이를 위반하여 가동시작신고를 하지 아니하고 조업한 자는 1년 이하의 징역 또는 1천만원 이하의 벌금에 처한다.
※ 법 개정으로 '가동개시신고'가 '가동시작신고'로 변경

82 물환경보전법에서 규정하고 있는 기타수질오염원의 기준으로 틀린 것은?

① 취수능력 $10m^3$/일 이상인 먹는물 제조시설
② 면적 $30,000m^2$ 이상인 골프장
③ 면적 $1,500m^2$ 이상인 자동차 폐차장 시설
④ 면적 $200,000m^2$ 이상인 복합물류터미널 시설

해설

물환경보전법 시행규칙 [별표 1] 기타수질오염원

시설구분	대 상	규 모
골프장	체육시설의 설치·이용에 관한 법률 시행령에 따른 골프장	면적이 $30,000m^2$ 이상이거나 3홀 이상일 것(비점오염원으로 설치 신고대상인 골프장은 제외한다)
운수장비 정비 또는 폐차장 시설	자동차 폐차장시설	면적이 $1,500m^2$ 이상일 것
복합물류터미널 시설	화물의 운송, 보관, 하역과 관련된 작업을 하는 시설	면적이 $200,000m^2$ 이상일 것

83 비점오염저감시설을 자연형과 장치형 시설로 구분할 때 장치형 시설에 해당하지 않는 것은?

① 생물학적 처리형 시설
② 여과형 시설
③ 와류형 시설
④ 저류형 시설

해설

물환경보전법 시행규칙 [별표 6] 비점오염저감시설
- 자연형 시설 : 저류시설, 인공습지, 침투시설, 식생형 시설
- 장치형 시설 : 여과형 시설, 소용돌이형 시설, 스크린형 시설, 응집·침전 처리형 시설, 생물학적 처리형 시설

※ 법 개정으로 '와류형'이 '소용돌이형'으로 변경됨

80 ② 81 ④ 82 ① 83 ④ 정답

84 환경부장관이 공공수역의 물환경을 관리 · 보전하기 위하여 대통령령으로 정하는 바에 따라 수립하는 국가 물환경관리기본계획의 수립 주기는?

① 매 년 ② 2년
③ 3년 ④ 10년

해설

물환경보전법 제23조의2(국가 물환경관리기본계획의 수립)
환경부장관은 공공수역의 물환경을 관리 · 보전하기 위하여 대통령령으로 정하는 바에 따라 국가 물환경관리기본계획을 10년마다 수립하여야 한다.

85 수질오염물질 중 초과배출부과금의 부과 대상이 아닌 것은?

① 다이클로로메탄
② 페놀류
③ 테트라클로로에틸렌
④ 폴리염화바이페닐

해설

물환경보전법 시행령 제46조(초과배출부과금 부과 대상 수질오염물질의 종류)
- 유기물질
- 부유물질
- 카드뮴 및 그 화합물
- 시안화합물
- 유기인화합물
- 납 및 그 화합물
- 6가크롬화합물
- 비소 및 그 화합물
- 수은 및 그 화합물
- 폴리염화바이페닐(Polychlorinated Biphenyl)
- 구리 및 그 화합물
- 크롬 및 그 화합물
- 페놀류
- 트라이클로로에틸렌
- 테트라클로로에틸렌
- 망간 및 그 화합물
- 아연 및 그 화합물
- 총질소
- 총 인

86 기본배출부과금에 관한 설명으로 ( ) 안에 들어갈 내용으로 알맞은 것은?

공공폐수처리시설 또는 공공하수처리시설에서 배출되는 폐수 중 수질오염물질이 ( )하는 경우

① 배출허용기준을 초과
② 배출허용기준을 미달
③ 방류수 수질기준을 초과
④ 방류수 수질기준을 미달

해설

물환경보전법 제41조(배출부과금)
기본배출부과금
- 배출시설(폐수무방류배출시설은 제외한다)에서 배출되는 폐수 중 수질오염물질이 배출허용기준 이하로 배출되나 방류수 수질기준을 초과하는 경우
- 공공폐수처리시설 또는 공공하수처리시설에서 배출되는 폐수 중 수질오염물질이 방류수 수질기준을 초과하는 경우

87 시 · 도지사가 오염총량관리기본계획의 승인을 받으려는 경우, 오염총량관리기본계획안에 첨부하여 환경부장관에게 제출하여야 하는 서류가 아닌 것은?

① 유역환경의 조사 · 분석 자료
② 오염원의 자연증감에 관한 분석 자료
③ 오염총량관리계획 목표에 관한 자료
④ 오염부하량의 저감계획을 수립하는 데에 사용한 자료

해설

물환경보전법 시행규칙 제11조(오염총량관리기본계획 승인신청 및 승인기준)
시 · 도지사는 오염총량관리기본계획의 승인을 받으려는 경우에는 오염총량관리기본계획안에 다음의 서류를 첨부하여 환경부장관에게 제출하여야 한다.
- 유역환경의 조사 · 분석 자료
- 오염원의 자연증감에 관한 분석 자료
- 지역개발에 관한 과거와 장래의 계획에 관한 자료
- 오염부하량의 산정에 사용한 자료
- 오염부하량의 저감계획을 수립하는 데에 사용한 자료

정답 84 ④ 85 ① 86 ③ 87 ③

88 위임업무 보고사항의 업무내용 중 보고횟수가 연 1회에 해당되는 것은?

① 환경기술인의 자격별 · 업종별 현황
② 폐수무방류배출시설의 설치허가(변경허가) 현황
③ 골프장 맹 · 고독성 농약 사용 여부 확인 결과
④ 비점오염원의 설치신고 및 방지시설 설치 현황 및 행정처분 현황

해설

물환경보전법 시행규칙 [별표 23] 위임업무 보고사항

업무내용	보고횟수
폐수무방류배출시설의 설치허가(변경허가) 현황	수 시
환경기술인의 자격별 · 업종별 현황	연 1회
비점오염원의 설치신고 및 방지시설 설치 현황 및 행정처분 현황	연 4회
골프장 맹 · 고독성 농약 사용 여부 확인 결과	연 2회

89 수질 및 수생태계 환경기준 중 하천에서의 사람의 건강보호 기준으로 옳은 것은?

① 6가크롬 – 0.5mg/L 이하
② 비소 – 0.05mg/L 이하
③ 음이온 계면활성제 – 0.1mg/L 이하
④ 테트라클로로에틸렌 – 0.02mg/L 이하

해설

환경정책기본법 시행령 [별표 1] 환경기준
수질 및 수생태계-하천-사람의 건강보호 기준

항 목	기준값(mg/L)
비소(As)	0.05 이하
6가크롬(Cr^{6+})	0.05 이하
음이온 계면활성제(ABS)	0.5 이하
테트라클로로에틸렌(PCE)	0.04 이하

90 공공수역의 물환경보전을 위하여 특정 농작물의 경작 권고를 할 수 있는 자는?

① 대통령
② 유역 · 지방환경청장
③ 환경부장관
④ 시 · 도지사

해설

물환경보전법 제19조(특정 농작물의 경작 권고 등)
시 · 도지사 또는 대도시의 장은 공공수역의 물환경보전을 위하여 필요하다고 인정하는 경우에는 하천 · 호소 구역에서 농작물을 경작하는 사람에게 경작대상 농작물의 종류 및 경작방식의 변경과 휴경(休耕) 등을 권고할 수 있다.

91 폐수무방류배출시설의 운영일지의 보존기간은?

① 최종 기록일부터 6월
② 최종 기록일부터 1년
③ 최종 기록일부터 3년
④ 최종 기록일부터 5년

해설

물환경보전법 시행규칙 제49조(폐수배출시설 및 수질오염방지시설의 운영기록 보존)
폐수무방류배출시설의 경우에는 운영일지를 최종 기록일부터 3년간 보존하여야 한다.

88 ① 89 ② 90 ④ 91 ③ 정답

92 **폐수수탁처리업자의 등록기준(시설 및 장비현황)으로 옳지 않은 것은?**

① 폐수저장시설의 용량은 1일 8시간(1일 8시간 이상 가동할 경우 1일 최대 가동시간으로 한다) 최대 처리량의 3일 이상의 규모이어야 하며, 반입폐수의 밀도를 고려하여 전체 용적의 90% 이내로 저장될 수 있는 용량으로 설치하여야 한다.

② 폐수운반장비는 용량 $5m^3$ 이상의 탱크로리, $2m^3$ 이상의 철제 용기가 고정된 차량이어야 한다.

③ 폐수운반차량은 청색[색번호 10B5-12(1016)]으로 도색한다.

④ 폐수운반차량은 양쪽 옆면과 뒷면에 가로 50cm, 세로 20cm 이상 크기의 노란색 바탕에 검은색 글씨로 폐수운반차량, 회사명, 등록번호, 전화번호 및 용량을 지워지지 아니하도록 표시하여야 한다.

해설

물환경보전법 시행규칙 [별표 20] 폐수처리업의 허가요건

폐수운반장비는 용량 $2m^3$ 이상의 탱크로리, $1m^3$ 이상의 합성수지제 용기가 고정된 차량이어야 한다.

※ 법 개정으로 '등록기준'이 '허가요건'으로 변경됨

93 **청정지역에서 1일 폐수배출량이 $1,000m^3$ 이하로 배출하는 배출시설에 적용되는 배출허용기준 중 화학적 산소요구량(mg/L)은?**

① 30 이하

② 40 이하

③ 50 이하

④ 60 이하

해설

물환경보전법 시행규칙 [별표 13] 수질오염물질의 배출허용기준

항목별 배출허용기준

대상 규모 / 항목 / 지역 구분	1일 폐수배출량 $2,000m^3$ 미만		
	생물 화학적 산소 요구량 (mg/L)	총유기탄소량 (mg/L)	부유 물질량 (mg/L)
청정지역	40 이하	30 이하	40 이하

※ 법 개정으로 정답 없음

94 **환경부장관 또는 시 · 도지사가 배출시설에 대하여 필요한 보고를 명하거나 자료를 제출하게 할 수 있는 자가 아닌 사람은?**

① 사업자
② 공공폐수처리시설을 설치 · 운영하는 자
③ 기타수질오염원의 설치 · 관리 신고를 한 자
④ 배출시설 환경기술인

해설

물환경보전법 제68조(보고 및 검사 등)

환경부장관 또는 시 · 도지사는 환경부령으로 정하는 경우에는 다음의 자에게 필요한 보고를 명하거나 자료를 제출하게 할 수 있으며, 관계 공무원으로 하여금 해당 시설 또는 사업장 등에 출입하여 방류수 수질기준, 배출허용기준, 허가 또는 변경허가 기준의 준수 여부, 측정기기의 정상 운영, 특정수질유해물질 배출량조사의 검증, 준수사항, 수질 기준 및 관리 기준의 준수 여부 또는 전자인계 · 인수관리시스템의 입력 여부를 확인하기 위하여 수질오염물질을 채취하거나 관계 서류 · 시설 · 장비 등을 검사하게 할 수 있다.

- 사업자
- 공공폐수처리시설(공공하수처리시설 중 환경부령으로 정하는 시설을 포함한다)을 설치 · 운영하는 자
- 측정기기 관리대행업자
- 제53조제1항에 해당하는 자
  ※ 물환경보전법 제53조제1항
  ㉠ 대통령령으로 정하는 규모 이상의 도시의 개발, 산업단지의 조성, 그 밖에 비점오염원에 의한 오염을 유발하는 사업으로서 대통령령으로 정하는 사업을 하려는 자
  ㉡ 대통령령으로 정하는 규모 이상의 사업장에 제철시설, 섬유염색시설, 그 밖에 대통령령으로 정하는 폐수배출시설을 설치하는 자
  ㉢ 사업이 재개(再開)되거나 사업장이 증설되는 등 대통령령으로 정하는 경우가 발생하여 ㉠ 또는 ㉡에 해당되는 자
- 기타수질오염원의 설치 · 관리 신고를 한 자
- 물놀이형 수경시설을 설치 · 운영하는 자
- 폐수처리업자
- 환경부장관 또는 시 · 도지사의 업무를 위탁받은 자

95 **사업자 및 배출시설과 방지시설에 종사하는 자는 배출시설과 방지시설의 정상적인 운영, 관리를 위한 환경기술인의 업무를 방해하여서는 아니 되며, 그로부터 업무수행에 필요한 요청을 받은 때에는 정당한 사유가 없는 한 이에 응하여야 한다. 이 규정을 위반하여 환경기술인의 업무를 방해하거나 환경기술인의 요청을 정당한 사유 없이 거부한 자에 대한 벌칙기준은?**

① 100만원 이하의 벌금
② 200만원 이하의 벌금
③ 300만원 이하의 벌금
④ 500만원 이하의 벌금

해설

물환경보전법 제80조(벌칙)

사업자 및 배출시설과 방지시설에 종사하는 사람은 배출시설과 방지시설의 정상적인 운영 · 관리를 위한 환경기술인의 업무를 방해하여서는 아니 되며, 그로부터 업무 수행에 필요한 요청을 받았을 때에는 정당한 사유가 없으면 이에 따라야 한다. 이 규정을 위반하여 환경기술인의 업무를 방해하거나 환경기술인의 요청을 정당한 사유 없이 거부한 자는 100만원 이하의 벌금에 처한다.

94 ④ 95 ① 정답

96 **하천의 등급별 수질 및 수생태계 상태를 바르게 설명한 것은?**

① 매우 좋음 : 용존산소가 많은 편이고 오염물질이 거의 없는 청정상태에 근접한 생태계로 여과·침전·살균 등 일반적인 정수처리 후 생활용수로 사용할 수 있음

② 좋음 : 오염물질은 있으나 용존산소가 많은 상태의 다소 좋은 생태계로 여과·침전·살균 등 일반적인 정수처리 후 공업용수 또는 수영용수로 사용할 수 있음

③ 보통 : 용존산소가 소모되는 일반 생태계로 여과, 침전, 활성탄 투입, 살균 등 고도의 정수처리 후 생활용수로 이용하거나 일반적 정수처리 후 공업용수로 사용할 수 있음

④ 나쁨 : 상당량의 오염물질로 인하여 용존산소가 소모되는 생태계로 농업용수로 사용하거나 여과, 침전, 활성탄 투입, 살균 등 고도의 정수처리 후 공업용수로 사용할 수 있음

해설

환경정책기본법 시행령 [별표 1] 환경기준

수질 및 수생태계–하천–생활환경 기준

등급별 수질 및 수생태계 상태

- 매우 좋음 : 용존산소(溶存酸素)가 풍부하고 오염물질이 없는 청정상태의 생태계로 여과·살균 등 간단한 정수처리 후 생활용수로 사용할 수 있음
- 좋음 : 용존산소가 많은 편이고 오염물질이 거의 없는 청정상태에 근접한 생태계로 여과·침전·살균 등 일반적인 정수처리 후 생활용수로 사용할 수 있음
- 약간 좋음 : 약간의 오염물질은 있으나 용존산소가 많은 상태의 다소 좋은 생태계로 여과·침전·살균 등 일반적인 정수처리 후 생활용수 또는 수영용수로 사용할 수 있음
- 보통 : 보통의 오염물질로 인하여 용존산소가 소모되는 일반 생태계로 여과, 침전, 활성탄 투입, 살균 등 고도의 정수처리 후 생활용수로 이용하거나 일반적 정수처리 후 공업용수로 사용할 수 있음
- 약간 나쁨 : 상당량의 오염물질로 인하여 용존산소가 소모되는 생태계로 농업용수로 사용하거나 여과, 침전, 활성탄 투입, 살균 등 고도의 정수처리 후 공업용수로 사용할 수 있음
- 나쁨 : 다량의 오염물질로 인하여 용존산소가 소모되는 생태계로 산책 등 국민의 일상생활에 불쾌감을 주지 않으며, 활성탄 투입, 역삼투압 공법 등 특수한 정수처리 후 공업용수로 사용할 수 있음
- 매우 나쁨 : 용존산소가 거의 없는 오염된 물로 물고기가 살기 어려움

97 **수질오염경보의 종류별, 경보단계별 조치사항에 관한 내용 중 조류경보(조류대발생 경보단계) 시 취수장, 정수장 관리자의 조치사항으로 틀린 것은?**

① 정수의 독소분석 실시

② 정수 처리 강화(활성탄 처리, 오존 처리)

③ 취수구와 조류가 심한 지역에 대한 방어막 설치

④ 조류증식 수심 이하로 취수구 이동

해설

물환경보전법 시행령 [별표 4] 수질오염경보의 종류별·경보단계별 조치사항

조류경보–상수원 구간

단 계	관계 기관	조치사항
조류 대발생	취수장·정수장 관리자	• 조류증식 수심 이하로 취수구 이동 • 정수 처리 강화(활성탄 처리, 오존 처리) • 정수의 독소분석 실시

정답 96 ③ 97 ③

98 시행자(환경부장관은 제외)가 공공폐수처리시설을 설치하거나 변경하려는 경우 환경부장관에게 승인받아야 하는 기본계획에 포함되어야 하는 사항이 아닌 것은?

① 토지 등의 수용, 사용에 관한 사항
② 오염원 분포 및 폐수배출량과 그 예측에 관한 사항
③ 오염원인자에 대한 사업비의 분담에 관한 사항
④ 공공폐수처리시설에서 처리하려는 대상 지역에 관한 사항

해설

물환경보전법 시행령 제66조(공공폐수처리시설 기본계획 승인 등)
시행자(환경부장관은 제외한다)는 공공폐수처리시설을 설치하거나 변경하려는 경우에는 다음의 사항이 포함된 기본계획을 수립하여 환경부령으로 정하는 바에 따라 환경부장관의 승인을 받아야 한다.

- 공공폐수처리시설에서 처리하려는 대상 지역에 관한 사항
- 오염원 분포 및 폐수배출량과 그 예측에 관한 사항
- 공공폐수처리시설의 폐수처리계통도, 처리능력 및 처리방법에 관한 사항
- 공공폐수처리시설에서 처리된 폐수가 방류수역의 수질에 미치는 영향에 관한 평가
- 공공폐수처리시설의 설치·운영자에 관한 사항
- 공공폐수처리시설 설치 부담금 및 공공폐수처리시설 사용료의 비용부담에 관한 사항
- 총사업비, 분야별 사업비 및 그 산출 근거
- 연차별 투자계획 및 자금조달계획
- 토지 등의 수용·사용에 관한 사항
- 그 밖에 공공폐수처리시설의 설치·운영에 필요한 사항

99 물환경보전법에서 사용하는 용어의 설명이 틀린 것은?

① 수질오염물질이란 수질오염의 요인이 되는 물질로서 대통령령으로 정하는 것은 말한다.
② 점오염원이란 폐수배출시설, 하수발생시설, 축사 등으로서 관거·수로 등을 통하여 일정한 지점으로 수질오염물질을 배출하는 배출원을 말한다.
③ 공공수역이란 하천, 호소, 항만, 연안해역, 그 밖에 공공용으로 사용되는 수역과 이에 접속하여 공공용으로 사용되는 환경부령으로 정하는 수로를 말한다.
④ 강우유출수란 비점오염원의 수질오염물질이 섞여 유출되는 빗물 또는 눈 녹은 물 등을 말한다.

해설

물환경보전법 제2조(정의)

- 수질오염물질이란 수질오염의 요인이 되는 물질로서 환경부령으로 정하는 것을 말한다.
- 점오염원이란 폐수배출시설, 하수발생시설, 축사 등으로서 관로·수로 등을 통하여 일정한 지점으로 수질오염물질을 배출하는 배출원을 말한다.

※ 법 개정으로 ②번의 내용 변경

98 ③ 99 ① 정답

100 수변생태구역의 매수·조성 등에 관한 내용으로 ( ) 안에 들어갈 내용으로 옳은 것은?

> 환경부장관은 하천·호소 등의 물환경보전을 위하여 필요하다고 인정할 때에는 (㉠)으로 정하는 기준에 해당하는 수변습지 및 수변토지를 매수하거나 (㉡)으로 정하는 바에 따라 생태적으로 조성·관리할 수 있다.

① ㉠ 환경부령, ㉡ 대통령령
② ㉠ 대통령령, ㉡ 환경부령
③ ㉠ 환경부령, ㉡ 총리령
④ ㉠ 총리령, ㉡ 환경부령

해설

물환경보전법 제19조의3(수변생태구역의 매수·조성)
환경부장관은 하천·호소 등의 물환경보전을 위하여 필요하다고 인정할 때에는 대통령령으로 정하는 기준에 해당하는 수변습지 및 수변토지를 매수하거나 환경부령으로 정하는 바에 따라 생태적으로 조성·관리할 수 있다.

정답 100 ②

2019년 제2회 과년도 기출문제

제1과목 | 수질오염개론

01 1차 반응에 있어 반응 초기의 농도가 100mg/L이고, 4시간 후에 10mg/L로 감소되었다. 반응 2시간 후의 농도(mg/L)는?

① 17.8 ② 24.8
③ 31.6 ④ 42.8

해설

$\ln\left(\frac{C_t}{C_0}\right) = -kt$

$\ln\left(\frac{10}{100}\right) = -4k,\ k \fallingdotseq 0.576$

2시간 후의 농도를 계산하면

$\ln\left(\frac{x}{100}\right) = -2k$

$\therefore\ x \fallingdotseq 31.6$

02 호소의 성층현상에 관한 설명으로 옳지 않은 것은?

① 수온약층은 순환층과 정체층의 중간층에 해당되고 변온층이라고도 하며 수온이 수심에 따라 크게 변화된다.
② 호소수의 성층현상은 연직 방향의 밀도차에 의해 층상으로 구분되는 것을 말한다.
③ 겨울 성층은 표층수의 냉각에 의한 성층이며 역성층이라고도 한다.
④ 여름 성층은 뚜렷한 층을 형성하며 연직온도경사와 분자 확산에 의한 DO 구배가 반대 모양을 나타낸다.

해설

여름 성층은 뚜렷한 층을 형성하며 연직온도경사와 분자 확산에 의한 DO 구배가 같은 모양을 나타낸다.

03 생물농축에 대한 설명으로 가장 거리가 먼 것은?

① 수생생물 체내의 각종 중금속 농도는 환경수중의 농도보다는 높은 경우가 많다.
② 생물체 중의 농도와 환경 수중의 농도비를 농축비 또는 농축계수라고 한다.
③ 수생생물의 종류에 따라서 중금속의 농축비가 다르게 되어 있는 것이 많다.
④ 농축비는 먹이사슬 과정에서 높은 단계의 소비자에 상당하는 생물일수록 낮게 된다.

해설

농축비는 먹이사슬 과정에서 높은 단계의 소비자에 상당하는 생물일수록 높다.

생물농축

- 어떤 원소 또는 물질이 생물에 있어서 필수적인지 아닌지에 상관없이 환경농도보다 고농도로 생물체 내에 축적되는 것을 생물농축이라고 한다.
- 생물농축은 먹이연쇄를 통하여 이루어지는 영양단계가 높아질수록 증폭되는 경향이 있으며, 수생생물에 대한 농축은 직접농축과 간접농축으로 나눌 수 있다.

04 호소의 부영양화에 대한 일반적 영향으로 틀린 것은?

① 부영양화가 진행된 수원을 농업용수로 사용하면 영양염류의 공급으로 농산물 수확량이 지속적으로 증가한다.
② 조류나 미생물에 의해 생성된 용해성 유기물질이 불쾌한 맛과 냄새를 유발한다.
③ 부영양화 평가 모델은 인(P)부하 모델인 Vollenweider 모델 등이 대표적이다.
④ 심수층의 용존산소량이 감소한다.

해설

부영양화가 진행된 수원은 질소와 인이 과다하여 수확량이 일시적으로 증가할 수 있으나 지속적으로 증가하지는 않는다.

1 ③ 2 ④ 3 ④ 4 ① 정답

05 **미생물 영양원 중 유황(Sulfur)에 관한 설명으로 틀린 것은?**

① 황환원세균은 편성 혐기성 세균이다.
② 유황을 함유한 아미노산은 세포 단백질의 필수 구성원이다.
③ 미생물세포에서 탄소 대 유황의 비는 100 : 1 정도이다.
④ 유황고정, 유황화합물 환원, 산화 순으로 변환된다.

해설
유황은 유황고정, 유황화합물 산화, 환원 순으로 변환된다.

06 **Formaldehyde(CH_2O) 500mg/L의 이론적 COD 값(mg/L)은?**

① 약 512　② 약 533
③ 약 553　④ 약 576

해설
$CH_2O + O_2 \rightarrow CO_2 + H_2O$
30g　32g
500mg/L　x
30g : 32g = 500mg/L : x
$\therefore x \fallingdotseq 533\text{mg/L}$

07 **프로피온산(C_2H_5COOH) 0.1M 용액이 4%로 이온화 된다면 이온화정수는?**

① 1.7×10^{-4}　② 7.6×10^{-4}
③ 8.3×10^{-5}　④ 9.3×10^{-5}

해설
$C_2H_5COOH \rightarrow C_2H_5COO^- + H^+$
0.1M × 0.96　0.1M × 0.04　0.1M × 0.04
이온화정수(K_a)를 계산하면

$$K_a = \frac{[C_2H_5COO^-][H^+]}{[C_2H_5COOH]} = \frac{(0.1 \times 0.04)^2}{0.1 \times 0.96} \fallingdotseq 1.7 \times 10^{-4}$$

08 **곰팡이(Fungi)류의 경험적 분자식은?**

① $C_{12}H_7O_4N$　② $C_{12}H_8O_5N$
③ $C_{10}H_{17}O_6N$　④ $C_{10}H_{18}O_4N$

해설
균류(Fungi)는 일반적으로 크기가 5~10μm 정도이며, 경험적 분자식은 $C_{10}H_{17}O_6N$이다.

09 **호수의 수질특성에 관한 설명으로 가장 거리가 먼 것은?**

① 표수층에서 조류의 활발한 광합성 활동 시 호수의 pH는 8~9 혹은 그 이상을 나타낼 수 있다.
② 호수의 유기물량 측정을 위한 항목은 COD보다 BOD와 클로로필-a를 많이 이용한다.
③ 수심별 전기전도도의 차이는 수온의 효과와 용존된 오염물질의 농도차로 인한 결과이다.
④ 표수층에서 조류의 활발한 광합성 활동 시에는 무기탄소원인 HCO_3^-나 CO_3^{2-}을 흡수하고 OH^-를 내보낸다.

해설
유기물의 양을 측정하는 방법으로 BOD와 COD를 이용한다. 클로로필-a의 양을 측정하면 수계 환경 내의 식물 플랑크톤의 분포를 알 수 있기 때문에 총인 등의 화학적 성분들과 더불어 수계 환경의 부영양화에 대한 지표가 될 수 있다.

정답 5 ④ 6 ② 7 ① 8 ③ 9 ②

10 물의 물리적 특성을 나타내는 용어의 단위가 잘못된 것은?

① 밀도 : g/cm^3

② 동점성계수 : cm^2/s

③ 표면장력 : $dyne/cm^2$

④ 점성계수 : $g/cm \cdot s$

해설

표면장력의 단위는 dyne/cm이다.

11 적조(Red Tide)에 관한 설명으로 틀린 것은?

① 갈수기로 인하여 염도가 증가된 정체 해역에서 주로 발생한다.

② 수중 용존산소 감소에 의한 어패류의 폐사가 발생된다.

③ 수괴의 연직안정도가 크고 독립해 있을 때 발생한다.

④ 해저에 빈 산소층이 형성될 때 발생한다.

해설

적조현상의 원인

- 강한 일사량, 높은 수온, 낮은 염분일 때 발생한다.
- N, P 등의 영양염류가 풍부한 부영양화 상태에서 잘 일어난다.
- 미네랄 성분인 비타민, Ca, Fe, Mg 등이 많을 때 발생한다.
- 정체수역 및 용승류(Upwelling)가 존재할 때 많이 발생한다.

12 25℃, 2atm의 압력에 있는 메탄가스 5.0kg을 저장하는 데 필요한 탱크의 부피(m^3)는?(단, 이상기체의 법칙 적용, $R = 0.082L \cdot atm/mol \cdot K$)

① 약 3.8

② 약 5.3

③ 약 7.6

④ 약 9.2

해설

메탄 5kg의 몰수를 계산하면 다음과 같다.

$$5 \times 10^3 g\ CH_4 \times \frac{1mol}{16g} = 312.5mol$$

$$\therefore\ V = \frac{nRT}{P}$$

$$= \frac{312.5mol}{2atm} \times \frac{0.082L \cdot atm}{mol \cdot K} \times (273+25)K \times \frac{1m^3}{10^3 L}$$

$$\fallingdotseq 3.8m^3$$

13 소수성 콜로이드의 특성으로 틀린 것은?

① 물과 반발하는 성질을 가진다.

② 물속에 현탁상태로 존재한다.

③ 아주 작은 입자로 존재한다.

④ 염에 큰 영향을 받지 않는다.

해설

소수성 콜로이드

- 현탁상태로 존재한다.
- Tyndall효과가 크다.
- 소량의 염을 첨가하여도 응결 침전된다.
- 염에 민감하다.

10 ③ 11 ① 12 ① 13 ④ 정답

14 다음 유기물 1mole이 완전산화될 때 이론적인 산소요구량(ThOD)이 가장 적은 것은?

① C_6H_6 ② $C_6H_{12}O_6$
③ C_2H_5OH ④ CH_3COOH

해설

반응식을 세워 계산한다.

① $C_6H_6 + 7.5O_2 \rightarrow 6CO_2 + 3H_2O$
  ∴ ThOD = 7.5 × 32g = 240g/mol
② $C_6H_{12}O_6 + 6O_2 \rightarrow 6CO_2 + 6H_2O$
  ∴ ThOD = 6 × 32g = 192g/mol
③ $C_2H_5OH + 3O_2 \rightarrow 2CO_2 + 3H_2O$
  ∴ ThOD = 3 × 32g = 96g/mol
④ $CH_3COOH + 2O_2 \rightarrow 2CO_2 + 2H_2O$
  ∴ ThOD = 2 × 32g = 64g/mol

15 산성강우에 대한 설명으로 틀린 것은?

① 주요 원인물질은 유황산화물, 질소산화물, 염산을 들 수 있다.
② 대기오염이 혹심한 지역에 국한되는 현상으로 비교적 정확한 예보가 가능하다.
③ 초목의 잎과 토양으로부터 Ca^{++}, Mg^{++}, K^{+} 등의 용출 속도를 증가시킨다.
④ 보통 대기 중 탄산가스와 평형상태에 있는 순수한 빗물은 pH 약 5.6의 산성을 띤다.

해설

산성비는 대기오염이 크게 발생되지 않는 곳에서도 발생하며, 정확한 예보가 어렵다.

16 하천 모델 중 다음의 특징을 가지는 것은?

- 유속, 수심, 조도계수에 의한 확산계수 결정
- 하천과 대기 사이의 열복사, 열교환 고려
- 음해법으로 미분방정식의 해를 구함

① QUAL-1 ② WQRRS
③ DO SAG-1 ④ HSPE

해설

하천 모델링의 종류와 특징

- Streeter-Phelps Model
  - 최초의 하천 수질모델링이다.
  - 점오염원으로부터 오염부하량을 고려한다.
  - 유기물의 분해에 따른 DO 소비와 재폭기만 고려한다.
- DO SAG-Ⅰ · Ⅱ · Ⅲ
  - 1차원 정상상태 모델이다.
  - 점오염원 및 비점오염원이 하천의 DO에 미치는 영향을 나타낼 수 있다.
  - 저질의 영향이나 광합성 작용에 의한 DO 반응을 무시한다.
- QUAL-Ⅰ · Ⅱ
  - 유속 · 수심 · 조도계수에 의해 확산계수가 결정된다.
  - 하천과 대기 사이의 열복사 및 열교환을 고려한다.
  - 음해법으로 미분방정식의 해를 구한다.
- WQRRS
  - 하천 및 호수의 부영양화를 고려한 생태계 모델이다.
  - 정적 및 동적인 하천의 수질, 수문학적 특성을 광범위하게 고려한다.
  - 호수에는 수심별 1차원 모델이 적용된다.
- AUT-QUAL
  - 길이 방향에 비해 폭이 상대적으로 좁은 하천 등에 적용 가능한 모델이다.
  - 비점오염원을 고려할 수 있다.
- QUALZE
  - QUAL-Ⅱ를 보완하여 PC용으로 개발한 모델링이다.
  - DO 수준을 유지하기 위한 희석방류량 및 하천의 수중보에 대한 영향을 고려할 수 있다.

정답 14 ④ 15 ② 16 ①

17 연속류 교반 반응조(CFSTR)에 관한 내용으로 틀린 것은?

① 충격부하에 강하다.
② 부하변동에 강하다.
③ 유입된 액체의 일부분은 즉시 유출된다.
④ 동일 용량 PFR에 비해 제거효율이 좋다.

해설

연속류 교반 반응조(CFSTR)은 플러그 흐름 반응조(PFR)에 비하여 제거효율이 낮다.

완전 혼합 반응조(CFSTR)

- 반응조 중에서 반응시간이 가장 길다.
- 반응물의 유입과 반응된 물질의 유출이 동시에 일어난다.
- 반응조 내는 완전 혼합을 가정한다.
- 비교적 운전이 쉽고 충격부하에 강하다.
- 반응이 혼합되지 않고 순간적으로 유출되는 단로 흐름이 발생한다.

18 우리나라 연평균강수량은 약 1,300mm 정도로 세계 연평균강수량 970mm에 비해 많은 편이지만, UN에서는 물 부족 국가로 인정하고 있다. 이는 우리나라 하천의 특성에 의한 것인데, 그러한 이유로 타당하지 않은 것은?

① 계절적인 강우분포의 차이가 크다.
② 하상계수가 작다.
③ 하천의 경사도가 급하다.
④ 하천의 유역면적이 작고 길이가 짧다.

해설

우리나라 하천의 특성

- 계절적인 강우분포의 차이가 크다.
- 하상계수가 크고, 하천의 경사도가 급하다.
- 하천의 유역면적이 작고 길이가 짧다.

19 0℃에서 DO 7.0mg/L인 물의 DO 포화도(%)는? (단, 대기의 화학적 조성 중 O_2 = 21%(V/V), 0℃에서 순수한 물의 공기 용해도 = 38.46mL/L, 1기압 기준)

① 약 61
② 약 74
③ 약 82
④ 약 87

해설

포화도 = (시료의 DO / 순수 산소포화량) × 100

순수 산소포화량을 계산하면

38.46mL × 0.21 = 8.0766mL

산소 22.4L는 32g이므로

22.4L : 32g = 8.0766mL : x

$x = 11.538$mg

∴ 포화도 = (7mg / 11.538mg) × 100 ≒ 61%

20 건조고형물량이 3,000kg/day인 생슬러지를 저율혐기성소화조로 처리할 때 휘발성 고형물은 건조고형물의 70%이고 휘발성 고형물의 60%는 소화에 의해 분해된다. 소화된 슬러지의 총고형물(kg/day)은?

① 1,040
② 1,740
③ 2,040
④ 2,440

해설

- 소화 전 VS의 양 = 3,000 × 0.7 = 2,100kg/day
- 소화 전 FS의 양 = 3,000 × 0.3 = 900kg/day

소화 후 슬러지의 양을 계산하면

- 소화 후 VS의 양 = 2,100 × 0.4 = 840kg/day
- 소화 후 FS의 양은 변하지 않는다.

∴ 총슬러지의 양 = 840 + 900 = 1,740kg/day

17 ④ 18 ② 19 ① 20 ② 정답

제2과목 | 상하수도계획

21 하수관로시설인 오수관로의 유속범위기준으로 옳은 것은?

① 계획시간 최대오수량에 대하여 유속을 최소 0.3m/s, 최대 3.0m/s로 한다.
② 계획시간 최대오수량에 대하여 유속을 최소 0.6m/s, 최대 3.0m/s로 한다.
③ 계획1일 최대오수량에 대하여 유속을 최소 0.3m/s, 최대 3.0m/s로 한다.
④ 계획1일 최대오수량에 대하여 유속을 최소 0.6m/s, 최대 3.0m/s로 한다.

해설
- 오수관로의 유속은 계획시간 최대오수량에 대하여 유속을 최소 0.6m/s, 최대 3.0m/s로 한다.
- 우수관로 및 합류식 관로의 유속은 계획우수량에 대하여 유속을 최소 0.8m/s, 최대 3.0m/s로 한다.

22 상수처리를 위한 정수시설인 급속여과지에 관한 설명으로 틀린 것은?

① 여과속도는 120~150m/day를 표준으로 한다.
② 플록의 질이 일정한 것으로 가정하였을 때 여과층의 필요두께는 여재입경에 반비례한다.
③ 여과면적은 계획정수량을 여과속도로 나누어 계산한다.
④ 여과지 1지의 여과면적은 $150m^2$ 이하로 한다.

해설
여재입경이 커질수록 여과층의 두께도 커진다.
급속여과지
- 여과지 1지의 여과면적은 $150m^2$으로 한다.
- 형상은 직사각형을 표준으로 한다.
- 여과속도는 120~150m/d를 표준으로 한다.
- 모래층의 두께는 여과모래의 유효경이 0.45~0.7mm의 범위인 경우에는 60~70cm를 표준으로 한다.
- 고수위로부터 여과지 상단까지의 여유고는 30cm 정도로 한다.
- 여과면적은 계획정수량을 여과속도로 나누어 계산한다.

23 강우강도가 2mm/min, 면적이 $1km^2$, 유입시간이 6분, 유출계수가 0.65인 경우 우수량(m^3/s)은?(단, 합리식 적용)

① 21.7　② 0.217
③ 1.30　④ 13.0

해설
강우강도 2mm/min = 120mm/h

$$Q = \frac{1}{360}CIA$$
$$= \frac{1}{360} \times 0.65 \times 120 \times 100 (\because 1km^2 = 100ha)$$
$$\fallingdotseq 21.7m^3/s$$

24 막여과법을 정수처리에 적용하는 주된 선정 이유로 가장 거리가 먼 것은?

① 응집제를 사용하지 않거나 또는 적게 사용한다.
② 막의 특성에 따라 원수 중의 현탁물질, 콜로이드, 세균류, 크립토스포리디움 등 일정한 크기 이상의 불순물을 제거할 수 있다.
③ 부지면적이 종래보다 작을 뿐 아니라 시설의 건설공사기간도 짧다.
④ 막의 교환이나 세척 없이 반영구적으로 자동운전이 가능하여 유지관리 측면에서 에너지를 절약할 수 있다.

해설
막여과
- 막여과의 장점
  - 일정 크기 이상의 현탁물질을 확실하게 제거할 수 있다.
  - 기계적으로 움직이는 부분이 적어 무인자동화가 간단하다.
  - 시설이 콤팩트(Compact)하여 넓은 부지면적이 필요하지 않다.
  - 응집제 없이도 운전이 가능하거나, 필요시에도 소량만 필요하여 운전관리가 간단하다.
  - 공사기간이 짧다.
- 막여과의 단점
  - 막오염을 방지하기 위해 약품세정이 필요하다.
  - 막의 수명이 짧아 교환비용이 많이 소요된다.
  - 건설 및 유지 관리비용이 많이 소요된다.
  - 고농도의 농축수가 발생하고 이의 처리시설이 필요하다.

정답 21 ② 22 ② 23 ① 24 ④

25 하수처리시설 중 소독시설에서 사용하는 오존의 장단점으로 틀린 것은?

① 병원균에 대하여 살균작용이 강하다.

② 철 및 망간의 제거능력이 크다.

③ 경제성이 좋다.

④ 바이러스의 불활성화 효과가 크다.

해설

오존 소독의 장단점

- 염소보다 산화력이 강하고 화학물질을 남기지 않는다.
- 물에 이취미를 남기지 않는다.
- pH 영향 없이 살균력이 강하다.
- 가격이 고가이다.
- 초기 투자비 및 부속 설비가 비싸다.
- 잔류성이 없어 염소처리와 병용해야 한다.

26 상수관로에서 조도계수 0.014, 동수경사 1/100, 관경 400mm일 때 이 관로의 유량(m^3/min)은?(단, Manning 공식 적용, 만관 기준)

① 3.8　　② 6.2

③ 9.3　　④ 11.6

해설

Manning 공식

$V=\frac{1}{n}\cdot R^{\frac{2}{3}}\cdot I^{\frac{1}{2}}$

여기서, n : 조도계수

I : 동수경사

R : 경심(유수단면적을 윤변으로 나눈 것$=\frac{A}{S}$, 원 또는 반원인 경우 $=\frac{D}{4}$)

$R=\frac{D}{4}$ 이므로 $R=\frac{0.4}{4}=0.1\text{m}$

$V=\frac{1}{n}\cdot R^{\frac{2}{3}}\cdot I^{\frac{1}{2}}=\frac{1}{0.014}\times 0.1^{\frac{2}{3}}\times 0.01^{\frac{1}{2}}\fallingdotseq 1.539\text{m/s}$

$\therefore Q(\text{m}^3/\text{min})=\frac{\pi\times(0.4\text{m})^2}{4}\times\frac{1.539\text{m}}{\text{s}}\times\frac{60\text{s}}{1\text{min}}$

$\fallingdotseq 11.6\text{m}^3/\text{min}$

27 우수배제계획에서 계획우수량의 설계강우에 관한 내용으로 (　　)안에 알맞은 것은?

> 하수관로의 설계강우는 10~30년 빈도, 빗물 펌프장의 설계강우는 (　　) 빈도를 원칙으로 하며, 지역의 특성 또는 방재상 필요성, 기후 변화로 인한 강우특성의 변화 추세에 따라 이보다 크게 또는 작게 정할 수 있다.

① 15~20년

② 20~30년

③ 30~50년

④ 50~100년

해설

설계강우

측정된 강우자료 분석을 통해 하수도 시설물별 최소 설계빈도는 지선관로 10년, 간선관로 30년, 빗물펌프장 30년으로 하며, 지역의 특성 또는 방재상 필요성, 기후변화로 인한 강우특성의 변화추세를 반영하여 이보다 크게 정할 수 있다. 20년 이상의 강우자료가 있는 지역에서 설계빈도에 따른 강우강도는 강우강도–지속시간–발생빈도곡선(IDF)을 사용하여 산정한다. 강우자료가 부족한 유역 또는 미계측 지역에서는 확률강우량도(http://www.wamis.go.kr)를 이용하여 강우강도를 결정할 수 있다.

※ 기준 개정으로 정답 없음

25 ③　26 ④　27 ③ 정답

28 **하수처리시설의 계획하수량에 관한 설명으로 옳은 것은?**

① 합류식 하수도에서 일차 침전지까지 처리장 내 연결관로는 계획시간 최대오수량으로 한다.

② 합류식 하수도에서 우천 시에는 계획시간 최대오수량을 유입시켜 2차 처리해야 한다.

③ 합류식 하수도는 우천 시 일차 침전지의 침전시간을 0.5시간 이상 확보하도록 한다.

④ 합류식 하수도의 소독시설 계획하수량은 계획시간 최대오수량으로 한다.

해설

① 합류식 하수도에서 일차 침전지까지 처리장 내 연결관로는 우천 시 계획오수량으로 한다.
② 합류식 하수도에서 우천 시에는 우천 시 계획오수량을 유입시켜 1차 처리해야 한다.
④ 합류식 하수도에서 소독시설 계획하수량은 계획1일 최대오수량으로 한다.

각 시설의 계획하수량

구 분		계획하수량	
		분류식 하수도	합류식 하수도
1차처리 (일차 침전지까지)	처리시설 (소독시설 포함)	계획1일 최대오수량	계획1일 최대오수량
	처리장 내 연결관거	계획시간 최대오수량	우천 시 계획오수량
2차처리	처리시설	계획1일 최대오수량	계획1일 최대오수량
	처리장 내 연결관거	계획시간 최대오수량	계획시간 최대오수량
고도처리 및 3차처리	처리시설	계획1일 최대오수량	계획1일 최대오수량
	처리장 내 연결관거	계획시간 최대오수량	계획시간 최대오수량

29 **하수슬러지 개량방법과 특징으로 틀린 것은?**

① 고분자 응집제 첨가 : 슬러지 성상을 그대로 두고 탈수성, 농축성의 개선을 도모한다.

② 무기약품 첨가 : 무기약품은 슬러지의 pH를 변화시켜 무기질 비율을 증가시키고 안정화를 도모한다.

③ 열처리 : 슬러지 성분의 일부를 용해시켜 탈수개선을 도모한다.

④ 세정 : 혐기성 소화슬러지의 알칼리도를 증가시켜 탈수개선을 도모한다.

해설

세정은 슬러지를 세척하여 농도 및 알칼리도를 낮추어 탈수에 사용되는 응집제의 사용량을 줄이기 위해 사용되는 방법이다.

30 **호소, 댐을 수원으로 하는 경우의 취수시설인 취수틀에 관한 설명으로 틀린 것은?**

① 하천이나 호소 바닥이 안정되어 있는 곳에 설치한다.

② 선박의 항로에서 벗어나 있어야 한다.

③ 호소의 표면수를 안정적으로 취수할 수 있다.

④ 틀의 본체를 하천이나 호소 바닥에 견고하게 고정시킨다.

해설

취수틀은 수중에 설치되므로 호소의 표면수는 취수할 수 없다.

취수틀

- 호소 · 하천 등의 수중에 설치되는 취수설비로서 하상 또는 호상의 변화가 심한 곳은 부적당하다.
- 가장 간단한 취수시설로서 소량 취수에 사용한다.

정답 28 ③ 29 ④ 30 ③

31 직경 200cm 원형 관로에 물이 1/2 차서 흐를 경우, 이 관로의 경심(cm)은?

① 15 ② 25
③ 50 ④ 100

해설

R(경심)

- 유수단면적을 윤변으로 나눈 것 : $R=\frac{A}{S}$
- 원 또는 반원인 경우 : $R=\frac{D}{4}$

$\therefore R=\frac{D}{4}=\frac{2}{4}=0.5\text{m}=50\text{cm}$

32 케이싱 내에서 임펠러를 회전시켜 유체를 이송하는 터보형 펌프에 속하지 않는 것은?

① 회전펌프 ② 원심펌프
③ 사류펌프 ④ 축류펌프

해설

펌프의 분류

- 터보형 펌프 : 원심펌프, 사류펌프, 축류펌프
- 용적식 펌프 : 왕복펌프, 회전식 펌프
- 특수펌프 : 수중펌프, 분사펌프, 기포펌프, 전자펌프 등

33 상수처리시설 중 플록형성지의 플록 형성 표준시간은?(단, 계획정수량 기준)

① 5~10분간 ② 10~20분간
③ 20~40분간 ④ 40~60분간

해설

플록형성지의 플록 형성시간은 계획정수량에 대하여 20~40분간을 표준으로 한다.

34 생물막을 이용한 처리방식의 하나인 접촉산화법을 적용하여 오수를 처리할 때 반응조 내 오수의 교반과 용존산소 유지를 위한 송풍량에 관한 내용으로 (　　) 안에 옳은 것은?

접촉재를 전면에 설치하는 경우, 계획오수량에 대하여 (　　)를 표준으로 한다.

① 2배 ② 4배
③ 6배 ④ 8배

해설

접촉제를 전면에 설치하는 경우 계획오수량에 대하여 8배를 표준으로 한다. 이때 유지되는 DO 농도는 조의 유출구에서 2~3mg/L 정도이다.

31 ③ 32 ① 33 ③ 34 ④ 정답

35 계획오수량에 관한 설명으로 틀린 것은?

① 계획시간 최대오수량은 계획1일 최대오수량의 1시간당 수량의 1.3~1.8배를 표준으로 한다.
② 지하수량은 1인1일 최대오수량의 20% 이하로 한다.
③ 합류식에서 우천 시 계획오수량은 원칙적으로 계획1일 최대오수량의 1.5배 이상으로 한다.
④ 계획1일 평균오수량은 계획1일 최대오수량의 70~80%를 표준으로 한다.

해설

계획오수량 산정

- 계획1일 최대오수량은 1인1일 최대오수량에 계획 인구를 곱한 후 공장폐수량, 지하수량 및 기타 배수량을 더한 것으로 한다.
- 계획1일 평균오수량은 계획1일 최대오수량의 70~80%를 표준으로 한다.
- 계획시간 최대오수량은 계획1일 최대오수량의 1시간당 수량의 1.3~1.8배를 표준으로 한다.
- 지하수량은 1인1일 최대오수량의 20% 이하로 하며, 지역실태에 따라 필요시 하수관로 내구연수 경과 또는 관로의 노후도, 관로 정비 이력에 따른 지하수 유입변화량을 고려하여 결정하는 것으로 한다.
- 합류식에서 우천 시 계획오수량은 원칙적으로 계획시간 최대오수량의 3배 이상으로 한다.

36 취수지점으로부터 정수장까지 원수를 공급하는 시설배관은?

① 취수관 ② 송수관
③ 도수관 ④ 배수관

해설

취수지점으로부터 정수장까지 원수를 공급하는 시설배관은 도수관이다.

상수의 공급과정 : 취수 → 도수 → 정수 → 송수 → 배수 → 급수

37 취수보의 취수구 표준 유입속도(m/s)로 가장 적절한 것은?

① 0.1~0.4 ② 0.4~0.8
③ 0.8~1.2 ④ 1.2~1.6

해설

취수보의 취수구

- 계획취수량을 언제든지 취할 수 있고, 취수구에 토사가 퇴적하거나 유입되지 않으며 유지관리가 용이해야 한다.
- 높이는 배사문의 바닥높이보다 0.5~1.0m 이상 높게 한다.
- 유입속도는 0.4~0.8m/s를 표준으로 한다.
- 제수문의 전면에는 스크린을 설치한다.

38 약품주입설비와 점검에 대한 설명으로 틀린 것은?

① 응집약품을 납품받고 저장하기 위하여 적절한 검수용 계량장비를 설치한다.
② 약품저장설비는 구조적으로 안전하고 약품의 종류와 성상에 따라 적절한 재질로 한다.
③ 저장설비의 용량은 계획정수량에 각 약품의 최대주입률을 곱하여 산정한다.
④ 저장설비 용량은 응집제는 30일분 이상, 응집보조제는 10일분 이상으로 한다.

해설

저장시설의 용량은 계획처리수량에 각 약품의 평균주입률을 곱하여 산정한다.

저장시설의 설계

- 응집제는 30일분 이상으로 하여야 한다.
- 응집보조제는 10일분 이상으로 하여야 한다.
- 알칼리제는 연속주입 시는 30일분 이상, 단속주입 시는 10일분 이상으로 한다.

정답 35 ③ 36 ③ 37 ② 38 ③

39 취수시설인 침사지에 관한 설명으로 틀린 것은?

① 표면부하율은 500~800mm/min을 표준으로 한다.
② 지내 평균유속은 2~7cm/s를 표준으로 한다.
③ 지의 상단높이는 고수위보다 0.6~1m의 여유고를 둔다.
④ 지의 유효수심은 3~4m를 표준으로 하고, 퇴사심도를 0.5~1m로 한다.

해설

상수도 침사지 시설의 구조
- 가능한 한 취수구에 근접하여 제내지에 설치한다.
- 지의 형상은 장방형으로 하며, 2지 이상 설치한다.
- 지내 평균유속은 2~7cm/s, 표면부하율은 200~500mm/min을 표준으로 한다.
- 지의 길이는 폭의 3~8배를 표준으로 한다.
- 지의 상단높이는 고수위보다 0.6~1m의 여유고를 둔다.
- 지의 유효수심은 3~4m로 하고, 퇴사심도는 0.5~1m로 한다.
- 바닥은 모래 배출을 위하여 중앙에 배수로를 설치하고 길이방향은 배수구로 향하여 1/100, 가로방향은 중앙배수로를 향하여 1/50 정도의 경사를 둔다.

40 펌프의 수격작용(Water Hammer)에 관한 설명으로 가장 거리가 먼 것은?

① 관 내 물의 속도가 급격히 변하여 수압의 심한 변화를 야기하는 현상이다.
② 정전 등의 사고에 의하여 운전 중인 펌프가 갑자기 구동력을 소실할 경우에 발생할 수 있다.
③ 펌프계에서의 수격현상은 역회전 역류, 정회전 역류, 정회전 정류의 단계로 진행된다.
④ 펌프가 급정지할 때는 수격작용 유무를 점검해야 한다.

해설

펌프의 관로에서 정전에 의하여 펌프가 급정지하는 경우 관로 유속의 급격한 변화에 따라 관 내 압력이 급상승이나 급하강하는 현상을 수격작용이라 하며, 발생하는 단계는 다음과 같다.
- 제1단계 : 펌프의 정상운전(정회전 정류)
- 제2단계 : 펌프의 브레이크 운전(정회전 역류)
- 제3단계 : 펌프의 수차운동(역회전 역류)

제3과목 | 수질오염방지기술

41 수량이 30,000m³/day, 수심이 3.5m, 하수 체류시간이 2.5h인 침전지의 수면부하율(또는 표면부하율, m³/m² · day)은?

① 67.1
② 54.2
③ 41.5
④ 33.6

해설

표면부하율 $= \frac{Q}{A}$ 식을 이용한다.

체류시간 $t = \frac{V}{Q}$이므로

$$2.5\text{h} = \frac{\text{day}}{30{,}000\text{m}^3} \times \frac{24\text{h}}{1\text{day}} \times V$$

$V = 3{,}125\text{m}^3$

$V = A \times h$이므로

$3{,}125 = A \times 3.5$

$A \fallingdotseq 892.86\text{m}^2$

$$\therefore \text{표면부하율} = \frac{Q}{A} = \frac{30{,}000\text{m}^3}{\text{day}} \times \frac{1}{892.86\text{m}^2} \fallingdotseq 33.6\text{m}^3/\text{m}^2 \cdot \text{day}$$

42 혐기성 소화 시 소화가스 발생량 저하의 원인이 아닌 것은?

① 저농도 슬러지 유입
② 소화슬러지 과잉 배출
③ 소화가스 누적
④ 조 내 온도 저하

해설

소화가스 발생량 저하 원인
- 저농도 슬러지 유입
- 소화슬러지 과잉배출
- 조 내 온도 저하
- 소화가스 누출
- 과다한 산 생성

39 ① 40 ③ 41 ④ 42 ③ 정답

43 SBR 공법의 일반적인 운전단계 순서는?

① 주입(Fill) → 휴지(Idle) → 반응(React) → 침전(Settle) → 제거(Draw)

② 주입(Fill) → 반응(React) → 휴지(Idle) → 침전(Settle) → 제거(Draw)

③ 주입(Fill) → 반응(React) → 침전(Settle) → 휴지(Idle) → 제거(Draw)

④ 주입(Fill) → 반응(React) → 침전(Settle) → 제거(Draw) → 휴지(Idle)

해설

SBR 공법의 일반적인 운전단계 순서

유입(주입) → 반응 → 침전 → 배출(제거) → 휴지

44 경사판 침전지에서 경사판의 효과가 아닌 것은?

① 수면적 부하율의 증가효과

② 침전지 소요면적의 저감효과

③ 고형물의 침전효율 증대효과

④ 처리효율의 증대효과

해설

경사판 침전지에서 경사판의 효과

- 수면적 부하율의 경감효과
- 침전지 소요면적의 저감효과
- 고형물의 침전효율 증대효과
- 처리수의 청정화(처리효율 증대) 효과

45 응집을 이용하여 하수를 처리할 때 하수온도가 응집 반응에 미치는 영향을 설명한 내용으로 틀린 것은?

① 수온이 높으면 반응속도는 증가한다.

② 수온이 높으면 물의 점도 저하로 응집제의 화학반응이 촉진된다.

③ 수온이 낮으면 입자가 커지고 응집제 사용량도 적어진다.

④ 수온이 낮으면 플록 형성에 소요되는 시간이 길어진다.

해설

수온이 응집에 미치는 영향

- 수온이 높으면 반응속도가 증가하고 물의 점도가 저하되어 응집제의 화학반응이 촉진된다.
- 수온이 낮으면 플록 형성에 소요되는 시간이 증가하며 입자가 작아지고 응집제의 사용량이 증가한다.

46 NH_3을 제거하기 위한 방법으로 적당하지 못한 것은?

① Air Stripping을 실시한다.

② Break Point 염소 처리를 한다.

③ 질산화–탈질산화를 실시한다.

④ 명반을 이용하여 응집침전 처리를 한다.

해설

명반 응집침전 처리는 NH_3 제거에 효과적이지 못하다.

NH_3 제거방법 : Air Stripping, 파과점 염소 주입, 이온교환법, 질산화 및 탈질

정답 43 ④ 44 ① 45 ③ 46 ④

47 물속의 휘발성 유기화합물(VOC)을 에어스트리핑으로 제거할 때 제거 효율 관계를 설명한 것으로 옳지 않은 것은?

① 액체 중의 VOC 농도가 클수록 효율이 증가한다.
② 오염되지 않은 공기를 주입할 때 제거효율은 증가한다.
③ K_{La}가 감소하면 효율이 증가한다.
④ 온도가 상승하면 효율이 증가한다.

해설

K_{La}는 산소전달계수를 의미하며, 수중에 공기 전달이 원활할 경우(K_{La}가 증가하는 경우) 에어스트리핑의 효율이 증가한다.

48 수은계 폐수 처리방법으로 틀린 것은?

① 수산화물 침전법　② 흡착법
③ 이온교환법　④ 황화물 침전법

해설

수산화물 침전법은 Pb, Cd, Cr^{6+} 등의 처리에 쓰이는 방법이다.
수은 처리방법
- 유기수은 : 흡착법, 산화분해법
- 무기수은 : 황화물 침전법, 활성탄 흡착법, 이온교환법

49 월류부하가 $200m^3/m \cdot day$인 원형 침전지에서 1일 $4,000m^3$를 처리하고자 한다. 원형 침전지의 적당한 직경(m)은?

① 5.4　② 6.4
③ 7.4　④ 8.4

해설

월류부하 $= \frac{Q}{L}$

$\frac{200m^3}{m \cdot day} = \frac{4,000m^3}{day} \times \frac{1}{L}$

$L = 20m$

월류의 길이 $L = \pi D$이므로,

$D = \frac{20}{\pi} \fallingdotseq 6.4m$

50 단면이 직사각형인 하천의 깊이가 0.2m이고 깊이에 비하여 폭이 매우 넓을 때 동수반경(m)은?

① 0.2　② 0.5
③ 0.8　④ 1.0

해설

직사각형 개수로의 경심(R)

$R = \frac{A}{S} = \frac{BH}{B+2H}$

(여기서, B : 수로의 폭, H : 수위)

$R = \frac{A}{S} = \frac{BH}{B+2H} = \frac{0.2B}{B+0.4}$

B가 H에 매우 넓다고 하면 $(B+0.4)$는 B값에 가까우므로

$R \fallingdotseq \frac{0.2B}{B} \fallingdotseq 0.2$이다.

47 ③　48 ①　49 ②　50 ① 정답

51 환원처리공법으로 크롬 함유 폐수를 수산화물 침전법으로 처리하고자 할 때 침전을 위한 적정 pH 범위는?(단, $Cr^{+3} + 3OH^{-} \rightarrow Cr(OH)_3 \downarrow$)

① pH 4.0~4.5

② pH 5.5~6.5

③ pH 8.0~8.5

④ pH 11.0~11.5

해설

크롬 함유 폐수를 알칼리제를 투입하여 수산화물 침전법으로 제거하기 위한 적정 pH는 8~10이다.

Cr^{6+}의 환원 수산화물 침전법

- 크롬(Cr^{6+})이 함유된 폐수에 pH 2~3이 되도록 H_2SO_4를 투입한 후 환원제($NaHSO_3$)를 주입하여 Cr^{3+}으로 환원 후 수산화 침전시켜 제거하는 방법이다.
- 순 서
  - 1단계 : Cr^{6+}(황색) → Cr^{3+}(청록색)
    pH 조절을 위해 H_2SO_4를 투입하고(pH 2~3), 환원반응을 위한 환원제를 투입한다($NaHSO_3$).
  - 2단계 : Cr^{3+}(청록색) → $Cr(OH)_3$
    크롬 함유 폐수를 알칼리제를 투입하여 수산화물 침전법으로 제거하기 위한 적정 pH는 8~10이다. 침전반응, 환원반응에서 pH가 매우 낮아졌으므로 알칼리제를 투입한다.
- 크롬 폐수 → 3가 크롬으로 환원 → 중화 → 수산화물 침전 → 방류 순으로 공정이 이루어진다.

52 생물학적 원리를 이용하여 질소, 인을 제거하는 공정인 5단계 Bardenpho 공법에 관한 설명으로 옳지 않은 것은?

① 인 제거를 위해 혐기성조가 추가된다.

② 조 구성은 혐기조, 무산소조, 호기조, 무산소조, 호기조 순이다.

③ 내부반송률은 유입유량 기준으로 100~200% 정도이며 2단계 무산소조로부터 1단계 무산소조로 반송된다.

④ 마지막 호기성 단계는 폐수 내 잔류 질소가스를 제거하고 최종 침전지에서 인의 용출을 최소화하기 위하여 사용한다.

해설

5단계 Bardenpho 공정의 내부반송률은 유입유량 기준으로 200~400% 정도이며 1단계 호기조로부터 1단계 무산소조로 반송된다.

5단계 Bardenpho 공정

- 생물학적 질소제거 시스템 앞에 혐기성조를 추가시켜 인을 제거할 수 있도록 하기 위한 공법이다.
- 혐기조, 무산소조, 호기조, 무산소조, 호기조 순으로 이루어져 있다.
- 혐기조에서는 인의 방출이 일어난다.
- 1단계 무산소조에서는 호기성조에서 질산화된 혼합액이 반송되어 탈질이 일어난다.
- 1단계 호기조에서는 질산화 및 인산염인의 과잉 섭취가 일어난다.
- 2단계 무산소조에서는 앞의 호기조에서 유입되는 질산염을 탈질시켜 제거한다.
- 2단계 호기조에서는 최종 침전지의 인산염인의 재방출을 막기 위해 짧은 시간 재포기를 실시해 준다.

정답 51 ③ 52 ③

53 하수의 인 제거 처리공정 중 인 제거율(%)이 가장 높은 것은?

① 역삼투　　② 여 과
③ RBC　　④ 탄소흡착

해설
보기 중 인의 제거율이 가장 높은 것은 역삼투 장치이다. 여과로는 인을 제거하기 힘들며, RBC는 주로 유기물 제거공정이다.

54 슬러지 탈수 방법에 관한 설명으로 틀린 것은?

① 원심분리기 : 고농도의 부유성 고형물에 적합함
② 벨트형 여과기 : 슬러지 특성에 민감함
③ 원심분리기 : 건조한 슬러지 케이크를 생산함
④ 벨트형 여과기 : 유입부에 슬러지 분쇄기 설치가 필요함

해설
원심분리법 : 냄새가 없이 빠른 시간에 탈수를 완료할 수 있는 장점을 가지고 있으며 입경이 큰 슬러지의 탈수에 용이하다. 그러나 하수슬러지와 같이 미립자가 많은 슬러지 또는 고농도의 부유성 고형물의 탈수에는 적합하지 않으며, 분당 회전수가 2,000~4,000rpm 정도로 동력 소모량이 높은 것이 단점이다.

55 역삼투 장치로 하루에 500m^{3}의 3차 처리된 유출수를 탈염시키고자 할 때 요구되는 막면적(m^2)은?(단, 25℃에서 물질전달계수 : 0.2068L/(day · m^2)(kPa), 유입수와 유출수 사이의 압력차 : 2,400kPa, 유입수와 유출수의 삼투압차 : 310kPa, 최저 운전온도 : 10℃, $A_{10℃} = 1.28 A_{25℃}$, A : 막면적)

① 약 1,130
② 약 1,280
③ 약 1,330
④ 약 1,480

해설
막의 단위면적당 유출수량(Q_F)

$Q_F = K(\Delta P - \Delta\pi)$

여기서, K : 물질전달계수(m^3/m^2 · day · kPa)
ΔP : 압력차(유입측 – 유출측)(kPa)
$\Delta\pi$: 삼투압차(유입측 – 유출측)(kPa)

대입하여 식을 만들면

$$\frac{500,000\text{L/day}}{A\text{m}^2} = \frac{0.2068\text{L}}{\text{day} \cdot \text{m}^2 \cdot \text{kPa}} \times (2,400 - 310)\text{kPa}$$

$A \fallingdotseq 1,156.84\text{m}^2$

마지막으로 온도를 보정하면

$A_{10} = A_{25} \times 1.28 = 1,156.84 \times 1.28 \fallingdotseq 1,480.8\text{m}^2$

56 상향류 혐기성 슬러지상(UASB) 공법에 대한 설명으로 틀린 것은?

① BOD 및 SS 농도가 높은 폐수의 처리가 가능하다.
② HRT가 작아 반응조 용량을 작게 할 수 있다.
③ 상향류이므로 반응기 하부에 폐수의 분산을 위한 장치가 필요하다.
④ 기계적인 교반이나 여재가 불필요하다.

해설
UASB 공법에서 SS 농도가 높을 경우 SS가 조 내부에 침적되어 운전에 악영향을 준다.

53 ① 54 ① 55 ④ 56 ① 정답

57 유량 4,000m^3/day, 부유물질 농도 220mg/L인 하수를 처리하는 일차 침전지에서 발생되는 슬러지의 양(m^3/day)은?(단, 슬러지 단위중량(비중) = 1.03, 함수율 = 94%, 일차 침전지 체류시간 = 2시간, 부유물질 제거효율 = 60%, 기타 조건은 고려하지 않음)

① 6.32 ② 8.54
③ 10.72 ④ 12.53

해설

$SL_v(m^3/day) = SL_m(kg/day) \times \frac{1}{\rho}$

여기서, SL_m : 슬러지의 무게(= 제거되는 SS / 슬러지 중 고형물의 비율)

$SL_m = \frac{220mg\ TS}{L} \times \frac{4,000m^3}{day} \times \frac{10^3L}{m^3} \times \frac{1kg}{10^6mg} \times \frac{60}{100} \times \frac{100SL}{(100-94)TS}$

$= 8,800kg/day$

$\therefore SL_v(m^3/day) = SL_m(kg/day) \times \frac{1}{\rho}$

$= 8,800kg/day \times \frac{1}{1,030kg/m^3}$

$\fallingdotseq 8.54m^3/day$

58 표면적이 $2m^2$이고 깊이가 2m인 침전지에 유량 $48m^3$/day의 폐수가 유입될 때 폐수의 체류시간(h)은?

① 2 ② 4
③ 6 ④ 8

해설

체류시간

$t = \frac{V}{Q} = 2m^2 \times 2m \times \frac{day}{48m^3} \times \frac{24h}{1day} = 2h$

59 증류수를 가하여 25mL로 희석된 10mL의 시료를 표준 시험법에 따라 분석하였다. 소모된 중크롬산염(DC)은 3.12×10^{-4}몰로 측정되었을 때 시료의 COD(mg O_2/L)는?(단, 증류수 희석은 유기물 존재량에 영향을 미치지 않음, DC와 산소에 대한 반응으로부터 DC 1몰은 6전자 당량을 가지며 O_2 1몰은 4당량을 가짐, 산소의 당량은 32.0g/4eq = 8.0g/eq이다)

① 1,273 ② 1,498
③ 2,038 ④ 2,251

해설

COD(mg O_2/L)

$= \frac{3.12 \times 10^{-4}mol}{0.01L} \times \frac{216g\ Cr_2O_7}{1mol} \times \frac{8g\ O_2}{36g\ Cr_2O_7} \times \frac{10^3mg}{1g}$

$= 1,497.6mg\ O_2/L$

60 활성슬러지 공정 운영에 대한 설명으로 잘못된 것은?

① 폭기조 내의 미생물 체류시간을 증가시키기 위해 잉여슬러지 배출량을 감소시켰다.
② F/M비를 낮추기 위해 잉여슬러지 배출량을 줄이고 반송유량을 증가시켰다.
③ 2차 침전지에서 슬러지가 상승하는 현상이 나타나 잉여슬러지 배출량을 증가시켰다.
④ 핀 플록(Pin Floc) 현상이 발생하여 잉여슬러지 배출량을 감소시켰다.

해설

핀 플록 현상 : 세포가 과도하게 산화되었거나 플록 내에 사상체가 전혀 없고, 플록 형성균만으로 플록이 구성된 경우에 발생한다. 이러한 경우 플록의 크기가 작고, 쉽게 부서지는 경향이 있기 때문에 1mm 미만으로 미세한 세포물질이 분산하면서 잘 침강하지 않는 이상 현상이 발생하게 된다.

- 원인 : SRT가 너무 길 때, 세포의 과도한 산화
- 대책 : SRT의 단축, 포기율을 조정하여 DO 적정 유지, 슬러지 인발량 증가

정답 57 ② 58 ① 59 ② 60 ④

제4과목 | 수질오염공정시험기준

61 기체크로마토그래피법으로 유기인 시험을 할 때 사용되는 검출기로 가장 일반적인 것은?

① 열전도도 검출기
② 불꽃이온화 검출기
③ 전자포집형 검출기
④ 불꽃광도형 검출기

해설
기체크로마토그래피로 유기인 측정 시 불꽃광도 검출기(FPD ; Flame Photometric Detector) 또는 질소인 검출기(NPD ; Nitrogen Phosphorous Detector)를 사용한다.

62 음이온 계면활성제를 자외선/가시선 분광법으로 측정할 때 사용되는 시약으로 옳은 것은?

① 메틸레드
② 메틸오렌지
③ 메틸렌블루
④ 메틸렌옐로

해설
ES 04359.1d 음이온 계면활성제-자외선/가시선 분광법
메틸렌블루와 반응시켜 생성된 청색의 착화합물을 클로로폼으로 추출하여 흡광도 650nm에서 측정한다.

63 다음의 금속류 중 원자형광법으로 측정할 수 있는 것은?(단, 수질오염공정시험기준 기준)

① 수 은 ② 납
③ 6가크롬 ④ 바 륨

해설
원자형광법으로 측정할 수 있는 금속류는 수은과 메틸수은이다.
- 수은 : 냉증기-원자형광법(ES 04408.4c)
- 메틸수은 : 에틸화-원자형광법(ES 04417.1)

64 자외선/가시선 분광법으로 폐수 중의 Cu를 측정할 때 다음 시약과 그 사용목적을 잘못 연결한 것은?

① 사이트르산이암모늄 – 철의 억제 목적
② 암모니아수(1 + 1) – pH 9.0 이상으로 조절 목적
③ 아세트산부틸 – 구리착염화합물의 추출 목적
④ EDTA – 구리착염의 발생 증가 목적

해설
ES 04401.2c 구리-자외선/가시선 분광법
폐수 중의 Cu 측정 시 EDTA와 반응하여 황갈색의 킬레이트화합물이 형성된다.

65 암모니아성 질소를 분석할 때에 관한 설명으로 (   ) 안에 들어갈 내용으로 옳은 것은?

> 암모니아성 질소를 자외선/가시선 분광법으로 측정하고자 할 때의 측정파장 (㉠)과 이온전극법으로 측정하고자 할 때 암모늄이온을 암모니아로 변화시킬 때의 시료의 적정 pH 범위 (㉡)으로 한다.

① ㉠ 630nm, ㉡ 4~6
② ㉠ 540nm, ㉡ 4~6
③ ㉠ 630nm, ㉡ 11~13
④ ㉠ 540nm, ㉡ 11~13

해설
- ES 04355.1c 암모니아성 질소-자외선/가시선 분광법 : 암모늄이온이 하이포염소산의 존재하에서 페놀과 반응하여 생성하는 인도페놀의 청색을 630nm에서 측정하는 방법이다.
- ES 04355.2b 암모니아성 질소-이온전극법 : 시료에 수산화나트륨을 넣어 시료의 pH를 11~13으로 하여 암모늄이온을 암모니아로 변화시킨 다음 암모니아 이온전극을 이용하여 암모니아성 질소를 정량하는 방법이다.

61 ④ 62 ③ 63 ① 64 ④ 65 ③ 정답

66 **예상 BOD치에 대한 사전경험이 없는 경우 오염된 하천수의 희석검액조제 방법은?**

① 0.1~1.0%의 시료가 함유되도록 희석 제조
② 1~5%의 시료가 함유되도록 희석 제조
③ 5~25%의 시료가 함유되도록 희석 제조
④ 25~100%의 시료가 함유되도록 희석 제조

해설

ES 04305.1c 생물화학적 산소요구량
오염 정도가 심한 공장폐수는 0.1~1.0%, 처리하지 않은 공장폐수와 침전된 하수는 1~5%, 처리하여 방류된 공장폐수는 5~25%, 오염된 하천수는 25~100%의 시료가 함유되도록 희석 조제한다.

67 **다음 설명에 해당하는 기체크로마토그래피법의 정량법은?**

크로마토그램으로부터 얻은 시료 각 성분의 봉우리 면적을 측정하고 그것들의 합을 100으로 하여 이에 대한 각각의 봉우리 넓이 비를 각 성분의 함유율로 한다.

① 내부표준 백분율법
② 보정성분 백분율법
③ 성분 백분율법
④ 넓이 백분율법

해설

정량법
- 절대검량선법
  - 정량하려는 성분으로 된 순물질을 단계적으로 취하여 크로마토그램을 기록하고 피크 넓이 또는 높이를 구한다.
  - 성분량을 횡축에, 피크 넓이 또는 높이를 종축에 취하여 검량선을 작성한다.
  - 동일조건하에서 시료를 도입하여 크로마토그램을 기록하고 피크 넓이(또는 피크 높이)로부터 검량선에 따라 분석하려는 각 성분의 절대량을 구하여 그 조성을 결정한다.
- 넓이 백분율법
  - 크로마토그램으로부터 얻은 시료 각 성분의 피크 면적을 측정하고 그것들의 합을 100으로 하여 이에 대한 각각의 피크 넓이비를 각 성분의 함유율로 한다.
  - 도입 시료의 전 성분이 용출되며, 또한 사용한 검출기에 대한 각 성분의 상대감도가 같다고 간주되는 경우에 적용하며, 각 성분의 개개의 함유율을 알 수가 있다.
- 보정넓이 백분율법
  도입한 시료의 전 성분이 용출하며 또한 용출 전 성분의 상대감도가 구해진 경우에는 다음에 의하여 정확한 함유율을 구할 수 있다.

$$X_i(\%) = \frac{\frac{A_i}{f_i}}{\sum_{i=1}^{n}\frac{A_i}{f_i}} \times 100$$

  여기서, f_i : i 성분의 상대감도, n : 전 피크수
- 내부표준법
  - 정량하려는 성분의 순물질(X) 일정량(M_X)에 내부표준물질(S)의 일정량을 가한 혼합 시료의 크로마토그램을 기록하여 피크 넓이를 측정한다.
  - 가로축에 정량하려는 성분량(M_X)과 내부표준물질량(M_S)의 비(M_X/M_S)를 취하고 분석 시료의 크로마토그램에서 측정하여 정량한 성분의 피크 넓이(A_X)와 표준물질 피크 넓이(A_S)의 비(A_X/A_S)를 취하여 검량선을 작성한다.
  - 시료의 기지량(M)에 대해서 표준물질의 기지량(n)을 검량선의 범위 안에 들도록 적당히 가해서 균일하게 혼합한 다음 표준물질의 피크가 검량선 작성 시와 거의 같은 크기가 되도록 도입량을 가감해서 동일 조건하에서 크로마토그램을 기록한다.
- 시료성분추가법
  - 시료의 크로마토그램으로 시료성분 A 및 다른 임의의 성분 B의 피크 넓이 a_1 및 b_1을 구한다. 다음에 시료의 일정량 W에 성분 A의 기지량 ΔW_A을 가하여 다시 크로마토그램을 기록하여 성분 A 및 B의 피크 넓이 a_2 및 b_2을 구하면 K의 정수로 해서 다음 식이 성립한다.

$$\frac{W_A}{W_B} = K\frac{a_1}{b_1}$$

  - 여기에서 ΔW_A 및 W_B는 시료 중에 존재하는 A 및 B 성분의 양, K는 비례상수이다. 위 식으로부터 성분 A의 부피 또는 무게 함유율 X(%)를 다음 식으로 구한다.

$$X(\%) = \frac{\Delta W_A}{\left(\frac{a_2}{b_2} \cdot \frac{b_1}{a_1} - 1\right)W} \times 100$$

정답 66 ④ 67 ④

68 분원성 대장균군-막여과법의 측정방법으로 ( ) 안에 들어갈 내용으로 옳은 것은?

> 물속에 존재하는 분원성 대장균군을 측정하기 위하여 페트리접시에 배지를 올려놓은 다음 배양 후 여러 가지 색조를 띠는 ( )의 집락을 계수하는 방법이다.

① 황 색　　② 녹 색
③ 적 색　　④ 청 색

해설

ES 04702.1e 분원성 대장균군-막여과법
배양 후 여러 가지 색조를 띠는 청색 집락을 계수하며, 집락수가 20~60개 범위인 것을 선정하여 다음의 식에 따라 계산한다.

분원성 대장균군수/100mL $= \frac{C}{V} \times 100$

여기서, C : 생성된 집락수
V : 여과한 시료량(mL)

69 수질분석을 위한 시료 채취 시 유의사항과 가장 거리가 먼 것은?

① 채취용기는 시료를 채우기 전에 맑은 물로 3회 이상 씻은 다음 사용한다.
② 용존가스, 환원성 물질, 휘발성 유기물질 등의 측정을 위한 시료는 운반 중 공기와의 접촉이 없도록 가득 채워야 한다.
③ 지하수 시료는 취수정 내에 고여 있는 물을 충분히 퍼낸(고여 있는 물의 4~5배 정도이나 pH 및 전기전도도를 연속적으로 측정하여 이 값이 평형을 이룰 때까지로 한다) 다음 새로 나온 물을 채취한다.
④ 시료채취량은 시험항목 및 시험 횟수에 따라 차이가 있으나 보통 3~5L 정도이어야 한다.

해설

ES 04130.1e 시료의 채취 및 보존 방법
시료채취용기는 시료를 채우기 전에 시료로 3회 이상 씻은 다음 사용하며, 시료를 채울 때에는 어떠한 경우에도 시료의 교란이 일어나서는 안 되며 가능한 한 공기와 접촉하는 시간을 짧게 하여 채취한다.

70 총인을 자외선/가시선 분광법으로 정량하는 방법에 대한 설명으로 가장 거리가 먼 것은?

① 분해되기 쉬운 유기물을 함유한 시료는 질산-과염소산으로 전처리한다.
② 다량의 유기물을 함유한 시료는 질산-황산으로 전처리한다.
③ 전처리로 유기물을 산화분해시킨 후 몰리브덴산 암모늄·아스코르브산 혼액 2mL를 넣어 흔들어 섞는다.
④ 정량한계는 0.005mg/L이며, 상대표준편차는 ±25% 이내이다.

해설

ES 04362.1c 총인-자외선/가시선 분광법
전처리

- 과황산칼륨 분해(분해되기 쉬운 유기물을 함유한 시료)
  시료 50mL(인으로서 0.06mg 이하 함유)를 분해병에 넣고 과황산칼륨용액(4%) 10mL를 넣어 마개를 닫고 섞은 다음 고압증기 멸균기에 넣어 가열한다. 약 120℃가 될 때부터 30분간 가열분해를 계속하고 분해병을 꺼내 냉각한다.
- 질산-황산 분해(다량의 유기물을 함유한 시료)
  - 시료 50mL(인으로서 0.06mg 이하 함유)를 킬달플라스크에 넣고 질산 2mL를 넣어 액량이 약 10mL가 될 때까지 서서히 가열 농축하고 냉각한다. 여기에 질산 2~5mL와 황산 2mL를 넣고 가열을 계속하여 황산의 백연이 격렬하게 발생할 때까지 가열한다.
  - 만일 액의 색이 투명하지 않을 경우에는 냉각한 다음 질산 2~5mL를 더 넣고 가열 분해를 반복한다. 분해가 끝나면 정제수 약 30mL를 넣고 약 10분간 조용히 가열하여 가용성 염을 녹이고 냉각한다.
  - 이 용액을 p-나이트로페놀(0.1%)을 지시약으로 하여 수산화나트륨용액(20%) 및 수산화나트륨용액(4%)을 넣어 용액의 색이 황색을 나타낼 때까지 중화한 다음 50mL 부피플라스크에 옮기고 정제수를 넣어 표선까지 채운다.

68 ④ 69 ① 70 ① 정답

71 흡광광도분석장치 중 파장선택부에 거름종이를 사용한 것으로 단광속형이 많고 비교적 구조가 간단하여 작업 분석용에 적당한 것은?

① 광전광도계 ② 광전자증배관
③ 광전도셀 ④ 광전분광광도계

해설
광전광도계는 파장선택부에 필터를 사용한 장치로 단광속형이 많고 비교적 구조가 간단하여 작업 분석용에 적당하다.

72 식물성 플랑크톤 측정에 관한 설명으로 틀린 것은?

① 시료가 육안으로 녹색이나 갈색으로 보일 경우 정제수로 적절한 농도로 희석한다.
② 물속의 식물성 플랑크톤을 평판집락법을 이용하여 면적당 분포하는 개체수를 조사한다.
③ 식물성 플랑크톤은 운동력이 없거나 극히 적어 수체의 유동에 따라 수체 내에 부유하면서 생활하는 단일 개체, 집락성, 선상형태의 광합성 생물을 총칭한다.
④ 시료의 개체수는 계수면적당 10~40 정도가 되도록 희석 또는 농축한다.

해설
ES 04705.1c 식물성 플랑크톤-현미경계수법
물속 부유생물인 식물성 플랑크톤의 개체수를 현미경계수법을 이용하여 조사하는 것을 목적으로 하는 정량분석 방법이다.

73 다음 용어의 정의로 틀린 것은?

① 감압 또는 진공 : 따로 규정이 없는 한 15mmHg 이하를 뜻한다.
② 바탕시험 : 시료에 대한 처리 및 측정을 할 때 시료를 사용하지 않고 같은 방법으로 조작한 측정치를 더한 것을 뜻한다.
③ 용기 : 시험용액 또는 시험에 관계된 물질을 보존, 운반 또는 조작하기 위하여 넣어 두는 것으로 시험에 지장을 주지 않도록 깨끗한 것을 뜻한다.
④ 정밀히 단다 : 규정된 양의 시료를 취하여 화학저울 또는 미량저울로 칭량함을 말한다.

해설
ES 04000.d 총칙
② '바탕시험을 하여 보정한다'라 함은 시료에 대한 처리 및 측정을 할 때, 시료를 사용하지 않고 같은 방법으로 조작한 측정치를 빼는 것을 뜻한다.

74 플루오린을 자외선/가시선 분광법으로 분석할 경우, 간섭 물질로 작용하는 알루미늄 및 철의 방해를 제거할 수 있는 방법은?

① 산 화
② 증 류
③ 침 전
④ 환 원

해설
ES 04351.1b 플루오린-자외선/가시선 분광법
알루미늄 및 철의 방해가 크나 증류하면 영향이 없다.

정답 71 ① 72 ② 73 ② 74 ②

75 백분율(W/V, %)의 설명으로 옳은 것은?

① 용액 100g 중의 성분무게(g)를 표시
② 용액 100mL 중의 성분용량(mL)을 표시
③ 용액 100mL 중의 성분무게(g)를 표시
④ 용액 100g 중의 성분용량(mL)을 표시

해설

ES 04000.d 총칙
백분율(part per hundred)은 용액 100mL 중의 성분무게(g) 또는 기체 100mL 중의 성분무게(g)를 표시할 때는 W/V%의 기호를 쓴다.

76 수질오염공정시험기준에서 아질산성 질소를 자외선/가시선 분광법으로 측정하는 흡광도 파장(nm)은?

① 540　　② 620
③ 650　　④ 690

해설

ES 04354.1b 아질산성 질소-자외선/가시선 분광법
시료 중 아질산성 질소를 설퍼닐아마이드와 반응시켜 다이아조화하고 α-나프틸에틸렌다이아민이염산염과 반응시켜 생성된 다이아조화합물의 붉은색의 흡광도 540nm에서 측정하는 방법이다.

77 36%의 염산(비중 1.18)을 가지고 1N의 HCl 1L를 만들려고 한다. 36%의 염산 몇 mL를 물로 희석해야 하는가?(단, 염산을 물로 희석하는 데 있어서 용량 변화는 없다)

① 70.4　　② 75.9
③ 80.4　　④ 85.9

해설

희석해야 하는 염산의 양을 x라 하면

$$x \times \frac{1.18\text{g}}{1\text{mL}} \times \frac{36}{100} = \frac{1\text{eq}}{\text{L}} \times 1\text{L} \times \frac{36.5\text{g}}{1\text{eq}}$$

$\therefore\ x \fallingdotseq 85.9\text{mL}$

78 카드뮴을 자외선/가시선 분광법을 이용하여 측정할 때에 관한 설명으로 ( )에 내용으로 옳은 것은?

> 물속에 존재하는 카드뮴이온을 시안화칼륨이 존재하는 알칼리성에서 디티존과 반응하여 생성하는 카드뮴착염을 사염화탄소로 추출하고, 추출한 카드뮴착염을 (㉠)으로 역추출한 다음 다시 (㉡)과(와) 시안화칼륨을 넣어 디티존과 반응하여 생성하는 (㉢)의 카드뮴착염을 사염화탄소로 추출하고 그 흡광도를 측정하는 방법이다.

① ㉠ 타타르산용액, ㉡ 수산화나트륨, ㉢ 적색
② ㉠ 아스코르브산용액, ㉡ 염산(1+15), ㉢ 적색
③ ㉠ 타타르산용액, ㉡ 수산화나트륨, ㉢ 청색
④ ㉠ 아스코르브산용액, ㉡ 염산(1+15), ㉢ 청색

해설

ES 04413.2d 카드뮴-자외선/가시선 분광법
물속에 존재하는 카드뮴이온을 시안화칼륨이 존재하는 알칼리성에서 디티존과 반응시켜 생성하는 카드뮴착염을 사염화탄소로 추출하고, 추출한 카드뮴착염을 타타르산 용액으로 역추출한 다음 다시 수산화나트륨과 시안화칼륨을 넣어 디티존과 반응하여 생성하는 적색의 카드뮴착염을 사염화탄소로 추출하고 그 흡광도를 530nm에서 측정하는 방법이다.

75 ③　76 ①　77 ④　78 ① 정답

79 **총유기탄소(TOC)의 공정시험기준에 준하여 시험을 수행하였을 때 잘못된 것은?**

① 용존성 유기탄소(DOC)를 측정하기 위하여 0.45 μm 여과지를 사용하였다.

② 비정화성 유기탄소(NPOC)를 측정하기 위하여 pH를 4로 조절하였다.

③ 부유물질 정도관리를 위하여 셀룰로스를 사용하였다.

④ 탄소를 검출하기 위하여 고온연소산화법을 적용하였다.

해설

ES 04311.1c 총유기탄소-고온연소산화법

비정화성 유기탄소 정량방법 : 시료 일부를 분취한 후 산(Acid) 용액을 적당량 주입하여 pH 2 이하로 조절한 후 일정시간 정화(Purging)하여 무기성 탄소를 제거한 다음 미리 작성한 검정곡선을 이용하여 총유기탄소의 양을 구한다.

80 **노말헥산 추출물질 정량에 관한 내용으로 가장 거리가 먼 것은?**

① 시료를 pH 4 이하 산성으로 한다.

② 정량한계는 0.5mg/L이다.

③ 상대표준편차가 ±25% 이내이다.

④ 시료용기는 노말헥산 20mL씩으로 1회 씻는다.

해설

ES 04302.1b 노말헥산 추출물질

시료의 용기는 노말헥산 20mL씩으로 2회 씻어서 씻은 액을 분별깔때기에 합하고 마개를 하여 2분간 세게 흔들어 섞고 정치하여 노말헥산층을 분리한다.

제5과목 | 수질환경관계법규

81 **총량관리 단위유역의 수질 측정방법 중 목표수질지점별 연간 측정 횟수는?**

① 10회 이상

② 20회 이상

③ 30회 이상

④ 60회 이상

해설

물환경보전법 시행규칙 [별표 7] 총량관리 단위유역의 수질 측정방법

목표수질지점별로 연간 30회 이상 측정하여야 한다.

82 **환경부장관이 물환경을 보전할 필요가 있다고 지정·고시하고 물환경을 정기적으로 조사·측정 및 분석하여야 하는 호소의 기준으로 틀린 것은?**

① 1일 30만ton 이상의 원수를 취수하는 호소

② 만수위일 때 면적이 30만m^2 이상인 호소

③ 수질오염이 심하여 특별한 관리가 필요하다고 인정되는 호소

④ 동식물의 서식지·도래지이거나 생물다양성이 풍부하여 특별히 보전할 필요가 있다고 인정되는 호소

해설

물환경보전법 시행령 제30조(호소수 이용 상황 등의 조사·측정 및 분석 등)

환경부장관은 다음의 어느 하나에 해당하는 호소로서 물환경을 보전할 필요가 있는 호소를 지정·고시하고, 그 호소의 물환경을 정기적으로 조사·측정 및 분석하여야 한다.

- 1일 30만ton 이상의 원수(原水)를 취수하는 호소
- 동식물의 서식지·도래지이거나 생물다양성이 풍부하여 특별히 보전할 필요가 있다고 인정되는 호소
- 수질오염이 심하여 특별한 관리가 필요하다고 인정되는 호소

정답 79 ② 80 ④ 81 ③ 82 ②

83 환경부장관 또는 시·도지사가 측정망을 설치하거나 변경하려는 경우, 측정망 설치계획에 포함되어야 하는 사항으로 틀린 것은?

① 측정망 운영방법

② 측정자료의 확인방법

③ 측정망 배치도

④ 측정망 설치시기

해설

물환경보전법 시행규칙 제24조(측정망 설치계획의 내용·고시 등)
측정망 설치계획에 포함되어야 하는 내용은 다음과 같다.

- 측정망 설치시기
- 측정망 배치도
- 측정망을 설치할 토지 또는 건축물의 위치 및 면적
- 측정망 운영기관
- 측정자료의 확인방법

84 어패류의 섭취 및 물놀이 등의 행위를 제한할 수 있는 권고기준으로 적합한 것은?

- 어패류의 섭취 제한 권고기준 : 어패류 체내에 총수은이 (㉠) 이상인 경우
- 물놀이 등의 제한 권고기준 : 대장균이 (㉡) 이상인 경우

① ㉠ 0.1mg/kg, ㉡ 300(개체수/100mL)

② ㉠ 0.2mg/kg, ㉡ 400(개체수/100mL)

③ ㉠ 0.3mg/kg, ㉡ 500(개체수/100mL)

④ ㉠ 0.4mg/kg, ㉡ 600(개체수/100mL)

해설

물환경보전법 시행령 [별표 5] 물놀이 등의 행위제한 권고기준

대상 행위	항 목	기 준
수영 등 물놀이	대장균	500(개체수/100mL) 이상
어패류 등 섭취	어패류 체내 총수은(Hg)	0.3mg/kg 이상

85 방류수수질기준초과율이 70% 이상 80% 미만일 때 부과계수로 적절한 것은?

① 2.8　　② 2.6

③ 2.4　　④ 2.2

해설

물환경보전법 시행령 [별표 11] 방류수수질기준초과율별 부과계수

초과율	부과계수	초과율	부과계수
10% 미만	1	50% 이상 60% 미만	2.0
10% 이상 20% 미만	1.2	60% 이상 70% 미만	2.2
20% 이상 30% 미만	1.4	70% 이상 80% 미만	2.4
30% 이상 40% 미만	1.6	80% 이상 90% 미만	2.6
40% 이상 50% 미만	1.8	90% 이상 100%까지	2.8

86 소권역 물환경관리계획에 관한 내용으로 (　　) 안에 알맞은 것은?

소권역계획 수립 대상 지역이 같은 시·도의 관할구역 내의 둘 이상의 시·군·구에 걸쳐있는 경우 (　　)가 수립할 수 있다.

① 유역환경청장 또는 지방환경청장

② 광역시장 또는 구청장

③ 환경부장관 또는 시·도지사

④ 중권역수립권자

해설

물환경보전법 제27조(환경부장관 또는 시·도지사의 소권역계획 수립)
환경부장관 또는 시·도지사는 소권역계획 수립 대상 지역이 같은 시·도의 관할구역 내의 둘 이상의 시·군·구에 걸쳐있는 경우 관계 특별자치시장·특별자치도지사·시장·군수·구청장의 의견을 들어 소권역계획을 수립할 수 있다.

83 ① 84 ③ 85 ③ 86 ③ 정답

87 비점오염저감시설 중 장치형 시설에 해당되는 것은?

① 침투형 시설
② 저류형 시설
③ 인공습지형 시설
④ 생물학적 처리형 시설

해설

물환경보전법 시행규칙 [별표 6] 비점오염저감시설
• 자연형 시설 : 저류시설, 인공습지, 침투시설, 식생형 시설
• 장치형 시설 : 여과형 시설, 소용돌이형 시설, 스크린형 시설, 응집·침전 처리형 시설, 생물학적 처리형 시설

88 물환경보전법에 따라 유역환경청장이 수립하는 대권역별 대권역 물환경관리계획의 수립주기와 협의 주체로 맞는 것은?

① 5년, 관계 시·도지사 및 관계 수계관리위원회
② 10년, 관계 시·도지사 및 관계 수계관리위원회
③ 5년, 대권역별 환경관리위원회
④ 10년, 대권역별 환경관리위원회

해설

물환경보전법 제24조(대권역 물환경관리계획의 수립)
• 유역환경청장은 국가 물환경관리기본계획에 따라 대권역별로 대권역 물환경관리계획(이하 '대권역계획')을 10년마다 수립하여야 한다.
• 유역환경청장은 대권역계획을 수립할 때에는 관계 시·도지사 및 4대강 수계법에 따른 관계 수계관리위원회와 협의하여야 한다. 대권역계획을 변경할 때에도 또한 같다.

89 일일기준초과배출량 및 일일유량 산정 방법에 관한 설명으로 옳지 않은 것은?

① 특정수질유해물질의 배출허용기준 초과 일일오염물질배출량은 소수점 이하 넷째 자리까지 계산한다.
② 배출농도의 단위는 리터당 밀리그램으로 한다.
③ 일일조업시간은 측정하기 전 최근 조업한 30일간의 배출시간의 조업시간 평균치로서 시간으로 표시한다.
④ 일일유량 산정을 위한 측정유량의 단위는 분당 리터로 한다.

해설

물환경보전법 시행령 [별표 15] 일일기준초과배출량 및 일일유량 산정 방법
일일조업시간은 측정하기 전 최근 조업한 30일간의 배출시설 조업시간의 평균치로서 분으로 표시한다.

90 청정지역에서 1일 폐수배출량이 2,000m^3 미만으로 배출되는 배출시설에 적용되는 화학적 산소요구량(mg/L)의 기준은?

① 30 이하　② 40 이하
③ 50 이하　④ 60 이하

해설

물환경보전법 시행규칙 [별표 13] 수질오염물질의 배출허용기준
항목별 배출허용기준

대상 규모 / 항목 / 지역 구분	1일 폐수배출량 2,000m^3 미만		
	생물화학적 산소요구량 (mg/L)	총유기탄소량 (mg/L)	부유물질량 (mg/L)
청정지역	40 이하	30 이하	40 이하

※ 법 개정으로 정답 없음

91 폐수무방류배출시설의 세부 설치기준으로 옳지 않은 것은?

① 배출시설에서 분리・집수시설로 유입하는 폐수의 관로는 육안으로 관찰할 수 있도록 설치하여야 한다.
② 폐수무방류배출시설에서 발생된 폐수를 폐수처리장으로 유입・재처리할 수 있도록 세정식・응축식 대기오염방지기술 등을 설치하여야 한다.
③ 폐수는 고정된 관로를 통하여 수집・이송・처리・저장되어야 한다.
④ 배출시설의 처리공정도 및 폐수 배관도는 폐수처리장 내 사무실에 비치하여 내부 직원만 열람할 수 있도록 하여야 한다.

해설

물환경보전법 시행령 [별표 6] 폐수무방류배출시설의 세부 설치기준
배출시설의 처리공정도 및 폐수 배관도는 누구나 알아볼 수 있도록 주요 배출시설의 설치장소와 폐수처리장에 부착하여야 한다.

92 폐수의 원래 상태로는 처리가 어려워 희석하여야만 수질오염물질의 처리가 가능하다고 인정을 받고자 할 때 첨부하여야 하는 자료가 아닌 것은?

① 희석처리의 불가피성
② 희석배율 및 희석량
③ 처리하려는 폐수의 농도 및 특성
④ 희석방법

해설

물환경보전법 시행규칙 제48조(수질오염물질 희석처리의 인정 등)
희석처리의 인정을 받으려는 자가 신청서 또는 신고서를 제출할 때에는 이를 증명하는 다음의 자료를 첨부하여 시・도지사에게 제출하여야 한다.
- 처리하려는 폐수의 농도 및 특성
- 희석처리의 불가피성
- 희석배율 및 희석량

93 물환경보전법상 수면관리자에 관한 정의로 옳은 것은?

(㉠)에 따라 호소를 관리하는 자를 말한다. 이 경우 동일한 호소를 관리하는 자가 둘 이상인 경우에는 (㉡)가 수면관리자가 된다.

① ㉠ 물환경보전법,
㉡ 상수도법에 따른 하천관리청의 자
② ㉠ 물환경보전법,
㉡ 상수도법에 따른 하천관리청 외의 자
③ ㉠ 다른 법령,
㉡ 하천법에 따른 하천관리청의 자
④ ㉠ 다른 법령,
㉡ 하천법에 따른 하천관리청 외의 자

해설

물환경보전법 제2조(정의)
'수면관리자'란 다른 법령에 따라 호소를 관리하는 자를 말한다. 이 경우 동일한 호소를 관리하는 자가 둘 이상인 경우에는 하천법에 따른 하천관리청 외의 자가 수면관리자가 된다.

94 초과부과금 산정기준 시 1kg당 부과금액이 가장 높은 수질오염물질은?

① 카드뮴 및 그 화합물
② 수은 및 그 화합물
③ 납 및 그 화합물
④ 테트라클로로에틸렌

해설

물환경보전법 시행령 [별표 14] 초과부과금의 산정기준

수질오염물질		수질오염물질 1kg당 부과금액(단위 : 원)
특정 유해 물질	카드뮴 및 그 화합물	500,000
	수은 및 그 화합물	1,250,000
	납 및 그 화합물	150,000
	테트라클로로에틸렌	300,000

91 ④ 92 ④ 93 ④ 94 ② 정답

95 수질환경기준(하천) 중 사람의 건강보호를 위한 전 수역에서 각 성분별 환경기준으로 맞는 것은?

① 비소(As) : 0.1mg/L 이하

② 납(Pb) : 0.01mg/L 이하

③ 6가크롬(Cr^{6+}) : 0.05mg/L 이하

④ 음이온 계면활성제(ABS) : 0.01mg/L 이하

해설

환경정책기본법 시행령 [별표 1] 환경기준

수질 및 수생태계-하천-사람의 건강보호 기준

항 목	기준값(mg/L)
비소(As)	0.05 이하
납(Pb)	0.05 이하
6가크롬(Cr^{6+})	0.05 이하
음이온 계면활성제(ABS)	0.5 이하

96 공공수역의 수질보전을 위하여 환경부령이 정하는 휴경 등 권고대상 농경지의 해발고도 및 경사도 기준으로 옳은 것은?

① 해발 400m, 경사도 15%

② 해발 400m, 경사도 30%

③ 해발 800m, 경사도 15%

④ 해발 800m, 경사도 30%

해설

물환경보전법 시행규칙 제85조(휴경 등 권고대상 농경지의 해발고도 및 경사도)

'환경부령으로 정하는 해발고도'란 해발 400m를 말하고 '환경부령으로 정하는 경사도'란 경사도 15%를 말한다.

97 조업정지 명령에 대신하여 과징금을 징수할 수 있는 시설과 가장 거리가 먼 것은?

① 의료법에 따른 의료기관의 배출시설

② 발전소의 발전설비

③ 도시가스사업법 규정에 의한 가스공급시설

④ 제조업의 배출시설

해설

물환경보전법 제43조(과징금 처분)

환경부장관은 다음의 어느 하나에 해당하는 배출시설(폐수무방류배출시설은 제외한다)을 설치·운영하는 사업자에 대하여 조업정지를 명하여야 하는 경우로서 그 조업정지가 주민의 생활, 대외적인 신용, 고용, 물가 등 국민경제 또는 그 밖의 공익에 현저한 지장을 줄 우려가 있다고 인정되는 경우에는 조업정지처분을 갈음하여 매출액에 100분의 5를 곱한 금액을 초과하지 아니하는 범위에서 과징금을 부과할 수 있다.

- 의료법에 따른 의료기관의 배출시설
- 발전소의 발전설비
- 초·중등교육법 및 고등교육법에 따른 학교의 배출시설
- 제조업의 배출시설
- 그 밖에 대통령령으로 정하는 배출시설

98 물환경보전법에서 사용하는 용어의 정의 중 호소에 해당되지 않는 지역은?[단, 만수위(댐의 경우에는 계획홍수위를 말한다) 구역 안에 물과 토지를 말한다]

① 제방(사방사업법에 의한 사방시설 포함)에 의해 물이 가두어진 곳

② 댐·보 또는 둑 등을 쌓아 하천 또는 계곡에 흐르는 물을 가두어 놓은 곳

③ 하천에 흐르는 물이 자연적으로 가두어진 곳

④ 화산활동 등으로 인하여 함몰된 지역에 물이 가두어진 곳

해설

물환경보전법 제2조(정의)

'호소'란 다음의 어느 하나에 해당하는 지역으로서 만수위(滿水位)[댐의 경우에는 계획홍수위(計劃洪水位)를 말한다] 구역 안의 물과 토지를 말한다.

- 댐·보(洑) 또는 둑(사방사업법에 따른 사방시설은 제외한다) 등을 쌓아 하천 또는 계곡에 흐르는 물을 가두어 놓은 곳
- 하천에 흐르는 물이 자연적으로 가두어진 곳
- 화산활동 등으로 인하여 함몰된 지역에 물이 가두어진 곳

정답 95 ③ 96 ① 97 ③ 98 ①

99 **국립환경과학원장이 설치할 수 있는 측정망과 가장 거리가 먼 것은?**

① 비점오염원에서 배출되는 비점오염물질 측정망
② 대규모 오염원의 하류지점 측정망
③ 퇴적물 측정망
④ 도심하천 유해물질 측정망

해설

물환경보전법 시행규칙 제22조(국립환경과학원장 등이 설치 · 운영하는 측정망의 종류 등)
국립환경과학원장, 유역환경청장, 지방환경청장이 설치할 수 있는 측정망은 다음과 같다.

- 비점오염원에서 배출되는 비점오염물질 측정망
- 수질오염물질의 총량관리를 위한 측정망
- 대규모 오염원의 하류지점 측정망
- 수질오염경보를 위한 측정망
- 대권역 · 중권역을 관리하기 위한 측정망
- 공공수역 유해물질 측정망
- 퇴적물 측정망
- 생물 측정망
- 그 밖에 국립환경과학원장, 유역환경청장 또는 지방환경청장이 필요하다고 인정하여 설치 · 운영하는 측정망

100 **골프장의 맹독성 · 고독성 농약 사용여부의 확인에 대한 설명으로 틀린 것은?**

① 특별자치도지사 · 시장 · 군수 · 구청장은 매년 분기마다 골프장에 대한 농약잔류량 검사를 실시하여야 한다.
② 농약사용량 조사 및 농약잔류량 검사 등에 관하여 필요한 사항은 환경부장관이 정하여 고시한다.
③ 유출수가 흐르지 않을 경우에는 최종 유출수 전단의 집수조 또는 연못 등에서 시료를 채취한다.
④ 유출수 시료채수는 골프장 부지경계선의 최종 유출구에서 1개 지점 이상 채취한다.

해설

물환경보전법 시행규칙 제89조(골프장의 맹독성 · 고독성 농약 사용여부의 확인)

- 시 · 도지사는 골프장의 맹독성 · 고독성 농약의 사용 여부를 확인하기 위하여 반기마다 골프장별로 농약사용량을 조사하고 농약잔류량을 검사하여야 한다.
- 위에 따른 농약사용량 조사 및 농약잔류량 검사 등에 관하여 필요한 사항은 환경부장관이 정하여 고시한다.

③ · ④ 골프장의 농약사용량 조사 및 농약잔류량 검사방법 등에 관한 규정 [별표 2] 시료채취 방법

99 ④ 100 ① 정답

2019년 제3회 과년도 기출문제

제1과목 | 수질오염개론

01 Alkalinity의 정의에서 물속에 Carbonate만 있는 경우에 대한 설명으로 가장 거리가 먼 것은?

① pH는 약 9.5 이상이다.
② 페놀프탈레인 종말점은 Total Alkalinity의 절반이 된다.
③ Carbonate Alkalinity는 Total Alkalinity와 같다.
④ 산을 주입시키면 사실상 페놀프탈레인 종말점만 찾을 수 있다.

해설
산을 주입시킬 때 페놀프탈레인 종말점만 나타나는 경우는 시료에 OH^-만 존재하는 경우이다.
시료에 CO_3^{2-}만 존재하는 경우 pH가 약 9.5 이상이며, 산을 주입하여 적정하는 경우 페놀프탈레인 종말점은 메틸오렌지 종말점의 1/2에 해당하기 때문에, 이때의 알칼리도 관계는 CO_3^{2-}–Alk와 T–Alk가 같아진다.

02 지구상에 분포하는 수량 중 빙하(만년설 포함) 다음으로 가장 높은 비율을 차지하고 있는 것은?(단, 담수 기준)

① 하천수　② 지하수
③ 대기습도　④ 토양수

해설
지구상의 물은 해수와 담수로 크게 나뉘며, 담수는 빙하, 지표수, 지하수 및 공기 중에 존재하는 수분으로 나누어진다. 담수 중에 가장 많은 양을 차지하는 것은 빙하이며, 담수 중 차지하는 비율로 순서대로 나열하면 빙하 > 지하수 > 지표수 > 공기 중에 존재하는 수분 순이다.

03 금속수산화물 $M(OH)_2$의 용해도적(K_{sp})이 4.0×10^{-9}이면 $M(OH)_2$의 용해도(g/L)는?(단, M은 2가, $M(OH)_2$의 분자량 = 80)

① 0.04
② 0.08
③ 0.12
④ 0.16

해설
$M(OH)_2 \leftrightarrows M^{2+} + 2OH^-$
$K_{sp} = [M^{2+}][OH^-]^2$
$[OH^-] = 2[M^{2+}]$
$4.0 \times 10^{-9} = [M^{2+}][2M^{2+}]^2$
∴ 용해도 $= \dfrac{1.0 \times 10^{-3}\text{mol}}{\text{L}} \times \dfrac{80\text{g}}{1\text{mol}} = 0.08\text{g/L}$

04 진핵세포 미생물과 원핵세포 미생물로 구분할 때 원핵세포에는 없고 진핵세포에만 있는 것은?

① 리보솜
② 세포소기관
③ 세포벽
④ DNA

해설
진핵세포에는 세포소기관이 존재하나 원핵세포에는 존재하지 않는다.
- 원핵생물 : DNA가 막으로 둘러싸이지 않고 분자상태로 세포질 내에 존재하며 미토콘드리아 등의 구조체가 없는 것이 특징이다.
- 진핵생물 : 세포에 막으로 둘러싸인 핵을 가진 생물로 단세포, 다세포 동물, 남조류를 제외한 식물, 진핵균류가 이에 해당한다.

정답 1 ④ 2 ② 3 ② 4 ②

05 **하천이 바다로 유입되는 지역으로 반폐쇄성 수역인 하구에서 물의 흐름에 대한 설명으로 틀린 것은?**

① 밀도류에 의해 흐름이 발생한다.
② 조류의 증가나 감소에 의해 흐름이 발생한다.
③ 간조나 만조 사이에 물의 이동방향은 하류방향이다.
④ 간조 시에는 담수의 흐름이 바다로 향한 이동에 작용한다.

해설
반폐쇄성 수역의 경우 유속이 느려 물길이 정체되는 현상이 나타난다. 따라서 외부로 조류들이 떠밀려 내려가지 않기 때문에, 즉 하류로의 흐름이 크지 않아 녹조 등의 발생이 심해진다.

06 **생분뇨의 BOD는 19,500ppm, 염소이온 농도는 4,500ppm이다. 정화조 방류수의 염소이온 농도가 225ppm이고 BOD 농도가 30ppm일 때, 정화조의 BOD 제거 효율(%)은?(단, 희석 적용, 염소는 분해되지 않음)**

① 96　　② 97
③ 98　　④ 99

해설
유입되는 염소이온 농도는 4,500ppm이고, 방류수의 염소이온 농도는 225ppm이므로 희석배율은 20배이다.
희석비율이 20배이므로 처리 후 방류 전 BOD 농도는 $30 \times 20 = 600$ppm이다.

$$\therefore \text{제거효율(\%)} = \frac{19{,}500 - 600}{19{,}500} \times 100 \fallingdotseq 97\%$$

07 **하천수의 난류 확산 방정식과 상관성이 작은 인자는?**

① 유 량
② 침강속도
③ 난류 확산계수
④ 유 속

해설
난류 확산 방정식 인자는 유하거리, 단면, 유속, 난류 확산계수, 침강속도 등이다.

08 **부조화형 호수가 아닌 것은?**

① 부식영양형 호수
② 부영양형 호수
③ 알칼리영양형 호수
④ 산영양형 호수

해설
- 조화형 호수 : 빈영양호, 중영양호, 부영양호
- 부조화형 호수 : 부식영향호, 산영양호, 알칼리영양호, 점토영양호, 철영양호

5 ③ 6 ② 7 ① 8 ② 정답

09 하수의 BOD_3가 140mg/L이고 탈산소계수 K(상용대수)가 0.2/day일 때 최종 BOD(mg/L)는?

① 약 164
② 약 172
③ 약 187
④ 약 196

해설

BOD 소모공식을 이용한다.

$BOD_t = BOD_u(1-10^{-Kt})$

$140 = BOD_u(1-10^{-0.2\times3})$

$\therefore BOD_u \fallingdotseq 187mg/L$

10 Glycine($CH_2(NH_2)COOH$) 7몰을 분해하는 데 필요한 이론적 산소요구량(g O_2/mol)은?(단, 최종산물 HNO_3, CO_2, H_2O)

① 724 ② 742
③ 768 ④ 784

해설

반응식을 만들면 다음과 같다.

$CH_2(NH_2)COOH + 3.5O_2 \rightarrow 2CO_2 + 2H_2O + HNO_3$

$CH_2(NH_2)COOH$ 1mol당 3.5mol의 산소가 필요하다.

$\therefore 7\times3.5\times32 = 784g\ O_2/mol$

11 0.1N HCl 용액 100mL에 0.2N NaOH 용액 75mL를 섞었을 때 혼합용액의 pH는?(단, 전리도는 100% 기준)

① 약 10.1 ② 약 10.4
③ 약 11.3 ④ 약 12.5

해설

불완전 중화반응 관계식

$N_o(V+V') = NV - N'V'$

여기서, N_o : 혼합액의 규정 농도(eq/L)

V, V' : 산 및 염기의 부피(L)

N, N' : 산 및 염기의 규정 농도(eq/L)

$$N_o = \frac{NV-N'V'}{V+V'} = \frac{(0.2\times0.075)-(0.1\times0.1)}{0.075+0.1} \fallingdotseq 0.02857eq/L$$

염기가 과잉이므로

$$pH = 14 - pOH = 14 - \log\frac{1}{[N_o]} = 14 - 1.5 \fallingdotseq 12.5$$

12 지하수의 특성에 대한 설명으로 틀린 것은?

① 지하수는 국지적인 환경조건의 영향을 크게 받는다.
② 지하수의 염분 농도는 지표수 평균 농도보다 낮다.
③ 주로 세균에 의한 유기물 분해 작용이 일어난다.
④ 지하수는 토양수 내 유기물질 분해에 따른 탄산가스의 발생과 약산성의 빗물로 인하여 광물질이 용해되어 경도가 높다.

해설

지하수의 특성

- 지표수가 토양을 거치는 동안 흡착 및 여과에 의해 불순물과 세균이 제거되어 지하수 내에는 불순물과 세균이 거의 없다.
- 비교적 얕은 지하수에서는 염분 농도가 하천수보다 평균 30% 정도 높다.
- 지표수에 비해 국지적인 환경조건의 영향을 크게 받는다.
- 일반적으로 CO_2 존재량이 많아 약산성을 띤다.
- 자정속도가 느리고 물의 경도가 매우 높다.
- 무기물 함량이 높고 공기 용해도가 낮다.
- 유속이 대체로 느리고 연중 온도 변화가 매우 작다.
- 지하수 중 천층수가 오염될 가능성이 가장 높다.

정답 9 ③ 10 ④ 11 ④ 12 ②

13 미생물의 종류를 분류할 때 탄소공급원에 따른 분류는?

① Aerobic, Anaerobic
② Thermophilic, Psychrophilic
③ Phytosynthetic, Chemosynthetic
④ Autotrophic, Heterotrophic

해설
탄소공급원에 따라 독립영양 미생물과 종속영양 미생물로 나뉜다. 독립영양 미생물(Autotrophic)은 탄소원으로 CO_2를 이용하고, 종속영양 미생물(Heterotrophic)은 탄소원으로 유기탄소를 이용한다.

14 세포의 형태에 따른 세균의 종류를 올바르게 짝지은 것은?

① 구형 – *Vibrio cholera*
② 구형 – *Spirillum volutans*
③ 막대형 – *Bacillus subtilis*
④ 나선형 – *Streptococcus*

해설
①, ②는 나선형, ④는 구형에 속한다.
- 구균(*Coccus*) : 단구균(*Monococcus*), 쌍구균(*Diplococcus*), 연쇄상구균(*Streptococcus*), 포도상구균(*Staphylococcus*) 등
- 간균(막대형, *Bacillus*) : 장간균(*Long rod*), 단간균(*Short rod*), 방추간균(*Fusiform bacillus*), 연쇄상간균(*Strepto bacillus*) 등
- 나선균(*Spirillum*) : 비브리오(*Vibrio*), 스피로헤타(*Spirocheta*), 나선균(*Spirillum*) 등

15 물의 이온화적(K_w)에 관한 설명으로 옳은 것은?

① 25℃에서 물의 K_w가 1.0×10^{-14}이다.
② 물은 강전해질로서 거의 모두 전리된다.
③ 수온이 높아지면 감소하는 경향이 있다.
④ 순수의 pH는 7.0이며 온도가 증가할수록 pH는 높아진다.

해설
② 물은 매우 약한 전해질이다.
③ 수온이 높아지면 전리도가 증가하여 K_w 값이 커진다.
④ 온도가 증가할수록 pH는 낮아진다.

16 수중의 물질이동확산에 관한 설명으로 옳은 것은?

① 해역에서의 난류확산은 수평방향이 심하고 수직방향은 비교적 완만하다.
② 일정한 온도에서 일정량의 물에 용해하는 기체의 부피는 그 기체의 분압에 비례한다.
③ 수중에서 오염물질의 확산속도는 분자량이 커질수록 작아지며, 기체 밀도의 제곱근에 반비례한다.
④ 하천, 호수, 해역 등에 유입된 오염물질은 분자확산, 여과, 전도현상 등에 의해 점점 농도가 높아진다.

해설
② 온도가 일정할 때 기체의 부피와 압력은 반비례한다(보일의 법칙).
③ 기체의 확산속도는 무거운 분자일수록 느려지고, 용기 내외의 압력 나누기 밀도의 제곱근에 반비례한다(그레이엄의 법칙).
④ 분자확산, 여과, 전도현상 등의 물리화학적 자정작용에 의해 오염물질의 농도는 낮아진다.

13 ④ 14 ③ 15 ① 16 ① 정답

17 다음과 같은 반응에 관여하는 미생물은?

$$2NO_3^- + 5H_2 \rightarrow N_2 + 2OH^- + 4H_2O$$

① *Pseudomonas*

② *Sphaerotilus*

③ *Acinetobacter*

④ *Nitrosomonas*

해설

위의 반응식은 탈질화 반응식이다. 탈질작용에 관여하는 대표적인 미생물에는 *Pseudomonas*와 *Bacillus*가 있다.

18 오염물질 중 생분해성 유기물이 아닌 것은?

① 알코올

② PCB

③ 전 분

④ 에스테르

해설

PCB는 난분해성 물질이다.

PCB는 1개의 바이페닐에 10개의 염소가 붙은 인공 유기화합물로, 불연성이고 전기절연성이 있어 이용 가치가 커서 많이 사용되었지만, 강한 독성과 잔류성, 축적성이 있어 환경호르몬으로 분류되고 있다.

19 아세트산(CH_3COOH) 1,000mg/L 용액의 pH가 3.0일 때 용액의 해리상수(K_a)는?

① 2×10^{-5}

② 3×10^{-5}

③ 4×10^{-5}

④ 6×10^{-5}

해설

$CH_3COOH \rightarrow CH_3COO^- + H^+$

CH_3COOH 1,000mg/L의 몰농도를 계산하면

$$1{,}000\text{mg/L } CH_3COOH \times \frac{1\text{mol}}{60\text{g}} \times \frac{1\text{g}}{10^3\text{mg}} \fallingdotseq 0.017\text{mol/L}$$

$$pH = \log\frac{1}{[H^+]},\ 3 = -\log[H^+],\ [H^+] = 0.001\text{mol/L}$$

이온화정수(K_a)를 계산하면

$$K_a = \frac{[CH_3COO^-][H^+]}{[CH_3COOH]} = \frac{0.001^2}{0.017} \fallingdotseq 6 \times 10^{-5}$$

20 Streeter-Phelps식의 기본가정이 틀린 것은?

① 오염원은 점오염원

② 하상퇴적물의 유기물 분해를 고려하지 않음

③ 조류의 광합성은 무시, 유기물의 분해는 1차 반응

④ 하천의 흐름 방향 분산을 고려

해설

하천의 흐름 방향 분산을 고려하지 않았다.

Streeter-Phelps식의 가정조건

- 물의 흐름방향만을 고려한 1차원으로 가정한다.
- 하천을 1차 반응에 따르는 플러그 흐름 반응기로 가정한다.
- $\frac{dC}{dt} = 0$, 즉 정상상태로 가정한다.
- 유속에 의한 오염물질의 이동이 크기 때문에 확산에 의한 영향은 무시한다.
- 오염원은 점배출원으로 가정한다.
- 하천에 유입된 오염물은 하천의 단면 전체에 분산된다고 가정한다.
- 하천의 축방향으로의 확산은 일어나지 않는다고 가정한다.
- 방출지점에서 방출과 동시에 완전히 혼합된다고 가정한다.

정답 17 ① 18 ② 19 ④ 20 ④

제2과목 | 상하수도계획

21 **펌프의 흡입(하수)관에 관한 설명으로 옳은 것은?**

① 흡입관은 각 펌프마다 설치할 필요는 없다.
② 흡입관을 수평으로 부설하는 것은 피한다.
③ 횡축펌프의 토출관 끝은 마중물을 고려하여 수중에 잠기지 않도록 한다.
④ 연결부나 기타 부근에서는 공기가 흡입되도록 한다.

해설
① 흡입관은 각 펌프마다 설치하여야 한다.
③ 횡축펌프의 토출관 끝은 마중물을 고려하여 항상 수중에 잠겨 있도록 한다.
④ 흡입관의 연결부 등으로 공기가 흡입되지 않도록 기밀을 유지하여야 한다.

22 **유역면적 40ha, 유출계수 0.7, 유입시간 15분, 유하시간 10분인 지역에서의 합리식에 의한 우수관거 설계유량(m^3/s)은?(단, 강우강도 공식 $I=\frac{3,640}{t+40}$)**

① 4.36
② 5.09
③ 5.60
④ 7.01

해설

$I=\frac{3,640}{t+40}$

여기서, t(min)는 유달시간으로 유입시간+유하시간이다.

$I=\frac{3,640}{t+40}=\frac{3,640}{25+40}=56$

$\therefore\ Q=\frac{1}{360}CIA=\frac{1}{360}\times0.7\times56\times40\fallingdotseq4.36m^3/s$

23 **취수탑의 취수구에 관한 설명으로 가장 거리가 먼 것은?**

① 단면형상은 정방형을 표준으로 한다.
② 취수탑의 내측이나 외측에 슬루스게이트(제수문), 버터플라이밸브 또는 제수밸브 등을 설치한다.
③ 전면에는 협잡물을 제거하기 위한 스크린을 설치해야 한다.
④ 최하단에 설치하는 취수구는 계획최저수위를 기준으로 하고 갈수 시에도 계획취수량을 확실하게 취수할 수 있는 것으로 한다.

해설
취수탑의 취수구
- 계획최저수위인 경우에도 계획취수량을 확실히 취수할 수 있는 설치위치로 한다.
- 단면형상은 장방형 또는 원형으로 한다.
- 전면에는 협잡물을 제거하기 위한 스크린을 설치해야 한다.
- 수면이 결빙되는 경우에도 취수에 지장을 주지 않도록 유의한다.
- 취수탑의 내측이나 외측에 슬루스게이트(제수문), 버터플라이밸브 또는 제수밸브 등을 설치한다.

24 **수돗물의 랑게리아 지수에 관한 설명으로 틀린 것은?**

① 랑게리아 지수는 pH, 칼슘경도, 알칼리도를 증가시킴으로써 개선할 수 있다.
② 물의 실제 pH와 이론적 pH(pHs : 수중의 탄산칼슘이 용해되거나 석출되지 않는 평형상태로 있을 때에 pH)와의 차이를 말한다.
③ 지수가 양(+)의 값으로 절대치가 클수록 탄산칼슘의 석출이 일어나기 어렵다.
④ 소석회·이산화탄소병용법은 칼슘경도, 유리탄산, 알칼리도가 낮은 원수의 랑게리아 지수 개선에 알맞다.

해설
랑게리아 지수(LI ; Langelier Index)
- 수돗물에서 탄산칼슘의 포화상태를 표현하는 지수이다.
- LI = 0일 때 : 평형상태(침전방지, 침전물 생성방지)
- LI > 0일 때 : 과포화상태로 $CaCO_3$가 침전
- LI < 0일 때 : 불포화상태로 $CaCO_3$가 용해

정답 21 ② 22 ① 23 ① 24 ③

25 양수량(Q) 14m^3/min, 전양정(H) 10m, 회전수(N) 1,100rpm인 펌프의 비교회전도(N_s)는?

① 412　② 732
③ 1,302　④ 1,416

해설

펌프의 비교회전도(비속도)

$$N_s = N \times \frac{Q^{1/2}}{H^{3/4}}$$

여기서, N_s : 비회전도(rpm)
N : 펌프의 실제 회전수(rpm)
Q : 최고효율점의 토출유량(m^3/min)
H : 최고효율점의 전양정(m)

$$\therefore N_s = N \times \frac{Q^{1/2}}{H^{3/4}} = 1,100 \times \frac{14^{1/2}}{10^{3/4}} \fallingdotseq 732\text{rpm}$$

26 관경 1,100mm, 동수경사 2.4‰, 유속 1.63m/s, 연장 L = 30.6m일 때 역사이펀의 손실수두(m)는?(단, 손실수두에 관한 여유 a = 0.042m)

① 0.42　② 0.32
③ 0.25　④ 0.16

해설

역사이펀 계산식

$$H = I \cdot L + \frac{1.5V^2}{2g} + \alpha$$

여기서, H : 역사이펀에서의 손실수두(m)
I : 역사이펀 관거의 동수구배
L : 역사이펀 관거길이
V : 역사이펀 내의 유속(m/s)
g : 중력가속도(= 9.8m/s^2)
α : 손실수두에 관한 여유율

$$\therefore H = I \cdot L + \frac{1.5V^2}{2g} + \alpha$$
$$= \frac{24}{10,000} \times 30.6\text{m} + \frac{1.5 \times (1.63\text{m/s})^2}{2 \times 9.8\text{m/s}^2} + 0.042\text{m}$$
$$\fallingdotseq 0.32\text{m}$$

27 상수도시설인 배수지 용량에 대한 설명이다. (　) 안의 내용으로 옳은 것은?

> 유효용량은 시간변동조정용량과 비상대처용량을 합하여 급수구역의 (　) 이상을 표준으로 한다.

① 계획시간 최대급수량의 8시간분
② 계획시간 최대급수량의 12시간분
③ 계획1일 최대급수량의 8시간분
④ 계획1일 최대급수량의 12시간분

해설

유효용량은 '시간변동조정용량'과 '비상대처용량'을 합하여 급수구역의 계획1일 최대급수량의 최소 12시간분 이상을 표준으로 하되 비상시나 무단수 공급 등 상수도서비스 향상을 고려하여 용량을 확장할 수 있으며 지역특성과 상수도시설의 안정성 등을 고려하여 결정한다.

28 상수도 취수 시 계획취수량의 기준은?

① 계획1일 최대급수량의 10% 정도 증가된 수량으로 정함
② 계획1일 평균급수량의 10% 정도 증가된 수량으로 정함
③ 계획1시간 최대급수량의 10% 정도 증가된 수량으로 정함
④ 계획1시간 평균급수량의 10% 정도 증가된 수량으로 정함

해설

계획취수량은 계획1일 최대급수량을 기준으로 하며, 기타 필요한 작업용수를 포함한 손실수량 등을 고려한다(계획취수량 = 계획1일 최대급수량의 10% 정도 증가된 수량).

정답 25 ② 26 ② 27 ④ 28 ①

29 정수시설인 막여과시설에서 막모듈의 파울링에 해당되는 것은?

① 막모듈의 공급 유로 또는 여과수 유로가 고형물로 폐색되어 흐르지 않는 상태
② 미생물과 막 재질의 자화 또는 분비물의 작용에 의한 변화
③ 건조되거나 수축으로 인한 막 구조의 비가역적인 변화
④ 원수 중의 고형물이나 진동에 의한 막 면의 상처나 마모, 파단

해설

②, ③, ④는 막모듈의 열화에 해당한다.
막모듈의 파울링 : 막 자체의 변화가 아니라 외적요인에 의해 막의 성능이 변화되는 것을 말한다.

파울링의 구분		파울링의 원인
부착층 파울링	케이크층 형성	현탁 물질이 막 면상에 축적되어 형성되는 층
	겔층 형성	용해성 고분자의 농축으로 막 면에 형성되는 겔상의 비유동성층
	스케일층 형성	난용해성 물질의 농축으로 막 면에 석출된 층
	흡착층 형성	막에 대한 흡착성이 강한 물질로 인한 흡착층
막 힘	고체 막힘	고체가 막의 다공질부에 흡착, 석출, 포착됨으로 일어나는 폐색
	액체 막힘	소수성막의 다공질부가 기체로 치환됨으로 일어나는 폐색
유로폐색		고형물에 의해 막 모듈의 공급 유로 또는 여과수 유로의 폐색

30 지하수 취수 시 적용되는 양수량 중에서 적정양수량의 정의로 옳은 것은?

① 최대양수량의 80% 이하의 양수량
② 한계양수량의 80% 이하의 양수량
③ 최대양수량의 70% 이하의 양수량
④ 한계양수량의 70% 이하의 양수량

해설

지하수의 적정양수량은 한계양수량의 70% 이하의 양수량을 말한다. 한계양수량은 단계양수시험으로 더 이상 양수량을 늘리면 급격히 수위가 강하되어 우물에 장애를 일으키는 양수량을 말한다.

31 우수관거 및 합류관거의 최소관경에 관한 내용으로 옳은 것은?

① 200mm를 표준으로 한다.
② 250mm를 표준으로 한다.
③ 300mm를 표준으로 한다.
④ 350mm를 표준으로 한다.

해설

우수관거 및 합류관거의 최소관경은 250mm를 표준으로 한다. 또한 오수관의 최소관경은 200mm를 표준으로 한다.

29 ① 30 ④ 31 ② 정답

32 펌프의 제원 결정 시 고려하여야 할 사항이 아닌 것은?

① 전양정 ② 비속도
③ 토출량 ④ 구 경

해설

펌프 선정 시 검토하여야 할 제원은 전양정, 토출량, 구경, 원동기 출력, 회전속도 등이다.

33 도수시설인 접합정에 관한 설명으로 옳지 않은 것은?

① 접합정은 충분한 수밀성과 내구성을 지니며, 용량은 계획도수량의 1.5분 이상으로 한다.
② 유입속도가 큰 경우에는 접합정 내에 월류벽 등을 설치한다.
③ 수압이 높은 경우에는 필요에 따라 수압제어용 밸브를 설치한다.
④ 유출관의 유출구 중심높이는 저수위에서 관경의 2배 이상 높게 하는 것을 원칙으로 한다.

해설

도수관 접합정

- 원형 또는 각형의 콘크리트 또는 철근콘크리트로 축조한다. 아울러 구조상 안전한 것으로 충분한 수밀성과 내구성을 지니며 용량은 계획도수량의 1.5분 이상으로 한다.
- 유입속도가 큰 경우에는 접합정 내에 월류벽 등을 설치하여 유속을 감쇄시킨 다음 유출관으로 유출되는 구조로 한다. 또 수압이 높은 경우에는 필요에 따라 수압제어용 밸브를 설치한다.
- 유출관의 유출구 중심높이는 저수위에서 관경의 2배 이상 낮게 하는 것을 원칙으로 한다.
- 필요에 따라 양수장치, 배수(排水, Drain)설비(이토관), 월류장치를 설치하고 유출구와 배수(排水, Drain)설비(이토관)에는 제수밸브 또는 제수문을 설치한다.

34 하수관거 연결방법의 특징에 관한 설명 중 틀린 것은?

① 소켓(Socket) 연결은 시공이 쉽고 고무링이나 압축조인트를 사용하는 경우에는 배수가 곤란한 곳에서도 시공이 가능하고 수밀성도 높다.
② 맞물림(Butt) 연결은 중구경 및 대구경의 시공이 쉽고 배수가 곤란한 곳에서도 시공이 가능하다.
③ 맞물림 연결은 수밀성도 있지만 연결부의 관두께가 얇기 때문에 연결부가 약하고 고무링으로 연결 시 누수의 원인이 된다.
④ 맞대기 연결(수밀밴드 사용)은 흄관의 Butt 연결을 대체하는 방법으로써 수밀성이 크게 향상된 수밀밴드 등을 사용하여 시공한다.

해설

맞대기 연결(수밀밴드 사용)은 흄관의 칼라 연결을 대체하는 방법으로 수밀밴드를 사용하여 수밀성을 향상시킨 방법이다.

35 정수장의 플록형성지에 관한 설명으로 틀린 것은?

① 플록형성지는 혼화지와 침전지 사이에 위치하고 침전지에 붙여서 설치한다.
② 플록 형성시간은 계획정수량에 대하여 20~40분간을 표준으로 한다.
③ 기계식 교반에서 플록큐레이터의 주변속도는 15~80cm/s로 한다.
④ 플록형성지 내의 교반강도는 상류, 하류를 동일하게 유지하여 일정한 강도의 플록을 형성시킨다.

해설

플록형성지

- 플록형성지는 혼화지와 침전지 사이에 위치하고 침전지를 붙여서 설치한다.
- 플록 형성시간은 계획정수량에 대하여 20~40분간을 표준으로 한다.
- 플록큐레이터의 주변속도는 기계식 교반에서 15~80cm/s, 우류식 교반에서 15~30cm/s를 표준으로 한다.
- 플록형성지는 단락류나 정체부가 생기지 않으면서 충분히 교반될 수 있는 구조로 한다.
- 플록형성지 내의 교반강도는 하류로 갈수록 점차 감소시키는 것이 바람직하다.

정답 32 ② 33 ④ 34 ④ 35 ④

36 정수처리를 위한 막여과설비에서 적절한 막여과의 유속 설정 시 고려사항으로 틀린 것은?

① 막의 종류
② 막공급의 수질과 최고 수온
③ 전처리설비의 유무와 방법
④ 입지조건과 설치 공간

해설

온도가 높을 때는 막면적이 감소해도 되기에 적절한 유속결정 시 고려해야 할 사항은 최저온도이다.
상수도 설계기준에 따른 막여과 유속 : 막여과 유속은 다음 조건과 경제성 및 보수성을 종합적으로 고려하여 적절한 값을 설정한다.

- 막의 종류
- 막공급의 수질과 최저수온
- 전처리설비의 유무와 방법
- 입지조건과 설치 공간

37 정수시설의 '착수정'에 관한 설명으로 틀린 것은?

① 형상은 일반적으로 직사각형 또는 원형으로 하고 유입구에는 제수밸브 등을 설치한다.
② 착수정의 고수위와 주변 벽체의 상단 간에는 60cm 이상의 여유를 두어야 한다.
③ 용량은 체류시간을 30~60분 정도로 한다.
④ 수심은 3~5m 정도로 한다.

해설

착수정의 용량은 체류시간을 1.5분 이상으로 한다.

38 저수시설을 형태적으로 분류할 때의 구분과 가장 거리가 먼 것은?

① 지하댐
② 하구둑
③ 유수지
④ 저류지

해설

저수시설의 분류 : 댐, 호소, 유수지, 하구둑, 저수지, 지하댐

39 지름 2,000mm의 원심력 철근콘크리트관이 포설되어 있다. 만관으로 흐를 때의 유량(m^3/s)은?(단, 조도계수 = 0.015, 동수구배 = 0.001, Manning 공식 이용)

① 4.17　② 2.45
③ 1.67　④ 0.66

해설

Manning 공식

$V=\frac{1}{n}\cdot R^{\frac{2}{3}}\cdot I^{\frac{1}{2}}$

여기서, n : 조도계수
I : 동수경사
R : 경심(유수단면적을 윤변으로 나눈 것$=\frac{A}{S}$, 원 또는 반원인 경우$=\frac{D}{4}$)

$R=\frac{D}{4}$이므로, $R=\frac{2}{4}=0.5\text{m}$이다.

$V=\frac{1}{n}\cdot R^{\frac{2}{3}}\cdot I^{\frac{1}{2}}=\frac{1}{0.015}\times 0.5^{\frac{2}{3}}\times 0.001^{\frac{1}{2}}\fallingdotseq 1.328\text{m/s}$

$\therefore Q(\text{m}^3/\text{s})=\frac{\pi\times(2\text{m})^2}{4}\times\frac{1.328\text{m}}{\text{s}}\fallingdotseq 4.172\text{m}^3/\text{s}$

40 계획오염부하량 및 계획유입수질에 관한 내용으로 틀린 것은?

① 관광오수에 의한 오염부하량은 당일 관광과 숙박으로 나누고 각각의 원단위에서 추정한다.
② 영업오수에 의한 오염부하량은 업무의 종류 및 오수의 특징 등을 감안하여 결정한다.
③ 생활오수에 의한 오염부하량은 1인1일당 오염부하량 원단위를 기초로 하여 정한다.
④ 하수의 계획유입수질은 계획오염부하량을 계획1일 최대오수량으로 나눈 값으로 한다.

해설

계획유입수질은 계획오염부하량을 계획1일 평균오수량으로 나눈 값으로 한다.

36 ② 37 ③ 38 ④ 39 ① 40 ④ 정답

제3과목 | 수질오염방지기술

41 폐수 중 함유된 콜로이드 입자의 안정성은 Zeta 전위의 크기에 의존한다. Zeta 전위를 표시한 식으로 알맞은 것은?(단, q = 단위면적당 전하, δ = 전하가 영향을 미치는 전단 표면 주위의 층의 두께, D = 액체의 도전상수)

① $\frac{4\pi\delta q}{D}$　　② $\frac{4\pi q D}{\delta}$

③ $\frac{\pi\delta q}{4D}$　　④ $\frac{\pi q D}{4\delta}$

해설

Zeta 전위의 표현식

Zeta 전위(ζ) $= \frac{4\pi\delta q}{D}$

42 암모니아 제거방법 중 파과점 염소처리의 단점으로 가장 거리가 먼 것은?

① 용존성 고형물 증가

② 많은 경비 소비

③ pH를 10 이상으로 높여야 함

④ THM 등 건강에 해로운 물질 생성

해설

pH를 10 이상으로 높여야 하는 방법은 Air Stripping이다.

파과점 염소주입법

- 유출수의 살균효과가 있으며, 시설비가 적게 든다.
- 독성물질과 온도와 무관한 반응공정이다.
- 소요되는 약품비가 높다.
- THM 등 건강에 해로운 물질이 생성될 수 있다.
- 용존성 고형물이 증가될 수 있다.

43 슬러지 안정화 방법 중 슬러지 내 중금속을 제거시키는 방법으로 가장 알맞은 것은?

① 석회석 안정화　　② 습식 산화법

③ 염소 산화법　　④ 혐기성 소화

해설

슬러지 안정화 방법 중 염소 산화법은 중금속을 제거하는 데 가장 알맞은 방법이다.

슬러지 안정화 방법 : 혐기성 소화, 호기성 소화, 석회석 주입법, 염소 산화법, 방사선 화학적 안정화

44 회전원판법의 장단점에 대한 설명으로 틀린 것은?

① 단회로 현상의 제어가 어렵다.

② 폐수량 변화에 강하다.

③ 파리는 발생하지 않으나 하루살이가 발생하는 수가 있다.

④ 활성슬러지법에 비해 최종 침전지에서 미세한 부유물질이 유출되기 쉽다.

해설

회전원판법은 단회로 제어가 어렵지 않다.

회전원판법의 특징

- 폐수량 및 BOD 부하변동에 강하다.
- 슬러지 발생량이 적다.
- 질산화작용이 일어나기 쉬우며 이로 인해 처리수의 BOD가 높아질 수 있으며, pH가 내려가는 경우도 있다.
- 활성슬러지법에서와 같이 팽화현상이 없으며, 이로 인한 2차 침전지에서의 일시적인 다량의 슬러지가 유출되는 현상이 없다.
- 미세한 SS가 유출되기 쉽고 처리수의 투명도가 나쁘다.
- 운전 관리상 조작이 용이하고 유지 관리비가 적게 든다.

정답 41 ① 42 ③ 43 ③ 44 ①

45 A^2/O 공법에 대한 설명으로 틀린 것은?

① 혐기조 - 무산소조 - 호기조 - 침전조 순으로 구성된다.
② A^2/O 공정은 내부재순환이 있다.
③ 미생물에 의한 인의 섭취는 주로 혐기조에서 일어난다.
④ 무산소조에서는 질산성 질소가 질소가스로 전환된다.

해설
미생물에 의한 인의 섭취는 호기조에서 일어나며 혐기조에서 인의 방출이 일어난다.
A^2/O 공법
질소 제거가 가능하도록 A/O 공법에 무산소조를 추가한 것으로, 호기조에서 인의 과잉 흡수를 유도함과 동시에 질산화를 통하여 생성된 질산성 질소를 무산소조로 반송하여 탈질함으로써 인의 방출에 대한 질산성 질소의 영향을 감소시키는 공법이다.

46 하수 고도처리 도입 이류로 가장 거리가 먼 것은?

① 개방형 수역의 부영양화 촉진
② 방류수역의 수질환경기준의 달성
③ 방류수역의 이용도 향상
④ 처리수의 재이용

해설
하수 고도처리의 목적은 부영양화의 촉진이 아닌 감소이다.
※ 하수의 고도처리는 기존의 처리방법으로 처리할 수 없는 물질을 제거할 목적으로 사용되는 처리방법이다.

47 하수슬러지를 감량하고 혐기성 소화조의 처리 효율을 증대하기 위해 다양한 슬러지 가용화 방법이 개발 및 적용되고 있다. 하수슬러지 가용화의 방법으로 적당하지 않은 것은?

① 오존 처리
② 초음파 처리
③ 열적 처리
④ 염소 처리

해설
염소 처리법은 슬러지 가용화 방법에 속하지 않는다.
슬러지 가용화 방법
- 생물화학적 처리방법 : 고온 호기성세균을 이용한 방법, 소화균을 이용한 방법
- 화학적 처리방법 : 오존 처리, 알칼리 처리, 초음파 처리
- 물리적 처리 : Cavitation 파쇄법, Mill 파쇄법

48 고농도의 유기물질(BOD)이 오염이 작은 수계에 배출될 때 나타나는 현상으로 가장 거리가 먼 것은?

① pH의 감소
② DO의 감소
③ 박테리아의 증가
④ 조류의 증가

해설
조류의 증가에 영향을 주는 주된 원인은 질소 및 인 등의 영양염류의 과다 유입이다.

정답 45 ③ 46 ① 47 ④ 48 ④

49 유효수심 3.5m, 체류수심 3시간인 일차 침전지의 수면적부하(m^3/m^2 · day)는?

① 14
② 28
③ 56
④ 112

해설

수면적 부하 $= \frac{Q}{A}$

체류시간 $t = \frac{\forall}{Q}$ 이므로 $Q = \frac{\forall}{t} = \frac{A \times h}{t}$ 이다.

$$\therefore \text{수면적 부하} = \frac{Q}{A} = \frac{\frac{A \times h}{t}}{A} = \frac{A \times h}{A \times t} = \frac{h}{t}$$

$$= \frac{3.5}{3} \times \frac{24\text{h}}{\text{day}} = 28\text{m}^3/\text{m}^2 \cdot \text{day}$$

50 BOD에 대한 설명으로 가장 거리가 먼 것은?

① 최종 BOD가 같다고 해도 시간과 반응계수(K)에 따라 달라진다.
② 반응계수가 클수록 시간에 대한 산소 소비율은 커진다.
③ 질산화 박테리아의 성장이 늦기 때문에 반응 초기에 많은 양의 질산화 박테리아가 존재하여도 5일 BOD 실험에는 방해되지 않는다.
④ 질산화 반응을 억제하기 위한 억제제(Inhibitory Agent)로는 Methylene Blue, Thiourea 등이 있다.

해설

5일 BOD 실험 시 질산화 미생물이 충분히 존재할 경우 유기 및 암모니아성 질소 등의 환원상태 질소화합물질이 BOD 측정결과를 높게 만드므로, 적절한 질산화 억제 시약을 사용하여 질소에 의한 산소 소비를 방지하여야 한다.

51 Langmuir 등온 흡착식을 유도하기 위한 가정으로 옳지 않은 것은?

① 한정된 표면만이 흡착에 이용된다.
② 표면에 흡착된 용질물질은 그 두께가 분자 한 개 정도의 두께이다.
③ 흡착은 비가역적이다.
④ 평형조건이 이루어졌다.

해설

Langmuir 등온흡착식 가정

- 작용하는 결합력은 약한 화학적 흡착에 의한다.
- 한정된 표면만이 흡착에 이용된다.
- 표면에 흡착되는 용질은 완전 단분자 흡착으로 가정한다.
- 흡착은 가역적이고, 평형조건이 이루어졌다고 가정한다.

52 소화조 슬러지 주입률 $100m^3$/day, 슬러지의 SS 농도 6.47%, 소화조 부피 $1,250m^3$, SS 내 VS 함유율 85%일 때 소화조에 주입되는 VS의 용적부하(kg/m^3 · day)는?(단, 슬러지의 비중 = 1.0)

① 1.4
② 2.4
③ 3.4
④ 4.4

해설

SL = TS + W

소화조 용적부하 = 유입고형물(VS)(kg/day) / 소화조 용적(m^3)

소화조 용적부하를 L이라고 하면

$$L = \frac{100\text{m}^3\ \text{SL}}{\text{day}} \times \frac{1{,}000\text{kg}}{\text{m}^3} \times \frac{6.47\ \text{TS}}{100\ \text{SL}} \times \frac{85\ \text{VS}}{100\ \text{TS}} \times \frac{1}{1{,}250\text{m}^3}$$

$$\fallingdotseq 4.4\text{kg}/\text{m}^3 \cdot \text{day}$$

정답 49 ② 50 ③ 51 ③ 52 ④

53 **분뇨의 생물학적 처리공법으로서 호기성 미생물이 아닌 혐기성 미생물을 이용한 혐기성 처리공법을 주로 사용하는 근본적인 이유는?**

① 분뇨에는 혐기성 미생물이 살고 있기 때문에
② 분뇨에 포함된 오염물질은 혐기성 미생물만이 분해할 수 있기 때문에
③ 분뇨의 유기물 농도가 너무 높아 포기에 너무 많은 비용이 들기 때문에
④ 혐기성 처리공법으로 발생되는 메탄가스가 공법에 필수적이기 때문에

해설

호기성 처리공법은 산소를 공급해 주어야 하므로 포기비용이 들어간다. 따라서 분뇨는 유기물 농도가 매우 높아 포기에 들어가는 비용이 너무 커서 경제성이 떨어지므로 혐기성 처리공법을 사용한다.

54 **폐수를 살수여상법으로 처리할 때 처리효율이 가장 좋은 것은?**

① 저속여상(Low-rate)
② 중속여상(Intermediate-rate)
③ 고속여상(High-rate)
④ 초고속여상(Super-rate)

해설

표준(저속)살수여상은 슬러지 발생량이 적으며, BOD 제거율이 최고 85%로 높은 특징을 가지고 있다.
표준(저속) 살수여상법 : 폐수를 간헐적 살수를 통해 유입시킴으로써 유기물을 처리하는 방법이다.

- 구조가 간단하고, 운전이 쉽다.
- 슬러지 발생이 적고, BOD 제거율이 높다(최고 85%).
- 질산화균의 증식으로 질산화가 가능하다.
- 넓은 부지가 필요하고, 여재 막힘 현상이 나타난다.
- 연못화에 따른 악취 발생 및 파리 번식 등의 문제점이 있다.

55 **일차흐름반응인 분산 플러그 흐름 반응조 A 물질의 전환율이 90%이고, 플러그 흐름 반응조에 대한 효율식을 사용하면 체류시간이 6.58h이다. 만일, 확산계수 d=1.0이라면 분산 플러그 흐름 반응조에 대한 반응조 체류시간(h)은?(단, $\frac{\theta_{dpf}}{\theta_{pf}}=2.2$)**

① 11.4　　② 14.5
③ 23.1　　④ 45.7

해설

확산계수 $d=1.0$, 체류시간비가 제시되어 있으므로 계산하면 다음과 같다.

$$\frac{\theta_{dpf}}{\theta_{pf}}=2.2$$

$$\theta_{dpf}=\theta_{pf}\times 2.2=6.58\times 2.2 \fallingdotseq 14.5$$

56 **활성슬러지 혼합액의 고형물을 0.26%에서 3%까지 농축하고자 할 때 가압순환 흐름이 있는 경우의 부상농축기를 설계하고자 한다. 다음의 조건하에서 소요 순환유량(m^3/day)은?(단, A/S = 0.06, 온도 = 20℃, 공기용해도 = 18.7mL/L, 압력 = 3.7atm, 용존공기 비율 = 0.5, 부유고형물 농도 = 4,000mg/L, 슬러지 유량 = 400m^3/day)**

① 약 2,500　　② 약 3,000
③ 약 3,500　　④ 약 4,000

해설

$$\text{A/S비}=\frac{1.3C_{Air}\times(f\cdot P-1)}{\text{SS}}\times\frac{Q_r}{Q}$$

여기서, A/S비 = 0.06, $C_{Air}=18.7\text{mL/L}$, $f=0.5$,
$P=3.7\text{atm}$, $Q=400\text{m}^3/\text{day}$, SS = 4,000mg/L이다.

$$0.06=\frac{1.3\times 18.7\times(0.5\times 3.7-1)}{4{,}000}\times\frac{Q_r}{400}$$

$$\therefore\ Q_r \fallingdotseq 4{,}6495.9\text{m}^3/\text{day}$$

53 ③ 54 ① 55 ② 56 전항정답 정답

57 유량이 3,000m^3/day, BOD 농도가 400mg/L인 폐수를 활성슬러지법으로 처리할 때 내호흡률(K_d, /day)은?(단, 포기시간 = 8시간, 처리수 농도(BOD = 30mg/L, SS = 30mg/L), MLSS 농도 = 4,000mg/L, 잉여슬러지 발생량 = 50m^3/day, 잉여슬러지 농도 = 0.9%, 세포증식계수 = 0.8)

① 약 0.052 ② 약 0.087
③ 약 0.123 ④ 약 0.183

해설

SRT 계산식을 이용한다.

$$\frac{1}{\text{SRT}}=\frac{YQ(S_i-S_o)}{\forall \cdot X}-K_d=Y\left(\frac{F}{M}\right)\cdot\eta-K_d$$

먼저 SRT를 계산하면 다음과 같다.

$$\text{SRT}=\frac{\forall X}{Q_wX_w+Q_oX_0}$$

- $\forall = Q\times\text{HRT}=\frac{3{,}000\text{m}^3}{\text{day}}\times 8\text{h}\times\frac{\text{day}}{24\text{h}}=1{,}000\text{m}^3$
- $Q_o=Q_i-Q_w=3{,}000-50=2{,}950\text{m}^3/\text{day}$

$$\text{SRT}=\frac{\forall X}{Q_wX_w+Q_oX_0}=\frac{1{,}000\times 4{,}000}{50\times 9{,}000+2{,}950\times 30}\fallingdotseq 7.43\text{day}$$

맨 위의 식에 SRT값을 대입하고 계산하면 다음과 같다.

$$\frac{1}{7.43}=0.8\times\frac{3{,}000\text{m}^3}{\text{day}}\times\frac{(400-30)\text{mg}}{\text{L}}\times\frac{1}{1{,}000\text{m}^3}\times\frac{\text{L}}{4{,}000\text{mg}}-K_d$$

$\therefore\ K_d\fallingdotseq 0.087\text{day}^{-1}$

58 기계식 봉 스크린을 0.64m/s로 흐르는 수로에 설치하고자 한다. 봉의 두께는 10mm이고, 간격이 30mm라면 봉 사이로 지나는 유속(m/s)은?

① 0.75 ② 0.80
③ 0.85 ④ 0.90

해설

봉 스크린 설치 전 유량(Q_1)과 설치 후 유량(Q_2)가 같다고 가정한다.

$Q_1=Q_2,\ V_1A_1=V_2A_2$

여기서, $V_1=0.64\text{m/s}$, $A_1=40\text{mm}\times D$(깊이),

$A_2=30\text{mm}\times D$ 이므로 대입하여 계산하면 다음과 같다.

$$V_2=\frac{0.64\times 40\times D}{30\times D}\fallingdotseq 0.85\text{m/s}$$

59 50m^3/day의 폐수를 배출하는 도금공장에서 폐수 중에 CN^-가 150g/m^3 함유되어 있다면 배출허용 농도를 1mg/L 이하로 처리할 때 필요한 NaClO의 양(kg/day)은?(단, NaCN 49, NaClO 74.5, 반응식 $2NaCN+5NaClO+H_2O\rightarrow 2NaHCO_3+N_2+5NaCl$)

① 약 35
② 약 42
③ 약 47
④ 약 53

해설

$2NaCN+5NaClO+H_2O\rightarrow 2NaHCO_3+N_2+5NaCl$

제거해야 할 CN^-의 양은

$$\frac{(150-1)\text{mg CN}^-}{\text{L}}\times\frac{10^3\text{L}}{1\text{m}^3}\times\frac{50\text{m}^3}{\text{day}}\times\frac{1\text{g}}{10^3\text{mg}}=7{,}450\text{g/day}$$

$$7{,}450\text{g}\times\frac{1\text{mol}}{26\text{g}}\fallingdotseq 286.54\text{mol}$$

필요한 NaClO 몰수 $=286.54\times\frac{5}{2}\fallingdotseq 716.35\text{mol}$

$$716.35\text{mol}\times\frac{74.5\text{g}}{1\text{mol}}\times\frac{1\text{kg}}{10^3\text{g}}\fallingdotseq 53.37\text{kg}$$

60 다음 조건의 활성슬러지조에서 1일 발생하는 잉여슬러지량(kg/day)은?(단, 유입수량 = 10,500m^3/day, 유입수 BOD = 200mg/L, 유출수 BOD = 20mg/L, Y = 0.6, K_d = 0.05day, θ_c = 10일)

① 624
② 756
③ 847
④ 966

해설

잉여슬러지 발생량 계산식

$$\text{SL}=Y\cdot S\cdot\eta\cdot Q-K_d\cdot\forall\cdot X$$

$$=\frac{YQ(S_i-S_o)}{(1+K_d\times\theta_c)}=\frac{0.6\times 10{,}500\times(200-20)\times 10^{-3}}{(1+0.05\times 10)}$$

$=756\text{kg/day}$

정답 57 ② 58 ③ 59 ④ 60 ②

61 다음 시험항목 중 측정할 때 증류장치가 필요하지 않은 것은?

① 암모니아성 질소 시험법
② 아질산성 질소 시험법
③ 페놀류 시험법
④ 시안 시험범

해설

아질산성 질소 시험법에는 증류장치가 필요하지 않다.
증류장치가 필요한 측정물질
- 총질소(ES 04363.3b)
- 암모니아성 질소(ES 04355.1c, ES 04355.3b)
- 질산성 질소(ES 04361.4c)
- 시안(ES 04353.1e, ES 04353.3c)
- 플루오린(ES 04351.1b, ES 04351.4)
- 페놀류(ES 04365.1d, ES 04365.2c)

62 자외선/가시선 분광법에 의한 페놀류의 측정원리를 설명한 내용으로 옳지 않은 것은?

① 수용액에서는 510nm에서 흡광도를 측정한다.
② 클로로폼용액에서는 460nm에서 흡광도를 측정한다.
③ 추출법의 정량한계는 0.1mg/L이다.
④ 황화합물의 간섭이 있는 경우 인산(H_3PO_4)이 사용된다.

해설

ES 04365.1d 페놀류-자외선/가시선 분광법
정량한계는 클로로폼 추출법일 때 0.005mg/L, 직접측정법일 때 0.05mg/L이다.

63 식물성 플랑크톤의 정량시험 중 저배율에 의한 방법은?(단, 200배율 이하)

① 스트립 이용 계수
② 팔머-말로니 체임버 이용 계수
③ 혈구계수기 이용 계수
④ 최적 확수 이용 계수

해설

ES 04705.1c 식물성 플랑크톤-현미경계수법
저배율 방법(200배율 이하)에는 스트립 이용 계수, 격자 이용 계수가 있다.
※ 중배율 방법(200~500배율 이하)에는 팔머-말로니 체임버 이용 계수, 혈구계수기 이용 계수가 있다.

64 시료채취 시 유의사항에 관한 내용으로 가장 거리가 먼 것은?

① 채취용기는 시료를 채우기 전에 시료로 3회 이상 세척 후 사용한다.
② 수소이온을 측정하기 위한 시료를 채취할 때에는 운반 중 공기와 접촉이 없도록 용기에 가득 채운다.
③ 휘발성 유기화합물 분석용 시료를 채취할 때에는 뚜껑에 격막이 생성되지 않도록 주의한다.
④ 시료채취량은 시험항목 및 시험 횟수에 따라 차이가 있으나 보통 3~5L 정도이다.

해설

ES 04130.1e 시료의 채취 및 보존 방법
휘발성 유기화합물 분석용 시료를 채취할 때에는 뚜껑의 격막을 만지지 않도록 주의하여야 한다. 병을 뒤집어 공기방울이 확인되면 다시 채취해야 한다.

61 ② 62 ③ 63 ① 64 ③ 정답

65 물의 알칼리도를 측정하기 위해 50mL의 시료를 N/50 황산으로 측정하여 Phenolphthalein 지시약의 종점에서 4.3mg, Methly Orange 지시약의 종점에서 13.5mg이었다. 이 물의 총알칼리도(mg/L $CaCO_3$)는?(단, 1/50 황산의 역가=1)

① 68　　② 120
③ 186　　④ 270

해설
총알칼리도(mg/L)

$$=\frac{1}{50mL}\times\frac{0.02eq}{L}\times13.5mL\times\frac{100\times10^3mg}{2eq}$$

$=270mg/L$ as $CaCO_3$

66 중금속 측정을 위하여 물 250mL를 비커에 취하여 질산(비중 : 1.409, 70%)을 5mL 첨가하고, 가열하여 액량을 5mL로 증발 농축한 후, 방랭한 다음 여과하여 물을 첨가하여 정확히 100mL로 할 경우 규정 농도(N)는?(단, 질산의 손실은 없다고 가정)

① 0.04
② 0.07
③ 0.35
④ 0.78

해설

$$HNO_3(eq/L)=\frac{5mL}{0.1L}\times\frac{1.409g}{1mL}\times\frac{70}{100}\times\frac{1eq}{63g}$$

$\fallingdotseq 0.78eq/L \fallingdotseq 0.78N$

67 검정곡선 작성용 표준용액과 시료에 동일한 양의 내부표준물질을 첨가하여 시험분석 절차, 기기 또는 시스템의 변동으로 발생하는 오차를 보정하기 위해 사용하는 방법은?

① 검량선법
② 표준물첨가법
③ 절대검량선법
④ 내부표준법

해설
ES 04001.b 정도보증/정도관리
내부표준법(Internal Standard Calibration)은 검정곡선 작성용 표준용액과 시료에 동일한 양의 내부표준물질을 첨가하여 시험분석 절차, 기기 또는 시스템의 변동으로 발생하는 오차를 보정하기 위해 사용하는 방법이다. 내부표준법은 시험 분석하려는 성분과 물리·화학적 성질은 유사하나 시료에는 없는 순수물질을 내부표준물질로 선택한다. 일반적으로 내부표준물질로는 분석하려는 성분에 동위원소가 치환된 것을 많이 사용한다.

68 고형물질이 많아 관을 메울 우려가 있는 폐·하수의 관 내 유량을 측정하는 장치로 가장 옳은 것은?

① 자기식 유량측정기(Magnetic Flow Meter)
② 유량측정용 노즐(Nozzle)
③ 파샬플룸(Parshall Flume)
④ 피토관(Pitot)

해설
ES 04140.1c 공장폐수 및 하수유량-관(Pipe) 내의 유량측정방법
자기식 유량 측정기의 경우에는 고형물질이 많아 관을 메울 우려가 있는 폐·하수에 이용할 수 있다.

정답 65 ④ 66 ④ 67 ④ 68 ①

69 이온전극법에 대한 설명으로 틀린 것은?

① 시료용액의 교반은 이온전극의 응답속도 이외의 전극범위, 정량한계값에는 영향을 미치지 않는다.

② 전극과 비교전극을 사용하여 전위를 측정하고 그 전위차로부터 정량하는 방법이다.

③ 이온전극법에 사용하는 장치의 기본구성은 비교전극, 이온전극, 자석교반기, 저항전위계, 이온측정기 등으로 되어 있다.

④ 이온전극의 종류에는 유리막 전극, 고체막 전극, 격막형 전극으로 구분된다.

해설

시료용액의 교반은 이온전극의 전극범위, 응답속도, 정량한계값에 영향을 나타낸다. 그러므로 측정에 방해되지 않는 범위 내에서 세게 일정한 속도로 교반해야 한다.

ES 04350.2b 음이온류-이온전극법

- 불소, 시안, 염소 등을 이온전극법을 이용하여 분석하는 방법으로 시료에 이온강도 조절용 완충용액을 넣어 pH를 조절하고 전극과 비교전극을 사용하여 전위를 측정하고 그 전위차로부터 정량하는 방법이다.
- 분석기기 및 기구
  - 비교전극 : 이온전극과 조합하여 이온 농도에 대응하는 전위차를 나타낼 수 있는 것으로서 표준전위가 안정된 전극이 필요하다.
  - 이온전극 : 이온에 대한 고도의 선택성이 있고, 이온농도에 비례하여 전위를 발생할 수 있는 전극으로, 종류로 유리막 전극, 고체막 전극, 격막형 전극 등이 있다.
  - 자석교반기 : 교반에 의하여 열이 발생하여 액온에 변화가 일어나서는 안 되며, 회전속도가 일정하게 유지될 수 있는 것이어야 한다.
  - 저항 전위계 또는 이온측정기 : mV까지 읽을 수 있는 고압력 저항 측정기여야 한다.

70 폐수의 유량 측정법에 있어 최대유량이 $1m^3$/min 미만으로 폐수유량이 배출될 경우 용기에 의한 측정 방법에 관한 내용으로 (   )에 옳은 것은?

> 용기는 용량 100~200L인 것을 사용하여 유수를 채우는 데에 요하는 시간을 스톱워치로 잰다. 용기에 물을 받아 넣는 시간을 (   )이 되도록 용량을 결정한다.

① 10초 이상　　② 20초 이상

③ 30초 이상　　④ 40초 이상

해설

ES 04140.2b 공장폐수 및 하수유량-측정용 수로 및 기타 유량측정방법

용기에 의한 측정방법

- 최대 유량이 $1m^3$/분 미만인 경우
  - 유수를 용기에 받아서 측정한다.
  - 용기는 용량 100~200L인 것을 사용하여 유수를 채우는 데에 요하는 시간을 스톱워치(Stop Watch)로 잰다. 용기에 물을 받아 넣는 시간을 20초 이상이 되도록 용량을 결정한다.
- 최대유량 $1m^3$/분 이상인 경우

  이 경우는 침전지, 저수지 기타 적당한 수조(水槽)를 이용한다.
  - 수조가 작은 경우는 한 번 수조를 비우고서 유수가 수조를 채우는 데 걸리는 시간으로부터 최대유량이 $1m^3$/분 미만인 경우와 동일한 방법으로 유량을 구한다.
  - 수조가 큰 경우는 유입시간에 있어서 유수의 부피는 상승한 수위와 상승수면의 평균표면적(平均表面積)의 계측에 의하여 유량을 산출한다. 이 경우 측정시간은 5분 정도, 수위의 상승속도는 적어도 매분 1cm 이상이어야 한다.

69 ① 70 ② 정답

71 다음 용어의 정의로 옳지 않은 것은?

① 밀폐용기 : 취급 또는 저장하는 동안에 이물질이 들어가거나 또는 내용물이 손실되지 아니하도록 보호하는 용기를 말한다.
② 즉시 : 30초 이내에 표시된 조작을 하는 것을 뜻한다.
③ 정확히 단다 : 규정된 수치의 무게를 0.001mg까지 다는 것을 말한다.
④ 냄새가 없다 : 냄새가 없거나 또는 거의 없는 것을 표시하는 것이다.

해설
ES 04000.d 총칙
무게를 '정확히 단다'라 함은 규정된 수치의 무게를 0.1mg까지 다는 것을 말한다.

72 지하수 시료는 취수정 내에 고여 있는 물과 원래 지하수의 성상이 달라질 수 있으므로 고여 있는 물을 충분히 퍼낸 다음 새로 나온 물을 채취한다. 이 경우 퍼내는 양은?

① 고여 있는 물의 절반 정도
② 고여 있는 물의 전체량 정도
③ 고여 있는 물의 2~3배 정도
④ 고여 있는 물의 4~5배 정도

해설
ES 04130.1e 시료의 채취 및 보존 방법
지하수 시료는 취수정 내에 고여 있는 물과 원래 지하수의 성상이 달라질 수 있으므로 고여 있는 물을 충분히 퍼낸 다음 새로 나온 물을 채취한다. 이 경우 퍼내는 양은 고여 있는 물의 4~5배 정도이나 pH 및 전기전도도를 연속으로 측정하여 이 값이 평형을 이룰 때까지로 한다.

73 수산화나트륨 1g을 증류수에 용해시켜 400mL로 하였을 때 이 용액의 pH는?

① 13.8 ② 12.8
③ 11.8 ④ 10.8

해설
NaOH 분자량 = 40g

$$NaOH(mol/L) = \frac{1g}{0.4L} \times \frac{1mol}{40g} = 0.0625M$$

0.0625M NaOH = 0.0625M OH^-
$pOH = -\log[OH^-] = -\log 0.0625M \fallingdotseq 1.20$
$\therefore pH = 14 - pOH \fallingdotseq 12.8$

74 용존산소 측정 시 티오황산나트륨 표준용액을 표정할 때 표준물질로 사용되는 KIO_3는 다음과 같은 반응을 한다.

$$IO_3^- + 5I^- + 6H^+ = 3I_2 + 3H_2O$$

이때 0.1N KIO_3 용액을 만들려면 KIO_3 몇 g을 달아 물에 녹여 1L로 만들면 되는가?(단, 분자량 KIO_3 = 214)

① 21.4 ② 4.28
③ 3.57 ④ 2.14

해설
KIO_3의 당량수가 6이므로 계산하면 다음과 같다.

$$KIO_3(g) = \frac{0.1eq}{L} \times 1L \times \frac{214g}{6eq} \fallingdotseq 3.57g$$

정답 71 ③ 72 ④ 73 ② 74 ③

75 **수질오염공정시험기준상 냄새 측정에 관한 내용으로 틀린 것은?**

① 물속의 냄새를 측정하기 위하여 측정자의 후각을 이용하는 방법이다.

② 잔류염소의 냄새는 측정에서 제외한다.

③ 냄새역치는 냄새를 감지할 수 있는 최대 희석배수를 말한다.

④ 각 판정 요원의 냄새의 역치를 산술평균하여 결과로 보고한다.

해설

ES 04301.1b 냄새

각 판정 요원의 냄새의 역치를 기하평균하여 결과로 보고한다.

76 **페놀류-자외선/가시선 분광법의 분석에 대한 측정원리에 관한 설명으로 ( ) 안에 들어갈 내용으로 옳은 것은?**

증류한 시료에 염화암모늄-암모니아 완충용액을 넣어 ( )으로 조절한 다음 4-아미노안티피린과 헥사시안화철(Ⅱ)산칼륨을 넣어 생성된 붉은색의 안티피린계 색소의 흡광도를 측정한다.

① pH 7

② pH 8

③ pH 9

④ pH 10

해설

ES 04365.1d 페놀류-자외선/가시선 분광법

증류한 시료에 염화암모늄-암모니아 완충용액을 넣어 pH 10으로 조절한 다음 4-아미노안티피린과 헥사시안화철(Ⅱ)산칼륨을 넣어 생성된 붉은색의 안티피린계 색소의 흡광도를 측정하는 방법으로 수용액에서는 510nm, 클로로폼 용액에서는 460nm에서 측정한다.

77 **예상 BOD값에 대한 사전경험이 없을 때에는 희석하여 시료를 제조한다. 처리하지 않은 공장폐수와 침전된 하수가 시료에 함유되는 정도는?**

① 0.1~1.0% ② 1~5%

③ 5~25% ④ 25~100%

해설

ES 04305.1c 생물화학적 산소요구량

오염 정도가 심한 공장폐수는 0.1~1.0%, 처리하지 않은 공장폐수와 침전된 하수는 1~5%, 처리하여 방류된 공장폐수는 5~25%, 오염된 하천수는 25~100%의 시료가 함유되도록 희석 조제한다.

78 **퍼지 · 트랩-기체크로마토그래프(질량분석법)법으로 분석하는 휘발성 저급탄화수소와 가장 거리가 먼 것은?**

① 벤 젠

② 사염화탄소

③ 폴리클로로리네이티드바이페닐

④ 1,1-다이클로로에틸렌

해설

폴리클로로리네이티드바이페닐 분석에는 용매추출/기체크로마토그래피가 사용된다(ES 04504.1b).

ES 04603.a 휘발성 유기화합물

휘발성 유기화합물의 시험방법

퍼지 · 트랩 -기체크로마토그래프-질량분석법 : 1,1-다이클로로에틸렌, 다이클로로메탄, 클로로폼, 1,1,1-트라이클로로에탄, 1,2-다이클로로에탄, 벤젠, 사염화탄소, 트라이클로로에틸렌, 톨루엔, 테트라클로로에틸렌, 에틸벤젠, 자일렌

75 ④ 76 ④ 77 ② 78 ③ 정답

79 총인을 아스코르브산 환원법에 의해 흡광도를 측정할 때 880nm에서 측정이 불가능한 경우, 어느 파장(nm)에서 측정할 수 있는가?

① 560

② 660

③ 710

④ 810

해설

ES 04362.1c 총인-자외선/가시선 분광법

880nm에서 흡광도 측정이 불가능할 경우에는 710nm에서 측정한다.

80 I_o 단색광이 정색액을 통과할 때 그 빛의 50%가 흡수된다면 이 경우 흡광도는?

① 0.6

② 0.5

③ 0.3

④ 0.2

해설

$A = \log\frac{1}{t} = \log\frac{1}{0.5} \fallingdotseq 0.3$

제5과목 | 수질환경관계법규

81 수변생태구역의 매수 · 조성 등에 관한 내용으로 ( ) 안에 옳은 것은?

> 환경부장관은 하천 · 호소 등의 수질 및 수생태계 보전을 위하여 필요하다고 인정하는 때에는 (㉠)으로 정하는 기준에 해당하는 수변습지 및 수변토지를 매수하거나 (㉡)으로 정하는 바에 따라 생태적으로 조성 · 관리할 수 있다.

① ㉠ 환경부령, ㉡ 대통령령

② ㉠ 대통령령, ㉡ 환경부령

③ ㉠ 환경부령, ㉡ 국무총리령

④ ㉠ 국무총리령, ㉡ 환경부령

해설

물환경보전법 제19조의3(수변생태구역의 매수 · 조성)

환경부장관은 하천 · 호소 등의 물환경보전을 위하여 필요하다고 인정할 때에는 대통령령으로 정하는 기준에 해당하는 수변습지 및 수변토지를 매수하거나 환경부령으로 정하는 바에 따라 생태적으로 조성 · 관리할 수 있다.

82 오염총량관리 조사 · 연구반의 수행 업무와 가장 거리가 먼 것은?

① 오염총량관리기본계획에 대한 검토

② 오염총량관리시행계획에 대한 검토

③ 오염총량관리성과지표에 대한 검토

④ 오염총량목표수질 설정을 위하여 필요한 수계특성에 대한 조사 · 연구

해설

물환경보전법 시행규칙 제20조(오염총량관리 조사 · 연구반)

- 오염총량목표수질에 대한 검토 · 연구
- 오염총량관리기본방침에 대한 검토 · 연구
- 오염총량관리기본계획에 대한 검토
- 오염총량관리시행계획에 대한 검토
- 오염총량관리시행계획에 대한 전년도의 이행사항 평가 보고서 검토
- 오염총량목표수질 설정을 위하여 필요한 수계특성에 대한 조사 · 연구
- 오염총량관리제도의 시행과 관련한 제도 및 기술적 사항에 대한 검토 · 연구
- 위의 업무를 수행하기 위한 정보체계의 구축 및 운영

정답 79 ③ 80 ③ 81 ② 82 ③

83 환경부장관이 수립하는 대권역 수질 및 수생태계 보전을 위한 기본계획에 포함되어야 하는 사항으로 틀린 것은?

① 수질오염관리 기본 및 시행계획
② 점오염원, 비점오염원 및 기타수질오염원에서 배출되는 수질오염물질의 양
③ 점오염원, 비점오염원 및 기타수질오염원의 분포현황
④ 물환경의 변화 추이 및 물환경목표기준

해설

물환경보전법 제24조(대권역 물환경관리계획의 수립)
대권역계획에는 다음의 사항이 포함되어야 한다.

- 물환경의 변화 추이 및 물환경목표기준
- 상수원 및 물 이용현황
- 점오염원, 비점오염원 및 기타수질오염원의 분포현황
- 점오염원, 비점오염원 및 기타수질오염원에서 배출되는 수질오염물질의 양
- 수질오염 예방 및 저감 대책
- 물환경 보전조치의 추진방향
- 기후위기 대응을 위한 탄소중립・녹색성장 기본법에 따른 기후변화에 대한 적응대책
- 그 밖에 환경부령으로 정하는 사항

84 수질 및 수생태계 보전에 관한 법률상 용어의 정의로 옳지 않은 것은?

① 비점오염저감시설이란 수질오염방지시설 중 비점오염원으로부터 배출되는 수질오염물질을 제거하거나 감소하게 하는 시설로서 환경부령이 정하는 것을 말한다.
② 공공수역이란 하천, 호소, 항만, 연안해역, 그 밖에 공공용으로 사용되는 환경부령으로 정하는 수로를 말한다.
③ 비점오염원이란 도시, 도로, 농지, 산지, 공사장 등으로서 불특정 장소에서 불특정하게 수질오염물질을 배출하는 배출원을 말한다.
④ 기타수질오염원이란 비점오염원으로 관리되지 아니하는 특정수질오염물질만을 배출하는 시설을 말한다.

해설

물환경보전법 제2조(정의)

- '비점오염원'(非點污染源)이란 도시, 도로, 농지, 산지, 공사장 등으로서 불특정 장소에서 불특정하게 수질오염물질을 배출하는 배출원을 말한다.
- '기타수질오염원'이란 점오염원 및 비점오염원으로 관리되지 아니하는 수질오염물질을 배출하는 시설 또는 장소로서 환경부령으로 정하는 것을 말한다.
- '공공수역'이란 하천, 호소, 항만, 연안해역, 그 밖에 공공용으로 사용되는 수역과 이에 접속하여 공공용으로 사용되는 환경부령으로 정하는 수로를 말한다.
- '비점오염저감시설'이란 수질오염방지시설 중 비점오염원으로부터 배출되는 수질오염물질을 제거하거나 감소하게 하는 시설로서 환경부령으로 정하는 것을 말한다.

83 ① 84 ④ 정답

85 수질오염방지시설 중 물리적 처리시설에 해당되는 것은?

① 폭기시설
② 산화시설(산화조 또는 산화지)
③ 이온교환시설
④ 부상시설

해설
물환경보전법 시행규칙 [별표 5] 수질오염방지시설
물리적 처리시설

• 스크린	• 분쇄기
• 침사(沈砂)시설	• 유수분리시설
• 유량조정시설(집수조)	• 혼합시설
• 응집시설	• 침전시설
• 부상시설	• 여과시설
• 탈수시설	• 건조시설
• 증류시설	• 농축시설

86 물환경보전법상 호소 및 해당 지역에 관한 설명으로 틀린 것은?

① 제방(사방사업법의 사방시설 포함)을 쌓아 하천에 흐르는 물을 가두어 놓은 곳
② 하천에 흐르는 물이 자연적으로 가두어진 곳
③ 화산활동 등으로 인하여 함몰된 지역에 물이 가두어진 곳
④ 댐·보를 쌓아 하천에 흐르는 물을 가두어 놓은 곳

해설
물환경보전법 제2조(정의)
'호소'란 다음의 어느 하나에 해당하는 지역으로서 만수위(滿水位)[댐의 경우에는 계획홍수위(計劃洪水位)를 말한다] 구역 안의 물과 토지를 말한다.
• 댐·보(洑) 또는 둑(사방사업법에 따른 사방시설은 제외한다) 등을 쌓아 하천 또는 계곡에 흐르는 물을 가두어 놓은 곳
• 하천에 흐르는 물이 자연적으로 가두어진 곳
• 화산활동 등으로 인하여 함몰된 지역에 물이 가두어진 곳

87 배출시설에 대한 일일기준초과배출량 산정에 적용되는 일일유량은 (측정유량×일일조업시간)이다. 일일유량을 구하기 위한 일일조업시간에 대한 설명으로 (　) 안에 맞는 것은?

> 측정하기 전 최근 조업한 30일간의 배출시설 조업시간의 (㉠)로서 (㉡)으로 표시한다.

① ㉠ 평균치, ㉡ 분(min)
② ㉠ 평균치, ㉡ 시간(h)
③ ㉠ 최대치, ㉡ 분(min)
④ ㉠ 최대치, ㉡ 시간(h)

해설
물환경보전법 시행령 [별표 15] 일일기준초과배출량 및 일일유량 산정 방법
일일조업시간은 측정하기 전 최근 조업한 30일간의 배출시설 조업시간의 평균치로서 분으로 표시한다.

88 환경부장관 또는 시·도지사가 측정망을 설치하기 위한 측정망 설치계획에 포함시켜야 하는 사항과 가장 거리가 먼 것은?

① 측정망 배치도
② 측정망 설치시기
③ 측정자료의 확인방법
④ 측정망 운영방안

해설
물환경보전법 시행규칙 제24조(측정망 설치계획의 내용·고시 등)
측정망 설치계획에 포함되어야 하는 내용은 다음과 같다.
• 측정망 설치시기
• 측정망 배치도
• 측정망을 설치할 토지 또는 건축물의 위치 및 면적
• 측정망 운영기관
• 측정자료의 확인방법

정답 85 ④ 86 ① 87 ① 88 ④

89 조류경보 단계의 종류와 경보단계별 발령, 해제기준으로 틀린 것은?(단, 상수원 구간 기준)

① 관심 – 2회 연속 채취 시 남조류 세포수가 1,000세포/mL 이상 10,000세포/mL 미만인 경우
② 경계 – 2회 연속 채취 시 남조류 세포수가 10,000세포/mL 이상 1,000,000세포/mL 미만인 경우
③ 조류대발생 – 2회 연속 채취 시 남조류 세포수가 1,000,000세포/mL 이상인 경우
④ 해제 – 2회 연속 채취 시 남조류 세포수가 1,000세포/mL 이상인 경우

해설

물환경보전법 시행령 [별표 3] 수질오염경보의 종류별 경보단계 및 그 단계별 발령·해제기준

조류경보–상수원 구간

경보단계	발령·해제 기준
해 제	2회 연속 채취 시 남조류 세포수가 1,000세포/mL 미만인 경우

90 수질오염방지시설 중 생물화학적 처리시설이 아닌 것은?

① 접촉조
② 살균시설
③ 폭기시설
④ 살수여과상

해설

물환경보전법 시행규칙 [별표 5] 수질오염방지시설

생물화학적 처리시설
- 살수여과상
- 폭기(瀑氣)시설
- 산화시설(산화조(酸化槽) 또는 산화지(酸化池)를 말한다)
- 혐기성·호기성 소화시설
- 접촉조(接觸槽 : 폐수를 염소 등의 약품과 접촉시키기 위한 탱크)
- 안정조
- 돈사톱밥발효시설

91 간이공공하수처리시설에서 배출하는 하수·분뇨 찌꺼기 성분검사 주기는?

① 월 1회 이상
② 분기 1회 이상
③ 반기 1회 이상
④ 연 1회 이상

해설

하수도법 시행규칙 제12조(하수·분뇨 찌꺼기 성분검사)

찌꺼기 성분의 검사대상·항목 등은 다음과 같다
- 검사대상 : 공공하수처리시설·간이공공하수처리시설 또는 분뇨처리시설에서 배출하는 하수·분뇨 찌꺼기
- 검사주기 : 연 1회 이상
- 검사항목 : 토양환경보전법 시행규칙에 따른 토양오염 우려기준에 해당하는 물질

92 환경부장관이 수질 및 수생태계를 보전할 필요가 있다고 지정, 고시하고 수질 및 수생태계를 정기적으로 조사, 측정하여야 하는 호소의 기준으로 틀린 것은?

① 1일 30만ton 이상의 원수를 취수하는 호소
② 만수위일 때 면적이 10만m^2 이상인 호소
③ 수질오염이 심하여 특별한 관리가 필요하다고 인정되는 호소
④ 동식물의 서식지·도래지이거나 생물다양성이 풍부하여 특별히 보전할 필요가 있다고 인정되는 호소

해설

물환경보전법 시행령 제30조(호소수 이용 상황 등의 조사·측정 및 분석 등)

환경부장관은 다음의 어느 하나에 해당하는 호소로서 물환경을 보전할 필요가 있는 호소를 지정·고시하고, 그 호소의 물환경을 정기적으로 조사·측정 및 분석하여야 한다.
- 1일 30만ton 이상의 원수(原水)를 취수하는 호소
- 동식물의 서식지·도래지이거나 생물다양성이 풍부하여 특별히 보전할 필요가 있다고 인정되는 호소
- 수질오염이 심하여 특별한 관리가 필요하다고 인정되는 호소

89 ④ 90 ② 91 ④ 92 ② 정답

93 기타수질오염원의 설치·관리자가 하여야 할 조치에 관한 내용으로 ( ) 안에 옳은 것은?

> [수산물 양식시설 : 가두리 양식 어장]
> 사료를 준 후 2시간이 지났을 때 침전되는 양이 ( ) 미만인 부상(浮上)사료를 사용한다. 다만, 10cm 미만의 치어 또는 종묘에 대한 사료는 제외한다.

① 10%　　② 20%
③ 30%　　④ 40%

해설

물환경보전법 시행규칙 [별표 19] 기타수질오염원의 설치·관리자가 하여야 할 조치

기타수질 오염원의 구분		시설 설치 등의 조치
수산물 양식시설	가두리 양식업 시설	사료를 준 후 2시간 지났을 때 침전되는 양이 10% 미만인 물에 뜨는 사료를 사용한다. 다만, 10cm 미만의 치어 또는 종묘(種苗)에 대한 사료는 제외한다.

※ 법 개정으로 내용 변경

94 수질자동측정기기 및 부대시설을 모두 부착하지 아니할 수 있는 시설의 기준으로 옳은 것은?

① 연간 조업일수가 60일 미만인 사업장
② 연간 조업일수가 90일 미만인 사업장
③ 연간 조업일수가 120일 미만인 사업장
④ 연간 조업일수가 150일 미만인 사업장

해설

물환경보전법 시행령 [별표 7] 측정기기의 종류 및 부착 대상
연간 조업일수가 90일 미만인 사업장에는 수질자동측정기기 및 부대시설을 모두 부착하지 아니할 수 있다.

95 공공폐수처리시설의 유지·관리기준 중 처리시설의 관리·운영자가 실시하여야 하는 방류수 수질검사에 관한 내용으로 ( ) 안에 옳은 것은?(단, 방류수 수질은 현저하게 악화되지 않음)

> 처리시설의 적정 운영 여부를 확인하기 위하여 방류수 수질검사를 (㉠) 실시하되, 1일당 2,000m^3 이상인 시설은 (㉡) 실시하여야 한다. 다만, 생태독성(TU)검사는 (㉢) 실시하여야 한다.

① ㉠ 월 1회 이상, ㉡ 주 1회 이상, ㉢ 월 2회 이상
② ㉠ 월 1회 이상, ㉡ 월 2회 이상, ㉢ 주 1회 이상
③ ㉠ 월 2회 이상, ㉡ 주 1회 이상, ㉢ 월 1회 이상
④ ㉠ 월 2회 이상, ㉡ 월 1회 이상, ㉢ 주 1회 이상

해설

물환경보전법 시행규칙 [별표 15] 공공폐수처리시설의 유지·관리기준
처리시설의 관리·운영자는 방류수 수질기준 항목(측정기기를 부착하여 관제센터로 측정자료가 전송되는 항목은 제외한다)에 대한 방류수 수질검사를 다음과 같이 실시하여야 한다.
- 처리시설의 적정 운영 여부를 확인하기 위하여 방류수 수질검사를 월 2회 이상 실시하되, 1일당 2,000m^3 이상인 시설은 주 1회 이상 실시하여야 한다. 다만, 생태독성(TU)검사는 월 1회 이상 실시하여야 한다.
- 방류수의 수질이 현저하게 악화되었다고 인정되는 경우에는 수시로 방류수 수질검사를 하여야 한다.

96 비점오염원으로부터 배출되는 수질오염물질을 제거하거나 감소하게 하는 비점오염저감시설을 자연형 시설과 장치형 시설로 구분할 때 바르게 나열한 것은?

① 자연형 시설 : 여과형 시설, 와류형 시설
② 장치형 시설 : 스크린형 시설, 생물학적 처리형 시설
③ 자연형 시설 : 식생형 시설, 와류형 시설
④ 장치형 시설 : 저류시설, 침투시설

해설

물환경보전법 시행규칙 [별표 6] 비점오염저감시설
- 자연형 시설 : 저류시설, 인공습지, 침투시설, 식생형 시설
- 장치형 시설 : 여과형 시설, 소용돌이형 시설, 스크린형 시설, 응집·침전 처리형 시설, 생물학적 처리형 시설

※ 법 개정으로 '와류형'이 '소용돌이형'으로 변경됨

정답 93 ① 94 ② 95 ③ 96 ②

97 폐수배출시설에 대한 변경허가를 받지 아니하거나 거짓으로 변경허가를 받아 배출시설을 변경하거나 그 배출시설을 이용하여 조업한 자에 대한 처벌기준은?

① 7년 이하 징역 또는 7천만원 이하의 벌금
② 5년 이하 징역 또는 5천만원 이하의 벌금
③ 3년 이하 징역 또는 3천만원 이하의 벌금
④ 1년 이하 징역 또는 1천만원 이하의 벌금

해설
물환경보전법 제75조(벌칙)
배출시설의 설치 허가 및 신고에 따른 허가 또는 변경허가를 받지 아니하거나 거짓으로 허가 또는 변경허가를 받아 배출시설을 설치 또는 변경하거나 그 배출시설을 이용하여 조업한 자는 7년 이하의 징역 또는 7천만원 이하의 벌금에 처한다.

98 시·도지사 등은 수질오염물질 배출량 등의 확인을 위한 오염도검사를 통보를 받은 날부터 며칠 이내에 사업자에게 배출농도 및 일일유량에 관한 사항을 통보해야 하는가?

① 5일 ② 10일
③ 15일 ④ 20일

해설
물환경보전법 시행규칙 제55조(수질오염물질 배출량 등의 확인을 위한 오염도검사 등)
의뢰한 오염도검사의 결과를 통보받은 시·도지사 등은 통보를 받은 날부터 10일 이내에 사업자 등에게 검사결과 중 배출 농도와 일일유량에 관한 사항을 알려야 한다.

99 수질 및 수생태계 중 하천의 생활환경 기준으로 틀린 것은?(단, 등급 : 약간 좋음, 단위 : mg/L)

① TOC : 2 이하
② BOD : 3 이하
③ SS : 25 이하
④ DO : 5.0 이상

해설
환경정책기본법 시행령 [별표 1] 환경기준
수질 및 수생태계–하천–생활환경 기준

등 급		기 준			
		BOD(mg/L)	TOC(mg/L)	SS(mg/L)	DO(mg/L)
약간 좋음	II	3 이하	4 이하	25 이하	5.0 이상

100 기술요원 또는 환경기술인의 교육기관으로 알맞게 짝지어진 것은?

① 국립환경과학원 – 환경보전협회
② 환경관리협회 – 시도보건환경연구원
③ 국립환경인력개발원 – 환경보전협회
④ 환경관리협회 – 국립환경과학원

해설
물환경보전법 시행규칙 제93조(기술인력 등의 교육기간·대상자 등)
교육은 다음의 구분에 따른 교육기관에서 실시한다. 다만, 환경부장관 또는 시·도지사는 필요하다고 인정하면 다음의 교육기관 외의 교육기관에서 기술인력 등에 관한 교육을 실시하도록 할 수 있다.
- 측정기기 관리대행업에 등록된 기술인력 : 국립환경인재개발원 또는 한국상하수도협회
- 폐수처리업에 종사하는 기술요원 : 국립환경인재개발원
- 환경기술인 : 환경보전협회

※ 법 개정으로 '국립환경인력개발원'이 '국립환경인재개발원'으로 변경됨

97 ① 98 ② 99 ① 100 ③ 정답

2020년 제1·2회 통합 과년도 기출문제

제1과목 | 수질오염개론

01 물의 물리적 특성으로 가장 거리가 먼 것은?

① 물의 표면장력이 낮을수록 세탁물의 세정효과가 증가한다.
② 물이 얼면 액체상태보다 밀도가 커진다.
③ 물의 융해열은 다른 액체보다 높은 편이다.
④ 물의 여러 가지 특성은 물분자의 수소결합 때문에 나타난다.

해설
② 물이 얼면 부피가 커지므로 액체상태보다 밀도가 작아진다.
물의 특성
- 물은 수소와 산소의 공유결합과 수소결합으로 이루어져 있으며, 쌍극성을 이루므로 많은 용질에 대하여 우수한 용매로 작용한다.
- 평행이 아닌 분자구성으로 수소원자는 양의 전하, 산소원자는 음의 전하를 띠게 되어 물분자는 강한 양극성을 갖게 된다. 물의 극성은 반대 전하 간 인력을 일으켜 물분자 간에 약한 결합을 만든다.
- 물의 극성은 물이 갖고 있는 높은 용해성과도 큰 연관이 있다.
- 순수한 물은 비중이 1(4℃ 기준)이며, 분자량은 18이다.
- 물의 밀도는 극성 때문에 4℃에서 $1g/cm^3$로 가장 크다.
- 물의 비열은 1cal/g·℃로 비슷한 분자량을 갖는 다른 화합물보다 비열이 크다.
- 물의 점성은 온도가 증가할수록 작아진다.
- 물의 표면장력은 불순물의 농도가 높을수록, 온도가 상승할수록 감소한다.

02 DO 포화농도가 8mg/L인 하천에서 $t=0$일 때 DO가 5mg/L이라면 6일 유하했을 때의 DO 부족량(mg/L)은?($BOD_u=20$mg/L, $K_1=0.1day^{-1}$, $K_2=0.2day^{-1}$, 상용대수)

① 약 2　　② 약 3
③ 약 4　　④ 약 5

해설
용존산소 부족농도

$$D_t=\frac{K_1 BOD_u}{K_2-K_1}(10^{-K_1t}-10^{-K_2t})+D_o\times10^{-K_2t}$$

여기서, D_t : t시간의 용존산소 부족농도(mg/L)
K_1 : 하천수온에 따른 탈산소계수(day^{-1})
K_2 : 하천수온에 따른 재폭기계수(day^{-1})
BOD_u : 시작점의 최종 BOD 농도(mg/L)
t : 유하시간(day)
D_o : 시작점의 DO 부족농도(mg/L)

$$\therefore D_t=\frac{0.1\times20}{0.2-0.1}(10^{-0.1\times6}-10^{-0.2\times6})+(8-5)\times10^{-0.2\times6}$$
$$\fallingdotseq 3.95mg/L$$

03 생체 내에 필수적인 금속으로 결핍 시에는 인슐린의 저하를 일으킬 수 있는 유해물질은?

① Cd　　② Mn
③ CN　　④ Cr

해설
- 크롬은 인슐린과 함께 세포에서 당 흡수와 이용을 잘하게 도와주는 역할을 하므로 크롬 결핍 시 인슐린 요구량이 증가한다.
- 크롬 결핍증은 크롬 섭취량의 부족과 단순당의 섭취 증가로 인하여 소변으로 크롬 배설량이 증가하여 발생한다. 결핍증 증상으로 공복 시 고혈당, 내당능 손상, 혈중 인슐린 농도 상승, 당뇨, 혈중 콜레스테롤 및 중성지방 상승, 인슐린 결합 감소, 인슐린 수용체 감소 등이 나타난다.

정답 1 ② 2 ③ 3 ④

04 지구상의 담수 중 차지하는 비율이 가장 큰 것은?

① 빙하 및 빙산　　② 하천수
③ 지하수　　④ 수증기

해설

담수의 비율 : 빙하 > 지하수 > 지표수 > 공기 중 수분

05 생물학적 변환(생분해)을 통한 유기물의 환경에서의 거동 또는 처리에 관한 내용으로 옳지 않은 것은?

① 케톤은 알데하이드보다 분해되기 어렵다.
② 다환방향족 탄화수소의 고리가 3개 이상이면 생분해가 어렵다.
③ 포화지방족 화합물은 불포화지방족 화합물(이중결합)보다 쉽게 분해된다.
④ 벤젠고리에 첨가된 염소나 나이트로기의 수가 증가할수록 생분해에 대한 저항이 크고 독성이 강해진다.

해설

포화지방족 화합물은 불포화 지방족화합물보다 분해되기 어렵다.

06 Na^+ = 360mg/L, Ca^{2+} = 80mg/L, Mg^{2+} = 96mg/L인 농업용수의 SAR값은?(단, 원자량 : Na = 23, Ca = 40, Mg = 24)

① 약 4.8　　② 약 6.4
③ 약 8.2　　④ 약 10.6

해설

$$SAR = \frac{Na^+}{\sqrt{\frac{Ca^{2+}+Mg^{2+}}{2}}} = \frac{360/23}{\sqrt{\frac{(80/20)+(96/12)}{2}}} ≒ 6.39$$

07 생물학적 오탁지표들에 대한 설명으로 틀린 것은?

① BIP(Biological Index of Pollution) : 현미경적 생물을 대상으로 전생물수에 대한 동물성 생물수의 백분율을 나타낸 것으로 값이 클수록 오염이 심하다.
② BI(Biotix Index) : 육안적 동물을 대상으로 전생물수에 대한 청수성 및 광범위 출현 미생물의 백분율을 나타낸 것으로, 값이 클수록 깨끗한 물로 판정된다.
③ TSI(Trophic State Index) : 투명도에 대한 부영양화지수와 투명도-클로로필 농도의 상관관계에 의한 부영양화지수, 클로로필 농도-총인의 상관관계를 이용한 부영양화지수가 있다.
④ SDI(Species Diversity Index) : 종의 수와 개체수의 비로 물의 오염도를 나타내는 지표로 값이 클수록 종의 수는 적고 개체수는 많다.

해설

- SDI의 값이 클수록 많은 종이 살고 있음을 의미한다.
- 종다양성 지수는 생물학적 수질지표로서 특정 범위 안에 존재하는 생물종의 다양한 정도를 의미한다. 지수가 높아질수록 해당 지역에 많은 종이 서식하고 있음을 의미하고 있다. 이러한 종다양성 지수는 수질에서 오염의 정도를 판별하는데 이용될 수 있다. 깨끗한 물의 경우 많은 종의 생물이 서식하기 때문에 종다양성 지수가 높아지며, 오염된 물일수록 종다양성 지수가 낮아지는 경향이 있다.

08 콜로이드 입자가 분산매 분자들과 충돌하여 불규칙하게 움직이는 현상은?

① 투석현상(Dialysis)
② 틴들현상(Tyndall)
③ 브라운 운동(Brown Motion)
④ 반발력(Zeta Potential)

해설

① 투석현상(Dialysis) : 콜로이드 입자가 반투막을 통과하지 못하는 현상을 말한다.
② 틴들현상(Tyndall) : 광선을 통과시키면 입자가 빛을 산란하여 빛의 진로를 볼 수 있는 현상을 말한다.
④ 반발력(Zeta Potential) : 척력이라 하며, 서로 밀어내는 힘이다.

4 ① 5 ③ 6 ② 7 ④ 8 ③ 정답

09 수질분석결과 Na^+ = 10mg/L, Ca^{2+} = 20mg/L, Mg^{2+} = 24mg/L, Sr^{2+} = 2.2mg/L일 때 총경도(mg/L as $CaCO_3$)는?(단, 원자량 : Na = 23, Ca = 40, Mg = 24, Sr = 87.6)

① 112.5 ② 132.5

③ 152.5 ④ 172.5

해설

$$경도(HD) = \sum M^{2+}(mg/L) \times \frac{50}{M^{2+} 당량}$$

여기서, M^{2+} : 2가 양이온 금속물질의 각 농도

M^{2+}당량 : 경도 유발물질의 각 당량수(eq)

$$\therefore 경도(HD) = \left(20 \times \frac{50}{20}\right) + \left(24 \times \frac{50}{12}\right) + \left(2.2 \times \frac{50}{43.8}\right)$$

$$\fallingdotseq 152.5 mg/L$$

10 호수 내의 성층현상에 관한 설명으로 가장 거리가 먼 것은?

① 여름성층의 연직 온도경사는 분자확산에 의한 DO 구배와 같은 모양이다.

② 성층의 구분 중 약층(Thermocline)은 수심에 따른 수온변화가 작다.

③ 겨울성층은 표층수 냉각에 의한 성층이어서 역성층이라고도 한다.

④ 전도현상은 가을과 봄에 일어나며 수괴의 연직혼합이 왕성하다.

해설

수온약층은 표층과 심수층의 중간에 해당하며, 수심에 따른 수온 변화가 가장 크다.

성층현상의 구조

- 표층(순환대) : 공기 중의 산소가 재폭기되고, 조류의 광합성 작용으로 인해 DO 농도가 포화 및 과포화 현상이 일어난다. 따라서 호기성 상태가 유지된다.
- 수온약층(변천대) : 표층과 심수층의 중간층에 해당되며, 수심에 따라 수온이 급격히 변화한다.
- 심수층(정체대) : 온도차에 의한 물의 유동이 없는 최하부를 의미하며, DO의 농도가 낮아 수중 생물의 서식에 좋지 않다. 혐기성 상태에서 분해되는 침전성 유기물에 의해 수질이 나빠지며 CO_2, H_2S 등이 증가한다.

11 다음에 기술한 반응식에 관여하는 미생물 중에서 전자수용체가 다른 것은?

① $H_2S + 2O_2 \rightarrow H_2SO_4$

② $2NH_3 + 3O_2 \rightarrow 2HNO_2^- + 2H_2O$

③ $NO_3^- \rightarrow N_2$

④ $Fe^{2+} + O_2 \rightarrow Fe^{3+}$

해설

③ 산소 없이 일어나는 탈질산화반응이다.

①, ②, ④ 산소가 전자수용체로 작용한다.

12 자체의 염분농도가 평균 20mg/L인 폐수에 시간당 4kg의 소금을 첨가시킨 후 하류에서 측정한 염분의 농도가 55mg/L이었을 때 유량(m^3/s)은?

① 0.0317 ② 0.317

③ 0.0634 ④ 0.634

해설

- 부하 = 농도 × 유량
- 첨가부하 = 증가농도 × 유량

$$\therefore 유량(Q) = \frac{첨가부하}{증가농도}$$

$$= \frac{L}{(55-20)mg} \times \frac{4kg}{h} \times \frac{1h}{3{,}600s} \times \frac{1m^3}{10^3 L} \times \frac{10^6 mg}{1kg}$$

$$\fallingdotseq 0.0317 m^3/s$$

13 하천수질모형의 일반적인 가정 조건이 아닌 것은?

① 오염물질이 하천에 유입되자마자 즉시 완전 혼합된다.

② 정상상태이다.

③ 확산에 의한 영향을 무시한다.

④ 오염물질의 농도분포는 흐름방향으로 이루어진다.

해설

하천에 유입된 오염물질은 하천의 단면 전체에 분산된다고 가정하며, 방출지점에서 방출과 동시에 완전 혼합된다고 가정한다.

정답 9 ③ 10 ② 11 ③ 12 ① 13 ①

14 카드뮴에 대한 내용으로 틀린 것은?

① 카드뮴은 은백색이며 아연 정련업, 도금공업 등에서 배출된다.
② 골연화증이 유발된다.
③ 만성폭로로 인한 흔한 증상은 단백뇨이다.
④ 윌슨병 증후군과 소인증이 유발된다.

해설

- 윌슨병(Wilson's Disease) : 구리의 대사에 관련된 상염색체 열성(Autosomnal Recessive) 유전질환으로, 구리가 몸 밖으로 배설되지 못해서 체내 조직에 점진적으로 축적되는 질환이다.
- 소인증 : 아연결핍으로 나타나는 증상 중 하나이다.

15 분뇨의 특징에 관한 설명으로 틀린 것은?

① 분뇨 내 질소화합물은 알칼리도를 높게 유지시켜 pH의 강하를 막아준다.
② 분과 뇨의 구성비는 약 1 : 8~1 : 10 정도이며 고액분리가 용이하다.
③ 분의 경우 질소산화물은 전체 VS의 12~20% 정도 함유되어 있다.
④ 분뇨는 다량의 유기물을 함유하며, 점성이 있는 반고상 물질이다.

해설

분과 뇨의 비가 1 : 8~10 정도이며, 다량의 유기물을 포함하며 고액분리가 곤란하다.

16 평균 단면적 400m^2, 유량 5,487,600m^3/day, 평균 수심 1.5m, 수온 20℃인 강의 재포기계수(K_2, day^{-1})는?(단, $K_2 = 2.2 \times (V/H^{1.33})$로 가정)

① 0.20　　② 0.23
③ 0.26　　④ 0.29

해설

$K_2 = 2.2 \times (V/H^{1.33})$

여기서, $V = \dfrac{Q}{A}$

$= \dfrac{5,478,600\text{m}^3}{\text{day}} \times \dfrac{1}{400\text{m}^2} \times \dfrac{1\text{day}}{86,400\text{s}}$

$\fallingdotseq 0.1585\text{m/s}$

$\therefore K_2 = 2.2 \times (0.1585/1.5^{1.33}) \fallingdotseq 0.203$

17 암모니아를 처리하기 위해 살균제로 차아염소산을 반응시켜 mono-Chloramine이 형성되었다. 이때 각 반응물질이 50% 감소하였다면 반응속도는 몇 % 감소하는가?(단, 반응속도식 : $-\dfrac{d[\text{HOCl}]}{(dt)_{\text{나중}}} = K_{xy}$)

① 75　　② 60
③ 50　　④ 25

해설

- 처음 속도 = K_{xy}
- 50% 감소하였을 때 속도 = $K_{xy}(0.5)(0.5) = 0.25K_{xy}$

∴ 감소한 반응속도(%) = $(K_{xy} - 0.25K_{xy}) \times 100 = 75\%$

18 금속을 통해 흐르는 전류의 특성으로 가장 거리가 먼 것은?

① 금속의 화학적 성질은 변하지 않는다.
② 전류는 전자에 의해 운반된다.
③ 온도의 상승은 저항을 증가시킨다.
④ 대체로 전기저항이 용액의 경우보다 크다.

해설

금속을 통해 흐르는 전류는 대체로 전기저항이 용액의 경우보다 작다.

14 ④ 15 ② 16 ① 17 ① 18 ④ 정답

19 급성독성을 평가하기 위하여 일반적으로 사용되는 기준은?

① TL_m(Median Tolerance Limit)
② MicroTox
③ Daphnia
④ ORP(Oxidation-Reduction Potential)

해설
TL_m(Median Tolerance Limit) : 어독성 농도(급성독성)
- 일정시간 경과 후 물고기의 50%가 생존할 수 있는 농도(mg/L)를 말한다.
- 10마리씩 비커에 넣고 미리 20일 정도 적응시킨 물고기 중 반수가 죽은 농도를 말한다.
- 물고기는 송사리 및 송어 등을 주로 사용한다.
- 96h TL_m, 48h TL_m 및 24h TL_m 등으로 표기한다.
- 실험 중 영향인자(수온, pH, DO 등)를 일정하게 안정화한다.

20 하천의 자정작용 단계 중 회복지대에 대한 설명으로 틀린 것은?

① 물이 비교적 깨끗하다.
② DO가 포화농도의 40% 이상이다.
③ 박테리아가 크게 번성한다.
④ 원생동물 및 윤충이 출현한다.

해설
회복지대의 특성
- 분해지대의 현상과 반대의 현상이 나타나는 지대로서 원래의 상태로 회복되며 생물의 종류가 많이 변화한다.
- 혐기성 미생물이 호기성 미생물로 대체되며, 약간의 균류도 발생한다.
- DO가 증가하고, NO_2-N 및 NO_3-N의 농도가 증가한다.
- DO 농도는 포화농도의 40% 이상이다.
- 광합성을 하는 조류가 번식하며, 원생동물, 윤충, 갑각류 등이 출현한다.
- 은빛 담수어 등의 물고기도 서식한다.

제2과목 | 상하수도계획

21 취수관로 구조 결정 시 바람직하지 않은 것은?

① 취수관로의 고수부지에 부설하는 경우, 그 매설 깊이는 원칙적으로 계획고수부지고에서 2m 이상 깊게 매설한다.
② 관로에 작용하는 내압 및 외압에 견딜 수 있는 구조로 한다.
③ 사고 등에 대비하기 위하여 가능한 한 2열 이상으로 부설한다.
④ 취수관로가 제방을 횡단하는 경우, 취수관로는 원지반보다는 가능한 한 성토부분에 매설하여 제방을 횡단하도록 한다.

해설
제방은 성토하여 축조된 것이므로 가능한 한 취수관로가 성토부분을 횡단하지 않도록 해야 하며, 원지반에 매설하여 제방을 횡단하는 것이 바람직하다.
취수관로의 구조
- 관로에 작용하는 내압 및 외압에 견딜 수 있는 구조로 한다.
- 관로를 제외지에 부설하는 경우 원칙적으로 계획고수부지고에서 2m 이상 깊게 매설한다.
- 사고 등에 대비하여 가능한 한 2열 이상으로 설치한다.
- 관로가 제방을 횡단하는 경우 원칙적으로 유연한 구조로 한다.

정답 19 ① 20 ③ 21 ④

22 **도시의 인구가 매년 일정한 비율로 증가한 결과라면 연평균 증가율은?(단, 현재인구 450,000명, 10년 전 인구 200,000명, 장래에 크게 발전할 가망성이 있는 도시)**

① 0.225 ② 0.084
③ 0.438 ④ 0.076

해설
등비급수 인구증가법
- 매년 일정비율로 인구수가 증가한다는 기준으로 산출하는 방법이다.
- $P_n = P_o(1+r)^n$

계산식을 이용하면
$P_{10} = P_o(1+r)^{10}$
$450,000 = 200,000(1+r)^{10}$
$2.25 = (1+r)^{10}$
$\therefore r \fallingdotseq 0.084$

23 **하수관로에 관한 내용으로 틀린 것은?**

① 도관은 내산 및 내알칼리성이 뛰어나고 마모에 강하며 이형관을 제조하기 쉽다.
② 폴리에틸렌관은 가볍고 취급이 용이하여 시공성은 좋으나 산, 알칼리에 약한 단점이 있다.
③ 덕타일주철관은 내압성 및 내식성이 우수하다.
④ 파형강관은 ~~용융~~아연도금된 강판을 스파이럴형으로 제작한 강관이다.

해설
폴리에틸렌관 : 가볍고 취급이 용이하고 시공성이 좋으며, 내산 및 내알칼리성이 우수하다. 그러나 부력에 대한 대응과 되메우기 시 다짐에는 주의하여야 한다.

24 **하수관로시설의 황화수소 부식 대책으로 가장 거리가 먼 것은?**

① 관거를 청소하고 미생물의 생식 장소를 제거한다.
② 환기에 의해 관 내 황화수소를 희석한다.
③ 황산염 환원세균의 활동을 촉진시켜 황화수소 발생을 억제한다.
④ 방식재료를 사용하여 관을 방호한다.

해설
하수 내에 존재하는 황산염 이온이 황산염 환원세균에 의해 황화물(Sulphides)로 환원되고, 이는 황화수소의 형태로 하수관 내부의 공기 중으로 유출되므로 황산염 환원세균의 활동을 억제시켜야 한다.
H_2S에 의한 관정부식
관거를 흐르는 하수 또는 폐수 내의 용존산소가 고갈되면 하수 내에 존재하는 황산염 이온이 황산염 환원세균에 의해서 황화물(Sulphides)로 환원되고, 이는 황화수소의 형태로 하수관 내부의 공기 중으로 유출된다. 황화수소는 관거 표면에 부착하여 성장하는 미생물의 생화학적 작용에 의해 황산으로 변환되는데, 이렇게 형성된 황산은 매우 강한 산이기 때문에 관거의 내부를 부식시키는 데 이를 관정부식이라고 한다.

25 **급속여과지의 여과모래에 대한 설명으로 가장 거리가 먼 것은?**

① 유효경은 0.45~1.0mm의 범위 내에 있어야 한다.
② 균등계수는 1.7 이하로 한다.
③ 마모율은 3% 이하로 한다.
④ 신규투입 여과사의 세척탁도는 5~10도 범위 내에 있어야 한다.

해설
신규투입 여과사의 세척탁도는 30NTU 이하로 한다.
급속여과지
- 여과속도 : 120~150m/day
- 모래층의 두께 : 60~70cm
- 유효경 : 0.45~1mm
- 균등계수 : 1.7 이하
- 세척탁도 : 30NTU 이하
- 마모율 : 3% 이하
- 강열감량 : 0.75% 이하

22 ② 23 ② 24 ③ 25 ④ 정답

26 **계획우수유출량의 산정방법으로 쓰이는 합리식 $Q=\frac{1}{360}CIA$에 대한 설명으로 틀린 것은?**

① C는 유출계수이다.
② 우수유출량 산정에 있어 가장 기본이 되는 공식이다.
③ I는 유달시간(t) 내의 평균 강우강도이다.
④ A는 우수배제관거의 통수단면적이다.

해설

$Q=\frac{1}{360}CIA$

여기서, Q : 우수배출량(m^3/s)
C : 유출계수
I : 강우강도(mm/h)
A : 배수면적(ha)

27 **펌프의 토출량이 12m³/min, 펌프의 유효 흡입수두 8m, 규정 회전수 2,000회/분인 경우, 이 펌프의 비교 회전도는?(단, 양흡입의 경우가 아님)**

① 892 ② 1,045
③ 1,286 ④ 1,457

해설

펌프의 비교 회전도(비속도)

$N_s = N\times\frac{Q^{1/2}}{H^{3/4}}$

여기서, N_s : 비교 회전도(rpm)
N : 펌프의 실제 회전수(rpm)
Q : 최고 효율점의 토출유량(m^3/min)
H : 최고 효율점의 전양정(m)

$\therefore\ N_s = 2{,}000\times\frac{12^{1/2}}{8^{3/4}} \fallingdotseq 1{,}457\text{rpm}$

28 **공동현상(Cavitation)이 발생하는 것을 방지하기 위한 대책으로 틀린 것은?**

① 흡입측 밸브를 완전히 개방하고 펌프를 운전한다.
② 흡입관의 손실을 가능한 크게 한다.
③ 펌프의 위치를 가능한 한 낮춘다.
④ 펌프의 회전속도를 낮게 선정한다.

해설

공동현상(Cavitation) 방지대책

- 펌프의 설치 위치를 가능한 낮게 한다.
- 펌프의 회전속도를 낮게 선정한다.
- 흡입측 밸브는 완전히 개방하고 펌프를 운전한다.
- 흡입관의 손실을 가능한 작게 한다.

29 **하수의 계획오염부하량 및 계획유입수질에 관한 내용으로 틀린 것은?**

① 계획유입수질 : 계획오염부하량을 계획1일 최대오수량으로 나눈 값으로 한다.
② 생활오수에 의한 오염부하량 : 1인1일당 오염부하량 원단위를 기초로 하여 정한다.
③ 관광오수에 의한 오염부하량 : 당일 관광과 숙박으로 나누고 각각의 원단위에서 추정한다.
④ 영업오수에 의한 오염부하량 : 업무의 종류 및 오수의 특징 등을 감안하여 결정한다.

해설

하수의 계획유입수질은 계획오염부하량을 계획1일 평균오수량으로 나눈 값으로 한다.

정답 26 ④ 27 ④ 28 ② 29 ①

30 상수처리시설 중 장방형 침사지의 구조에 관한 설명으로 틀린 것은?

① 지의 길이는 폭의 3~8배를 표준으로 한다.
② 지의 고수위는 계획취수량이 유입될 수 있도록 취수구의 계획최저수위 이하로 정한다.
③ 지내 평균유속은 2~7cm/s를 표준으로 한다.
④ 침사지 바닥경사는 1/20 이상의 경사를 두어야 한다.

해설

바닥은 모래배출을 위하여 중앙에 배수로를 설치하고, 길이방향에는 배수구로 향하여 1/100, 가로방향은 중앙배수로를 향하여 1/50 정도의 경사를 둔다.

31 펌프효율 η = 80%, 전양정 H = 16m인 조건하에서 양수량 Q = 12L/s로 펌프를 회전시킨다면 이때 필요한 축동력(kW)은?(단, 전동기는 직결, 물의 밀도 γ = 1,000kg/m^3)

① 1.28　　② 1.73
③ 2.35　　④ 2.88

해설

$$\text{축동력(kW)} = \frac{\gamma \times Q \times H}{102 \times \eta_p \times \eta_m} \times \alpha$$

$$= \frac{1{,}000 \times 0.012 \times 16}{102 \times 0.8} \fallingdotseq 2.353\text{kW}$$

32 상수취수를 위한 저수시설 계획기준년에 관한 내용으로 (　) 안에 알맞은 것은?

> 계획취수량을 확보하기 위하여 필요한 저수용량의 결정에 사용하는 계획기준년은 원칙적으로 (　)를 표준으로 한다.

① 7개년에 제1위 정도의 갈수
② 10개년에 제1위 정도의 갈수
③ 7개년에 제1위 정도의 홍수
④ 10개년에 제1위의 정도의 홍수

해설

상수취수를 위한 저수시설의 계획기준년

계획취수량을 확보하기 위하여 필요한 저수용량의 결정에 사용하는 계획기준년은 원칙적으로 10개년에 제1위 정도의 갈수를 기준년으로 한다.

33 상수도시설인 도수시설의 도수노선에 관한 설명으로 틀린 것은?

① 원칙적으로 공공도로 또는 수도용지로 한다.
② 수평이나 수직방향의 급격한 굴곡을 피한다.
③ 관로상 어떤 지점도 동수경사선보다 낮게 위치하지 않도록 한다.
④ 몇 개의 노선에 대하여 건설비 등의 경제성, 유지관리의 난이도 등을 비교·검토하고 종합적으로 판단하여 결정한다.

해설

도수노선의 선정

- 몇 개의 노선에 대하여 건설비 등의 경제성, 유지관리의 난이도 등을 비교·검토하고 종합적으로 판단하여 결정한다.
- 원칙적으로 공공도로 또는 수도용지로 한다.
- 수평이나 수직방향의 급격한 굴곡을 피하고, 어떤 경우라도 최소 동수경사선 이하가 되도록 노선을 선정한다.

30 ④ 31 ③ 32 ② 33 ③ 정답

34 상수도시설 중 저수시설인 하구둑에 관한 설명으로 틀린 것은?(단, 전용댐, 다목적댐과 비교)

① 개발수량 : 중소규모의 개발이 기대된다.

② 경제성 : 일반적으로 댐보다 저렴하다.

③ 설치지점 : 수요지 가까운 하천의 하구에 설치하여 농업용수에 바닷물의 침해방지기능을 겸하는 경우가 많다.

④ 저류수의 수질 : 자체관리로 비교적 양호한 수질을 유지할 수 있어 염소이온 농도에 대한 주의가 필요 없다.

해설

하구둑의 경우 염소이온 농도에 주의를 할 필요가 있다.

35 상수도시설인 급속여과지에 관한 내용으로 옳지 않은 것은?

① 여과속도는 단층의 경우 120~150m/d를 표준으로 한다.

② 여과지 1지의 여과면적은 $100m^2$ 이하로 한다.

③ 여과면적은 계획정수량을 여과속도로 나누어 계산한다.

④ 급속여과지는 중력식과 압력식이 있으며 중력식을 표준으로 한다.

해설

여과지 1지의 여과면적은 $150m^2$ 이하로 한다.

36 콘크리트조의 장방형 수로(폭 2m, 깊이 2.5m)가 있다. 이 수로의 유효 수심이 2m인 경우의 평균유속(m/s)은?(단, Manning 공식 이용, 동수경사 = 1/2,000, 조도계수 = 0.017)

① 0.91 ② 1.42

③ 1.53 ④ 1.73

해설

Manning 공식

$$V=\frac{1}{n}\times R^{\frac{2}{3}}\times I^{\frac{1}{2}}$$

여기서, n : 조도계수

R : 경심($=A$(단면적)/S(윤변))

I : 동수구배

장방형 수로이므로 먼저 R을 구하면

$$R=\frac{H\times B}{2H+B}\text{(여기서, } B:\text{폭, } H:\text{유효수심)}=\frac{2\times2}{2\times2+2}=\frac{2}{3}$$

$$\therefore\ V=\frac{1}{0.017}\times\left(\frac{2}{3}\right)^{\frac{2}{3}}\times\left(\frac{1}{2{,}000}\right)^{\frac{1}{2}}\fallingdotseq 1.004\text{m/s}$$

37 유역면적이 100ha이고 유입시간(Time of Inlet)이 8분, 유출계수(C)가 0.38일 때 최대계획 우수유출량(m^3/s)은?(단, 하수관거의 길이(L) = 400m, 관유속 = 1.2m/s로 되도록 설계, $I=\dfrac{655}{\sqrt{t}+0.09}$(mm/h), 합리식 적용)

① 약 18 ② 약 24

③ 약 36 ④ 약 42

해설

$Q=CIA$

- 유입시간 = 8min
- 유하시간 $=\dfrac{L}{V}=\dfrac{400\text{m}}{1.2\text{m/s}}\times\dfrac{1\text{min}}{60\text{s}}\fallingdotseq 5.56\text{min}$
- 유달시간 = 8min + 5.56min ≒ 13.56min
- 면적 = 100ha = $100\times10^4m^2$
- $I=\dfrac{655}{\sqrt{t}+0.09}=\dfrac{655}{\sqrt{13.56}+0.09}$ ≒ 173.63mm/h

$$\therefore\ Q=0.38\times\frac{173.63\text{mm}}{\text{h}}\times100\times10^4\text{m}^2\times\frac{1\text{h}}{3{,}600\text{s}}\times\frac{\text{m}}{10^3\text{mm}}\fallingdotseq 18.33\text{m}^3/\text{s}$$

정답 34 ④ 35 ② 36 전항정답 37 ①

38 하수관로의 접합방법을 정할 때의 고려사항으로 ( )에 가장 적합한 것은?

> 2개의 관로가 합류하는 경우의 중심교각은 되도록 (㉠) 이하로 하고, 곡선을 갖고 합류하는 경우의 곡률반경은 내경의 (㉡) 이상으로 한다.

① ㉠ 60°, ㉡ 5배
② ㉠ 60°, ㉡ 3배
③ ㉠ 30~45°, ㉡ 5배
④ ㉠ 30~45°, ㉡ 3배

해설

하수관로의 접합

- 관로의 관경이 변화하는 경우 또는 2개의 관로가 합류하는 경우 원칙적으로 수면접합 또는 관정접합으로 한다.
- 지표의 경사가 급한 경우 원칙적으로 단차접합 또는 계단접합으로 한다.
- 2개의 관로가 합류하는 경우의 중심교각은 되도록 30~45°로 하고 장애물 등이 있을 경우에는 60° 이하로 하고, 곡선을 갖고 합류하는 경우의 곡률반경은 내경의 5배 이상으로 한다.

※ 저자의견 : 중심교각의 경우 포괄적으로는 60° 이하이므로 ① 번이 정답이다.

39 하수도시설인 유량조정조에 관한 내용으로 틀린 것은?

① 조의 용량은 체류시간 3시간을 표준으로 한다.
② 유효수심은 3~5m를 표준으로 한다.
③ 유량조정조의 유출수는 침사지에 반송하거나 펌프로 일차침전지 혹은 생물반응조에 송수한다.
④ 조 내에 침전물의 발생 및 부패를 방지하기 위해 교반장치 및 산기장치를 설치한다.

해설

조의 용량은 처리장에 유입되는 하수량의 시간변동에 의해 정한다. 일반적으로 유입패턴 조사결과의 시간대별 최고 하수량이 일간평균치(계획1일 최대하수량의 시간평균치)에 대해 1.5배 이상이 되는 경우 고려할 수 있다.

40 단면형태가 직사각형인 하수관로의 장단점으로 옳은 것은?

① 시공장소의 흙두께 및 폭원에 제한을 받는 경우에 유리하다.
② 만류가 되기까지는 수리학적으로 불리하다.
③ 철근이 해를 받았을 경우에도 상부하중에 대하여 대단히 안정적이다.
④ 현장 타설의 경우 공사기간이 단축된다.

해설

관거형상이 직사각형인 하수관로

- 시공장소의 흙두께 및 폭원에 제한을 받는 경우 유리하다.
- 역학계산이 간단하다.
- 공장제품 사용이 가능하다.
- 만류가 되기까지는 수리학적으로 유리하다.
- 현장타설일 경우 공사기간이 길어진다.
- 철근이 부식 등으로 피해를 받았을 경우 상부하중에 대하여 불안정하다.

38 ① 39 ① 40 ① 정답

제3과목 | 수질오염방지기술

41 폐수를 활성슬러지법으로 처리하기 위한 실험에서 BOD를 90% 제거하는데 6시간의 Aeration이 필요하였다. 동일한 조건으로 BOD를 95% 제거하는데 요구되는 포기시간(h)은?(단, BOD 제거반응은 1차 반응(Base 10)에 따른다)

① 7.31 ② 7.81
③ 8.31 ④ 8.81

해설

1차 반응식을 이용한다.

$\log\frac{C_t}{C_o} = -kt$, $\log 0.1 = -k\times 6$

$k \fallingdotseq 0.1667$

95% 제거에 필요한 시간을 구하면

$\log\frac{0.05C_o}{C_o} = -0.1667\times t$

$\therefore\ t \fallingdotseq 7.81\text{h}$

42 활성탄 흡착 처리공정의 효율이 가장 낮은 것은?

① 음용수의 맛과 냄새물질 제거 공정
② 트라이할로메탄, 농약, 유기염소화합물과 같은 미량유기물질 제거 공정
③ 처리된 폐수의 잔존 유기물 제거 공정
④ 산업폐수 및 침출수 처리

해설

활성탄 흡착 공정은 잔존 유기물 및 냄새, 소독부산물인 THM, 트라이클로로에틸렌, 농약 등의 제거에 사용되는 공정이다.

43 수처리 과정에서 부유되어 있는 입자의 응집을 초래하는 원인으로 가장 거리가 먼 것은?

① 제타 포텐셜의 감소
② 플록에 의한 체거름 효과
③ 정전기 전하 작용
④ 가교현상

해설

입자의 응집을 초래하는 원인

- 제타 전위의 감소로 불안정화된 입자는 반데르발스의 힘이 작용한다.
- 가교현상
- 체거름효과

44 폐수처리시설을 설치하기 위한 설계기준이 다음과 같을 때 필요한 활성슬러지 반응조의 수리학적 체류시간(HRT, h)은?(단, 일 폐수량 = 40L, BOD 농도 = 20,000mg/L, MLSS = 5,000mg/L, F/M = 1.5kg BOD/kg MLSS · day)

① 24
② 48
③ 64
④ 88

해설

수리학적 체류시간

$\text{HRT} = \frac{V}{Q}$

$\text{F/M} = \frac{\text{BOD}\times Q}{V\times X}$를 이용하여 V를 구한다.

1.5kg BOD/kg MLSS · day

$= \frac{1}{V}\times\frac{20{,}000\text{kg}}{\text{m}^3}\times\frac{40\text{L}}{\text{day}}\times\frac{\text{m}^3}{5{,}000\text{kg}}$

$V \fallingdotseq 106.67\text{L}$

$\therefore\ \text{HRT} = \frac{106.67\text{L}}{40\text{L/day}}\times\frac{24\text{h}}{\text{day}} \fallingdotseq 64\text{h}$

정답 41 ② 42 ④ 43 ③ 44 ③

45 **미처리 폐수에서 냄새를 유발하는 화합물과 냄새의 특징으로 가장 거리가 먼 것은?**

① 황화수소 – 썩은 달걀냄새

② 유기 황화물 – 썩은 채소냄새

③ 스카톨 – 배설물 냄새

④ 다이아민류 – 생선 냄새

해설

• 다이아민류 – 고기 썩는 냄새
• 아민류 – 생선냄새

46 **생물학적 처리공정에서 질산화 반응은 다음의 총괄 반응식으로 나타낼 수 있다. NH_4^+–N 3mg/L가 질산화 되는데 요구되는 산소의 양(mg/L)은?**

$$NH_4^+ + 2O_2 \xrightarrow{\text{질산화}} NO_3^- + 2H^+ + H_2O$$

① 11.2　　② 13.7

③ 15.3　　④ 18.4

해설

NH_4^+–N임을 주의해서 풀어야 한다.

$NH_4^+ + 2O_2 \rightarrow NO_3^- + 2H^+ + H_2O$

14g : 64g

3mg/L : x

$\therefore\ x \fallingdotseq 13.7$mg/L

47 **유입 폐수량 50m³/h, 유입수 BOD 농도 200g/m³, MLVSS 농도 2kg/m³, F/M비 0.5kg BOD/kg MLVSS · day일 때, 포기조 용적(m³)은?**

① 240　　② 380

③ 430　　④ 520

해설

$\text{F/M비} = \dfrac{\text{BOD}\times Q}{V\times X}$

0.5kg BOD/kg MLVSS · day

$= \dfrac{0.2\text{kg}}{\text{m}^3}\times\dfrac{50\text{m}^3}{\text{h}}\times\dfrac{24\text{h}}{1\text{day}}\times\dfrac{\text{m}^3}{2\text{kg}}\times\dfrac{1}{V}$

$\therefore\ V = 240\text{m}^3$

48 **기체가 물에 녹을 때 Henry 법칙이 적용된다. 다음 설명 중 적합하지 않은 것은?**

① 수온이 증가할수록 기체의 포화용존농도는 높아진다.

② 염분의 농도가 증가할수록 기체의 포화용존농도는 낮아진다.

③ 기체의 포화용존농도는 기체상태의 분압에 비례한다.

④ 물에 용해되어 이온화하는 기체에는 적용되지 않는다.

해설

수온이 증가할수록 기체의 포화용존농도는 낮아진다.

45 ④　46 ②　47 ①　48 ①　정답

49 심층포기법의 장점으로 옳지 않은 것은?

① 지하에 건설되므로 부지면적이 작게 소요되며, 외기와 접하는 부분이 작아 온도영향이 작다.
② 고압에서 산소전달을 하므로 산소전달률이 높다.
③ 산소전달률이 높아 MLSS를 높일 수 있어 농도가 높은 폐수를 처리할 수 있고, BOD 용적부하를 증가시킬 수 있어 단위체적당 처리량을 증가시킬 수 있다.
④ 깊은 하부에 MLSS와 폐수를 같이 순환시키는데 에너지가 적게 소요된다.

해설
산기장치를 밑바닥에 설치하는 경우에는 혼합액이 2차 침전지에 넘어가기 전에 용존질소가스를 탈기하기 위해 재포기를 하므로 에너지 소비가 많아진다.

50 대장균의 사멸속도는 현재의 대장균 수에 비례한다. 대장균의 반감기는 1시간이며, 시료의 대장균 수는 1,000개/mL이라면, 대장균의 수가 10개/mL가 될 때까지 걸리는 시간(h)은?

① 약 4.7
② 약 5.7
③ 약 6.7
④ 약 7.7

해설
$\ln\frac{C_t}{C_o} = -kt$
반감기가 1시간이면
$-0.693 = -k \times 1\text{h},\ k = 0.693$
$\ln\frac{10}{1,000} = -0.693t$
$\therefore t \fallingdotseq 6.65\text{h}$

51 1일 $10,000\text{m}^3$의 폐수를 급속혼화지에서 체류시간 60s, 평균속도경사(G) 400s^{-1}인 기계식 고속교반장치를 설치하여 교반하고자 한다. 이 장치에 필요한 소요동력(W)은?(단, 수온 10℃, 점성계수(μ) = $1.307 \times 10^{-3}\text{kg/m}\cdot\text{s}$)

① 약 2,621 ② 약 2,226
③ 약 1,842 ④ 약 1,452

해설
$P = G^2 \mu V$
$= \frac{400^2}{\text{s}^2} \times \frac{1.307 \times 10^{-3}\text{kg}}{\text{m}\cdot\text{s}} \times \frac{10,000\text{m}^3}{\text{day}} \times \frac{1\text{day}}{24 \times 3,600\text{s}} \times 60\text{s}$
$\fallingdotseq 1,452.22\text{W}$

52 다음 중 폐수처리방법으로 가장 적절하지 않은 것은?

① 시안(CN) 함유 폐수를 처리하기 위해 pH를 4 이하로 조정하고 차아염소산나트륨(NaClO)을 사용하였다.
② 카드뮴(Cd) 함유 폐수를 처리하기 위해 pH를 10 정도로 조정하고 수산화나트륨(NaOH)을 사용하였다.
③ 크롬(Cr) 함유 폐수를 처리하기 위해 pH를 3 정도로 조정하고 황산철($FeSO_4$)을 사용하였다.
④ 납(Pb) 함유 폐수를 처리하기 위해 pH를 10 정도로 조정하고 수산화나트륨(NaOH)을 사용하였다.

해설
시안폐수처리방법 : 알칼리염소 주입법
시안폐수에 알칼리를 투입하여 pH를 10~10.5로 유지하고, 산화제인 Cl_2와 NaOH 또는 NaClO로 산화시켜 CNO로 산화한 다음, H_2SO_4와 NaClO을 주입해 CO_2와 N_2로 분해처리한다. 1차 반응 시 pH가 10 이하이면 CNCl이 발생되고, 2차 반응 시 pH가 8 이하가 되면 Cl_2 가스가 발생하므로 운전상 유의하여야 한다.

- 방법 1
  - 1차 : $NaCN + 2NaOH + Cl_2 \rightarrow NaCNO + 2NaCl + H_2O$
  - 2차 : $2NaCNO + 4NaOH + 3Cl_2 \rightarrow 2CO_2 + N_2 + 6NaCl + 2H_2O$
- 방법 2
  - 1차 : $NaCN + NaClO \rightarrow NaCNO + NaCl$
  - 2차 : $2NaCNO + 3NaClO + H_2O \rightarrow 2CO_2 + N_2 + 2NaOH + 3NaCl$

$\therefore 2NaCN + 5NaClO + H_2O \rightarrow N_2 + 2CO_2 + 2NaOH + 5NaCl$

정답 49 ④ 50 ③ 51 ④ 52 ①

53 유량 20,000m^3/day, BOD 2mg/L인 하천에 유량 500m^3/day, BOD 500mg/L인 공장폐수를 폐수처리시설로 유입하여 처리 후 하천으로 방류시키고자 한다. 완전히 혼합된 후 합류지점의 BOD를 3mg/L 이하로 하고자 한다면 폐수처리시설의 BOD 제거율(%)은?(단, 혼합 후의 기타 변화는 없다고 가정)

① 61.8 ② 76.9
③ 87.2 ④ 91.4

해설
• 합류지점 BOD

$$= \frac{20,500\text{m}^3}{\text{day}} \times \frac{3\text{mg}}{\text{L}} \times \frac{10^3\text{L}}{1\text{m}^3}$$
$= 61,500,000\text{mg/day}$ … ㉠

• 하천 BOD

$$= \frac{20,000\text{m}^3}{\text{day}} \times \frac{2\text{mg}}{\text{L}} \times \frac{10^3\text{L}}{1\text{m}^3}$$
$= 40,000,000\text{mg/day}$ … ㉡

• 폐수처리시설의 유입 BOD

$$= \frac{500\text{m}^3}{\text{day}} \times \frac{500\text{mg}}{\text{L}} \times \frac{10^3\text{L}}{1\text{m}^3}$$
$= 250,000,000\text{mg/day}$

폐수처리시설에서 유출되는 BOD의 양은 ㉠－㉡＝21,500,000mg/day이어야 한다.

$$\therefore \text{ 제거율} = \frac{228,500,000\text{mg/day}}{250,000,000\text{mg/day}} \times 100 = 91.4\%$$

54 지름이 0.05mm이고 비중이 0.6인 기름방울은 비중이 0.8인 기름방울보다 수중에서의 부상속도가 얼마나 더 큰가?(단, 물의 비중＝1.0)

① 1.5배 ② 2.0배
③ 2.5배 ④ 3.0배

해설
부상속도

$$V_f = \frac{d^2(\rho_w - \rho_s)g}{18\mu}$$
$$V_f \propto (\rho_w - \rho_s)$$
$$\therefore \frac{V_1}{V_2} = \frac{(1-0.6)}{(1-0.8)} = 2$$

55 생물학적 질소, 인 제거공정에서 포기조의 기능과 가장 거리가 먼 것은?

① 질산화
② 유기물 제거
③ 탈 질
④ 인 과잉섭취

해설
탈질은 무산소조에서 일어나는 현상이다.

56 입자의 침전속도가 작게 되는 경우는?(단, 기타 조건은 동일하며 침전속도는 스토크스 법칙에 따른다)

① 부유물질 입자밀도가 클 경우
② 부유물질 입자의 입경이 클 경우
③ 처리수의 밀도가 작을 경우
④ 처리수의 점성도가 클 경우

해설
입자의 침전속도

$$V_s = \frac{d^2(\rho_s - \rho_w)g}{18\mu}$$

여기서, d : 입자의 직경
ρ_s : 입자의 밀도
ρ_w : 처리수(유체)의 밀도
μ : 처리수의 점성계수

∴ 입자의 침전속도와 처리수의 점성계수는 반비례하므로, 처리수의 점성도가 클수록 입자의 침전속도는 작아진다.

53 ④ 54 ② 55 ③ 56 ④ 정답

57 유입유량 $500,000m^3$/day, BOD_5 200mg/L인 폐수를 처리하기 위해 완전혼합형 활성슬러지 처리장을 설계하려고 한다. 1차 침전지에서 제거된 유입수 BOD_5 34%, MLVSS 3,000mg/L, 반응속도상수(K) 1.0L/g MLVSS · h이라면, 일차반응일 경우 F/M비(kg BOD/kg MLVSS · day)는?(단, 유출수 BOD_5 = 10mg/L)

① 0.24

② 0.28

③ 0.32

④ 0.36

해설

$$V\left(\frac{dC}{dt}\right) = QC_i - QC - VKXC$$

정상상태이므로 $dC/dt = 0$

$$V = \frac{(C_i - C)\times Q}{K\times X\times C}$$

1차 침전지에서 34%가 제거되므로 $C_i = 200\times 0.66 = 132\text{mg/L}$

$$V = \frac{(132-10)\text{mg}}{\text{L}}\times\frac{500,000\text{m}^3}{\text{day}}\times\frac{\text{day}}{24\text{h}}\times\frac{\text{g}\cdot\text{h}}{1\text{L}}\times\frac{\text{L}}{3\text{g}}\times\frac{\text{L}}{10\text{mg}}$$

$$\fallingdotseq 84,722.22\text{m}^3$$

$$\therefore \text{F/M비} = \frac{\text{BOD}\times Q}{V\times X}$$

$$= \frac{0.132\text{kg}}{\text{m}^3}\times\frac{500,000\text{m}^3}{\text{day}}\times\frac{\text{m}^3}{3\text{kg}}\times\frac{1}{84,722.22\text{m}^3}$$

$$\fallingdotseq 0.26\text{kg BOD/kg MLVSS}\cdot\text{day}$$

※ 저자의견 : 공단에서 발표한 확정답안은 ①이나 문제를 풀이한 결과 답은 0.26kg BOD/kg MLVSS · day이다.

58 다음 활성슬러지 포기조의 수질 측정값에 대한 설명으로 옳은 것은?(단, 수온 = 27℃, pH 6.5, DO = 1mg/L, MLSS = 2,500mg/L, 유입수 BOD = 100 mg/L, 유입수 NH_3–N = 6mg/L, 유입수 PO_4^{3-}–P = 2mg/L, 유입수 CN^- = 5mg/L)

① F/M비가 너무 낮으므로 MLSS 농도를 1,000mg/L 정도로 낮춘다.

② 수온은 15℃ 정도, pH는 8.5 정도, DO는 2mg/L 정도로 조정하는 것이 좋다.

③ 미생물의 원활한 성장을 위해 질소와 인을 추가 공급할 필요가 있다.

④ CN^-는 포기조에 유입되지 않도록 하는 것이 좋다.

해설

④ CN^-는 독성물질로 생물학적 처리시설에 유입되지 않는 것이 좋다. 주로 시안폐수는 알칼리염소법을 사용하여 화학적으로 처리한다.

① MLSS 농도는 1,500~2,500mg/L를 표준으로 한다.

② 수온은 보통 20~30℃, pH는 6~8, DO는 2mg/L 이상으로 하는 것이 좋다.

③ BOD : N : P = 100 : 5 : 1 정도로 유지하는 것이 좋으며, 질소와 인의 추가 공급이 필요 없다.

정답 57 ① 58 ④

59 부유입자에 의한 백색광 산란을 설명하는 Raleigh의 법칙은?(단, I : 산란광의 세기, V : 입자의 체적, λ : 빛의 파장, n : 입자의 수)

① $I \propto \frac{V^2}{\lambda^4}n$
② $I \propto \frac{V}{\lambda^2}n$
③ $I \propto \frac{V}{\lambda}n^2$
④ $I \propto \frac{V}{\lambda^2}n^2$

60 플록을 형성하여 침강하는 입자들이 서로 방해를 받으므로 침전속도는 점차 감소하게 되며 침전하는 부유물과 상등수 간에 뚜렷한 경계면이 생기는 침전형태는?

① 지역침전
② 압축침전
③ 압밀침전
④ 응집침전

제4과목 | 수질오염공정시험기준

61 수질분석 관련 용어의 설명 중 잘못된 것은?

① 수욕상 또는 수욕중에서 가열한다라 함은 따로 규정이 없는 한 수온 100℃에서 가열함을 뜻한다.
② 용액의 산성, 중성 또는 알칼리성을 검사할 때는 따로 규정이 없는 한 유리전극법에 의한 pH미터로 측정하고 구체적으로 표시할 때는 pH값을 쓴다.
③ 진공이라 함은 15mmH_2O 이하의 진공도를 말한다.
④ 분석용 저울은 0.1mg까지 달 수 있는 것이어야 한다.

해설

ES 04000.d 총칙

감압 또는 진공이라 함은 따로 규정이 없는 한 15mmHg를 뜻한다.

62 배수로에 흐르는 폐수의 유량을 부유체를 사용하여 측정했다. 수로의 평균 단면적 0.5m², 표면 최대속도 6m/s일 때 이 폐수의 유량(m³/min)은? (단, 수로의 구성, 재질, 수로단면의 형상, 기울기 등이 일정하지 않은 개수로)

① 115
② 135
③ 185
④ 245

해설

ES 04140.2b 공장폐수 및 하수유량-측정용 수로 및 기타 유량측정 방법

수로의 구성, 재질, 수로단면의 형상, 구배 등이 일정하지 않은 개수로의 경우

- $Q = 60\,VA$

  여기서, Q : 유량(m³/분)
  V : 총평균유속(m/s)
  A : 측정구간의 유수의 평균 단면적(m²)

- $V = 0.75\,V_e$

  여기서, V_e : 표면 최대유속(m/s)

$\therefore\ Q = 60 \times 0.75 \times 6 \times 0.5 = 135\text{m}^3/\text{min}$

59 ① 60 ① 61 ③ 62 ② 정답

63 퇴적물 채취기 중 포나 그랩(Ponar Grab)에 관한 설명으로 틀린 것은?

① 모래가 많은 지점에서도 채취가 잘되는 중력식 채취기이다.
② 채취기를 바닥 퇴적물 위에 내린 후 메신저를 투하하면 장방형 상자의 밑판이 닫힌다.
③ 부드러운 펄층이 두터운 경우에는 깊이 빠져 들어가기 때문에 사용하기 어렵다.
④ 원래의 모델은 무게가 무겁고 커서 윈치 등이 필요하지만 소형의 포나 그랩은 윈치없이 내리고 올릴 수 있다.

해설

② 에크만 그랩에 대한 설명이다.
ES 04160.1a 퇴적물 채취 및 분석용 시료조제
퇴적물 채취기

- 포나 그랩(Ponar Grab) : 모래가 많은 지점에서도 채취가 잘되는 중력식 채취기로서, 조심스럽게 수면 아래로 내려 보내다가 채취기가 바닥에 닿아 줄의 장력이 감소하면 아랫날(Jaws)이 닫히도록 되어 있다. 부드러운 펄층이 두터운 경우에는 깊이 빠져 들어가기 때문에 사용하기 어렵다. 원래의 모델은 무게가 무겁고 커서 윈치 등이 필요하지만 소형의 포나 그랩은 윈치 없이 내리고 올릴 수 있다.
- 에크만 그랩(Ekman Grab) : 물의 흐름이 거의 없는 곳에서 채취가 잘되는 채취기로서, 채취기를 바닥 퇴적물 위에 내린 후 메신저를 투하하면 장방형 상자의 밑판이 닫히도록 설계되었다. 바닥이 모래질인 곳에서는 사용하기 어렵다. 채집면적이 좁고 조류가 센 곳에서는 바닥에 안정시키기 어렵지만, 가벼워 휴대가 용이하며 작은 배에서 손쉽게 사용할 수 있다.
- 삽, 모종삽, 스쿱 : 얕은 곳에서 퇴적물을 뜨거나 시료를 혼합할 때 이용할 수 있는 도구로서, 스테인리스 재질의 모종삽(Trowel), 스쿱(Scoop) 등이 있다.

64 시료의 전처리 방법인 피로리딘다이티오카르바민산 암모늄 추출법에서 사용하는 지시약으로 알맞은 것은?

① 티몰블루 · 에틸알코올용액
② 메타아이소부틸 에틸알코올용액
③ 브로모페놀블루 · 에틸알코올용액
④ 메타크레졸퍼플 에틸알코올용액

해설

ES 04150.1b 시료의 전처리 방법
피로리딘다이티오카르바민산 암모늄(1-Pyrrolidinecarbodithioic Acid, Ammonium Salt)추출법

- 시료 중 구리, 아연, 납, 카드뮴, 니켈, 철, 망간, 6가크롬, 코발트 및 은 등의 측정에 적용된다. 다만, 망간은 착화합물 상태에서 매우 불안정하므로 추출 즉시 측정하여야 하며, 크롬은 6가크롬 상태로 존재할 경우에만 추출된다. 또한 철의 농도가 높을 경우에는 다른 금속의 추출에 방해를 줄 수 있으므로 주의해야 한다.
- 시료 500mL(또는 산분해한 시료 일정량)를 분별깔때기에 넣고 지시약으로 브로모페놀블루 · 에틸알코올용액(0.1%) 2~3방울을 넣고 청색이 지속될 때까지 암모니아수(1+1)를 넣은 다음 다시 청색이 보이지 않을 때까지 염산(1+4)을 한 방울씩 넣고 추가로 2mL를 더 넣는다(이때 pH는 2.3~2.5이며 지시약 대신 pH측정기를 사용할 수도 있다).
- 피로리딘다이티오카르바민산 암모늄용액(2%) 5mL를 넣어 흔들어 섞고 메틸아이소부틸케톤 10~20mL를 정확히 넣어 약 2분간 세게 흔들어 섞는다. 정치한 다음 메틸아이소부틸케톤층을 분리하여 분석용 시료로 하고 즉시 원자흡수분광광도법에 따라 측정한다.

65 자외선/가시선 분광법으로 분석할 때 측정파장이 가장 긴 것은?

① 구 리　　② 아 연
③ 카드뮴　　④ 크 롬

해설

자외선/가시선 분광법으로 분석할 때 측정파장

- 구리 : 440nm(ES 04401.2c)
- 아연 : 620nm(ES 04409.2b)
- 카드뮴 : 530nm(ES 04413.2d)
- 크롬 : 540nm(ES 04414.2e)

정답 63 ② 64 ③ 65 ②

66 유리전극에 의한 pH 측정에 관한 설명으로 알맞지 않은 것은?

① 유리전극을 미리 정제수에 수 시간 담가둔다.
② pH 전극 보정 시 측정기의 전원을 켜고 시험 시작까지 30분 이상 예열한다.
③ 전극을 프탈산염 표준용액(pH 6.88) 또는 pH 7.00 표준용액에 담그고 표시된 값을 보정한다.
④ 온도 보정 시 pH 4 또는 10 표준용액에 전극을 담그고 표준용액의 온도를 10~30℃ 사이로 변화시켜 5℃ 간격으로 pH를 측정하여 차이를 구한다.

해설

ES 04306.1c 수소이온농도

- pH 전극 보정
  - 측정기의 전원을 켜고 시험 시작까지 30분 이상 예열한다. 전극은 정제수에 3회 이상 반복하여 씻고 물방울은 잘 닦아낸다. 전극이 더러워진 경우 세제나 염산용액(0.1M) 등으로 닦아낸 다음 정제수로 충분히 흘려 씻어 낸다. 오랜 기간 건조상태에 있었던 유리전극은 미리 하루 동안 pH 7 표준용액에 담가 놓은 후에 사용한다.
  - 보정은 다음과 같은 순서로 3개 이상의 표준용액으로 실시한다.
    ⓐ 전극을 프탈산염 표준용액(pH 4.00) 또는 pH 4.01 표준용액에 담그고 표시된 값을 보정한다.
    ⓑ 전극을 표준용액에서 꺼내어 정제수로 3회 이상 세척하고 거름종이 등으로 가볍게 닦아낸다.
    ⓒ 전극을 인산염 표준용액(pH 6.88) 또는 pH 7.00 표준용액에 담그고 표시된 값을 보정한다.
    ⓓ ⓑ와 같이 한다.
    ⓔ 전극을 탄산염 표준용액 pH 10.07 또는 pH 10.01 표준용액에 담그고 표시된 값을 보정한다.
    ⓕ ⓑ와 같이 한다.
- 온도보정 : pH 4 또는 10 표준용액에 전극(온도 보정용 감온소자 포함)을 담그고 표준용액의 온도를 10~30 ℃ 사이로 변화시켜 5℃ 간격으로 pH를 측정하여 차이를 구한다.

67 기체크로마토그래피에 의한 알킬수은의 분석방법으로 ( )에 알맞은 것은?

> 알킬수은화합물을 (㉠)으로 추출하여 (㉡)에 선택적으로 역추출하고 다시 (㉠)으로 추출하여 기체크로마토그래프로 측정하는 방법이다.

① ㉠ 헥산, ㉡ 염화메틸수은 용액
② ㉠ 헥산, ㉡ 크로모졸브 용액
③ ㉠ 벤젠, ㉡ 펜토에이트 용액
④ ㉠ 벤젠, ㉡ L-시스테인 용액

해설

ES 04416.1b 알킬수은-기체크로마토그래피

알킬수은화합물을 벤젠으로 추출하여 L-시스테인 용액에 선택적으로 역추출하고 다시 벤젠으로 추출하여 기체크로마토그래프로 측정하는 방법이다.

68 유도결합플라스마 발광분석장치의 측정 시 플라스마 발광부 관측높이는 유도코일 상단으로부터 얼마의 범위(mm)에서 측정하는가?(단, 알칼리원소는 제외)

① 15~18　② 35~38
③ 55~58　④ 75~78

해설

플라스마 발광부 관측높이는 유도코일 상단으로부터 15~18mm의 범위에서 측정하는 것이 보통이나 알칼리원소의 경우는 20~25mm의 범위에서 측정한다.

66 ③　67 ④　68 ①　정답

69 다이메틸글리옥심을 이용하여 정량하는 금속은?

① 아 연 ② 망 간

③ 니 켈 ④ 구 리

해설

ES 04403.2c 니켈-자외선/가시선 분광법

물속에 존재하는 니켈이온을 암모니아의 약알칼리성에서 다이메틸글리옥심과 반응시켜 생성한 니켈착염을 클로로폼으로 추출하고 이것을 묽은 염산으로 역추출한다. 추출물에 브롬과 암모니아수를 넣어 니켈을 산화시키고 다시 암모니아 알칼리성에서 다이메틸글리옥심과 반응시켜 생성한 적갈색 니켈착염의 흡광도 450nm에서 측정하는 방법이다.

70 이온전극법에서 격막형 전극을 이용하여 측정하는 이온이 아닌 것은?

① F^- ② CN^-

③ NH_4^+ ④ NO_2^-

해설

ES 04350.2b 음이온류-이온전극법

이온전극의 종류와 감응막 조성

전극의 종류	측정이온	감응막의 조성
유리막 전극	Na^+	산화알루미늄 첨가 유리
	K^+	
	NH_4^+	
고체막 전극	F^-	LaF_3
	Cl^-	AgCl + 황화은, AgCl
	CN^-	AgI + 황화은, 황화은, AgI
	Pb^{2+}	PbS + 황화은
	Cd^{2+}	CdS + 황화은
	Cu^{2+}	CuS + 황화은
	NO_3^-	Ni^- 베소페난트로닌/NO_3^-
	Cl^-	다이메틸다이스테아릴암모늄/Cl^-
	NH_4^+	노낙틴/모낙틴/NH_4^+
격막형 전극	NH_4^+	pH 감응유리
	NO_2^-	pH 감응유리
	CN^-	황화은

71 플루오린화합물의 분석방법과 가장 거리가 먼 것은?(단, 수질오염공정시험기준 기준)

① 자외선/가시선 분광법

② 이온전극법

③ 이온크로마토그래피

④ 불꽃 원자흡수분광광도법

해설

플루오린화합물 분석방법

- 자외선/가시선 분광법(ES 04351.1b)
- 이온전극법(ES 04351.2a)
- 이온크로마토그래피(ES 04351.3a)
- 연속흐름법(ES 04351.4)

72 총질소의 측정원리에 관한 내용으로 ( )에 알맞은 것은?

> 시료 중 모든 질소화합물을 알칼리성 ( )을 사용하여 120℃ 부근에서 유기물과 함께 분해하여 질산이온으로 산화시킨 후 산성상태로 하여 흡광도를 220nm에서 측정하여 총질소를 정량하는 방법이다.

① 과황산칼륨

② 몰리브덴산 암모늄

③ 염화제일주석산

④ 아스코르브산

해설

ES 04363.1a 총질소-자외선/가시선 분광법-산화법

물속에 존재하는 총질소를 측정하기 위하여 시료 중 모든 질소화합물을 알칼리성 과황산칼륨을 사용하여 120℃ 부근에서 유기물과 함께 분해하여 질산이온으로 산화시킨 후 산성상태로 하여 흡광도를 220nm에서 측정하여 총질소를 정량하는 방법이다.

정답 69 ③ 70 ① 71 ④ 72 ①

73 공장폐수의 BOD를 측정하기 위해 검수에 희석을 가하여 50배로 희석하여 20℃, 5일 배양하였다. 희석 후 초기 DO를 측정하기 위해 소모된 0.025N-$Na_2S_2O_3$의 양은 4.0mL였으며 5일 배양 후 DO를 측정하는데 0.025N-$Na_2S_2O_3$ 2.0mL 소모되었을 때 공장폐수의 BOD(mg/L)는?(단, BOD병 = 285mL, 적정에 사용된 액량 = 100mL, BOD병에 가한 시약은 황산망간과 아자이드나트륨 용액 = 총 2mL, 적정시액의 Factor = 1)

① 201.5 ② 211.5
③ 221.5 ④ 231.5

해설

ES 04305.1c 생물화학적 산소요구량

식종하지 않은 시료의 BOD

$\mathrm{BOD(mg/L)} = (D_1 - D_2) \times P$

여기서, D_1 : 15분간 방치된 후의 희석한 시료의 DO(mg/L)

D_2 : 5일간 배양한 후의 희석한 시료의 DO(mg/L)

P : 희석시료 중 시료의 희석배수(희석시료량/시료량)

ES 04308.1e 용존산소-적정법

용존산소 농도

$$\mathrm{DO(mg/L)} = a \times f \times \frac{V_1}{V_2} \times \frac{1{,}000}{V_1 - R} \times 0.2$$

여기서, a : 적정에 소비된 티오황산나트륨용액(0.025M)의 양(mL)

f : 티오황산나트륨(0.025M)의 인자(Factor)

V_1 : 전체 시료의 양(mL)

V_2 : 적정에 사용한 시료의 양(mL)

R : 황산망간 용액과 알칼리성 아이오딘화칼륨-아자이드화나트륨 용액 첨가량(mL)

- $D_1 = 4 \times 1 \times \frac{285}{100} \times \frac{1{,}000}{285-2} \times 0.2 \fallingdotseq 8.06\mathrm{mg/L}$
- $D_2 = 2 \times 1 \times \frac{285}{100} \times \frac{1{,}000}{285-2} \times 0.2 \fallingdotseq 4.03\mathrm{mg/L}$

$\therefore \mathrm{BOD(mg/L)} = (8.06 - 4.03) \times 50 = 201.5$

74 시료의 용기를 폴리에틸렌병으로 사용하여도 무방한 항목은?

① 노말헥산 추출물질
② 페놀류
③ 유기인
④ 음이온 계면활성제

해설

ES 04130.1e 시료의 채취 및 보존 방법

- 노말헥산 추출물질, 페놀류, 유기인 : 유리병
- 음이온 계면활성제 : 폴리에틸렌병, 유리병

75 원자흡수분광광도법에서 공존물질과 작용하여 해리하기 어려운 화합물이 생성되어 흡광에 관계하는 기저상태의 원자수가 감소하는 경우 일어나는 화학적 간섭을 피하는 방법이 아닌 것은?

① 이온교환이나 용매추출 등을 이용하여 방해물질을 제거한다.
② 과량의 간섭원소를 첨가한다.
③ 간섭을 피하는 양이온, 음이온 또는 은폐제, 킬레이트제 등을 첨가한다.
④ 표준시료와 분석시료와의 조성을 같게 한다.

해설

ES 04400.1d 금속류-불꽃 원자흡수분광광도법

표준시료와 분석시료의 조성을 같게 하는 것은 물리적 간섭을 피하기 위한 방법이다.

73 ① 74 ④ 75 ④ 정답

76 **시료채취 시 유의사항으로 틀린 것은?**

① 시료채취용기는 시료를 채우기 전에 시료로 3회 이상 씻은 다음 사용한다.

② 유류 또는 부유물질 등이 함유된 시료는 균질성이 유지될 수 있도록 채취해야 하며, 침전물 등이 부상하여 혼입되어서는 안 된다.

③ 심부층의 지하수 채취 시에는 고속양수펌프를 이용하여 채취시간을 최소화함으로써 수질의 변질을 방지하여야 한다.

④ 용존가스, 환원성 물질, 휘발성 유기화합물, 냄새, 유류 및 수소이온 등을 측정하기 위한 시료를 채취할 때는 운반 중 공기와의 접촉이 없도록 시료용기에 가득 채운 후 빠르게 뚜껑을 닫는다.

해설

ES 04130.1e 시료의 채취 및 보존 방법

지하수 시료채취 시 심부층의 경우 저속양수펌프 등을 이용하여 반드시 저속시료채취하여 시료 교란을 최소화하여야 하며, 천부층의 경우 저속양수펌프 또는 정량이송펌프 등을 사용한다.

77 **자외선/가시선 분광법으로 플루오린 시험 중 탈색현상이 나타났을 때 원인이 될 수 있는 것은?**

① 황산이 분해되어 유출된 경우

② 염소이온이 다량 함유되어 있을 경우

③ 교반속도가 일정하지 않았을 경우

④ 시료 중 플루오린 함량이 정량범위를 초과할 경우

해설

ES 04351.1b 플루오린-자외선/가시선 분광법

시료 중 플루오린 함량이 정량범위를 초과할 경우 탈색현상이 나타날 수도 있다. 이러한 경우에는 취하는 시료량을 정량범위 이내에 들도록 감량하거나 희석한 다음 다시 시험한다.

78 **반드시 유리시료용기를 사용하여 시료를 보관해야 하는 항목은?**

① 염소이온 ② 총 인

③ 시 안 ④ 유기인

해설

ES 04130.1e 시료의 채취 및 보존 방법

• 염소이온, 총인, 시안 : 폴리에틸렌용기, 유리용기

• 유기인 : 유리용기

79 **NaOH 0.01M은 몇 mg/L인가?**

① 40 ② 400

③ 4,000 ④ 40,000

해설

NaOH 0.01M = 0.01mol/L

$$\therefore \frac{0.01\text{mol}}{\text{L}} \times \frac{40\text{g}}{1\text{mol}} \times \frac{10^3\text{mg}}{1\text{g}} = 400\text{mg/L}$$

80 **자외선/가시선 분광법을 적용하여 페놀류를 측정할 때 간섭물질에 관한 설명으로 (   )에 옳은 것은?**

> 황화합물의 간섭을 받을 수 있는데 이는 (   )을 사용하여 pH 4로 산성화하여 교반하면 황화수소, 이산화황으로 제거할 수 있다.

① 염 산 ② 질 산

③ 인 산 ④ 과염소산

해설

ES 04365.1d 페놀류-자외선/가시선 분광법

황화합물의 간섭을 받을 수 있는데 이는 인산(H_3PO_4)을 사용하여 pH 4로 산성화하여 교반하면 황화수소(H_2S)나 이산화황(SO_2)으로 제거할 수 있다. 황산구리($CuSO_4$)를 첨가하여 제거할 수도 있다.

정답 76 ③ 77 ④ 78 ④ 79 ② 80 ③

81 낚시제한구역에서의 낚시방법의 제한사항 기준으로 옳은 것은?

① 1개의 낚시대에 4개 이상의 낚시바늘을 떡밥과 뭉쳐서 미끼로 던지는 행위
② 1개의 낚시대에 5개 이상의 낚시바늘을 떡밥과 뭉쳐서 미끼로 던지는 행위
③ 1명당 2대 이상의 낚시대를 사용하는 행위
④ 1명당 3대 이상의 낚시대를 사용하는 행위

해설

물환경보전법 시행규칙 제30조(낚시제한구역에서의 제한사항)
- 1명당 4대 이상의 낚시대를 사용하는 행위
- 1개의 낚시대에 5개 이상의 낚시바늘을 떡밥과 뭉쳐서 미끼로 던지는 행위

82 비점오염원의 변경신고 기준으로 옳지 않은 것은?

① 상호, 대표자, 사업명 또는 업종의 변경
② 총사업면적, 개발면적 또는 사업장 부지면적이 처음 신고면적을 100분의 30 이상 증가하는 경우
③ 비점오염저감시설의 종류, 위치, 용량이 변경되는 경우
④ 비점오염원 또는 비점오염저감시설의 전부 또는 일부를 폐쇄하는 경우

해설

물환경보전법 시행령 제73조(비점오염원의 변경신고)
총사업면적·개발면적 또는 사업장 부지면적이 처음 신고면적의 100분의 15 이상 증가하는 경우

83 수질오염경보(조류경보) 발령 단계 중 조류대발생 시 취수장·정수장 관리자의 조치사항은?

① 주 2회 이상 시료채취·분석
② 정수의 독소분석 실시
③ 발령기관에 대한 시험분석결과의 신속한 통보
④ 취수구 및 조류가 심한 지역에 대한 방어막 설치 등 조류 제거 조치 실시

해설

물환경보전법 시행령 [별표 4] 수질오염경보의 종류별·경보단계별 조치사항
조류경보-상수원 구간

단 계	관계 기관	조치사항
조류 대발생	취수장·정수장 관리자	• 조류증식 수심 이하로 취수구 이동 • 정수 처리 강화(활성탄 처리, 오존 처리) • 정수의 독소분석 실시

84 폐수재이용업의 등록기준에 대한 설명 중 틀린 것은?

① 저장시설 : 원폐수 및 재이용 후 발생되는 폐수저장시설의 용량은 1일 8시간 최대처리량의 3일분 이상의 규모이어야 한다.
② 건조시설 : 건조잔류물이 외부로 누출되지 않는 구조로 건조잔류물의 수분함량이 75% 이하의 성능이어야 한다.
③ 소각시설 : 소각시설의 연소실 출구 배출가스 온도조건은 최소 850℃ 이상, 체류시간은 최소 1초 이상이어야 한다.
④ 운반장비 : 폐수운반차량은 흑색으로 도색하고 노란색 글씨로 폐수운반차량, 회사명, 등록번호 및 용량 등을 일정한 크기로 표시하여야 한다.

해설

물환경보전법 시행규칙 [별표 20] 폐수처리업의 허가요건
폐수운반차량은 청색[색번호 10B5-12(1016)]으로 도색하고, 양쪽 옆면과 뒷면에 가로 50cm, 세로 20cm 이상 크기의 노란색 바탕에 검은색 글씨로 폐수운반차량, 회사명, 등록번호, 전화번호 및 용량을 지워지지 아니하도록 표시하여야 한다.
※ 법 개정으로 '등록기준'이 '허가요건'으로 변경됨

81 ② 82 ② 83 ② 84 ④ 정답

85 **중점관리저수지의 관리자와 그 저수지의 소재지를 관할하는 시 · 도지사가 수립하는 중점관리저수지의 수질오염방지 및 수질개선에 관한 대책에 포함되어야 하는 사항으로 ( )에 옳은 것은?**

> 중점관리저수지의 경계로부터 반경 ( )의 거주인구 등 일반현황

① 500km 이내 ② 1km 이내
③ 2km 이내 ④ 5km 이내

해설

물환경보전법 시행규칙 제33조의3(수질오염방지 등에 관한 대책의 수립 등)
중점관리저수지의 관리자와 그 저수지의 소재지를 관할하는 시 · 도지사는 중점관리저수지의 지정을 통보받은 날부터 1년 이내에 중점관리저수지의 경계로부터 반경 2km 이내의 거주인구 등 일반현황이 포함된 중점관리저수지의 수질오염방지 및 수질개선에 관한 대책을 수립하여 환경부장관에게 제출하여야 한다. 이 경우 중점관리저수지의 관리자와 그 저수지의 소재지를 관할하는 시 · 도지사는 공동으로 대책을 수립하여 제출할 수 있다.

86 **시 · 도지사가 설치할 수 있는 측정망의 종류에 해당하는 것은?**

① 비점오염원에서 배출되는 비점오염물질 측정망
② 퇴적물 측정망
③ 도심하천 측정망
④ 공공수역 유해물질 측정망

해설

물환경보전법 시행규칙 제23조(시 · 도지사 등이 설치 · 운영하는 측정망의 종류 등)
시 · 도지사, 인구 50만 이상 대도시의 장 또는 수면관리자가 설치할 수 있는 측정망은 다음과 같다.
- 소권역을 관리하기 위한 측정망
- 도심하천 측정망
- 그 밖에 유역환경청장이나 지방환경청장과 협의하여 설치 · 운영하는 측정망

87 **대권역 물환경관리계획에 포함되어야 할 사항으로 틀린 것은?**

① 상수원 및 물 이용현황
② 점오염원, 비점오염원 및 기타수질오염원의 분포현황
③ 점오염원, 비점오염원 및 기타수질오염원의 수질오염저감시설 현황
④ 점오염원, 비점오염원 및 기타수질오염원에서 배출되는 수질오염물질의 양

해설

물환경보전법 제24조(대권역 물환경관리계획의 수립)
대권역계획에는 다음의 사항이 포함되어야 한다.
- 물환경의 변화 추이 및 물환경목표기준
- 상수원 및 물 이용현황
- 점오염원, 비점오염원 및 기타수질오염원의 분포현황
- 점오염원, 비점오염원 및 기타수질오염원에서 배출되는 수질오염물질의 양
- 수질오염 예방 및 저감 대책
- 물환경 보전조치의 추진방향
- 기후위기 대응을 위한 탄소중립 · 녹색성장 기본법에 따른 기후변화에 대한 적응대책
- 그 밖에 환경부령으로 정하는 사항

정답 85 ③ 86 ③ 87 ③

88 **시·도지사가 오염총량관리기본계획의 승인을 받으려는 경우 오염총량관리기본계획안에 첨부하여 환경부장관에게 제출하여야 하는 서류가 아닌 것은?**

① 유역환경의 조사·분석 자료
② 오염부하량의 저감계획을 수립하는 데에 사용한 자료
③ 오염총량목표수질을 수립하는 데에 사용한 자료
④ 오염부하량의 산정에 사용한 자료

해설
물환경보전법 시행규칙 제11조(오염총량관리기본계획 승인신청 및 승인기준)
시·도지사는 오염총량관리기본계획의 승인을 받으려는 경우에는 오염총량관리기본계획안에 다음의 서류를 첨부하여 환경부장관에게 제출하여야 한다.
- 유역환경의 조사·분석 자료
- 오염원의 자연증감에 관한 분석 자료
- 지역개발에 관한 과거와 장래의 계획에 관한 자료
- 오염부하량의 산정에 사용한 자료
- 오염부하량의 저감계획을 수립하는 데에 사용한 자료

89 **공공폐수처리시설 배수설비의 설치방법 및 구조기준으로 옳지 않은 것은?**

① 배수관의 관경은 안지름 150mm 이상으로 하여야 한다.
② 배수관은 우수관과 합류하여 설치하여야 한다.
③ 배수관의 기점·종점·합류점·굴곡점과 관경·관 종류가 달라지는 지점에는 맨홀을 설치하여야 한다.
④ 배수관 입구에는 유효간격 10mm 이하의 스크린을 설치하여야 한다.

해설
물환경보전법 시행규칙 [별표 16] 폐수관로 및 배수설비의 설치방법·구조기준 등
배수관은 우수관과 분리하여 빗물이 혼합되지 아니하도록 설치하여야 한다.

90 **중권역 환경관리위원회의 위원으로 될 수 없는 자는?**

① 수자원 관계 기관의 임직원
② 지방의회의원
③ 관계 행정기관의 공무원
④ 영리 민간단체에서 추천한 자

해설
환경정책기본법 시행령 제17조(중권역환경관리위원회의 구성)
중권역위원회의 위원은 유역환경청장 또는 지방환경청장이 다음의 사람 중에서 위촉하거나 임명한다.
- 관계 행정기관의 공무원
- 지방의회의원
- 수자원 관계 기관의 임직원
- 상공(商工)단체 등 관계 경제단체·사회단체의 대표자
- 그 밖에 환경보전 또는 국토계획·도시계획에 관한 학식과 경험이 풍부한 사람
- 시민단체(비영리민간단체 지원법에 따른 비영리민간단체를 말한다)에서 추천한 사람

91 **수질 및 수생태계 환경기준에서 해역의 생활환경 기준으로 옳지 않은 것은?**

① 수소이온농도(pH) : 6.5~8.5
② 용매추출유분(mg/L) : 0.01 이하
③ 총대장균군(총대장균군수/100mL) : 1,000 이하
④ 총인(mg/L) : 0.05 이하

해설
환경정책기본법 시행령 [별표 1] 환경기준
수질 및 수생태계-해역-생활환경

항 목	기 준
수소이온농도(pH)	6.5~8.5
총대장균군(총대장균군수/100mL)	1,000 이하
용매추출유분(mg/L)	0.01 이하

88 ③ 89 ② 90 ④ 91 ④ 정답

92 수질오염경보(조류경보) 단계 중 다음 발령·해제 기준의 설명에 해당하는 단계는?(단, 상수원 구간)

> 2회 연속 채취 시 남조류 세포수가 1,000세포/mL 이상 10,000세포/mL 미만인 경우

① 관 심
② 경 보
③ 조류대발생
④ 해 제

해설
물환경보전법 시행령 [별표 3] 수질오염경보의 종류별 경보단계 및 그 단계별 발령·해제기준
조류경보-상수원 구간

경보단계	발령·해제 기준
관 심	2회 연속 채취 시 남조류 세포수가 1,000세포/mL 이상 10,000세포/mL 미만인 경우

93 초과부과금 산정 시 적용되는 수질오염물질 1kg당 부과금액이 가장 낮은 것은?

① 크롬 및 그 화합물 ② 유기인화합물
③ 시안화합물 ④ 비소 및 그 화합물

해설
물환경보전법 시행령 [별표 14] 초과부과금의 산정기준

수질오염물질		수질오염물질 1kg당 부과금액 (단위 : 원)
크롬 및 그 화합물		75,000
특정 유해 물질	시안화합물	150,000
	유기인화합물	150,000
	비소 및 그 화합물	100,000

94 수질오염방지시설 중 생물화학적 처리시설이 아닌 것은?

① 살균시설
② 폭기시설
③ 산화시설(산화조 또는 산화지)
④ 안정조

해설
살균시설은 화학적 처리시설에 속한다.
물환경보전법 시행규칙 [별표 5] 수질오염방지시설
생물화학적 처리시설
- 살수여과상
- 폭기(瀑氣)시설
- 산화시설(산화조(酸化槽) 또는 산화지(酸化池)를 말한다)
- 혐기성·호기성 소화시설
- 접촉조(接觸槽 : 폐수를 염소 등의 약품과 접촉시키기 위한 탱크)
- 안정조
- 돈사톱밥발효시설

95 제2종 사업장에 해당되는 폐수배출량은?

① 1일 배출량이 50m^3 이상 200m^3 미만
② 1일 배출량이 100m^3 이상 300m^3 미만
③ 1일 배출량이 500m^3 이상 2,000m^3 미만
④ 1일 배출량이 700m^3 이상 2,000m^3 미만

해설
물환경보전법 시행령 [별표 13] 사업장의 규모별 구분

종 류	배출규모
제2종 사업장	1일 폐수배출량이 700m^3 이상 2,000m^3 미만인 사업장

정답 92 ① 93 ① 94 ① 95 ④

96 위임업무 보고사항 중 보고횟수가 연 4회에 해당되는 것은?

① 측정기기 부착사업자에 대한 행정처분 현황
② 측정기기 부착사업장 관리 현황
③ 비점오염원의 설치신고 및 방지시설 설치현황 및 행정처분 현황
④ 과징금 부과실적

해설

물환경보전법 시행규칙 [별표 23] 위임업무 보고사항

업무내용	보고횟수
과징금 부과 실적	연 2회
비점오염원의 설치신고 및 방지시설 설치 현황 및 행정처분 현황	연 4회
측정기기 부착사업장 관리 현황	연 2회
측정기기 부착사업자에 대한 행정처분 현황	연 2회

97 폐수무방류배출시설의 세부 설치기준에 관한 내용으로 (　　)에 옳은 내용은?

> 특별대책지역에 설치되는 폐수무방류배출시설의 경우 1일 24시간 연속하여 가동되는 것이면 배출폐수를 전량 처리할 수 있는 예비 방지시설을 설치하여야 하고 1일 최대 폐수발생량이 (　　)m^3 이상이면 배출폐수의 무방류 여부를 실시간으로 확인할 수 있는 원격유량감시장치를 설치하여야 한다.

① 100　　② 200
③ 300　　④ 500

해설

물환경보전법 시행령 [별표 6] 폐수무방류배출시설의 세부 설치기준

특별대책지역에 설치되는 폐수무방류배출시설의 경우 1일 24시간 연속하여 가동되는 것이면 배출폐수를 전량 처리할 수 있는 예비 방지시설을 설치하여야 하고, 1일 최대 폐수발생량이 200m^3 이상이면 배출폐수의 무방류 여부를 실시간으로 확인할 수 있는 원격유량감시장치를 설치하여야 한다.

98 기본배출부과금의 부과 대상이 되는 수질오염물질은?

① 유기물질
② BOD
③ 카드뮴
④ 구 리

해설

물환경보전법 시행령 제42조(기본배출부과금의 부과 대상 수질오염물질의 종류)

- 유기물질
- 부유물질

99 비점오염원방지시설의 유형별 기준 중 자연형 시설이 아닌 것은?

① 저류시설
② 침투시설
③ 식생형 시설
④ 스크린형 시설

해설

스크린형 시설은 장치형 시설에 속한다.

물환경보전법 시행규칙 [별표 6] 비점오염저감시설

자연형 시설

- 저류시설
- 인공습지
- 침투시설
- 식생형 시설

96 ③ 97 ② 98 ① 99 ④ 정답

100 1일 폐수배출량이 2,000m^3 이상인 사업장에서 생물화학적 산소요구량의 농도가 25mg/L의 폐수를 방출하였다면, 이 업체의 방류수수질기준 초과에 따른 부과계수는?(단, 배출허용기준에 적용되는 지역은 청정지역임)

① 2.0 ② 2.2

③ 2.4 ④ 2.6

해설

물환경보전법 시행규칙 [별표 13] 수질오염물질의 배출허용기준

- 지역구분 적용에 대한 공통기준(청정지역) : 수질 및 수생태계 환경기준 매우 좋음(Ia) 등급 정도의 수질을 보전하여야 한다고 인정되는 수역의 수질에 영향을 미치는 지역으로서 환경부장관이 정하여 고시하는 지역
- 항목별 배출허용기준

대상 규모 / 항목 / 지역구분	1일 폐수배출량 2,000m^3 이상		
	생물화학적 산소요구량 (mg/L)	총유기 탄소량 (mg/L)	부유 물질량 (mg/L)
청정지역	30 이하	25 이하	30 이하

물환경보전법 시행규칙 [별표 10] 공공폐수처리시설의 방류수수질기준

구 분	수질기준			
	Ⅰ지역	Ⅱ지역	Ⅲ지역	Ⅳ지역
생물화학적 산소요구량 (BOD) (mg/L)	10(10) 이하	10(10) 이하	10(10) 이하	10(10) 이하

물환경보전법 시행령 [별표 11] 방류수수질기준초과율별 부과계수

초과율	10% 미만	10% 이상 20% 미만	20% 이상 30% 미만	30% 이상 40% 미만	40% 이상 50% 미만
부과계수	1	1.2	1.4	1.6	1.8
초과율	50% 이상 60% 미만	60% 이상 70% 미만	70% 이상 80% 미만	80% 이상 90% 미만	90% 이상 100% 까지
부과계수	2.0	2.2	2.4	2.6	2.8

방류수수질기준초과율

= (배출농도 − 방류수수질기준) ÷ (배출허용기준 − 방류수수질기준) × 100

= (25 − 10) ÷ (30 − 10) × 100 = 75%

∴ 방류수수질기준초과율이 75%이므로 부과계수는 2.4이다.

정답 100 ③

2020년 제3회 과년도 기출문제

제1과목 | 수질오염개론

01 자연계의 질소순환에 대한 설명으로 가장 거리가 먼 것은?

① 대기의 질소는 방전작용, 질소고정세균 그리고 조류에 의하여 끊임없이 소비된다.
② 소변 속의 질소는 주로 요소로 바로 탄산암모늄으로 가수분해된다.
③ 유기질소는 부패균이나 곰팡이의 작용으로 암모니아성 질소로 변환된다.
④ 암모니아성 질소는 혐기성 상태에서 환원균에 의해 바로 질소가스로 변환된다.

해설
혐기성 상태에서의 탈질소화 과정
질산성 질소 → 아질산성 질소 → 질소가스

02 20℃에서 k_1이 0.16/day(Base 10)이라 하면, 10℃에 대한 BOD_5/BOD_u 비는?(단, θ = 1.047)

① 0.63　　② 0.68
③ 0.73　　④ 0.78

해설
$k_T = k_{1(20)} \times \theta^{(T-20)}$
$k_{10} = 0.16 \times 1.047^{(10-20)} ≒ 0.10$
BOD 소비식을 이용한다.
$BOD_t = BOD_u(1-10^{-k_{10}t})$
$\therefore \frac{BOD_5}{BOD_u} = 1-10^{-0.10\times 5} ≒ 0.68$

03 유량 400,000m³/day의 하천에 인구 20만명의 도시로부터 30,000m³/day의 하수가 유입되고 있다. 하수 유입 전 하천의 BOD는 0.5mg/L이고, 유입 후 하천의 BOD는 2mg/L로 하기 위해서 하수처리장을 건설하려고 한다면 이 처리장의 BOD 제거효율(%)은?(단, 인구 1인당 BOD 배출량 = 20g/day)

① 약 84　　② 약 87
③ 약 90　　④ 약 93

해설
㉠ 합류지점의 BOD
$\frac{430,000m^3}{day} \times \frac{2mg}{L} \times \frac{10^3L}{1m^3} = 860,000,000mg/day$
㉡ 하천의 BOD
$\frac{400,000m^3}{day} \times \frac{0.5mg}{L} \times \frac{10^3L}{1m^3} = 200,000,000mg/day$
㉢ 하수처리장의 유입 BOD
$\frac{200,000인}{day} \times \frac{20,000mg}{인} = 4,000,000,000mg/day$
폐수처리시설에서 유출되는 BOD의 양은 ① − ② = 660,000,000 mg/day이어야 한다.
$\therefore$ 제거효율 $= \frac{3,340,000,000mg/day}{4,000,000,000mg/day} \times 100 = 83.5\%$

04 에탄올(C_2H_5OH) 300mg/L가 함유된 폐수의 이론적 COD값(mg/L)은?(단, 기타 오염물질은 고려하지 않음)

① 312　　② 453
③ 578　　④ 626

해설
반응식은 다음과 같다.
$C_2H_5OH + 3O_2 \rightarrow 2CO_2 + 3H_2O$
46g : 96g
300mg/L : $x$mg/L
$\therefore$ 이론적 COD = (96 × 300) / 46 ≒ 626.1mg/L

1 ④ 2 ② 3 ① 4 ④ 정답

05 유량 $4.2m^3/s$, 유속 0.4m/s, BOD 7mg/L인 하천이 흐르고 있다. 이 하천에 유량 $25.2m^3/min$, BOD 500mg/L인 공장폐수가 유입되고 있다면 하천수와 공장폐수의 합류지점의 BOD(mg/L)는?(단, 완전혼합이라 가정)

① 약 33 ② 약 45
③ 약 52 ④ 약 67

해설

하천의 유량 $= \frac{25.2m^3}{min} \times \frac{min}{60s} = 0.42m^3/s$

∴ 합류지점의 BOD $= \frac{(4.2 \times 7) + (0.42 \times 500)}{(4.2 + 0.42)} ≒ 51.81mg/L$

06 Glucose($C_6H_{12}O_6$) 500mg/L 용액을 호기성 처리 시 필요한 이론적인 인(P) 농도(mg/L)는?(단, BOD_5 : N : P = 100 : 5 : 1, $K_1 = 0.1day^{-1}$, 상용대수기준, 완전분해기준, BOD_u = COD)

① 약 3.7 ② 약 5.6
③ 약 8.5 ④ 약 12.8

해설

$C_6H_{12}O_6 + 6O_2 \rightarrow 6CO_2 + 6H_2O$
180g : 6×32g
500mg/L : x
x ≒ 533.3mg/L
$BOD_5 = BOD_u \times (1 - 10^{-0.5}) = 533.3mg/L \times (1 - 10^{-0.5})$
≒ 364.7
∴ BOD_5 : P = 100 : 1이므로 필요한 P의 양은 약 3.6mg/L이다.

07 Graham의 기체법칙에 관한 내용으로 ( )에 알맞은 것은?

> 수소의 확산속도에 비해 염소는 약 (㉠), 산소는 (㉡) 정도의 확산속도를 나타낸다.

① ㉠ 1/6, ㉡ 1/4 ② ㉠ 1/6, ㉡ 1/9
③ ㉠ 1/4, ㉡ 1/6 ④ ㉠ 1/9, ㉡ 1/6

해설

Graham의 기체법칙 : 일정한 온도와 압력조건에서 두 기체의 확산속도는 두 기체의 분자량의 제곱근에 반비례한다.
• 수소 : 염소 = $\sqrt{2}$: $\sqrt{71}$ ≒ 1 : 5.96
• 수소 : 산소 = $\sqrt{2}$: $\sqrt{32}$ = 1 : 4

08 적조현상에 의해 어패류가 폐사하는 원인과 가장 거리가 먼 것은?

① 적조생물이 어패류의 아가미에 부착하여
② 적조류의 광범위한 수면막 형성으로 인해
③ 치사성이 높은 유독물질을 분비하는 조류로 인해
④ 적조류의 사후분해에 의한 수중 부패독의 발생으로 인해

해설

수면막 형성으로 문제가 되는 것은 유류오염이다.

09 우리나라의 수자원에 관한 설명으로 가장 거리가 먼 것은?

① 강수량의 지역적 차이가 크다.
② 주요 하천 중 한강의 수자원 보유량이 가장 많다.
③ 하천의 유역면적은 크지만 하천경사는 급하다.
④ 하천의 하상계수가 크다.

해설

하천의 유역면적은 작고 하천경사는 급하다.

정답 5 ③ 6 ① 7 ① 8 ② 9 ③

10 세균의 구조에 대한 설명이 올바르지 못한 것은?

① 세포벽 : 세포의 기계적인 보호
② 협막과 점액층 : 건조 혹은 독성물질로부터 보호
③ 세포막 : 호흡대사 기능을 발휘
④ 세포질 : 유전에 관계되는 핵산 포함

해설
세포질은 세포핵을 제외한 나머지 부분을 말하며 세포액과 세포소기관으로 이루어져 있으며, 핵산은 세포핵 내에 포함되어 있다.

11 화학흡착에 관한 내용으로 옳지 않은 것은?

① 흡착된 물질은 표면에 농축되어 여러 개의 겹쳐진 층을 형성함
② 흡착분자는 표면에 한 부위에서 다른 부위로의 이동이 자유롭지 못함
③ 흡착된 물질 제거를 위해 일반적으로 흡착제를 높은 온도로 가열함
④ 거의 비가역적임

해설
화학적 흡착의 경우 흡착된 물질은 표면에서 흡착질의 단분자층을 형성한다.

12 크롬에 관한 설명으로 틀린 것은?

① 만성크롬중독인 경우에는 미나마타병이 발생한다.
② 3가크롬은 비교적 안정하나 6가크롬화합물은 자극성이 강하고 부식성이 강하다.
③ 3가크롬은 피부흡수가 어려우나 6가크롬은 쉽게 피부를 통과한다.
④ 만성중독현상으로는 비점막염증이 나타난다.

해설
미나마타병은 수은중독에 의해 발생되는 대표적인 병이다. 만성크롬 중독 시 폐암, 기관지암, 미각장애 등이 발생한다.

13 자정상수(f)의 영향인자에 관한 설명으로 옳은 것은?

① 수심이 깊을수록 자정상수는 커진다.
② 수온이 높을수록 자정상수는 작아진다.
③ 유속이 완만할수록 자정상수는 커진다.
④ 바닥구배가 클수록 자정상수는 작아진다.

해설
① 수심이 깊을수록 자정상수는 작아진다.
③ 유속이 완만할수록 자정상수는 작아진다.
④ 바닥구배가 클수록 자정상수는 커진다.

14 물질대사 중 동화작용을 가장 알맞게 나타낸 것은?

① 잔여영양분 + ATP → 세포물질 + ADP + 무기인 + 배설물
② 잔여영양분 + ADP + 무기인 → 세포물질 + ATP + 배설물
③ 세포 내 영양분의 일부 + ATP → ADP + 무기인 + 배설물
④ 세포 내 영양분의 일부 + ADP + 무기인 → ATP + 배설물

10 ④ 11 ① 12 ① 13 ② 14 ① 정답

15 **유해물질과 그 중독증상(영향)과의 관계로 가장 거리가 먼 것은?**

① Mn : 흑피증
② 유기인 : 현기증, 동공축소
③ Cr^{6+} : 피부궤양
④ PCB : 카네미유증

해설
Mn에 중독되었을 때 주로 발생하는 질병은 파킨슨병이다. 흑피증은 비소에 중독되었을 때 발생하는 질병 중 하나이다.

16 **수자원의 순환에서 가장 큰 비중을 차지하는 것은?**

① 해양으로의 강우
② 증 발
③ 증 산
④ 육지로의 강우

해설
수자원은 우수, 삼투, 유출, 증산, 증발 등으로 순환되며, 이 중 가장 큰 비중을 차지하는 것은 증발이며, 가장 작은 비중을 차지하는 것은 식물의 흡수 및 증산작용이다.

17 **Formaldehyde(CH_2O)의 COD/TOC비는?**

① 1.37
② 1.67
③ 2.37
④ 2.67

해설
$CH_2O + O_2 \rightarrow CO_2 + H_2O$

$\therefore \frac{COD}{TOC} = \frac{1 \times 32}{1 \times 12} \fallingdotseq 2.67$

18 **경도에 관한 관계식으로 틀린 것은?**

① 총경도 − 비탄산경도 = 탄산경도
② 총경도 − 탄산경도 = 마그네슘경도
③ 알칼리도 < 총경도일 때 탄산경도 = 비탄산경도
④ 알칼리도 ≥ 총경도일 때 탄산경도 = 총경도

해설
- 총경도 − 탄산경도 = 비탄산경도
- 알칼리도 < 총경도일 때 탄산경도 = 알칼리도

정답 15 ① 16 ② 17 ④ 18 ②, ③

19 하구의 혼합형식 중 하상구배와 조차가 작아서 염수와 담수의 2층 밀도류가 발생되는 것은?

① 강혼합형
② 약혼합형
③ 중혼합형
④ 완혼합형

해설

하구의 혼합형식
- 약혼합형 : 하상구배 조차가 작아서 염수와 담수의 2층 밀도류가 발생한다.
- 강혼합형 : 하도방향으로 혼합이 심하고 수심방향에서 밀도차가 없어진다.
- 완혼합형 : 약혼합형과 강혼합형의 중간형이다.

20 150kL/day의 분뇨를 포기하여 BOD의 20%를 제거하였다. BOD 1kg을 제거하는 데 필요한 공기공급량이 60m^3이라 했을 때 시간당 공기공급량(m^3)은?(단, 연속포기, 분뇨의 BOD = 20,000mg/L)

① 100
② 500
③ 1,000
④ 1,500

해설

전체 분뇨의 BOD는 다음과 같다.

$$\frac{150\text{kL}}{\text{day}} \times \frac{20,000\text{mg}}{\text{L}} \times \frac{10^3\text{L}}{1\text{kL}} \times \frac{1\text{kg}}{10^6\text{mg}} = 3,000\text{kg/day}$$

20%를 제거하였으므로 제거된 BOD양은 600kg/day이다.

$$\therefore \frac{600\text{kg}}{\text{day}} \times \frac{\text{day}}{24\text{h}} \times \frac{60\text{m}^3\ \text{Air}}{1\text{kg}} = 1,500\text{m}^3\ \text{Air/h}$$

제2과목 | 상하수도계획

21 계획취수량을 확보하기 위하여 필요한 저수용량의 결정에 사용하는 계획기준년의 표준으로 가장 적절한 것은?

① 3개년에 제1위 정도의 갈수
② 5개년에 제1위 정도의 갈수
③ 7개년에 제1위 정도의 갈수
④ 10개년에 제1위 정도의 갈수

해설

계획취수량을 확보하기 위하여 필요한 저수용량의 결정에 사용되는 계획기준년은 원칙적으로 10개년에 제1위 정도의 갈수를 기준년으로 한다.

22 수격작용을 방지 또는 줄이는 방법이라 할 수 없는 것은?

① 펌프에 플라이휠을 붙여 펌프의 관성을 증가시킨다.
② 흡입측 관로에 압력조절수조를 설치하여 부압을 유지시킨다.
③ 펌프 토출구 부근에 공기탱크를 두거나 부압 발생지점에 흡기밸브를 설치하여 압력강하 시 공기를 넣어 준다.
④ 관 내 유속을 낮추거나 관거상황을 변경한다.

해설

토출측 관로에 압력조절수조를 설치하여 부압과 압력상승을 방지한다.

19 ② 20 ④ 21 ④ 22 ② 정답

23 **도수관을 설계할 때 평균유속 기준으로 ( )에 옳은 것은?**

> 자연유하식인 경우에는 허용최대한도를 (㉠)로 하고, 도수관의 평균유속의 최소한도는 (㉡)로 한다.

① ㉠ 1.5m/s, ㉡ 0.3m/s
② ㉠ 1.5m/s, ㉡ 0.6m/s
③ ㉠ 3.0m/s, ㉡ 0.3m/s
④ ㉠ 3.0m/s, ㉡ 0.6m/s

해설
자연유하식인 경우에는 허용최대한도를 3.0m/s로 하고, 도수관의 평균유속의 최소한도는 0.3m/s로 한다.

24 **펌프의 캐비테이션(공동현상) 발생을 방지하기 위한 대책으로 옳은 것은?**

① 펌프의 설치위치를 가능한 한 높게 하여 가용유효흡입수두를 크게 한다.
② 흡입관의 손실을 가능한 한 작게 하여 가용유효흡입수두를 크게 한다.
③ 펌프의 회전속도를 높게 선정하여 필요유효흡입수두를 작게 한다.
④ 흡입측 밸브를 완전히 폐쇄하고 펌프를 운전한다.

해설
공동현상(Cavitation) 방지대책
- 펌프의 설치위치를 가능한 한 낮게 한다.
- 흡입관의 손실을 가능한 한 작게 한다.
- 펌프의 회전속도를 낮게 선정한다.
- 흡입측 밸브를 완전히 개방하고 펌프를 가동한다.

25 **피압수 우물에서 영향원 직경 1km, 우물직경 1m, 피압대수층의 두께 20m, 투수계수 20m/day로 추정되었다면, 양수정에서의 수위강하를 5m로 유지하기 위한 양수량(m^3/s)은?(단, $Q = 2\pi kb \dfrac{H-h_o}{2.3\log_{10}\dfrac{R}{r_o}}$)**

① 약 0.005 ② 약 0.02
③ 약 0.05 ④ 약 0.1

해설
피압지하수 유량

$$Q = \frac{2\pi kb(H-h_o)}{2.3\log_{10}(R/r_o)}$$

여기서, k : 투수계수(m/s)
b : 피압대수층 두께(m)
H : 원 지하수의 두께(m)
h_o : 정호의 수심(m)
R : 영향원의 반경(m)
r : 정호의 반경(m)

$$투수계수 = \frac{20\text{m}}{\text{day}} \times \frac{\text{day}}{86,400\text{s}} ≒ 2.31\times10^{-4}\text{m/s}$$

$$\therefore\ Q = \frac{2\pi\times2.31\times10^{-4}\times20\times5}{2.3\log_{10}(500/0.5)} ≒ 0.02$$

26 **지표수의 취수를 위해 하천수를 수원으로 하는 경우의 취수탑에 관한 설명으로 옳지 않은 것은?**

① 대량 취수 시 경제적인 것이 특징이다.
② 취수보와 달리 토사유입을 방지할 수 있다.
③ 공사비는 일반적으로 크다.
④ 시공 시 가물막이 등 가설공사는 비교적 소규모로 할 수 있다.

해설
취수탑의 취수구 유입속도가 커지면 부유물 및 토사 등의 유입이 많아진다.
취수탑의 특징
- 대량 취수 시 경제적이다.
- 연간 안정적인 취수가 가능하다.
- 갈수기 수위가 2m 이상인 곳에 설치하는 것이 좋다.
- 초기 설치비가 많이 든다.

정답 23 ③ 24 ② 25 ② 26 ②

27 **상수의 도수관로의 자연부식 중 매크로셀 부식에 해당되지 않는 것은?**

① 이종금속
② 간 섭
③ 산소농담(통기차)
④ 콘크리트・토양

해설

부식의 종류

자연부식	미크로셀 부식	• 박테리아 부식 • 일반토양 부식 • 특수토양 부식
	매크로셀 부식	• 이종금속 • 산소농담(통기차) • 콘크리트・토양
전 식		• 전철의 미주전류 • 간 섭

28 **우수배제계획 수립에 적용되는 하수관거의 계획우수량 결정을 위한 확률년수는?**

① 5~10년
② 10~15년
③ 10~30년
④ 30~50년

해설

우수배제계획 수립 시 적용되는 하수관거의 확률년수는 10~30년, 빗물펌프장의 확률년수는 30~50년이다.

29 **취수시설에서 취수된 원수를 정수시설까지 끌어들이는 시설은?**

① 배수시설 ② 급수시설
③ 송수시설 ④ 도수시설

해설

도수시설은 취수시설에서 취수된 원수를 정수시설까지 끌어들이는 시설로 도수관 또는 도수관거, 펌프 등으로 구성된다.

30 **상수도관으로 사용되는 관종 중 스테인리스강관에 관한 특징으로 틀린 것은?**

① 강인성이 뛰어나고 충격에 강하다.
② 용접접속에 시간이 걸린다.
③ 라이닝이나 도장을 필요로 하지 않는다.
④ 이종금속과의 절연처리가 필요 없다.

해설

스테인리스강관의 특징

• 강도가 크고, 충격에 강하다.
• 내구성이 좋고, 내식성이 우수하다.
• 라이닝이나 도장을 필요로 하지 않는다.
• 용접연결에 시간이 걸리고, 이종금속과의 절연처리가 필요하다.

31 **계획송수량과 계획도수량의 기준이 되는 수량은?**

① 계획송수량 : 계획1일 최대급수량,
계획도수량 : 계획시간 최대급수량
② 계획송수량 : 계획시간 최대급수량,
계획도수량 : 계획1일 최대급수량
③ 계획송수량 : 계획취수량,
계획도수량 : 계획1일 최대급수량
④ 계획송수량 : 계획1일 최대급수량,
계획도수량 : 계획취수량

27 ② 28 ③ 29 ④ 30 ④ 31 ④ 정답

32 **원수의 냄새물질(2-MIB, Geosmin 등), 색도, 미량유기물질, 소독부산물 전구물질, 암모니아성 질소, 음이온 계면활성제, 휘발성 유기물질 등을 제거하기 위한 수처리공정으로 가장 적합한 것은?**

① 완속여과 ② 급속여과
③ 막여과 ④ 활성탄여과

해설

색도, 휘발성 유기물질, 음이온 계면활성제 등의 처리에 적합한 공정은 활성탄을 이용한 처리법이다.

33 **하수펌프장 시설인 스크루펌프(Screw Pump)의 일반적인 장단점으로 틀린 것은?**

① 회전수가 낮기 때문에 마모가 적다.
② 수중의 협잡물이 물과 함께 떠올라 폐쇄가능성이 크다.
③ 기동에 필요한 물채움장치나 밸브 등 부대시설이 없어 자동운전이 쉽다.
④ 토출측의 수로를 압력관으로 할 수 없다.

해설

스크루펌프의 특징

- 회전수가 적어 마모가 적다.
- 수중의 협잡물이 물과 함께 떠올라 폐쇄현상이 적게 일어난다.
- 구조가 단순하다.
- 개방형이라 운전 및 보수가 쉽다.
- 양정에 제한이 있어 고양정에 사용이 어렵다.
- 토출측의 수로를 압력관으로 할 수 없다.

34 **계획오수량에 관한 설명으로 옳지 않은 것은?**

① 계획1일 최대오수량은 1인1일 최대오수량에 계획인구를 곱한 후, 여기에 공장폐수량, 지하수량 및 기타 배수량을 더한 것으로 한다.
② 합류식에서 우천 시 계획오수량은 원칙적으로 계획시간 최대오수량의 3배 이상으로 한다.
③ 지하수량은 1인1일 평균오수량의 5~10%로 한다.
④ 계획시간 최대오수량은 계획1일 최대오수량의 1시간당 수량의 1.3~1.8배를 표준으로 한다.

해설

계획오수량

- 지하수량은 1인1일 최대오수량의 20% 이하로 하며, 지역실태에 따라 필요시 하수관로 내구연수 경과 또는 관로의 노후도, 관로정비 이력에 따른 지하수 유입변화량을 고려하여 결정하는 것으로 한다.
- 계획1일 최대오수량은 1인1일 최대오수량에 계획인구를 곱한 후, 여기에 공장폐수량, 지하수량 및 기타 배수량을 더한 것으로 한다.
- 계획1일 평균오수량은 계획1일 최대오수량의 70~80%를 표준으로 한다.
- 계획시간 최대오수량은 계획1일 최대오수량의 시간당 수량의 1.3~1.8배를 표준으로 한다.
- 합류식에서 우천 시 계획오수량은 원칙적으로 계획시간 최대오수량의 3배 이상으로 한다.

35 **하수관거 배수설비의 설명 중 옳지 않은 것은?**

① 배수설비는 공공하수도의 일종이다.
② 배수설비 중의 물받이의 설치는 배수구역 경계지점 또는 배수구역 안에 설치하는 것을 기본으로 한다.
③ 결빙으로 인한 우·오수 흐름의 지장이 발생되지 않도록 하여야 한다.
④ 배수관은 암거로 하며, 우수만을 배수하는 경우에는 개거도 가능하다.

해설

배수설비는 개인하수도의 일종이다.

정답 32 ④ 33 ② 34 ③ 35 ①

36 호소의 중소량 취수시설로 많이 사용되고 구조가 간단하며 시공도 비교적 용이하나 수중에 설치되므로 호소의 표면수는 취수할 수 없는 것은?

① 취수틀 ② 취수보
③ 취수관거 ④ 취수문

해설
취수틀
- 수중에 설치되므로 표면수의 취수는 불가능하다.
- 단기간에 설치가 가능하다.
- 호소의 중소량 취수시설로 많이 사용된다.

37 상수도시설 일반구조의 설계하중 및 외력에 대한 고려 사항으로 틀린 것은?

① 풍압은 풍량에 풍력계수를 곱하여 산정한다.
② 얼음 두께에 비하여 결빙면이 작은 구조물의 설계에는 빙압을 고려한다.
③ 지하수위가 높은 곳에 설치하는 지상구조물은 비웠을 경우의 부력을 고려한다.
④ 양압력은 구조물의 전후에 수위차가 생기는 경우에 고려한다.

해설
풍압은 속도압에 풍력계수를 곱하여 산정된다.

38 직경 1m의 원형 콘크리트관에 하수가 흐르고 있다. 동수구배(I)가 0.01이고, 수심이 0.5m일 때 유속(m/s)은?(단, 조도계수(n) = 0.013, Manning 공식 적용, 만관기준)

① 2.1 ② 2.7
③ 3.1 ④ 3.7

해설
Manning 공식

$$V=\frac{1}{n}\cdot R^{\frac{2}{3}}\cdot I^{\frac{1}{2}}$$

여기서, n : 조도계수
I : 동수경사
R : 경심(유수단면적을 윤변으로 나눈 것 $=\frac{A}{S}$, 원 또는 반원인 경우 $=\frac{D}{4}$)

$R=\frac{D}{4}$ 이므로 $R=\frac{1}{4}=0.25\text{m}$

$$\therefore\ V=\frac{1}{0.013}\times 0.25^{\frac{2}{3}}\times 0.01^{\frac{1}{2}}\fallingdotseq 3.05\text{m/s}$$

39 상수도시설인 취수탑의 취수구에 관한 내용과 가장 거리가 먼 것은?

① 계획취수위는 취수구로부터 도수기점까지의 수두손실을 계산하여 결정한다.
② 취수탑의 내측이나 외측에 슬루스게이트(제수문), 버터플라이밸브 또는 제수밸브 등을 설치한다.
③ 전면에서는 협잡물을 제거하기 위한 스크린을 설치해야 한다.
④ 단면형상은 장방형 또는 원형으로 한다.

해설
취수구로부터 도수기점까지의 손실수두를 계산하여 계획취수위를 결정하는 것은 취수보이다.

36 ① 37 ① 38 ③ 39 ① 정답

40 자유수면을 갖는 천정호(반경 r_o = 0.5m, 원지하수위 H = 7.0m)에 대한 양수시험결과 양수량이 0.03m^3/s일 때 정호의 수심 h_o = 5.0m, 영향반경 R = 200m에서 평형이 되었다. 이때 투수계수 k (m/s)는?

① 4.5×10^{-4}

② 2.4×10^{-3}

③ 3.5×10^{-3}

④ 1.6×10^{-2}

해설

천정호의 유량

$$Q = \frac{\pi k(H^2 - h_o^2)}{2.3\log_{10}(R/r_o)}$$

여기서, k : 투수계수(m/s)

H : 원 지하수의 두께(m)

h_o : 정호의 수심(m)

R : 영향원의 반경(m)

r : 정호의 반경(m)

$$0.03\text{m}^3/\text{s} = \frac{\pi k[(7\text{m})^2 - (5\text{m})^2]}{2.3\log_{10}(200\text{m}/0.5\text{m})}$$

$\therefore k \fallingdotseq 0.002381\text{m/s} \fallingdotseq 2.4 \times 10^{-3}\text{m/s}$

제3과목 | 수질오염방지기술

41 막분리공법을 이용한 정수처리의 장점으로 가장 거리가 먼 것은?

① 부산물이 생기지 않는다.

② 정수장 면적을 줄일 수 있다.

③ 시설의 표준화로 부품관리 시공이 간편하다.

④ 자동화, 무인화가 용이하다.

해설

막분리공법의 장단점

- 장 점
  - 응집제가 필요하지 않다.
  - 자동화, 무인화가 용이하다.
  - 유지관리비가 낮아진다.
  - 배수처리가 용이해지고, 부산물을 생성하지 않는다.
- 단 점
  - 막의 수명연장 문제를 해결해야 한다.
  - 부품관리 및 시공기술을 개발해야 한다.
  - 원수 감시태세를 갖추어야 한다.

42 포기조 유효 용량이 1,000m^3이고, 잉여슬러지 배출량이 25m^3/day로 운전되는 활성슬러지 공정이 있다. 반송슬러지의 SS 농도(X_r)에 대한 MLSS 농도(X)의 비(X/X_r)가 0.25일 때 평균 미생물 체류시간(day)은?(단, 2차 침전지 유출수의 SS 농도는 무시)

① 7 ② 8

③ 9 ④ 10

해설

$$\text{SRT} = \frac{VX}{X_r Q_w + (Q - Q_w)SS_e}$$

여기서, X_r : 반송슬러지 농도

Q_w : 반송슬러지 유량

Q : 유입유량

SS_e : 유출수 SS 농도

V : 포기조 용적

X : MLSS 농도

유출수의 SS 농도는 무시하므로

$$\therefore \text{SRT} = \frac{VX}{X_r Q_w} = \frac{V}{Q_w} \times \frac{X}{X_r} = \frac{1{,}000\text{m}^3}{25\text{m}^3/\text{day}} \times 0.25 = 10\text{day}$$

정답 40 ② 41 ③ 42 ④

43 인이 8mg/L 들어 있는 하수의 인 침전(인을 침전시키는 실험에서 인 1몰당 알루미늄 1.5몰이 필요)을 위해 필요한 액체명반($Al_2(SO_4)_3 \cdot 18H_2O$)의 양(L/day)은?(단, 액체명반의 순도 = 48%, 단위중량 = 1,281kg/m^3, 명반 분자량 = 666.7, 알루미늄 원자량 = 26.98, 인 원자량 = 31, 유량 = 10,000m^3/day)

① 약 2,100 ② 약 2,800
③ 약 3,200 ④ 약 3,700

해설

필요한 액체명반의 양(L/day)

$$= \frac{8g}{m^3} \times \frac{10,000m^3}{day} \times \frac{1mol}{31g} \times \frac{1.5mol}{1mol} \times \frac{26.98g}{1mol} \times \frac{666.7g}{26.98g \times 2} \times \frac{100}{48} \times \frac{L}{1,281g}$$

$\fallingdotseq 2,098.6L/day$

44 농도 5,500mg/L인 포기조 활성슬러지 1L를 30분간 정치시킨 후 침강 슬러지의 부피가 45%를 차지하였을 때의 SDI는?

① 1.22 ② 1.48
③ 1.61 ④ 1.83

해설

$$SDI = \frac{MLSS(mg/L)}{SV(\%) \times 100} = \frac{5,500}{45 \times 100} \fallingdotseq 1.22$$

45 하수처리과정에서 염소소독과 자외선소독을 비교할 때 염소소독의 장단점으로 틀린 것은?

① 암모니아의 첨가에 의해 결합잔류염소가 형성된다.
② 염소접촉조로부터 휘발성 유기물이 생성된다.
③ 처리수의 총용존고형물이 감소한다.
④ 처리수의 잔류독성이 탈염소과정에 의해 제거되어야 한다.

해설

염소소독의 장단점

- 소독이 효과적이며 잔류염소의 유지가 가능하다.
- 암모니아의 첨가에 의해 결합잔류염소가 형성된다.
- 소독력이 있는 잔류염소를 수송관거 내에 유지시킬 수 있다.
- 처리수의 총용존고형물이 증가한다.
- THM 및 기타 염화탄화수소가 생성된다.
- 소독으로 인한 냄새와 맛이 발생할 수 있다.
- 플루오린, 오존보다 산화력이 낮다.

46 침전지에서 입자의 침강속도가 증대되는 원인이 아닌 것은?

① 입자 비중의 증가
② 액체 점성계수의 증가
③ 수온의 증가
④ 입자 직경의 증가

해설

입자의 침강속도

$$V_s = \frac{d^2(\rho_s - \rho_w)g}{18\mu}$$

여기서, d : 입자의 직경
ρ_s : 입자의 밀도
ρ_w : 처리수(유체)의 밀도
μ : 처리수의 점성계수

∴ 입자의 침강속도와 처리수의 점성계수는 반비례하므로 처리수의 점성계수가 클수록 입자의 침강속도는 작아진다.

43 ① 44 ① 45 ③ 46 ② 정답

47 바이오 센서와 수질오염공정시험기준에서 독성평가에 사용되기도 하는 생물종으로 가장 가까운 것은?

① *Leptodora*

② *Monia*

③ *Daphnia*

④ *Alona*

해설

수질오염공정시험기준상 독성시험에 사용하는 생물종은 물벼룩(*Daphnia*)이다.

48 다음 공정에서 처리될 수 있는 폐수의 종류는?

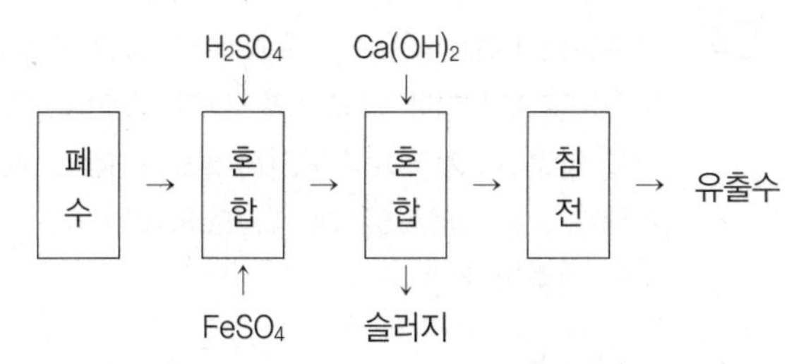

① 크롬폐수　　② 시안폐수

③ 비소폐수　　④ 방사능폐수

해설

환원침전법 : 크롬(Cr^{6+})이 함유된 폐수에 pH 2~3이 되도록 H_2SO_4를 투입 후 환원제를 주입하여 Cr^{3+}으로 환원한 후 수산화 침전시켜 제거하는 방법이다.

- 1단계
  - Cr^{6+}(황색) → Cr^{3+}(청록색)
  - pH 조절을 위해 H_2SO_4를 투입하고(pH 2~3), 환원반응을 위한 환원제를 주입한다($NaHSO_3$, Na_2SO_3, $FeSO_4$ 등).
- 2단계
  - Cr^{3+}(청록색) → $Cr(OH)_3$
  - 침전반응, 환원반응에서 pH가 매우 낮아졌으므로 알칼리제를 투입한다(NaOH, $Ca(OH)_2$ 등).

49 활성슬러지 공정을 사용하여 BOD 200mg/L의 하수 2,000m^3/day를 BOD 30mg/L까지 처리하고자 한다. 포기조의 MLSS를 1,600mg/L로 유지하고, 체류시간을 8시간으로 하고자 할 때의 F/M비(kg BOD/kg MLSS · day)는?

① 0.12　　② 0.24

③ 0.38　　④ 0.43

해설

$$F/M비 = \frac{BOD \times Q}{V \times X} = \frac{BOD}{X} \times \frac{1}{HRT}$$

$$= \frac{200mg/L}{1,600mg/L} \times \frac{1}{8h} \times \frac{24h}{day} = 0.375$$

50 활성탄 흡착단계를 설명한 것으로 가장 거리가 먼 것은?

① 흡착제 주위의 막을 통하여 피흡착제의 분자가 이동하는 단계

② 피흡착제의 극성에 의해 제타퍼텐셜(Zeta Potential)이 적용되는 단계

③ 흡착제 공극을 통하여 피흡착제가 확산하는 단계

④ 흡착이 되면서 흡착제와 피흡착제 사이에 결합이 일어나는 단계

해설

활성탄 흡착단계

- 피흡착질 분자들이 흡착제 외부표면으로 이동한다.
- 피흡착질이 흡착제의 대세공, 중간세공을 통해 확산된다.
- 확산된 피흡착질이 미세세공 내부표면과 결합하거나 미세세공에 채워진다.

정답 47 ③ 48 ① 49 ③ 50 ②

51 **음용수 중 철과 망간의 기준 농도를 맞추기 위한 그 제거 공정으로 알맞지 않은 것은?**

① 포기에 의한 침전
② 생물학적 여과
③ 제올라이트 수착
④ 인산염에 의한 산화

해설
철과 망간 제거에 쓰이는 산화제로는 염소, 과망간산염, 이산화염소, 오존 등이 있다.

52 **하수처리방식 중 회전원판법에 관한 설명으로 가장 거리가 먼 것은?**

① 활성슬러지법에 비해 2차 침전지에서 미세한 SS가 유출되기 쉽고, 처리수의 투명도가 나쁘다.
② 운전관리상 조작이 간단한 편이다.
③ 질산화가 거의 발생하지 않으며, pH 저하도 거의 없다.
④ 소비 전력량이 소규모 처리시설에서는 표준 활성슬러지법에 비하여 적은 편이다.

해설
회전원판법의 특징
• 폐수량 및 BOD 부하변동에 강하다.
• 슬러지 발생량이 적다.
• 질산화작용이 일어나기 쉬우며 이로 인해 처리수의 BOD가 높아질 수 있으며, pH가 저하되는 경우도 있다.
• 활성슬러지법에서와 같이 팽화현상이 없으며, 이로 인한 2차 침전지에서의 일시적인 다량의 슬러지가 유출되는 현상이 없다.
• 미세한 SS가 유출되기 쉽고 처리수의 투명도가 나쁘다.
• 운전관리상 조작이 용이하고 유지관리비가 적게 든다.

53 **하 · 폐수를 통하여 배출되는 계면활성제에 대한 설명 중 잘못된 것은?**

① 계면활성제는 메틸렌블루 활성물질이라고도 한다.
② 계면활성제는 주로 합성세제로부터 배출되는 것이다.
③ 물에 약간 녹으며 폐수처리 플랜트에서 거품을 만들게 된다.
④ ABS는 생물학적으로 분해가 매우 쉬우나 LAS는 생물학적으로 분해가 어려운 난분해성 물질이다.

해설
ABS는 LAS보다 미생물에 의해 분해가 잘되지 않는다.

54 **폐수유량 1,000m^3/day, 고형물농도 2,700mg/L인 슬러지를 부상법에 의해 농축시키고자 한다. 압축탱크의 압력이 4기압이며 공기의 밀도 1.3g/L, 공기의 용해량 29.2cm^3/L일 때 Air/Solid비는?(단, f = 0.5, 비순환방식)**

① 0.009
② 0.014
③ 0.019
④ 0.025

해설

$$\text{A/S비} = \frac{1.3 \times C_{air} \times (f \cdot P - 1)}{SS} \times \frac{Q_r}{Q}$$

여기서, $C_{air} = 29.2\text{cm}^3/\text{L}$
$f = 0.5$
$P = 4\text{atm}$
$Q = 1{,}000\text{m}^3/\text{day}$
$SS = 2{,}700\text{mg/L}$

$$\therefore \text{A/S비} = \frac{1.3 \times 29.2 \times (0.5 \times 4 - 1)}{2{,}700} \fallingdotseq 0.014$$

51 ④ 52 ③ 53 ④ 54 ② 정답

55 접촉매체를 이용한 생물막공법에 대한 설명으로 틀린 것은?

① 유지관리가 쉽고, 유기물 농도가 낮은 기질제거에 유효하다.

② 수온의 변화나 부하변동에 강하고 처리효율에 나쁜 영향을 주는 슬러지 팽화문제를 해결할 수 있다.

③ 공극폐쇄 시에도 양호한 처리수질을 얻을 수 있으며 세정조작이 용이하다.

④ 슬러지 발생량이 적고 고도처리에도 효과적이다.

해설

공극이 폐쇄될 경우 처리수의 수질은 악화된다.

56 무기수은계 화합물을 함유한 폐수의 처리방법이 아닌 것은?

① 황화물침전법 ② 활성탄흡착법

③ 산화분해법 ④ 이온교환법

해설

- 무기수은계 폐수처리법 : 황화물응집침전법, 활성탄흡착법, 이온교환법
- 유기수은계 폐수처리법 : 흡착법, 산화분해법

57 9.0kg의 글루코스(Glucose)로부터 발생 가능한 0℃, 1atm에서의 CH_4 가스의 용적(L)은?(단, 혐기성 분해 기준)

① 3,160 ② 3,360

③ 3,560 ④ 3,760

해설

$C_6H_{12}O_6 \rightarrow 3CO_2 + 3CH_4$

180g : 3×22.4L

9,000g : x

$\therefore x = 3{,}360$L

58 2,000m^3/day의 하수를 처리하는 하수처리장의 1차 침전지에서 침전고형물이 0.4ton/day, 2차 침전지에서 0.3ton/day이 제거되며 이때 각 고형물의 함수율은 98%, 99.5%이다. 체류시간을 3일로 하여 고형물을 농축시키려면 농축조의 크기(m^3)는?(단, 고형물의 비중 = 1.0 가정)

① 80 ② 240

③ 620 ④ 1,860

해설

슬러지의 비중이 1.0이므로 밀도는 1,000kg/m^3이다.

- 1차 침전지의 슬러지량

$$\frac{400\text{kg}}{\text{day}} \times \frac{\text{m}^3}{1{,}000\text{kg}} \times \frac{100\text{SL}}{(100-98)\text{TS}} = 20\text{m}^3\ \text{SL/day}$$

- 2차 침전지의 슬러지량

$$\frac{300\text{kg}}{\text{day}} \times \frac{\text{m}^3}{1{,}000\text{kg}} \times \frac{100\text{SL}}{(100-99.5)\text{TS}} = 60\text{m}^3\ \text{SL/day}$$

농축조로 유입되는 전체 슬러지량은 80m^3 SL/day이므로

$\therefore$ 농축조의 용량 = 80m^3 SL/day × 3day = 240m^3

정답 55 ③ 56 ③ 57 ② 58 ②

59 하수처리를 위한 소독방식의 장단점에 관한 내용으로 틀린 것은?

① ClO_2 : 부산물에 의한 청색증이 유발될 수 있다.
② ClO_2 : pH 변화에 따른 영향이 작다.
③ NaOCl : 잔류효과가 작다.
④ NaOCl : 유량이나 탁도 변동에서 적응이 쉽다.

해설

NaOCl은 잔류효과가 크다.

60 Monod식을 이용한 세포의 미증식속도(h^{-1})는? (단, 제한기질농도 = 200mg/L, 1/2포화농도 = 50mg/L, 세포의 비증식속도 최대치 = $0.1h^{-1}$)

① 0.08
② 0.12
③ 0.16
④ 0.24

해설

Monod식

$$\mu = \mu_{max}\frac{S}{K_s + S} = 0.1 \times \frac{200}{50+200} = 0.08h^{-1}$$

제4과목 | 수질오염공정시험기준

61 정도관리 요소 중 정밀도를 옳게 나타낸 것은?

① 정밀도(%) = (연속적으로 n회 측정한 결과의 평균값 / 표준편차) × 100
② 정밀도(%) = (표준편차 / 연속적으로 n회 측정한 결과의 평균값) × 100
③ 정밀도(%) = (상대편차 / 연속적으로 n회 측정한 결과의 평균값) × 100
④ 정밀도(%) = (연속적으로 n회 측정한 결과의 평균값 / 상대편차) × 100

해설

ES 04001.b 정도보증/정도관리

정밀도(Precision)

- 시험분석 결과의 반복성을 나타내는 것으로 반복시험하여 얻은 결과를 상대표준편차(RSD ; Relative Standard Deviation)로 나타내며, 연속적으로 n회 측정한 결과의 평균값($\bar{x}$)과 표준편차(s)로 구한다.
- 정밀도(%) $= \frac{s}{\bar{x}} \times 100$

62 수산화나트륨(NaOH) 10g을 물에 녹여서 500mL로 하였을 경우 용액의 농도(N)는?

① 0.25 ② 0.5
③ 0.75 ④ 1.0

해설

규정농도를 x라 하면

$$x = \frac{10g}{0.5L} \times \frac{1eq}{40g} = 0.5N$$

59 ③ 60 ① 61 ② 62 ② 정답

63 **수질오염공정시험기준에 의해 분석할 시료를 채수 후 측정시간이 지연될 경우 시료를 보존하기 위해 4℃에 보관하고, 염산으로 pH를 5~9 정도로 유지하여야 하는 항목은?**

① 부유물질　　② 망 간
③ 알킬수은　　④ 유기인

해설
ES 04130.1e 시료의 채취 및 보존 방법
① 부유물질 : 4℃ 보관
② 망간 : 시료 1L당 HNO_3 2mL 첨가
③ 알킬수은 : HNO_3 2mL/L

64 **산성 과망간산칼륨법에 의한 화학적 산소요구량 측정 시 황산은(Ag_2SO_4)을 첨가하는 이유는?**

① 발색조건을 균일하게 하기 위해서
② 염소이온의 방해를 억제하기 위해서
③ pH 조절하여 종말점을 분명하게 하기 위해서
④ 과망간산칼륨의 산화력을 증가시키기 위해서

해설
ES 04315.1b 화학적 산소요구량-적정법-산성 과망간산칼륨법
염소이온은 과망간산에 의해 정량적으로 산화되어 양의 오차를 유발하므로 황산은을 첨가하여 염소이온의 간섭을 제거한다.

65 **다이페닐카바자이드와 반응하여 생성하는 적자색 착화합물의 흡광도를 540nm에서 측정하는 중금속은?**

① 6가크롬　　② 인산염인
③ 구 리　　④ 총 인

해설
ES 04415.2c 6가크롬-자외선/가시선 분광법
산성 용액에서 다이페닐카바자이드와 반응하여 생성하는 적자색 착화합물의 흡광도를 540nm에서 측정한다.

66 **정량한계(LOQ)를 옳게 표시한 것은?**

① 정량한계 = 3 × 표준편차
② 정량한계 = 3.3 × 표준편차
③ 정량한계 = 5 × 표준편차
④ 정량한계 = 10 × 표준편차

해설
ES 04001.b 정도보증/정도관리
정량한계(LOQ ; Limit Of Quantification)란 시험분석 대상을 정량화할 수 있는 측정값으로서, 제시된 정량한계 부근의 농도를 포함하도록 시료를 준비하고 이를 반복 측정하여 얻은 결과의 표준편차(s)에 10배한 값을 사용한다.

67 **총칙 중 관련 용어의 정의로 틀린 것은?**

① 용기 : 시험에 관련된 물질을 보호하고 이물질이 들어가는 것을 방지할 수 있는 것을 말한다.
② 바탕시험을 하여 보정한다 : 시료에 대한 처리 및 측정을 할 때, 시료를 사용하지 않고 같은 방법으로 조작한 측정치를 빼는 것을 말한다.
③ 정확히 취하여 : 규정한 양의 액체를 부피피펫으로 눈금까지 취하는 것을 말한다.
④ 정밀히 단다 : 규정된 양의 시료를 취하여 화학저울 또는 미량저울로 칭량함을 말한다.

해설
ES 04000.d 총칙
'용기'라 함은 시험용액 또는 시험에 관계된 물질은 보존, 운반 또는 조작하기 위하여 넣어 두는 것으로 시험에 지장을 주지 않도록 깨끗한 것을 말한다.

정답 63 ④ 64 ② 65 ① 66 ④ 67 ①

68 **막여과법에 의한 총대장균군 시험의 분석절차에 대한 설명으로 틀린 것은?**

① 멸균된 핀셋으로 여과막을 눈금이 위로 가게 하여 여과장치의 지지대 위에 올려 놓은 후 막여과장치의 깔때기를 조심스럽게 부착시킨다.

② 페트리접시에 20~80개의 세균 집락을 형성하도록 시료를 여과관 상부에 주입하면서 흡인여과하고 멸균수 20~30mL로 씻어 준다.

③ 여과하여야 할 예상 시료량이 10mL보다 적을 경우에는 멸균된 희석액으로 희석하여 여과하여야 한다.

④ 총대장균군수를 예측할 수 없는 경우에는 여과량을 달리하여 여러 개의 시료를 분석하여 한 여과 표면 위의 모든 형태의 집락수가 200개 이상의 집락이 형성되도록 하여야 한다.

해설

ES 04701.1g 총대장균군-막여과법

총대장균군수를 예측할 수 없을 경우에는 여과량을 달리하여 여러 개의 시료를 분석하고, 한 여과 표면 위 모든 형태의 집락수가 200개 이상 집락이 형성되지 않도록 하여야 한다.

69 **자외선/가시선 분광법에 의한 페놀류 시험방법에 대한 설명으로 틀린 것은?**

① 정량한계는 클로로폼 추출법일 때 0.005mg/L, 직접측정법일 때 0.05mg/L이다.

② 완충액을 시료에 가하여 pH 10으로 조절한다.

③ 붉은색의 안티피린계 색소의 흡광도를 측정한다.

④ 흡광도를 측정하는 방법으로 수용액에서는 460nm, 클로로폼 용액에서는 510nm에서 측정한다.

해설

ES 04365.1d 페놀류-자외선/가시선 분광법

증류한 시료에 염화암모늄-암모니아 완충용액을 넣어 pH 10으로 조절한 다음 4-아미노안티피린과 헥사시안화철(Ⅱ)산칼륨을 넣어 생성된 붉은색의 안티피린계 색소의 흡광도를 측정하는 방법으로 수용액에서는 510nm, 클로로폼 용액에서는 460nm에서 측정한다.

70 **금속성분을 측정하기 위한 시료의 전처리 방법 중 유기물을 다량 함유하고 있으면서 산분해가 어려운 시료에 적용되는 방법은?**

① 질산-염산에 의한 분해

② 질산-플루오린화수소산에 의한 분해

③ 질산-과염소산에 의한 분해

④ 질산-과염소산-플루오린화수소산에 의한 분해

해설

ES 04150.1b 시료의 전처리 방법

71 **예상 BOD치에 대한 사전경험이 없을 때 오염 정도가 심한 공장폐수의 희석배율(%)은?**

① 25~100 ② 5~25

③ 1~5 ④ 0.1~1.0

해설

ES 04305.1c 생물화학적 산소요구량

예상 BOD값에 대한 사전경험이 없을 때 시료 희석비율

- 오염 정도가 심한 공장폐수 : 0.1~1.0%
- 처리하지 않은 공장폐수와 침전된 하수 : 1~5%
- 처리하여 방류된 공장폐수 : 5~25%
- 오염된 하천수 : 25~100%

68 ④ 69 ④ 70 ③ 71 ④ 정답

72 **수은을 냉증기-원자흡수분광광도법으로 측정할 때 유리염소를 환원시키기 위해 사용하는 시약과 잔류하는 염소를 통기시켜 추출하기 위해 사용하는 가스는?**

① 염산하이드록실아민, 질소
② 염산하이드록실아민, 수소
③ 과망간산칼륨, 질소
④ 과망간산칼륨, 수소

해설

ES 04408.1c 수은-냉증기-원자흡수분광광도법
간섭물질

- 시료 중 염화물이온이 다량 함유된 경우에는 산화 조작 시 유리염소를 발생하여 253.7nm에서 흡광도를 나타낸다. 이 때는 염산하이드록실아민 용액을 과잉으로 넣어 유리염소를 환원시키고 용기 중에 잔류하는 염소는 질소 가스를 통기시켜 추출한다.
- 벤젠, 아세톤 등 휘발성 유기물질도 253.7nm에서 흡광도를 나타낸다. 이 때에는 과망간산칼륨 분해 후 헥산으로 이들 물질을 추출 분리한 다음 시험한다.

73 **자외선/가시선 분광법의 이론적 기초가 되는 Lambert-Beer의 법칙을 나타낸 것은?(단, I_0 : 입사광의 강도, I_t : 투사광의 강도, C : 농도, L : 빛의 투과거리, ε : 흡광계수)**

① $I_t = I_0 \cdot 10^{-\varepsilon CL}$
② $I_t = I_0 \cdot (-\varepsilon CL)$
③ $I_t = I_0/(10^{-\varepsilon CL})$
④ $I_t = I_0/-\varepsilon CL$

74 **시료채취 시 유의사항으로 틀린 것은?**

① 유류 또는 부유물질 등이 함유된 시료는 시료의 균질성이 유지될 수 있도록 채취해야 하며 침전물 등이 부상하여 혼입되어서는 안 된다.
② 퍼클로레이트를 측정하기 위한 시료를 채취할 때 시료의 공기접촉이 없도록 시료병에 가득 채운다.
③ 시료채취량은 시험항목 및 시험횟수에 따라 차이가 있으나 보통 3~5L 정도이어야 한다.
④ 휘발성 유기화합물 분석용 시료를 채취할 때에는 뚜껑의 격막을 만지지 않도록 주의하여야 한다.

해설

ES 04130.1e 시료의 채취 및 보존 방법
퍼클로레이트를 측정하기 위한 시료채취 시 시료 용기를 질산 및 정제수로 씻은 후 사용하며, 시료채취 시 시료병의 2/3를 채운다.

75 **금속류-유도결합플라스마-원자발광분광법의 간섭물질 중 발생가능성이 가장 낮은 것은?**

① 물리적 간섭　② 이온화 간섭
③ 분광 간섭　④ 화학적 간섭

해설

ES 04400.3c 금속류-유도결합플라스마-원자발광분광법

- 물리적 간섭 : 시료 도입부의 분무과정에서 시료의 비중, 점성도, 표면장력의 차이에 의해 발생한다. 시료의 물리적 성질이 다르면 플라스마로 흡입되는 원소의 양이 달라져 방출선의 세기에 차이가 생기며, 특히 비중이 큰 황산과 인산 사용 시 물리적 간섭이 크다. 시료의 종류에 따라 분무기의 종류를 바꾸거나, 시료의 희석, 매질일치법, 내부표준법, 농축분리법을 사용하여 간섭을 최소화한다.
- 이온화 간섭 : 이온화 에너지가 작은 나트륨 또는 칼륨 등 알칼리금속이 공존원소로 시료에 존재 시 플라스마의 전자밀도를 증가시키고, 증가된 전자밀도는 들뜬 상태의 원자와 이온화된 원자수를 증가시켜 방출선의 세기를 크게 할 수 있다. 또는 전자가 이온화된 시료 내의 원소와 재결합하여 이온화된 원소의 수를 감소시켜 방출선의 세기를 감소시킨다.
- 분광 간섭 : 측정원소의 방출선에 대해 플라스마의 기체 성분이나 공존 물질에서 유래하는 분광학적 요인에 의해 원래의 방출선의 세기 변동 및 다른 원자 혹은 이온의 방출선과의 겹침 현상이 발생할 수 있으며, 시료 분석 후 보정이 반드시 필요하다.
- 기타 : 플라스마의 높은 온도와 비활성으로 화학적 간섭의 발생 가능성은 낮으나, 출력이 낮은 경우 일부 발생할 수 있다.

정답 72 ① 73 ① 74 ② 75 ④

76 **기체크로마토그래프법을 이용한 유기인 측정에 관한 내용으로 틀린 것은?**

① 크로마토그램을 작성하여 나타난 피크의 유지시간에 따라 각 성분의 농도를 정량한다.

② 유기인화합물 중 이피엔, 파라티온, 메틸디메톤, 다이아지논 및 펜토에이드 측정에 적용한다.

③ 불꽃광도 검출기 또는 질소인 검출기를 사용한다.

④ 운반기체는 질소 또는 헬륨을 사용하며 유량은 0.5~3mL/min을 사용한다.

해설

ES 04503.1c 유기인-용매추출/기체크로마토그래피

각 시료별 크로마토그램으로부터 각 물질에 해당되는 피크의 높이 또는 면적을 측정한 후 농도(mg/L)를 계산한다. 유기인의 결과는 각 성분별 농도를 합산하여 표시한다.

77 **유량계 중 최대유량/최소유량 비가 가장 큰 것은?**

① 벤투리미터

② 오리피스

③ 자기식 유량측정기

④ 피토관

해설

ES 04140.1c 공장폐수 및 하수유량-관(Pipe) 내의 유량측정방법

유량계에 따른 최대유속과 최소유속의 비율

유량계	범위(최대유량 : 최소유량)
벤투리미터	4 : 1
유량측정용 노즐	4 : 1
오리피스	4 : 1
피토관	3 : 1
자기식 유량측정기	10 : 1

78 **0.1M $KMnO_4$ 용액을 용액층의 두께가 10mm 되도록 용기 넣고 5,400Å의 빛을 비추었을 때 그 30%가 투과되었다. 같은 조건하에서 40%의 빛을 흡수하는 $KMnO_4$ 용액 농도(M)는?**

① 0.02

② 0.03

③ 0.04

④ 0.05

해설

$A = \log\frac{1}{t}$

여기서, A : 흡광도

t : 투과도

- 30% 투과 시 흡광도 $= \log\frac{1}{0.3} \fallingdotseq 0.523$
- 40% 흡수 시 즉, 60% 투과 시 흡광도 $= \log\frac{1}{0.6} \fallingdotseq 0.222$

흡광도와 시료농도는 비례하므로

$0.523 : 0.1 = 0.222 : x$

$\therefore x \fallingdotseq 0.04$M

76 ① 77 ③ 78 ③ 정답

79 노말헥산 추출물질 분석에 관한 설명으로 틀린 것은?

① 시료를 pH 4 이하의 산성으로 하여 노말헥산층에 용해되는 물질을 노말헥산으로 추출한다.
② 폐수 중의 비교적 휘발되지 않는 탄화수소, 탄화수소유도체, 그리스 유상물질 및 광유류를 함유하고 있는 시료를 측정대상으로 한다.
③ 광유류의 양을 시험하고자 할 경우에는 활성규산마그네슘 칼럼으로 광유류를 흡착한 후 추출한다.
④ 지표수, 지하수, 폐수 등에 적용할 수 있으며, 정량한계는 0.5mg/L이다.

해설

ES 04302.1b 노말헥산 추출물질
물 중에 비교적 휘발되지 않는 탄화수소, 탄화수소유도체, 그리스 유상물질 및 광유류를 함유하고 있는 시료를 pH 4 이하의 산성으로 하여 노말헥산층에 용해되는 물질을 노말헥산으로 추출하고 노말헥산을 증발시킨 잔류물의 무게로부터 구하는 방법이다. 다만, 광유류의 양을 시험하고자 할 경우에는 활성규산마그네슘(플로리실) 칼럼을 이용하여 동식물유지류를 흡착·제거하고 유출액을 같은 방법으로 구할 수 있다.

80 위어의 수두가 0.8m, 절단의 폭이 5m인 4각 위어를 사용하여 유량을 측정하고자 한다. 유량계수가 1.6일 때 유량(m^3/day)은?

① 약 4,345　② 약 6,925
③ 약 8,245　④ 약 10,370

해설

ES 04140.2b 공장폐수 및 하수유량-측정용 수로 및 기타 유량측정방법
4각위어의 유량

$Q = K \cdot b \cdot h^{3/2}$

여기서, Q : 유량(m^3/분)
K : 유량계수
b : 절단의 폭(m)
h : 위어의 수두(m)

$$\therefore Q = \frac{1.6\text{m}^3}{\text{min}} \times 5 \times 0.8^{3/2} \times \frac{1,440\text{min}}{\text{day}} \fallingdotseq 8,243\text{m}^3/\text{day}$$

제5과목 | 수질환경관계법규

81 폐수처리업자의 준수사항으로 틀린 것은?

① 증발농축시설, 건조시설, 소각시설의 대기오염물질 농도를 매월 1회 자가측정하여야 하며, 분기마다 악취에 대한 자가측정을 실시하여야 한다.
② 처리 후 발생하는 슬러지의 수분함량은 85% 이하이여야 한다.
③ 수탁한 폐수는 정당한 사유 없이 5일 이상 보관할 수 없으며 보관폐수의 전체량이 저장시설 저장능력의 80% 이상 되게 보관하여서는 아니 된다.
④ 기술인력을 그 해당 분야에 종사하도록 하여야 하며, 폐수처리시설을 16시간 이상 가동할 경우에는 해당 처리시설의 현장근무 2년 이상의 경력자를 작업현장에 책임 근무하도록 하여야 한다.

해설

물환경보전법 시행규칙 [별표 21] 폐수처리업자의 준수사항
- 기술인력을 그 해당 분야에 종사하도록 하여야 하며, 폐수처리시설을 16시간 이상 가동할 경우에는 해당 처리시설의 현장근무 2년 이상의 경력자를 작업현장에 책임 근무하도록 하여야 한다.
- 폐수처리를 수탁요청 받은 때에는 정당한 사유 없이 이를 거부하거나 수거를 지연하여 위탁자의 사업에 지장을 주어서는 아니 된다.
- 수탁한 폐수는 정당한 사유 없이 10일 이상 보관할 수 없으며, 보관폐수의 전체량이 저장시설 저장능력의 90% 이상 되게 보관하여서는 아니 된다.
- 처리 후 발생하는 슬러지의 수분 함량은 85% 이하여야 한다.
- 증발농축시설, 건조시설, 소각시설의 대기오염물질 농도를 매월 1회 자가측정하여야 하며, 분기마다 악취에 대한 자가측정을 실시하여야 한다.

정답 79 ③ 80 ③ 81 ③

82 오염총량관리시행계획에 포함되어야 하는 사항으로 가장 거리가 먼 것은?

① 오염원 현황 및 예측
② 오염도 조사 및 오염부하량 산정방법
③ 연차별 오염부하량 삭감 목표 및 구체적 삭감 방안
④ 수질예측 산정자료 및 이행 모니터링 계획

해설

물환경보전법 시행령 제6조(오염총량관리시행계획 승인 등)
특별시장・광역시장・특별자치시장・특별자치도지사는 다음의 사항이 포함된 오염총량관리시행계획을 수립하여 환경부장관의 승인을 받아야 한다.

- 오염총량관리시행계획 대상 유역의 현황
- 오염원 현황 및 예측
- 연차별 지역 개발계획으로 인하여 추가로 배출되는 오염부하량 및 해당 개발계획의 세부 내용
- 연차별 오염부하량 삭감 목표 및 구체적 삭감 방안
- 오염부하량 할당 시설별 삭감량 및 그 이행 시기
- 수질예측 산정자료 및 이행 모니터링 계획

83 폐수처리 시 희석처리를 인정받고자 하는 자가 이를 입증하기 위해 시・도지사에게 제출하여야 하는 사항이 아닌 것은?

① 처리하려는 폐수의 농도 및 특성
② 희석처리의 불가피성
③ 희석배율 및 희석량
④ 희석처리 시 환경에 미치는 영향

해설

물환경보전법 시행규칙 제48조(수질오염물질 희석처리의 인정 등)
희석처리의 인정을 받으려는 자가 신청서 또는 신고서를 제출할 때에는 이를 증명하는 다음의 자료를 첨부하여 시・도지사에게 제출하여야 한다.

- 처리하려는 폐수의 농도 및 특성
- 희석처리의 불가피성
- 희석배율 및 희석량

84 낚시제한구역에서 과태료 처분을 받는 행위에 속하지 않는 것은?

① 1명당 4대 이상의 낚시대를 사용하는 행위
② 낚시바늘에 떡밥을 뭉쳐서 미끼로 던지는 행위
③ 고기를 잡기 위하여 폭발물을 이용하는 행위
④ 낚시어선업을 영위하는 행위

해설

물환경보전법 제82조(과태료)
제20조제2항에 따른 제한사항을 위반하여 낚시제한구역에서 낚시행위를 한 사람에게는 100만원 이하의 과태료를 부과한다.
물환경보전법 제20조제2항
낚시제한구역에서 낚시행위를 하려는 사람은 낚시의 방법, 시기 등 환경부령으로 정하는 사항을 준수하여야 한다. 이 경우 환경부장관이 환경부령을 정할 때에는 해양수산부장관과 협의하여야 한다.
물환경보전법 시행규칙 제30조(낚시제한구역에서의 제한사항)
법 제20조제2항 전단에서 '환경부령으로 정하는 사항'이란 다음의 사항을 말한다.

- 낚시방법에 관한 다음의 행위
  - 낚시바늘에 끼워서 사용하지 아니하고 물고기를 유인하기 위하여 떡밥・어분 등을 던지는 행위
  - 어선을 이용한 낚시행위 등 낚시 관리 및 육성법에 따른 낚시어선업을 영위하는 행위(내수면어업법 시행령에 따른 외줄낚시는 제외한다)
  - 1명당 4대 이상의 낚시대를 사용하는 행위
  - 1개의 낚시대에 5개 이상의 낚시바늘을 떡밥과 뭉쳐서 미끼로 던지는 행위
  - 쓰레기를 버리거나 취사행위를 하거나 화장실이 아닌 곳에서 대・소변을 보는 등 수질오염을 일으킬 우려가 있는 행위
  - 고기를 잡기 위하여 폭발물・배터리・어망 등을 이용하는 행위(내수면어업법에 따라 면허 또는 허가를 받거나 신고를 하고 어망을 사용하는 경우는 제외한다)
- 내수면어업법 시행령에 따른 내수면 수산자원의 포획금지행위
- 낚시로 인한 수질오염을 예방하기 위하여 그 밖에 시・군・자치구의 조례로 정하는 행위

82 ② 83 ④ 84 ② 정답

85 위임업무 보고사항 중 보고횟수가 연 1회에 해당되는 것은?

① 기타수질오염원 현황
② 폐수위탁·사업장 내 처리현황 및 처리실적
③ 과징금 징수 실적 및 체납처분 현황
④ 폐수처리업에 대한 등록·지도단속실적 및 처리실적 현황

해설

물환경보전법 시행규칙 [별표 23] 위임업무 보고사항

업무내용	보고횟수
기타수질오염원 현황	연 2회
폐수처리업에 대한 허가·지도단속실적 및 처리 실적 현황	연 2회
폐수위탁·사업장 내 처리현황 및 처리실적	연 1회
과징금 징수 실적 및 체납처분 현황	연 2회

※ 법 개정으로 ④번의 내용 변경

86 농약사용제한 규정에 대한 설명으로 (   )에 들어갈 기간은?

> 시·도지사는 골프장의 농약사용제한 규정에 따라 골프장의 맹독성·고독성 농약의 사용 여부를 확인하기 위하여 (   )마다 골프장별로 농약사용량을 조사하고 농약잔류량을 검사하여야 한다.

① 한 달
② 분 기
③ 반 기
④ 1년

해설

물환경보전법 시행규칙 제89조(골프장의 맹독성·고독성 농약 사용여부의 확인)

시·도지사는 골프장의 맹독성·고독성 농약의 사용 여부를 확인하기 위하여 반기마다 골프장별로 농약사용량을 조사하고 농약잔류량를 검사하여야 한다.

87 오염총량관리지역의 수계 이용 상황 및 수질상태 등을 고려하여 대통령령이 정하는 바에 따라 수계구간별로 오염총량관리의 목표가 되는 수질을 정하여 고시하여야 하는 자는?

① 대통령
② 환경부장관
③ 특별 및 광역시장
④ 도지사 및 군수

해설

물환경보전법 제4조의2(오염총량목표수질의 고시·공고 및 오염총량관리기본방침의 수립)

환경부장관은 오염총량관리지역의 수계 이용 상황 및 수질상태 등을 고려하여 대통령령으로 정하는 바에 따라 수계구간별로 오염총량관리의 목표가 되는 수질을 정하여 고시하여야 한다.

88 배출부과금 부과 시 고려사항이 아닌 것은?(단, 환경부령으로 정하는 사항은 제외한다)

① 배출허용기준 초과 여부
② 배출되는 수질오염물질의 종류
③ 수질오염물질의 배출기간
④ 수질오염물질의 위해성

해설

물환경보전법 제41조(배출부과금)

배출부과금을 부과할 때에는 다음의 사항을 고려하여야 한다.

- 배출허용기준 초과 여부
- 배출되는 수질오염물질의 종류
- 수질오염물질의 배출기간
- 수질오염물질의 배출량
- 자가측정 여부

정답 85 ② 86 ③ 87 ② 88 ④

89 **비점오염저감시설을 시설유형별 기준에서 자연형 시설이 아닌 것은?**

① 저류시설 ② 인공습지
③ 여과형 시설 ④ 식생형 시설

해설

물환경보전법 시행규칙 [별표 6] 비점오염저감시설
여과형 시설은 장치형 시설에 해당한다.

90 **물환경보전법령상 용어 정의가 틀린 것은?**

① 폐수 : 물에 액체성 또는 고체성의 수질오염물질이 섞여 있어 그대로는 사용할 수 없는 물
② 수질오염물질 : 사람의 건강, 재산이나 동식물 생육에 위해를 줄 수 있는 물질로 환경부령으로 정하는 것
③ 강우유출수 : 비점오염원의 수질오염물질이 섞여 유출되는 빗물 또는 눈 녹은 물 등
④ 기타수질오염원 : 점오염원 및 비점오염원으로 관리되지 아니하는 수질오염물질을 배출하는 시설 또는 장소로서 환경부령으로 정하는 것

해설

물환경보전법 제2조(정의)
수질오염물질이란 수질오염의 요인이 되는 물질로서 환경부령으로 정하는 것을 말한다.

91 **공공수역의 물환경 보전을 위하여 고랭지 경작지에 대한 경작방법으로 권고할 수 있는 기준(환경부령으로 정함)이 되는 해발고도와 경사도는?**

① 300m 이상, 10% 이상
② 300m 이상, 15% 이상
③ 400m 이상, 10% 이상
④ 400m 이상, 15% 이상

해설

물환경보전법 시행규칙 제85조(휴경 등 권고대상 농경지의 해발고도 및 경사도)
'환경부령으로 정하는 해발고도'란 해발 400m를 말하고 '환경부령으로 정하는 경사도'란 경사도 15%를 말한다.

92 **수질오염경보의 종류별·경보단계별 조치사항 중 상수원 구간에서 조류경보의 [관심]단계일 때 유역·지방환경청장의 조치사항인 것은?**

① 관심경보 발령
② 대중매체를 통한 홍보
③ 조류 제거 조치 실시
④ 시험분석 결과를 발령기관으로 통보

해설

물환경보전법 시행령 [별표 4] 수질오염경보의 종류별·경보단계별 조치사항
조류경보-상수원 구간

단 계	관계 기관	조치사항
관 심	유역·지방 환경청장	• 관심경보 발령 • 주변오염원에 대한 지도·단속

89 ③ 90 ② 91 ④ 92 ① 정답

93 폐수처리방법이 생물화학적 처리방법인 경우 환경부령으로 정하는 시운전기간은?(단, 가동시작일은 5월 1일이다)

① 가동시작일부터 30일
② 가동시작일부터 50일
③ 가동시작일부터 70일
④ 가동시작일부터 90일

해설

물환경보전법 시행규칙 제47조(시운전기간 등)

'환경부령으로 정하는 기간'이란 다음의 구분에 따른 기간을 말한다.

- 폐수처리방법이 생물화학적 처리방법인 경우 : 가동시작일부터 50일. 다만, 가동시작일이 11월 1일부터 다음 연도 1월 31일까지에 해당하는 경우에는 가동시작일부터 70일로 한다.
- 폐수처리방법이 물리적 또는 화학적 처리방법인 경우 : 가동시작일부터 30일

94 수질 및 수생태계 환경기준 중 하천의 사람의 건강보호 기준항목인 6가크롬 기준(mg/L)으로 옳은 것은?

① 0.01 이하
② 0.02 이하
③ 0.05 이하
④ 0.08 이하

해설

환경정책기본법 시행령 [별표 1] 환경기준

수질 및 수생태계-하천-사람의 건강보호 기준

항 목	기준값(mg/L)
6가크롬(Cr^{6+})	0.05 이하

95 비점오염원관리지역의 지정기준으로 틀린 것은?

① 환경기준에 미달하는 하천으로 유달부하량 중 비점오염원이 30% 이상인 지역
② 비점오염물질에 의하여 자연생태계에 중대한 위해가 초래되거나 초래될 것으로 예상되는 지역
③ 인구 100만 명 이상인 도시로서 비점오염원관리가 필요한 지역
④ 지질이나 지층 구조가 특이하여 특별한 관리가 필요하다고 인정되는 지역

해설

물환경보전법 시행령 제76조(관리지역의 지정기준 · 지정절차)

① 하천 및 호소의 물환경에 관한 환경기준 또는 수계영향권별, 호소별 물환경 목표기준에 미달하는 유역으로 유달부하량(流達負荷量) 중 비점오염 기여율이 50% 이상인 지역
③ 불투수면적률이 25% 이상인 지역으로서 비점오염원 관리가 필요한 지역

※ 법 개정으로 ③번의 내용이 변경되어 정답은 ①, ③이다.

96 측정기기의 부착 대상 및 종류 중 부대시설에 해당되는 것으로 옳게 짝지은 것은?

① 자동시료채취기, 자료수집기
② 자동측정분석기기, 자동시료채취기
③ 용수적산유량계, 적산전력계
④ 하수, 폐수적산유량계, 적산전력계

해설

물환경보전법 시행령 [별표 7] 측정기기의 종류 및 부착 대상

측정기기의 종류

- 수질자동측정기기
  - 수소이온농도(pH) 수질자동측정기기
  - 총유기탄소량(TOC) 수질자동측정기기
  - 부유물질량(SS) 수질자동측정기기
  - 총질소(T-N) 수질자동측정기기
  - 총인(T-P) 수질자동측정기기
- 부대시설
  - 자동시료채취기
  - 자료수집기(Data Logger)
- 적산전력계
- 적산유량계
  - 용수적산유량계
  - 하수 · 폐수적산유량계

정답 93 ② 94 ③ 95 ① 96 ①

97 초과배출부과금의 부과 대상이 되는 오염물질의 종류에 포함되지 않는 것은?

① 페놀류 ② 테트라클로로에틸렌
③ 망간 및 그 화합물 ④ 플루오린화합물

해설

물환경보전법 시행령 제46조(초과배출부과금 부과 대상 수질오염물질의 종류)
- 유기물질
- 부유물질
- 카드뮴 및 그 화합물
- 시안화합물
- 유기인화합물
- 납 및 그 화합물
- 6가크롬화합물
- 비소 및 그 화합물
- 수은 및 그 화합물
- 폴리염화바이페닐(Polychlorinated Biphenyl)
- 구리 및 그 화합물
- 크롬 및 그 화합물
- 페놀류
- 트라이클로로에틸렌
- 테트라클로로에틸렌
- 망간 및 그 화합물
- 아연 및 그 화합물
- 총질소
- 총 인

98 중점관리저수지의 지정 기준으로 옳은 것은?

① 총저수용량이 1백만m^3 이상인 저수지
② 총저수용량이 1천만m^3 이상인 저수지
③ 총저수용량이 1백만m^2 이상인 저수지
④ 총저수용량이 1천만m^2 이상인 저수지

해설

물환경보전법 제31조의2(중점관리저수지의 지정 등)
환경부장관은 관계 중앙행정기관의 장과 협의를 거쳐 다음의 어느 하나에 해당하는 저수지를 중점관리저수지로 지정하고, 저수지관리자와 그 저수지의 소재지를 관할하는 시·도지사로 하여금 해당 저수지가 생활용수 및 관광·레저의 기능을 갖추도록 그 수질을 관리하게 할 수 있다.
- 총저수용량이 1,000만m^3 이상인 저수지
- 오염 정도가 대통령령으로 정하는 기준을 초과하는 저수지
- 그 밖에 환경부장관이 상수원 등 해당 수계의 수질보전을 위하여 필요하다고 인정하는 경우

99 수질오염방지시설 중 물리적 처리시설이 아닌 것은?

① 혼합시설 ② 침전물 개량시설
③ 응집시설 ④ 유수분리시설

해설

물환경보전법 시행규칙 [별표 5] 수질오염방지시설
침전물 개량시설은 화학적 처리시설에 해당한다.

100 초과부과금의 산정에 필요한 수질오염물질과 1kg당 부과금액이 옳게 연결된 것은?

① 유기물질 – 500원
② 총질소 – 30,000원
③ 페놀류 – 50,000원
④ 유기인화합물 – 150,000원

해설

물환경보전법 시행령 [별표 14] 초과부과금의 산정기준

<table>
<tr><th colspan="2">수질오염물질</th><th colspan="2">수질오염물질 1kg당 부과금액(단위 : 원)</th></tr>
<tr><td colspan="2" rowspan="2">유기물질</td><td>배출농도를 생물화학적 산소요구량 또는 화학적 산소요구량으로 측정한 경우</td><td>250</td></tr>
<tr><td>배출농도를 총유기탄소량으로 측정한 경우</td><td>450</td></tr>
<tr><td colspan="2">총질소</td><td colspan="2">500</td></tr>
<tr><td colspan="2">페놀류</td><td colspan="2">150,000</td></tr>
<tr><td>특정유해물질</td><td>유기인화합물</td><td colspan="2">150,000</td></tr>
</table>

97 ④ 98 ② 99 ② 100 ④ 정답

2020년 제4회 과년도 기출문제

제1과목 | 수질오염개론

01 호수에 부하되는 인산량을 적용하여 대상 호수의 영양상태를 평가, 예측하는 모델 중 호수 내의 인의 물질수지 관계식을 이용하여 평가하는 방법으로 가장 널리 이용되는 것은?

① Vollenweider Model
② Streeter-Phelps Models
③ 2차원 POM
④ ISC Model

해설
Vollenweider Model
- 호소에 부하되는 인산량을 적용하여 대상호소의 영양상태를 평가, 예측하는 모델 중 호소 내의 인의 물질수지 관계식을 이용하여 평가하는 모델이다.
- 인 변화량 = 유입부하량 − 유출부하량 − 침전량

02 우리나라의 수자원 이용현황 중 가장 많이 이용되어져 온 용수는?

① 공업용수
② 농업용수
③ 생활용수
④ 유지용수(하천)

해설
우리나라 수자원 이용현황은 농업용수 > 유지용수 > 생활용수 > 공업용수 순이다.

03 일차 반응에서 반응물질의 반감기가 5일이라고 한다면 물질의 90%가 소모되는데 소요되는 시간(일)은?

① 약 14
② 약 17
③ 약 19
④ 약 22

해설
1차 반응식을 이용하여 계산한다.

$\ln\frac{C_t}{C_o} = -Kt$

반감기가 5day이므로

$\ln\frac{50}{100} = -K\times 5,\ K \fallingdotseq 0.1386\text{day}^{-1}$

90%가 소모되므로 $C_t = 0.1C_o$

$\ln 0.1 = -0.1386\times t$

$\therefore\ t \fallingdotseq 16.7\text{day}$

04 Fungi(균류, 곰팡이류)에 관한 설명으로 틀린 것은?

① 원시적 탄소동화작용을 통하여 유기물질을 섭취하는 독립영양계 생물이다.
② 폐수 내의 질소와 용존산소가 부족한 경우에도 잘 성장하며 pH가 낮은 경우에도 잘 성장한다.
③ 구성물질의 75~80%가 물이며 $C_{10}H_{17}O_6N$을 화학구조식으로 사용한다.
④ 폭이 약 5~10μm로서 현미경으로 쉽게 식별되며 슬러지팽화의 원인이 된다.

해설
Fungi는 유기물질을 섭취하는 호기성 종속미생물이며, 탄소동화작용를 하는 것은 조류이다.

정답 1 ① 2 ② 3 ② 4 ①

05 하천수에서 난류확산에 의한 오염물질의 농도분포를 나타내는 난류확산방정식을 이용하기 위하여 일차적으로 고려해야 할 인자와 가장 관련이 적은 것은?

① 대상 오염물질의 침강속도(m/s)
② 대상 오염물질의 자기감쇠계수
③ 유속(m/s)
④ 하천수의 난류지수(Re. No)

해설

난류확산방정식 인자
- 하천수의 오염물질농도
- 유하거리, 단면, 수심방향의 유속 및 방향
- 난류확산계수
- 오염물질의 침강속도
- 오염물질의 자기감쇠계수

06 직경이 0.1mm인 모관에서 10℃일 때 상승하는 물의 높이(cm)는?(단, 공기밀도 1.25×10^{-3}g/cm (10℃ 일 때), 접촉각은 0°, h(상승높이) = $4\sigma/[gr(Y-Y_a)]$, 표면장력 74.2dyne/cm)

① 30.3
② 42.5
③ 51.7
④ 63.9

해설

상승높이

$h=4\sigma/[gr(Y-Y_a)]$

$$=\frac{4\times 74.2\,g/s^2}{980cm/s^2\times 0.01cm\times[(1-1.25\times 10^{-3})g/cm^3]}$$

$\fallingdotseq$ 30.32cm

※ 저자의견 : 문제에서 주어진 공기밀도의 단위가 'g/cm³'이어야 문제를 풀 수 있으므로, 문제 오류로 보인다.

07 다음 수질을 가진 농업용수의 SAR값으로 판단할 때 Na^+가 흙에 미치는 영향은?(단, 수질농도 Na^+ = 230mg/L, Ca^{2+} = 60mg/L, Mg^{2+} = 36mg/L, PO_4^{3-} = 1,500mg/L, Cl^- = 200mg/L, 원자량 = 나트륨 23, 칼슘 40, 마그네슘 24, 인 31)

① 영향이 적다.
② 영향이 중간 정도이다.
③ 영향이 비교적 높다.
④ 영향이 매우 높다.

해설

$$SAR=\frac{Na^+}{\sqrt{\frac{Ca^{2+}+Mg^{2+}}{2}}}=\frac{(230/23)}{\sqrt{\frac{(60/20)+(36/12)}{2}}}\fallingdotseq 5.77$$

- SAR이 10 이하이면 적합하다.
- SAR이 10~26이면 상당한 영향을 받을 수 있다.
- SAR이 26 이상이면 식물에 많은 영향을 미치게 된다.

∴ SAR ≒ 5.77 → 적합하므로 영향이 적다고 할 수 있다.

08 확산의 기본법칙인 Fick's 제1법칙을 가장 알맞게 설명한 것은?(단, 확산에 의해 어떤 면적요소를 통과하는 물질의 이동속도 기준)

① 이동속도는 확산물질의 조성비에 비례한다.
② 이동속도는 확산물질의 농도경사에 비례한다.
③ 이동속도는 확산물질의 분자확산계수와 반비례한다.
④ 이동속도는 확산물질의 유입과 유출의 차이만큼 축적된다.

해설

픽의 법칙(Fick's Law)

액체 중에서 용질의 확산에 관한 법칙으로, 액체 중에서 용질이 자유 확산을 하는 경우 확산 방향에 수직의 단면을 통과하는 용질의 양은 단면적과 용질의 농도기울기와 시간에 비례한다는 법칙이다.

5 ④ 6 ① 7 ① 8 ② 정답

09 C_2H_6 15g이 완전 산화하는데 필요한 이론적 산소량(g)은?

① 약 46 ② 약 56
③ 약 66 ④ 약 76

해설

$C_2H_6 + 3.5O_2 \rightarrow 2CO_2 + 3H_2O$
30g : 3.5 × 32g
15g : x
∴ x = 56g

10 콜로이드 응집의 기본 메커니즘과 가장 거리가 먼 것은?

① 이중층 분산
② 전하의 중화
③ 침전물에 의한 포착
④ 입자 간의 가교 형성

해설

콜로이드 입자 응집
- 이중층의 압축
- 전하의 전기적 중화
- 침전물에 의한 포착
- 입자 간의 가교 형성

11 탈산소계수가 0.15/day이면 BOD_5와 BOD_u의 비(BOD_5/BOD_u)는?(단, 밑수는 상용대수이다)

① 약 0.69
② 약 0.74
③ 약 0.82
④ 약 0.91

해설

$BOD_t = BOD_u(1-10^{-k_1 t})$
$BOD_5 = BOD_u(1-10^{-0.15\times5})$
$\therefore \frac{BOD_5}{BOD_u} = 1-10^{-0.75} \fallingdotseq 0.82$

12 회전원판공법(RBC)에서 원판면적의 약 몇 %가 폐수속에 잠겨서 운전하는 것이 가장 좋은가?

① 20
② 30
③ 40
④ 50

해설

일반적으로 회전원판공법에서는 원판면적이 35~45% 정도 물에 잠겨서 운전하도록 한다.

13 미생물세포의 비증식속도를 나타내는 식에 대한 설명이 잘못된 것은?

$$\mu = \mu_{max} \times \frac{[S]}{[S]+K_s}$$

① μ_{max}는 최대 비증식속도로 시간$^{-1}$ 단위이다.
② K_s는 반속도상수로서 최대 성장률이 1/2일 때의 기질의 농도이다.
③ $\mu = \mu_{max}$인 경우, 반응속도가 기질농도에 비례하는 1차 반응을 의미한다.
④ $[S]$는 제한기질농도이고 단위는 mg/L이다.

해설

$\mu = \mu_{max}$인 경우, 반응속도가 기질농도와는 무관한 0차 반응을 의미한다.

$\mu = \mu_{max}\frac{S}{K_s + S}$

여기서, μ : 세포의 비증식속도(1/d)
μ_{max} : 세포의 최대 비증식속도(1/d)
S : 제한기질농도(mg/L)
K_s : 반포화농도(mg/L)

정답 9 ② 10 ① 11 ③ 12 ③ 13 ③

14 수질예측모형의 공간성에 따른 분류에 관한 설명으로 틀린 것은?

① 0차원 모형 : 식물성 플랑크톤의 계절적 변동사항에 주로 이용된다.

② 1차원 모형 : 하천이나 호수를 종방향 또는 횡방향의 연속교반 반응조로 가정한다.

③ 2차원 모형 : 수질의 변동이 일방향성이 아닌 이방향성으로 분포하는 것으로 가정한다.

④ 3차원 모형 : 대호수의 순환 패턴분석에 이용된다.

해설

0차원 모형은 호수에 매년 축적되는 무기물질의 수지를 평가하는 데 이용된다.

15 화학합성균 중 독립영양균에 속하는 호기성균으로서 대표적인 황산화세균에 속하는 것은?

① Sphaerotilus

② Crenothrix

③ Thiobacillus

④ Leptothrix

해설

- 황산화미생물 : Thiobacillus, Beggiatoa, Thiothrix, Thioplaca
- 철산화미생물 : Ferrobacillus, Gallionella, Crenothrix, Sphaero-tilus, Leptothrix

16 0.1ppb Cd 용액 1L 중에 들어 있는 Cd의 양(g)은?

① 1×10^{-6} ② 1×10^{-7}

③ 1×10^{-8} ④ 1×10^{-9}

해설

$1\text{ppb}=10^{-3}\text{mg/L}$

$\therefore\ 0.1\text{ppb}=10^{-4}\text{mg/L}\times\frac{1\text{g}}{10^3\text{mg}}=10^{-7}\text{mg/L}$

17 μ(세포비증가율)가 μ_{max}의 80%일 때 기질농도(S_{80})와 μ_{max}의 20%일 때의 기질농도(S_{20})와의 (S_{80}/S_{20})비는?(단, 배양기 내의 세포비증가율은 Monod식이 적용)

① 4 ② 8

③ 16 ④ 32

해설

$\mu=\mu_{max}\frac{S}{K_s+S}$

- μ가 μ_{max}의 80%일 때

$0.8\mu_{max}=\mu_{max}\frac{S_{80}}{K_s+S_{80}}$

$0.8(K_s+S_{80})=S_{80},\ S_{80}=4K_s$

- μ가 μ_{max}의 20%일 때

$0.2\mu_{max}=\mu_{max}\frac{S_{20}}{K_s+S_{20}}$

$0.2(K_s+S_{20})=S_{20},\ S_{20}=0.25K_s$

$\therefore\ \frac{S_{80}}{S_{20}}=\frac{4}{0.25}=16$

18 부영양화의 영향으로 틀린 것은?

① 부영양화가 진행되면 상품가치가 높은 어종들이 사라져 수산업의 수익성이 저하된다.

② 부영양화된 호수의 수질은 질소와 인 등 영양염류의 농도가 높으나 이의 과잉공급은 농작물의 이상 성장을 초래하고 병충해에 대한 저항력을 약화시킨다.

③ 부영양호의 pH는 중성 또는 약산성이나 여름에는 일시적으로 강산성을 나타내어 저니층의 용출을 유발한다.

④ 조류로 인해 정수공정의 효율이 저하된다.

해설

부영양호의 pH는 일반적으로 중성 또는 약알칼리성이나 여름에는 때로 표층이 강알칼리성을 띠기도 한다.

14 ① 15 ③ 16 ② 17 ③ 18 ③ 정답

19 산소포화농도가 9mg/L인 하천에서 처음의 용존산소농도가 7mg/L라면 3일간 흐른 후 하천 하류 지점에서의 용존산소농도(mg/L)는?(단, BOD_u = 10mg/L, 탈산소계수 = $0.1day^{-1}$, 재폭기계수 = $0.2day^{-1}$, 상용대수 기준)

① 4.5　　② 5.0
③ 5.5　　④ 6.0

해설

하류시점에서의 용존산소농도 = 포화농도 − DO 부족농도
용존산소 부족농도

$$D_t = \frac{k_1 BOD_u}{k_2 - k_1}(10^{-k_1 t} - 10^{-k_2 t}) + D_o \times 10^{-k_2 t}$$
$$= \frac{0.1 \times 10}{0.2 - 0.1}(10^{-0.1 \times 3} - 10^{-0.2 \times 3}) + (9-7) \times 10^{-0.2 \times 3}$$
$$\fallingdotseq 3.00 mg/L$$

여기서, D_t : t시간의 용존산소 부족농도(mg/L)
k_1 : 하천수온에 따른 탈산소계수(day^{-1})
k_2 : 하천수온에 따른 재폭기계수(day^{-1})
BOD_u : 시작점의 최종 BOD 농도(mg/L)
t : 유하시간(day)
D_o : 시작점의 DO 부족농도(mg/L)

∴ 3일 후의 용존산소농도 = 9mg/L − 3mg/L ≒ 6.0mg/L

20 바다에서 발생되는 적조현상에 관한 설명과 가장 거리가 먼 것은?

① 적조 조류의 독소에 의한 어패류의 피해가 발생한다.
② 해수 중 용존산소의 결핍에 의한 어패류의 피해가 발생한다.
③ 갈수기 해수 내 염소량이 높아질 때 발생된다.
④ 플랑크톤의 번식에 충분한 광량과 영양염류가 공급될 때 발생된다.

해설

적조현상은 염분 농도가 낮을 때 잘 발생한다.

제2과목 | 상하수도계획

21 자연부식 중 매크로셀 부식에 해당되는 것은?

① 산소농담(통기차)
② 특수토양 부식
③ 간 섭
④ 박테리아 부식

해설

부식의 종류

자연부식	미크로셀 부식	• 박테리아 부식 • 일반토양 부식 • 특수토양 부식
	매크로셀 부식	• 이종금속 • 산소농담(통기차) • 콘크리트 · 토양
전 식		• 전철의 미주전류 • 간 섭

22 복류수를 취수하는 집수매거의 유출단에서 매거 내의 평균유속 기준은?

① 0.3m/s 이하
② 0.5m/s 이하
③ 0.8m/s 이하
④ 1.0m/s 이하

해설

집수매거의 유출단에서 매거 내의 평균유속은 1m/s 이하로 한다.

정답 19 ④ 20 ③ 21 ① 22 ④

23 **상수시설의 급수설비 중 급수관 접속 시 설계기준과 관련한 고려사항(위험한 접속)으로 옳지 않은 것은?**

① 급수관은 수도사업자가 관리하는 수도관 이외의 수도관이나 기타 오염의 원인으로 될 수 있는 관과 직접 연결해서는 안 된다.

② 급수관을 방화수조, 수영장 등 오염의 원인이 될 우려가 있는 시설과 연결하는 경우에는 급수관의 토출구를 만수면보다 25mm 이상의 높이에 설치해야 한다.

③ 대변기용 세척밸브는 유효한 진공파괴설비를 설치한 세척밸브나 대변기를 사용하는 경우를 제외하고는 급수관에 직결해서는 안 된다.

④ 저수조를 만들 경우에 급수관의 토출구는 수조의 만수면에서 급수관경 이상의 높이에 만들어야 한다. 다만, 관경이 50mm 이하의 경우는 그 높이를 최소 50mm로 한다.

해설

급수관을 방화수조, 수영장 등 오염의 원인이 될 우려가 있는 시설과 연결하는 경우에는 급수관의 토출구를 만수면보다 200mm 이상의 높이에 설치해야 한다.

24 **펌프의 비교회전도에 관한 설명으로 옳은 것은?**

① 비교회전도가 크게 될수록 흡입성능이 나쁘고 공동현상이 발생하기 쉽다.

② 비교회전도가 크게 될수록 흡입성능은 나쁘나 공동현상이 발생하기 어렵다.

③ 비교회전도가 크게 될수록 흡입성능이 좋고 공동현상이 발생하기 어렵다.

④ 비교회전도가 크게 될수록 흡입성능은 좋으나 공동현상이 발생하기 쉽다.

해설

펌프의 비교회전도가 클수록 대용량, 저양정에 유리하지만 흡입성능이 나쁘고 공동현상이 발생하기 쉽다.

25 **수평부설한 직경 300mm, 길이 3,000m의 주철관에 8,640m^3/day로 송수 시 관로 끝에서의 손실수두(m)는?(단, 마찰계수 f = 0.03, g = 9.8m/s^2, 마찰손실만 고려)**

① 약 10.8

② 약 15.3

③ 약 21.6

④ 약 30.6

해설

손실수두

$$h_f = f \times \frac{L}{D} \times \frac{V^2}{2g}$$

• 유량 $= \frac{8,640\text{m}^3}{\text{day}} \times \frac{\text{day}}{86,400\text{s}} = \frac{0.1\text{m}^3}{\text{s}}$

• 유속 $= \frac{\text{유량}}{\text{면적}} = \frac{0.1\text{m}^3/\text{s}}{\frac{3.14 \times (0.3\text{m})^2}{4}} \fallingdotseq 1.415\text{m/s}$

$$\therefore\ h_f = 0.03 \times \frac{3,000\text{m}}{0.3\text{m}} \times \frac{(1.415\text{m/s})^2}{2 \times 9.8\text{m/s}^2} \fallingdotseq 30.65\text{m}$$

26 **하천수를 수원으로 하는 경우, 취수시설인 취수문에 대한 설명으로 틀린 것은?**

① 취수지점은 일반적으로 상류부의 소하천에 사용하고 있다.

② 하상변동이 작은 지점에서 취수할 수 있어 복단면의 하천 취수에 유리하다.

③ 시공조건에서 일반적으로 가물막이를 하고 임시하도 설치 등을 고려해야 한다.

④ 기상조건에서 파랑에 대하여 특히 고려할 필요는 없다.

해설

취수문은 복단면의 하천 취수에 유리하지 않다.

23 ② 24 ① 25 ④ 26 ② 정답

27 정수시설인 배수관의 수압에 관한 내용으로 옳은 것은?

① 급수관을 분기하는 지점에서 배수관 내의 최대 정수압은 150kPa(약 1.6kgf/cm^2)를 초과하지 않아야 한다.

② 급수관을 분기하는 지점에서 배수관 내의 최대 정수압은 250kPa(약 2.6kgf/cm^2)를 초과하지 않아야 한다.

③ 급수관을 분기하는 지점에서 배수관 내의 최대 정수압은 450kPa(약 4.6kgf/cm^2)를 초과하지 않아야 한다.

④ 급수관을 분기하는 지점에서 배수관 내의 최대 정수압은 700kPa(약 7.1kgf/cm^2)를 초과하지 않아야 한다.

해설

급수관을 분기하는 지점에서 배수관 내의 최대 정수압은 700kPa(약 7.1kgf/cm^2)를 초과하지 않아야 하며, 최소 동수압은 150kPa(약 1.53kgf/cm^2) 이상의 적정한 수압을 확보한다.

28 화학적 처리를 위한 응집시설 중 급속혼화시설에 관한 설명으로 (　)에 옳은 내용은?

> 기계식 급속혼화시설을 채택하는 경우에는 (　) 이내의 체류시간을 갖는 혼화지에 응집제를 주입한 다음 즉시 급속교반시킬 수 있는 혼화장치를 설치한다.

① 30초

② 1분

③ 3분

④ 5분

해설

1분 이내의 체류시간

29 상수도시설 중 침사지에 관한 설명으로 틀린 것은?

① 위치는 가능한 한 취수구에 근접하여 제내지에 설치한다.

② 지의 유효수심은 2~3m를 표준으로 한다.

③ 지의 상단높이는 고수위보다 0.6~1m의 여유고를 둔다.

④ 지내 평균유속은 2~7cm/s를 표준으로 한다.

해설

침사지의 구조

- 지내 평균유속은 2~7cm/s, 표면부하율은 200~500mm/min을 표준으로 한다.
- 지의 길이는 폭의 3~8배를 표준으로 한다.
- 지의 상단높이는 고수위보다 0.6~1m의 여유고를 둔다.
- 지의 유효수심은 3~4m를 표준으로 하고, 퇴사심도는 0.5~1m로 한다.
- 바닥은 모래배출을 위하여 중앙에 배수로를 설치하고, 길이방향에는 배수구로 향하여 1/100, 가로방향은 중앙배수로를 향하여 1/50 정도의 경사를 둔다.

30 해수담수화시설 중 역삼투설비에 관한 설명으로 옳지 않은 것은?

① 해수담수화시설에서 생산된 물은 pH나 경도가 낮기 때문에 필요에 따라 적절한 약품을 주입하거나 다른 육지의 물과 혼합하여 수질을 조정한다.

② 막모듈은 플러싱과 약품세척 등을 조합하여 세척한다.

③ 고압펌프를 정지할 때에는 드로백이 유지되도록 체크밸브를 설치하여야 한다.

④ 고압펌프는 효율과 내식성이 좋은 기종으로 하며 그 형식은 시설규모 등에 따라 선정한다.

해설

고압펌프를 정지할 때에는 드로백(Draw-back)에 대처하기 위하여 필요에 따라 드로백수조를 설치한다.

정답 27 ④ 28 ② 29 ② 30 ③

31 계획취수량은 계획1일 최대급수량의 몇 % 정도의 여유를 두고 정하는가?

① 5%　② 10%
③ 15%　④ 20%

해설

계획취수량은 계획1일 최대급수량의 10% 증가된 수량으로 정한다.

32 관경 1,100mm, 역사이펀 관거 내의 동수경사 2.4‰, 유속 2.15m/s, 역사이펀 관거의 길이 76m일 때, 역사이펀의 손실수두(m)는?(단, β = 1.5m α = 0.05m이다)

① 0.29　② 0.39
③ 0.49　④ 0.59

해설

역사이펀의 손실수두

$$H = I \times L + \frac{\beta V^2}{2g} + \alpha$$

$$= \frac{2.4}{1{,}000} \times 76\text{m} + \frac{1.5 \times (2.15\text{m/s})^2}{2 \times 9.8\text{m/s}^2} + 0.05\text{m} \fallingdotseq 0.586\text{m}$$

여기서, H : 역사이펀에서의 손실수두(m)
I : 역사이펀 관거의 동수경사
L : 역사이펀 관거의 길이
V : 역사이펀 내의 유속(m/s)
g : 중력가속도(9.8m/s^2)
α : 손실수두에 관한 여유율
β : 계수

33 하수도계획의 목표연도는 원칙적으로 몇 년 정도로 하는가?

① 10년　② 15년
③ 20년　④ 25년

해설

하수도계획의 목표연도는 원칙적으로 20년으로 한다.

34 원형 원심력 철근콘크리트관에 만수된 상태로 송수된다고 할 때 Manning 공식에 의한 유속(m/s)은?(단, 조도계수 = 0.013, 동수경사 = 0.002, 관지름 = 250mm)

① 0.24
② 0.54
③ 0.72
④ 1.03

해설

Manning 공식 : $V = \frac{1}{n} \cdot R^{\frac{2}{3}} \cdot I^{\frac{1}{2}}$

여기서, n : 조도계수
I : 동수경사
R : 경심(유수단면적을 윤변으로 나눈 것 $= \frac{A}{S}$, 원 또는 반원인 경우 $= \frac{D}{4}$)

$R = \frac{D}{4}$ 이므로 $R = \frac{0.25\text{m}}{4} = 0.0625\text{m}$

$\therefore\ V = \frac{1}{0.013} \times 0.0625^{\frac{2}{3}} \times 0.002^{\frac{1}{2}} \fallingdotseq 0.54\text{m/s}$

35 상수도 취수보의 취수구에 관한 설명으로 틀린 것은?

① 높이는 배사문의 바닥높이보다 0.5~1m 이상 낮게 한다.
② 유입속도는 0.4~0.8m/s를 표준으로 한다.
③ 제수문의 전면에는 스크린을 설치한다.
④ 계획취수위는 취수구로부터 도수기점까지의 손실수두를 계산하여 결정한다.

해설

취수구의 높이는 배사문의 바닥높이보다 0.5~1.0m 이상 높게 한다.

31 ② 32 ④ 33 ③ 34 ② 35 ① 정답

36 **상수도시설에서 급수관을 배관하고자 할 경우의 고려사항으로 옳지 않은 것은?**

① 급수관을 공공도로에 부설할 경우에는 다른 매설물과의 간격을 30cm 이상 확보한다.
② 수요가의 대지 내에서 가능한 한 직선배관이 되도록 한다.
③ 가급적 건물이나 콘크리트의 기초 아래를 횡단하여 배관하도록 한다.
④ 급수관이 개거를 횡단하는 경우에는 가능한 한 개거의 아래로 부설한다.

해설
가급적 건물이나 콘크리트의 기초 아래를 횡단하는 배관은 피해야 한다.

37 **합류식에서 우천 시 계획오수량은 원칙적으로 계획시간 최대오수량의 몇 배 이상으로 고려하여야 하는가?**

① 1.5배 ② 2.0배
③ 2.5배 ④ 3.0배

해설
합류식의 우천 시 계획오수량은 원칙적으로 계획시간 최대오수량의 3배 이상으로 한다.

38 **상수도시설인 착수정에 관한 설명으로 (　　)에 옳은 것은?**

착수정의 용량은 체류시간을 (　　) 이상으로 한다.

① 0.5분 ② 1.0분
③ 1.5분 ④ 3.0분

해설
착수정의 용량은 체류시간을 1.5분 이상으로 하고, 수심은 3~5m 정도로 한다.

39 **하수관거시설이 황화수소에 의하여 부식되는 것을 방지하기 위한 대책으로 틀린 것은?**

① 관거를 청소하고 미생물의 생식 장소를 제거한다.
② 염화제2철을 주입하여 황화물을 고정화한다.
③ 염소를 주입하여 ORP를 저하시킨다.
④ 환기에 의해 관 내 황화수소를 희석한다.

해설
염소를 주입하여 ORP 저하를 방지한다.

40 **유역면적이 $2km^2$인 지역에서의 우수유출량을 산정하기 위하여 합리식을 사용하였다. 다음 조건일 때 관거 길이 1,000m인 하수관의 우수유출량(m^3/s)은?(단, 강우강도 $I(mm/h)=\dfrac{3,660}{t+30}$, 유입시간 6분, 유출계수 0.7, 관 내의 평균유속 1.5m/s)**

① 약 25
② 약 30
③ 약 35
④ 약 40

해설
- $I=\dfrac{3,660}{t+30}=\dfrac{3,660}{18.1+30}\fallingdotseq 76.1$

  여기서, t(min)는 유달시간으로 유입시간+유하시간이다.
  - 유입시간 = 7min
  - 유하시간 $=\dfrac{1,000m}{1.5m/s}\times\dfrac{1min}{60s}\fallingdotseq 11.1min$
- $A=2km^2=200ha$

$\therefore\ Q=\dfrac{1}{360}CIA=\dfrac{1}{360}\times0.7\times76.1\times200\fallingdotseq 29.59m^3/s$

정답 36 ③ 37 ④ 38 ③ 39 ③ 40 ②

제3과목 | 수질오염방지기술

41 응집에 관한 설명으로 옳지 않은 것은?

① 황산알루미늄을 응집제로 사용할 때 수산화물 플록을 만들기 위해서는 황산알루미늄과 반응할 수 있도록 물에 충분한 알칼리도가 있어야 한다.
② 응집제로 황산알루미늄은 대개 철염에 비해 가격이 저렴한 편이다.
③ 응집제로 황산알루미늄은 철염보다 넓은 pH 범위에서 적용이 가능하다.
④ 응집제로 황산알루미늄을 사용하는 경우, 적당한 pH 범위는 대략 4.5에서 8이다.

해설
- 황산알루미늄 : 응집제로 pH 4.5~8 범위 적용
- 철염 : 응집제로 pH 4~12 범위 적용

42 1차 침전지의 유입 유량은 1,000m^3/day이고 SS 농도는 350mg/L이다. 1차 침전지에서의 SS 제거효율이 60%일 때 하루에 1차 침전지에서 발생되는 슬러지 부피(m^3)는?(단, 슬러지의 비중 = 1.05, 함수율 = 94%, 기타 조건은 고려하지 않음)

① 2.3 ② 2.5
③ 2.7 ④ 3.3

해설

$SL_v(\mathrm{m^3/day}) = SL_m(\mathrm{kg/day}) \times \frac{1}{\rho}$

여기서, SL_m(슬러지의 무게)

= 제거되는 SS / 슬러지 중 고형물의 비율

$= \frac{350\mathrm{mg\ TS}}{\mathrm{L}} \times \frac{1{,}000\mathrm{m^3}}{\mathrm{day}} \times \frac{10^3\mathrm{L}}{\mathrm{m^3}} \times \frac{1\mathrm{kg}}{10^6\mathrm{mg}} \times \frac{60}{100}$

$\times \frac{100\mathrm{SL}}{(100-94)\mathrm{TS}} = 3{,}500\mathrm{kg/day}$

$\therefore SL_v(\mathrm{m^3/day}) = 3{,}500\mathrm{kg/day} \times \frac{1}{1{,}050\mathrm{kg/m^3}}$

$\fallingdotseq 3.33\mathrm{m^3/day}$

43 도시 폐수의 침전시간에 따라 변화하는 수질인자의 종류와 거리가 가장 먼 것은?

① 침전성 부유물 ② 총부유물
③ BOD_5 ④ SVI 변화

해설
BOD_5는 침전시간에 따라 변화하는 요소와는 거리가 멀다.

44 무기물이 0.30g/g VSS로 구성된 생물성 VSS를 나타내는 폐수의 경우, 혼합액 중의 TSS와 VSS 농도가 각각 2,000mg/L, 1,480mg/L라 하면 유입수로부터 기인된 불활성 고형물에 대한 혼합액 중의 농도(mg/L)는?(단, 유입된 불활성 부유 고형물질의 용해는 전혀 없다고 가정)

① 76 ② 86
③ 96 ④ 116

해설

TSS = VSS + FSS

FSS = TSS − VSS

여기서, VSS 중 무기물의 농도 $= 1{,}480\mathrm{mg/L\ VSS} \times \frac{0.30\mathrm{mg}}{1\mathrm{mg\ VSS}}$

$= 444\mathrm{mg/L}$

∴ 불활성 고형물 = FSS − 무기물 = 520 − 444 = 76mg/L

45 부피가 4,000m^{3}인 포기조의 MLSS 농도가 2,000mg/L, 반송슬러지의 SS 농도가 8,000mg/L, 슬러지 체류시간(SRT)이 5일이면 폐슬러지의 유량(m^3/day)은?(단, 2차 침전지 유출수 중의 SS는 무시한다)

① 125 ② 150
③ 175 ④ 200

해설

$\mathrm{SRT} = \frac{VX}{X_r Q_w + (Q - Q_w)SS_e}$

2차 침전지 유출수 중의 SS를 무시하면

$\mathrm{SRT} = \frac{VX}{X_r Q_w}$

$5\mathrm{day} = \frac{4{,}000\mathrm{m^3} \times 2{,}000\mathrm{mg/L}}{8{,}000\mathrm{mg/L} \times Q_w}$

$\therefore Q_w = 200\mathrm{m^3/day}$

41 ③ 42 ④ 43 ③ 44 ① 45 ④ 정답

46 폐수 내 시안화합물 처리방법인 알칼리 염소법에 관한 설명과 가장 거리가 먼 것은?

① CN의 분해를 위해 유지되는 pH는 10 이상이다.
② 니켈과 철의 시안착염이 혼입된 경우 분해가 잘 되지 않는다.
③ 산화제의 투입량이 과잉인 경우에는 염화시안이 발생되므로 산화제는 약간 부족하게 주입한다.
④ 염소처리 시 강알칼리성 상태에서 1단계로 염소를 주입하여 시안화합물을 시안산화물로 변환시킨 후 중화하고 2단계로 염소를 재주입하여 N_2와 CO_2로 분해시킨다.

해설
산화제의 투입량이 부족할 경우 시안화합물이 잔류하거나 염화시안이 발생하게 되므로, 산화제는 약간 과잉으로 주입해야 한다.

47 생물학적 3차 처리를 위한 A/O 공정을 나타낸 것으로 각 반응조 역할을 가장 적절하게 설명한 것은?

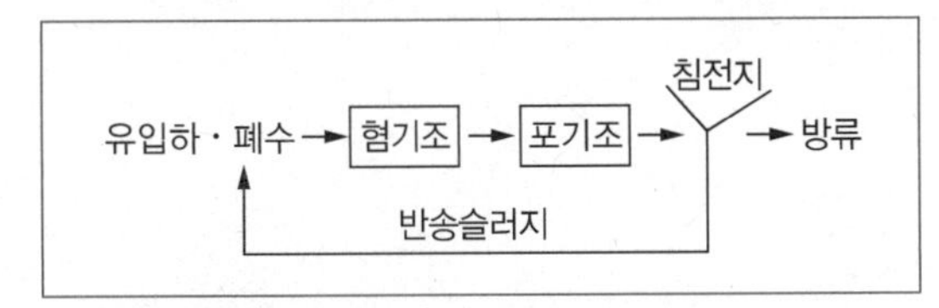

① 혐기조에서는 유기물 제거와 인의 방출이 일어나고, 포기조에서는 인의 과잉섭취가 일어난다.
② 포기조에서는 유기물 제거가 일어나고, 혐기조에서는 질산화 및 탈질이 동시에 일어난다.
③ 제거율을 높이기 위해서는 외부탄소원인 메탄올 등을 포기조에 주입한다.
④ 혐기조에서는 인의 과잉섭취가 일어나며, 포기조에서는 질산화가 일어난다.

해설
A/O 공정은 인을 제거하기 위한 공정으로, 혐기조에서는 인의 방출, 호기조에서는 인의 흡수가 일어난다.

48 정수장 응집 공정에 사용되는 화학약품 중 나머지 셋과 그 용도가 다른 하나는?

① 오 존
② 명 반
③ 폴리비닐아민
④ 황산제일철

해설
응집 공정 시 오존으로 전처리를 하면 응집효과가 증가하며 응집제의 절감을 가져올 수 있다. 명반, 폴리비닐아민, 황산제일철은 응집 공정에 쓰이는 응집제이다.

49 수량 36,000m^3/day의 하수를 폭 15m, 길이 30m, 깊이 25m의 침전지에서 표면적 부하 40$m^3/m^2 \cdot$day의 조건으로 처리하기 위한 침전지의 수(개)는?(단, 병렬 기준)

① 2 ② 3
③ 4 ④ 5

해설
- 표면적 부하 = 유입유량 / 표면적

$$40m^3/m^2 \cdot day = \frac{36{,}000m^3/day}{표면적}$$

표면적 = 900m^2
- 침전지 하나의 표면적 = 15m × 30m = 450m^2

∴ 필요한 침전지의 개수는 2개이다.

정답 46 ③ 47 ① 48 ① 49 ①

50 생물학적 질소 및 인 동시제거공정으로서 혐기조, 무산소조, 호기조로 구성되며, 혐기조에서 인 방출, 무산소조에서 탈질화, 호기조에서 질산화 및 인 섭취가 일어나는 공정은?

① A^2/O 공정
② Phostrip 공정
③ Modified Bardenphor 공정
④ Modified UCT 공정

해설
A^2/O 공정은 A/O 공정을 개량하여 질소와 인을 동시에 제거할 수 있도록 만든 공정이다. 혐기조(인 방출), 무산소조(탈질), 호기조(질산화 및 인 섭취)로 구성되어 있다.

51 공단 내에 새 공장을 건립할 계획이 있다. 공단 폐수처리장은 현재 876L/s의 폐수를 처리하고 있다. 공단 폐수처리장에서 Phenol을 제거할 조치를 강구치 않는다면 폐수처리장의 방류수 내 Phenol의 농도(mg/L)는?(단, 새 공장에서 배출될 Phenol의 농도는 $10g/m^3$이고 유량은 87.6L/s이며 새 공장 외에는 Phenol 배출 공장이 없다)

① 0.51　　② 8.6
③ 0.91　　④ 1.11

해설
전체 배출량 = 876L/s + 87.6L/s = 963.6L/s
전체 배출량에서 새 공장 페놀 배출량 비율 = 87.6/963.6 = 1/11
새 공장 배출 페놀 농도 = $10g/m^3$ = 10mg/L이며, 1/11로 희석되므로
∴ 방류수 내 페놀 농도 = 10mg/L × (1/11) ≒ 0.91mg/L

52 Chick's Law에 의하면 염소소독에 의한 미생물 사멸율은 1차 반응에 따른다. 미생물의 80%가 0.1mg/L 잔류염소로 2분 내에 사멸된다면 99.9%를 사멸시키기 위해서 요구되는 접촉시간(분)은?

① 5.7　　② 8.6
③ 12.7　　④ 14.2

해설
1차 반응에 따르므로

$$\ln\frac{C_t}{C_o} = -kt$$

미생물의 80%가 2분 내에 사멸한다고 하면

$$\ln\frac{20}{100} = -k \times 2\text{min},\ k \fallingdotseq 0.805\text{min}^{-1}$$

99.9%를 사멸시키기 위해 필요한 시간은

$$\ln\frac{0.1}{100} = -0.805\text{min}^{-1} \times t$$

$\therefore\ t \fallingdotseq 8.58\text{min}$

53 질산화 박테리아에 대한 설명으로 옳지 않은 것은?

① 절대호기성이어서 높은 산소농도를 요구한다.
② Nitrobacter는 암모늄이온의 존재하에서 pH 9.5 이상이면 생장이 억제된다.
③ 질산화 반응의 최적온도는 25℃이며 20℃ 이하, 40℃ 이상에서는 활성이 없다.
④ Nitrosomonas는 알칼리성 상태에서는 활성이 크지만 pH 6.0 이하에서는 생장이 억제된다.

해설
질산화 반응의 최적온도는 30℃ 정도이다.

50 ① 51 ③ 52 ② 53 ③ 정답

54 활성슬러지 공정 중 핀플럭이 주로 많이 발생하는 공정은?

① 심층포기법 ② 장기포기법
③ 점감식포기법 ④ 계단식포기법

해설
장기포기법은 긴 체류시간에 의한 운전으로 인하여 알칼리도 소모에 따른 pH 저하와 침전지에서 슬러지의 침강성이 나쁘고 핀플럭 현상이 발생하여 유출수 수질 악화의 우려가 있다.

55 고농도의 액상 PCB 처리방법으로 가장 거리가 먼 것은?

① 방사선 조사(코발트 60에 의한 γ선 조사)
② 연소법
③ 자외선 조사법
④ 고온고압 알칼리 분해법

해설
방사선 조사법은 저농도의 액상 PCB 처리방법 중 하나이다.
고농도의 액상 PCB 처리방법 : 연소법, 자외선 조사법, 추출법, 고온고압 알칼리 분해법

56 살수여상 상단에서 연못화(Ponding)가 일어나는 원인으로 가장 거리가 먼 것은?

① 여재가 너무 작을 때
② 여재가 견고하지 못하고 부서질 때
③ 탈락된 생물막이 공극을 폐쇄할 때
④ BOD 부하가 낮을 때

해설
살수여상 연못화의 원인
- 여재가 너무 작거나 균일하지 못할 때
- 여재가 견고하지 못하고 부서질 때
- 탈락된 생물막이 공극을 폐쇄할 때
- 기질부하율이 너무 높을 때

57 CFSTR에서 물질을 분해하여 효율 95%로 처리하고자 한다. 이 물질은 0.5차 반응으로 분해되며, 속도상수는 $0.05(mg/L)^{1/2}/h$이다. 유량은 500L/h이고 유입농도는 250mg/L로 일정하다면 CFSTR의 필요 부피(m^3)는?(단, 정상상태 가정)

① 약 520 ② 약 572
③ 약 620 ④ 약 672

해설
CFSTR 반응식을 이용한다.

$$Q_o(C_o - C_t) = KVC_t^m$$

$$\therefore V = \frac{Q_o(C_o - C_t)}{KC_t^m}$$

$$= \frac{0.5\text{m}^3}{\text{h}} \times \frac{(250-12.5)\text{mg}}{\text{L}} \times \frac{\text{h}}{0.05(\text{mg/L})^{0.5}} \times \left(\frac{\text{L}}{12.5\text{mg}}\right)^{0.5}$$

$$\fallingdotseq 671.75\text{m}^3$$

여기서, $C_t = C_o \times (1-0.95) = 250 \times (1-0.95) = 12.5\text{mg/L}$

58 회전생물막접촉기(RBC)에 관한 설명으로 틀린 것은?

① 재순환이 필요 없고 유지비가 적게 든다.
② 메디아는 전형적으로 약 40%가 물에 잠긴다.
③ 운영변수가 적어 모델링이 간단하고 편리하다.
④ 설비는 경량재료로 만든 원판으로 구성되며 1~2rpm의 속도로 회전한다.

해설
RBC는 운영변수가 많아 모델링이 복잡하다.

정답 54 ② 55 ① 56 ④ 57 ④ 58 ③

59 1차 처리된 분뇨의 2차 처리를 위해 포기조, 2차 침전지로 구성된 표준 활성슬러지를 운영하고 있다. 운영 조건이 다음과 같을 때 고형물 체류시간(SRT, day)은?(단, 유입유량 = 1,000m^3/day, 포기조 수리학적 체류시간 = 6시간, MLSS 농도 = 3,000mg/L, 잉여슬러지 배출량 = 30m^3/day, 잉여슬러지 SS 농도 = 10,000mg/L, 2차 침전지 유출수 SS 농도 = 5mg/L)

① 약 2　　② 약 2.5
③ 약 3　　④ 약 3.5

해설

$$SRT = \frac{VX}{X_r Q_w + (Q - Q_w) SS_e}$$

여기서, X_r : 반송슬러지 농도
Q_w : 반송슬러지 유량
Q : 유입유량
SS_e : 유출수 SS 농도
V : 포기조 용적
X : MLSS 농도

$$V = Q \times HRT = \frac{1{,}000m^3}{day} \times 6h \times \frac{day}{24h} = 250m^3$$

∴ SRT

$$= \frac{250m^3 \times 3{,}000mg/L}{10{,}000mg/L \times 30m^3/day + (1{,}000-30)m^3/day \times 5mg/L}$$

≒ 2.46day

60 생물학적 인 제거를 위한 A/O 공정에 관한 설명으로 옳지 않은 것은?

① 폐슬러지 내의 인의 함량이 비교적 높고 비료의 가치가 있다.
② 비교적 수리학적 체류시간이 짧다.
③ 낮은 BOD/P비가 요구된다.
④ 추운 기후의 운전조건에서 성능이 불확실하다.

해설

A/O 공정은 높은 BOD/P비가 요구되는 단점이 있다.

제4과목 | 수질오염공정시험기준

61 물벼룩을 이용한 급성 독성 시험법에서 사용하는 용어의 정의로 틀린 것은?

① 치사 : 일정 비율로 준비된 시료에 물벼룩을 투입하고 24시간 경과 시험용기를 살며시 움직여주고, 15초 후 관찰했을 때 아무 반응이 없는 경우를 '치사'라 판정한다.
② 유영저해 : 독성물질에 의해 영향을 받아 일부 기관(촉가, 후복부 등)이 움직임이 없을 경우를 '유영저해'로 판정한다.
③ 반수영향농도 : 투입 시험생물의 50%가 치사 혹은 유영저해를 나타낸 농도이다.
④ 지수식 시험방법 : 시험기간 중 시험용액을 교환하여 농도를 지수적으로 계산하는 시험을 말한다.

해설

ES 04704.1c 물벼룩을 이용한 급성 독성 시험법
지수식 시험방법 : 시험기간 중 시험용액을 교환하지 않는 시험을 말한다.
※ 공정시험기준 개정으로 다음과 같이 내용 변경
- 치사 : 일정 희석비율로 준비된 시료에 물벼룩을 투입하여 24시간 경과 후 시험용기를 손으로 살짝 두드리고, 15초 후 관찰했을 때 독성물질에 영향을 받아 움직임이 명백하게 없는 상태를 '치사'로 판정한다.
- 유영저해 : 일정 희석비율로 준비된 시료에 물벼룩을 투입하여 24시간 경과 후 시험용기를 손으로 살짝 두드리고, 15초 후 관찰했을 때 독성물질에 영향을 받아 움직임이 없으면 '유영저해'로 판정한다. 이때 안테나나 다리 등 부속지를 움직이더라도 유영하지 못한다면 '유영저해'로 판정한다.

59 ② 60 ③ 61 ④ 정답

62 시료량 50mL를 취하여 막여과법으로 총대장균군수를 측정하려고 배양을 한 결과, 50개의 집락수가 생성되었을 때 총대장균군수/100mL는?

① 10 ② 100
③ 1,000 ④ 10,000

해설

ES 04701.1g 총대장균군-막여과법

총대장균군수/100mL $= \frac{C}{V} \times 100 = \frac{50}{50} \times 100 = 100$

여기서, C : 생성된 집락수
V : 여과한 시료량(mL)

63 폐수의 부유물질(SS)을 측정하였더니 1,312mg/L이었다. 시료 여과 전 유리섬유여지의 무게가 1.2113g이고, 이때 사용된 시료량이 100mL이었다면 시료여과 후 건조시킨 유리섬유여지의 무게(g)는?

① 1.2242 ② 1.3425
③ 2.5233 ④ 3.5233

해설

ES 04303.1b 부유물질

부유물질(mg/L) $= (b-a) \times \frac{1,000}{V}$

여기서, a : 시료 여과 전의 유리섬유여지 무게(mg)
b : 시료 여과 후의 유리섬유여지 무게(mg)
V : 시료의 양(mL)

$1,312\text{mg/L} = (b-1,211.3\text{mg}) \times \frac{1,000}{100}$

$\therefore\ b = 1,342.5\text{mg} = 1.3425\text{g}$

64 흡광도 측정에서 투과율이 30%일 때 흡광도는?

① 0.37 ② 0.42
③ 0.52 ④ 0.63

해설

$A = \log\frac{1}{t}$

여기서, A : 흡광도
t : 투과도

∴ 30% 투과 시 흡광도 $= \log\frac{1}{0.3} ≒ 0.523$

65 BOD 측정용 시료를 희석할 때 식종 희석수를 사용하지 않아도 되는 시료는?

① 잔류염소를 함유한 폐수
② pH 4 이하 산성으로 된 폐수
③ 화학공장 폐수
④ 유기물질이 많은 가정 하수

해설

유기물질이 많은 가정 하수에는 식종 희석수가 필요하지 않다.

ES 04305.1c 생물화학적 산소요구량

BOD용 식종 희석수 : 시료 중에 유기물질을 산화시킬 수 있는 미생물의 양이 충분하지 못할 때, 미생물을 시료에 넣어 주는 것을 말한다.

정답 62 ② 63 ② 64 ③ 65 ④

66 예상 BOD치에 대한 사전 경험이 없을 때, 희석하여 시료를 조제하는 기준으로 알맞은 것은?

① 오염정도가 심한 공장폐수 : 0.01~0.05%

② 오염된 하천수 : 10~20%

③ 처리하여 방류된 공장폐수 : 50~70%

④ 처리하지 않은 공장폐수 : 1~5%

해설

ES 04305.1c 생물화학적 산소요구량

오염 정도가 심한 공장폐수는 0.1~1.0%, 처리하지 않은 공장폐수와 침전된 하수는 1~5%, 처리하여 방류된 공장폐수는 5~25%, 오염된 하천수는 25~100%의 시료가 함유되도록 희석 조제한다.

67 하천수의 시료 채취 지점에 관한 내용으로 ( )에 공통으로 들어갈 내용은?

하천의 단면에서 수심이 가장 깊은 수면의 지점과 그 지점을 중심으로 하여 좌우로 수면폭을 2등분한 각각의 지점의 수면으로부터 수심 ( ) 미만일 때에는 수심의 1/3에서 수심 ( ) 이상일 때에는 수심의 1/3 및 2/3에서 각각 채수한다.

① 2m ② 3m

③ 5m ④ 6m

해설

ES 04130.1e 시료의 채취 및 보존 방법

하천의 단면에서 수심이 가장 깊은 수면의 지점과 그 지점을 중심으로 하여 좌우로 수면폭을 2등분한 각각의 지점의 수면으로부터 수심 2m 미만일 때에는 수심의 1/3에서, 수심이 2m 이상일 때에는 수심의 1/3 및 2/3에서 각각 채수한다.

68 2N와 7N HCl 용액을 혼합하여 5N-HCl 1L를 만들고자 한다. 각각 몇 mL씩을 혼합해야 하는가?

① 2N-HCl 400mL와 7N-HCl 600mL

② 2N-HCl 500mL와 7N-HCl 400mL

③ 2N-HCl 300mL와 7N-HCl 700mL

④ 2N-HCl 700mL와 7N-HCl 300mL

해설

7N HCl의 양을 x라 하면

$2(1-x)+7x=5\times1$

$5x=3$

$x=0.6$

∴ 7N HCl 600mL, 2N HCl 400mL

69 데발다합금 환원증류법으로 질산성 질소를 측정하는 원리의 설명으로 틀린 것은?

① 데발다합금으로 질산성 질소를 암모니아성 질소로 환원한다.

② 지표수, 지하수, 폐수 등에 적용할 수 있으며, 정량한계는 중화적정법은 0.1mg/L, 흡광도법은 0.5mg/L이다.

③ 아질산성 질소는 설퍼민산으로 분해 제거한다.

④ 암모니아성 질소 및 일부 분해되기 쉬운 유기질소는 알칼리성에서 증류 제거한다.

해설

ES 04361.4c 질산성 질소-데발다합금 환원증류법

이 시험기준은 지표수, 폐수 등에 적용할 수 있으며, 정량한계는 중화적정법은 0.5mg/L, 흡광도법은 0.1mg/L이다.

66 ④ 67 ① 68 ① 69 ② 정답

70 **분원성 대장균군(막여과법) 분석시험에 관한 내용으로 틀린 것은?**

① 분원성 대장균군이란 온혈동물의 배설물에서 발견되는 그람음성·무포아성의 간균이다.
② 물속에 존재하는 분원성 대장균군을 측정하기 위하여 페트리접시에 배지를 올려놓은 다음 배양 후 여러 가지 색조를 띠는 청색의 집락을 계수하는 방법이다.
③ 배양기 또는 항온수조는 배양온도를 25±0.5℃로 유지할 수 있는 것을 사용한다.
④ 실험결과는 '분원성 대장균군수/100mL'로 표기한다.

해설

ES 04702.1e 분원성 대장균군-막여과법
배양기 또는 항온수조는 배양온도를 44.5±0.2℃로 유지할 수 있는 것을 사용한다.

71 **석유계 총탄화수소 용매추출/기체크로마토그래프에 대한 설명으로 틀린 것은?**

① 칼럼은 안지름 0.20~0.35mm, 필름두께 0.1~3.0μm, 길이 15~60m의 DB-1, DB-5 및 DB-624 등의 모세관이나 동등한 분리성능을 가진 모세관으로 대상 분석 물질의 분리가 양호한 것을 택하여 시험한다.
② 운반기체는 순도 99.999% 이상의 헬륨으로서(또는 질소) 유량은 0.5~5mL/min로 한다.
③ 검출기는 불꽃광도 검출기(FPD)를 사용한다.
④ 시료 주입부 온도는 280~320℃, 칼럼온도는 40~320℃로 사용한다.

해설

ES 04502.1b 석유계 총탄화수소-용매추출/기체크로마토그래피
검출기로 불꽃이온화 검출기(FID ; Flame Ionization Detector)로 280~320℃로 사용한다.

72 **카드뮴을 자외선/가시선 분광법으로 측정할 때 사용되는 시약으로 가장 거리가 먼 것은?**

① 수산화나트륨용액
② 아이오딘화칼륨용액
③ 시안화칼륨용액
④ 타타르산용액

해설

ES 04413.2d 카드뮴-자외선/가시선 분광법
시 약
- 디티존·사염화탄소용액(0.005%)
- 사이트르산이암모늄용액(10%)
- 수산화나트륨용액(10%)
- 시안화칼륨용액(1%)
- 염산(1+10)
- 염산하이드록실아민용액(10%)
- 타타르산용액(2%)

73 **연속흐름법으로 시안 측정 시 사용되는 흐름주입분석기에 관한 설명으로 옳지 않은 것은?**

① 연속흐름분석기의 일종이다.
② 다수의 시료를 연속적으로 자동분석하기 위하여 사용된다.
③ 기본적인 본체의 구성은 분할흐름분석기와 같으나 용액의 흐름 사이에 공기방울을 주입하지 않는 것이 차이점이다.
④ 시료의 연속흐름에 따라 상호 오염을 미연에 방지할 수 있다.

해설

ES 04353.3c 시안-연속흐름법
흐름주입분석기(FIA ; Flow Injection Analyzer)란 연속흐름분석기의 일종으로 다수의 시료를 연속적으로 자동분석하기 위하여 사용한다. 기본적인 본체의 구성은 분할흐름분석기와 같으나 용액의 흐름 사이에 공기방울을 주입하지 않는 것이 차이점이다. 공기방울 미주입에 따라 시료의 분산 및 연속흐름에 따른 상호 오염의 우려가 있으나 분석시간이 빠르고 기계장치가 단순화되는 장점이 있다.

정답 70 ③ 71 ③ 72 ② 73 ④

74 **감응계수를 옳게 나타낸 것은?(단, 검정곡선 작성용 표준용액의 농도 : C, 반응값 : R)**

① 감응계수 = R/C
② 감응계수 = C/R
③ 감응계수 = $R\times C$
④ 감응계수 = $C-R$

해설

ES 04001.b 정도보증/정도관리
감응계수는 검정곡선 작성용 표준용액의 농도(C)에 대한 반응값(R, Response)을 말하며 다음과 같이 구한다.
감응계수 = $\frac{R}{C}$

75 **수질오염물질을 측정함에 있어 측정의 정확성과 통일성을 유지하기 위한 제반사항에 관한 설명으로 틀린 것은?**

① 시험에 사용하는 시약은 따로 규정이 없는 한 1급 이상 또는 이와 동등한 규격의 시약을 사용한다.
② '항량으로 될 때까지 건조한다'라는 의미는 같은 조건에서 1시간 더 건조할 때 전후 무게의 차가 g당 0.3mg 이하일 때를 말한다.
③ 기체 중의 농도는 표준상태(0℃, 1기압)로 환산 표시한다.
④ '정확히 취하여'라 하는 것은 규정한 양의 시료를 부피피펫으로 0.1mL까지 취하는 것을 말한다.

해설

ES 04000.d 총칙
'정확히 취하여'라 하는 것은 규정한 양의 액체를 부피피펫으로 눈금까지 취하는 것을 말한다.

76 **유도결합플라스마 원자발광분광법으로 금속류를 측정할 때 간섭에 관한 내용으로 옳지 않은 것은?**

① 물리적 간섭 : 시료 도입부의 분무과정에서 시료의 비중, 점성도, 표면장력의 차이에 의해 발생한다.
② 분광 간섭 : 측정원소의 방출선에 대해 플라스마의 기체성분이나 공존 물질에서 유래하는 분광학적 요인에 의해 원래의 방출선의 세기 변동 및 다른 원자 혹은 이온의 방출선과의 겹침 현상이 발생할 수 있다.
③ 이온화 간섭 : 이온화 에너지가 큰 나트륨 또는 칼륨 등 알칼리 금속이 공존원소로 시료에 존재 시 플라스마의 전자밀도를 감소시킨다.
④ 물리적 간섭 : 시료의 종류에 따라 분무기의 종류를 바꾸거나 시료의 희석, 매질 일치법, 내부표준법, 농축분리법을 사용하여 간섭을 최소화한다.

해설

ES 04400.3c 금속류-유도결합플라스마-원자발광분광법
간섭물질
- 물리적 간섭 : 시료 도입부의 분무과정에서 시료의 비중, 점성도, 표면장력의 차이에 의해 발생한다. 시료의 물리적 성질이 다르면 플라스마로 흡입되는 원소의 양이 달라져 방출선의 세기에 차이가 생기며, 특히 비중이 큰 황산과 인산 사용 시 물리적 간섭이 크다. 시료의 종류에 따라 분무기의 종류를 바꾸거나 시료의 희석, 매질 일치법, 내부표준법, 농축분리법을 사용하여 간섭을 최소화한다.
- 이온화 간섭 : 이온화 에너지가 작은 나트륨 또는 칼륨 등 알칼리 금속이 공존원소로 시료에 존재 시 플라스마의 전자밀도를 증가시키고, 증가된 전자밀도는 들뜬 상태의 원자와 이온화된 원자수를 증가시켜 방출선의 세기를 크게 할 수 있다. 또는 전자가 이온화된 시료 내의 원소와 재결합하여 이온화된 원소의 수를 감소시켜 방출선의 세기를 감소시킨다.
- 분광 간섭 : 측정원소의 방출선에 대해 플라스마의 기체 성분이나 공존 물질에서 유래하는 분광학적 요인에 의해 원래의 방출선의 세기 변동 및 다른 원자 혹은 이온의 방출선과의 겹침 현상이 발생할 수 있으며, 시료 분석 후 보정이 반드시 필요하다.
- 기타 : 플라스마의 높은 온도와 비활성으로 화학적 간섭의 발생 가능성은 낮으나, 출력이 낮은 경우 일부 발생할 수 있다.

74 ① 75 ④ 76 ③ 정답

77 다음 중 관 내의 유량측정방법이 아닌 것은?

① 오리피스
② 자기식 유량측정기
③ 피토(Pitot)관
④ 위어(Weir)

해설
ES 04140.1c 공장폐수 및 하수유량-관(Pipe) 내의 유량측정방법
벤투리미터, 유량측정용 노즐, 오리피스, 피토관, 자기식 유량측정기

78 측정항목 중 H_2SO_4를 이용하여 pH를 2 이하로 한 후 4℃에서 보존하는 것이 아닌 것은?

① 화학적 산소요구량
② 질산성 질소
③ 암모니아성 질소
④ 총질소

해설
ES 04130.1e 시료의 채취 및 보존 방법
질산성 질소는 4℃ 이하에서 보관하면 된다.

79 수질오염공정시험기준에서 시료보존방법이 지정되어 있지 않은 측정항목은?

① 용존산소(윙클러법) ② 플루오린
③ 색 도 ④ 부유물질

해설
ES 04130.1e 시료의 채취 및 보존 방법
플루오린, 브롬이온, 염소이온 등은 시료보존방법이 지정되어 있지 않는 항목이다.

80 금속류-불꽃 원자흡수분광광도법에서 일어나는 간섭 중 광학적 간섭에 관한 설명으로 맞은 것은?

① 표준용액과 시료 또는 시료와 시료 간의 물리적 성질(점도, 밀도, 표면장력 등)의 차이 또는 표준물질과 시료의 매질 차이에 의해 발생한다.
② 불꽃온도가 너무 높을 경우 중성원자에서 전자를 빼앗아 이온이 생성될 수 있으며 이 경우 음(-)의 오차가 발생하게 된다.
③ 분석하고자 하는 원소의 흡수파장과 비슷한 다른 원소의 파장이 서로 겹쳐 비이상적으로 높게 측정되는 경우이다.
④ 불꽃의 온도가 분자를 들뜬 상태로 만들기 충분히 높지 않아서, 해당 파장을 흡수하지 못하여 발생한다.

해설
ES 04400.1d 금속류-불꽃 원자흡수분광광도법
광학적 간섭
- 분석하고자 하는 원소의 흡수파장과 비슷한 다른 원소의 파장이 서로 겹쳐 비이상적으로 높게 측정되는 경우이다. 또는 다중원소 램프 사용 시 다른 원소로부터 공명 에너지나 속빈 음극램프의 금속 불순물에 의해서도 발생한다. 이 경우 슬릿 간격을 좁힘으로서 간섭을 배제할 수 있다.
- 시료 중에 유기물의 농도가 높을 경우 이들에 의한 복사선 흡수가 일어나 양(+)의 오차를 유발하게 되므로 바탕선 보정(Background Correction)을 실시하거나 분석 전에 유기물을 제거하여야 한다.
- 용존 고체 물질 농도가 높으면 빛 산란 등 비원자적 흡수현상이 발생하여 간섭이 발생할 수 있다. 바탕값이 커서 보정이 어려울 경우 다른 파장을 선택하여 분석한다.

정답 77 ④ 78 ② 79 ② 80 ③

제5과목 | 수질환경관계법규

81 초과부과금을 산정할 때 1kg당 부과금액이 가장 높은 수질오염물질은?

① 크롬 및 그 화합물
② 카드뮴 및 그 화합물
③ 구리 및 그 화합물
④ 시안화합물

해설
물환경보전법 시행령 [별표 14] 초과부과금의 산정기준

수질오염물질		수질오염물질 1kg 부과금액(단위 : 원)
크롬 및 그 화합물		75,000
특정 유해 물질	시안화합물	150,000
	구리 및 그 화합물	50,000
	카드뮴 및 그 화합물	500,000

82 환경부령으로 정하는 폐수무방류배출시설의 설치가 가능한 특정수질유해물질이 아닌 것은?

① 다이클로로메탄
② 구리 및 그 화합물
③ 카드뮴 및 그 화합물
④ 1,1-다이클로로에틸렌

해설
물환경보전법 시행규칙 제39조(폐수무방류배출시설의 설치가 가능한 특정수질유해물질)
'환경부령으로 정하는 특정수질유해물질'이란 다음의 물질을 말한다.
- 구리 및 그 화합물
- 다이클로로메탄
- 1,1-다이클로로에틸렌

83 사업장의 규모별 구분에 관한 내용으로 (　　)에 맞는 내용은?

> 최초 배출시설 설치허가 시의 폐수배출량은 사업계획에 따른 (　　)을 기준으로 산정한다.

① 예상용수사용량　　② 예상폐수배출량
③ 예상하수배출량　　④ 예상희석수사용량

해설
물환경보전법 시행령 [별표 13] 사업장의 규모별 구분
최초 배출시설 설치허가 시의 폐수배출량은 사업계획에 따른 예상용수사용량을 기준으로 산정한다.

84 비점오염저감시설의 관리·운영기준으로 옳지 않은 것은?(단, 자연형 시설)

① 인공습지 : 동절기(11월부터 다음 해 3월까지를 말한다)에는 인공습지에서 말라 죽은 식생을 제거·처리하여야 한다.
② 인공습지 : 식생대가 50% 이상 고사하는 경우에는 추가로 수생식물을 심어야 한다.
③ 식생형 시설 : 식생수로 바닥의 퇴적물이 처리용량의 25%를 초과하는 경우에는 침전된 토사를 제거하여야 한다.
④ 식생형 시설 전처리를 위한 침사지는 주기적으로 협잡물과 침전물을 제거하여야 한다.

해설
물환경보전법 시행규칙 [별표 18] 비점오염저감시설의 관리·운영기준
시설유형별 기준-식생형 시설
- 식생이 안정화되는 기간에는 강우유출수를 우회시켜야 한다.
- 식생수로 바닥의 퇴적물이 처리용량의 25%를 초과하는 경우에는 침전된 토사를 제거하여야 한다.
- 침전물질이 식생을 덮거나 생물학적 여과시설의 용량을 감소시키기 시작하면 침전물을 제거하여야 한다.
- 동절기(11월부터 다음 해 3월까지를 말한다)에 말라 죽은 식생을 제거·처리한다.

81 ② 82 ③ 83 ① 84 ④ 정답

85 비점오염원 관리지역의 지정기준이 옳은 것은?

① 하천 및 호소의 수생태계에 관한 환경기준에 미달하는 유역으로 유달부하량 중 비점오염 기여율이 50% 이하인 지역

② 관광지구 지정으로 비점오염원 관리가 필요한 지역

③ 인구 50만 이상인 도시로서 비점오염원 관리가 필요한 지역

④ 지질이나 지층 구조가 특이하여 특별한 관리가 필요하다고 인정되는 지역

해설

물환경보전법 시행령 제76조(관리지역의 지정기준 · 지정절차)

- 하천 및 호소의 물환경에 관한 환경기준 또는 수계영향권별, 호소별 물환경 목표기준에 미달하는 유역으로 유달부하량 중 비점오염 기여율이 50% 이상인 지역
- 다음의 어느 하나에 해당하는 지역으로서 비점오염물질에 의하여 중대한 위해가 발생되거나 발생될 것으로 예상되는 지역
  - 지정된 중점관리저수지를 포함하는 지역
  - 특별관리해역을 포함하는 지역
  - 지정된 지하수보전구역을 포함하는 지역
  - 비점오염물질에 의하여 어류폐사 및 녹조발생이 빈번한 지역으로서 관리가 필요하다고 인정되는 지역
  - 지질이나 지층 구조가 특이하여 특별한 관리가 필요하다고 인정되는 지역
- 불투수면적률이 25% 이상인 지역으로서 비점오염원 관리가 필요한 지역
- 국가산업단지, 일반산업단지로 지정된 지역으로 비점오염원 관리가 필요한 지역
- 그 밖에 환경부령으로 정하는 지역

※ 법 개정으로 '수생태계'가 '물환경'으로 변경됨

86 환경부장관이 폐수처리업자에게 등록을 취소하거나 6개월 이내의 기간을 정하여 영업정지를 명할 수 있는 경우에 대한 기준으로 틀린 것은?

① 고의 또는 중대한 과실로 폐수처리영업을 부실하게 한 경우

② 영업정지처분 기간에 영업행위를 한 경우

③ 1년에 2회 이상 영업정지처분을 받은 경우

④ 등록 후 1년 이상 계속하여 영업실적이 없는 경우

해설

물환경보전법 제64조(허가의 취소 등)

환경부장관은 폐수처리업자가 다음의 어느 하나에 해당하는 경우에는 그 허가를 취소하거나 6개월 이내의 기간을 정하여 영업정지를 명할 수 있다.

- 다른 사람에게 허가증을 대여한 경우
- 1년에 2회 이상 영업정지처분을 받은 경우
- 고의 또는 중대한 과실로 폐수처리영업을 부실하게 한 경우
- 영업정지처분 기간에 영업행위를 한 경우

※ 법 개정으로 '등록'이 '허가'로 변경됨

87 비점오염저감시설의 설치기준에서 자연형 시설 중 인공습지의 설치기준으로 틀린 것은?

① 습지에는 물이 연중 항상 있을 수 있도록 유량공급대책을 마련하여야 한다.

② 인공습지의 유입구에서 유출구까지의 유로는 최대한 길게 하고, 길이 대 폭의 비율은 2 : 1 이상으로 한다.

③ 유입부에서 유출부까지의 경사는 1.0~5.0%를 초과하지 아니하도록 한다.

④ 생물의 서식 공간을 창출하기 위하여 5종부터 7종까지의 다양한 식물을 심어 생물다양성을 증가시킨다.

해설

물환경보전법 시행규칙 [별표 17] 비점오염저감시설의 설치기준

자연형 시설–인공습지

유입부에서 유출부까지의 경사는 0.5% 이상 1.0% 이하의 범위를 초과하지 아니하도록 한다.

정답 85 ④ 86 ④ 87 ③

88 최종방류구에 방류하기 전에 배출시설에서 배출하는 폐수를 재이용하는 사업자에게 부과되는 배출부과금 감면률이 틀린 것은?

① 재이용률이 10% 이상 30% 미만 : 100분의 20
② 재이용률이 30% 이상 60% 미만 : 100분의 50
③ 재이용률이 60% 이상 90% 미만 : 100분의 70
④ 재이용률이 90% 이상 : 100분의 90

해설

물환경보전법 시행령 제52조(배출부과금의 감면 등)
최종방류구에 방류하기 전에 배출시설에서 배출하는 폐수를 재이용하는 사업자 : 다음의 구분에 따른 폐수 재이용률별 감면율을 적용하여 해당 부과기간에 부과되는 기본배출부과금을 감경

- 재이용률이 10% 이상 30% 미만인 경우 : 100분의 20
- 재이용률이 30% 이상 60% 미만인 경우 : 100분의 50
- 재이용률이 60% 이상 90% 미만인 경우 : 100분의 80
- 재이용률이 90% 이상인 경우 : 100분의 90

89 비점오염원의 설치신고 또는 변경신고를 할 때 제출하는 비점오염저감계획서에 포함되어야 하는 사항과 가장 거리가 먼 것은?

① 비점오염원 관련 현황
② 비점오염저감시설 설치계획
③ 비점오염원 관리 및 모니터링 방안
④ 비점오염원 저감방안

해설

물환경보전법 시행규칙 제74조(비점오염저감계획서의 작성방법)
비점오염저감계획서에는 다음의 사항이 포함되어야 한다.

- 비점오염원 관련 현황
- 저영향개발기법 등을 포함한 비점오염원 저감방안
- 저영향개발기법 등을 적용한 비점오염저감시설 설치계획
- 비점오염저감시설 유지관리 및 모니터링 방안

90 다음 위반행위에 따른 벌칙기준 중 1년 이하의 징역 또는 1,000만원 이하의 벌금에 처하는 경우는?

① 허가를 받지 아니하고 폐수배출시설을 설치한 자
② 폐수무방류배출시설에서 배출되는 폐수를 오수 또는 다른 배출시설에서 배출되는 폐수와 혼합하여 처리하는 행위를 한 자
③ 환경부장관에게 신고하지 아니하고 기타수질오염원을 설치한 자
④ 배출시설의 설치를 제한하는 지역에서 배출시설을 설치한 자

해설

물환경보전법 제78조(벌칙)
환경부장관에게 신고를 하지 아니하고 기타수질오염원을 설치 또는 관리한 자는 1년 이하의 징역 또는 1천만원 이하의 벌금에 처한다.
①·②·④ 물환경보전법 제75조(벌칙) 7년 이하의 징역 또는 7천만원 이하의 벌금

91 오염총량관리기본방침에 포함되어야 하는 사항으로 틀린 것은?

① 오염총량관리의 목표
② 오염총량관리의 대상 수질오염물질 종류
③ 오염원의 조사 및 오염부하량 산정방법
④ 오염총량관리 현황

해설

물환경보전법 시행령 제4조(오염총량관리기본방침)
오염총량관리기본방침에는 다음의 사항이 포함되어야 한다.

- 오염총량관리의 목표
- 오염총량관리의 대상 수질오염물질 종류
- 오염원의 조사 및 오염부하량 산정방법
- 오염총량관리기본계획의 주체, 내용, 방법 및 시한
- 오염총량관리시행계획의 내용 및 방법

88 ③ 89 ③ 90 ③ 91 ④ 정답

92 기타수질오염원의 시설구분으로 틀린 것은?

① 수산물 양식시설
② 농축수산물 단순가공시설
③ 금속 도금 및 세공시설
④ 운수장비정비 또는 폐차장 시설

해설

물환경보전법 시행규칙 [별표 1] 기타수질오염원

시설구분 : 수산물 양식시설, 골프장, 운수장비정비 또는 폐차장 시설, 농축수산물 단순가공시설, 사진 처리 또는 X-Ray 시설, 금은판매점의 세공시설이나 안경점, 복합물류터미널 시설, 거점소독시설

93 공공폐수처리시설의 설치 부담금의 부과·징수와 관련한 설명으로 틀린 것은?

① 공공폐수처리시설을 설치·운영하는 자는 그 사업에 드는 비용의 전부 또는 일부에 충당하기 위하여 원인자로부터 공공폐수처리시설의 설치 부담금을 부과·징수할 수 있다.
② 공공폐수처리시설 부담금의 총액은 시행자가 해당 시설의 설치와 관련하여 지출하는 금액을 초과하여서는 아니 된다.
③ 원인자에게 부과되는 공공폐수처리시설 설치 부담금은 각 원인자의 사업의 종류·규모 및 오염물질의 배출 정도 등을 기준으로 하여 정한다.
④ 국가와 지방자치단체는 세제상 또는 금융상 필요한 지원 조치를 할 수 없다.

해설

물환경보전법 제48조의2(공공폐수처리시설 설치 부담금의 부과·징수)

국가와 지방자치단체는 이 법에 따른 중소기업자의 비용부담으로 인하여 중소기업자의 생산활동과 투자의욕이 위축되지 아니하도록 세제상 또는 금융상 필요한 지원 조치를 할 수 있다.

94 1일 800m^3의 폐수가 배출되는 사업장의 환경기술인의 자격에 관한 기준은?

① 수질환경기사 1명 이상
② 수질환경산업기사 1명 이상
③ 환경기능사 1명 이상
④ 2년 이상 수질분야 환경관련 업무에 직접 종사한 자 1명 이상

해설

물환경보전법 시행령 [별표 13] 사업장의 규모별 구분

종 류	배출규모
제2종 사업장	1일 폐수배출량이 700m^3 이상 2,000m^3 미만인 사업장

물환경보전법 시행령 [별표 17] 사업장별 환경기술인의 자격기준

구 분	환경기술인
제2종 사업장	수질환경산업기사 1명 이상

95 초과배출부과금 산정 시 적용되는 기준이 아닌 것은?

① 기준초과배출량
② 수질오염물질 1kg당의 부과금액
③ 지역별 부과계수
④ 사업장의 연간 매출액

정답 92 ③ 93 ④ 94 ② 95 ④

해설

물환경보전법 시행령 제45조(초과배출부과금의 산정기준 및 산정방법)

① 초과배출부과금은 수질오염물질 배출량 및 배출농도를 기준으로 다음 계산식에 따라 산출한 금액에 ②의 구분에 따른 금액을 더한 금액으로 한다. 다만, 수질오염물질이 배출허용기준을 초과하여 배출되는 경우에 따른 초과배출부과금을 부과하는 경우로서 배출허용기준을 경미하게 초과하여 개선명령을 받지 아니한 측정기기부착사업자 등에게 부과하는 경우 또는 개선계획서를 제출하고 개선하는 사업자에게 부과하는 경우에는 배출허용기준초과율별 부과계수와 위반횟수별 부과계수를 적용하지 아니하고, ②의 ㉠의 금액을 더하지 아니한다.

> 기준초과배출량 × 수질오염물질 1kg당 부과금액 × 연도별 부과금산정지수 × 지역별 부과계수 × 배출허용기준초과율별 부과계수[수질오염물질이 공공수역에 배출되는 경우(폐수무방류배출시설로 한정)에는 유출계수 · 누출계수] × 배출허용기준 위반횟수별 부과계수

② 초과배출부과금을 산출하기 위하여 ①의 산식에 따라 산출한 금액에 더하는 금액은 다음과 같다.
㉠ 수질오염물질이 배출허용기준을 초과하여 배출되는 경우에 따른 초과배출부과금은 별표 13에 따른 제1종 사업장은 400만원, 제2종 사업장은 300만원, 제3종 사업장은 200만원, 제4종 사업장은 100만원, 제5종 사업장은 50만원으로 한다.
㉡ 수질오염물질이 공공수역에 배출되는 경우(폐수무방류배출시설로 한정)에 따른 초과배출부과금은 500만원으로 한다.

96 폐수종말처리시설의 방류수 수질기준으로 틀린 것은?(단, Ⅰ지역, 2020년 1월 1일 이후 기준, ( )는 농공단지 폐수종말처리시설의 방류수 수질기준임)

① BOD : 10(10)mg/L 이하
② COD : 20(30)mg/L 이하
③ 총질소(T-N) : 20(20)mg/L 이하
④ 생태독성(TU) : 1(1) 이하

해설

물환경보전법 시행규칙 [별표 10] 공공폐수처리시설의 방류수 수질기준

구 분	수질기준
	Ⅰ지역
생물화학적 산소요구량(BOD)(mg/L)	10(10) 이하
총질소(T-N)(mg/L)	20(20) 이하
생태독성(TU)	1(1) 이하

※ 법 개정으로 '폐수종말처리시설'이 '공공폐수처리시설'로 변경됨

97 폐수배출시설 외에 수질오염물질을 배출하는 시설 또는 장소로서 환경부령이 정하는 것(기타수질오염원)의 대상 시설과 규모기준에 관한 내용으로 틀린 것은?

① 자동차 폐차장 시설 : 면적 1,000m^2 이상
② 수조식양식어업시설 : 수조면적 합계 500m^2 이상
③ 골프장 : 면적 30,000m^2 이상
④ 무인자동식 현상, 인화, 정착시설 : 1대 이상

해설

물환경보전법 시행규칙 [별표 1] 기타수질오염원

시설구분	대 상	규 모
수산물 양식시설	양식산업발전법 시행령에 따른 육상수조식내수양식업시설	수조면적의 합계가 500m^2 이상일 것
골프장	체육시설의 설치 · 이용에 관한 법률 시행령에 따른 골프장	면적이 30,000m^2 이상이거나 3홀 이상일 것(비점오염원으로 설치 신고대상인 골프장은 제외한다)
운수장비 정비 또는 폐차장 시설	자동차 폐차장 시설	면적이 1,500m^2 이상일 것
사진 처리 또는 X-Ray 시설	무인자동식 현상 · 인화 · 정착시설	1대 이상일 것

※ 법 개정으로 ②번의 내용 변경

98 초과부과금 산정 시 적용되는 위반횟수별 부과계수에 관한 내용으로 ( )에 맞는 것은?(단, 폐수무방류배출시설의 경우)

> 처음 위반한 경우 (㉠)로 하고, 다음 위반부터는 그 위반직전의 부과계수에 (㉡)를 곱한 것으로 한다.

① ㉠ 1.5, ㉡ 1.3
② ㉠ 1.5, ㉡ 1.5
③ ㉠ 1.8, ㉡ 1.3
④ ㉠ 1.8, ㉡ 1.5

해설

물환경보전법 시행령 [별표 16] 위반횟수별 부과계수

폐수무방류배출시설에 대한 위반횟수별 부과계수는 처음 위반한 경우 1.8로 하고, 다음 위반부터는 그 위반직전의 부과계수에 1.5를 곱한 것으로 한다.

96 ② 97 ① 98 ④ 정답

99 방지시설설치의 면제기준에 관한 설명으로 틀린 것은?

① 수질오염물질이 항상 배출허용기준 이하로 배출되는 경우
② 새로운 수질오염물질이 발생되어 배출시설 또는 방지시설의 개선이 필요한 경우
③ 폐수를 전량 위탁처리하는 경우
④ 폐수를 전량 재이용하는 등 방지시설을 설치하지 아니하고도 수질오염물질을 적정하게 처리할 수 있는 경우

해설

물환경보전법 시행령 제33조(방지시설설치의 면제기준)
'대통령령으로 정하는 기준에 해당하는 배출시설(폐수무방류배출시설은 제외한다)의 경우'란 다음의 어느 하나에 해당하는 경우를 말한다.
- 배출시설의 기능 및 공정상 수질오염물질이 항상 배출허용기준 이하로 배출되는 경우
- 폐수처리업자 또는 환경부장관이 인정하여 고시하는 관계 전문기관에 환경부령으로 정하는 폐수를 전량 위탁처리하는 경우
- 폐수를 전량 재이용하는 등 방지시설을 설치하지 아니하고도 수질오염물질을 적정하게 처리할 수 있는 경우로서 환경부령으로 정하는 경우

※ 법 개정으로 위와 같이 내용 변경

100 휴경 등 권고대상 농경지의 해발고도 및 경사도의 기준은?

① 해발고도 : 해발 200m, 경사도 : 10%
② 해발고도 : 해발 400m, 경사도 : 15%
③ 해발고도 : 해발 600m, 경사도 : 20%
④ 해발고도 : 해발 800m, 경사도 : 25%

해설

물환경보전법 시행규칙 제85조(휴경 등 권고대상 농경지의 해발고도 및 경사도)
'환경부령으로 정하는 해발고도'란 해발 400m를 말하고 '환경부령으로 정하는 경사도'란 경사도 15%를 말한다.

정답 99 ② 100 ②

2021년 제1회 과년도 기출문제

제1과목 | 수질오염개론

01 미생물 중 세균(Bacteria)에 관한 특징으로 가장 거리가 먼 것은?

① 원시적 엽록소를 이용하여 부분적인 탄소동화작용을 한다.
② 용해된 유기물을 섭취하며 주로 세포분열로 번식한다.
③ 수분 80%, 고형물 20% 정도로 세포가 구성되며 고형물 중 유기물이 90%를 차지한다.
④ pH, 온도에 대하여 민감하며, 열보다 낮은 온도에서 저항성이 높다.

해설
박테리아는 엽록소가 없기 때문에 탄소동화작용을 하지 못한다.

02 하천 수질모델 중 WQRRS에 관한 설명으로 가장 거리가 먼 것은?

① 하천 및 호수의 부영양화를 고려한 생태계 모델이다.
② 유속, 수심, 조도계수에 의해 확산계수를 결정한다.
③ 호수에는 수심별 1차원 모델이 적용된다.
④ 정적 및 동적인 하천의 수질, 수문학적 특성이 광범위하게 고려된다.

해설
유속, 수심, 조도계수에 의해 확산계수를 결정하는 하천 수질모델은 QUAL-Ⅰ이다.

03 농업용수의 수질을 분석할 때 이용되는 SAR(Sodium Adsorption Ratio)과 관계없는 것은?

① Na^+　② Mg^{2+}
③ Ca^{2+}　④ Fe^{2+}

해설
SAR은 관개용수의 나트륨 함량비로서, 농업용수의 수질 척도로 이용된다.

$$SAR = \frac{Na^+}{\sqrt{\frac{Ca^{2+} + Mg^{2+}}{2}}}$$

04 다음이 설명하는 일반적 기체 법칙은?

> 여러 물질이 혼합된 용액에서 어느 물질의 증기압(분압)은 혼합액에서 그 물질의 몰분율에 순수한 상태에서 그 물질의 증기압을 곱한 것과 같다.

① 라울의 법칙　② 게이-루삭의 법칙
③ 헨리의 법칙　④ 그레이엄의 법칙

해설
② 게이-루삭의 법칙 : 기체와 관련된 화학반응에서는 반응하는 기체와 생성되는 기체의 부피 사이에 정수관계가 있다.
③ 헨리의 법칙 : 혼합 기체 내의 각 기체의 부분압력은 혼합물 속의 기체의 양에 비례한다.
④ 그레이엄의 법칙 : 기체의 확산속도는 기체 분자량의 제곱근에 반비례한다.

정답 1 ① 2 ② 3 ④ 4 ①

05 **우리나라 수자원 이용현황 중 가장 많은 용도로 사용하는 용수는?**

① 생활용수 ② 공업용수
③ 농업용수 ④ 유지용수

해설

우리나라 수자원 이용현황 : 농업용수 > 유지용수 > 생활용수 > 공업용수

06 **2차 처리 유출수에 함유된 10mg/L의 유기물을 활성탄 흡착법으로 3차 처리하여 농도가 1mg/L인 유출수를 얻고자 한다. 이때 폐수 1L당 필요한 활성탄의 양(g)은?(단, Freundlich 등온식 사용, K = 0.5, n = 2)**

① 9 ② 12
③ 16 ④ 18

해설

Freundlich 등온 흡착식

$$\frac{X}{M} = KC_e^{\frac{1}{n}}$$

여기서, X : 흡착된 용질의 양
M : 흡착제 무게
C : 용질의 평형농도(질량/체적)
K, n : 경험적 상수

$$\frac{(10-1)}{M} = 0.5 \times 1^{\frac{1}{2}}$$

$$\therefore M = 18\text{mg/L} = \frac{18\text{mg}}{\text{L}} \times \frac{1\text{g}}{10^3\text{mg}} = 0.018\text{g/L}$$

※ 저자의견 : 단위가 mg으로 주어지면 ④번이 정답이 맞으나 g으로 주어졌으므로 정답은 없다.

07 **원생동물(Protozoa)의 종류에 관한 내용으로 옳은 것은?**

① Paramecia는 자유롭게 수영하면서 고형물질을 섭취한다.
② Vorticella는 불량한 활성슬러지에서 주로 발견된다.
③ Sarcodina는 나팔의 입에서 물흐름을 일으켜 고형물질만 걸러서 먹는다.
④ Suctoria는 몸통을 움직이면서 위족으로 고형물질을 몸으로 싸서 먹는다.

해설

② Vorticella는 활성슬러지가 양호할 때 발견되는 생물이다.
③ Sarcodina는 위족으로 먹이를 잡아먹으며, 아메바가 이에 해당한다.
④ Suctoria는 섬모운동을 하지 않아 자유롭게 움직이지 못하며, 관으로 양분을 섭취한다.

08 **다음 설명과 가장 관계있는 것은?**

유리산소가 존재해야만 생장하며, 최적 온도는 20~30℃, 최적 pH는 4.5~6.0이다. 유기산과 암모니아를 생성해 pH를 상승 또는 하강시킬 때도 있다.

① 박테리아 ② 균 류
③ 조 류 ④ 원생동물

해설

균류(Fungi)

- 화학유기영양계로서, 용해된 유기물질을 흡수하면서 성장한다.
- 대부분 절대호기성이다.
- 낮은 DO 및 pH(3~5)에서도 잘 성장한다.
- 수중의 유기물질을 분해하고 유기산이나 암모니아를 생성해 pH 변화를 주기도 한다.

정답 5 ③ 6 ④ 7 ① 8 ②

09 **산과 염기의 정의에 관한 설명으로 옳지 않은 것은?**

① Arrhenius는 수용액에서 수산화이온을 내어 놓는 물질을 염기라고 정의하였다.

② Lewis는 전자쌍을 받는 화학종을 염기라고 정의하였다.

③ Arrhenius는 수용액에서 양성자를 내어 놓는 것을 산이라고 정의하였다.

④ Brönsted-Lowry는 수용액에서 양성자를 내어 주는 물질을 산이라고 정의하였다.

해설

Lewis는 전자쌍을 주는 화학종을 염기, 전자쌍을 받는 화학종을 산이라고 정의하였다.

10 **25℃, 4atm의 압력에 있는 메탄가스 15kg을 저장하는 데 필요한 탱크의 부피(m^3)는?(단, 이상기체의 법칙 적용, 표준상태 기준, R = 0.082L · atm/mol · K)**

① 4.42

② 5.73

③ 6.54

④ 7.45

해설

메탄 15kg의 몰수를 계산하면 다음과 같다.

$$15\text{kg } CH_4 \times \frac{1\text{mol}}{16\text{g}} \times \frac{10^3\text{g}}{1\text{kg}} = 937.5\text{mol}$$

$$\therefore V = \frac{nRT}{P}$$

$$= \frac{937.5\text{mol}}{4\text{atm}} \times \frac{0.082\text{L} \cdot \text{atm}}{\text{mol} \cdot \text{K}} \times (273+25)\text{K} \times \frac{1\text{m}^3}{10^3\text{L}}$$

$$\fallingdotseq 5.73\text{m}^3$$

11 **글루코스($C_6H_{12}O_6$) 1,000mg/L를 혐기성 분해시킬 때 생산되는 이론적 메탄량(mg/L)은?**

① 227 ② 247

③ 267 ④ 287

해설

반응식은 다음과 같다.

$C_6H_{12}O_6 \rightarrow 3CH_4 + 3CO_2$

180mg/L : 3 × 16mg/L

1,000mg/L : x

∴ x ≒ 266.67mg/L

12 **유기화합물에 대한 설명으로 옳지 않은 것은?**

① 유기화합물들은 일반적으로 녹는점과 끓는점이 낮다.

② 유기화합물들은 하나의 분자식에 대하여 여러 종류의 화합물이 존재할 수 있다.

③ 유기화합물들은 대체로 이온반응보다는 분자반응을 하므로 반응속도가 빠르다.

④ 대부분의 유기화합물은 박테리아의 먹이가 될 수 있다.

해설

유기화합물을 대체로 이온반응보다는 분자반응을 하므로 반응속도가 느리다.

유기화합물의 특징

- 연소성을 가진다.
- 녹는점과 끓는점이 낮다.
- 대체로 물에 난용성이며, 분자량이 크다.
- 박테리아의 먹이가 될 수 있다.
- 분자반응을 하므로 반응속도가 느리다.

9 ② 10 ② 11 ③ 12 ③ 정답

13 Colloid 중에서 소량의 전해질에서 쉽게 응집이 일어나는 것으로써 주로 무기물질의 Colloid는?

① 서스펜션 Colloid ② 에멀션 Colloid
③ 친수성 Colloid ④ 소수성 Colloid

해설

소수성 Colloid는 염에 아주 민감하며 소량의 염을 첨가하여도 응결 침전된다. 반면, 친수성 Colloid는 염에 민감하지 않으며 다량의 염을 첨가하여야 응결 침전된다.

14 열수 배출에 의한 피해현상으로 가장 거리가 먼 것은?

① 발암물질 생성 ② 부영양화
③ 용존산소의 감소 ④ 어류의 폐사

해설

열오염의 주된 영향

- 열의 직접적 영향에 의한 죽음
- 호흡이나 생장의 변화와 같은 내적기능의 변화
- 용존산소량의 감소나 유독물에 대한 저항력 감퇴
- 산란과 같은 활동에 대한 저해

15 피부점막, 호흡기로 흡입되어 국소 및 전신마비, 피부염, 색소침착을 일으키며 안료, 색소, 유리공업 등이 주요 발생원인 중금속은?

① 비 소 ② 납
③ 크 롬 ④ 구 리

16 BOD가 2,000mg/L인 폐수를 제거율 85%로 처리한 후 몇 배 희석하면 방류수 기준에 맞는가?(단, 방류수 기준은 40mg/L이라고 가정)

① 4.5배 이상 ② 5.5배 이상
③ 6.5배 이상 ④ 7.5배 이상

해설

제거율 85%로 처리한 후 BOD는
2,000mg/L × (1 − 0.85) = 300mg/L이며,
방류수 기준이 40mg/L이므로

$\frac{300mg/L}{40mg/L}$ = 7.5배 이상으로 희석해야 한다.

17 수은주 높이 150mm는 수주로 몇 mm인가?

① 약 2,040 ② 약 2,530
③ 약 3,240 ④ 약 3,530

해설

$$150mmHg \times \frac{10,332.275mmH_2O}{760mmHg} \fallingdotseq 2,039.26mmH_2O$$

18 하천의 탈산소계수를 조사한 결과 20℃에서 0.19/day이었다. 하천수의 온도가 25℃로 증가되었다면 탈산소계수(/day)는?(단, 온도보정계수 = 1.047)

① 0.22 ② 0.24
③ 0.26 ④ 0.28

해설

$K_T = K_{1(20)} \times \theta^{(T-20)}$

$\therefore K_{25} = 0.19/day \times 1.047^{(25-20)} \fallingdotseq 0.24/day$

정답 13 ④ 14 ① 15 ① 16 ④ 17 ① 18 ②

19 **호소수의 전도현상(Turnover)이 호소수 수질환경에 미치는 영향을 설명한 내용 중 옳지 않은 것은?**

① 수괴의 수직운동 촉진으로 호소 내 환경용량이 제한되어 물의 자정능력이 감소된다.
② 심층부까지 조류의 혼합이 촉진되어 상수원의 취수 심도에 영향을 끼치게 되므로 수도의 수질이 악화된다.
③ 심층부의 영양염이 상승하게 됨에 따라 표층부에 규조류가 번성하게 되어 부영양화가 촉진된다.
④ 조류의 다량 번식으로 물의 탁도가 증가되고 여과지가 폐색되는 등의 문제가 발생한다.

해설

수괴의 수직운동 촉진으로 물의 자정작용이 증가한다.

20 **적조현상에 관한 설명으로 틀린 것은?**

① 수괴의 연직안정도가 작을 때 발생한다.
② 강우에 따른 하천수의 유입으로 해수의 염분량이 낮아지고 영양염류가 보급될 때 발생한다.
③ 적조조류에 의한 아가미 폐색과 어류의 호흡장애가 발생한다.
④ 수중 용존산소 감소에 의한 어패류의 폐사가 발생한다.

해설

적조현상의 원인

- 강한 일사량, 높은 수온, 낮은 염분일 때 발생한다.
- N, P 등의 영양염류가 풍부한 부영양화 상태에서 잘 일어난다.
- 정체수역 및 용승류(Upwelling)가 존재할 때 많이 발생한다.
- 수괴의 연직안정도가 클 때 발생한다.

제2과목 | 상하수도계획

21 **$I=\dfrac{3,660}{t+15}$ mm/h, 면적 2.0km^2, 유입시간 6분, 유출계수 $C=0.65$, 관 내 유속이 1m/s인 경우, 관 길이 600m인 하수관에서 흘러나오는 우수량(m^3/s)은? (단, 합리식 적용)**

① 약 31　　② 약 38
③ 약 43　　④ 약 52

해설

- $I=\dfrac{3,660}{t+15}=\dfrac{3,660}{16+15}\fallingdotseq 118.06\text{mm/h}$

  여기서, t(min) : 유달시간(= 유입시간 + 유하시간)
  - 유입시간 = 6min
  - 유하시간 = $\dfrac{600\text{m}}{1\text{m/s}}\times\dfrac{1\text{min}}{60\text{s}}=10\text{min}$
- $A=2\text{km}^2=200\text{ha}$

$\therefore\ Q=\dfrac{1}{360}CIA=\dfrac{1}{360}\times 0.65\times 118.06\times 200\fallingdotseq 42.63\text{m}^3/\text{s}$

22 **우수배제계획의 수립 중 우수유출량의 억제에 대한 계획으로 옳지 않은 것은?**

① 우수유출량의 억제방법은 크게 우수저류형, 우수침투형 및 토지이용의 계획적 관리로 나눌 수 있다.
② 우수저류형 시설 중 On-site 시설은 단지 내 저류, 우수조정지, 우수체수지 등이 있다.
③ 우수침투형은 우수를 지중에 침투시키므로 우수유출총량을 감소시키는 효과를 발휘한다.
④ 우수저류형은 우수유출총량은 변하지 않으나 첨두유출량을 감소시키는 효과가 있다.

해설

② 우수조정지, 우수체수지는 우수저류형 시설 중 Off-site 시설이다.

19 ① 20 ① 21 ③ 22 ② 정답

23 수원에 관한 설명으로 틀린 것은?

① 복류수는 대체로 수질이 양호하며 대개의 경우 침전지를 생략하는 경우도 있다.

② 용천수는 지하수가 종종 자연적으로 지표에 나타난 것으로 그 성질은 대개 지표수와 비슷하다.

③ 우리나라의 일반적인 하천수는 연수인 경우가 많으므로 침전과 여과에 의하여 용이하게 정화되는 경우도 많다.

④ 호소수는 하천의 유수보다 자정작용이 큰 것이 특징이다.

해설

용천수는 지하에서 물이 흐르는 층을 따라 이동하던 지하수가 암석이나 지층의 틈을 통해 지표면으로 솟아나오는 물을 말하며, 성질은 지하수와 비슷하다.

24 하수처리공법 중 접촉산화법에 대한 설명으로 틀린 것은?

① 반송슬러지가 필요하지 않으므로 운전관리가 용이하다.

② 생물상이 다양하여 처리효과가 안정적이다.

③ 부착생물량의 임의 조정이 어려워 조작조건 변경에 대응하기 쉽지 않다.

④ 접촉제가 조 내에 있기 때문에 부착생물량의 확인이 어렵다.

해설

접촉산화법은 부착생물량을 임의로 조정할 수 있어 조작조건 변경에 대응하기 쉽다.

25 분류식 하수배제방식에서, 펌프장시설의 계획하수량 결정 시 유입·방류펌프장 계획하수량으로 옳은 것은?

① 계획시간 최대오수량

② 계획우수량

③ 우천 시 계획오수량

④ 계획일 최대오수량

해설

펌프장시설의 계획하수량

하수배제방식	펌프장의 종류	계획하수량
분류식	중계펌프장 소규모펌프장 유입·방류펌프장	계획시간 최대오수량
	빗물펌프장	계획우수량
합류식	중계펌프장 소규모펌프장 유입·방류펌프장	우천 시 계획오수량
	빗물펌프장	합류식관로 계획하수량-우천 시 계획오수량

26 24시간 이상 장시간의 강우강도에 대해 가까운 저류시설 등을 계획할 경우에 적용하는 강우강도식은?

① Cleveland형

② Japanese형

③ Talbot형

④ Sherman형

해설

① Cleveland형 : 24시간 이상 장시간의 강우강도에 대해 가까운 저류시설 등을 계획할 경우에 적용한다.

③ Talbot형 : 유달시간이 짧은 관거 등의 유하시설을 계획할 때 적용한다.

정답 23 ② 24 ③ 25 ① 26 ①

27 계획오수량에 관한 설명으로 틀린 것은?

① 지하수량은 1인1일 최대오수량의 10~20%로 한다.
② 계획시간 최대오수량은 계획1일 최대오수량의 1시간당 수량의 1.3~1.8배를 표준으로 한다.
③ 합류식에서 우천 시 계획오수량은 원칙적으로 계획시간 최대오수량의 3배 이상으로 한다.
④ 계획1일 평균오수량은 계획1일 최대오수량의 50~60%를 표준으로 한다.

해설

계획오수량 산정

- 계획1일 최대오수량은 1인1일 최대오수량에 계획인구를 곱한 후, 공장폐수량, 지하수량 및 기타 배수량을 더한 것으로 한다.
- 계획1일 평균오수량은 계획1일 최대오수량의 70~80%를 표준으로 한다.
- 계획시간 최대오수량은 계획1일 최대오수량의 1시간당 수량의 1.3~1.8배를 표준으로 한다.
- 지하수량은 1인1일 최대오수량의 10~20%를 표준으로 한다.
- 합류식에서 우천 시 계획오수량은 원칙적으로 계획시간 최대오수량의 3배 이상으로 한다.

※ 기준 개정으로 ①번의 내용 변경

28 길이 1.2km의 하수관이 2‰의 경사로 매설되어 있을 경우, 이 하수관 양 끝단 간의 고저차(m)는?(단, 기타 사항은 고려하지 않음)

① 0.24 ② 2.4
③ 0.6 ④ 6.0

해설

$$\text{경사도(‰)} = \frac{\text{고저차}}{\text{길이}} \times 1{,}000$$

$$2 = \frac{\text{고저차}}{1{,}200\text{m}} \times 1{,}000$$

∴ 고저차 = 2.4m

29 비교회전도(N_s)에 대한 설명 중 틀린 것은?

① 펌프의 규정회전수가 증가하면 비교회전도도 증가한다.
② 펌프의 규정양정이 증가하면 비교회전도는 감소한다.
③ 일반적으로 비교회전도가 크면 유량이 많은 저양정의 펌프가 된다.
④ 비교회전도가 크게 될수록 흡입성능이 좋아지고 공동현상 발생이 줄어든다.

해설

펌프의 비교회전도가 클수록 대용량, 저양정에 유리하지만 흡입성능이 나쁘고 공동현상이 발생하기 쉽다.

30 상수처리를 위한 약품침전지의 구성과 구조로 틀린 것은?

① 슬러지의 퇴적심도로서 30cm 이상을 고려한다.
② 유효수심은 3~5.5m로 한다.
③ 침전지 바닥에는 슬러지 배제에 편리하도록 배수구를 향하여 경사지게 한다.
④ 고수위에서 침전지 벽체 상단까지의 여유고는 10cm 정도로 한다.

해설

고수위에서 침전지 벽체 상단까지의 여유고는 30cm 이상으로 한다.

27 ④ 28 ② 29 ④ 30 ④ 정답

31 상수도 급수배관에 관한 설명으로 틀린 것은?

① 급수관을 공공도로에 부설할 경우에는 도로관리자가 정한 점용위치와 깊이에 따라 배관해야 하며 다른 매설물과의 간격을 30cm 이상 확보한다.
② 급수관을 부설하고 되메우기를 할 때에는 양질토 또는 모래를 사용하여 적절하게 다짐하여 관을 보호한다.
③ 급수관이 개거를 횡단하는 경우에는 가능한 한 개거의 위로 부설한다.
④ 동결이나 결로의 우려가 있는 급수설비의 노출부분에 대해서는 적절한 방한조치나 결로방지조치를 강구한다.

해설

급수관이 개거를 횡단하는 경우에는 가능한 한 개거의 아래로 부설한다.

32 하수처리시설의 계획유입수질 산정방식으로 옳은 것은?

① 계획오염부하량을 계획1일 평균오수량으로 나누어 산정한다.
② 계획오염부하량을 계획시간 평균오수량으로 나누어 산정한다.
③ 계획오염부하량을 계획1일 최대오수량으로 나누어 산정한다.
④ 계획오염부하량을 계획시간 최대오수량으로 나누어 산정한다.

해설

- 계획유입수질은 계획오염부하량을 계획1일 평균오수량으로 나눈 값으로 한다.
- 계획오염부하량은 생활오수, 영업오수, 공장폐수 및 관광오수 등의 오염부하량을 합한 값으로 한다.

33 하수시설에서 우수조정지 구조형식이 아닌 것은?

① 댐식(제방높이 15m 미만)
② 저하식(관 내 저류 포함)
③ 굴착식
④ 유하식(자연 호소 포함)

해설

우수조정지
- 도시화에 따른 우수유출량의 증가로 인한 침수방지를 목적으로 설치한다.
- 구조형식 : 댐식(제방높이 15m 미만), 굴착식, 저하식

34 하수관로 개·보수 계획 수립 시 포함되어야 할 사항이 아닌 것은?

① 불명수량 조사
② 개·보수 우선순위의 결정
③ 개·보수공사 범위의 설정
④ 주변 인근 신설관로 현황 조사

해설

하수관로 개·보수 계획수립 시 포함되어야 할 사항
- 기초자료 분석 및 조사우선순위 결정
- 기존관로 현황 조사
- 불명수량 조사
- 개·보수공법의 선정
- 개·보수 우선순위의 결정
- 개·보수공사 범위의 설정

정답 31 ③ 32 ① 33 ④ 34 ④

35 펌프의 회전수 N = 2,400rpm, 최고 효율점의 토출량 Q = 162m^3/h, 전양정 H = 90m인 원심펌프의 비회전도는?

① 약 115 ② 약 125
③ 약 135 ④ 약 145

해설
펌프의 비교회전도(비속도)

$$N_s = N \times \frac{Q^{1/2}}{H^{3/4}}$$

여기서, N_s : 비회전도(rpm)
N : 펌프의 실제 회전수(rpm)
Q : 최고 효율점의 토출유량(m^3/min)
H : 최고 효율점의 전양정(m)

$$Q = \frac{162\text{m}^3}{\text{h}} \times \frac{\text{h}}{60\text{min}} = 2.7\text{m}^3/\text{min}$$

$$\therefore\ N_s = 2,400 \times \frac{2.7^{1/2}}{90^{3/4}} \fallingdotseq 134.96\text{rpm}$$

36 집수정에서 가정까지의 급수계통을 순서적으로 나열한 것으로 옳은 것은?

① 취수 → 도수 → 정수 → 송수 → 배수 → 급수
② 취수 → 도수 → 정수 → 배수 → 송수 → 급수
③ 취수 → 송수 → 도수 → 정수 → 배수 → 급수
④ 취수 → 송수 → 배수 → 정수 → 도수 → 급수

해설
급수계통 : 취수 → 도수 → 정수 → 송수 → 배수 → 급수

37 표준활성슬러지법에 관한 설명으로 잘못된 것은?

① 수리학적 체류시간(HRT)은 6~8시간을 표준으로 한다.
② 수리학적 체류시간(HRT)은 계획하수량에 따라 결정하며, 반송슬러지량을 고려한다.
③ MLSS 농도는 1,500~2,500mg/L를 표준으로 한다.
④ MLSS 농도가 너무 높으면 필요산소량이 증가하거나 이차 침전지의 침전효율이 악화될 우려가 있다.

해설
수리학적 체류시간(HRT)은 계획하수량에 따라 결정되며, 반송슬러지량은 고려하지 않는다.

38 계획취수량을 확보하기 위하여 필요한 저수용량의 결정에 사용하는 계획기준년은?

① 원칙적으로 5개년에 제1위 정도의 갈수를 표준으로 한다.
② 원칙적으로 7개년에 제1위 정도의 갈수를 표준으로 한다.
③ 원칙적으로 10개년에 제1위 정도의 갈수를 표준으로 한다.
④ 원칙적으로 15개년에 제1위 정도의 갈수를 표준으로 한다.

해설
계획취수량을 확보하기 위하여 필요한 저수용량의 결정에 사용되는 계획기준년은 원칙적으로 10개년에 제1위 정도의 갈수를 기준년으로 한다.

35 ③ 36 ① 37 ② 38 ③ 정답

39 상수의 소독(살균)설비 중 저장설비에 관한 내용으로 (　)에 가장 적합한 것은?

> 액화염소의 저장량은 항상 1일 사용량의 (　) 이상으로 한다.

① 5일분　② 10일분
③ 15일분　④ 30일분

해설
액화염소의 저장량은 항상 1일 사용량의 10일분 이상으로 한다.

40 상수도 시설 중 완속여과지의 여과속도 표준범위는?

① 4~5m/day
② 5~15m/day
③ 15~25m/day
④ 25~50m/day

해설
완속여과지의 여과속도는 4~5m/day를 표준으로 한다.
※ 급속여과지의 여과속도는 120~150m/day를 표준으로 한다.

제3과목 | 수질오염방지기술

41 반지름이 8cm인 원형 관로에서 유체의 유속이 20m/s일 때 반지름이 40cm인 곳에서의 유속(m/s)은?(단, 유량 동일, 기타 조건은 고려하지 않음)

① 0.8　② 1.6
③ 2.2　④ 3.4

해설
유 량

$$Q = AV = \frac{\pi D^2}{4} V$$

유량은 동일하므로, 반지름이 40cm인 곳에서의 유속을 x라 하면

$$\frac{\pi \times (0.16\text{m})^2}{4} \times 20\text{m/s} = \frac{\pi \times (0.8\text{m})^2}{4} \times x$$

$\therefore\ x = 0.8\text{m/s}$

42 농도 4,000mg/L인 포기조 내 활성슬러지 1L를 30분간 정치시켰을 때, 침강 슬러지 부피가 40%를 차지하였다. 이때 SDI는?

① 1　② 2
③ 10　④ 100

해설

$$\text{SDI} = \frac{100}{\text{SVI}} = \frac{\text{MLSS(mg/L)}}{\text{SV(\%)} \times 100} = \frac{4{,}000}{40 \times 100} = 1$$

정답 39 ② 40 ① 41 ① 42 ①

43 질산화반응에 의한 알칼리도의 변화는?

① 감소한다.
② 증가한다.
③ 변화하지 않는다.
④ 증가 후 감소한다.

해설
알칼리도는 질산화반응에서 감소하고, 탈질반응에서 증가한다.

44 하수처리를 위한 회전원판법에 관한 설명으로 틀린 것은?

① 질산화가 일어나기 쉬우며 pH가 저하되는 경우가 있다.
② 원판의 회전으로 인해 부착생물과 회전판 사이에 전단력이 생긴다.
③ 살수여상과 같이 여상에 파리는 발생하지 않으나 하루살이가 발생하는 수가 있다.
④ 활성슬러지법에 비해 이차 침전지 SS 유출이 적어 처리수의 투명도가 좋다.

해설
회전원판법의 특징
- 단회로 현상의 제어가 쉽다.
- 폐수량 및 BOD 부하변동에 강하다.
- 슬러지 발생량이 적다.
- 질산화작용이 일어나기 쉬우며 이로 인해 처리수의 BOD가 높아질 수 있으며, pH가 내려가는 경우도 있다.
- 활성슬러지법에서와 같이 팽화현상이 없으며, 이로 인한 2차 침전지에서의 일시적인 다량의 슬러지가 유출되는 현상이 없다.
- 미세한 SS가 유출되기 쉽고 처리수의 투명도가 나쁘다.
- 운전 관리상 조작이 용이하고 유지 관리비가 적게 든다.

45 길이 : 폭 비가 3 : 1인 장방형 침전조에 유량 850 m^3/day의 흐름이 도입된다. 깊이는 4.0m, 체류시간은 2.4h이라면 표면부하율($m^3/m^2 \cdot day$)은? (단, 흐름은 침전조 단면적에 균일하게 분배된다고 가정)

① 20 ② 30
③ 40 ④ 50

해설
표면부하율 $= \dfrac{Q}{A}$

- $V = Q \times t = 850\text{m}^3/\text{day} \times 2.4\text{h} \times \dfrac{1\text{day}}{24\text{h}} = 85\text{m}^3$
- $A = \dfrac{V}{H} = \dfrac{85\text{m}^3}{4\text{m}} = 21.25\text{m}^2$

∴ 표면부하율 $= \dfrac{850\text{m}^3/\text{day}}{21.25\text{m}^2} = 40\text{m}^3/\text{m}^2 \cdot \text{day}$

46 반송슬러지의 탈인 제거 공정에 관한 설명으로 틀린 것은?

① 탈인조 상징액은 유입수량에 비하여 매우 작다.
② 인을 침전시키기 위해 소요되는 석회의 양은 순수 화학처리방법보다 적다.
③ 유입수의 유기물 부하에 따른 영향이 크다.
④ 대표적인 인 제거공법으로는 Phostrip Process가 있다.

해설
탈인 제거 공정은 유입수의 유기물 부하에 따른 영향을 받지 않는다.

43 ① 44 ④ 45 ③ 46 ③ 정답

47 **다음에서 설명하는 분리방법으로 가장 적합한 것은?**

> • 막형태 : 대칭형 다공성막
> • 구동력 : 정수압차
> • 분리형태 : Pore Size 및 흡착현상에 기인한 체거름
> • 적용분야 : 전자공업의 초순수 제조, 무균수 제조식품의 무균여과

① 역삼투 ② 한외여과
③ 정밀여과 ④ 투 석

해설

정밀여과
• 대칭형 다공성막을 사용하여 체거름 원리에 의해 입자를 분리하는 방법이다.
• 구동력은 정수압차이다.
• 대표적인 공정 : 부유물 제거, 콜로이드 제거, 초순수 및 무균수 제조

48 **탈기법을 이용, 폐수 중의 암모니아성 질소를 제거하기 위하여 폐수의 pH를 조절하고자 한다. 수중 암모니아를 NH_3(기체 분자의 형태) 98%로 하기 위한 pH는?(단, 암모니아성 질소의 수중에서의 평형은 다음과 같다. $NH_3 + H_2O \leftrightarrow NH_4^+ + OH^-$, 평형상수 $K = 1.8 \times 10^{-5}$)**

① 11.25 ② 11.03
③ 10.94 ④ 10.62

해설

$NH_3 + H_2O \leftrightarrow NH_4^+ + OH^-$

$$K = 1.8 \times 10^{-5} = \frac{[NH_4^+][OH^-]}{[NH_3]}$$

$$[OH^-] = \frac{K}{[NH_4^+]/[NH_3]} = \frac{1.8 \times 10^{-5}}{2/98} = 0.882 \times 10^{-3}$$

$pOH = -\log[OH^-] \fallingdotseq 3.05$

$\therefore\ pH = 14 - pOH \fallingdotseq 10.95$

49 **폐수의 고도처리에 관한 다음의 기술 중 옳지 않은 것은?**

① Cl^-, SO_4^{2-} 등의 무기염류의 제거에는 전기투석법이 이용된다.
② 활성탄 흡착법에서 폐수 중의 인산은 제거되지 않는다.
③ 모래여과법은 고도처리 중에서 흡착법이나 전기투석법의 전처리로써 이용된다.
④ 폐수 중의 무기성 질소화합물은 철염에 의한 응집침전으로 완전히 제거된다.

해설

폐수 중의 질소화합물은 응집침전으로 제거되지 않으며, 철염을 사용하여 응집침전 제거가 가능한 물질은 인화합물이다.

50 **용수 응집시설의 급속 혼합조를 설계하고자 한다. 혼합조의 설계유량은 18,480m³/day이며 정방형으로 하고 깊이는 폭의 1.25배로 한다면 교반을 위한 필요 동력(kW)은?(단, μ = 0.00131N · s/m², 속도 구배 = 900s⁻¹, 체류시간 30초)**

① 약 4.3 ② 약 5.6
③ 약 6.8 ④ 약 7.3

해설

$P = G^2 \mu V$

$$= \frac{900^2}{s^2} \times \frac{0.00131N \cdot s}{m^2} \times \frac{18,480m^3}{day} \times \frac{1day}{86,400s} \times 30s$$

$\fallingdotseq 6,808.7W \fallingdotseq 6.8kW$

정답 47 ③ 48 ③ 49 ④ 50 ③

51 침전하는 입자들이 너무 가까이 있어서 입자 간의 힘이 이웃입자의 침전을 방해하게 되고 동일한 속도를 침전하며 최종침전지 중간 정도의 깊이에서 일어나는 침전 형태는?

① 지역침전 ② 응집침전
③ 독립침전 ④ 압축침전

해설

② 응집침전 : 비교적 농도가 낮은 현탁액에서 침전 중 입자들끼리 결합하고 응집하는 침전이다.
③ 독립침전 : 고형물의 농도가 낮은 현탁액 속의 입자가 등가속도 영역에서 중력에 의해 침전하는 형태이다.
④ 압축침전 : 입자들의 농도가 너무 높아서 입자들끼리 구조물을 형성하여 더 이상의 침전은 압밀에 의해서만 생성되는 고농도의 부유액에서 일어나는 침전이다.

52 살수여상 공정으로부터 유출되는 유출수의 부유물질을 제거하고자 한다. 유출수의 평균 유량은 12,300m^3/day, 여과지의 여과속도는 17L/m^2 · min이고 4개의 여과지(병렬 기준)를 설계하고자 할 때 여과지 하나의 면적(m^2)은?

① 약 75 ② 약 100
③ 약 125 ④ 약 150

해설

$$A=\frac{Q}{V}\times\frac{1}{N}=\frac{12{,}300\text{m}^3}{\text{day}}\times\frac{\text{m}^2\cdot\text{min}}{17\text{L}}\times\frac{10^3\text{L}}{1\text{m}^3}\times\frac{\text{day}}{1{,}440\text{min}}\times\frac{1}{4}$$
$$\fallingdotseq 125.61\text{m}^2$$

53 폐수 500m^3/day, BOD 300mg/L인 폐수 표준활성슬러지공법으로 처리하여 최종방류수 BOD 농도를 20mg/L 이하로 유지하고자 한다. 최초침전지 BOD 제거효율이 30%일 때 포기조와 최종침전지, 즉 2차 처리공정에서 유지되어야 하는 최저 BOD 제거효율(%)은?

① 약 82.5 ② 약 85.5
③ 약 90.5 ④ 약 94.5

해설

최초침전지 BOD 제거효율이 30%이므로
2차 처리 공정 전 BOD = 300mg/L × (1 − 0.3) = 210mg/L이다.

$$\therefore\ \eta=\left(1-\frac{20}{210}\right)\times 100 \fallingdotseq 90.48\%$$

54 하수로부터 인 제거를 위한 화학제의 선택에 영향을 미치는 인자가 아닌 것은?

① 유입수의 인 농도
② 슬러지 처리시설
③ 알칼리도
④ 다른 처리공정과의 차별성

해설

인 제거를 위한 화학제 선택 시 고려사항

- 유입수의 인 농도
- 슬러지 처리시설
- 알칼리도
- 다른 처리공정과의 호환성

51 ① 52 ③ 53 ③ 54 ④ 정답

55 CSTR 반응조를 일차 반응조건으로 설계하고, A의 제거 또는 전환율이 90%가 되게 하고자 한다. 반응상수 k가 0.35/h일 때 CSTR 반응조의 체류시간(h)은?

① 12.5 ② 25.7
③ 32.5 ④ 43.7

해설

CSTR 반응조의 1차 반응식

$$V=\frac{(C_i-C)Q}{kC}$$

전환율이 90%이므로 $C=0.1C_i$

$$V=\frac{0.9C_i\times Q}{k\times 0.1C_i}=\frac{9Q}{0.35/\text{h}}$$

∴ 체류시간 $t=\frac{V}{Q}=\frac{9}{0.35/\text{h}}\fallingdotseq 25.7\text{h}$

56 활성슬러지 공정의 폭기조 내 MLSS 농도 2,000mg/L, 폭기조의 용량 5m³, 유입폐수의 BOD 농도 300mg/L, 폐수 유량이 15m³/day일 때 F/M비(kg BOD/kg MLSS · day)는?

① 0.35 ② 0.45
③ 0.55 ④ 0.65

해설

$$\text{F/M비}=\frac{\text{BOD}\times Q}{\text{MLSS}\times V}$$
$$=\frac{300\text{mg}}{\text{L}}\times\frac{15\text{m}^3}{\text{day}}\times\frac{\text{L}}{2{,}000\text{mg}}\times\frac{1}{5\text{m}^3}\times\frac{10^6}{10^6}$$
$$=0.45\text{kg BOD/kg MLSS}\cdot\text{day}$$

57 수질 성분이 부식에 미치는 영향으로 틀린 것은?

① 높은 알칼리도는 구리와 납의 부식을 증가시킨다.
② 암모니아는 착화물 형성을 통해 구리, 납 등의 금속용해도를 증가시킬 수 있다.
③ 잔류염소는 Ca와 반응하여 금속의 부식을 감소시킨다.
④ 구리는 갈바닉 전지를 이룬 배관상에 흠집(구멍)을 야기한다.

해설

잔류염소는 Ca와 반응하여 금속의 부식을 증가시킨다.

58 Freundlich 등온흡착식($X/M=KC_e^{\,1/n}$)에 대한 설명으로 틀린 것은?

① X는 흡착된 용질의 양을 나타낸다.
② K, n은 상수값으로 평형농도에 적용한 단위에 상관없이 동일하다.
③ C_e는 용질의 평형농도(질량/체적)를 나타낸다.
④ 한정된 범위의 용질농도에 대한 흡착평형값을 나타낸다.

해설

n은 평형농도에 적용한 단위와 상관없이 동일하나, K는 적용되는 단위에 따라 달라진다.

정답 55 ② 56 ② 57 ③ 58 ②

59 **생물학적 인, 질소 제거 공정에서 호기조, 무산소조, 혐기조 공정의 주된 역할을 가장 올바르게 설명한 것은?(단, 유기물 제거는 고려하지 않으며, 호기조 – 무산소조 – 혐기조 순서임)**

① 질산화 및 인의 과잉흡수 – 탈질소 – 인의 용출
② 질산화 – 탈질소 및 인의 과잉흡수 – 인의 용출
③ 질산화 및 인의 용출 – 인의 과잉흡수 – 탈질소
④ 질산화 및 인의 용출 – 탈질소 – 인의 과잉흡수

해설
- 호기조 : 질산화 및 인의 과잉흡수
- 무산소조 : 탈질
- 혐기조 : 인의 방출

60 **호기성 미생물에 의하여 발생되는 반응은?**

① 포도당 → 알코올
② 초산 → 메탄
③ 아질산염 → 질산염
④ 포도당 → 초산

해설
아질산염은 호기성 미생물에 의해 질산염으로 산화된다.

제4과목 | 수질오염공정시험기준

61 **측정항목과 측정방법에 관한 설명으로 옳지 않은 것은?**

① 플루오린 : 란탄–알리자린콤플렉손에 의한 착화합물의 흡광도를 측정한다.
② 시안 : pH 12~13의 알칼리성에서 시안이온전극과 비교전극을 사용하여 전위를 측정한다.
③ 크롬 : 산성 용액에서 다이페닐카바자이드와 반응하여 생성하는 착화합물의 흡광도를 측정한다.
④ 망간 : 황산산성에서 과황산칼륨으로 산화하여 생성된 과망간산이온의 흡광도를 측정한다.

해설
ES 04404.2b 망간–자외선/가시선 분광법
물속에 존재하는 망간이온을 황산산성에서 과아이오딘산칼륨으로 산화하여 생성된 과망간산이온의 흡광도를 525nm에서 측정하는 방법이다.

62 **0.005M–$KMnO_4$ 400mL를 조제하려면 $KMnO_4$ 약 몇 g을 취해야 하는가?(단, 원자량 K = 39, Mn = 55)**

① 약 0.32
② 약 0.63
③ 약 0.84
④ 약 0.98

해설
$$\frac{0.005\text{mol}}{\text{L}} \times \frac{158\text{g}}{1\text{mol}} \times 0.4\text{L} = 0.316\text{g}$$

59 ① 60 ③ 61 ④ 62 ① 정답

63 **유속 면적법에 의한 하천유량을 구하기 위한 소구간 단면에 있어서의 평균유속 V_m 을 구하는 식은?(단, $V_{0.2}$, $V_{0.4}$, $V_{0.5}$, $V_{0.6}$, $V_{0.8}$ 은 각각 수면으로부터 전수심의 20%, 40%, 50%, 60%, 80%인 점의 유속이다)**

① 수심이 0.4m 미만일 때 $V_m = V_{0.5}$

② 수심이 0.4m 미만일 때 $V_m = V_{0.8}$

③ 수심이 0.4m 이상일 때 $V_m = (V_{0.2} + V_{0.8}) \times 1/2$

④ 수심이 0.4m 미만일 때 $V_m = (V_{0.4} + V_{0.6}) \times 1/2$

해설

ES 04140.3b 하천유량-유속 면적법

소구간 단면에 있어서 평균유속 V_m 은 수심 0.4m를 기준으로 다음과 같이 구한다.

- 수심이 0.4m 미만일 때 $V_m = V_{0.6}$
- 수심이 0.4m 이상일 때 $V_m = (V_{0.2} + V_{0.8}) \times 1/2$

64 **용해성 망간을 측정하기 위해 시료를 채취 후 속히 여과해야 하는 이유는?**

① 망간을 공침시킬 우려가 있는 현탁물질을 제거하기 위해

② 망간이온을 접촉적으로 산화, 침전시킬 우려가 있는 이산화망간을 제거하기 위해

③ 용존상태에서 존재하는 망간과 침전상태에서 존재하는 망간을 분리하기 위해

④ 단시간 내에 석출, 침전할 우려가 있는 콜로이드 상태의 망간을 제거하기 위해

해설

용해성 망간은 용존상태에서 존재하는 망간과 침전상태에서 존재하는 망간을 분리하기 위해 채취 후 속히 여과한다.

65 **시안(CN^-) 분석용 시료를 보관할 때 20% NaOH 용액을 넣어 pH 12의 알칼리성으로 보관하는 이유는?**

① 산성에서는 CN^- 이온이 HCN으로 되어 휘산하기 때문

② 산성에서는 탄산염을 형성하기 때문

③ 산성에서는 시안이 침전되기 때문

④ 산성에서나 중성에서는 시안이 분해 변질되기 때문

해설

시안 함유 시료를 강알칼리성으로 보관하는 이유는 시안이온이 산성에서는 HCN으로 되어 휘산하기 때문에 이를 방지하기 위함이다.

66 **대장균(효소이용정량법) 측정에 관한 내용으로 ( )에 옳은 것은?**

물속에 존재하는 대장균을 분석하기 위한 것으로, 효소기질 시약과 시료를 혼합하여 배양한 후 ( ) 검출기로 측정하는 방법이다.

① 자외선 ② 적외선

③ 가시선 ④ 기전력

해설

ES 04703.3a 대장균-효소이용정량법

365~366nm(6W) 범위의 파장 조사가 가능한 자외선 램프를 사용한다.

정답 63 ③ 64 ③ 65 ① 66 ①

67 0.025N 과망간산칼륨 표준용액의 농도계수를 구하기 위해 0.025N 수산나트륨 용액 10mL을 정확히 취해 종점까지 적정하는데 0.025N 과망간산칼륨 용액이 10.15mL 소요되었다. 0.025N 과망간산칼륨 표준용액의 농도계수(F)는?

① 1.015 ② 1.000
③ 0.9852 ④ 0.025

해설
$NVf = N_1 V_1 f_1$
$0.025N \times 10mL \times 1 = 0.025N \times 10.15mL \times x$
$\therefore x \fallingdotseq 0.9852$

68 '항량으로 될 때까지 건조한다.'라 함은 같은 조건에서 어느 정도 더 건조시켜 전후 무게차가 g당 0.3mg 이하일 때를 말하는가?

① 30분 ② 60분
③ 120분 ④ 240분

해설
ES 04000.d 총칙

69 원자흡수분광광도법으로 셀레늄을 측정할 때 수소화셀레늄을 발생시키기 위해 전처리한 시료에 주입하는 것은?

① 염화제일주석 용액
② 아연 분말
③ 아이오딘화나트륨 분말
④ 수산화나트륨 용액

해설
ES 04407.1b 셀레늄-수소화물생성법-원자흡수분광광도법
아연 분말 약 3g 또는 나트륨붕소수화물(1%) 용액 15mL를 신속히 반응용기에 넣고 자석교반기로 교반하여 수소화셀레늄을 발생시킨다.

70 알칼리성에서 다이에틸다이티오카르바민산나트륨과 반응하여 생성하는 황갈색의 킬레이트화합물을 초산부틸로 추출하여 흡광도 440nm에서 정량하는 측정원리를 갖는 것은?(단, 자외선/가시선 분광법 기준)

① 아 연 ② 구 리
③ 크 롬 ④ 납

해설
ES 04401.2c 구리-자외선/가시선 분광법
물속에 존재하는 구리이온이 알칼리성에서 다이에틸다이티오카르바민산나트륨과 반응하여 생성하는 황갈색의 킬레이트화합물을 아세트산부틸로 추출하여 흡광도를 440nm에서 측정하는 방법이다.

67 ③ 68 ② 69 ② 70 ② 정답

71 복수시료채취방법에 대한 설명으로 ( )에 옳은 것은?(단, 배출허용기준 적합여부 판정을 위한 시료채취 시)

> 자동시료채취기로 시료를 채취할 경우에는 (㉠) 이내에 30분 이상 간격으로 (㉡) 이상 채취하여 일정량의 단일 시료로 한다.

① ㉠ 6시간, ㉡ 2회
② ㉠ 6시간, ㉡ 4회
③ ㉠ 8시간, ㉡ 2회
④ ㉠ 8시간, ㉡ 4회

해설
ES 04130.1e 시료의 채취 및 보존 방법
자동시료채취기로 시료를 채취할 경우에는 6시간 이내에 30분 이상 간격으로 2회 이상 채취(Composite Sample)하여 일정량의 단일 시료로 한다.

72 수질연속자동측정기기의 설치방법 중 시료채취지점에 관한 내용으로 ( )에 옳은 것은?

> 취수구의 위치는 수면하 10cm 이상, 바닥으로부터 ( )cm 이상을 유지하여 동절기의 결빙을 방지하고 바닥 퇴적물이 유입되지 않도록 하되, 불가피한 경우는 수면하 5cm에서 채취할 수 있다.

① 5 ② 15
③ 25 ④ 35

해설
ES 04900.0d 수질연속자동측정기기의 기능 및 설치방법
취수구의 위치는 수면하 10cm 이상, 바닥으로부터 15cm 이상을 유지하여 동절기의 결빙을 방지하고 바닥 퇴적물이 유입되지 않도록 하되, 불가피한 경우는 수면하 5cm에서 채취할 수 있다.

73 BOD 실험에서 배양기간 중에 4.0mg/L의 DO 소모를 바란다면 BOD 200mg/L로 예상되는 폐수를 실험할 때 300mL BOD병에 몇 mL 넣어야 하는가?

① 2.0 ② 4.0
③ 6.0 ④ 8.0

해설

$$\text{시료의 양(mL)} = \frac{\text{DO(mg/L)}}{\text{시료의 예상 BOD(mg/L)}} \times \text{BOD병 용량(mL)}$$

$$= \frac{4}{200} \times 300 = 6\text{mL}$$

74 기체크로마토그래프 검출기에 관한 설명으로 틀린 것은?

① 열전도도 검출기는 금속 필라멘트 또는 전기저항체를 검출소자로 한다.
② 수소염이온화 검출기는 본체는 수소연소노즐, 이온수집기, 대극, 배기구로 구성된다.
③ 알칼리열이온화 검출기는 함유할로겐화합물 및 함유황화물을 고감도로 검출할 수 있다.
④ 전자포획형 검출기는 많은 나이트로화합물, 유기금속화합물 등을 선택적으로 검출할 수 있다.

해설
알칼리열이온화 검출기는 수소염이온화 검출기에 알칼리 또는 알칼리토류 금속염의 튜브를 부착한 것으로 유기질소화합물 및 유기인 화합물을 선택적으로 검출할 수 있다.

정답 71 ① 72 ② 73 ③ 74 ③

75 **하천유량 측정을 위한 유속면적법의 적용범위로 틀린 것은?**

① 대규모 하천을 제외하고 가능하면 도섭으로 측정할 수 있는 지점

② 교량 등 구조물 근처에서 측정할 경우 교량의 상류지점

③ 합류나 분류되는 지점

④ 선정된 유량측정 지점에서 말뚝을 박아 동일 단면에서 유량측정을 수행할 수 있는 지점

해설

ES 04140.3b 하천유량-유속면적법

적용범위

- 균일한 유속분포를 확보하기 위한 충분한 길이(약 100m 이상)의 직선 하도(河道)의 확보가 가능하고 횡단면상의 수심이 균일한 지점
- 모든 유량 규모에서 하나의 하도로 형성되는 지점
- 가능하면 하상이 안정되어 있고, 식생의 성장이 없는 지점
- 유속계나 부자가 어디에서나 유효하게 잠길 수 있을 정도의 충분한 수심이 확보되는 지점
- 합류나 분류가 없는 지점
- 교량 등 구조물 근처에서 측정할 경우 교량의 상류지점
- 대규모 하천을 제외하고 가능하면 도섭으로 측정할 수 있는 지점
- 선정된 유량측정 지점에서 말뚝을 박아 동일 단면에서 유량측정을 수행할 수 있는 지점

76 **이온크로마토그래피에 관한 설명 중 틀린 것은?**

① 물 시료 중 음이온의 정성 및 정량분석에 이용된다.

② 기본구성은 용리액조, 시료주입부, 펌프, 분리칼럼, 검출기 및 기록계로 되어 있다.

③ 시료의 주입량은 보통 10~100μL 정도이다.

④ 일반적으로 음이온 분석에는 이온교환 검출기를 사용한다.

해설

ES 04350.1b 음이온류-이온크로마토그래피

분석목적 및 성분에 따라 전기전도도 검출기, 전기화학적 검출기 및 광학적 검출기 등이 있으나 일반적으로 음이온 분석에는 전기전도도 검출기를 사용한다.

77 **pH 미터의 유지관리에 대한 설명으로 틀린 것은?**

① 전극이 더러워졌을 때는 유리전극을 묽은 염산에 잠시 담갔다가 증류수로 씻는다.

② 유리전극을 사용하지 않을 때는 증류수에 담가둔다.

③ 유지, 그리스 등이 전극표면에 부착되면 유기용매로 적신 부드러운 종이로 전극을 닦고 증류수로 씻는다.

④ 전극에 발생하는 조류나 미생물은 전극을 보호하는 작용이므로 떨어지지 않게 주의한다.

해설

전극에서 발생하는 조류와 미생물은 pH 측정을 방해하므로 제거해야 한다.

78 **4각 위어에 의하여 유량을 측정하려고 한다. 위어의 수두 0.5m, 절단의 폭이 4m이면 유량(m^3/분)은?(단, 유량계수 = 4.8)**

① 약 4.3 ② 약 6.8

③ 약 8.1 ④ 약 10.4

해설

ES 04140.2b 공장폐수 및 하수유량-측정용 수로 및 기타 유량측정 방법

$Q = Kbh^{\frac{3}{2}} = 4.8 \times 4 \times 0.5^{\frac{3}{2}} \fallingdotseq 6.79\text{m}^3/\text{분}$

75 ③ 76 ④ 77 ④ 78 ② 정답

79 **배출허용기준 적합여부 판정을 위한 시료채취 시 복수시료채취방법 적용을 제외할 수 있는 경우가 아닌 것은?**

① 환경오염사고 또는 취약시간대의 환경오염감시 등 신속한 대응이 필요한 경우
② 부득이 복수시료채취방법을 할 수 없을 경우
③ 유량이 일정하며 연속적으로 발생되는 폐수가 방류되는 경우
④ 사업장 내에서 발생하는 폐수를 회분식 등 간헐적으로 처리하여 방류하는 경우

해설

ES 04130.1e 시료의 채취 및 보존 방법
복수시료채취방법 적용을 제외할 수 있는 경우

- 환경오염사고 또는 취약시간대(일요일, 공휴일 및 평일 18:00~09:00 등)의 환경오염감시 등 신속한 대응이 필요한 경우 제외할 수 있다.
- 물환경보전법 제38조 제1항의 규정에 의한 비정상적인 행위를 할 경우 제외할 수 있다.
- 사업장 내에서 발생하는 폐수를 회분식(Batch식) 등 간헐적으로 처리하여 방류하는 경우 제외할 수 있다.
- 기타 부득이 복수시료채취방법으로 시료를 채취할 수 없을 경우 제외할 수 있다.

80 **총질소 실험방법과 가장 거리가 먼 것은?(단, 수질오염공정시험기준 적용)**

① 연속흐름법
② 자외선/가시선 분광법-활성탄 흡착법
③ 자외선/가시선 분광법-카드뮴·구리 환원법
④ 자외선/가시선 분광법-환원증류·킬달법

해설

총질소 실험방법

- 자외선/가시선 분광법-산화법(ES 04363.1a)
- 자외선/가시선 분광법-카드뮴·구리 환원법(ES 04363.2b)
- 자외선/가시선 분광법-환원증류·킬달법(ES 04363.3b)
- 연속흐름법(ES 04363.4c)

제5과목 | 수질환경관계법규

81 **오염총량관리기본계획에 포함되어야 하는 사항과 가장 거리가 먼 것은?**

① 관할 지역에서 배출되는 오염부하량의 총량 및 저감계획
② 해당 지역 개발계획으로 인하여 추가로 배출되는 오염부하량 및 그 저감계획
③ 해당 지역별 및 개발계획에 따른 오염부하량의 할당
④ 해당 지역 개발계획의 내용

해설

물환경보전법 제4조의3(오염총량관리기본계획의 수립 등)
오염총량관리지역을 관할하는 시·도지사는 오염총량관리기본방침에 따라 다음의 사항을 포함하는 기본계획(이하 '오염총량관리기본계획'이라 한다)을 수립하여 환경부령으로 정하는 바에 따라 환경부장관의 승인을 받아야 한다. 오염총량관리기본계획 중 대통령령으로 정하는 중요한 사항을 변경하는 경우에도 또한 같다.

- 해당 지역 개발계획의 내용
- 지방자치단체별·수계구간별 오염부하량(汚染負荷量)의 할당
- 관할 지역에서 배출되는 오염부하량의 총량 및 저감계획
- 해당 지역 개발계획으로 인하여 추가로 배출되는 오염부하량 및 그 저감계획

82 **수질오염물질의 배출허용기준의 지역구분에 해당되지 않는 것은?**

① 나지역
② 다지역
③ 청정지역
④ 특례지역

해설

물환경보전법 시행규칙 [별표 13] 수질오염물질의 배출허용기준
지역구분 : 청정지역, 가지역, 나지역, 특례지역

정답 79 ③ 80 ② 81 ③ 82 ②

83 폐수처리업자의 준수사항에 관한 설명으로 ( )에 옳은 것은?

> 수탁한 폐수는 정당한 사유 없이 (㉠) 보관할 수 없으며, 보관폐수의 전체량이 저장시설 저장능력의 (㉡) 이상 되게 보관하여서는 아니 된다.

① ㉠ 10일 이상, ㉡ 80%
② ㉠ 10일 이상, ㉡ 90%
③ ㉠ 30일 이상, ㉡ 80%
④ ㉠ 30일 이상, ㉡ 90%

해설
물환경보전법 시행규칙 [별표 21] 폐수처리업자의 준수사항
수탁한 폐수는 정당한 사유 없이 10일 이상 보관할 수 없으며, 보관폐수의 전체량이 저장시설 저장능력의 90% 이상 되게 보관하여서는 아니 된다.

84 환경정책기본법령에 의한 수질 및 수생태계 상태를 등급으로 나타내는 경우 '좋음' 등급에 대해 설명한 것은?(단, 수질 및 수생태계 하천의 생활 환경 기준)

① 용존산소가 풍부하고 오염물질이 거의 없는 청정상태에 근접한 생태계로 침전 등 간단한 정수처리 후 생활용수로 사용할 수 있음
② 용존산소가 풍부하고 오염물질이 거의 없는 청정상태에 근접한 생태계로 여과·침전 등 간단한 정수처리 후 생활용수로 사용할 수 있음
③ 용존산소가 많은 편이고 오염물질이 거의 없는 청정상태에 근접한 생태계로 여과·침전·살균 등 일반적인 정수처리 후 생활용수로 사용할 수 있음
④ 용존산소가 많은 편이고 오염물질이 거의 없는 청정상태에 근접한 생태계로 활성탄 투입 등 일반적인 정수처리 후 생활용수로 사용할 수 있음

해설
환경정책기본법 시행령 [별표 1] 환경기준
수질 및 수생태계–하천–생활환경 기준
등급별 수질 및 수생태계 상태
- 매우 좋음 : 용존산소(溶存酸素)가 풍부하고 오염물질이 없는 청정상태의 생태계로 여과·살균 등 간단한 정수처리 후 생활용수로 사용할 수 있음
- 좋음 : 용존산소가 많은 편이고 오염물질이 거의 없는 청정상태에 근접한 생태계로 여과·침전·살균 등 일반적인 정수처리 후 생활용수로 사용할 수 있음
- 약간 좋음 : 약간의 오염물질은 있으나 용존산소가 많은 상태의 다소 좋은 생태계로 여과·침전·살균 등 일반적인 정수처리 후 생활용수 또는 수영용수로 사용할 수 있음
- 보통 : 보통의 오염물질로 인하여 용존산소가 소모되는 일반 생태계로 여과, 침전, 활성탄 투입, 살균 등 고도의 정수처리 후 생활용수로 이용하거나 일반적 정수처리 후 공업용수로 사용할 수 있음
- 약간 나쁨 : 상당량의 오염물질로 인하여 용존산소가 소모되는 생태계로 농업용수로 사용하거나 여과, 침전, 활성탄 투입, 살균 등 고도의 정수처리 후 공업용수로 사용할 수 있음
- 나쁨 : 다량의 오염물질로 인하여 용존산소가 소모되는 생태계로 산책 등 국민의 일상생활에 불쾌감을 주지 않으며, 활성탄 투입, 역삼투압 공법 등 특수한 정수처리 후 공업용수로 사용할 수 있음
- 매우 나쁨 : 용존산소가 거의 없는 오염된 물로 물고기가 살기 어려움

85 공공폐수처리시설의 유지·관리기준에 관한 내용으로 ( )에 옳은 내용은?

> 처리시설의 가동시간, 폐수방류량, 약품투입량, 관리·운영자, 그 밖에 처리시설의 운영에 관한 주요사항을 사실대로 매일 기록하고 이를 최종기록한 날부터 ( ) 보존하여야 한다.

① 1년간　② 2년간
③ 3년간　④ 5년간

해설
물환경보전법 시행규칙 [별표 15] 공공폐수처리시설의 유지·관리기준
처리시설의 가동시간, 폐수방류량, 약품투입량, 관리·운영자, 그 밖에 처리시설의 운영에 관한 주요사항을 사실대로 매일 기록하고 이를 최종기록한 날부터 1년간 보존하여야 한다.

83 ② 84 ③ 85 ① 정답

86 다음 중 법령에서 규정하고 있는 기타수질오염원의 기준으로 틀린 것은?

① 취수능력 $10m^3$/일 이상인 먹는물 제조시설
② 면적 $30,000m^2$ 이상인 골프장
③ 면적 $1,500m^2$ 이상인 자동차 폐차장 시설
④ 면적 $200,000m^2$ 이상인 복합물류터미널 시설

해설

물환경보전법 시행규칙 [별표 1] 기타수질오염원

시설구분	대 상	규 모
골프장	체육시설의 설치·이용에 관한 법률 시행령에 따른 골프장	면적이 $30,000m^2$ 이상이거나 3홀 이상일 것(비점오염원으로 설치 신고대상인 골프장은 제외한다)
운수장비 정비 또는 폐차장 시설	자동차 폐차장시설	면적이 $1,500m^2$ 이상일 것
복합물류 터미널 시설	화물의 운송, 보관, 하역과 관련된 작업을 하는 시설	면적이 $200,000m^2$ 이상일 것

87 위임업무 보고사항 중 보고횟수가 다른 업무내용은?

① 폐수처리업에 대한 허가·지도단속실적 및 처리실적 현황
② 폐수위탁·사업장 내 처리현황 및 처리실적
③ 기타수질오염원 현황
④ 과징금 부과 실적

해설

물환경보전법 시행규칙 [별표 23] 위임업무 보고사항

업무내용	보고횟수
기타수질오염원 현황	연 2회
폐수처리업에 대한 허가·지도단속실적 및 처리실적 현황	연 2회
폐수위탁·사업장 내 처리현황 및 처리실적	연 1회
과징금 부과 실적	연 2회

88 물환경보전법령에 적용되는 용어의 정의로 틀린 것은?

① 폐수무방류배출시설 : 폐수배출시설에서 발생하는 폐수를 해당 사업장에서 수질오염방지시설을 이용하여 처리하거나 동일 배출시설에 재이용하는 등 공공수역으로 배출하지 아니하는 폐수배출시설을 말한다.
② 수면관리자 : 호소를 관리하는 자를 말하며, 이 경우 동일한 호소를 관리하는 자가 3인 이상인 경우에는 하천법에 의한 하천의 관리청의 자가 수면관리자가 된다.
③ 특정수질유해물질 : 사람의 건강, 재산이나 동식물의 생육에 직접 또는 간접으로 위해를 줄 우려가 있는 수질오염물질로서 환경부령이 정하는 것을 말한다.
④ 공공수역 : 하천, 호소, 항만, 연안해역, 그 밖에 공공용으로 사용되는 수역과 이에 접속하여 공공용으로 사용되는 환경부령으로 정하는 수로를 말한다.

해설

물환경보전법 제2조(정의)

'수면관리자'란 다른 법령에 따라 호소를 관리하는 자를 말한다. 이 경우 동일한 호소를 관리하는 자가 둘 이상인 경우에는 하천법에 따른 하천관리청 외의 자가 수면관리자가 된다.

정답 86 ① 87 ② 88 ②

89 대권역 물환경관리계획을 수립하는 경우 포함되어야 할 사항 중 가장 거리가 먼 것은?

① 점오염원, 비점오염원 및 기타수질오염원에서 배출되는 수질오염물질의 양
② 상수원 및 물 이용현황
③ 점오염원, 비점오염원 및 기타수질오염원 분포현황
④ 점오염원 확대 계획 및 저감시설 현황

해설

물환경보전법 제24조(대권역 물환경관리계획의 수립)
대권역계획에는 다음의 사항이 포함되어야 한다.
- 물환경의 변화 추이 및 물환경목표기준
- 상수원 및 물 이용현황
- 점오염원, 비점오염원 및 기타수질오염원의 분포현황
- 점오염원, 비점오염원 및 기타수질오염원에서 배출되는 수질오염물질의 양
- 수질오염 예방 및 저감 대책
- 물환경 보전조치의 추진방향
- 기후위기 대응을 위한 탄소중립·녹색성장 기본법에 따른 기후변화에 대한 적응대책
- 그 밖에 환경부령으로 정하는 사항

90 폐수의 배출시설 설치허가 신청 시 제출해야 할 첨부서류가 아닌 것은?

① 폐수배출공정흐름도
② 원료의 사용명세서
③ 방지시설의 설치명세서
④ 배출시설 설치신고필증

해설

물환경보전법 시행령 제31조(설치허가 및 신고 대상 폐수배출시설의 범위 등)
배출시설의 설치허가·변경허가를 받거나 설치신고를 하려는 자는 배출시설 설치허가·변경허가신청서 또는 배출시설 설치신고서에 다음의 서류를 첨부하여 환경부장관에게 제출(전자정부법에 따른 정보통신망에 의한 제출을 포함한다)하여야 한다.
- 배출시설의 위치도 및 폐수배출공정흐름도
- 원료(용수를 포함한다)의 사용명세 및 제품의 생산량과 발생할 것으로 예측되는 수질오염물질의 내역서
- 방지시설의 설치명세서와 그 도면. 다만, 설치신고를 하는 경우에는 도면을 배치도로 갈음할 수 있다.
- 배출시설 설치허가증(변경허가를 받는 경우에만 제출한다)

91 기본배출부과금 산정 시 적용되는 사업장별 부과계수로 옳은 것은?

① 제1종 사업장(10,000m^3/day 이상) : 2.0
② 제2종 사업장 : 1.5
③ 제3종 사업장 : 1.3
④ 제4종 사업장 : 1.1

해설

물환경보전법 시행령 [별표 9] 사업장별 부과계수

사업장 규모	제1종 사업장(단위 : m^3/일)					제2종 사업장	제3종 사업장	제4종 사업장
	10,000 이상	8,000 이상 10,000 미만	6,000 이상 8,000 미만	4,000 이상 6,000 미만	2,000 이상 4,000 미만			
부과계수	1.8	1.7	1.6	1.5	1.4	1.3	1.2	1.1

92 수질오염물질 총량관리를 위하여 시·도지사가 오염총량관리기본계획을 수립하여 환경부장관에게 승인을 얻어야 한다. 계획수립 시 포함되는 사항으로 가장 거리가 먼 것은?

① 해당 지역 개발계획의 내용
② 시·도지사가 설치·운영하는 측정망 관리계획
③ 관할 지역에서 배출되는 오염부하량의 총량 및 저감계획
④ 해당 지역 개발계획으로 인하여 추가로 배출되는 오염부하량 및 그 저감계획

해설

물환경보전법 제4조의3(오염총량관리기본계획의 수립 등)
오염총량관리지역을 관할하는 시·도지사는 오염총량관리기본방침에 따라 다음의 사항을 포함하는 기본계획(이하 '오염총량관리기본계획'이라 한다)을 수립하여 환경부령으로 정하는 바에 따라 환경부장관의 승인을 받아야 한다. 오염총량관리기본계획 중 대통령령으로 정하는 중요한 사항을 변경하는 경우에도 또한 같다.
- 해당 지역 개발계획의 내용
- 지방자치단체별·수계구간별 오염부하량(汚染負荷量)의 할당
- 관할 지역에서 배출되는 오염부하량의 총량 및 저감계획
- 해당 지역 개발계획으로 인하여 추가로 배출되는 오염부하량 및 그 저감계획

89 ④ 90 ④ 91 ④ 92 ② 정답

93 수질자동측정기기 또는 부대시설의 부착면제를 받은 대상 사업장이 면제 대상에서 해제된 경우 그 사유가 발생한 날로부터 몇 개월 이내에 수질자동측정기기 및 부대시설을 부착해야 하는가?

① 3개월 이내 ② 6개월 이내
③ 9개월 이내 ④ 12개월 이내

해설
물환경보전법 시행령 [별표 7] 측정기기의 종류 및 부착 대상
수질자동측정기기 또는 부대시설의 부착면제를 받은 사업장이나 공동방지시설이 면제 대상에 해당하지 않게 된 경우에는 그 사유가 발생한 날부터 9개월 이내에 해당 수질자동측정기기 또는 부대시설을 부착해야 한다.

94 기본배출부과금 산정 시 청정지역 및 가지역의 지역별 부과계수는?

① 2.0 ② 1.5
③ 1.0 ④ 0.5

해설
물환경보전법 시행령 [별표 10] 지역별 부과계수

청정지역 및 가지역	나지역 및 특례지역
1.5	1

95 사업장별 환경기술인의 자격기준 중 제2종 사업장에 해당하는 환경기술인의 기준은?

① 수질환경기사 1명 이상
② 수질환경산업기사 1명 이상
③ 환경기능사 1명 이상
④ 2년 이상 수질분야에 근무한 자 1명 이상

해설
물환경보전법 시행령 [별표 17] 사업장별 환경기술인의 자격기준

구 분	환경기술인
제2종 사업장	수질환경산업기사 1명 이상

96 오염총량초과부과금 산정 방법 및 기준에서 적용되는 측정유량(일일유량 산정 시 적용) 단위로 옳은 것은?

① m^3/min
② L/min
③ m^3/s
④ L/s

해설
물환경보전법 시행령 [별표 1] 오염총량초과과징금의 산정 방법 및 기준
일일유량의 산정 방법
측정유량의 단위는 분당 리터(L/min)로 한다.

97 발생폐수를 공공폐수처리시설로 유입하고자 하는 배출시설 설치자는 배수관로 등 배수설비를 기준에 맞게 설치하여야 한다. 배수설비의 설치방법 및 구조기준으로 틀린 것은?

① 배수관의 관경은 안지름 150mm 이상으로 하여야 한다.
② 배수관은 우수관과 분리하여 빗물이 혼합되지 아니하도록 설치하여야 한다.
③ 배수관 입구에는 유효간격 10mm 이하의 스크린을 설치하여야 한다.
④ 배수관의 기점 · 종점 · 합류점 · 굴곡점과 관경 · 관종이 달라지는 지점에는 유출구를 설치하여야 하며, 직선인 부분에는 내경의 200배 이하의 간격으로 맨홀을 설치하여야 한다.

해설
물환경보전법 시행규칙 [별표 16] 폐수관로 및 배수설비의 설치방법 · 구조기준 등
배수관의 기점 · 종점 · 합류점 · 굴곡점과 관경 · 관 종류가 달라지는 지점에는 맨홀을 설치하여야 하며, 직선인 부분에는 안지름의 120배 이하의 간격으로 맨홀을 설치하여야 한다.

정답 93 ③ 94 ② 95 ② 96 ② 97 ④

98 방류수수질기준초과율별 부과계수의 구분이 잘못된 것은?

① 20% 이상 30% 미만 - 1.4
② 30% 이상 40% 미만 - 1.8
③ 50% 이상 60% 미만 - 2.0
④ 80% 이상 90% 미만 - 2.6

해설

물환경보전법 시행령 [별표 11] 방류수수질기준초과율별 부과계수

초과율	부과계수
10% 미만	1
10% 이상 20% 미만	1.2
20% 이상 30% 미만	1.4
30% 이상 40% 미만	1.6
40% 이상 50% 미만	1.8
50% 이상 60% 미만	2.0
60% 이상 70% 미만	2.2
70% 이상 80% 미만	2.4
80% 이상 90% 미만	2.6
90% 이상 100%까지	2.8

99 폐수배출시설에서 배출되는 수질오염물질인 부유물질량의 배출허용기준은?(단, 나지역, 1일 폐수배출량 2,000m^3 미만 기준)

① 80mg/L 이하 ② 90mg/L 이하
③ 120mg/L 이하 ④ 130mg/L 이하

해설

물환경보전법 시행규칙 [별표 13] 수질오염물질의 배출허용기준
항목별 배출허용기준

대상 규모 / 항목 / 지역구분	1일 폐수배출량 2,000m^3 미만		
	생물화학적 산소요구량 (mg/L)	총유기 탄소량 (mg/L)	부유 물질량 (mg/L)
나지역	120 이하	75 이하	120 이하

100 정당한 사유 없이 공공수역에 분뇨, 가축분뇨, 동물의 사체, 폐기물(지정폐기물 제외) 또는 오니를 버리는 행위를 하여서는 아니 된다. 이를 위반하여 분뇨·가축분뇨 등을 버린 자에 대한 벌칙 기준은?

① 6개월 이하의 징역 또는 5백만원 이하의 벌금
② 1년 이하의 징역 또는 1천만원 이하의 벌금
③ 2년 이하의 징역 또는 2천만원 이하의 벌금
④ 3년 이하의 징역 또는 3천만원 이하의 벌금

해설

물환경보전법 제78조(벌칙)
정당한 사유 없이 공공수역에 분뇨, 가축분뇨, 동물의 사체, 폐기물(지정폐기물 제외) 또는 오니를 버리는 행위를 하여서는 아니 된다. 이를 위반하여 분뇨·가축분뇨 등을 버린 자는 1년 이하의 징역 또는 1천만원 이하의 벌금에 처한다.

98 ② 99 ③ 100 ② 정답

2021년 제2회 과년도 기출문제

제1과목 | 수질오염개론

01 분뇨에 관한 설명으로 옳지 않은 것은?

① 분뇨는 다량의 유기물과 대장균을 포함하고 있다.
② 도시하수에 비하여 고형물 함유도와 점도가 높다.
③ 분과 뇨의 혼합비는 1 : 10이다.
④ 분과 뇨의 고형물비는 약 1 : 1이다.

해설
④ 분과 뇨의 고형물비는 약 7 : 1 정도이다.

02 아세트산(CH_3COOH) 120mg/L 용액의 pH는? (단, 아세트산 $K_a = 1.8 \times 10^{-5}$)

① 4.65 ② 4.21
③ 3.72 ④ 3.52

해설
$CH_3COOH \rightarrow CH_3COO^- + H^+$
CH_3COOH 120mg/L의 몰농도를 계산하면 다음과 같다.

$$120\text{mg/L } CH_3COOH \times \frac{1\text{mol}}{60\text{g}} \times \frac{1\text{g}}{10^3\text{mg}} = 0.002\text{mol/L}$$

이온화정수 $K_a = \frac{[CH_3COO^-][H^+]}{[CH_3COOH]}$

여기서, $[CH_3COO^-] = [H^+]$이므로

$$1.8 \times 10^{-5} = \frac{[H^+]^2}{0.002}$$

$[H^+] ≒ 1.8974 \times 10^{-4}$

$$\therefore \text{pH} = \log\frac{1}{[H^+]} = \log\frac{1}{(1.8974 \times 10^{-4})} ≒ 3.72$$

03 자당(Sucrose, $C_{12}H_{22}O_{11}$)이 완전히 산화될 때 이론적인 ThOD/TOC 비는?

① 2.67
② 3.83
③ 4.43
④ 5.68

해설
반응식은 다음과 같다.
$C_{12}H_{22}O_{11} + 12O_2 \rightarrow 12CO_2 + 11H_2O$
∴ ThOD/TOC = 12 × 32 / 12 × 12 ≒ 2.67

04 호소의 조류생산 잠재력조사(AGP 시험)를 적용한 대표적 응용사례와 가장 거리가 먼 것은?

① 제한영양염의 추정
② 조류증식에 대한 저해물질의 유무 추정
③ 1차 생산량 측정
④ 방류수역의 부영양화에 미치는 배수의 영향평가

해설
AGP의 응용
• 제한영양염의 추정
• 부영양화 판정
• 유입오수의 영향
• 조류에 이용가능한 영양염류량
• 조류증식에 대한 저해물질의 유무 추정

정답 1 ④ 2 ③ 3 ① 4 ③

05 시료의 대장균군수가 5,000개/mL라면 대장균수가 20개/mL될 때까지의 소요시간(h)은?(단, 일차 반응 기준, 대장균수의 반감기 = 2시간)

① 약 16　② 약 18
③ 약 20　④ 약 22

해설
1차 반응식을 이용하여 계산한다.

$$\ln\frac{C_t}{C_o}=-Kt$$

반감기가 2h이므로

$$\ln\frac{50}{100}=-K\times2,\ K\fallingdotseq0.3466\text{h}^{-1}$$

$$\ln\frac{20}{5,000}=-0.3466\times t$$

$\therefore\ t\fallingdotseq15.93\text{h}$

06 1차 반응식이 적용될 때 완전혼합반응기(CFSTR) 체류시간은 압출형반응기(PFR) 체류시간의 몇 배가 되는가?(단, 1차 반응에 의해 초기농도의 70%가 감소되었고, 자연대수로 계산하며 속도상수는 같다고 가정함)

① 1.34　② 1.51
③ 1.72　④ 1.94

해설
- CFSTR의 체류시간
  $Q(C_o-C_t)=kVC_t,\ (C_o-C_t)=kC_tt$
  초기농도의 70% 감소했으므로 $C_t=0.3C_o$
  $$t=\frac{(C_o-C_t)}{kC_t}=\frac{C_o-0.3C_o}{k\times0.3C_o}\fallingdotseq\frac{2.33}{k}$$
- PFR의 체류시간
  $$\ln\frac{C_t}{C_o}=-kt,\ t=-\frac{\ln0.3}{k}\fallingdotseq\frac{1.2}{k}$$

$\therefore$ CFSTR / PFR = 2.33 / 1.2 ≒ 1.94

07 해양오염에 관한 설명으로 가장 거리가 먼 것은?

① 육지와 인접해 있는 대륙붕은 오염되기 쉽다.
② 유류오염은 산소의 전달을 억제한다.
③ 원유가 바다에 유입되면 해면에 엷은 막을 형성하며 분산된다.
④ 해수 중에서 오염물질의 확산은 일반적으로 수직방향이 수평방향보다 더 빠르게 진행된다.

해설
해수 중에서 오염물질의 확산은 일반적으로 수평방향이 수직방향보다 더 빠르게 진행된다.

08 자연계 내에서 질소를 고정할 수 있는 생물과 가장 거리가 먼 것은?

① Blue-green Algae
② Rhizobium
③ Azotobacter
④ Flagellates

해설
질소고정세균 : Cyanobacteria(또는 Blue-green algae), Azotobacter, Clostridium, Rhizobium, Spirillum 등

5 ①　6 ④　7 ④　8 ④　정답

09 광합성의 영향인자와 가장 거리가 먼 것은?

① 빛의 온도
② 빛의 파장
③ 온 도
④ O_2 농도

해설

광합성의 영향인자 : 빛의 온도, 빛의 강도, 빛의 파장, 온도, CO_2 농도 등

10 식물과 조류세포의 엽록체에서 광합성의 명반응과 암반응을 담당하는 곳은?

① 틸라코이드와 스트로마
② 스트로마와 그라나
③ 그라나와 내막
④ 내막과 외막

해설

광합성은 크게 명반응과 암반응이라는 두 단계로 나뉜다. 명반응은 빛이 있어야 진행되는 반응이며, 암반응은 빛이 없어도 진행되는 반응이다. 명반응이 일어난 후 암반응이 진행되는데, 명반응은 틸라코이드의 막에서 일어나고, 암반응은 스트로마에서 일어난다.

11 물의 특성에 관한 설명으로 틀린 것은?

① 수소와 산소의 공유결합 및 수소결합으로 되어 있다.
② 수온이 감소하면 물의 점성도가 감소한다.
③ 물의 점성도는 표준상태에서 대기의 대략 100배 정도이다.
④ 물분자 사이의 수소결합으로 큰 표면장력을 갖는다.

해설

물의 특성

- 물은 비열, 비점, 용해도, 증발열량, 표면장력 등이 크다.
- 물의 밀도는 4℃에서 가장 크고, 온도가 높아질수록 감소한다.
- 물의 비열은 1cal/g·℃이며, 비슷한 분자량을 갖는 다른 화합물보다 크다.
- 물의 점성은 온도가 증가할수록 감소한다.
- 물의 표면장력은 온도가 상승함에 따라 감소한다.
- 물의 극성은 물이 갖고 있는 높은 용해성과 연관이 있다.

12 25℃, 2기압의 메탄가스 40kg을 저장하는데 필요한 탱크의 부피(m^3)는?(단, 이상기체의 법칙, R = 0.082L·atm/mol·K)

① 20.6　　② 25.3
③ 30.5　　④ 35.3

해설

메탄 40kg의 몰수를 계산하면 다음과 같다.

$$40\text{kg } CH_4 \times \frac{1\text{mol}}{16\text{g}} \times \frac{10^3\text{g}}{1\text{kg}} = 2,500\text{mol}$$

$$\therefore V = \frac{nRT}{P}$$

$$= \frac{2,500\text{mol}}{2\text{atm}} \times \frac{0.082\text{L}\cdot\text{atm}}{\text{mol}\cdot\text{K}} \times (273+25)\text{K} \times \frac{1\text{m}^3}{10^3\text{L}}$$

$$\fallingdotseq 30.5\text{m}^3$$

13 **호소의 영양상태를 평가하기 위한 Carlson 지수를 산정하기 위해 요구되는 인자가 아닌 것은?**

① Chlorophyll-a ② SS
③ 투명도 ④ T-P

해설

Carlson 지수 : 투명도, 엽록소 a 농도, 총인 농도를 이용한 TSI 산정방법이다.

14 **유기화합물이 무기화합물과 다른 점을 올바르게 설명한 것은?**

① 유기화합물들은 대체로 이온반응보다는 분자반응을 하므로 반응속도가 느리다.
② 유기화합물들은 대체로 분자반응보다는 이온반응을 하므로 반응속도가 느리다.
③ 유기화합물들은 대체로 이온반응보다는 분자반응을 하므로 반응속도가 빠르다.
④ 유기화합물들은 대체로 분자반응보다는 이온반응을 하므로 반응속도가 빠르다.

해설

유기화합물의 특징
- 연소성을 가진다.
- 녹는점과 끓는점이 낮다.
- 대체로 물에 난용성이며, 분자량이 크다.
- 박테리아의 먹이가 될 수 있다.
- 분자반응을 하므로 반응속도가 느리다.

15 **하천의 수질관리를 위하여 1920년대 초에 개발된 수질예측모델로 BOD와 DO반응, 즉 유기물 분해로 인한 DO소비와 대기로부터 수면을 통해 산소가 재공급되는 재폭기만 고려한 것은?**

① DO SAG Ⅰ 모델
② QUAL-Ⅰ 모델
③ WQRRS 모델
④ Streeter-Phelps 모델

해설

Streeter-Phelps Model
- 최초의 하천 수질모델링이다.
- 점오염원으로부터 오염부하량을 고려한다.
- 유기물의 분해에 따른 DO 소비와 재폭기만을 고려한다.

16 **보통 농업용수의 수질평가 시 SAR로 정의하는데 이에 대한 설명으로 틀린 것은?**

① SAR값이 20 정도이면 Na^+가 토양에 미치는 영향이 적다.
② SAR의 값은 Na^+, Ca^{2+}, Mg^{2+} 농도와 관계가 있다.
③ 경수가 연수보다 토양에 더 좋은 영향을 미친다고 볼 수 있다.
④ SAR의 계산식에 사용되는 이온의 농도는 meq/L를 사용한다.

해설

SAR
- $SAR = \dfrac{Na^+}{\sqrt{\dfrac{Ca^{2+} + Mg^{2+}}{2}}}$
- SAR에 의한 관개용수의 영향
  - SAR이 10 이하이면 적합하다.
  - SAR이 10~18이면 중간 정도의 영향을 미친다.
  - SAR이 18~26이면 비교적 높은 영향을 미치게 된다.
  - SAR이 26 이상이면 매우 높은 영향을 미치게 된다.

13 ② 14 ① 15 ④ 16 ① 정답

17 **황조류로 엽록소 a, c와 잔토필의 색소를 가지고 있고 세포벽이 형태상 독특한 단세포 조류이며, 찬물 속에서도 잘 자라 북극지방에서나 겨울철에 번성하는 것은?**

① 녹조류
② 갈조류
③ 규조류
④ 쌍편모조류

해설
엽록소 a, c와 잔토필의 색소를 가지고 있는 조류는 갈조류와 규조류이다. 이 중 갈조류는 다세포이고, 규조류는 단세포이다.

18 **해수에 관한 다음의 설명 중 옳은 것은?**

① 해수의 중요한 화학적 성분 7가지는 Cl^-, Na^+, Mg^{2+}, SO_4^{2-}, HCO_3^-, K^+, Ca^{2+}이다.
② 염분은 적도 해역에서 낮고 남북 양극해역에서 높다.
③ 해수의 Mg/Ca비는 담수보다 작다.
④ 해수의 밀도는 수심이 깊을수록 염농도가 감소함에 따라 작아진다.

해설
② 염분은 적도 해역에서 높고, 극지방 해역에서는 낮다.
③ 해수의 Mg/Ca비는 3~4 정도로 담수(0.1~0.3)에 비해 크다.
④ 해수의 밀도는 수심이 깊을수록 커진다.

19 **약산인 0.01N–CH_3COOH가 18% 해리될 때 수용액의 pH는?**

① 약 2.15 ② 약 2.25
③ 약 2.45 ④ 약 2.75

해설
반응식은 다음과 같다.
$CH_3COOH \rightarrow CH_3COO^- + H^+$
0.01N = 0.01M이며, 18%가 해리되었으므로

$$\therefore \ pH = \log\frac{1}{[H^+]} = \log\frac{1}{0.18 \times 0.01} \fallingdotseq 2.74$$

20 **3mol의 글리신(Glycine, $CH_2(NH_2)COOH$)이 분해되는데 필요한 이론적 산소요구량(g O_2)은?**

> • 1단계 : 유기탄소는 이산화탄소(CO_2), 유기질소는 암모니아(NH_3)로 전환된다.
> • 2, 3단계 : 암모니아는 산화과정을 통하여 아질산, 최종적으로 질산염까지 전환된다.

① 317 ② 336
③ 362 ④ 392

해설
반응식을 만들면 다음과 같다.
$CH_2(NH_2)COOH + 3.5O_2 \rightarrow 2CO_2 + 2H_2O + HNO_3$
글리신 1mol당 3.5mol의 산소가 필요하다.
$\therefore \ 3 \times 3.5 \times 32 = 336g \ O_2$

정답 17 ③ 18 ① 19 ④ 20 ②

제2과목 | 상하수도계획

21 펌프의 캐비테이션이 발생하는 것을 방지하기 위한 대책으로 볼 수 없는 것은?

① 펌프의 설치위치를 가능한 한 높게 하여 펌프의 필요유효흡입수두를 작게 한다.
② 펌프의 회전속도를 낮게 선정하여 펌프의 필요유효흡입수두를 작게 한다.
③ 흡입관의 손실을 가능한 한 작게 하여 펌프의 가용유효흡입수두를 크게 한다.
④ 흡입측 밸브를 완전히 개방하고 펌프를 운전한다.

해설

공동현상(Cavitation) 방지대책
- 펌프의 설치위치를 가능한 한 낮게 하여 펌프의 가용유효흡입수두를 크게 한다.
- 펌프의 회전속도를 낮게 선정하여 펌프의 필요유효흡입수두를 작게 한다.
- 흡입측 밸브는 완전히 개방한 다음 펌프를 가동한다.
- 흡입관의 손실을 가능한 한 작게 하여 펌프의 가용유효흡입수두를 크게 한다.
- 펌프가 과대토출량으로 운전되지 않도록 한다.
- 펌프의 흡입실양정을 가능한 한 작게 한다.

22 응집지(정수시설) 내 급속혼화시설의 급속혼화방식과 가장 거리가 먼 것은?

① 공기식
② 수류식
③ 기계식
④ 펌프확산에 의한 방법

해설

급속혼화방식
- 기계식
- 수류식
- 펌프확산에 의한 방법

23 하수 고도처리를 위한 급속여과법에 관한 설명과 가장 거리가 먼 것은?

① 여층의 운동방식에 의해 고정상형 및 이동상형으로 나눌 수 있다.
② 여층의 구성은 유입수와 여과수의 수질, 역세척 주기 및 여과면적을 고려하여 정한다.
③ 여과속도는 유입수와 여과수의 수질, SS의 포획능력 및 여과지속시간을 고려하여 정한다.
④ 여재는 종류, 공극률, 비표면적, 균등계수 등을 고려하여 정한다.

해설

여재 및 여층의 구성은 SS제거율, 유지관리의 편의성 및 경제성으로 고려하여 정한다.

24 하수시설인 중력식 침사지에 대한 설명 중 옳은 것은?

① 체류시간은 3~6분을 표준으로 한다.
② 수심은 유효수심에 모래퇴적부의 깊이를 더한 것으로 한다.
③ 오수침사지의 표면부하율은 3,600m^3/m^2 · day 정도로 한다.
④ 우수침사지의 표면부하율은 1,800m^3/m^2 · day 정도로 한다.

해설

① 체류시간은 30~60초를 표준으로 한다.
③ 오수침사지의 표면부하율은 1,800m^3/m^2 · day 정도로 한다.
④ 우수침사지의 표면부하율은 3,600m^3/m^2 · day 정도로 한다.

21 ① 22 ① 23 ② 24 ② 정답

25 **정수장에서 송수를 받아 해당 배수구역으로 배수하기 위한 배수지에 대한 설명(기준)으로 틀린 것은?**

① 유효용량은 시간변동조정용량과 비상대처용량을 합한다.

② 유효용량은 급수구역의 계획1일 최대급수량의 6시간분 이상을 표준으로 한다.

③ 배수지의 유효수심은 3~6m 정도를 표준으로 한다.

④ 고수위로부터 정수지 상부 슬래브까지는 30cm 이상의 여유고를 둔다.

해설

배수지

- 유효용량은 '시간변동조정용량'과 '비상대처용량'을 합하여 급수구역의 계획1일 최대급수량의 최소 12시간분 이상을 표준으로 하되 비상시나 무단수 공급 등 상수도서비스 향상을 고려하여 용량을 확장할 수 있으며 지역특성과 상수도시설의 안정성 등을 고려하여 결정한다.
- 배수지의 유효수심은 3~6m를 표준으로 한다.
- 배수지는 가능한 한 급수지역의 중앙 가까이 설치한다.
- 자연유하식 배수지의 표고는 급수구역 내 관말지역의 최소동수압이 확보되는 높이여야 한다.
- 배수지는 붕괴의 우려가 있는 비탈의 상부나 하부 가까이는 피해야 한다.

26 **도시의 장래하수량 추정을 위해 인구증가 현황을 조사한 결과 매년 증가율이 5%로 나타났다. 이 도시의 20년 후의 추정 인구(명)는?(단, 현재의 인구는 73,000명이다)**

① 약 132,000

② 약 162,000

③ 약 183,000

④ 약 194,000

해설

등비증가법에 의한 인구수 계산

$P_n = P_o(1+r)^N = 73{,}000 \times (1+0.05)^{20} \fallingdotseq 193{,}691$명

27 **계획오수량에 대한 설명 중 올바르지 않은 것은?**

① 합류식에서 우천 시 계획오수량은 원칙적으로 계획시간 최대오수량의 3배 이상으로 한다.

② 계획1일 최대오수량은 1인1일 평균오수량에 계획인구를 곱한 후, 여기에 공장폐수량, 지하수량 및 기타 배수량을 더한 것으로 한다.

③ 계획1일 평균오수량은 계획1일 최대오수량의 70~80%를 표준으로 한다.

④ 계획시간 최대오수량은 계획1일 최대오수량의 1시간당 수량의 1.3~1.8배를 표준으로 한다.

해설

계획1일 최대오수량은 1인1일 최대오수량에 계획인구를 곱한 후, 여기에 공장폐수량, 지하수량 및 기타 배수량을 더한 것으로 한다.

28 **해수담수화를 위해 해수를 취수할 때 취수위치에 따른 장단점으로 틀린 것은?**

① 해중취수(10m 이상) : 기상변화, 해조류의 영향이 적다.

② 해안취수(10m 이내) : 계절별 수질, 수온 변화가 심하다.

③ 염지하수 취수 : 추가적 전처리 비용이 발생한다.

④ 해안취수(10m 이내) : 양적으로 가장 경제적이다.

해설

염지하수 취수

- 수질, 수온이 매우 안정적이다.
- 전처리 비용을 절감할 수 있다.
- 지역적, 양적인 제한을 받는다.

정답 25 ② 26 ④ 27 ② 28 ③

29 상수시설 중 도수거에서의 최소유속(m/s)은?

① 0.1
② 0.3
③ 0.5
④ 1.0

해설

도수거에서 평균유속의 최대한도는 3.0m/s로 하고 최소유속은 0.3m/s로 한다.

30 하수도계획 수립 시 포함되어야 하는 사항과 가장 거리가 먼 것은?

① 침수방지계획
② 슬러지 처리 및 자원화 계획
③ 물관리 및 재이용계획
④ 하수도 구축지역 계획

해설

하수도계획 수립 시 포함되어야 하는 사항

- 침수방지계획
- 수질보전계획
- 물관리 및 재이용계획
- 슬러지 처리 및 자원화 계획

31 강우강도 $I=\dfrac{3,970}{t+31}$ mm/h, 유역면적 3.0km^2, 유입시간 180s, 관거길이 1km, 유출계수 1.1, 하수관의 유속 33m/min일 경우 우수유출량(m^3/s)은?(단, 합리식 적용)

① 약 29　　② 약 33
③ 약 48　　④ 약 57

해설

- $I=\dfrac{3,970}{t+31}=\dfrac{3,970}{33.3+31}\fallingdotseq 61.74$

  여기서, t(min) : 유달시간(= 유입시간 + 유하시간)
  - 유입시간 = 180s = 3min
  - 유하시간 = $\dfrac{1,000\text{m}}{33\text{m/min}}\fallingdotseq 30.3\text{min}$
- $A=3\text{km}^2=300\text{ha}$

$\therefore\ Q=\dfrac{1}{360}CIA=\dfrac{1}{360}\times 1.1\times 61.74\times 300\fallingdotseq 56.6\text{m}^3/\text{s}$

32 상수의 취수시설에 관한 설명 중 틀린 것은?

① 취수탑은 탑의 설치 위치에서 갈수 수심이 최소 2m 이상이어야 한다.
② 취수보의 취수구의 유입 유속은 1m/s 이상이 표준이다.
③ 취수탑의 취수구 단면형상은 장방형 또는 원형으로 한다.
④ 취수문을 통한 유입속도가 0.8m/s 이하가 되도록 취수문의 크기를 정한다.

해설

취수보의 취수구

- 유입속도는 0.4~0.8m/s를 표준으로 한다.
- 취수구의 높이는 배사문의 바닥높이보다 0.5~1.0m 이상 높게 한다.
- 제수문의 전면에는 스크린을 설치한다.

29 ② 30 ④ 31 ④ 32 ② 정답

33 펌프의 특성곡선에서 펌프의 양수량과 양정 간의 관계를 가장 잘 나타낸 곡선은?

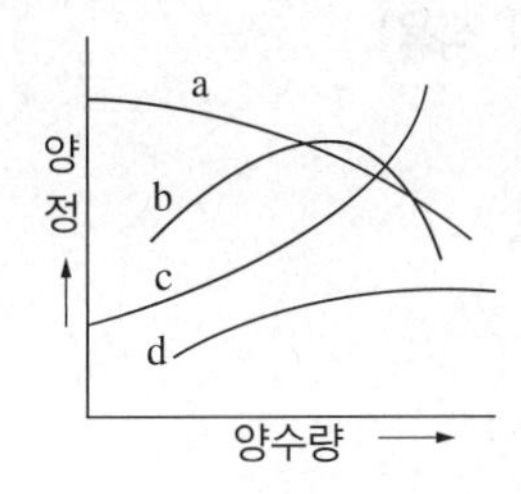

① a곡선 ② b곡선
③ c곡선 ④ d곡선

해설

펌프의 특성곡선

① a곡선(양정곡선) : 양정은 대체로 유량의 제곱에 반비례한다.
② b곡선(효율곡선) : 유량 증가와 함께 증가하다가 일정 유량을 초과하면 감소한다.
③ c곡선(저항곡선) : 관로저항은 대체로 유량의 제곱에 비례하여 증가한다.
④ d곡선(축동력곡선) : 동력은 유량의 세제곱에 비례하여 증가한다.

34 복류수나 자유수면을 갖는 지하수를 취수하는 시설인 집수매거에 관한 설명으로 틀린 것은?

① 집수매거의 길이는 시험우물 등에 의한 양수시험 결과에 따라 정한다.
② 집수매거의 매설깊이는 1.0m 이하로 한다.
③ 집수매거는 수평 또는 흐름방향으로 향하여 완경사로 하고 집수매거의 유출단에서 매거 내의 평균유속은 1.0m/s 이하로 한다.
④ 세굴의 우려가 있는 제외지에 설치할 경우에는 철근콘크리트틀 등으로 방호한다.

해설

집수매거의 매설깊이는 5m를 표준으로 한다.

35 오수관거를 계획할 때 고려할 사항으로 맞지 않는 것은?

① 분류식과 합류식이 공존하는 경우에는 원칙적으로 양 지역의 관거는 분리하여 계획한다.
② 관거는 원칙적으로 암거로 하며, 수밀한 구조로 하여야 한다.
③ 관거단면, 형상 및 경사는 관거 내에 침전물이 퇴적하지 않도록 적당한 유속을 확보한다.
④ 관거의 역사이펀이 발생하도록 계획한다.

해설

오수관거계획 고려사항

- 분류식과 합류식이 공존하는 경우에는 원칙적으로 양 지역의 관거는 분리하여 계획한다.
- 관거는 원칙적으로 암거로 하며, 수밀한 구조로 하여야 한다.
- 관거배치는 지형, 지질, 도로폭 및 지하매설물 등을 고려하여 정한다.
- 관거단면, 형상 및 경사는 관거 내에 침전물이 퇴적하지 않도록 적당한 유속을 확보할 수 있도록 정한다.
- 관거의 역사이펀은 가능한 한 피하도록 계획한다.
- 오수관거와 우수관거가 교차하여 역사이펀을 피할 수 없는 경우에는 오수관거를 역사이펀으로 하는 것이 바람직하다.
- 기존관거는 수리 및 용량 검토와 관거실태를 조사하여 기능적, 구조적 불량관거에 대하여 오수관거로서의 제기능을 회복할 수 있도록 개량계획을 시행하여야 한다.

36 상수처리시설인 침사지의 구조 기준으로 틀린 것은?

① 표면부하율은 200~500mm/min을 표준으로 한다.
② 지내 평균유속은 30cm/s를 표준으로 한다.
③ 지의 상단높이는 고수위보다 0.6~1m의 여유고를 둔다.
④ 지의 유효수심은 3~4m를 표준으로 한다.

해설

지내 평균유속은 2~7cm/s, 표면부하율은 200~500mm/min을 표준으로 한다.

정답 33 ① 34 ② 35 ④ 36 ②

37 **펌프를 선정할 때 고려사항으로 적당하지 않은 것은?**

① 펌프를 최대효율점 부근에서 운전하도록 용량 및 대수를 결정한다.

② 펌프의 설치대수는 유지관리상 가능한 적게 하고 동일용량의 것으로 한다.

③ 펌프는 저용량일수록 효율이 높으므로 가능한 저용량으로 한다.

④ 내부에서 막힘이 없고, 부식 및 마모가 적어야 한다.

해설

펌프는 용량이 클수록 효율이 높으므로 가능한 대용량의 것으로 하며, 오수유입량에 따라 대응운전이 가능한 대·중·소 조합이 되도록 한다.

38 **슬러지탈수 방법 중 가압식 벨트프레스탈수기에 관한 내용으로 옳지 않은 것은?(단, 원심탈수기와 비교)**

① 소음이 작다.

② 동력이 작다.

③ 부대장치가 적다.

④ 소모품이 적다.

해설

벨트프레스탈수기는 원심탈수기에 비하여 부대장치가 많다.

벨트프레스탈수의 특징

- 연속운전이 가능하다.
- 약품사용량 및 동력소모가 적다.
- 부지 면적이 넓어야 한다.
- 세척수 사용량이 많다.

39 **유출계수가 0.65인 $1km^2$의 분수계에서 흘러내리는 우수의 양(m^3/s)은?(단, 강우강도 = 3mm/min, 합리식 적용)**

① 1.3

② 6.5

③ 21.7

④ 32.5

해설

- $I = \frac{3mm}{min} \times \frac{60min}{h} = 180mm/h$
- $A = 1km^2 = 100ha$

$\therefore\ Q = \frac{1}{360}CIA = \frac{1}{360} \times 0.65 \times 180 \times 100 = 32.5m^3/s$

40 **정수시설인 완속여과지에 관한 내용으로 옳지 않은 것은?**

① 주위벽 상단은 지반보다 60cm 이상 높여 여과지 내로 오염수나 토사 등의 유입을 방지한다.

② 여과속도는 4~5m/day를 표준으로 한다.

③ 모래층의 두께는 70~90cm를 표준으로 한다.

④ 여과면적은 계획정수량을 여과속도로 나누어 구한다.

해설

① 주위벽 상단은 지반보다 15cm 이상 높여 여과지 내로 오염수나 토사 등의 유입을 방지해야 한다.

정답 37 ③ 38 ③ 39 ④ 40 ①

제3과목 | 수질오염방지기술

41 활성슬러지 포기조의 유효용적 1,000m^3, MLSS 농도 3,000mg/L, MLVSS는 MLSS 농도의 75%, 유입 하수 유량 4,000m^3/day, 합성계수(Y) 0.63mg MLVSS/mg BOD$_{removed}$, 내생분해계수(k) 0.05day^{-1}, 1차 침전조 유출수의 BOD 200mg/L, 포기조 유출수의 BOD 20mg/L일 때, 슬러지 생성량(kg/day)은?

① 301 ② 321
③ 341 ④ 361

해설
잉여슬러지 발생량

$$SL = Y \cdot BOD \cdot \eta \cdot Q - K_d \cdot V \cdot X$$

$$= 0.63 \times \frac{(0.2-0.02)\text{kg}}{\text{m}^3} \times \frac{4{,}000\text{m}^3}{\text{day}} - \frac{0.05}{\text{day}} \times 1{,}000\text{m}^3 \times \frac{(3\times 0.75)\text{kg}}{\text{m}^3}$$

$$= 341.1\text{kg/day}$$

42 1,000m^{3}의 하수로부터 최초침전지에서 생성되는 슬러지 양(m^3)은?(단, 최초침전지 체류시간 = 2시간, 부유물질 제거효율 = 60%, 부유물질 농도 = 220mg/L, 부유물질 분해 없음, 슬러지 비중 = 1.0, 슬러지 함수율 = 97%)

① 2.4 ② 3.2
③ 4.4 ④ 5.2

해설

$$SL_v(\text{m}^3) = SL_m(\text{kg}) \times \frac{1}{\rho}$$

여기서, SL_m : 슬러지의 무게(= 제거되는 SS / 슬러지 중 고형물의 비율)

$$SL_m = \frac{220\text{mg TS}}{\text{L}} \times 1{,}000\text{m}^3 \times \frac{10^3\text{L}}{\text{m}^3} \times \frac{1\text{kg}}{10^6\text{mg}} \times \frac{60}{100} \times \frac{100\text{SL}}{(100-97)\text{TS}}$$

$$= 4{,}400\text{kg}$$

$$\therefore SL_v(\text{m}^3) = 4{,}400\text{kg} \times \frac{1}{1{,}000\text{kg/m}^3} = 4.4\text{m}^3$$

43 다음 조건과 같이 혐기성 반응을 시킬 때 세포생산량(kg 세포/day)은?

- 세포생산계수(Y) = 0.04g 세포/g BOD$_L$
- 폐수유량(Q) = 1,000m^3/day
- BOD 제거효율(E) = 0.7
- 세포 내 호흡계수(K_d) = 0.015/day
- 세포 체류시간(θ_c) = 20일
- 폐수유기물질농도(S_o) = 10g BOD$_L$/L

① 84 ② 182
③ 215 ④ 334

해설
SRT 계산식

$$\frac{1}{\text{SRT}} = \frac{Y \cdot BOD \cdot Q \cdot \eta}{X \cdot V} - K_d$$

$$\frac{1}{20} = \frac{0.04 \cdot 10 \cdot 1{,}000 \cdot 0.7}{X \cdot V} - 0.015$$

$$X \cdot V ≒ 4{,}307.69\text{kg/day}$$

$$\text{SRT} = \frac{X \cdot V}{Q_w \cdot X_w}$$

$$20 = \frac{4{,}307.69}{Q_w \cdot X_w}$$

$\therefore Q_w \cdot X_w$(세포생산량) ≒ 215.38kg/day

44 연속회분식(SBR)의 운전단계에 관한 설명으로 틀린 것은?

① 주입 : 주입단계 운전의 목적은 기질(원폐수 또는 1차 유출수)을 반응조에 주입하는 것이다.
② 주입 : 주입단계는 총 Cycle 시간의 약 25% 정도이다.
③ 반응 : 반응단계는 총 Cycle 시간의 약 65% 정도이다.
④ 침전 : 연속흐름식 공정에 비하여 일반적으로 더 효율적이다.

해설
반응단계는 총 Cycle 시간의 약 35% 정도이다.
SBR 공법의 단계별 시간(총 Cycle 기준)
주입(25%) → 반응(35%) → 침전(20%) → 배출(15%) → 휴지(5%)

정답 41 ③ 42 ③ 43 ③ 44 ③

45 농축조에 함수율 99%인 일차슬러지를 투입하여 함수율 96%의 농축슬러지를 얻었다. 농축 후의 슬러지량은 초기 일차 슬러지량의 몇 %로 감소하였는가?(단, 비중은 1.0 기준)

① 50
② 33
③ 25
④ 20

해설

$SL_1(1-X_{w1}) = SL_2(1-X_{w2})$

$SL_1(1-0.99) = SL_2(1-0.96)$

$\frac{SL_2}{SL_1} = \frac{0.01}{0.04} = \frac{1}{4}$

∴ 초기 슬러지량의 25%로 감소한다.

46 평균입도 3.2mm인 균일한 층 30cm에서의 Reynolds 수는?(단, 여과속도 = 160L/m^2 · min, 동점성계수 = 1.003 $\times 10^{-6}m^2$/s)

① 8.5
② 11.6
③ 15.9
④ 18.3

해설

$$R_e = \frac{d_p \times V}{\nu}$$

$$= 3.2\times10^{-3}\text{m}\times\frac{160\text{L}}{\text{m}^2\cdot\text{min}}\times\frac{\text{min}}{60\text{s}}\times\frac{\text{m}^3}{10^3\text{L}}\times\frac{\text{s}}{1.003\times10^{-6}\text{m}^2}$$

$$\fallingdotseq 8.51$$

47 활성슬러지 포기조 용액을 사용한 실험값으로부터 얻은 결과에 대한 설명으로 가장 거리가 먼 것은?

> MLSS 농도가 1,600mg/L인 용액 1L를 30분간 침강시킨 후 슬러지의 부피가 400mL이었다.

① 최종침전지에서 슬러지의 침강성이 양호하다.
② 슬러지 밀도지수(SDI)는 0.5 이하이다.
③ 슬러지 용량지수(SVI)는 200 이상이다.
④ 실모양의 미생물이 많이 관찰된다.

해설

$$\text{SVI} = \frac{\text{SV(mL/L)}}{\text{MLSS(mg/L)}}\times10^3 = \frac{400}{1,600}\times10^3 = 250$$

SVI가 200 이상이므로 슬러지의 침강성은 좋지 않다. 양호한 침강성을 얻기 위해서는 SVI가 50~150 정도의 범위가 적절하다.

48 급속교반 탱크에 유입되는 폐수를 6평날 터빈임펠러로 완전 혼합하고자 한다. 임펠러의 직경은 2.0m, 깊이 6.0m인 탱크의 바닥으로부터 1.2m 높이에서 설치되었다. 수온 30℃에서 임펠러의 회전속도가 30rpm일 때 동력소비량(kW)은?(단, $p = k\rho n^3 D^5$, 30℃ 액체의 밀도 995.7kg/m^3, $k = 6.3$)

① 약 115
② 약 86
③ 약 54
④ 약 25

해설

$$p = k\rho n^3 D^5 = 6.3\times\frac{995.7\text{kg}}{\text{m}^3}\times\left(\frac{30}{60\text{s}}\right)^3\times(2\text{m})^5$$

$$= 25,091.64\text{kg}\cdot\text{m}^2/\text{s}^3 = 25,091.64\text{W} \fallingdotseq 25.09\text{kW}$$

45 ③ 46 ① 47 ① 48 ④ 정답

49 침전지 내에서 기타의 모든 조건이 같다면 비중이 0.3인 입자에 비하여 0.8인 입자의 부상속도는 얼마나 되는가?

① 7/2배 늘어난다.
② 8/3배 늘어난다.
③ 2/7로 줄어든다.
④ 3/8로 줄어든다.

해설

부상속도

$$V_f = \frac{d^2(\rho_w - \rho_s)g}{18\mu}$$

$$V_f \propto (\rho_w - \rho_s)$$

$$\frac{V_2}{V_1} = \frac{(1-0.8)}{(1-0.3)} = \frac{2}{7}$$

∴ 2/7로 줄어든다.

50 처리유량이 $200m^3$/h이고 염소요구량이 9.5mg/L, 잔류염소 농도가 0.5mg/L일 때 하루에 주입되는 염소의 양(kg/day)은?

① 2 ② 12
③ 22 ④ 48

해설

염소주입량 = 염소요구량 + 잔류염소량
= 9.5mg/L + 0.5mg/L = 10mg/L

∴ 염소주입량(kg/day)

$$= \frac{10mg}{L} \times \frac{200m^3}{h} \times \frac{24h}{day} \times \frac{10^3L}{m^3} \times \frac{kg}{10^6mg} = 48kg/day$$

51 하수처리장에서 발생되는 슬러지를 혐기성 소화조에서 처리하는 도중 소화가스량이 급격하게 감소하였다. 소화가스의 발생량이 감소하는 원인에 대한 설명 중 틀린 것은?

① 유기산이 과도하게 축적되는 경우
② 적정 온도범위가 유지되지 않거나 독성물질이 유입된 경우
③ 알칼리도가 크게 낮아진 경우
④ pH가 증가된 경우

해설

pH가 감소된 경우 소화가스의 발생량이 감소한다.

소화가스의 발생량 감소 원인

- 과도한 산 생성
- 조내 온도 저하
- 소화가스 누출
- 저농도 슬러지 유입
- 소화슬러지 과잉배출

52 생물학적 폐수처리공정에서 생물반응조에 슬러지를 반송시키는 주된 이유는?

① 폐수처리에 필요한 미생물을 공급하기 위하여
② 폐수에 들어있는 독성물질을 중화시키기 위하여
③ 활성슬러지가 자라는데 필요한 영양소를 공급하기 위하여
④ 슬러지처리공정으로 들어가는 잉여슬러지의 양을 증가시키기 위하여

해설

생물반응조에 슬러지를 반송시키는 주된 이유는 폐수처리에 필요한 미생물을 공급하기 위함이다.

정답 49 ③ 50 ④ 51 ④ 52 ①

53 농약을 제조하는 공장의 폐수 중에는 유기인이 함유되고 있는 경우가 많다. 이들을 처리하는데 가장 적당한 처리방법은?

① 활성탄 흡착
② 이온교환수지법
③ 황산알루미늄으로 응집
④ 염화철로 응집

해설
유기인 처리방법 : 활성탄 또는 알루미나를 이용한 흡착 처리

54 포기조에 공기를 $0.6m^3/m^3$(물)으로 공급할 때, 물 단위 부피당의 기포 표면적(m^2/m^3)은?(단, 기포의 평균 지름 = 0.25cm, 상승속도 = 18cm/s로 균일, 물의 유량 = $30,000m^3$/day, 포기조 안의 체류시간 = 15min, 포기조의 수심 = 2.8m)

① 24.9
② 35.2
③ 43.6
④ 49.3

해설
• 기포 표면적

$$A = \frac{Q}{\frac{\pi}{6}d^3} \times \pi \times d^2 \times \frac{H}{V_f}$$

$$= \frac{\frac{30,000\text{m}^3}{\text{day}} \times \frac{0.6\text{m}^3}{\text{m}^3} \times \frac{\text{day}}{86,400\text{s}}}{\frac{\pi}{6} \times (0.0025\text{m})^3} \times \pi \times (0.0025\text{m})^2 \times \frac{2.8\text{m}}{0.18\text{m/s}}$$

$$\fallingdotseq 7,777.78\text{m}^2$$

• 물 단위 부피

$$\frac{30,000\text{m}^3}{\text{day}} \times 15\text{min} \times \frac{\text{day}}{1,440\text{min}} = 312.5\text{m}^3$$

$\therefore$ 물 단위 부피당 기포 표면적 $= \frac{7,777.78\text{m}^2}{312.5\text{m}^3} \fallingdotseq 24.89\text{m}^2/\text{m}^3$

55 회전원판법(RBC)에서 근접 배치한 얇은 원형판들을 폐수가 흐르는 통에 몇 % 정도가 잠기는 것(침적률)이 가장 적합한가?

① 20%
② 30%
③ 40%
④ 50%

해설
회전원판법의 침적률은 일반적으로 35~45% 정도로 한다.

56 하수처리에 관련된 침전현상(독립, 응집, 간섭, 압밀)의 종류 중 '간섭침전'에 관한 설명과 가장 거리가 먼 것은?

① 생물학적 처리시설과 함께 사용되는 2차 침전시설 내에서 발생한다.
② 입자 간의 작용하는 힘에 의해 주변 입자들의 침전을 방해하는 중간 정도 농도의 부유액에서의 침전을 말한다.
③ 입자 등은 서로 간의 간섭으로 상대적 위치를 변경시켜 전체 입자들이 한 개의 단위로 침전한다.
④ 함께 침전하는 입자들의 상부에 고체와 액체의 경계면이 형성된다.

해설
간섭침전의 경우 입자들은 서로의 상대적 위치를 변경시키려 하지 않고, 전체 입자들은 한 개의 단위로 침전한다.

53 ① 54 ① 55 ③ 56 ③ 정답

57 혐기성 소화조 내의 pH가 낮아지는 원인이 아닌 것은?

① 유기물 과부하
② 과도한 교반
③ 중금속 등 유해물질 유입
④ 온도 저하

해설
혐기성 소화조 내의 pH 저하 원인
• 유기물의 과부화
• 온도 저하
• 교반의 부족
• 메탄균 활성을 저해하는 유해물질 유입

58 일반적으로 염소계 산화제를 사용하여 무해한 물질로 산화 분해시키는 처리방법을 사용하는 폐수의 종류는?

① 납을 함유한 폐수
② 시안을 함유한 폐수
③ 유기인을 함유한 폐수
④ 수은을 함유한 폐수

해설
시안처리–알칼리염소법
폐수에 염소를 주입하여 시안화합물을 시안산화물로 변화시킨 후 산을 가하여 pH를 중성범위로 만들고, 염소를 재주입하여 N_2와 CO_2로 분해시킨다.

59 응집과정 중 교반의 영향에 관한 설명으로 알맞지 않은 것은?

① 교반에 따른 응집효과는 입자의 농도가 높을수록 좋다.
② 교반에 따른 응집효과는 입자의 지름이 불균일할수록 좋다.
③ 교반을 위한 동력은 응결지 부피와 비례한다.
④ 교반을 위한 동력은 속도경사와 반비례한다.

해설
교반을 위한 동력은 속도경사의 제곱에 비례한다.

60 상향류 혐기성 슬러지상(UASB)에 관한 설명으로 틀린 것은?

① 미생물 부착을 위한 여재를 이용하여 혐기성 미생물을 슬러지층으로 축적시켜 폐수를 처리하는 방식이다.
② 수리학적 체류시간을 작게 할 수 있어 반응조 용량이 축소된다.
③ 폐수의 성상에 의하여 슬러지의 입상화가 크게 영향을 받는다.
④ 고형물의 농도가 높을 경우 고형물 및 미생물이 유실될 우려가 있다.

해설
UASB는 미생물이 부착하는 여상이 없으며, 유입수가 상향류로 유입되면서 미생물 플록에 접촉되어 그 대사활동에 의해 유기물질을 제거하는 방식이다.

정답 57 ② 58 ② 59 ④ 60 ①

제4과목 | 수질오염공정시험기준

61 직각 3각 위어에서 위어의 수두 0.2m, 수로 폭 0.5m, 수로의 밑면으로부터 절단 하부점까지의 높이 0.9m일 때, 다음의 식을 이용하여 유량(m^3/min)을 구하면?

$$K=81.2+\frac{0.24}{h}+\left[\left(8.4+\frac{12}{\sqrt{D}}\right)\times\left(\frac{h}{B}-0.09\right)^2\right]$$

① 1.0

② 1.5

③ 2.0

④ 2.5

해설

ES 04140.2b 공장폐수 및 하수유량-측정용 수로 및 기타 유량측정 방법

여기서, h : 위어의 수두(m)

D : 수로의 밑면으로부터 절단 하부점까지의 높이(m)

B : 수로의 폭(m)

$$K=81.2+\frac{0.24}{0.2}+\left[\left(8.4+\frac{12}{\sqrt{0.9}}\right)\times\left(\frac{0.2}{0.5}-0.09\right)^2\right]$$

$\fallingdotseq 84.4228$

$\therefore\ Q=Kh^{\frac{5}{2}}=84.4228\times(0.2)^{\frac{5}{2}}\fallingdotseq 1.51m^3/min$

62 시료의 최대 보존기간이 다른 측정 항목은?

① 시 안

② 플루오린

③ 염소이온

④ 노말헥산 추출물질

해설

ES 04130.1e 시료의 채취 및 보존 방법

시료의 최대 보존기간

- 시안 : 14일
- 플루오린, 염소이온, 노말헥산 추출물질 : 28일

63 개수로 유량측정에 관한 설명으로 틀린 것은?(단, 수로의 구성, 재질, 단면의 형상, 기울기 등이 일정하지 않은 개수로의 경우)

① 수로는 될수록 직선적이며, 수면이 물결치지 않는 곳을 고른다.

② 10m를 측정구간으로 하여 2m마다 유수의 횡단면적을 측정하고, 산술평균값을 구하여 유수의 평균 단면적으로 한다.

③ 유속의 측정은 부표를 사용하여 100m 구간을 흐르는데 걸리는 시간을 스톱워치로 재며 이때 실측유속을 표면 최대유속으로 한다.

④ 총 평균유속(m/s)은 [0.75×표면 최대유속(m/s)]으로 계산한다.

해설

ES 04140.2b 공장폐수 및 하수유량-측정용 수로 및 기타 유량측정 방법

수로의 구성, 재질, 수로단면의 형상, 구배 등이 일정하지 않은 개수로의 경우

유속의 측정은 부표를 사용하여 10m 구간을 흐르는데 걸리는 시간을 스톱워치(Stop Watch)로 재며 이때 실측유속을 표면 최대유속으로 한다.

64 기체크로마토그래피법으로 PCB를 정량할 때 관련이 없는 것은?

① 전자포획형 검출기 ② 석영가스 흡수 셀

③ 실리카겔 칼럼 ④ 질소캐리어 가스

해설

ES 04504.1b 폴리클로리네이티드바이페닐-용매추출/기체크로마토그래피

- 물속에 존재하는 폴리클로리네이티드바이페닐(Polychlorinatedbi-phenyls, PCBs)을 측정하는 방법으로, 채수한 시료를 헥산으로 추출하여 필요시 알칼리 분해한 다음 다시 헥산으로 추출하고 실리카겔 또는 플로리실 칼럼을 통과시켜 정제한다. 이 액을 농축시켜 기체크로마토그래프에 주입하고 크로마토그램을 작성하여 나타난 피크 패턴에 따라 PCB를 확인하고 정량하는 방법이다.
- 운반기체는 순도 99.999% 이상의 질소를 사용한다.
- 검출기는 전자포획 검출기(ECD ; Electron Capture Detector)를 사용한다.

61 ② 62 ① 63 ③ 64 ② 정답

65 **공정시험기준의 내용으로 가장 거리가 먼 것은?**

① 온수는 60~70℃, 냉수는 15℃ 이하를 말한다.
② 방울수는 20℃에서 정제수 20방울을 적하할 때, 그 부피가 약 1mL가 되는 것을 뜻한다.
③ '정밀히 단다'라 함은 규정된 수치의 무게를 0.1mg까지 다는 것을 말한다.
④ 시험에 쓰는 물은 따로 규정이 없는 한 증류수 또는 정제수로 한다.

해설

ES 04000.d 총칙

'정밀히 단다'라 함은 규정된 양의 시료를 취하여 화학저울 또는 미량저울로 칭량함을 말한다.

66 **환원제인 $FeSO_4$ 용액 25mL를 H_2SO_4 산성에서 0.1N−$K_2Cr_2O_7$으로 산화시키는 데 31.25mL 소비되었다. $FeSO_4$ 용액 200mL를 0.05N 용액으로 만들려고 할 때 가하는 물의 양(mL)은?**

① 200　② 300
③ 400　④ 500

해설

- $NV = N_1 V_1$
  $a \times 25\text{mL} = 0.1\text{N} \times 31.25\text{mL}$
  $a = 0.125\text{N}$
- $NV = N_1 V_1$
  $0.125\text{N} \times 200\text{mL} = 0.05\text{N} \times b$
  $b = 500\text{mL}$

∴ 0.05N 용액으로 만들기 위해 추가하는 물의 양
　= 500 − 200 = 300mL
　즉, 0.05N 용액으로 만들기 위해서는 물 300mL를 추가하여 500mL로 만든다.

67 **수질오염공정시험기준상 음이온 계면활성제 실험방법으로 옳은 것은?**

① 자외선/가시선 분광법
② 원자흡수분광광도법
③ 기체크로마토그래피법
④ 이온전극법

해설

음이온 계면활성제 실험방법

- 자외선/가시선 분광법(ES 04359.1d)
- 연속흐름법(ES 04359.2b)

68 **NO_3^-(질산성 질소) 0.1mg N/L의 표준원액을 만들려고 한다. KNO_3 몇 mg을 달아 증류수에 녹여 1L로 제조하여야 하는가?(단, KNO_3 분자량 = 101.1)**

① 0.10　② 0.14
③ 0.52　④ 0.72

해설

$KNO_3 \rightarrow N$
101.1g : 14g
x : 0.1mg
∴ x ≒ 0.72mg

69 **폐수 20mL를 취하여 산성 과망간산칼륨법으로 분석하였더니 0.005M−$KMnO_4$ 용액의 적정량이 4mL이었다. 이 폐수의 COD(mg/L)는?(단, 공시험값 = 0mL, 0.005M−$KMnO_4$ 용액의 f = 1.00)**

① 16　② 40
③ 60　④ 80

해설

ES 04315.1b 화학적 산소요구량−적정법−산성 과망간산칼륨법

$$\text{COD(mg/L)} = (b-a) \times f \times \frac{1{,}000}{V} \times 0.2$$
$$= (4-0) \times 1 \times \frac{1{,}000}{20} \times 0.2$$
$$= 40\text{mg/L}$$

정답 65 ③ 66 ② 67 ① 68 ④ 69 ②

70 '정확히 취하여'라고 하는 것은 규정한 양의 액체를 무엇으로 눈금까지 취하는 것을 말하는가?

① 메스실린더 ② 뷰 렛
③ 부피피펫 ④ 눈금 비커

해설
ES 04000.d 총칙
'정확히 취하여'라 하는 것은 규정한 양의 액체를 부피피펫으로 눈금까지 취하는 것을 말한다.

71 노말헥산 추출물질의 정량한계(mg/L)는?

① 0.1 ② 0.5
③ 1.0 ④ 5.0

해설
ES 04302.1b 노말헥산 추출물질
정량한계는 0.5mg/L이다.

72 수질분석용 시료 채취 시 유의사항과 가장 거리가 먼 것은?

① 시료 채취 용기는 시료를 채우기 전에 깨끗한 물로 3회 이상 씻은 다음 사용한다.
② 유류 또는 부유물질 등이 함유된 시료는 시료의 균일성이 유지될 수 있도록 채취하여야 하며 침전물 등이 부상하여 혼입되어서는 안 된다.
③ 용존가스, 환원성 물질, 휘발성 유기화합물, 냄새, 유류 및 수소이온 등을 측정하는 시료는 시료 용기에 가득 채워야 한다.
④ 시료 채취량은 보통 3~5L 정도이어야 한다.

해설
ES 04130.1e 시료의 채취 및 보존 방법
시료 채취 용기는 시료를 채우기 전에 시료로 3회 이상 씻은 다음 사용하며, 시료를 채울 때에는 어떠한 경우에도 시료의 교란이 일어나서는 안 되며 가능한 한 공기와 접촉하는 시간을 짧게 하여 채취한다.

73 부유물질 측정 시 간섭물질에 관한 설명으로 틀린 것은?

① 증발잔류물이 1,000mg/L 이상인 경우의 해수, 공장폐수 등은 특별히 취급하지 않을 경우, 높은 부유물질 값을 나타낼 수 있다.
② 5mm 금속망을 통과시킨 큰 입자들은 부유물질 측정에 방해를 주지 않는다.
③ 철 또는 칼슘이 높은 시료는 금속침전이 발생하며 부유물질 측정에 영향을 줄 수 있다.
④ 유지 및 혼합되지 않는 유기물도 여과지에 남아 부유물질 측정값을 높게 할 수 있다.

해설
ES 04303.1b 부유물질
간섭물질
- 나무 조각, 큰 모래입자 등과 같은 큰 입자들은 부유물질 측정에 방해를 주며, 이 경우 직경 2mm 금속망에 먼저 통과시킨 후 분석을 실시한다.
- 증발잔류물이 1,000mg/L 이상인 경우의 해수, 공장폐수 등은 특별히 취급하지 않을 경우, 높은 부유물질 값을 나타낼 수 있다. 이 경우 여과지를 여러 번 세척한다.
- 철 또는 칼슘이 높은 시료는 금속 침전이 발생하며 부유물질 측정에 영향을 줄 수 있다.
- 유지(Oil) 및 혼합되지 않는 유기물도 여과지에 남아 부유물질 측정값을 높게 할 수 있다.

74 알킬수은화합물을 기체크로마토그래피에 따라 정량하는 방법에 관한 설명으로 가장 거리가 먼 것은?

① 전자포획형 검출기(ECD)를 사용한다.
② 알킬수은화합물을 벤젠으로 추출한다.
③ 운반기체는 순도 99.999% 이상의 질소 또는 헬륨을 사용한다.
④ 정량한계는 0.05mg/L이다.

해설
ES 04416.1b 알킬수은-기체크로마토그래피
정량한계는 0.0005mg/L이다.

70 ③ 71 ② 72 ① 73 ② 74 ④ 정답

75 **자외선/가시선 분광법을 적용한 크롬 측정에 관한 내용으로 (   )에 옳은 것은?**

> 3가크롬은 (㉠)을 첨가하여 6가크롬으로 산화시킨 후 산성 용액에서 다이페닐카바자이드와 반응하여 생성되는 (㉡) 착화합물의 흡광도를 측정한다.

① ㉠ 과망간산칼륨, ㉡ 황색
② ㉠ 과망간산칼륨, ㉡ 적자색
③ ㉠ 티오황산나트륨, ㉡ 적색
④ ㉠ 티오황산나트륨, ㉡ 황갈색

해설
ES 04414.2e 크롬-자외선/가시선 분광법
3가크롬은 과망간산칼륨을 첨가하여 크롬으로 산화시킨 후, 산성 용액에서 다이페닐카바자이드와 반응하여 생성하는 적자색 착화합물의 흡광도를 540nm에서 측정한다.
※ 공정시험기준 개정으로 내용 중 '6가크롬'이 '크롬'으로 변경됨

76 **식물성 플랑크톤을 현미경계수법으로 측정할 때 저배율 방법(200배율 이하) 적용에 관한 내용으로 틀린 것은?**

① 세즈윅-라프터 체임버는 조작은 어려우나 재현성이 높아서 중배율 이상에서도 관찰이 용이하여 미소 플랑크톤의 검경에 적절하다.
② 시료를 체임버에 채울 때 피펫은 입구가 넓은 것을 사용하는 것이 좋다.
③ 계수 시 스트립을 이용할 경우, 양쪽 경계면에 걸린 개체는 하나의 경계면에 대해서만 계수한다.
④ 계수 시 격자의 경우 격자 경계면에 걸린 개체는 4면 중 2면에 걸린 개체는 계수하고 나머지 2면에 들어온 개체는 계수하지 않는다.

해설
ES 04705.1c 식물성 플랑크톤-현미경계수법
세즈윅-라프터 체임버는 조작이 편리하고 재현성이 높은 반면 중배율 이상에서는 관찰이 어렵기 때문에 미소 플랑크톤(Nano Plankton)의 검경에는 적절하지 않다.

77 **자외선/가시선 흡광광도계의 구성 순서로 가장 적합한 것은?**

① 광원부 - 파장선택부 - 시료부 - 측광부
② 광원부 - 파장선택부 - 단색화부 - 측광부
③ 시료도입부 - 광원부 - 파장선택부 - 측광부
④ 시료도입부 - 광원부 - 검출부 - 측광부

해설
자외선/가시선 분광법의 분석장치 구성
광원부 → 파장선택부 → 시료부 → 측광부

78 **취급 또는 저장하는 동안에 이물질이 들어가거나 또는 내용물이 손실되지 아니하도록 보호하는 용기는?**

① 밀봉용기
② 밀폐용기
③ 기밀용기
④ 압밀용기

해설
ES 04000.d 총칙
'밀폐용기'라 함은 취급 또는 저장하는 동안에 이물질이 들어가거나 또는 내용물이 손실되지 아니하도록 보호하는 용기를 말한다.

정답 75 ② 76 ① 77 ① 78 ②

79 시료 보존 시 반드시 유리병을 사용하여야 하는 측정 항목이 아닌 것은?

① 노말헥산 추출물질
② 음이온 계면활성제
③ 유기인
④ PCB

해설

ES 04130.1e 시료의 채취 및 보존 방법
시료 용기
② 음이온 계면활성제 : Polyethylene, Glass
① 노말헥산 추출물질 : Glass
③ 유기인 : Glass
④ PCB : Glass

80 기체크로마토그래피법으로 유기인계 농약성분인 다이아지논을 측정할 때 사용되는 검출기는?

① ECD
② FID
③ FPD
④ TCD

해설

ES 04503.1c 유기인-용매추출/기체크로마토그래피
- 물속에 존재하는 유기인계 농약성분 중 다이아지논, 파라티온, 이피엔, 메틸디메톤 및 펜토에이트를 측정하기 위한 것이다.
- 검출기는 불꽃광도 검출기(FPD ; Flame Photometric Detector) 또는 질소인 검출기(NPD ; Nitrogen Phosphorous Detector)를 사용한다.

제5과목 | 수질환경관계법규

81 사업자 및 배출시설과 방지시설에 종사하는 자는 배출시설과 방지시설의 정상적인 운영, 관리를 위한 환경기술인의 업무를 방해하여서는 아니 되며, 그로부터 업무수행에 필요한 요청을 받은 때에는 정당한 사유가 없으면 이에 따라야 한다. 이 규정을 위반하여 환경기술인의 업무를 방해하거나 환경기술인의 요청을 정당한 사유 없이 거부한 자에 대한 벌칙기준은?

① 100만원 이하의 벌금
② 200만원 이하의 벌금
③ 300만원 이하의 벌금
④ 500만원 이하의 벌금

해설

물환경보전법 제80조(벌칙)
다음의 어느 하나에 해당하는 자는 100만원 이하의 벌금에 처한다.
- 제38조의2제1항에 따라 적산전력계 또는 적산유량계를 부착하지 아니한 자
- 제47조제4항을 위반하여 환경기술인의 업무를 방해하거나 환경기술인의 요청을 정당한 사유 없이 거부한 자

물환경보전법 제38조의2(측정기기의 부착 등)
다음의 어느 하나에 해당하는 자는 배출되는 수질오염물질이 배출허용기준, 방류수 수질기준에 맞는지를 확인하기 위하여 적산전력계, 적산유량계, 수질자동측정기기 등 대통령령으로 정하는 기기를 부착하여야 한다.
- 대통령령으로 정하는 폐수배출량 이상의 사업장을 운영하는 사업자. 다만, 폐수무방류배출시설의 설치허가 또는 변경허가를 받은 사업자는 제외한다.
- 대통령령으로 정하는 처리용량 이상의 방지시설(공동방지시설을 포함)을 운영하는 자
- 대통령령으로 정하는 처리용량 이상의 공공폐수처리시설 또는 공공하수처리시설을 운영하는 자
- 폐수처리업자 중 폐수의 처리용량 또는 처리수의 배출형태가 대통령령으로 정하는 기준에 해당하는 폐수처리시설을 운영하는 자(폐수 재이용업만 영위하는 자는 제외)

물환경보전법 제47조(환경기술인)
사업자 및 배출시설과 방지시설에 종사하는 사람은 배출시설과 방지시설의 정상적인 운영·관리를 위한 환경기술인의 업무를 방해하여서는 아니 되며, 그로부터 업무 수행에 필요한 요청을 받았을 때에는 정당한 사유가 없으면 이에 따라야 한다.

79 ② 80 ③ 81 ① 정답

82 산업폐수의 배출규제에 관한 설명으로 옳은 것은?

① 폐수배출시설에서 배출되는 수질오염물질의 배출허용기준은 대통령이 정한다.

② 시·도 또는 인구 50만 이상의 시는 지역환경기준을 유지하기가 곤란하다고 인정할 때에는 시·도지사가 특별배출허용기준을 정할 수 있다.

③ 특별대책지역의 수질오염방지를 위해 필요하다고 인정할 때에는 엄격한 배출허용기준을 정할 수 있다.

④ 시·도 안에 설치되어 있는 폐수무방류배출시설은 조례에 의해 배출허용기준을 적용한다.

해설

물환경보전법 제32조(배출허용기준)

① 폐수배출시설에서 배출되는 수질오염물질의 배출허용기준은 환경부령으로 정한다.

② 시·도(해당 관할구역 중 대도시는 제외한다) 또는 대도시는 환경정책기본법에 따른 지역환경기준을 유지하기가 곤란하다고 인정할 때에는 조례로 배출허용기준보다 엄격한 배출허용기준을 정할 수 있다. 다만, 규정에 따른 환경부장관의 권한이 시·도지사 또는 대도시의 장에게 위임된 경우로 한정한다.

④ 다음의 어느 하나에 해당하는 배출시설에 대해서는 위의 규정을 적용하지 아니한다.

㉠ 폐수무방류배출시설

㉡ 환경부령으로 정하는 배출시설 중 폐수를 전량(全量) 재이용하거나 전량 위탁처리하여 공공수역으로 폐수를 방류하지 아니하는 배출시설

83 배출시설의 설치를 제한할 수 있는 지역의 범위 기준으로 틀린 것은?

① 취수시설이 있는 지역

② 환경정책기본법 제38조에 따라 수질보전을 위해 지정·고시한 특별대책지역

③ 수도법 제7조의2제1항에 따라 공장의 설립이 제한되는 지역

④ 수질보전을 위해 지정·고시한 특별대책지역의 하류지역

해설

물환경보전법 시행령 제32조(배출시설 설치제한 지역)

배출시설의 설치를 제한할 수 있는 지역의 범위는 다음과 같다.

- 취수시설이 있는 지역
- 환경정책기본법 제38조에 따라 수질보전을 위해 지정·고시한 특별대책지역
- 수도법 제7조의2제1항에 따라 공장의 설립이 제한되는 지역(제31조제1항제1호에 따른 배출시설의 경우만 해당한다)
- 위에 해당하는 지역의 상류지역 중 배출시설이 상수원의 수질에 미치는 영향 등을 고려하여 환경부장관이 고시하는 지역(제31조제1항제1호에 따른 배출시설의 경우만 해당한다)

84 사업장별 부과계수를 알맞게 짝지은 것은?

① 1종 사업장(10,000m^3/일 이상) – 2.0

② 2종 사업장 – 1.6

③ 3종 사업장 – 1.3

④ 4종 사업장 – 1.1

해설

물환경보전법 시행령 [별표 9] 사업장별 부과계수

사업장 규모	제1종 사업장(단위 : m^3/일)					제2종 사업장	제3종 사업장	제4종 사업장
	10,000 이상	8,000 이상 10,000 미만	6,000 이상 8,000 미만	4,000 이상 6,000 미만	2,000 이상 4,000 미만			
부과계수	1.8	1.7	1.6	1.5	1.4	1.3	1.2	1.1

정답 82 ③ 83 ④ 84 ④

85 중점관리저수지의 지정기준으로 옳은 것은?

① 총저수용량이 1만m^3 이상인 저수지
② 총저수용량이 10만m^3 이상인 저수지
③ 총저수용량이 100만m^3 이상인 저수지
④ 총저수용량이 1,000만m^3 이상인 저수지

해설
물환경보전법 제31조의2(중점관리저수지의 지정 등)
환경부장관은 관계 중앙행정기관의 장과 협의를 거쳐 다음의 어느 하나에 해당하는 저수지를 중점관리저수지로 지정하고, 저수지관리자와 그 저수지의 소재지를 관할하는 시·도지사로 하여금 해당 저수지가 생활용수 및 관광·레저의 기능을 갖추도록 그 수질을 관리하게 할 수 있다.
- 총저수용량이 1,000만m^3 이상인 저수지
- 오염 정도가 대통령령으로 정하는 기준을 초과하는 저수지
- 그 밖에 환경부장관이 상수원 등 해당 수계의 수질보전을 위하여 필요하다고 인정하는 경우

86 시장·군수·구청장(자치구의 구청장을 말한다)이 낚시금지구역 또는 낚시제한구역을 지정하려는 경우 고려할 사항으로 거리가 먼 것은?

① 용수의 목적
② 오염원 현황
③ 낚시터 인근에서의 쓰레기 발생 현황 및 처리 여건
④ 계절별 낚시 인구의 현황

해설
물환경보전법 시행령 제27조(낚시금지구역 또는 낚시제한구역의 지정 등)
시장·군수·구청장(자치구의 구청장을 말한다)은 낚시금지구역 또는 낚시제한구역을 지정하려는 경우에는 다음의 사항을 고려하여야 한다.
- 용수의 목적
- 오염원 현황
- 수질오염도
- 낚시터 인근에서의 쓰레기 발생 현황 및 처리 여건
- 연도별 낚시 인구의 현황
- 서식 어류의 종류 및 양 등 수중생태계의 현황

87 수질오염방지시설 중 생물화학적 처리시설이 아닌 것은?

① 살균시설 ② 접촉조
③ 안정조 ④ 폭기시설

해설
물환경보전법 시행규칙 [별표 5] 수질오염방지시설
생물화학적 처리시설
- 살수여과상
- 폭기(瀑氣)시설
- 산화시설(산화조(酸化槽) 또는 산화지(酸化池)를 말한다)
- 혐기성·호기성 소화시설
- 접촉조(接觸槽 : 폐수를 염소 등의 약품과 접촉시키기 위한 탱크)
- 안정조
- 돈사톱밥발효시설

88 비점오염저감시설 중 장치형 시설이 아닌 것은?

① 생물학적 처리형 시설
② 응집·침전 처리형 시설
③ 소용돌이형 시설
④ 침투형 시설

해설
물환경보전법 시행규칙 [별표 6] 비점오염저감시설
장치형 시설 : 여과형 시설, 소용돌이형 시설, 스크린형 시설, 응집·침전 처리형 시설, 생물학적 처리형 시설

89 골프장의 잔디 및 수목 등에 맹·고독성 농약을 사용한 자에 대한 벌금 또는 과태료 부과 기준은?

① 300만원 이하의 벌금
② 500만원 이하의 벌금
③ 300만원 이하의 과태료 부과
④ 1천만원 이하의 과태료 부과

해설
물환경보전법 제82조(과태료)
골프장의 잔디 및 수목 등에 맹·고독성 농약을 사용한 자에게는 1천만원 이하의 과태료를 부과한다.

85 ④ 86 ④ 87 ① 88 ④ 89 ④ 정답

90 환경부장관이 공공수역의 물환경을 관리 · 보전하기 위하여 대통령령으로 정하는 바에 따라 수립하는 국가 물환경관리기본계획의 수립 주기는?

① 매 년

② 2년

③ 3년

④ 10년

해설

물환경보전법 제23조의2(국가 물환경관리기본계획의 수립)

환경부장관은 공공수역의 물환경을 관리 · 보전하기 위하여 대통령령으로 정하는 바에 따라 국가 물환경관리기본계획을 10년마다 수립하여야 한다.

91 배출부과금을 부과하는 경우, 당해 배출부과금 부과기준일 전 6개월 동안 방류수수질기준을 초과하는 수질오염물질을 배출하지 아니한 사업자에 대하여 방류수수질기준을 초과하지 아니하고 수질오염물질을 배출한 기간별로, 당해 부과기간에 부과하는 기본배출부과금의 감면율은?

① 6개월 이상 1년 내 : 100분의 10

② 1년 이상 2년 내 : 100분의 30

③ 2년 이상 3년 내 : 100분의 50

④ 3년 이상 : 100분의 60

해설

물환경보전법 시행령 제52조(배출부과금의 감면 등)

해당 부과기간의 시작일 전 6개월 이상 방류수수질기준을 초과하는 수질오염물질을 배출하지 아니한 사업자 : 방류수수질기준을 초과하지 아니하고 수질오염물질을 배출한 기간별로 다음의 구분에 따른 감면율을 적용하여 해당 부과기간에 부과되는 기본배출부과금을 감경

- 6개월 이상 1년 내 : 100분의 20
- 1년 이상 2년 내 : 100분의 30
- 2년 이상 3년 내 : 100분의 40
- 3년 이상 : 100분의 50

92 청정지역에서 1일 폐수배출량이 1,000m^3 이하로 배출하는 배출시설에 적용되는 배출허용기준 중 생물화학적 산소요구량(mg/L)은?(단, 2020년 1월 1일부터 적용되는 기준)

① 30 이하 ② 40 이하

③ 50 이하 ④ 60 이하

해설

물환경보전법 시행규칙 [별표 13] 수질오염물질의 배출허용기준

항목별 배출허용기준

대상 규모 / 항목 / 지역구분	1일 폐수배출량 2,000m^3 미만		
	생물화학적 산소요구량 (mg/L)	총유기 탄소량 (mg/L)	부유 물질량 (mg/L)
청정지역	40 이하	30 이하	40 이하

93 시 · 도지사가 오염총량관리기본계획의 승인을 받으려는 경우, 오염총량관리기본계획안에 첨부하여 환경부장관에게 제출하여야 하는 서류가 아닌 것은?

① 유역환경의 조사 · 분석 자료

② 오염원의 자연증감에 관한 분석 자료

③ 오염총량관리 계획 목표에 관한 자료

④ 오염부하량의 저감계획을 수립하는 데에 사용한 자료

해설

물환경보전법 시행규칙 제11조(오염총량관리기본계획 승인신청 및 승인기준)

시 · 도지사는 오염총량관리기본계획의 승인을 받으려는 경우에는 오염총량관리기본계획안에 다음의 서류를 첨부하여 환경부장관에게 제출하여야 한다.

- 유역환경의 조사 · 분석 자료
- 오염원의 자연증감에 관한 분석 자료
- 지역개발에 관한 과거와 장래의 계획에 관한 자료
- 오염부하량의 산정에 사용한 자료
- 오염부하량의 저감계획을 수립하는 데에 사용한 자료

정답 90 ④ 91 ② 92 ② 93 ③

94 중권역 물환경관리계획에 관한 내용으로 (   )의 내용으로 옳은 것은?

> (㉠)는(은) 중권역계획을 수립하였을 때에는 (㉡)에게 통보하여야 한다.

① ㉠ 관계 시·도지사, ㉡ 지방환경관서의 장
② ㉠ 지방환경관서의 장, ㉡ 관계 시·도지사
③ ㉠ 유역환경청장, ㉡ 지방환경관서의 장
④ ㉠ 지방환경관서의 장, ㉡ 유역환경청장

해설
물환경보전법 제25조(중권역 물환경관리계획의 수립)
지방환경관서의 장은 중권역계획을 수립하였을 때에는 관계 시·도지사에게 통보하여야 한다.

95 과징금에 관한 내용으로 (   )에 옳은 것은?

> 환경부장관은 폐수처리업의 허가를 받은 자에 대하여 영업정지를 명하여야 하는 경우로서 그 영업정지가 주민의 생활이나 그 밖의 공익에 현저한 지장을 줄 우려가 있다고 인정되는 경우에는 영업정지처분에 갈음하여 매출액에 (   )를 곱한 금액을 초과하지 아니하는 범위에서 과징금을 부과할 수 있다.

① 100분의 1
② 100분의 5
③ 100분의 10
④ 100분의 20

해설
물환경보전법 제43조(과징금 처분)
환경부장관은 배출시설(폐수무방류배출시설은 제외)을 설치·운영하는 사업자에 대하여 조업정지를 명하여야 하는 경우로서 그 조업정지가 주민의 생활, 대외적인 신용, 고용, 물가 등 국민경제 또는 그 밖의 공익에 현저한 지장을 줄 우려가 있다고 인정되는 경우에는 조업정지처분을 갈음하여 매출액에 100분의 5를 곱한 금액을 초과하지 아니하는 범위에서 과징금을 부과할 수 있다.

96 위임업무 보고사항의 업무내용 중 보고횟수가 연 1회에 해당하는 것은?

① 환경기술인의 자격별·업종별 현황
② 폐수무방류배출시설의 설치허가(변경허가) 현황
③ 골프장 맹·고독성 농약 사용 여부확인 결과
④ 비점오염원의 설치신고 및 방지시설 설치 현황 및 행정처분 현황

해설
물환경보전법 시행규칙 [별표 23] 위임업무 보고사항

업무내용	보고횟수
폐수무방류배출시설의 설치허가(변경허가) 현황	수 시
환경기술인의 자격별·업종별 현황	연 1회
비점오염원의 설치신고 및 방지시설 설치 현황 및 행정처분 현황	연 4회
골프장 맹·고독성 농약 사용 여부 확인 결과	연 2회

97 폐수처리업의 허가를 받을 수 없는 결격사유에 해당하지 않는 것은?

① 폐수처리업의 허가가 취소된 후 2년이 지나지 아니한 자
② 파산선고를 받고 복권되지 2년이 지나지 아니한 자
③ 피성년후견인
④ 피한정후견인

해설
물환경보전법 제63조(결격사유)
다음의 어느 하나에 해당하는 자는 폐수처리업의 허가를 받을 수 없다.
- 피성년후견인 또는 피한정후견인
- 파산선고를 받고 복권되지 아니한 자
- 폐수처리업의 허가가 취소된 후 2년이 지나지 아니한 자
- 이 법 또는 대기환경보전법, 소음·진동관리법을 위반하여 징역의 실형을 선고받고 그 형의 집행이 끝나거나 집행을 받지 아니하기로 확정된 후 2년이 지나지 아니한 사람
- 임원 중에 위의 어느 하나에 해당하는 사람이 있는 법인

94 ② 95 ② 96 ① 97 ② 정답

98 오염총량초과과징금의 납부통지는 부과사유가 발생한 날부터 며칠 이내에 하여야 하는가?

① 15 ② 30

③ 45 ④ 60

해설

물환경보전법 시행령 제11조(오염총량초과과징금의 납부통지)
오염총량초과과징금의 납부통지는 부과 사유가 발생한 날부터 60일 이내에 하여야 한다.

99 사업장별 환경관리인의 자격기준으로 알맞지 않은 것은?

① 특정수질유해물질이 포함된 수질오염물질을 배출하는 제4종 또는 제5종 사업장은 제4종 사업장에 해당하는 환경관리인을 두어야 한다. 다만, 특정수질유해물질이 함유된 1일 $20m^3$ 이하 폐수를 배출하는 경우에는 그러하지 아니한다.

② 방지시설 설치면제 대상인 사업장과 배출시설에서 배출되는 수질오염물질 등을 공동방지시설에서 처리하게 하는 사업장은 제4종 사업장·제5종 사업장에 해당하는 환경기술인을 둘 수 있다.

③ 공동방지시설의 경우에는 폐수배출량이 제4종 또는 제5종 사업장의 규모에 해당하면 제3종 사업장에 해당하는 환경기술인을 두어야 한다.

④ 공공폐수처리시설에 폐수를 유입시켜 처리하는 제1종 또는 제2종 사업장은 제3종 사업장에 해당하는 환경기술인을, 제3종 사업장은 제4종 사업장·제5종 사업장에 해당하는 환경기술인을 둘 수 있다.

해설

물환경보전법 시행령 [별표 17] 사업장별 환경기술인의 자격기준
특정수질유해물질이 포함된 수질오염물질을 배출하는 제4종 또는 제5종 사업장은 제3종 사업장에 해당하는 환경기술인을 두어야 한다. 다만, 특정수질유해물질이 포함된 1일 $10m^3$ 이하의 폐수를 배출하는 사업장의 경우에는 그러하지 아니하다.

100 환경정책기본법령상 환경기준에서 하천의 생활환경 기준에 포함되지 않는 검사항목은?

① TP

② TN

③ DO

④ TOC

해설

환경정책기본법 시행령 [별표 1] 환경기준
하천의 생활환경 기준 항목 : pH, BOD, COD, TOC, SS, DO, 총인, 대장균군(총대장균군, 분원성 대장균군)

정답 98 ④ 99 ① 100 ②

2021년 제3회 과년도 기출문제

제1과목 | 수질오염개론

01 글루코스($C_6H_{12}O_6$) 100mg/L인 용액을 호기성 처리할 때 이론적으로 필요한 질소량(mg/L)은?(단, K_1(상용대수) = 0.1/day, BOD_5 : N = 100 : 5, BOD_u = ThOD로 가정)

① 약 3.7　　② 약 4.2

③ 약 5.3　　④ 약 6.9

해설

$C_6H_{12}O_6 + 6O_2 \rightarrow 6CO_2 + 6H_2O$

180g : 6 × 32g

100mg/L : x

x ≒ 106.7mg/L

$BOD_5 = BOD_u \times (1 - 10^{-0.5}) = 106.7\text{mg/L} \times (1 - 10^{-0.5})$

≒ 72.96

∴ BOD_5 : N = 100 : 5이므로, 필요한 N의 양은 약 3.65mg/L이다.

02 농도가 A인 기질을 제거하기 위한 반응조를 설계하고자 한다. 요구되는 기질의 전환율이 90%일 경우에 회분식 반응조에서의 체류시간(h)은?(단, 반응은 1차 반응(자연대수 기준)이며, 반응상수 K = 0.45/h)

① 5.12　　② 6.58

③ 13.16　　④ 19.74

해설

1차 반응식

$$\ln\frac{C_t}{C_0} = -Kt$$

t시간 후의 잔류농도가 10%이므로

$$\ln\frac{10}{100} = -0.45/\text{h} \times t$$

$\therefore t ≒ 5.12\text{h}$

03 오염된 지하수를 복원하는 방법 중 오염물질의 유발요인이 한 지점에 집중적이고 오염된 면적이 비교적 작을 때 적용할 수 있는 적합한 방법은?

① 현장공기추출법

② 유해물질 굴착제거법

③ 오염된 지하수의 양수처리법

④ 토양 내 미생물을 이용한 처리법

해설

유해물질 굴착제거법 : 지하수가 오염되었을 때 실시할 수 있는 복원방법 중 오염물질의 유발요인이 집중적이고 오염된 면적이 비교적 작을 때 적용할 수 있는 가장 적합한 방법이다.

04 연속류 교반 반응조(CFSTR)에 관한 내용으로 틀린 것은?

① 충격부하에 강하다.

② 부하변동에 강하다.

③ 유입된 액체의 일부분은 즉시 유출된다.

④ 동일 용량 PFR에 비해 제거효율이 좋다.

해설

연속류 교반 반응조(CFSTR)은 플러그 흐름 반응조(PFR)에 비하여 제거효율이 낮다.

완전혼합 반응조(CFSTR)

- 반응조 중에서 반응시간이 가장 길다.
- 반응물의 유입과 반응된 물질의 유출이 동시에 일어난다.
- 반응조 내는 완전혼합을 가정한다.
- 비교적 운전이 쉽고 충격부하에 강하다.
- 반응이 혼합되지 않고 순간적으로 유출되는 단로 흐름이 발생한다.

1 ① 2 ① 3 ② 4 ④ 정답

05 미생물 영양원 중 유황(Sulfur)에 관한 설명으로 틀린 것은?

① 황환원세균은 편성 혐기성 세균이다.
② 유황을 함유한 아미노산은 세포 단백질의 필수 구성원이다.
③ 미생물세포에서 탄소 대 유황의 비는 100 : 1 정도이다.
④ 유황고정, 유황화합물 환원, 산화 순으로 변환된다.

해설
유황은 유황고정, 유황화합물 산화, 환원 순으로 변환된다.

06 하천의 길이가 500km이며, 유속은 56m/min이다. 상류지점의 BOD_u 가 280ppm이라면, 상류지점에서부터 378km 되는 하류지점의 BOD(mg/L)는?(단, 상용대수 기준, 탈산소계수는 0.1/day, 수온은 20℃, 기타 조건은 고려하지 않음)

① 45　　② 68
③ 95　　④ 132

해설
$BOD_t = BOD_u \times 10^{-k_1 t}$
- $BOD_u = 280\text{ppm}$
- $t = \dfrac{L}{V} = 378\text{km} \times \dfrac{10^3\text{m}}{\text{km}} \times \dfrac{\text{min}}{56\text{m}} \times \dfrac{\text{day}}{1{,}440\text{min}} \fallingdotseq 4.69\text{day}$

$\therefore\ BOD_t = 280 \times 10^{-0.1 \times 4.69} \fallingdotseq 95.1\text{mg/L}$

07 하천의 자정단계와 오염의 정도를 파악하는 Whipple의 자정단계(지대별 구분)에 대한 설명으로 틀린 것은?

① 분해지대 : 유기성 부유물의 침전과 환원 및 분해에 의한 탄산가스의 방출이 일어난다.
② 분해지대 : 용존산소의 감소가 현저하다.
③ 활발한 분해지대 : 수중환경은 혐기성 상태가 되어 침전저니는 흑갈색 또는 황색을 띤다.
④ 활발한 분해지대 : 오염에 강한 실지렁이가 나타나고 혐기성 곰팡이가 증식한다.

해설
분해지대에서 오염에 강한 실지렁이가 나타나고 곰팡이가 증식하며, 박테리아 등이 번성하기 시작한다.

08 수중에서 유기질소가 유입되었을 때 유기질소는 미생물에 의하여 여러 단계를 거치면서 변화된다. 정상적으로 변화되는 과정에서 가장 적은 양으로 존재하는 것은?

① 유기질소　　② NO_2^-
③ NO_3^-　　④ NH_4^+

해설
수중에서 질소의 변화 : 유기질소 → NH_4^+ → NO_2^- → NO_3^-
가장 적은 양으로 존재하는 질소 형태는 NO_2^-이다.

09 소수성 콜로이드의 특성으로 틀린 것은?

① 물과 반발하는 성질을 가진다.
② 물속에 현탁상태로 존재한다.
③ 아주 작은 입자로 존재한다.
④ 염에 큰 영향을 받지 않는다.

해설
소수성 콜로이드
- 현탁상태로 존재한다.
- Tyndall효과가 크다.
- 소량의 염을 첨가하여도 응결 침전된다.
- 염에 민감하다.

정답 5 ④ 6 ③ 7 ④ 8 ② 9 ④

10 공장폐수의 시료 분석결과가 다음과 같을 때 NBDICOD (Non-biodegradable Insoluble COD) 농도(mg/L)는?(단, K는 1.72를 적용할 것)

> COD = 857mg/L, SCOD = 380mg/L,
> BOD_5 = 468mg/L, $SBOD_5$ = 214mg/L,
> TSS = 384mg/L, VSS = 318mg/L

① 24.68 ② 32.56
③ 40.12 ④ 52.04

해설

$NBDICOD = ICOD - IBOD_u$
$= (COD - SCOD) - K \times (BOD - SBOD)$
$= (857 - 380) - 1.72 \times (468 - 214)$
$= 40.12$mg/L

11 최종 BOD가 20mg/L, DO가 5mg/L인 하천의 상류지점으로부터 3일 유하거리의 하류지점에서의 DO 농도(mg/L)는?(단, 온도 변화는 없으며 DO 포화농도는 9mg/L이고, 탈산소계수는 0.1/day, 재폭기계수는 0.2/day, 상용대수 기준임)

① 약 4.0 ② 약 4.5
③ 약 3.0 ④ 약 2.5

해설

하류시점에서의 용존산소 농도 = 포화농도 − DO 부족농도
용존산소 부족농도

$$D_t = \frac{k_1 BOD_u}{k_2 - k_1}(10^{-k_1 t} - 10^{-k_2 t}) + D_o \times 10^{-k_2 t}$$

여기서, D_t : t시간에서 용존산소 부족농도(mg/L)
k_1 : 하천수온에 따른 탈산소계수(day^{-1})
k_2 : 하천수온에 따른 재폭기계수(day^{-1})
BOD_u : 시작점에서 최종 BOD 농도(mg/L)
t : 유하시간(day)
D_o : 시작점에서 DO 부족농도(mg/L)

$$D_t = \frac{0.1 \times 20}{0.2 - 0.1}(10^{-0.1 \times 3} - 10^{-0.2 \times 3}) + (9 - 5) \times 10^{-0.2 \times 3}$$
$\fallingdotseq 6.0$mg/L

∴ 3일 후의 용존산소 농도 = 9mg/L − 6mg/L ≒ 3.0mg/L

12 다음 유기물 1M이 완전산화될 때 이론적인 산소요구량(ThOD)이 가장 적은 것은?

① C_6H_6 ② $C_6H_{12}O_6$
③ C_2H_5OH ④ CH_3COOH

해설

반응식을 세워 계산한다.
① $C_6H_6 + 7.5O_2 \rightarrow 6CO_2 + 3H_2O$
∴ ThOD = 7.5 × 32g = 240g/mol
② $C_6H_{12}O_6 + 6O_2 \rightarrow 6CO_2 + 6H_2O$
∴ ThOD = 6 × 32g = 192g/mol
③ $C_2H_5OH + 3O_2 \rightarrow 2CO_2 + 3H_2O$
∴ ThOD = 3 × 32g = 96g/mol
④ $CH_3COOH + 2O_2 \rightarrow 2CO_2 + 2H_2O$
∴ ThOD = 2 × 32g = 64g/mol

13 해수의 Holy Seven에서 가장 농도가 낮은 것은?

① Cl^- ② Mg^{2+}
③ Ca^{2+} ④ HCO_3^-

해설

해수의 Holy seven
$Cl^- > Na^+ > SO_4^{2-} > Mg^{2+} > Ca^{2+} > K^+ > HCO_3^-$

14 분체증식을 하는 미생물을 회분배양하는 경우 미생물은 시간에 따라 5단계를 거치게 된다. 5단계 중 생존한 미생물의 중량보다 미생물 원형질의 전체 중량이 더 크게 되며, 미생물수가 최대가 되는 단계로 가장 적합한 것은?

① 증식단계 ② 대수성장단계
③ 감소성장단계 ④ 내생성장단계

해설

감소성장단계
- 영양소의 공급이 부족하기 시작하여 증식률이 사망률과 같아질 때까지 둔화된다.
- 생존한 미생물의 중량보다 미생물 원형질의 전체 중량이 더 크게 된다.
- 미생물수가 최대가 된다.

10 ③ 11 ③ 12 ④ 13 ④ 14 ③ 정답

15 **담수와 해수에 대한 일반적인 설명으로 틀린 것은?**

① 해수의 용존산소 포화도는 주로 염류때문에 담수보다 작다.
② Upwelling은 담수가 해수의 표면으로 상승하는 현상이다.
③ 해수의 주성분으로는 Cl^-, Na^+, SO_4^{2-} 등이 있다.
④ 하구에서는 담수와 해수가 쐐기형상으로 교차한다.

해설
Upwelling은 온도가 낮고 영양염이 많은 심층수가 바람의 작용으로 인해 온도가 높고 영양염이 고갈된 표층수를 제치고 올라오는 해양학적 현상이다.

16 **Formaldehyde(CH_2O) 500mg/L의 이론적 COD값(mg/L)은?**

① 약 512　② 약 533
③ 약 553　④ 약 576

해설
$CH_2O + O_2 \rightarrow CO_2 + H_2O$
30g　32g
500mg/L　x
30g : 32g = 500mg/L : x
$\therefore x \fallingdotseq 533$mg/L

17 **생물농축에 대한 설명으로 가장 거리가 먼 것은?**

① 생물농축은 생태계에서 영양단계가 낮을수록 현저하게 나타난다.
② 독성물질 뿐 아니라 영양물질도 똑같이 물질순환을 통해 축적될 수 있다.
③ 생물 체내의 오염물질 농도는 환경수중의 농도보다 일반적으로 높다.
④ 생물체는 서식장소에 존재하는 물질의 필요 유무에 관계없이 섭취한다.

해설
생물농축은 생태계에서 영양단계가 높아질수록 증폭되는 경향이 있다.

18 **건조고형물량이 3,000kg/day인 생슬러지를 저율혐기성소화조로 처리할 때 휘발성 고형물은 건조고형물의 70%이고 휘발성 고형물의 60%는 소화에 의해 분해된다. 소화된 슬러지의 총고형물 양(kg/day)은?**

① 1,040
② 1,740
③ 2,040
④ 2,440

해설
- 소화 전 VS의 양 = 3,000 × 0.7 = 2,100kg/day
- 소화 전 FS의 양 = 3,000 × 0.3 = 900kg/day

소화 후 슬러지의 양을 계산하면
- 소화 후 VS의 양 = 2,100 × 0.4 = 840kg/day
- 소화 후 FS의 양은 변하지 않는다.

∴ 총슬러지의 양 = 840 + 900 = 1,740kg/day

정답 15 ② 16 ② 17 ① 18 ②

19 3g의 아세트산(CH_3COOH)을 증류수에 녹여 1L로 하였을 때 수소이온농도(mol/L)는?(단, 이온화상수값 = 1.75×10^{-5})

① 6.3×10^{-4}

② 6.3×10^{-5}

③ 9.3×10^{-4}

④ 9.3×10^{-5}

해설

CH_3COOH는 약산이다.
약전해질 용액이 C mol/L만큼 있다고 하면
$[H^+] = \sqrt{K_a \cdot C}$
CH_3COOH의 분자량은 60g이므로 몰농도 계산하면

$$CH_3COOH(mol/L) = \frac{3g}{1L} \times \frac{1mol}{60g} = 0.05M$$

$$\therefore [H^+] = \sqrt{1.75 \times 10^{-5} \times 0.05} \fallingdotseq 9.35 \times 10^{-4}$$

20 이상적 완전혼합형 반응조 내 흐름(혼합)에 관한 설명으로 틀린 것은?

① 분산수(Dispersion Number)가 0에 가까울수록 완전혼합 흐름상태라 할 수 있다.

② Morrill 지수의 값이 클수록 이상적인 완전혼합 흐름상태에 가깝다.

③ 분산(Variance)이 1일 때 완전혼합 흐름상태라 할 수 있다.

④ 지체시간(Lag Time)이 0이다.

해설

이상적인 완전혼합형 반응조의 분산수는 무한대(∞)이다.

제2과목 | 상하수도계획

21 다음 중 생물막법과 가장 거리가 먼 것은?

① 살수여상법 ② 회전원판법
③ 접촉산화법 ④ 산화구법

해설

산화구법은 활성슬러지 변법 중 하나이다.
생물막법 : 회전원판법, 살수여상법, 접촉산화법

22 $I = \frac{3,660}{t+15}$ mm/h, 면적 3.0km², 유입시간 6분, 유출계수 C = 0.65, 관 내 유속이 1m/s인 경우 관 길이 600m인 하수관에서 흘러나오는 우수량(m³/s)은?(단, 합리식 적용)

① 64 ② 76
③ 82 ④ 91

해설

- $I = \frac{3,660}{t+15} = \frac{3,660}{16+15} \fallingdotseq 118.06mm/h$

  여기서, t(min) : 유달시간(= 유입시간 + 유하시간)
  - 유입시간 = 6min
  - 유하시간 = $\frac{600m}{1m/s} \times \frac{1min}{60s} = 10min$

- $A = 3km^2 = 300ha$

$$\therefore Q = \frac{1}{360}CIA = \frac{1}{360} \times 0.65 \times 118.06 \times 300 \fallingdotseq 63.95m^3/s$$

19 ③ 20 ① 21 ④ 22 ① 정답

23 양정변화에 대하여 수량의 변동이 적고 또 수량변동에 대하여 동력의 변화도 적으므로 우수용 펌프 등 수위변동이 큰 곳에 적합한 펌프는?

① 원심펌프 ② 사류펌프
③ 축류펌프 ④ 스크루펌프

해설

사류펌프

- 원심력과 베인의 양력작용에 의해 임펠러 내의 물에 압력 및 속도에너지를 주고 이 속도에너지의 일부를 압력으로 변환하여 양수하는 펌프이다.
- 양정변화에 대하여 수량의 변동이 적다.
- 수량변동에 대해 동력의 변화가 적으므로 우수펌프의 양수펌프 등 수위변동이 큰 곳이나 이물질 함량이 높은 배수용 펌프에 적합하다.

24 막여과시설에서 막모듈의 열화에 대한 내용으로 틀린 것은?

① 미생물과 막 재질의 자화 또는 분비물의 작용에 의한 변화
② 산화제에 의하여 막 재질의 특성변화나 분해
③ 건조되거나 수축으로 인한 막 구조의 비가역적인 변화
④ 응집제 투입에 따른 막모듈의 공급 유로가 고형물로 폐색

해설

④ 막모듈의 파울링 중 유로폐색에 해당하는 내용이다.

25 정수시설인 배수지에 관한 내용으로 ( )에 옳은 것은?

> 유효용량은 시간변동조정용량과 비상대처용량을 합하여 급수구역의 계획1일 최대급수량의 ( )을 표준으로 하여야 하며 지역특성과 상수도시설의 안정성 등을 고려하여 결정한다.

① 4시간분 이상 ② 8시간분 이상
③ 12시간분 이상 ④ 24시간분 이상

해설

유효용량은 ‘시간변동조정용량’과 ‘비상대처용량’을 합하여 급수구역의 계획1일 최대급수량의 최소 12시간분 이상을 표준으로 한다.

26 상수도 수요량 산정 시 불필요한 항목은?

① 계획1인1일 최대사용량
② 계획1인1일 평균급수량
③ 계획1인1일 최대급수량
④ 계획1인당 시간최대급수량

해설

상수도 수요량 산정 절차

목표연도 설정 → 계획1인1일 평균사용량 결정 → 목표 유수량 결정 → 계획1인1일 평균급수량 산정 → 첨두부하 결정 → 계획1인1일 최대급수량 산정 → 시간계수 결정 → 계획1인 시간최대급수량 산정

27 취수탑의 위치에 관한 내용으로 ( )에 옳은 것은?

> 연간을 통하여 최소수심이 ( ) 이상으로 하천에 설치하는 경우에는 유심이 제방에 되도록 근접한 지점으로 한다.

① 1m ② 2m
③ 3m ④ 4m

해설

연간을 통하여 최소수심이 2m 이상으로 하천에 설치하는 경우에는 유심이 제방에 되도록 근접한 지점으로 한다.

정답 23 ② 24 ④ 25 ③ 26 ① 27 ②

28 활성슬러지법에서 사용하는 수중형 포기장치에 관한 설명으로 틀린 것은?

① 저속터빈과 압력튜브 혹은 보통관을 통한 압축공기를 주입하는 형식이다.
② 혼합정도가 좋으며 단위용량당 주입량이 크다.
③ 깊은 반응조에 적용하며 운전에 융통성이 있다.
④ 송풍조의 규모를 줄일 수 있어 전기료가 적게 소요된다.

해설
수중형 포기장치는 기어감속기와 송풍조가 소요되어 전기료가 많이 드는 것이 단점이다.

29 계획우수량을 정할 때 고려하여야 할 사항 중 틀린 것은?

① 하수관거의 확률년수는 원칙적으로 10~30년으로 한다.
② 유입시간은 최소단위 배수구의 지표면 특성을 고려하여 구한다.
③ 유출계수는 지형도를 기초로 답사를 통하여 충분히 조사하고 장래 개발계획을 고려하여 구한다.
④ 유하시간은 최상류관거의 끝으로부터 하류관거의 어떤 지점까지의 거리를 계획유량에 대응한 유속으로 나누어 구하는 것을 원칙으로 한다.

해설
유출계수는 토지이용도별 기초유출계수로부터 총괄유출계수를 구하는 것을 원칙으로 하며, 배수면적은 지형도를 기초로 답사에 의해 충분히 조사하고 장래의 개발계획도 고려하여 정확히 구한다.

30 고도정수 처리 시 해당 물질의 처리방법으로 가장 거리가 먼 것은?

① pH가 낮은 경우에는 플록형성 후에 알칼리제를 주입하여 pH를 조정한다.
② 색도가 높을 경우에는 응집침전처리, 활성탄처리 또는 오존처리를 한다.
③ 음이온 계면활성제를 다량 함유한 경우에는 응집 또는 염소처리를 한다.
④ 원수 중에 플루오린이 과량으로 포함된 경우에는 응집처리, 활성알루미나, 골탄, 전해 등의 처리를 한다.

해설
음이온 계면활성제를 다량 함유한 경우에는 활성탄, 오존, 생물처리를 한다.

31 정수시설인 허니콤방식에 관한 설명으로 틀린 것은?(단, 회전원판방식과 비교 기준)

① 체류시간 : 2시간 정도
② 손실수두 : 거의 없음
③ 폭기설비 : 필요 없음
④ 처리수조의 깊이 : 5~7m

해설
허니콤방식(침수형 여과상 장치)
- 폭기시설을 필요로 한다.
- 충전두께(충전층의 깊이)는 2~6m를 표준으로 한다.
- 충전율은 접촉지 용적의 50% 이상으로 한다.
- 접촉지 내 평균유속은 1~3m/min 정도로 한다.
- 원수수질과 발생슬러지의 성상을 고려하여 슬러지 배출이 가능한 구조로 한다.

28 ④ 29 ③ 30 ③ 31 ③ 정답

32 면적이 $3km^2$이고, 유입시간이 5분, 유출계수 C= 0.65, 관 내 유속이 1m/s로 관 길이 1,200m인 하수관으로 우수가 흐르는 경우 유달시간(분)은?

① 10 ② 15
③ 20 ④ 25

해설
유달시간 = 유입시간 + 유하시간
- 유입시간 = 5min
- 유하시간 = $\frac{1,200\text{m}}{1\text{m/s}} \times \frac{1\text{min}}{60\text{s}} = 20\text{min}$

∴ 유달시간 = 5 + 20 = 25min

33 취수보의 위치와 구조 결정 시 고려할 사항으로 적절하지 않은 것은?

① 유심이 취수구에 가까우며, 홍수에 의한 하상변화가 적은 지점으로 한다.
② 홍수의 유심방향과 직각의 직선형으로 가능한 한 하천의 직선부에 설치한다.
③ 고정보의 상단 또는 가동보의 상단 높이는 유하단면 내에 설치한다.
④ 원칙적으로 철근콘크리트 구조로 한다.

해설
가동보의 상단 높이는 계획하상높이, 현재의 하상높이 및 장래의 하상변동을 고려하여 유수소통에 지장이 없는 높이로 한다.

34 정수시설인 착수정의 용량기준으로 적절한 것은?

① 체류시간 : 0.5분 이상, 수심 : 2~4m 정도
② 체류시간 : 1.0분 이상, 수심 : 2~4m 정도
③ 체류시간 : 1.5분 이상, 수심 : 3~5m 정도
④ 체류시간 : 1.0분 이상, 수심 : 3~5m 정도

해설
착수정
- 2지 이상으로 분할하는 것이 원칙이다.
- 형상은 일반적으로 직사각형 또는 원형으로 하고 유입구에는 제수밸브 등을 설치한다.
- 용량은 체류시간을 1.5분 이상으로 하고 수심은 3~5m 정도로 한다.
- 착수정의 고수위와 주변 벽체의 상단 간에는 60cm 이상의 여유를 두어야 한다.

35 하수도 계획에 대한 설명으로 옳은 것은?

① 하수도 계획의 목표연도는 원칙적으로 30년으로 한다.
② 하수도 계획구역은 행정상의 경계구역을 중심으로 수립한다.
③ 새로운 시가지의 개발에 따른 하수도 계획구역은 기존 시가지를 포함한 종합적인 하수도 계획의 일환으로 수립한다.
④ 하수처리구역의 경계는 자연유하에 의한 하수배제를 위해 배수구역 경계와 교차하도록 한다.

해설
① 하수도 계획의 목표연도는 원칙적으로 20년으로 한다.
② 하수도 계획구역은 원칙적으로 관할 행정구역 전체를 대상으로 하며 필요시에는 행정경계 이외의 구역도 광역적, 종합적으로 정한다.
④ 하수처리구역의 경계는 자연유하에 의한 하수배제를 위해 배수구역의 경계와 교차하지 않는 것을 원칙으로 한다.

정답 32 ④ 33 ③ 34 ③ 35 ③

36 **상수시설 중 배수시설을 설계하고 정비할 때에 설계상의 기본적인 사항 중 옳은 것은?**

① 배수지의 용량은 시간변동조정용량, 비상시대처용량, 소화용수량 등을 고려하여 계획시간 최대급수량의 24시간분 이상을 표준으로 한다.
② 배수관을 계획할 때에 지역의 특성과 상황에 따라 직결급수의 범위를 확대하는 것 등을 고려하여 최대정수압을 결정하며, 수압의 기준점은 시설물의 최고높이로 한다.
③ 배수본관은 단순한 수지상 배관으로 하지 말고 가능한 한 상호 연결된 관망형태로 구성한다.
④ 배수지관의 경우 급수관을 분기하는 지점에서 배수관 내의 최대정수압은 150kPa을 넘기지 않도록 한다.

해설

① 배수지의 유효용량은 '시간변동조정용량'과 '비상대처용량'을 합하여 급수구역의 계획1일 최대급수량의 최소 12시간분 이상을 표준으로 하되 비상시나 무단수 공급 등 상수도서비스 향상을 고려하여 용량을 확장할 수 있으며 지역특성과 상수도시설의 안정성 등을 고려하여 결정한다.
② 배수관을 계획할 때에 지역의 특성과 상황에 따라 직결급수의 범위를 확대하는 것 등을 고려하여 최소동수압을 결정하며 수압의 기준점은 지표면상으로 한다.
④ 배수지관의 경우 급수관을 분기하는 지점에서 배수관 내의 최대정수압은 700kPa을 넘지 않도록 한다.

37 **펌프의 캐비테이션이 발생하는 것을 방지하기 위한 대책으로 잘못된 것은?**

① 펌프의 설치위치를 가능한 낮추어 가용유효흡입수두를 크게 한다.
② 흡입관의 손실을 가능한 작게 하여 가용유효흡입수두를 크게 한다.
③ 펌프의 회전속도를 높게 선정하여 필요유효흡입수두를 크게 한다.
④ 흡입측 밸브를 완전히 개방하고 펌프를 운전한다.

해설

공동현상(Cavitation) 방지대책

- 펌프의 설치위치를 가능한 한 낮게 하여 펌프의 가용유효흡입수두를 크게 한다.
- 펌프의 회전속도를 낮게 선정하여 펌프의 필요유효흡입수두를 작게 한다.
- 흡입측 밸브는 완전히 개방한 다음 펌프를 가동한다.
- 흡입관의 손실을 가능한 한 작게 하여 펌프의 가용유효흡입수두를 크게 한다.
- 펌프가 과대토출량으로 운전되지 않도록 한다.
- 펌프의 흡입실양정을 가능한 한 작게 한다.

38 **취수구 시설에서 스크린, 수문 또는 수위조절판(Stop Log)을 설치하여 일체가 되어 작동하게 되는 취수시설은?**

① 취수보
② 취수탑
③ 취수문
④ 취수관거

해설

취수문

- 수문의 전면에는 스크린을 설치한다.
- 문설주에는 수문 또는 수위조절판을 설치하고, 문설주의 구조는 철근콘크리트를 원칙으로 한다.
- 수문의 크기를 결정할 때는 모래나 자갈의 유입을 가능한 한 적게 되는 유속으로 한다.

36 ③ 37 ③ 38 ③ 정답

39 하수의 배제방식 중 합류식에 관한 설명으로 틀린 것은?

① 관거 내의 보수 : 폐쇄의 염려가 없다.
② 토지이용 : 기존의 측구를 폐지할 경우는 도로폭을 유효하게 이용할 수 있다.
③ 관거오접 : 철저한 감시가 필요하다.
④ 시공 : 대구경관거가 되면 좁은 도로에서의 매설에 어려움이 있다.

해설

합류식은 관거오접과 무관하며, 관거오접에 대해 철저한 감시가 필요한 방식은 분류식이다.

40 펌프의 토출량이 $1,200m^3/h$, 흡입구의 유속이 2.0m/s인 경우 펌프의 흡입구경(mm)은?

① 약 262
② 약 362
③ 약 462
④ 약 562

해설

펌프의 흡입구경

$$D_s = 146\sqrt{\frac{Q_m}{V_s}}$$

여기서, D_s : 펌프의 흡입구경(mm)
Q_m : 펌프의 토출량(m^3/min)
V_s : 흡입구의 유속(m/s)

$$Q_m = \frac{1,200\text{m}^3}{\text{h}} \times \frac{\text{h}}{60\text{min}} = 20\text{m}^3/\text{min}$$

$$\therefore D_s = 146 \times \sqrt{\frac{20}{2}} ≒ 461.69\text{mm}$$

제3과목 | 수질오염방지기술

41 직사각형 급속여과지의 설계조건이 다음과 같을 때, 필요한 급속여과지의 수(개)는?(단, 설계조건 : 유량 $30,000m^3/day$, 여과속도 120m/day, 여과지 1지의 길이 10m, 폭 7m, 기타 조건은 고려하지 않음)

① 2　　② 4
③ 6　　④ 8

해설

$$\text{여과지 개수} = \frac{30,000\text{m}^3/\text{day}}{120\text{m/day} \times 10\text{m} \times 7\text{m}} ≒ 3.57$$

∴ 필요한 여과지 개수는 4개이다.

42 폐수처리시설에서 직경 0.01cm, 비중 2.5인 입자를 중력 침강시켜 제거하고자 한다. 수온 4.0℃에서 물의 비중은 1.0, 점성계수는 1.31×10^{-2}g/cm · s일 때, 입자의 침강속도(m/h)는?(단, 입자의 침강속도는 Stokes 식에 따른다)

① 12.2　　② 22.4
③ 31.6　　④ 37.6

해설

$$V_g = \frac{d_p^2(\rho_p - \rho)g}{18\mu} = \frac{(0.01)^2 \times (2.5-1) \times 980}{18 \times 1.31 \times 10^{-2}} ≒ 0.623\text{cm/s}$$

$$\therefore \frac{0.623\text{cm}}{\text{s}} \times \frac{\text{m}}{10^2\text{cm}} \times \frac{3,600\text{s}}{\text{h}} ≒ 22.4\text{m/h}$$

정답 39 ③ 40 ③ 41 ② 42 ②

43 물속의 휘발성 유기화합물(VOC)을 에어스트리핑으로 제거할 때 제거효율 관계를 설명한 것으로 옳지 않은 것은?

① 액체 중의 VOC 농도가 높을수록 효율이 증가한다.
② 오염되지 않은 공기를 주입할 때 제거효율은 증가한다.
③ K_{La}가 감소하면 효율이 증가한다.
④ 온도가 상승하면 효율이 증가한다.

해설
K_{La}는 산소전달계수를 의미하며, 수중에 공기 전달이 원활하지 않을 경우(K_{La}가 감소하는 경우) 에어스트리핑의 효율이 감소한다.

44 혐기성 소화조 설계 시 고려해야 할 사항과 관계가 먼 것은?

① 소요산소량
② 슬러지 소화정도
③ 슬러지 소화를 위한 온도
④ 소화조에 주입되는 슬러지의 양과 특성

해설
① 혐기성 소화는 산소를 필요로 하지 않는다.
혐기성 소화조 설계 시 고려사항
- 소화조에 유입되는 슬러지의 양과 특성
- 고형물 체류시간 및 온도
- 소화조 운전방법
- 소화조 내에서의 슬러지 농축, 상징수의 형성 및 슬러지 저장을 위해 요구되는 부피

45 생물학적 방법을 이용하여 하수 내 인과 질소를 동시에 효과적으로 제거할 수 있다고 알려진 공법과 가장 거리가 먼 것은?

① A^2/O 공법
② 5단계 Bardenpho 공법
③ Phostrip 공법
④ SBR 공법

해설
Phostrip 공법은 인을 제거하기 위한 공법이다.
질소와 인 동시제거 공정 : A^2/O 공법, SBR 공법, 5단계 Bardenpho 공법

46 표면적이 $2m^2$이고 깊이가 2m인 침전지에 유량 $48m^3$/day의 폐수가 유입될 때 폐수의 체류시간(h)은?

① 2　② 4
③ 6　④ 8

해설
체류시간
$$t = \frac{V}{Q} = 2\text{m}^2 \times 2\text{m} \times \frac{\text{day}}{48\text{m}^3} \times \frac{24\text{h}}{1\text{day}} = 2\text{h}$$

43 ③ 44 ① 45 ③ 46 ① 정답

47 생물막을 이용한 하수처리방식인 접촉산화법의 설명으로 틀린 것은?

① 분해속도가 낮은 기질제거에 효과적이다.
② 난분해성물질 및 유해물질에 대한 내성이 높다.
③ 고부하 시에도 매체의 공극으로 인하여 폐쇄위험이 작다.
④ 매체에 생성되는 생물량은 부하조건에 의하여 결정된다.

해설
접촉산화법은 고부하 시 매체의 폐쇄 위험이 크기 때문에 부하조건에 한계가 있다.

48 막공법에 관한 설명으로 가장 거리가 먼 것은?

① 투석은 선택적 투과막을 통해 용액 중에 다른 이온 혹은 분자 크기가 다른 용질을 분리시키는 것이다.
② 투석에 대한 추진력은 막을 기준으로 한 용질의 농도차이다.
③ 한외여과 및 미여과의 분리는 주로 여과작용에 의한 것으로 역삼투현상에 의한 것이 아니다.
④ 역삼투는 반투막으로 용매를 통과시키기 위해 동수압을 이용한다.

해설
역삼투는 용매는 통과하지만 용질은 통과하지 않는 반투막성질을 이용한 처리시설로, 정수압차를 이용한다.

49 만일 혐기성 처리공정에서 제거된 1kg의 용해성 COD가 혐기성 미생물 0.15kg의 순생산을 나타낸다면 표준상태에서의 이론적인 메탄 생성 부피(m^3)는?

① 0.3　　② 0.4
③ 0.5　　④ 0.6

해설
$CH_4(m^3)$ = BOD_u 의 메탄가스 전환계수 × 생물 분해가능한 BOD_u 양
= 0.35 × (BOD_u − 1.42 × 세포량)
용해성 COD = BOD_u

$$\therefore CH_4(m^3) = 0.35 \times \left(1\text{kg BOD}_u - \frac{1.42\text{kg BOD}_u}{1\text{kg VSS}} \times 0.15\text{kg VSS}\right)$$
$$\fallingdotseq 0.28m^3$$

50 정수장의 침전조 설계 시 어려운 점은 물의 흐름은 수평방향이고 입자 침강방향은 중력방향이어서 두 방향의 운동을 해석해야 한다는 점이다. 이상적인 수평 흐름 장방형 침전지(제Ⅰ형 침전) 설계를 위한 기본 가정 중 틀린 것은?

① 유입부의 깊이에 따라 SS 농도는 선형으로 높아진다.
② 슬러지 영역에서는 유체이동이 전혀 없다.
③ 슬러지 영역상부에 사영역이나 단락류가 없다.
④ 플러그 흐름이다.

해설
SS 농도는 수심과 길이에 관계없이 일정하게 분포된다.

정답 47 ③ 48 ④ 49 ① 50 ①

51 하수관거가 매설되어 있지 않은 지역에 위치한 500개의 단독주택(정화조 설치)에서 생성된 정화조 슬러지를 소규모 하수처리장에 운반하여 처리할 경우, 이로 인한 BOD 부하량 증가율(질량 기준, 유입일 기준, %)은?

- 정화조는 연 1회 슬러지 수거
- 각 정화조에서 발생되는 슬러지 : $3.8m^3$
- 연간 250일 동안 일정량의 정화조 슬러지를 수거, 운반, 하수처리장 유입 처리
- 정화조 슬러지 BOD 농도 : 6,000mg/L
- 하수처리장 유량 및 BOD 농도 : $3,800m^3$/day 및 200mg/L
- 슬러지 비중 1.0 가정

① 약 3.5 ② 약 5.5
③ 약 7.5 ④ 약 9.5

해설

- BOD 부하량

$$= \frac{6{,}000\text{mg BOD}}{\text{L}} \times \frac{1}{250\text{day 수거일}} \times \frac{3.8\text{m}^3}{\text{정화조 1개}} \times \text{정화조 500개} \times \frac{10^3\text{L}}{1\text{m}^3} \times \frac{\text{kg}}{10^6\text{mg}}$$

=45.6kg BOD/수거일

- 하수처리장 BOD 부하량

$$= \frac{3{,}800\text{m}^3}{\text{day}} \times \frac{220\text{mg}}{\text{L}} \times \frac{10^3\text{L}}{\text{m}^3} \times \frac{\text{kg}}{10^6\text{mg}} = 836\text{kg/day}$$

BOD 부하량 증가율 계산 = (881.6 / 836) × 100 ≒ 105.45%

∴ 약 5.5% 증가

52 유량이 $500m^3$/day, SS 농도가 220mg/L인 하수가 체류시간이 2시간인 최초침전지에서 60%의 제거효율을 보였다. 이때 발생되는 슬러지 양(m^3/day)은?(단, 슬러지 비중은 1.0, 함수율은 98%, SS만 고려함)

① 약 4.2
② 약 3.3
③ 약 2.4
④ 약 1.8

해설

$$\text{SL}_v(\text{m}^3/\text{day}) = \text{SL}_m(\text{kg/day}) \times \frac{1}{\rho}$$

여기서, SL_m : 슬러지의 무게(= 제거되는 SS / 슬러지 중 고형물의 비율)

$$\text{SL}_m = \frac{220\text{mg TS}}{\text{L}} \times \frac{500\text{m}^3}{\text{day}} \times \frac{10^3\text{L}}{\text{m}^3} \times \frac{1\text{kg}}{10^6\text{mg}} \times \frac{60}{100} \times \frac{100\text{SL}}{(100-98)\text{TS}} = 3{,}300\text{kg/day}$$

$$\therefore \text{SL}_v(\text{m}^3/\text{day}) = 3{,}300\text{kg/day} \times \frac{1}{1{,}000\text{kg/m}^3} = 3.3\text{m}^3/\text{day}$$

53 슬러지 내 고형물 무게의 1/3이 유기물질, 2/3이 무기물질이며, 이 슬러지 함수율은 80%, 유기물질 비중이 1.0, 무기물질 비중은 2.5라면 슬러지 전체의 비중은?

① 1.072
② 1.087
③ 1.095
④ 1.112

해설

$$\frac{m_{SL}}{\rho_{SL}} = \frac{m_{TS}}{\rho_{TS}} + \frac{m_w}{\rho_w} = \frac{m_{FS}X_{FS}}{\rho_{FS}} + \frac{m_{VS}X_{VS}}{\rho_{VS}} + \frac{m_w}{\rho_w}$$

$$\frac{100}{\rho_{SL}} = \frac{100\times(1-0.8)\times(2/3)}{2.5} + \frac{100\times(1-0.8)\times(1/3)}{1.0} + \frac{80}{1.0}$$

$\therefore \rho_{SL} \fallingdotseq 1.087$

51 ② 52 ② 53 ② 정답

54 상수처리를 위한 사각 침전조에 유입되는 유량은 30,000m^3/day이고 표면부하율은 24$m^3/m^2 \cdot$ day이며 체류시간은 6시간이다. 침전조의 길이와 폭의 비는 2 : 1이라면 조의 크기는?

① 폭 : 20m, 길이 : 40m, 깊이 : 6m
② 폭 : 20m, 길이 : 40m, 깊이 : 4m
③ 폭 : 25m, 길이 : 50m, 깊이 : 6m
④ 폭 : 25m, 길이 : 50m, 깊이 : 4m

해설

• 표면부하율 $= \frac{Q}{A}$

$$A = \frac{Q}{\text{표면부하율}} = \frac{30,000\text{m}^3/\text{day}}{24\text{m}^3/\text{m}^2 \cdot \text{day}} = 1,250\text{m}^2$$

침전조의 길이와 폭의 비가 2 : 1이므로,
침전조의 폭을 x라 하면 길이는 $2x$이다.
$2x^2 = 1,250\text{m}^2$, $x = 25\text{m}$
∴ 침전조의 폭은 25m이며, 길이는 50m이다.

• 체류시간 $t = \frac{V}{Q}$

$$6\text{h} = \frac{\text{day}}{30,000\text{m}^3} \times \frac{24\text{h}}{1\text{day}} \times V$$

$V = 7,500\text{m}^3$
$V = A \times h$이므로 $7,500\text{m}^3 = 1,250\text{m}^2 \times h$
$h = 6\text{m}$
∴ 침전조의 깊이는 6m이다.

55 염소이온 농도가 500mg/L, BOD 2,000mg/L인 폐수를 희석하여 활성슬러지법으로 처리한 결과 염소이온 농도와 BOD는 각각 50mg/L이었다. 이 때의 BOD 제거율(%)은?(단, 희석수의 BOD, 염소이온 농도는 0이다)

① 85　　② 80
③ 75　　④ 70

해설

생물학적 처리로 염소는 제거되지 않으므로
희석배수는 500 / 50 = 10이다.

∴ BOD 제거율(%) $= \left(1 - \frac{50}{2,000/10}\right) \times 100 = 75\%$

56 정수장에서 사용하는 소독제의 특성과 가장 거리가 먼 것은?

① 미잔류성
② 저렴한 가격
③ 주입조작 및 취급이 쉬울 것
④ 병원성 미생물에 대한 효과적 살균

해설

소독제 고려사항
• 잔류독성이 거의 없을 것
• 주입조작 및 취급이 쉬울 것
• 경제적일 것
• 소독력이 강할 것

57 미생물을 이용하여 폐수에 포함된 오염물질인 유기물, 질소, 인을 동시에 처리하는 공법은 대체로 혐기조, 무산소조, 포기조로 구성되어 있다. 이 중 혐기조에서의 주된 생물학적 오염물질 제거반응은?

① 인 방출　　② 인 과잉흡수
③ 질산화　　④ 탈질화

해설

• 혐기조 : 인의 방출
• 무산소조 : 탈질
• 호기조 : 질산화 및 인의 과잉섭취

58 하수 내 함유된 유기물질뿐 아니라 영양물질까지 제거하기 위하여 개발된 A^2/O 공법에 관한 설명으로 틀린 것은?

① 인과 질소를 동시에 제거할 수 있다.
② 혐기조에서는 인의 방출이 일어난다.
③ 폐슬러지 내의 인 함량은 비교적 높아서(3~5%) 비료의 가치가 있다.
④ 무산소조에서는 인의 과잉섭취가 일어난다.

해설

무산소조에서는 탈질이 일어나며, 호기조에서 인의 과잉섭취가 일어난다.

정답 54 ③ 55 ③ 56 ① 57 ① 58 ④

59 직경이 다른 두 개의 원형 입자를 동시에 20℃의 물에 떨어뜨려 침강실험을 했다. 입자 A의 직경은 2×10^{-2}cm이며 입자 B의 직경은 5×10^{-2}cm라면 입자 A와 입자 B의 침강속도의 비율(V_A/V_B)은?(단, 입자 A와 B의 비중은 같으며, Stokes 공식을 적용, 기타 조건은 같음)

① 0.28
② 0.23
③ 0.16
④ 0.12

해설

$$V_g=\frac{d_p^{\ 2}(\rho_p-\rho)g}{18\mu}$$

$$V_g\propto d_p^{\ 2}$$

$$\therefore \frac{V_{gA}}{V_{gB}}=\frac{(2\times10^{-2})^2}{(5\times10^{-2})^2}=0.16$$

60 폐수를 처리하기 위해 시료 200mL를 취하여 Jar Test하여 응집제와 응집보조제의 최적 주입농도를 구한 결과, $Al_2(SO_4)_3$ 200mg/L, $Ca(OH)_2$ 500mg/L였다. 폐수량 $500m^3$/day을 처리하는 데 필요한 $Al_2(SO_4)_3$의 양(kg/day)은?

① 50
② 100
③ 150
④ 200

해설

$$\frac{200mg}{L}\times\frac{kg}{10^6mg}\times\frac{500m^3}{day}\times\frac{10^3L}{m^3}=100kg/day$$

제4과목 | 수질오염공정시험기준

61 하천의 일정 장소에서 시료를 채수하고자 한다. 그 단면의 수심이 2m 미만일 때 채수 위치는 수면으로부터 수심의 어느 위치인가?

① 1/2 지점
② 1/3 지점
③ 1/3 지점과 2/3 지점
④ 수면상과 1/2 지점

해설

ES 04130.1e 시료의 채취 및 보존 방법
하천의 단면에서 수심이 가장 깊은 수면의 지점과 그 지점을 중심으로 하여 좌우로 수면폭을 2등분한 각각의 지점의 수면으로부터 수심 2m 미만일 때에는 수심의 1/3에서, 수심이 2m 이상일 때에는 수심의 1/3 및 2/3에서 각각 채수한다.

62 람베르트-비어(Lambert-Beer)의 법칙에서 흡광도의 의미는?(단, I_o = 입사광의 강도, I_t = 투사광의 강도, t = 투과도)

① $\frac{I_t}{I_o}$ ② $t\times100$
③ $\log\frac{1}{t}$ ④ $I_t\times10^{-1}$

해설

흡광도(A)

$$A=\log\left(\frac{1}{t}\right),\ t=\frac{I_t}{I_o}$$

정답 59 ③ 60 ② 61 ② 62 ③

63 **백분율(W/V, %)의 설명으로 옳은 것은?**

① 용액 100g 중의 성분무게(g)를 표시
② 용액 100mL 중의 성분용량(mL)을 표시
③ 용액 100mL 중의 성분무게(g)를 표시
④ 용액 100g 중의 성분용량(mL)을 표시

해설
ES 04000.d 총칙
백분율(Parts Per Hundred)은 용액 100mL 중의 성분무게(g) 또는 기체 100mL 중의 성분무게(g)를 표시할 때는 w/v%의 기호를 쓴다.

64 **질산성 질소의 정량시험 방법 중 정량범위가 0.1mg NO_3-N/L가 아닌 것은?**

① 이온크로마토그래피법
② 자외선/가시선 분광법(부루신법)
③ 자외선/가시선 분광법(활성탄흡착법)
④ 데발다합금 환원증류법(분광법)

해설
ES 04361.3c 질산성 질소-자외선/가시선 분광법(활성탄흡착법)
정량한계는 0.3mg/L이다.

65 **전기전도도의 측정에 관한 설명으로 잘못된 것은?**

① 온도차에 의한 영향은 ±5%/℃ 정도이며 측정결과값의 통일을 위하여 보정하여야 한다.
② 측정단위는 μS/cm로 한다.
③ 전기전도도는 용액이 전류를 운반할 수 있는 정도를 말한다.
④ 전기전도도 셀은 항상 수중에 잠긴 상태에서 보존하여야 하며, 정기적으로 점검한 후 사용한다.

해설
전기전도도 : 동일 온도에서 측정치 간의 편차가 ±3% 이하가 되어야 한다.

66 **위어의 수두가 0.25m, 수로의 폭이 0.8m, 수로의 밑면에서 절단 하부점까지의 높이가 0.7m인 직각 3각 위어의 유량(m^3/min)은?(단, 유량계수 $k=81.2+\frac{0.24}{h}+\left(8.4+\frac{12}{\sqrt{D}}\right)\times\left(\frac{h}{B}-0.09\right)^2$)**

① 1.4 ② 2.1
③ 2.6 ④ 2.9

해설
ES 04140.2b 공장폐수 및 하수유량-측정용 수로 및 기타 유량측정 방법
여기서, h : 위어의 수두(m)
D : 수로의 밑면으로부터 절단 하부점까지의 높이(m)
B : 수로의 폭(m)

$$K=81.2+\frac{0.24}{0.25}+\left(8.4+\frac{12}{\sqrt{0.7}}\right)\times\left(\frac{0.25}{0.8}-0.09\right)^2$$
$$≒83.2859$$
$$\therefore\ Q=Kh^{\frac{5}{2}}=83.2859\times(0.25)^{\frac{5}{2}}≒2.60m^3/min$$

67 **식물성 플랑크톤 시험 방법으로 옳은 것은?(단, 수질오염공정시험기준 기준)**

① 현미경계수법
② 최적확수법
③ 평판집락계수법
④ 시험관정량법

해설
ES 04705.1c 식물성 플랑크톤-현미경계수법
물속의 부유생물인 식물성 플랑크톤의 개체수를 현미경계수법을 이용하여 조사하는 것을 목적으로 하는 정량분석 방법이다.

정답 63 ③ 64 ③ 65 ① 66 ③ 67 ①

68 수질오염공정시험기준상 양극벗김전압전류법으로 측정하는 금속은?

① 구 리 ② 납

③ 니 켈 ④ 카드뮴

해설

ES 04402.5a 납-양극벗김전압전류법

물속에 존재하는 납의 측정하는 방법으로, 자유이온화된 납을 유리탄소전극(GCE ; Glassy Carbon Electrode)에 수은막(Mercury Film)을 입힌 전극에 의한 은/염화은 전극에 대해 -1,000mv 전위차에서 작용전극에 농축시킨 다음 이를 양극벗김전압전류법으로 분석하는 방법이다.

69 유량이 유체의 탁도, 점성, 온도의 영향은 받지 않고, 유속에 의해 결정되며 손실수두가 적은 유량계는?

① 피토관

② 오리피스

③ 벤투리미터

④ 자기식 유량측정기

해설

ES 04140.1c 공장폐수 및 하수유량-관(Pipe) 내의 유량측정방법

자기식 유량측정기(Magnetic Flow Meter)

측정원리는 패러데이(Faraday)의 법칙을 이용하여 자장의 직각에서 전도체를 이동시킬 때 유발되는 전압은 전도체의 속도에 비례한다는 원리를 이용한 것으로 이 경우 전도체는 폐·하수가 되며 전도체의 속도는 유속이 된다. 이때 발생된 전압은 유량계 전극을 통하여 조절변류기로 전달된다.

이 측정기는 전압이 활성도, 탁도, 점성, 온도의 영향을 받지 않고 다만 유체(폐·하수)의 유속에 의하여 결정되며 수두손실이 적다.

70 폐수의 BOD를 측정하기 위하여 다음과 같은 자료를 얻었다. 이 폐수의 BOD(mg/L)는?(단, $F=1.0$)

> BOD병의 부피는 300mL이고 BOD병에 주입된 폐수량 5mL, 희석된 식종액의 배양 전 및 배양 후의 DO는 각각 7.6mg/L, 7.0mg/L, 희석한 시료용액을 15분간 방치한 후 DO 및 5일간 배양한 다음의 희석한 시료용액의 DO는 각각 7.6mg/L, 4.0mg/L이었다.

① 180 ② 216

③ 246 ④ 270

해설

ES 04305.1c 생물화학적 산소요구량

$$\mathrm{BOD(mg/L)} = [(D_1 - D_2) - (B_1 - B_2) \times f] \times P$$

여기서, D_1 : 15분간 방치된 후의 희석한 시료의 DO(mg/L)

D_2 : 5일간 배양한 후의 희석한 시료의 DO(mg/L)

B_1 : 식종액의 BOD를 측정할 때 희석된 식종액의 배양 전 DO(mg/L)

B_2 : 식종액의 BOD를 측정할 때 희석된 식종액의 배양 후 DO(mg/L)

$$\therefore \mathrm{BOD(mg/L)} = [(7.6-4.0) - (7.6-7.0) \times 1] \times \frac{300}{5} = 180\mathrm{mg/L}$$

71 수질오염공정시험기준의 구리시험법(원자흡수분광광도법)에서 사용하는 조연성 가스는?

① 수 소

② 아르곤

③ 아산화질소

④ 아세틸렌 공기

해설

ES 04400.1d 금속류-불꽃 원자흡수분광광도법

불꽃생성을 위해 아세틸렌(C_2H_2) 공기가 일반적인 원소분석에 사용되며, 아세틸렌-아산화질소(N_2O)는 바륨 등 산화물을 생성하는 원소의 분석에 사용된다.

68 ② 69 ④ 70 ① 71 ④ 정답

72 **벤투리미터(Venturi Meter)의 유량 측정공식, $Q=\frac{C \cdot A}{\sqrt{1-[(ㄱ)]^4}} \cdot \sqrt{2g \cdot H}$ 에서 (ㄱ)에 들어갈 내용으로 옳은 것은?(단, Q = 유량(cm³/s), C = 유량계수, A = 목 부분의 단면적(cm²), g = 중력가속도(980cm/s²), H = 수두차(cm))**

① 유입부의 직경 / 목(Throat)부의 직경
② 목(Throat)부의 직경 / 유입부의 직경
③ 유입부 관 중심부에서의 수두 / 목(Throat)부의 직경
④ 목(Throat)부의 직경 / 유입부 관 중심부에서의 수두

해설
ES 04140.1c 공장폐수 및 하수유량-관(Pipe) 내의 유량측정방법
벤투리미터 측정공식

$$Q=\frac{C \cdot A}{\sqrt{1-\left(\frac{d_2}{d_1}\right)}}\sqrt{2g \cdot H}$$

여기서, d_1 : 유입부 직경
d_2 : 목(Throat)부 직경

73 **클로로필 a 양을 계산할 때 클로로필 색소를 추출하여 흡광도를 측정한다. 이때 색소 추출에 사용하는 용액은?**

① 아세톤 용액　　② 클로로폼 용액
③ 에탄올 용액　　④ 포르말린 용액

해설
ES 04312.1a 클로로필 a
물속의 클로로필 a의 양을 측정하는 방법으로 아세톤 용액을 이용하여 시료를 여과한 여과지로부터 클로로필 색소를 추출하고, 추출액의 흡광도를 663nm, 645nm, 630nm 및 750nm에서 측정하여 클로로필 a의 양을 계산하는 방법이다.

74 **윙클러법으로 용존산소를 측정할 때 0.025N 티오황산나트륨 용액 5mL에 해당되는 용존산소량(mg)은?**

① 0.02　　② 0.20
③ 1.00　　④ 5.00

해설

$$\frac{0.025\text{eq}}{\text{L}}\times 5\text{mL}\times\frac{\text{L}}{10^3\text{mL}}\times\frac{8\times10^3\text{mg}}{\text{eq}}=1.00\text{mg}$$

75 **시료 전처리 방법 중 중금속 측정을 위한 용매추출법인 피로리딘다이티오카르바민산 암모늄추출법에 관한 설명으로 알맞지 않은 것은?**

① 크롬은 3가크롬과 6가크롬 상태로 존재할 경우에 추출된다.
② 망간을 측정하기 위해 전처리한 경우는 망간착화합물의 불안정성 때문에 추출 즉시 측정하여야 한다.
③ 철의 농도가 높은 경우에는 다른 금속추출에 방해를 줄 수 있다.
④ 시료 중 구리, 아연, 납, 카드뮴, 니켈, 코발트 및 은 등의 측정에 적용된다.

해설
ES 04150.1b 시료의 전처리 방법
피로리딘다이티오카르바민산암모늄(1-Pyrrolidinecarbodithioic Acid, Ammonium Salt)추출법
이 방법은 시료 중 구리, 아연, 납, 카드뮴, 니켈, 철, 망간, 6가크롬, 코발트 및 은 등의 측정에 적용된다. 다만, 망간은 착화합물 상태에서 매우 불안정하므로 추출 즉시 측정하여야 하며, 크롬은 6가크롬 상태로 존재할 경우에만 추출된다. 또한 철의 농도가 높을 경우에는 다른 금속의 추출에 방해를 줄 수 있으므로 주의해야 한다.

76 **최적응집제 주입량을 결정하는 실험을 하려고 한다. 다음 중 실험에 반드시 필요한 것이 아닌 것은?**

① 비 커　　② pH 완충용액
③ Jar Tester　　④ 시 계

해설
Jar Test에 pH 완충용액은 필요로 하지 않는다.

정답 72 ② 73 ① 74 ③ 75 ① 76 ②

77 수질측정기기 중에서 현장에서 즉시 측정하기 위한 것이 아닌 것은?

① DO Meter
② pH Meter
③ TOC Meter
④ Thermometer

해설
ES 04130.1e 시료의 채취 및 보존방법
온도, DO(전극법), pH는 즉시 측정하여야 한다.

78 물벼룩을 이용한 급성 독성 시험법에서 사용하는 용어의 정의로 옳지 않은 것은?

① 치사 : 일정 비율로 준비된 시료에 물벼룩을 투입하고 12시간 경과 후 시험용기를 살며시 움직여 주고, 30초 후 관찰했을 때 아무 반응이 없는 경우를 판정한다.
② 유영저해 : 독성물질에 의해 영향을 받아 일부 기관(촉각, 후복부 등)이 움직임이 없을 경우를 판정한다.
③ 표준독성물질 : 독성시험이 정상적인 조건에서 수행되는지를 주기적으로 확인하기 위하여 사용하며 다이크롬산포타슘을 이용한다.
④ 지수식 시험방법 : 시험기간 중 시험용액을 교환하지 않는 시험을 말한다.

해설
ES 04704.1c 물벼룩을 이용한 급성 독성 시험법
치사 : 일정 희석 비율로 준비된 시료에 물벼룩을 투입하여 24시간 경과 후 시험용기를 손으로 살짝 두드리고, 15초 후 관찰했을 때 독성물질에 영향을 받아 움직임이 명백하게 없는 상태를 '치사'로 판정한다.
※ 공정시험기준 개정으로 다음과 같이 내용 변경
유영저해 : 일정 희석 비율로 준비된 시료에 물벼룩을 투입하여 24시간 경과 후 시험용기를 손으로 살짝 두드리고, 15초 후 관찰했을 때 독성물질에 영향을 받아 움직임이 없으면 '유영저해'로 판정한다. 이때 안테나나 다리 등 부속지를 움직이더라도 유영을 하지 못한다면 '유영저해'로 판정한다.

79 기체크로마토그래피에 사용되는 운반기체 중 분리도가 큰 순서대로 나타낸 것은?

① N_2 > He > H_2
② He > H_2 > N_2
③ N_2 > H_2 > He
④ H_2 > He > N_2

해설
기체크로마토그래피에 사용되는 운반기체의 분리도
H_2 > He > N_2

80 수질오염공정시험기준에서 아질산성 질소를 자외선/가시선 분광법으로 측정하는 흡광도 파장(nm)은?

① 540
② 620
③ 650
④ 690

해설
ES 04354.1b 아질산성 질소-자외선/가시선 분광법
물속에 존재하는 아질산성 질소를 측정하기 위하여, 시료 중 아질산성 질소를 설퍼닐아마이드와 반응시켜 다이아조화하고 α-나프틸에틸렌다이아민이염산염과 반응시켜 생성된 다이아조화합물의 붉은색의 흡광도 540nm에서 측정하는 방법이다.

77 ③ 78 ① 79 ④ 80 ① 정답

제5과목 | 수질환경관계법규

81 비점오염방지시설의 시설유형별 기준에서 장치형 시설이 아닌 것은?

① 침투시설 ② 여과형 시설
③ 스크린형 시설 ④ 소용돌이형 시설

해설
물환경보전법 시행규칙 [별표 6] 비점오염저감시설
장치형 시설
- 여과형 시설
- 소용돌이형 시설
- 스크린형 시설
- 응집·침전 처리형 시설
- 생물학적 처리형 시설

※ 저자의견 : 문제에서 비점오염방지시설이라 되어 있으나 법규상 비점오염저감시설이다.

82 환경기술인 또는 기술요원 등의 교육에 관한 설명 중 틀린 것은?

① 환경기술인이 이수하여야 할 교육과정은 환경기술인과정, 폐수처리기술요원과정이다.
② 교육기간은 5일 이내로 하며, 정보통신매체를 이용한 원격교육도 5일 이내로 한다.
③ 환경기술인은 1년 이내에 최초교육과 최초교육 후 3년마다 보수교육을 이수하여야 한다.
④ 교육기관에서 작성한 교육계획에는 교재편찬계획 및 교육성적의 평가방법 등이 포함되어야 한다.

해설
물환경보전법 시행규칙 제94조(교육과정의 종류 및 기간)
- 기술인력 등이 이수하여야 하는 교육과정은 다음의 구분에 따른다.
  - 측정기기 관리대행업에 등록된 기술인력 : 측정기기 관리대행 기술인력과정
  - 환경기술인 : 환경기술인과정
  - 폐수처리업에 종사하는 기술요원 : 폐수처리기술요원과정
- 교육과정의 교육기간은 4일 이내로 한다. 다만, 정보통신매체를 이용하여 원격교육을 실시하는 경우에는 환경부장관이 인정하는 기간으로 한다.

③ 물환경보전법 시행규칙 제93조(기술인력 등의 교육기간·대상자 등)
④ 물환경보전법 시행규칙 제95조(교육계획)

83 사업장의 규모별 구분에 관한 설명으로 틀린 것은?

① 1일 폐수배출량이 1,000m^3인 사업장은 제2종 사업장에 해당한다.
② 1일 폐수배출량이 100m^3인 사업장은 제4종 사업장에 해당한다.
③ 폐수배출량은 최근 90일 중 가장 많이 배출한 날을 기준으로 한다.
④ 최초 배출시설 설치허가 시의 폐수배출량은 사업계획에 따른 예상용수사용량을 기준으로 산정한다.

해설
물환경보전법 시행령 [별표 13] 사업장의 규모별 구분
사업장의 규모별 구분은 1년 중 가장 많이 배출한 날을 기준으로 정한다.

84 1,000,000m^3/day 이상의 하수를 처리하는 공공하수처리시설에 적용되며 방류수의 수질기준 중에서 가장 기준(농도)이 낮은 검사항목은?

① 총질소 ② 총 인
③ SS ④ BOD

해설
물환경보전법 시행규칙 [별표 10] 공공폐수처리시설의 방류수 수질기준

구 분	수질기준			
	Ⅰ지역	Ⅱ지역	Ⅲ지역	Ⅳ지역
생물화학적 산소요구량 (BOD) (mg/L)	10(10) 이하	10(10) 이하	10(10) 이하	10(10) 이하
부유물질 (SS) (mg/L)	10(10) 이하	10(10) 이하	10(10) 이하	10(10) 이하
총질소 (T-N) (mg/L)	20(20) 이하	20(20) 이하	20(20) 이하	20(20) 이하
총인 (T-P) (mg/L)	0.2(0.2) 이하	0.3(0.3) 이하	0.5(0.5) 이하	2(2) 이하

어느 지역에서도 방류수 수질기준이 가장 낮은 항목은 총인이다.

정답 81 ① 82 ② 83 ③ 84 ②

85 기술진단에 관한 설명으로 ( )에 알맞은 것은?

> 공공폐수처리시설을 설치·운영하는 자는 공공폐수처리시설의 관리상태를 점검하기 위하여 ( )년마다 해당 공공폐수처리시설에 대하여 기술진단을 하고, 그 결과를 환경부장관에게 통보하여야 한다.

① 1 ② 5
③ 10 ④ 15

해설

물환경보전법 제50조의2(기술진단 등)
시행자는 공공폐수처리시설의 관리상태를 점검하기 위하여 5년마다 해당 공공폐수처리시설에 대하여 기술진단을 하고, 그 결과를 환경부장관에게 통보하여야 한다.

86 사업장에서 배출되는 폐수에 대한 설명 중 위탁처리를 할 수 없는 폐수는?

① 해양환경관리법상 지정된 폐기물 배출해역에 배출하는 폐수
② 폐수배출시설의 설치를 제한할 수 있는 지역에서 1일 $50m^3$ 미만으로 배출하는 폐수
③ 아파트형공장에서 고정된 관망을 이용하여 이송처리하는 폐수(폐수량에 제한을 받지 않는다)
④ 성상이 다른 폐수가 수질오염방지시설에 유입될 경우 처리가 어려운 폐수로써 1일 $50m^3$ 미만으로 배출되는 폐수

해설

물환경보전법 시행규칙 제41조(위탁처리대상 폐수)
'환경부령으로 정하는 폐수'란 다음의 폐수를 말한다.

- 1일 $50m^3$ 미만(폐수배출시설의 설치를 제한할 수 있는 지역에서는 $20m^3$ 미만)으로 배출되는 폐수. 다만, 아파트형공장에서 고정된 관망을 이용하여 이송처리하는 경우에는 폐수량의 제한을 받지 아니하고 위탁처리할 수 있다.
- 사업장에 있는 폐수배출시설에서 배출되는 폐수 중 다른 폐수와 그 성질·상태가 달라 수질오염방지시설에 유입될 경우 적정한 처리가 어려운 폐수로서 1일 $50m^3$ 미만(폐수배출시설의 설치를 제한할 수 있는 지역에서는 $20m^3$ 미만)으로 배출되는 폐수
- 수질오염방지시설의 개선이나 보수 등과 관련하여 배출되는 폐수로서 시·도지사와 사전 협의된 기간에만 배출되는 폐수
- 그 밖에 환경부장관이 위탁처리 대상으로 하는 것이 적합하다고 인정하는 폐수

※ 법 개정으로 보기 ①의 내용은 삭제됨
※ 법 개정으로 '성상'이 '성질·상태'로 변경됨

87 다음은 배출시설의 설치허가를 받은 자가 배출시설의 변경허가를 받아야 하는 경우에 대한 기준이다. ( )에 들어갈 내용으로 옳은 것은?

> 폐수배출량이 허가 당시보다 100분의 50(특정수질유해물질이 배출되는 시설의 경우에는 100분의 30) 이상 또는 ( ) 이상 증가하는 경우

① 1일 $500m^3$
② 1일 $600m^3$
③ 1일 $700m^3$
④ 1일 $800m^3$

해설

물환경보전법 시행령 제31조(설치허가 및 신고 대상 폐수배출시설의 범위 등)
폐수배출량이 허가 당시보다 100분의 50(특정수질유해물질이 기준 이상으로 배출되는 배출시설의 경우에는 100분의 30) 이상 또는 1일 $700m^3$ 이상 증가하는 경우

85 ② 86 ② 87 ③ 정답

88 수질오염경보 중 수질오염감시경보 대상 항목이 아닌 것은?

① 용존산소
② 전기전도도
③ 부유물질
④ 총유기탄소

해설
물환경보전법 시행령 [별표 2] 수질오염경보의 종류별 발령 대상, 발령 주체 및 대상 항목
수질오염감시경보

대상 항목
수소이온농도, 용존산소, 총질소, 총인, 전기전도도, 총유기탄소량, 휘발성 유기화합물, 페놀, 중금속(구리, 납, 아연, 카드뮴 등), 클로로필-a, 생물감시

89 특례지역에 위치한 폐수시설의 부유물질량 배출허용기준(mg/L 이하)은?(단, 1일 폐수배출량 1,000m^3)

① 30
② 40
③ 50
④ 60

해설
물환경보전법 시행규칙 [별표 13] 수질오염물질의 배출허용기준
항목별 배출허용기준

대상 규모 / 항 목 / 지역구분	1일 폐수배출량 2,000m^3 미만		
	생물화학적 산소요구량 (mg/L)	총유기 탄소량 (mg/L)	부유 물질량 (mg/L)
특례지역	30 이하	25 이하	30 이하

90 비점오염원 관리지역에 대한 관리대책을 수립할 때 포함될 사항으로 가장 거리가 먼 것은?

① 관리목표
② 관리대상 수질오염물질의 종류
③ 관리대상 수질오염물질의 분석방법
④ 관리대상 수질오염물질의 저감 방안

해설
물환경보전법 제55조(관리대책의 수립)
환경부장관은 관리지역을 지정·고시하였을 때에는 다음의 사항을 포함하는 비점오염원관리대책(이하 '관리대책')을 관계 중앙행정기관의 장 및 시·도지사와 협의하여 수립하여야 한다.
- 관리목표
- 관리대상 수질오염물질의 종류 및 발생량
- 관리대상 수질오염물질의 발생 예방 및 저감 방안
- 그 밖에 관리지역을 적정하게 관리하기 위하여 환경부령으로 정하는 사항

91 물환경보전법령상 '호소'에 관한 설명으로 틀린 것은?

① 댐·보 또는 둑(사방사업법에 따른 사방시설은 제외한다) 등을 쌓아 하천 또는 계곡에 흐르는 물을 가두어 놓은 곳
② 화산활동 등으로 인하여 함몰된 지역에 물이 가두어진 곳
③ 댐의 갈수위를 기준으로 구역 내 가두어진 곳
④ 하천에 흐르는 물이 자연적으로 가두어진 곳

해설
물환경보전법 제2조(정의)
'호소'란 다음의 어느 하나에 해당하는 지역으로서 만수위(滿水位)[댐의 경우에는 계획홍수위(計劃洪水位)를 말한다] 구역 안의 물과 토지를 말한다.
- 댐·보(洑) 또는 둑(사방사업법에 따른 사방시설은 제외한다) 등을 쌓아 하천 또는 계곡에 흐르는 물을 가두어 놓은 곳
- 하천에 흐르는 물이 자연적으로 가두어진 곳
- 화산활동 등으로 인하여 함몰된 지역에 물이 가두어진 곳

정답 88 ③ 89 ① 90 ③ 91 ③

92 **공공폐수처리시설의 관리·운영자가 처리시설의 적정운영 여부 확인을 위한 방류수 수질검사 실시 기준으로 옳은 것은?(단, 시설규모는 1,000m^3/day 이며, 수질은 현저히 악화되지 않았음)**

① 방류수 수질검사 월 2회 이상
② 방류수 수질검사 월 1회 이상
③ 방류수 수질검사 매분기 1회 이상
④ 방류수 수질검사 매반기 1회 이상

해설

물환경보전법 시행규칙 [별표 15] 공공폐수처리시설의 유지·관리 기준

처리시설의 관리·운영자는 방류수 수질기준 항목(측정기기를 부착하여 관제센터로 측정자료가 전송되는 항목은 제외한다)에 대한 방류수 수질검사를 다음과 같이 실시하여야 한다.

- 처리시설의 적정 운영 여부를 확인하기 위하여 방류수 수질검사를 월 2회 이상 실시하되, 1일당 2,000m^3 이상인 시설은 주 1회 이상 실시하여야 한다. 다만, 생태독성(TU)검사는 월 1회 이상 실시하여야 한다.
- 방류수의 수질이 현저하게 악화되었다고 인정되는 경우에는 수시로 방류수 수질검사를 하여야 한다.

93 **기분배출부과금과 초과배출부과금에 공통적으로 부과 대상이 되는 수질오염물질은?**

가. 총질소
나. 유기물질
다. 총 인
라. 부유물질

① 가, 나, 다, 라
② 가, 나
③ 나, 라
④ 가, 다

해설

물환경보전법 시행령 제42조(기본배출부과금의 부과 대상 수질오염물질의 종류)

- 유기물질
- 부유물질

물환경보전법 시행령 제46조(초과배출부과금 부과 대상 수질오염물질의 종류)

- 유기물질
- 부유물질
- 카드뮴 및 그 화합물
- 시안화합물
- 유기인화합물
- 납 및 그 화합물
- 6가크롬화합물
- 비소 및 그 화합물
- 수은 및 그 화합물
- 폴리염화바이페닐(Polychlorinated Biphenyl)
- 구리 및 그 화합물
- 크롬 및 그 화합물
- 페놀류
- 트라이클로로에틸렌
- 테트라클로로에틸렌
- 망간 및 그 화합물
- 아연 및 그 화합물
- 총질소
- 총 인

92 ① 93 ③ 정답

94 공공수역의 수질보전을 위하여 환경부령이 정하는 휴경 등 권고대상 농경지의 해발고도 및 경사도 기준으로 옳은 것은?

① 해발 400m, 경사도 15%
② 해발 400m, 경사도 30%
③ 해발 800m, 경사도 15%
④ 해발 800m, 경사도 30%

해설

물환경보전법 시행규칙 제85조(휴경 등 권고대상 농경지의 해발고도 및 경사도)
'환경부령으로 정하는 해발고도'란 해발 400m를 말하고 '환경부령으로 정하는 경사도'란 경사도 15%를 말한다.

95 폐수무방류배출시설의 세부 설치기준으로 틀린 것은?

① 특별대책지역에 설치되는 경우 폐수배출량이 $200m^3$/day 이상이면 실시간 확인 가능한 원격유량감시장치를 설치하여야 한다.
② 폐수는 고정된 관로를 통하여 수집·이송·처리·저장되어야 한다.
③ 특별대책지역에 설치되는 시설이 1일 24시간 연속하여 가동되는 것이면 배출폐수를 전량 처리할 수 있는 예비 방지시설을 설치하여야 한다.
④ 폐수를 고체 상태의 폐기물로 처리하기 위하여 증발·농축·건조·탈수 또는 소각시설을 설치하여야 하며, 탈수 등 방지시설에서 발생하는 폐수가 방지시설에 재유입되지 않도록 하여야 한다.

해설

물환경보전법 시행령 [별표 6] 폐수무방류배출시설의 세부 설치기준
폐수를 고체 상태의 폐기물로 처리하기 위하여 증발·농축·건조·탈수 또는 소각시설을 설치하여야 하며, 탈수 등 방지시설에서 발생하는 폐수가 방지시설에 재유입하도록 하여야 한다.

96 수질환경기준(하천) 중 사람의 건강보호를 위한 전 수역에서 각 성분별 환경기준으로 맞는 것은?

① 비소(As) : 0.1mg/L 이하
② 납(Pb) : 0.01mg/L 이하
③ 6가크롬(Cr^{6+}) : 0.05mg/L 이하
④ 음이온 계면활성제(ABS) : 0.01mg/L 이하

해설

환경정책기본법 시행령 [별표 1] 환경기준
수질 및 수생태계-하천-사람의 건강보호 기준

항 목	기준값(mg/L)
비소(As)	0.05 이하
납(Pb)	0.05 이하
6가크롬(Cr^{6+})	0.05 이하
음이온 계면활성제(ABS)	0.5 이하

97 환경기준인 수질 및 수생태계 상태별 생물학적 특성 이해표 내용 중 생물등급이 '좋음~보통'일 때의 생물지표종(어류)으로 틀린 것은?

① 버들치 ② 쉬 리
③ 갈겨니 ④ 은 어

해설

환경정책기본법 시행령 [별표 1] 환경기준
수질 및 수생태계 상태별 생물학적 특성 이해표

생물등급	생물 지표종
	어 류
좋음~보통	쉬리, 갈겨니, 은어, 쏘가리 등 서식

정답 94 ① 95 ④ 96 ③ 97 ①

98 배출시설에서 배출되는 수질오염물질을 방지시설에 유입하지 아니하고 배출한 경우(폐수무방류 배출시설의 설치허가 또는 변경허가를 받은 사업자는 제외)에 대한 벌칙 기준은?

① 2년 이하의 징역 또는 2천만원 이하의 벌금
② 3년 이하의 징역 또는 3천만원 이하의 벌금
③ 5년 이하의 징역 또는 5천만원 이하의 벌금
④ 7년 이하의 징역 또는 7천만원 이하의 벌금

해설

물환경보전법 제76조(벌칙)
배출시설에서 배출되는 수질오염물질을 방지시설에 유입하지 아니하고 배출한 경우에 해당하는 자는 5년 이하의 징역 또는 5천만원 이하의 벌금에 처한다.

99 오염총량관리기본방침에 포함되어야 하는 사항으로 거리가 먼 것은?

① 오염총량관리 대상지역의 수생태계 현황 조사 및 수생태계 건강성 평가 계획
② 오염원의 조사 및 오염부하량 산정방법
③ 오염총량관리의 대상 수질오염물질 종류
④ 오염총량관리의 목표

해설

물환경보전법 시행령 제4조(오염총량관리기본방침)
오염총량관리기본방침에는 다음의 사항이 포함되어야 한다.
- 오염총량관리의 목표
- 오염총량관리의 대상 수질오염물질 종류
- 오염원의 조사 및 오염부하량 산정방법
- 오염총량관리기본계획의 주체, 내용, 방법 및 시한
- 오염총량관리시행계획의 내용 및 방법

100 오염총량관리 조사·연구반에 관한 내용으로 (   )에 옳은 내용은?

법에 따른 오염총량관리 조사·연구반은 (   )에 둔다.

① 유역환경청
② 한국환경공단
③ 국립환경과학원
④ 수질환경 원격조사센터

해설

물환경보전법 시행규칙 제20조(오염총량관리 조사·연구반)
오염총량관리 조사·연구반은 국립환경과학원에 둔다.

98 ③ 99 ① 100 ③ 정답

2022년 제1회 과년도 기출문제

제1과목 | 수질오염개론

01 **미생물에 의한 영양대사과정 중 에너지 생성반응으로서 기질이 세포에 의해 이용되고, 복잡한 물질에서 간단한 물질로 분해되는 과정(작용)은?**

① 이 화　　② 동 화
③ 환 원　　④ 동기화

해설
이화작용
- 에너지를 생산하는 작용이다.
- 생물체가 화학적으로 복잡한 물질을 간단한 물질로 분해하는 과정이다.

02 **다음 산화제(또는 환원제) 중 g당량이 가장 큰 화합물은?(단, Na, K, Cr, Mn, I, S의 원자량은 각각 23, 39, 52, 55, 127, 32이다)**

① $Na_2S_2O_3$
② $K_2Cr_2O_7$
③ $KMnO_4$
④ KIO_3

해설
g당량 = 분자량/산화수(가수)
① $Na_2S_2O_3$ = 158/1 = 158
② $K_2Cr_2O_7$ = 294/6 = 49
③ $KMnO_4$ = 158/5 = 31.6
④ KIO_3 = 214/5 = 42.8

03 **하천모델 중 다음의 특징을 가지는 것은?**

> • 유속, 수심, 조도계수에 의한 확산계수 결정
> • 하천과 대기 사이의 열복사, 열교환 고려
> • 음해법으로 미분방정식의 해를 구함

① QUAL-Ⅰ
② WQRRS
③ DO SAG-Ⅰ
④ HSPE

해설
QUAL-Ⅰ, Ⅱ
- 하천과 대기 사이의 열복사 및 열교환을 고려한다.
- 수심, 유속, 조도계수에 의해 확산계수가 결정된다.
- 음해법으로 미분방정식의 해를 구한다.
- QUAL-Ⅱ는 질소, 인, 클로로필-a 등을 고려한다.

04 **다음 중 수자원에 대한 특성으로 옳은 것은?**

① 지하수는 지표수에 비하여 자연, 인위적인 국지조건에 따른 영향이 크다.
② 해수는 염분, 온도, pH 등 물리화학적 성상이 불안정하다.
③ 하천수는 주변 지질의 영향이 적고 유기물을 많이 함유하는 경우가 거의 없다.
④ 우수의 주성분은 해수의 주성분과 거의 동일하다.

해설
② 해수는 염분, 온도, pH 등 물리화학적 성상이 안정하다.
③ 하천수는 주변 지질의 영향을 많이 받는다.
※ 저자의견 : 확정답안은 ④번으로 발표되었으나 ①번도 옳은 내용으로 보임

정답 1 ① 2 ① 3 ① 4 ④

05 수온이 20℃인 하천은 대기로부터의 용존산소 공급량이 $0.06mgO_2/L \cdot h$라고 한다. 이 하천의 평상시 용존산소농도가 4.8mg/L로 유지되고 있다면 이 하천의 산소전달계수(/h)는?(단, α, β값은 각각 0.75이며, 포화용존산소농도는 9.2mg/L이다)

① 3.8×10^{-1}
② 3.8×10^{-2}
③ 3.8×10^{-3}
④ 3.8×10^{-4}

해설

$$\frac{dO}{dt} = \alpha K_{La}(\beta C_s - C_t) \times 1.024^{T-20}$$

$$\therefore K_{La} = \frac{\frac{dO}{dt}}{\alpha(\beta C_s - C_t) \times 1.024^{T-20}}$$

$$= \frac{0.06}{0.75(0.75 \times 9.2 - 4.8) \times 1.024^{20-20}}$$

$$≒ 3.81 \times 10^{-2}/h$$

06 BOD곡선에서 탈산소계수를 구하는데 적용되는 방법으로 가장 알맞은 것은?

① O Connor-Dobbins식
② Thomas 도해법
③ Rippl법
④ Tracer법

해설

탈산소계수 결정방법 : Thomas법, Moment법, 최소자승법

07 수질오염물질별 인체 영향(질환)이 틀리게 짝지어진 것은?

① 비소 : 반상치(법랑반점)
② 크롬 : 비중격 연골 천공
③ 아연 : 기관지 자극 및 폐렴
④ 납 : 근육과 관절의 장애

해설

반상치는 플루오린(F)의 영향에 의해 발생하며, 비소에 중독되면 흑피증, 순환기 장애 등이 발생한다.

08 알칼리도에 관한 반응 중 가장 부적절한 것은?

① $CO_2 + H_2O \rightarrow H_2CO_3 \rightarrow HCO_3^- + H^+$
② $HCO_3^- \rightarrow CO_3^{2-} + H^+$
③ $CO_3^{2-} + H_2O \rightarrow HCO_3^- + OH^-$
④ $HCO_3^- + H_2O \rightarrow H_2CO_3 + OH^-$

해설

중탄산염(HCO_3^-)는 수중에서 수산기(OH^-)를 발생시키지 않는다.

09 하천모델의 종류 중 DO SAG-Ⅰ, Ⅱ, Ⅲ에 관한 설명으로 틀린 것은?

① 2차원 정상상태 모델이다.
② 점오염원 및 비점오염원이 하천의 용존산소에 미치는 영향을 나타낼 수 있다.
③ Streeter-Phelps식을 기본으로 한다.
④ 저질의 영향이나 광합성 작용에 의한 용존산소반응을 무시한다.

해설

DO SAG-Ⅰ, Ⅱ, Ⅲ

- Streeter-Phelps Model을 기본으로 하며, 1차원 정상상태 모델이다.
- 저질의 영향이나 광합성 작용에 의한 DO 반응을 무시한다.
- 점오염원 및 비점오염원이 하천의 DO에 미치는 영향을 나타낼 수 있다.

5 ② 6 ② 7 ① 8 ④ 9 ① 정답

10 혐기성 미생물의 성장을 알아보기 위해 혐기성 배양을 하는 방법으로 분석하고자 할 때 가장 적합한 기술은?

① 평판계수법

② 단백질 농도 측정법

③ 광학밀도 측정법

④ 용존산소 소모율 측정법

해설

혐기성 배양법에는 공기차단법, 감압배양법, 환원물질첨가법, 촉매법 등이 있으며, 단백질을 배지에 첨가하여 혐기성 미생물을 배양하는 방법이 있다. 평판계수법과 광학밀도 측정법은 균수를 측정하는 방법이며, 용존산소 소모율 측정법은 산소를 이용하지 않는 혐기성 미생물의 배양에는 적합하지 않은 방법이다.

11 녹조류(Green Algae)에 관한 설명으로 틀린 것은?

① 조류 중 가장 큰 문(Division)이다.

② 저장물질은 라미나린(다당류)이다.

③ 세포벽은 섬유소이다.

④ 클로로필-a, b를 가지고 있다.

해설

녹조류의 저장물질은 아밀로스(다당류)이다.

12 응집제 투여량이 많으면 많을수록 응집효과가 커지게 되는 Schulze–Hardy Rule의 크기를 옳게 나타낸 것은?

① $Al^{3+} > Ca^{2+} > K^{+}$

② $K^{+} > Ca^{2+} > Al^{3+}$

③ $K^{+} > Al^{3+} > Ca^{2+}$

④ $Ca^{2+} > K^{+} > Al^{3+}$

해설

전해질 이온의 응결력은 이온의 원자가가 클수록 기하급수적으로 커지게 되며, 이러한 현상은 Schulze–Hardy의 법칙에 따른다. 따라서 원자가 크기 순서대로 $Al^{3+} > Ca^{2+} > K^{+}$이다.

13 길이가 500km이고 유속이 1m/s인 하천에서 상류지점의 BOD_u 농도가 250mg/L이면 이 지점부터 300km 하류지점의 잔존 BOD 농도(mg/L)는? (단, 탈산소계수는 0.1/day, 수온 20℃, 상용대수 기준, 기타 조건은 고려하지 않는다)

① 약 51

② 약 82

③ 약 113

④ 약 138

해설

$BOD_t = BOD_u \times 10^{-k_1 t}$

• $BOD_u = 250\text{mg/L}$

• $t = \frac{L}{V} = 300\text{km} \times \frac{10^3\text{m}}{\text{km}} \times \frac{\text{s}}{1\text{m}} \times \frac{\text{day}}{86,400\text{s}} \fallingdotseq 3.47\text{day}$

$\therefore\ BOD_t = 250 \times 10^{-0.1 \times 3.47} \fallingdotseq 112.44\text{mg/L}$

14 카드뮴이 인체에 미치는 영향으로 가장 거리가 먼 것은?

① 칼슘 대사기능 장해

② Hunter–Russel 장해

③ 골연화증

④ Fanconi씨 증후군

해설

Hunter–Russel 장해는 수은이 인체에 미치는 영향이다.

정답 10 ② 11 ② 12 ① 13 ③ 14 ②

15 **우리나라의 수자원 특성에 대한 설명으로 잘못된 것은?**

① 우리나라의 연간 강수량은 약 1,274mm로서 이는 세계평균 강수량의 1.2배에 이른다.

② 우리나라의 1인당 강수량은 세계평균량의 1/11 정도이다.

③ 우리나라 수자원의 총 이용률은 9% 이내로 OECD 국가에 비해 적은 편이다.

④ 수자원 이용현황은 농업용수가 가장 많은 비율을 차지하고 있고 하천유지용수, 생활용수, 공업용수의 순이다.

해설

우리나라 수자원의 총 이용률은 36% 이내로 OECD 국가에 비해 많은 편이다.

16 **완충용액에 대한 설명으로 틀린 것은?**

① 완충용액의 작용은 화학평형원리로 쉽게 설명된다.

② 완충용액은 한도 내에서 산을 가했을 때 pH에 약간의 변화만 준다.

③ 완충용액은 보통 약산과 그 약산의 짝염기의 염을 함유한 용액이다.

④ 완충용액은 보통 강염기와 그 염기의 강산의 염이 함유된 용액이다.

해설

완충용액은 보통 약산과 그 약산의 강염기의 염을 함유한 용액 또는 약염기와 그 약염기의 강산의 염이 함유된 용액이다.

17 **간격 0.5cm의 평행평판 사이에 점성계수가 0.04 poise인 액체가 가득 차 있다. 한쪽평판을 고정하고 다른 쪽의 평판을 2m/s의 속도로 움직이고 있을 때 고정판에 작용하는 전단응력(g/cm^2)은?**

① 1.61×10^{-2}

② 4.08×10^{-2}

③ 1.61×10^{-5}

④ 4.08×10^{-5}

해설

$$\text{전단응력} = \text{점성계수} \times \frac{du}{dy}$$

$$= \frac{0.04g}{cm \cdot s} \times \frac{200cm}{s} \times \frac{1}{0.5cm} \times \frac{1g_f \cdot s^2}{980g \cdot cm}$$

$$\fallingdotseq 1.63 \times 10^{-2} g_f/cm^2$$

18 **수은(Hg) 중독과 관련이 없는 것은?**

① 난청, 언어장애, 구심성 시야협착, 정신장애를 일으킨다.

② 이타이이타이병을 유발한다.

③ 유기수은은 무기수은보다 독성이 강하며 신경계통에 장해를 준다.

④ 무기수은은 황화물 침전법, 활성탄 흡착법, 이온교환법 등으로 처리할 수 있다.

해설

수은은 미나마타병을 유발하며, 이타이이타이병은 카드뮴 중독에 의해 발생한다.

15 ③ 16 ④ 17 ① 18 ② 정답

19 완전혼합 흐름 상태에 관한 설명 중 옳은 것은?

① 분산이 1일 때 이상적 완전혼합 상태이다.
② 분산수가 0일 때 이상적 완전혼합 상태이다.
③ Morrill 지수의 값이 1에 가까울수록 이상적 완전혼합 상태이다.
④ 지체시간이 이론적 체류시간과 동일할 때 이상적 완전혼합 상태이다.

해설

② 분산수가 무한대일 때 이상적 완전혼합 상태이다.
③ Morrill 지수의 값이 클수록 이상적 완전혼합 상태이다.
④ 지체시간이 0일 때 이상적 완전혼합 상태이다.

20 하천수의 분석결과가 다음과 같을 때 총경도(mg/L as $CaCO_3$)는?(단, 원자량 : Ca 40, Mg 24, Na 23, Sr 88)

분석결과 : Na^+(25mg/L), Mg^{2+}(11mg/L), Ca^{2+}(8mg/L), Sr^{2+}(2mg/L)

① 약 68
② 약 78
③ 약 88
④ 약 98

해설

$$경도(HD) = \sum M^{2+}(mg/L) \times \frac{50}{M^{2+}당량}$$

여기서, M^{2+} : 2가 양이온 금속물질의 각 농도
M^{2+}당량 : 경도 유발물질의 각 당량수(eq)

$$\therefore 경도(HD) = \left(8 \times \frac{50}{20}\right) + \left(11 \times \frac{50}{12}\right) + \left(2 \times \frac{50}{44}\right) \fallingdotseq 68.1mg/L \text{ as } CaCO_3$$

제2과목 | 상하수도계획

21 하천표류수를 수원으로 할 때 하천기준수량은?

① 평수량 ② 갈수량
③ 홍수량 ④ 최대홍수량

해설

하천표류수를 수원으로 할 경우 하천기준수량은 갈수량을 기준으로 한다.

22 펌프의 크기를 나타내는 구경을 산정하는 식은?(단, D = 펌프의 구경(mm), Q = 펌프의 토출량(m^3/min), v = 흡입구 또는 토출구의 유속(m/s))

① $D = 146\sqrt{\frac{Q}{v}}$ ② $D = 146\sqrt{\frac{Q}{2v}}$
③ $D = 148\sqrt{\frac{Q}{v}}$ ④ $D = 148\sqrt{\frac{Q}{2v}}$

23 정수처리시설 중에서 이상적인 침전지에서의 효율을 검증하고자 한다. 실험결과, 입자의 침전속도가 0.15cm/s이고 유량이 30,000m^3/day로 나타났을 때 침전효율(제거율, %)은?(단, 침전지의 유효표면적 = 100m^2, 수심 = 4m, 이상적 흐름상태로 가정)

① 73.2 ② 63.2
③ 53.2 ④ 43.2

해설

$$침전효율(제거율, \%) = \frac{침전속도}{수면적\ 부하} \times 100$$

• $침전속도 = \frac{0.15cm}{s} \times \frac{24 \times 3,600s}{day} \times \frac{m}{10^2cm} = 129.6m/day$

• $수면적\ 부하 = \frac{유입유량(m^3/day)}{수면적(m^2)} = \frac{30,000m^3/day}{100m^2} = 300m^3/m^2 \cdot day$

$$\therefore 침전효율 = \frac{129.6}{300} \times 100 = 43.2\%$$

정답 19 ① 20 ① 21 ② 22 ① 23 ④

24 상수처리를 위한 정수시설 중 착수정에 관한 내용으로 틀린 것은?

① 수위가 고수위 이상으로 올라가지 않도록 월류관이나 월류위어를 설치한다.

② 착수정의 고수위와 주변벽체의 상단 간에는 60cm 이상의 여유를 두어야 한다.

③ 착수정의 용량은 체류시간을 30분 이상으로 한다.

④ 필요에 따라 분말활성탄을 주입할 수 있는 장치를 설치하는 것이 바람직하다.

해설

착수정

- 착수정은 2지 이상으로 분할하는 것이 원칙이나 분할하지 않는 경우에는 반드시 우회관을 설치하며 배수(排水, Drain)설비를 설치한다.
- 형상은 일반적으로 직사각형 또는 원형으로 하고 유입구에는 제수밸브 등을 설치하며, 월류 및 정류, 유량측정, 유출의 순서로 2~3실로 구분하는 것이 바람직하다.
- 수위가 고수위 이상으로 올라가지 않도록 월류관이나 월류위어를 설치한다.
- 착수정의 고수위와 주변벽체의 상단 간에는 60cm 이상의 여유를 두어야 한다.
- 착수정의 용량은 체류시간을 1.5분 이상으로 하고 수심은 3~5m 정도로 한다.
- 필요에 따라 분말활성탄을 주입할 수 있는 장치를 설치하는 것이 바람직하다.

25 하수처리수 재이용 처리시설에 대한 계획으로 적합하지 않은 것은?

① 처리시설의 위치는 공공하수처리시설 부지 내에 설치하는 것을 원칙으로 한다.

② 재이용수 공급관로는 계획시간 최대유량을 기준으로 계획한다.

③ 처리시설에서 발생되는 농축수는 공공하수처리시설로 반류하지 않도록 한다.

④ 재이용수 저장시설 및 펌프장은 일최대 공급유량을 기준으로 한다.

해설

하수처리수의 재이용 처리시설은 다음 사항을 고려하여 계획한다.

- 처리시설의 위치는 공공하수처리시설 부지 내에 설치하는 것을 원칙으로 한다.
- 처리시설의 규모는 시설설치비, 운영관리비 등의 경제성과 수처리의 효율성, 공급수의 수질 변동성 등을 종합적으로 고려하여 합리적으로 정한다.
- 처리시설의 부지면적은 장래요구량이 있을 경우 확장을 고려하여 계획한다.
- 처리시설은 이상 수위에서도 침수되지 않는 지반고에 설치하거나 또는 방호시설을 설치한다.
- 처리시설에서 발생되는 농축수(역세척수, R/O농축수 등)는 해당 처리장의 영향을 고려하여 반류하도록 한다.
- 처리시설은 유지관리가 쉽고 확실하도록 계획하며, 주변의 환경조건에 대하여 충분히 고려한다.
- 재이용수 저장시설 및 펌프장은 일최대 공급유량을 기준으로 공급에 차질이 없도록 계획한다.
- 재이용수 공급관로는 계획시간 최대유량을 기준으로 계획한다.
- 재이용시설 유입 및 공급유량계를 설치하여 배수설비 등에 설치한 수위계 또는 펌프장과 연동하여 운전할 수 있는 시스템 구성을 검토한다.

26 계획오수량에 관한 설명으로 틀린 것은?

① 계획시간 최대오수량은 계획1일 최대오수량의 1시간당 수량의 1.3~1.8배를 표준으로 한다.

② 지하수량은 1인1일 최대오수량의 20% 이하로 한다.

③ 합류식에서 우천 시 계획오수량은 원칙적으로 계획1일 최대오수량의 1.5배 이상으로 한다.

④ 계획1일 평균오수량은 계획1일 최대오수량의 70~80%를 표준으로 한다.

해설

합류식에서 우천 시 계획 오수량은 원칙적으로 계획시간 최대오수량의 3배 이상으로 한다.

24 ③ 25 ③ 26 ③ 정답

27 펌프의 수격작용을 방지하기 위한 방법으로 틀린 것은?

① 펌프의 플라이휠을 제거하는 방법
② 토출관 쪽에 조압수조를 설치하는 방법
③ 펌프 토출측에 완폐체크밸브를 설치하는 방법
④ 관 내 유속을 낮추거나 관로상황을 변경하는 방법

해설
펌프에 플라이휠을 붙여 펌프의 관성을 증가시킨다.

28 하수도시설인 우수조정지의 여수토구에 관한 설명으로 ( )에 옳은 것은?

> 여수토구는 확률년수 (㉠)년 강우의 최대 우수유출량의 (㉡)배 이상의 유량을 방류시킬 수 있는 것으로 한다.

① ㉠ 10, ㉡ 1.2
② ㉠ 10, ㉡ 1.44
③ ㉠ 100, ㉡ 1.2
④ ㉠ 100, ㉡ 1.44

해설
여수토구
- 확률년수 100년 강우의 최대 우수유출량의 1.44배 이상의 유량을 방류시킬 수 있는 것으로 한다.
- 계획홍수위는 댐의 천단고 미만으로 한다.
- 하류수로는 개수로로 한다.

29 하수도시설의 목적과 가장 거리가 먼 것은?

① 침수 방지
② 하수의 배제와 이에 따른 생활환경의 개선
③ 공공수역의 수질보전과 건전한 물순환의 회복
④ 폐수의 적정처리와 이에 따른 산업단지 환경 개선

해설
하수도시설의 목적
- 생활환경의 개선
- 기상이변의 국지성 호우 대응 침수피해 방지
- 공공수역의 수질환경기준 달성과 물환경 개선
- 자원절약, 순환형 사회 기여 및 하수도의 다목적 이용 등 지속발전 가능한 도시구축에 기여

30 하수처리에 사용되는 생물학적 처리공정 중 부유미생물을 이용한 공정이 아닌 것은?

① 산화구법
② 접촉산화법
③ 질산화내생탈질법
④ 막분리활성슬러지법

해설
접촉산화법은 부착미생물을 이용한 공정이다.
부착생물막법 : 접촉산화법, 살수여상법, 회전원판법, 호기성 여상법 등

정답 27 ① 28 ④ 29 ④ 30 ②

31 하천의 제내지나 제외지 혹은 호소 부근에 매설되어 복류수를 취수하기 위하여 사용하는 집수매거에 관한 설명으로 거리가 먼 것은?

① 집수매거의 방향은 통상 복류수의 흐름방향에 직각이 되도록 한다.
② 집수매거의 매설깊이는 5m를 표준으로 한다.
③ 집수매거의 유출단에서 매거 내의 평균유속은 1m/s 이하로 한다.
④ 집수구멍의 직경은 2~8mm로 하며 그 수는 관거 표면적 $1m^2$당 200~300개 정도로 한다.

해설
집수구멍의 직경은 10~20mm로 하며 그 수는 관거표면적 $1m^2$당 20~30개 정도가 되도록 한다.

32 정수방법인 완속여과방식에 관한 설명으로 틀린 것은?

① 약품처리가 필요 없다.
② 완속여과의 정화는 주로 생물작용에 의한 것이다.
③ 비교적 양호한 원수에 알맞은 방식이다.
④ 소요 부지면적이 작다.

해설
완속여과는 넓은 부지가 필요하다.
완속여과와 급속여과의 비교

구 분	완속여과	급속여과
여과속도	4~5m/day (한계 8m/day)	• 단층 : 120~150m/day • 다층 : 120~240m/day
전처리 공정	보통침전	약품침전(응집침전)
모래층의 두께	70~90cm	60~70cm
유효경	0.3~0.45mm	0.45~0.7mm
세균 제거	좋다.	나쁘다.
약품처리	불필요	필 수
손실수두	작다.	크다.
유지관리비	적다.	많다(약품 사용).
수질과의 관계	저탁도에 적합	고탁도, 고색도 및 동결에 문제가 있을 때 적합

33 펌프의 흡입관 설치 요령으로 틀린 것은?

① 흡입관은 펌프 1대당 하나로 한다.
② 흡입관이 길 때에는 중간에 진동방지대를 설치할 수도 있다.
③ 흡입관은 연결부나 기타 부분으로부터 절대로 공기가 흡입하지 않도록 한다.
④ 흡입관과 취수정 바닥까지의 깊이는 흡입관 직경의 1.5배 이상으로 유격을 둔다.

해설
흡입관과 취수정 바닥까지의 깊이는 흡입관 직경의 0.5배 이상으로 유격을 둔다.

34 막여과법을 정수처리에 적용하는 주된 선정 이유로 가장 거리가 먼 것은?

① 응집제를 사용하지 않거나 또는 적게 사용한다.
② 막의 특성에 따라 원수 중에 현탁물질, 콜로이드, 세균류, 크립토스포리디움 등 일정한 크기 이상의 불순물을 제거할 수 있다.
③ 부지면적이 종래보다 작을 뿐 아니라 시설의 건설공사기간도 짧다.
④ 막의 교환이나 세척 없이 반영구적으로 자동운전이 가능하여 유지관리 측면에서 에너지를 절약할 수 있다.

해설
막여과
• 막여과의 장점
- 일정 크기 이상의 현탁물질을 확실하게 제거할 수 있다.
- 기계적으로 움직이는 부분이 적어 무인자동화가 간단하다.
- 시설이 콤팩트(Compact)하여 넓은 부지면적이 필요하지 않다.
- 응집제 없이도 운전이 가능하거나, 필요시에도 소량만 필요하여 운전관리가 간단하다.
- 공사기간이 짧다.
• 막여과의 단점
- 막오염을 방지하기 위해 약품세정이 필요하다.
- 막의 수명이 짧아 교환비용이 많이 소요된다.
- 건설 및 유지 관리비용이 많이 소요된다.
- 고농도의 농축수가 발생하고 이의 처리시설이 필요하다.

31 ④ 32 ④ 33 ④ 34 ④ 정답

35 계획우수량의 설계강우 산정 시 측정된 강우자료 분석을 통해 고려해야 하는 지선관로의 최소 설계빈도는?

① 50년

② 30년

③ 10년

④ 5년

해설

측정된 강우자료 분석을 통해 하수도 시설물별 최소 설계빈도는 지선관로 10년, 간선관로 30년, 빗물펌프장 30년으로 한다.

36 상수처리를 위한 정수시설인 급속여과지에 관한 설명으로 틀린 것은?

① 여과속도는 120~150m/day를 표준으로 한다.

② 플록의 질이 일정한 것으로 가정하였을 때 여과층의 필요두께는 여재입경에 반비례한다.

③ 여과면적은 계획정수량을 여과속도로 나누어 계산한다.

④ 여과지 1지의 여과면적은 150m^2 이하로 한다.

해설

여재입경이 커질수록 여과층의 두께도 커진다.

급속여과지

- 여과지 1지의 여과면적은 150m^2으로 한다.
- 형상은 직사각형을 표준으로 한다.
- 여과속도는 120~150m/day를 표준으로 한다.
- 모래층의 두께는 여과모래의 유효경이 0.45~0.7mm의 범위인 경우에는 60~70cm를 표준으로 한다.
- 고수위로부터 여과지 상단까지의 여유고는 30cm 정도로 한다.
- 여과면적은 계획정수량을 여과속도로 나누어 계산한다.

37 정수시설의 시설능력에 관한 설명으로 ( )에 옳은 것은?

> 소비자에게 고품질의 수도 서비스를 중단 없이 제공하기 위하여 정수시설은 유지보수, 사고대비, 시설 개량 및 확장 등에 대비하여 적절한 예비용량을 갖춤으로서 수도시스템으로의 안정성을 높여야 한다. 이를 위하여 예비용량을 감안한 정수시설의 가동률은 ( ) 내외가 적정하다.

① 70%

② 75%

③ 80%

④ 85%

해설

정수시설의 계획정수량과 시설능력은 다음을 따른다.

- 계획정수량은 계획1일 최대급수량을 기준으로 하고, 여기에 작업용수와 기타용수를 고려하여 결정한다.
- 소비자에게 고품질의 수도 서비스를 중단 없이 제공하기 위하여 정수시설은 유지보수, 사고대비, 시설 개량 및 확장 등에 대비하여 적절한 예비용량을 갖춤으로서 수도시스템으로서의 안정성을 높여야 한다. 이를 위하여 예비용량을 감안한 정수시설의 가동률은 75% 내외가 적정하다.

38 상수도 취수시설 중 취수틀에 관한 설명으로 옳지 않은 것은?

① 구조가 간단하고 시공도 비교적 용이하다.

② 수중에 설치되므로 호소 표면수는 취수할 수 없다.

③ 단기간에 완성하고 안정된 취수가 가능하다.

④ 보통 대형 취수에 사용되며 수위변화에 영향이 작다.

해설

취수틀

- 호소·하천 등의 수중에 설치되는 취수설비로서 하상 또는 호상의 변화가 심한 곳은 부적당하다.
- 가장 간단한 취수시설로서 소량 취수에 사용한다.

정답 35 ③ 36 ② 37 ② 38 ④

39 하수관로에서 조도계수 0.014, 동수경사 1/100이고 관경이 400mm일 때 이 관로의 유량(m^3/s)은? (단, 만관 기준, Manning 공식에 의함)

① 약 0.08
② 약 0.12
③ 약 0.15
④ 약 0.19

해설

Manning 공식

$V=\frac{1}{n}\cdot R^{\frac{2}{3}}\cdot I^{\frac{1}{2}}$

여기서, n : 조도계수
I : 동수경사
R : 경심(유수단면적을 윤변으로 나눈 것 $=\frac{A}{S}$, 원 또는 반원인 경우 $=\frac{D}{4}$)

$R=\frac{D}{4}$ 이므로 $R=\frac{0.4}{4}=0.1\text{m}$

$V=\frac{1}{n}\cdot R^{\frac{2}{3}}\cdot I^{\frac{1}{2}}=\frac{1}{0.014}\times 0.1^{\frac{2}{3}}\times 0.01^{\frac{1}{2}}\fallingdotseq 1.539\text{m/s}$

$\therefore\ Q(\text{m}^3/\text{min})=\frac{\pi\times(0.4\text{m})^2}{4}\times\frac{1.539\text{m}}{\text{s}}\fallingdotseq 0.193\text{m}^3/\text{s}$

40 하수도 관로의 접합방법 중 다음 설명에 해당되는 것은?

> 굴착 깊이를 얕게 하므로 공사비용을 줄일 수 있으며, 수위상승을 방지하고 양정고를 줄일 수 있어 펌프로 배수하는 지역에 적합하나 상류부에서는 동수경사선이 관정보다 높이 올라갈 우려가 있음

① 수면접합　　② 관저접합
③ 동수접합　　④ 관정접합

해설

관저접합

- 관로의 내면 바닥이 일치되도록 접합하는 방법이다.
- 굴착 깊이가 얕고, 공사비를 절감할 수 있다.
- 수위상승을 방지하고 양정고를 줄일 수 있다.
- 펌프로 배수하는 지역에 유리하다.
- 상류부에서는 동수경사선보다 관거가 높이 올라갈 우려가 있다.

제3과목 | 수질오염방지기술

41 분뇨 소화슬러지 발생량은 1일 분뇨투입량의 10%이다. 발생된 소화슬러지의 탈수 전 함수율이 96%라고 하면 탈수된 소화슬러지의 1일 발생량(m^3)은?(단, 분뇨투입량 = 360kL/day, 탈수된 소화슬러지의 함수율 = 72%, 분뇨 비중 = 1.0)

① 2.47　　② 3.78
③ 4.21　　④ 5.14

해설

1일 분뇨 소화슬러지 발생량 $=\frac{360\text{kL}}{\text{day}}\times 0.1=36\text{kL/day}$

탈수 전후 수분을 제외한 성분의 양은 같으므로

$36\text{kL/day}\times 0.04=x\times 0.28$

$\therefore\ x\fallingdotseq 5.1429\text{kL/day}\fallingdotseq 5.14\text{m}^3/\text{day}$

42 표준활성슬러지법에서 포기조의 MLSS 농도를 3,000mg/L로 유지하기 위해서 슬러지 반송률(%)은?(단, 반송슬러지의 SS 농도 = 8,000mg/L)

① 40
② 50
③ 60
④ 70

해설

슬러지 반송비 $R=\frac{X-SS}{X_r-X}$

유입수 내 SS를 무시하면 $SS=0$

$R=\frac{3,000}{8,000-3,000}=0.60$

∴ 슬러지 반송률 = 0.60 × 100 = 60%

39 ④　40 ②　41 ④　42 ③　정답

43 폐수량 1,000m^3/day, BOD 300mg/L인 폐수를 완전혼합 활성슬러지공법으로 처리하는데 포기조 MLSS 농도 3,000mg/L, 반송슬러지 농도 8,000 mg/L로 유지하고자 한다. 이때 슬러지 반송률은?(단, 폐수 및 방류수 MLSS 농도는 0, 미생물 생장률과 사멸률은 같다)

① 0.6
② 0.7
③ 0.8
④ 0.9

해설

슬러지 반송비 $R = \frac{X - SS}{X_r - X}$

유입수 내 SS를 무시하면 $SS = 0$

$\therefore \ R = \frac{3,000}{8,000 - 3,000} = 0.60$

44 수은계 폐수처리방법으로 틀린 것은?

① 수산화물침전법
② 흡착법
③ 이온교환법
④ 황화물침전법

해설

- 무기수은계 폐수처리법 : 황화물응집침전법, 활성탄흡착법, 이온교환법
- 유기수은계 폐수처리법 : 흡착법, 산화분해법

45 생물학적 질소, 인 처리공정인 5단계 Bardenpho 공법에 관한 설명으로 틀린 것은?

① 폐슬러지 내의 인의 농도가 높다.
② 1차 무산소조에서는 탈질화 현상으로 질소 제거가 이루어진다.
③ 호기성조에서는 질산화와 인의 방출이 이루어진다.
④ 2차 무산소조에서는 잔류 질산성 질소가 제거된다.

해설

호기성조에서는 질산화와 인의 과잉 흡수가 이루어진다.

46 활성슬러지를 탈수하기 위하여 98%(중량비)의 수분을 함유하는 슬러지에 응집제를 가했더니 [상등액 : 침전슬러지]의 용적비가 2 : 1이 되었다. 이때 침전슬러지의 함수율(%)은?(단, 응집제의 양은 매우 적고, 비중 = 1.0)

① 92
② 93
③ 94
④ 95

해설

슬러지의 양을 100이라 하고, 응집제를 가한 후 침전슬러지의 수분량을 x라 하면

$100(1 - 0.98) = 33.3(1 - x)$

$x \fallingdotseq 0.94$

$\therefore$ 함수율 $= 0.94 \times 100 \fallingdotseq 94\%$

정답 43 ① 44 ① 45 ③ 46 ③

47 **활성슬러지공법으로 폐수를 처리할 경우 산소요구량 결정에 중요한 인자가 아닌 것은?**

① 유입수의 BOD와 처리수의 BOD
② 포기시간과 고형물 체류시간
③ 포기조 내의 MLSS 중 미생물 농도
④ 유입수의 SS와 DO

해설
유입수의 SS와 DO는 산소요구량 결정에 중요한 인자라 볼 수 없다.

48 **질소 제거를 위한 파과점 염소 주입법에 관한 설명과 가장 거리가 먼 것은?**

① 적절한 운전으로 모든 암모니아성 질소의 산화가 가능하다.
② 시설비가 낮고 기존 시설에 적용이 용이하다.
③ 수생생물에 독성을 끼치는 잔류염소농도가 높아진다.
④ 독성물질과 온도에 민감하다.

해설
파과점 염소 주입법은 독성물질과 온도와는 무관한 반응공정이다.

49 **정수장에 적용되는 완속여과의 장점이라 볼 수 없는 것은?**

① 여과시스템의 신뢰성이 높고 양질의 음용수를 얻을 수 있다.
② 수량과 탁질의 급격한 부하변동에 대응할 수 있다.
③ 고도의 지식이나 기술을 가진 운전자를 필요로 하지 않고 최소한의 전력만 필요로 한다.
④ 여과지를 간헐적으로 사용하여도 양질의 여과수를 얻을 수 있다.

해설
완속여과의 경우 여과지를 간헐적으로 사용하면 여층 중간이 혐기성 상태로 되고, 여과수 수질이 악화된다.

50 **생물학적 질소, 인 제거를 위한 A^2/O 공정 중 호기조의 역할로 옳게 짝지은 것은?**

① 질산화, 인 방출
② 질산화, 인 흡수
③ 탈질화, 인 방출
④ 탈질화, 인 흡수

해설
A^2/O 공정
• 혐기조 : 인 방출
• 무산소조 : 탈질
• 호기조 : 질산화, 인 흡수

51 **생물학적 처리 중 호기성 처리법이 아닌 것은?**

① 활성슬러지법
② 혐기성 소화법
③ 산화지법
④ 살수여상법

해설
혐기성 소화법은 호기성 처리법과 거리가 멀다.

47 ④ 48 ④ 49 ④ 50 ② 51 ② 정답

52 바 랙(Bar Rack)의 수두손실은 바 모양 및 바 사이 흐름의 속도수두의 함수이다. Kirschmer는 손실수두를 $h_L = \beta(w/b)^{4/3} h_v \sin\theta$로 나타내었다. 여기서, 바 형상인자($\beta$)에 의해 수두손실이 달라지는데 수두손실이 가장 큰 형상인자(β)는?

① 끝이 예리한 장방형
② 상류면이 반원형인 장방형
③ 원 형
④ 상류 및 하류면이 반원형인 장방형

해설
바의 형상인자는 1.67~2.42의 값을 갖고 있으며, 직사각형인 경우 그 계수가 크고, 원형일수록 그 계수가 작아진다.

53 초심층포기법(Deep Shaft Aeration System)에 대한 설명 중 틀린 것은?

① 기포와 미생물이 접촉하는 시간이 표준활성슬러지법보다 길어서 산소전달 효율이 높다.
② 순환류의 유속이 매우 빠르기 때문에 난류상태가 되어 산소전달률을 증가시킨다.
③ F/M비는 표준활성슬러지공법에 비하여 낮게 운전한다.
④ 표준활성슬러지공법에 비하여 MLSS 농도를 높게 운전한다.

해설
초심층포기법의 F/M비는 표준활성슬러지공법에 비하여 높게 운전한다.

54 자외선 살균효과가 가장 높은 파장의 범위(nm)는?

① 680~710
② 510~530
③ 250~270
④ 180~200

해설
자외선 살균효과가 가장 높은 파장범위는 250~270nm이다.

55 질산염(NO_3^-) 40mg/L가 탈질되어 질소로 환원될 때 필요한 이론적인 메탄올(CH_3OH)의 양(mg/L)은?

① 17.2
② 36.6
③ 58.4
④ 76.2

해설
반응식은 다음과 같다.
$6NO_3^- + 5CH_3OH \rightarrow 5CO_2 + 3N_2 + 7H_2O + 6OH^-$
$6 \times 62 : 5 \times 32$
$40\text{mg/L} : x$
$\therefore x \fallingdotseq 17.2\text{mg/L}$

56 활성슬러지 변형법 중 폐수를 여러 곳으로 유입시켜 Plug-Flow System이지만 F/M비를 포기조 내에서 유지하는 것은?

① 계단식 포기법(Step Aeration)
② 점감포기법(Tapered Aeration)
③ 접촉안정법(Contact Stablization)
④ 단기(개량)포기법(Short or Modified Aeration)

해설
계단식 포기법
- 유입수를 여러 곳으로 분할하여 유입시킨다.
- MLSS 농도를 높일 수 있어 BOD 부하량이 높아져도 적정 F/M비를 유지하기 쉽다.

정답 52 ① 53 ③ 54 ③ 55 ① 56 ①

57 흡착장치 중 고정상 흡착장치의 역세척에 관한 설명으로 가장 알맞은 것은?

> (㉠) 동안 먼저 표면세척을 한 다음 (㉡)m^3/m^2 · h의 속도로 역세척수를 사용하여 층을 (㉢) 정도 부상시켜 실시한다.

① ㉠ 24시간, ㉡ 14~48, ㉢ 25~30%
② ㉠ 24시간, ㉡ 24~48, ㉢ 10~50%
③ ㉠ 10~15분, ㉡ 14~28, ㉢ 25~30%
④ ㉠ 10~15분, ㉡ 24~48, ㉢ 10~50%

해설

고정상 흡착장치의 역세척
10~15분간 표면세척 후 24~48m^3/m^2 · h의 속도로 역세척수를 사용하여 층을 10~50% 정도 부상시켜 실시한다.

58 침사지의 설치 목적으로 잘못된 것은?

① 펌프나 기계설비의 마모 및 파손 방지
② 관의 폐쇄 방지
③ 활성슬러지조의 Dead Space 등에 사석이 쌓이는 것을 방지
④ 침전지와 슬러지 소화조 내의 축적

해설

침전지와 슬러지 소화조 내의 축적은 침사지의 설치 목적이라 할 수 없다.

59 기계적으로 청소가 되는 바(Bar) 스크린의 바 두께는 5mm이고, 바 간의 거리는 20mm이다. 바를 통과하는 유속이 0.9m/s라고 한다면 스크린을 통과하는 수두손실(m)은?(단, $H=[(V_b{}^2-V_a{}^2)/2g][1/0.7]$)

① 0.0157
② 0.0212
③ 0.0317
④ 0.0438

해설

$V_aA_a = V_bA_b$

$V_a \times 25\text{mm} \times WD = 0.9\text{m/s} \times 20\text{mm} \times WD$

$V_a = \dfrac{0.9\text{m/s} \times 20\text{mm} \times WD}{25\text{mm} \times WD} = 0.72\text{m/s}$

$\therefore H = \dfrac{(0.9^2 - 0.72^2)}{2 \times 9.8} \times \dfrac{1}{0.7} \fallingdotseq 0.0213\text{m}$

60 바닥면적이 1km^2인 호수의 물 깊이는 5m로 측정되었다. 한 달(30일) 사이 호수물의 인 농도가 250 μg/L에서 40μg/L로 감소하고 감소한 인은 모두 침강된 것으로 추정될 때 인의 침전율(mg/m^2 · day)은?(단, 호수의 유입, 유출은 고려하지 않음)

① 26.6
② 35.0
③ 48.0
④ 52.3

해설

호수물의 인 농도 변화량 = 210μg/L

$= \dfrac{210\mu g}{L} \times \dfrac{10^3 L}{m^3} \times \dfrac{mg}{10^3 \mu g}$

$= 210\text{mg/m}^3$

$\therefore$ 인의 침전율 $= \dfrac{210\text{mg}}{m^3} \times \dfrac{5\text{m}}{30\text{day}} = 35\text{mg/m}^2 \cdot \text{day}$

57 ④ 58 ④ 59 ② 60 ② 정답

제4과목 | 수질오염공정시험기준

61 95.5% H_2SO_4(비중 1.83)을 사용하여 0.5N-H_2SO_4 250mL를 만들려면 95.5% H_2SO_4 몇 mL가 필요한가?

① 17
② 14
③ 8.5
④ 3.5

해설

H_2SO_4 1eq = 49g, $0.5N = \frac{0.5eq}{L}$ 이므로

$$\frac{0.5eq}{L} \times 0.25L \times \frac{49g}{1eq} = 6.125g$$

$$\frac{95.5mL}{100mL} \times \frac{1.83g}{mL} \times x = 6.125g$$

$\therefore x \fallingdotseq 3.5mL$

62 노말헥산 추출물질의 정도관리로 맞는 것은?

① 정량한계는 0.5mg/L로 설정하였다.
② 상대표준편차가 ±35% 이내이면 만족한다.
③ 정확도가 110%여서 재시험을 수행하였다.
④ 정밀도가 10%여서 재시험을 수행하였다.

해설

ES 04302.1b 노말헥산 추출물질

정도관리 목표값

정도관리 항목	정도관리 목표
정량한계	0.5mg/L
정밀도	상대표준편차가 ±25% 이내
정확도	75~125%

63 투명도 측정에 관한 내용으로 틀린 것은?

① 투명도판(백색원판)의 지름은 30cm이다.
② 투명도판에 뚫린 구멍의 지름은 5cm이다.
③ 투명도판에는 구멍이 8개 뚫려 있다.
④ 투명도판의 무게는 약 2kg이다.

해설

ES 04314.1a 투명도

투명도판(백색원판)은 지름이 30cm로 무게가 약 3kg이 되는 원판에 지름 5cm의 구멍 8개가 뚫려 있다.

64 노말헥산 추출물질을 측정할 때 시험과정 중 지시약으로 사용되는 것은?

① 메틸레드
② 메틸오렌지
③ 메틸렌블루
④ 페놀프탈레인

해설

ES 04302.1b 노말헥산 추출물질

시료 적당량(노말헥산 추출물질로서 5~200mg 해당량)을 분별깔때기에 넣고 메틸오렌지용액(0.1%) 2~3방울을 넣고 황색이 적색으로 변할 때까지 염산(1+1)을 넣어 시료의 pH를 4 이하로 조절한다.

65 배출허용기준 적합여부를 판정하기 위해 자동시료채취기로 시료를 채취하는 방법의 기준은?

① 6시간 이내에 30분 이상 간격으로 2회 이상 채취하여 일정량의 단일 시료로 한다.
② 6시간 이내에 1시간 이상 간격으로 2회 이상 채취하여 일정량의 단일 시료로 한다.
③ 8시간 이내에 1시간 이상 간격으로 2회 이상 채취하여 일정량의 단일 시료로 한다.
④ 8시간 이내에 2시간 이상 간격으로 2회 이상 채취하여 일정량의 단일 시료로 한다.

해설

ES 04130.1e 시료의 채취 및 보존 방법

자동시료채취기로 시료를 채취할 경우에는 6시간 이내에 30분 이상 간격으로 2회 이상 채취(Composite Sample)하여 일정량의 단일 시료로 한다.

정답 61 ④ 62 ① 63 ④ 64 ② 65 ①

66 수중 시안을 측정하는 방법으로 가장 거리가 먼 것은?

① 자외선/가시선 분광법
② 이온전극법
③ 이온크로마토그래피법
④ 연속흐름법

해설

수중 시안을 측정하는 방법
- 자외선/가시선 분광법(ES 04353.1e)
- 이온전극법(ES 04353.2b)
- 연속흐름법(ES 04353.3c)

67 시료의 전처리를 위한 산분해법 중 질산-과염소산법에 관한 설명으로 옳지 않은 것은?

① 과염소산을 넣을 경우 질산이 공존하지 않으면 폭발할 위험이 있으므로 반드시 질산을 먼저 넣어 주어야 한다.
② 납을 측정할 경우 과염소산에 따른 납 증기 발생으로 측정치에 손실을 가져온다.
③ 유기물을 다량 함유하고 있으면서 산분해가 어려운 시료들에 적용한다.
④ 유기물을 함유한 뜨거운 용액에 과염소산을 넣어서는 안 된다.

해설

ES 04150.1b 시료의 전처리 방법
질산-과염소산법
납을 측정할 경우, 시료 중에 황산이온(SO_4^{2-})이 다량 존재하면 불용성의 황산납이 생성되어 측정값에 손실을 가져온다. 이때는 분해가 끝난 액에 정제수 대신 아세트산암모늄(5 → 6) 50mL를 넣고 가열하여 액이 끓기 시작하면 비커 또는 킬달플라스크를 회전시켜 내벽을 액으로 충분히 씻어준 다음 약 5분 동안 가열을 계속하고 방치하여 냉각하여 거른다.

68 물 1L에 NaOH 0.8g이 용해되었을 때의 농도(몰)는?

① 0.1
② 0.2
③ 0.01
④ 0.02

해설

$$\frac{0.8\text{g}}{\text{L}} \times \frac{\text{mol}}{40\text{g}} = 0.02\text{M}$$

69 이온전극법에 대한 설명으로 틀린 것은?

① 시료용액의 교반은 이온전극의 응답속도 이외의 전극범위, 정량한계값에는 영향을 미치지 않는다.
② 전극과 비교전극을 사용하여 전위를 측정하고 그 전위차로부터 정량하는 방법이다.
③ 이온전극법에 사용하는 장치의 기본구성은 비교전극, 이온전극, 자석교반기, 저항 전위계, 이온측정기 등으로 되어 있다.
④ 이온전극의 종류에는 유리막 전극, 고체막 전극, 격막형 전극이 있다.

해설

시료용액의 교반은 이온전극의 전극범위, 응답속도, 정량한계값에 영향을 나타낸다. 그러므로 측정에 방해되지 않는 범위 내에서 세게 일정한 속도로 교반해야 한다.

66 ③ 67 ② 68 ④ 69 ① 정답

70 분원성 대장균군(시험관법) 측정에 관한 내용으로 틀린 것은?

① 분원성 대장균군 시험은 추정시험과 확정시험으로 한다.

② 최적확수시험 결과는 분원성 대장균군수/1,000 mL로 표시한다.

③ 확정시험에서 가스가 발생한 시료는 분원성 대장균군 양성으로 판정한다.

④ 분원성 대장균군은 온혈동물의 배설물에서 발견된 그람음성·무아포성의 간균으로서 44.5℃에서 락토스를 분해하여 가스 또는 산을 생성하는 모든 호기성 또는 통기성 혐기성균을 말한다.

해설

ES 04702.2f 분원성 대장균군-시험관법

분원성 대장균군 시험관법 시험결과는 확률적인 수치인 최적확수로 나타나지만, 결과는 '분원성 대장균군수/100mL'로 표기한다.

71 용존산소의 정량에 관한 설명으로 틀린 것은?

① 전극법은 산화성 물질이 함유된 시료나 착색된 시료에 적합하다.

② 일반적으로 온도가 일정할 때 용존산소 포화량은 수중의 염소이온량이 클수록 크다.

③ 시료가 착색, 현탁된 경우에는 시료에 칼륨명반용액과 암모니아수를 주입한다.

④ Fe(Ⅲ) 100~200mg/L가 함유되어 있는 시료의 경우 황산을 첨가하기 전에 플루오린화칼륨용액 1mL를 가한다.

해설

ES 04308.1e 용존산소-적정법

일반적으로 온도가 일정할 때 용존산소 포화량은 수중의 염소이온량이 클수록 작다.

※ 기준 내 '표 2. 수중의 용존산소 포화량' 참고

72 공장폐수 및 하수유량-관(Pipe) 내의 유량측정장치인 벤투리미터의 범위(최대유량 : 최소유량)로 옳은 것은?

① 2 : 1

② 3 : 1

③ 4 : 1

④ 5 : 1

해설

ES 04140.1c 공장폐수 및 하수유량-관(Pipe) 내의 유량측정방법

유량계에 따른 최대유속과 최소유속의 비율

유량계	범위(최대유량 : 최소유량)
벤투리미터	4 : 1

73 기체크로마토그래피를 적용한 알킬수은 정량에 관한 내용으로 틀린 것은?

① 검출기는 전자포획형 검출기를 사용하고 검출기의 온도는 140~200℃로 한다.

② 정량한계는 0.0005mg/L이다.

③ 알킬수은화합물을 사염화탄소로 추출한다.

④ 정밀도(%RSD)는 ±25%이다.

해설

ES 04416.1b 알킬수은-기체크로마토그래피

알킬수은화합물을 벤젠으로 추출하여 L-시스테인용액에 선택적으로 역추출하고 다시 벤젠으로 추출하여 기체크로마토그래프로 측정하는 방법이다.

정답 70 ② 71 ② 72 ③ 73 ③

74 자외선/가시선을 이용한 음이온 계면활성제 측정에 관한 내용으로 ( )에 옳은 내용은?

> 물속에 존재하는 음이온 계면활성제를 측정하기 위해 (㉠)와 반응시켜 생성된 (㉡)의 착화합물을 클로로폼으로 추출하여 흡광도를 측정하는 방법이다.

① ㉠ 메틸레드, ㉡ 적색
② ㉠ 메틸렌레드, ㉡ 적자색
③ ㉠ 메틸오렌지, ㉡ 황색
④ ㉠ 메틸렌블루, ㉡ 청색

해설
ES 04359.1d 음이온 계면활성제-자외선/가시선 분광법
물속에 존재하는 음이온 계면활성제를 측정하기 위하여 메틸렌블루와 반응시켜 생성된 청색의 착화합물을 클로로폼으로 추출하여 흡광도를 650nm에서 측정하는 방법이다.

75 식물성 플랑크톤(조류) 분석 시 즉시 시험하기 어려울 경우 시료보존을 위해 사용되는 것은?(단, 침강성이 좋지 않은 남조류나 파괴되기 쉬운 와편모조류인 경우)

① 사염화탄소용액
② 에틸알코올용액
③ 메틸알코올용액
④ 루골용액

해설
ES 04130.1e 시료의 채취 및 보존 방법
식물성 플랑크톤을 즉시 시험하는 것이 어려울 경우 포르말린용액을 시료의 3~5% 가하여 보존한다. 침강성이 좋지 않은 남조류나 파괴되기 쉬운 와편모 조류와 황갈조류 등은 글루타르알데하이드나 루골용액을 시료의 1~2% 가하여 보존한다.

76 염소이온 측정방법 중 질산은 적정법의 정량한계(mg/L)는?

① 0.1
② 0.3
③ 0.5
④ 0.7

해설
ES 04356.3d 염소이온-적정법
정량한계는 0.7mg/L이다.

77 수질분석을 위한 시료채취 시 유의사항으로 옳지 않은 것은?

① 채취용기는 시료를 채우기 전에 맑은 물로 3회 이상 씻은 다음 사용한다.
② 용존가스, 환원성 물질, 휘발성 유기물질 등의 측정을 위한 시료는 운반 중 공기와의 접촉이 없도록 가득 채워야 한다.
③ 지하수 시료는 취수정 내에 고여 있는 물을 충분히 퍼낸(고여 있는 물의 4~5배 정도이나 pH 및 전기전도도를 연속적으로 측정하여 이 값이 평형을 이룰 때까지로 한다) 다음 새로 나온 물을 채취한다.
④ 시료채취량은 시험항목 및 시험횟수에 따라 차이가 있으나 보통 3~5L 정도이어야 한다.

해설
ES 04130.1e 시료의 채취 및 보존 방법
시료채취 시 유의사항
시료채취용기는 시료를 채우기 전에 시료로 3회 이상 씻은 다음 사용하며, 시료를 채울 때에는 어떠한 경우에도 시료의 교란이 일어나서는 안 되며 가능한 한 공기와 접촉하는 시간을 짧게 하여 채취한다.

74 ④ 75 ④ 76 ④ 77 ① 정답

78 기체크로마토그래피법의 전자포획 검출기에 관한 설명으로 (   )에 알맞은 것은?

> 방사선 동위원소로부터 방출되는 (   )이 운반기체를 전리하여 미소전류를 흘려보낼 때 시료 중의 할로겐이나 산소와 같이 전자포획력이 강한 화합물에 의하여 전자가 포획되어 전류가 감소하는 것을 이용하는 방법이다.

① α(알파)선

② β(베타)선

③ γ(감마)선

④ 중성자선

해설

전자포획 검출기(ECD ; Electron Capture Detector) : 방사선 동위원소로부터 방출되는 β선이 운반가스를 전리하여 미소전류를 흘려보낼 때 시료 중의 할로겐이나 산소와 같이 전자포획력이 강한 화합물에 의하여 전자가 포획되어 전류가 감소하는 것을 이용하는 방법으로 유기할로겐화합물, 나이트로화합물 및 유기금속화합물을 선택적으로 검출할 수 있다.

79 현재 널리 사용되고 있는 유도결합플라스마의 고주파 전원으로 알맞은 것은?

① 라디오고주파 발생기의 27.12MHz로 1kW 출력

② 라디오고주파 발생기의 40.68MHz로 5kW 출력

③ 라디오고주파 발생기의 27.12MHz로 100kW 출력

④ 라디오고주파 발생기의 40.68MHz로 1,000kW 출력

해설

ES 04400.3c 금속류-유도결합플라스마-원자발광분광법

유도결합플라스마 발생기

라디오고주파(RF ; Radio Frequency) 발생기는 출력범위 750~1,200W 이상의 것을 사용하며, 이때 사용하는 주파수는 27.12MHz 또는 40.68MHz를 사용한다.

80 중금속 측정을 위한 시료 전처리 방법 중 용매추출법인 피로리딘다이티오카르바민산 암모늄 추출법에 대한 설명으로 옳지 않은 것은?

① 시료 중의 구리, 아연, 납, 카드뮴, 니켈, 코발트 및 은 등의 측정에 이용되는 방법이다.

② 철의 농도가 높을 때에는 다른 금속 추출에 방해를 줄 수 있다.

③ 망간은 착화합물 상태에서 매우 안정적이기 때문에 추출되기 어렵다.

④ 크롬은 6가크롬 상태로 존재할 경우에만 추출된다.

해설

ES 04150.1b 시료의 전처리 방법

피로리딘다이티오카르바민산 암모늄(1-pyrrolidinecarbodithioic Acid, Ammonium Salt)추출법

이 방법은 시료 중 구리, 아연, 납, 카드뮴, 니켈, 철, 망간, 6가크롬, 코발트 및 은 등의 측정에 적용된다. 다만, 망간은 착화합물 상태에서 매우 불안정하므로 추출 즉시 측정하여야 하며, 크롬은 6가크롬 상태로 존재할 경우에만 추출된다. 또한 철의 농도가 높을 경우에는 다른 금속의 추출에 방해를 줄 수 있으므로 주의해야 한다.

정답 78 ② 79 ① 80 ③

제5과목 | 수질환경관계법규

81 **Ⅲ지역에 있는 공공폐수처리시설의 방류수 수질기준으로 알맞은 것은?(단, 단위 : mg/L)**

① SS : 10 이하, 총질소 : 20 이하, 총인 : 0.5 이하
② SS : 10 이하, 총질소 : 30 이하, 총인 : 1 이하
③ SS : 30 이하, 총질소 : 30 이하, 총인 : 2 이하
④ SS : 30 이하, 총질소 : 60 이하, 총인 : 4 이하

해설

물환경보전법 시행규칙 [별표 10] 공공폐수처리시설의 방류수 수질기준

구 분	수질기준
	Ⅲ지역
생물화학적 산소요구량 (BOD) (mg/L)	10(10) 이하
부유물질 (SS) (mg/L)	10(10) 이하
총질소 (T-N) (mg/L)	20(20) 이하
총인 (T-P) (mg/L)	0.5(0.5) 이하

82 **환경부장관은 물환경보전법의 목적을 달성하기 위하여 필요하다고 인정하는 때에는 관계 기관의 협조를 요청할 수 있다. 이 각 호에 해당하는 항 중에서 대통령령이 정하는 사항에 해당되지 않는 것은?**

① 도시개발제한구역의 지정
② 녹지지역, 풍치지구 및 공지지구의 지정
③ 관광시설이나 산업시설 등의 설치로 훼손된 토지의 원상복구
④ 수질이 악화되어 수도용수의 취수가 불가능하여 댐저류수의 방류가 필요한 경우의 방류량 조절

해설

물환경보전법 시행령 제80조(관계 기관의 협조 사항)

법 제70조제10호에서 '대통령령으로 정하는 사항'이란 다음과 같다.

- 도시개발제한구역의 지정
- 관광시설이나 산업시설 등의 설치로 훼손된 토지의 원상복구
- 수질오염사고가 발생하거나 수질이 악화되어 수도용수의 취수가 불가능하여 댐저류수의 방류가 필요한 경우의 방류량 조절

물환경보전법 제70조(관계 기관의 협조)

환경부장관은 이 법의 목적을 달성하기 위하여 필요하다고 인정할 때에는 다음에 해당하는 조치를 관계 기관의 장에게 요청할 수 있다. 이 경우 관계 기관의 장은 특별한 사유가 없으면 이에 따라야 한다.

- 해충제거방법의 개선
- 농약·비료의 사용규제
- 농업용수의 사용규제
- 녹지지역 및 경관지구의 지정
- 공공폐수처리시설 또는 공공하수처리시설의 설치
- 공공수역의 준설(浚渫)
- 하천점용허가의 취소, 하천공사의 시행중지·변경 또는 그 인공구조물 등의 이전이나 제거
- 공유수면의 점용 및 사용 허가의 취소, 공유수면 사용의 정지·제한 또는 시설 등의 개축·철거
- 송유관, 유류저장시설, 농약보관시설 등 수질오염사고를 일으킬 우려가 있는 시설에 대한 수질오염 방지조치 및 시설현황에 관한 자료의 제출
- 그 밖에 대통령령으로 정하는 사항

81 ① 82 ② 정답

83 제1종 사업장으로서 배출허용기준을 처음 위반한 경우 배출부과금 산정 시 부과되는 계수는?(단, 사업장 규모 : 10,000m^3/day 이상인 경우)

① 2.0
② 1.8
③ 1.6
④ 1.4

해설

물환경보전법 시행령 [별표 9] 사업장별 부과계수

사업장 규모	제1종 사업장 (단위 : m^3/일)				
	10,000 이상	8,000 이상 10,000 미만	6,000 이상 8,000 미만	4,000 이상 6,000 미만	2,000 이상 4,000 미만
부과계수	1.8	1.7	1.6	1.5	1.4

84 낚시제한구역에서의 낚시방법 제한사항에 관한 기준으로 아닌 것은?

① 1명당 4대 이상의 낚시대를 사용하는 행위
② 낚시바늘을 끼워서 사용하지 아니하고 떡밥 등을 던지는 행위
③ 1개의 낚시대에 3개의 낚시바늘을 떡밥과 뭉쳐서 미끼로 던지는 행위
④ 어선을 이용한 낚시행위 등 낚시 관리 및 육성법에 따른 낚시어선법을 영위하는 행위

해설

물환경보전법 시행규칙 제30조(낚시제한구역에서의 제한사항)
1개의 낚시대에 5개 이상의 낚시바늘을 떡밥과 뭉쳐서 미끼로 던지는 행위

85 공공폐수처리시설의 유지·관리기준에 관한 내용으로 (   )에 맞는 것은?

> 처리시설의 가동시간, 폐수방류량, 약품투입량, 관리·운영자, 그 밖에 처리시설의 운영에 관한 주요사항을 사실대로 매일 기록하고 이를 최종기록한 날부터 (   ) 보존하여야 한다.

① 1년간
② 2년간
③ 3년간
④ 5년간

해설

물환경보전법 시행규칙 [별표 15] 공공폐수처리시설의 유지·관리기준
처리시설의 가동시간, 폐수방류량, 약품투입량, 관리·운영자, 그 밖에 처리시설의 운영에 관한 주요사항을 사실대로 매일 기록하고 이를 최종기록한 날부터 1년간 보존하여야 한다.

86 수질 및 수생태계 환경기준 중 하천의 '사람의 건강보호 기준'으로 옳은 것은?(단, 단위는 mg/L)

① 벤젠 : 0.03 이하
② 클로로폼 : 0.08 이하
③ 비소 : 검출되어서는 안 됨(검출한계 0.01)
④ 음이온 계면활성제 : 0.1 이하

해설

환경정책기본법 시행령 [별표 1] 환경기준
수질 및 수생태계–하천–사람의 건강보호 기준

항 목	기준값(mg/L)
비소(As)	0.05 이하
음이온 계면활성제(ABS)	0.5 이하
벤젠	0.01 이하
클로로폼	0.08 이하

정답 83 ② 84 ③ 85 ① 86 ②

87 사업장별 환경기술인의 자격기준에 관한 내용으로 틀린 것은?

① 대기환경기술인으로 임명된 자가 수질환경기술인의 자격을 함께 갖춘 경우에는 수질환경기술인을 겸임할 수 있다.

② 공동방지시설에 있어서 폐수배출량이 1, 2종 사업장 규모인 경우에는 3종 사업장에 해당하는 환경기술인을 선임할 수 있다.

③ 연간 90일 미만 조업하는 1, 2, 3종 사업장은 4, 5종 사업장에 해당하는 환경기술인을 선임할 수 있다.

④ 특정수질유해물질이 포함된 수질오염물질을 배출하는 4, 5종 사업장은 3종 사업장에 해당하는 환경기술인을 두어야 한다. 다만, 특정수질유해물질이 포함된 1일 $10m^3$ 이하의 폐수를 배출하는 사업장의 경우에는 그러하지 아니하다.

해설

물환경보전법 시행령 [별표 17] 사업장별 환경기술인의 자격기준

- 특정수질유해물질이 포함된 수질오염물질을 배출하는 제4종 또는 제5종 사업장은 제3종 사업장에 해당하는 환경기술인을 두어야 한다. 다만, 특정수질유해물질이 포함된 1일 $10m^3$ 이하의 폐수를 배출하는 사업장의 경우에는 그러하지 아니하다
- 공동방지시설의 경우에는 폐수배출량이 제4종 또는 제5종 사업장의 규모에 해당하면 제3종 사업장에 해당하는 환경기술인을 두어야 한다.
- 공공폐수처리시설에 폐수를 유입시켜 처리하는 제1종 또는 제2종 사업장은 제3종 사업장에 해당하는 환경기술인을, 제3종 사업장은 제4종 사업장·제5종 사업장에 해당하는 환경기술인을 둘 수 있다.
- 연간 90일 미만 조업하는 제1종부터 제3종까지의 사업장은 제4종 사업장·제5종 사업장에 해당하는 환경기술인을 선임할 수 있다.
- 대기환경기술인으로 임명된 자가 수질환경기술인의 자격을 함께 갖춘 경우에는 수질환경기술인을 겸임할 수 있다.

88 시·도지사는 공공수역의 수질 보전을 위하여 환경부령이 정하는 해발고도 이상에 위치한 농경지 중 환경부령이 정하는 경사도 이상의 농경지를 경작하는 자에 대하여 경작방식의 변경, 농약·비료의 사용량 저감, 휴경 등을 권고할 수 있다. 위에서 언급한 환경부령이 정하는 해발고도와 경사도 기준은?

① 400m, 15%　　② 400m, 25%

③ 600m, 15%　　④ 600m, 25%

해설

물환경보전법 시행규칙 제85조(휴경 등 권고대상 농경지의 해발고도 및 경사도)

법 제59조제1항에서 '환경부령으로 정하는 해발고도'란 해발 400m를 말하고 '환경부령으로 정하는 경사도'란 경사도 15%를 말한다.

물환경보전법 제59조제1항

특별자치도지사·시장·군수·구청장은 공공수역의 물환경 보전을 위하여 환경부령으로 정하는 해발고도 이상에 위치한 농경지 중 환경부령으로 정하는 경사도 이상의 농경지를 경작하는 사람에게 경작방식의 변경, 농약·비료의 사용량 저감, 휴경 등을 권고할 수 있다.

89 국립환경과학원장, 유역환경청장, 지방환경청장이 설치할 수 있는 측정망과 가장 거리가 먼 것은?

① 생물 측정망

② 공공수역 유해물질 측정망

③ 도심하천 측정망

④ 퇴적물 측정망

해설

물환경보전법 시행규칙 제22조(국립환경과학원장 등이 설치·운영하는 측정망의 종류 등)

국립환경과학원장, 유역환경청장, 지방환경청장이 설치할 수 있는 측정망은 다음과 같다.

- 비점오염원에서 배출되는 비점오염물질 측정망
- 수질오염물질의 총량관리를 위한 측정망
- 대규모 오염원의 하류지점 측정망
- 수질오염경보를 위한 측정망
- 대권역·중권역을 관리하기 위한 측정망
- 공공수역 유해물질 측정망
- 퇴적물 측정망
- 생물 측정망
- 그 밖에 국립환경과학원장, 유역환경청장 또는 지방환경청장이 필요하다고 인정하여 설치·운영하는 측정망

87 ② 88 ① 89 ③ 정답

90 기본배출부과금에 관한 설명으로 (　　)에 알맞은 것은?

> 공공폐수처리시설 또는 공공하수처리시설에서 배출되는 폐수 중 수질오염물질이 (　　)하는 경우

① 배출허용기준을 초과
② 배출허용기준을 미달
③ 방류수 수질기준을 초과
④ 방류수 수질기준을 미달

해설

물환경보전법 제41조(배출부과금)

- 기본배출부과금
  - 배출시설(폐수무방류배출시설은 제외한다)에서 배출되는 폐수 중 수질오염물질이 배출허용기준 이하로 배출되나 방류수 수질기준을 초과하는 경우
  - 공공폐수처리시설 또는 공공하수처리시설에서 배출되는 폐수 중 수질오염물질이 방류수 수질기준을 초과하는 경우
- 초과배출부과금
  - 수질오염물질이 배출허용기준을 초과하여 배출되는 경우
  - 수질오염물질이 공공수역에 배출되는 경우(폐수무방류배출시설로 한정한다)

91 환경부장관 또는 시·도지사는 수질오염피해가 우려되는 하천·호소를 선정하여 수질오염경보를 단계별로 발령할 수 있다. 수질오염경보의 경보단계별 발령 및 해제기준이 바르지 않은 것은?

① 관심 : 2회 연속 채취 시 남조류 세포수 1,000세포/mL 이상 10,000세포/mL 미만인 경우
② 경계 : 2회 연속 채취 시 남조류 세포수 10,000세포/mL 이상 1,000,000세포/mL 미만인 경우
③ 조류 대발생 : 2회 연속 채취 시 남조류 세포수 1,000,000세포/mL 이상인 경우
④ 해제 : 2회 연속 채취 시 남조류 세포수 500세포/mL 미만인 경우

해설

물환경보전법 시행령 [별표 3] 수질오염경보의 종류별 경보단계 및 그 단계별 발령·해제기준

조류경보–상수원 구간

경보단계	발령·해제 기준
관 심	2회 연속 채취 시 남조류 세포수가 1,000세포/mL 이상 10,000세포/mL 미만인 경우
경 계	2회 연속 채취 시 남조류 세포수가 10,000세포/mL 이상 1,000,000세포/mL 미만인 경우
조류 대발생	2회 연속 채취 시 남조류 세포수가 1,000,000세포/mL 이상인 경우
해 제	2회 연속 채취 시 남조류 세포수가 1,000세포/mL 미만인 경우

정답 90 ③ 91 ④

92 **상수원을 오염시킬 우려가 있는 물질을 수송하는 자동차의 통행을 제한하고자 한다. 표지판을 설치해야 하는 자는?**

① 경찰청장
② 환경부장관
③ 대통령
④ 지자체장

해설
물환경보전법 제17조(상수원의 수질보전을 위한 통행제한)
경찰청장은 전복(顚覆), 추락 등의 사고 발생 시 상수원을 오염시킬 우려가 있는 물질을 수송하는 자동차의 통행제한을 위하여 필요하다고 인정할 때에는 다음에 해당하는 조치를 하여야 한다.
- 자동차 통행제한 표지판의 설치
- 통행제한 위반 자동차의 단속

93 **폐수종말처리시설의 배수설비 설치방법 및 구조기준으로 옳지 않은 것은?**

① 배수관의 관경은 100mm 이상으로 하여야 한다.
② 배수관은 우수관과 분리하여 빗물이 혼합되지 않도록 설치하여야 한다.
③ 배수관이 직선인 부분에는 내경의 120배 이하의 간격으로 맨홀을 설치하여야 한다.
④ 배수관 입구에는 유효간격 10mm 이하의 스크린을 설치하여야 한다.

해설
물환경보전법 시행규칙 [별표 16] 폐수관로 및 배수설비의 설치방법 · 구조기준 등
배수관은 폐수관로와 연결되어야 하며, 관경(관지름)은 안지름 150mm 이상으로 하여야 한다.

94 **특정수질유해물질에 해당되지 않는 것은?**

① 트라이클로로메탄
② 1,1-다이클로로에틸렌
③ 다이클로로메탄
④ 펜타클로로페놀

해설
물환경보전법 시행규칙 [별표 3] 특정수질유해물질
- 구리와 그 화합물
- 납과 그 화합물
- 비소와 그 화합물
- 수은과 그 화합물
- 시안화합물
- 유기인 화합물
- 6가크롬 화합물
- 카드뮴과 그 화합물
- 테트라클로로에틸렌
- 트라이클로로에틸렌
- 폴리클로리네이티드바이페닐
- 셀레늄과 그 화합물
- 벤 젠
- 사염화탄소
- 다이클로로메탄
- 1,1-다이클로로에틸렌
- 1,2-다이클로로에탄
- 클로로폼
- 1,4-다이옥산
- 다이에틸헥실프탈레이트(DEHP)
- 염화비닐
- 아크릴로나이트릴
- 브로모폼
- 아크릴아미드
- 나프탈렌
- 폼알데하이드
- 에피클로로하이드린
- 페 놀
- 펜타클로로페놀
- 스티렌
- 비스(2-에틸헥실)아디페이트
- 안티몬

92 ① 93 ① 94 ① 정답

95 수질(하천)의 생활환경 기준 항목이 아닌 것은?

① 수소이온농도
② 부유물질량
③ 용매 추출유분
④ 총대장균군

해설

환경정책기본법 시행령 [별표 1] 환경기준
수질 및 수생태계-하천-생활환경 기준
항목 : 수소이온농도(pH), 생물화학적 산소요구량(BOD), 화학적 산소요구량(COD), 총유기탄소(TOC), 부유물질량(SS), 총인, 대장균군(총대장균군), 대장균군(분원성 대장균군)

96 오염총량관리기본계획 수립 시 포함되지 않는 내용은?

① 해당 지역 개발계획의 내용
② 지방자치단체별·수계구간별 오염부하량의 할당
③ 관할 지역에서 배출되는 오염부하량의 총량 및 저감계획
④ 오염총량초과부과금의 산정방법과 산정기준

해설

물환경보전법 제4조의3(오염총량관리기본계획의 수립 등)
오염총량관리지역을 관할하는 시·도지사는 오염총량관리기본방침에 따라 다음의 사항을 포함하는 기본계획(이하 '오염총량관리기본계획'이라 한다)을 수립하여 환경부령으로 정하는 바에 따라 환경부장관의 승인을 받아야 한다. 오염총량관리기본계획 중 대통령령으로 정하는 중요한 사항을 변경하는 경우에도 또한 같다.

- 해당 지역 개발계획의 내용
- 지방자치단체별·수계구간별 오염부하량(汚染負荷量)의 할당
- 관할 지역에서 배출되는 오염부하량의 총량 및 저감계획
- 해당 지역 개발계획으로 인하여 추가로 배출되는 오염부하량 및 그 저감계획

97 폐수처리업자의 준수사항 내용으로 ( )에 알맞은 것은?

> 수탁한 폐수는 정당한 사유 없이 ( ) 이상 보관할 수 없다.

① 10일
② 15일
③ 30일
④ 45일

해설

물환경보전법 시행규칙 [별표 21] 폐수처리업자의 준수사항
수탁한 폐수는 정당한 사유 없이 10일 이상 보관할 수 없으며, 보관폐수의 전체량이 저장시설 저장능력의 90% 이상 되게 보관하여서는 아니 된다.

98 배출시설에 대한 일일기준초과배출량 산정에 적용되는 일일유량은 (측정유량×일일조업시간)이다. 일일유량을 구하기 위한 일일조업시간에 대한 설명으로 ( )에 맞는 것은?

> 측정하기 전 최근 조업한 30일간의 배출시설 조업시간의 (㉠)로서 (㉡)으로 표시한다.

① ㉠ 평균치, ㉡ 분(min)
② ㉠ 평균치, ㉡ 시간(h)
③ ㉠ 최대치, ㉡ 분(min)
④ ㉠ 최대치, ㉡ 시간(h)

해설

물환경보전법 시행령 [별표 15] 일일기준초과배출량 및 일일유량 산정 방법
일일조업시간은 측정하기 전 최근 조업한 30일간의 배출시설 조업시간의 평균치로서 분으로 표시한다.

정답 95 ③ 96 ④ 97 ① 98 ①

99 하수도법에서 사용하는 용어에 대한 정의가 틀린 것은?

① 분뇨는 수거식 화장실에서 수거되는 액체성 또는 고체성의 오염물질이다.

② 합류식 하수관로는 오수와 하수도로 유입되는 빗물·지하수가 함께 흐르도록 하기 위한 하수관로이다.

③ 분뇨처리시설은 분뇨를 침전·분해 등의 방법으로 처리하는 시설이다.

④ 배수구역은 하수를 공공하수처리시설에 유입하여 처리할 수 있는 지역이다.

해설

하수도법 제2조(정의)

- '배수구역'이라 함은 공공하수도에 의하여 하수를 유출시킬 수 있는 지역으로서 규정에 따라 공고된 구역을 말한다.
- '하수처리구역'이라 함은 하수를 공공하수처리시설에 유입하여 처리할 수 있는 지역으로서 규정에 따라 공고된 구역을 말한다.

100 오염총량관리시행계획에 포함되지 않는 것은?

① 대상 유역의 현황

② 연차별 오염부하량 삭감 목표 및 구체적 삭감 방안

③ 수질과 오염원과의 관계

④ 수질예측 산정자료 및 이행 모니터링 계획

해설

물환경보전법 시행령 제6조(오염총량관리시행계획 승인 등)

특별시장·광역시장·특별자치시장·특별자치도지사는 다음의 사항이 포함된 오염총량관리시행계획(이하 '오염총량관리시행계획'이라 한다)을 수립하여 환경부장관의 승인을 받아야 한다.

- 오염총량관리시행계획 대상 유역의 현황
- 오염원 현황 및 예측
- 연차별 지역 개발계획으로 인하여 추가로 배출되는 오염부하량 및 해당 개발계획의 세부 내용
- 연차별 오염부하량 삭감 목표 및 구체적 삭감 방안
- 오염부하량 할당 시설별 삭감량 및 그 이행 시기
- 수질예측 산정자료 및 이행 모니터링 계획

99 ④ 100 ③ 정답

2022년 제2회 과년도 기출문제

제1과목 | 수질오염개론

01 하수가 유입된 하천의 자정작용을 하천 유하거리에 따라 분해지대, 활발한 분해지대, 회복지대, 정수지대의 4단계로 분류하여 나타내는 경우, 회복지대의 특성으로 틀린 것은?

① 세균수가 감소한다.
② 발생된 암모니아성 질소가 질산화된다.
③ 용존산소의 농도가 포화될 정도로 증가한다.
④ 규조류가 사라지고 윤충류, 갑각류도 감소한다.

해설

회복지대의 특성

- 분해지대의 현상과 반대의 현상이 나타나는 지대로서 원래의 상태로 회복되며 생물의 종류가 많이 변화한다.
- 혐기성 미생물이 호기성 미생물로 대체되며, 균류도 발생한다.
- DO량이 증가하고, NO_2-N 및 NO_3-N의 농도가 증가한다.
- DO 농도는 포화농도의 40% 이상이다.
- 광합성을 하는 조류가 번식하며, 원생동물, 윤충, 갑각류 등이 출현한다.
- 은빛 담수어 등의 물고기도 서식한다.

02 강우의 pH에 관한 설명으로 틀린 것은?

① 보통 대기 중의 이산화탄소와 평형상태에 있는 물은 약 pH 5.7의 산성을 띠고 있다.
② 산성 강우의 주요 원인물질로 황산화물, 질소산화물 및 염소산화물을 들 수 있다.
③ 산성 강우현상은 대기오염이 혹심한 지역에 국한되어 나타난다.
④ 강우는 부유재(Fly Ash)로 인하여 때때로 알칼리성을 띨 수 있다.

해설

산성 강우현상은 넓은 지역에 발생해 광범위한 피해를 주며, 대기오염이 심하지 않은 지역에서도 발생한다.

03 호소의 부영양화에 대한 일반적 영향으로 틀린 것은?

① 부영양화가 진행된 수원을 농업용수로 사용하면 영양염류의 공급으로 농산물 수확량이 지속적으로 증가한다.
② 조류나 미생물에 의해 생성된 용해성 유기물질이 불쾌한 맛과 냄새를 유발한다.
③ 부영양화 평가모델은 인(P)부하모델인 Vollenweider 모델 등이 대표적이다.
④ 심수층의 용존산소량이 감소한다.

해설

부영양화가 진행된 수원은 질소와 인이 과다하게 존재하여 농산물 수확량이 일시적으로 증가할 수 있으나 지속적으로 증가하지는 않는다.

04 수질오염물질 중 중금속에 관한 설명으로 틀린 것은?

① 카드뮴 : 인체 내에서 투과성이 높고 이동성이 있는 독성 메틸 유도체로 전환된다.
② 비소 : 인산염 광물에 존재해서 인 화합물 형태로 환경 중에 유입된다.
③ 납 : 급성 독성은 신장, 생식계통, 간 그리고 뇌와 중추신경계에 심각한 장애를 유발한다.
④ 수은 : 수은 중독은 BAL, Ca_2EDTA로 치료할 수 있다.

해설

인체 내에서 투과성이 높고 이동성이 있는 독성 메틸 유도체로 전환되는 것은 수은이며, 카드뮴은 인체 내에서 투과성이 낮다.

정답 1 ④ 2 ③ 3 ① 4 ①

05 **광합성에 대한 설명으로 틀린 것은?**

① 호기성 광합성(녹색식물의 광합성)은 진조류와 청녹조류를 위시하여 고등식물에서 발견된다.

② 녹색식물의 광합성은 탄산가스와 물로부터 산소와 포도당(또는 포도당 유도산물)을 생성하는 것이 특징이다.

③ 세균활동에 의한 광합성은 탄산가스의 산화를 위하여 물 이외의 화합물질이 수소원자를 공여, 유리산소를 형성한다.

④ 녹색식물의 광합성 시 광은 에너지를 그리고 물은 환원반응에 수소를 공급해준다.

해설

세균활동에 의한 광합성은 탄산가스의 산화를 위하여 물 이외의 화합물질이 수소원자를 공여하나 유리산소를 형성하지 못한다.

06 **물의 특성에 대한 설명으로 옳지 않은 것은?**

① 기화열이 크기 때문에 생물의 효과적인 체온조절이 가능하다.

② 비열이 크기 때문에 수온의 급격한 변화를 방지해 줌으로써 생물활동이 가능한 기온을 유지한다.

③ 융해열이 작기 때문에 생물체의 결빙이 쉽게 일어나지 않는다.

④ 빙점과 비점 사이가 100℃나 되므로 넓은 범위에서 액체상태를 유지할 수 있다.

해설

물의 특성

- 물은 비열, 비점, 용해도, 증발열량, 표면장력 등이 크다.
- 물의 밀도는 4℃에서 가장 크고, 온도가 높아질수록 감소한다.
- 물의 비열은 1cal/g · ℃이며, 비슷한 분자량을 갖는 다른 화합물보다 크다.
- 물의 점성은 온도가 증가할수록 감소한다.
- 물의 표면장력은 온도가 상승함에 따라 감소한다.
- 물의 극성은 물이 갖고 있는 높은 용해성과 연관이 있다.
- 물은 융해열이 커 생물체의 결빙이 쉽게 일어나지 않는다.

07 **생물농축에 대한 설명으로 가장 거리가 먼 것은?**

① 수생생물 체내의 각종 중금속 농도는 환경수중의 농도보다는 높은 경우가 많다.

② 생물체중의 농도와 환경수중의 농도비를 농축비 또는 농축계수라고 한다.

③ 수생생물의 종류에 따라서 중금속의 농축비가 다른 경우가 많다.

④ 농축비는 먹이사슬 과정에서 높은 단계의 소비자에 상당하는 생물일수록 낮게 된다.

해설

농축비는 먹이사슬 과정에서 높은 단계의 소비자에 상당하는 생물일수록 높다.

08 **벤젠, 톨루엔, 에틸벤젠, 자일렌이 같은 몰수로 혼합된 용액이 라울 법칙을 따른다고 가정하면 혼합액의 총 증기압(25℃ 기준, atm)은?(단, 벤젠, 톨루엔, 에틸벤젠, 자일렌의 25℃에서 순수액체의 증기압은 각각 0.126, 0.038, 0.0126, 0.01177atm 이며, 기타 조건은 고려하지 않음)**

① 0.047

② 0.057

③ 0.067

④ 0.077

해설

총 증기압 = 벤젠 증기압 + 톨루엔 증기압 + 에틸벤젠 증기압 + 자일렌 증기압

벤젠, 톨루엔, 에틸벤젠, 자일렌이 같은 몰수로 혼합된 용액이므로

$$\therefore \text{총 증기압} = (0.126 \times 0.25) + (0.038 \times 0.25) + (0.0126 \times 0.25) + (0.01177 \times 0.25) \fallingdotseq 0.0471\text{atm}$$

5 ③ 6 ③ 7 ④ 8 ① 정답

09 BOD_5가 270mg/L이고, COD가 450mg/L인 경우 탈산소계수(K_1)의 값이 0.1/day일 때, 생물학적으로 분해 불가능한 COD(mg/L)는?(단, BDCOD = BOD_u, 상용대수 기준)

① 약 55
② 약 65
③ 약 75
④ 약 85

해설
BOD 소비식
$BOD_t = BOD_u(1-10^{-K_1 t})$
$270mg/L = BOD_u(1-10^{-0.1\times5})$
$BOD_u \fallingdotseq 394.9mg/L$
COD = BOD_u + NBDCOD이므로
450mg/L = 394.9mg/L + NBDCOD
∴ NBDCOD ≒ 55mg/L

10 다음은 수질조사에서 얻은 결과인데, Ca^{2+} 결과치의 분실로 인하여 기재가 되지 않았다. 주어진 자료로부터 Ca^{2+} 농도(mg/L)는?

양이온(mg/L)		음이온(mg/L)	
Na^+	46	Cl^-	71
Ca^{2+}	–	HCO_3^-	122
Mg^{2+}	36	SO_4^{2-}	192

① 20 ② 40
③ 60 ④ 80

해설
양이온과 음이온의 노르말농도가 같다고 하면
• 양이온
 – Na^+ : 46/23 = 2
 – Ca^{2+} : x/20
 – Mg^{2+} : 36/12 = 3
• 음이온
 – Cl^- : 71/35.5 = 2
 – HCO_3^- : 122/61 = 2
 – SO_4^{2-} : 192/48 = 4
2 + (x/20) + 3 = 8
∴ x = 60mg/L

11 부영양화가 진행된 호소에 대한 수면관리 대책으로 틀린 것은?

① 수중폭기한다.
② 퇴적층을 준설한다.
③ 수생식물을 이용한다.
④ 살조제는 황산알루미늄을 주로 많이 쓴다.

해설
살조제는 주로 황산구리($CuSO_4$)를 많이 사용한다.

12 생물학적 질화 중 아질산화에 관한 설명으로 틀린 것은?

① Nitrobacter에 의해 수행된다.
② 수율은 0.04~0.13mg VSS/mg NH_4^+–N 정도이다.
③ 관련 미생물은 독립영양성 세균이다.
④ 산소가 필요하다.

해설
• 질산화 관여 미생물 : Nitrobacter
• 아질산화 관여 미생물 : Nitrosomonas

정답 9 ① 10 ③ 11 ④ 12 ①

13 0.01M-KBr과 0.02M-$ZnSO_4$ 용액의 이온강도는?(단, 완전해리 기준)

① 0.08 ② 0.09
③ 0.12 ④ 0.14

해설

- $KBr \rightleftarrows K^+ + Br^-$
- $ZnSO_4 \rightleftarrows Zn^{2+} + SO_4^{2-}$

$$\text{이온강도} = \frac{1}{2}\sum_i C_i Z_i^2$$
$$= \frac{1}{2}[0.01\times1^2 + 0.01\times(-1)^2 + 0.02\times2^2 + 0.02 \times(-2)^2]$$
$$= 0.09$$

여기서, C_i : 이온의 몰농도
Z_i : 이온의 전하

14 바닷물에 0.054M의 $MgCl_2$가 포함되어 있을 때 바닷물 250mL에 포함되어 있는 $MgCl_2$의 양(g)은?(단, 원자량 Mg = 24.3, Cl = 35.5)

① 약 0.8
② 약 1.3
③ 약 2.6
④ 약 3.9

해설

$$MgCl_2(g) = \frac{0.054mol}{L}\times\frac{95.3g}{1mol}\times0.25L \fallingdotseq 1.3g$$

15 반응속도에 관한 설명으로 알맞지 않은 것은?

① 영차반응 : 반응물의 농도에 독립적인 속도로 진행하는 반응이다.
② 일차반응 : 반응속도가 시간에 따른 반응물의 농도변화 정도에 반비례하여 진행하는 반응이다.
③ 이차반응 : 반응속도가 한가지 반응물 농도의 제곱에 비례하여 진행하는 반응이다.
④ 실험치에 따라 특정 반응속도의 차수를 구하기 위하여는 시간에 따른 농도변화를 그래프로 그리고 직선으로부터의 편차를 구하여 평가한다.

해설

일차반응 : 반응속도가 시간에 따른 반응물의 농도변화 정도에 비례하여 진행하는 반응이다.

16 방사성 물질인 스트론튬(Sr^{90})의 반감기가 29년이라면 주어진 양의 스트론튬(Sr^{90})이 99% 감소하는 데 걸리는 시간(년)은?

① 143
② 193
③ 233
④ 273

해설

1차 반응식을 이용한다.

$$\ln\frac{C_t}{C_0} = -Kt$$

스트론튬(Sr^{90})의 반감기가 29년이므로

$\ln 0.5 = -K\times29,\ K \fallingdotseq 0.0239$

주어진 양의 스트론튬(Sr^{90})이 99%가 감소한다면

$$\ln\frac{1}{100} = -0.0239\times t$$

$\therefore\ t \fallingdotseq 192.68$년

13 ② 14 ② 15 ② 16 ② 정답

17 **수질모델링을 위한 절차에 해당하는 항목으로 가장 거리가 먼 것은?**

① 변수 추정
② 수질예측 및 평가
③ 보 정
④ 감응도 분석

해설

수질모델링을 위한 절차
모형의 개발 또는 선정 → 보정 → 검증 → 감응도 분석 → 수질예측 및 평가

18 **다음과 같은 수질을 가진 농업용수의 SAR값은? (단, Na^+ = 460mg/L, PO_4^{3-} = 1,500mg/L, Cl^- = 108mg/L, Ca^{2+} = 600mg/L, Mg^{2+} = 240mg/L, NH_3–N = 380mg/L, 원자량 = Na : 23, P : 31, Cl : 35.5, Ca : 40, Mg : 24)**

① 2
② 4
③ 6
④ 8

해설

$$SAR = \frac{Na^+}{\sqrt{\frac{Ca^{2+}+Mg^{2+}}{2}}} = \frac{(460/23)}{\sqrt{\frac{(600/20)+(240/12)}{2}}} ≒ 4.43$$

19 **다음의 기체 법칙 중 옳은 것은?**

① Boyle의 법칙 : 일정한 압력에서 기체의 부피는 절대온도에 정비례한다.
② Henry의 법칙 : 기체와 관련된 화학반응에서는 반응하는 기체와 생성되는 기체의 부피 사이에 정수관계가 있다.
③ Graham의 법칙 : 기체의 확산속도(조그마한 구멍을 통한 기체의 탈출)는 기체 분자량의 제곱근에 반비례한다.
④ Gay–Lussac의 결합 부피 법칙 : 혼합 기체 내의 각 기체의 부분압력은 혼합물 속의 기체의 양에 비례한다.

해설

① Boyle의 법칙 : 일정한 온도에서 기체의 부피는 그 압력에 반비례한다.
② Henry의 법칙 : 기체의 용해도는 기체의 부분압력에 비례한다는 법칙이다. 헨리의 법칙과 관계없이 기체와 관련된 화학반응에서는 반응물과 생성물의 부피 사이에 반비례 관계가 성립한다.
④ Gay–Lussac의 결합 부피 법칙 : 기체 사이에서 화학반응이 일어날 때 같은 온도와 같은 압력에서 반응하는 기체와 생성되는 기체의 부피 사이에는 간단한 정수비가 성립한다.

20 **시료의 BOD_5가 200mg/L이고 탈산소계수값이 $0.15day^{-1}$일 때 최종 BOD(mg/L)는?**

① 약 213
② 약 223
③ 약 233
④ 약 243

해설

BOD 소모공식을 이용한다.

$BOD_t = BOD_u(1-10^{-Kt})$

$200 = BOD_u(1-10^{-0.15\times5})$

$\therefore BOD_u ≒ 243.26mg/L$

정답 17 ① 18 ② 19 ③ 20 ④

제2과목 | 상하수도계획

21 **계획오수량에 관한 설명으로 ( )에 알맞은 내용은?**

> 합류식에서 우천 시 계획오수량은 ( ) 이상으로 한다.

① 원칙적으로 계획1일 최대오수량의 2배
② 원칙적으로 계획1일 최대오수량의 3배
③ 원칙적으로 계획시간 최대오수량의 2배
④ 원칙적으로 계획시간 최대오수량의 3배

해설
합류식에서 우천 시 계획오수량은 원칙적으로 계획시간 최대오수량의 3배 이상으로 한다.

22 **하수 배제방식의 특징에 대한 설명으로 옳지 않은 것은?**

① 분류식은 우천 시에 월류가 없다.
② 분류식은 강우초기 노면 세정수가 하천 등으로 유입되지 않는다.
③ 합류식 시설의 일부를 개선 또는 개량하면 강우초기의 오염된 우수를 수용해서 처리할 수 있다.
④ 합류식은 우천 시 일정량 이상이 되면 오수가 월류한다.

해설
분류식은 노면의 오염물질이 포함된 세정수가 직접 하천 등으로 유입된다.

23 **정수처리방법인 중간염소처리에서 염소의 주입 지점으로 가장 적절한 것은?**

① 혼화지와 침전지 사이
② 침전지와 여과지 사이
③ 착수정과 혼화지 사이
④ 착수정과 도수관 사이

해설
중간염소처리에서 염소는 침전지와 여과지 사이에 주입하는 것이 적절하다.

24 **계획취수량을 확보하기 위하여 필요한 저수용량의 결정에 사용되는 계획기준년에 관한 내용으로 ( )에 적절한 것은?**

> 원칙적으로 ( )에 제1위 정도의 갈수를 표준으로 한다.

① 5개년 ② 7개년
③ 10개년 ④ 15개년

해설
계획취수량을 확보하기 위하여 필요한 저수용량의 결정에 사용하는 계획기준년은 원칙적으로 10개년에 제1위 정도의 갈수를 기준년으로 한다.

25 **하수관로에 관한 설명 중 옳지 않은 것은?**

① 우수관로에서 계획하수량은 계획우수량으로 한다.
② 합류식 관로에서 계획하수량은 계획시간 최대오수량에 계획우수량을 합한 것으로 한다.
③ 차집관로에서 계획하수량은 계획시간 최대오수량으로 한다.
④ 지역의 실정에 따라 계획하수량에 여유율을 둘 수 있다.

해설
차집관로에서 계획하수량은 우천 시 계획오수량으로 한다.

21 ④ 22 ② 23 ② 24 ③ 25 ③ 정답

26 기존의 하수처리시설에 고도처리시설을 설치하고자 할 때 검토사항으로 틀린 것은?

① 표준활성슬러지법이 설치된 기존처리장의 고도처리 개량은 개선대상 오염물질별 처리특성을 감안하여 효율적인 설계가 되어야 한다.

② 시설개량은 시설개량방식을 우선 검토하되 방류수 수질기준 준수가 곤란한 경우에 한해 운전개선방식을 함께 추진하여야 한다.

③ 기본설계과정에서 처리장의 운영실태 정밀분석을 실시한 후 이를 근거로 사업추진방향 및 범위 등을 결정하여야 한다.

④ 기존시설물 및 처리공정을 최대한 활용하여야 한다.

해설

기존 하수처리시설의 고도처리시설 설치 시 사전검토사항

- 기본설계과정에서 처리장의 운영실태 정밀분석을 실시한 후 이를 근거로 사업추진방향 및 범위 등을 결정하여야 한다.
- 시설개량은 운전개선방식을 우선 검토하되 방류수 수질기준 준수가 곤란한 경우에 한해 시설개량방식을 추진하여야 한다.
- 기존 하수처리장의 부지여건을 충분히 고려하여야 한다.
- 기존시설물 및 처리공정을 최대한 활용하여야 한다.
- 표준활성슬러지법이 설치된 기존처리장의 고도처리개량은 개선대상 오염물질별 처리특성을감안하여 효율적인 설계가 되어야 한다.

27 해수담수화 방식 중 상(相)변화 방식인 증발법에 해당되는 것은?

① 가스수화물법　　② 다중효용법

③ 냉동법　　④ 전기투석법

해설

해수담수화 방식

- 상변화 방식
  - 증발법 : 다단플래쉬법, 다중효용법, 증기압축법, 투과기화법
  - 결정법 : 냉동법, 가스수화물법
- 상불변화 방식
  - 막법 : 역삼투법, 전기투석법
  - 용매추출법

28 1분당 300m^{3}의 물을 150m 양정(전양정)할 때 최고효율점에 달하는 펌프가 있다. 이 때의 회전수가 1,500rpm이라면, 이 펌프의 비속도(비교회전도)는?

① 약 512

② 약 554

③ 약 606

④ 약 658

해설

펌프의 비교회전도(비속도)

$$N_s = N \times \frac{Q^{1/2}}{H^{3/4}} = 1,500 \times \frac{300^{1/2}}{150^{3/4}} \fallingdotseq 606\mathrm{rpm}$$

여기서, N_s : 비교회전도(rpm)

N : 펌프의 실제 회전수(rpm)

Q : 최고효율점의 토출유량(m^3/min)

H : 최고효율점의 전양정(m)

29 펌프의 토출량이 0.20m^3/s, 흡입구 유속이 3m/s인 경우 펌프의 흡입구경(mm)은?

① 약 198

② 약 292

③ 약 323

④ 약 413

해설

펌프의 흡입구경

$$D_s = 146\sqrt{\frac{Q_m}{V_s}}$$

여기서, D_s : 펌프의 흡입구경(mm)

Q_m : 펌프의 토출량(m^3/min)

V_s : 흡입구의 유속(m/s)

$$Q_m = \frac{0.20\mathrm{m}^3}{\mathrm{s}} \times \frac{60\mathrm{s}}{\mathrm{min}} = 12\mathrm{m}^3/\mathrm{min}$$

$$\therefore D_s = 146 \times \sqrt{\frac{12}{3}} = 292\mathrm{mm}$$

정답 26 ② 27 ② 28 ③ 29 ②

30 막모듈의 열화와 가장 거리가 먼 것은?

① 장기적인 압력부하에 의한 막 구조의 압밀화
② 건조되거나 수축으로 인한 막 구조의 비가역적인 변화
③ 원수 중의 고형물이나 진동에 의한 막 면의 상처, 마모, 파단
④ 막의 다공질부의 흡착, 석출, 포착 등에 의한 폐색

해설
막의 다공질부의 흡착, 석출, 포착 등에 의한 폐색은 막모듈의 파울링 중 막힘에 해당한다.

31 상수도 계획급수량과 관련된 내용으로 잘못된 것은?

① $\text{계획1일 평균급수량} = \dfrac{\text{계획1일 평균사용수량}}{\text{계획유효율}}$
② 계획1일 최대급수량 = 계획1일 평균급수량 × 계획첨두율
③ 일반적인 산정절차는 각 용도별 1일평균사용수량(실적) → 각 계획용도별 1일평균사용수량 → 계획1일 평균사용수량 → 계획1일 평균급수량 → 계획1일 최대급수량으로 한다.
④ 일반적으로 소규모 도시일수록 첨두율 값이 작다.

해설
일반적으로 소규모 도시일수록 첨두율 값이 크다.

32 오수 이송방법은 자연유하식, 압력식, 진공식이 있다. 이중압력식(다중압송)에 관한 내용으로 옳지 않은 것은?

① 지형 변화에 대응이 어렵다.
② 지속적인 유지관리가 필요하다.
③ 저지대가 많은 경우 시설이 복잡하다.
④ 정전 등 비상대책이 필요하다.

해설
이중압력식(다중압송)
- 지형 변화에 대응이 용이하다.
- 공사점용면적 최소화가 가능하다.
- 지속적인 유지관리가 필요하며, 저지대가 많은 경우 시설이 복잡하다.
- 정전 등 비상대책이 필요하다.

33 도수거에 관한 설명으로 옳지 않은 것은?

① 수리학적으로 자유수면을 갖고 중력작용으로 경사진 수로를 흐르는 시설이다.
② 개거나 암거인 경우에는 대개 300~500m 간격으로 시공조인트를 겸한 신축조인트를 설치한다.
③ 균일한 동수경사(통상 1/3,000~1/1,000)로 도수하는 시설이다.
④ 도수거의 평균유속의 최대한도는 3.0m/s로 하고 최소유속은 0.3m/s로 한다.

해설
개거나 암거인 경우 대개 30~50m 간격으로 시공조인트를 겸한 신축조인트를 설치한다.

30 ④ 31 ④ 32 ① 33 ② 정답

34 하수처리를 위한 산화구법에 관한 설명으로 틀린 것은?

① 용량은 HRT가 24~48시간이 되도록 정한다.
② 형상은 장원형 무한수로로 하며 수심은 1.0~3.0m, 수로 폭은 2.0~6.0m 정도가 되도록 한다.
③ 저부하조건의 운전으로 SRT가 길어 질산화반응이 진행되기 때문에 무산소 조건을 적절히 만들면 70% 정도의 질소 제거가 가능하다.
④ 산화구 내의 혼합상태가 균일하여도 구 내에서 MLSS, 알칼리도 농도의 구배는 크다.

해설

산화구 내의 혼합상태에 따른 용존산소 농도는 흐름의 방향에 따라 농도 구배가 발생하지만 MLSS, 알칼리도 농도는 구 내에서 균일하다.

35 취수시설에서 침사지에 관한 설명으로 옳지 않은 것은?

① 지의 위치는 가능한 한 취수구에 근접하여 제내지에 설치한다.
② 지의 상단높이는 고수위보다 0.3~0.6m의 여유고를 둔다.
③ 지의 고수위는 계획취수량이 유입될 수 있도록 취수구의 계획최저수위 이하로 정한다.
④ 지의 길이는 폭의 3~8배, 지내 평균유속은 2~7cm/s를 표준으로 한다.

해설

상수도 침사지 시설의 구조

- 가능한 한 취수구에 근접하여 제내지에 설치한다.
- 지의 형상은 장방형으로 하며, 2지 이상 설치한다.
- 지내 평균유속은 2~7cm/s, 표면부하율은 200~500mm/min을 표준으로 한다.
- 지의 길이는 폭의 3~8배를 표준으로 한다.
- 지의 상단높이는 고수위보다 0.6~1m의 여유고를 둔다.
- 지의 유효수심은 3~4m로 하고, 퇴사심도는 0.5~1m로 한다.
- 바닥은 모래 배출을 위하여 중앙에 배수로를 설치하고 길이방향은 배수구로 향하여 1/100, 가로방향은 중앙배수로를 향하여 1/50 정도의 경사를 둔다.

36 상수의 공급과정을 바르게 나타낸 것은?

① 취수 → 도수 → 정수 → 송수 → 배수 → 급수
② 취수 → 도수 → 송수 → 정수 → 배수 → 급수
③ 취수 → 송수 → 정수 → 배수 → 도수 → 급수
④ 취수 → 송수 → 배수 → 정수 → 도수 → 급수

37 계획취수량이 $10m^3/s$, 유입수심이 5m, 유입속도가 0.4m/s인 지역에 취수구를 설치하고자 할 때 취수구의 폭(m)은?(단, 취수보 설계 기준)

① 0.5
② 1.25
③ 2.5
④ 5.0

해설

취수구의 폭

$$B = \frac{Q}{VH} = \frac{10m^3/s}{0.4m/s \times 5m} = 5.0m$$

38 정수시설 중 플록형성지에 관한 설명으로 틀린 것은?

① 기계식 교반에서 플록큐레이터(Flocculator)의 주변속도는 5~10cm/s를 표준으로 한다.
② 플록형성시간은 계획정수량에 대하여 20~40분간을 표준으로 한다.
③ 직사각형이 표준이다.
④ 혼화지와 침전지 사이에 위치하고 침전지에 붙여서 설치한다.

해설

플록큐레이터의 주변속도는 기계식 교반에서 15~80cm/s, 우류식 교반에서 15~30cm/s를 표준으로 한다.

정답 34 ④ 35 ② 36 ① 37 ④ 38 ①

39 오수관거 계획 시 기준이 되는 오수량은?

① 계획시간 최대오수량
② 계획1일 최대오수량
③ 계획시간 평균오수량
④ 계획1일 평균오수량

해설
오수관거의 계획오수량은 계획시간 최대오수량으로 한다.

40 천정호(얕은 우물)의 경우 양수량 $Q=\frac{\pi k(H^2-h^2)}{2.3\log(R/r)}$로 표시된다. 반경 0.5m의 천정호 시험정에서 H=6m, h=4m, R=50m인 경우에 Q=0.6m³/s의 양수량을 얻었다. 이 조건에서 투수계수(k, m/s)는?

① 0.044
② 0.073
③ 0.086
④ 0.146

해설
천정호의 유량

$Q=\frac{\pi k(H^2-h^2)}{2.3\log(R/r)}$

여기서, k : 투수계수(m/s)
H : 원 지하수의 두께(m)
h : 정호의 수심(m)
R : 영향원의 반경(m)
r : 정호의 반경(m)

$0.6\text{m}^3/\text{s}=\frac{\pi k[(6\text{m})^2-(4\text{m})^2]}{2.3\log(50\text{m}/0.5\text{m})}$

$\therefore\ k \fallingdotseq 0.044\text{m/s}$

제3과목 | 수질오염방지기술

41 탈질소 공정에서 폐수에 탄소원 공급용으로 가해지는 약품은?

① 응집제 ② 질 산
③ 소석회 ④ 메탄올

해설
탈질소 공정에서 외부탄소원으로 가해지는 약품은 메탄올, 초산, 펩톤 등이 있으며, 이 중에서 메탄올이 가장 경제적이다.

42 MLSS의 농도가 1,500mg/L인 슬러지를 부상법으로 농축시키고자 한다. 압축탱크의 유효전달 압력이 4기압이며 공기의 밀도가 1.3g/L, 공기의 용해량이 18.7mL/L일 때 A/S비는?(단, 유량 = 300m³/day, f = 0.5, 처리수의 반송은 없다)

① 0.008 ② 0.010
③ 0.016 ④ 0.020

해설

$\text{A/S비}=\frac{1.3C_{air}(f\cdot P-1)}{SS}=\frac{1.3\times18.7\times(0.5\times4-1)}{1,500}$

$\fallingdotseq 0.016$

43 포기조 내의 혼합액의 SVI가 100이고, MLSS 농도를 2,200mg/L로 유지하려면 적정한 슬러지의 반송률(%)은?(단, 유입수의 SS는 무시한다)

① 23.6 ② 28.2
③ 33.6 ④ 38.3

해설
슬러지 반송비 $R=\frac{X-SS}{X_r-X}$

유입수 내 SS를 무시하면 $SS=0$

$R=\frac{X}{(10^6/SVI)-X}=\frac{2,200}{(10^6/100)-2,200}\fallingdotseq 0.2821$

∴ 슬러지의 반송률 = 0.2821 × 100 ≒ 28.21%

39 ① 40 ① 41 ④ 42 ③ 43 ② 정답

44 기계적으로 청소가 되는 바 스크린의 바(Bar) 두께는 5mm이고, 바 간의 거리는 30mm이다. 바를 통과하는 유속이 0.90m/s일 때 스크린을 통과하는 수두손실(m)은?(단, $h_L = \left(\frac{V_B^2 - V_A^2}{2g}\right)\left(\frac{1}{0.7}\right)$)

① 0.0157
② 0.0238
③ 0.0325
④ 0.0452

해설

$V_A A_a = V_B A_b$

$V_A \times 35\text{mm} \times WD = 0.90\text{m/s} \times 30\text{mm} \times WD$

$V_A = \frac{0.90\text{m/s} \times 30\text{mm} \times WD}{35\text{mm} \times WD} \fallingdotseq 0.77\text{m/s}$

$\therefore h_L = \left(\frac{0.90^2 - 0.77^2}{2 \times 9.8}\right)\left(\frac{1}{0.7}\right) \fallingdotseq 0.0158\text{m}$

45 경사판 침전지에서 경사판의 효과가 아닌 것은?

① 수면적 부하율의 증가효과
② 침전지 소요면적의 저감효과
③ 고형물의 침전효율 증대효과
④ 처리효율의 증대효과

해설

경사판 침전지에서 경사판의 효과
- 수면적 부하율의 경감효과
- 침전지 소요면적의 저감효과
- 고형물의 침전효율 증대효과
- 처리수의 청정화(처리효율 증대) 효과

46 분뇨의 생물학적 처리공법으로서 호기성 미생물이 아닌 혐기성 미생물을 이용한 혐기성 처리공법을 주로 사용하는 근본적인 이유는?

① 분뇨에는 혐기성 미생물이 살고 있기 때문에
② 분뇨에 포함된 오염물질은 혐기성 미생물만이 분해할 수 있기 때문에
③ 분뇨의 유기물 농도가 너무 높아 포기에 너무 많은 비용이 들기 때문에
④ 혐기성 처리공법으로 발생되는 메탄가스가 공법에 필수적이기 때문에

해설

호기성 처리공법은 산소를 공급해 주어야 하므로 포기비용이 들어간다. 따라서 분뇨는 유기물 농도가 매우 높아 포기에 들어가는 비용이 너무 커서 경제성이 떨어지므로 혐기성 처리공법을 사용한다.

47 크롬 함유 폐수를 환원처리공법 중 수산화물 침전법으로 처리하고자 할 때 침전을 위한 적정 pH 범위는?(단, $Cr^{3+} + 3OH^- \rightarrow Cr(OH)_3 \downarrow$)

① pH 4.0~4.5
② pH 5.5~6.5
③ pH 8.0~8.5
④ pH 11.0~11.5

해설

Cr^{6+}의 환원 수산화물 침전법
- 크롬(Cr^{6+})이 함유된 폐수에 pH 2~3이 되도록 H_2SO_4를 투입한 후 환원제($NaHSO_3$)를 주입하여 Cr^{3+}으로 환원 후 수산화 침전시켜 제거하는 방법이다.
- 순 서
  - 1단계 : Cr^{6+}(황색) → Cr^{3+}(청록색)
    pH 조절을 위해 H_2SO_4를 투입하고(pH 2~3), 환원반응을 위한 환원제를 투입한다($NaHSO_3$).
  - 2단계 : Cr^{3+}(청록색) → $Cr(OH)_3$
    크롬 함유 폐수를 알칼리제를 투입하여 수산화물 침전법으로 제거하기 위한 적정 pH는 8~10이다. 침전반응, 환원반응에서 pH가 매우 낮아졌으므로 알칼리제를 투입한다.
- 크롬 폐수 → 3가크롬으로 환원 → 중화 → 수산화물 침전 → 방류 순으로 공정이 이루어진다.

정답 44 ① 45 ① 46 ③ 47 ③

48 Side Stream을 적용하여 생물학적 방법과 화학적 방법으로 인을 제거하는 공정은?

① 수정 Bardenpho 공정
② Phostrip 공정
③ SBR 공정
④ UCT 공정

해설

Phostrip 공정
- 반송슬러지의 일부를 혐기성 상태의 탈인조로 유입시켜 혐기성 상태에서 인을 방출 및 분리한 후 상징액으로부터 과량 함유된 인을 화학침전으로 제거하는 방법이다.
- Side Stream은 분해 가능한 유기물을 첨가함으로서 인 제거 효율을 증진시킨다.

49 이온교환막 전기투석법에 관한 설명 중 옳지 않은 것은?

① 칼슘, 마그네슘 등 경도 물질의 제거효율은 높지만 인 제거율은 상대적으로 낮다.
② 콜로이드성 현탁물질 제거에 주로 적용된다.
③ 배수 중의 용존염분을 제거하여 양질의 처리수를 얻는다.
④ 소요전력은 용존염분 농도에 비례하여 증가한다.

해설

콜로이드 제거에 주로 적용되는 공정은 역삼투 공정이다.

전기투석법의 주요 응용 분야
- 전기투석의 탈염을 이용한 식수 제조 : 해수의 담수화
- 식염의 제조 : 염화나트륨을 200g/L까지 농축 가능
- 환경친화적인 처리공정 : 도금폐수 등의 처리
- 공업용수의 재활용 : 염의 제거
- 발효공정의 회수, 식품공업, 제약에서 전기투석 공정의 응용 등

50 분리막을 이용한 수처리 방법 중 추진력이 정수압 차가 아닌 것은?

① 투 석
② 정밀여과
③ 역삼투
④ 한외여과

해설

투석은 농도에 따른 확산계수의 차에 의하여 분리한다.

막분리의 구동력
- 투석 : 농도차
- 전기투석 : 전위차
- 역삼투 : 정압차(정수압)
- 한외여과 : 정압차(정수압)
- 정밀여과 : 정압차(정수압)

51 폐수처리에 관련된 침전현상으로 입자 간에 작용하는 힘에 의해 주변입자들의 침전을 방해하는 중간 정도 농도 부유액에서의 침전은?

① 제1형 침전(독립침전)
② 제2형 침전(응집침전)
③ 제3형 침전(계면침전)
④ 제4형 침전(압밀침전)

해설

제3형 침전(간섭침전, 지역침전)
- 플록을 형성한 입자들이 서로 방해를 받아 침전속도가 감소하는 침전이다.
- 침전하는 부유물과 상징수 간에 뚜렷한 경계면이 나타난다.
- 겉보기에 입자 및 플록이 아닌 단면이 침전하는 것처럼 보인다.
- 하수처리장의 2차 침전지에 해당한다.

48 ② 49 ② 50 ① 51 ③ 정답

52 **생물학적 원리를 이용하여 질소, 인을 제거하는 공정인 5단계 Bardenpho 공법에 관한 설명으로 옳지 않은 것은?**

① 인 제거를 위해 혐기성조가 추가된다.

② 조 구성은 혐기성조, 무산소조, 호기성조, 무산소조, 호기성조 순이다.

③ 내부반송률은 유입유량 기준으로 100~200% 정도이며 2단계 무산소조로부터 1단계 무산소조로 반송된다.

④ 마지막 호기성 단계는 폐수 내 잔류 질소가스를 제거하고 최종 침전지에서 인의 용출을 최소화하기 위하여 사용한다.

해설

5단계 Bardenpho 공정의 내부반송률은 유입유량 기준으로 200~400% 정도이며 1단계 호기조로부터 1단계 무산소조로 반송된다.

5단계 Bardenpho 공정

- 생물학적 질소제거 시스템 앞에 혐기성조를 추가시켜 인을 제거할 수 있도록 하기 위한 공법이다.
- 혐기조, 무산소조, 호기조, 무산소조, 호기조 순으로 이루어져 있다.
- 혐기조에서는 인의 방출이 일어난다.
- 1단계 무산소조에서는 호기성조에서 질산화된 혼합액이 반송되어 탈질이 일어난다.
- 1단계 호기조에서는 질산화 및 인산염인의 과잉 섭취가 일어난다.
- 2단계 무산소조에서는 앞의 호기조에서 유입되는 질산염을 탈질시켜 제거한다.
- 2단계 호기조에서는 최종 침전지의 인산염인의 재방출을 막기 위해 짧은 시간 재포기를 실시해 준다.

53 **회전원판법(RBC)의 장점으로 가장 거리가 먼 것은?**

① 미생물에 대한 산소 공급 소요전력이 적다.

② 고정메디아로 높은 미생물 농도 및 슬러지일령을 유지할 수 있다.

③ 기온에 따른 처리효율의 영향이 적다.

④ 재순환이 필요 없다.

해설

③ 회전원판법은 외부 기온에 민감하다.

회전원판법의 특징

- 폐수량 및 BOD 부하변동에 강하다.
- 슬러지 발생량이 적다.
- 질산화작용이 일어나기 쉬우며 이로 인해 처리수의 BOD가 높아질 수 있으며, pH가 내려가는 경우도 있다.
- 활성슬러지법에서와 같이 팽화현상이 없으며, 이로 인한 2차 침전지에서의 일시적인 다량의 슬러지가 유출되는 현상이 없다.
- 미세한 SS가 유출되기 쉽고 처리수의 투명도가 나쁘다.
- 운전 관리상 조작이 용이하고 유지 관리비가 적게 든다.

54 **상향류 혐기성 슬러지상의 장점이라 볼 수 없는 것은?**

① 미생물 체류시간을 적절히 조절하면 저농도 유기성 폐수의 처리도 가능하다.

② 기계적인 교반이나 여재가 필요 없기 때문에 비용이 적게 든다.

③ 고액 및 기액분리장치를 제외하면 전체적으로 구조가 간단하다.

④ 폐수 성상이 슬러지 입상화에 미치는 영향이 작아 안정된 처리가 가능하다.

해설

상향류 혐기성 슬러지상(UASB)은 폐수 성상이 슬러지 입상화에 미치는 영향이 크다.

정답 52 ③ 53 ③ 54 ④

55 하수 고도처리공법인 Phostrip 공정에 관한 설명으로 옳지 않은 것은?

① 기존 활성슬러지 처리장에 쉽게 적용 가능하다.
② 인 제거 시 BOD/P비에 의하여 조절되지 않는다.
③ 최종 침전지에서 인 용출을 위해 용존산소를 낮춘다.
④ Mainstream 화학침전에 비하여 약품사용량이 적다.

해설
Phostrip 공정은 최종 침전지에서 인의 용출을 방지하기 위해 높은 DO를 유지하여야 한다.

56 생물학적 처리법 가운데 살수여상법에 대한 설명으로 가장 거리가 먼 것은?

① 슬러지일령은 부유성장 시스템보다 높아 100일 이상의 슬러지일령에 쉽게 도달된다.
② 총괄 관측수율은 전형적인 활성슬러지공정의 60~80% 정도이다.
③ 덮개 없는 여상의 재순환율을 증대시키면 실제로 여상 내의 평균온도가 높아진다.
④ 정기적으로 여상에 살충제를 살포하거나 여상을 침수토록 하여 파리문제를 해결할 수 있다.

해설
덮개 없는 여상의 재순환율을 증대시키면 실제로 여상 내의 평균온도가 낮아진다.

57 평균 유입하수량 10,000m^3/day인 도시하수처리장의 1차 침전지를 설계하고자 한다. 1차 침전지의 표면부하율을 50m^3/m^2 · day로 하여 원형 침전지를 설계한다면 침전지의 직경(m)은?

① 약 14 ② 약 16
③ 약 18 ④ 약 20

해설
• 표면부하율 $= \frac{Q}{A}$

$A = \frac{Q}{\text{표면부하율}} = \frac{10{,}000\text{m}^3/\text{day}}{50\text{m}^3/\text{m}^2 \cdot \text{day}} = 200\text{m}^2$

• 원형 침전지이므로 표면적 $A = \frac{\pi D^2}{4}$

$200\text{m}^2 = \frac{\pi D^2}{4}$

$\therefore D \fallingdotseq 16\text{m}$

58 수온 20℃일 때, pH 6.0이면 응결에 효과적이다. pOH를 일정하게 유지하는 경우, 5℃일 때의 pH는?(단, 20℃일 때 $K_w = 0.68 \times 10^{-14}$)

① 4.34 ② 6.47
③ 8.31 ④ 10.22

해설
※ 저자의견 : 본 문제의 경우 수온 5℃일 때 K_w 값이 주어져야 계산할 수 있다. 따라서 인터넷 검색을 통해 수온 5℃일 때 K_w 값을 대입하여 다음과 풀이하였다.
수온 20℃일 때, [OH$^-$]를 구하면 다음과 같다.

$K_w = [\text{H}^+][\text{OH}^-] = 0.68 \times 10^{-14}$

$[\text{OH}^-] = \frac{0.68 \times 10^{-14}}{1 \times 10^{-6}} = 0.68 \times 10^{-8}$

수온 5℃일 때 $K_w = 0.186 \times 10^{-14}$이며,
pOH는 일정하게 유지하므로

$K_w = [\text{H}^+][\text{OH}^-] = [\text{H}^+] \times (0.68 \times 10^{-8}) = 0.186 \times 10^{-14}$

$[\text{H}^+] = \frac{0.186 \times 10^{-14}}{0.68 \times 10^{-8}} \fallingdotseq 0.27 \times 10^{-6}$

$\therefore \text{pH} = -\log(0.27 \times 10^{-6}) \fallingdotseq 6.5$

55 ③ 56 ③ 57 ② 58 ② 정답

59 2차 처리 유출수에 포함된 25mg/L의 유기물을 분말 활성탄 흡착법으로 3차 처리하여 2mg/L 될 때까지 제거하고자 할 때 폐수 $3m^3$당 필요한 활성탄의 양(g)은?(단, Freundlich 등온식 활용, k = 0.5, n = 1)

① 69 ② 76
③ 84 ④ 91

해설
Freundich 등온 흡착식

$$\frac{X}{M} = KC^{\frac{1}{n}}$$

여기서, X : 흡착된 용질의 양
M : 흡착제 무게
C : 용질의 평형농도(질량/체적)
K, n : 경험적 상수

$$\frac{(25-2)}{M} = 0.5 \times 2^{\frac{1}{1}}$$

$$M = 23\text{mg/L} = \frac{23\text{mg}}{\text{L}} \times \frac{1\text{g}}{10^3\text{mg}} \times \frac{1\text{L}}{10^{-3}\text{m}^3} = 23\text{g/m}^3$$

∴ 폐수 $3m^3$당 필요한 활성탄의 양 = 23g × 3 = 69g

60 수온 20℃에서 평균직경 1mm인 모래입자의 침전속도(m/s)는?(단, 동점성값은 $1.003 \times 10^{-6} m^2/s$, 모래 비중은 2.5, Stoke's 법칙 이용)

① 0.414 ② 0.614
③ 0.814 ④ 1.014

해설
Stoke's 법칙을 이용하면 다음과 같다.

$$V_g = \frac{d_p^{\,2}(\rho_p - \rho)g}{18\mu}$$

$$= \frac{(1\times10^{-3}\text{m})^2 \times (2.5-1)\text{kg/m}^3 \times 9.8\text{m/s}^2}{18 \times (1.003\times10^{-6}\text{m}^2/\text{s}) \times 1\text{kg/m}^3}$$

$$\fallingdotseq 0.814\text{m/s}$$

※ 동점성계수 $\nu = \frac{\mu}{\rho}$이므로 $\mu = \nu\rho$이다.

제4과목 | 수질오염공정시험기준

61 시료의 보존 방법으로 틀린 것은?

① 아질산성 질소 : 4℃ 보관, H_2SO_4로 pH 2 이하
② 총질소(용존 총질소) : 4℃ 보관, H_2SO_4로 pH 2 이하
③ 화학적 산소요구량 : 4℃ 보관, H_2SO_4로 pH 2 이하
④ 암모니아성 질소 : 4℃ 보관, H_2SO_4로 pH 2 이하

해설
ES 04130.1e 시료의 채취 및 보존 방법
아질산성 질소 : 4℃ 보관

62 원자흡수분광광도법에서 일어나는 간섭에 대한 설명으로 틀린 것은?

① 광학적 간섭 : 분석하고자 하는 원소의 흡수파장과 비슷한 다른 원소의 파장이 서로 겹쳐 비이상적으로 높게 측정되는 경우 발생
② 물리적 간섭 : 표준용액과 시료 또는 시료와 시료 간의 물리적 성질(점도, 밀도, 표면장력 등)의 차이 또는 표준물질과 시료의 매질(Matrix) 차이에 의해 발생
③ 화학적 간섭 : 불꽃의 온도가 분자를 들뜬 상태로 만들기에 충분히 높지 않아서, 해당 파장을 흡수하지 못하여 발생
④ 이온화 간섭 : 불꽃온도가 너무 낮을 경우 중성원자에서 전자를 빼앗아 이온이 생성될 수 있으며 이 경우 양(+)의 오차가 발생

해설
ES 04400.1d 금속류–불꽃 원자흡수분광광도법
이온화 간섭 : 불꽃온도가 너무 높을 경우 중성원자에서 전자를 빼앗아 이온이 생성될 수 있으며 이 경우 음(−)의 오차가 발생하게 된다.

정답 59 ① 60 ③ 61 ① 62 ④

63 공장의 폐수 100mL를 취하여 산성 100℃에서 $KMnO_4$에 의한 화학적 산소 소비량을 측정하였다. 시료의 적정에 소비된 0.025N $KMnO_4$의 양이 7.5mL였다면 이 폐수의 COD(mg/L)는?(단, 0.025N $KMnO_4$ Factor = 1.02, 바탕시험 적정에 소비된 0.025N $KMnO_4$ = 1.00mL)

① 13.3

② 16.7

③ 24.8

④ 32.2

해설

ES 04315.1b 화학적 산소요구량-적정법-산성 과망간산칼륨법

$$COD(mg/L) = (b-a) \times f \times \frac{1,000}{V} \times 0.2$$

$$= (7.5 - 1.00) \times 1.02 \times \frac{1,000}{100} \times 0.2$$

$$= 13.26mg/L$$

여기서, a : 바탕시험 적정에 소비된 과망간산칼륨용액(0.005M)의 양(mL)

b : 시료의 적정에 소비된 과망간산칼륨용액(0.005M)의 양(mL)

f : 과망간산칼륨용액(0.005M)의 농도계수(Factor)

V : 시료의 양(mL)

64 35% HCl(비중 1.19)을 10% HCl으로 만들기 위한 35% HCl과 물의 용량비는?

① 1 : 1.5

② 3 : 1

③ 1 : 3

④ 1.5 : 1

해설

HCl 35% 용액의 양을 100mL라 가정하면 35% HCl의 양은 35mL, 물 + 35% HCl의 양은 100mL이다.

이 용액을 10% HCl으로 만들려면 35% HCl의 양은 35mL, 물 + 35% HCl의 양은 350mL이어야 하므로 추가해야 하는 물의 양은 250mL이다.

∴ 35% HCl과 물의 용량비 = (100 / 1.19) : 250 ≒ 1 : 3

65 분원성 대장균군-막여과법에서 배양온도 유지 기준은?

① 25±0.2℃ ② 30±0.5℃

③ 35±0.5℃ ④ 44.5±0.2℃

해설

ES 04702.1e 분원성 대장균군-막여과법

배양기 또는 항온수조 : 배양온도를 44.5±0.2℃로 유지할 수 있는 것을 사용한다.

66 ppm을 설명한 것으로 틀린 것은?

① ppb 농도의 1,000배이다.

② 백만분율이라고 한다.

③ mg/kg이다.

④ % 농도의 1/1,000이다.

해설

ppm은 % 농도의 1/10,000이다(1ppm = 0.0001%).

67 유도결합플라스마-원자발광분광법에 의한 원소별 정량한계로 틀린 것은?

① Cu : 0.006mg/L

② Pb : 0.004mg/L

③ Ni : 0.015mg/L

④ Mn : 0.002mg/L

해설

ES 04400.3c 금속류-유도결합플라스마-원자발광분광법

유도결합플라스마-원자발광분광법에 의한 원소별 정량한계

원소명	정량한계(mg/L)
Cu	0.006
Pb	0.04
Ni	0.015
Mn	0.002

63 ① 64 ③ 65 ④ 66 ④ 67 ② 정답

68 **수질오염공정시험기준상 이온크로마토그래피법을 정량분석에 이용할 수 없는 항목은?**

① 염소이온
② 아질산성 질소
③ 질산성 질소
④ 암모니아성 질소

해설
암모니아성 질소 분석방법
- 자외선/가시선 분광법(ES 04355.1c)
- 이온전극법(ES 04355.2b)
- 적정법(ES 04355.3b)

69 **자외선/가시선 분광법을 적용한 음이온 계면활성제 측정에 관한 설명으로 틀린 것은?**

① 정량한계는 0.02mg/L이다.
② 시료 중의 계면활성제를 종류별로 구분하여 측정할 수 없다.
③ 시료 속에 미생물이 있는 경우 일부의 음이온 계면활성제가 신속히 변할 가능성이 있으므로 가능한 빠른 시간 안에 분석을 하여야 한다.
④ 양이온 계면활성제가 존재할 경우 양의 오차가 발생한다.

해설
ES 04359.1d 음이온 계면활성제-자외선/가시선 분광법
양이온 계면활성제 혹은 아민과 같은 양이온 물질이 존재할 경우 음의 오차가 발생할 수 있다.

70 **적절한 보존 방법을 적용한 경우 시료 최대 보존기간이 가장 긴 항목은?**

① 시 안
② 용존 총인
③ 질산성 질소
④ 암모니아성 질소

해설
ES 04130.1e 시료의 채취 및 보존 방법
시료의 최대 보존기간
- 용존 총인, 암모니아성 질소 : 28일
- 시안 : 14일
- 질산성 질소 : 48시간

71 **용존산소(DO) 측정 시 시료가 착색, 현탁된 경우에 사용하는 전처리 시약은?**

① 칼륨명반용액, 암모니아수
② 황산구리, 설퍼민산용액
③ 황산, 플루오린화칼륨용액
④ 황산제이철용액, 과산화수소

해설
ES 04308.1e 용존산소-적정법
전처리-시료가 착색 또는 현탁된 경우
시료를 마개가 있는 1L 유리병(마개는 접촉부분이 45°로 절단되어 있는 것)에 기울여서 기포가 생기지 않도록 조심하면서 가득 채우고, 칼륨명반용액 10mL와 암모니아수 1~2mL를 유리병의 위로부터 넣고, 공기(피펫의 공기)가 들어가지 않도록 주의하면서 마개를 닫고 조용히 상하를 바꾸어 가면서 1분간 흔들어 섞고 10분간 정치하여 현탁물을 침강시킨다. 상층액을 고무관 또는 폴리에틸렌관을 이용하여 사이펀작용으로 300mL BOD병에 채운다. 이때 아래로부터 침강된 응집물이 들어가지 않도록 주의하면서 가득 채운다.

정답 68 ④ 69 ④ 70 ②, ④ 71 ①

72 **수질오염공정시험기준상 총대장균군의 시험방법이 아닌 것은?**

① 현미경계수법
② 막여과법
③ 시험관법
④ 평판집락법

해설
현미경계수법은 식물성 플랑크톤 시험방법이다(ES 04705.1c).
총대장균군 시험방법
• 막여과법(ES 04701.1g)
• 시험관법(ES 04701.2g)
• 평판집락법(ES 04701.3e)
• 효소이용정량법(ES 04701.4b)

73 **노말헥산 추출물질 측정을 위한 시험방법에 관한 설명으로 ( )에 옳은 것은?**

시료 적당량을 분액깔때기에 넣고 ( ) 변할 때까지 염산(1+1)을 넣어 pH 4 이하로 조절한다.

① 메틸오렌지용액(0.1%) 2~3방울을 넣고 황색이 적색으로
② 메틸오렌지용액(0.1%) 2~3방울을 넣고 적색이 황색으로
③ 메틸레드용액(0.5%) 2~3방울을 넣고 황색이 적색으로
④ 메틸레드용액(0.5%) 2~3방울을 넣고 적색이 황색으로

해설
ES 04302.1b 노말헥산 추출물질
시료 적당량(노말헥산 추출물질로서 5~200mg 해당량)을 분별깔때기에 넣고 메틸오렌지용액(0.1%) 2~3방울을 넣고 황색이 적색으로 변할 때까지 염산(1+1)을 넣어 시료의 pH를 4 이하로 조절한다.

74 **전기전도도 측정에 관한 설명으로 틀린 것은?**

① 용액이 전류를 운반할 수 있는 정도를 말한다.
② 온도차에 의한 영향이 적어 폭 넓게 적용된다.
③ 용액에 담겨 있는 2개의 전극에 일정한 전압을 가해주면 가한 전압이 전류를 흐르게 하며, 이때 흐르는 전류의 크기는 용액의 전도도에 의존한다는 사실을 이용한다.
④ 용액 중의 이온세기를 신속하게 평가할 수 있는 항목으로 국제적으로 S(Siemens) 단위가 통용되고 있다.

해설
전기전도도는 온도차에 의한 영향이 크다.

75 **크롬-원자흡수분광광도법의 정량한계에 관한 내용으로 ( )에 옳은 것은?**

357.9nm에서의 산처리법은 (㉠)mg/L, 용매추출법은 (㉡)mg/L이다.

① ㉠ 0.1, ㉡ 0.01
② ㉠ 0.01, ㉡ 0.1
③ ㉠ 0.01, ㉡ 0.001
④ ㉠ 0.001, ㉡ 0.01

해설
ES 04414.1d 크롬-원자흡수분광광도법
정량한계는 357.9nm에서의 산처리법은 0.01mg/L, 용매추출법은 0.001mg/L이다.

72 ① 73 ① 74 ② 75 ③ 정답

76 **온도에 관한 내용으로 옳지 않은 것은?**

① 찬 곳은 따로 규정이 없는 한 0~15℃의 곳을 뜻한다.
② 냉수는 15℃ 이하를 말한다.
③ 온수는 70~90℃를 말한다.
④ 상온은 15~25℃를 말한다.

해설

ES 04000.d 총칙
온수는 60~70℃를 말한다.

77 **'항량으로 될 때까지 건조한다'는 정의 중 (　)에 해당하는 것은?**

같은 조건에서 1시간 더 건조할 때 전후 무게의 차가 g당 (　)mg 이하일 때

① 0　　② 0.1
③ 0.3　　④ 0.5

해설

ES 04000.d 총칙
'항량으로 될 때까지 건조한다'라 함은 같은 조건에서 1시간 더 건조할 때 전후 무게의 차가 g당 0.3mg 이하일 때를 말한다.

78 **냄새역치(TON)의 계산식으로 옳은 것은?(단, A : 시료 부피(mL), B : 무취 정제수 부피(mL))**

① $\frac{A+B}{B}$　　② $\frac{A+B}{A}$
③ $\frac{A}{A+B}$　　④ $\frac{B}{A+B}$

해설

ES 04301.1b 냄새

냄새역치(TON) $= \frac{A+B}{A}$

여기서, A : 시료 부피(mL)
B : 무취 정제수 부피(mL)

79 **취급 또는 저장하는 동안에 기체 또는 미생물이 침입하지 아니하도록 내용물을 보호하는 용기는?**

① 밀봉용기
② 밀폐용기
③ 기밀용기
④ 차폐용기

해설

ES 04000.d 총칙
'밀봉용기'라 함은 취급 또는 저장하는 동안에 기체 또는 미생물이 침입하지 아니하도록 내용물을 보호하는 용기를 말한다.

80 **공장폐수 및 하수유량-관(Pipe) 내의 유량측정방법 중 오리피스에 관한 설명으로 옳지 않은 것은?**

① 설치에 비용이 적게 소요되며 비교적 유량측정이 정확하다.
② 오리피스 판의 두께에 따라 흐름의 수로 내외에 설치가 가능하다.
③ 오리피스 단면에 커다란 수두손실이 일어나는 단점이 있다.
④ 단면이 축소되는 목부분을 조절함으로써 유량이 조절된다.

해설

ES 04140.1c 공장폐수 및 하수유량-관(Pipe) 내의 유량측정방법
오리피스(Orifice) 특성 및 구조
오리피스는 설치에 비용이 적게 들고 비교적 유량측정이 정확하여 얇은 판 오리피스가 널리 이용되고 있으며 흐름의 수로 내에 설치한다. 오리피스를 사용하는 방법은 노즐(Nozzle)과 벤투리미터와 같다. 오리피스의 장점은 단면이 축소되는 목(Throat)부분을 조절함으로써 유량이 조절된다는 점이며, 단점은 오리피스(Orifice) 단면에서 커다란 수두손실이 일어난다는 점이다.

정답 76 ③ 77 ③ 78 ② 79 ① 80 ②

제5과목 | 수질환경관계법규

81 물놀이 등의 행위제한 권고기준 중 대상 행위가 '어패류 등 섭취'인 경우인 것은?

① 어패류 체내 총 카드뮴 : 0.3mg/kg 이상
② 어패류 체내 총 카드뮴 : 0.03mg/kg 이상
③ 어패류 체내 총 수은 : 0.3mg/kg 이상
④ 어패류 체내 총 수은 : 0.03mg/kg 이상

해설
물환경보전법 시행령 [별표 5] 물놀이 등의 행위제한 권고기준

대상 행위	항 목	기 준
어패류 등 섭취	어패류 체내 총 수은(Hg)	0.3mg/kg 이상

82 기본배출부과금 산정에 필요한 지역별 부과계수로 옳은 것은?

① 청정지역 및 가지역 : 1.5
② 청정지역 및 가지역 : 1.2
③ 나지역 및 특례지역 : 1.5
④ 나지역 및 특례지역 : 1.2

해설
물환경보전법 시행령 [별표 10] 지역별 부과계수

청정지역 및 가지역	나지역 및 특례지역
1.5	1

83 사업장별 환경기술인의 자격기준에 관한 설명으로 옳지 않은 것은?

① 방지시설 설치면제 대상 사업장과 배출시설에서 배출되는 수질오염물질 등을 공동방지시설에서 처리하게 하는 사업장은 제3종 사업장에 해당하는 환경기술인을 두어야 한다.
② 연간 90일 미만 조업하는 제1종부터 제3종까지의 사업장은 제4종·제5종 사업장에 해당하는 환경기술인을 선임할 수 있다.
③ 공동방지시설에서 있어서 폐수배출량이 제4종 또는 제5종 사업장의 규모에 해당하면 제3종 사업장에 해당하는 환경기술인을 두어야 한다.
④ 대기환경기술인으로 임명된 자가 수질환경기술인의 자격을 함께 갖춘 경우에는 수질환경기술인을 겸임할 수 있다.

해설
물환경보전법 시행령 [별표 17] 사업장별 환경기술인의 자격기준
방지시설 설치면제 대상인 사업장과 배출시설에서 배출되는 수질오염물질 등을 공동방지시설에서 처리하게 하는 사업장은 제4종 사업장·제5종 사업장에 해당하는 환경기술인을 둘 수 있다.

84 폐수수탁처리업에서 사용하는 폐수운반차량에 관한 설명으로 틀린 것은?

① 청색으로 도색한다.
② 차량 양쪽 옆면과 뒷면에 폐수운반차량, 회사명, 허가번호, 전화번호 및 용량을 표시하여야 한다.
③ 차량에 표시는 흰색 바탕에 황색 글씨로 한다.
④ 운송 시 안전을 위한 보호구, 중화제 및 소화기를 갖추어 두어야 한다.

해설
물환경보전법 시행규칙 [별표 20] 폐수처리업의 허가요건
폐수운반차량은 청색[색번호 10B5-12(1016)]으로 도색하고, 양쪽 옆면과 뒷면에 가로 50cm, 세로 20cm 이상 크기의 노란색 바탕에 검은색 글씨로 폐수운반차량, 회사명, 허가번호, 전화번호 및 용량을 지워지지 아니하도록 표시하여야 한다.

81 ③ 82 ① 83 ① 84 ③ 정답

85 기술인력 등의 교육에 관한 설명으로 ( )에 들어갈 기간은?

> 환경기술인 또는 폐수처리업에 종사하는 기술요원의 최초교육은 최초로 업무에 종사한 날부터 ( ) 이내에 실시하여야 한다.

① 6개월 ② 1년
③ 2년 ④ 3년

해설
물환경보전법 시행규칙 제93조(기술인력 등의 교육기간 · 대상자 등)
기술인력, 환경기술인 또는 폐수처리업에 종사하는 기술요원(이하 '기술인력 등'이라 한다)을 고용한 자는 다음의 구분에 따른 교육을 받게 하여야 한다.
- 최초교육 : 기술인력 등이 최초로 업무에 종사한 날부터 1년 이내에 실시하는 교육
- 보수교육 : 위에 따른 최초교육 후 3년마다 실시하는 교육

86 조치명령 또는 개선명령을 받지 아니한 사업자가 배출허용기준을 초과하여 오염물질을 배출하게 될 때 환경부장관에게 제출하는 개선계획서에 기재할 사항이 아닌 것은?

① 개선사유
② 개선내용
③ 개선기간 중의 수질오염물질 예상배출량 및 배출농도
④ 개선 후 배출시설의 오염물질 저감량 및 저감효과

해설
물환경보전법 시행령 제40조(조치명령 또는 개선명령을 받지 아니한 사업자의 개선)
조치명령을 받지 아니한 자 또는 개선명령을 받지 아니한 사업자는 다음의 어느 하나에 해당하는 사유로 측정기기를 정상적으로 운영하기 어렵거나 배출허용기준을 초과할 우려가 있다고 인정하여 측정기기 · 배출시설 또는 방지시설(이하 '배출시설 등'이라 한다)을 개선하려는 경우에는 개선계획서에 개선사유, 개선기간, 개선내용, 개선기간 중의 수질오염물질 예상배출량 및 배출농도 등을 적어 환경부장관에게 제출하고 그 배출시설 등을 개선할 수 있다.

87 환경부장관이 배출시설을 설치 · 운영하는 사업자에 대하여(조업정지를 하는 경우로써) 조업정지처분에 갈음하여 과징금을 부과할 수 있는 대상 배출시설이 아닌 것은?

① 의료기관의 배출시설
② 발전소의 발전설비
③ 제조업의 배출시설
④ 기타 환경부령으로 정하는 배출시설

해설
물환경보전법 제43조(과징금 처분)
환경부장관은 다음의 어느 하나에 해당하는 배출시설(폐수무방류배출시설은 제외한다)을 설치 · 운영하는 사업자에 대하여 조업정지를 명하여야 하는 경우로서 그 조업정지가 주민의 생활, 대외적인 신용, 고용, 물가 등 국민경제 또는 그 밖의 공익에 현저한 지장을 줄 우려가 있다고 인정되는 경우에는 조업정지처분을 갈음하여 매출액에 100분의 5를 곱한 금액을 초과하지 아니하는 범위에서 과징금을 부과할 수 있다.
- 의료법에 따른 의료기관의 배출시설
- 발전소의 발전설비
- 초 · 중등교육법 및 고등교육법에 따른 학교의 배출시설
- 제조업의 배출시설
- 그 밖에 대통령령으로 정하는 배출시설

정답 85 ② 86 ④ 87 ④

88 수질오염감시경보 단계 중 경계단계의 발령기준으로 ( )에 내용으로 옳은 것은?

> 생물감시 측정값이 생물감시 경보기준 농도를 30분 이상 지속적으로 초과하고 전기전도도, 휘발성 유기화합물, 페놀, 중금속(구리, 납, 아연, 카드뮴 등) 항목 중 (㉠) 이상의 항목이 측정항목별 경보기준을 (㉡) 이상 초과하는 경우

① ㉠ 1개, ㉡ 2배　② ㉠ 1개, ㉡ 3배
③ ㉠ 2개, ㉡ 2배　④ ㉠ 2개, ㉡ 3배

해설

물환경보전법 시행령 [별표 3] 수질오염경보의 종류별 경보단계 및 그 단계별 발령·해제기준

수질오염감시경보

경보단계	발령·해제기준
경 계	생물감시 측정값이 생물감시 경보기준 농도를 30분 이상 지속적으로 초과하고, 전기전도도, 휘발성 유기화합물, 페놀, 중금속(구리, 납, 아연, 카드뮴 등) 항목 중 1개 이상의 항목이 측정항목별 경보기준을 3배 이상 초과하는 경우

89 낚시제한구역에서의 제한사항이 아닌 것은?

① 1명당 3대의 낚시대를 사용하는 행위
② 1개의 낚시대에 5개 이상의 낚시바늘을 떡밥과 뭉쳐서 미끼로 던지는 행위
③ 낚시바늘에 끼워서 사용하지 아니하고 물고기를 유인하기 위하여 떡밥·어분 등을 던지는 행위
④ 어선을 이용한 낚시행위 등 낚시 관리 및 육성법에 따른 낚시어선업을 영위하는 행위(내수면어업법 시행령에 따른 외줄낚시는 제외한다)

해설

물환경보전법 시행규칙 제30조(낚시제한구역에서의 제한사항)

1명당 4대 이상의 낚시대를 사용하는 행위

90 폐수처리업에 종사하는 기술요원에 대한 교육기관으로 옳은 것은?

① 국립환경인재개발원
② 국립환경과학원
③ 한국환경공단
④ 환경보전협회

해설

물환경보전법 시행규칙 제93조(기술인력 등의 교육기간·대상자 등)

교육은 다음의 구분에 따른 교육기관에서 실시한다. 다만, 환경부장관 또는 시·도지사는 필요하다고 인정하면 다음의 교육기관 외의 교육기관에서 기술인력 등에 관한 교육을 실시하도록 할 수 있다.

- 측정기기 관리대행업에 등록된 기술인력 : 국립환경인재개발원 또는 수도법에 따른 한국상하수도협회
- 폐수처리업에 종사하는 기술요원 : 국립환경인재개발원
- 환경기술인 : 환경정책기본법에 따른 환경보전협회

91 공공수역에 정당한 사유 없이 특정수질유해물질 등을 누출·유출시키거나 버린 자에 대한 처벌기준은?

① 1년 이하의 징역 또는 1천만원 이하의 벌금
② 2년 이하의 징역 또는 2천만원 이하의 벌금
③ 3년 이하의 징역 또는 3천만원 이하의 벌금
④ 5년 이하의 징역 또는 5천만원 이하의 벌금

해설

물환경보전법 제77조(벌칙)

공공수역에 정당한 사유 없이 특정수질유해물질 등을 누출·유출하거나 버린 자는 3년 이하의 징역 또는 3천만원 이하의 벌금에 처한다.

88 ② 89 ① 90 ① 91 ③ 정답

92 대권역 물환경관리계획의 수립 시 포함되어야 할 사항으로 틀린 것은?

① 상수원 및 물 이용현황
② 물환경의 변화 추이 및 물환경목표기준
③ 물환경 보전조치의 추진방향
④ 물환경 관리 우선순위 및 대책

해설

물환경보전법 제24조(대권역 물환경관리계획의 수립)
대권역계획에는 다음의 사항이 포함되어야 한다.
- 물환경의 변화 추이 및 물환경목표기준
- 상수원 및 물 이용현황
- 점오염원, 비점오염원 및 기타수질오염원의 분포현황
- 점오염원, 비점오염원 및 기타수질오염원에서 배출되는 수질오염물질의 양
- 수질오염 예방 및 저감 대책
- 물환경 보전조치의 추진방향
- 기후위기 대응을 위한 탄소중립·녹색성장 기본법에 따른 기후변화에 대한 적응대책
- 그 밖에 환경부령으로 정하는 사항

93 초과부과금 산정기준으로 적용되는 수질오염물질 1kg당 부과금액이 가장 높은(많은) 것은?

① 카드뮴 및 그 화합물
② 6가크롬화합물
③ 납 및 그 화합물
④ 수은 및 그 화합물

해설

물환경보전법 시행령 [별표 14] 초과부과금의 산정기준

수질오염물질		수질오염물질 1kg당 부과금액(단위 : 원)
특정유해물질	카드뮴 및 그 화합물	500,000
	수은 및 그 화합물	1,250,000
	납 및 그 화합물	150,000
	6가크롬화합물	300,000

94 수계영향권별 물환경 보전에 관한 설명으로 옳은 것은?

① 환경부장관은 공공수역의 물환경을 관리·보전하기 위하여 국가 물환경관리기본계획은 10년마다 수립하여야 한다.
② 유역환경청장은 수계영향권별로 오염원의 종류, 수질오염물질 발생량 등을 정기적으로 조사하여야 한다.
③ 환경부장관은 국가 물환경기본계획에 따라 중권역의 물환경관리계획을 수립하여야 한다.
④ 수생태계 복원계획의 내용 및 수립 절차 등에 필요한 사항은 환경부령으로 정한다.

해설

① 물환경보전법 제23조의2(국가 물환경관리기본계획의 수립) : 환경부장관은 공공수역의 물환경을 관리·보전하기 위하여 대통령령으로 정하는 바에 따라 국가 물환경관리기본계획을 10년마다 수립하여야 한다.
② 물환경보전법 제23조(오염원 조사) : 환경부장관 및 시·도지사는 환경부령으로 정하는 바에 따라 수계영향권별로 오염원의 종류, 수질오염물질 발생량 등을 정기적으로 조사하여야 한다.
③ 물환경보전법 제25조(중권역 물환경관리계획의 수립) : 지방환경관서의 장은 대권역계획에 따라 중권역별로 중권역 물환경관리계획을 수립하여야 한다.
④ 물환경보전법 제27조의2(수생태계 복원계획의 수립 등) : 복원계획의 내용 및 수립 절차 등에 필요한 사항은 대통령령으로 정한다.

정답 92 ④ 93 ④ 94 ①

95 **물환경보전법에서 사용하는 용어의 뜻으로 틀린 것은?**

① 점오염원이란 폐수배출시설, 하수발생시설, 축사 등으로서 관로·수로 등을 통하여 일정한 지점으로 수질오염물질을 배출하는 배출원을 말한다.
② 공공수역이란 하천, 호소, 항만, 연안해역, 그 밖에 공공용으로 사용되는 대통령령으로 정하는 수역을 말한다.
③ 폐수란 물에 액체성 또는 고체성의 수질오염물질이 섞여 있어 그대로는 사용할 수 없는 물을 말한다.
④ 폐수무방류배출시설이란 폐수배출시설에서 발생하는 폐수를 해당 사업장에서 수질오염방지시설을 이용하여 처리하거나 동일 폐수배출시설에 재이용하는 등 공공수역으로 배출하지 아니하는 폐수배출시설을 말한다.

해설

물환경보전법 제2조(정의)
'공공수역'이란 하천, 호소, 항만, 연안해역, 그 밖에 공공용으로 사용되는 수역과 이에 접속하여 공공용으로 사용되는 환경부령으로 정하는 수로를 말한다.

96 **수질오염방지시설 중 물리적 처리시설에 해당하지 않는 것은?**

① 유수분리시설 ② 혼합시설
③ 침전물 개량시설 ④ 응집시설

해설

물환경보전법 시행규칙 [별표 5] 수질오염방지시설
물리적 처리시설

- 스크린
- 분쇄기
- 침사(沈砂)시설
- 유수분리시설
- 유량조정시설(집수조)
- 혼합시설
- 응집시설
- 침전시설
- 부상시설
- 여과시설
- 탈수시설
- 건조시설
- 증류시설
- 농축시설

97 **일일기준초과배출량 산정 시 적용되는 일일유량의 산정 방법은 [측정유량 × 일일조업시간]이다. 측정유량의 단위는?**

① L/s ② L/min
③ L/h ④ L/day

해설

물환경보전법 시행령 [별표 15] 일일기준초과배출량 및 일일유량 산정 방법
측정유량의 단위는 분당 리터(L/min)로 한다.

98 **하천(생활환경 기준)의 등급별 수질 및 수생태계의 상태에 대한 설명으로 다음에 해당되는 등급은?**

> 수질 및 수생태계 상태 : 상당량의 오염물질로 인하여 용존산소가 소모되는 생태계로 농업용수로 사용하거나 여과, 침전, 활성탄 투입, 살균 등 고도의 정수처리 후 공업용수로 사용할 수 있음

① 보 통
② 약간 나쁨
③ 나 쁨
④ 매우 나쁨

해설

환경정책기본법 시행령 [별표 1] 환경기준
수질 및 수생태계–하천–생활환경 기준
등급별 수질 및 수생태계 상태

- 보통 : 보통의 오염물질로 인하여 용존산소가 소모되는 일반 생태계로 여과, 침전, 활성탄 투입, 살균 등 고도의 정수처리 후 생활용수로 이용하거나 일반적 정수처리 후 공업용수로 사용할 수 있음
- 약간 나쁨 : 상당량의 오염물질로 인하여 용존산소가 소모되는 생태계로 농업용수로 사용하거나 여과, 침전, 활성탄 투입, 살균 등 고도의 정수처리 후 공업용수로 사용할 수 있음
- 나쁨 : 다량의 오염물질로 인하여 용존산소가 소모되는 생태계로 산책 등 국민의 일상생활에 불쾌감을 주지 않으며, 활성탄 투입, 역삼투압 공법 등 특수한 정수처리 후 공업용수로 사용할 수 있음
- 매우 나쁨 : 용존산소가 거의 없는 오염된 물로 물고기가 살기 어려움

95 ② 96 ③ 97 ② 98 ② 정답

99 공공수역의 전국적인 수질 현황을 파악하기 위해 설치할 수 있는 측정망의 종류로 틀린 것은?

① 생물 측정망
② 토질 측정망
③ 공공수역 유해물질 측정망
④ 비점오염원에서 배출되는 비점오염물질 측정망

해설

물환경보전법 시행규칙 제22조(국립환경과학원장 등이 설치·운영하는 측정망의 종류 등)

국립환경과학원장, 유역환경청장, 지방환경청장이 법 제9조제1항에 따라 설치할 수 있는 측정망은 다음과 같다.

- 비점오염원에서 배출되는 비점오염물질 측정망
- 수질오염물질의 총량관리를 위한 측정망
- 대규모 오염원의 하류지점 측정망
- 수질오염경보를 위한 측정망
- 대권역·중권역을 관리하기 위한 측정망
- 공공수역 유해물질 측정망
- 퇴적물 측정망
- 생물 측정망
- 그 밖에 국립환경과학원장, 유역환경청장 또는 지방환경청장이 필요하다고 인정하여 설치·운영하는 측정망

물환경보전법 제9조제1항

환경부장관은 하천·호소, 그 밖에 환경부령으로 정하는 공공수역의 전국적인 수질 현황을 파악하기 위하여 측정망(測定網)을 설치하여 수질오염도(水質汚染度)를 상시측정하여야 하며, 수질오염물질의 지정 및 수질의 관리 등을 위한 조사를 전국적으로 하여야 한다.

100 위임업무 보고사항 중 업무내용에 따른 보고횟수가 연 1회에 해당되는 것은?

① 기타 수질오염원 현황
② 환경기술인의 자격별·업종별 현황
③ 폐수무방류배출시설의 설치허가 현황
④ 폐수처리업에 대한 허가·지도단속실적 및 처리실적 현황

해설

물환경보전법 시행규칙 [별표 23] 위임업무 보고사항

업무내용	보고횟수
폐수무방류배출시설의 설치허가(변경허가) 현황	수 시
기타 수질오염원 현황	연 2회
폐수처리업에 대한 허가·지도단속실적 및 처리실적 현황	연 2회
환경기술인의 자격별·업종별 현황	연 1회

정답 99 ② 100 ②

2023년 제1회 최근 기출복원문제

※ 2023년부터는 CBT(컴퓨터 기반 시험)로 진행되어 수험자의 기억에 의해 문제를 복원하였습니다. 실제 시행문제와 일부 상이할 수 있음을 알려드립니다.

제1과목 | 수질오염개론

01 3g의 아세트산(CH_3COOH)을 증류수에 녹여 1L로 하였을 때 수소이온농도(mol/L)는?(단, 이온화상수값 = 1.75×10^{-5})

① 6.3×10^{-4}　② 6.3×10^{-5}
③ 9.3×10^{-4}　④ 9.3×10^{-5}

해설
CH_3COOH는 약산이다.
약전해질 용액이 Cmol/L만큼 있다고 하면
$[H^+] = \sqrt{K_a \cdot C}$
CH_3COOH의 분자량은 60g이므로 몰농도를 계산하면,
$$CH_3COOH(mol/L) = \frac{3g}{1L} \times \frac{1mol}{60g} = 0.05M$$
$$\therefore [H^+] = \sqrt{1.75 \times 10^{-5} \times 0.05} \fallingdotseq 9.35 \times 10^{-4}$$

02 하천수의 난류 확산 방정식과 관련이 적은 것은?

① 유 량
② 오염물질의 침강속도
③ 난류확산계수
④ 오염물질의 자기감쇠계수

해설
난류 확산 방정식의 영향 인자
- 하천수의 오염물질농도
- 유하거리, 단면, 수심의 유속 및 방향
- 난류확산계수
- 오염물질의 침강속도
- 오염물질의 자기감쇠계수

03 호소수의 전도현상(Turnover)이 호소수 수질환경에 미치는 영향을 설명한 내용 중 옳지 않은 것은?

① 수괴의 수직운동 촉진으로 호소 내 환경용량이 제한되어 물의 자정능력이 감소된다.
② 심층부까지 조류의 혼합이 촉진되어 상수원의 취수 심도에 영향을 끼치게 되므로 수도의 수질이 악화된다.
③ 심층부의 영양염이 상승하게 됨에 따라 표층부에 규조류가 번성하게 되어 부영양화가 촉진된다.
④ 조류의 다량 번식으로 물의 탁도가 증가되고 여과지가 폐색되는 등의 문제가 발생한다.

해설
수괴의 수직운동 촉진으로 물의 자정작용이 증가한다.

04 수질오염물질별 인체 영향(질환)이 틀리게 짝지어진 것은?

① 비소 : 법랑반점
② 크롬 : 비중격 연골 천공
③ 아연 : 기관지 자극 및 폐렴
④ 납 : 근육과 관절의 장애

해설
법랑반점(반상치)은 플루오린의 영향으로 생기는 질환이다.
※ 비소 : 피부염, 간장비대 등을 유발

1 ③ 2 ① 3 ① 4 ① 정답

05 미생물의 종류를 분류할 때, 탄소 공급원에 따른 분류는?

① Aerobic, Anaerobic

② Thermophilic, Psychrophilic

③ Phytosynthetic, Chemosynthetic

④ Autotrophic, Heterotrophic

해설

탄소 공급원에 따라 독립영양계 미생물(Autotrophic), 종속영양계 미생물(Heterotrophic)로 나뉜다.

06 하천의 수질관리를 위하여 1920년대 초에 개발된 수질예측모델로 BOD와 DO반응, 즉 유기물 분해로 인한 DO 소비와 대기로부터 수면을 통해 산소가 재공급되는 재폭기만 고려한 것은?

① DO SAG Ⅰ 모델

② QUAL-Ⅰ 모델

③ WQRRS 모델

④ Streeter-Phelps 모델

해설

Streeter-Phelps 모델의 특징

- 최초의 하천 수질 모델링
- 점오염원으로부터 오염부하량을 고려
- 유기물 분해에 따른 DO 소비와 재폭기만을 고려

07 운동기관이 없으며, 먹이를 흡수에 의해 섭식하는 원생동물 종류는?

① 포자충류 ② 편모충류

③ 섬모충류 ④ 육질충류

해설

포자충류는 포자류라고도 하며, 섬모나 편모 등과 같은 특별한 운동기관이나 수축포가 없고 기생성이다. 호흡과 배설은 세포막을 통한 확산으로 이루어지고, 원생동물에서 포유류까지의 외피, 소화관벽, 체강, 장상피, 혈액의 세포 내에 널리 기생한다.

08 산성강우에 대한 설명으로 틀린 것은?

① 주요 원인물질은 유황산화물, 질소산화물, 염산을 들 수 있다.

② 대기오염이 혹심한 지역에 국한되는 현상으로 비교적 정확한 예보가 가능하다.

③ 초목의 잎과 토양으로부터 Ca^{++}, Mg^{++}, K^{+} 등의 용출 속도를 증가시킨다.

④ 보통 대기 중 탄산가스와 평형상태에 있는 물은 pH 약 5.6의 산성을 띤다.

해설

산성비는 대기오염이 크지 않은 곳에서도 발생하며, 정확한 예보가 어렵다.

09 하천의 DO가 8mg/L, BOD_u가 10mg/L일 때, 용존산소곡선(DO Sag Curve)에서의 임계점에 도달하는 시간(day)은?(단, 온도는 20℃, DO 포화농도는 9.2mg/L, K_1=0.1/day, K_2=0.2/day, $t_c = \frac{1}{K_1(f-1)}\log\left[f\left\{1-(f-1)\frac{D_0}{L_0}\right\}\right]$ 이다. 상용대수 기준)

① 2.46 ② 2.64

③ 2.78 ④ 2.93

해설

주어진 임계점 도달시간 공식을 이용한다.

$$t_c = \frac{1}{K_1(f-1)}\log\left[f\left\{1-(f-1)\frac{D_0}{L_0}\right\}\right]$$

여기서, f(자정계수) $= \frac{K_2}{K_1} = \frac{0.2/\text{day}}{0.1/\text{day}} = 2$

D_0(초기산소 부족량) $= 9.2 - 8 = 1.2\text{mg/L}$

$$t_c = \frac{1}{0.1\times(2-1)}\log\left[2\left\{1-(2-1)\frac{1.2}{10}\right\}\right] \fallingdotseq 2.46\text{day}$$

정답 5 ④ 6 ④ 7 ① 8 ② 9 ①

10 **0.03M-NaCl과 0.02M-$BaSO_4$ 용액의 이온강도는?(단, 완전 해리 기준)**

① 0.08　　② 0.11
③ 0.14　　④ 0.17

해설

이온강도 $= \frac{1}{2}\sum_i C_i Z_i^2$

여기서, C_i : 이온의 몰농도

Z_i : 이온의 전하

$NaCl \rightleftarrows Na^+ + Cl^-$

$BaSO_4 \rightleftarrows Ba^{2+} + SO_4^{2-}$

$\therefore$ 이온강도 $= \frac{1}{2}[0.03\times1^2 + 0.03\times(-1)^2 + 0.02\times2^2 + 0.02\times(-2)^2]$

$= 0.11$

11 **알칼리도(Alkalinity)에 관한 설명으로 가장 거리가 먼 것은?**

① P-알칼리도와 M-알칼리도를 합친 것을 총알칼리도라 한다.

② 알칼리도 계산은 다음 식으로 나타낸다.

$$\mathrm{Alk}(CaCO_3\ mg/L) = \frac{a \cdot N \cdot 50}{V} \times 1,000$$

a : 소비된 산의 부피(mL), N : 산의 농도(eq/L), V : 시료의 양(mL)

③ 실용 목적에서는 자연수에 있어서 수산화물, 탄산염, 중탄산염 이외, 기타 물질에 기인되는 알칼리도는 중요하지 않다.

④ 부식제어에 관련되는 중요한 변수인 Langelier 포화지수 계산에 적용된다.

해설

M-알칼리도는 pH를 4.5까지 낮추는 데 소비된 산의 양을 $CaCO_3$의 mg/L로 환산한 값으로, 총알칼리도라고도 한다.

12 **콜로이드의 성질과 특성에 대한 설명으로 옳지 않은 것은?**

① 제타전위는 콜로이드 입자의 전하와 전하의 효력이 미치는 분산매의 거리를 측정한다.

② 제타전위가 클수록 입자는 응집하기 쉬우므로 콜로이드를 완전히 응집시키는 데 제타전위를 5~10mV 이상으로 해야 한다.

③ 소수성 콜로이드는 전해질의 첨가에 따라 응집하며 응결시킬 때 필요한 이온에 대한 응결가는 이온가가 높은 쪽이 크다.

④ 친수성 콜로이드는 물에 대한 친화력이 대단히 크므로 소량의 전해질 첨가에는 영향을 받지 않고 대량의 전해질을 가하면 염석에 따라 침전한다.

해설

제타전위가 작을수록 입자는 응집하기 쉬우므로 콜로이드를 완전히 응집시키는 데 제타전위를 5~10mV 이하로 해야 한다.

13 **Glycine($CH_2(NH_2)COOH$) 7몰을 분해하는 데 필요한 이론적 산소요구량(g O_2/mol)은?(단, 최종 산물은 HNO_3, CO_2, H_2O이다)**

① 724　　② 742
③ 768　　④ 784

해설

$CH_2(NH_2)COOH$의 반응식

$CH_2(NH_2)COOH + 3.5O_2 \rightarrow 2CO_2 + 2H_2O + HNO_3$

1mol당 3.5mol의 산소가 필요하다.

$\therefore 7\times3.5\times32 = 784g\ O_2/mol$

10 ② 11 ① 12 ② 13 ④ 정답

14 **자정상수(f)의 영향인자에 관한 설명으로 옳지 못한 것은?**

① 수심이 깊을수록 자정상수는 작아진다.
② 수온이 높을수록 자정상수는 작아진다.
③ 유속이 완만할수록 자정상수는 작아진다.
④ 바닥구배가 클수록 자정상수는 작아진다.

해설
바닥구배가 클수록 자정상수는 커진다.

15 **BOD가 2,000mg/L인 폐수를 제거율 85%로 처리한 후 몇 배 희석하면 방류수 기준에 맞는가?(단, 방류수 기준은 40mg/L이라고 가정)**

① 4.5배 이상　② 5.5배 이상
③ 6.5배 이상　④ 7.5배 이상

해설
제거율 85%로 처리한 후 BOD는
2,000mg/L × (1 − 0.85) = 300mg/L이며,
방류수 기준이 40mg/L이므로

$\frac{300\text{mg/L}}{40\text{mg/L}}$ = 7.5배 이상으로 희석해야 한다.

16 **다음 중 분뇨에 대한 설명으로 바르지 못한 것은?**

① pH 범위는 4~5 정도의 산성이다.
② 다량의 유기물을 함유하고 있다.
③ 분뇨는 시간에 따른 특성 변화가 작다.
④ 분과 뇨의 고형물질의 비는 약 7 : 1이다.

해설
분뇨는 계절, 인종, 지역에 따라 특성 변화가 크다.

17 **산소포화농도가 10mg/L인 하천에서 처음의 용존산소농도가 6mg/L라면 6일간 흐른 후 하천 하류 지점에서의 용존산소농도(mg/L)는?(단, BOD_u = 15mg/L, 탈산소계수 = $0.1day^{-1}$, 재폭기계수 = $0.2day^{-1}$, 상용대수 기준)**

① 6.5　② 7.0
③ 7.5　④ 8.0

해설
용존산소 부족농도

$$D_t = \frac{k_1 BOD_u}{k_2 - k_1}(10^{-k_1 t} - 10^{-k_2 t}) + D_o \times 10^{-k_2 t}$$

여기서, D_t : t시간에서 용존산소 부족농도(mg/L)
k_1 : 하천수온에 따른 탈산소계수(day^{-1})
k_2 : 하천수온에 따른 재폭기계수(day^{-1})
BOD_u : 시작점에서 최종 BOD 농도(mg/L)
t : 유하시간(day)
D_o : 시작점에서 DO 부족농도(mg/L)

$$D_t = \frac{0.1 \times 15}{0.2 - 0.1}(10^{-0.1 \times 6} - 10^{-0.2 \times 6}) + (10 - 6) \times 10^{-0.2 \times 6}$$
$\fallingdotseq$ 3.07mg/L

∴ DO = 10 − 3.07 = 6.93mg/L ≒ 7.0mg/L

18 **미생물을 진핵세포와 원핵세포로 나눌 때 원핵세포에는 없고 진핵세포에만 있는 것은?**

① 리보솜　② 세포소기관
③ 세포벽　④ DNA

해설
진핵세포는 세포소기관이 존재하나 원핵세포는 존재하지 않는다.
- 진핵생물 : 세포에 막으로 싸인 핵을 가진 생물로 단세포, 다세포 동물, 남조류를 제외한 식물, 진핵균류가 이에 해당한다.
- 원핵생물 : DNA가 막으로 둘러싸이지 않고 분자상태로 세포질 내에 존재하며 미토콘드리아 등의 구조체가 없는 것이 특징이다.

정답 14 ④ 15 ④ 16 ③ 17 ② 18 ②

19 곰팡이(Fungi)류의 경험적 화학분자식은?

① $C_{12}H_7O_4N$
② $C_{12}H_8O_5N$
③ $C_{10}H_{17}O_6N$
④ $C_{10}H_{18}O_4N$

해설
곰팡이의 경험적 화학분자식은 $C_{10}H_{17}O_6N$이다.

20 수은(Hg) 중독과 관련이 없는 것은?

① 난청, 언어장애, 구심성 시야협착, 정신장애를 일으킨다.
② 이타이이타이병을 유발한다.
③ 유기수은은 무기수은보다 독성이 강하며 신경계통에 장애를 준다.
④ 무기수은은 황화물 침전법, 활성탄 흡착법, 이온교환법 등으로 처리할 수 있다.

해설
이타이이타이병을 유발하는 것은 카드뮴이다.

제2과목 | 상하수도계획

21 말굽형 하수관로의 장점으로 옳지 않은 것은?

① 대구경 관로에 유리하며 경제적이다.
② 수리학적으로 유리하다.
③ 단면형상이 간단하여 시공성이 우수하다.
④ 상반부의 아치작용에 의해 역학적으로 유리하다.

해설
말굽형 하수관로의 장단점
- 장 점
  - 대구경 관로에 유리하며 경제적이다.
  - 수리학적으로 유리하다.
  - 상반부의 아치작용에 의해 역학적으로 유리하다.
- 단 점
  - 단면형상이 복잡하기 때문에 시공성이 열악하다.
  - 현장타설의 경우 공사기간이 길어진다.

22 도수거에 대한 설명으로 옳지 않은 것은?

① 도수거의 개수로 경사는 일반적으로 1/1,000~1/3,000의 범위에서 선정된다.
② 개거나 암거인 경우에는 대개 10~30m 간격으로 시공조인트를 겸한 신축조인트를 설치한다.
③ 도수거에서 평균유속의 최대한도는 3.0m/s로 한다.
④ 도수거는 취수시설로부터 정수시설까지 원수를 개수로 방식으로 도수하는 시설이다.

해설
도수거
- 취수시설로부터 정수시설까지 원수를 개수로 방식으로 도수하는 시설이다.
- 개거나 암거인 경우 대개 30~50m 간격으로 시공조인트를 겸한 신축조인트를 설치한다.
- 암거에는 환기구를 설치한다.
- 도수거의 평균유속의 최대한도는 3.0m/s로 하고 최소유속은 0.3m/s로 한다.
- 균일한 동수경사(통상 1/1,000~1/3,000)로 도수하는 시설이다.

19 ③ 20 ② 21 ③ 22 ② 정답

23 급수시설 설계 시 수원지, 저수지, 유역면적 결정에 기준이 되는 것은?

① 1일 평균급수량
② 1일 최대평균급수량
③ 1일 최대급수량
④ 시간 최대급수량

해설

급수시설 설계유량
- 1일 평균급수량 : 수원지, 저수지, 유역면적 결정
- 1일 최대평균급수량 : 보조 저수지, 보조 용수펌프의 용량 결정
- 1일 최대급수량 : 정수, 취수, 송수시설 및 부대시설 결정
- 시간 최대급수량 : 배수 본관의 구경 결정

24 펌프 운전 시 발생할 수 있는 비정상 현상에 대한 설명이다. 펌프 운전 중에 토출량과 토출압이 주기적으로 숨이 찬 것처럼 변동하는 상태를 일으키는 현상으로 펌프 특성곡선이 산형에서 발생하며 큰 진동을 발생하는 경우는?

① 캐비테이션(Cavitation)
② 서징(Surging)
③ 수격작용(Water Hammer)
④ 크로스커넥션(Cross Connection)

해설

맥동현상 : 펌프 운전 중 관로 내의 유체 흐름이 일정하지 못하고 토출압과 토출량이 주기적으로 변동하는 현상을 말하며, 서징현상이라고도 한다.

25 정수장에서 염소 소독 시 pH가 낮아질수록 소독효과가 커지는 이유는?

① OCl^-의 증가
② HOCl의 증가
③ H^+의 증가
④ O(발생기 산소)의 증가

해설

pH가 낮아질수록 HOCl이 증가하여 살균력이 높아진다.

26 계획오수량에 관한 설명으로 틀린 것은?

① 계획시간 최대오수량은 계획1일 최대오수량의 1시간당 수량의 1.3~1.8배를 표준으로 한다.
② 지하수량은 1인1일 최대오수량의 20% 이하로 한다.
③ 합류식에서 우천 시 계획오수량은 원칙적으로 계획1일 최대오수량의 1.5배 이상으로 한다.
④ 계획1일 평균오수량은 계획1일 최대오수량의 70~80%를 표준으로 한다.

해설

합류식에서 우천 시 계획오수량은 원칙적으로 계획시간 최대오수량의 3배 이상으로 한다.

정답 23 ① 24 ② 25 ② 26 ③

27 상수도시설의 내진설계 방법이 아닌 것은?

① 등가정적해석법 ② 다중회귀법
③ 응답변위법 ④ 동적해석법

해설
등가정적해석법, 응답변위법, 응답스펙트럼법, 동적해석법 중 시설물별 관련 기준에 적합한 방법을 사용한다.

28 정수시설인 막여과시설에서 막모듈의 파울링에 해당되는 것은?

① 막모듈의 공급 유로 또는 여과수 유로가 고형물로 폐색되어 흐르지 않는 상태
② 미생물과 막 재질의 자화 또는 분비물의 작용에 의한 변화
③ 건조되거나 수축으로 인한 막 구조의 비가역적인 변화
④ 원수 중의 고형물이나 진동에 의한 막 면의 상처나 마모, 파단

해설
막모듈의 파울링

파울링의 구분		파울링의 원인
부착층 파울링	케이크층 형성	현탁 물질이 막 면상에 축적되어 형성되는 층
	겔층 형성	용해성 고분자의 농축으로 막 면에 형성되는 겔상의 비유동성층
	스케일층 형성	난용해성 물질의 농축으로 막 면에 석출된 층
	흡착층 형성	막에 대한 흡착성이 강한 물질로 인한 흡착층
막 힘	고체 막힘	고체가 막의 다공질부에 흡착, 석출, 포착되어 일어나는 폐색
	액체 막힘	소수성막의 다공질부가 기체로 치환되어 일어나는 폐색
유로폐색		고형물에 의한 막모듈의 공급 유로 또는 여과수 유로의 폐색

29 지름 2,000mm의 원심력 철근콘크리트관이 포설되어 있다. 만관으로 흐를 때의 유량(m^3/s)은?(단, 조도계수 = 0.015, 동수경사 = 0.001, Manning 공식 이용)

① 4.17 ② 2.45
③ 1.67 ④ 0.66

해설
Manning 공식

$V=\frac{1}{n}\cdot R^{\frac{2}{3}}\cdot I^{\frac{1}{2}}$

여기서, n : 조도계수
I : 동수경사
R : 경심(유수단면적을 윤변으로 나눈 것$=\frac{A}{S}$, 원 또는 반원인 경우$=\frac{D}{4}$)

$R=\frac{D}{4}$이므로, $R=\frac{2}{4}=0.5\text{m}$이다.

$V=\frac{1}{n}\cdot R^{\frac{2}{3}}\cdot I^{\frac{1}{2}}=\frac{1}{0.015}\times 0.5^{\frac{2}{3}}\times 0.001^{\frac{1}{2}}\fallingdotseq 1.328\text{m/s}$

$\therefore Q(\text{m}^3/\text{s})=\frac{\pi\times(2\text{m})^2}{4}\times\frac{1.328\text{m}}{\text{s}}\fallingdotseq 4.172\text{m}^3/\text{s}$

30 하수 슬러지 소각을 위한 유동층 소각로의 장단점으로 틀린 것은?

① 연소효율이 높고 소각되지 않는 양이 적기 때문에 노 잔사매립에 의한 2차 공해가 없다.
② 유동매체로 규소 등을 사용할 때에 손실이 발생하므로 손실보충을 연속적으로 하여야 한다.
③ 노 내 온도의 자동제어 및 열회수가 용이하다.
④ 노 내의 기계적 가동부분이 많아 유지관리가 어렵다.

해설
④ 노 내의 기계적 가동부분이 없어 유지관리가 용이하다.

27 ② 28 ① 29 ① 30 ④ 정답

31 수돗물의 부식성 관련 지표인 랑게리아 지수(포화지수, LI)의 계산식으로 옳은 것은?(단, pH = 물의 실제 pH, pHs = 수중의 탄산칼슘이 용해되거나 석출되지 않는 평형상태의 pH)

① LI = pH + pHs

② LI = pH − pHs

③ LI = pH × pHs

④ LI = pH / pHs

해설

랑게리아 지수(LI ; Langelier Saturation Index, 부식지수)

- 수돗물에서 탄산칼슘의 포화 상태를 표현하는 지수
- 수돗물에서 탄산칼슘이 불포화 상태로 존재하면 금속 부식이 촉진됨(상수도관의 라이닝 재료로 사용하고 있는 시멘트 내 칼슘이온의 용출을 촉진하고 시멘트를 중화시켜 결국 내부 금속이 부식되어 녹물을 발생시킴)
- 랑게리아 지수 계산식 : pHa − pHs

  여기서, pHa : 실제 수돗물에서 측정된 pH

  pHs : 탄산칼슘 포화 시 수돗물의 pH, 수온, pHa, 칼슘이온, 농도, 알칼리도, 전기전도도 값으로 산출

32 하수도시설기준상 축류펌프의 비교회전도(N_s) 범위로 적절한 것은?

① 100~250　　② 200~850

③ 700~1,200　　④ 1,100~2,000

해설

펌프의 비교회전도(N_s)

- 원심펌프 : 100~750
- 사류펌프 : 700~1,200
- 축류펌프 : 1,100~2,000

33 펌프의 토출량이 0.1m³/s, 토출구의 유속이 2m/s로 할 때 펌프의 구경은?

① 약 253mm　　② 약 352mm

③ 약 470mm　　④ 약 542mm

해설

토출량 = $\frac{0.1\text{m}^3}{\text{s}} \times \frac{60\text{s}}{\text{min}} = 6\text{m}^3/\text{min}$이므로,

펌프의 흡입구경은

$$D_s = 146\sqrt{\frac{Q_m}{V_s}} = 146 \times \sqrt{\frac{6}{2}} \fallingdotseq 253\text{mm}$$

여기서, D_s : 펌프의 흡입구경(mm)

Q_m : 펌프의 토출량(m³/min)

V_s : 흡입구의 유속(m/s)

34 하수도시설인 유량조정조에 관한 내용으로 틀린 것은?

① 조의 용량은 체류시간 3시간을 표준으로 한다.

② 유효수심은 3~5m를 표준으로 한다.

③ 유량조정조의 유출수는 침사지에 반송하거나 펌프로 일차 침전지 혹은 생물반응조에 송수한다.

④ 조 내에 침전물의 발생 및 부패를 방지하기 위해 교반장치 및 산기장치를 설치한다.

해설

조의 용량은 처리장에 유입되는 하수량의 시간 변동에 의한다. 일반적으로 유입패턴 조사 결과의 시간대별 최고 하수량이 일간 평균치(계획1일 최대하수량의 시간평균치)에 대해 1.5배 이상이 되는 경우 고려할 수 있다.

정답 31 ② 32 ④ 33 ① 34 ①

35 경사가 2‰인 하수관거의 길이가 5,000m일 때 상류관과 하류관의 고저차(m)는?(단, 기타 조건은 고려하지 않음)

① 5　　② 10
③ 15　　④ 20

해설

고저차 $= 5,000 \times \dfrac{2}{1,000} = 10\text{m}$

36 배수시설인 배수관의 최소동수압 및 최대정수압 기준으로 옳은 것은?(단, 급수관을 분기하는 지점에서 배수관 내 수압 기준)

① 100kPa 이상을 확보함, 500kPa를 초과하지 않아야 함
② 100kPa 이상을 확보함, 600kPa를 초과하지 않아야 함
③ 150kPa 이상을 확보함, 700kPa를 초과하지 않아야 함
④ 150kPa 이상을 확보함, 800kPa를 초과하지 않아야 함

해설

배수관 내의 최소동수압은 150kPa 이상을 확보해야 하며, 최대정수압은 700kPa를 초과하지 않아야 한다.

37 하수도계획의 목표 연도로 옳은 것은?

① 원칙적으로 10년으로 한다.
② 원칙적으로 15년으로 한다.
③ 원칙적으로 20년으로 한다.
④ 원칙적으로 25년으로 한다.

해설

하수도계획의 목표 연도는 원칙적으로 20년으로 한다.

38 강우강도 $I = \dfrac{3,970}{t+31}$ mm/h, 유역면적 3.0km^2, 유입시간 180s, 관거길이 1km, 유출계수 1.1, 하수관의 유속 33m/min일 경우 우수유출량은?(단, 합리식 적용)

① 약 29m^3/s　　② 약 33m^3/s
③ 약 48m^3/s　　④ 약 57m^3/s

해설

합리식 $Q = \dfrac{1}{360} CIA$

$C = 1.1$

$t = 3\text{min} + \dfrac{\text{min}}{33\text{m}} \times 1\text{km} \times \dfrac{10^3\text{m}}{\text{km}} \fallingdotseq 33.3\text{min}$

$I = \dfrac{3,970}{t+31} = \dfrac{3,970}{33.3+31} \fallingdotseq 61.74\text{mm/h}$

$A = 3\text{km}^2 \times \dfrac{100\text{ha}}{\text{km}^2} = 300\text{ha}$

$Q = \dfrac{1}{360} \times 1.1 \times 61.74 \times 300 \fallingdotseq 56.6\text{m}^3/\text{s}$

※ 합리식은 경험식으로 좌우의 단위가 일치하지 않으므로, 각각의 적용단위에 유의해야 한다.

35 ② 36 ③ 37 ③ 38 ④ 정답

39 **하수도 관거계획 시 고려할 사항으로 틀린 것은?**

① 오수관거는 계획시간 최대오수량을 기준으로 계획한다.

② 오수관거와 우수관거가 교차하여 역사이펀을 피할 수 없는 경우, 우수관거를 역사이펀으로 하는 것이 좋다.

③ 분류식과 합류식이 공존하는 경우에는 원칙적으로 양 지역의 관거는 분리하여 계획한다.

④ 관거는 원칙적으로 암거로 하며 수밀한 구조로 하여야 한다.

해설

오수관거계획 시 고려사항

- 분류식과 합류식이 공존하는 경우에는 원칙적으로 양 지역의 관거는 분리하여 계획한다.
- 관거는 원칙적으로 암거로 하며, 수밀한 구조로 하여야 한다.
- 관거배치는 지형, 지질, 도로폭 및 지하매설물 등을 고려하여 정한다.
- 관거단면, 형상 및 경사는 관거 내에 침전물이 퇴적하지 않도록 적당한 유속을 확보할 수 있도록 정한다.
- 관거의 역사이펀은 가능한 한 피하도록 계획한다.
- 오수관거와 우수관거가 교차하여 역사이펀을 피할 수 없는 경우에는 오수관거를 역사이펀으로 하는 것이 바람직하다.
- 기존 관거는 수리 및 용량 검토 및 관거 실태조사를 실시하여 기능적, 구조적 불량관거에 대하여 오수관거로서의 제 기능을 회복할 수 있도록 개량계획을 시행하여야 한다.

40 **상수도 관종 중 강관에 대한 설명으로 옳지 못한 것은?**

① 인장강도가 작다.

② 라이닝의 종류가 풍부하다.

③ 내외의 방식면이 손상되면 부식되기 쉽다.

④ 가공성이 좋다.

해설

강관은 인장강도가 크다.

제3과목 | 수질오염방지기술

41 **염소 소독의 특징으로 틀린 것은?(단, 자외선 소독과 비교)**

① 소독력 있는 잔류염소를 수송관로 내에 유지시킬 수 있다.

② 처리수의 총용존고형물이 감소한다.

③ 염소접촉조로부터 휘발성 유기물이 생성된다.

④ 처리수의 잔류독성이 탈염소과정에 의해 제거되어야 한다.

해설

염소 소독의 장단점

- 소독이 효과적이며 잔류염소의 유지가 가능하다.
- 암모니아의 첨가에 의해 결합잔류염소가 형성된다.
- 소독력이 있는 잔류염소를 수송관거(관로) 내에 유지시킬 수 있다.
- 처리수의 총용존고형물이 증가한다.
- THM 및 기타 염화탄화수소가 생성된다.
- 소독으로 인한 냄새와 맛이 발생할 수 있다.
- 플루오린, 오존보다 산화력이 낮다.

42 **BOD 250mg/L, 유입 폐수량 30,000m^3/day, MLSS 농도 2,500mg/L이고 체류시간이 6시간인 폐수를 활성슬러지법으로 처리한다면 BOD 슬러지부하는?**

① 0.4kg BOD/kg MLSS · day

② 0.3kg BOD/kg MLSS · day

③ 0.2kg BOD/kg MLSS · day

④ 0.1kg BOD/kg MLSS · day

해설

BOD 슬러지부하(kg BOD/kg MLSS · day)

$$= \frac{BOD \times Q}{MLSS \times V}$$

$$= \frac{BOD \times Q}{MLSS \times Q \times t} = \frac{BOD}{MLSS \times t}$$

$$\therefore \text{BOD 슬러지부하} = \frac{250\text{mg/L}}{2{,}500\text{mg/L} \times 6\text{hr}} \times \frac{24\text{hr}}{\text{day}} = 0.4(\text{kg BOD/kg MLSS} \cdot \text{day})$$

정답 39 ② 40 ① 41 ② 42 ①

43 혐기성 소화 시 소화가스 발생량 저하의 원인이 아닌 것은?

① 저농도 슬러지 유입
② 소화슬러지 과잉 배출
③ 소화가스 누적
④ 조 내 온도 저하

해설

소화가스 발생량 저하 원인
- 저농도 슬러지 유입
- 소화슬러지 과잉 배출
- 조 내 온도 저하
- 소화가스 누출
- 과다한 산 생성

44 1M-H_2SO_4 20mL를 중화하는 데 1M-NaOH 몇 mL가 필요한가?

① 10 ② 20
③ 30 ④ 40

해설

$N_1V_1 = N_2V_2$

여기서, N_1 : 산의 N농도
N_2 : 염기의 N농도
V_1 : 산의 부피
V_2 : 염기의 부피

$\therefore 2\times 20 = 1\times V_2,\ V_2 = 40\text{mL}$

45 단면이 직사각형인 하천의 깊이가 0.3m이고 깊이에 비하여 폭이 매우 넓을 때 동수반경(m)은?

① 0.3 ② 0.6
③ 0.9 ④ 1.2

해설

직사각형 개수로의 경심(R)

$R = \dfrac{A}{S} = \dfrac{BH}{B+2H}$

(여기서, B : 수로의 폭, H : 수위)

$R = \dfrac{A}{S} = \dfrac{BH}{B+2H} = \dfrac{0.3B}{B+0.6}$

B가 H에 비해 매우 넓다고 하면 $(B+0.6)$은 B값에 가까우므로

$R \fallingdotseq \dfrac{0.3B}{B} = 0.3$이다.

46 SBR의 장점이 아닌 것은?

① BOD 부하의 변화폭이 큰 경우에 잘 견딘다.
② 처리용량이 큰 처리장에 적용이 용이하다.
③ 슬러지 반송을 위한 펌프가 필요 없어 배관과 동력이 절감된다.
④ 질소와 인의 효율적인 제거가 가능하다.

해설

SBR의 특징
- 이차 침전지나 슬러지 반송설비가 필요하지 않다.
- 충격부하에 강하다.
- 이상적인 침전형태를 취하므로 침전성이 우수하다.
- 자동화를 실시하기가 용이하다.
- 처리용량이 큰 처리장에는 적용하기 곤란하다.

43 ③ 44 ④ 45 ① 46 ② 정답

47 혐기성 소화법과 비교한 호기성 소화법의 장단점으로 옳지 않은 것은?

① 운전이 용이하다.
② 소화슬러지 탈수가 용이하다.
③ 가치 있는 부산물이 생성되지 않는다.
④ 저온 시의 효율이 저하된다.

해설

호기성 소화법의 특징
- 운전이 용이하며 악취가 발생하지 않는다.
- 소화슬러지의 탈수성이 나쁘다.
- 상등액의 BOD와 SS가 낮으며 암모니아의 농도도 낮다.
- 병원균의 농도를 낮게 할 수 있다.
- 폭기로 인한 운전비용이 많이 든다.

48 완전혼합 활성슬러지 공법의 장점이 아닌 것은?

① 산소소모율(Oxygen Uptake Rate)에 있어서 최대 균등화
② 유입물질이 반응조 전체에 분산됨으로 인한 충격부하 영향의 최소화
③ 호기성 생물학적 산화가 일어나는 동안 발생되는 CO_2의 적절한 중화
④ 독성물질 유입 시 플록(Floc) 형성의 안정성

해설

활성슬러지 공법에서 독성물질 과다 유입은 플록 해체의 원인이 된다.

49 소화조 슬러지 주입률 $100m^3/day$, 슬러지의 SS 농도 6.47%, 소화조 부피 $1,250m^3$, SS 내 VS 함유율 85%일 때 소화조에 주입되는 VS의 용적부하($kg/m^3 \cdot day$)는?(단, 슬러지의 비중 = 1.0)

① 1.4
② 2.4
③ 3.4
④ 4.4

해설

SL = TS + W
소화조 용적부하 = 유입고형물(VS)(kg/day) / 소화조 용적(m^3)
소화조 용적부하를 L이라고 하면

$$L = \frac{100m^3\ SL}{day} \times \frac{1,000kg}{m^3} \times \frac{6.47\ TS}{100\ SL} \times \frac{85\ VS}{100\ TS} \times \frac{1}{1,250m^3}$$

$$\fallingdotseq 4.4kg/m^3 \cdot day$$

50 펜톤 처리공정에 관한 설명으로 가장 적절하지 않은 것은?

① 펜톤시약의 반응시간은 철염과 과산화수소의 주입 농도에 따라 변화를 보인다.
② 펜톤시약을 이용하여 난분해성 유기물을 처리하는 과정은 대체로 산화반응과 함께 pH 조절, 펜톤산화, 중화 및 응집, 침전으로 크게 4단계로 나눌 수 있다.
③ 펜톤시약의 효과는 pH 8.3~10 범위에서 가장 강력한 것으로 알려져 있다.
④ 폐수의 COD는 감소하지만 BOD는 증가할 수 있다.

해설

펜톤산화의 최적 반응은 pH 3~4.5로 산성 폐수에 효과적이다. 알칼리성 폐수에는 pH조절제의 사용량이 많아 비경제적이다.

정답 47 ② 48 ④ 49 ④ 50 ③

51 **분뇨의 생물학적 처리공법으로서 호기성 미생물이 아닌 혐기성 미생물을 이용한 혐기성 처리공법을 주로 사용하는 근본적인 이유는?**

① 분뇨에는 혐기성 미생물이 살고 있기 때문에
② 분뇨에 포함된 오염물질은 혐기성 미생물만이 분해할 수 있기 때문에
③ 분뇨의 유기물 농도가 너무 높아 포기에 너무 많은 비용이 들기 때문에
④ 혐기성 처리공법으로 발생되는 메탄가스가 공법에 필수적이기 때문에

해설
분뇨의 대부분은 유기물이므로 혐기성 소화를 이용하면 전력소모가 적게 들어 다른 처리방법에 비해 경제성이 높다.

52 **역삼투장치로 하루에 40,000L의 3차 처리된 유출수를 탈염시키고자 한다. 25℃에서의 물질전달계수는 0.2068L/(day · m^2 · kPa), 유입수와 유출수의 압력차는 2,700kPa, 유입수와 유출수의 삼투압차는 400kPa, 최저 운전온도는 10℃라 하면 요구되는 막면적(m^2)은?(단, $A_{10℃} = 1.2A_{25℃}$)**

① 약 76　　② 약 101
③ 약 123　　④ 약 148

해설
막의 단위면적당 유출수량(Q_F)

$Q_F = K(\Delta P - \Delta\pi)$

여기서, K : 물질전달계수(m^3/m^2 · day · kPa)
ΔP : 압력차(유입측-유출측)(kPa)
$\Delta\pi$: 삼투압차(유입측-유출측)(kPa)

대입하면

$$\frac{40{,}000\text{L/day}}{A\text{m}^2} = \frac{0.2068\text{L}}{\text{day}\cdot\text{m}^2\cdot\text{kPa}} \times (2{,}700-400)\text{kPa}$$

$A \fallingdotseq 84.10\text{m}^2$

마지막으로 온도를 보정하면

$A_{10℃} = A_{25℃} \times 1.2 = 84.10 \times 1.2 = 100.92\text{m}^2 \fallingdotseq 101\text{m}^2$

53 **활성슬러지법 운전 중 슬러지 부상문제를 해결할 수 있는 방법으로 잘못된 것은?**

① 폭기조에서 이차 침전지로의 유량을 감소시킨다.
② 이차 침전지 슬러지 수집장치의 속도를 높인다.
③ 슬러지 폐기량을 감소시킨다.
④ 이차 침전지에서 슬러지 체류시간을 감소시킨다.

해설
③ 슬러지 반출량을 증가시켜야 한다.
슬러지 부상(Sludge Rising) : 침전조 바닥이 무산소 상태로 변화하면서 발생되는 N_2 가스 및 CO_2 가스 등이 슬러지에 부착함으로써 슬러지 밀도를 감소시켜 침전조 위로 떠오르게 하는 현상을 말한다.

54 **수처리 과정에서 부유되어 있는 입자의 응집을 초래하는 원인으로 가장 거리가 먼 것은?**

① 제타 포텐셜의 감소
② 플록에 의한 체거름 효과
③ 정전기 전하 작용
④ 가교현상

해설
응집을 초래하는 원인
• 제타전위의 감소로 불안정화된 입자는 반데르발스의 힘이 작용한다.
• 가교현상
• 체거름현상

51 ③　52 ②　53 ③　54 ③ 정답

55 기계적으로 청소가 되는 바(bar) 스크린의 바 두께는 5mm이고, 바 간의 거리는 30mm이다. 바를 통과하는 유속이 0.90m/s일 때 스크린을 통과하는 수두손실은?(단, $H=\frac{(V_b^2-V_a^2)}{2g}\times\frac{1}{0.7}$)

① 0.0158m ② 0.0221m
③ 0.0348m ④ 0.0472m

해설

$$H=\frac{(V_b^2-V_a^2)}{2g}\times\frac{1}{0.7}$$

$0.90\times30=V_a\times35,\ V_a\fallingdotseq0.77\text{m/s}$

$$\therefore\ H=\frac{(0.90\text{m/s})^2-(0.77\text{m/s})^2}{2\times9.8\text{m/s}^2}\times\frac{1}{0.7}\fallingdotseq0.0158\text{m}$$

56 하수고도처리를 위한 A/O공정의 특징으로 옳은 것은?(단, 일반적인 활성슬러지공법과 비교 기준)

① 혐기조에서 인의 과잉흡수가 일어난다.
② 폭기조 내에서 탈질이 잘 이루어진다.
③ 잉여슬러지 내의 인 농도가 높다.
④ 표준 활성슬러지공법의 반응조 전반 10% 미만을 혐기반응조로 하는 것이 표준이다.

해설

A/O 공정은 잉여슬러지 내 인의 함량이 3~6% 정도로 높아 비료가치가 있으며 혐기조에서는 인의 방출, 호기조에서는 인의 흡수가 일어난다.

57 유입수의 BOD가 200mg/L, 유량이 10,000m^3인 폐수를 처리하고자 한다. 포기조의 용적이 2,000m^3일 때 BOD 용적부하는 얼마인가?

① 0.5kg/m^3·day
② 1.0kg/m^3·day
③ 2.0kg/m^3·day
④ 4.0kg/m^3·day

해설

BOD 용적부하(kg/m^3·day)

$$=\frac{BOD\times Q}{V}$$

$$=\frac{200\text{mg/L}\times10{,}000\text{m}^3/\text{day}}{2{,}000\text{m}^3}\times\frac{1\text{kg}}{10^6\text{mg}}\times\frac{1{,}000\text{L}}{1\text{m}^3}$$

$=1.0\text{kg/m}^3\cdot\text{day}$

58 수중의 암모니아성 질소를 제거하는 탈기법에 대한 설명으로 바르지 못한 것은?

① 암모니아성 질소는 산성에서는 암모늄이온으로 존재하고 pH 10 이상에서는 암모니아 가스로 탈기된다.
② 탈기를 원활하게 하기 위해 교반이나 폭기 등의 기계장치가 삽입되면 더욱 효과적이다.
③ pH조정제로는 NaOH나 CaO를 주로 사용한다.
④ 탈기 시 이산화탄소와 암모니아 가스가 동시에 제거된다.

해설

암모니아 스트리핑

- 가장 경제적인 질소 제거방법으로 알려져 있다.
- 동절기에는 적용하기 곤란하다.
- 암모니아성 질소만 처리가 가능하며, 스트리핑에 따른 동력 소모가 크다.
- 소음이 심하고, 암모니아 유출에 따른 주변의 악취문제가 유발될 수 있다.
- 탈기된 유출수는 pH가 높기 때문에 CO_2 흡기법 등으로 pH를 다시 낮추어야 한다.
- 잉여 칼슘이온은 CO_3^{2-}와 반응하여 탄산칼슘을 형성하므로 스케일 발생의 원인이 된다.

정답 55 ① 56 ③ 57 ② 58 ④

59 염소 소독에 의한 세균의 사멸은 1차 반응속도식에 따른다. 잔류염소 농도 0.4mg/L에서 2분간 85%의 세균이 살균되었다면 99.9% 살균을 위해 필요한 시간(분)은?(단, Base는 자연대수임)

① 약 5.9　　② 약 7.3
③ 약 10.2　　④ 약 16.7

해설

$$\ln\left(\frac{C_t}{C_o}\right) = -kt$$

$$\ln\left(\frac{100-85}{100}\right) = -2k,\ k \fallingdotseq 0.9486$$

99.9% 살균된 시간을 계산하면 다음과 같다.

$$\ln\left(\frac{100-99.9}{100}\right) = -0.9486 \times t,\ \therefore\ t \fallingdotseq 7.3\text{min}$$

60 미처리 폐수에서 냄새를 유발하는 화합물과 냄새의 특징으로 가장 거리가 먼 것은?

① 황화수소 – 썩은 달걀 냄새
② 유기 황화물 – 썩은 채소 냄새
③ 스카톨 – 배설물 냄새
④ 다이아민류(디아민류) – 생선 냄새

해설

다이아민류(디아민류)는 고기 썩는 냄새가 나며, 생선 냄새가 나는 물질은 아민류이다.

제4과목 | 수질오염공정시험기준

61 기체크로마토그래피법에서 검출기와 사용되는 운반가스를 짝지은 것으로 틀린 것은?

① 열전도도형 검출기 – 질소
② 열전도도형 검출기 – 헬륨
③ 전자포획형 검출기 – 헬륨
④ 전자포획형 검출기 – 질소

해설

열전도도검출기(TCD)는 일반적으로 헬륨을 사용하며, 수소는 감도는 높으나 사용상 주의를 요한다.

62 0.003M–$K_2Cr_2O_7$ 500mL를 만들려고 한다. 필요한 $K_2Cr_2O_7$의 양은?(단, 원자량 K = 39, Cr = 52)

① 약 0.44　　② 약 0.63
③ 약 0.84　　④ 약 0.92

해설

$$\frac{0.003\text{mol}}{\text{L}} \times \frac{295\text{g}}{1\text{mol}} \times 0.5\text{L} \fallingdotseq 0.443\text{g}$$

59 ② 60 ④ 61 ① 62 ① 정답

63 **불꽃 원자흡수분광광도법에 관한 설명으로 옳지 못한 것은?**

① 속빈 음극램프는 원자흡수 측정에 사용하는 가장 보편적인 광원으로 네온이나 아르곤가스를 채운 유리관에 텅스텐 양극과 원통형 음극을 봉입한 형태의 램프이다.

② 전극 없는 방전램프는 해당 스펙트럼을 내는 금속염과 아르곤이 들어 있는 밀봉된 석영관으로, 전극 대신 라디오주파수 장이나 마이크로파 복사선에 의해 에너지가 공급되는 형태의 램프이다.

③ 원자흡수분광광도계는 단일 또는 이중 채널, 단일 또는 이중 빔을 채용한 분광계로 단색화 장치, 광전자증폭검출기, 300~800nm 나비의 슬릿 및 기록계로 구성된다.

④ 가스는 불꽃생성을 위해 아세틸렌(C_2H_2) 공기가 일반적인 원소분석에 사용된다.

해설

ES 04400.1d 금속류-불꽃 원자흡수분광광도법

원자흡수분광광도계는 단일 또는 이중 채널, 단일 또는 이중 빔을 채용한 분광계로 단색화 장치, 광전자증폭검출기, 190~800nm 나비의 슬릿 및 기록계로 구성된다.

64 **용존산소를 적정법으로 측정 시 만약 시료 중 Fe(Ⅲ)이 함유되어 있을 때 넣어 주는 용액으로 알맞은 것은?**

① KF 용액 ② KI 용액

③ H_2SO_4 ④ 전분용액

해설

ES 04308.1e 용존산소-적정법

Fe(Ⅲ) 100~200mg/L가 함유되어 있는 시료의 경우, 황산을 첨가하기 전에 플루오린화칼륨 용액 1mL를 가한다.

65 **배출허용기준 적합 여부 판정을 위한 시료채취 시 복수시료채취방법 적용을 제외할 수 있는 경우가 아닌 것은?**

① 환경오염사고 또는 취약시간대의 환경오염감시 등 신속한 대응이 필요한 경우

② 부득이 복수시료채취방법을 할 수 없을 경우

③ 유량이 일정하며 연속적으로 발생되는 폐수가 방류되는 경우

④ 사업장 내에서 발생하는 폐수를 회분식 등 간헐적으로 처리하여 방류하는 경우

해설

ES 04130.1e 시료의 채취 및 보존 방법

복수시료채취방법 적용을 제외할 수 있는 경우

- 환경오염사고 또는 취약시간대(일요일, 공휴일 및 평일 18:00~09:00 등)의 환경오염감시 등 신속한 대응이 필요한 경우 제외할 수 있다.
- 물환경보전법 제38조 제1항의 규정에 의한 비정상적인 행위를 할 경우 제외할 수 있다.
- 사업장 내에서 발생하는 폐수를 회분식(Batch식) 등 간헐적으로 처리하여 방류하는 경우 제외할 수 있다.
- 기타 부득이 복수시료채취방법으로 시료를 채취할 수 없을 경우 제외할 수 있다.

66 **다음 분석항목 중 시료의 보존방법이 다른 것은?**

① 부유물질 ② 색 도

③ BOD ④ 노말헥산 추출물질

해설

ES 04130.1e 시료의 채취 및 보존방법

- 부유물질, 색도, BOD : 4℃ 보관
- 노말헥산 추출물질 : 4℃ 보관, H_2SO_4로 pH 2 이하

정답 63 ③ 64 ① 65 ③ 66 ④

67 총인을 자외선/가시선 분광법으로 정량하는 방법에 대한 설명으로 가장 거리가 먼 것은?

① 분해되기 쉬운 유기물을 함유한 시료는 질산–과염소산으로 전처리한다.

② 다량의 유기물을 함유한 시료는 질산–황산으로 전처리한다.

③ 전처리로 유기물을 산화분해시킨 후 몰리브덴산암모늄·아스코르브산 혼액 2mL를 넣어 흔들어 섞는다.

④ 정량한계는 0.005mg/L이며, 상대표준편차는 ±25% 이내이다.

해설

ES 04362.1c 총인–자외선/가시선 분광법

전처리–과황산칼륨 분해(분해되기 쉬운 유기물을 함유한 시료)

시료 50mL(인으로서 0.06mg 이하 함유)를 분해병에 넣고 과황산칼륨용액(4%) 10mL를 넣어 마개를 닫고 섞은 다음 고압증기멸균기에 넣어 가열한다. 약 120℃가 될 때부터 30분간 가열분해를 계속하고 분해병을 꺼내 냉각한다.

68 투명도 측정에 관한 내용으로 틀린 것은?

① 투명도판(백색원판)의 지름은 30cm이다.

② 투명도판에 뚫린 구멍의 지름은 5cm이다.

③ 투명도판에는 구멍이 8개 뚫려 있다.

④ 투명도판의 무게는 약 2kg이다.

해설

ES 04314.1a 투명도

투명도판(백색원판)은 지름이 30cm로 무게가 약 3kg이 되는 원판에 지름 5cm의 구멍 8개가 뚫려 있다.

69 "항량으로 될 때까지 건조한다"에 대한 설명으로 가장 올바른 것은?

① 같은 조건에서 1시간 더 건조할 때 전후 무게의 차가 g당 0.3mg 이하일 때를 말한다.

② 같은 조건에서 1시간 더 건조할 때 전후 무게의 차가 g당 0.5mg 이하일 때를 말한다.

③ 같은 조건에서 2시간 더 건조할 때 전후 무게의 차가 g당 0.3mg 이하일 때를 말한다.

④ 같은 조건에서 2시간 더 건조할 때 전후 무게의 차가 g당 0.5mg 이하일 때를 말한다.

해설

ES 04000.d 총칙

"항량으로 될 때까지 건조한다"라 함은 같은 조건에서 1시간 더 건조할 때 전후 무게의 차가 g당 0.3mg 이하일 때를 말한다.

70 수산화나트륨 1g을 증류수에 용해시켜 400mL로 하였을 때 이 용액의 pH는?

① 13.8 ② 12.8

③ 11.8 ④ 10.8

해설

NaOH 분자량 = 40g

$$\text{NaOH(mol/L)} = \frac{1\text{g}}{0.4\text{L}} \times \frac{1\text{mol}}{40\text{g}} = 0.0625\text{M}$$

0.0625M NaOH = 0.0625M OH^-

pOH = $-\log[OH^-] = -\log 0.0625$M ≒ 1.20

∴ pH = 14 − pOH ≒ 12.8

67 ① 68 ④ 69 ① 70 ② 정답

71 유기물을 다량 함유하고 있으면서 산 분해가 어려운 시료에 적용되는 전처리법은?

① 질산-염산법
② 질산-황산법
③ 질산-초산법
④ 질산-과염소산법

해설
ES 04150.1b 시료의 전처리 방법
질산-과염소산법 : 유기물을 다량 함유하고 있으면서 산 분해가 어려운 시료에 적용된다.

72 다음은 노말헥산 추출물질에 대한 설명이다. 빈칸에 들어갈 내용으로 알맞은 것은?

> 물 중에 비교적 휘발되지 않는 탄화수소, 탄화수소유도체, 그리스유상물질 및 광유류를 함유하고 있는 시료를 (　) 이하의 산성으로 하여 노말헥산층에 용해되는 물질을 노말헥산으로 추출하고 노말헥산을 증발시킨 잔류물의 무게로부터 구하는 방법이다.

① pH 3　　② pH 4
③ pH 5　　④ pH 6

해설
ES 04302.1b 노말헥산 추출물질
물 중에 비교적 휘발되지 않는 탄화수소, 탄화수소유도체, 그리스유상물질 및 광유류를 함유하고 있는 시료를 pH 4 이하의 산성으로 하여 노말헥산층에 용해되는 물질을 노말헥산으로 추출하고 노말헥산을 증발시킨 잔류물의 무게로부터 구하는 방법이다.

73 식물성 플랑크톤의 정량시험 중 저배율에 의한 방법은?(단, 200배율 이하)

① 스트립 이용 계수
② 팔머-말로니 체임버 이용 계수
③ 혈구계수기 이용 계수
④ 최적 확수 이용 계수

해설
ES 04705.1c 식물성 플랑크톤-현미경계수법
- 저배율 방법(200배율 이하)에는 스트립 이용 계수, 격자 이용 계수가 있다.
- 중배율 방법(200~500배율 이하)에는 팔머-말로니 체임버 이용 계수, 혈구계수기 이용 계수가 있다.

74 크롬-자외선/가시선 분광법에 관한 내용으로 틀린 것은?

① $KMnO_4$로 3가크롬을 크롬으로 산화시킨다.
② 적자색 착화합물의 흡광도를 430nm에서 측정한다.
③ 정량한계는 0.04mg/L이다.
④ 산성에서 다이페닐카바자이드와 반응시킨다.

해설
ES 04414.2e 크롬-자외선/가시선 분광법
물속에 존재하는 크롬을 자외선/가시선 분광법으로 측정하는 것으로, 3가크롬은 과망간산칼륨을 첨가하여 크롬으로 산화시킨 후, 산성 용액에서 다이페닐카바자이드와 반응하여 생성하는 적자색 착화합물의 흡광도를 540nm에서 측정한다.

정답 71 ④ 72 ② 73 ① 74 ②

75 **음이온 계면활성제를 자외선/가시선 분광법으로 측정할 때 사용되는 시약으로 옳은 것은?**

① 메틸레드
② 메틸오렌지
③ 메틸렌블루
④ 메틸렌옐로

해설
ES 04359.1d 음이온 계면활성제–자외선/가시선 분광법
물속에 존재하는 음이온 계면활성제를 측정하기 위하여 메틸렌블루와 반응시켜 생성된 청색의 착화합물을 클로로폼으로 추출하여 흡광도를 650nm에서 측정하는 방법이다.

76 **분원성대장균군–막여과법의 측정방법으로 다음 빈칸에 들어갈 적절한 내용은?**

> 물속에 존재하는 분원성대장균군을 측정하기 위하여 페트리접시에 배지를 올려놓은 다음 배양 후 여러 가지 색조를 띠는 ( ) 집락을 계수하는 방법이다.

① 황 색
② 녹 색
③ 적 색
④ 청 색

해설
ES 04702.1e 분원성대장균군–막여과법
배양 후 여러 가지 색조를 띠는 청색 집락을 계수한다.

77 **시료를 온도 4℃, H_2SO_4로 pH를 2 이하로 보존하여야 하는 측정대상 항목이 아닌 것은?**

① 총질소
② 총 인
③ 화학적 산소요구량
④ 유기인

해설
ES 04130.1e 시료의 채취 및 보존방법
유기인은 4℃ 보관, HCl로 pH 5~9로 하여 보관한다.

78 **정량한계(LOQ)를 옳게 표시한 것은?**

① 정량한계 = 3 × 표준편차
② 정량한계 = 5 × 표준편차
③ 정량한계 = 8 × 표준편차
④ 정량한계 = 10 × 표준편차

해설
ES 04001.b 정도보증/정도관리
정량한계(LOQ ; Limit of Quantification)란 시험분석 대상을 정량화할 수 있는 측정값으로서, 제시된 정량한계 부근의 농도를 포함하도록 시료를 준비하고 이를 반복 측정하여 얻은 결과의 표준편차(s)에 10배한 값을 사용한다.
※ 정량한계 = $10 \times s$

75 ③ 76 ④ 77 ④ 78 ④ 정답

79 **기체크로마토그래피 검출기에 관한 설명으로 틀린 것은?**

① 열전도도 검출기는 금속 필라멘트 또는 전기저항체를 검출소자로 한다.

② 불꽃이온화 검출기는 수소연소노즐, 이온수집기, 전극 및 배기구로 구성되는 본체와 이 전극 사이에 직류전압을 주어 흐르는 이온전류를 측정하기 위한 직류전압 변환회로, 감도조절부, 신호감쇄부 등으로 구성된다.

③ 광이온화 검출기는 황 또는 인을 포함한 화합물을 선택적으로 분석할 수 있다.

④ 전자포획 검출기는 유기할로겐 화합물, 나이트로 화합물, 유기금속 화합물 등을 선택적으로 검출할 수 있다.

해설

③ 불꽃광도 검출기는 황 또는 인을 포함한 화합물을 선택적으로 분석할 수 있다.

80 **백분율(w/v, %)의 설명으로 옳은 것은?**

① 용액 100g 중의 성분무게(g)를 표시

② 용액 100mL 중의 성분용량(mL)을 표시

③ 용액 100mL 중의 성분무게(g)를 표시

④ 용액 100g 중의 성분용량(mL)을 표시

해설

ES 04000.d 총칙

백분율은 용액 100mL 중의 성분무게(g), 또는 기체 100mL 중의 성분무게(g)를 표시할 때는 w/v%, 용액 100mL 중의 성분용량(mL), 또는 기체 100mL 중의 성분용량(mL)을 표시할 때는 v/v%, 용액 100g 중 성분용량(mL)을 표시할 때는 v/w%, 용액 100g 중 성분무게(g)를 표시할 때는 w/w%의 기호를 쓴다. 다만 용액의 농도를 "%"로만 표시할 때는 w/v%를 말한다.

제5과목 | 수질환경관계법규

81 **공공폐수처리시설의 방류수 수질기준 중 잘못된 것은?(단, Ⅱ지역, 2020.1.1. 이후)**

① BOD 10mg/L 이내

② TOC 15mg/L 이내

③ SS 10mg/L 이내

④ T-N 10mg/L 이내

해설

물환경보전법 시행규칙 [별표 10] 공공폐수처리시설의 방류수 수질기준

Ⅱ지역 수질기준(2020년 1월 1일부터 적용되는 기준)

- 생물화학적 산소요구량(BOD)(mg/L) : 10(10) 이하
- 총유기탄소량(TOC)(mg/L) : 15(25) 이하
- 부유물질(SS)(mg/L) : 10(10) 이하
- 총질소(T-N)(mg/L) : 20(20) 이하
- 총인(T-P)(mg/L) : 0.3(0.3) 이하
- 총대장균군수(개/mL) : 3,000(3,000) 이하
- 생태독성(TU) : 1(1) 이하

82 **사업장에서 1일 폐수배출량이 150m^3 발생하고 있을 때 사업장의 규모별 구분으로 맞는 것은?**

① 제2종 사업장 ② 제3종 사업장

③ 제4종 사업장 ④ 제5종 사업장

해설

물환경보전법 시행령 [별표 13] 사업장의 규모별 구분

종 류	배출규모
제1종	1일 폐수배출량이 2,000m^3 이상인 사업장
제2종	1일 폐수배출량이 700m^3 이상, 2,000m^3 미만인 사업장
제3종	1일 폐수배출량이 200m^3 이상, 700m^3 미만인 사업장
제4종	1일 폐수배출량이 50m^3 이상, 200m^3 미만인 사업장
제5종	위 제1종부터 제4종까지의 사업장에 해당하지 아니하는 배출시설

정답 79 ③ 80 ③ 81 ④ 82 ③

83 물환경보전법상 용어의 정의로 틀린 것은?

① 폐수무방류배출시설 – 폐수배출시설에서 발생하는 폐수를 해당 사업장에서 수질오염방지시설을 이용하여 처리하거나 동일 폐수배출시설에 재이용하는 등 공공수역으로 배출하지 아니하는 폐수배출시설을 말한다.
② 수면관리자 – 호소를 관리하는 자를 말하며, 이 경우 동일한 호소를 관리하는 자가 3인 이상인 경우에는 하천법에 따른 하천관리청의 자가 수면관리자가 된다.
③ 특정수질유해물질 – 사람의 건강, 재산이나 동식물의 생육에 직접 또는 간접으로 위해를 줄 우려가 있는 수질오염물질로서 환경부령으로 정하는 것을 말한다.
④ 공공수역 – 하천, 호소, 항만, 연안해역, 그 밖에 공공용으로 사용되는 수역과 이에 접속하여 공공용으로 사용되는 환경부령으로 정하는 수로를 말한다.

해설

물환경보전법 제2조(정의)
"수면관리자"란 다른 법령에 따라 호소를 관리하는 자를 말한다. 이 경우 동일한 호소를 관리하는 자가 둘 이상인 경우에는 하천법에 따른 하천관리청 외의 자가 수면관리자가 된다.

84 환경기준 중 수질 및 수생태계에서 호소의 생활환경 기준 항목에 해당되지 않는 것은?

① DO ② COD
③ T-N ④ BOD

해설

환경정책기본법 시행령 [별표 1] 환경기준
호소의 생활환경 기준 : pH, COD, TOC, SS, DO, T-P, T-N, Chl-a, 총대장균군, 분원성 대장균군

85 오염총량관리기본방침에 포함되어야 하는 사항으로 틀린 것은?

① 오염총량관리지역 현황
② 오염총량관리의 목표
③ 오염원의 조사 및 오염부하량 산정방법
④ 오염총량관리의 대상 수질오염물질 종류

해설

물환경보전법 시행령 제4조(오염총량관리기본방침)
오염총량관리기본방침에는 다음의 사항이 포함되어야 한다.
- 오염총량관리의 목표
- 오염총량관리의 대상 수질오염물질 종류
- 오염원의 조사 및 오염부하량 산정방법
- 오염총량관리기본계획의 주체, 내용, 방법 및 시한
- 오염총량관리시행계획의 내용 및 방법

86 수질 및 수생태계에서 해역의 생활환경 기준 항목으로 옳지 못한 것은?

① pH
② 총대장균군
③ TOC
④ 용매 추출유분

해설

환경정책기본법 시행령 [별표 1] 환경기준
해역-생활환경 기준의 항목 : 수소이온농도(pH), 총대장균군(총대장균군수/100mL), 용매 추출유분(mg/L)

83 ② 84 ④ 85 ① 86 ③ 정답

87 상수원의 수질보전을 위하여 상수원을 오염시킬 우려가 있는 물질을 수송하는 자동차의 통행을 제한하려고 한다. 해당되는 지역이 아닌 것은?

① 상수원보호구역
② 규정에 의하여 지정·고시된 수변구역
③ 상수원에 중대한 오염을 일으킬 수 있어 대통령령으로 정하는 지역
④ 특별대책지역

해설

물환경보전법 제17조(상수원의 수질보전을 위한 통행제한)

전복, 추락 등의 사고 발생 시 상수원을 오염시킬 우려가 있는 물질을 수송하는 자동차를 운행하는 자는 다음의 어느 하나에 해당하는 지역 또는 그 지역에 인접한 지역 중에서 환경부령으로 정하는 도로·구간을 통행할 수 없다.

- 상수원보호구역
- 특별대책지역
- 관련 법령에 따라 각각 지정·고시된 수변구역
- 상수원에 중대한 오염을 일으킬 수 있어 환경부령으로 정하는 지역

88 시·도지사가 오염총량관리기본계획의 승인을 받으려는 경우, 오염총량관리기본계획안에 첨부하여 환경부장관에게 제출하여야 하는 서류가 아닌 것은?

① 유역환경의 조사·분석 자료
② 오염원의 자연 증감에 관한 분석 자료
③ 오염총량관리 계획 목표에 관한 자료
④ 오염부하량의 저감계획을 수립하는 데에 사용한 자료

해설

물환경보전법 시행규칙 제11조(오염총량관리기본계획 승인신청 및 승인기준)

시·도지사는 오염총량관리기본계획의 승인을 받으려는 경우에는 오염총량관리기본계획안에 다음의 서류를 첨부하여 환경부장관에게 제출하여야 한다.

- 유역환경의 조사·분석 자료
- 오염원의 자연 증감에 관한 분석 자료
- 지역개발에 관한 과거와 장래의 계획에 관한 자료
- 오염부하량의 산정에 사용한 자료
- 오염부하량의 저감계획을 수립하는 데에 사용한 자료

89 공공폐수처리시설의 유지·관리기준에 관한 사항으로 다음 빈칸에 들어갈 옳은 내용은?

> 처리시설의 관리, 운영자는 처리시설의 적정 운영 여부를 확인하기 위하여 방류수수질검사를 (㉠) 실시하되, 1일당 2천 세제곱미터 이상인 시설은 주 1회 이상 실시하여야 한다. 다만, 생태독성(TU)검사는 (㉡) 실시하여야 한다.

① ㉠ 월 2회 이상, ㉡ 월 1회 이상
② ㉠ 월 1회 이상, ㉡ 월 2회 이상
③ ㉠ 월 2회 이상, ㉡ 월 2회 이상
④ ㉠ 월 1회 이상, ㉡ 월 1회 이상

해설

물환경보전법 시행규칙 [별표 15] 공공폐수처리시설의 유지·관리기준

처리시설의 적정 운영 여부를 확인하기 위하여 방류수수질검사를 월 2회 이상 실시하되, 1일당 2,000m^3 이상인 시설은 주 1회 이상 실시하여야 한다. 다만, 생태독성(TU)검사는 월 1회 이상 실시하여야 한다.

90 수질오염방지시설 중 생물화학적 처리시설에 해당되는 것은?

① 살균시설 ② 폭기시설
③ 환원시설 ④ 침전물 개량시설

해설

물환경보전법 시행규칙 [별표 5] 수질오염방지시설

생물화학적 처리시설

- 살수여과상
- 폭기시설
- 산화시설(산화조 또는 산화지를 말한다)
- 혐기성·호기성 소화시설
- 접촉조(폐수를 염소 등의 약품과 접촉시키기 위한 탱크)
- 안정조
- 돈사톱밥발효시설

정답 87 ③ 88 ③ 89 ① 90 ②

91 **환경부장관이 물환경을 보전할 필요가 있다고 지정, 고시하고 물환경을 정기적으로 조사, 측정하여야 하는 호소의 기준으로 틀린 것은?**

① 1일 30만ton 이상의 원수를 취수하는 호소
② 만수위일 때 면적이 10만m^2 이상인 호소
③ 수질오염이 심하여 특별한 관리가 필요하다고 인정되는 호소
④ 동식물의 서식지·도래지이거나 생물다양성이 풍부하여 특별히 보전할 필요가 있다고 인정되는 호소

해설

물환경보전법 시행령 제30조(호소수 이용 상황 등의 조사·측정 및 분석 등)
환경부장관은 다음의 어느 하나에 해당하는 호소로서 물환경을 보전할 필요가 있는 호소를 지정·고시하고, 그 호소의 물환경을 정기적으로 조사·측정 및 분석하여야 한다.
- 1일 30만ton 이상의 원수를 취수하는 호소
- 동식물의 서식지·도래지이거나 생물다양성이 풍부하여 특별히 보전할 필요가 있다고 인정되는 호소
- 수질오염이 심하여 특별한 관리가 필요하다고 인정되는 호소

92 **하천, 호소에서 자동차를 세차하는 행위를 한 자에 대한 과태료 처분기준으로 적절한 것은?**

① 100만원 이하의 과태료
② 50만원 이하의 과태료
③ 30만원 이하의 과태료
④ 10만원 이하의 과태료

해설

물환경보전법 제82조(과태료)
하천, 호소에서 자동차를 세차하는 행위를 한 자는 100만원 이하의 과태료에 처한다.

93 **상수원 구간의 수질오염경보인 조류경보 단계 중 관심단계의 발령·해제기준으로 옳은 것은?**

① 2회 연속 채취 시 남조류 세포수가 1,000세포/mL 미만인 경우
② 2회 연속 채취 시 남조류 세포수가 1,000세포/mL 이상 10,000세포/mL 미만인 경우
③ 2회 연속 채취 시 남조류 세포수가 5,000세포/mL 이상 50,000세포/mL 미만인 경우
④ 2회 연속 채취 시 남조류 세포수가 10,000세포/mL 이상 1,000,000세포/mL 미만인 경우

해설

물환경보전법 시행령 [별표 3] 수질오염경보의 종류별 경보단계 및 그 단계별 발령·해제기준
조류경보-상수원 구간

경보단계	발령·해제기준
관심	2회 연속 채취 시 남조류 세포수가 1,000세포/mL 이상 10,000세포/mL 미만인 경우
경계	2회 연속 채취 시 남조류 세포수가 10,000세포/mL 이상 1,000,000세포/mL 미만인 경우
조류 대발생	2회 연속 채취 시 남조류 세포수가 1,000,000세포/mL 이상인 경우
해제	2회 연속 채취 시 남조류 세포수가 1,000세포/mL 미만인 경우

94 **수질자동측정기기 및 부대시설을 모두 부착하지 아니할 수 있는 시설의 기준으로 옳은 것은?**

① 연간 조업일수가 60일 미만인 사업장
② 연간 조업일수가 90일 미만인 사업장
③ 연간 조업일수가 120일 미만인 사업장
④ 연간 조업일수가 150일 미만인 사업장

해설

물환경보전법 시행령 [별표 7] 측정기기의 종류 및 부착 대상
연간 조업일수가 90일 미만인 사업장에는 수질자동측정기기 및 부대시설을 모두 부착하지 않을 수 있다.

정답 91 ② 92 ① 93 ② 94 ②

95 방류수수질기준초과율이 70% 이상 80% 미만일 때 부과계수로 적절한 것은?

① 2.8 ② 2.6
③ 2.4 ④ 2.2

해설

물환경보전법 시행령 [별표 11] 방류수수질기준초과율별 부과계수

초과율	부과계수
10% 미만	1
10% 이상 20% 미만	1.2
20% 이상 30% 미만	1.4
30% 이상 40% 미만	1.6
40% 이상 50% 미만	1.8
50% 이상 60% 미만	2.0
60% 이상 70% 미만	2.2
70% 이상 80% 미만	2.4
80% 이상 90% 미만	2.6
90% 이상 100%까지	2.8

96 낚시제한구역에서의 제한사항이 아닌 것은?

① 1명당 3대의 낚싯대를 사용하는 행위
② 1개의 낚싯대에 5개 이상의 낚시바늘을 떡밥과 뭉쳐서 미끼로 던지는 행위
③ 낚시바늘에 끼워서 사용하지 아니하고 물고기를 유인하기 위하여 떡밥·어분 등을 던지는 행위
④ 어선을 이용한 낚시행위 등 낚시 관리 및 육성법에 따른 낚시 어선업을 영위하는 행위(내수면어업법 시행령에 따른 외줄낚시는 제외한다)

해설

① 1명당 4대 이상의 낚싯대를 사용하는 행위
※ 물환경보전법 시행규칙 제30조(낚시제한구역에서의 제한사항) 참고

97 시·도지사 등은 수질오염물질 배출량 등의 확인을 위한 오염도검사를 통보를 받은 날부터 며칠 이내에 사업자에게 배출농도 및 일일 유량에 관한 사항을 통보해야 하는가?

① 5일 ② 10일
③ 15일 ④ 20일

해설

물환경보전법 시행규칙 제55조(수질오염물질 배출량 등의 확인을 위한 오염도검사 등)
오염도검사의 결과를 통보받은 시·도지사 등은 통보를 받은 날부터 10일 이내에 사업자 등에게 검사결과 중 배출농도와 일일 유량에 관한 사항을 알려야 한다.

98 폐수처리업에 종사하는 기술요원의 교육기관으로 알맞은 것은?

① 환경보전협회
② 한국환경공단
③ 국립환경인재개발원
④ 한국상하수도협회

해설

물환경보전법 시행규칙 제93조(기술인력 등의 교육기간·대상자 등)
교육은 다음의 구분에 따른 교육기관에서 실시한다. 다만, 환경부장관 또는 시·도지사는 필요하다고 인정하면 다음의 교육기관 외의 교육기관에서 기술인력 등에 관한 교육을 실시하도록 할 수 있다.
- 측정기기 관리대행업에 등록된 기술인력 : 국립환경인재개발원 또는 한국상하수도협회
- 폐수처리업에 종사하는 기술요원 : 국립환경인재개발원
- 환경기술인 : 환경보전협회

정답 95 ③ 96 ① 97 ② 98 ③

99 **방지시설설치의 면제를 받을 수 있는 기준에 해당되는 경우가 아닌 것은?**

① 배출시설의 기능 및 공정상 오염물질이 항상 배출허용기준 이하로 배출되는 경우

② 폐수처리업의 등록을 한 자에게 환경부령이 정하는 폐수를 전량 위탁처리하는 경우

③ 발생 폐수의 전량 재이용 등 방지시설을 설치하지 아니하고도 수질오염물질을 적정하게 처리할 수 있는 경우

④ 발생 폐수를 폐수종말처리시설에 재배출하여 처리하는 경우

해설

물환경보전법 시행령 제33조(방지시설설치의 면제기준)

- 배출시설의 기능 및 공정상 수질오염물질이 항상 배출허용기준 이하로 배출되는 경우
- 폐수처리업자 또는 환경부장관이 인정하여 고시하는 관계 전문기관에 환경부령으로 정하는 폐수를 전량 위탁처리하는 경우
- 폐수를 전량 재이용하는 등 방지시설을 설치하지 아니하고도 수질오염물질을 적정하게 처리할 수 있는 경우로서 환경부령으로 정하는 경우

100 **사업장별 환경기술인의 자격기준에 관한 설명으로 알맞지 않은 것은?**

① 방지시설 설치면제 대상 사업장과 배출시설에서 배출되는 오염물질 등을 공동방지시설에서 처리하게 하는 사업장은 4, 5종 사업장에 해당하는 환경기술인을 둘 수 있다.

② 연간 120일 미만 조업하는 1, 2, 3종 사업장은 4, 5종 사업장에 해당하는 환경기술인을 선임할 수 있다.

③ 공동방지시설의 경우 폐수배출량이 4종 또는 5종 사업장의 규모에 해당하면 3종 사업장에 해당하는 환경기술인을 두어야 한다.

④ 특정수질유해물질이 포함된 수질오염물질을 배출하는 제4종 또는 제5종 사업장은 제3종 사업장에 해당하는 환경기술인을 두어야 한다. 다만, 특정수질유해물질이 포함된 1일 $10m^3$ 이하의 폐수를 배출하는 사업장의 경우에는 그러하지 아니하다.

해설

② 연간 90일 미만 조업하는 제1종부터 제3종까지의 사업장은 제4종 사업장·제5종 사업장에 해당하는 환경기술인을 선임할 수 있다.

※ 물환경보전법 시행령 [별표 17] 사업장별 환경기술인의 자격기준 참고

99 ④ 100 ② 정답

2023년 제2회 최근 기출복원문제

제1과목 | 수질오염개론

01 **소수성(疏水性) 콜로이드 입자가 전기를 띠고 있는 것을 조사할 때 적합한 것은?**

① 콜로이드 입자에 강한 빛을 조사하여 Tyndall현상을 조사한다.
② 콜로이드 용액의 삼투압을 조사한다.
③ 한외현미경으로 입자의 Brown 운동을 관찰한다.
④ 전해질을 소량 넣고 응집을 조사한다.

해설
소수성 콜로이드는 염에 민감하여 소량의 염에도 응집침전이 잘 이루어진다.

02 **호수의 성층현상에 대한 설명으로 틀린 것은?**

① 수심에 따른 온도 변화로 인해 발생되는 물의 밀도차에 의하여 발생한다.
② Thermocline(약층)은 순환층과 정체층의 중간층으로 깊이에 따른 온도 변화가 크다.
③ 봄이 되면 얼음이 녹으면서 수표면 부근의 수온이 높아지게 되고 따라서 수직운동이 활발해져 수질이 악화된다.
④ 여름이 되면 연직에 따른 온도경사와 용존산소경사가 반대 모양을 나타낸다.

해설
여름에는 연직에 따른 온도경사와 용존산소 경사(DO 구배)가 같은 모양을 나타낸다.

03 **수질예측모형의 공간성에 따른 분류에 관한 설명으로 틀린 것은?**

① 0차원 모형 – 식물성 플랑크톤의 계절적 변동사항에 주로 이용된다.
② 1차원 모형 – 하천이나 호수를 종방향 또는 횡방향의 연속교반 반응조로 가정한다.
③ 2차원 모형 – 수질의 변동이 일방향성이 아닌 이방향성으로 분포하는 것으로 가정한다.
④ 3차원 모형 – 대호수의 순환 패턴 분석에 이용된다.

해설
0차원 모형은 호수에 매년 축적되는 무기물질의 수지를 평가하는 데 이용된다.

04 **0.1N HCl 용액 100mL에 0.2N NaOH 용액 75mL를 섞었을 때 혼합용액의 pH는?(단, 전리도는 100% 기준)**

① 약 10.1
② 약 10.4
③ 약 11.3
④ 약 12.5

해설
불완전 중화반응 관계식

$N_o(V+V') = NV - N'V'$

여기서, N_o : 혼합액의 규정 농도(eq/L)

$V,\ V'$: 산 및 염기의 부피(L)

$N,\ N'$: 산 및 염기의 규정 농도(eq/L)

$$N_o = \frac{NV - N'V'}{V+V'} = \frac{(0.2\times0.075)-(0.1\times0.1)}{0.075+0.1} \fallingdotseq 0.02857\text{eq/L}$$

염기가 과잉이므로

$$\text{pH} = 14 - \text{pOH} = 14 - \log\frac{1}{[N_o]} = 14 - 1.5 \fallingdotseq 12.5$$

정답 1 ④ 2 ④ 3 ① 4 ④

05 **물의 물리적 특성으로 틀린 것은?**

① 고체 상태인 경우 수소결합에 의해 육각형 결정 구조를 형성한다.

② 액체 상태의 경우 공유결합과 수소결합의 구조로 H^+, OH^-로 전리되어 전하적으로 양성을 가진다.

③ 동점성계수는 점성계수/밀도이며 푸아즈(poise) 단위를 적용한다.

④ 물은 물분자 사이의 수소결합으로 인하여 큰 표면장력을 갖는다.

해설

• 점성계수 단위 : poise, g/cm·s
• 동점성계수 단위 : cm^2/s

06 **하천이나 호수의 심층에서 미생물의 작용에 관한 설명으로 가장 거리가 먼 것은?**

① 수중의 유기물은 분해되어 일부가 세포합성이나 유지대사를 위한 에너지원이 된다.

② 호수심층에 산소가 없을 때 질산이온을 전자수용체로 이용하는 종속영양세균인 탈질화 세균이 많아진다.

③ 유기물이 다량 유입되면 혐기성 상태가 되어 H_2S와 같은 기체를 유발하지만 호기성 상태가 되면 암모니아성 질소가 증가한다.

④ 어느 정도 유기물이 분해된 하천의 경우 조류 발생이 증가할 수 있다.

해설

유기물이 다량 유입되면 혐기성 상태가 되어 H_2S와 같은 기체를 유발하지만 호기성 상태가 되면 질산성 질소가 증가한다.

07 **기상수(우수, 눈, 우박 등)에 관한 설명으로 틀린 것은?**

① 기상수는 대기 중에서 지상으로 낙하할 때는 상당한 불순물을 함유한 상태이다.

② 우수의 주성분은 육수의 주성분과 거의 동일하다.

③ 해안 가까운 곳의 우수는 염분함량의 변화가 크다.

④ 천수는 사실상 증류수로서 증류단계에서는 순수에 가까워 다른 자연수보다 깨끗하다.

해설

우수의 주성분은 해수의 주성분과 동일하다.

08 **알칼리도(Alkalinity)에 관한 설명으로 틀린 것은?**

① 알칼리도가 낮은 물은 철(Fe)에 대한 부식성이 강하다.

② 알칼리도가 부족할 때는 소석회($Ca(OH)_2$)나 소다회(Na_2CO_3)와 같은 약제를 첨가하여 보충한다.

③ 자연수의 알칼리도는 주로 중탄산염(HCO_3^-)의 형태를 이룬다.

④ 중탄산염(HCO_3^-)이 많이 함유된 물을 가열하면 pH는 낮아진다.

해설

중탄산염(HCO_3^-)이 많이 함유된 물을 가열하면 pH는 증가한다.

5 ③ 6 ③ 7 ② 8 ④ 정답

09 **적조(Red Tide)에 관한 설명으로 틀린 것은?**

① 갈수기로 염도가 증가된 정체해역에서 주로 발생한다.
② 수중 용존산소 감소에 의한 어패류의 폐사가 발생된다.
③ 수괴의 연직안정도가 크고 독립해 있을 때 발생한다.
④ 해저에 빈 산소층이 형성할 때 발생한다.

해설

적조현상의 원인
• 강한 일사량, 높은 수온, 낮은 염분일 때 발생한다.
• N, P 등의 영양염류가 풍부한 부영양화 상태에서 잘 일어난다.
• 미네랄 성분인 비타민, Ca, Fe, Mg 등이 많을 때 발생한다.
• 정체수역 및 용승류(Upwelling)가 존재할 때 많이 발생한다.

10 **광합성에 대한 설명으로 틀린 것은?**

① 호기성 광합성(녹색식물의 광합성)은 진조류와 청녹조류를 위시하여 고등식물에서 발견된다.
② 녹색식물의 광합성은 탄산가스와 물로부터 산소와 포도당(또는 포도당 유도산물)을 생성하는 것이 특징이다.
③ 세균활동에 의한 광합성은 탄산가스의 산화를 위하여 물 이외의 화합물질이 수소원자를 공여, 유리산소를 형성한다.
④ 녹색식물의 광합성 시 광은 에너지를 그리고 물은 환원반응에 수소를 공급해 준다.

해설

세균활동에 의한 광합성은 황화수소나 수소를 사용하여 CO_2를 환원시키기 때문에 산소를 발생시키지 않는다.

11 **생체 내에 필수적인 금속으로 결핍 시에는 인슐린의 저하를 일으킬 수 있는 유해물질은?**

① Cd
② Mn
③ CN
④ Cr

해설

크롬은 인슐린 분비를 촉진시키는 기능을 한다.

12 **$BaCO_3$의 용해도적 $K_{sp} = 8.1 \times 10^{-9}$일 때 순수한 물에서 $BaCO_3$의 몰용해도(mol/L)는?**

① 0.7×10^{-4}
② 0.7×10^{-5}
③ 0.9×10^{-4}
④ 0.9×10^{-5}

해설

$BaCO_3 \leftrightarrow Ba^{2+} + CO_3^{2-}$

$K_{sp} = [Ba^{2+}][CO_3^{2-}]$

$8.1 \times 10^{-9} = x^2$

$\therefore x = 0.9 \times 10^{-4}$

13 **트라이할로메탄(THM)에 관한 설명으로 틀린 것은?**

① 일정 기준 이상의 염소를 주입하면 THM의 농도는 급감한다.
② pH가 증가할수록 THM의 생성량은 증가한다.
③ 온도가 증가할수록 THM의 생성량은 증가한다.
④ 수돗물에 생성된 트라이할로메탄류는 대부분 클로로폼으로 존재한다.

해설

염소 주입량이 많을수록 THM의 농도는 증가한다.

정답 9 ① 10 ③ 11 ④ 12 ③ 13 ①

14 **분변성 오염을 나타낼 때 사용되는 지표미생물이 갖추어야 할 조건 중 옳지 않은 것은?**

① 사람의 대변에만 많은 수로 존재해야 한다.

② 자연환경에는 없거나 적은 수로 존재해야 한다.

③ 비병원성으로 간단한 방법에 의해 쉽고 빠르게 검출될 수 있어야 한다.

④ 병원균보다 적은 수로 존재하고 자연환경에서 병원균보다 생존력이 약해야 한다.

해설

분변성 오염 지표미생물은 자연환경에서 병원균보다 생존력이 강해야 한다.

15 **다음과 같은 이온을 함유한 물의 경도를 구하면 얼마인가?(단, $Ca^{2+}=40$, $Na^{+}=23$, $Mg^{2+}=24$, $HCO_3^{-}=61$, $SO_4^{2-}=48$이다)**

Na^{+} : 25mg/L, Ca^{2+} : 20mg/L, Mg^{2+} : 24mg/L SO_4^{2-} : 32mg/L, HCO_3^{-} : 30.5mg/L

① 75 ② 100

③ 125 ④ 150

해설

경도는 물의 세기 정도를 나타내는 것으로, 물에 용해된 금속 2가 양이온(Sr^{2+}, Mg^{2+}, Fe^{2+}, Ca^{2+}, Mn^{2+} 등)에 의해 기인되며, 이에 대응하는 $CaCO_3$ mg/L의 값으로 나타낸다.

$$총경도=\left(\frac{20mg\,Ca^{2+}}{L}\times\frac{50}{20}\right)+\left(\frac{24mg\,Mg^{2+}}{L}\times\frac{50}{12}\right)$$

$$=150mg/L\ as\ CaCO_3$$

16 **수질관리 모델에 해당하지 않는 것은?**

① WASP Model

② RAM Model

③ WQRRS Model

④ HSPF Model

해설

하천 모델링의 종류로 Streeter-Phelps, QUAL-1·2, DO SAG-1·2·3, WQRRS, AUT-QUAL, WASP, HSPF 등이 있다.

17 **25℃, 2기압의 메탄가스 20kg을 저장하는 데 필요한 탱크의 부피(m^3)는?(단, 이상기체의 법칙, R = 0.082L·atm/mol·K 적용)**

① 10.3 ② 12.6

③ 15.3 ④ 17.6

해설

메탄 20kg의 몰수를 계산하면

$$20kg\,CH_4\times\frac{1mol}{16g}\times\frac{10^3g}{kg}=1,250mol$$

$$V=\frac{nRT}{P}$$

$$=\frac{1,250mol}{2atm}\times\frac{0.082L\cdot atm}{mol\cdot K}\times(273+25)K\times\frac{1m^3}{10^3L}$$

$$\fallingdotseq 15.27m^3$$

18 **지구상의 담수 존재량의 가장 많은 부분을 차지하고 있는 것은?**

① 지하수 ② 토양수분

③ 빙 하 ④ 하천수

해설

지구상의 물은 크게 해수와 담수로 나뉘며, 담수는 빙하, 지표수, 지하수 및 공기 중에 존재하는 수분으로 나누어진다. 담수 중 가장 많은 양을 차지하는 것은 빙하이며, 비중 순으로 나열하면 빙하 > 지하수 > 지표수 > 공기 중에 존재하는 수분이다.

14 ④ 15 ④ 16 ② 17 ③ 18 ③ 정답

19 Whipple의 4지대 중 혐기성 분해가 진행되어 H_2S, CO_2가 증가하는 하천의 지점은 어느 지대에 해당하는가?

① 분해지대　② 활발한 분해지대
③ 회복지대　④ 정수지대

해설

하천의 자정단계(Whipple의 4지대)

분해 지대	• 분해가 진행되기 때문에 DO가 소모되고 산소포화치의 약 40%를 차지한다. • CO_2 및 세균수가 증가하고 오염에 강한 균류가 주로 번식한다. • 부유물질이 많아 하천이 혼탁하게 된다.
활발한 분해 지대	• 분해가 가속화되어 혐기성 상태로 진행된다. • 혐기성 분해가 진행되면서 CH_4, H_2S, CO_2 등의 농도가 증가한다. • 균류가 사라지고 세균류가 급증한다. • 악취가 발생하고, 분해지대보다 어두운 빛을 나타낸다(부패성 상태).
회복 지대	• 혐기성 미생물이 호기성 미생물로 대체되며, 약간의 균류도 발생한다. • DO가 증가하고, 질소는 NO_2–N 및 NO_3–N의 형태로 존재한다(DO 40%~포화치). • 조류가 번식하며, 원생동물, 윤충, 갑각류 등이 출현한다.
정수 지대	• DO는 거의 포화치에 근접하고 자연하천의 상태로 회복된다. • 호기성 미생물이 번식하고, 많은 종류의 물고기가 번식한다.

20 글리신($CH_2(NH_2)COOH$)의 이론적 COD/TOC의 비는?(단, 글리신의 최종 분해산물은 CO_2, HNO_3, H_2O이다)

① 2.83　② 3.76
③ 4.67　④ 5.38

해설

$CH_2(NH_2)COOH + 3.5O_2 \rightarrow 2CO_2 + HNO_3 + 2H_2O$

TOC는 총 유기탄소로 24g,

COD는 소요되는 산소량이므로 112g

∴ COD/TOC = 112/24 ≒ 4.67

제2과목 | 상하수도계획

21 강우강도에 대한 설명 중 틀린 것은?

① 강우강도는 그 지점에 내린 우량을 mm/h 단위로 표시한 것이다.
② 확률강우강도는 강우강도의 확률적 빈도를 나타낸 것이다.
③ 범람의 피해가 적을 것으로 예상될 때는 재현기간 2~5년의 확률강우강도를 채택한다.
④ 강우강도가 큰 강우일수록 빈도가 높다.

해설

④ 강우강도가 큰 강우일수록 빈도가 낮다.

강우강도는 자기우량계를 사용하여 짧은 지속시간 동안에 관측된 강우량을 단위시간으로 환산하여 표시한 것으로, 단위시간 내에 내린 비의 깊이로 정의된다. 강우강도가 클수록 지속시간이 짧다.

22 원심력 펌프의 규정 회전수 N = 30회/s, 규정 토출량 $Q = 0.8m^3/s$, 규정 양정 H = 15m일 때, 펌프의 비교회전도는?(단, 양흡입이 아님)

① 약 1,050　② 약 1,250
③ 약 1,410　④ 약 1,640

해설

펌프의 비교회전도(비속도)

$$N_s = N \times \frac{Q^{1/2}}{H^{3/4}}$$

여기서, N_s : 비회전도(rpm)
N : 펌프의 실제 회전수(rpm)
Q : 최고 효율점의 토출유량(m^3/min)
H : 최고 효율점의 전양정(m)

$N = 30 \times 60 = 1,800\text{rpm}$

$$Q = \frac{0.8\text{m}^3}{\text{s}} \times \frac{60\text{s}}{\text{min}} = 48\text{m}^3/\text{min}$$

$$\therefore N_s = N \times \frac{Q^{1/2}}{H^{3/4}} = 1,800 \times \frac{48^{1/2}}{15^{3/4}} ≒ 1,640\text{rpm}$$

정답 19 ② 20 ③ 21 ④ 22 ④

23 상수시설인 배수지의 용량에 관한 내용으로 다음 빈칸에 들어갈 말로 적절한 것은?

> 배수지의 유효용량은 "시간변동조정용량"과 "비상대처용량"을 합하여 급수구역의 계획1일 최대급수량의 (   ) 이상을 표준으로 하여야 한다.

① 6시간분　　② 8시간분
③ 10시간분　　④ 12시간분

해설

배수지의 유효용량은 "시간변동조정용량"과 "비상대처용량"을 합하여 급수구역의 계획1일 최대급수량의 12시간분 이상을 표준으로 하여야 하며, 지역 특성과 상수도시설의 안정성 등을 고려하여 결정한다.

24 Cavitation 발생을 방지하기 위한 대책으로 옳지 않은 것은?

① 펌프의 설치 위치를 가능한 한 낮추어 가용유효흡입수두를 크게 한다.
② 펌프의 회전속도를 낮게 선정하여 필요유효흡입수두를 크게 한다.
③ 흡입 측 밸브를 완전히 개방하고 펌프를 운전한다.
④ 흡입관에 손실을 가능한 한 작게 하여 가용유효흡입수두를 크게 한다.

해설

공동현상(Cavitation) 방지대책
- 펌프의 설치 위치를 가능한 낮게 한다.
- 흡입 측 밸브는 완전히 개방한 다음 펌프를 가동한다.
- 흡입관의 손실을 가능한 작게 한다.
- 펌프의 회전속도를 낮게 선정하여 필요유효흡입수두를 작게 한다.

25 하천표류수 취수시설 중 취수문에 관한 설명으로 틀린 것은?

① 취수보에 비해서는 대량취수에도 쓰이나 보통 소량취수에 주로 이용된다.
② 유심이 안정된 하천에 적합하다.
③ 토사, 부유물의 유입방지가 용이하다.
④ 갈수 시 일정 수심 확보가 되지 않으면 취수가 불가능하다.

해설

취수문의 특징
- 유황, 하상이 안정되어 있으면 취수가 용이하다.
- 중·소량 취수에 적합하다.
- 하상변동이 작은 지점에서 사용 가능하다.
- 간단한 수문 조작만을 필요로 하므로 유지관리가 쉽다.
- 갈수, 홍수, 결빙 시에는 취수량 확보 조치 및 조정이 필요하다.
- 토사 및 부유물의 유입방지가 어렵다.

26 정수시설인 급속여과지 시설기준에 관한 설명으로 옳지 않은 것은?

① 여과면적은 계획정수량을 여과속도로 나누어 구한다.
② 1지의 여과면적은 $200m^2$ 이상으로 한다.
③ 여과모래의 유효경이 0.45~0.7mm의 범위인 경우에는 모래층의 두께는 60~70cm를 표준으로 한다.
④ 여과속도는 120~150m/d를 표준으로 한다.

해설

급속여과지 1지의 여과면적은 $150m^2$ 이하로 한다.

23 ④ 24 ② 25 ③ 26 ② 정답

27 상수시설의 도수관 중 공기밸브의 설치에 관한 설명으로 틀린 것은?

① 관로의 종단도상에서 상향 돌출부의 하단에 설치해야 하지만 제수밸브의 중간에 상향 돌출부가 없는 경우에는 높은 쪽의 제수밸브 바로 뒤쪽에 설치한다.

② 관경 400mm 이상의 관에는 반드시 급속공기밸브 또는 쌍구공기밸브를 설치하고, 관경 350mm 이하의 관에 대해서는 급속공기밸브 또는 단구공기밸브를 설치한다.

③ 공기밸브에는 보수용의 제수밸브를 설치한다.

④ 매설관에 설치하는 공기밸브에는 밸브실을 설치한다.

해설

관로의 종단도상에서 상향 돌출부의 상단에 설치해야 하지만 제수밸브의 중간에 상향 돌출부가 없는 경우에는 높은 쪽의 제수밸브 바로 앞쪽에 설치한다.

28 유역면적이 40ha, 유출계수 0.7, 유입시간 15분, 유하시간 10분인 지역에서의 합리식에 의한 우수관거 설계유량(m^3/s)은?(단, 강우강도 공식 $I=\frac{3,640}{t+40}$)

① 4.36 ② 5.09

③ 5.60 ④ 7.01

해설

$I=\frac{3,640}{t+40}$

t(min)는 유달시간으로 유입시간 + 유하시간이다.

$I=\frac{3,640}{t+40}=\frac{3,640}{25+40}=56$

$Q=\frac{1}{360}CIA=\frac{1}{360}\times 0.7\times 56\times 40 \fallingdotseq 4.36\text{m}^3/\text{s}$

29 지하수 취수 시 적용되는 양수량 중에서 적정양수량의 정의로 옳은 것은?

① 최대양수량의 80% 이하의 양수량

② 한계양수량의 80% 이하의 양수량

③ 최대양수량의 70% 이하의 양수량

④ 한계양수량의 70% 이하의 양수량

해설

지하수의 적정양수량은 한계양수량의 70% 이하의 양수량을 말한다. 이때 한계양수량이란 단계양수시험으로 양수량을 늘리면 급격히 수위가 강하되어 우물에 장애를 일으키는 양수량을 말한다.

30 하수도에 사용되는 펌프형식 중 전양정이 3~12m일 때 적용하고, 펌프구경은 400mm 이상을 표준으로 하며 양정변화에 대하여 수량의 변동이 적고, 또 수량변동에 대해 동력의 변화도 적으므로 우수용 펌프 등 수위변동이 큰 곳에 적합한 것은?

① 원심펌프 ② 사류펌프

③ 원심사류펌프 ④ 축류펌프

해설

사류펌프

- 원심력과 베인의 양력작용에 의해 임펠러 내의 물에 압력 및 속도에너지를 주고 이 속도에너지의 일부를 압력으로 변환하여 양수하는 펌프이다.
- 양정변화에 대하여 수량의 변동이 적다.
- 수량변동에 대해 동력의 변화가 적으므로 우수펌프의 양수펌프 등 수위변동이 큰 곳이나 이물질 함량이 높은 배수용 펌프에 적합하다.

정답 27 ① 28 ① 29 ④ 30 ②

31 **하수도 시설인 중력식 침사지에 대한 설명으로 올바른 것은?**

① 침사지의 평균유속은 0.5m/초를 표준으로 한다.
② 저부경사는 보통 1/100~1/200로 하며, 그리트 제거설비의 종류별 특성에 따라 이 범위가 적용되지 않을 수 있다.
③ 침사지의 표면부하율은 오수침사지의 경우 3,600 m^3/m^2·일, 우수침사지의 경우 1,800m^3/m^2·일 정도로 한다.
④ 침사지 수심은 유효수심에 모래 퇴적부의 깊이를 뺀 것으로 한다.

해설

① 침사지의 평균유속은 0.3m/초를 표준으로 한다.
③ 침사지의 표면부하율은 오수침사지의 경우 1,800m^3/m^2·일, 우수침사지의 경우 3,600m^3/m^2·일 정도로 한다.
④ 침사지 수심은 유효수심에 모래 퇴적부의 깊이를 더한 것으로 한다.

32 **계획취수량이 10m^3/s, 유입수심이 5m, 유입속도가 0.4m/s인 지역에 취수구를 설치하고자 할 때 취수구의 폭(m)은?(단, 취수보 설계 기준)**

① 0.5 ② 1.25
③ 2.5 ④ 5.0

해설

취수구의 폭 계산

$$B=\frac{Q}{VH}=\frac{10}{0.4\times5}=5.0\text{m}$$

33 **역사이펀 관로의 길이 500m, 관경은 500mm이고, 경사는 0.3%라고 하면 상기 관로에서 일어나는 손실수두(m)와 유량(m^3/s)은?(단, Manning 조도계수 n값 = 0.013, 역사이펀 관로의 미소손실 = 총 5cm 수두, 역사이펀 손실수두$(H)=I\times L+(1.5\times V^2/2g)+\alpha$, 만관이라고 가정)**

① 1.64, 0.207 ② 2.61, 0.207
③ 1.64, 0.827 ④ 2.61, 0.827

해설

역사이펀 계산식

$$H=I\cdot L+\frac{\beta V^2}{2g}+\alpha$$

여기서, H : 역사이펀에서의 손실수두(m)
I : 역사이펀 관거의 동수구배
L : 역사이펀 관거길이
V : 역사이펀 내의 유속(m/s)
g : 중력가속도(9.8m/s^2)
α : 손실수두에 관한 여유율
β : 계수

Manning 공식 : $V=\frac{1}{n}\cdot R^{\frac{2}{3}}\cdot I^{\frac{1}{2}}$, $R=\frac{D}{4}=\frac{0.5}{4}=0.125$

$$V=\frac{1}{0.013}\times0.125^{\frac{2}{3}}\times0.003^{\frac{1}{2}}\fallingdotseq1.0533\text{m/s}$$

$$H=I\cdot L+\frac{1.5V^2}{2g}+\alpha$$

$$=\frac{0.3}{100}\times500\text{m}+\frac{1.5\times(1.0533\text{m/s})^2}{2\times9.8\text{m/s}^2}+0.05\text{m}\fallingdotseq1.635\text{m}$$

$$Q=AV=\frac{\pi D^2}{4}\times V=\frac{\pi(0.5)^2}{4}\times1.0533\fallingdotseq0.207\text{m}^3/\text{s}$$

34 **하천표류수를 수원으로 할 때 하천기준수량은?**

① 평수량 ② 갈수량
③ 홍수량 ④ 최대홍수량

해설

하천표류수를 수원으로 하는 경우 갈수량을 기준으로 한다.

31 ② 32 ④ 33 ① 34 ② 정답

35 천정호(얕은 우물)의 경우 양수량

$Q=\frac{\pi k(H^2-h^2)}{2.3\log_{10}(R/r)}$ 로 표시된다. 반경 0.5m의 천정호 시험정에서 H = 6m, h = 4m, R = 50m인 경우에 Q = 0.01m^3/s의 양수량을 얻었다. 이 조건에서 투수계수 k는?

① 0.023m/min ② 0.044m/min
③ 0.086m/min ④ 0.120m/min

해설

얕은 우물 수리공식

$$Q=\frac{\pi k(H^2-h^2)}{2.3\log_{10}(R/r)}$$

여기서, k : 투수계수(m/s)
H : 원 지하수의 두께(m)
h : 정호의 수심(m)
R : 영향원의 반경(m)
r : 정호의 반경(m)

$$Q=\frac{10\text{L}}{\text{s}}\times\frac{\text{m}^3}{10^3\text{L}}=0.01\text{m}^3/\text{s}$$

$$0.01=\frac{\pi k(6^2-4^2)}{2.3\log_{10}(50/0.5)},\ 0.01=\frac{20\pi k}{4.6}$$

$$\therefore\ k\fallingdotseq\frac{7.32\times10^{-4}\text{m}}{\text{s}}\times\frac{60s}{\text{min}}\fallingdotseq0.044\text{m/min}$$

36 취수 지점으로부터 정수장까지 원수를 공급하는 시설배관은?

① 취수관 ② 송수관
③ 도수관 ④ 배수관

해설

상수의 공급과정 : 취수 → 도수 → 정수 → 송수 → 배수 → 급수

37 상수처리를 위한 정수시설 중 착수정에 관한 내용으로 틀린 것은?

① 수위가 고수위 이상으로 올라가지 않도록 월류관이나 월류위어를 설치한다.
② 착수정의 고수위와 주변 벽체의 상단 간에는 60cm 이상의 여유를 두어야 한다.
③ 착수정의 용량은 체류시간을 30분 이상으로 한다.
④ 필요에 따라 분말활성탄을 주입할 수 있는 장치를 설치하는 것이 바람직하다.

해설

착수정

- 착수정은 2지 이상으로 분할하는 것이 원칙이다.
- 착수정 형상은 일반적으로 직사각형 또는 원형으로 설치하며, 사고에 대비하여 유입구에는 제수밸브나 제수문 등을 설치한다.
- 용량은 체류시간을 1.5분 이상으로 하고 수심은 3~5m로 하며, 여유고는 60cm 이상으로 한다.

38 관거 직선부에서 하수도 맨홀의 최대 간격 표준은?(단, 600mm 이하의 관 기준)

① 50m ② 75m
③ 100m ④ 150m

해설

600mm 이하의 관 기준으로 맨홀의 최대 간격 표준은 75m이다.

정답 35 ② 36 ③ 37 ③ 38 ②

39 내경 1.0m인 강관에 내압 10MPa로 물이 흐른다. 내압에 의한 원주방향의 응력도가 1,500N/mm^{2}일 때 산정되는 강관두께는?

① 약 3.3mm
② 약 5.2mm
③ 약 7.4mm
④ 약 9.5mm

해설

$t = \dfrac{PD}{2\sigma_t}$

- $P = 10\text{MPa} = 10 \times 10^6\text{N/m}^2$
  $= (10 \times 10^6\text{N/m}^2)(1\text{m}^2/10^6\text{mm}^2) = 10\text{N/mm}^2$
- $D = 1.0\text{m} = 1{,}000\text{mm}$
- $\sigma_t = 1{,}500\text{N/mm}^2$

$\therefore\ t = \dfrac{(10\text{N/mm}^2)(1{,}000\text{mm})}{(2)(1{,}500\text{N/mm}^2)} \fallingdotseq 3.33\text{mm}$

40 정수시설인 플록형성지에 관한 설명으로 틀린 것은?

① 혼화지와 침전지 사이에 위치하고 침전지에 붙여서 설치한다.
② 플록형성시간은 계획정수량에 대하여 20~40분간을 표준으로 한다.
③ 플록형성지 내의 교반강도는 하류로 갈수록 점차 감소시키는 것이 바람직하다.
④ 야간근무자도 플록형성상태를 감시할 수 있는 투명도 게이지를 설치하여야 한다.

해설

야간근무자도 플록형성상태를 감시할 수 있는 적절한 조명장치를 설치하여야 한다.

제3과목 | 수질오염방지기술

41 상수처리를 위한 사각 침전조에 유입되는 유량은 30,000m^3/day이고 표면부하율은 24m^3/m^2 · day이며 체류시간은 6시간이다. 침전조의 길이와 폭의 비는 2 : 1이라면 조의 크기는?

① 폭 : 20m, 길이 : 40m, 깊이 : 6m
② 폭 : 20m, 길이 : 40m, 깊이 : 4m
③ 폭 : 25m, 길이 : 50m, 깊이 : 6m
④ 폭 : 25m, 길이 : 50m, 깊이 : 4m

해설

- 표면부하율 $= \dfrac{Q}{A}$

  $A = \dfrac{Q}{\text{표면부하율}} = \dfrac{30{,}000\text{m}^3/\text{day}}{24\text{m}^3/\text{m}^2 \cdot \text{day}} = 1{,}250\text{m}^2$

  침전조의 길이와 폭의 비가 2 : 1이므로,
  침전조의 폭을 x라 하면 길이는 $2x$이다.
  $2x^2 = 1{,}250\text{m}^2,\ x = 25\text{m}$
  ∴ 침전조의 폭은 25m이며, 길이는 50m이다.

- 체류시간 $t = \dfrac{V}{Q}$

  $6\text{h} = \dfrac{\text{day}}{30{,}000\text{m}^3} \times \dfrac{24\text{h}}{1\text{day}} \times V$

  $V = 7{,}500\text{m}^3$
  $V = A \times h$이므로 $7{,}500\text{m}^3 = 1{,}250\text{m}^2 \times h$
  $h = 6\text{m}$
  ∴ 침전조의 깊이는 6m이다.

42 수은계 폐수 처리방법으로 옳지 못한 것은?

① 수산화물 침전법　② 흡착법
③ 이온교환법　④ 황화물침전법

해설

수산화물 침전법은 주로 Pb, Cr^{6+} 처리에 사용된다.

39 ① 40 ④ 41 ③ 42 ① 정답

43 **활성슬러지법과 비교하여 생물막 공법의 특징이 아닌 것은?**

① 적은 에너지를 요구한다.
② 단순한 운전이 가능하다.
③ 2차 침전지에서 슬러지 벌킹의 문제가 없다.
④ 충격독성부하로부터 회복이 느리다.

해설

생물막 공법의 특징
- 반응조 내의 생물량을 조절할 필요가 없다.
- 운전조작이 비교적 간단하다.
- 벌킹현상이 일어나지 않는다.
- 하수량의 증가에 비교적 대응하기 쉽다.
- 활성슬러지법에 비해 충격부하가 강하다.
- 2차 침전지로부터 미세한 SS가 유출되기 쉽고, 그에 따라 처리수의 투시도 저하와 수질 악화를 일으킬 수 있다.
- 처리과정에서 질산화 반응이 진행되기 쉽고, 그에 따라 처리수의 pH가 낮아지게 되고, BOD가 높게 유출될 수 있다.

44 **응집과정 중 교반의 영향에 관한 설명으로 잘못된 것은?**

① 교반을 위한 동력은 속도경사와 반비례한다.
② 교반에 따른 응집효과는 입자의 농도가 높을수록 좋다.
③ 교반을 위한 동력은 응결지 부피와 비례한다.
④ 교반에 따른 응집효과는 입자의 지름이 불균일할수록 좋다.

해설

교반을 위한 동력은 속도경사의 제곱에 비례한다.

$G=\sqrt{\dfrac{P}{\mu V}}$ 에서 동력$(P)=G^2\times\mu\cdot V$

45 **분리막을 이용한 수처리 방법 중 추진력이 정수압 차가 아닌 것은?**

① 투 석 ② 정밀여과
③ 역삼투 ④ 한외여과

해설

막분리의 구동력
- 투석 : 농도차
- 전기투석 : 전위차
- 역삼투 : 정압차(정수압)
- 한외여과 : 정압차(정수압)
- 정밀여과 : 정압차(정수압)

46 **유량 4,000m^3/day, 부유물질 농도 220mg/L인 하수를 처리하는 일차 침전지에서 발생되는 슬러지의 양(m^3/day)은?(단, 슬러지 단위중량(비중) = 1.03, 함수율 = 94%, 일차 침전지 체류시간 = 2시간, 부유물질 제거효율 = 60%, 기타 조건은 고려하지 않음)**

① 6.32 ② 8.54
③ 10.72 ④ 12.53

해설

$SL_v(m^3/day)=SL_m(kg/day)\times\dfrac{1}{\rho}$

여기서, SL_m : 슬러지의 무게(= 제거되는 SS / 슬러지 중 고형물의 비율)

$$SL_m=\frac{220mg\ TS}{L}\times\frac{4,000m^3}{day}\times\frac{10^3L}{m^3}\times\frac{1kg}{10^6mg}\times\frac{60}{100}\times\frac{100SL}{(100-94)TS}=8,800kg/day$$

$$\therefore\ SL_v(m^3/day)=SL_m(kg/day)\times\frac{1}{\rho}=8,800kg/day\times\frac{1}{1,030kg/m^3}\fallingdotseq 8.54m^3/day$$

정답 43 ④ 44 ① 45 ① 46 ②

47 A^2/O 공법에 대한 설명으로 틀린 것은?

① 혐기조 – 무산소조 – 호기조 – 침전조 순으로 구성된다.
② A^2/O 공정은 내부재순환이 있다.
③ 미생물에 의한 인의 섭취는 주로 혐기조에서 일어난다.
④ 무산소조에서는 질산성 질소가 질소가스로 전환된다.

해설
③ 미생물에 의한 인의 섭취는 주로 호기조에서 일어난다.

48 암모니아 제거방법 중 파과점 염소주입처리의 단점으로 거리가 먼 것은?

① 용존성 고형물이 증가한다.
② 많은 경비가 소비된다.
③ pH를 10 이상으로 높여야 한다.
④ THM 등 건강에 해로운 물질이 생성될 수 있다.

해설
③ pH를 10 이상으로 높이는 방법은 Air Stripping이다.
파과점 염소주입법
• 유출수의 살균효과가 있으며, 시설비가 적게 든다.
• 독성물질과 온도와 무관한 반응공정이다.
• 소요되는 약품비가 높다.
• THM 등 건강에 해로운 물질이 생성될 수 있다.
• 용존성 고형물이 증가될 수 있다.

49 NO_3^-가 박테리아에 의하여 N_2로 환원되는 경우 폐수의 pH는?

① 증가한다.
② 감소한다.
③ 변화없다.
④ 감소하다 증가한다.

해설
탈질과정에서 알칼리도가 생성되기 때문에 pH가 증가한다.

50 폐수유량의 첨두인자(Peaking Factor)란?

① 첨두유량과 최소유량의 비
② 첨두유량과 평균유량의 비
③ 첨두유량과 최대유량의 비
④ 첨두유량과 첨두유량의 1/3과의 비

해설
첨두인자는 첨두유량과 평균유량의 비를 말한다.

51 슬러지를 진공 탈수시켜 부피가 50% 감소되었다. 유입슬러지 함수율이 98%이었다면 탈수 후 슬러지의 함수율(%)은?(단, 슬러지 비중은 1.0 기준)

① 90 ② 92
③ 94 ④ 96

해설
탈수 전후 고형물의 양은 동일하다.
$V_1(100-W_1)=V_2(100-W_2)$
$2V_1=0.5V_1(100-W_2)$, $\therefore W_2=96$

47 ③ 48 ③ 49 ① 50 ② 51 ④ 정답

52 생물학적 원리를 이용해 하수 내 질소를 제거(3차 처리)하기 위한 공정으로 가장 거리가 먼 것은?

① SBR 공정 ② UCT 공정
③ A/O 공정 ④ Bardenpho 공정

해설

A/O 공정은 인을 제거하기 위한 공정이다.

53 활성슬러지공법으로부터 1일 2,000kg(건조고형물 기준)이 발생되는 폐슬러지를 호기성으로 소화처리 하고자 할 때 소화조의 용적(m^3)은?(단, 폐슬러지 농도는 4%, 수온이 20℃, 수리학적 체류시간 28일, 비중 1.03)

① 약 1,118 ② 약 1,359
③ 약 1,656 ④ 약 1,892

해설

유입 슬러지양

$$SL = 2{,}000\text{kg } TS \times \frac{100\,SL}{4\,TS} \times \frac{\text{m}^3}{1{,}030\text{kg}} \fallingdotseq 48.54\text{m}^3/\text{day}$$

$$V = \frac{48.54\text{m}^3}{\text{day}} \times 28\text{day} = 1{,}359.12\text{m}^3$$

54 여과에서 단일 메디아 여과상보다 이중 메디아 혹은 혼합 메디아를 사용하는 장점으로 가장 거리가 먼 것은?

① 높은 여과속도
② 높은 탁도를 가진 물을 여과하는 능력
③ 긴 운전시간
④ 메디아 수명 연장에 따른 높은 경제성

해설

이중 메디아 혹은 혼합 메디아를 사용한다고 해서 메디아 수명이 연장되지 않는다.

55 폐수처리시설을 설치하기 위한 설계기준이 다음과 같을 때 필요한 활성슬러지 반응조의 수리학적 체류시간(HRT, h)은?(단, 일 폐수량 = 40L, BOD 농도 = 20,000mg/L, MLSS = 5,000mg/L, F/M = 1.5kg BOD/kg MLSS · day)

① 24 ② 48
③ 64 ④ 88

해설

수리학적 체류시간

$$\text{HRT} = \frac{V}{Q}$$

$\text{F/M} = \dfrac{\text{BOD} \times Q}{V \times X}$ 를 이용하여 V를 구한다.

1.5kg BOD/kg MLSS · day

$$= \frac{1}{V} \times \frac{20{,}000\text{kg}}{\text{m}^3} \times \frac{40\text{L}}{\text{day}} \times \frac{\text{m}^3}{5{,}000\text{kg}}$$

$$V \fallingdotseq 106.67\text{L}$$

$$\therefore\ \text{HRT} = \frac{106.67\text{L}}{40\text{L/day}} \times \frac{24\text{h}}{\text{day}} \fallingdotseq 64\text{h}$$

56 다음 중 슬러지 벌킹(Sludge Bulking) 현상의 원인으로 바르지 못한 것은?

① 섬유상 미생물의 성장
② 영양염류의 과다 주입
③ 낮은 pH
④ 용존산소의 부족

해설

슬러지 벌킹의 원인 및 대책

구분	내용
원인	• 낮은 DO(최소 0.5mg/L 이상 유지 필요) • 낮은 pH(적정 pH 6~8) • 높은 F/M비 • 영양염류(N, P)의 결핍 • 고농도 유기성 폐수의 유입
대책	• F/M비를 낮추고 체류시간 증대 • 반송슬러지에 염소 주입(사상균 감소) • 응집제, 규조토, $CaCO_3$ 등의 주입으로 침전성 증가 • 소화슬러지 및 침전슬러지 폭기조 주입(SVI 200 이하로 감소) • 영양염류 첨가 및 포기조 pH 조절

정답 52 ③ 53 ② 54 ④ 55 ③ 56 ②

57 **폭기조 내 MLSS 농도가 4,000mg/L이고 슬러지 반송률이 55%인 경우 이 활성슬러지의 SVI는?(단, 유입수 SS 고려하지 않음)**

① 약 69 ② 약 79
③ 약 89 ④ 약 99

해설

$R = \frac{X}{(10^6/SVI) - X}$

$0.55 = \frac{4,000}{(10^6/SVI) - 4,000}$, ∴ SVI ≒ 88.7

58 **용해성 BOD₅가 250mg/L인 폐수가 완전혼합 활성슬러지 공정으로 처리된다. 유출수의 용해성 BOD₅는 7.4mg/L이다. 유량이 18,925m³/day일 때 포기조 용적(m³)은?**

- MLVSS = 4,000mg/L
- Y = 0.65kg 미생물/kg 소모된 BOD_5
- K_d = 0.06/day
- 미생물 평균 체류시간 θ_c = 10day
- 24시간 연속폭기

① 3,330 ② 4,663
③ 5,330 ④ 6,270

해설

$\frac{1}{\text{SRT}} = \frac{Y(\text{BOD}_i - \text{BOD}_e)Q}{X \cdot V} - K_d$

$\frac{1}{10\text{d}} = \frac{0.65 \times (250 - 7.4)\text{mg/L} \times 18,925\text{m}^3/\text{day}}{4,000\text{mg/L} \times V} - \frac{0.06}{\text{day}}$

∴ $V \fallingdotseq 4,663\text{m}^3$

59 **고도 수처리를 하기 위한 방법인 정밀여과에 관한 설명으로 틀린 것은?**

① 막은 대칭형 다공성막 형태이다.
② 분리형태는 Pore Size 및 흡착현상에 기인한 체거름이다.
③ 추진력은 농도차이다.
④ 전자공업의 초순수제조, 무균수제조, 식품의 무균여과에 적용한다.

해설

정밀여과
- 대칭형 다공성막을 사용하여 체거름 원리에 의해 입자를 분리하는 방법이다.
- 구동력은 정압차(정수압)이다.
- 대표적인 공정 : 부유물 제거, 콜로이드 제거, 초순수 및 무균수 제조

60 **SVI에 대한 설명으로 잘못된 것은?**

① SVI는 50~150 범위가 좋으며, BOD나 수온에 큰 영향이 없다.
② 침강 농축성을 나타내는 지표이다.
③ SVI가 적을수록 슬러지가 농축되기 쉽다.
④ SVI가 높게 되면 MLSS는 저하된다.

해설

SVI는 슬러지의 침강성과 농축성을 나타내는 지표로서 사용되며, 응집 및 침전성을 높이기 위한 SVI는 50~150 범위가 적절하다. SVI가 200 이상으로 너무 과다하면 슬러지 팽화의 원인이 된다.

SVI의 영향 인자
- 수온이 낮아지면 증가한다.
- 휘발성 물질의 농도가 증가하면 증가한다.
- 폭기시간이 짧을수록 증가한다.
- BOD-MLSS 부하가 증가하면 증가한다.

57 ③ 58 ② 59 ③ 60 ① 정답

제4과목 | 수질오염공정시험기준

61 원자흡수분광광도법의 일반적인 분석오차 원인으로 가장 거리가 먼 것은?

① 계산의 잘못
② 파장선택부의 불꽃 역화 또는 과열
③ 검량선 작성의 잘못
④ 표준시료와 분석시료의 조성이나 물리적 · 화학적 성질의 차이

해설
원자흡수분광광도법 분석오차의 원인
- 표준시료의 선택의 부적당 및 제조의 잘못
- 분석시료의 처리방법과 희석의 부적당
- 표준시료와 분석시료의 조성이나 물리적 · 화학적 성질의 차이
- 공존물질에 의한 간섭
- 광원램프의 드리프트(Drift) 열화
- 광원부 및 파장선택부의 광학계의 조정 불량
- 측광부의 불안정 또는 조절 불량
- 분무기 또는 버너의 오염이나 폐색
- 가연성 가스 및 조연성 가스의 유량이나 압력의 변동
- 불꽃을 투과하는 광속의 위치 조정 불량
- 검정곡선 작성의 잘못
- 계산의 잘못

62 H_2SO_4 0.01M은 몇 mg/L인가?

① 98　　② 980
③ 9,800　　④ 98,000

해설

$$\frac{0.01\text{mol}}{\text{L}}\times\frac{98\text{g}}{\text{mol}}\times\frac{10^3\text{mg}}{\text{g}}=980\text{mg/L}$$

63 폐수의 유량 측정법에 있어 최대 유량이 $1m^3$/min 미만으로 폐수유량이 배출될 경우 용기에 의한 측정방법에 관한 내용으로 (　　)에 옳은 것은?

> 용기는 용량 100~200L인 것을 사용하여 유수를 채우는 데에 요하는 시간을 스톱워치로 잰다. 용기에 물을 받아 넣는 시간을 (　　)이 되도록 용량을 결정한다.

① 10초 이상　　② 20초 이상
③ 30초 이상　　④ 40초 이상

해설
ES 04140.2b 공장폐수 및 하수유량–측정용 수로 및 기타 유량측정방법
용기에 의한 측정 – 최대 유량이 $1m^3$/분 미만인 경우
- 유수를 용기에 받아서 측정한다.
- 용기는 용량 100~200L인 것을 사용하여 유수를 채우는 데에 요하는 시간을 스톱워치(Stop Watch)로 잰다. 용기에 물을 받아 넣는 시간을 20초 이상이 되도록 용량을 결정한다.

64 다음 설명 중 잘못된 것은?

① 방법바탕시료(Method Blank)는 시료와 유사한 매질을 선택하여 추출, 농축, 정제 및 분석과정에 따라 측정한 것을 말한다.
② 검정곡선은 분석물질의 농도변화에 따른 지시값을 나타낸 것을 말한다.
③ 방법검출한계(MDL)란 시료와 비슷한 매질 중에서 시험분석 대상을 검출할 수 있는 최소한의 농도를 말한다.
④ 기기검출한계(IDL)란 시험분석 대상물질을 기기가 검출할 수 있는 최대한의 농도 또는 양을 말한다.

해설
ES 04001.b 정도보증/정도관리
기기검출한계(IDL)란 시험분석 대상물질을 기기가 검출할 수 있는 최소한의 농도 또는 양을 의미한다.

정답 61 ② 62 ② 63 ② 64 ④

65 다음 중 시료의 보존방법이 다른 측정항목은?

① 화학적 산소요구량 ② 질산성 질소
③ 암모니아성 질소 ④ 총질소

해설
ES 04130.1e 시료의 채취 및 보존방법
- 화학적 산소요구량 : 4℃ 보관, H_2SO_4로 pH 2 이하
- 질산성 질소 : 4℃ 보관
- 암모니아성 질소 : 4℃ 보관, H_2SO_4로 pH 2 이하
- 총질소 : 4℃ 보관, H_2SO_4로 pH 2 이하

66 수질오염공정시험기준에서 암모니아성 질소의 분석방법으로 가장 거리가 먼 것은?

① 자외선/가시선 분광법
② 연속흐름법
③ 이온전극법
④ 적정법

해설
암모니아성 질소 분석방법
- 자외선/가시선 분광법(ES 04355.1c)
- 이온전극법(ES 04355.2b)
- 적정법(ES 04355.3b)

67 적정법으로 용존산소를 정량 시 0.01N $Na_2S_2O_3$ 용액 1mL가 소요되었을 때 이 1mL는 산소 몇 mg에 상당하겠는가?

① 0.08 ② 0.16
③ 0.2 ④ 0.8

해설

$$O_2\,(\text{mg/L}) = \frac{0.01\text{eq}}{\text{L}} \times 1\times10^{-3}\text{L} \times \frac{8\times10^3\text{mg}}{1\text{eq}} = 0.08\text{mg}$$

68 수질오염공정시험기준에서 금속류인 바륨의 시험방법과 가장 거리가 먼 것은?

① 원자흡수분광광도법
② 자외선/가시선 분광법
③ 유도결합플라스마-원자발광분광법
④ 유도결합플라스마-질량분석법

해설
바륨 분석방법
- 원자흡수분광광도법(ES 04405.1a)
- 유도결합플라스마-원자발광분광법(ES 04405.2a)
- 유도결합플라스마-질량분석법(ES 04405.3a)

69 수질분석을 위한 시료 채취 시 유의사항과 가장 거리가 먼 것은?

① 채취용기는 시료를 채우기 전에 맑은 물로 3회 이상 씻은 다음 사용한다.
② 용존가스, 환원성 물질, 휘발성 유기화합물 등의 측정을 위한 시료는 운반 중 공기와의 접촉이 없도록 가득 채워야 한다.
③ 지하수 시료는 취수정 내에 고여 있는 물을 충분히 퍼낸(고여 있는 물의 4~5배 정도이나 pH 및 전기전도도를 연속적으로 측정하여 이 값이 평형을 이룰 때까지로 한다) 다음 새로 나온 물을 채취한다.
④ 시료채취량은 시험항목 및 시험 횟수에 따라 차이가 있으나 보통 3~5L 정도이어야 한다.

해설
ES 04130.1e 시료의 채취 및 보존 방법
시료채취용기는 시료를 채우기 전에 시료로 3회 이상 씻은 다음 사용하며, 시료를 채울 때에는 어떠한 경우에도 시료의 교란이 일어나서는 안 되며 가능한 한 공기와 접촉하는 시간을 짧게 하여 채취한다.

65 ② 66 ② 67 ① 68 ② 69 ① 정답

70 **물벼룩을 이용한 급성독성시험법에서 사용하는 용어의 정의로 틀린 것은?**

① 치사 – 일정 희석비율로 준비된 시료에 물벼룩을 투입하여 24시간 경과 후 시험용기를 손으로 살짝 두드리고, 15초 후 관찰했을 때 독성물질에 영향을 받아 움직임이 명백하게 없는 상태를 '치사'로 판정한다.
② 유영저해 – 독성물질에 영향을 받아 움직임이 없으면 '유영저해'로 판정한다.
③ 반수영향농도 – 투입 시험생물의 50%가 치사 혹은 유영저해를 나타낸 농도이다.
④ 지수식 시험방법 – 시험기간 중 시험용액을 교환하여 농도를 지수적으로 계산하는 시험을 말한다.

해설
ES 04704.1c 물벼룩을 이용한 급성독성시험법
지수식 시험방법 : 시험기간 중 시험용액을 교환하지 않는 시험을 말한다.

71 **유도결합플라스마 발광광도 분석장치를 바르게 배열한 것은?**

① 시료주입부 – 고주파전원부 – 광원부 – 분광부 – 연산처리부 및 기록부
② 시료주입부 – 고주파전원부 – 분광부 – 광원부 – 연산처리부 및 기록부
③ 시료주입부 – 광원부 – 분광부 – 고주파전원부 – 연산처리부 및 기록부
④ 시료주입부 – 광원부 – 고주파전원부 – 분광부 – 연산처리부 및 기록부

해설
유도결합플라스마/원자발광분광계는 시료도입부, 고주파전원부, 광원부, 분광부, 연산처리부, 기록부로 구성되어 있다.

72 **예상 BOD값에 대한 사전 경험이 없을 때는 희석하여 시료를 조제한다. 처리하지 않은 공장폐수와 침전된 하수가 시료에 함유되는 정도는?**

① 0.1~1.0%　② 1~5%
③ 5~25%　④ 25~100%

해설
ES 04305.1c 생물화학적 산소요구량
BOD 측정 시 시료 희석 조제방법
- 오염 정도가 심한 공장폐수 : 0.1~1.0%
- 처리하지 않은 공장폐수와 침전된 하수 : 1~5%
- 처리하여 방류된 공장폐수 : 5~25%
- 오염된 하천수 : 25~100%

73 **다이페닐카바자이드와 반응하여 생성하는 적자색 착화합물의 흡광도를 540nm에서 측정하는 중금속은?**

① 크 롬　② 인산염인
③ 구 리　④ 총 인

해설
ES 04414.2e 크롬-자외선/가시선 분광법
물속에 존재하는 크롬을 자외선/가시선 분광법으로 측정하는 것으로, 3가 크롬은 과망간산칼륨을 첨가하여 크롬으로 산화시킨 후, 산성 용액에서 다이페닐카바자이드와 반응하여 생성하는 적자색 착화합물의 흡광도를 540nm에서 측정한다.

정답 70 ④ 71 ① 72 ② 73 ①

74 **물속의 중금속을 분석하기 위하여 흑연로 원자흡수분광광도법으로 측정하고자 할 때 간섭물질로 옳지 못한 것은?**

① 매질 간섭 ② 이온화 간섭
③ 메모리 간섭 ④ 스펙트럼 간섭

해설
ES 04400.2c 금속류-흑연로 원자흡수분광광도법
간섭물질
- 매질 간섭 : 시료의 매질로 인한 원자화 과정상에 발생하는 간섭이다. 매질개선제 및 수소(5%)와 아르곤(95%)을 사용하여 간섭을 줄일 수 있다.
- 메모리 간섭 : 고농도 시료분석 시 충분히 제거되지 못하고 잔류하는 원소로 인해 발생하는 간섭이다. 흑연로 온도 프로그램상에서 충분히 제거되도록 설정하거나, 시료를 희석하고 바탕시료로 메모리 간섭 여부를 확인한다.
- 스펙트럼 간섭 : 다른 분자나 원소에 의한 파장의 겹침 또는 흑체 복사에 의한 간섭으로 발생한다. 매질개선제를 사용하여 간섭을 배제할 수 있다.

75 **부유물질 측정 시 간섭물질에 관한 설명으로 잘못된 것은?**

① 증발잔류물이 1,000mg/L 이상인 경우의 해수, 공장폐수 등은 특별히 취급하지 않을 경우 높은 부유물질 값을 나타낼 수 있다.
② 큰 모래입자 등과 같은 큰 입자들은 부유물질 측정에 방해를 주며, 이 경우 직경 1mm 여과지에 먼저 통과시킨 후 분석을 실시한다.
③ 철 또는 칼슘이 높은 시료는 금속침전이 발생하며 부유물질 측정에 영향을 줄 수 있다.
④ 유지 및 혼합되지 않는 유기물도 여과지에 남아 부유물질 측정값을 높게 할 수 있다.

해설
ES 04303.1b 부유물질
나무조각, 큰 모래입자 등과 같은 큰 입자들은 부유물질 측정에 방해를 주며, 이 경우 직경 2mm 금속망에 먼저 통과시킨 후 분석을 실시한다.

76 **수질오염공정시험기준상 냄새 측정에 관한 내용으로 틀린 것은?**

① 물속의 냄새를 측정하기 위하여 측정자의 후각을 이용하는 방법이다.
② 잔류염소의 냄새는 측정에서 제외한다.
③ 냄새역치는 냄새를 감지할 수 있는 최대 희석배수를 말한다.
④ 각 판정요원의 냄새의 역치를 산술평균하여 결과로 보고한다.

해설
ES 04301.1b 냄새
각 판정요원의 냄새의 역치를 기하평균하여 결과로 보고한다.

77 **수질오염공정시험기준상 양극벗김전압전류법을 적용하여 측정하는 금속류는?**

① 아 연 ② 주 석
③ 카드뮴 ④ 크 롬

해설
ES 04400.5c 금속류-양극벗김전압전류법
납, 비소, 수은 및 아연 분석에 사용할 수 있는 분석방법이다.

78 **흡광도 측정에서 투과율이 30%일 때 흡광도는?**

① 0.37 ② 0.42
③ 0.52 ④ 0.63

해설
$$A=\log\frac{1}{t}=\log\frac{1}{0.3}\fallingdotseq 0.523$$

74 ② 75 ② 76 ④ 77 ① 78 ③ 정답

79 다이크롬산칼륨법에 의한 화학적 산소요구량에 관한 설명으로 가장 거리가 먼 것은?

① 2시간 이상 끓인 다음 최초에 넣은 다이크롬산칼륨용액의 60~70%가 남도록 취하여야 한다.
② 황산제일철암모늄용액으로 적정하여 시료에 의해 소비된 다이크롬산칼륨을 계산하고 이에 상당하는 산소의 양을 측정하는 방법이다.
③ 지표수, 지하수, 폐수 등에 적용하며, COD 5~50mg/L의 낮은 농도범위를 갖는 시료에 적용한다.
④ 염소이온의 농도가 1,000mg/L 이상의 농도일 때에는 COD값이 최소한 250mg/L 이상의 농도이어야 한다.

해설
ES 04315.3c 화학적 산소요구량-적정법-다이크롬산칼륨법
2시간 이상 끓인 다음 최초에 넣은 다이크롬산칼륨용액(0.025N)의 약 반이 남도록 취한다.

80 알킬수은 화합물을 기체크로마토그래피에 따라 정량하는 방법에 관한 설명으로 가장 거리가 먼 것은?

① 전자포획형 검출기(ECD)를 사용한다.
② 알킬수은화합물을 벤젠으로 추출한다.
③ 운반기체는 순도 99.999% 이상의 질소 또는 헬륨을 사용한다.
④ 정량한계는 0.05mg/L이다.

해설
ES 04416.1b 알킬수은-기체크로마토그래피
정량한계는 0.0005mg/L이다.

제5과목 | 수질환경관계법규

81 대권역 수질 및 수생태계 보전계획에 포함되어야 할 사항으로 틀린 것은?

① 상수원 및 물 이용현황
② 점오염원, 비점오염원 및 기타 수질오염원의 분포현황
③ 점오염원, 비점오염원 및 기타 수질오염원의 수질오염 저감시설 현황
④ 점오염원, 비점오염원 및 기타 수질오염원에서 배출되는 수질오염물질의 양

해설
물환경보전법 제24조(대권역 물환경관리계획의 수립)
대권역계획에는 다음의 사항이 포함되어야 한다.
- 물환경의 변화 추이 및 물환경목표기준
- 상수원 및 물 이용현황
- 점오염원, 비점오염원 및 기타 수질오염원의 분포현황
- 점오염원, 비점오염원 및 기타 수질오염원에서 배출되는 수질오염물질의 양
- 수질오염 예방 및 저감 대책
- 물환경 보전조치의 추진방향
- 기후위기 대응을 위한 탄소중립·녹색성장 기본법에 따른 기후변화에 대한 적응대책
- 그 밖에 환경부령으로 정하는 사항

82 총량관리 단위유역의 수질 측정방법 중 목표수질지점별 연간 측정횟수는?

① 10회 이상 ② 20회 이상
③ 30회 이상 ④ 60회 이상

해설
물환경보전법 시행규칙 [별표7] 총량관리 단위유역의 수질 측정방법
목표수질지점별로 연간 30회 이상 측정하여야 한다.

정답 79 ① 80 ④ 81 ③ 82 ③

83 **가동시작 신고를 하고 조업 중인 폐수배출시설에서 배출되는 수질오염물질의 정도가 폐수배출시설 또는 방지시설의 결함 · 고장 또는 운전미숙 등으로 배출허용기준을 초과한 경우 3차 행정처분기준으로 알맞은 것은?(단, 특별대책지역 안에 있는 경우)**

① 개선명령

② 조업정지 10일

③ 조업정지 15일

④ 조업정지 20일

해설

물환경보전법 시행규칙 [별표 22] 행정처분기준

가동시작 신고를 하고 조업 중인 폐수배출시설에서 배출되는 수질오염물질의 정도가 폐수배출시설 또는 방지시설의 결함 · 고장 또는 운전미숙 등으로 배출허용기준을 초과한 경우(특별대책지역 안에 있는 사업장의 경우)

- 1차 위반 : 개선명령
- 2차 위반 : 개선명령
- 3차 위반 : 조업정지 10일
- 4차 위반 : 조업정지 20일

84 **비점오염저감계획서에 포함되어야 하는 사항으로 틀린 것은?**

① 비점오염원 저감방안

② 비점오염원 관리 및 모니터링 방안

③ 비점오염저감시설 설치계획

④ 비점오염원 관련 현황

해설

물환경보전법 시행규칙 제74조(비점오염저감계획서의 작성방법)

비점오염저감계획서에는 다음의 사항이 포함되어야 한다.

- 비점오염원 관련 현황
- 저영향개발기법 등을 포함한 비점오염원 저감방안
- 저영향개발기법 등을 적용한 비점오염저감시설 설치계획
- 비점오염저감시설 유지관리 및 모니터링 방안

85 **특별대책지역의 수질오염을 방지하기 위하여 해당 지역에 새로 설치되는 배출시설에 대해 적용할 수 있는 배출허용기준은?**

① 별도배출허용기준 ② 시 · 도배출허용기준

③ 특별배출허용기준 ④ 엄격한 배출허용기준

해설

물환경보전법 제32조(배출허용기준)

환경부장관은 특별대책지역의 수질오염을 방지하기 위하여 필요하다고 인정할 때에는 해당 지역에 설치된 배출시설에 대하여 기준보다 엄격한 배출허용기준을 정할 수 있고, 해당 지역에 새로 설치되는 배출시설에 대하여 특별배출허용기준을 정할 수 있다.

86 **공공폐수처리시설을 설치하거나 변경하려는 경우 기본계획에 포함되어야 할 사항으로 틀린 것은?**

① 공공폐수처리시설에서 배출허용기준 적합 여부 및 근거에 관한 사항

② 오염원분포 및 폐수배출량과 그 예측에 관한 사항

③ 공공폐수처리시설 설치 부담금 및 공공폐수처리시설 사용료의 비용부담에 관한 사항

④ 공공폐수처리시설의 폐수처리계통도, 처리능력 및 처리방법에 관한 사항

해설

물환경보전법 시행령 제66조(공공폐수처리시설 기본계획 승인 등)

시행자(환경부장관은 제외한다)는 공공폐수처리시설을 설치하거나 변경하려는 경우에는 다음의 사항이 포함된 기본계획을 수립하여 환경부령으로 정하는 바에 따라 환경부장관의 승인을 받아야 한다.

- 공공폐수처리시설에서 처리하려는 대상 지역에 관한 사항
- 오염원분포 및 폐수배출량과 그 예측에 관한 사항
- 공공폐수처리시설의 폐수처리계통도, 처리능력 및 처리방법에 관한 사항
- 공공폐수처리시설에서 처리된 폐수가 방류수역의 수질에 미치는 영향에 관한 평가
- 공공폐수처리시설의 설치 · 운영자에 관한 사항
- 공공폐수처리시설 설치 부담금 및 공공폐수처리시설 사용료의 비용부담에 관한 사항
- 총사업비, 분야별 사업비 및 그 산출근거
- 연차별 투자계획 및 자금조달계획
- 토지 등의 수용 · 사용에 관한 사항
- 그 밖에 공공폐수처리시설의 설치 · 운영에 필요한 사항

83 ② 84 ② 85 ③ 86 ① 정답

87 수질오염물질 중 초과배출부과금 부과 대상이 아닌 것은?

① 디클로로메탄 ② 페놀류
③ 테트라클로로에틸렌 ④ 폴리염화바이페닐

해설
물환경보전법 시행령 제46조(초과배출부과금 부과 대상 수질오염물질의 종류)
- 유기물질
- 부유물질
- 카드뮴 및 그 화합물
- 시안화합물
- 유기인화합물
- 납 및 그 화합물
- 6가크롬화합물
- 비소 및 그 화합물
- 수은 및 그 화합물
- 폴리염화바이페닐(Polychlorinated Biphenyl)
- 구리 및 그 화합물
- 크롬 및 그 화합물
- 페놀류
- 트라이클로로에틸렌
- 테트라클로로에틸렌
- 망간 및 그 화합물
- 아연 및 그 화합물
- 총질소
- 총 인

88 저수지를 중점관리저수지로 지정할 때 기준이 되는 저수지의 저수용량은?

① 5백만m^3 ② 1천만m^3
③ 2천만m^3 ④ 4천만m^3

해설
물환경보전법 제31조의2(중점관리저수지의 지정 등)
환경부장관은 관계 중앙행정기관의 장과 협의를 거쳐 다음의 어느 하나에 해당하는 저수지를 중점관리저수지로 지정하고, 저수지관리자와 그 저수지의 소재지를 관할하는 시·도지사로 하여금 해당 저수지가 생활용수 및 관광·레저의 기능을 갖추도록 그 수질을 관리하게 할 수 있다.
- 총저수용량이 1천만m^3 이상인 저수지
- 오염 정도가 대통령령으로 정하는 기준을 초과하는 저수지
- 그 밖에 환경부장관이 상수원 등 해당 수계의 수질보전을 위하여 필요하다고 인정하는 경우

89 환경기술인 또는 기술요원이 관련 분야에 따라 이수하여야 할 교육과정의 교육기간 기준은?(단, 정보통신매체를 이용한 원격교육 제외)

① 16시간 이내 ② 24시간 이내
③ 3일 이내 ④ 4일 이내

해설
물환경보전법 시행규칙 제94조(교육과정의 종류 및 기간)
교육과정의 교육기간은 4일 이내로 한다. 다만, 정보통신매체를 이용하여 원격교육을 실시하는 경우에는 환경부장관이 인정하는 기간으로 한다.

90 측정망 설치계획 결정·고시 시 허가를 받은 것으로 볼 수 있는 사항이 아닌 것은?

① 공유수면 관리 및 매립에 관한 법률에 따른 공유수면의 점용허가
② 하천법 규정에 따른 하천의 점용허가
③ 농지관리법 규정에 따른 농지의 점용허가
④ 도로법 규정에 따른 도로의 점용허가

해설
물환경보전법 제9조의2(측정망 설치계획의 결정·고시 등)
환경부장관, 시·도지사 또는 대도시의 장이 측정망 설치계획을 결정·고시한 경우에는 다음의 허가를 받은 것으로 본다.
- 하천법에 따른 하천공사 등의 허가, 하천의 점용허가 및 하천수의 사용허가
- 도로법에 따른 도로의 점용허가
- 공유수면 관리 및 매립에 관한 법률에 따른 공유수면의 점용·사용허가

정답 87 ① 88 ② 89 ④ 90 ③

91 **수질오염경보의 종류별 · 경보단계별 조치사항 중 상수원 구간에서 조류경보의 [관심]단계일 때 유역 · 지방환경청장의 조치사항인 것은?**

① 관심경보 발령
② 정수처리 강화
③ 조류 제거 조치 실시
④ 주변 오염원 단속 강화

해설

물환경보전법 시행령 [별표 4] 수질오염경보의 종류별 · 경보단계별 조치사항

조류경보–상수원 구간–관심단계–유역 · 지방환경청장(시 · 도지사)의 조치사항

- 관심경보 발령
- 주변 오염원에 대한 지도 · 단속

92 **수질 및 수생태계 하천 환경기준 중 생활환경 기준에 적용되는 등급에 따른 수질 및 수생태계 상태를 나타낸 것이다. 다음 설명에 해당하는 등급은?**

> 상당량의 오염물질로 인하여 용존산소가 소모되는 생태계로 농업용수로 사용하거나 여과, 침전, 활성탄 투입, 살균 등 고도의 정수처리 후 공업용수로 사용할 수 있음

① 약간 나쁨　② 나 쁨
③ 보 통　④ 약간 좋음

해설

환경정책기본법 시행령 [별표 1] 환경기준

② 나쁨 : 다량의 오염물질로 인하여 용존산소가 소모되는 생태계로 산책 등 국민의 일상생활에 불쾌감을 주지 않으며, 활성탄 투입, 역삼투압 공법 등 특수한 정수처리 후 공업용수로 사용할 수 있음
③ 보통 : 보통의 오염물질로 인하여 용존산소가 소모되는 일반 생태계로 여과, 침전, 활성탄 투입, 살균 등 고도의 정수처리 후 생활용수로 이용하거나 일반적 정수처리 후 공업용수로 사용할 수 있음
④ 약간 좋음 : 약간의 오염물질은 있으나 용존산소가 많은 상태의 다소 좋은 생태계로 여과 · 침전 · 살균 등 일반적인 정수처리 후 생활용수 또는 수영용수로 사용할 수 있음

93 **배출시설의 설치를 제한할 수 있는 지역의 범위는 누구의 령(令)으로 정하는가?**

① 시장 · 군수 · 구청장
② 시 · 도지사
③ 환경부장관
④ 대통령

해설

물환경보전법 제33조(배출시설의 설치 허가 및 신고)

배출시설의 설치를 제한할 수 있는 지역의 범위는 대통령령으로 정하고, 환경부장관은 지역별 제한대상 시설을 고시하여야 한다.

94 **폐수배출시설에 대한 변경허가를 받지 아니하거나 거짓으로 변경허가를 받아 배출시설을 변경하거나 그 배출시설을 이용하여 조업한 자에 대한 처벌기준은?**

① 7년 이하의 징역 또는 7천만원 이하의 벌금
② 5년 이하의 징역 또는 5천만원 이하의 벌금
③ 3년 이하의 징역 또는 3천만원 이하의 벌금
④ 1년 이하의 징역 또는 1천만원 이하의 벌금

해설

물환경보전법 제75조(벌칙)

배출시설의 설치 허가 및 신고규정에 따른 허가 또는 변경허가를 받지 아니하거나 거짓으로 허가 또는 변경허가를 받아 배출시설을 설치 또는 변경하거나 그 배출시설을 이용하여 조업한 자는 7년 이하의 징역 또는 7천만원 이하의 벌금에 처한다.

정답 91 ① 92 ① 93 ④ 94 ①

95 위탁처리대상 폐수를 환경부령으로 정하고 있다. 폐수배출시설의 설치를 제한할 수 있는 지역에서 위탁처리할 수 있는 1일 폐수의 양은?

① $1m^3$ 미만 ② $5m^3$ 미만
③ $20m^3$ 미만 ④ $50m^3$ 미만

해설

물환경보전법 시행규칙 제41조(위탁처리대상 폐수)
사업장에 있는 폐수배출시설에서 배출되는 폐수 중 다른 폐수와 그 성질·상태가 달라 수질오염방지시설에 유입될 경우 적정한 처리가 어려운 폐수로서 1일 $50m^3$ 미만(폐수배출시설의 설치를 제한할 수 있는 지역에서는 $20m^3$ 미만)으로 배출되는 폐수

96 국립환경과학원장, 유역환경청장, 지방환경청장이 설치할 수 있는 측정망의 종류와 가장 거리가 먼 것은?

① 비점오염원에서 배출되는 비점오염물질 측정망
② 수질오염경보를 위한 측정망
③ 도심하천 측정망
④ 생물 측정망

해설

물환경보전법 시행규칙 제22조(국립환경과학원장 등이 설치·운영하는 측정망의 종류 등)
국립환경과학원장, 유역환경청장, 지방환경청장이 설치할 수 있는 측정망은 다음과 같다.
- 비점오염원에서 배출되는 비점오염물질 측정망
- 수질오염물질의 총량관리를 위한 측정망
- 대규모 오염원의 하류지점 측정망
- 수질오염경보를 위한 측정망
- 대권역·중권역을 관리하기 위한 측정망
- 공공수역 유해물질 측정망
- 퇴적물 측정망
- 생물 측정망
- 그 밖에 국립환경과학원장, 유역환경청장 또는 지방환경청장이 필요하다고 인정하여 설치·운영하는 측정망

97 다음 중 특정수질유해물질이 아닌 것은?

① 1,1-다이클로로에틸렌
② 브로모폼
③ 아크릴로나이트릴
④ 2,4-다이옥산

해설

물환경보전법 시행규칙 [별표 3] 특정수질유해물질

98 배출시설 변경신고에 따른 가동시작 신고의 대상으로 틀린 것은?

① 폐수배출량이 신고 당시보다 100분의 50 이상 증가하는 경우
② 배출시설에 설치된 방지시설의 폐수처리방법을 변경하는 경우
③ 배출시설에서 배출허용기준보다 적게 발생한 오염물질로 인해 개선이 필요한 경우
④ 방지시설 설치면제 기준에 따라 방지시설을 설치하지 아니한 배출시설에 방지시설을 새로 설치하는 경우

해설

물환경보전법 시행령 제34조(변경신고에 따른 가동시작 신고의 대상)
- 폐수배출량이 신고 당시보다 100분의 50 이상 증가하는 경우
- 배출시설에서 배출허용기준을 초과하는 새로운 수질오염물질이 발생되어 배출시설 또는 방지시설의 개선이 필요한 경우
- 배출시설에 설치된 방지시설의 폐수처리방법을 변경하는 경우
- 방지시설을 설치하지 아니한 배출시설에 방지시설을 새로 설치하는 경우

정답 95 ③ 96 ③ 97 ④ 98 ③

99 수질환경기준(하천) 중 사람의 건강보호를 위한 전 수역에서 각 성분별 환경기준으로 맞는 것은?

① 비소(As) – 0.1mg/L 이하
② 납(Pb) – 0.01mg/L 이하
③ 6가크롬(Cr^{6+}) – 0.05mg/L 이하
④ 음이온 계면활성제(ABS) – 0.01mg/L 이하

해설

환경정책기본법 시행령 [별표 1] 환경기준
하천–사람의 건강보호 기준
- 비소(As) : 0.05mg/L 이하
- 납(Pb) : 0.05mg/L 이하
- 음이온 계면활성제(ABS) : 0.5mg/L 이하

100 폐수처리업자의 준수사항에 관한 설명으로 다음 빈칸에 들어갈 말로 옳은 것은?

> 수탁한 폐수는 정당한 사유없이 (㉠) 보관할 수 없으며, 보관폐수의 전체량이 저장시설 저장능력의 (㉡) 이상 되게 보관하여서는 아니 된다.

① ㉠ 10일 이상, ㉡ 80%
② ㉠ 10일 이상, ㉡ 90%
③ ㉠ 30일 이상, ㉡ 80%
④ ㉠ 30일 이상, ㉡ 90%

해설

물환경보전법 시행규칙 [별표 21] 폐수처리업자의 준수사항
수탁한 폐수는 정당한 사유 없이 10일 이상 보관할 수 없으며, 보관폐수의 전체량이 저장시설 저장능력의 90% 이상 되게 보관하여서는 아니 된다.

99 ③ 100 ② 정답

교육이란 사람이 학교에서 배운 것을 잊어버린 후에 남은 것을 말한다.

– 알버트 아인슈타인 –

Win-Q

수질환경기사 · 산업기사

2018~2020년 과년도 기출문제

2021~2022년 과년도 기출복원문제

2023년 최근 기출복원문제

CHAPTER 2

수질환경산업기사 기출복원문제

2018년 제1회 과년도 기출문제

제1과목 | 수질오염개론

01 정체된 하천수역이나 호소에서 발생되는 부영양화 현장의 주원인물질은?

① 인 ② 중금속
③ 용존산소 ④ 유류성분

해설
질소와 인이 부영양화의 주원인물질에 해당한다.

02 호수의 성층현상에 관한 설명으로 알맞지 않은 것은?

① 겨울에는 호수 바닥의 물이 최대밀도를 나타내게 된다.
② 봄이 되면 수직운동이 일어나 수질이 개선된다.
③ 여름에는 수직운동이 호수 상층에만 국한된다.
④ 수심에 따른 온도변화로 인해 발생되는 물의 밀도차에 의해 일어난다.

해설
성층현상은 주로 봄, 가을에 전도현상이 발생하여 수직혼합이 활발히 진행되므로 호소수의 수질이 악화된다.

03 지하수의 특성에 관한 설명으로 틀린 것은?

① 토양수 내 유기물질 분해에 따른 CO_2의 발생과 약산성의 빗물로 인한 광물질의 침전으로 경도가 낮다.
② 기온의 영향이 거의 없어 연중 수온의 변동이 적다.
③ 하천수에 비하여 흐름이 완만하여 한 번 오염된 후에는 회복되는데 오랜 시간이 걸리며, 자정작용이 느리다.
④ 토양의 여과작용으로 미생물이 적으며, 탁도가 낮다.

해설
빗물로 인하여 광물질이 용해되어 경도가 높다.

04 1차 반응에서 반응 초기의 농도가 100mg/L이고, 반응 4시간 후에 10mg/L로 감소되었다. 반응 3시간 후의 농도(mg/L)는?

① 10.8 ② 14.9
③ 17.8 ④ 22.3

해설
1차 반응에 의한 계산

$$\ln\frac{C_t}{C_o} = -k \cdot t$$

$$k = -\frac{1}{t} \times \ln\frac{C_4}{C_o} = -\frac{1}{4} \times \ln\frac{10}{100} = 0.576$$

$$\therefore\ C_3 = C_o \times e^{-k \cdot t} = 100 \times e^{-0.576 \times 3} = 17.8\text{mg/L}$$

1 ① 2 ② 3 ① 4 ③ 정답

05 Whipple의 하천 자정단계 중 수중에 DO가 거의 없어 혐기성 Bacteria가 번식하며, CH_4, NH_4^+-N 농도가 증가하는 지대는?

① 분해지대 ② 활발한 분해지대
③ 발효지대 ④ 회복지대

해설
활발한 분해지대는 용존산소량이 거의 없고, 혐기성 미생물이 번식하며, 균류가 사라진다.

06 산성 강우의 주요 원인물질로 가장 거리가 먼 것은?

① 황산화물
② 염화플루오린화탄소
③ 질소산화물
④ 염소화합물

해설
주요 원인물질은 유황산화물, 질소산화물, 염소화합물을 들 수 있으며, 초목의 잎과 토양으로부터 Ca^{2+}, Mg^{2+}, K^+ 등의 용출속도를 증가시킨다.

07 환경공학 실무와 관련하여 수중의 질소 농도 분석과 가장 관계가 적은 것은?

① 소 독
② 호기성 생물학적 처리
③ 하천의 오염제어계획
④ 폐수처리에서의 산, 알칼리 주입량 산출

08 PCB에 관한 설명으로 알맞은 것은?

① 산, 알칼리, 물과 격렬히 반응하여 수소를 발생시킨다.
② 만성질환증상으로 카네미유증이 대표적이다.
③ 화학적으로 불안정하며, 반응성이 크다.
④ 유기용제에 난용성이므로 절연제로 활용된다.

해설
PCB : 산, 알칼리, 물과 반응하지 않고 유기용제에 잘 녹으며, 카네미유증을 유발한다.

09 0.01N 약산이 2% 해리되어 있을 때 이 수용액의 pH는?

① 3.1 ② 3.4
③ 3.7 ④ 3.9

해설
$[H^+] = 0.01N \times 0.02 = 2 \times 10^{-4}$
$pH = -\log[H^+] = -\log[2 \times 10^{-4}] = 3.7$

10 생물학적 폐수처리 시의 대표적인 미생물인 호기성 Bacteria의 경험적 분자식을 나타낸 것은?

① $C_2H_5O_3N$
② $C_2H_7O_5N$
③ $C_5H_7O_2N$
④ $C_5H_9O_3N$

정답 5 ② 6 ② 7 ④ 8 ② 9 ③ 10 ③

11 수질오염지표로 대장균을 사용하는 이유로 알맞지 않은 것은?

① 검출이 쉽고 분석하기가 용이하다.
② 대장균이 병원균보다 저항력이 강하다.
③ 동물의 배설물 중에서 대체적으로 발견된다.
④ 소독에 대한 저항력이 바이러스보다 강하다.

해설

대장균이 소독에 대한 저항력이 병원균보다는 강하나 바이러스보다는 약하다.

12 활성슬러지나 살수여상 등에서 잘 나타나는 Vorticella가 속하는 분류는?

① 조류(Algae)
② 균류(Fungi)
③ 후생동물(Metazoa)
④ 원생동물(Protozoa)

해설

정상적인 조건의 활성슬러지 공정에서 발견되는 Vorticella(종벌레)가 속하는 분류는 원생동물이다.

13 생물학적 질화반응 중 아질산화에 관한 설명으로 틀린 것은?

① 관련 미생물 : 독립영양성 세균
② 알칼리도 : NH_4^+–N 산화에 알칼리도 필요
③ 산소 : NH_4^+–N 산화에 O_2 필요
④ 증식속도 : g NH_4^+–N/g MLVSS · h로 표시

14 농업용수 수질의 척도인 SAR을 구할 때 포함되지 않는 항목은?

① Ca ② Mg
③ Na ④ Mn

해설

- $SAR = \dfrac{Na^+}{\sqrt{0.5\times(Ca^{2+}+Mg^{2+})}}$
- SAR은 Na^+, Ca^{2+}, Mg^{2+} 원소로 산출

15 탈산소계수가 $0.1day^{-1}$인 오염물질의 BOD_5가 800 mg/L이라면 4일 BOD(mg/L)는?(단, 상용대수 적용)

① 653 ② 685
③ 704 ④ 732

해설

- 주어진 조건에서 BOD_u를 먼저 구한다.

$BOD_t = BOD_u \times (1-10^{-K_1\times t})$

$BOD_5 = BOD_u \times (1-10^{-0.1/day\times 5day})$

$BOD_u = \dfrac{800mg/L}{(1-10^{-0.1/day\times 5day})} = 1,169.98mg/L$

- BOD_u를 BOD 잔류공식에 대입하여 BOD_2를 구한다.

$BOD_t = BOD_u \times 10^{-K_1\times t}$

$BOD_4 = 1,169.98mg/L \times (1-10^{-0.1/day\times 4day})$
$= 704.2mg/L$

11 ④ 12 ④ 13 ④ 14 ④ 15 ③ 정답

16 다음 설명에 해당하는 기체 법칙은?

> 공기와 같은 혼합기체 속에서 각 성분 기체는 서로 독립적으로 압력을 나타낸다. 각 기체의 부분압력은 혼합물 속에서의 그 기체의 양(부피 퍼센트)에 비례한다. 바꾸어 말하면 그 기체가 혼합기체의 전체 부피를 단독으로 차지하고 있을 때에 나타내는 압력과 같다.

① Dalton의 부분압력 법칙
② Henry의 부분압력 법칙
③ Avogadro의 부분압력 법칙
④ Boyle의 부분압력 법칙

해설

Dalton의 부분압력 법칙을 설명하고 있다.

17 다음과 같은 용액을 만들었을 때 몰농도가 가장 큰 것은?(단, Na : 23, S : 32, Cl : 35.5)

① 3.5L 중 NaOH 150g
② 30mL 중 H_2SO_4 5.2g
③ 5L 중 NaCl 0.2kg
④ 100mL 중 HCl 5.5g

해설

① NaOH 몰농도= $\frac{150g}{3.5L} \times \frac{1mole}{40g} = 1.07mole/L$

② H_2SO_4 몰농도= $\frac{5.2g}{0.03L} \times \frac{1mole}{98g} = 1.77mole/L$

③ NaCl 몰농도= $\frac{0.2kg}{5L} \times \frac{1mole}{58.5g} \times \frac{10^3 g}{kg} = 0.68mole/L$

④ HCl 몰농도 = $\frac{5.5g}{0.1L} \times \frac{1mole}{36.5g} = 1.5mole/L$

※ 1몰농도는 1mole/L

18 인축(人畜)의 배설물에서 일반적으로 발견되는 세균이 아닌 것은?

① Escherchia-Coli ② Salmonella
③ Acetobacter ④ Shigella

해설

Acetobacter는 산 생성균이다.

19 Formaldehyde(CH_2O)의 COD/TOC의 비는?

① 2.67
② 2.88
③ 3.37
④ 3.65

해설

$CH_2O + O_2 \rightarrow CO_2 + H_2O$

$\therefore \frac{COD}{TOC} = \frac{1 \times 32}{1 \times 12} ≒ 2.67$

20 수자원 종류에 대해 기술한 것으로 틀린 것은?

① 지표수는 담수호, 염수호, 하천수 등으로 구성되어 있다.
② 호수 및 저수지의 수질변화의 정도나 특성은 배수지역에 대한 호수의 크기, 호수의 모양, 바람에 의한 물의 운동 등에 의해서 결정된다.
③ 천수는 증류수 모양으로 형성되며 통상 25℃, 1기압의 대기와 평형상태인 증류수의 이론적은 pH는 7.2이다.
④ 천층수에서 유기물은 미생물의 호기성 활동에 의해 분해되고, 심층수에서 유기물 분해는 혐기성 상태하에서 환원작용이 지배적이다.

정답 16 ① 17 ② 18 ③ 19 ① 20 ③

제2과목 | 수질오염방지기술

21 부피가 1,000m^{3}인 탱크에서 평균속도경사(G)를 30s^{-1}로 유지하기 위해 필요한 이론적 소요동력(W)은? (단, 물의 점성계수(μ) = 1.139 × 10^{-3}N · s/m^2)

① 1,025
② 1,250
③ 1,425
④ 1,650

해설

$P = G^2 \mu V$
$= (30/s)^2 \times 1.139 \times 10^{-3} N \cdot s/m^2 \times 1{,}000m^3$
$= 1{,}025.1W$

22 무기성 유해물질을 함유한 폐수배출업종이 아닌 것은?

① 전기도금업
② 염색공업
③ 알칼리 세정시설업
④ 유지제조업

23 1,000mg/L의 SS를 함유하는 폐수가 있다. 90%의 SS 제거를 위한 침강속도는 10mm/min이었다. 폐수의 양이 14,400m^3/day일 경우 SS 90% 제거를 위해 요구되는 침전지의 최소 수면적(m^2)은?

① 900
② 1,000
③ 1,200
④ 1,500

24 혐기성 처리에서 용해성 COD 1kg이 제거되어 0.15kg은 혐기성 미생물로 성장하고 0.85kg은 메탄가스로 전환된다면 용해성 COD 100kg의 이론적인 메탄 생성량(m^3)은?(단, 용해성 COD는 모두 BDCOD이며, 메탄 생성률은 0.35m^3/kg COD)

① 약 16.2
② 약 29.8
③ 약 36.1
④ 약 41.8

해설

메탄 생성량(m^3) $= 0.85kg/1kg \times 100kg \times 0.35m^3/kg$
$= 29.75m^3$

25 하수처리를 위한 심층포기법에 관한 설명으로 틀린 것은?

① 산기수심을 깊게 할수록 단위 송풍량당 압축동력이 커져 송풍량에 따른 소비동력이 증가한다.
② 수심은 10m 정도로 하며, 형상은 직사각형으로 하고, 폭은 수심에 대해 1배 정도로 한다.
③ 포기조를 설치하기 위해서 필요한 단위 용량당 용지면적은 조의 수심에 비례해서 감소하므로 용지이용률이 높다.
④ 산기수심이 깊을수록 용존질소 농도가 증가하여 이차 침전지에서 과포화분의 질소가 재기포화되는 경우가 있다.

해설

산기수심을 깊게 할수록 단위 송기량당 압축동력은 증대하지만, 산소용해도가 높은 만큼 송기량이 감소하기 때문에 소비동력은 증가하지 않는다.

21 ① 22 ④ 23 ② 24 ② 25 ① 정답

26 생물학적 처리에서 질산화와 탈질에 대한 내용으로 틀린 것은?(단, 부유성장 공정 기준)

① 질산화 박테리아는 종속영양 박테리아보다 성장 속도가 느리다.
② 부유성장 질산화 공정에서 질산화를 위해서는 최소 2.0mg/L 이상의 DO 농도를 유지하여야 한다.
③ Nitrosomonas와 Nitrobacter는 질산화시키는 미생물로 알려져 있다.
④ 질산화는 유입수의 BOD_5/TKN 비가 클수록 잘 일어난다.

해설
BOD_5/TKN 비가 작을수록 질산화가 잘 일어난다.

27 슬러지 반송률이 50%이고 반송슬러지 농도가 9,000mg/L일 때 포기조의 MLSS 농도(mg/L)는?

① 2,300 ② 2,500
③ 2,700 ④ 3,000

해설
$$R=\frac{X-SS}{X_r-X}=\frac{X}{9{,}000-X}=0.5$$
$\therefore X=3{,}000\text{mg/L}$

28 살수여상법에서 연못화(Ponding) 현상의 원인이 아닌 것은?

① 여재가 불균일할 때
② 용존산소가 부족할 때
③ 미처리 고형물이 대량 유입할 때
④ 유기물 부하율이 너무 높을 때

해설
연못화 현상은 여상의 공극이 막혀 여상 표면에 폐수가 고이는 현상으로, 여재가 균일하지 않거나 크기가 너무 작을 때, 미처리 고형물이 대량 유입되었을 때, 유기물 부하율이 너무 높을 때 나타난다.

29 슬러지 함수율이 95%에서 90%로 낮아지면 전체 슬러지의 감소된 부피의 비(%)는?(단, 탈수 전후의 슬러지 비중 =1.0)

① 15 ② 25
③ 50 ④ 75

해설
$SL_1(1-W_1)=SL_2(1-W_2)$
SL_1을 100로 가정하면
$100(1-0.95)=SL_2(1-0.9)$
$\therefore SL_2=50\%$

30 정수처리 단위공정 중 오존(O_3)처리법의 장점이 아닌 것은?

① 소독부산물의 생성을 유발하는 각종 전구물질에 대한 처리효율이 높다.
② 오존은 자체의 높은 산화력으로 염소에 비하여 높은 살균력을 가지고 있다.
③ 전염소처리를 할 경우, 염소와 반응하여 잔류염소를 증가시킨다.
④ 철, 망간의 산화능력이 크다.

해설
전염소처리를 할 경우, 염소와 반응하여 잔류염소를 감소시킨다.

정답 26 ④ 27 ④ 28 ② 29 ③ 30 ③

31 **염소소독에서 염소의 거동에 대한 내용으로 틀린 것은?**

① pH 5 또는 그 이하에서 대부분의 염소는 HOCl 형태이다.

② HOCl은 암모니아와 반응하여 클로라민을 생성한다.

③ HOCl은 매우 강한 소독제로 OCl^-보다 약 80배 정도 더 강하다.

④ 트라이클로라민(NCl_3)은 매우 안정하여 잔류 산화력을 유지한다.

해설

트라이클로라민은 불안정한 상태로 소독과정에서 N_2로 전환된다.

32 **유량 $300m^3$/day, BOD 200mg/L인 폐수를 활성슬러지법으로 처리하고자 할 때 포기조의 용량(m^3)은?(단, BOD용적부하 $0.2kg/m^3 \cdot day$)**

① 150 ② 200

③ 250 ④ 300

해설

$$\text{BOD 용적부하}(kg/m^3 \cdot day) = \frac{BOD \times Q}{V}$$

$$0.2kg/m^3 \cdot day = \frac{200g/m^3 \times 300m^3/day}{V} \times \frac{kg}{10^3 g}$$

$$\therefore V = 300m^3$$

33 **활성슬러지 변법인 장기포기법에 관한 내용으로 틀린 것은?**

① SRT를 길게 유지하는 동시에 MLSS 농도를 낮게 유지하여 처리하는 방법이다.

② 활성슬러지가 자산화되기 때문에 잉여슬러지의 발생량은 표준활성슬러지법에 비해 적다.

③ 과잉 포기로 인하여 슬러지의 분산이 야기되거나 슬러지의 활성도가 저하되는 경우가 있다.

④ 질산화가 진행되면서 pH는 저하된다.

해설

활성슬러지법의 변법으로 플러그흐름 형태의 반응조에 HRT와 SRT를 길게 유지하고 동시에 MLSS 농도를 높게 유지하면서 오수를 처리하는 방법이다.

34 **고형물 상관관계에 대한 표현으로 틀린 것은?**

① TS = VS + FS

② TSS = VSS + FSS

③ VS = VSS + VDS

④ VSS = FSS = FDS

해설

- TS = VS + FS
- TSS = VSS + FSS
- TDS = VDS + FDS
- VS = VSS + VDS
- FS = FSS + FDS

35 **살수여상을 저속, 중속, 고속 및 초고속 등으로 분류하는 기준은?**

① 재순환 횟수

② 살수간격

③ 수리학적 부하

④ 여재의 종류

31 ④ 32 ④ 33 ① 34 ④ 35 ③ 정답

36 **다음 설명에 적합한 반응기의 종류는?**

> • 유체의 유입 및 배출 흐름은 없다.
> • 액상 내용물은 완전혼합된다.
> • BOD 실험 중 부란병에서 발생하는 반응과 같다.

① 연속흐름완전혼합반응기

② 플러그흐름반응기

③ 임의흐름반응기

④ 완전혼합회분식반응기

37 **침전지 유입 폐수량 $400m^3$/day, 폐수 SS 500mg/L, SS 제거효율 90%일 때 발생되는 슬러지의 양(m^3/day)은?(단, 슬러지의 비중 1.0, 슬러지의 함수율 97%, 유입폐수 SS만 고려, 생물학적 분해는 고려하지 않음)**

① 약 6

② 약 10

③ 약 14

④ 약 20

해설

$$SL(m^3/day) = \frac{400m^3}{day} \times \frac{500g}{m^3} \times \frac{90}{100} \times \frac{1}{0.03} \times \frac{1m^3}{10^6 g}$$
$$= 6m^3/day$$

38 **8kg Glucose($C_6H_{12}O_6$)로부터 이론적으로 발생 가능한 CH_4 가스의 양(L)은?(단, 표준상태, 혐기성 분해 기준)**

① 약 1,500

② 약 2,000

③ 약 2,500

④ 약 3,000

해설

• Glucose($C_6H_{12}O_6$) 분자량 = 180

• $C_6H_{12}O_6 \rightarrow 3CH_4 + 3CO_2$

180g : 3 × 22.4L

8,000g : CH_4

∴ CH_4 = 2,986.7L

39 **수은 함유 폐수를 처리하는 공법으로 가장 거리가 먼 것은?**

① 황화물침전법

② 아말감법

③ 알칼리환원법

④ 이온교환법

해설

수은을 함유한 폐수를 처리하는 방법에는 황화물침전법, 아말감법, 이온교환법, 산화분해법 등이 있다.

40 **폐수처리장에서 방류된 처리수를 산화지에서 재처리하여 최종 방류하고자 한다. 낮 동안 산화지 내의 DO 농도가 15mg/L로 포화 농도보다 높게 측정되었을 때 그 이유는?**

① 산화지의 산소흡수계수가 높기 때문

② 산화지에서 조류의 탄소동화작용

③ 폐수처리장 과포기

④ 산화지 수심의 온도차

정답 36 ④ 37 ① 38 ④ 39 ③ 40 ②

제3과목 | 수질오염공정시험기준

41 **생물화학적 산소요구량(BOD)의 측정방법에 관한 설명으로 틀린 것은?**

① 시료를 20℃에서 5일간 저장하여 두었을 때 시료 중의 호기성 미생물의 증식과 호흡작용에 의하여 소비되는 용존산소의 양으로부터 측정하는 방법이다.

② 산성 또는 알칼리성 시료의 pH 조절 시 시료에 첨가하는 산 또는 알칼리의 양이 시료량의 1.0%가 넘지 않도록 하여야 한다.

③ 시료는 시험하기 바로 전에 온도를 20±1℃로 조정한다.

④ 잔류염소를 함유한 시료는 Na_2SO_3 용액을 넣어 제거한다.

해설

ES 04305.1c 생물화학적 산소요구량

pH가 6.5~8.5의 범위를 벗어나는 산성 또는 알칼리성 시료는 염산용액(1M) 또는 수산화나트륨용액(1M)으로 시료를 중화하여 pH 7~7.2로 맞춘다. 다만, 이때 넣어주는 염산 또는 수산화나트륨의 양이 시료량의 0.5%가 넘지 않도록 하여야 한다. pH가 조정된 시료는 반드시 식종을 실시한다.

42 **수질오염공정시험기준상 원자흡수분광광도법으로 측정하지 않는 항목은?**

① 플루오린

② 철

③ 망 간

④ 구 리

해설

플루오린 분석방법

- 자외선/가시선 분광법(ES 04351.1b)
- 이온전극법(ES 04351.2a)
- 이온크로마토그래피(ES 04351.3a)

43 **하수의 DO를 윙클러-아자이드변법으로 측정한 결과 0.025M-$Na_2S_2O_3$의 소비량은 4.1mL였고, 측정병 용량은 304mL, 검수량은 100mL, 그리고 측정병에 가한 시액량은 4mL였을 때 DO 농도(mg/L)는?(단, 0.025M $Na_2S_2O_3$의 역가=1.000)**

① 약 4.3 ② 약 6.3

③ 약 8.3 ④ 약 9.3

해설

ES 04308.1e 용존산소-적정법

$$DO(mg/L) = a \times f \times \frac{V_1}{V_2} \times \frac{1,000}{V_1 - R} \times 0.2$$

$$= 4.1 \times 1.000 \times \frac{304}{100} \times \frac{1,000}{304-4} \times 0.2$$

$$= 8.31 mg/L$$

44 **카드뮴 측정원리(자외선/가시선 분광법 : 디티존법)에 관한 내용으로 ( )에 공통으로 들어가는 내용은?**

> 카드뮴이온을 ( )이 존재하는 알칼리성에서 디티존과 반응시켜 생성하는 카드뮴착염을 사염화탄소로 추출하고, 추출한 카드뮴착염을 타타르산용액으로 역추출한 다음 다시 수산화나트륨과 ( )을 넣어 디티존과 반응하여 생성하는 적색의 카드뮴착염을 사염화탄소로 추출하고 그 흡광도를 530nm에서 측정하는 방법이다.

① 시안화칼륨 ② 염화제일주석산

③ 분말아연 ④ 황화나트륨

해설

ES 04413.2d 카드뮴-자외선/가시선 분광법

카드뮴이온을 시안화칼륨이 존재하는 알칼리성에서 디티존과 반응시켜 생성하는 카드뮴착염을 사염화탄소로 추출하고, 추출한 카드뮴착염을 타타르산용액으로 역추출한 다음 다시 수산화나트륨과 시안화칼륨을 넣어 디티존과 반응하여 생성하는 적색의 카드뮴착염을 사염화탄소로 추출하고 그 흡광도를 530nm에서 측정하는 방법이다.

41 ② 42 ① 43 ③ 44 ① 정답

45 페놀류 측정에 관한 설명으로 틀린 것은?(단, 자외선/가시선 분광법 기준)

① 붉은색의 안티피린계 색소의 흡광도를 측정하는 방법으로 수용액에서는 510nm에서 측정한다.
② 붉은색의 안티피린계 색소의 흡광도를 측정하는 방법으로 클로로폼용액에서는 460nm에서 측정한다.
③ 추출법일 때 정량한계는 0.5mg/L이다.
④ 직접법일 때 정량한계는 0.05mg/L이다.

해설

ES 04365.1d 페놀류-자외선/가시선 분광법
정량한계는 클로로폼 추출법일 때 0.005mg/L, 직접 측정법일 때 0.05mg/L이다.

46 디티존법으로 측정할 수 있는 물질로만 구성된 것은?

① Cd, Pb, Hg
② As, Fe, Mn
③ Cd, Mn, Pb
④ As, Ni, Hg

47 측정 시료채취 시 반드시 유리용기를 사용해야 하는 측정항목은?

① PCB ② 플루오린
③ 시 안 ④ 셀레늄

해설

ES 04130.1e 시료의 채취 및 보존 방법
- PCB : 유리용기
- 플루오린 : 폴리에틸렌용기
- 시안, 셀레늄 : 유리용기, 폴리에틸렌용기

48 시안분석을 위하여 채취한 시료의 보존 방법에 관한 내용으로 틀린 것은?

① 잔류염소가 공존할 경우 시료 1L당 아스코르브산 1g을 첨가한다.
② 산화제가 공존할 경우에는 시안을 파괴할 수 있으므로 채수 즉시 황산암모늄철을 시료 1L당 0.6g 첨가한다.
③ NaOH로 pH 12 이상으로 하여 4℃에서 보관한다.
④ 최대보존기간은 14일 정도이다.

해설

ES 04130.1e 시료의 채취 및 보존 방법
산화제가 공존할 경우에는 시안을 파괴할 수 있으므로 채수 즉시 이산화비소나트륨 또는 티오황산나트륨을 시료 1L당 0.6g을 첨가한다.

49 자외선/가시선 분광법에 사용되는 흡수셀에 대한 설명으로 틀린 것은?

① 흡수셀의 길이를 지정하지 않았을 때는 10mm 셀을 사용한다.
② 시료액의 흡수파장이 약 370nm 이상일 때는 석영셀 또는 경질유리셀을 사용한다.
③ 시료액의 흡수파장이 약 370nm 이하일 때는 석영셀을 사용한다.
④ 대조셀에는 따로 규정이 없는 한 원시료를 셀의 6부까지 채워 측정한다.

해설

대조셀에는 따로 규정이 없는 한 증류수를 넣는다.

정답 45 ③ 46 ① 47 ① 48 ② 49 ④

50 COD 분석을 위해 0.02M-$KMnO_4$ 용액 2.5L를 만들려고 할 때 필요한 $KMnO_4$의 양(g)은?(단, $KMnO_4$ 분자량 = 158)

① 6.2　　② 7.9
③ 8.5　　④ 9.7

해설

$$\frac{0.02\text{mol}}{\text{L}} \times 2.5\text{L} \times \frac{158\text{g}}{\text{mol}} = 7.9\text{g}$$

51 노말헥산 추출물질을 측정할 때 지시약으로 사용되는 것은?

① 메틸레드　　② 페놀프탈레인
③ 메틸오렌지　　④ 전분용액

해설

ES 04302.1b 노말헥산 추출물질
시료 적당량을 분별깔때기에 넣고 메틸오렌지용액(0.1%) 2~3방울을 넣고 황색이 적색으로 변할 때까지 염산(1+1)을 넣어 시료의 pH를 4 이하로 조절한다.

52 시안화합물을 함유하는 폐수의 보존 방법으로 옳은 것은?

① NaOH 용액으로 pH를 9 이상으로 조절하여 4℃에서 보관한다.
② NaOH 용액으로 pH를 12 이상으로 조절하여 4℃에서 보관한다.
③ H_2SO_4 용액으로 pH를 4 이하로 조절하여 4℃에서 보관한다.
④ H_2SO_4 용액으로 pH를 2 이하로 조절하여 4℃에서 보관한다.

해설

ES 04130.1e 시료의 채취 및 보존 방법
시안의 경우 NaOH로 pH 12 이상으로 하여 4℃에서 보관한다.

53 총질소의 측정방법으로 틀린 것은?

① 염화제일주석환원법
② 카드뮴환원법
③ 환원증류-킬달법(합산법)
④ 자외선/가시선 분광법

해설

총질소 측정방법
- 자외선/가시선 분광법-산화법(ES 04363.1a)
- 자외선/가시선 분광법-카드뮴 · 구리 환원법(ES 04363.2b)
- 자외선/가시선 분광법-환원증류 · 킬달법(ES 04363.3b)
- 연속흐름법(ES 04363.4c)

54 농도표시에 관한 설명으로 틀린 것은?

① 십억분율을 표시할 때는 μg/L, ppb의 기호로 쓴다.
② 천분율을 표시할 때는 g/L, ‰의 기호로 쓴다.
③ 용액의 농도는 %로만 표시할 때는 V/V%, W/W%를 나타낸다.
④ 용액 100g 중 성분용량(mL)을 표시할 때는 V/W%의 기호로 쓴다.

해설

ES 04000.d 총칙
용액의 농도를 %로만 표시할 때는 W/V%를 말한다.

50 ② 51 ③ 52 ② 53 ① 54 ③ 정답

55 원자흡수분광광도법에 관한 설명으로 (   )에 옳은 내용은?

> 시험방법은 시료를 적당한 방법으로 해리시켜 중성원자로 증기화하여 생긴 (㉠)의 원자가 이 원자 증기층을 투과하는 특유파장의 빛을 흡수하는 현상을 이용하여 (㉡)과(와) 같은 개개의 특유 파장에 대한 흡광도를 측정한다.

① ㉠ 여기상태, ㉡ 근접선
② ㉠ 여기상태, ㉡ 원자흡광
③ ㉠ 바닥상태, ㉡ 공명선
④ ㉠ 바닥상태, ㉡ 광전측광

해설

원자흡수분광광도법
시료를 적당한 방법으로 해리시켜 중성원자로 증기화하여 생긴 바닥상태의 원자가 이 원자 증기층을 투과하는 특유 파장의 빛을 흡수하는 현상을 이용하여 광전측광과 같은 개개의 특유 파장에 대한 흡광도를 측정하여 시료 중의 원소 농도를 정량하는 방법으로 시료 중의 유해중금속 및 기타 원소의 분석에 적용한다.

56 수질오염공정시험기준에서 사용하는 용어에 관한 설명으로 틀린 것은?

① '정확히 취하여'라 하는 것은 규정한 양의 검체 또는 시액을 홀피펫으로 눈금까지 취하는 것을 말한다.
② '냄새가 없다'라고 기재한 것은 냄새가 없거나 또는 거의 없을 것을 표시하는 것이다.
③ '온수'는 60~70℃를 말한다.
④ '감압 또는 진공'이라 함은 따로 규정이 없는 한 15mmH_2O 이하를 말한다.

해설

ES 04000.d 총칙
감압 또는 진공 : 따로 규정이 없는 한 15mmHg 이하를 뜻한다.

57 물벼룩을 이용한 급성 독성 시험법에서 적용되는 용어인 '치사'의 정의에 대한 설명으로 (   )에 옳은 것은?

> 일정 비율로 준비된 시료에 물벼룩을 투입하여 (㉠)시간 경과 후 시험용기를 살며시 움직여 주고, (㉡)초 후 관찰했을 때 아무 반응이 없는 경우 치사로 판정한다.

① ㉠ 12, ㉡ 15
② ㉠ 12, ㉡ 30
③ ㉠ 24, ㉡ 15
④ ㉠ 24, ㉡ 30

해설

ES 04704.1c 물벼룩을 이용한 급성 독성 시험법
치사 : 일정 희석 비율로 준비된 시료에 물벼룩을 투입하여 24시간 경과 후 시험용기를 손으로 살짝 두드리고, 15초 후 관찰했을 때 독성물질에 영향을 받아 움직임이 명백하게 없는 상태를 치사로 판정한다.

58 기체크로마토그래피법으로 분석할 수 있는 항목은?

① 수 은　　② 총질소
③ 알킬수은　　④ 아 연

해설

알킬수은 분석방법
- 기체크로마토그래피(ES 04416.1b)
- 원자흡수분광광도법(ES 04416.2b)

정답 55 ④ 56 ④ 57 ③ 58 ③

59 위어(Weir)를 이용한 유량측정방법 중에서 위어의 판재료는 몇 mm 이상의 두께를 가진 철판이어야 하는가?

① 1

② 2

③ 3

④ 5

해설

ES 04140.2b 공장폐수 및 하수유량-측정용 수로 및 기타 유량측정방법

위어판의 재료는 3mm 이상의 두께를 갖는 내구성이 강한 철판으로 한다.

60 검정곡선 작성용 표준용액과 시료에 동일한 양의 내부표준물질을 첨가하여 시험분석 절차, 기기 또는 시스템의 변동으로 발생하는 오차를 보정하기 위해 사용하는 방법은?

① 검정곡선법

② 표준물첨가법

③ 내부표준법

④ 절대검량선법

해설

ES 04001.b 정도보증/정도관리

내부표준법(Internal Standard Calibration)은 검정곡선 작성용 표준용액과 시료에 동일한 양의 내부표준물질을 첨가하여 시험분석 절차, 기기 또는 시스템의 변동으로 발생하는 오차를 보정하기 위해 사용하는 방법이다. 내부표준법은 시험 분석하려는 성분과 물리·화학적 성질은 유사하나 시료에는 없는 순수물질을 내부표준물질로 선택한다. 일반적으로 내부표준물질로는 분석하려는 성분에 동위원소가 치환된 것을 많이 사용한다.

제4과목 | 수질환경관계법규

61 초과배출부과금 부과 대상 수질오염물질의 종류로 맞는 것은?

① 매립지 침출수, 유기물질, 시안화합물

② 유기물질, 부유물질, 유기인화합물

③ 6가크롬, 페놀류, 다이옥신

④ 총질소, 총인, BOD

해설

물환경보전법 시행령 제46조(초과배출부과금 부과 대상 수질오염물질의 종류)

- 유기물질
- 부유물질
- 카드뮴 및 그 화합물
- 시안화합물
- 유기인화합물
- 납 및 그 화합물
- 6가크롬화합물
- 비소 및 그 화합물
- 수은 및 그 화합물
- 폴리염화바이페닐(Polychlorinated Biphenyl)
- 구리 및 그 화합물
- 크롬 및 그 화합물
- 페놀류
- 트라이클로로에틸렌
- 테트라클로로에틸렌
- 망간 및 그 화합물
- 아연 및 그 화합물
- 총질소
- 총 인

62 유역환경청장은 대권역별로 대권역 물환경관리계획을 몇 년마다 수립하여야 하는가?

① 3년 ② 5년

③ 7년 ④ 10년

해설

물환경보전법 제24조(대권역 물환경관리계획의 수립)

유역환경청장은 국가 물환경관리기본계획에 따라 대권역별로 대권역 물환경관리계획(이하 '대권역계획')을 10년마다 수립하여야 한다.

59 ③ 60 ③ 61 ② 62 ④ 정답

63 수질오염방지시설 중 화학적 처리시설인 것은?

① 혼합시설
② 폭기시설
③ 응집시설
④ 살균시설

해설

물환경보전법 시행규칙 [별표 5] 수질오염방지시설
• 혼합시설, 응집시설 : 물리적 처리시설
• 폭기시설 : 생물화학적 처리시설
• 살균시설 : 화학적 처리시설

64 용어 정의 중 잘못 기술된 것은?

① '폐수'란 물에 액체성 또는 고체성의 수질오염물질이 섞여 있어 그대로는 사용할 수 없는 물을 말한다.
② '수질오염물질'이란 수질오염의 요인이 되는 물질로서 환경부령으로 정하는 것을 말한다.
③ '기타수질오염원'이란 점오염원 및 비점오염원으로 관리되지 아니하는 수질오염물질을 배출하는 시설 또는 장소로서 환경부령이 정하는 것을 말한다.
④ '수질오염방지시설'이란 공공수역으로 배출되는 수질오염물질을 제거하거나 감소시키는 시설로서 환경부령으로 정하는 것을 말한다.

해설

물환경보전법 제2조(정의)
'수질오염방지시설'이란 점오염원, 비점오염원 및 기타수질오염원으로부터 배출되는 수질오염물질을 제거하거나 감소하게 하는 시설로서 환경부령으로 정하는 것을 말한다.

65 특정수질유해물질이 아닌 것은?

① 시안화합물 ② 구리 및 그 화합물
③ 플루오린화합물 ④ 유기인화합물

해설

물환경보전법 시행규칙 [별표 3] 특정수질유해물질
• 구리와 그 화합물 • 납과 그 화합물
• 비소와 그 화합물 • 수은과 그 화합물
• 시안화합물 • 유기인화합물
• 6가크롬화합물 • 카드뮴과 그 화합물
• 테트라클로로에틸렌 • 트라이클로로에틸렌
• 폴리클로리네이티드바이페닐 • 셀레늄과 그 화합물
• 벤 젠 • 사염화탄소
• 다이클로로메탄 • 1,1-다이클로로에틸렌
• 1,2-다이클로로에탄 • 클로로폼
• 1,4-다이옥산 • 다이에틸헥실프탈레이트(DEHP)
• 염화비닐 • 아크릴로나이트릴
• 브로모폼 • 아크릴아미드
• 나프탈렌 • 폼알데하이드
• 에피클로로하이드린 • 페 놀
• 펜타클로로페놀 • 스티렌
• 비스(2-에틸헥실)아디페이트 • 안티몬

66 공공수역에서 환경부령이 정하는 수로에 해당되지 않는 것은?

① 지하수로 ② 농업용 수로
③ 상수관로 ④ 운 하

해설

물환경보전법 시행규칙 제5조(공공수역)
'환경부령으로 정하는 수로'란 다음의 수로를 말한다.
• 지하수로
• 농업용 수로
• 하수도법에 따른 하수관로
• 운 하

정답 63 ④ 64 ④ 65 ③ 66 ③

67 **오염물질이 배출허용기준을 초과한 경우에 오염물질 배출량과 배출농도 등에 따라 부과하는 금액은?**

① 기본부과금 ② 종별부과금
③ 배출부과금 ④ 초과배출부과금

해설

물환경보전법 시행령 제45조(초과배출부과금의 산정기준 및 산정방법)
초과배출부과금은 수질오염물질 배출량 및 배출농도를 기준으로 계산식에 따라 산출한 금액에 규정에 따른 금액을 더한 금액으로 한다.

68 **폐수처리업에 종사하는 기술요원의 교육기관은?**

① 국립환경인력개발원
② 환경기술인협회
③ 환경보전협회
④ 환경기술연구원

해설

물환경보전법 시행규칙 제93조(기술인력 등의 교육기간·대상자 등)
교육은 다음의 구분에 따른 교육기관에서 실시한다. 다만, 환경부장관 또는 시·도지사는 필요하다고 인정하면 다음의 교육기관 외의 교육기관에서 기술인력 등에 관한 교육을 실시하도록 할 수 있다.

- 측정기기 관리대행업에 등록된 기술인력 : 국립환경인재개발원 또는 한국상하수도협회
- 폐수처리업에 종사하는 기술요원 : 국립환경인재개발원
- 환경기술인 : 환경보전협회

※ 법 개정으로 '국립환경인력개발원'이 '국립환경인재개발원'으로 변경됨

69 **공공폐수처리시설의 방류수 수질기준 중 총인의 배출허용기준으로 적절한 것은?(단, 2013년 1월 1일 이후 적용, Ⅰ지역 기준)**

① 2mg/L 이하
② 0.2mg/L 이하
③ 4mg/L 이하
④ 0.5mg/L 이하

해설

물환경보전법 시행규칙 [별표 10] 공공폐수처리시설의 방류수 수질기준
방류수 수질기준–2020년 1월 1일부터 적용되는 기준

구 분	수질기준
	Ⅰ지역
총인(T–P, mg/L)	0.2(0.2) 이하

적용기간에 따른 수질기준란의 ( )는 농공단지 공공폐수처리시설의 방류수 수질기준을 말한다.

70 **비점오염저감시설 중 장치형 시설이 아닌 것은?**

① 침투형 시설
② 와류형 시설
③ 여과형 시설
④ 생물학적 처리형 시설

해설

물환경보전법 시행규칙 [별표 6] 비점오염저감시설
장치형 시설

- 여과형 시설
- 소용돌이형 시설
- 스크린형 시설
- 응집·침전 처리형 시설
- 생물학적 처리형 시설

※ 법 개정으로 '와류형'이 '소용돌이형'으로 변경됨

67 ④ 68 ① 69 ② 70 ① 정답

71 **대권역 물환경관리계획에 포함되어야 하는 사항과 가장 거리가 먼 것은?**

① 상수원 및 물 이용현황
② 점오염원, 비점오염원 및 기타수질오염원별 수질오염저감시설 현황
③ 점오염원, 비점오염원 및 기타수질오염원의 분포현황
④ 점오염원, 비점오염원 및 기타수질오염원에서 배출되는 수질오염물질의 양

해설
물환경보전법 제24조(대권역 물환경관리기본계획의 수립)
대권역계획에는 다음의 사항이 포함되어야 한다.
- 물환경의 변화 추이 및 물환경목표기준
- 상수원 및 물 이용현황
- 점오염원, 비점오염원 및 기타수질오염원의 분포현황
- 점오염원, 비점오염원 및 기타수질오염원에서 배출되는 수질오염물질의 양
- 수질오염 예방 및 저감대책
- 물환경 보전조치의 추진방향
- 기후위기 대응을 위한 탄소중립·녹색성장 기본법에 따른 기후변화에 대한 적응대책
- 그 밖에 환경부령으로 정하는 사항

72 **기본부과금산정 시 방류수수질기준을 100% 초과한 사업자에 대한 부과계수는?**

① 2.4　② 2.6
③ 2.8　④ 3.0

해설
물환경보전법 시행령 [별표 11] 방류수수질기준초과율별 부과계수

초과율	부과계수	초과율	부과계수
10% 미만	1	50% 이상 60% 미만	2.0
10% 이상 20% 미만	1.2	60% 이상 70% 미만	2.2
20% 이상 30% 미만	1.4	70% 이상 80% 미만	2.4
30% 이상 40% 미만	1.6	80% 이상 90% 미만	2.6
40% 이상 50% 미만	1.8	90% 이상 100%까지	2.8

73 **환경정책기본법령상 환경기준 중 수질 및 수생태계(해역)의 생활환경 기준 항목으로 옳지 않은 것은?**

① 용매 추출유분
② 수소이온농도
③ 총대장균군
④ 용존산소량

해설
환경정책기본법 시행령 [별표 1] 환경기준
수질 및 수생태계-해역-생활환경
항목 : 수소이온농도, 총대장균군, 용매 추출유분

74 **방지시설을 반드시 설치해야 하는 경우에 해당하더라도 대통령령이 정하는 기준에 해당되면 방지시설의 설치가 면제된다. 방지시설 설치의 면제기준에 해당되지 않는 것은?**

① 배출시설의 기능 및 공정상 수질오염물질이 항상 배출허용기준 이하로 배출되는 경우
② 폐수처리업의 등록을 한 자 또는 환경부장관이 인정하여 고시하는 관계 전문기관에 환경부령이 정하는 폐수를 전량 위탁처리하는 경우
③ 폐수무방류배출시설의 경우
④ 폐수를 전량 재이용하는 등 방지시설을 설치하지 아니하고도 수질오염물질을 적정하게 처리할 수 있는 경우로서 환경부령으로 정하는 경우

해설
물환경보전법 시행령 제33조(방지시설설치의 면제기준)
'대통령령으로 정하는 기준에 해당하는 배출시설(폐수무방류배출시설은 제외한다)의 경우'란 다음 어느 하나에 해당하는 경우를 말한다.
- 배출시설의 기능 및 공정상 수질오염물질이 항상 배출허용기준 이하로 배출되는 경우
- 폐수처리업자 또는 환경부장관이 인정하여 고시하는 관계 전문기관에 환경부령으로 정하는 폐수를 전량 위탁처리하는 경우
- 폐수를 전량 재이용하는 등 방지시설을 설치하지 아니하고도 수질오염물질을 적정하게 처리할 수 있는 경우로서 환경부령으로 정하는 경우

※ 법 개정으로 위와 같이 내용 변경

정답 71 ② 72 ③ 73 ④ 74 ③

75 낚시제한구역 안에서 낚시를 하고자 하는 자는 낚시의 방법, 시기 등 환경부령이 정하는 사항을 준수하여야 한다. 이러한 규정에 의한 제한사항을 위반하여 낚시제한구역 안에서 낚시행위를 한 자에 대한 과태료 부과기준은?

① 30만원 이하의 과태료
② 50만원 이하의 과태료
③ 100만원 이하의 과태료
④ 300만원 이하의 과태료

해설
물환경보전법 제82조(과태료)
제20조제2항에 따른 제한사항을 위반하여 낚시제한구역에서 낚시행위를 한 사람에게는 100만원 이하의 과태료를 부과한다.
물환경보전법 제20조제2항
낚시제한구역에서 낚시행위를 하려는 사람은 낚시의 방법, 시기 등 환경부령으로 정하는 사항을 준수하여야 한다. 이 경우 환경부장관이 환경부령을 정할 때에는 해양수산부장관과 협의하여야 한다.

76 비점오염저감시설 중 '침투시설'의 설치기준에 관한 사항으로 ( )에 옳은 내용은?

> 침투시설 하층 토양의 침투율은 시간당 (㉠)이어야 하며, 동절기에 동결로 기능이 저하되지 아니하는 지역에 설치한다. 또한 지하수 오염을 방지하기 위하여 최고 지하수위 또는 기반암으로부터 수직으로 최소 (㉡)의 거리를 두도록 한다.

① ㉠ 5mm 이상, ㉡ 0.5m 이상
② ㉠ 5mm 이상, ㉡ 1.2m 이상
③ ㉠ 13mm 이상, ㉡ 0.5m 이상
④ ㉠ 13mm 이상, ㉡ 1.2m 이상

해설
물환경보전법 시행규칙 [별표 17] 비점오염저감시설의 설치기준
자연형 시설–침투시설
- 침투시설 하층 토양의 침투율은 시간당 13mm 이상이어야 하며, 동절기에 동결로 기능이 저하되지 아니하는 지역에 설치한다.
- 지하수 오염을 방지하기 위하여 최고 지하수위 또는 기반암으로부터 수직으로 최소 1.2m 이상의 거리를 두도록 한다.

77 부과금 산정에 적용하는 일일유량을 구하기 위한 측정유량의 단위는?

① m^3/h
② m^3/min
③ L/h
④ L/min

해설
물환경보전법 시행령 [별표 1] 오염총량초과과징금의 산정 방법 및 기준
일일유량의 산정 방법
측정유량의 단위는 분당 리터(L/min)로 한다.

78 환경정책기본법령상 환경기준 중 수질 및 수생태계(하천)의 생활환경 기준으로 옳지 않은 것은? (단, 등급은 매우 나쁨(Ⅵ))

① COD : 11mg/L 초과
② T-P : 0.5mg/L 초과
③ SS : 100mg/L 초과
④ BOD : 10mg/L 초과

해설
환경정책기본법 시행령 [별표 1] 하천–생활환경기준
수질 및 수생태계–하천–생활환경 기준

등 급		기 준			
		BOD (mg/L)	COD (mg/L)	SS (mg/L)	총인 (mg/L)
매우 나쁨	Ⅵ	10 초과	11 초과	–	0.5 초과

※ 화학적 산소요구량(COD) 기준은 2015년 12월 31일까지 적용한다.

75 ③ 76 ④ 77 ④ 78 ①, ③ 정답

79 발전소의 발전설비를 운영하는 사업자가 조업정지 명령을 받을 경우 주민의 생활에 현저한 지장을 초래하여 조업정지처분에 갈음하여 부과할 수 있는 과징금의 최대액수는?

① 1억원
② 2억원
③ 3억원
④ 5억원

해설
물환경보전법 제43조(과징금 처분)
환경부장관은 발전소의 발전설비(폐수무방류배출시설은 제외한다)를 설치·운영하는 사업자에 대하여 조업정지를 명하여야 하는 경우로서 그 조업정지가 주민의 생활, 대외적인 신용, 고용, 물가 등 국민경제 또는 그 밖의 공익에 현저한 지장을 줄 우려가 있다고 인정되는 경우에는 조업정지처분을 갈음하여 매출액에 100분의 5를 곱한 금액을 초과하지 아니하는 범위에서 과징금을 부과할 수 있다.
※ 법 개정으로 정답 없음

80 수질오염경보의 종류별 경보단계별 조치사항 중 조류경보의 단계가 [조류대발생 경보]인 경우 취수장·정수장 관리자의 조치사항으로 틀린 것은?

① 조류증식 수심 이하로 취수구 이동
② 취수구에 대한 조류 방어막 설치
③ 정수처리 강화(활성탄 처리, 오존 처리)
④ 정수의 독소분석 실시

해설
물환경보전법 시행령 [별표 4] 수질오염경보의 종류별·경보단계별 조치사항
조류경보-상수원 구간

단 계	관계 기관	조치사항
조류대발생	취수장·정수장 관리자	• 조류증식 수심 이하로 취수구 이동 • 정수처리 강화(활성탄 처리, 오존 처리) • 정수의 독소분석 실시

정답 79 ③ 80 ②

2018년 제2회 과년도 기출문제

제1과목 | 수질오염개론

01 해수의 특성에 관한 설명으로 옳지 않은 것은?

① 해수의 밀도는 1.5~1.7g/cm^3 정도로 수심이 깊을수록 밀도는 감소한다.
② 해수는 강전해질이다.
③ 해수의 Mg/Ca비는 3~4 정도이다.
④ 염분은 적도해역보다 남・북극의 양극해역에서 다소 낮다.

해설
해수의 밀도는 1.02~1.07g/cm^3이며, 수심이 깊을수록 밀도는 증가한다.

02 농도가 A인 기질을 제거하기 위하여 반응조를 설계하고자 한다. 요구되는 기질의 전환율이 90%일 경우 회분식 반응조의 체류시간(h)은?(단, 기질의 반응은 1차 반응, 반응상수 K = 0.35h^{-1})

① 6.6 ② 8.6
③ 10.6 ④ 12.6

해설

$$\ln\frac{C_t}{C_o} = -k \cdot t$$

$$\therefore t = -\frac{1}{k} \times \ln\frac{C_t}{C_o} = -\frac{h}{0.35} \times \ln 0.1 = 6.58h$$

03 다음 설명에 해당하는 하천 모델로 가장 적절한 것은?

- 하천 및 호수의 부영양화를 고려한 생태계 모델이다.
- 정적 및 동적인 하천의 수질, 수문학적 특성이 광범위하게 고려된다.
- 호수에는 수심별 1차원 모델이 적용된다.

① QUAL ② DO-SAG
③ WQRRS ④ WASP

해설
WQRRS 모델에 관한 설명이다.

04 소수성 콜로이드 입자가 전기를 띠고 있는 것을 조사하고자 할 때 다음 실험 중 가장 적합한 것은?

① 전해질을 소량 넣고 응집을 조사한다.
② 콜로이드용액의 삼투압을 조사한다.
③ 한외현미경으로 입자의 Brown 운동을 관찰한다.
④ 콜로이드 입자에 강한 빛을 조사하여 틴들현상을 조사한다.

해설
소수성 콜로이드는 소량의 염을 첨가하여도 응집되어 침전된다.

05 시판되고 있는 액상 표백제는 8W/W(%) 하이포아염소산나트륨(NaOCl)을 함유한다고 한다. 표백제 2,886mL 중 NaOCl의 무게(g)는?(단, 표백제의 비중 = 1.1)

① 254 ② 264
③ 274 ④ 287

해설
NaOCl(g) = 2,886mL × 0.08 × 1.1g/mL = 253.97g

1 ① 2 ① 3 ③ 4 ① 5 ① 정답

06 하천의 수질이 다음과 같을 때 이 물의 이온강도는?

> • Ca^{2+} : 0.02M
> • Na^{+} : 0.05M
> • Cl^{-} : 0.02M

① 0.055
② 0.065
③ 0.075
④ 0.085

해설

$\mu = \frac{1}{2}\sum_i C_i \cdot Z_i^2$

여기서, μ : 이온강도
C_i : 이온의 몰농도
Z_i : 이온의 전하

$\therefore \mu = \frac{1}{2}[(0.02)\times(+2)^2 + (0.05)\times(+1)^2 + (0.02)\times(-1)^2]$
$= 0.075$

07 용존산소(DO)에 대한 설명으로 가장 거리가 먼 것은?

① DO는 염류 농도가 높을수록 감소한다.
② DO는 수온이 높을수록 감소한다.
③ 조류의 광합성 작용은 낮 동안 수중의 DO를 증가시킨다.
④ 아황산염, 아질산염 등의 무기화합물은 DO를 증가시킨다.

해설

무기화합물은 DO를 감소시킨다.

08 유기성 오수가 하천에 유입된 후 유하하면서 자정작용이 진행되어 가는 여러 상태를 그래프로 표시하였다. ㉠~㉥ 그래프가 각각 나타내는 것을 순서대로 나열한 것은?

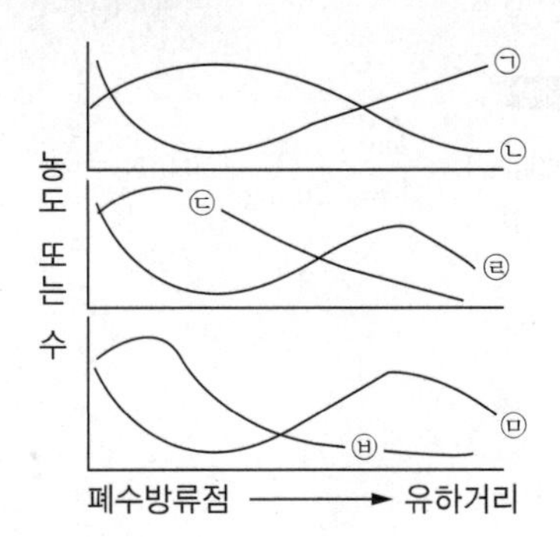

① BOD, DO, NO_3−N, NH_3−N, 조류, 박테리아
② BOD, DO, NH_3−N, NO_3−N, 박테리아, 조류
③ DO, BOD, NH_3−N, NO_3−N, 조류, 박테리아
④ DO, BOD, NO_3−N, NH_3−N, 박테리아, 조류

해설

그림에서 ㉠은 DO 곡선, ㉡은 BOD, ㉢은 암모니아성 질소, ㉣은 질산성 질소, ㉤은 조류, ㉥은 박테리아이다.

09 친수성 콜로이드(Colloid)의 특성에 관한 설명으로 옳지 않은 것은?

① 염에 대하여 큰 영향을 받지 않는다.
② 틴들효과가 현저하게 크고, 점도는 분산매보다 작다.
③ 다량의 염을 첨가하여야 응결 침전된다.
④ 존재 형태는 유탁(에멀션) 상태이다.

해설

친수성 콜로이드는 틴들효과가 약하거나 거의 없다.

정답 6 ③ 7 ④ 8 ③ 9 ②

10 Ca^{2+}가 200mg/L일 때 몇 N 농도인가?(단, 원자량 Ca : 40)

① 0.01 ② 0.02
③ 0.5 ④ 1.0

해설

$$200\text{mg/L} \times \frac{2\text{eq}}{40\text{g}} \times \frac{\text{g}}{10^3\text{mg}} = 0.01\text{N}$$

11 광합성에 영향을 미치는 인자로는 빛의 강도 및 파장, 온도, CO_2 농도 등이 있는데, 이들 요소별 변화에 따른 광합성의 변화를 설명한 것 중 틀린 것은?

① 광합성량은 빛의 광포화점에 이를 때까지 빛의 강도에 비례하여 증가한다.
② 광합성 식물은 390~760nm 범위의 가시광선을 광합성에 이용한다.
③ 5~25℃ 범위의 온도에서 10℃ 상승시킬 경우 광합성량은 약 2배로 증가된다.
④ CO_2 농도가 저농도일 때는 빛의 강도에 영향을 받지 않아 광합성량이 감소한다.

12 부영양호의 평가에 이용되는 영양상태지수에 대한 설명으로 옳은 것은?

① Shannon과 Brezonik 지수는 전도율, 총유기질소, 총인 및 클로로필-a를 수질변수로 선택하였다.
② Carlson 지수는 총유기질소, 클로로필-a 및 총인을 수질변수로 선택하였다.
③ Porcella 지수는 Carlson 지수 값을 일부 이용하였고, 부영양호 회복방법의 실시 효과를 분석하는 데 이용되는 지수이다.
④ Walker 지수는 총인을 근거로 만들었고, 투명도를 기준으로 계산된 Carlson 지수를 보완한 지수로서 조류 외의 투명도에 영향을 주는 인자를 계산에 반영하였다.

13 주간에 연못이나 호수 등에 용존산소(DO)의 과포화 상태를 일으키는 미생물은?

① 바이러스(Virus)
② 윤충(Rotifer)
③ 조류(Algae)
④ 박테리아(Bacteria)

해설

조류는 광합성을 하는 미생물로 용존산소의 과포화 상태를 일으킨다.

14 물의 밀도가 가장 큰 값을 나타내는 온도는?

① -10℃ ② 0℃
③ 4℃ ④ 10℃

해설

물의 밀도는 4℃일 때 가장 크다.

10 ① 11 ④ 12 ③ 13 ③ 14 ③ 정답

15 0.05N의 약산인 초산이 16% 해리되어 있다면 이 수용액의 pH는?

① 2.1
② 2.3
③ 2.6
④ 2.9

해설

초산(CH_3COOH)의 0.05N와 0.05M은 같다.

$CH_3COOH(a) \rightarrow CH_3COO^-(a) + H^+(a)$

$0.05M \times 0.16$ $\quad$ $0.05 \times 0.16M$

$H^+ = 0.008mole/L = 8 \times 10^{-3}mole/L$

$pH = 3 - \log 8 = 3 - 0.903 = 2.097 = 2.1$

16 하천 상류에서 BOD_u = 10mg/L일 때 2m/min 속도로 유하한 20km 하류에서의 BOD(mg/L)는?(단, K_1(탈산소계수, Base : 상용대수) = 0.1day^{-1}, 유하도중에 재포기나 다른 오염물질 유입은 없다)

① 2
② 3
③ 4
④ 5

17 수인성 전염병의 특징이 아닌 것은?

① 환자가 폭발적으로 발생한다.
② 성별, 연령별 구분 없이 발병한다.
③ 유행지역과 급수지역이 일치한다.
④ 잠복기가 길고, 치사율과 2차 감염률이 높다.

해설

수인성 전염병은 잠복기가 대체적으로 길고, 치사율과 2차 감염률이 낮다.

18 난용성염의 용해이온과의 관계, $A_mB_n(aq) \leftrightarrow mA^+(aq) + nB^-(aq)$에서 이온 농도와 용해도적($K_{sp}$)과의 관계 중 과포화 상태로 침전이 생기는 상태를 옳게 나타낸 것은?

① $[A^+]^m[B^-]^n > K_{sp}$
② $[A^+]^m[B^-]^n = K_{sp}$
③ $[A^+]^m[B^-]^n < K_{sp}$
④ $[A^+]^n[B^-]^m > K_{sp}$

정답 15 ① 16 ① 17 ④ 18 ①

19 **우리나라의 수자원 이용현황 중 가장 많은 양이 사용되고 있는 용수는?**

① 생활용수
② 공업용수
③ 하천유지용수
④ 농업용수

해설
우리나라 수자원 이용현황은 농업용수 > 유지용수 > 생활용수 > 공업용수 순이다.

20 **음용수를 염소소독할 때 살균력이 강한 것부터 순서대로 옳게 배열된 것은?(단, 강함 > 약함)**

> ㉠ HOCl
> ㉡ OCl^-
> ㉢ Chloramine

① ㉠ > ㉡ > ㉢
② ㉡ > ㉢ > ㉠
③ ㉡ > ㉠ > ㉢
④ ㉠ > ㉢ > ㉡

해설
살균력 순서
HOCl > OCl^- > Chloramine

제2과목 | 수질오염방지기술

21 **살수여상에서 연못화(Ponding) 현상의 원인으로 가장 거리가 먼 것은?**

① 너무 낮은 기질부하율
② 생물막의 과도한 탈리
③ 1차 침전지에서 불충분한 고형물 제거
④ 너무 작거나 불균일한 여재

해설
연못화 현상은 여상의 공극이 막혀 여상 표면에 폐수가 고이는 현상으로, 여재가 균일하지 않거나 크기가 너무 작을 때, 미처리 고형물이 대량 유입되었을 때, 유기물 부하율이 너무 높을 때 나타난다.

22 **생물학적 처리공정에 대한 설명으로 옳은 것은?**

① SBR은 같은 탱크에서 폐수유입, 생물학적 반응, 처리수 배출 등의 순서를 반복하는 오염물 처리공정이다.
② 회전원판법은 혐기성 조건을 유지하면서 고형물을 제거하는 처리공정이다.
③ 살수여상은 여재를 사용하지 않으면서 고부하의 운전에 용이한 처리공정이다.
④ 고효율 활성슬러지공정은 질소, 인 제거를 위한 미생물 부착성장 처리공정이다.

19 ④ 20 ① 21 ① 22 ① 정답

23 평균 길이 100m, 평균 폭 80m, 평균 수심 4m인 저수지에 연속적으로 물이 유입되고 있다. 유량이 $0.2m^3/s$이고 저수지의 수위가 일정하게 유지된다면 이 저수지의 평균 수리학적 체류시간(day)은?

① 1.85　② 2.35
③ 3.65　④ 4.35

해설
수리학적 체류시간(day)
$$= \frac{V}{Q} = \frac{100m \times 80m \times 4m}{0.2m^3/s} \times \frac{day}{86,400s}$$
$$= 1.85day$$

24 호기성 미생물에 의하여 진행되는 반응은?

① 포도당 → 알코올
② 아세트산 → 메탄
③ 아질산염 → 질산염
④ 포도당 → 아세트산

해설
아질산염은 호기성 미생물에 의해 질산염으로 산화된다.

25 하수슬러지 농축방법 중 부상식 농축의 장단점으로 틀린 것은?

① 잉여슬러지의 농축에 부적합하다.
② 소요면적이 크다.
③ 실내에 설치할 경우 부식문제의 유발 우려가 있다.
④ 약품 주입 없이 운전이 가능하다.

해설
부상식 농축은 잉여슬러지의 농축에 효과적이며, 잉여슬러지의 농축에 부적합한 농축방법은 중력식 농축이다.
부상식 농축
- 잉여슬러지의 농축에 효과적이다.
- 고형물 회수율이 비교적 높다.
- 약품 주입 없이 운전이 가능하다.
- 소요면적이 크고, 동력비가 많이 든다.
- 유지관리가 어렵다.

26 혐기성 슬러지 소화조의 운영과 통제를 위한 운전관리지표가 아닌 항목은?

① pH
② 알칼리도
③ 잔류염소
④ 소화가스의 CO_2 함유도

27 분뇨처리장에 발생되는 악취물질을 제거하는 방법 중 직접적인 탈취효과가 가장 낮은 것은?

① 수세법
② 흡착법
③ 촉매산화법
④ 중화 및 Masking법

정답 23 ① 24 ③ 25 ① 26 ③ 27 ④

28 폐수 시료 200mL를 취하여 Jar-test한 결과 $Al(SO_4)_3$ 300mg/L에서 가장 양호한 결과를 얻었다. 2,000m^3/day의 폐수를 처리하는 데 필요한 $Al(SO_4)_3$의 양(kg/day)은?

① 450 ② 600
③ 750 ④ 900

해설

$Al(SO_4)_3$의 양(kg/day) $= 300g/m^3 \times 2{,}000m^3/day \times \frac{kg}{10^3g}$

$= 600kg/day$

29 침전지 설계 시 침전시간 2h, 표면부하율 30$m^3/m^2 \cdot$day, 폭과 길이의 비는 1 : 5로 하고 폭을 10m로 하였을 때 침전지의 크기(m^3)는?

① 875 ② 1,250
③ 1,750 ④ 2,450

해설

표면부하율 $= \frac{H}{t} = \frac{H}{2h} = 30m^3/m^2 \cdot day$

$\therefore H = 30m^3/m^2 \cdot day \times 2h \times \frac{day}{24h}$

$= 2.5m$

폭과 길이의 비는 1 : 5이므로

$L = 10m \times 5 = 50m$

침전지의 크기(m^3) $= 2.5m \times 10m \times 50m$

$= 1{,}250m^3$

30 도금공장에서 발생하는 CN 폐수 30m^3를 NaOCl을 사용하여 처리하고자 한다. 폐수 내 CN^- 농도가 150mg/L일 때 이론적으로 필요한 NaOCl의 양(kg)은?(단, $2NaCN + 5NaOCl + H_2O \rightarrow N_2 + 2CO_2 + 2NaOH + 5NaCl$, 원자량 : Na = 23, Cl = 35.5)

① 20.9 ② 22.4
③ 30.5 ④ 32.2

해설

$2CN^-$: 5NaOCl
2×26 : 5×74.5
150mg/L : x
$\therefore x = 1{,}074.52$mg/L
NaOCl의 양(kg) $= 30m^3 \times 1{,}074.52g/m^3 \times kg/10^3g$
$= 32.2$kg

31 폐수처리장의 설계유량을 산정하기 위한 첨두유량을 구하는 식은?

① 첨두인자 × 최대유량
② 첨두인자 × 평균유량
③ 첨두인자 / 최대유량
④ 첨두인자 / 평균유량

해설

첨두유량은 첨두인자와 평균유량의 곱이다.

32 폐수의 용존성 유기물질을 제거하기 위한 방법으로 가장 거리가 먼 것은?

① 호기성 생물학적 공법
② 혐기성 생물학적 공법
③ 모래여과법
④ 활성탄흡착법

28 ② 29 ② 30 ④ 31 ② 32 ③ 정답

33 농도와 흡착량과의 관계를 나타내는 그림 중 고농도에서 흡착량이 커지는 반면에 저농도에서의 흡착량이 현저히 작아지는 것은?(단, Freundlich 등온흡착식으로 Plot한 것이다)

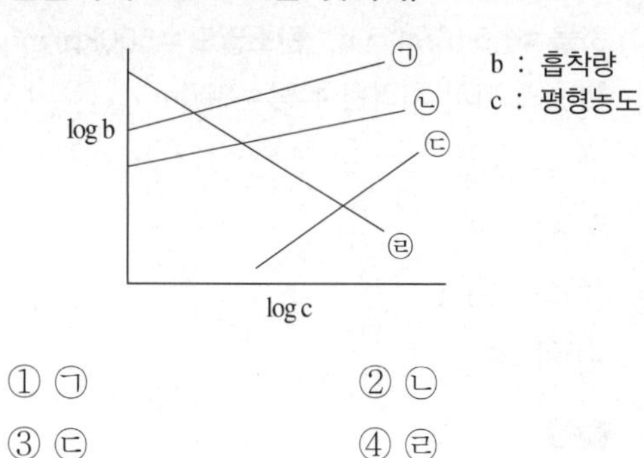

① ㉠ ② ㉡
③ ㉢ ④ ㉣

34 도시하수에 함유된 영양물질인 질소, 인을 동시에 처리하기 어려운 생물학적 처리공법은?

① A/O
② A^2/O
③ 5단계 Bardenpho
④ UCT

해설

A/O 공정은 인 처리공정이며, 질소를 동시에 처리하기 위해 A/O 공정에 무산소조를 추가한 것이 A^2/O 공정이다.

35 생물막법의 미생물학적인 특징이 아닌 것은?

① 정화에 관여하는 미생물의 다양성이 높다.
② 각단에서 우점 미생물이 상이하다.
③ 먹이연쇄가 짧다.
④ 질산화세균 및 탈질균이 잘 증식된다.

해설

생물막법은 먹이연쇄가 길다.

36 염소의 살균력에 관한 설명으로 틀린 것은?

① 살균강도는 HOCl이 OCl^-의 80배 이상 강하다.
② Chloramines은 소독 후 살균력이 약하여 살균작용이 오래 지속되지 않는다.
③ 염소의 살균력은 온도가 높고 pH가 낮을 때 강하다.
④ 바이러스는 염소에 대한 저항성이 커 일부 생존할 염려가 있다.

해설

Chloramines은 살균력은 약하지만 살균작용이 오래 지속된다.

정답 33 ③ 34 ① 35 ③ 36 ②

37 하수소독 시 사용되는 이산화염소(ClO_2)에 관한 내용으로 틀린 것은?

① THMs이 생성되지 않음
② 물에 쉽게 녹고 냄새가 적음
③ 일광과 접촉할 경우 분해됨
④ pH에 의한 살균력의 영향이 큼

해설
이산화염소는 pH에 영향을 받지 않는다.

38 표준활성슬러지법의 일반적 설계범위에 관한 설명으로 옳지 않은 것은?

① HRT는 8~10시간을 표준으로 한다.
② MLSS는 1,500~2,500mg/L를 표준으로 한다.
③ 포기조(표준식)의 유효수심은 4~6m를 표준으로 한다.
④ 포기방식은 전면포기식, 선회류식, 미세기포분사식, 수중교반식 등이 있다.

해설
HRT는 6~8시간을 표준으로 한다.

39 유량이 $100m^3$/day이고 TOC 농도가 150mg/L인 폐수를 고정된 탄소흡착 칼럼으로 처리하고자 한다. 유출수의 TOC 농도를 10mg/L로 유지하려고 할 때, 탄소 kg당 처리된 유량(L/kg)은?(단, 수리학적 용적부하율 = $1.5m^3/m^3 \cdot h$, 탄소밀도 = $500kg/m^3$, 파과점 농도까지 처리된 유량 = $300m^3$)

① 약 205
② 약 216
③ 약 275
④ 약 311

해설

요구되는 탄소의 양 $= \frac{100m^3}{day} \times \frac{day}{24h} \times \frac{m^3 \cdot h}{1.5m^3} \times \frac{500kg}{m^3}$

$\fallingdotseq 1,388.89kg$

∴ 탄소 kg당 처리된 유량 $= \frac{300m^3}{1,388.89kg} \times \frac{10^3L}{m^3} \fallingdotseq 216L/kg$

40 수중에 존재하는 오염물질과 제거방법을 기술한 내용 중 틀린 것은?

① 부유물질 – 급속여과, 응집침전
② 용해성 유기물질 – 응집침전, 오존산화
③ 용해성 염류 – 역삼투, 이온교환
④ 세균, 바이러스 – 소독, 급속여과

해설
세균, 바이러스는 오존산화로 제거할 수 있다.

37 ④ 38 ① 39 ② 40 ④ 정답

제3과목 | 수질오염공정시험기준

41 아연을 자외선/가시선 분광법으로 분석할 때 어떤 방해물질 때문에 아스코르브산을 주입하는가?

① Fe^{2+} ② Cd^{2+}
③ Mn^{2+} ④ Sr^{2+}

해설
ES 04409.2b 아연-자외선/가시선 분광법
2가망간이 공존하지 않은 경우에는 아스코르브산나트륨을 넣지 않는다.

42 투명도판(백색원판)을 사용한 투명도 측정에 관한 설명으로 옳지 않은 것은?

① 투명도판의 색도차는 투명도에 크게 영향을 주므로 표면이 더러울 때에는 깨끗하게 닦아 주어야 한다.
② 강우 시에는 정확한 투명도를 얻을 수 없으므로 투명도를 측정하지 않는 것이 좋다.
③ 흐름이 있어 줄이 기울어질 경우에는 2kg 정도의 추를 달아서 줄을 세워야 한다.
④ 투명도판을 보이지 않는 깊이로 넣은 다음 천천히 끌어 올리면서 보이기 시작한 깊이를 반복해 측정한다.

해설
ES 04314.1a 투명도
투명도판의 색도차는 투명도에 미치는 영향이 적지만, 원판의 광반사능도 투명도에 영향을 미치므로 표면이 더러울 때에는 다시 색칠하여야 한다.

43 기체크로마토그래피 분석에서 전자포획형 검출기(ECD)를 검출기로 사용할 때 선택적으로 검출할 수 있는 물질이 아닌 것은?

① 유기할로겐화합물
② 나이트로화합물
③ 유기금속화합물
④ 유기질소화합물

해설
유기질소화합물은 불꽃열이온화 검출기(FTD)를 사용하여 검출할 수 있다.

44 물벼룩을 이용한 급성 독성 시험을 할 때 희석수 비율에 해당되는 것은?(단, 원수 100% 기준)

① 35% ② 25%
③ 15% ④ 5%

해설
ES 04704.1c 물벼룩을 이용한 급성 독성 시험법
독성 시험을 할 때 원수를 50%, 25%, 12.5%, 6.25%로 희석하는 데 쓰는 용액을 희석수라 한다.

45 취급 또는 저장하는 동안에 기체 또는 미생물이 침입하지 아니하도록 내용물을 보호하는 용기는?

① 밀봉용기 ② 기밀용기
③ 밀폐용기 ④ 완밀용기

해설
ES 04000.d 총칙

정답 41 ③ 42 ① 43 ④ 44 ② 45 ①

46 식물성 플랑크톤 현미경계수법에 관한 설명으로 틀린 것은?

① 시료의 개체수는 계수면적당 10~40 정도가 되도록 조정한다.

② 시료 농축은 원심분리방법과 자연침전법을 적용한다.

③ 정성시험의 목적은 식물성 플랑크톤의 종류를 조사하는 것이다.

④ 식물성 플랑크톤의 계수는 정확성과 편리성을 위하여 고배율이 주로 사용된다.

해설

ES 04705.1c 식물성 플랑크톤-현미경계수법

식물성 플랑크톤의 계수는 정확성과 편리성을 위하여 일정 부피가 있는 계수용 체임버를 사용한다. 식물성 플랑크톤의 동정에는 고배율을 많이 사용하지만 계수에는 저~중배율을 많이 사용한다.

47 수질오염공정시험방법에 적용되고 있는 용어에 관한 설명으로 옳은 것은?

① 진공이라 함은 따로 규정이 없는 한 15mmH_2O 이하를 말한다.

② 방울수는 정제수 10방울 적하 시 부피가 약 1mL가 되는 것을 뜻한다.

③ 항량이란 1시간 더 건조하거나 또는 강열할 때 전후 차가 g당 0.1mg 이하일 때를 말한다.

④ 온수는 60~70℃, 냉수는 15℃ 이하를 말한다.

해설

ES 04000.d 총칙

① '감압 또는 진공'이라 함은 따로 규정이 없는 한 15mmHg 이하를 뜻한다.

② 방울수라 함은 20℃에서 정제수 20방울을 적하할 때, 그 부피가 약 1mL 되는 것을 뜻한다.

③ '항량으로 될 때까지 건조한다'라 함은 같은 조건에서 1시간 더 건조할 때 전후 무게의 차가 g당 0.3mg 이하일 때를 말한다.

48 순수한 물 200mL에 에틸알코올(비중 0.79) 80mL를 혼합하였을 때, 이 용액 중의 에틸알코올 농도(중량%)는?

① 약 13　　② 약 18

③ 약 24　　④ 약 29

해설

$$W/W(\%) = \frac{\text{용질(g)}}{\text{용액(g)}} \times 100$$

$$= \frac{80\text{mL} \times \frac{0.79\text{g}}{\text{mL}}}{200\text{mL} \times \frac{1\text{g}}{\text{mL}} + 80\text{mL} \times \frac{0.79\text{g}}{\text{mL}}} \times 100 \fallingdotseq 24.01\%$$

49 유기물 함량이 비교적 높지 않고 금속의 수산화물, 산화물, 인산염 및 황화물을 함유하고 있는 시료에 적용되는 전처리 방법은?

① 질산법

② 질산-염산법

③ 질산-과염소산법

④ 질산-과염소산-플루오린화수소산법

해설

ES 04150.1b 시료의 전처리 방법

50 수질오염공정시험기준상 플루오린화합물을 측정하기 위한 시험방법이 아닌 것은?

① 원자흡수분광광도법

② 이온크로마토그래피

③ 이온전극법

④ 자외선/가시선 분광법

해설

플루오린화합물 시험방법

- 자외선/가시선 분광법(ES 04351.1b)
- 이온전극법(ES 04351.2a)
- 이온크로마토그래피(ES 04351.3a)

46 ④ 47 ④ 48 ③ 49 ② 50 ① 정답

51 수질오염공정시험기준상 바륨(금속류)을 측정하기 위한 시험방법이 아닌 것은?

① 원자흡수분광광도법
② 자외선/가시선 분광법
③ 유도결합플라스마-원자발광분광법
④ 유도결합플라스마-질량분석법

해설

바륨 시험방법
- 원자흡수분광광도법(ES 04405.1a)
- 유도결합플라스마-원자발광분광법(ES 04405.2a)
- 유도결합플라스마-질량분석법(ES 04405.3a)

52 기체크로마토그래피법에 관한 설명으로 틀린 것은?

① 충전물로서 적당한 담체에 정지상 액체를 함침시킨 것을 사용할 경우에는 기체-액체 크로마토그래피법이라 한다.
② 일반적으로 유기화합물에 대한 정성 및 정량분석에 이용된다.
③ 전처리한 시료를 운반가스에 의하여 크로마토관 내에 전개시켜 분리되는 각 성분의 크로마토그램을 이용하여 목적성분을 분석하는 방법이다.
④ 운반가스는 시료주입부로부터 검출기를 통한 다음 분리관과 기록부를 거쳐 외부로 방출된다.

53 산성 과망간산칼륨법으로 폐수의 COD를 측정하기 위해 시료 100mL를 취해 제조한 과망간산칼륨으로 적정하였더니 11.0mL가 소모되었다. 공시험 적정에 소요된 과망간산칼륨이 0.2mL이었다면 이 폐수의 COD(mg/L)는?(단, 과망간산칼륨용액의 Factor 1.1로 가정, 원자량 : K = 39, Mn = 55)

① 약 5.9 ② 약 19.6
③ 약 21.6 ④ 약 23.8

해설

ES 04315.1b 화학적 산소요구량-적정법-산성 과망간산칼륨법

$$\mathrm{COD(mg/L)} = (b-a)\times f\times\frac{1,000}{V}\times 0.2$$

$$= (11.0-0.2)\times 1.1\times\frac{1,000}{100}\times 0.2$$

$$= 23.76\mathrm{mg/L}$$

54 자외선/가시선 분광법 구성장치의 순서를 바르게 나타낸 것은?

① 시료부 – 광원부 – 파장선택부 – 측광부
② 광원부 – 파장선택부 – 시료부 – 측광부
③ 광원부 – 시료원자화부 – 단색화부 – 측광부
④ 시료부 – 고주파전원부 – 검출부 – 연산처리부

해설

일반적으로 사용되는 자외선/가시선 분광법의 분석장치는 광원부, 파장선택부, 시료부, 측광부로 구성되고, 광원부에서 측광부까지의 광학계에는 측정목적에 따라 여러 가지 형식이 있다.

정답 51 ② 52 ④ 53 ④ 54 ②

55 수로의 구성, 재질, 수로단면의 형상, 기울기 등이 일정하지 않은 개수로에서 부표를 사용하여 유속을 측정한 결과, 수로의 평균 단면적이 3.2m², 표면 최대유속이 2.4m/s일 때, 이 수로에 흐르는 유량(m³/s)은?

① 약 2.7　② 약 3.6
③ 약 4.3　④ 약 5.8

해설

ES 04140.2b 공장폐수 및 하수유량-측정용 수로 및 기타 유량측정 방법
수로의 구성, 재질, 수로단면의 형상, 구배 등이 일정하지 않은 개수로의 경우
- 총평균 유속(V) = 0.75 V_e = 0.75 × 2.4m/s = 1.8m/s
- 유량(Q) = V × A = 1.8m/s × 3.2m² = 5.76m³/s

56 0.25N 다이크롬산칼륨액 조제방법에 관한 설명으로 틀린 것은?(단, $K_2Cr_2O_7$ 분자량 = 294.2)

① 다이크롬산칼륨은 1g분자량이 6g당량에 해당한다.
② 다이크롬산칼륨(표준시약)을 사용하기 전에 103℃에서 2시간 동안 건조한 다음 건조용기(실리카겔)에서 식힌다.
③ 건조용기(실리카겔)에서 식힌 다이크롬산칼륨 14.71g을 정밀히 담아 물에 녹여 1,000mL로 한다.
④ 0.025N 다이크롬산칼륨액은 0.25N 다이크롬산칼륨액 100mL를 정확히 취하여 물을 넣어 정확히 1,000mL로 한다.

해설

건조용기(실리카겔)에서 식힌 다이크롬산칼륨 12.26g을 정밀히 담아 물에 녹여 1L(1,000mL)로 한다.

57 BOD 실험 시 희석수는 5일 배양 후 DO(mg/L) 감소가 얼마 이하이어야 하는가?

① 0.1　② 0.2
③ 0.3　④ 0.4

해설

ES 04305.1c 생물화학적 산소요구량
BOD용 희석수는 20±1℃에서 5일간 저장하였을 때 용액의 용존산소 감소는 0.2mg/L 이하이어야 한다.

58 수로의 폭이 0.5m인 직각 삼각 위어의 수두가 0.25m일 때 유량(m³/min)은?(단, 유량계수 = 80)

① 2.0　② 2.5
③ 3.0　④ 3.5

해설

ES 04140.2b 공장폐수 및 하수유량-측정용 수로 및 기타 유량측정 방법

$Q = K \times h^{\frac{5}{2}}$
$= 80 \times 0.25^{5/2} = 2.5$

55 ④　56 ③　57 ②　58 ②　정답

59 **냄새 측정 시 냄새역치(TON)를 구하는 계산식으로 옳은 것은?(단, A : 시료 부피(mL), B : 무취 정제수 부피(mL))**

① 냄새역치 $= (A+B)/A$

② 냄새역치 $= A/(A+B)$

③ 냄새역치 $= (A+B)/B$

④ 냄새역치 $= B/(A+B)$

해설

ES 04301.1b 냄새

60 **수중의 중금속에 대한 정량을 원자흡수분광광도법으로 측정할 경우, 화학적 간섭 현상이 발생되었다면 이 간섭을 피하기 위한 방법이 아닌 것은?**

① 목적원소 측정에 방해되는 간섭원소 배제를 위한 간섭원소의 상대원소 첨가

② 은폐제나 킬레이트제의 첨가

③ 이온화 전압이 높은 원소를 첨가

④ 목적원소의 용매 추출

제4과목 | 수질환경관계법규

61 **배출부과금을 부과할 때 고려할 사항이 아닌 것은?**

① 수질오염물질의 배출기간

② 배출되는 수질오염물질의 종류

③ 배출허용기준 초과 여부

④ 배출되는 오염물질 농도

해설

물환경보전법 제41조(배출부과금)

배출부과금을 부과할 때에는 다음의 사항을 고려하여야 한다.

- 배출허용기준 초과 여부
- 배출되는 수질오염물질의 종류
- 수질오염물질의 배출기간
- 수질오염물질의 배출량
- 자가측정 여부

62 **정당한 사유 없이 공공수역에 특정수질유해물질을 누출 · 유출하거나 버린 자에게 부가되는 벌칙 기준은?**

① 2년 이하의 징역 또는 2천만원 이하의 벌금

② 3년 이하의 징역 또는 3천만원 이하의 벌금

③ 5년 이하의 징역 또는 5천만원 이하의 벌금

④ 7년 이하의 징역 또는 7천만원 이하의 벌금

해설

물환경보전법 제77조(벌칙)

정당한 사유 없이 공공수역에 특정수질유해물질을 누출 · 유출하거나 버린 자는 3년 이하의 징역 또는 3천만원 이하의 벌금에 처한다.

정답 59 ① 60 ③ 61 ④ 62 ②

63 환경기술인 등의 교육을 받게 하지 아니한 자에 대한 과태료 처분기준은?

① 과태료 300만원 이하
② 과태료 200만원 이하
③ 과태료 100만원 이하
④ 과태료 50만원 이하

해설

물환경보전법 제82조(과태료)
환경기술인 등의 교육을 받게 하지 아니한 자에게는 100만원 이하의 과태료를 부과한다.

64 다음 ( ) 안에 알맞은 내용은?

> 배출시설을 설치하려는 자는 (㉠)으로 정하는 바에 따라 환경부장관의 허가를 받거나 환경부장관에게 신고하여야 한다. 다만, 규정에 의하여 폐수무방류배출시설을 설치하려는 자는 (㉡).

① ㉠ 환경부령, ㉡ 환경부장관의 허가를 받아야 한다.
② ㉠ 대통령령, ㉡ 환경부장관의 허가를 받아야 한다.
③ ㉠ 환경부령, ㉡ 환경부장관에게 신고하여야 한다.
④ ㉠ 대통령령, ㉡ 환경부장관에게 신고하여야 한다.

해설

물환경보전법 제33조(배출시설의 설치허가 및 신고)
배출시설을 설치하려는 자는 대통령령으로 정하는 바에 따라 환경부장관의 허가를 받거나 환경부장관에게 신고하여야 한다. 다만, 폐수무방류배출시설을 설치하려는 자는 환경부장관의 허가를 받아야 한다.

65 국립환경과학원장이 설치 · 운영하는 측정망의 종류에 해당하지 않는 것은?

① 생물 측정망
② 공공수역 오염원 측정망
③ 퇴적물 측정망
④ 비점오염원에서 배출되는 비점오염물질 측정망

해설

물환경보전법 시행규칙 제22조(국립환경과학원장 등이 설치 · 운영하는 측정망의 종류 등)
국립환경과학원장, 유역환경청장, 지방환경청장이 설치할 수 있는 측정망은 다음과 같다.

- 비점오염원에서 배출되는 비점오염물질 측정망
- 수질오염물질의 총량관리를 위한 측정망
- 대규모 오염원의 하류지점 측정망
- 수질오염경보를 위한 측정망
- 대권역 · 중권역을 관리하기 위한 측정망
- 공공수역 유해물질 측정망
- 퇴적물 측정망
- 생물 측정망
- 그 밖에 국립환경과학원장, 유역환경청장 또는 지방환경청장이 필요하다고 인정하여 설치 · 운영하는 측정망

66 폐수의 처리능력과 처리가능성을 고려하여 수탁하여야 하는 준수사항을 지키지 아니한 폐수처리업자에 대한 벌칙기준은?

① 3년 이하의 징역 또는 3천만원 이하의 벌금
② 2년 이하의 징역 또는 2천만원 이하의 벌금
③ 1년 이하의 징역 또는 1천만원 이하의 벌금
④ 5백만원 이하의 벌금

해설

물환경보전법 제79조(벌칙)
자신의 폐수처리시설에서 처리가 어렵거나 처리능력을 초과하는 경우에는 폐수를 수탁받지 아니하여야 하는 준수사항을 지키지 아니한 폐수처리업자는 500만원 이하의 벌금에 처한다.
※ 법 개정으로 위와 같이 내용 변경

63 ③ 64 ② 65 ② 66 ④ 정답

67 공공폐수처리시설의 관리·운영자가 처리시설의 적정 운영 여부를 확인하기 위하여 실시하여야 하는 방류수 수질의 검사주기는?(단, 처리시설은 2,000m^3/일 미만)

① 매분기 1회 이상
② 매분기 2회 이상
③ 월 2회 이상
④ 월 1회 이상

해설

물환경보전법 시행규칙 [별표 15] 공공폐수처리시설의 유지·관리기준

처리시설의 관리·운영자는 방류수 수질기준 항목(측정기기를 부착하여 관제센터로 측정자료가 전송되는 항목은 제외한다)에 대한 방류수 수질검사를 다음과 같이 실시하여야 한다.

- 처리시설의 적정 운영 여부를 확인하기 위하여 방류수 수질검사를 월 2회 이상 실시하되, 1일당 2,000m^3 이상인 시설은 주 1회 이상 실시하여야 한다. 다만, 생태독성(TU)검사는 월 1회 이상 실시하여야 한다.
- 방류수의 수질이 현저하게 악화되었다고 인정되는 경우에는 수시로 방류수 수질검사를 하여야 한다.

68 2회 연속 채취 시 남조류 세포수가 50,000세포/mL인 경우의 수질오염경보 단계는?(단, 조류경보, 상수원 구간 기준)

① 관 심　　② 경 계
③ 조류대발생　　④ 해 제

해설

물환경보전법 시행령 [별표 3] 수질오염경보의 종류별 경보단계 및 그 단계별 발령·해제기준

조류경보–상수원 구간

경보단계	발령·해제기준
경 계	2회 연속 채취 시 남조류 세포수가 10,000세포/mL 이상 1,000,000세포/mL 미만인 경우

69 대권역 물환경관리계획의 수립에 포함되어야 하는 사항이 아닌 것은?

① 배출허용기준 설정 계획
② 상수원 및 물 이용현황
③ 수질오염 예방 및 저감 대책
④ 점오염원, 비점오염원 및 기타수질오염원에서 배출되는 수질오염물질의 양

해설

물환경보전법 제24조(대권역 물환경관리계획의 수립)

대권역계획에는 다음의 사항이 포함되어야 한다.

- 물환경의 변화 추이 및 물환경목표기준
- 상수원 및 물 이용현황
- 점오염원, 비점오염원 및 기타수질오염원의 분포현황
- 점오염원, 비점오염원 및 기타수질오염원에서 배출되는 수질오염물질의 양
- 수질오염 예방 및 저감 대책
- 물환경 보전조치의 추진방향
- 기후위기 대응을 위한 탄소중립·녹색성장 기본법에 따른 기후변화에 대한 적응대책
- 그 밖의 환경부령으로 정하는 사항

70 폐수처리업의 등록기준 중 폐수재이용업의 기술능력 기준으로 옳은 것은?

① 수질환경산업기사, 화공산업기사 중 1명 이상
② 수질환경산업기사, 대기환경산업기사, 화공산업기사 중 1명 이상
③ 수질환경기사, 대기환경기사 중 1명 이상
④ 수질환경산업기사, 대기환경기사 중 1명 이상

해설

물환경보전법 시행규칙 [별표 20] 폐수처리업의 허가요건

종 류 / 구 분	폐수재이용업
기술능력	수질환경산업기사, 화공산업기사 중 1명 이상

※ 법 개정으로 '등록기준'이 '허가요건'으로 변경됨

정답 67 ③ 68 ② 69 ① 70 ①

71 **초과부과금 산정기준 중 1kg당 부과금액이 가장 큰 수질오염물질은?**

① 6가크롬화합물
② 납 및 그 화합물
③ 카드뮴 및 그 화합물
④ 유기인화합물

해설
물환경보전법 시행령 [별표 14] 초과부과금의 산정기준
수질오염물질 1kg당 부과금액은 다음과 같다.
- 6가크롬화합물 : 300,000원
- 납 및 그 화합물 : 150,000원
- 카드뮴 및 그 화합물 : 500,000원
- 유기인화합물 : 150,000원

72 **환경부장관이 측정결과를 전산처리할 수 있는 전산망을 운영하기 위하여 수질원격감시체계 관제센터를 설치·운영하는 곳은?**

① 국립환경과학원
② 유역환경청
③ 한국환경공단
④ 시·도 보건환경연구원

해설
물환경보전법 시행령 제37조(수질원격감시체계 관제센터의 설치·운영)
환경부장관은 측정자료를 관리·분석하기 위하여 측정기기부착사업자 등이 부착한 측정기기와 연결하여 그 측정결과를 전산처리할 수 있는 전산망을 운영하기 위하여 한국환경공단법에 따른 한국환경공단에 수질원격감시체계 관제센터를 설치·운영할 수 있다.

73 **수질오염방지시설 중 물리적 처리시설에 해당되는 것은?**

① 응집시설
② 흡착시설
③ 침전물 개량시설
④ 중화시설

해설
물환경보전법 시행규칙 [별표 5] 수질오염방지시설
흡착시설, 침전물 개량시설, 중화시설은 화학적 처리시설에 해당한다.

74 **폐수처리업 중 폐수재이용업에 사용하는 폐수운반차량의 도장 색깔로 적절한 것은?**

① 황 색
② 흰 색
③ 청 색
④ 녹 색

해설
물환경보전법 시행규칙 [별표 20] 폐수처리업의 허가요건
폐수재이용업에 사용하는 폐수운반차량은 청색으로 도색한다.

71 ③ 72 ③ 73 ① 74 ③ 정답

75 다음 중 특정수질유해물질이 아닌 것은?

① 플루오린과 그 화합물
② 셀레늄과 그 화합물
③ 구리와 그 화합물
④ 테트라클로로에틸렌

해설

물환경보전법 시행규칙 [별표 3] 특정수질유해물질

- 구리와 그 화합물
- 납과 그 화합물
- 비소와 그 화합물
- 수은과 그 화합물
- 시안화합물
- 유기인화합물
- 6가크롬화합물
- 카드뮴과 그 화합물
- 테트라클로로에틸렌
- 트라이클로로에틸렌
- 폴리클로리네이티드바이페닐
- 셀레늄과 그 화합물
- 벤 젠
- 사염화탄소
- 다이클로로메탄
- 1,1-다이클로로에틸렌
- 1,2-다이클로로에탄
- 클로로폼
- 1,4-다이옥산
- 다이에틸헥실프탈레이트(DEHP)
- 염화비닐
- 아크릴로나이트릴
- 브로모폼
- 아크릴아미드
- 나프탈렌
- 폼알데하이드
- 에피클로로하이드린
- 페 놀
- 펜타클로로페놀
- 스티렌
- 비스(2-에틸헥실)아디페이트
- 안티몬

76 수질 및 수생태계 환경기준 중 해역인 경우 생태기반 해수수질 기준으로 옳은 것은?(단, V(아주 나쁨) 등급)

① 수질평가 지수값 : 30 이상
② 수질평가 지수값 : 40 이상
③ 수질평가 지수값 : 50 이상
④ 수질평가 지수값 : 60 이상

해설

환경정책기본법 시행령 [별표 1] 환경기준
수질 및 수생태계-해역-생태기반 해수수질 기준

등 급	수질평가 지수값(Water Quality Index)
I(매우 좋음)	23 이하
II(좋음)	24~33
III(보통)	34~46
IV(나쁨)	47~59
V(아주 나쁨)	60 이상

77 수질 및 수생태계 환경기준 중 하천(사람의 건강보호기준)에 대한 항목별 기준값으로 틀린 것은?

① 비소 : 0.05mg/L 이하
② 납 : 0.05mg/L 이하
③ 6가크롬 : 0.05mg/L 이하
④ 수은 : 0.05mg/L 이하

해설

환경정책기본법 시행령 [별표 1] 환경기준
수질 및 수생태계-하천-사람의 건강보호기준

항 목	기준값(mg/L)
비소(As)	0.05 이하
수은(Hg)	검출되어서는 안 됨(검출한계 0.001)
납(Pb)	0.05 이하
6가크롬(Cr^{6+})	0.05 이하

78 낚시제한구역에서의 제한사항에 관한 내용으로 틀린 것은?(단, 안내판 내용기준)

① 고기를 잡기 위하여 폭발물·배터리·어망 등을 이용하는 행위
② 낚시바늘에 끼워서 사용하지 아니하고 고기를 유인하기 위하여 떡밥·어분 등 던지는 행위
③ 1개의 낚싯대에 3개 이상의 낚시바늘을 사용하는 행위
④ 1인당 4대 이상의 낚싯대를 사용하는 행위

해설

물환경보전법 시행규칙 제30조(낚시제한구역에서의 제한사항)

- 낚시바늘에 끼워서 사용하지 아니하고 물고기를 유인하기 위하여 떡밥·어분 등을 던지는 행위
- 어선을 이용한 낚시행위 등 낚시관리 및 육성법에 따른 낚시어선업을 영위하는 행위(내수면어업법 시행령에 따른 외줄낚시는 제외한다)
- 1명당 4대 이상의 낚싯대를 사용하는 행위
- 1개의 낚싯대에 5개 이상의 낚싯바늘을 떡밥과 뭉쳐서 미끼로 던지는 행위
- 쓰레기를 버리거나 취사행위를 하거나 화장실이 아닌 곳에서 대·소변을 보는 등 수질오염을 일으킬 우려가 있는 행위
- 고기를 잡기 위하여 폭발물·배터리·어망 등을 이용하는 행위(내수면어업법에 따라 면허 또는 허가를 받거나 신고를 하고 어망을 사용하는 경우는 제외한다)

정답 75 ① 76 ④ 77 ④ 78 ③

79 **초과배출부과금 부과 대상 수질오염물질의 종류가 아닌 것은?**

① 아연 및 그 화합물
② 벤 젠
③ 페놀류
④ 트라이클로로에틸렌

해설

물환경보전법 시행령 제46조(초과배출부과금 부과 대상 수질오염물질의 종류)

- 유기물질
- 부유물질
- 카드뮴 및 그 화합물
- 시안화합물
- 유기인화합물
- 납 및 그 화합물
- 6가크롬화합물
- 비소 및 그 화합물
- 수은 및 그 화합물
- 폴리염화바이페닐(Polychlorinated Biphenyl)
- 구리 및 그 화합물
- 크롬 및 그 화합물
- 페놀류
- 트라이클로로에틸렌
- 테트라클로로에틸렌
- 망간 및 그 화합물
- 아연 및 그 화합물
- 총질소
- 총 인

80 **물환경보전법에서 사용되는 용어의 정의로 틀린 것은?**

① 강우유출수 : 비점오염원의 수질오염물질이 섞여 유출되는 빗물 또는 눈 녹은 물 등을 말한다.
② 공공수역 : 하천, 호소, 항만, 연안해역, 그 밖에 공공용으로 사용되는 수역과 이에 접속하여 공공용으로 사용되는 대통령령으로 정하는 수로를 말한다.
③ 기타수질오염원 : 점오염원 및 비점오염원으로 관리되지 아니하는 수질오염물질을 배출하는 시설 또는 장소로서 환경부령으로 정하는 것을 말한다.
④ 수질오염물질 : 수질오염의 요인이 되는 물질로서 환경부령으로 정하는 것을 말한다.

해설

물환경보전법 제2조(정의)

공공수역이란 하천, 호소, 항만, 연안해역, 그 밖에 공공용으로 사용되는 수역과 이에 접속하여 공공용으로 사용되는 환경부령으로 정하는 수로를 말한다.

79 ② 80 ② 정답

2018년 제3회 과년도 기출문제

제1과목 | 수질오염개론

01 적조 발생지역과 가장 거리가 먼 것은?

① 정체 수역
② 질소, 인 등의 영양염류가 풍부한 수역
③ Upwelling 현상이 있는 수역
④ 갈수기 시 수온, 염분이 급격히 높아진 수역

해설
적조현상은 여름철 장마 시 수온이 높고, 염분의 농도가 낮을 때 발생한다.

02 Ca^{2+} 이온의 농도가 450mg/L인 물의 환산경도(mg $CaCO_3$/L)는?(단, Ca 원자량 = 40)

① 1,125 ② 1,250
③ 1,350 ④ 1,450

해설

$$450\text{mg/L} \times \frac{2\text{meq}}{40\text{mg}} \times \frac{100\text{mg}}{2\text{meq}} = 1,125\text{mg } CaCO_3/L$$

03 호소의 부영양화 현상에 관한 설명 중 옳은 것은?

① 부영양화가 진행되면 COD와 투명도가 낮아진다.
② 생물종의 다양성은 증가하고, 개체수는 감소한다.
③ 부영양화의 마지막 단계에는 청록조류가 번식한다.
④ 표수층에는 산소의 과포화가 일어나고, pH가 감소한다.

해설
부영양화가 진행되면 COD와 투명도는 높아지고, 부영양화의 마지막 단계에서는 청록조류가 번식한다.

04 전해질 M_2X_3의 용해도적 상수에 대한 표현으로 옳은 것은?

① $K_{sp} = [M^{3+}][X^{2-}]$
② $K_{sp} = [2M^{3+}][3X^{2-}]$
③ $K_{sp} = [2M^{3+}]^2[3X^{2-}]^3$
④ $K_{sp} = [M^{3+}]^2[X^{2-}]^3$

해설
전해질 M_2X_3의 용해도적 상수(K_{sp})는 $[M^{3+}]^2[X^{2-}]^3$이다.

05 지하수의 특징이라 할 수 없는 것은?

① 세균에 의한 유기물 분해가 주된 생물작용이다.
② 자연 및 인위의 국지적인 조건의 영향을 크게 받기 쉽다.
③ 분해성 유기물질이 풍부한 토양을 통과하게 되면 물은 유기물의 분해 산물인 탄산가스 등을 용해하여 산성이 된다.
④ 비교적 낮은 곳의 지하수일수록 지층과의 접촉시간이 길어 경도가 높다.

해설
비교적 낮은 곳의 지하수일수록 지층과의 접촉시간이 짧아 경도가 낮다.

정답 1 ④ 2 ① 3 ③ 4 ④ 5 ④

06 호수가 빈영양 상태에서 부영양 상태로 진행되는 과정에서 동반되는 수환경의 변화가 아닌 것은?

① 심수층의 용존산소량 감소

② pH의 감소

③ 어종의 변화

④ 질소 및 인과 같은 영양염류의 증가

해설

중성 상태인 호수가 부영양화가 진행되면 중성 또는 약알칼리성으로 된다.

07 해수의 주요성분(Holy Seven)으로 볼 수 없는 것은?

① 중탄산염

② 마그네슘

③ 아 연

④ 황

해설

해수 성분 : Cl^-, Na^+, SO_4^{2-}, Mg^{2+}, Ca^{2+}, K^+, HCO_3^-

08 물의 밀도에 대한 설명으로 틀린 것은?

① 물의 밀도는 3.98℃에서 최댓값을 나타낸다.

② 해수의 밀도가 담수의 밀도보다 큰 값을 나타낸다.

③ 물의 밀도는 3.98℃보다 온도가 상승하거나 하강하면 감소한다.

④ 물의 밀도는 비중량을 부피로 나눈 값이다.

해설

물의 밀도는 질량을 부피로 나눈 값이다.

09 박테리아의 경험적인 화학적 분자식이 $C_5H_7O_2N$이면 100g의 박테리아가 산화될 때 소모되는 이론적 산소량(g)은?(단, 박테리아의 질소는 암모니아로 전환된다)

① 92

② 101

③ 124

④ 142

해설

- 호기성 세균($C_5H_7O_2N$) 분자량 = 113
- 산화 반응식

$C_5H_7O_2N + 5O_2 \rightarrow 5CO_2 + NH_3 + 2H_2O$

113 : 5×32

100g : x

$\therefore x = 141.6$g

10 질소순환과정에서 질산화를 나타내는 반응은?

① $N_2 \rightarrow NO_2^- \rightarrow NO_3^-$

② $NO_3^- \rightarrow NO_2^- \rightarrow N_2$

③ $NO_3^- \rightarrow NO_2^- \rightarrow NH_3$

④ $NH_3 \rightarrow NO_2^- \rightarrow NO_3^-$

해설

질산화 과정은 암모니아에서 아질산이온 그리고 질산이온으로 산화되는 과정이다.

$NH_3 \rightarrow NO_2^- \rightarrow NO_3^-$

6 ② 7 ③ 8 ④ 9 ④ 10 ④ 정답

11 물의 특성으로 가장 거리가 먼 것은?

① 물의 표면장력은 온도가 상승할수록 감소한다.
② 물은 4℃에서 밀도가 가장 크다.
③ 물의 여러 가지 특성은 물의 수소결합 때문에 나타난다.
④ 융해열과 기화열이 작아 생명체의 열적안정을 유지할 수 있다.

해설
물의 융해열과 기화열이 크기 때문에 생명체의 건강유지에 기여하고 있다.

12 0.04N의 초산이 8% 해리되어 있다면 이 수용액의 pH는?

① 2.5
② 2.7
③ 3.1
④ 3.3

해설
8%가 해리되므로, 생성되는 수소이온은 다음과 같이 계산된다.

$[H^+] = 0.04N \times \frac{8}{100} = 3.2 \times 10^{-3}N = 3.2 \times 10^{-3}M$

$\therefore\ pH = -\log[H^+] = -\log(3.2 \times 10^{-3}) = 2.5$

13 일반적으로 물속의 용존산소(DO) 농도가 증가하게 되는 경우는?

① 수온이 낮고 기압이 높을 때
② 수온이 낮고 기압이 낮을 때
③ 수온이 높고 기압이 높을 때
④ 수온이 높고 기압이 낮을 때

해설
용존산소(DO)는 수온이 낮고 기압이 높을 때 증가한다.

14 생물학적 오탁지표들에 대한 설명이 바르지 않은 것은?

① BIP(Biological Index of Pollution) : 현미경적인 생물을 대상으로 하여 전생물 수에 대한 동물성 생물수의 백분율을 나타낸 것으로, 값이 클수록 오염이 심하다.
② BI(Biotix Index) : 육안적 동물을 대상으로 전생물 수에 대한 청수성 및 광범위하게 출현하는 미생물의 백분율을 나타낸 것으로, 값이 클수록 깨끗한 물로 판정된다.
③ TSI(Trophic State Index) : 투명도, 투명도와 클로로필 농도의 상관관계 및 투명도와 총인의 상관관계를 이용한 부영양화도 지수를 나타내는 것이다.
④ SDI(Species Diversity Index) : 종의 수와 개체수의 비로 물의 오염도를 나타내는 지표로, 값이 클수록 종의 수는 적고 개체수는 많다.

15 음용수를 염소소독할 때 살균력이 강한 것부터 약한 순서로 나열한 것은?

㉠ OCl^- ㉡ HOCl ㉢ Chloramine

① ㉠ → ㉡ → ㉢
② ㉡ → ㉠ → ㉢
③ ㉢ → ㉠ → ㉡
④ ㉠ → ㉢ → ㉡

해설
살균력의 크기는 HOCl > OCl^- > Chloramines 순이다.

정답 11 ④ 12 ① 13 ① 14 ④ 15 ②

16 과대한 조류의 발생을 방지하거나 조류를 제거하기 위하여 일반적으로 사용하는 것은?

① E.D.T.A.

② $NaSO_4$

③ $Ca(OH)_2$

④ $CuSO_4$

해설

조류를 제거하기 위해 일반적으로 $CuSO_4$를 주입하는 화학적인 방법을 사용하며, $CuSO_4$의 농도는 0.2~0.5ppm이 적절하다.

17 1차 반응에서 반응개시의 물질 농도가 220mg/L이고, 반응 1시간 후의 농도는 94mg/L이었다면 반응 8시간 후의 물질의 농도(mg/L)는?

① 0.12

② 0.25

③ 0.36

④ 0.48

해설

$$\frac{dC}{dt} = -kC \Rightarrow \ln\frac{C_t}{C_o} = -kt$$

$$k = -\frac{1}{t}\times\ln\frac{C_t}{C_o} = -\frac{1}{1h}\times\ln\frac{94}{220} = 0.850/h$$

$$C_t = C_o \times e^{-kt}$$

$$\therefore C_8 = 220\times e^{-0.850\times 8} = 0.245mg/L$$

18 0.1M-NaOH의 농도를 mg/L로 나타낸 것은?

① 4

② 40

③ 400

④ 4,000

해설

$$\frac{0.1mol\ NaOH}{L}\times\frac{40g}{1\,mol\ NaOH}\times\frac{10^3mg}{1g} = 4{,}000mg/L$$

19 폐수의 BOD_u가 120mg/L이며 k_1(상용대수)값이 0.2/day라면 5일 후 남아 있는 BOD(mg/L)는?

① 10

② 12

③ 14

④ 16

해설

- 잔존 $BOD_5 = BOD_u(10^{-k_1 \cdot t})$
- 남아있는 $BOD_5 = 120(10^{-0.2\times5}) = 12mg/L$

20 조류의 경험적 화학분자식으로 가장 적절한 것은?

① $C_4H_7O_2N$

② $C_5H_8O_2N$

③ $C_6H_9O_2N$

④ $C_7H_{10}O_2N$

해설

미생물 분자식

미생물	호기성 세균	혐기성 세균	조 류	균 류
분자식	$C_5H_7O_2N$	$C_5H_9O_3N$	$C_5H_8O_2N$	$C_{10}H_{17}O_6N$

16 ④ 17 ② 18 ④ 19 ② 20 ② 정답

제2과목 | 수질오염방지기술

21 100m³/day로 유입되는 도금폐수의 CN 농도가 200mg/L이었다. 폐수를 알칼리 염소법으로 처리하고자 할 때 요구되는 이론적 염소량(kg/day)은?(단, $2CN^- + 5Cl_2 + 4H_2O \rightarrow 2CO_2 + N_2 + 8HCl + 2Cl^-$, Cl_2 분자량 = 71)

① 136.5　　② 142.3
③ 168.2　　④ 204.8

해설

- $2CN^-$: $5Cl_2$
  2×26 : 5×71
  200mg/L : x
  $\therefore x = 1,365.38\text{mg/L}$
- 이론적 염소량(kg/day) $= 1,365.38\text{g/m}^3 \times 100\text{m}^3/\text{day} \times \frac{\text{kg}}{10^3\text{g}} = 136.54\text{kg/day}$

22 교반장치의 설계와 운전에 사용되는 속도경사의 차원을 나타낸 것으로 옳은 것은?

① $[LT]$　　② $[LT^{-1}]$
③ $[T^{-1}]$　　④ $[L^{-1}]$

23 하나의 반응탱크 안에서 시차를 두고 유입, 반송, 침전, 유출 등의 각 과정을 거치도록 되어 있는 생물학적 고도처리공정은?

① SBR　　② UCT
③ A/O　　④ A^2/O

해설

SBR(Sequencing Batch Reactor)는 하나의 반응탱크 안에서 시차를 두고 유입, 반송, 침전, 유출 등의 과정을 거치도록 되어 있으며, 유입하수의 부하변동에 강하고, 질산화 및 탈질반응을 도모할 수 있다. 단점으로는 운전이 까다롭고, 대규모에는 부적합하며 운영비용이 크다.

24 소규모 하·폐수처리에 적합한 접촉산화법의 특징으로 틀린 것은?

① 반송슬러지가 필요하지 않으므로 운전관리가 용이하다.
② 부착 생물량을 임의로 조정할 수 없기 때문에 조작 조건의 변경에 대응하기 어렵다.
③ 반응조 내 여재를 균일하게 포기 교반하는 조건 설정이 어렵다.
④ 비표면적이 큰 접촉재를 사용하여 부착생물량을 다량으로 보유할 수 있기 때문에 유입기질의 변동에 유연히 대응할 수 있다.

해설

부착 생물량을 임의로 조정할 수 있어 조작 조건의 변경에 대응이 가능하다.

25 물리, 화학적 질소제거 공정 중 이온교환에 관한 설명으로 틀린 것은?

① 생물학적 처리 유출수 내의 유기물이 수지의 접착을 야기한다.
② 고농도의 기타 양이온이 암모니아 제거능력을 증가시킨다.
③ 재사용 가능한 물질(암모니아용액)이 생산된다.
④ 부유물질 축적에 의한 과다한 수두손실을 방지하기 위하여 여과에 의한 전처리가 일반적으로 필요하다.

정답 21 ① 22 ③ 23 ① 24 ② 25 ②

26 폐수의 생물학적 질산화 반응에 관한 설명으로 틀린 것은?

① 질산화 반응에는 유기 탄소원이 필요하다.
② 암모니아성 질소에서 아질산성 질소로의 산화 반응에 관여하는 미생물은 Nitrosomonas이다.
③ 질산화 반응은 온도 의존적이다.
④ 질산화 반응은 호기성 폐수처리 시 진행된다.

해설
탈질화 반응에 유기 탄소원이 필요하다.

27 27mg/L의 암모늄이온(NH_4^+)을 함유하고 있는 폐수를 이온교환수지로 처리하고자 한다. 1,667m^3의 폐수를 처리하기 위해 필요한 양이온 교환수지의 용적(m^3)은?(단, 양이온 교환수지 처리능력 100,000g $CaCO_3/m^3$, Ca 원자량 = 40)

① 0.60 ② 0.85
③ 1.25 ④ 1.50

해설
양이온 교환수지의 부피(m^3)

$$= \frac{27\text{g } NH_4^+}{m^3} \times \frac{1\text{eq}}{18\text{g}} \times \frac{100\text{g}}{2\text{eq}} \times 1{,}667m^3 \times \frac{m^3}{100{,}000\text{g } CaCO_3}$$

$= 1.25m^3$

28 일반적인 슬러지 처리공정의 순서로 옳은 것은?

① 안정화 → 개량 → 농축 → 탈수 → 소각
② 농축 → 안정화 → 개량 → 탈수 → 소각
③ 개량 → 농축 → 안정화 → 탈수 → 소각
④ 탈수 → 개량 → 안정화 → 농축 → 소각

해설
슬러지 처리공정
농축 → 안정화 → 개량 → 탈수 → 중간처리(소각, 건조) → 최종처분(매립, 퇴비화)

29 염소이온 농도가 5,000mg/L인 분뇨를 처리한 결과 80%의 염소이온 농도가 제거되었다. 이 처리수에 희석수를 첨가하여 처리한 결과 염소이온 농도가 200mg/L이 되었다면 이때 사용한 희석배수(배)는?

① 2 ② 5
③ 20 ④ 25

해설
• 처리 후 염소이온 농도 = 5,000mg/L × 0.2 = 1,000mg/L
• 희석배수 = $\frac{1{,}000\text{mg/L}}{200\text{mg/L}} = 5$

30 정상상태로 운전되는 포기조의 용존산소 농도 3mg/L, 용존산소 포화 농도 8mg/L, 포기조 내 측정된 산소전달속도(γ_{O_2}) 40mg/L · h일 때 총괄 산소전달계수(K_{La}, h^{-1})는?

① 6 ② 8
③ 10 ④ 12

해설

$$K_{La} = \frac{\text{산소소비속도}}{C_s - C} = \frac{40\text{mg/L}\cdot\text{h}}{(8-3)\text{mg/L}} = 8/\text{h}$$

26 ① 27 ③ 28 ② 29 ② 30 ② 정답

31 2차 처리수 중에 함유된 질소, 인 등의 영양염류는 방류수역의 부영양화의 원인이 된다. 폐수 중의 인을 제거하기 위한 처리방법으로 가장 거리가 먼 것은?

① 황산반토(Alum)에 의한 응집

② 석회를 투입하여 아파타이트 형태로 고정

③ 생물학적 탈인

④ Air Stripping

해설

공기탈기법(Air Stripping)은 수중의 암모니아를 제거하는 방법이다.

32 생물학적 회전원판법(RBC)에서 원판의 지름이 2.6m, 600매로 구성되었고, 유입수량 1,000m^3/day, BOD 200mg/L인 경우 BOD 부하(g/m^2 · day)는?(단, 회전원판은 양면사용 기준)

① 23.6 ② 31.4

③ 47.2 ④ 51.6

33 BOD 150mg/L, 유량 1,000m^3/day인 폐수를 250m^{3}의 유효용량을 가진 포기조로 처리할 경우 BOD 용적부하(kg/m^3 · day)는?

① 0.2 ② 0.4

③ 0.6 ④ 0.8

해설

BOD 용적부하(kg/m^3 · day)

$= \frac{BOD \times Q}{V}$

$= \frac{150g/m^3 \times 1,000m^3/day}{250m^3} \times \frac{kg}{10^3 g}$

$= 0.6kg/m^3 \cdot day$

34 콜로이드 평형을 이루는 힘인 인력과 반발력 중에서 반발력의 주요원인이 되는 것은?

① 제타퍼텐셜

② 중 력

③ 반데르발스힘

④ 표면장력

35 2.5mg/L의 6가크롬이 함유되어 있는 폐수를 황산제일철($FeSO_4$)로 환원 처리하고자 한다. 이론적으로 필요한 황산제일철의 농도(mg/L)는?(단, 산화환원 반응 : $Na_2Cr_2O_7 + 6FeSO_4 + 7H_2SO_4 \rightarrow Cr_2(SO_4)_3 + 3Fe_2(SO_4)_3 + 7H_2O + Na_2SO_4$, 원자량 : S = 32, Fe = 56, Cr = 52)

① 11.0 ② 16.4

③ 21.9 ④ 43.8

해설

2Cr : $6FeSO_4$

2×52 : 6×152

2.5mg/L : x

$\therefore x = 21.9$mg/L

정답 31 ④ 32 ② 33 ③ 34 ① 35 ③

36 5% Alum을 사용하여 Jar Test한 최적결과가 다음과 같다면 Alum의 최적주입 농도(mg/L)는?(단, 5% Alum 비중 =1.0, Alum 주입량=3mL, 시료량 500mL)

① 300
② 400
③ 600
④ 900

해설

- 5% = 50,000mg/L
- 최적주입 농도(mg/L) $= \frac{3\text{mL} \times 50{,}000\text{mg/L}}{500\text{mL}}$
$= 300\text{mg/L}$

37 고형물의 농도가 15%인 슬러지 100kg을 건조상에서 건조시킨 후 수분이 20%로 되었다. 제거된 수분의 양(kg)은?(단, 슬러지 비중 1.0)

① 약 18.8
② 약 37.6
③ 약 62.6
④ 약 81.3

해설

$100\text{kg SL} \times \frac{15}{100} \times \frac{100}{80} = 18.75\text{kg SL}$

$100 - 18.75 = 81.25\text{kg}$

38 유입하수량 20,000m^3/day, 유입 BOD 200mg/L, 포기조 용량 1,000m^3, 포기조 내 MLSS 1,750mg/L, BOD 제거율 90%, BOD의 세포합성률(Y) 0.55, 슬러지의 자산화율 0.08day^{-1}일 때, 잉여슬러지 발생량(kg/day)은?

① 1,680 ② 1,720
③ 1,840 ④ 1,920

해설

$X_r Q_w$
$= Y \cdot \text{BOD} \cdot Q \cdot \eta - K_d \cdot V \cdot X$
$= 0.55 \times \frac{0.2\text{kg}}{\text{m}^3} \times \frac{20{,}000\text{m}^3}{\text{day}} \times 0.9 - \frac{0.08}{\text{day}} \times 1{,}000\text{m}^3 \times \frac{1.75\text{kg}}{\text{m}^3}$
$= 1{,}840\text{kg/day}$

39 생물막을 이용한 처리방법 중 접촉산화법의 장점으로 틀린 것은?

① 분해속도가 낮은 기질제거에 효과적이다.
② 부하, 수량변동에 대하여 완충능력이 있다.
③ 슬러지 반송이 필요 없고, 슬러지 발생량이 적다.
④ 고부하에 따른 공극 폐쇄위험이 작다.

해설

접촉산화법은 고부하 시 매체의 폐쇄 위험이 크기 때문에 부하조건에 한계가 있다.

40 일반적으로 분류식 하수관거로 유입되는 물의 종류와 가장 거리가 먼 것은?

① 가정하수
② 산업폐수
③ 우 수
④ 침투수

36 ① 37 ④ 38 ③ 39 ④ 40 ③ 정답

제3과목 | 수질오염공정시험기준

41 다음의 경도와 관련된 설명으로 옳은 것은?

① 경도를 구성하는 물질은 Ca^{2+}, Mg^{2+}, K^{+}, Na^{+} 등이 있다.

② 150mg/L as $CaCO_3$ 이하를 나타낼 경우 연수라고 한다.

③ 경도가 증가하면 세제효과를 증가시켜 세제의 소모가 감소한다.

④ Ca^{2+}, Mg^{2+} 등이 알칼리도를 이루는 탄산염, 중탄산염과 결합하여 존재하면 이를 탄산경도라 한다.

42 시료채취량 기준에 관한 내용으로 ( )에 들어갈 내용으로 적합한 것은?

> 시험항목 및 시험횟수에 따라 차이가 있으나 보통 ( ) 정도이어야 한다.

① 1~2L ② 3~5L

③ 5~7L ④ 8~10L

해설

ES 04130.1e 시료의 채취 및 보존 방법

시료채취량은 시험항목 및 시험횟수에 따라 차이가 있으나 보통 3~5L 정도이어야 한다.

43 시료채취 시 유의사항으로 옳지 않은 것은?

① 휘발성 유기화합물 분석용 시료를 채취할 때에는 뚜껑의 격막을 만지지 않도록 주의하여야 한다.

② 환원성 물질 분석용 시료의 채취병을 뒤집어 공기방울이 확인되면 다시 채취하여야 한다.

③ 천부층 지하수의 시료채취 시 고속양수펌프를 이용하여 신속히 시료를 채취하여 시료 영향을 최소화한다.

④ 시료채취 시에 시료채취시간, 보존제 사용 여부, 매질 등 분석결과에 영향을 미칠 수 있는 사항을 기재하여 분석자가 참고할 수 있도록 한다.

해설

ES 04130.1e 시료의 채취 및 보존 방법

지하수 시료채취 시 심부층의 경우 저속양수펌프 등을 이용하여 반드시 저속 시료채취하여 시료 교란을 최소화하여야 하며, 천부층의 경우 저속양수펌프 또는 정량이송펌프 등을 사용한다.

44 탁도 측정 시 사용되는 탁도계의 설명으로 ( )에 들어갈 내용으로 적합한 것은?

> 광원부와 광전자식 검출기를 갖추고 있으며, 검출한계가 ( ) NTU 이상인 NTU 탁도계로서 광원인 텅스텐필라멘트는 2,200~3,000K 온도에서 작동하고 측정튜브 내의 투사광과 산란광의 총통과거리는 10cm를 넘지 않아야 한다.

① 0.01 ② 0.02

③ 0.05 ④ 0.1

해설

ES 04313.1b 탁도

탁도계(Turbidimeter)

광원부와 광전자식 검출기를 갖추고 있으며 검출한계가 0.02NTU 이상인 NTU(Nephelometric Turbidity Units) 탁도계로서 광원인 텅스텐필라멘트는 2,200~3,000K 온도에서 작동하고 측정튜브 내의 투사광과 산란광의 총통과거리는 10cm를 넘지 않아야 하며, 검출기에 의해 빛을 흡수하는 각도는 투사광에 대하여 90±30℃를 넘지 않아야 한다.

정답 41 ④ 42 ② 43 ③ 44 ②

45 자외선/가시선 분광법을 이용한 카드뮴 측정방법에 대한 설명으로 (   )에 들어갈 내용으로 적합한 것은?

> 카드뮴이온을 (㉠)이 존재하는 알칼리성에서 디티존과 반응시켜 생성하는 카드뮴착염을 (㉡)로 추출하고, 추출한 카드뮴착염을 타타르산용액으로 역추출한 다음 다시 수산화나트륨과 (㉠)를 넣어 디티존과 반응하여 생성하는 적색의 카드뮴착염을 (㉡)로 추출하고 그 흡광도를 530nm에서 측정하는 방법이다.

① ㉠ : 시안화칼륨, ㉡ : 클로로폼
② ㉠ : 시안화칼륨, ㉡ : 사염화탄소
③ ㉠ : 다이메틸글리옥심, ㉡ : 클로로폼
④ ㉠ : 다이메틸글리옥심, ㉡ : 사염화탄소

해설
ES 04413.2d 카드뮴-자외선/가시선 분광법
카드뮴이온을 시안화칼륨이 존재하는 알칼리성에서 디티존과 반응시켜 생성하는 카드뮴착염을 사염화탄소로 추출하고, 추출한 카드뮴착염을 타타르산용액으로 역추출한 다음 다시 수산화나트륨과 시안화칼륨을 넣어 디티존과 반응하여 생성하는 적색의 카드뮴착염을 사염화탄소로 추출하고 그 흡광도를 530nm에서 측정하는 방법이다.

46 자외선/가시선 분광법을 적용한 플루오린 측정방법으로 (   )안에 옳은 내용은?

> 물속에 존재하는 플루오린을 측정하기 위해 시료에 넣은 란탄알리자린콤플렉손의 착화합물이 플루오린이온과 반응하여 생성하는 (   )에서 측정하는 방법이다.

① 적색의 복합 착화합물의 흡광도를 560nm
② 청색의 복합 착화합물의 흡광도를 620nm
③ 황갈색의 복합 착화합물의 흡광도를 460nm
④ 적자색의 복합 착화합물의 흡광도를 520nm

해설
ES 04351.1b 플루오린-자외선/가시선 분광법
시료에 넣은 란탄알리자린콤플렉손의 착화합물이 플루오린이온과 반응하여 생성하는 청색의 복합 착화합물의 흡광도를 620nm에서 측정하는 방법이다.

47 유도결합플라스마-원자발광분광법에 의해 측정이 불가능한 물질은?

① 염 소 ② 비 소
③ 망 간 ④ 철

해설
염소이온 분석방법
- 이온크로마토그래피(ES 04356.1b)
- 이온전극법(ES 04356.2a)
- 적정법(ES 04356.3d)

48 비소표준원액(1mg/mL)을 100mL 조제할 때 삼산화비소(As_2O_3)의 채취량(mg)은?(단, 비소의 원자량 = 74.92)

① 37 ② 74
③ 132 ④ 264

해설

$$As_2O_3(mg) = \frac{197.84g - As_2O_3}{2 \times 74.92g - As} \times 100mL \times 1mg/mL$$
$$= 132mg$$

49 다음 실험에서 종말점 색깔을 잘못 나타낸 것은?

① 용존산소 – 무색
② 염소이온 – 엷은 적황색
③ 산성 100℃ 과망간산칼륨에 의한 COD – 엷은 홍색
④ 노말헥산 추출물질 – 적색

해설
노말헥산 추출물질은 적정법으로 분석하지 않기 때문에 종말점 색깔이 없다.
① ES 04308.1e 용존산소–적정법
② ES 04356.3d 염소이온–적정법
③ ES 04315.1b 화학적 산소요구량–적정법–산성 과망간산칼륨법

45 ② 46 ② 47 ① 48 ③ 49 ④ 정답

50 수용액의 pH 측정에 관한 설명으로 틀린 것은?

① pH는 수소이온농도 역수의 상용대수값이다.

② pH는 기준전극과 비교전극의 양전극 간에 생성되는 기전력의 차를 이용하여 구한다.

③ 시료의 온도와 표준액의 온도차는 ±5℃ 이내로 맞춘다.

④ pH 10 이상에서 나트륨에 의해 오차가 발생할 수 있는데, 이는 '낮은 나트륨 오차 전극'을 사용하여 줄일 수 있다.

해설

ES 04306.1c 수소이온농도

온도보정

pH 4 또는 10 표준용액에 전극(온도보정용 감온소자 포함)을 담그고 표준용액의 온도를 10~30℃ 사이로 변화시켜 5℃ 간격으로 pH를 측정하여 차이를 구한다.

51 수질오염공정시험기준에서 총대장균군의 시험방법이 아닌 것은?

① 막여과법 ② 시험관법

③ 균군계수시험법 ④ 평판집락법

해설

총대장균군 시험방법

- 막여과법(ES 04701.1g)
- 시험관법(ES 04701.2g)
- 평판집락법(ES 04701.3e)
- 효소이용정량법(ES 04701.4b)

52 수질측정 항목과 최대보존기간을 짝지은 것으로 잘못 연결된 것은?(단, 항목 – 최대보존기간)

① 색도 – 48시간 ② 6가크롬 – 24시간

③ 비소 – 6개월 ④ 유기인 – 28일

해설

ES 04130.1e 시료의 채취 및 보존 방법

유기인의 최대보존기간은 7일, 권장보존기간은 추출 후 40일이다.

53 납(Pb)의 정량방법 중 자외선/가시선 분광법에 사용되는 시약이 아닌 것은?

① 에틸렌다이아민용액

② 사이트르산이암모늄용액

③ 암모니아수

④ 시안화칼륨용액

해설

ES 04402.2d 납-자외선/가시선 분광법

시 약

- 디티존 · 사염화탄소용액
- 사염화탄소
- 사이트르산이암모늄용액
- 시안화칼륨용액
- 암모니아수
- 염 산
- 염산하이드록실아민용액

54 용어에 관한 설명 중 틀린 것은?

① '방울수'라 함은 15℃에서 정제수 20방울을 적하할 때, 그 부피가 약 10mL 되는 것을 말한다.

② '약'이라 함은 기재된 양에 대하여 ±10% 이상의 차이가 있어서는 안 된다.

③ 무게를 '정확히 단다'라 함은 규정된 수치의 무게를 0.1mg까지 다는 것을 말한다.

④ '항량으로 될 때까지 건조한다'라 함은 같은 조건에서 1시간 더 건조할 때 무게차가 g당 0.3mg 이하일 때를 말한다.

해설

ES 04000.d 총칙

방울수 : 20℃에서 정제수 20방울을 적하할 때, 그 부피가 약 1mL 되는 것을 뜻한다.

정답 50 ③ 51 ③ 52 ④ 53 ① 54 ①

55 그림과 같은 개수로(수로의 구성재질과 수로단면의 형상이 일정하고 수로의 길이가 적어도 10m까지 똑바른 경우)가 있다. 수심 1m, 수로 폭 2m, 수면경사 $\frac{1}{1,000}$ 인 수로의 평균 유속($C(Ri)^{0.5}$)을 케이지(Chezy)의 유속공식으로 계산하였을 때 유량(m^3/min)은? (단, Bazin의 유속계수 $C = \frac{87}{1+r/\sqrt{R}}$ 이며, $R = \frac{Bh}{B+2h}$ 이고, $r = 0.46$이다)

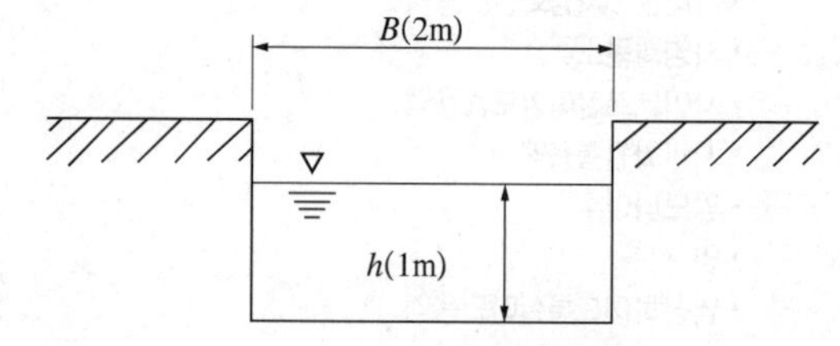

① 102
② 122
③ 142
④ 162

해설

ES 04140.2b 공장폐수 및 하수유량-측정용 수로 및 기타 유량측정방법

- $R = \frac{Bh}{B+2h} = \frac{2\times1}{2+2\times1} = 0.5$
- $C = \frac{87}{1+\frac{r}{\sqrt{R}}} = \frac{87}{1+\frac{0.46}{\sqrt{0.5}}} = 52.71$
- $V = C\sqrt{Ri} = 52.71\times\sqrt{0.5\times1/1,000} = 1.18\text{m/s}$

$\therefore\ Q = A\times V = (2\times1)\text{m}^2\times1.18\text{m/s}\times\frac{60\text{s}}{\text{min}}$

$= 141.6\text{m}^3/\text{min}$

56 유도결합플라스마 발광광도계의 조작법 중 설정조건에 대한 설명으로 틀린 것은?

① 고주파출력은 수용액 시료의 경우 0.8~1.4kW, 유기용매 시료의 경우 1.5~2.5kW로 설정한다.
② 가스유량은 일반적으로 냉각가스 10~18L/min, 보조가스 5~10L/min 범위이다.
③ 분석선(파장)의 설정은 일반적으로 가장 감도가 높은 파장을 설정한다.
④ 플라스마 발광부 관측 높이는 유도코일 상단으로부터 15~18mm 범위에 측정하는 것이 보통이다.

해설

② 일반적으로 냉각가스 10~18L/min, 보조가스 0~2L/min 범위이다.

57 수중의 용존산소와 관련된 설명으로 틀린 것은?

① 하천의 DO가 높을 경우 하천의 오염정도는 낮다.
② 수중의 DO는 온도가 낮을수록 감소한다.
③ 수중에 DO는 가해지는 압력이 클수록 증가한다.
④ 용존산소의 20℃ 포화 농도는 9.17ppm이다.

해설

수중의 DO는 온도가 낮을수록 증가한다.

55 ③ 56 ② 57 ② 정답

58 배출허용기준 적합여부 판정을 위한 복수시료 채취방법에 대한 기준으로 ( )에 알맞은 것은?

자동시료채취기로 시료를 채취할 경우에 6시간 이내에 30분 이상 간격으로 ( ) 이상 채취하여 일정량의 단일 시료로 한다.

① 1회 ② 2회
③ 4회 ④ 8회

해설
ES 04130.1e 시료의 채취 및 보존 방법
자동시료채취기로 시료를 채취할 경우에는 6시간 이내에 30분 이상 간격으로 2회 이상 채취(Composite Sample)하여 일정량의 단일 시료로 한다.

59 이온크로마토그래프로 분석할 때 머무름 시간이 같은 물질이 존재할 경우 방해를 줄일 수 있는 방법으로 틀린 것은?

① 칼럼 교체
② 시료 희석
③ 용리액 조성 변경
④ $0.2\mu m$ 막 여과지로 여과

해설
ES 04350.1b 음이온류-이온크로마토그래피
머무름 시간이 같은 물질이 존재할 경우, 칼럼 교체, 시료희석 또는 용리액 조성을 바꾸어 방해를 줄일 수 있다.

60 원자흡수분광광도법의 원소와 불꽃연료가 잘못 짝지어진 것은?

① 구리 : 공기-아세틸렌
② 바륨 : 아산화질소-아세틸렌
③ 비소 : 냉증기
④ 망간 : 공기-아세틸렌

해설
ES 04406.1c 비소-수소화물생성법-원자흡수분광광도법
비소 : 아르곤(또는 질소)-수소

제4과목 | 수질환경관계법규

61 수질오염방지시설 중 화학적 처리시설이 아닌 것은?

① 침전물 개량시설
② 응집시설
③ 살균시설
④ 소각시설

해설
물환경보전법 시행규칙 [별표 5] 수질오염방지기술
응집시설은 물리적 처리시설에 해당한다.

62 배수설비의 설치방법 · 구조기준 중 직선 배수관의 맨홀 설치기준에 해당하는 것으로 ( )에 옳은 것은?

배수관 내경의 ( ) 이하의 간격으로 설치

① 100배
② 120배
③ 150배
④ 200배

해설
물환경보전법 시행규칙 [별표 16] 폐수관로 및 배수설비의 설치방법 · 구조기준 등
배수관의 기점 · 종점 · 합류점 · 굴곡점과 관경 · 관 종류가 달라지는 지점에는 맨홀을 설치하여야 하며, 직선인 부분에는 안지름의 120배 이하의 간격으로 맨홀을 설치하여야 한다.
※ 법 개정으로 내용 변경

정답 58 ② 59 ④ 60 ③ 61 ② 62 ②

63 대권역별 물환경관리계획에 포함되어야 하는 사항이 아닌 것은?

① 물환경의 변화 추이 및 물환경목표기준
② 점오염원, 비점오염원 및 기타수질오염원의 분포 현황
③ 물환경보전 및 관리체계
④ 수질오염 예방 및 저감 대책

해설
물환경보전법 제24조(대권역 물환경관리계획의 수립)
대권역계획에는 다음의 사항이 포함되어야 한다.
- 물환경의 변화 추이 및 물환경목표기준
- 상수원 및 물 이용현황
- 점오염원, 비점오염원 및 기타수질오염원의 분포 현황
- 점오염원, 비점오염원 및 기타수질오염원에서 배출되는 수질오염물질의 양
- 수질오염 예방 및 저감 대책
- 물환경 보전조치의 추진방향
- 기후위기 대응을 위한 탄소중립·녹색성장 기본법에 따른 기후변화에 대한 적응대책
- 그 밖에 환경부령이 정하는 사항

64 폐수처리업자의 준수사항에 관한 설명으로 ( )에 옳은 것은?

> 수탁한 폐수는 정당한 사유 없이 10일 이상 보관할 수 없으며 보관폐수의 전체량이 저장시설 저장능력의 ( ) 이상 되게 보관하여서는 아니 된다.

① 60% ② 70%
③ 80% ④ 90%

해설
물환경보전법 시행규칙 [별표 21] 폐수처리업자의 준수사항
수탁한 폐수는 정당한 사유 없이 10일 이상 보관할 수 없으며, 보관폐수의 전체량이 저장시설 저장능력의 90% 이상 되게 보관하여서는 아니 된다.

65 사업장 규모를 구분하는 폐수배출량에 관한 사항으로 알맞지 않은 것은?

① 사업장의 규모별 구분은 연중 평균치를 기준으로 정한다.
② 최초 배출시설 설치허가 시의 폐수배출량은 사업계획에 따른 예상용수사용량을 기준으로 산정한다.
③ 용수사용량에는 수돗물, 공업용수, 지하수, 하천수 및 해수 등 그 사업장에서 사용하는 모든 물을 포함한다.
④ 생산공정 중 또는 방지시설의 최종 방류구에서 방류되기 전에 일정 관로를 통해 생산공정에 재이용 물은 용수사용량에서 제외한다.

해설
물환경보전법 시행령 [별표 13] 사업장의 규모별 구분
사업장의 규모별 구분은 1년 중 가장 많이 배출한 날을 기준으로 정한다.

66 환경기준에서 하천의 생활환경 기준에 해당되지 않는 항목은?

① DO ② SS
③ T-N ④ pH

해설
환경정책기본법 시행령 [별표 1] 환경기준
하천의 생활환경 기준 항목 : pH, BOD, COD, TOC, SS, DO, 총인, 대장균군(총대장균군, 분원성 대장균군)

63 ③ 64 ④ 65 ① 66 ③ 정답

67 **물환경보전법상 100만원 이하의 벌금에 해당되는 경우는?**

① 환경관리인의 요청을 정당한 사유 없이 거부한 자
② 배출시설 등의 운영사항에 관한 기록을 보존하지 아니한 자
③ 배출시설 등의 운영사항에 관한 기록을 허위로 기록한 자
④ 환경관리인 등의 교육을 받게 하지 아니한 자

해설

물환경보전법 제80조(벌칙)
환경기술인의 업무를 방해하거나 환경기술인의 요청을 정당한 사유 없이 거부한 자는 100만원 이하의 벌금에 처한다.
②·③ 배출시설 등의 운영상황에 관한 기록을 보존하지 아니하거나 거짓으로 기록한 자에게는 300만원 이하의 과태료를 부과한다(물환경보전법 제82조(과태료)).
④ 환경기술인 등의 교육을 받게 하지 아니한 자에게는 100만원 이하의 과태료를 부과한다(물환경보전법 제82조(과태료)).
※ 법 개정으로 위와 같이 내용 변경

68 **환경정책기본법령에서 수질 및 수생태계 환경기준으로 하천에서 사람의 건강보호기준이 다른 수질오염물질은?**

① 납　② 비 소
③ 카드뮴　④ 6가크롬

해설

환경정책기본법 시행령 [별표 1] 환경기준
수질 및 수생태계–하천–사람의 건강보호기준
- 납, 비소, 6가크롬 : 0.05mg/L 이하
- 카드뮴 : 0.005mg/L 이하

69 **골프장 안의 잔디 및 수목 등에 맹·고독성 농약을 사용한 자에 대한 벌칙기준으로 적절한 것은?**

① 100만원 이하의 과태료
② 1천만원 이하의 과태료
③ 1년 이하의 징역 또는 1천만원 이하의 벌금
④ 3년 이하의 징역 또는 3천만원 이하의 벌금

해설

물환경보전법 제82조(과태료)
골프장 안의 잔디 및 수목 등에 맹·고독성 농약을 사용한 자에게는 1천만원 이하의 과태료를 부과한다.

70 **환경부장관이 비점오염원관리대책 수립 시 포함하여야 하는 사항이 아닌 것은?**

① 관리목표
② 관리대상 수질오염물질의 종류 및 발생량
③ 관리대상 수질오염물질의 발생 예방 및 저감 방안
④ 적정한 관리를 위하여 대통령령으로 정하는 사항

해설

물환경보전법 제55조(관리대책의 수립)
환경부장관은 관리지역을 지정·고시하였을 때에는 다음의 사항을 포함하는 비점오염원관리대책(이하 '관리대책')을 관계 중앙행정기관의 장 및 시·도지사와 협의하여 수립하여야 한다.
- 관리목표
- 관리대상 수질오염물질의 종류 및 발생량
- 관리대상 수질오염물질의 발생 예방 및 저감 방안
- 그 밖에 관리지역을 적정하게 관리하기 위하여 환경부령으로 정하는 사항

정답 67 ① 68 ③ 69 ② 70 ④

71 **측정망 설치계획에 포함되어야 하는 사항이라 볼 수 없는 것은?**

① 측정망 설치시기
② 측정오염물질 및 측정 농도 범위
③ 측정망 배치도
④ 측정망을 설치할 토지 또는 건축물의 위치 및 면적

해설
물환경보전법 시행규칙 제24조(측정망 설치계획의 내용·고시 등)
측정망 설치계획에 포함되어야 하는 내용은 다음과 같다.
- 측정망 설치시기
- 측정망 배치도
- 측정망을 설치할 토지 또는 건축물의 위치 및 면적
- 측정망 운영기관
- 측정자료의 확인방법

72 **시·도지사가 희석하여야만 수질오염물질의 처리가 가능하다고 인정할 수 없는 경우는?**

① 폐수의 염분 농도가 높아 원래의 상태로는 생물학적 처리가 어려운 경우
② 폐수의 유기물 농도가 높아 원래의 상태로는 생물학적 처리가 어려운 경우
③ 폐수의 중금속 농도가 높아 원래의 상태로는 화학적 처리가 어려운 경우
④ 폭발의 위험 등이 있어 원래의 상태로는 화학적 처리가 어려운 경우

해설
물환경보전법 시행규칙 제48조(수질오염물질 희석처리의 인정 등)
시·도지사가 희석하여야만 수질오염물질의 처리가 가능하다고 인정할 수 있는 경우는 다음의 어느 하나에 해당하여 수질오염방지공법상 희석하여야만 수질오염물질의 처리가 가능한 경우를 말한다.
- 폐수의 염분이나 유기물의 농도가 높아 원래의 상태로는 생물화학적 처리가 어려운 경우
- 폭발의 위험 등이 있어 원래의 상태로는 화학적 처리가 어려운 경우

73 **환경기술인을 두어야 할 사업장의 범위 및 환경기술인의 자격기준을 정하는 주체는?**

① 환경부장관
② 대통령
③ 사업주
④ 시·도지사

해설
물환경보전법 제47조(환경기술인)
환경기술인을 두어야 할 사업장의 범위와 환경기술인의 자격기준은 대통령령으로 정한다.

74 **물환경보전법에서 사용하는 용어의 정의로 틀린 것은?**

① 폐수 : 물에 액체성 또는 고체성의 수질오염물질이 섞여 있어 그대로는 사용할 수 없는 물을 말한다.
② 강우유출량 : 불특정 장소에서 불특정하게 유출되는 빗물 또는 눈 녹은 물 등을 말한다.
③ 공공수역 : 하천, 호소, 항만, 연안해역, 그 밖에 공공용으로 사용되는 수역과 이에 접속하여 공공용으로 사용되는 환경부령으로 정하는 수로를 말한다.
④ 불투수층 : 빗물 또는 눈 녹은 물 등이 지하로 스며들 수 없게 하는 아스팔트·콘크리트 등으로 포장된 도로, 주차장, 보도 등을 말한다.

해설
물환경보전법 제2조(정의)
- 강우유출수란 비점오염원의 수질오염물질이 섞여 유출되는 빗물 또는 눈 녹은 물 등을 말한다.
- 불투수면이란 빗물 또는 눈 녹은 물 등이 지하로 스며들 수 없게 하는 아스팔트·콘크리트 등으로 포장된 도로, 주차장, 보도 등을 말한다.

※ 법 개정으로 정답은 ②, ④번이다.

71 ② 72 ③ 73 ② 74 ② 정답

75 오염총량관리기본방침에 포함되어야 하는 사항으로 틀린 것은?

① 오염원의 조사 및 오염부하량 산정방법
② 총량관리 단위유역의 자연 지리적 오염원 현황과 전망
③ 오염총량관리의 대상 수질오염물질 종류
④ 오염총량관리의 목표

해설
물환경보전법 시행령 제4조(오염총량관리기본방침)
오염총량관리기본방침에는 다음의 사항이 포함되어야 한다.
- 오염총량관리의 목표
- 오염총량관리의 대상 수질오염물질 종류
- 오염원의 조사 및 오염부하량 산정방법
- 오염총량관리기본계획의 주체, 내용, 방법 및 시한
- 오염총량관리시행계획의 내용 및 방법

76 다음 설명에 해당하는 환경부령이 정하는 비점오염 관련 관계 전문기관으로 옳은 것은?

> 환경부장관은 비점오염저감계획을 검토하거나 비점오염저감시설을 설치하지 아니하여도 되는 사업장을 인정하려는 때에는 그 적정성에 관하여 환경부령이 정하는 관계 전문기관의 의견을 들을 수 있다.

① 국립환경과학원
② 한국환경정책 · 평가연구원
③ 한국환경기술개발원
④ 한국건설기술연구원

해설
물환경보전법 시행규칙 제78조(비점오염 관련 관계 전문기관)
환경부령으로 정하는 관계 전문기관이란 다음의 기관을 말한다.
- 한국환경공단
- 정부출연연구기관 등의 설립 · 운영 및 육성에 관한 법률에 따라 설립된 한국환경정책 · 평가연구원

77 시장 · 군수 · 구청장이 낚시금지구역 또는 낚시제한구역을 지정하려 할 때 고려하여야 할 사항으로 틀린 것은?

① 지정의 목적
② 오염원 현황
③ 수질오염도
④ 연도별 낚시 인구의 현황

해설
물환경보전법 시행령 제27조(낚시금지구역 또는 낚시제한구역의 지정 등)
시장 · 군수 · 구청장(자치구의 구청장을 말한다)은 낚시금지구역 또는 낚시제한구역을 지정하려는 경우에는 다음의 사항을 고려하여야 한다.
- 용수의 목적
- 오염원 현황
- 수질오염도
- 낚시터 인근에서의 쓰레기 발생 현황 및 처리 여건
- 연도별 낚시 인구의 현황
- 서식 어류의 종류 및 양 등 수중생태계의 현황

78 위임업무 보고사항 중 배출부과금 부과 실적 보고 횟수로 적절한 것은?

① 연 2회
② 연 4회
③ 연 6회
④ 연 12회

해설
물환경보전법 시행규칙 [별표 23] 위임업무 보고사항

업무내용	보고횟수
배출부과금 부과 실적	연 4회

정답 75 ② 76 ② 77 ① 78 ②

79 1일 폐수배출량이 500m³인 사업장은 몇 종 사업장에 해당되는가?

① 제2종 사업장
② 제3종 사업장
③ 제4종 사업장
④ 제5종 사업장

해설

물환경보전법 시행령 [별표 13] 사업장의 규모별 구분

종 류	배출규모
제3종 사업장	1일 폐수배출량이 200m³ 이상 700m³ 미만인 사업장

80 기본배출부과금은 오염물질배출량과 배출 농도를 기준으로 산식에 따라 산정하는데, 기본부과금 산정에 필요한 사업장별 부과계수가 틀린 것은?

① 제1종 사업장(10,000m³/일 이상) : 1.8
② 제2종 사업장 : 1.4
③ 제3종 사업장 : 1.2
④ 제4종 사업장 : 1.1

해설

물환경보전법 시행령 [별표 9] 사업장별 부과계수

사업장 규모	제1종 사업장(단위 : m³/일)					제2종 사업장	제3종 사업장	제4종 사업장
	10,000 이상	8,000 이상 10,000 미만	6,000 이상 8,000 미만	4,000 이상 6,000 미만	2,000 이상 4,000 미만			
부과계수	1.8	1.7	1.6	1.5	1.4	1.3	1.2	1.1

79 ② 80 ② 정답

2019년 제1회 과년도 기출문제

제1과목 | 수질오염개론

01 50℃에서 순수한 물 1L의 몰농도(mol/L)는?(단, 50℃의 물의 밀도 = 0.9881g/mL)

① 33.6
② 54.9
③ 98.9
④ 109.8

해설

$$H_2O(mol/L) = \frac{0.9881\,kg}{1L} \times \frac{1mol}{18g} \times \frac{10^3 g}{kg}$$
$$\fallingdotseq 54.9mol/L$$

02 실험용 물고기에 독성물질을 경구투입 시 실험대상 물고기의 50%가 죽는 농도를 나타낸 것은?

① LC_{50}
② TLm
③ LD_{50}
④ B1P

해설

LC_{50}(mg/L)은 실험대상 생물을 50% 치사시키는 유출수 농도를 의미하며, TL_m과 같은 의미로도 사용한다. LC_{50}값이 낮을수록 낮은 농도에서도 50%의 실험대상 생물이 치사하는 것을 나타내므로 독성이 강하다.

03 회복지대의 특성에 대한 설명으로 옳지 않은 것은?(단, Whipple의 하천정화단계 기준)

① 용존산소량이 증가함에 따라 질산염과 아질산염의 농도가 감소한다.
② 혐기성균이 호기성균으로 대체되며 Fungi도 조금씩 발생한다.
③ 광합성을 하는 조류가 번식하고 원생동물, 윤충, 갑각류가 번식한다.
④ 바닥에는 조개나 벌레의 유충이 번식하며 오염에 견디는 힘이 강한 은빛 담수어 등의 물고기도 서식한다.

해설

Whipple의 하천정화단계 중 회복지대에서는 용존산소량(DO)이 증가하고, 질산염(NO_3–N) 및 아질산염(NO_2–N)의 농도가 증가한다.

회복지대의 특성

- 분해지대의 현상과 반대의 현상이 나타나는 지대로서 원래의 상태로 회복되며 생물의 종류가 많이 변화한다.
- 혐기성 미생물이 호기성 미생물로 대체되며, 약간의 균류(Fungi)도 발생한다.
- 조류가 번식하며, 원생동물, 윤충, 갑각류 등이 출현한다.
- 바닥에는 조개나 벌레의 유충이 번식하며 오염에 견디는 힘이 강한 생무지, 황어, 은빛 담수어 등의 물고기도 서식한다.

정답 1 ② 2 ① 3 ①

04 10^{-3}mol CH_3COOH의 pH는?(단, CH_3COOH의 $pK_a = 10^{-4.76}$)

① 3.0 ② 3.9
③ 5.0 ④ 5.9

해설
$CH_3COOH \leftrightarrows CH_3COO^- + H^+$

$$K_a = \frac{[CH_3COO^-][H^+]}{[CH_3COOH]}$$

$$pK_a = 10^{-4.76},\ K_a \fallingdotseq 1$$

$$1 = \frac{[H^+]^2}{10^{-3}},\ [H^+] \fallingdotseq 0.032\text{mol}$$

$$\therefore\ pH = -\log[H^+] \fallingdotseq 1.5$$

05 Bacteria($C_5H_7O_2N$) 18g의 이론적인 COD(g)는? (단, 질소는 암모니아로 분해됨을 기준)

① 약 25.5
② 약 28.8
③ 약 32.3
④ 약 37.5

해설
$C_5H_7O_2N + 5O_2 \rightarrow 5CO_2 + NH_3 + 2H_2O$

113g : 5 × 32g = 18g : x

$\therefore\ x \fallingdotseq 25.5$g

06 수산화나트륨 30g을 증류수에 넣어 1.5L로 하였을 때 규정 농도(N)는?(단, Na의 원자량 = 23)

① 0.5 ② 1.0
③ 1.5 ④ 2.0

해설
규정 농도를 x라고 하면,

$$x = \frac{30\text{g}}{1.5\text{L}} \times \frac{1\text{eq}}{40\text{g}} = 0.5\text{N}$$

07 pH가 3~5 정도의 영역인 폐수에서도 잘 생장하는 미생물은?

① Fungi
② Bacteria
③ Algae
④ Protozoa

해설
Fungi(균류)는 사상균으로서 낮은 pH 2~5에서도 잘 성장하며, 일반적인 크기는 5~10μm이다.

08 대장균군에 관한 설명으로 틀린 것은?

① 인축의 내장에 서식하므로 소화기계 전염병원균의 존재 추정이 가능하다.
② 병원균에 비해 물속에서 오래 생존한다.
③ 병원균보다 저항력이 강하다.
④ Virus보다 소독에 대한 저항력이 강하다.

해설
대장균군은 Gram 음성인 무포자의 간균으로, 젖당을 분해하여 산과 가스를 생성하는 호기성 또는 통성 혐기성의 세균으로, 병원균에 비해 물속에 오래 존재하며 병원균보다 저항력이 강하다. 단, Virus보다는 소독에 대한 저항력이 약하다. 또한, 인축의 내장에 서식하므로 소화기계 전염병원균의 존재 추정이 가능하다.

4 전항정답 5 ① 6 ① 7 ① 8 ④ 정답

09 **산소 전달의 환경인자에 관한 설명으로 옳은 것은?**

① 수온이 높을수록 증가한다.

② 압력이 낮을수록 산소의 용해율은 증가한다.

③ 염분 농도가 높을수록 산소의 용해율은 증가한다.

④ 현존의 수중 DO 농도가 낮을수록 산소의 용해율은 증가한다.

해설

산소의 용해율은 수온이 낮을수록, 압력이 높을수록, 염분 또는 불순물의 농도가 낮을수록, 기포가 작을수록 증가한다.

10 **깊은 호수나 저수지에 수직방향의 물 운동이 없을 때 생기는 성층현상의 성층 구분을 수표면에서부터 순서대로 나열한 것은?**

① Epilimnion → Thermocline → Hypolimnion → 침전물층

② Epilimnion → Hypolimnion → Thermocline → 침전물층

③ Hypolimnion → Thermocline → Epilimnion → 침전물층

④ Hypolimnion → Epilimnion → Thermocline → 침전물층

해설

호소의 성층현상 구분을 수표면부터 나열하면 표층(Epilimnion) → 수온약층(Thermocline) → 심수층(Hypolimnion) → 저질층(침전물층) 순이다.

11 **물의 물리적 특성을 나타내는 용어와 단위가 틀린 것은?**

① 밀도 – g/cm^3

② 표면장력 – $dyne/cm^2$

③ 압력 – $dyne/cm^2$

④ 열전도도 – cal/cm・s・℃

해설

표면장력은 단위면적당 표면이 가진 에너지(J/m^2) 또는 표면적을 늘이는 데 단위길이당 가해야 하는 힘(N/m)을 뜻하며, CGS 단위는 dyne/cm으로 표현한다.

12 **에너지원으로 빛을 이용하며 유기탄소를 탄소원으로 이용하는 미생물군은?**

① 광합성 독립영양 미생물

② 화학합성 독립영양 미생물

③ 광합성 종속영양 미생물

④ 화학합성 종속영양 미생물

해설

광합성 종속영양 미생물은 빛을 에너지원으로 이용하며 유기탄소를 탄소원으로 이용한다.

에너지원과 탄소원에 따른 미생물군 분류

명 칭	에너지원	탄소원
광합성 독립영양 미생물	빛	CO_2
화학합성 독립영양 미생물	무기물의 산화환원반응	CO_2
광합성 종속영양 미생물	빛	유기탄소
화학합성 종속영양 미생물	유기물의 산화환원반응	유기탄소

정답 9 ④ 10 ① 11 ② 12 ③

13 산성 폐수에 NaOH 0.7% 용액 150mL를 사용하여 중화하였다. 같은 산성 폐수 중화에 $Ca(OH)_2$ 0.7% 용액을 사용한다면 필요한 $Ca(OH)_2$ 용액(mL)은?(단, 원자량 Na = 23, Ca = 40, 폐수 비중 = 1.0)

① 약 207　② 약 139
③ 약 92　④ 약 81

해설

$$NaOH(eq/L) = \frac{7{,}000mg}{L} \times \frac{1eq}{40g} \times \frac{1g}{10^3mg} = 0.175N$$

$$Ca(OH)_2(eq/L) = \frac{7{,}000mg}{L} \times \frac{1eq}{37g} \times \frac{1g}{10^3mg} \fallingdotseq 0.189N$$

필요한 $Ca(OH)_2$의 양을 x라고 하면

$0.175N \times 150mL = 0.189N \times x$

$\therefore x \fallingdotseq 138.9mL$

14 수질 모델 중 Streeter & Phelps 모델에 관한 내용으로 옳은 것은?

① 하천을 완전혼합흐름으로 가정하였다.
② 점오염원이 아닌 비점오염원으로 오염부하량을 고려한다.
③ 유속, 수심, 조도계수에 의해 확산계수를 결정한다.
④ 유기물의 분해와 재폭기만을 고려하였다.

해설

Streeter-Phelps 모델은 유기물의 분해에 따른 DO 소비와 재폭기만을 고려한다.

Streeter-Phelps 모델의 가정조건

- 물의 흐름 방향만을 고려한 1차원으로 가정한다.
- 하천을 1차 반응에 따르는 플러그 흐름 반응기로 가정한다.
- $\frac{dC}{dt} = 0$, 즉 정상상태로 가정한다.
- 유속에 의한 오염물질의 이동이 크기 때문에 확산에 의한 영향은 무시한다.
- 오염원은 점배출원으로 가정한다.
- 하천에 유입된 오염물은 하천의 단면 전체에 분산된다고 가정한다.
- 하천의 축방향으로의 확산은 일어나지 않는다고 가정한다.
- 방출지점에서 방출과 동시에 완전히 혼합된다고 가정한다.

15 유해물질, 오염발생원과 인간에 미치는 영향에 대하여 틀리게 짝지워진 것은?

① 구리 – 도금공장, 파이프제조업 – 만성중독 시 간경변
② 시안 – 아연제련공장, 인쇄공업 – 파킨슨씨병 증상
③ PCB – 변압기, 콘덴서 공장 – 카네미유증
④ 비소 – 광산정련공업, 피혁공업 – 피부 흑색(청색)화

해설

파킨슨병을 일으키는 유해물질은 Mn이다.
시안(CN)은 주로 도금 공장, 금속정련, 석유정제 공장에서 발생되며 두통, 현기증, 의식장애 등을 일으킨다.

16 Na^+ 460mg/L, Ca^{2+} 200mg/L, Mg^{2+} 264mg/L인 농업용수가 있을 때 SAR의 값은?(단, 원자량 Na = 23, Ca = 40, Mg = 24)

① 4　② 5
③ 6　④ 7

해설

$$SAR = \frac{Na^+}{\sqrt{\frac{Ca^{2+} + Mg^{2+}}{2}}} = \frac{(460/23)}{\sqrt{\frac{(200/20) + (264/12)}{2}}} = 5$$

13 ② 14 ④ 15 ② 16 ② 정답

17 오수 미생물 중에서 유황화합물을 산화하여 균체 내 또는 균체 외에 유황입자를 축적하는 것은?

① *Zoogloea*

② *Sphaerotilus*

③ *Beggiatoa*

④ *Crenothrix*

해설

황산화 미생물에는 *Thiobacillus*, *Beggiatoa*, *Thiothrix*, *Thioploca*류 등이 있으며, 황환원 미생물에는 *Desulfovibrio*, 철산화 미생물에는 *Ferrobacillus*, *Gallionella*, *Crenothrix*, *Sphaerotilus*, *Leptothrix* 등이 있다.

18 적조현상과 관계가 가장 적은 것은?

① 해류의 정체

② 염분 농도의 증가

③ 수온의 상승

④ 영양염류의 증가

해설

적조현상은 플랑크톤이 급격히 증식하여 해수의 색이 변화되는 현상을 말하며, 플랑크톤의 색깔에 따라 다르게 나타난다.

적조현상의 특징

- 강한 일사량, 높은 수온, 낮은 염분일 때 발생한다.
- N, P 등의 영양염류가 풍부한 부영양화 상태에서 잘 일어난다.
- 미네랄 성분인 비타민, Ca, Fe, Mg 등이 많을 때 발생한다.
- 정체수역 및 용승류(Upwelling)가 존재할 때 많이 발생한다.

19 임의의 시간 후의 용존산소부족량(용존산소곡선식)을 구하기 위해 필요한 기본인자와 가장 거리가 먼 것은?

① 재포기계수 ② BOD_u

③ 수 심 ④ 탈산소계수

해설

수심은 용존산소부족량을 구하는 데 필요한 기본인자와 관계가 없다.

용존산소부족량 계산식

$$D_t = \frac{k_1 \cdot BOD_u}{k_2} \times (10^{-k_1 \cdot t} - 10^{-k_2 \cdot t}) + D_0 \times 10^{-k_2 \cdot t}$$

여기서, D_t : t시간에서 용존산소부족 농도

D_0 : 시작점에서의 DO 농도

k_1 : 탈산소계수

k_2 : 재포기계수

BOD_u : 시작점에서의 최종 BOD 농도

20 우리나라에서 주로 설치·사용되어진 분뇨정화조의 형태로 가장 적합하게 짝지어진 것은?

① 임호프탱크 – 부패탱크

② 접촉포기법 – 접촉안정법

③ 부패탱크 – 접촉포기법

④ 임호프탱크 – 접촉포기법

해설

우리나라에서 주로 설치·사용하는 분뇨정화조의 형태는 임호프탱크 또는 부패탱크식이다.

정답 17 ③ 18 ② 19 ③ 20 ①

제2과목 | 수질오염방지기술

21 슬러지 농축방법 중 부상식 농축에 관한 내용으로 옳지 않은 것은?

① 소요면적이 크며 악취 문제 발생
② 잉여슬러지에 효과적임
③ 실내에 설치 시 부식 방지
④ 약품주입 없이도 운전 가능

해설

부상식 농축은 소요면적이 크며 악취문제가 발생하고, 잉여슬러지에 효과적이다. 약품주입 없이도 운전이 가능하나 실내에 설치할 경우 부식 문제를 유발한다.

22 오염물질의 농도가 200mg/L이고 반응 2시간 후의 농도가 20mg/L로 되었다. 1시간 후의 반응물질의 농도(mg/L)는?(단, 반응속도는 1차 반응, Base는 상용대수)

① 28.6 ② 32.5
③ 63.2 ④ 93.8

해설

1차 반응식

$C = C_0 \times 10^{-Kt}$

$20 = 200 \times 10^{-2K}$

$\therefore K = 0.5$

1시간 후의 농도를 계산하면 다음과 같다.

$C = C_0 \times 10^{-Kt} = 200 \times 10^{-0.5 \times 1} \fallingdotseq 63.2\text{mg/L}$

23 BOD 농도가 2,000mg/L이고 폐수배출량이 1,000m^3/day인 산업폐수를 BOD 부하량이 500kg/day로 될 때까지 감소시키기 위해 필요한 BOD 제거효율(%)은?

① 70 ② 75
③ 80 ④ 85

해설

산업폐수의 배출량을 계산하면 다음과 같다.

$$\frac{2,000\text{mg}}{\text{L}} \times \frac{1,000\text{m}^3}{\text{day}} \times \frac{1\text{kg}}{10^6\text{mg}} \times \frac{10^3\text{L}}{1\text{m}^3} = 2,000\text{kg/day}$$

∴ BOD 제거효율(%) = {(2,000 − 500) / 2,000} × 100 = 75%

24 침전지로 유입되는 부유물질의 침전속도 분포가 다음 표와 같다. 표면적 부하가 4,032m^3/m^2 · day일 때, 전체 제거효율(%)은?

침전속도(m/min)	3.0	2.8	2.5	2.0
남아있는 중량비율	0.55	0.46	0.35	0.3

① 74 ② 64
③ 54 ④ 44

해설

$$\frac{4,032\text{m}^3}{\text{m}^2 \cdot \text{day}} \times \frac{\text{day}}{1,440\text{min}} = 2.8\text{m/min}$$

남아 있는 중량비율이 0.46이므로 전체 제거효율은 (1 − 0.46) × 100 = 54%이다.

21 ③ 22 ③ 23 ② 24 ③ 정답

25 **생물학적 하수 고도처리공법인 A/O 공법에 대한 설명으로 틀린 것은?**

① 사상성 미생물에 의한 벌킹이 억제되는 효과가 있다.
② 표준활성슬러지법의 반응조 전반 20~40% 정도를 혐기반응조로 하는 것이 표준이다.
③ 혐기반응조에서 탈질이 주로 이루어진다.
④ 처리수의 BOD 및 SS 농도를 표준활성슬러지법과 동등하게 처리할 수 있다.

해설
A/O 공법에서는 질소 제거가 이루어지지 않는다. 혐기반응조에서는 인의 방출이 일어나며, 호기반응조에서는 인의 흡수가 일어난다.

26 **직경이 1.0mm이고 비중이 2.0인 입자를 17℃의 물에 넣었다. 입자가 3m 침강하는 데 걸리는 시간(s)은? (단, 17℃일 때 물의 점성계수 = 1.089×10^{-3}kg/m · s, Stokes 침강이론 기준)**

① 6　② 16
③ 38　④ 56

해설

Stokes 침강속도식 : $V = \dfrac{d_p{}^2(\rho_p - \rho)g}{18\mu}$

$V = \dfrac{(0.001\text{m})^2(2{,}000 - 1{,}000)9.8}{18 \times 1.089 \times 10^{-3}} ≒ 0.4999\text{m/s}$

시간 $t(s) = \dfrac{3\text{m}}{0.4999\text{m/s}} ≒ 6\text{s}$

27 **비교적 일정한 유량을 폐수처리장에 공급하기 위한 것으로, 예비처리시설 다음에 설치되는 시설은?**

① 균등조　② 침사조
③ 스크린조　④ 침전조

해설
균등조는 유입폐수의 유량과 수질의 변동을 흡수하여 균등화함으로써 처리시설의 효율을 높이고 처리수질의 향상을 도모할 목적으로 설치하는 시설로, 예비처리시설 다음에 설치한다. 하수처리 시는 계획 1일 최대오수량을 넘는 유량을 일시적으로 저류하도록 크기를 정한다. 조는 두 개 이상을 원칙으로 하며 유량조절조라고도 한다.

28 **20,000명이 거주하는 소도시에 하수처리장이 있으며 처리효율은 60%라고 한다. 평균유량 $0.2\text{m}^3/\text{s}$인 하천에 하수처리장의 유출수가 유입되어 BOD 농도가 12mg/L였다면, 이 경우의 BOD 유출률(%)은? (단, 인구 1인당 BOD 발생량 = 50g/일)**

① 52　② 62
③ 72　④ 82

해설
발생되는 BOD의 양을 계산하면,

$\dfrac{50\text{g BOD}}{\text{인} \cdot \text{day}} \times 20{,}000\text{인} \times \dfrac{10^3\text{mg}}{1\text{g}} = 1.0 \times 10^9\text{mg BOD/day}$

처리효율이 60%이므로 $0.4 \times 10^9\text{mg/day}$가 방류된다.
방류 BOD 농도를 계산하면,

$\dfrac{0.4 \times 10^9\text{mg BOD}}{\text{day}} \times \dfrac{\text{s}}{0.2\text{m}^3} \times \dfrac{1\text{m}^3}{10^3\text{L}} \times \dfrac{\text{day}}{86{,}400\text{s}}$

$≒ 23.148\text{mg/L}$

$\therefore$ 유출률(%) $= \dfrac{12\text{mg/L}}{23.148\text{mg/L}} \times 100 ≒ 52\%$

29 **임호프탱크의 구성요소가 아닌 것은?**

① 응집실　② 스컴실
③ 소화실　④ 침전실

해설
임호프탱크는 침전실, 소화실, 스컴실로 구성되어 있다.

정답 25 ③ 26 ① 27 ① 28 ① 29 ①

30 물의 혼합정도를 나타내는 속도경사 G를 구하는 공식은?(단, μ : 물의 점성계수, V : 반응조 체적, P : 동력)

① $G=\sqrt{\frac{PV}{\mu}}$ ② $G=\sqrt{\frac{V}{\mu P}}$

③ $G=\sqrt{\frac{\mu}{PV}}$ ④ $G=\sqrt{\frac{P}{\mu V}}$

해설

속도경사(G) 계산식

$G=\sqrt{\frac{P}{\mu V}}$

31 축산폐수 처리에 대한 설명으로 옳지 않은 것은?

① BOD 농도가 높아 생물학적 처리가 효과적이다.

② 호기성 처리공정과 혐기성 처리공정을 조합하면 효과적이다.

③ 돈사폐수의 유기물 농도는 돈사형태와 유지관리에 따라 크게 변한다.

④ COD 농도가 매우 높아 화학적으로 처리하면 경제적이고 효과적이다.

해설

축산폐수는 유기물의 농도가 매우 높아 생물학적 처리공법을 이용하는 것이 효과적이다.

32 물 $5m^3$의 DO가 9.0mg/L이다. 이 산소를 제거하는 데 이론적으로 필요한 아황산나트륨(Na_2SO_3)의 양(g)은?(단, Na 원자량 = 23)

① 약 355

② 약 385

③ 약 402

④ 약 429

해설

물속에 존재하는 DO(g)

$\frac{9mg}{L}\times 5m^3\times\frac{1g}{10^3mg}\times\frac{10^3L}{1m^3}=45g$

반응식은 다음과 같다.

$Na_2SO_3+0.5O_2 \rightarrow Na_2SO_4$

126g : $0.5\times 32g = x$: 45g

$\therefore x = 354.375g$

33 염산 18.25g을 중화시킬 때 필요한 수산화칼슘의 양(g)은?(단, 원자량 Cl = 35.5, Ca = 40)

① 18.5 ② 24.5

③ 37.5 ④ 44.5

해설

$2HCl+Ca(OH)_2 \rightarrow CaCl_2+2H_2O$

2M : 1M

HCl의 몰수를 계산하면 다음과 같다.

$18.25g\ HCl\times\frac{1mol}{36.5g}=0.5mol$

HCl 0.5mol당 $Ca(OH)_2$ 0.25mol이 필요하다.

$\therefore 0.25mol\ Ca(OH)_2\times\frac{74g}{1mol}=18.5g$

30 ④ 31 ④ 32 ① 33 ① 정답

34 **분리막을 이용한 수처리 방법과 구동력의 관계로 틀린 것은?**

① 역삼투 – 농도차
② 정밀여과 – 정수압차
③ 전기투석 – 전위차
④ 한외여과 – 정수압차

해설

막분리의 구동력
- 투석 : 농도차
- 전기투석 : 전위차
- 역삼투 : 정수압차
- 한외여과 : 정수압차
- 정밀여과 : 정수압차

35 **하수슬러지의 농축 방법별 특징으로 옳지 않은 것은?**

① 중력식 : 잉여슬러지의 농축에 부적합
② 부상식 : 악취 문제가 발생함
③ 원심분리식 : 악취가 적음
④ 중력벨트식 : 별도의 세정장치가 필요 없음

해설

중력식 벨트농축
- 잉여슬러지에 효과적이다.
- 벨트탈수기와 같이 연동운전이 가능하다.
- 악취 문제가 발생한다.
- 소요면적이 크고 용량이 한정된다.
- 별도의 세정장치가 필요하다.

36 **$125m^3/h$의 폐수가 유입되는 침전지의 월류부하가 $100m^3/m \cdot day$일 때, 침전지의 월류위어의 유효길이(m)는?**

① 10
② 20
③ 30
④ 40

해설

월류부하 $= \frac{Q}{L}$

$$\frac{100\text{m}^3}{\text{m}\cdot\text{day}} = \frac{125\text{m}^3}{\text{h}} \times \frac{24\text{h}}{\text{day}} \times \frac{1}{L}$$

$\therefore L = 30\text{m}$

37 **물 25.2g에 글루코스($C_6H_{12}O_6$)가 4.57g 녹아 있는 용액의 몰랄농도(m)는?(단, $C_6H_{12}O_6$ 분자량 = 180.2)**

① 약 1.0
② 약 2.0
③ 약 3.0
④ 약 4.0

해설

몰랄농도는 용매 1kg당 용질의 몰수를 말한다.

몰랄농도(m) = 용질의 몰수/kg

$$= \frac{4.57\text{g}}{25.2\text{g}} \times \frac{1\text{mol}}{180.2\text{g}} \times \frac{10^3\text{g}}{1\text{kg}} \fallingdotseq 1.01\text{m}$$

정답 34 ① 35 ④ 36 ③ 37 ①

38 하수처리 시 활성슬러지법과 비교한 생물막법(회전원판법)의 단점으로 볼 수 없는 것은?

① 활성슬러지법과 비교하면 이차 침전지로부터 미세한 SS가 유출되기 쉽다.

② 처리과정에서 질산화 반응이 진행되기 쉽고 이에 따라 처리수의 pH가 낮아지게 되거나 BOD가 높게 유출될 수 있다.

③ 생물막법은 운전관리 조작이 간단하지만 운전조작의 유연성에 결점이 있어 문제가 발생할 경우에 운전방법의 변경 등 적절한 대처가 곤란하다.

④ 반응조를 다단화하기 어려워 처리의 안정성이 떨어진다.

해설

생물막법은 반응조를 다단화함으로써 반응효율 및 처리의 안정성 향상을 쉽게 도모할 수가 있다.

회전원판법의 특징

- 폐수량 및 BOD 부하변동에 강하다.
- 슬러지 발생량이 적다.
- 질산화작용이 일어나기 쉬우며, 이로 인해 처리수의 BOD가 높아질 수 있으며, pH가 내려가는 경우도 있다.
- 활성슬러지법에서와 같이 팽화현상이 없으며, 이로 인한 2차 침전지에서의 일시적인 다량의 슬러지가 유출되는 현상이 없다.
- 미세한 SS가 유출되기 쉽고 처리수의 투명도가 나쁘다.
- 운전관리상 조작이 용이하고 유지 관리비가 적게 든다.
- 운전조작의 유연성에 결점이 있어 문제가 발생할 경우 운전방법의 변경 등 적절한 대처가 곤란하다.

39 유기성 콜로이드가 다량 함유된 폐수의 처리방법으로 옳지 않은 것은?

① 중력침전법 ② 응집침전법

③ 활성슬러지법 ④ 살수여상법

해설

콜로이드성 물질은 충분한 체류시간을 주어도 침전하지 않기 때문에 중력침전법으로 제거하기 어렵다.

40 정수처리를 위하여 막여과시설을 설치하였을 때 막모듈의 파울링에 해당되는 내용은?

① 장기적인 압력부하에 의한 막 구조의 압밀화(Creep 변형)

② 건조나 수축으로 인한 막 구조의 비가역적인 변화

③ 막의 다공질부의 흡착, 석출, 포착 등에 의한 폐색

④ 원수 중의 고형물이나 진동에 의한 막 면의 상처나 마모, 파단

해설

①, ②, ④는 막의 열화에 속한다.

막모듈의 파울링 : 막 자체의 변화가 아니라 외적요인에 의해 막의 성능이 변화되는 것을 말한다.

파울링의 구분		파울링의 원인
부착층 파울링	케이크층 형성	현탁 물질이 막 면상에 축적되어 형성되는 층
	겔층 형성	용해성 고분자의 농축으로 막 면에 형성되는 겔상의 비유동성층
	스케일층 형성	난용해성 물질의 농축으로 막 면에 석출된 층
	흡착층 형성	막에 대한 흡착성이 강한 물질로 인한 흡착층
막 힘	고체 막힘	고체가 막의 다공질부에 흡착, 석출, 포착됨으로 일어나는 폐색
	액체 막힘	소수성막의 다공질부가 기체로 치환됨으로 일어나는 폐색
유로폐색		고형물에 의해 막모듈의 공급 유로 또는 여과수 유로의 폐색

38 ④ 39 ① 40 ③ 정답

제3과목 | 수질오염공정시험기준

41 항목별 시료 보존 방법에 관한 설명으로 틀린 것은?

① 아질산성 질소 함유시료는 4℃에서 보관한다.
② 인산염인 함유시료는 즉시 여과한 후 4℃에서 보관한다.
③ 클로로필-a 함유시료는 즉시 여과한 후 -20℃ 이하에서 보관한다.
④ 플루오린 함유시료는 6℃ 이하, 현장에서 멸균된 여과지로 여과하여 보관한다.

해설
ES 04130.1e 시료의 채취 및 보존 방법
플루오린 함유시료는 따로 보존 방법이 없으며, 최대보존기간은 28일이다.

42 다음 중 질산성 질소 분석방법이 아닌 것은?

① 이온크로마토그래피법
② 자외선/가시선 분광법(부루신법)
③ 자외선/가시선 분광법(활성탄흡착법)
④ 카드뮴 환원법

해설
질산성 질소 분석방법
- 이온크로마토그래피(ES 04361.1b)
- 자외선/가시선 분광법-부루신법(ES 04361.2c)
- 자외선/가시선 분광법-활성탄흡착법(ES 04361.3c)
- 데발다합금 환원증류법(ES 04361.4c)

43 마이크로파에 의한 유기물 분해 원리로 (　　) 안에 알맞은 내용은?

마이크로파 영역에서 (㉠)나 이온이 쌍극자 모멘트와 (㉡)를(을) 일으켜 온도가 상승하는 원리를 이용하여 시료를 가열하는 방법이다.

① ㉠ 전자, ㉡ 분자결합
② ㉠ 전자, ㉡ 충돌
③ ㉠ 극성분자, ㉡ 이온전도
④ ㉠ 극성분자, ㉡ 해리

해설
마이크로파 유기물 분해 원리는 마이크로파 영역에서 극성분자나 이온이 쌍극자 모멘트와 이온전도를 일으켜 온도가 상승하는 원리를 이용하여 시료를 가열하는 방법이다.

44 다음 조건으로 계산된 직각 삼각 위어의 유량(m^3/min)은? (단, 유량계수 $K = 81.2 + \frac{0.24}{h} + \left[\left(8.4 + \frac{12}{\sqrt{D}}\right) \times \left(\frac{h}{B} - 0.09\right)^2\right]$, $D = 0.25$m, $B = 0.8$m, $h = 0.1$m)

① 약 0.26　　② 약 0.52
③ 약 1.04　　④ 약 2.08

해설
ES 04140.2b 공장폐수 및 하수유량-측정용 수로 및 기타 유량측정 방법
직각 3각 위어
$Q = K \cdot h^{5/2}$
문제에서 주어진 식에 따라 계산하면 K는 다음과 같다.

$$K = 81.2 + \frac{0.24}{h} + \left[\left(8.4 + \frac{12}{\sqrt{D}}\right) \times \left(\frac{h}{B} - 0.09\right)^2\right]$$
$$= 81.2 + \frac{0.24}{0.1} + \left[\left(8.4 + \frac{12}{\sqrt{0.25}}\right) \times \left(\frac{0.1}{0.8} - 0.09\right)^2\right]$$
$$\fallingdotseq 83.64$$
$$\therefore Q = K \cdot h^{5/2} = 83.64 \times 0.1^{5/2} \fallingdotseq 0.26 m^3/min$$

정답 41 ④ 42 ④ 43 ③ 44 ①

45 하수처리장의 SS 제거에 대한 다음과 같은 분석결과를 얻었을 때 SS 제거효율(%)은?

구 분 \ 시 료	유입수	유출수
시료 부피	250mL	400mL
건조시킨 후(용기＋SS) 무게	16.3542g	17.2712g
용기의 무게	16.3143g	17.2638g

① 약 96.5　　② 약 94.5
③ 약 92.5　　④ 약 88.5

해설

ES 04303.1b 부유물질

부유물질$(mg/L) = (b-a) \times \frac{1,000}{V}$

여기서, a : 시료 여과 전의 유리섬유여지 무게(mg)
b : 시료 여과 후의 유리섬유여지 무게(mg)
V : 시료의 양(mL)

유입수와 유출수의 부유물질의 양을 계산하면,

- 유입수 $= (16.3542 - 16.3143) \times \frac{1,000}{250}$
$= 0.1596 mg/L$
- 유출수 $= (17.2712 - 17.2638) \times \frac{1,000}{400}$
$= 0.0185 mg/L$

따라서 SS의 제거효율을 구하면,

$\frac{0.1596 - 0.0185}{0.1596} \times 100 ≒ 88.5\%$

46 총인의 측정법 중 아스코르브산 환원법에 관한 설명으로 맞는 것은?

① 220nm에서 시료용액의 흡광도를 측정한다.
② 다량의 유기물을 함유한 시료는 과황산칼륨 분해법을 사용하여 전처리한다.
③ 전처리한 시료의 상등액이 탁할 경우에는 염산 주입 후 가열한다.
④ 정량한계는 0.005mg/L이다.

해설

ES 04362.1c 총인-자외선/가시선 분광법

① 유기물화합물 형태의 인을 산화분해하여 모든 인화합물을 인산염(PO_4^{3-}) 형태로 변화시킨 다음 몰리브덴산암모늄과 반응하여 생성된 몰리브덴산인암모늄을 아스코르브산으로 환원하여 생성된 몰리브덴산의 흡광도를 880nm에서 측정하여 총인의 양을 정량하는 방법이다.
② 다량의 유기물을 함유한 시료는 질산-황산 분해법을 사용하여 전처리한다.
③ 상층액이 혼탁한 시료의 여과는 시료채취 후 여과지 5종 C 또는 1μm 이하의 유리섬유여과지(GF/C)를 사용하여 여과하고 최초의 여과액 약 5~10mL을 버리고 다음의 여과용액을 사용한다.

47 원자흡수분광광도계의 구성요소가 아닌 것은?

① 속빈음극램프
② 전자포획형 검출기
③ 예혼합버너
④ 분무기

해설

ES 04400.1d 금속류-불꽃 원자흡수분광광도법

원자흡수분광광도계

단일 또는 이중 채널, 단일 또는 이중 빔을 채용한 분광계로 단색화 장치, 전자증폭검출기, 190~800nm 너비의 슬릿 및 기록계로 구성된다.

- 가스 : 불꽃 생성을 위해 아세틸렌(C_2H_2) 공기가 일반적인 원소분석에 사용되며, 아세틸렌-아산화질소(N_2O)는 바륨 등 산화물을 생성하는 원소의 분석에 사용된다.
- 램프 : 속빈음극램프 또는 전극 없는 방전램프 사용이 가능하며, 단일파장램프가 권장되나 다중파장램프도 사용 가능하다.
- 원자화 장치 : 버너는 기기업체에서 제공하는 사양을 따른다.

45 ④ 46 ④ 47 ② 정답

48 수질오염공정시험기준상 6가크롬을 측정하는 방법이 아닌 것은?

① 원자흡수분광광도법
② 진콘법
③ 유도결합플라스마-원자발광분광법
④ 자외선/가시선 분광법

해설

6가크롬 분석방법
- 원자흡수분광광도법(ES 04415.1b)
- 자외선/가시선 분광법(ES 04415.2c)
- 유도결합플라스마-원자발광분광법(ES 04415.3b)

49 원자흡수분광광도계의 광원으로 보통 사용되는 것은?

① 열음극램프
② 속빈음극램프
③ 중수소램프
④ 텅스텐램프

해설

ES 04400.1d 금속류-불꽃 원자흡수분광광도법
원자흡수분광광도계 램프는 속빈음극램프 또는 전극 없는 방전램프 사용이 가능하며, 단일파장램프가 권장되나 다중파장램프도 사용 가능하다.

50 적정법을 이용한 염소이온의 측정 시 적정의 종말점으로 옳은 것은?

① 엷은 적황색 침전이 나타날 때
② 엷은 적갈색 침전이 나타날 때
③ 엷은 청록색 침전이 나타날 때
④ 엷은 담적색 침전이 나타날 때

해설

ES 04356.3d 염소이온-적정법
적정의 종말점은 엷은 적황색 침전이 나타날 때로 한다.

51 클로로필 a 측정 시 클로로필 색소를 추출하는 데 사용되는 용액은?

① 아세톤(1+9)용액
② 아세톤(9+1)용액
③ 에틸알콜(1+9)용액
④ 에틸알콜(9+1)용액

해설

ES 04312.1a 클로로필 a
클로로필 a 측정 시 클로로필 색소를 추출하는 데 사용되는 용액은 아세톤(9+1)용액이며, 아세톤용액 90mL에 정제수 10mL를 혼합하여 만든다.

52 화학적 산소요구량(COD_{Mn})에 대한 설명으로 틀린 것은?

① 시료량은 가열반응 후에 0.025N 과망간산칼륨 용액의 소모량이 70~90%가 남도록 취한다.
② 시료의 COD 값이 10mg/L 이하일 때는 시료 100mL를 취하여 그대로 실험한다.
③ 수욕 중에서 30분보다 더 가열하면 COD 값은 증가한다.
④ 황산은 분말 1g 대신 질산은용액(20%) 5mL 또는 질산은 분말 1g을 첨가해도 좋다.

해설

ES 04315.1b 화학적 산소요구량-적정법-산성 과망간산칼륨법
시료의 양은 30분간 가열반응한 후에 과망간산칼륨용액(0.005M)이 처음 첨가한 양의 50~70%가 남도록 채취한다.

정답 48 ② 49 ② 50 ① 51 ② 52 ①

53 시안(자외선/가시선 분광법) 분석에 관한 설명으로 틀린 것은?

① 각 시안화합물의 종류를 구분하여 정량할 수 없다.
② 황화합물이 함유된 시료는 아세트산나트륨용액을 넣어 제거한다.
③ 시료에 다량의 유지류를 포함한 경우 노말헥산 또는 클로로폼으로 추출하여 제거한다.
④ 정량한계는 0.01mg/L이다.

해설
황화합물이 함유된 시료는 아세트산아연용액(10%) 2mL를 넣어 제거한다. 이 용액 1mL는 황화물이온 약 14mg에 대응한다.
ES 04353.1e 시안-자외선/가시선 분광법
시료를 pH 2 이하의 산성에서 가열 증류하여 시안화물 및 시안착화합물의 대부분을 시안화수소로 유출시켜 포집한 다음 포집된 시안이온을 중화하고 클로라민-T를 넣어 생성된 염화시안이피리딘-피라졸론 등의 발색시약과 반응하여 나타나는 청색을 620nm에서 측정하는 방법이다.

54 개수로에 의한 유량측정 시 평균유속은 Chezy의 유속 공식을 적용한다. 여기서 경심에 대한 설명으로 옳은 것은?

① 유수단면적을 윤변으로 나눈 것을 말한다.
② 윤변에서 유수단면적을 뺀 것을 말한다.
③ 윤변과 유수단면적을 곱한 것을 말한다.
④ 윤변과 유수단면적을 더한 것을 말한다.

해설
ES 04140.2b 공장폐수 및 하수유량 -측정용 수로 및 기타 유량측정 방법
Chezy 공식
$V=C\sqrt{Ri}$
여기서, V : 평균유속, R : 경심, i : 홈 바닥의 구배(비율)
R은 경심으로 유수단면적(A)을 윤변(S)으로 나눈 값이다.

55 페놀류를 자외선/가시선 분광법을 적용하여 분석할 때에 관한 내용으로 ( ) 안에 옳은 것은?

> 이 시험기준은 물속에 존재하는 페놀류를 측정하기 위하여 증류한 시료에 염화암모늄-암모니아 완충용액을 넣어 pH ( )으로 조절한 다음 4-아미노안티피린과 헥사시안화철(Ⅱ)산칼륨을 넣어 생성된 붉은색의 안티피린계 색소의 흡광도를 측정하는 방법이다.

① 8
② 9
③ 10
④ 11

해설
ES 04365.1d 페놀류-자외선/가시선 분광법
이 시험기준은 물속에 존재하는 페놀류를 측정하기 위하여 증류한 시료에 염화암모늄-암모니아 완충용액을 넣어 pH 10으로 조절한 다음 4-아미노안티피린과 헥사시안화철(Ⅱ)산칼륨을 넣어 생성된 붉은색의 안티피린계 색소의 흡광도를 측정하는 방법으로 수용액에서는 510nm, 클로로폼 용액에서는 460nm에서 측정한다.

56 노말헥산 추출물질시험법에서 염산(1+1)으로 산성화할 때 넣어 주는 지시약과 pH로 옳은 것은?

① 메틸레드 – pH 4.0 이하
② 메틸오렌지 – pH 4.0 이하
③ 메틸레드 – pH 2.0 이하
④ 메틸오렌지 – pH 2.0 이하

해설
ES 04302.1b 노말헥산 추출물질
시료적당량(노말헥산 추출물질로서 5~200mg 해당량)을 분별깔때기에 넣고 메틸오렌지용액(0.1%) 2~3방울을 넣고 황색이 적색으로 변할 때까지 염산(1+1)을 넣어 시료의 pH를 4 이하로 조절한다.

53 ② 54 ① 55 ③ 56 ② 정답

57 플루오린의 분석방법이 아닌 것은?

① 자외선/가시선 분광법
② 이온전극법
③ 액체크로마토그래피법
④ 이온크로마토그래피법

해설

플루오린 분석방법
- 자외선/가시선 분광법(ES 04351.1b)
- 이온전극법(ES 04351.2a)
- 이온크로마토그래피(ES 04351.3a)

58 측정시료 채취 시 유리용기만을 사용해야 하는 항목은?

① 플루오린　　② 유기인
③ 알킬수은　　④ 시 안

해설

ES 04130.1e 시료의 채취 및 보존 방법
시료 채취 시 유리용기만을 사용해야 하는 항목 : 냄새, 노말헥산 추출물질, 페놀류, 유기인, PCB, VOCs, 잔류염소(갈색), 다이에틸헥실프탈레이트(갈색), 1,4-다이옥산(갈색), 염화비닐(갈색), 아크릴로나이트릴(갈색), 브로모폼(갈색), 석유계 총탄화수소(갈색)

59 농도표시에 관한 설명 중 틀린 것은?

① 백만분율(ppm ; parts per million)을 표시할 때는 mg/L, mg/kg의 기호를 쓴다.
② 기체 중의 농도는 표준상태(20℃, 1기압)로 환산 표시한다.
③ 용액의 농도를 '%'로만 표시할 때는 W/V%의 기호를 쓴다.
④ 천분율(ppt, parts per thousand)을 표시할 때는 g/L, g/kg의 기호를 쓴다.

해설

ES 04000.d 총칙
기체 중의 농도는 표준상태(0℃, 1기압)로 환산 표시한다.

60 자외선/가시선 분광법에 의한 음이온 계면활성제 측정 시 메틸렌블루와 반응시켜 생성된 착화합물의 추출용매로 가장 적절한 것은?

① 디티존사염화탄소
② 클로로폼
③ 트라이클로로에틸렌
④ 노말헥산

해설

ES 04359.1d 음이온 계면활성제-자외선/가시선 분광법
물속에 존재하는 음이온 계면활성제를 측정하기 위하여 메틸렌블루와 반응시켜 생성된 청색의 착화합물을 클로로폼으로 추출하여 흡광도를 650nm에서 측정하는 방법이다.

정답 57 ③ 58 ② 59 ② 60 ②

제4과목 | 수질환경관계법규

61 환경기준에서 수은의 하천수질기준으로 적절한 것은?(단, 구분 : 사람의 건강보호)

① 검출되어서는 안 됨 ② 0.01mg/L 이하
③ 0.02mg/L 이하 ④ 0.03mg/L 이하

해설

환경정책기본법 시행령 [별표 1] 환경기준
수질 및 수생태계-하천-사람의 건강보호 기준

항 목	기준값(mg/L)
수은(Hg)	검출되어서는 안 됨 (검출한계 0.001)

62 사업장의 규모별 구분 중 1일 폐수배출량이 $250m^3$인 사업장의 종류는?

① 제2종 사업장 ② 제3종 사업장
③ 제4종 사업장 ④ 제5종 사업장

해설

물환경보전법 시행령 [별표 13] 사업장의 규모별 구분

종 류	배출 규모
제3종 사업장	1일 폐수배출량이 $200m^3$ 이상 $700m^3$ 미만인 사업장

63 수질오염방지시설 중 생물화학적 처리시설은?

① 흡착시설 ② 혼합시설
③ 폭기시설 ④ 살균시설

해설

물환경보전법 시행규칙 [별표 5] 수질오염방지시설
생물화학적 처리시설
- 살수여과상
- 폭기(瀑氣)시설
- 산화시설(산화조(酸化槽) 또는 산화지(酸化池)를 말한다)
- 혐기성·호기성 소화시설
- 접촉조(接觸槽 : 폐수를 염소 등의 약품과 접촉시키기 위한 탱크)
- 안정조
- 돈사톱밥발효시설

64 폐수처리업에 종사하는 기술요원에 대한 교육기관으로 옳은 것은?

① 한국환경공단
② 국립환경과학원
③ 환경보전협회
④ 국립환경인력개발원

해설

물환경보전법 시행규칙 제93조(기술인력 등의 교육기간·대상자 등)
교육은 다음의 구분에 따른 교육기관에서 실시한다. 다만, 환경부장관 또는 시·도지사는 필요하다고 인정하면 다음의 교육기관 외의 교육기관에서 기술인력 등에 관한 교육을 실시하도록 할 수 있다.
- 측정기기 관리대행업에 등록된 기술인력 : 국립환경인재개발원 또는 한국상하수도협회
- 폐수처리업에 종사하는 기술요원 : 국립환경인재개발원
- 환경기술인 : 환경보전협회

※ 법 개정으로 '국립환경인력개발원'이 '국립환경인재개발원'으로 변경됨

65 폐수무방류배출시설의 운영기록은 최종 기록일부터 얼마 동안 보존하여야 하는가?

① 1년간
② 2년간
③ 3년간
④ 5년간

해설

물환경보전법 시행규칙 제49조(폐수배출시설 및 수질오염방지시설의 운영기록 보존)
폐수무방류배출시설의 경우에는 운영일지를 최종 기록일부터 3년간 보존하여야 한다.

61 ① 62 ② 63 ③ 64 ④ 65 ③ 정답

66 공공수역에 특정수질유해물질 등을 누출·유출시키거나 버린 자에 대한 벌칙 기준은?

① 6개월 이하의 징역 또는 5백만원 이하의 벌금
② 1년 이하의 징역 또는 1천만원 이하의 벌금
③ 3년 이하의 징역 또는 3천만원 이하의 벌금
④ 5년 이하의 징역 또는 5천만원 이하의 벌금

해설

물환경보전법 제77조(벌칙)
공공수역에 특정수질유해물질 등을 누출·유출하거나 버린 자는 3년 이하의 징역 또는 3천만원 이하의 벌금에 처한다.

67 환경부장관이 위법시설에 대한 폐쇄를 명하는 경우에 해당되지 않는 것은?

① 배출시설을 개선하거나 방지시설을 설치·개선하더라도 배출허용기준 이하로 내려갈 가능성이 없다고 인정되는 경우
② 배출시설의 설치 허가 및 신고를 하지 아니하고 배출시설을 설치하거나 사용한 경우
③ 폐수무방류배출시설의 경우 배출시설에서 나오는 폐수가 공공수역으로 배출될 가능성이 있다고 인정되는 경우
④ 배출시설 설치장소가 다른 법률의 규정에 의하여 해당 배출시설의 설치가 금지된 장소인 경우

해설

물환경보전법 제44조(위법시설에 대한 폐쇄명령 등)
환경부장관은 허가를 받지 아니하거나 신고를 하지 아니하고 배출시설을 설치하거나 사용하는 자에 대하여 해당 배출시설의 사용 중지를 명하여야 한다. 다만, 해당 배출시설을 개선하거나 방지시설을 설치·개선하더라도 그 배출시설에서 배출되는 수질오염물질의 정도가 배출허용기준 이하로 내려갈 가능성이 없다고 인정되는 경우(폐수무방류배출시설의 경우에는 그 배출시설에서 나오는 폐수가 공공수역으로 배출될 가능성이 있다고 인정되는 경우를 말한다) 또는 그 설치장소가 다른 법률에 따라 해당 배출시설의 설치가 금지된 장소인 경우에는 그 배출시설의 폐쇄를 명하여야 한다.

68 오염총량관리기본계획안에 첨부되어야 하는 서류가 아닌 것은?

① 오염원의 자연증감에 관한 분석 자료
② 오염부하량의 산정에 사용한 자료
③ 지역개발에 관한 과거와 장래의 계획에 관한 자료
④ 오염총량관리 기준에 관한 자료

해설

물환경보전법 시행규칙 제11조(오염총량관리기본계획 승인신청 및 승인기준)
시·도지사는 오염총량관리기본계획의 승인을 받으려는 경우에는 오염총량관리기본계획안에 다음의 서류를 첨부하여 환경부장관에게 제출하여야 한다.

- 유역환경의 조사·분석 자료
- 오염원의 자연증감에 관한 분석 자료
- 지역개발에 관한 과거와 장래의 계획에 관한 자료
- 오염부하량의 산정에 사용한 자료
- 오염부하량의 저감계획을 수립하는 데에 사용한 자료

69 물환경보전법상 초과부과금 부과 대상이 아닌 것은?

① 망간 및 그 화합물 ② 니켈 및 그 화합물
③ 크롬 및 그 화합물 ④ 6가크롬화합물

해설

물환경보전법 시행령 제46조(초과배출부과금 부과 대상 수질오염물질의 종류)

- 유기물질
- 부유물질
- 카드뮴 및 그 화합물
- 시안화합물
- 유기인화합물
- 납 및 그 화합물
- 6가크롬화합물
- 비소 및 그 화합물
- 수은 및 그 화합물
- 폴리염화바이페닐(Polychlorinated Biphenyl)
- 구리 및 그 화합물
- 크롬 및 그 화합물
- 페놀류
- 트라이클로로에틸렌
- 테트라클로로에틸렌
- 망간 및 그 화합물
- 아연 및 그 화합물
- 총질소
- 총 인

정답 66 ③ 67 ② 68 ④ 69 ②

70 비점오염저감시설의 구분 중 장치형 시설이 아닌 것은?

① 여과형 시설 ② 와류형 시설
③ 저류형 시설 ④ 스크린형 시설

해설

물환경보전법 시행규칙 [별표 6] 비점오염저감시설
- 자연형 시설 : 저류시설, 인공습지, 침투시설, 식생형 시설
- 장치형 시설 : 여과형 시설, 소용돌이형 시설, 스크린형 시설, 응집·침전 처리형 시설, 생물학적 처리형 시설

※ 법 개정으로 '와류형'이 '소용돌이형'으로 변경됨

71 공공폐수처리시설로서 처리용량이 1일 700m^3 이상인 시설에 부착해야 하는 측정기기의 종류가 아닌 것은?

① 수소이온농도(pH) 수질자동측정기기
② 부유물질량(SS) 수질자동측정기기
③ 총질소(T-N) 수질자동측정기기
④ 온도측정기

해설

물환경보전법 시행령 [별표 7] 측정기기의 종류 및 부착 대상

측정기기의 종류	부착 대상
수질자동측정기기 • 수소이온농도(pH) 수질자동측정기기 • 총유기탄소량(TOC) 수질자동측정기기 • 부유물질량(SS) 수질자동측정기기 • 총질소(T-N) 수질자동측정기기 • 총인(T-P) 수질자동측정기기	• 다음의 어느 하나에 해당하는 사업장 – 공동방지시설 설치·운영사업장으로서 1일 처리용량이 200m^3 이상인 사업장 – 별표 13에 따른 제1종부터 제3종까지의 사업장 • 공공폐수처리시설로서 처리용량이 1일 700m^3 이상인 시설 • 공공하수처리시설로서 처리용량이 1일 700m^3 이상인 시설 • 폐수처리업자 중 폐수수탁처리업을 하는 자의 사업장으로서 다음의 어느 하나에 해당하는 사업장 – 공공수역에 폐수의 전부 또는 일부를 직접 방류하는 폐수처리시설을 운영하는 사업장 – 폐수를 공공폐수처리시설 또는 공공하수처리시설에 모두 유입시키는 경우로서 별표 13에 따른 제1종부터 제3종까지의 사업장

72 폐수배출시설의 설치허가 대상시설 범위 기준으로 맞는 것은?

> 상수원보호구역이 지정되지 아니한 지역 중 상수원 취수시설이 있는 지역의 경우에는 취수시설로부터 ( ) 이내에 설치하는 배출시설

① 하류로 유하거리 10km
② 하류로 유하거리 15km
③ 상류로 유하거리 10km
④ 상류로 유하거리 15km

해설

물환경보전법 시행령 제31조(설치허가 및 신고 대상 폐수배출시설의 범위 등)

상수원보호구역이 지정되지 아니한 지역 중 상수원 취수시설이 있는 지역의 경우에는 취수시설로부터 상류로 유하거리 15km 이내에 설치하는 배출시설

73 배출시설의 설치제한지역에서 폐수무방류배출시설의 설치가 가능한 특정수질유해물질이 아닌 것은?

① 구리 및 그 화합물
② 다이클로로메탄
③ 1,2-다이클로로에탄
④ 1,1-다이클로로에틸렌

해설

물환경보전법 시행규칙 제39조(폐수무방류배출시설의 설치가 가능한 특정수질유해물질)

'환경부령으로 정하는 특정수질유해물질'이란 다음의 물질을 말한다.
- 구리 및 그 화합물
- 다이클로로메탄
- 1,1-다이클로로에틸렌

70 ③ 71 ④ 72 ④ 73 ③ 정답

74 음이온 계면활성제(ABS)의 하천의 수질환경기준치는?

① 0.01mg/L 이하 ② 0.1mg/L 이하
③ 0.05mg/L 이하 ④ 0.5mg/L 이하

해설

환경정책기본법 시행령 [별표 1] 환경기준

수질 및 수생태계–하천–사람의 건강보호 기준

항 목	기준값(mg/L)
음이온 계면활성제(ABS)	0.5 이하

75 폐수를 전량 위탁처리하여 방지시설의 설치면제에 해당되는 사업장은 그에 해당하는 서류를 제출하여야 한다. 다음 중 제출서류에 해당하지 않는 것은?

① 배출시설의 기능 및 공정의 설계 도면
② 폐수처리업자 등과 체결한 위탁처리계약서
③ 위탁처리할 폐수의 성상별 저장시설의 설치계획 및 그 도면
④ 위탁처리할 폐수의 종류·양 및 수질오염물질별 농도에 대한 예측서

해설

물환경보전법 시행규칙 제43조(수질오염방지시설의 설치가 면제되는 경우의 제출서류)

수질오염방지시설의 설치가 면제되는 경우에는 다음의 구분에 따른 서류를 제출해야 한다.

- 배출시설의 기능 및 공정상 수질오염물질이 항상 배출허용기준 이하로 배출되는 경우
  - 해당 폐수배출시설의 기능 및 공정의 특성과 사용되는 원료·부원료의 특성에 관한 설명자료
  - 폐수배출시설에서 배출되는 수질오염물질이 항상 배출허용기준 이하로 배출되는 사실을 증명하는 객관적인 문헌이나 그 밖의 시험분석자료
- 폐수처리업의 등록을 한 자(이하 '폐수처리업자') 또는 환경부장관이 인정하여 고시하는 관계 전문기관에 환경부령으로 정하는 폐수를 전량 위탁처리하는 경우
  - 위탁처리할 폐수의 종류·양 및 수질오염물질별 농도에 대한 예측서
  - 위탁처리할 폐수의 성상별 저장시설의 설치계획 및 그 도면
  - 폐수처리업자 등과 체결한 위탁처리계약서

76 배출시설과 방지시설의 정상적인 운영·관리를 위하여 환경기술인을 임명하지 아니한 자에 대한 과태료 처분 기준은?

① 1천만원 이하 ② 300만원 이하
③ 200만원 이하 ④ 100만원 이하

해설

물환경보전법 제82조(과태료)

제47조제1항을 위반하여 환경기술인을 임명하지 아니한 자는 1천만원 이하의 과태료를 부과한다.

물환경보전법 제47조제1항

사업자는 배출시설과 방지시설의 정상적인 운영·관리를 위하여 대통령령으로 정하는 바에 따라 환경기술인을 임명하여야 한다.

77 낚시금지구역에서 낚시행위를 한 자에 대한 과태료 처분 기준은?

① 100만원 이하 ② 200만원 이하
③ 300만원 이하 ④ 500만원 이하

해설

물환경보전법 제82조(과태료)

낚시금지구역에서 낚시행위를 한 사람에게는 300만원 이하의 과태료를 부과한다.

78 사업자가 환경기술인을 임명하는 목적으로 맞는 것은?

① 배출시설과 방지시설의 운영에 필요한 약품의 구매·보관에 관한 사항
② 배출시설과 방지시설의 사용개시 신고
③ 배출시설과 방지시설의 등록
④ 배출시설과 방지시설의 정상적인 운영·관리

해설

물환경보전법 제47조(환경기술인)

사업자는 배출시설과 방지시설의 정상적인 운영·관리를 위하여 대통령령으로 정하는 바에 따라 환경기술인을 임명하여야 한다.

정답 74 ④ 75 ① 76 ① 77 ③ 78 ④

79 사업자 및 배출시설과 방지시설에 종사하는 자는 배출시설과 방지시설의 정상적인 운영, 관리를 위한 환경기술인의 업무를 방해하여서는 아니 되며, 그로부터 업무수행에 필요한 요청을 받은 때에는 정당한 사유가 없는 한 이에 응하여야 한다. 이를 위반하여 환경기술인의 업무를 방해하거나 환경기술인의 요청을 정당한 사유 없이 거부한 자에 대한 벌칙 기준은?

① 100만원 이하의 벌금
② 200만원 이하의 벌금
③ 300만원 이하의 벌금
④ 500만원 이하의 벌금

해설

물환경보전법 제80조(벌칙)
사업자 및 배출시설과 방지시설에 종사하는 사람은 배출시설과 방지시설의 정상적인 운영·관리를 위한 환경기술인의 업무를 방해하여서는 아니 되며, 그로부터 업무 수행에 필요한 요청을 받았을 때에는 정당한 사유가 없으면 이에 따라야 한다. 이 규정을 위반하여 환경기술인의 업무를 방해하거나 환경기술인의 요청을 정당한 사유 없이 거부한 자는 100만원 이하의 벌금에 처한다.

80 환경정책기본법령상 환경기준 중 수질 및 수생태계(해역)의 생활환경 기준으로 맞는 것은?

① 용매 추출유분 : 0.01mg/L 이하
② 총질소 : 0.3mg/L 이하
③ 총인 : 0.03mg/L 이하
④ 화학적 산소요구량 : 1mg/L 이하

해설

환경정책기본법 시행령 [별표 1] 환경기준
수질 및 수생태계-해역-생활환경

항 목	기 준
수소이온농도(pH)	6.5~8.5
총대장균군(총대장균군수/100mL)	1,000 이하
용매추출유분(mg/L)	0.01 이하

79 ① 80 ① 정답

2019년 제2회 과년도 기출문제

제1과목 | 수질오염개론

01 소수성 콜로이드 입자가 전기를 띠고 있는 것을 알아보기 위한 가장 적합한 실험은?

① 콜로이드용액의 삼투압을 조사한다.
② 소량의 친수콜로이드를 가하여 보호작용을 조사한다.
③ 전해질을 주입하여 응집 정도를 조사한다.
④ 콜로이드 입자에 강한 빛을 쬐어 틴들현상을 조사한다.

해설
소수성 콜로이드에 전해질 응집제를 가하면 전기적으로 중화되어 엉겨서 가라앉는 현상이 일어난다.

02 다음과 같은 반응이 있다.

$H_2O \rightleftarrows H^+ + HO^-$
$NH_3(aq) + H_2O \rightleftarrows NH^{+4} + OH^-$
(단, $K_w = 1.0 \times 10^{-14}$, $K_b = 1.8 \times 10^{-5}$)

다음 반응의 평형상수(K)는?

$NH^{+4} \rightleftarrows NH_3(aq) + H^+$

① 1.8×10^9
② 1.8×10^{-9}
③ 5.6×10^{10}
④ 5.6×10^{-10}

해설
• $NH_4 \leftrightarrows NH_3(aq) + H^+$

$$K = \frac{[NH_3][H^+]}{[NH_4]} \cdots ㉠$$

• $NH_3(aq) + H_2O \leftrightarrows NH_4^+ + OH^-$

$$K_b = \frac{[NH_4^+][OH^-]}{[NH_3]},\ \frac{[NH_3]}{[NH_4^+]} = \frac{[OH^-]}{K_b} \cdots ㉡$$

㉠에 ㉡을 대입하여 K를 구한다.

$$K = \frac{[OH^-][H^+]}{K_b} = \frac{K_w}{K_b} = \frac{1.0 \times 10^{-14}}{1.8 \times 10^{-5}} \fallingdotseq 5.6 \times 10^{-10}$$

03 Glucose($C_6H_{12}O_6$) 800mg/L 용액을 호기성 처리 시 필요한 이론적 인(P)의 양(mg/L)은?(단, BOD_5 : N : P = 100 : 5 : 1, K_1 = 0.1day^{-1}, 상용대수기준)

① 약 9.6
② 약 7.9
③ 약 5.8
④ 약 3.6

해설
$C_6H_{12}O_6 + 6O_2 \rightarrow 6CO_2 + 6H_2O$
180g : 6 × 32g
800mg/L : x
x ≒ 853.3mg/L

$$BOD_5 = BOD_u \times (1 - 10^{-0.5}) = 853.3\text{mg/L} \times (1 - 10^{-0.5}) \fallingdotseq 583.5$$

∴ BOD_5 : P = 100 : 1이므로, 필요한 P의 양은 약 5.8mg/L이다.

정답 1 ③ 2 ④ 3 ③

04 적조 발생의 환경적 요인과 가장 거리가 먼 것은?

① 바다의 수온구조가 안정화되어 물의 수직적 성층이 이루어질 때

② 플랑크톤의 번식에 충분한 광량과 영양염류가 공급될 때

③ 정체 수역의 염분 농도가 상승되었을 때

④ 해저에 빈산소 수피가 형성되어 포자의 발아 촉진이 일어나고 퇴적층에서 부영양화의 원인 물질이 용출될 때

해설

적조현상은 물의 이동이 적은 정체수역에서 잘 발생하며, 염분의 농도가 낮을 때 발생한다.

05 다음에서 설명하는 기체 확산에 관한 법칙은?

기체의 확산속도(조그마한 구멍을 통한 기체의 탈출)는 기체 분자량의 제곱근에 반비례한다.

① Dalton의 법칙

② Graham의 법칙

③ Gay-Lussac의 법칙

④ Charles의 법칙

해설

② Graham의 확산법칙 : 기체의 확산이나 분출속도는 일정한 온도와 압력하에서 분자량의 제곱근에 반비례한다.

① Dalton의 법칙 : 혼합 기체의 전체 압력은 각 성분 기체의 부분 압력(혼합 기체가 들어 있는 용기와 같은 부피의 용기에 성분 기체가 단독으로 들어 있을 때 나타내는 압력)을 더한 값과 같다.

③ Gay-Lussac의 법칙 : 기체 사이에서 화학반응이 일어날 때 같은 온도와 같은 압력에서 반응하는 기체와 생성되는 기체의 부피 사이에는 간단한 정수비가 성립한다는 법칙이다.

④ Charles의 법칙 : 일정한 압력에서 기체의 체적은 절대온도에 비례한다는 법칙으로, 온도가 1℃ 상승할 때마다 0℃일 때의 체적보다 1/273씩 팽창한다는 법칙이다.

06 농업용수의 수질 평가 시 사용되는 SAR(Sodium Adsorption Ratio) 산출식에 직접 관련된 원소로만 나열된 것은?

① K, Mg, Ca

② Mg, Ca, FE

③ Ca, Mg, Al

④ Ca, Mg, Na

해설

SAR은 관개용수의 나트륨 함량비로서 농업용수의 수질 척도로 이용된다.

$$SAR=\frac{Na^{+}}{\sqrt{\frac{Ca^{2+}+Mg^{2+}}{2}}}$$

07 빈영양호와 부영양호를 비교한 내용으로 옳지 않은 것은?

① 투명도 : 빈영양호는 5m 이상으로 높으나 부영양호는 5m 이하로 낮다.

② 용존산소 : 빈영양호는 전층이 포화에 가까우나, 부영양호는 표수층은 포화이나 심수층은 크게 감소한다.

③ 물의 색깔 : 빈영양호는 황색 또는 녹색이나 부영양호는 녹색 또는 남색을 띤다.

④ 어류 : 빈영양호에는 냉수성인 송어, 황어 등이 있으나 부영양호에는 난수성인 잉어, 붕어 등이 있다.

해설

- 빈영양호
  - 일반적으로 수심이 깊고, 물이 맑으며 물의 색깔은 남색 또는 녹색을 띤다.
  - 투명도는 5m 이상이고, 용존산소량은 전층이 포화에 가깝다.
  - 냉수성 어류인 송어, 황어 등이 서식한다.
- 부영양호
  - 일반적으로 수심은 얕고, 물의 색깔은 녹색 내지 황색이다.
  - 투명도는 5m 이하이고, 용존산소량의 경우 표수층은 포화이나 심수층은 크게 감소한다.
  - 난수성 어류인 잉어, 붕어 등이 서식한다.

4 ③ 5 ② 6 ④ 7 ③ 정답

08 K_1(탈산소계수, Base = 상용대수)가 0.1day인 물질의 BOD_5 = 400mg/L이고, COD = 800mg/L라면 NBDCOD(mg/L)는?(단, BDCOD = BOD_u)

① 215 ② 235
③ 255 ④ 275

해설
BOD 소모공식을 이용한다.
$BOD_t = BOD_u(1-10^{-K_1 t})$
$400 = BOD_u(1-10^{-0.5})$, $BOD_u \fallingdotseq 585mg/L$
COD = BDCOD + NBDCOD = BOD_u + NBDCOD
800 = 585 + NBDCOD
∴ NBDCOD ≒ 215mg/L

09 BOD_5가 213mg/L인 하수의 7일 동안 소모된 BOD(mg/L)는?(단, 탈산소계수 = 0.14/day)

① 238 ② 248
③ 258 ④ 268

해설
BOD 소모공식을 이용한다.
$BOD_t = BOD_u(1-10^{-k_1 t})$
$213 = BOD_u(1-10^{-0.7})$, $BOD_u \fallingdotseq 266.09mg/L$
7일간 소모된 BOD를 계산하면
$BOD_7 = 266.09 \times (1-10^{-0.98}) \fallingdotseq 238.22mg/L$

10 $[H^+] = 5.0 \times 10^{-6}$mol/L인 용액의 pH는?

① 5.0 ② 5.3
③ 5.6 ④ 5.9

해설
$$pH = \log\frac{1}{[H^+]} = \log\frac{1}{5.0 \times 10^{-6}} \fallingdotseq 5.3$$

11 자연수 중 지하수의 경도가 높은 이유는 다음 중 어떤 물질의 영향인가?

① NH_3
② O_2
③ Colloid
④ CO_2

해설
지하수에는 일반적으로 CO_2 존재량이 많아 지하수의 경도에 영향을 준다.

12 PCB에 관한 설명으로 틀린 것은?

① 물에는 난용성이나 유기용제에 잘 녹는다.
② 화학적으로 불활성이고 절연성이 좋다.
③ 만성 중독 증상으로 카네미유증이 대표적이다.
④ 고온에서 대부분의 금속과 합금을 부식시킨다.

해설
PCB의 특징
- 폴리염화페비닐($C_{12}Cl_xH_{10-x}$)로 총 약 210여 종이 있다.
- 화학적으로 불활성이고 미생물에 의해 분해되기 어려우며, 산·알칼리·물과도 반응하지 않는다.
- 물에는 난용성이나 유기용제에 잘 녹는다.
- 고온에서도 대부분의 금속 및 합금을 부식시키지 않고, 내열성 및 절연성이 좋다.
- 만성 중독 증상으로 카네미유증이 대표적이다.

정답 8 ① 9 ① 10 ② 11 ④ 12 ④

13 하구의 물 이동에 관한 설명으로 옳은 것은?

① 해수는 담수보다 무겁기 때문에 하구에서는 수심에 따라 층을 형성하여 담수의 상부에 해수가 존재하는 경우도 있다.

② 혼합이 없고 단지 이류만 일어나는 하천에 염료를 순간적으로 방출하면 하류의 각 지점에서의 염료 농도는 직사각형으로 표시된다.

③ 강혼합형은 하상구배와 간만의 차가 커서 염수와 담수의 혼합이 심하고 수심방향에서 밀도차가 일어나서 결국 오염물질이 공해로 운반될 수도 있다.

④ 조류의 간만에 의해 종방향에 따른 혼합이 중요하게 되는 경우도 있으며, 만조 시에 바다 가까운 하구에서 때때로 역류가 일어나는 경우가 있다.

해설

이류만 있을 경우 물의 흐름에 따라 염료가 진행되고, 혼합이 없으므로 농도가 낮아지는 물리적 정화현상은 나타나지 않는다. 따라서 흐름방향의 염료 농도는 직사각형의 형태로 모두 동일하게 나타난다.

14 수질항목 중 호수의 부영양화 판정기준이 아닌 것은?

① 인

② 질 소

③ 투명도

④ 대장균

해설

호수의 부영영화 판단기준으로는 TP, TN, 투명도, Chl-a 농도 등이 있다.

15 다음 산화-환원 반응식에 대한 설명으로 옳은 것은?

$$2KMnO_4 + 3H_2SO_4 + 5H_2O \rightarrow K_2SO_4 + 2MnSO_4 + 5O_2$$

① $KMnO_4$는 환원되었고 H_2O_2는 산화되었다.

② $KMnO_4$는 산화되었고 H_2O_2는 환원되었다.

③ $KMnO_4$는 환원제이고 H_2O_2는 산화제이다.

④ $KMnO_4$는 산화되었으므로 산화제이다.

해설

반응식에서 $KMnO_4$는 전자를 얻어 환원되었고 H_2O_2는 전자를 잃어 산화되었다.

- 산화란 산소를 증가시키거나 수소 및 전자를 잃는 현상 또는 그것에 수반되는 화학적 반응을 말하며, 환원은 산소를 잃거나 수소 또는 전자를 얻는 현상 또는 그것에 수반되는 화학적 반응을 말한다.
- 산화제는 자신은 환원되고 다른 물질을 산화시키는 물질로 $KMnO_4$, MnO_2, $K_2Cr_2O_7$, F_2, O_3, H_2SO_4, O_2 등이 있다.
- 환원제 : 자신은 산화되고 다른 물질을 환원시키는 물질로 H_2, H_2S, SO_2, $Na_2S_2O_3$, $FeSO_3$, $FeCl_2$ 등이 있다.
- 철염, 이산화황, H_2O_2 등은 조건에 따라 환원제나 산화제로 작용할 수 있다.

16 해수에 관한 설명으로 옳은 것은?

① 해수의 밀도는 담수보다 낮다.

② 염분 농도는 적도 해역보다 남북 양극 해역에서 다소 낮다.

③ 해수의 Mg/Ca비는 담수의 Mg/Ca비보다 작다.

④ 수심이 깊을수록 해수 주요성분 농도비의 차이는 줄어든다.

해설

염분은 적도 해역에서 높고, 극지방 해역에서는 다소 낮다.

해수의 특성

- pH는 약 8.2로 약알칼리성이다.
- 해수의 Mg/Ca비는 3~4 정도로 담수(0.1~0.3)에 비해 크다.
- 해수의 염도는 약 35,000ppm 정도이며, 심해로 갈수록 커진다.
- 해수의 밀도는 약 1.02~1.07g/cm^3 정도이며, 담수보다 높다.
- 해수의 주요성분 농도비는 일정하고, 대표적인 구성원소를 농도에 따라 나열하면 $Cl^- > Na^+ > SO_4^{2-} > Mg^{2+} > Ca^{2+} > K^+ > HCO_3^-$ 순이다.

13 ② 14 ④ 15 ① 16 ② 정답

17 **물의 동점성계수를 가장 알맞게 나타낸 것은?**

① 전단력 τ과 점성계수 μ를 곱한 값이다.
② 전단력 τ과 밀도 ρ를 곱한 값이다.
③ 점성계수 μ를 전단력 τ로 나눈 값이다.
④ 점성계수 μ를 밀도 ρ로 나눈 값이다.

해설
동점성계수는 점성계수(μ)를 밀도(ρ)로 나눈 값이다.

18 **우리나라의 물이용 형태로 볼 때 수요가 가장 많은 분야는?**

① 공업용수 ② 농업용수
③ 유지용수 ④ 생활용수

해설
우리나라의 수자원을 많이 사용하는 순서를 나열하면
농업용수 > 유지용수 > 생활용수 > 공업용수 순이다.

19 **물의 일반적인 성질에 관한 설명으로 가장 거리가 먼 것은?**

① 계면에 접하고 있는 물은 다른 분자를 쉽게 받아들이지 않으며, 온도 변화에 대해서 강한 저항성을 보인다.
② 전해질이 물에 쉽게 용해되는 것은 전해질을 구성하는 양이온보다 음이온 간에 작용하는 쿨롱 힘이 공기 중에 비해 크기 때문이다.
③ 물분자의 최외각에는 결합전자쌍과 비결합전자쌍이 있는데 반발력은 비결합전자쌍이 결합전자쌍보다 강하다.
④ 물은 작은 분자임에도 불구하고 큰 쌍극자 모멘트를 가지고 있다.

해설
전해질이 물에 쉽게 용해되는 것은 전해질을 구성하는 양이온과 음이온 사이에 작용하는 정전기적 인력(쿨롱 힘)이 공기 중에 비해 작기 때문이다.
※ 전해질은 용매(물 등)에 녹아 양이온과 음이온으로 분리되어 전류를 흐르게 하는 물질이다.

20 **여름철 부영양화된 호수나 저수지에서 다음 조건을 나타내는 수층으로 가장 적절한 것은?**

- pH는 약산성이다.
- 용존산소는 거의 없다.
- CO_2는 매우 많다.
- H_2S가 검출된다.

① 성 층 ② 수온약층
③ 심수층 ④ 혼합층

해설
심수층(정체대)은 온도차에 의한 물의 유동이 없는 최하부를 의미하는데 DO의 농도가 낮아 수중 생물의 서식에는 좋지 않다. 혐기성 상태에서 분해되는 침전성 유기물에 의해 수질이 나빠지며 CO_2, H_2S 등이 증가한다.

정답 17 ④ 18 ② 19 ② 20 ③

제2과목 | 수질오염방지기술

21 토양처리 급속침투시스템을 설계하여 1차 처리 유출수 100L/s를 160m^3/m^2 · 년의 속도로 처리하고자 할 때 필요한 부지면적(ha)은?(단, 1일 24시간, 1년 365일로 환산)

① 약 2　　② 약 20
③ 약 4　　④ 약 40

해설

$$\text{면적}(A) = \frac{100\text{L}}{\text{s}} \times \frac{\text{m}^2 \cdot \text{년}}{160\text{m}^3} \times \frac{1\text{m}^3}{10^3\text{L}} \times \frac{365\text{day}}{1\text{년}} \times \frac{86{,}400\text{s}}{1\text{day}} = 19{,}710\text{m}^2$$

1ha = 10,000m^2이므로 약 2ha이다.

22 물리화학적 처리방법 중 수중의 암모니아성 질소의 효과적인 제거방법으로 옳지 않은 것은?

① Alum 주입
② Break Point 염소주입
③ Zeolite 이용
④ 탈기법 활용

해설

암모니아성 질소의 제거방법에는 암모니아 탈기법, 파과점 염소주입, 제올라이트 흡착법, 이온교환법, 생물학적 질산화/탈질법 등이 있다.

23 폭이 4.57m, 깊이가 9.14m, 길이가 61m인 분산 플러그 흐름 반응조의 유입유량은 10,600m^3/day일 때, 분산수($d = D/vL$)는?(단, 분산계수 D는 800m^2/h를 적용한다)

① 4.32　　② 3.54
③ 2.63　　④ 1.24

해설

분산수 : $d = D/vL$

유속 v를 먼저 구하면,

$$v = \frac{10{,}600\text{m}^3/\text{day}}{4.57\text{m} \times 9.14\text{m}} \times \frac{\text{day}}{24\text{h}} \fallingdotseq 10.57\text{m/h}$$

$$\therefore\ d = \frac{800\text{m}^2}{\text{h}} \times \frac{1}{61\text{m}} \times \frac{\text{h}}{10.57\text{m}} \fallingdotseq 1.24$$

24 다음 물질들이 폐수 내에 혼합되어 있을 경우 이온교환수지로 처리 시 일반적으로 제일 먼저 제거되는 것은?

① Ca^{++}　　② Mg^{++}
③ Na^+　　④ H^+

해설

Ca^{2+}가 가장 먼저 제거된다.

이온교환수지

- 양이온에 대한 선택성의 크기
  $Ba^{2+} > Pb^{2+} > Sr^{2+} > Ca^{2+} > Ni^{2+} > Cd^{2+} > Cu^{2+} > Zn^{2+} > Mg^{2+} > Ag^+ > K^+ > NH_4^+ > Na^+ > H^+$
- 음이온에 대한 선택성의 크기
  $SO_4^{2-} > I^- > NO_3^- > CrO_4^{2-} > Br^- > Cl^- > OH^-$

21 ① 22 ① 23 ④ 24 ① 정답

25 **폐수 발생원에 따른 특성에 관한 설명으로 옳지 않은 것은?**

① 식품 : 고농도 유기물을 함유하고 있어 생물학적 처리가 가능하다.

② 피혁 : 낮은 BOD 및 SS, n-Hexane 그리고 독성물질인 크롬이 함유되어 있다.

③ 철강 : 코크스 공장에서는 시안, 암모니아, 페놀 등이 발생하여 그 처리가 문제된다.

④ 도금 : 특정유해물질(Cr^{+6}, CN^-, Pb, Hg 등)이 발생하므로 그 대상에 따라 처리공법을 선정해야 한다.

해설

피혁폐수는 유기물의 농도와 SS 농도가 높으며, 독성물질인 크롬이 함유되어 있다.

26 **도금폐수 중의 CN을 알칼리 조건하에서 산화시키는 데 필요한 약품은?**

① 염화나트륨

② 소석회

③ 아황산제이철

④ 차아염소산나트륨

해설

CN을 알칼리염소법으로 처리할 때 사용되는 산화제로는 염소(Cl_2), 차아염소산(HOCl), 차아염소산나트륨(NaOCl) 등이 있다.

27 **생물학적 산화 시 암모늄 이온이 1단계 분해에서 생성되는 것은?**

① 질소가스 ② 아질산 이온

③ 질산 이온 ④ 아 민

해설

질산화반응 시 암모늄 이온이 호기성 조건에서 질산화세균에 의해 생물학적 산화반응으로 질산성 질소(NO_2^{-N}, NO_3^{-N})로 산화된다.

- 1단계 : $NH_3^{-N} + 1.5O_2 \rightarrow NO_2^{-N}$
- 2단계 : $NO_2^{-N} + 0.5O_2 \rightarrow NO_3^{-N}$

28 **활성슬러지법으로 운영되는 처리장에서 슬러지의 SVI가 100일 때 포기조 내의 MLSS 농도를 2,500mg/L로 유지하기 위한 슬러지 반송률(%)은?**

① 20.0 ② 25.5

③ 29.2 ④ 33.3

해설

슬러지 반송비(R)과 SVI 관계식을 이용한다.

$$R = \frac{X}{(10^6/\mathrm{SVI}) - X}$$

$$슬러지\ 반송률(\%) = R \times 100 = \frac{X}{(10^6/\mathrm{SVI}) - X} \times 100 = \frac{2,500}{(10^6/100) - 2,500} \times 100 \fallingdotseq 33.33\%$$

29 **슬러지 혐기성 소화 과정에서 발생 가능성이 가장 낮은 가스는?**

① CH_4 ② CO_2

③ H_2S ④ SO_2

해설

슬러지 혐기성 소화 과정에서 발생되는 가스로는 CH_4, CO_2, H_2S 등이 있다.

정답 25 ② 26 ④ 27 ② 28 ④ 29 ④

30 슬러지 개량을 행하는 주된 이유는?

① 탈수 특성을 좋게 하기 위해
② 고형화 특성을 좋게 하기 위해
③ 탈취 특성을 좋게 하기 위해
④ 살균 특성을 좋게 하기 위해

해설
슬러지 개량은 슬러지의 성질을 개량하는 것으로, 그 주된 목적은 슬러지의 안정화와 입자의 크기를 증대시켜 농축과 탈수가 용이하도록 하는 것이다.

31 1,000명의 인구 세대를 가진 지역에서 폐수량이 800m^3/day일 때 폐수의 BOD_5 농도(mg/L)는? (단, 1일1인 BOD_5 오염부하 = 50g)

① 62.5 ② 85.4
③ 100 ④ 150

해설
BOD_5(mg/L)

$$\frac{50\text{g BOD}}{1\text{인}\cdot\text{day}} \times 1{,}000\text{인} \times \frac{\text{day}}{800\text{m}^3} \times \frac{10^3\text{mg}}{1\text{g}} \times \frac{1\text{m}^3}{10^3\text{L}}$$
$= 62.5\text{mg/L}$

32 하·폐수 처리의 근본적인 목적으로 가장 알맞은 것은?

① 질 좋은 상수원의 확보
② 공중보건 및 환경보호
③ 미관 및 냄새 등 심미적 요소의 충족
④ 수중생물의 보호

해설
하·폐수 처리의 목적은 인간의 사회 활동으로 인하여 오염된 수자원을 정화하고, 오염의 확산을 막는 데 있다.

33 포기조 내 MLSS 농도 3,200mg/L이고, 1L의 임호프콘에 30분간 침전시킨 후 부피가 400mL였을 때 SVI(Sludge Volume Index)는?

① 105
② 125
③ 143
④ 157

해설
$$SVI = \frac{SV_{30}(\text{mL/L})}{\text{MLSS}(\text{mg/L})} \times 10^3 = \frac{400}{3{,}200} \times 10^3 = 125$$

34 분뇨와 같은 고농도 유기폐수를 처리하는 데 적합한 최적처리법은?

① 표준활성슬러지법
② 응집침전법
③ 여과·흡착법
④ 혐기성 소화법

해설
혐기성 소화법은 침전성 고형물과 유기물을 고농도로 함유한 폐수처리에 유리하다.

30 ① 31 ① 32 ② 33 ② 34 ④ 정답

35 하수관의 부식과 가장 관계가 깊은 것은?

① NH_3 가스　② H_2S 가스
③ CO_2 가스　④ CH_4 가스

해설

하수관거의 부식에 영향을 주는 가스는 H_2S이다.

H_2S에 의한 관정부식

관거를 흐르는 하수 또는 폐수 내의 용존산소가 고갈되면 하수 내에 존재하는 황산염 이온이 황산염 환원세균에 의해서 황화물(Sulphides)로 환원되고, 이는 황화수소의 형태로 하수관 내부의 공기 중으로 유출된다. 황화수소는 관거 표면에 부착하여 성장하는 미생물의 생화학적 작용에 의해 황산으로 변환되는데, 이렇게 형성된 황산은 매우 강한 산이기 때문에 관거의 내부를 부식시키는데 이를 관정부식이라고 한다.

36 급속모래 여과장치에 있어서 수두손실에 영향을 미치는 인자로 가장 거리가 먼 것은?

① 여층의 두께
② 여과속도
③ 물의 점도
④ 여과면적

해설

- 여과면적은 수두손실에 영향을 미치는 인자와는 거리가 멀다.
- 여과지의 수두손실에 영향을 미치는 인자에는 여층의 두께, 수온, 물의 점도, 여사입경, 여과속도 등이 있다.

37 슬러지 건조고형물 무게의 1/2이 유기물질, 1/2이 무기물질이며, 슬러지 함수율은 80%, 유기물질 비중은 1.0, 무기물질 비중은 2.5라면 슬러지 전체의 비중은?

① 1.025　② 1.046
③ 1.064　④ 1.087

해설

슬러지 비중 수지식을 이용하여 계산한다.

$$\frac{m_{SL}}{\rho_{SL}}=\frac{m_{TS}}{\rho_{TS}}+\frac{m_w}{\rho_w}=\frac{m_{FS}X_{FS}}{\rho_{FS}}+\frac{m_{VS}X_{VS}}{\rho_{VS}}+\frac{m_w}{\rho_w}$$

$$\frac{100}{\rho_{SL}}=\frac{100\times(1-0.8)\times(1/2)}{2.5}+\frac{100\times(1-0.8)\times(1/2)}{1.0}+\frac{80}{1.0}$$

$\therefore\ \rho_{SL} \fallingdotseq 1.064$

38 활성슬러지법에서 포기조 내 운전이 악화되었을 때 검토해야 할 사항으로 가장 거리가 먼 것은?

① 포기조 유입수의 유해성분 유무를 조사
② MLSS 농도가 적정하게 유지되는가를 조사
③ 포기조 유입수의 pH 변동 유무를 조사
④ 유입 원폐수의 SS 농도 변동 유무를 조사

해설

유입 원폐수 SS 농도 변동 유무는 포기조 운전 악화와는 거리가 멀다. 포기조 내 운전이 악화되었을 때는 포기조 내의 MLSS 농도, SRT, 독성물질의 유입, 포기조 유입수의 pH의 변화 등을 점검한다.

정답 35 ② 36 ④ 37 ③ 38 ④

39 **미생물 고정화를 위한 펠릿(Pellet) 재료로서 이상적인 요구조건에 해당되지 않는 것은?**

① 기질, 산소의 투과성이 양호한 것
② 압축강도가 높을 것
③ 암모니아 분배계수가 낮을 것
④ 고정화 시 활성수율과 배양 후의 활성이 높을 것

해설

분배계수가 낮아질수록 흡착이 잘 이루어지지 않아 암모니아가 높은 농도로 남아있게 되며, 암모니아의 독성으로 인해 미생물 고정화는 어렵게 된다.

40 **NH_4^+가 미생물에 의해 NO_3^-로 산화될 때 pH의 변화는?**

① 감소한다.
② 증가한다.
③ 변화 없다.
④ 증가하다 감소한다.

해설

질산화반응 시 수소이온이 발생하므로 pH는 감소한다.
질산화반응식
$NH_4^+ + 2O_2 \rightarrow NO_3^- + H_2O + 2H^+$

제3과목 | 수질오염공정시험기준

41 **온도에 대한 설명으로 옳은 것은?**

① 상온 : 15~25℃
② 상온 : 20~30℃
③ 실온 : 15~25℃
④ 실온 : 20~30℃

해설

ES 04000.d 총칙
표준온도는 0℃, 상온은 15~25℃, 실온은 1~35℃로 하고, 찬 곳은 따로 규정이 없는 한 0~15℃의 곳을 뜻한다.

42 **자외선/가시선 분광법으로 카드뮴을 정량할 때 쓰이는 시약과 그 용도가 잘못 짝지어진 것은?**

① 질산-황산법 : 시료의 전처리
② 수산화나트륨용액 : 시료의 중화
③ 디티존 : 시료의 중화
④ 사염화탄소 : 추출용매

해설

디티존은 카드뮴착염을 생성시키는 데 쓰인다.
ES 04413.2d 카드뮴-자외선/가시선 분광법
물속에 존재하는 카드뮴이온을 시안화칼륨이 존재하는 알칼리성에서 디티존과 반응시켜 생성하는 카드뮴착염을 사염화탄소로 추출하고, 추출한 카드뮴착염을 타타르산용액으로 역추출한 다음 다시 수산화나트륨과 시안화칼륨을 넣어 디티존과 반응하여 생성하는 적색의 카드뮴착염을 사염화탄소로 추출하고 그 흡광도를 530nm에서 측정하는 방법이다.

39 ③ 40 ① 41 ① 42 ③ 정답

43 이온크로마토그래피에서 분리칼럼으로부터 용리된 각 성분이 검출기에 들어가기 전에 용리액 자체의 전도도를 감소시키는 목적으로 사용되는 장치는?

① 액송펌프 ② 제거장치
③ 분리칼럼 ④ 보호칼럼

해설

ES 04350.1b 음이온류-이온크로마토그래피
제거장치(억제기)는 분리칼럼으로부터 용리된 각 성분이 검출기에 들어가기 전에 용리액 자체의 전도도를 감소시키고 목적성분의 전도도를 증가시켜 높은 감도로 음이온을 분석하기 위한 장치이다. 고용량의 양이온 교환수지를 충전시킨 칼럼형과 양이온 교환막으로 된 격막형이 있다.

44 관 내에 압력이 존재하는 관수로 흐름에서의 관 내 유량 측정방법이 아닌 것은?

① 벤투리미터
② 오리피스
③ 파샬플룸
④ 자기식 유량측정기

해설

ES 04140.1c 공장폐수 및 하수유량-관(Pipe) 내의 유량측정방법
관 내 유량 측정방법에는 벤투리미터, 유량 측정용 노즐, 오리피스, 피토관, 자기식 유량측정기가 있다.
※ 측정용 수로에 의한 유량 측정방법에는 위어, 파샬플룸이 있다 (ES 04140.2b).

45 자외선/가시선 분광법을 적용하여 아연 측정 시 발색이 가장 잘되는 pH 정도는?

① 4 ② 9
③ 11 ④ 12

해설

ES 04409.2b 아연-자외선/가시선 분광법
물속에 존재하는 아연을 측정하기 위하여 아연이온이 pH 약 9에서 진콘(2-카복시-2′-하이드록시(Hydroxy)-5′술포포마질-벤젠·나트륨염)과 반응하여 생성하는 청색 킬레이트화합물의 흡광도를 620nm에서 측정하는 방법이다.

46 Polyethylene 재질을 사용하여 시료를 보관할 수 있는 것은?

① 페놀류 ② 유기인
③ PCB ④ 인산염인

해설

인산염인은 Polyethylene과 유리용기 둘 다 시료 보관이 가능하다.
ES 04130.1e 시료의 채취 및 보존 방법
시료 채취 시 유리용기만을 사용해야 하는 항목 : 냄새, 노말헥산 추출물질, 페놀류, 유기인, PCB, VOCs, 잔류염소(갈색), 다이에틸헥실프탈레이트(갈색), 1,4-다이옥산(갈색), 염화비닐(갈색), 아크릴로나이트릴(갈색), 브로모폼(갈색), 석유계 총탄화수소(갈색)

47 노말헥산 추출물질 측정에 관한 설명으로 틀린 것은?

① 폐수 중 비교적 휘발되지 않는 탄화수소, 탄화수소 유도체, 그리스 유상물질 및 광유류를 분석한다.
② 시료를 pH 2 이하의 산성에서 노말헥산으로 추출한다.
③ 시료용기는 유리병을 사용하여야 한다.
④ 광유류의 양을 시험하고자 할 때에는 활성규산마그네슘칼럼을 이용한다.

해설

ES 04302.1b 노말헥산 추출물질
물 중에 비교적 휘발되지 않는 탄화수소, 탄화수소유도체, 그리스 유상물질 및 광유류를 함유하고 있는 시료를 pH 4 이하의 산성으로 하여 노말헥산층에 용해되는 물질을 노말헥산으로 추출하고 노말헥산을 증발시킨 잔류물의 무게로부터 구하는 방법이다.

정답 43 ② 44 ③ 45 ② 46 ④ 47 ②

48 시험에 적용되는 용어의 정의로 틀린 것은?

① 기밀용기 : 취급 또는 저장하는 동안에 밖으로부터의 공기 또는 다른 가스가 침입하지 아니하도록 내용물을 보호하는 용기
② 정밀히 단다 : 규정된 양의 시료를 취하여 화학저울 또는 미량저울로 칭량함을 말한다.
③ 정확히 취하여 : 규정된 양의 액체를 부피피펫으로 눈금까지 취하는 것을 말한다.
④ 감압 : 따로 규정이 없는 한 15mmH_2O 이하를 뜻한다.

해설

ES 04000.d 총칙
감압 또는 진공이라 함은 따로 규정이 없는 한 15mmHg 이하를 뜻한다.

49 서로 관계없는 것끼리 짝지어진 것은?

① BOD – 적정법
② PCB – 기체크로마토그래피
③ F – 원자흡수분광광도법
④ Cd – 자외선/가시선 분광법

해설

플루오린 분석방법
- 자외선/가시선 분광법(ES 04351.1b)
- 이온전극법(ES 04351.2a)
- 이온크로마토그래피(ES 04351.3a)

50 0.1N-NaOH의 표준용액(f = 1.008) 30mL를 완전히 반응시키는 데 0.1N-$H_2C_2O_4$ 용액 30.12mL를 소비했을 때 0.1N-$H_2C_2O_4$ 용액의 Factor는?

① 1.004　② 1.012
③ 0.996　④ 0.992

해설

0.1N-$H_2C_2O_4$ 용액의 Factor를 x라고 하면
$1.008 \times 30\text{mL} = x \times 30.12\text{mL}$
$\therefore x \fallingdotseq 1.004$

51 질소화합물의 측정방법이 알맞게 연결된 것은?

① 암모니아성 질소 : 환원 증류–킬달법(합산법)
② 아질산성 산소 : 자외선/가시선 분광법(인도페놀법)
③ 질산성 산소 : 이온크로마토그래피법
④ 총질소 : 자외선/가시선 분광법(다이아조화법)

해설

질소화합물의 측정방법
- 암모니아성 질소 : 자외선/가시선 분광법, 이온전극법, 적정법
- 아질산성 질소 : 자외선/가시선 분광법, 이온크로마토크래피
- 질산성 질소 : 자외선/가시선 분광법(부루신법), 자외선/가시선 분광법(활성탄흡착법), 이온크로마토그래피, 데발다합금 환원증류법
- 총질소 : 자외선/가시선 분광법(산화법), 자외선/가시선 분광법(카드뮴·구리환원법), 자외선/가시선 분광법(환원증류·킬달법), 연속흐름법

48 ④ 49 ③ 50 ① 51 ③ 정답

52 사각위어의 수두가 90cm, 위어의 절단폭이 4m라면 사각위어에 의해 측정된 유량(m^3/min)은?(단, 유량계수 = 1.6, $Q = Kbh^{3/2}$)

① 5.46 ② 6.97
③ 7.24 ④ 8.78

해설
ES 04140.2b 공장폐수 및 하수유량-측정용 수로 및 기타 유량측정방법
$Q = Kbh^{3/2} = 1.6 \times 4 \times 0.9^{3/2} \fallingdotseq 5.46m^3/min$

53 용액 500mL 속에 NaOH 2g이 녹아 있을 때 용액의 규정 농도(N)는?(단, Na 원자량 = 23)

① 0.1 ② 0.2
③ 0.3 ④ 0.4

해설
NaOH 분자량은 40g이며 1당량이다.
40g/1L일 때 1N이므로 4 / 40 = 0.1N이다.

54 자외선/가시선 분광법을 이용한 시험분석방법과 항목이 잘못 연결된 것은?

① 피리딘-피라졸론법 : 시안
② 란탄알리자린콤플렉손법 : 플루오린
③ 다이에틸디티오카르바민산법 : 크롬
④ 아스코르브산환원법 : 총인

해설
ES 04414.2e 크롬-자외선/가시선 분광법
다이페닐카바자이드와 반응하여 생성하는 적자색 착화합물의 흡광도를 540nm에서 측정한다.

55 공정시험기준에서 시료 내 인산염인을 측정할 수 있는 시험방법은?

① 란탄알리자린콤플렉손법
② 아스코르브산환원법
③ 다이페닐카바자이드법
④ 데발다합금 환원증류법

해설
인산염인 측정방법
- 자외선/가시선 분광법-이염화주석환원법(ES 04360.1d)
- 자외선/가시선 분광법-아스코빈산환원법(ES 04360.2c)
- 이온크로마토그래피(ES 04360.3a)

56 BOD 시험에서 시료의 전처리를 필요로 하지 않는 시료는?

① 알칼리성 시료
② 잔류염소가 함유된 시료
③ 용존산소가 과포화된 시료
④ 유기물질을 함유한 시료

해설
ES 04305.1c 생물화학적 산소요구량
시료가 산성 또는 알칼리성을 나타내거나 잔류염소 등 산화성 물질을 함유하였거나 용존산소가 과포화되어 있을 때에는 BOD 측정이 간섭 받을 수 있으므로 전처리를 행한다.

정답 52 ① 53 ① 54 ③ 55 ② 56 ④

57 수은을 냉증기-원자흡수분광광도법으로 측정하는 경우에 벤젠, 아세톤 등 휘발성 유기물질이 존재하게 되면 이들 물질 또한 동일한 파장에서 흡광도를 나타내기 때문에 측정을 방해한다. 이 물질들을 제거하기 위해 사용하는 시약은?

① 과망간산칼륨, 헥산
② 염산(1+9), 클로로폼
③ 황산(1+9), 클로로폼
④ 무수황산나트륨, 헥산

해설

ES 04408.1c 수은-냉증기-원자흡수분광광도법
간섭물질

- 시료 중 염화물 이온이 다량 함유된 경우에는 산화 조작 시 유리염소를 발생하여 253.7nm에서 흡광도를 나타낸다. 이 때는 염산하이드록실아민용액을 과잉으로 넣어 유리염소를 환원시키고 용기 중에 잔류하는 염소는 질소 가스를 통기시켜 추출한다.
- 벤젠, 아세톤 등 휘발성 유기물질도 253.7nm에서 흡광도를 나타낸다. 이 때에는 과망간산칼륨 분해 후 헥산으로 이들 물질을 추출 분리한 다음 시험한다.

58 하천수 채수위치로 적합하지 않은 지점은?

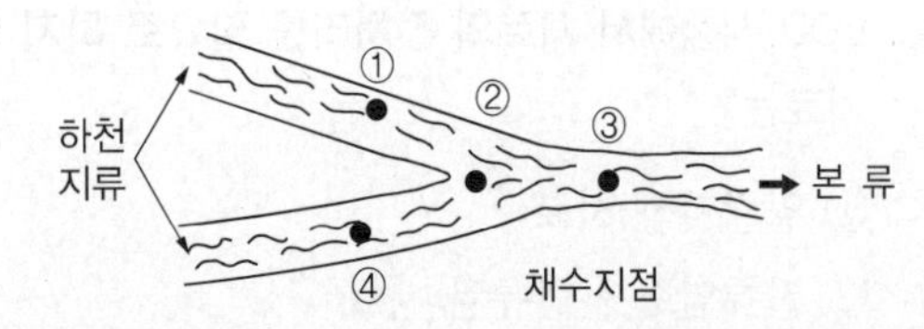

① 1지점 ② 2지점
③ 3지점 ④ 4지점

해설

ES 04130.1e 시료의 채취 및 보존 방법
하천본류와 하천지류가 합류하는 경우에는 합류 이전의 각 지점과 합류 이후 충분히 혼합된 지점에서 각각 채수하여야 하므로, 합류 지점 근처인 2지점에서 하천수를 채취하는 것은 적합하지 않다.

59 원자흡수분광광도법 광원으로 많이 사용되는 속빈음극램프에 관한 설명으로 옳은 것은?

① 원자흡광 스펙트럼선의 선폭보다 좁은 선폭을 갖고 휘도가 낮은 스펙트럼을 방사한다.
② 원자흡광 스펙트럼선의 선폭보다 좁은 선폭을 갖고 휘도가 높은 스펙트럼을 방사한다.
③ 원자흡광 스펙트럼선의 선폭보다 넓은 선폭을 갖고 휘도가 낮은 스펙트럼을 방사한다.
④ 원자흡광 스펙트럼선의 선폭보다 넓은 선폭을 갖고 휘도가 높은 스펙트럼을 방사한다.

해설

속빈음극램프는 원자흡수 측정에 사용하는 가장 보편적인 광원으로 네온이나 아르곤가스를 1~5torr의 압력으로 채운 유리관에 텅스텐 양극과 원통형 음극을 봉입한 형태의 램프로, 원자흡광 스펙트럼선의 선폭보다 좁은 선폭을 갖고 휘도가 높은 스펙트럼을 방사한다.

60 BOD 측정을 위한 전처리과정에서 용존산소가 과포화된 시료는 수온 23~25℃로 하여 몇 분간 통기하고 20℃로 방랭하여 사용하는가?

① 15분 ② 30분
③ 45분 ④ 60분

해설

ES 04305.1c 생물화학적 산소요구량
수온이 20℃ 이하일 때의 용존산소가 과포화되어 있을 경우에는 수온을 23~25℃로 상승시킨 이후에 15분간 통기하고 방치하고 냉각하여 수온을 다시 20℃로 한다.

57 ① 58 ② 59 ② 60 ① 정답

제4과목 | 수질환경관계법규

61 **공공폐수처리시설의 방류수 수질기준으로 틀린 것은?(단, 적용기간 2013년 1월 1일 이후 Ⅳ지역 기준이며, ( ) 안의 기준은 농공단지의 경우이다)**

① 부유물질량 : 10(10)mg/L 이하
② 총인 : 2(2)mg/L 이하
③ 화학적 산소요구량 : 30(30)mg/L 이하
④ 총질소 : 20(20)mg/L 이하

해설

물환경보전법 시행규칙 [별표 10] 공공폐수처리시설의 방류수 수질기준

방류수 수질기준–2020년 1월 1일부터 적용되는 기준

구 분	수질기준
	Ⅳ지역
부유물질(SS, mg/L)	10(10) 이하
총질소(T–N, mg/L)	20(20) 이하
총인(T–P, mg/L)	2(2) 이하

적용기간에 따른 수질기준란의 ( )는 농공단지 공공폐수처리시설의 방류수 수질기준을 말한다.

62 **환경기술인 등에 관한 교육을 설명한 것으로 옳지 않은 것은?**

① 보수교육 : 최초교육 후 3년마다 실시하는 교육
② 최초교육 : 최초로 업무에 종사한 날부터 1년 이내에 실시하는 교육
③ 교육과정의 교육기간 : 5일 이상
④ 교육기관 : 환경기술인은 환경보전협회, 기술요원은 국립환경인력개발원

해설

물환경보전법 시행규칙 제93조(기술인력 등의 교육기간 · 대상자 등)

① 측정기기 관리대행업에 등록된 기술인력, 환경기술인 또는 폐수처리업에 종사하는 기술요원(이하 기술인력 등)을 고용한 자는 다음의 구분에 따른 교육을 받게 하여야 한다.
 ㉠ 최초교육 : 기술인력 등이 최초로 업무에 종사한 날부터 1년 이내에 실시하는 교육
 ㉡ 보수교육 : ㉠에 따른 최초교육 후 3년마다 실시하는 교육
② ①에 따른 교육은 다음의 구분에 따른 교육기관에서 실시한다. 다만, 환경부장관 또는 시 · 도지사는 필요하다고 인정하면 다음의 교육기관 외의 교육기관에서 기술인력 등에 관한 교육을 실시하도록 할 수 있다.
 ㉠ 측정기기 관리대행업에 등록된 기술인력 : 국립환경인재개발원 또는 한국상하수도협회
 ㉡ 폐수처리업에 종사하는 기술요원 : 국립환경인재개발원
 ㉢ 환경기술인 : 환경보전협회

※ 법 개정으로 '국립환경인력개발원'이 '국립환경인재개발원'으로 변경됨

물환경보전법 시행규칙 제94조(교육과정의 종류 및 기간)

① 기술인력 등이 이수하여야 하는 교육과정은 다음의 구분에 따른다.
 ㉠ 측정기기 관리대행업에 등록된 기술인력 : 측정기기 관리대행 기술인력과정
 ㉡ 환경기술인 : 환경기술인과정
 ㉢ 폐수처리업에 종사하는 기술요원 : 폐수처리기술요원과정
② ①의 교육과정의 교육기간은 4일 이내로 한다. 다만, 정보통신매체를 이용하여 원격교육을 실시하는 경우에는 환경부장관이 인정하는 기간으로 한다.

정답 61 ③ 62 ③

63 위임업무 보고사항 중 '비점오염원의 설치신고 및 방지시설 설치 현황 및 행정처분 현황'의 보고횟수 기준은?

① 연 1회 ② 연 2회
③ 연 4회 ④ 수 시

해설
물환경보전법 시행규칙 [별표 23] 위임업무 보고사항

업무내용	보고횟수
비점오염원의 설치신고 및 방지시설 설치 현황 및 행정처분 현황	연 4회

64 환경부장관이 수질 및 수생태계를 보전할 필요가 있는 호소라고 지정·고시하고 정기적으로 수질 및 수생태계를 조사·측정하여야 하는 호소 기준으로 옳지 않은 것은?

① 1일 30만ton 이상의 원수를 취수하는 호소
② 1일 50만ton 이상이 공공수역으로 배출되는 호소
③ 동식물의 서식지·도래지이거나 생물다양성이 풍부하여 특별히 보전할 필요가 있다고 인정되는 호소
④ 수질오염이 심하여 특별한 관리가 필요하다고 인정되는 호소

해설
물환경보전법 시행령 제30조(호소수 이용 상황 등의 조사·측정 및 분석 등)
환경부장관은 다음의 어느 하나에 해당하는 호소로서 물환경을 보전할 필요가 있는 호소를 지정·고시하고, 그 호소의 물환경을 정기적으로 조사·측정 및 분석하여야 한다.
- 1일 30만ton 이상의 원수(原水)를 취수하는 호소
- 동식물의 서식지·도래지이거나 생물다양성이 풍부하여 특별히 보전할 필요가 있다고 인정되는 호소
- 수질오염이 심하여 특별한 관리가 필요하다고 인정되는 호소

65 낚시금지구역 또는 낚시제한구역 안내판의 규격 중 색상기준으로 옳은 것은?

① 바탕색 : 녹색, 글씨 : 회색
② 바탕색 : 녹색, 글씨 : 흰색
③ 바탕색 : 청색, 글씨 : 회색
④ 바탕색 : 청색, 글씨 : 흰색

해설
물환경보전법 시행규칙 [별표 12] 안내판의 규격 및 내용
안내판의 규격
- 두께 및 재질 : 3mm 또는 4mm 두께의 철판
- 바탕색 : 청색
- 글씨 : 흰색

66 1일 폐수배출량이 750m^{3}인 사업장의 분류기준에 해당하는 것은?(단, 기타 조건은 고려하지 않음)

① 제2종 사업장
② 제3종 사업장
③ 제4종 사업장
④ 제5종 사업장

해설
물환경보전법 시행령 [별표 13] 사업장의 규모별 구분

종 류	배출규모
제2종 사업장	1일 폐수배출량이 700m^3 이상 2,000m^3 미만인 사업장

63 ③ 64 ② 65 ④ 66 ① 정답

67 다음 규정을 위반하여 환경기술인 등의 교육을 받게 하지 아니한 자에 대한 과태료 처분 기준은?

> 폐수처리업에 종사하는 기술요원 또는 환경기술인을 고용한 자는 환경부령이 정하는 바에 의하여 그 해당자에 대하여 환경부장관 또는 시·도지사가 실시하는 교육을 받게 하여야 한다.

① 100만원 이하의 과태료
② 200만원 이하의 과태료
③ 300만원 이하의 과태료
④ 500만원 이하의 과태료

해설

물환경보전법 제82조(과태료)
환경기술인 등의 교육을 받게 하지 아니한 자에게는 100만원 이하의 과태료를 부과한다.

68 폐수무방류배출시설의 세부 설치기준에 관한 내용으로 ( ) 안에 옳은 것은?

> 특별대책지역에 설치되는 폐수무방류배출시설의 경우 1일 24시간 연속하여 가동되는 것이면 배출폐수를 전량 처리할 수 있는 예비 방지시설을 설치하여야 하고 1일 최대 폐수 발생량이 ( ) 이상이면 배출폐수의 무방류 여부를 실시간으로 확인할 수 있는 원격유량감시장치를 설치하여야 한다.

① $50m^3$
② $100m^3$
③ $200m^3$
④ $300m^3$

해설

물환경보전법 시행령 [별표 6] 폐수무방류배출시설의 세부 설치 기준
특별대책지역에 설치되는 폐수무방류배출시설의 경우 1일 24시간 연속하여 가동되는 것이면 배출폐수를 전량 처리할 수 있는 예비 방지시설을 설치하여야 하고, 1일 최대 폐수 발생량이 $200m^3$ 이상이면 배출폐수의 무방류 여부를 실시간으로 확인할 수 있는 원격유량감시장치를 설치하여야 한다.

69 폐수처리업의 등록기준에서 등록신청서를 시·도지사에게 제출해야 할 때 폐수처리업의 등록 및 폐수배출시설의 설치에 관한 허가기관이나 신고기관이 같은 경우, 다음 중 반드시 제출해야 하는 것은?

① 사업계획서
② 폐수배출시설 및 수질오염방지시설의 설치명세서 및 그 도면
③ 공정도 및 폐수배출배관도
④ 폐수처리방법별 저장시설 설치명세서(폐수재이용업의 경우에는 폐수성상별 저장시설 설치명세서) 및 그 도면

해설

물환경보전법 시행규칙 제90조(폐수처리업의 허가요건 등)
폐수처리업의 허가를 받으려는 자는 폐수 수탁처리업·재이용업 허가신청서에 다음의 서류를 첨부하여 소재지를 관할하는 시·도지사에게 제출(정보통신망을 이용한 제출을 포함한다)해야 한다. 다만, 시·도지사가 폐수배출시설의 설치에 관한 허가를 하였거나 신고를 받은 경우에는 ㉡부터 ㉣까지의 서류를 제출하지 않게 할 수 있다.

㉠ 사업계획서
㉡ 폐수배출시설 및 수질오염방지시설의 설치명세서 및 그 도면
㉢ 공정도 및 폐수배출배관도
㉣ 폐수처리방법별 저장시설 설치명세서(폐수재이용업의 경우에는 폐수성상별 저장시설 설치명세서) 및 그 도면
㉤ 공업용수 및 폐수처리방법별로 유입조와 최종배출구 등에 부착하여야 할 적산유량계와 수질자동측정기기의 설치 부위를 표시한 도면(폐수재이용업의 경우에는 폐수 성상별로 유입조와 최종배출구 등에 부착하여야 할 적산유량계의 설치 부위를 표시한 도면)
㉥ 폐수의 수거 및 운반방법을 적은 서류
㉦ 기술능력 보유 현황 및 그 자격을 증명하는 기술자격증(국가기술자격이 아닌 경우로 한정한다) 사본

※ 법 개정으로 위와 같이 내용 변경

정답 67 ① 68 ③ 69 ①

70 수질 및 수생태계 환경기준 중 하천(사람의 건강보호기준)에 대한 항목별 기준값으로 틀린 것은?

① 비소 : 0.05mg/L 이하
② 납 : 0.05mg/L 이하
③ 6가크롬 : 0.05mg/L 이하
④ 수은 : 0.05mg/L 이하

해설

환경정책기본법 시행령 [별표 1] 환경기준
수질 및 수생태계–하천–사람의 건강보호 기준
수은 : 검출되어서는 안 됨(검출한계 0.001)

71 배출부과금을 부과할 때 고려해야 할 사항이 아닌 것은?

① 배출허용기준 초과 여부
② 배출되는 수질오염물질의 종류
③ 배출시설의 정상 가동 여부
④ 수질오염물질의 배출기간

해설

물환경보전법 제41조(배출부과금)
배출부과금을 부과할 때에는 다음의 사항을 고려하여야 한다.

- 배출허용기준 초과 여부
- 배출되는 수질오염물질의 종류
- 수질오염물질의 배출기간
- 수질오염물질의 배출량
- 자가측정 여부

72 수질오염경보인 조류경보의 경보단계 중 '경계'의 발령·해제기준으로 ( ) 안에 들어갈 내용으로 옳은 것은?(단, 상수원 구간)

2회 연속 채취 시 남조류의 세포수가 ( )인 경우

① 1,000세포/mL 이상 10,000세포/mL 미만
② 10,000세포/mL 이상 1,000,000세포/mL 미만
③ 1,000,000세포/mL 이상
④ 1,000세포/mL 미만

해설

물환경보전법 시행령 [별표 3] 수질오염경보의 종류별 경보단계 및 그 단계별 발령·해제기준

- 조류경보–상수원 구간

경보단계	발령·해제기준
관 심	2회 연속 채취 시 남조류 세포수가 1,000세포/mL 이상 10,000세포/mL 미만인 경우
경 계	2회 연속 채취 시 남조류 세포수가 10,000세포/mL 이상 1,000,000세포/mL 미만인 경우
조류 대발생	2회 연속 채취 시 남조류 세포수가 1,000,000세포/mL 이상인 경우
해 제	2회 연속 채취 시 남조류 세포수가 1,000세포/mL 미만인 경우

- 조류경보–친수활동 구간

경보단계	발령·해제기준
관 심	2회 연속 채취 시 남조류 세포수가 20,000세포/mL 이상 100,000세포/mL 미만인 경우
경 계	2회 연속 채취 시 남조류 세포수가 100,000세포/mL 이상인 경우
해 제	2회 연속 채취 시 남조류 세포수가 20,000세포/mL 미만인 경우

[비 고]
1. 발령주체는 위의 발령·해제기준에 도달하는 경우에도 강우 예보 등 기상상황을 고려하여 조류경보를 발령 또는 해제하지 않을 수 있다.
2. 남조류 세포수는 마이크로시스티스(Microcystis), 아나베나(Anabaena), 아파니조메논(Aphanizomenon) 및 오실라토리아(Oscillatoria) 속(屬) 세포수의 합을 말한다.

정답 70 ④ 71 ③ 72 ②

73 물환경보전법에서 사용하고 있는 용어의 정의와 가장 거리가 먼 것은?

① 점오염원이란 폐수배출시설, 하수발생시설, 축사 등으로서 관거·수로 등을 통하여 일정한 지점으로 수질오염물질을 배출하는 배출원을 말한다.

② 비점오염원이란 도시, 도로, 농지, 산지, 공사장 등으로서 불특정 장소에서 불특정하게 수질오염물질을 배출하는 배출원을 말한다.

③ 수면관리자란 다른 법령의 규정에 의하여 하천을 관리하는 자를 말한다.

④ 불투수층이란 빗물 또는 눈 녹은 물 등이 지하로 스며들 수 없게 하는 아스팔트, 콘크리트 등으로 포장된 도로, 주차장, 보도 등을 말한다.

해설

물환경보전법 제2조(정의)
- 점오염원이란 폐수배출시설, 하수발생시설, 축사 등으로서 관로·수로 등을 통하여 일정한 지점으로 수질오염물질을 배출하는 배출원을 말한다.
- 수면관리자란 다른 법령에 따라 호소를 관리하는 자를 말한다. 이 경우 동일한 호소를 관리하는 자가 둘 이상인 경우에는 하천법에 따른 하천관리청 외의 자가 수면관리자가 된다.
- 불투수면이란 빗물 또는 눈 녹은 물 등이 지하로 스며들 수 없게 하는 아스팔트·콘크리트 등으로 포장된 도로, 주차장, 보도 등을 말한다.

※ 법 개정으로 정답은 ③, ④번이다.
※ 법 개정으로 ①번의 내용 변경

74 물환경보전법에서 정의하고 있는 수질오염방지시설 중 화학적 처리시설이 아닌 것은?

① 폭기시설　② 침전물 개량시설
③ 소각시설　④ 살균시설

해설

물환경보전법 시행규칙 [별표 5] 수질오염방지시설
화학적 처리시설
- 화학적 침강시설
- 중화시설
- 흡착시설
- 살균시설
- 이온교환시설
- 소각시설
- 산화시설
- 환원시설
- 침전물 개량시설

75 비점오염저감시설 중 자연형 시설이 아닌 것은?

① 침투시설
② 식생형 시설
③ 저류시설
④ 와류형 시설

해설

물환경보전법 시행규칙 [별표 6] 비점오염저감시설
- 자연형 시설 : 저류시설, 인공습지, 침투시설, 식생형 시설
- 장치형 시설 : 여과형 시설, 소용돌이형 시설, 스크린형 시설, 응집·침전 처리형 시설, 생물학적 처리형 시설

※ 법 개정으로 '와류형'이 '소용돌이형'으로 변경됨

정답 73 ③ 74 ① 75 ④

76 **상수원의 수질보전을 위해 국가 또는 지방자치단체는 비점오염저감시설을 설치하지 아니한 도로법 규정에 따른 도로 중 대통령령으로 정하는 도로가 다음 지역에 해당되는 경우는 비점오염저감시설을 설치해야 한다. 해당 지역이 아닌 것은?**

① 상수원보호구역
② 비점오염저감계획에 포함된 수변구역
③ 상수원보호구역으로 고시되지 아니한 지역의 경우에는 취수시설의 상류・하류 일정 지역으로 환경부령으로 정하는 거리 내의 지역
④ 상수원에 중대한 오염을 일으킬 수 있어 환경부령으로 정하는 지역

해설

물환경보전법 제53조의2(상수원의 수질보전을 위한 비점오염저감시설 설치)
국가 또는 지방자치단체는 비점오염저감시설을 설치하지 아니한 도로법에 따른 도로 중 대통령령으로 정하는 도로가 다음의 어느 하나에 해당하는 지역인 경우에는 비점오염저감시설을 설치하여야 한다.

- 상수원보호구역
- 상수원보호구역으로 고시되지 아니한 지역의 경우에는 취수시설의 상류・하류 일정 지역으로서 환경부령으로 정하는 거리 내의 지역
- 특별대책지역
- 한강수계 상수원수질개선 및 주민지원 등에 관한 법률, 낙동강수계 물관리 및 주민지원 등에 관한 법률, 금강수계 물관리 및 주민지원 등에 관한 법률 및 영산강・섬진강수계 물관리 및 주민지원 등에 관한 법률에 따라 각각 지정・고시된 수변구역
- 상수원에 중대한 오염을 일으킬 수 있어 환경부령으로 정하는 지역

77 **국립환경과학원장이 설치・운영하는 측정망과 가장 거리가 먼 것은?**

① 퇴적물 측정망
② 생물 측정망
③ 공공수역 유해물질 측정망
④ 기타오염원에서 배출되는 오염물질 측정망

해설

물환경보전법 시행규칙 제22조(국립환경과학원장 등이 설치・운영하는 측정망의 종류 등)
국립환경과학원장, 유역환경청장, 지방환경청장이 설치할 수 있는 측정망은 다음과 같다.

- 비점오염원에서 배출되는 비점오염물질 측정망
- 수질오염물질의 총량관리를 위한 측정망
- 대규모 오염원의 하류지점 측정망
- 수질오염경보를 위한 측정망
- 대권역・중권역을 관리하기 위한 측정망
- 공공수역 유해물질 측정망
- 퇴적물 측정망
- 생물 측정망
- 그 밖에 국립환경과학원장, 유역환경청장 또는 지방환경청장이 필요하다고 인정하여 설치・운영하는 측정망

78 **물환경보전법의 목적으로 가장 거리가 먼 것은?**

① 수질오염으로 인한 국민의 건강과 환경상의 위해 예방
② 하천・호소 등 공공수역의 수질 및 수생태계를 적정하게 관리・보전
③ 국민으로 하여금 수질 및 수생태계 보전 혜택을 널리 향유할 수 있도록 함
④ 수질환경을 적정하게 관리하여 양질의 상수원수를 보전

해설

물환경보전법 제1조(목적)
이 법은 수질오염으로 인한 국민건강 및 환경상의 위해(危害)를 예방하고 하천・호소(湖沼) 등 공공수역의 물환경을 적정하게 관리・보전함으로써 국민이 그 혜택을 널리 누릴 수 있도록 함과 동시에 미래의 세대에게 물려줄 수 있도록 함을 목적으로 한다.
※ 법 개정으로 내용 변경

76 ② 77 ④ 78 ④ 정답

79 폐수처리업의 등록기준 중 폐수수탁처리업에 해당하는 기준으로 바르지 않은 것은?

① 폐수저장시설은 폐수처리시설능력의 2.5배 이상을 저장할 수 있어야 한다.

② 폐수처리시설의 총처리능력은 7.5m^3/시간 이상이어야 한다.

③ 폐수운반장비는 용량 2m^3 이상의 탱크로리, 1m^3 이상의 합성수지제 용기가 고정된 차량이어야 한다.

④ 수질환경산업기사, 대기환경산업기사 또는 화공산업기사 1명 이상의 기술능력을 보유하여야 한다.

해설

물환경보전법 시행규칙 [별표 20] 폐수처리업의 허가요건

폐수저장시설의 용량은 1일 8시간(1일 8시간 이상 가동할 경우 1일 최대가동시간으로 한다) 최대처리량의 3일분 이상의 규모이어야 하며, 반입폐수의 밀도를 고려하여 전체 용적의 90% 이내로 저장될 수 있는 용량으로 설치하여야 한다.

※ 법 개정으로 '등록기준'이 '허가요건'으로 변경됨

80 비점오염저감시설 중 장치형 시설에 해당되는 것은?

① 여과형 시설

② 저류형 시설

③ 식생형 시설

④ 침투형 시설

해설

물환경보전법 시행규칙 [별표 6] 비점오염저감시설

- 자연형 시설 : 저류시설, 인공습지, 침투시설, 식생형 시설
- 장치형 시설 : 여과형 시설, 소용돌이형 시설, 스크린형 시설, 응집·침전 처리형 시설, 생물학적 처리형 시설

정답 79 ① 80 ①

2019년 제3회 과년도 기출문제

제1과목 | 수질오염개론

01 **현재 수온이 15℃이고 평균수온이 5℃일 때 수심 2.5m인 물의 1m²에 걸친 열전달속도(kcal/h)는?(단, 정상상태이며, 5℃에서의 K_T = 5.8kcal/h · m² · ℃/m)**

① 1.32 ② 2.32
③ 10.2 ④ 23.2

해설

열전달속도

$Q = K_T A \Delta T / H$

여기서, K_T : 열전달계수
A : 면적
ΔT : 온도차
H : 수심

$$Q(\text{kcal/h}) = \frac{5.8\text{kcal} \cdot \text{m}}{\text{h} \cdot \text{m}^2 \cdot ℃} \times 1\text{m}^2 \times 10℃ \times \frac{1}{2.5\text{m}} = 23.2$$

02 **생물학적 처리공정의 미생물에 관한 설명으로 틀린 것은?**

① 활성슬러지 공정 내의 미생물은 *Pseudomonas*, *Zoogloea*, *Achromobacter* 등이 있다.
② 사상성 미생물인 *Protozoa*가 나타나면 응집이 안 되고 슬러지 벌킹현상이 일어난다.
③ 질산화를 일으키는 박테리아는 *Nitrosomonas*와 *Nitrobacter* 등이 있다.
④ 포기조에서 호기성 및 임의성 박테리아는 새로운 세포로 변화시키는 합성과정의 에너지를 얻기 위하여 유기물의 일부를 이용한다.

해설

*Protozoa*는 원생동물로 활성슬러지 생물 중 약 5%를 차지하며, 원생동물의 배설물이 하나의 핵으로 작용하여 플록 형성을 돕고 미생물과의 접촉기회를 높이며, 폐수 처리효율을 증대시킨다.

03 **유기성 폐수에 관한 설명 중 옳지 않은 것은?**

① 유기성 폐수의 생물학적 산화는 수서세균에 의하여 생산되는 산소로 진행되므로 화학적 산화와 동일하다고 할 수 있다.
② 생물학적 처리의 영향 조건에 C/N비, 온도, 공기공급 정도 등이 있다.
③ 유기성 폐수는 C, H, O를 주성분으로 하고 소량의 N, P, S 등을 포함하고 있다.
④ 미생물이 물질대사를 일으켜 세포를 합성하게 되는 데 실제로 생성된 세포량은 합성된 세포량에서 내호흡에 의한 감량을 뺀 것과 같다.

해설

생물학적 산화는 호기성 미생물이 산소를 소모하여 유기물을 산화시키는 것을 말하며, 화학적 산화는 화학약품을 이용하여 유기물을 산화시키는 것이다. 따라서 생물학적 산화와 화학적 산화는 동일하다고 볼 수 없다.

04 **초기 농도가 100mg/L인 오염물질의 반감기가 10day라고 할 때, 반응속도가 1차 반응을 따를 경우 5일 후 오염물질의 농도(mg/L)는?**

① 70.7 ② 75.7
③ 80.7 ④ 85.7

해설

1차 반응식을 이용하여 계산한다.

$\ln\frac{C_t}{C_0} = -K \cdot t$

반감기가 10day이고, 초기 농도가 100mg/L이므로,

$\ln\frac{50}{100} = -K \cdot 10$, $K ≒ 0.06931\text{day}^{-1}$

5일 후의 농도를 계산하면,

$\ln\frac{C_t}{100} = -0.06931 \times 5$

$\therefore C_t = 100 \times e^{-0.06931 \times 5}$
$≒ 70.7\text{mg/L}$

1 ④ 2 ② 3 ① 4 ① 정답

05 **해수에 관한 설명으로 옳지 않은 것은?**

① 해수의 Mg/Ca비는 담수에 비하여 크다.
② 해수의 밀도는 수온, 수압, 수심 등과 관계없이 일정하다.
③ 염분은 적도 해역에서 높고 남북 양극 해역에서 낮다.
④ 해수 내 전체 질소 중 35% 정도는 암모니아성 질소, 유기질소 형태이다.

해설
해수의 밀도는 약 1.02~1.07g/cm^3 정도이며, 수온이 낮을수록, 수심이 깊을수록, 염분 농도가 높을수록 높아진다.

06 **하천의 수질모델링 중 다음 설명에 해당하는 모델은?**

- 하천의 수리학적 모델, 수질모델, 독성물질의 거동모델 등을 고려할 수 있으며, 1차원, 2차원, 3차원까지 고려할 수 있음
- 수질항목 간의 상태적 반응기작을 Streeter-Phelps 식부터 수정
- 수질에 저질이 미치는 영향을 보다 상세히 고려한 모델

① QUAL-Ⅰ Model ② WORRS Model
③ QUAL-Ⅱ Model ④ WASP5 Model

해설
WASP5 모델은 US EPA에서 1981년에 개발한 WASP 모델을 수정·보완한 것으로 하천, 저수지, 하구, 해안 등 광범위한 수계에 적용할 수 있어 수질 예측과 관리에 널리 사용되고 있는 모델이다. WASP5 모델은 교환계수, 유속, 오염부하량과 경계조건 등을 원하는 시간 간격에 따라 자유롭게 입력할 수 있는 동적 모델이므로 연중 변화는 물론, 짧은 시간 동안의 수질변동을 파악하는 데도 대단히 유용한 모델이다.
※ WASP 모델
- 하천의 수리학적 모델, 수질모델, 독성물질의 거동 등을 고려할 수 있다.
- 1, 2, 3차원까지 고려할 수 있으며, 저질이 수질에 미치는 영향에 대해 상세히 고려할 수 있다.
- 정상상태를 기본으로 하지만 시간에 따른 수질변화도 예측 가능하다.

07 **산성비를 정의할 때 기준이 되는 수소이온농도(pH)는?**

① 4.3 이하 ② 4.5 이하
③ 5.6 이하 ④ 6.3 이하

해설
대기 중 강우가 CO_2와 평형을 이루는 경우 pH 5.6 정도가 되는데 pH 5.6 이하인 강우를 산성비라고 한다.

08 **여름 정체기간 중 호수의 깊이에 따른 CO_2와 DO 농도의 변화를 설명한 것으로 옳은 것은?**

① 표수층에서 CO_2 농도가 DO 농도보다 높다.
② 심해에서 DO 농도는 매우 낮지만 CO_2 농도는 표수층과 큰 차이가 없다.
③ 깊이가 깊어질수록 CO_2 농도보다 DO 농도가 높다.
④ CO_2 농도와 DO 농도가 같은 지점(깊이)이 존재한다.

해설
① 표수층에서 CO_2 농도가 DO 농도보다 낮다.
② 심해에서 DO 농도는 매우 낮지만 CO_2 농도는 표수층보다 높다.
③ 깊이가 깊어질수록 CO_2 농도보다 DO 농도가 낮다.

09 **하천에서 유기물 분해상태를 측정하기 위해 20℃에서 BOD를 측정했을 때 K_1 = 0.2/day이었다. 실제 하천온도가 18℃일 때 탈산소계수(/day)는?(단, 온도보정계수 = 1.035)**

① 약 0.159 ② 약 0.164
③ 약 0.172 ④ 약 0.187

해설
$K_T = K_{1(20)} \times \theta^{(T-20)} = 0.2 \times 1.035^{(18-20)} \fallingdotseq 0.187$

정답 5 ② 6 ④ 7 ③ 8 ④ 9 ④

10 부영양호(Eutrophic Lake)의 특성에 해당하는 것은?

① 생산과 소비의 균형
② 낮은 영양염류
③ 조류의 과다 발생
④ 생물종 다양성 증가

해설
부영양화 현상이 발생하면 생태계가 파괴되며, 마지막 단계에서 청록색 조류가 발생한다.

11 시험대상 미생물을 50% 치사시킬 수 있는 유출수 또는 시료에 녹아 있는 독성물질의 농도를 나타내는 것은?

① TLN_{50} ② LD_{50}
③ LC_{50} ④ LI_{50}

해설
LC_{50}(mg/L)은 시험대상 생물을 50% 치사시키는 유출수 농도를 의미하며, TL_m과 같은 의미로 사용되기도 한다. LC_{50}값이 낮을수록 낮은 농도에서도 50%의 시험대상 생물이 치사하는 것을 나타내므로 독성이 강하다.

12 미생물의 신진대사 과정 중 에너지 발생량이 가장 많은 전자(수소)수용체는?

① 산 소
② 질산 이온
③ 황산 이온
④ 환원된 유기물

해설
미생물은 산소를 이용해 유기물을 산화시키는 과정에서 에너지를 발생시킨다.

13 물 100g에 30g의 NaCl을 가하여 용해시키면 몇 %(W/W)의 NaCl 용액이 조제되는가?

① 15 ② 23
③ 31 ④ 42

해설
$$x = \frac{30\text{g}}{100\text{g} + 30\text{g}} \times 100 \fallingdotseq 23.08\%$$

14 폐수의 분석결과 COD가 400mg/L이었고 BOD_5가 250mg/L이었다면 NBDCOD(mg/L)는?(단, 탈산소계수 K_1(밑이 10) = 0.2/day)

① 68 ② 122
③ 189 ④ 222

해설
BOD 소모공식을 이용한다.
$BOD_t = BOD_u(1 - 10^{-K_1 t})$
$250 = BOD_u(1 - 10^{-1})$, $BOD_u \fallingdotseq 277.8\text{mg/L}$
COD = BDCOD + NBDCOD = BOD_u + NBDCOD
400 = 277.8 + NBDCOD
∴ NBDCOD ≒ 122.2mg/L

정답 10 ③ 11 ③ 12 ① 13 ② 14 ②

15 HCHO(Formaldehyde) 200mg/L의 이론적 COD 값(mg/L)은?

① 163 ② 187
③ 213 ④ 227

해설
폼알데하이드 반응식은 다음과 같다.
$HCHO + O_2 \rightarrow CO_2 + H_2O$
30g : 32g
200mg/L : x
$\therefore x \fallingdotseq 213\text{mg/L}$

16 반응조에 주입된 물감의 10%, 90%가 유출되기까지의 시간을 각각 t_{10}, t_{90}이라 할 때 Morrill 지수는 t_{90}/t_{10}으로 나타낸다. 이상적인 Plug Flow인 경우의 Morrill 지수의 값은?

① 1보다 작다.
② 1보다 크다.
③ 1이다.
④ 0이다.

해설
Morrill 지수가 1에 가까울수록 플러그 흐름 상태이다.

혼합 정도	완전혼합 흐름상태	플러그 흐름상태
분 산	1일 때	0일 때
분산수	∞	0
Morrill 지수	클수록	1에 가까울수록

17 탈산소계수(상용대수 기준)가 0.12/day인 폐수의 BOD_5는 200mg/L이다. 이 폐수가 3일 후에 미분해되고 남아 있는 BOD(mg/L)는?

① 67
② 87
③ 117
④ 127

해설
BOD 소모공식을 이용한다.
$BOD_t = BOD_u(1-10^{-k_1 t})$
$200 = BOD_u(1-10^{-0.6})$, $BOD_u \fallingdotseq 267.1\text{mg/L}$
3일 후 남아 있는 BOD의 양을 계산해야 하므로, BOD 잔존공식을 이용한다.
$BOD_t = BOD_u \times 10^{-k_1 t}$
$\therefore BOD_3 = 267.1 \times 10^{-0.36} \fallingdotseq 117\text{mg/L}$

18 지표수에 관한 설명으로 옳은 것은?

① 지표수는 지하수보다 경도가 높다.
② 지표수는 지하수에 비해 부유성 유기물질이 적다.
③ 지표수는 지하수에 비해 각종 미생물과 세균 번식이 활발하다.
④ 지표수는 지하수에 비해 용해된 광물질이 많이 함유되어 있다.

해설
지표수의 특성
• 지상에 노출되어 있어 오염의 우려가 크다.
• 탁도가 높고, 유기물질이 많다.
• 광물질의 함유량이 적고, 경도가 낮다.
• 용존산소 농도가 크고, 수질 변동이 비교적 심하다.

정답 15 ③ 16 ③ 17 ③ 18 ③

19 촉매에 관한 내용으로 옳지 않은 것은?

① 반응속도를 느리게 하는 효과가 있는 것을 역촉매라고 한다.

② 반응의 역할에 따라 반응 후 본래 상태로 회복여부가 결정된다.

③ 반응의 최종 평형상태에는 아무런 영향을 미치지 않는다.

④ 화학반응의 속도를 변화시키는 능력을 가지고 있다.

해설

일반적으로 촉매는 반응과정에서 소모되거나 변하지 않으면서 반응속도를 빠르게 만드는 물질을 말한다. 넓은 의미에서 평형상수에 영향을 주지 않지만, 반응속도를 변화시키는 물질은 모두 촉매이다.

20 수은주높이 300mm는 수주로 몇 mm인가?(단, 표준상태 기준)

① 1,960 ② 3,220

③ 3,760 ④ 4,078

해설

760mmHg = 10,332.275mmH_2O

760 : 10,332.275 = 300 : x

∴ x ≒ 4,078mmH_2O

제2과목 | 수질오염방지기술

21 농축조 설치를 위한 회분침강농축시험의 결과가 다음과 같을 때 슬러지의 초기 농도가 20g/L면 5시간 정치 후의 슬러지의 평균 농도(g/L)는?(단, 슬러지 농도 : 계면 아래의 슬러지의 농도를 말함)

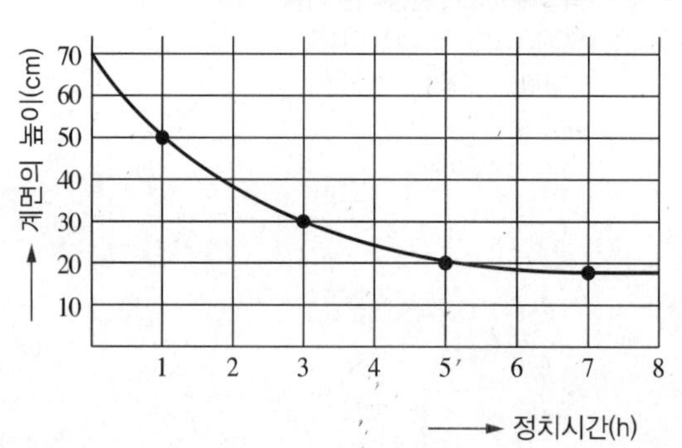

① 50 ② 60

③ 70 ④ 80

해설

초기 계면높이는 70cm, 5시간 후 계면높이는 20cm이므로

농도 $= \frac{20g}{L} \times \frac{70cm}{20cm} = 70g/L$

22 액체염소의 주입으로 생성된 유리염소, 결합잔류염소의 살균력이 바르게 나열된 것은?

① HOCl > Chloramines > OCl^-

② HOCl > OCl^- > Chloramines

③ OCl^- > HOCl > Chloramines

④ OCl^- > Chloramines > HOCl

해설

염소화합물의 살균력은 HOCl > OCl^- > 클로라민 순이다.

19 ② 20 ④ 21 ③ 22 ② 정답

23 **철과 망간 제거방법에 사용되는 산화제는?**

① 과망간산염　② 수산화나트륨
③ 산화칼슘　④ 석 회

해설
철과 망간의 제거에 쓰이는 산화제로는 염소, 과망간산염, 이산화염소, 오존 등이 있다.

24 **활성슬러지 공정 운영에 대한 설명으로 옳지 않은 것은?**

① 포기조 내의 미생물 체류시간을 증가시키기 위해 잉여슬러지 배출량을 감소시켰다.
② F/M비를 낮추기 위해 잉여슬러지 배출량을 줄이고 반송유량을 증가시켰다.
③ 2차 침전지에서 슬러지가 상승하는 현상이 나타나 잉여슬러지 배출량을 증가시켰다.
④ 핀 플록(Pin Floc) 현상이 발생하여 잉여슬러지 배출량을 감소시켰다.

해설
핀 플록 현상 : 세포가 과도하게 산화되었거나, 플록 내에 사상체가 전혀 없고 플록 형성균만으로 플록이 구성된 경우에 발생한다. 이러한 경우 플록의 크기가 작고, 쉽게 부서지는 경향이 있기 때문에 1mm 미만으로 미세한 세포물질이 분산하면서 잘 침강하지 않는 이상 현상이 발생한다.
- 원인 : SRT가 너무 길 때, 세포의 과도한 산화
- 대책 : SRT의 단축, 포기율을 조정하여 DO 적정 유지, 슬러지 인발량 증가

25 **슬러지 개량방법 중 세정(Elutriation)에 관한 설명으로 옳지 않은 것은?**

① 알칼리도를 줄이고 슬러지 탈수에 사용되는 응집제량을 줄일 수 있다.
② 비료성분의 순도가 높아져 가치를 상승시킬 수 있다.
③ 소화슬러지를 물과 혼합시킨 다음 재침전시킨다.
④ 슬러지의 탈수 특성을 좋게 하기 위한 직접적인 방법은 아니다.

해설
세척과정에서 질소가 유실되어 비료로서의 가치가 저하될 수 있다.
세정(세척)
- 슬러지를 세척하여 농도 및 알칼리도를 낮추어 탈수에 사용되는 응집제의 사용량을 줄이기 위해 사용되는 방법이다.
- 슬러지 내의 공기방울이 제거되어 부력이 작아져 슬러지의 농축 특성을 높인다.

26 **오존 살균에 관한 내용으로 옳지 않은 것은?**

① 오존은 비교적 불안정하며 공기나 산소로부터 발생시킨다.
② 오존은 강력한 환원제로 염소와 비슷한 살균력을 갖는다.
③ 오존 처리는 용존고형물을 생성하지 않는다.
④ 오존 처리는 암모늄이온이나 pH의 영향을 받지 않는다.

해설
오존소독의 장단점
- 염소보다 산화력이 강하고 화학물질을 남기지 않는다.
- 물에 이취미를 남기지 않는다.
- pH 영향 없이 살균력이 강하다.
- 가격이 고가이다.
- 초기 투자비 및 부속설비가 비싸다.
- 잔류성이 없어 염소처리와 병용해야 한다.

정답 23 ① 24 ④ 25 ② 26 ②

27 **폐수량 $500m^3$/day, BOD 1,000mg/L인 폐수를 살수여상으로 처리하는 경우 여재에 대한 BOD 부하를 $0.2kg/m^3 \cdot day$로 할 때 여상의 용적(m^3)은?**

① 250

② 500

③ 1,500

④ 2,500

해설

BOD 용적부하$= \dfrac{BOD \times Q}{\forall}$

$\dfrac{0.2kg}{m^3 \cdot day} = \dfrac{1{,}000mg}{L} \times \dfrac{500m^3}{day} \times \dfrac{kg}{10^6 mg} \times \dfrac{10^3 L}{m^3} \times \dfrac{1}{\forall}$

$\therefore \forall = 2{,}500m^3$

28 **슬러지의 함수율이 95%에서 90%로 줄어들면 슬러지의 부피는?(단, 슬러지 비중 = 1.0)**

① 2/3로 감소한다.

② 1/2로 감소한다.

③ 1/3로 감소한다.

④ 3/4로 감소한다.

해설

슬러지 부피의 함수율 공식을 사용한다.

$V_o(100 - P_o) = V_1(100 - P_1)$

여기서, V_o : 수분 P_o%일 때, 슬러지 부피

V_1 : 수분 P_1%일 때, 슬러지 부피

$V_o(100 - 95) = V_1(100 - 90)$

$V_1 = V_o \dfrac{100 - 95}{100 - 90} = \dfrac{1}{2} V_o$

∴ 1/2로 감소한다.

29 **미생물의 고정화를 위한 펠릿(Pellet) 재료로서 이상적인 요구조건에 해당되지 않는 것은?**

① 처리, 처분이 용이할 것

② 압축강도가 높을 것

③ 암모니아 분배계수가 낮을 것

④ 고정화 시 활성수율과 배양 후의 활성이 높을 것

해설

분배계수가 낮아질수록 흡착이 잘 이루어지지 않아 암모니아가 높은 농도로 남게 되며, 암모니아의 독성으로 인해 미생물 고정화는 어렵다.

30 **폐수특성에 따른 적합한 처리법으로 옳지 않은 것은?**

① 비소 함유폐수 - 수산화제2철 공침법

② 시안 함유폐수 - 오존 산화법

③ 6가크롬 함유폐수 - 알칼리 염소법

④ 카드뮴 함유폐수 - 황화물 침전법

해설

- 알칼리 염소법은 시안 처리방법 중 하나이다.
- 6가크롬의 처리방법에는 수산화물 침전법, 전해법, 이온교환법 등이 있다.

27 ④ 28 ② 29 ③ 30 ③ 정답

31 **정수시설 중 취수시설인 침사지 구조에 대한 내용으로 옳은 것은?**

① 표면부하율은 2~5m/min을 표준으로 한다.
② 지내 평균유속은 30cm/s 이하를 표준으로 한다.
③ 지의 상단높이는 고수위보다 0.6~1m의 여유고를 둔다.
④ 지의 유효수심은 2~3m를 표준으로 하고 퇴사심도는 1m 이하로 한다.

해설

침사지 시설의 구조
- 지내 평균유속은 2~7cm/s, 표면부하율은 200~500mm/min을 표준으로 한다.
- 지의 길이는 폭의 3~8배를 표준으로 한다.
- 지의 상단높이는 고수위보다 0.6~1m의 여유고를 둔다.
- 지의 유효수심은 3~4m로 하고, 퇴사심도는 0.5~1m로 한다.
- 바닥은 모래 배출을 위하여 중앙에 배수로를 설치하고 길이방향은 배수구로 향하여 1/100, 가로방향은 중앙배수로를 향하여 1/50 정도의 경사를 둔다.

32 **폐수처리법 중에서 고액분리법이 아닌 것은?**

① 부상분리법
② 원심분리법
③ 여과법
④ 이온교환막, 전기투석법

해설

이온교환은 물속에 존재하는 이온과 고체상인 이온교환수지상의 이온 간의 교환이 이루어지는 반응이며, 전기투석법은 선택적 이온교환막을 설치하여 이온의 기전력을 이용해 이용대상 이온을 분리하는 방법이다. 두 방법 모두 고액분리법과는 거리가 멀다.

33 **길이 23m, 폭 8m, 깊이 2.3m인 직사각형 침전지가 3,000m^3/day의 하수를 처리할 경우, 표면부하율(m/day)은?**

① 10.5 ② 16.3
③ 20.6 ④ 33.4

해설

$$표면부하율 = \frac{Q}{A} = \frac{3,000\text{m}^3}{\text{day}} \times \frac{1}{23\text{m} \times 8\text{m}} ≒ 16.3\text{m/day}$$

34 **최종 침전지에서 발생하는 침전성이 양호한 슬러지의 부상(Sludge Rising) 원인을 가장 알맞게 설명한 것은?**

① 침전조의 슬러지 압밀 작용에 의한다.
② 침전조의 탈질화 작용에 의한다.
③ 침전조의 질산화 작용에 의한다.
④ 사상균류의 출현에 의한다.

해설

슬러지 부상(Sludge Rising) : 침전조 바닥이 무산소 상태로 변화하면서 발생되는 N_2 가스 및 CO_2 가스 등이 슬러지에 부착함으로써 슬러지 밀도를 감소시켜 침전조 위로 떠오르게 하는 현상을 말한다.

슬러지 부상의 원인
- 탈질에 의한 슬러지 부상
- 과포기에 의한 슬러지 부상
- 부패에 의한 슬러지 부상
- 방성균 증식에 의한 슬러지 부상
- 기름에 의한 슬러지 부상

정답 31 ③ 32 ④ 33 ② 34 ②

35 SS가 8,000mg/L인 분뇨는 전처리에서 15%, 1차 처리에서 80%의 SS를 제거하였을 때 1차 처리 후 유출되는 분뇨의 SS 농도(mg/L)는?

① 1,360

② 2,550

③ 2,750

④ 2,950

해설

SS가 8,000mg/L인 분뇨를 전처리에서 15%의 SS를 제거하면 남은 SS는 다음과 같다.

$8,000mg/L \times (1-0.15) = 6,800mg/L$

1차 처리에서 80%의 SS를 제거하면 1차 처리 후 유출되는 분뇨의 SS 농도는 다음과 같다.

$6,800mg/L \times (1-0.8) = 1,360mg/L$

36 염소의 살균력에 관한 설명으로 옳지 않은 것은?

① 살균강도는 HOCl가 OCl^-의 80배 이상 강하다.

② 염소의 살균력은 온도가 높고, pH가 낮을 때 강하다.

③ Chloramines은 소독 후 물에 이취미를 발생시키지는 않으나 살균력이 약하여 살균작용이 오래 지속되지 않는다.

④ 염소는 대장균 소화기 계통의 감염성 병원균에 특히 살균효과가 크나 바이러스는 염소에 대한 저항성이 커 일부 생존할 염려가 크다.

해설

Chloramines은 살균력은 약하지만, 지속성이 강하고 2차 유해부산물 생성이 없다는 장점을 가지고 있다.

37 산업폐수 중에 존재하는 용존무기탄소 및 용존암모니아(NH_4^+)의 기체를 제거하기 위한 가장 적절한 처리방법은?

① 용존무기탄소 : pH 10 + Air Stripping,
용존암모니아 : pH 10 + Air Stripping

② 용존무기탄소 : pH 9 + Air Stripping,
용존암모니아 : pH 4 + Air Stripping

③ 용존무기탄소 : pH 4 + Air Stripping,
용존암모니아 : pH 10 + Air Stripping

④ 용존무기탄소 : pH 4 + Air Stripping,
용존암모니아 : pH 4 + Air Stripping

해설

- 용존무기탄소는 pH 4 이하에서 대부분 CO_2로 존재한다.
- 암모니아 스트리핑은 석회 등을 사용하여 pH 10.5~11.5로 조정하여 발생된 암모니아를 공기로 탈기한다.

38 탈질공정의 외부탄소원으로 쓰이지 않는 것은?

① 메탄올

② 소화조 상징액

③ 초 산

④ 생석회

해설

생석회는 외부탄소원으로 적합하지 않다. 탈질 시 탈질세균의 영양원으로 탄소가 부족하므로 유기탄소원을 첨가하게 되는데 이때 초산, 펩톤, 메탄올, 글루코스 등이 사용된다. 이 중 메탄올이 가장 경제적이다.

35 ① 36 ③ 37 ③ 38 ④ 정답

39 흡착과 관련된 등온흡착식으로 볼 수 없는 것은?

① Langmuir식
② Freundlich식
③ AET식
④ BET식

해설
등온흡착모델에는 Langmuir 등온흡착식, Freundlich 등온흡착식, BET 등온흡착식 등이 있으며, 주로 Langmuir 등온흡착식, Freundlich 등온흡착식이 쓰인다.

40 완전혼합 활성슬러지공정으로 용해성 BOD_5가 250mg/L인 유기성 폐수가 처리되고 있다. 유량이 15,000m^3/day이고 반응조 부피가 5,000m^3일 때 용적부하율(kg $BOD_5/m^3 \cdot day$)은?

① 0.45 ② 0.55
③ 0.65 ④ 0.75

해설
용적부하율을 L이라고 하면

$$L = \frac{BOD \times Q}{\forall}$$

$$= \frac{250mg}{L} \times \frac{15,000m^3}{day} \times \frac{1}{5,000m^3} \times \frac{10^3L}{1m^3} \times \frac{1kg}{10^6mg}$$

$$= 0.75kg/m^3 \cdot day$$

제3과목 | 수질오염공정시험기준

41 용액 중 CN^- 농도를 2.6mg/L로 만들려고 하면 물 1,000L에 용해될 NaCN의 양(g)은?(단, 원자량 Na 23)

① 약 5 ② 약 10
③ 약 15 ④ 약 20

해설
NaCN의 양을 x라 하면

$$x = \frac{2.6mg\ CN}{L} \times \frac{49g\ NaCN}{26g\ CN} \times \frac{1g}{10^3mg} \times 1,000L = 4.9g$$

42 자외선/가시선 분광법에 의한 수질용 분석기의 파장 범위(nm)로 가장 알맞은 것은?

① 0~200 ② 50~300
③ 100~500 ④ 200~900

해설
자외선/가시선 분광법은 빛이 시료용액 중을 통과할 때 흡수나 산란 등에 의하여 강도가 변화하는 것을 이용하는 것으로서, 시료물질의 용액 또는 여기에 적당한 시약을 넣어 발색시킨 용액의 흡광도를 측정하여 시료 중의 목적성분을 정량하는 방법이다. 파장 200~900nm에서의 액체의 흡광도를 측정함으로써 수중의 각종 오염물질 분석에 적용한다.

정답 39 ③ 40 ④ 41 ① 42 ④

43 흡광광도법에 대한 설명으로 옳지 않은 것은?

① 흡광광도법은 빛이 시료용액 중 통과할 때 흡수나 산란 등에 의하여 강도가 변화하는 것을 이용하는 분석방법이다.

② 흡광광도 분석장치를 이용할 때는 최고의 투과도를 얻을 수 있는 흡수파장을 선택해야 한다.

③ 흡광광도 분석장치는 광원부, 파장선택부, 시료부 및 측광부로 구성되어 있다.

④ 흡광광도법의 기본이 되는 람베르트-비어의 법칙은 $A = \log \frac{I_0}{I}$ 로 표시할 수 있다.

해설

흡광광도법 측정조건의 검토

측정파장은 원칙적으로 최고의 흡광도가 얻어질 수 있는 최대 흡수파장을 선정한다.

44 다이페닐카바자이드를 작용시켜 생성되는 적자색의 착화합물의 흡광도를 540nm에서 측정하여 정량하는 항목은?

① 카드뮴

② 6가크롬

③ 비 소

④ 니 켈

해설

ES 04415.2c 6가크롬-자외선/가시선 분광법

산성 용액에서 다이페닐카바자이드와 반응하여 생성하는 적자색 착화합물의 흡광도를 540nm에서 측정한다.

45 망간의 자외선/가시선 분광법에 관한 설명으로 옳은 것은?

① 과아이오딘산칼륨법은 Mn^{2+}을 KIO_3으로 산화하여 생성된 MnO_4^-을 파장 552nm에서 흡광도를 측정한다.

② 염소나 할로겐원소는 MnO_4^-의 생성을 방해하므로 염산(1+1)을 가해 방해를 제거한다.

③ 정량한계는 0.2mg/L, 정밀도의 상대표준편차는 25% 이내이다.

④ 발색 후 고온에서 장시간 방치하면 퇴색되므로 가열(정확히 1시간)에 주의한다.

해설

ES 04404.2b 망간-자외선/가시선 분광법

① 물속에 존재하는 망간 이온을 황산 산성에서 과아이오딘산칼륨으로 산화하여 생성된 과망간산 이온의 흡광도를 525nm에서 측정하는 방법이다.

② 망간의 전처리는 시료의 전처리 방법 중 하나인 질산-황산에 의한 분해에 따른다.

④ 100℃의 물중탕으로 정확히 30분간 가열하여 발색시킨다.

46 총칙 중 온도표시에 관한 내용으로 옳지 않은 것은?

① 냉수는 15℃ 이하를 말한다.

② 찬 곳은 따로 규정이 없는 한 4~15℃의 곳을 뜻한다.

③ 시험은 따로 규정이 없는 한 상온에서 조작하고 조작 직후에 그 결과를 관찰한다.

④ 온수는 60~70℃를 말한다.

해설

ES 04000.d 총칙

온도표시

표준온도는 0℃, 상온은 15~25℃, 실온은 1~35℃로 하고, 찬 곳은 따로 규정이 없는 한 0~15℃의 곳을 뜻한다.

43 ② 44 ② 45 ③ 46 ② 정답

47 자외선/가시선 분광법-이염화주석환원법으로 인산염인을 분석할 때 흡광도 측정 파장(nm)은?

① 550 ② 590

③ 650 ④ 690

해설

ES 04360.1d 인산염인-자외선/가시선 분광법-이염화주석환원법

물속에 존재하는 인산염인을 측정하기 위하여 시료 중의 인산염인이 몰리브덴산암모늄과 반응하여 생성된 몰리브덴산인암모늄을 이염화주석으로 환원하여 생성된 몰리브덴 청의 흡광도를 690nm에서 측정하는 방법이다.

48 유량측정 시 적용되는 위어의 위어판에 관한 기준으로 알맞은 것은?

① 위어판 안측의 가장자리는 곡선이어야 한다.

② 위어판은 수로의 장축에 직각 또는 수직으로 하여 말단의 바깥틀에 누수가 없도록 고정한다.

③ 직각 3각 위어판의 유량측정 공식은 $Q = K \cdot b \cdot h^{3/2}$이다($K$: 유량계수, b : 수로폭, h : 수두).

④ 위어판의 재료는 10mm 이상의 두께를 갖는 내구성이 강한 철판으로 하여야 한다.

해설

ES 04140.2b 공장폐수 및 하수유량-측정용 수로 및 기타 유량측정 방법

① 위어판 안측의 가장자리는 직선이어야 하며, 그 귀퉁이는 날카롭거나 둥글지 않게 줄로 다듬는다.

③ 직각 3각 위어의 유량측정 공식은 $Q = K \cdot h^{5/2}$이다.

④ 위어판의 재료는 3mm 이상의 두께를 갖는 내구성이 강한 철판으로 한다.

49 용존산소를 전극법으로 측정할 때에 관한 내용으로 틀린 것은?

① 정량한계는 0.1mg/L이다.

② 격막 필름은 가스를 선택적으로 통과시키지 못하므로 장시간 사용 시 황화수소가스의 유입으로 감도가 낮아질 수 있다.

③ 정확도는 수중의 용존산소를 윙클러아자이드화나트륨변법으로 측정한 결과와 비교하여 산출한다.

④ 정확도는 4회 이상 측정하여 측정 평균값의 상대백분율로서 나타내며 그 값이 95~105% 이내이어야 한다.

해설

ES 04308.2c 용존산소-전극법

정량한계는 0.5mg/L이다.

※ 정량한계가 0.1mg/L인 경우는 용존산소를 적정법으로 측정하였을 경우이다(ES 04308.1e).

50 BOD 실험을 할 때 사전경험이 없는 경우 용존산소가 적당히 감소되도록 시료를 희석한 조합 중 틀린 것은?

① 오염된 하천수 : 25~100%

② 처리하지 않은 공장폐수와 침전된 하수 : 5~15%

③ 처리하여 방류된 공장폐수 : 5~25%

④ 오염 정도가 심한 공업폐수 : 0.1~1.0%

해설

ES 04305.1c 생물화학적 산소요구량

오염 정도가 심한 공장폐수는 0.1~1.0%, 처리하지 않은 공장폐수와 침전된 하수는 1~5%, 처리하여 방류된 공장폐수는 5~25%, 오염된 하천수는 25~100%의 시료가 함유되도록 희석 조제한다.

정답 47 ④ 48 ② 49 ① 50 ②

51 피토관의 압력수두 차이는 5.1cm이다. 지시계 유체인 수은의 비중이 13.55일 때 물의 유속(m/s)은?

① 3.68

② 4.12

③ 5.72

④ 6.86

해설

피토관 유속측정식

$$V = \sqrt{2g \cdot H\left(\frac{S_{Hg}}{S_w} - 1\right)} = \sqrt{2 \times 980 \times 5.1 \times \left(\frac{13.55}{1} - 1\right)}$$

$$= 354.19\text{cm/s} ≒ 3.54\text{m/s}$$

정확한 답인 3.54m/s가 없으므로 보기 중 가장 근접한 ①을 답으로 한다.

52 수질시료의 전처리 방법이 아닌 것은?

① 산분해법

② 가열법

③ 마이크로파 산분해법

④ 용매추출법

해설

ES 04150.1b 시료의 전처리 방법

시료의 전처리 방법으로는 산분해법, 마이크로파 산분해법, 용매추출법이 있다.

- 산분해법은 시료에 산을 첨가하고 가열하여 시료 중의 유기물 및 방해물질을 제거하는 방법이다. 이 과정에서 시료 중의 유기물 및 방해물질은 산에 의해 분해되고 이들과 착화합물을 형성하고 있던 중금속류는 이온 상태로 시료 중에 존재하게 된다.
- 마이크로파 산분해법은 전반적인 처리 절차 및 원리는 산분해법과 같으나 마이크로파를 이용해서 시료를 가열하는 것이 다르다. 마이크로파를 이용하여 시료를 가열할 경우 고온·고압하에서 조작할 수 있어 전처리 효율이 좋아진다.
- 용매추출법은 시료에 적당한 착화제를 첨가하여 시료 중의 금속류와 착화합물을 형성시킨 다음 형성된 착화합물을 유기용매로 추출하여 분석하는 방법이다. 이 방법은 시료 중의 분석대상물의 농도가 낮거나 복잡한 매질 중에서 분석대상물만을 선택적으로 추출하여 분석 하고자 할 때 사용한다.

53 페놀류-자외선/가시선 분광법 측정 시 클로로폼 추출법, 직접측정법의 정량한계(mg/L)를 순서대로 옳게 나열한 것은?

① 0.003, 0.03

② 0.03, 0.003

③ 0.005, 0.05

④ 0.05, 0.005

해설

ES 04365.1d 페놀류-자외선/가시선 분광법

정량한계는 클로로폼 추출법일 때 0.005mg/L, 직접측정법일 때 0.05mg/L이다.

54 시료 중 분석 대상 물질의 농도를 포함하도록 범위를 설정하고, 분석물질의 농도 변화에 따른 지시값을 나타내는 방법이 아닌 것은?

① 내부표준법

② 검정곡선법

③ 최확수법

④ 표준물첨가법

해설

ES 04001.b 정도보증/정도관리

① 내부표준법(Internal Standard Calibration)은 검정곡선 작성용 표준용액과 시료에 동일한 양의 내부표준물질을 첨가하여 시험분석 절차, 기기 또는 시스템의 변동으로 발생하는 오차를 보정하기 위해 사용하는 방법이다.

② 검정곡선법(External Standard Method)은 시료의 농도와 지시값과의 상관성을 검정곡선식에 대입하여 작성하는 방법이다.

④ 표준물첨가법(Standard Addition Method)은 시료와 동일한 매질에 일정량의 표준물질을 첨가하여 검정곡선을 작성하는 방법으로써, 매질효과가 큰 시험 분석 방법에서 분석 대상 시료와 동일한 매질의 표준시료를 확보하지 못한 경우에 매질효과를 보정하여 분석할 수 있는 방법이다.

51 ① 52 ② 53 ③ 54 ③ 정답

55 pH를 20℃에서 4.00로 유지하는 표준용액은?

① 수산염 표준액
② 인산염 표준액
③ 프탈산염 표준액
④ 붕산염 표준액

해설

ES 04306.1c 수소이온농도

표준용액

- 옥살산염 표준용액(0.05M, pH 1.68)
  사옥살산칼륨(Potassium Tetraoxalate, $KH_3(C_2O_4)_2 \cdot 2H_2O$, 분자량 : 254.19)을 실리카겔이 들어 있는 데시케이터에서 건조한 다음 12.71g을 정확하게 달아 정제수에 녹이고 정확히 1L로 한다.
- 프탈산염 표준용액(0.05M, pH 4.00)
  프탈산수소칼륨(Potassium Hydrogen Phthalate, $C_8H_5O_4K$, 분자량 : 204.22)을 건조기 110℃에서 항량이 될 때까지 건조한 다음 10.12g을 정제수에 녹이고 1L로 한다.
- 인산염 표준용액(0.025M, pH 6.88)
  인산이수소칼륨(Potassium Dihydrogen Phosphate, KH_2PO_4, 분자량 : 136.09) 및 인산일수소나트륨(Monobasic Sodium Phosphate, Na_2HPO_4, 분자량 : 141.96)을 110℃에서 1시간 건조한 다음 인산이수소칼륨 3.387g 및 인산일수소나트륨 3.533g을 정확하게 달아 정제수에 녹여 정확히 1L로 한다.
- 붕산염 표준용액(0.01M, pH 9.22)
  붕산나트륨·10수화물(Sodium Borate, $Na_2B_4O_7 \cdot 10H_2O$, 분자량 : 381.37)을 건조용기[물로 적신 브롬화나트륨(Sodium Bromide, NaBr, 분자량 : 102.89)]에 넣어 항량으로 한 다음 3.81g을 정확하게 달아 정제수에 녹여 정확히 1L로 한다.
- 탄산염 표준용액(0.025M, pH 10.07)
  건조용기(실리카겔)에서 건조한 탄산수소나트륨(Sodium Hydrogen Carbonate, $NaHCO_3$, 분자량 : 100.01) 2.092g과 500~650℃에서 건조한 무수탄산나트륨(Sodium Carbonate Anhydrate, Na_2CO_3, 분자량 : 105.99) 2.64g을 정제수에 녹이고 정확히 1L로 만든다.
- 수산화칼슘 표준용액(0.02M, 25℃ 포화용액, pH 12.63)
  수산화칼슘(Calcium Hydroxide, $Ca(OH)_2$, 분자량 : 74.09) 5g을 플라스크에 넣고 정제수 1L를 넣어 잘 흔들어 섞어 23~27℃에서 충분히 포화시켜 그 온도에서 상층액을 여과하여 투명한 여과용액을 만들어 사용한다.

56 취급 또는 저장하는 동안에 이물질이 들어가거나 또는 내용물이 손실되지 아니하도록 보호하는 용기는?

① 차광용기 ② 밀봉용기
③ 밀폐용기 ④ 기밀용기

해설

ES 04000.d 총칙

① '차광용기'라 함은 광선이 투과하지 않는 용기 또는 투과하지 않게 포장한 용기이며 취급 또는 저장하는 동안에 내용물이 광화학적 변화를 일으키지 아니하도록 방지할 수 있는 용기를 말한다.
② '밀봉용기'라 함은 취급 또는 저장하는 동안에 기체 또는 미생물이 침입하지 아니하도록 내용물을 보호하는 용기를 말한다.
④ '기밀용기'라 함은 취급 또는 저장하는 동안에 밖으로부터의 공기 또는 다른 가스가 침입하지 아니하도록 내용물을 보호하는 용기를 말한다.

57 노말헥산 추출물질 시험 결과가 다음과 같을 때 노말헥산 추출물질의 농도(mg/L)는?(단, 건조증발용 플라스크의 무게 = 52.0124g, 추출건조 후 증발용 플라스크와 잔유물질 무게 = 52.0246g, 시료의 양 = 2L)

① 약 2 ② 약 4
③ 약 6 ④ 약 8

해설

ES 04302.1b 노말헥산 추출물질

총노말헥산 추출물질(mg/L) $= (a-b) \times \dfrac{1,000}{V}$

여기서, a : 시험 전후의 증발용기의 무게(mg)
b : 바탕시험 전후의 증발용기의 무게(mg)
V : 시료의 양(mL)

∴ 노말헥산 추출물질의 농도 $= (52024.6 - 52012.4) \times \dfrac{1,000}{2,000}$
$= 6.1\text{mg/L}$

정답 55 ③ 56 ③ 57 ③

58 다이크롬산칼륨에 의한 화학적 산소요구량 측정 시 염소이온의 양이 40mg 이상 공존할 경우 첨가하는 시약과 염소이온의 비율은?

① $HgSO_4 : Cl^- = 5 : 1$

② $HgSO_4 : Cl^- = 10 : 1$

③ $AgSO_4 : Cl^- = 5 : 1$

④ $AgSO_4 : Cl^- = 10 : 1$

해설

ES 04315.3c 화학적 산소요구량-적정법-다이크롬산칼륨법

염소이온의 양이 40mg 이상 공존할 경우에는 $HgSO_4 : Cl^- = 10 : 1$의 비율로 황산수은(Ⅱ)의 첨가량을 늘린다.

59 4-아미노안티피린법에 의한 페놀의 정색반응을 방해하지 않는 물질은?

① 질소화합물 ② 황화합물

③ 오 일 ④ 타 르

해설

ES 04365.1d 페놀-자외선/가시선 분광법

간섭물질

- 황화합물의 간섭을 받을 수 있는데 이는 인산(H_3PO_4)을 사용하여 pH 4로 산성화하여 교반하면 황화수소(H_2S)나 이산화황(SO_2)으로 제거할 수 있다. 황산구리($CuSO_4$)를 첨가하여 제거할 수도 있다.
- 오일과 타르 성분은 수산화나트륨을 사용하여 시료의 pH를 12~12.5로 조절한 후 클로로폼(50mL)으로 용매 추출하여 제거할 수 있다. 시료 중에 남아 있는 클로로폼은 항온 물중탕으로 가열시켜 제거한다.

60 기체크로마토그래피법에 의한 폴리클로리네이트 바이페닐 분석 시 이용하는 검출기로 가장 적절한 것은?

① ECD ② FID

③ FPD ④ TCD

해설

ES 04504.1b 폴리클로리네이트바이페닐-용매추출/기체크로마토그래피

검출기는 전자포획검출기(ECD)를 사용한다.

제4과목 | 수질환경관계법규

61 1일 폐수배출량 500m³인 사업장의 종별 규모는?

① 제1종 사업장

② 제2종 사업장

③ 제3종 사업장

④ 제4종 사업장

해설

물환경보전법 시행령 [별표 13] 사업장의 규모별 구분

제3종 사업장 : 1일 폐수배출량이 200m³ 이상 700m³ 미만인 사업장

62 폐수의 원래 상태로는 처리가 어려워 희석하여야만 오염물질의 처리가 가능하다고 인정을 받고자 할 때 첨부하여야 하는 자료가 아닌 것은?

① 처리하려는 폐수 농도

② 희석처리의 불가피성

③ 희석배율

④ 희석방법

해설

물환경보전법 시행규칙 제48조(수질오염물질 희석처리의 인정 등)

- 시·도지사가 희석하여야만 수질오염물질의 처리가 가능하다고 인정할 수 있는 경우는 다음의 어느 하나에 해당하여 수질오염방지공법상 희석하여야만 수질오염물질의 처리가 가능한 경우를 말한다.
  - 폐수의 염분이나 유기물의 농도가 높아 원래의 상태로는 생물화학적 처리가 어려운 경우
  - 폭발의 위험 등이 있어 원래의 상태로는 화학적 처리가 어려운 경우
- 위에 따른 희석처리의 인정을 받으려는 자가 신청서 또는 신고서를 제출할 때에는 이를 증명하는 다음의 자료를 첨부하여 시·도지사에게 제출하여야 한다.
  - 처리하려는 폐수의 농도 및 특성
  - 희석처리의 불가피성
  - 희석배율 및 희석량

58 ② 59 ① 60 ① 61 ③ 62 ④ 정답

63 수질오염감시경보 중 관심 경보 단계의 발령 기준으로 ( )의 내용으로 옳은 것은?

> 가. 수소이온농도, 용존산소, 총질소, 총인, 전기전도도, 총유기탄소, 휘발성 유기화합물, 페놀, 중금속(구리, 납, 아연, 카드뮴 등) 항목 중 (㉠) 이상 항목이 측정 항목별 경보기준을 초과하는 경우
> 나. 생물감시 측정값이 생물감시경보기준 농도를 (㉡) 이상 지속적으로 초과하는 경우

① ㉠ 1개, ㉡ 30분　② ㉠ 1개, ㉡ 1시간
③ ㉠ 2개, ㉡ 30분　④ ㉠ 2개, ㉡ 1시간

해설

물환경보전법 시행령 [별표 3] 수질오염경보의 종류별 경보단계 및 그 단계별 발령·해제 기준

수질오염감시경보

경보단계	발령·해제기준
관 심	• 수소이온농도, 용존산소, 총질소, 총인, 전기전도도, 총유기탄소, 휘발성 유기화합물, 페놀, 중금속(구리, 납, 아연, 카드뮴 등) 항목 중 2개 이상 항목이 측정항목별 경보기준을 초과하는 경우 • 생물감시 측정값이 생물감시 경보기준 농도를 30분 이상 지속적으로 초과하는 경우

64 폐수배출시설 및 수질오염방지시설의 운영일지 보존기간은?(단, 폐수무방류배출시설 제외)

① 최종 기록일부터 6개월
② 최종 기록일부터 1년
③ 최종 기록일부터 2년
④ 최종 기록일부터 3년

해설

물환경보전법 시행규칙 제49조(폐수배출시설 및 수질오염방지시설의 운영기록 보존)

사업자 또는 수질오염방지시설을 운영하는 자(공동방지시설의 대표자를 포함한다)는 폐수배출시설 및 수질오염방지시설의 가동시간, 폐수배출량, 약품투입량, 시설관리 및 운영자, 그 밖에 시설운영에 관한 중요사항을 운영일지에 매일 기록하고, 최종 기록일부터 1년간 보존하여야 한다. 다만, 폐수무방류배출시설의 경우에는 운영일지를 3년간 보존하여야 한다.

65 1일 폐수배출량 2,000m^3 미만인 규모의 지역별, 항목별 수질오염 배출허용기준으로 옳지 않은 것은?

	구 분	BOD(mg/L)	COD(mg/L)	SS(mg/L)
㉠	청정지역	40 이하	50 이하	40 이하
㉡	가지역	60 이하	70 이하	60 이하
㉢	나지역	120 이하	130 이하	120 이하
㉣	특례지역	30 이하	40 이하	30 이하

① ㉠　② ㉡
③ ㉢　④ ㉣

해설

물환경보전법 시행규칙 [별표 13] 수질오염물질의 배출허용기준

항목별 배출허용기준

대상 규모 / 항목 / 지역 구분	1일 폐수배출량 2,000m^3 미만		
	생물화학적 산소요구량 (mg/L)	총유기탄소량 (mg/L)	부유 물질량 (mg/L)
청정지역	40 이하	30 이하	40 이하
가지역	80 이하	50 이하	80 이하
나지역	120 이하	75 이하	120 이하
특례지역	30 이하	25 이하	30 이하

※ 법 개정으로 정답 없음

정답 63 ③ 64 ② 65 ②

66 **개선명령을 받은 자가 개선명령을 이행하지 아니하거나 기간 이내에 이행은 하였으나 검사결과가 배출허용기준을 계속 초과할 때의 처분인 '조업정지명령'을 위반한 자에 대한 벌칙기준은?**

① 1년 이하의 징역 또는 1천만원 이하의 벌금
② 3년 이하의 징역 또는 3천만원 이하의 벌금
③ 5년 이하의 징역 또는 5천만원 이하의 벌금
④ 7년 이하의 징역 또는 7천만원 이하의 벌금

해설
물환경보전법 제76조(벌칙)
환경부장관은 개선명령을 받은 자가 개선명령을 이행하지 아니하거나 기간 이내에 이행은 하였으나 검사 결과가 배출허용기준을 계속 초과할 때에는 해당 배출시설의 전부 또는 일부에 대한 조업정지를 명할 수 있으나 이에 따른 조업정지명령을 위반한 자는 5년 이하의 징역 또는 5천만원 이하의 벌금에 처한다.

67 **국립환경과학원장이 설치·운영하는 측정망의 종류와 가장 거리가 먼 것은?**

① 비점오염원에서 배출되는 비점오염물질 측정망
② 퇴적물 측정망
③ 도심하천 측정망
④ 공공수역 유해물질 측정망

해설
물환경보전법 시행규칙 제22조(국립환경과학원장 등이 설치·운영하는 측정망의 종류 등)
국립환경과학원장, 유역환경청장, 지방환경청장이 설치할 수 있는 측정망은 다음과 같다.
- 비점오염원에서 배출되는 비점오염물질 측정망
- 수질오염물질의 총량관리를 위한 측정망
- 대규모 오염원의 하류지점 측정망
- 수질오염경보를 위한 측정망
- 대권역·중권역을 관리하기 위한 측정망
- 공공수역 유해물질 측정망
- 퇴적물 측정망
- 생물 측정망
- 그 밖에 국립환경과학원장, 유역환경청장 또는 지방환경청장이 필요하다고 인정하여 설치·운영하는 측정망

68 **물환경보전법에서 사용되는 용어의 정의로 틀린 것은?**

① 폐수란 물에 액체성 또는 고체성의 수질오염물질이 섞여 있어 그대로는 사용할 수 없는 물을 말한다.
② 불투수층이란 빗물 또는 눈 녹은 물 등이 지하로 스며들 수 없게 하는 아스팔트·콘크리트 등으로 포장된 도로, 주차장, 보도 등을 말한다.
③ 강우유출수란 점오염원의 오염물질이 혼입되어 유출되는 빗물을 말한다.
④ 기타수질오염원이란 점오염원 및 비점오염원으로 관리되지 아니하는 수질오염물질을 배출하는 시설 또는 장소로서 환경부령이 정하는 것을 말한다.

해설
물환경보전법 제2조(정의)
- '강우유출수'(降雨流出水)란 비점오염원의 수질오염물질이 섞여 유출되는 빗물 또는 눈 녹은 물 등을 말한다.
- '불투수면'(不透水面)이란 빗물 또는 눈 녹은 물 등이 지하로 스며들 수 없게 하는 아스팔트·콘크리트 등으로 포장된 도로, 주차장, 보도 등을 말한다.

※ 법 개정으로 정답은 ②, ③번이다.

69 **위임업무 보고사항 중 보고횟수 기준이 나머지와 다른 업무내용은?**

① 배출업소의 지도, 점검 및 행정처분 실적
② 폐수처리업에 대한 등록·지도단속실적 및 처리실적 현황
③ 배출부과금 부과 실적
④ 비점오염원의 설치신고 및 방지시설 설치현황 및 행정처분 현황

해설
①·③·④는 연 4회, ②는 연 2회이다.
※ 법 개정으로 ②번 내용 중 '등록'이 '허가'로 변경됨

66 ③ 67 ③ 68 ③ 69 ② 정답

70 하천의 환경기준에서 사람의 건강보호 기준 중 검출되어서는 안 되는 수질오염물질 항목이 아닌 것은?

① 카드뮴 ② 유기인
③ 시 안 ④ 수 은

해설
환경정책기본법 시행령 [별표 1] 환경기준
수질 및 수생태계–하천–사람의 건강보호 기준
검출되어서는 안 되는 항목 : 시안, 수은, 유기인, 폴리클로리네이티드바이페닐(PCB)

71 환경기술인을 교육하는 기관으로 옳은 곳은?

① 국립환경인력개발원
② 환경기술인협회
③ 환경보전협회
④ 한국환경공단

해설
물환경보전법 시행규칙 제93조(기술인력 등의 교육기간 · 대상자 등)
교육은 다음의 구분에 따른 교육기관에서 실시한다. 다만, 환경부장관 또는 시 · 도지사는 필요하다고 인정하면 다음의 교육기관 외의 교육기관에서 기술인력 등에 관한 교육을 실시하도록 할 수 있다.
- 측정기기 관리대행업에 등록된 기술인력 : 국립환경인재개발원 또는 한국상하수도협회
- 폐수처리업에 종사하는 기술요원 : 국립환경인재개발원
- 환경기술인 : 환경보전협회

※ 법 개정으로 '국립환경인력개발원'이 '국립환경인재개발원'으로 변경됨

72 수질 및 수생태계 환경기준 중 하천의 등급이 약간 나쁨의 생활환경 기준으로 틀린 것은?

① 수소이온농도(pH) : 6.0~8.5
② 생물화학적 산소요구량(mg/L) : 8 이하
③ 총인(mg/L) : 0.8 이하
④ 부유물질량(mg/L) : 100 이하

해설
환경정책기본법 시행령 [별표 1] 환경기준
수질 및 수생태계–하천–생활환경 기준

등 급		기 준			
		pH	BOD(mg/L)	SS(mg/L)	총인(mg/L)
약간 나쁨	Ⅳ	6.5~8.5	8 이하	100 이하	0.3 이하

73 환경부장관이 비점오염원관리지역을 지정, 고시한 때에 관계 중앙행정기관의 장 및 시 · 도지사와 협의하여 수립하여야 하는 비점오염원관리대책에 포함되어야 할 사항이 아닌 것은?

① 관리대상 수질오염물질의 종류 및 발생량
② 관리대상 수질오염물질의 관리지역 영향 평가
③ 관리대상 수질오염물질의 발생 예방 및 저감 방안
④ 관리목표

해설
물환경보전법 제55조(관리대책의 수립)
환경부장관은 관리지역을 지정 · 고시하였을 때에는 다음의 사항을 포함하는 비점오염원관리대책(이하 '관리대책')을 관계 중앙행정기관의 장 및 시 · 도지사와 협의하여 수립하여야 한다.
- 관리목표
- 관리대상 수질오염물질의 종류 및 발생량
- 관리대상 수질오염물질의 발생 예방 및 저감 방안
- 그 밖에 관리지역을 적정하게 관리하기 위하여 환경부령으로 정하는 사항

정답 70 ① 71 ③ 72 ③ 73 ②

74 환경부장관이 의료기관의 배출시설(폐수무방류배출시설은 제외)에 대하여 조업정지를 명하여야 하는 경우로서 그 조업정지가 주민의 생활, 대외적인 신용, 고용, 물가 등 국민경제 또는 그 밖의 공익에 현저한 지장을 줄 우려가 있다고 인정되는 경우 조업정지처분을 갈음하여 부과할 수 있는 과징금의 최대 액수는?

① 1억원 ② 2억원
③ 3억원 ④ 5억원

해설
물환경보전법 제43조(과징금 처분)
환경부장관은 다음의 어느 하나에 해당하는 배출시설(폐수무방류배출시설은 제외한다)을 설치·운영하는 사업자에 대하여 조업정지를 명하여야 하는 경우로서 그 조업정지가 주민의 생활, 대외적인 신용, 고용, 물가 등 국민경제 또는 그 밖의 공익에 현저한 지장을 줄 우려가 있다고 인정되는 경우에는 조업정지처분을 갈음하여 매출액에 100분의 5를 곱한 금액을 초과하지 아니하는 범위에서 과징금을 부과할 수 있다.
- 의료기관의 배출시설
- 발전소의 발전설비
- 학교의 배출시설
- 제조업의 배출시설
- 그 밖에 대통령령으로 정하는 배출시설

※ 법 개정으로 정답 없음

75 배출부과금을 부과할 때 고려하여야 하는 사항과 가장 거리가 먼 것은?

① 배출허용기준 초과 여부
② 수질오염물질의 배출기간
③ 배출되는 수질오염물질의 종류
④ 수질오염물질의 배출원

해설
물환경보전법 제41조(배출부과금)
배출부과금을 부과할 때에는 다음의 사항을 고려하여야 한다.
- 배출허용기준 초과 여부
- 배출되는 수질오염물질의 종류
- 수질오염물질의 배출기간
- 수질오염물질의 배출량
- 자가측정 여부

76 비점오염원의 변경신고를 하여야 하는 경우에 대한 기준으로 ( ) 안에 옳은 것은?

총사업면적, 개발면적 또는 사업장 부지면적이 처음 신고면적의 100분의 ( ) 이상 증가하는 경우

① 10 ② 15
③ 25 ④ 30

해설
물환경보전법 시행령 제73조(비점오염원의 변경신고)
총사업면적·개발면적 또는 사업장 부지면적이 처음 신고면적의 100분의 15 이상 증가하는 경우

77 수질오염감시경보의 대상 수질오염물질 항목이 아닌 것은?

① 남조류 ② 클로로필-a
③ 수소이온농도 ④ 용존산소

해설
물환경보전법 시행령 [별표 2] 수질오염경보의 종류별 발령대상, 발령주체 및 대상 항목
수질오염감시경보

대상 항목
수소이온농도, 용존산소, 총질소, 총인, 전기전도도, 총유기탄소량, 휘발성 유기화합물, 페놀, 중금속(구리, 납, 아연, 카드뮴 등), 클로로필-a, 생물감시

74 ③ 75 ④ 76 ② 77 ① 정답

78 2회 연속 채취 시 남조류 세포수가 1,000세포/mL 이상 10,000세포/mL 미만인 경우의 수질오염경보의 조류경보 경보단계는?(단, 상수원 구간 기준)

① 관 심
② 경 보
③ 경 계
④ 조류 대발생

해설
물환경보전법 시행령 [별표 3] 수질오염경보의 종류별 경보단계 및 그 단계별 발령·해제기준
조류경보–상수원 구간

경보단계	발령·해제기준
관 심	2회 연속 채취 시 남조류 세포수가 1,000세포/mL 이상 10,000세포/mL 미만인 경우

79 오염총량관리기본계획 수립 시 포함되어야 하는 사항으로 틀린 것은?

① 해당 지역 개발계획의 내용
② 해당 지역 개발계획에 따른 오염부하량의 할당계획
③ 관할 지역에서 배출되는 오염부하량의 총량 및 저감계획
④ 지방자치단체별·수계구간별 오염부하량의 할당

해설
물환경보전법 제4조의3(오염총량관리기본계획의 수립 등)
오염총량관리지역을 관할하는 시·도지사는 오염총량관리기본방침에 따라 다음의 사항을 포함하는 기본계획(이하 '오염총량관리기본계획')을 수립하여 환경부령으로 정하는 바에 따라 환경부장관의 승인을 받아야 한다. 오염총량관리기본계획 중 대통령령으로 정하는 중요한 사항을 변경하는 경우에도 또한 같다.
- 해당 지역 개발계획의 내용
- 지방자치단체별·수계구간별 오염부하량(汚染負荷量)의 할당
- 관할 지역에서 배출되는 오염부하량의 총량 및 저감계획
- 해당 지역 개발계획으로 인하여 추가로 배출되는 오염부하량 및 그 저감계획

80 자연형 비점오염저감시설의 종류가 아닌 것은?

① 여과형 시설
② 인공습지
③ 침투시설
④ 식생형 시설

해설
물환경보전법 시행규칙 [별표 6] 비점오염저감시설
- 자연형 시설 : 저류시설, 인공습지, 침투시설, 식생형 시설
- 장치형 시설 : 여과형 시설, 소용돌이형 시설, 스크린형 시설, 응집·침전 처리형 시설, 생물학적 처리형 시설

정답 78 ① 79 ② 80 ①

2020년 제1·2회 통합 과년도 기출문제

제1과목 | 수질오염개론

01 성층현상이 있는 호수에서 수온의 큰 변화가 있는 층은?

① Hypolimnion ② Thermocline
③ Sedimentation ④ Epilimnion

해설
성층은 표층(순환대, Epilimnion), 수온약층(변천대, Thermocline), 심수층(정체대, Hypolimnion)으로 구분하며, 수온의 변화가 큰 층은 수온약층이다.

02 녹조류가 가장 많이 번식하였을 때 호수 표수층의 pH는?

① 6.5 ② 7.0
③ 7.5 ④ 9.0

해설
호수나 저수지에 부영양화 현상이 나타나면 녹조가 발생하는데, 이때 pH는 알칼리성을 띠게 된다.

03 경도가 알칼리도에 관한 설명으로 옳지 않은 것은?

① 총알칼리도는 M-알칼리도와 P-알칼리도를 합친 값이다.
② '총경도 ≤ M-알칼리도'일 때 '탄산경도 = 총경도'이다.
③ 알칼리도, 산도는 pH 4.5~8.3 사이에서 공존한다.
④ 알칼리도 유발물질은 CO_3^{2-}, HCO_3^-, OH^- 등이다.

해설
총알칼리도는 M-알칼리도와 같다.
- 페놀프탈레인 알칼리도(P-Alk) : 최초의 pH에서 pH 8.3까지 주입된 산의 양을 $CaCO_3$ mg/L의 양으로 환산한 값이다(페놀프탈레인 지시약 : 분홍색 → 무색).
- 메틸오렌지 알칼리도(M-Alk) : 최초의 pH에서 pH 4.5까지 주입된 산의 양을 $CaCO_3$ mg/L의 양으로 환산한 값이다(메틸오렌지 지시약 : 주황색 → 옅은 주황색).

04 비점오염원에 관한 설명으로 가장 거리가 먼 것은?

① 광범위한 지역에 걸쳐 발생한다.
② 강우 시 발생되는 유출수에 의한 오염이다.
③ 발생량의 예측과 정량화가 어렵다.
④ 대부분이 도시하수처리장에서 처리된다.

해설
대부분 도시하수처리장에서 처리가 가능한 것은 점오염원이다.

정답 1 ② 2 ④ 3 ① 4 ④

05 바닷물 중에는 0.054M이 $MgCl_2$가 포함되어 있다. 바닷물 250mL에는 몇 g의 $MgCl_2$가 포함되어 있는가?(단, 원자량 : Mg = 24.3, Cl = 35.5)

① 약 0.8
② 약 1.3
③ 약 2.6
④ 약 3.8

해설
0.054M $MgCl_2$ = 0.054mol/L $MgCl_2$

$\therefore \frac{0.054\text{mol}}{\text{L}} \times \frac{95.3\text{g}}{1\text{mol}} \times 0.25\text{L} \fallingdotseq 1.29$

06 미생물에 관한 설명으로 옳지 않은 것은?

① 진핵세포는 핵막이 있으나 원핵세포는 없다.
② 세포소기관인 리보솜은 원핵세포에 존재하지 않는다.
③ 조류는 진핵미생물로 엽록체라는 세포소기관이 있다.
④ 진핵세포는 유사분열을 한다.

해설
리보솜은 원핵세포와 진핵세포에 모두 존재하며, 리보솜의 크기가 다르다(원핵세포 : 70S, 진핵세포 : 80S).

07 Ca^{2+}이온의 농도가 20mg/L, Mg^{2+}이온의 농도가 1.2mg/L인 물의 경도(mg/L as $CaCO_3$)는?(단, Ca = 40, Mg = 24)

① 40
② 45
③ 50
④ 55

해설
경도(HD) = $\sum M^{2+}(\text{mg/L}) \times \frac{50}{M^{2+}\text{당량}}$

여기서, M^{2+} : 2가 양이온 금속물질의 각 농도
M^{2+}당량 : 경도 유발물질의 각 당량수(eq)

$\therefore$ 경도(HD) = $\left(20 \times \frac{50}{20}\right) + \left(1.2 \times \frac{50}{12}\right)$
$= 55\text{mg/L as } CaCO_3$

08 유해물질과 중독증상과의 연결이 잘못된 것은?

① 카드뮴 – 골연화증, 고혈압, 위장장애 유발
② 구리 – 과다섭취 시 구통와 복통, 만성중독 시 간경변 유발
③ 납 – 다발성 신경염, 신경장애 유발
④ 크롬 – 피부점막, 호흡기로 흡입되어 전신마비, 피부염 유발

해설
크롬이 아닌 비소가 피부점막, 호흡기로 흡입되어 국소 및 전신마비, 피부염, 색소침착을 일으키는 물질이다.

크롬의 중독증상
- 만성중독 : 폐암, 기관지암, 위장염 등
- 급성중독 : 피부궤양, 부종, 구토, 혈뇨 등

정답 5 ② 6 ② 7 ④ 8 ④

09 **수질오염의 정의는 오염물질이 수계의 자정능력을 초과하여 유입되어 수체가 이용목적에 적합하지 않게 된 상태를 의미하는데, 다음 중 수질오염현상으로 볼 수 없는 것은?**

① 수중에 산소가 고갈되어지는 현상
② 중금속의 유입에 따른 오염
③ 질소나 인과 같은 무기물질의 수계에 소량 유입되는 현상
④ 전염성 세균에 의한 오염

해설

수질오염이란 인간의 활동에 의해 배출된 하수 및 폐수 등이 수질을 악화시킴으로써 사람과 동식물의 건강과 생활환경에 피해를 발생시키는 것을 말하며, 질소와 인과 같은 무기질이 수계에 소량 유입되는 현상은 수질오염과 거리가 멀다. 다만, 질소와 인이 다량 유입되어 부영양화 현상이 발생한다면 수질오염으로 볼 수 있다.

10 **크롬중독에 관한 설명으로 틀린 것은?**

① 크롬에 의한 급성중독의 특징은 심한 신장장애를 일으키는 것이다.
② 3가크롬은 피부흡수가 어려우나 6가크롬은 쉽게 피부를 통과한다.
③ 자연 중의 크롬은 주로 3가 형태로 존재한다.
④ 만성 크롬중독인 경우에는 BAL 등의 금속배설촉진제의 효과가 크다.

해설

만성 크롬중독이 발생하면 폭로중단 외에는 특별한 방법이 없으며, BAL 등의 금속배설촉진제는 아무런 효과가 없다.

11 **Marson과 Kolkwitz의 하천자정 단계 중 심한 악취가 없어지고 수중 저니의 산화(수산화철 형성)로 인해 색이 호전되며 수질도에서 노란색으로 표시하는 수역은?**

① 강부수성 수역(Polysaprobic)
② α-중부수성 수역(α-Mesosaprobic)
③ β-중부수성 수역(β-Mesosaprobic)
④ 빈부수성 수역(Oligosaprobic)

해설

Kolkwitz-Marson의 4지대

- 강부수성 수역
  - 고등생물이 살 수 없는 강한 부패수역으로 빨간색으로 표시한다.
  - 용존산소가 없어 부패 상태이다.
  - 황화수소에 의한 달걀 썩는 냄새가 난다.
  - 조류 및 고등식물은 존재하지 않는다.
  - 아메바, 편모충, 섬모충이 출현한다.
- α-중부수성 수역
  - 강한 오염수역으로 노란색으로 표시한다.
  - 약간의 황화수소 냄새가 난다.
  - 용존산소가 일부 존재한다.
  - 식물성 플랑크톤이 번성한다.
  - 고분자 화합물의 분해에 의한 아미노산이 풍부하다.
- β-중부수성 수역
  - 상당히 오염된 수역으로 초록색으로 표시한다.
  - 어느 정도의 용존산소가 존재한다.
  - 많은 종류의 조류가 출현한다.
  - 태양충, 흡관충류 및 쌍편모충이 출현한다.
  - 지방산의 암모니아 화합물이 다량 존재한다.
- 빈부수성 수역
  - 오염되지 않은 수역으로 파란색으로 표시한다.
  - 용존산소가 풍부하다.
  - 유기물이 거의 없다.

12 **25℃, pH 4.35인 용액에서 $[OH^-]$의 농도(mol/L)는?**

① 4.47×10^{-5}　② 6.54×10^{-7}
③ 7.66×10^{-9}　④ 2.24×10^{-10}

해설

pH + pOH = 14
pOH = 14 − 4.35 = 9.65
　　= $-\log[OH^-]$
$[OH^-] = 10^{-pOH} = 10^{-9.65} \fallingdotseq 2.24 \times 10^{-10}$

9 ③ 10 ④ 11 ② 12 ④ 정답

13 지하수의 특성을 지표수와 비교해서 설명한 것으로 옳지 않은 것은?

① 경도가 높다.
② 자정작용이 빠르다.
③ 탁도가 낮다.
④ 수온변동이 작다.

해설

지하수의 특성
- 유기물의 함량이 적고 경도가 높다.
- 연중 수온이 거의 일정하다.
- 광화학반응이 일어나지 않아 세균에 의한 유기물의 분해가 주된 자정작용이다.
- 유속과 자정속도가 지표수에 비해 느리다.
- 지표수에 비해 용존염류가 많이 포함되어 있다.
- 지리적 환경조건의 영향을 크게 받는다.

14 화학반응에서 의미하는 산화에 대한 설명이 아닌 것은?

① 산소와 화합하는 현상이다.
② 원자가가 증가되는 현상이다.
③ 전자를 받아들이는 현상이다.
④ 수소화합물에서 수소를 잃는 현상이다.

해설

- 산화 : 산소를 얻거나 수소 및 전자를 잃는 현상이다.
- 환원 : 산소를 잃거나 수소 및 전자를 얻는 현상이다.

15 호수에서의 부영양화 현상에 관한 설명으로 옳지 않은 것은?

① 질소, 인 등 영양물질의 유입에 의하여 발생된다.
② 부영양화에서 주로 문제가 되는 조류는 남조류이다.
③ 성층현상에 의하여 부영양화가 더욱 촉진된다.
④ 조류 제거를 위한 살조제는 주로 $KMnO_4$를 사용한다.

해설

부영양화 발생 시 조류 제거를 위해 주로 황산구리($CuSO_4$)를 주입한다.

16 생물농축 현상에 대한 설명으로 옳지 않은 것은?

① 생물계의 먹이사슬이 생물농축에 큰 영향을 미친다.
② 영양염이나 방사능 물질은 생물농축되지 않는다.
③ 미나마타병은 생물농축에 의한 공해병이다.
④ 생체 내에서 분해가 쉽고, 배설률이 크면 농축이 되질 않는다.

해설

생물농축이란 생태계 내에서 생물의 영양단계가 높아질수록 생물체내에 특정 유기화학물질(또는 중금속 원소)의 농도가 증가하는 것을 말하며, 생물농축 물질로는 중금속, 농약, 다이옥신, 방사능 물질, PCB 등이 있다.

정답 13 ② 14 ③ 15 ④ 16 ②

17 음용수 중에 암모니아성 질소를 검사하는 것의 위생적 의미는?

① 조류발생의 지표가 된다.
② 자정작용의 기준이 된다.
③ 분뇨, 하수의 오염지표가 된다.
④ 냄새 발생의 원인이 된다.

해설

음용수 중의 암모니아성 질소는 하수, 공장폐수, 분뇨 등의 혼입에 의해 생기기 때문에 물의 오염을 추정하는 지표가 된다.

18 다음 수역 중 일반적으로 자정계수가 가장 큰 것은?

① 폭 포
② 작은 연못
③ 완만한 하천
④ 유속이 빠른 하천

해설

자정계수$(f) = k_2/k_1$

여기서, k_1 : 탈산소계수

k_2 : 재폭기계수

재폭기가 클수록 자정계수가 커지며, 보기 중에서 재폭기가 큰 것은 폭포이다.

19 용액의 농도에 관한 설명으로 옳지 않은 것은?

① mol농도는 용액 1L 중에 존재하는 용질의 gram 분자량의 수를 말한다.
② 몰랄농도는 규정농도라고도 하며 용매 1,000g 중에 녹아 있는 용질의 몰수를 말한다.
③ ppm과 mg/L를 엄격하게 구분하면 ppm = (mg/L)/ρ_{sol}(ρ_{sol} : 용액의 밀도)로 나타낸다.
④ 노르말농도는 용액 1L 중에 녹아 있는 용질의 g당량수를 말한다.

해설

몰랄농도는 용매 1kg 중에 존재하는 용질의 몰수를 말하며, 노르말농도를 규정농도라 한다.

20 $PbSO_4$의 용해도는 물 1L당 0.038g이 녹는다. $PbSO_4$의 용해도적(K_{sp})은?(단, $PbSO_4$ = 303g)

① 1.6×10^{-8}
② 1.6×10^{-4}
③ 0.8×10^{-8}
④ 0.8×10^{-4}

해설

$PbSO_4 \leftrightarrows Pb^{2+} + SO_4^{2-}$

$K_{sp} = [Pb^{2+}][SO_4^{2-}]$

$PbSO_4\,(mol/L) = \frac{0.038g}{L} \times \frac{1mol}{303g} \fallingdotseq 1.2541 \times 10^{-4}$

$\therefore K_{sp} = [Pb^{2+}][SO_4^{2-}]$

$= (1.2541 \times 10^{-4})(1.2541 \times 10^{-4})$

$\fallingdotseq 1.57 \times 10^{-8}$

17 ③ 18 ① 19 ② 20 ① 정답

제2과목 | 수질오염방지기술

21 1차 처리된 분뇨의 2차 처리를 위해 포기조, 2차 침전지로 구성된 활성슬러지 공정을 운영하고 있다. 운영조건이 다음과 같을 때 포기조 내의 고형물 체류시간(day)은?(단, 유입유량 = $200m^3$/day, 포기조 용량 = $1,000m^3$, 잉여슬러지 배출량 = $50m^3$/day, 반송슬러지 SS 농도 = 1%, MLSS 농도 = 2,500mg/L, 2차 침전지 유출수 SS 농도 = 0mg/L)

① 4 ② 5
③ 6 ④ 7

해설

$$SRT = \frac{VX}{X_r Q_w + (Q - Q_w) SS_e}$$

여기서, X_r : 반송슬러지 농도
Q_w : 반송슬러지 유량
Q : 유입유량
SS_e : 유출수 SS 농도
V : 포기조 용적
X : MLSS 농도

$$\therefore SRT = \frac{1,000m^3 \times 2,500mg/L}{10,000mg/L \times 50m^3/day} = 5day$$

22 이온교환법에 의한 수처리의 화학반응으로 다음 과정이 나타낸 것은?

$$2R\text{-}H + Ca^{2+} \rightarrow R_2\text{-}Ca + 2H^+$$

① 재생과정 ② 세척과정
③ 역세척과정 ④ 통수과정

해설

강산성 양이온 교환수지(대표적인 예)

- 통수과정 : $2R\text{-}SO_3H + Ca^{2+} \rightarrow (R\text{-}SO_3)_2Ca + 2H^+$
- 재생과정 : $(R\text{-}SO_3)_2Ca + 2HCl \rightarrow 2R\text{-}SO_3H + Ca^{2+} + 2Cl^-$

23 암모니아성 질소를 Air Stripping할 때(폐수처리 시) 최적의 pH는?

① 4
② 6
③ 8
④ 10

해설

Air Stripping은 수중의 용존기체 제거를 위해 사용하는 방법으로, NH_3 제거의 대표적 방법이며 최적 pH는 10~12이다.

24 고도 정수처리 방법 중 오존처리의 설명으로 가장 거리가 먼 것은?

① HOCl보다 강력한 환원제이다.
② 오존은 반드시 현장에서 생산하여야 한다.
③ 오존은 몇몇 생물학적 분해가 어려운 유기물을 생물학적 분해가 가능한 유기물로 전환시킬 수 있다.
④ 오존에 의해 처리된 처리수는 부착상 생물학적 접촉조인 입상 활성탄 속으로 통과시키는데, 활성탄에 부착된 미생물은 오존에 의해 일부 산화된 유기물을 무기물로 분해시키게 된다.

해설

오존은 산소의 동소체로서 HOCl보다 더 강력한 산화제이다.

정답 21 ② 22 ④ 23 ④ 24 ①

25 하수처리장의 1차 침전지에 관한 설명 중 틀린 것은?

① 표면부하율은 계획1일 최대오수량에 대하여 25~40m^3/m^2 · day로 한다.

② 슬러지제거기를 설치하는 경우 침전지 바닥기울기는 1/100~1/200으로 완만하게 설치한다.

③ 슬러지제거를 위해 슬러지 바닥에 호퍼를 설치하며 그 측벽의 기울기는 60° 이상으로 한다.

④ 유효수심은 2.5~4m를 표준으로 한다.

해설

1차 침전지 설계인자

- 슬러지제거기를 설치하는 경우 침전지 바닥 기울기는 직사각형에서는 1/100~2/100으로, 원형 및 정사각형에서는 5/100~10/100으로 하고, 슬러지 호퍼(Hopper)를 설치하며, 그 측벽의 기울기는 60° 이상으로 한다.
- 표면부하율은 계획1일최대오수량에 대하여 분류식인 경우 35~70m^3/m^2 · day, 합류식인 경우 25~50m^3/m^2 · day로 한다.
- 유효수심은 2.5~4m를 표준으로 한다.
- 여유고는 40~60cm로 한다.
- 월류위어의 부하율은 250m^3/m · day로 한다.

26 고형물의 농도가 16.5%인 슬러지 200kg을 건조시켰더니 수분이 20%로 나타났다. 제거된 수분의 양(kg)은?(단, 슬러지 비중 = 1.0)

① 127

② 132

③ 159

④ 166

해설

건조 전 고형물의 양 = 건조 후 고형물의 양

건조 전 슬러지의 양을 V_1, 건조 후 슬러지의 양을 V_2라 하면

$200\text{kg} \times 16.5\% = V_2 \times 80\%$

$V_2 = 41.25\text{kg}$

∴ 제거된 수분의 양 = 200 − 41.25 = 158.75kg

27 급속여과에 대한 설명으로 가장 거리가 먼 것은?

① 급속여과는 용해성 물질제거에는 적합하지 않다.

② 손실수두는 여과지의 면적에 따라 증가하거나 감소한다.

③ 급속여과는 세균제거에 부적합하다.

④ 손실수두는 여과속도에 영향을 받는다.

해설

급속여과에서 손실수두는 여과속도와 관련이 있으며, 여과면적과는 관련이 없다.

28 하수의 3차 처리공법인 A/O 공정에서 포기조의 주된 역할을 가장 적합하게 설명한 것은?

① 인의 방출 ② 질소의 탈기

③ 인의 과잉섭취 ④ 탈 질

해설

A/O 공정은 과량의 인을 포함한 슬러지를 혐기성과 호기성 조건에 교대로 노출시켜 제거하는 생물학적 처리 공정이다.

- 혐기조 : 인산염인의 용출
- 호기조(포기조) : 인산염인의 과잉섭취

29 플러그흐름반응기가 1차 반응에서 폐수의 BOD가 90% 제거되도록 설계되었다. 속도상수 K가 0.3h^{-1}일 때 요구되는 체류시간(h)은?

① 4.68 ② 5.68

③ 6.68 ④ 7.68

해설

1차 반응식을 이용한다.

$$\ln\frac{C}{C_o} = -kt$$

90%가 제거되었으므로 $C = 0.1C_o$

$$\ln\frac{0.1C_o}{C_o} = -0.3 \times t$$

∴ $t ≒ 7.68$

25 ② 26 ③ 27 ② 28 ③ 29 ④ 정답

30 포기조 내 MLSS의 농도가 2,500mg/L이고, SV_{30}이 30%일 때 SVI(mL/g)는?

① 85　② 120
③ 135　④ 150

해설

$$SVI = \frac{SV_{30}(\%) \times 10^4}{MLSS(mg/L)} = \frac{30 \times 10^4}{2,500} = 120$$

31 1L 실린더의 250mL 침전부피 중 TSS 농도가 3,050mg/L로 나타나는 포기조 혼합액의 SVI(mL/g)는?

① 62　② 72
③ 82　④ 92

해설

$$SVI = \frac{SV_{30}(mL/L) \times 1,000}{MLSS(mg/L)} = \frac{250 \times 1,000}{3,050} \fallingdotseq 81.96$$

32 하루 5,000ton의 폐수를 처리하는 처리장에서 최초 침전지의 Weir의 단위길이당 월류부하를 $100m^3/m \cdot day$로 제한할 때 최초 침전지에서 설치하여야 하는 월류 Weir의 유효 길이(m)는?

① 30　② 40
③ 50　④ 60

해설

$$L = \frac{Q}{\text{월류부하}}$$

$$= \frac{5,000\,ton}{day} \times \frac{m \cdot day}{100m^3} \times \frac{1m^3}{10^3L} \times \frac{10^3L}{10^3kg} \times \frac{10^3kg}{1ton}$$

$$= 50m$$

33 Screen 설치부에 유속한계를 0.6m/s 정도로 두는 이유는?

① Bypass를 사용
② 모래의 퇴적현상 및 부유물이 찢겨나가는 것을 방지
③ 유지류 등의 Scum을 제거
④ 용해성 물질을 물과 분리

해설

스크린 통과 유속을 제한하는 이유는 유속이 너무 빠른 경우 유기물 덩어리가 찢겨서 유입되는 것을 방지하기 위함이다.

34 일반적인 슬러지 처리공정을 순서대로 배치한 것은?

① 농축 → 약품조정(개량) → 유기물의 안정화 → 건조 → 탈수 → 최종처분
② 농축 → 유기물의 안정화 → 약품조정(개량) → 탈수 → 건조 → 최종처분
③ 약품조정(개량) → 농축 → 유기물의 안정화 → 탈수 → 건조 → 최종처분
④ 유기물의 안정화 → 농축 → 약품조정(개량) → 탈수 → 건조 → 최종처분

정답 30 ② 31 ③ 32 ③ 33 ② 34 ②

35 **염소살균에 관한 설명으로 가장 거리가 먼 것은?**

① 염소살균강도는 HOCl > OCl > Chloramines 순이다.

② 염소살균력은 온도가 낮고, 반응시간이 길며, pH가 높을 때 강하다.

③ 염소요구량은 물에 가한 일정량의 염소와 일정한 기간이 지난 후에 남아 있는 유리 및 결합잔류염소와의 차이다.

④ 파괴점염소주입법이란 파괴점 이상으로 염소를 주입하여 살균하는 것을 말한다.

해설

염소의 살균력을 높이기 위한 조건
- 수온을 높게 유지한다.
- 반응시간을 길게 한다.
- pH를 낮게 유지시킨다(약 pH 5~6).

36 **폐수처리공정에서 발생하는 슬러지의 종류와 특징이 알맞게 연결된 것은?**

① 1차 슬러지 – 성분이 주로 모래이므로 수거하여 매립한다.

② 2차 슬러지 – 생물학적 반응조의 후침전지 또는 2차 침전지에서 상등수로부터 분리된 세포물질이 주종을 이룬다.

③ 혐기성 소화슬러지 – 슬러지의 색이 갈색 내지 흑갈색이며, 악취가 없고, 잘 소화된 것은 쉽게 탈수되고 생화학적으로 안정되어 있다.

④ 호기성 소화슬러지 – 악취가 있고 부패성이 강하며, 쉽게 혐기성 소화시킬 수 있고, 비중이 크며, 염도도 높다.

해설

① 1차 슬러지 : 1차 침전지에서 침전된 슬러지이다. 대체로 2~7%의 고형물질을 포함하고 있으며, 모래는 미세한 양이 포함될 수 있으나 주성분과 거리가 멀다.

③ 혐기성 소화슬러지 : 슬러지 색은 암갈색 내지 흑색으로, 아주 다량의 가스를 포함하며 쉽게 혐기성 소화를 시킬 수 있다.

④ 호기성 소화슬러지 : 슬러지 색은 갈색에서 흑갈색으로, 냄새는 별로 나지 않으며 잘 소화된 슬러지는 탈수성이 좋고 생화학적으로 안정되어 있다.

37 **염소요구량이 5mg/L인 하수 처리수에 잔류염소 농도가 0.5mg/L가 되도록 염소를 주입하려고 할 때 염소주입량(mg/L)은?**

① 4.5

② 5.0

③ 5.5

④ 6.0

해설

염소주입량 = 염소요구량 + 잔류염소량
= 5mg/L + 0.5mg/L
= 5.5mg/L

38 **폐수처리 시 염소소독을 실시하는 목적으로 가장 거리가 먼 것은?**

① 살균 및 냄새 제거

② 유기물의 제거

③ 부식 통제

④ SS 및 탁도 제거

해설

폐수처리장에서의 염소소독 목적 : 살균 및 냄새 제거, 부식 통제, BOD 제거 등

35 ② 36 ② 37 ③ 38 ④ 정답

39 물리 · 화학적 질소제거 공정이 아닌 것은?

① Air Stripping

② Breakpoint Chlorination

③ Ion Exchange

④ Sequencing Batch Reactor

해설

SBR(Sequencing Batch Reactor)은 단일 반응조에서 정해진 시간에 따라 유입 · 반송 · 침전 · 유출 등을 반복하여 처리하는 방식으로, 생물학적 처리공정에 속한다.

40 함수율 96%인 혼합슬러지를 함수율 80%의 탈수 케이크로 만들었을 때 탈수 후 슬러지 부피는?(단, 탈수 후 슬러지 부피 = 탈수 후 슬러지 부피 / 탈수 전 슬러지 부피, 탈리액으로 유출된 슬러지의 양은 무시)

① $\frac{1}{3}$　② $\frac{1}{4}$

③ $\frac{1}{5}$　④ $\frac{1}{6}$

해설

슬러지 부피 함수율

$V_1(100-P_1) = V_2(100-P_2)$

$V_1(100-96) = V_2(100-80)$

$\therefore \frac{V_1}{V_2} = \frac{(100-96)}{(100-80)} = \frac{1}{5}$

제3과목 | 수질오염공정시험기준

41 유도결합플라스마-원자발광분광법의 원리에 관한 다음 설명 중 ( ) 안에 내용으로 알맞게 짝지어진 것은?

> 시료를 고주파 유도코일에 의하여 형성된 아르곤 플라스마에 도입하여 6,000~8,000K에서 들뜬상태의 원자가 (㉠)로 전이할 때 (㉡)하는 발광선 및 발광강도를 측정하여 원소의 정성 및 정량분석에 이용하는 방법이다.

① ㉠ 들뜬상태, ㉡ 흡수

② ㉠ 바닥상태, ㉡ 흡수

③ ㉠ 들뜬상태, ㉡ 방출

④ ㉠ 바닥상태, ㉡ 방출

해설

ES 04400.3c 유도결합플라스마-원자발광분광법

물속에 존재하는 중금속을 정량하기 위하여 시료를 고주파 유도코일에 의하여 형성된 아르곤 플라스마에 주입하여 6,000~8,000K에서 들뜬상태의 원자가 바닥상태로 전이할 때 방출하는 발광선 및 발광강도를 측정하여 원소의 정성 및 정량분석에 이용하는 방법으로 분석이 가능한 원소는 구리, 납, 니켈, 망간, 비소, 아연, 안티모니, 철, 카드뮴, 크롬, 6가크롬, 바륨, 주석 등이다.

42 구리의 측정(자외선/가시선 분광법 기준)원리에 관한 내용으로 ( )에 옳은 것은?

> 구리이온이 알칼리성에 다이에틸다이티오카르바민산나트륨과 반응하여 생성하는 ( )의 킬레이트화합물을 아세트산부틸로 추출하여 흡광도를 440nm에서 측정한다.

① 황갈색　② 청 색

③ 적갈색　④ 적자색

해설

ES 04401.2c 구리-자외선/가시선 분광법

물속에 존재하는 구리이온이 알칼리성에서 다이에틸다이티오카르바민산나트륨과 반응하여 생성하는 황갈색의 킬레이트화합물을 아세트산부틸로 추출하여 흡광도를 440nm에서 측정하는 방법이다.

정답 39 ④ 40 ③ 41 ④ 42 ①

43 다음 중 4각 위어에 의한 유량측정 공식은?(단, Q : 유량(m^3/min), K : 유량계수, h : 위어의 수두(m), b : 절단의 폭(m))

① $Q = Kh^{5/2}$ ② $Q = Kh^{3/2}$
③ $Q = Kbh^{5/2}$ ④ $Q = Kbh^{3/2}$

해설
ES 04140.2b 공장폐수 및 하수유량-측정용 수로 및 기타 유량측정방법

44 박테리아가 산화되는 이론적인 식이다. 박테리아 100mg이 산화되기 위한 이론적 산소요구량(ThOD, g as O_2)은?

$$C_5H_7O_2N + 5O_2 \rightarrow 5CO_2 + 2H_2O + NH_3$$

① 0.122 ② 0.132
③ 0.142 ④ 0.152

해설
$C_5H_7O_2N + 5O_2 \rightarrow 5CO_2 + 2H_2O + NH_3$
113mg : 5 × 32mg
100mg : x
∴ x ≒ 141.6mg ≒ 0.142g

45 시료를 질산-과염소산으로 전처리하여야 하는 경우로 가장 적합한 것은?

① 유기물 함량이 비교적 높지 않고 금속의 수산화물, 산화물, 인산염 및 황화물을 함유하고 있는 시료를 전처리하는 경우
② 유기물을 다량 함유하고 있으면서 산화분해가 어려운 시료를 전처리하는 경우
③ 다량의 점토질 또는 규산염을 함유한 시료를 전처리하는 경우
④ 유기물 등을 많이 함유하고 있는 대부분의 시료를 전처리하는 경우

해설
ES 04150.1b 시료의 전처리 방법

46 시험에 적용되는 온도 표시로 틀린 것은?

① 실온 : 1~35℃
② 찬 곳 : 0℃ 이하
③ 온수 : 60~70℃
④ 상온 : 15~25℃

해설
ES 04000.d 총칙
온도의 표시
- 표준온도는 0℃, 상온은 15~25℃, 실온은 1~35℃로 하고, 찬 곳은 따로 규정이 없는 한 0~15℃의 곳을 뜻한다.
- 냉수는 10℃ 이하, 온수는 60~70℃, 열수는 약 100℃를 말한다.

43 ④ 44 ③ 45 ② 46 ② 정답

47 **총대장균군의 정성시험(시험관법)에 대한 설명 중 옳은 것은?**

① 완전시험에는 엔도 또는 EMB 한천배지를 사용한다.
② 추정시험 시 배양온도는 48±3℃ 범위이다.
③ 추정시험에서 가스의 발생이 있으면 대장균군의 존재가 추정된다.
④ 확정시험 시 배지의 색깔이 갈색으로 되었을 때는 완전시험을 생략할 수 있다.

해설

ES 04701.2g 총대장균군-시험관법

- 추정시험
  - 시료를 10, 1, 0.1, 0.01, 0.001⋯mL씩 되게 10배 희석법에 따라 희석하여 사용하며, 시료의 오염 정도에 따라 희석배수를 다르게 할 수 있다. 각 희석단계마다 시험관을 5개 사용하며, 시료의 희석은 시료에 최대량을 이식한 5개 시험관에서 전부 또는 대다수가 양성이고, 최소량을 이식한 5개 시험관에서 전부 또는 대다수가 음성이 되도록 희석해야 한다.
  - 희석된 시료를 다람시험관이 들어있는 추정시험용 배지(락토스 또는 라우릴트립토스 배지)에 접종하여 35±0.5℃에서 24±2시간 배양하고 각 시험관을 흔들어 확인한 후, 기포가 형성되지 않았으면 총 48±3시간까지 연장하여 배양한다. 기포가 발생하지 않은 시험관은 총대장균군 음성으로 판정하고, 양성시험관은 기포발생을 확인한 즉시 확정시험을 수행한다.
- 확정시험 : 추정시험 양성 시험관의 시료를 확정시험용 배지(BGLB 배지)가 들어 있는 시험관에 백금이를 사용하여 무균적으로 이식하고 35±0.5℃에서, 48±3시간 배양한다. 이때 기체가 발생한 시료는 총대장균군 양성으로 판정하고, 기체가 발생하지 않는 시료는 총대장균군 음성으로 판정한다. 확정시험까지의 양성 시험관수를 최적확수표에서 찾아 총대장균군수를 결정한다. 최적확수표는 시료량이 10, 1, 0.1mL의 희석단계의 최적확수가 최적확수/100mL로 표시되어 있어, 그 이상 희석한 시료는 희석배수를 곱해야 한다.

48 **물속의 냄새를 측정하기 위한 시험에서 시료부피 4mL와 무취 정제수(희석수)부피 196mL인 경우 냄새역치(TON)는?**

① 0.02 ② 0.5
③ 50 ④ 100

해설

ES 04301.1b 냄새
냄새역치(TON ; Threshold Odor Number)
TON = $(A+B)/A$
여기서, A : 시료부피(mL)
B : 무취 정제수부피(mL)
∴ TON = (4 + 196)/4 = 50

49 **수질오염공정시험기준에서 진공이라 함은?**

① 따로 규정이 없는 한 15mmHg 이하를 말함
② 따로 규정이 없는 한 15mmH_2O 이하를 말함
③ 따로 규정이 없는 한 4mmHg 이하를 말함
④ 따로 규정이 없는 한 4mmH_2O 이하를 말함

해설

ES 04000.d 총칙

50 **유기물 함량이 비교적 높지 않고 금속의 수산화물, 산화물, 인산염 및 황화물을 함유하고 있는 시료에 적용되며 휘발성 또는 난용성 염화물을 생성하는 금속물질의 분석에는 주의하여야 하는 시료의 전처리 방법(산분해법)으로 가장 적절한 것은?**

① 질산-염산법
② 질산-황산법
③ 질산-과염소산법
④ 질산-플루오린화수소산법

해설

ES 04150.1b 시료의 전처리 방법

정답 47 ③ 48 ③ 49 ① 50 ①

51 기체크로마토그래피법으로 측정하지 않는 항목은?

① 폴리클로리네이티드바이페닐
② 유기인
③ 비 소
④ 알킬수은

해설

비소 측정방법

- 수소화물생성법-원자흡수분광광도법(ES 04406.1c)
- 자외선/가시선 분광법(ES 04406.2c)
- 유도결합플라스마-원자발광분광법(ES 04406.3a)
- 유도결합플라스마-질량분석법(ES 04406.4a)
- 양극벗김전압전류법(ES 04406.5a)

52 노말헥산 추출물질 시험법은?

① 중량법
② 적정법
③ 흡광광도법
④ 원자흡광광도법

해설

ES 04302.1b 노말헥산 추출물질

물 중에 비교적 휘발되지 않는 탄화수소, 탄화수소유도체, 그리스 유상물질 및 광유류를 함유하고 있는 시료를 pH 4 이하의 산성으로 하여 노말헥산층에 용해되는 물질을 노말헥산으로 추출하고 노말헥산을 증발시킨 잔류물의 무게로부터 구하는 방법이다. 다만, 광유류의 양을 시험하고자 할 경우에는 활성규산마그네슘(플로리실) 칼럼을 이용하여 동식물유지류를 흡착·제거하고 유출액을 같은 방법으로 구할 수 있다.

53 0.05N-$KMnO_4$ 4.0L를 만들려고 할 때 필요한 $KMnO_4$의 양(g)은?(단, 원자량 K = 39, Mn = 55)

① 3.2 ② 4.6
③ 5.2 ④ 6.3

해설

노르말농도를 이용하여 계산한다.
$KMnO_4$는 가수(산화수)가 5이며, 필요한 양을 x라 하면

$$x(\mathrm{g}) = \frac{0.05\mathrm{eq}}{\mathrm{L}} \times 4\mathrm{L} \times \frac{158\mathrm{g}}{5\mathrm{eq}} = 6.32\mathrm{g}$$

54 흡광광도법으로 어떤 물질을 정량하는데 기본원리인 Lambert-Beer 법칙에 관한 설명 중 옳지 않은 것은?

① 흡광도는 시료물질 농도에 비례한다.
② 흡광도는 빛이 통과하는 시료 액층의 두께에 반비례한다.
③ 흡광계수는 물질에 따라 각각 다르다.
④ 흡광도는 투광도의 역대수이다.

해설

흡광도는 시료 액층의 두께에 비례한다.

Lambert-Beer 법칙

$I_t = I_o \cdot 10^{-\varepsilon CL}$

여기서, I_t : 입사광의 광도
I_o : 투사광의 광도
ε : 비례상수로서 흡광계수라 한다. C= 1mol, L= 10mm 일 때의 ε의 값을 몰흡광계수라 하며 K로 표시한다.

51 ③ 52 ① 53 ④ 54 ② 정답

55 **원자흡수분광광도법은 원자의 어느 상태일 때 특유 파장의 빛을 흡수하는 현상을 이용한 것인가?**

① 여기상태
② 이온상태
③ 바닥상태
④ 분자상태

해설

ES 04400.1d 금속류-불꽃 원자흡수분광광도법
물속에 존재하는 중금속을 정량하기 위하여 시료를 2,000~3,000K의 불꽃 속으로 시료를 주입하였을 때 생성된 바닥상태의 중성원자가 고유파장의 빛을 흡수하는 현상을 이용하여, 개개의 고유 파장에 대한 흡광도를 측정하여 시료 중의 원소농도를 정량하는 방법으로 분석이 가능한 원소는 구리, 납, 니켈, 망간, 비소, 셀레늄, 수은, 아연, 철, 카드뮴, 크롬, 6가크롬, 바륨, 주석 등이다.

56 **윙클러아자이드변법에 의한 DO 측정 시 시료에 Fe(Ⅲ) 100~200mg/L가 공존하는 경우에 시료 전처리 과정에서 첨가하는 시약으로 옳은 것은?**

① 시안화나트륨용액
② 플루오린화칼륨용액
③ 수산화망간용액
④ 황산은

해설

ES 04308.1e 용존산소-적정법
Fe(III) 100~200mg/L가 함유되어 있는 시료의 경우, 황산을 첨가하기 전에 플루오린화칼륨 용액 1mL를 가한다.

57 **클로로필 a(Chlorophyll-a) 측정에 관한 내용 중 옳지 않은 것은?**

① 클로로필 색소는 사염화탄소 적당량으로 추출한다.
② 시료 적당량(100~2,000mL)을 유리섬유 여과지(GF/F, 47mm)로 여과한다.
③ 663nm, 645nm, 630nm의 흡광도 측정은 클로로필 a, b 및 c를 결정하기 위한 측정이다.
④ 750nm는 시료 중의 현탁물질에 의한 탁도 정도에 대한 흡광도이다.

해설

ES 04312.1e 클로로필 a
물속의 클로로필 a의 양을 측정하는 방법으로 아세톤 용액을 이용하여 시료를 여과한 여과지로부터 클로로필 색소를 추출하고, 추출액의 흡광도를 663nm, 645nm, 630nm 및 750nm에서 측정하여 클로로필 a의 양을 계산하는 방법이다.

58 **물벼룩을 이용한 급성 독성 시험법과 관련된 생태독성값(TU)에 대한 내용으로 ( )에 옳은 것은?**

> 통계적 방법을 이용하여 반수영향농도 EC_{50}값을 구한 후 ( )을 말한다.

① 100에서 EC_{50}값을 곱하여 준 값
② 100에서 EC_{50}값을 나눠 준 값
③ 10에서 EC_{50}값을 곱하여 준 값
④ 10에서 EC_{50}값을 나눠 준 값

해설

ES 04704.1c 물벼룩을 이용한 급성 독성 시험법
생태독성값(TU)
통계적 방법으로 반수영향농도 EC_{50} 값을 구한 후 100에서 EC_{50}값을 나눈 값을 말한다.

정답 55 ③ 56 ② 57 ① 58 ②

59 시료의 전처리 방법(산분해법) 중 유기물 등을 많이 함유하고 있는 대부분의 시료에 적용하는 것은?

① 질산법
② 질산-염산법
③ 질산-황산법
④ 질산-과염소산법

해설
ES 04150.1b 시료의 전처리 방법
질산-황산법
유기물 등을 많이 함유하고 있는 대부분의 시료에 적용된다. 그러나 칼슘, 바륨, 납 등을 다량 함유한 시료는 난용성의 황산염을 생성하여 다른 금속성분을 흡착하므로 주의한다.

60 순수한 물 150mL에 에틸알코올(비중 0.79) 80mL를 혼합하였을 때 이 용액 중의 에틸알코올 농도(W/W%)는?

① 약 30%　　② 약 35%
③ 약 40%　　④ 약 45%

해설

$$W/W(\%) = \frac{\text{용질(g)}}{\text{용액(g)}} \times 100$$

$$= \frac{80\text{mL} \times \frac{0.79\text{g}}{\text{mL}}}{150\text{mL} \times \frac{1\text{g}}{\text{mL}} + 80\text{mL} \times \frac{0.79\text{g}}{\text{mL}}} \times 100 \fallingdotseq 29.64\%$$

제4과목 | 수질환경관계법규

61 낚시금지, 제한구역의 안내판 규격에 관한 내용으로 옳은 것은?

① 바탕색 : 흰색, 글씨 : 청색
② 바탕색 : 청색, 글씨 : 흰색
③ 바탕색 : 녹색, 글씨 : 흰색
④ 바탕색 : 흰색, 글씨 : 녹색

해설
물환경보전법 시행규칙 [별표 12] 안내판의 규격 및 내용
안내판의 규격
- 두께 및 재질 : 3mm 또는 4mm 두께의 철판
- 바탕색 : 청색
- 글씨 : 흰색

62 법적으로 규정된 환경기술인의 관리사항이 아닌 것은?

① 환경오염방지를 위하여 환경부장관이 지시하는 부하량 통계 관리에 관한 사항
② 폐수배출시설 및 수질오염방지시설의 관리에 관한 사항
③ 폐수배출시설 및 수질오염방지시설의 개선에 관한 사항
④ 운영일지의 기록·보존에 관한 사항

해설
물환경보전법 시행규칙 제64조(환경기술인의 관리사항)
환경기술인이 관리하여야 할 사항은 다음과 같다.
- 폐수배출시설 및 수질오염방지시설의 관리에 관한 사항
- 폐수배출시설 및 수질오염방지시설의 개선에 관한 사항
- 폐수배출시설 및 수질오염방지시설의 운영에 관한 기록부의 기록·보존에 관한 사항
- 운영일지의 기록·보존에 관한 사항
- 수질오염물질의 측정에 관한 사항
- 그 밖에 환경오염방지를 위하여 시·도지사가 지시하는 사항

59 ③ 60 ① 61 ② 62 ① 정답

63 수질오염방지시설 중 물리적 처리시설에 해당되는 것은?

① 응집시설 ② 흡착시설
③ 이온교환시설 ④ 침전물 개량시설

해설

②·③·④ 화학적 처리시설

물환경보전법 시행규칙 [별표 5] 수질오염방지시설

물리적 처리시설

- 스크린
- 분쇄기
- 침사(沈砂)시설
- 유수분리시설
- 유량조정시설(집수조)
- 혼합시설
- 응집시설
- 침전시설
- 부상시설
- 여과시설
- 탈수시설
- 건조시설
- 증류시설
- 농축시설

64 사업장별 환경기술인의 자격기준에 해당하지 않는 것은?

① 방지시설 설치면제 대상인 사업장과 배출시설에서 배출되는 수질오염물질 등을 공동방지시설에서 처리하게 하는 사업장은 제4종 사업장·제5종 사업장에 해당하는 환경기술인을 둘 수 있다.

② 연간 90일 미만 조업하는 제1종부터 제3종까지의 사업장은 제4종 사업장·제5종 사업장에 해당하는 환경기술인을 선임할 수 있다.

③ 대기환경기술인으로 임명된 자가 수질환경기술인의 자격을 함께 갖춘 경우에는 수질환경기술인을 겸임할 수 있다.

④ 공동방지시설의 경우에는 폐수배출량이 제1종, 제2종 사업장 규모에 해당하는 경우 제3종 사업장에 해당하는 환경기술인을 둘 수 있다.

해설

물환경보전법 시행령 [별표 17] 사업장별 환경기술인의 자격기준

공동방지시설의 경우에는 폐수배출량이 제4종 또는 제5종 사업장의 규모에 해당하면 제3종 사업장에 해당하는 환경기술인을 두어야 한다.

65 환경부장관은 가동개시신고를 한 폐수무방류배출시설에 대하여 10일 이내에 허가 또는 변경허가의 기준에 적합한지 여부를 조사하여야 한다. 이 규정에 의한 조사를 거부·방해 또는 기피한 자에 대한 벌칙 기준은?

① 500만원 이하의 벌금
② 1년 이하의 징역 또는 1천만원 이하의 벌금
③ 2년 이하의 징역 또는 2천만원 이하의 벌금
④ 3년 이하의 징역 또는 3천만원 이하의 벌금

해설

물환경보전법 제78조(벌칙)

환경부장관은 가동시작 신고를 한 폐수무방류배출시설에 대하여 신고일부터 10일 이내에 허가 또는 변경허가의 기준에 맞는지를 조사하여야 하나 이에 따른 조사를 거부·방해 또는 기피한 자는 1년 이하의 징역 또는 1천만원 이하의 벌금에 처한다.

66 환경기술인의 임명신고에 관한 기준으로 옳은 것은?(단, 환경기술인을 바꾸어 임명하는 경우)

① 바꾸어 임명한 즉시 신고하여야 한다.
② 바꾸어 임명한 후 3일 이내에 신고하여야 한다.
③ 그 사유가 발생한 즉시 신고하여야 한다.
④ 그 사유가 발생한 날부터 5일 이내에 신고하여야 한다.

해설

물환경보전법 시행령 제59조(환경기술인의 임명 및 자격기준 등)

사업자가 환경기술인을 임명하려는 경우에는 다음의 구분에 따라 임명하여야 한다.

- 최초로 배출시설을 설치한 경우 : 가동시작 신고와 동시
- 환경기술인을 바꾸어 임명하는 경우 : 그 사유가 발생한 날부터 5일 이내

정답 63 ① 64 ④ 65 ② 66 ④

67 초과배출부과금의 부과 대상 수질오염물질이 아닌 것은?

① 트라이클로로에틸렌
② 노말헥산 추출물질 함유량(광유류)
③ 유기인화합물
④ 총질소

해설

물환경보전법 시행령 제46조(초과배출부과금 부과 대상 수질오염물질의 종류)
- 유기물질
- 부유물질
- 카드뮴 및 그 화합물
- 시안화합물
- 유기인화합물
- 납 및 그 화합물
- 6가크롬화합물
- 비소 및 그 화합물
- 수은 및 그 화합물
- 폴리염화바이페닐(Polychlorinated biphenyl)
- 구리 및 그 화합물
- 크롬 및 그 화합물
- 페놀류
- 트라이클로로에틸렌
- 테트라클로로에틸렌
- 망간 및 그 화합물
- 아연 및 그 화합물
- 총질소
- 총 인

68 비점오염저감시설(식생형 시설)의 관리, 운영기준에 관한 내용으로 ( )에 옳은 것은?

식생수로 바닥의 퇴적물이 처리용량의 ( )를 초과하는 경우는 침전된 토사를 제거하여야 한다.

① 10% ② 15%
③ 20% ④ 25%

해설

물환경보전법 시행규칙 [별표 18] 비점오염저감시설의 관리·운영기준
시설유형별 기준–자연형 시설–식생형 시설
식생수로 바닥의 퇴적물이 처리용량의 25%를 초과하는 경우에는 침전된 토사를 제거하여야 한다.

69 폐수처리업자에게 폐수처리업의 등록을 취소하거나 6개월 이내의 기간을 정하여 영업정지를 명할 수 있는 경우가 아닌 것은?

① 다른 사람에게 등록증을 대여한 경우
② 1년에 2회 이상 영업정지처분을 받은 경우
③ 등록 후 1년 이내에 영업을 개시하지 않은 경우
④ 영업정지처분 기간에 영업행위를 한 경우

해설

물환경보전법 제64조(허가의 취소 등)
환경부장관은 폐수처리업자가 다음의 어느 하나에 해당하는 경우에는 그 허가를 취소하거나 6개월 이내의 기간을 정하여 영업정지를 명할 수 있다.
- 다른 사람에게 허가증을 대여한 경우
- 1년에 2회 이상 영업정지처분을 받은 경우
- 고의 또는 중대한 과실로 폐수처리영업을 부실하게 한 경우
- 영업정지처분 기간에 영업행위를 한 경우

※ 법 개정으로 '등록'이 '허가'로 변경됨

67 ② 68 ④ 69 ③ 정답

70 환경기술인의 교육기관으로 옳은 것은?

① 환경관리공단
② 환경보전협회
③ 환경기술연수원
④ 국립환경인력개발원

해설

물환경보전법 시행규칙 제93조(기술인력 등의 교육기간 · 대상자 등)
교육은 다음의 구분에 따른 교육기관에서 실시한다. 다만, 환경부장관 또는 시 · 도지사는 필요하다고 인정하면 다음의 교육기관 외의 교육기관에서 기술인력 등에 관한 교육을 실시하도록 할 수 있다.

- 측정기기 관리대행업에 등록된 기술인력 : 국립환경인재개발원 또는 한국상하수도협회
- 폐수처리업에 종사하는 기술요원 : 국립환경인재개발원
- 환경기술인 : 환경보전협회

※ 법 개정으로 '국립환경인력개발원'이 '국립환경인재개발원'으로 변경됨

71 비점오염원의 변경신고 기준으로 틀린 것은?

① 상호 · 대표자 · 사업명 또는 업종의 변경
② 총사업면적 · 개발면적 또는 사업장 부지면적이 처음 신고면적의 100분의 30 이상 증가하는 경우
③ 비점오염저감시설의 종류, 위치, 용량이 변경되는 경우
④ 비점오염원 또는 비점오염저감시설의 전부 또는 일부를 폐쇄하는 경우

해설

물환경보전법 시행령 제73조(비점오염원의 변경신고)
총사업면적 · 개발면적 또는 사업장 부지면적이 처음 신고면적의 100분의 15 이상 증가하는 경우

72 수계영향권별로 배출되는 수질오염물질을 총량으로 관리할 수 있는 주체는?

① 대통령 ② 국무총리
③ 시 · 도지사 ④ 환경부장관

해설

물환경보전법 제4조(수질오염물질의 총량관리)
환경부장관은 수계영향권별로 배출되는 수질오염물질을 총량으로 관리할 수 있다.

73 기본부과금 산정 시 방류수수질기준을 100% 초과한 사업자에 대한 부과계수는?

① 2.4 ② 2.6
③ 2.8 ④ 3.0

해설

물환경보전법 시행령 [별표 11] 방류수수질기준초과율별 부과계수

초과율	10% 미만	10% 이상 20% 미만	20% 이상 30% 미만	30% 이상 40% 미만	40% 이상 50% 미만
부과계수	1	1.2	1.4	1.6	1.8
초과율	50% 이상 60% 미만	60% 이상 70% 미만	70% 이상 80% 미만	80% 이상 90% 미만	90% 이상 100% 까지
부과계수	2.0	2.2	2.4	2.6	2.8

정답 70 ② 71 ② 72 ④ 73 ③

74 **환경기술인 등의 교육기간, 대상자 등에 관한 내용으로 틀린 것은?**

① 폐수처리업에 종사하는 기술요원의 교육기관은 국립환경인력개발원이다.
② 환경기술인과정과 폐수처리기술요원과정의 교육기간은 3일 이내로 한다.
③ 최초교육은 환경기술인 등이 최초로 업무에 종사한 날부터 1년 이내에 실시하는 교육이다.
④ 보수교육은 최초교육 후 3년마다 실시하는 교육이다.

해설

물환경보전법 시행규칙 제93조(기술인력 등의 교육기간 · 대상자 등)

- 기술인력, 환경기술인 또는 폐수처리업에 종사하는 기술요원(이하 기술인력 등)을 고용한 자는 다음의 구분에 따른 교육을 받게 하여야 한다.
  - 최초교육 : 기술인력 등이 최초로 업무에 종사한 날부터 1년 이내에 실시하는 교육
  - 보수교육 : 최초교육 후 3년마다 실시하는 교육
- 교육은 다음의 구분에 따른 교육기관에서 실시한다. 다만, 환경부장관 또는 시 · 도지사는 필요하다고 인정하면 다음의 교육기관 외의 교육기관에서 기술인력 등에 관한 교육을 실시하도록 할 수 있다.
  - 측정기기 관리대행업에 등록된 기술인력 : 국립환경인재개발원 또는 한국상하수도협회
  - 폐수처리업에 종사하는 기술요원 : 국립환경인재개발원
  - 환경기술인 : 환경보전협회

※ 법 개정으로 '국립환경인력개발원'이 '국립환경인재개발원'으로 변경됨

물환경보전법 시행규칙 제94조(교육과정의 종류 및 기간)

- 기술인력 등이 이수하여야 하는 교육과정은 다음의 구분에 따른다.
  - 측정기기 관리대행업에 등록된 기술인력 : 측정기기 관리대행 기술인력과정
  - 환경기술인 : 환경기술인과정
  - 폐수처리업에 종사하는 기술요원 : 폐수처리기술요원과정
- 교육과정의 교육기간은 4일 이내로 한다. 다만, 정보통신매체를 이용하여 원격교육을 실시하는 경우에는 환경부장관이 인정하는 기간으로 한다.

75 **호소의 수질상황을 고려하여 낚시금지구역을 지정할 수 있는 자는?**

① 환경부장관
② 중앙환경정책위원회
③ 시장 · 군수 · 구청장
④ 수면관리기관장

해설

물환경보전법 제20조(낚시행위의 제한)

특별자치시장 · 특별자치도지사 · 시장 · 군수 · 구청장은 하천(국가하천 및 지방하천은 제외) · 호소의 이용목적 및 수질상황 등을 고려하여 대통령령으로 정하는 바에 따라 낚시금지구역 또는 낚시제한구역을 지정할 수 있다. 이 경우 수면관리자와 협의하여야 한다.

76 **1일 폐수배출량이 $1,500m^3$인 사업장의 규모로 옳은 것은?**

① 제1종 사업장
② 제2종 사업장
③ 제3종 사업장
④ 제4종 사업장

해설

물환경보전법 시행령 [별표 13] 사업장의 규모별 구분

종 류	배출규모
제2종 사업장	1일 폐수배출량이 $700m^3$ 이상 $2,000m^3$ 미만인 사업장

74 ② 75 ③ 76 ② 정답

77 수질 및 수생태계 환경기준인 수질 및 수생태계 상태별 생물학적 특성 이해표에 관한 내용 중 생물등급이 [약간 나쁨~매우 나쁨] 생물 지표종(어류)으로 틀린 것은?

① 피라미
② 미꾸라지
③ 메 기
④ 붕 어

해설
환경정책기본법 시행령 [별표 1] 환경기준
수질 및 수생태계 상태별 생물학적 특성 이해표

생물등급	생물 지표종
	어 류
약간 나쁨~매우 나쁨	붕어, 잉어, 미꾸라지, 메기 등 서식

78 환경부장관은 개선명령을 받은 자가 개선명령을 이행하지 아니하거나 기간 이내에 이행은 하였으나 배출허용기준을 계속 초과할 때에는 해당 배출시설의 전부 또는 일부에 대한 조업정지를 명할 수 있다. 이에 따른 조업정지명령을 위반한 자에 대한 벌칙기준은?

① 1년 이하의 징역 또는 1천만원 이하의 벌금
② 2년 이하의 징역 또는 2천만원 이하의 벌금
③ 3년 이하의 징역 또는 3천만원 이하의 벌금
④ 5년 이하의 징역 또는 5천만원 이하의 벌금

해설
물환경보전법 제76조(벌칙)
환경부장관은 개선명령을 받은 자가 개선명령을 이행하지 아니하거나 기간 이내에 이행은 하였으나 검사 결과가 배출허용기준을 계속 초과할 때에는 해당 배출시설의 전부 또는 일부에 대한 조업정지를 명할 수 있으나 이에 따른 조업정지명령을 위반한 자는 5년 이하의 징역 또는 5천만원 이하의 벌금에 처한다.

79 수질 및 수생태계 환경기준 중 하천에서 생활환경 기준의 등급별 수질 및 수생태계 상태에 관한 내용으로 (　)에 옳은 내용은?

> 보통 : 보통의 오염물질로 인하여 용존산소가 소모되는 일반 생태계로 여과, 침전, 활성탄 투입, 살균 등 고도의 정수처리 후 생활용수로 이용하거나 일반적 정수처리 후 (　)로 사용할 수 있음

① 재활용수
② 농업용수
③ 수영용수
④ 공업용수

해설
환경정책기본법 시행령 [별표 1] 환경기준
수질 및 수생태계-하천-생활환경 기준
등급별 수질 및 수생태계 상태
보통 : 보통의 오염물질로 인하여 용존산소가 소모되는 일반 생태계로 여과, 침전, 활성탄 투입, 살균 등 고도의 정수처리 후 생활용수로 이용하거나 일반적 정수처리 후 공업용수로 사용할 수 있음

80 공공수역 중 환경부령으로 정하는 수로가 아닌 것은?

① 지하수로
② 농업용 수로
③ 상수관로
④ 운 하

해설
물환경보전법 시행규칙 제5조(공공수역)
'환경부령으로 정하는 수로'란 다음의 수로를 말한다.
• 지하수로
• 농업용 수로
• 하수도법에 따른 하수관로
• 운 하

정답 77 ① 78 ④ 79 ④ 80 ③

2020년 제3회 과년도 기출문제

제1과목 | 수질오염개론

01 **Wipple의 하천의 생태변화에 따른 4지대 구분 중 분해지대에 관한 설명으로 옳지 않은 것은?**

① 오염에 잘 견디는 곰팡이류가 심하게 번식한다.
② 여름철 온도에서 DO 포화도는 45% 정도에 해당된다.
③ 탄산가스가 줄고 암모니아성 질소가 증가한다.
④ 유기물 혹은 오염물을 운반하는 하수거의 방출지점과 가까운 하류에 위치한다.

해설

분해지대에서는 세균의 수가 증가하고 유기물을 많이 함유하는 슬러지의 침전이 많아지며 용존산소의 양이 크게 줄어드는 대신, 탄산가스의 양은 많아진다.

02 **수중의 암모니아를 함유한 용액은 다음과 같은 평형때문에 수산화암모늄이라고 한다. 0.25M−NH_3 용액 500mL를 만들기 위한 시약의 부피(mL)는? (단, NH_3 분자량 17.03, 진한 수산화암모늄 용액(28.0wt%의 NH_3 함유)의 밀도 = 0.899g/cm^3)**

$$NH_3 + H_2O \rightleftarrows NH_4^+ + OH^-$$

① 4.23　　② 8.46
③ 14.78　　④ 29.56

해설

시약의 부피(mL)
= 몰농도 × 부피 × 몰질량 ÷ 순도 ÷ 밀도

$$= \frac{0.25\text{mol}}{\text{L}} \times 0.5\text{L} \times \frac{17.03\text{g}}{\text{mol}} \div \frac{28}{100} \div \frac{0.899\text{g}}{\text{cm}^3}$$

≒ 8.4568mL

03 **적조의 발생에 관한 설명으로 옳지 않은 것은?**

① 정체해역에서 일어나기 쉬운 현상이다.
② 강우에 따라 오염된 하천수가 해수에 유입될 때 발생될 수 있다.
③ 수괴의 연직안정도가 크고 독립해 있을 때 발생한다.
④ 해역의 영양 부족 또는 염소 농도 증가로 발생된다.

해설

적조현상
- 플랑크톤이 급격히 증식하여 해수의 색이 변화되는 현상을 말하며, 플랑크톤의 색깔에 따라 다르게 나타난다.
- 원 인
  - 강한 일사량, 높은 수온, 낮은 염분일 때 발생한다.
  - N, P 등의 영양염류가 풍부한 부영양화 상태에서 잘 일어난다.
  - 미네랄 성분인 비타민, Ca, Fe, Mg 등이 많을 때 발생한다.
  - 정체수역 및 용승류(Upwelling)가 존재할 때 많이 발생한다.
  - 염소 농도가 낮을 때 발생한다.

04 **산소포화농도가 9.14mg/L인 하천에서 t = 0일 때 DO 농도가 6.5mg/L라면 물이 3일 및 5일 흐른 후 하류에서의 DO 농도(mg/L)는?(단, 최종 BOD = 11.3mg/L, K_1 = 0.1/day, K_2 = 0.2/day, 상용대수 기준)**

① 3일 후 = 5.7, 5일 후 = 6.1
② 3일 후 = 5.7, 5일 후 = 6.4
③ 3일 후 = 6.1, 5일 후 = 7.1
④ 3일 후 = 6.1, 5일 후 = 7.4

1 ③ 2 ② 3 ④ 4 ② 정답

해설

- 하류시점에서의 용존산소농도 = 포화농도 − DO 부족농도
- 용존산소 부족농도

$$D_t = \frac{k_1 \mathrm{BOD}_u}{k_2 - k_1}(10^{-k_1 t} - 10^{-k_2 t}) + D_o \times 10^{-k_2 t}$$

여기서, D_t : t시간에서 용존산소 부족농도(mg/L)

k_1 : 하천수온에 따른 탈산소계수(day^{-1})

k_2 : 하천수온에 따른 재폭기계수(day^{-1})

BOD_u : 시작점의 최종 BOD 농도(mg/L)

t : 유하시간(day)

D_o : 시작점의 DO 부족농도(mg/L)

위의 두 식을 이용해 DO 농도를 계산한다.

- 3일 후 용존산소 부족농도

$$D_t = \frac{0.1 \times 11.3}{0.2 - 0.1}(10^{-0.1 \times 3} - 10^{-0.2 \times 3}) + (9.14 - 6.5) \times 10^{-0.2 \times 3}$$

$\fallingdotseq 3.49\mathrm{mg/L}$

∴ 3일 후의 DO 농도 = 9.14mg/L − 3.49mg/L ≒ 5.65mg/L

- 5일 후 용존산소 부족농도

$$D_t = \frac{0.1 \times 11.3}{0.2 - 0.1}(10^{-0.1 \times 5} - 10^{-0.2 \times 5}) + (9.14 - 6.5) \times 10^{-0.2 \times 5}$$

$\fallingdotseq 2.71\mathrm{mg/L}$

∴ 5일 후의 DO 농도 = 9.14mg/L − 2.71mg/L = 6.43mg/L

05 수중의 질소순환과정인 질산화 및 탈질 순서를 옳게 나타낸 것은?

① $NH_3 \rightarrow NO_2^- \rightarrow NO_3^- \rightarrow NO_2^- \rightarrow N_2$

② $NO_3^- \rightarrow NO_2^- \rightarrow NH_3 \rightarrow NO_2^- \rightarrow N_2$

③ $NO_3^- \rightarrow NO_2^- \rightarrow N_2 \rightarrow NH_3 \rightarrow NO_2^-$

④ $N_2 \rightarrow NH_3 \rightarrow NO_3^- \rightarrow NO_2^-$

해설

- 질산화 과정 : $NH_3 \rightarrow NO_2^- \rightarrow NO_3^-$
- 탈질과정 : $NO_3^- \rightarrow NO_2^- \rightarrow N_2$

06 미생물의 증식단계를 가장 올바른 순서대로 연결한 것은?

① 정지기 − 유도기 − 대수증식기 − 사멸기

② 대수증식기 − 유도기 − 사멸기 − 정지기

③ 유도기 − 대수증식기 − 사멸기 − 정지기

④ 유도기 − 대수증식기 − 정지기 − 사멸기

07 하천에 유기물질이 배출되었을 때 하천의 수질변화를 나타낸 것이다. 그림 중 (2)곡선이 나타내는 수질지표로 가장 적절한 것은?

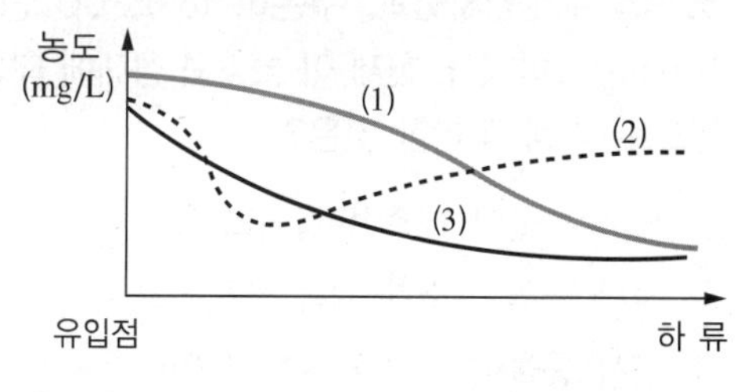

① DO　　② BOD

③ SS　　④ COD

해설

- (1) : BOD
- (2) : DO
- (3) : SS

정답 5 ① 6 ④ 7 ①

08 **호소에서 계절에 따른 물의 분포와 혼합상태에 관한 설명으로 옳은 것은?**

① 겨울철 심수층은 혐기성 미생물의 증식으로 유기물이 적정하게 분해되어 수질이 양호하게 된다.
② 봄, 가을에는 물의 밀도 변화에 의한 전도현상(Turn Over)이 일어난다.
③ 깊은 호수의 경우 여름철의 심수층 수온변화는 수온약층보다 크다.
④ 여름철에는 표수층과 심수층 사이에 수온의 변화가 거의 없는 수온약층이 존재한다.

해설
① 겨울철 심수층은 혐기성 미생물의 증식으로 유기물이 분해되어 수질이 불량하다.
③ 여름철 심수층 수온변화는 수온약층보다 크지 않다.
④ 여름철에는 수온약층이 온도변화가 가장 심한 곳이다.

09 **호소의 수질검사결과, 수온이 18℃, DO 농도가 11.5mg/ L이었다. 현재 이 호소의 상태에 대한 설명으로 가장 적합한 것은?**

① 깨끗한 물이 계속 유입되고 있다.
② 대기 중의 산소가 계속 용해되고 있다.
③ 수서 동물이 많이 서식하고 있다.
④ 조류가 다량 증식하고 있다.

해설
수온이 18℃일 때 포화용존산소량은 약 9mg/L 정도이다. DO 농도가 포화용존산소량 이상으로 높은 것으로 보아 광합성으로 인하여 DO 농도가 증가한 것으로 볼 수 있다. 따라서 호소에서 광합성을 일으키는 조류가 다량으로 증식하고 있다고 할 수 있다.

10 **수중의 용존산소에 대한 설명으로 옳지 않은 것은?**

① 수온이 높을수록 용존산소량은 감소한다.
② 용존염류의 농도가 높을수록 용존산소량은 감소한다.
③ 같은 수온하에서는 담수보다 해수의 용존산소량이 높다.
④ 냄새 발생의 원인이 된다.

해설
염분 농도가 낮을수록 산소의 용해도가 증가하므로, 염분 농도가 높은 해수의 용존산소량이 담수보다 낮다.

11 **분뇨처리과정에서 병원균과 기생충란을 사멸시키기 위한 가장 적절한 온도는?**

① 25~30℃
② 35~40℃
③ 45~50℃
④ 55~60℃

해설
분뇨처리 시 병원균과 기생충란 사멸에 가장 적절한 온도는 55~60℃ 정도이다.

12 **물의 특성으로 옳지 않은 것은?**

① 유용한 용매
② 수소결합
③ 비극성 형성
④ 육각형 결정구조

해설
물은 수소와 산소의 공유결합과 수소결합으로 이루어져 있으며, 쌍극성을 이루므로 많은 용질에 대하여 우수한 용매로 작용한다.

8 ② 9 ④ 10 ③ 11 ④ 12 ③ 정답

13 **우리나라의 물 이용 형태별로 볼 때 수요가 가장 많은 것은?**

① 생활용수 ② 공업용수
③ 농업용수 ④ 유지용수

해설
우리나라의 수자원을 많이 사용하는 순서를 나열하면
농업용수 > 유지용수 > 생활용수 > 공업용수 순이다.

14 **자연계에서 발생하는 질소의 순환에 관한 설명으로 옳지 않은 것은?**

① 공지 중 질소를 고정하는 미생물은 박테리아와 곰팡이로 나누어진다.
② 암모니아성 질소는 호기성 조건하에서 탈질균의 활동에 의해 질소로 변환된다.
③ 질산화 박테리아는 화학합성을 하는 독립영양미생물이다.
④ 질산화 과정 중 암모니아성 질소에서 아질산성 질소로 전환되는 것보다 아질산성 질소에서 질산성 질소로 전환되는 것이 적은 양의 산소가 필요하다.

해설
질산성 질소는 혐기성 조건하에서 탈질균의 활동에 의해 질소로 변환된다.

15 **전해질 M_2X_3의 용해도적 상수에 대한 표현으로 옳은 것은?**

① $K_{sp} = [M^{3+}]^2[X^{2-}]^3$
② $K_{sp} = [2M^{3+}][3X^{2-}]$
③ $K_{sp} = [2M^{3+}]^2[3X^{2-}]^3$
④ $K_{sp} = [M^{3+}][X^{2-}]$

해설
$M_2X_3 \leftrightarrows 2M^{3+} + 3X^{2-}$
$\therefore K_{sp} = [M^{3+}]^2[X^{2-}]^3$

16 **수분함량 97%의 슬러지 $14.7m^3$를 수분함량 85%로 농축하면 농축 후 슬러지 용적(m^3)은?(단, 슬러지 비중 = 1.0)**

① 1.92 ② 2.94
③ 3.21 ④ 4.43

해설
슬러지 부피의 함수율 공식을 사용한다.
$V_o(100-P_o) = V_1(100-P_1)$
여기서, V_o : 수분 P_o%일 때 슬러지 부피
V_1 : 수분 P_1%일 때 슬러지 부피
$14.7(100-97) = V_1(100-85)$
$\therefore V_1 = 14.7m^3 \times \frac{100-97}{100-85} = 2.94m^3$

정답 13 ③ 14 ② 15 ① 16 ②

17 0.04M NaOH 용액의 농도(mg/L)는?(단, 원자량 Na = 23)

① 1,000 ② 1,200
③ 1,400 ④ 1,600

해설

$\frac{0.04\text{mol}}{\text{L}} \times \frac{40\text{g NaOH}}{1\text{mol}} = 1.6\text{g/L} = 1,600\text{mg/L}$

18 탄광폐수가 하천이나 호수, 저수지에 유입될 경우 발생될 수 있는 오염의 형태와 가장 거리가 먼 것은?

① 부식성이 높은 수질이 될 수 있다.
② 대체적으로 물의 pH를 낮춘다.
③ 비탄산 경도를 높이게 된다.
④ 일시경도를 높이게 된다.

해설

탄광폐수에는 산도를 유발하는 물질이 포함되어 있어 비탄산경도(영구경도)를 높이게 되며, 탄산경도(일시경도)를 높이지는 않는다.

19 20℃ 5일 BOD가 50mg/L인 하수의 2일 BOD(mg/L)는?(단, 20℃, 탈산소계수 $k = 0.23\text{day}^{-1}$이고, 자연대수 기준)

① 21 ② 24
③ 27 ④ 29

해설

$\text{BOD}_t = \text{BOD}_u(1 - e^{-k_1 t})$

$50 = \text{BOD}_u(1 - e^{-0.23 \times 5})$

$\text{BOD}_u ≒ 73.17\text{mg/L}$

$\therefore \text{BOD}_2 = 73.17\text{mg/L} \times (1 - e^{-0.23 \times 2}) ≒ 26.97$

20 폐수의 분석결과 COD가 450mg/L이고, BOD_5가 300mg/L였다면 NBDCOD(mg/L)는?(단, 탈산소계수 K_1 = 0.2/day, Base는 상용대수)

① 약 76 ② 약 84
③ 약 117 ④ 약 136

해설

BOD 소모공식 이용한다.

$\text{BOD}_t = \text{BOD}_u(1 - 10^{-k_1 t})$

$300 = \text{BOD}_u(1 - 10^{-1})$

$\text{BOD}_u ≒ 333.33\text{mg/L}$

$\text{COD} = \text{BDCOD} + \text{NBDCOD} = \text{BOD}_u + \text{NBDCOD}$

$450 = 333.33 + \text{NBDCOD}$

$\therefore \text{NBDCOD} ≒ 116.67\text{mg/L}$

17 ④ 18 ④ 19 ③ 20 ③ 정답

제2과목 | 수질오염방지기술

21 고형물 농도 10g/L인 슬러지를 하루 480m^3 비율로 농축 처리하기 위해 필요한 연속식 슬러지 농축조의 표면적(m^2)은?(단, 농축조의 고형물 부하 = 4kg/m^2 · h)

① 50 ② 100
③ 150 ④ 200

해설

고형물 부하량 $= \dfrac{TS \times Q}{A}$

$$4\text{kg/m}^2 \cdot \text{h} = \dfrac{\dfrac{10\text{g}}{\text{L}} \times \dfrac{480\text{m}^3}{\text{day}} \times \dfrac{\text{day}}{24\text{h}} \times \dfrac{10^3\text{L}}{\text{m}^3} \times \dfrac{\text{kg}}{10^3\text{g}}}{A}$$

$\therefore A = 50\text{m}^2$

22 폭 2m, 길이 15m인 침사지에 100cm의 수심으로 폐수가 유입할 때 체류시간이 50s이라면 유량(m^3/h)은?

① 2,025 ② 2,160
③ 2,240 ④ 2,530

해설

체류시간 $t = \dfrac{V}{Q}$

$50\text{s} = \dfrac{2\text{m} \times 15\text{m} \times 1\text{m}}{Q}$

$\therefore Q = 0.6\text{m}^3/\text{s} = 2{,}160\text{m}^3/\text{h}$

23 처리수의 BOD 농도가 5mg/L인 폐수처리 공정의 BOD 제거효율은 1차 처리 40%, 2차 처리 80%, 3차 처리 15%이다. 이 폐수처리 공정에 유입되는 유입수의 BOD 농도(mg/L)는?

① 39 ② 49
③ 59 ④ 69

해설

유입수의 BOD 농도를 x라 하면

$x(1-0.4)(1-0.8)(1-0.15) = 5\text{mg/L}$

$\therefore x \fallingdotseq 49.02\text{mg/L}$

24 일반적인 도시하수 처리 순서로 알맞은 것은?

① 스크린 – 침사지 – 1차 침전지 – 포기조 – 2차 침전지 – 소독
② 스크린 – 침사지 – 포기조 – 1차 침전지 – 2차 침전지 – 소독
③ 소독 – 스크린 – 침사지 – 1차 침전지 – 포기조 – 2차 침전지
④ 소독 – 스크린 – 침사지 – 포기조 – 1차 침전지 – 2차 침전지

정답 21 ① 22 ② 23 ② 24 ①

25 폐수량 20,000m^3/day, 체류시간 30분, 속도경사 40s^{-1}의 응집 침전조를 설계할 때 교반기 모터의 동력효율을 60%로 예상한다면 응집침전조의 교반기에 필요한 모터의 총동력(W)은?(단, μ = 10^{-3}kg/m · s)

① 417　② 667.2
③ 728.5　④ 1,112

해설
속도경사식을 이용한다.

$G = \sqrt{\dfrac{P}{\mu V}}$

$P = G^2 \mu V$ (여기서, $V = t \times Q$)

$= \dfrac{40^2}{s^2} \times \dfrac{10^{-3}kg}{m \cdot s} \times \dfrac{20,000m^3}{day} \times \dfrac{day}{86,400s} \times 1,800s \times \dfrac{1}{0.6}$

$\fallingdotseq 1,111.11W$

26 1,000m^3의 폐수 중 부유물질 농도가 200mg/L일 때 처리효율이 70%인 처리장에서 발생슬러지량(m^3)은?(단, 부유물질 처리만을 기준으로 하며 기타 조건은 고려하지 않음, 슬러지 비중 = 1.03, 함수율 = 95%)

① 2.36　② 2.46
③ 2.72　④ 2.96

해설
발생슬러지량(m^3)

$= \dfrac{0.2kg}{m^3} \times 1,000m^3 \times \dfrac{70}{100} \times \dfrac{100}{5} \times \dfrac{m^3}{1.03 \times 10^3 kg}$

$\fallingdotseq 2.72m^3$

27 BOD 1,000mg/L, 유량 1,000m^3/day인 폐수를 활성슬러지법으로 처리하는 경우, 포기조의 수심을 5m로 할 때 필요한 포기조의 표면적(m^2)은? (단, BOD 용적부하 0.4kg/m^3 · day)

① 400　② 500
③ 600　④ 700

해설

BOD 용적부하 $= \dfrac{BOD \times Q}{V}$

0.4kg/m^3 · day $= \dfrac{1kg/m^3 \times 1,000m^3/day}{V}$

$= \dfrac{1kg/m^3 \times 1,000m^3/day}{A \times 5m}$

$\therefore A = 500m^2$

28 모래여과상에서 공극 구멍보다 더 작은 미세한 부유물질을 제거함에 있어 모래의 주요 제거기능과 가장 거리가 먼 것은?

① 부 착　② 응 결
③ 거 름　④ 흡 착

해설
여과의 메커니즘으로는 거름, 침전, 충돌, 차단, 부착, 화학적 흡착, 응집(응결), 생물증식 등이 있으며, 모래를 이용한 여과 시 화학적 흡착은 주요 제거기능과는 조금 거리가 멀다.

29 공장에서 보일러의 열전도율이 저하되어 확인한 결과, 보일러 내부에 형성된 스케일이 문제인 것으로 판단되었다. 일반적으로 스케일 형성의 원인이 되는 물질은?

① Ca^{2+}, Mg^{2+}　② Na^+, K^+
③ Cu^{2+}, Fe^{2+}　④ Na^+, Fe^{2+}

해설
일반적으로 스케일 형성에 원인이 되는 물질은 경도유발물질로 Ca^{2+}, Mg^{2+}, Sr^{2+}, Fe^{2+}, Mn^{2+} 등이다.

정답 25 ④ 26 ③ 27 ② 28 ④ 29 ①

30 미생물을 회분식 배양하는 경우의 일반적인 성장 상태를 그림으로 나타낸 것이다. ㉮, ㉯의 ( ) 안에 미생물의 적합한 성장 단계 및 ㉰, ㉱, ㉲ 안에 활성슬러지공법 중 재래식, 고율, 장기폭기의 운전 범위를 맞게 나타낸 것은?

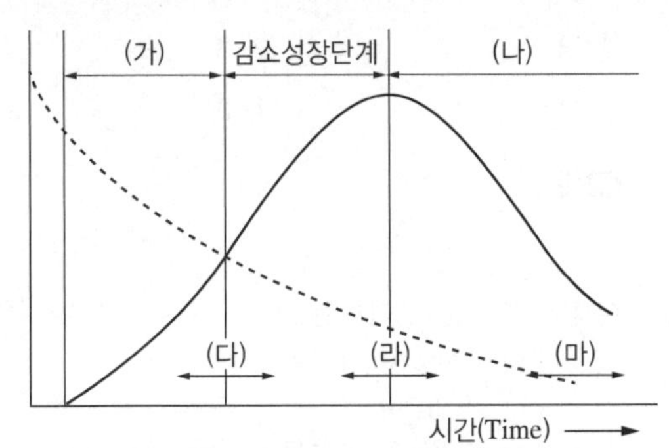

----- 기질(Substrate)
—— 미생물(Microorganism)

① ㉮ 대수성장단계, ㉯ 내생성장단계, ㉰ 재래식, ㉱ 고율, ㉲ 장기폭기
② ㉮ 내생성장단계, ㉯ 대수성장단계, ㉰ 재래식, ㉱ 고율, ㉲ 장기폭기
③ ㉮ 대수성장단계, ㉯ 내생성장단계, ㉰ 재래식, ㉱ 장기폭기, ㉲ 고율
④ ㉮ 대수성장단계, ㉯ 내생성장단계, ㉰ 고율, ㉱ 재래식, ㉲ 장기폭기

해설
- 미생물 성장단계 : ㉮ 대수성장단계 → 감소성장단계 → ㉯ 내생성장단계
- 활성슬러지공법 : ㉰ 고율 활성슬러지공법, ㉱ 표준 활성슬러지공법, ㉲ 장기폭기법

31 분무식 포기장치를 이용하여 CO_2 농도를 탈기시키고자 한다. 최초의 CO_2 농도 30g/m^3 중에서 12g/m^{3}을 제거할 수 있을 때 효율계수(E)와 최초 CO_2 농도가 50g/m^{3}일 경우 유출수 중 CO_2 농도(C_e, g/m^3)는?(단, CO_2의 포화농도 = 0.5g/m^3)

① $E = 0.6,\ C_e = 30$
② $E = 0.4,\ C_e = 20$
③ $E = 0.6,\ C_e = 20$
④ $E = 0.4,\ C_e = 30$

해설
- 최초 CO_2 농도 30g/m^3 중에서 12g/m^{3}가 제거된다면

$$\text{효율계수}(E) = \frac{12\text{g/m}^3}{30\text{g/m}^3} = 0.4$$

- 최초 CO_2 농도가 50g/m^{3}일 경우 제거효율이 0.4이므로 유출수 중 CO_2 농도(C_e) = $50 \times (1 - 0.4) = 30$g/m^3

32 폐수를 염소처리하는 목적으로 가장 거리가 먼 것은?

① 살 균
② 탁도 제거
③ 냄새 제거
④ 유기물 제거

해설
염소소독으로 탁도를 제거할 수는 없다.
폐수처리장에서의 염소소독 목적 : 살균 및 냄새 제거, 부식 통제, BOD 제거 등

33 수중에 존재하는 대상 항목별 제거방법이 틀리게 짝지어진 것은?

① 부유물질 - 급속여과, 응집침전
② 용해성 유기물질 - 응집침전, 오존산화
③ 용해된 염류 - 역삼투법, 이온교환
④ 세균, 바이러스 - 소독, 급속여과

해설
급속여과는 세균 및 바이러스 제거율이 좋지 못하기 때문에 적합한 처리방법이 아니다.

정답 30 ④ 31 ④ 32 ② 33 ④

34 각종 처리법과 그 효과에 영향을 미치는 주요한 인자의 조합으로 틀린 것은?

① 침강분리법 – 현탁입자와 물의 밀도차
② 가압부상법 – 오수와 가압수와의 점성차
③ 모래여과법 – 현탁입자의 크기
④ 흡착법 – 용질의 흡착성

해설

부상법은 물과 오염물질의 비중(밀도) 차이를 이용하여 처리하는 방법이다.

35 유기인 함유 폐수에 관한 설명으로 틀린 것은?

① 폐수에 함유된 유기인화합물은 파라티온, 말라티온 등의 농약이다.
② 유기인화합물은 산성이나 중성에서 안정하다.
③ 물에 쉽게 용해되어 독성을 나타내기 때문에 전처리 과정을 거친 후 생물학적 처리법을 적용할 수 있다.
④ 일반적이고 효과적인 방법으로는 생석회 등의 알칼리로 가수분해시키고 응집침전 또는 부상으로 전처리한 다음 활성탄 흡착으로 미량의 잔류물질을 제거시키는 것이다.

해설

유기인은 물에 극히 난용성이다.

36 포기조 내의 MLSS가 4,000mg/L, 포기조 용적이 $500m^3$인 활성슬러지 공정에서 매일 $25m^3$의 폐슬러지를 인발하여 소화조에서 처리한다면 슬러지의 평균 체류시간(day)은?(단, 반송슬러지 농도 = 20,000mg/L, 유출수의 SS 농도는 무시)

① 2 ② 3
③ 4 ④ 5

해설

$$\text{SRT} = \frac{VX}{X_r Q_w + (Q - Q_w) SS_e}$$

여기서, X_r : 반송슬러지 농도
Q_w : 반송슬러지 유량
Q : 유입유량
SS_e : 유출수 SS 농도
V : 포기조 용적
X : MLSS 농도

유출수의 SS 농도는 무시하므로

$$\therefore \text{SRT} = \frac{VX}{X_r Q_w} = \frac{500\text{m}^3 \times 4{,}000\text{mg/L}}{20{,}000\text{mg/L} \times 25\text{m}^3/\text{day}} = 4\text{day}$$

37 회전원판법(RBC)에 관한 설명으로 가장 거리가 먼 것은?

① 부착성장공법으로 질산화가 가능하다.
② 슬러지의 반송율은 표준 활성슬러지법보다 높다.
③ 활성슬러지법에 비해 처리수의 투명도가 나쁘다.
④ 살수여상법에 비해 단회로 현상의 제어가 쉽다.

해설

회전원판법(RBC)는 슬러지 반송을 하지 않는다.

34 ② 35 ③ 36 ③ 37 ② 정답

38 슬러지 반송률을 25%, 반송슬러지 농도를 10,000 mg/L일 때 포기조의 MLSS 농도(mg/L)는?(단, 유입 SS 농도는 고려하지 않음)

① 1,200　② 1,500
③ 2,000　④ 2,500

해설
슬러지 반송비

$$R=\frac{Q_r}{Q}=\frac{X-SS}{X_r-X}$$

유입 SS 농도를 무시하면 SS = 0

$$0.25=\frac{X}{10,000-X}$$

$\therefore\ X=2,000\text{mg/L}$

39 급속여과장치에 있어서 여과의 손실수두에 영향을 미치지 않는 인자는?

① 여과면적
② 입자지름
③ 여액의 점도
④ 여과속도

해설
여과에서 손실수두는 여과속도와 관련이 있으며, 여과면적과는 관련이 없다.

40 활성슬러지법에서 포기조에 균류(Fungi)가 번식하면 처리효율이 낮아지는 이유로 가장 알맞은 것은?

① BOD 보다는 COD를 더 잘 제거시키기 때문이다.
② 혐기성 상태를 조성시키기 때문이다.
③ Floc의 침강성이 나빠지기 때문이다.
④ Fungi가 Bacteria를 잡아먹기 때문이다.

해설
Fungi가 번식하면 Floc이 잘 가라앉지 않아 침강성이 나빠진다.

제3과목 | 수질오염공정시험기준

41 측정하고자 하는 금속물질이 바륨인 경우의 시험방법이 아닌 것은?

① 자외선/가시선 분광법
② 유도결합플라스마-원자발광분광법
③ 유도결합플라스마-질량분석법
④ 원자흡수분광광도법

해설
바륨 시험방법
- 원자흡수분광광도법(ES 04405.1a)
- 유도결합플라스마-원자발광분광법(ES 04405.2a)
- 유도결합플라스마-질량분석법(ES 04405.3a)

42 공장 폐수의 COD를 측정하기 위하여 검수 25mL에 증류수를 가하여 100mL로 실험한 결과 0.025N-$KMnO_4$의 양이 10.1mL 최종 소모되었을 때 이 공장의 COD(mg/L)는?(단, 공시험의 적정에 소요된 0.025N-$KMnO_4$ = 0.1mL, 0.025N-$KMnO_4$의 역가 = 1.0)

① 20　② 40
③ 60　④ 80

해설
ES 04315.1b 화학적 산소요구량-적정법-산성 과망간산칼륨법

$$\text{COD(mg/L)}=(b-a)\times f\times\frac{1,000}{V}\times 0.2$$

$$=(10.1-0.1)\times 1.0\times\frac{1,000}{25}\times 0.2=80$$

여기서, a : 바탕시험 적정에 소비된 과망간산칼륨용액(0.005M)의 양(mL)
b : 시료의 적정에 소비된 과망간산칼륨용액(0.005M)의 양(mL)
f : 과망간산칼륨용액(0.005M)의 농도계수(Factor)
V : 시료의 양(mL)

※ 공정시험기준 개정으로 '0.025N'이 '0.005M'으로 변경

정답 38 ③ 39 ① 40 ③ 41 ① 42 ④

43 메틸렌블루에 의해 발색시킨 후 자외선/가시선 분광법으로 측정할 수 있는 항목은?

① 음이온 계면활성제
② 휘발성 탄화수소류
③ 알킬수은
④ 비 소

해설
ES 04359.1d 음이온 계면활성제-자외선/가시선 분광법
물속에 존재하는 음이온 계면활성제를 측정하기 위하여 메틸렌블루와 반응시켜 생성된 청색의 착화합물을 클로로폼으로 추출하여 흡광도를 650nm에서 측정하는 방법이다.

44 수질오염공정시험기준의 관련 용어의 정의가 잘못된 것은?

① '감압 또는 진공'이라 함은 따로 규정이 없는 한 $15mmH_2O$ 이하를 말한다.
② '냄새가 없다'라고 기재한 것은 냄새가 없거나 또는 거의 없는 것을 표시하는 것이다.
③ '약'이라 함은 기재된 양에 대하여 ±10% 이상의 차가 있어서는 안 된다.
④ 시험조작 중 '즉시'란 30초 이내에 표시된 조작을 하는 것을 뜻한다.

해설
ES 04000.d 총칙
'감압 또는 진공'이라 함은 따로 규정이 없는 한 15mmHg를 뜻한다.

45 총대장균군 시험(평판집락법) 분석 시 평판의 집락수는 어느 정도 범위가 되도록 시료를 희석하여야 하는가?

① 1~10개 ② 10~30개
③ 30~300개 ④ 300~500개

해설
ES 04701.3e 총대장균군-평판집락법
평판집락수가 30~300개가 되도록 시료를 희석한 후, 1mL씩을 시료당 페트리접시 2매에 넣는다.

46 색도측정법(투과율법)에 관한 설명으로 옳지 않은 것은?

① 아담스-니컬슨의 색도공식을 근거로 한다.
② 시료 중 백금-코발트 표준물질과 아주 다른 색상의 폐·하수는 적용할 수 없다.
③ 색도의 측정은 시각적으로 눈에 보이는 색상에 관계없이 단순 색도차 또는 단일 색도차를 계산한다.
④ 시료 중 부유물질은 제거하여야 한다.

해설
ES 04304.1c 색도
아담스-니컬슨의 색도공식
육안으로 두 개의 서로 다른 색상을 가진 A, B가 무색으로부터 같은 정도로 색도가 있다고 판정되면, 이들의 색도값(ADMI 기준 : American Dye Manufacturers Institute)도 같게 된다. 이 방법은 백금-코발트 표준물질과 아주 다른 색상의 폐·하수에서 뿐만 아니라 표준물질과 비슷한 색상의 폐·하수에도 적용할 수 있다.

43 ① 44 ① 45 ③ 46 ② 정답

47 다음은 기체크로마토그래피에 의한 폴리클로리네이티드바이페닐 시험방법이다. (   ) 안에 가장 적합한 것은?

> 시료를 추출하여 필요시 (㉠) 분해한 다음 다시 추출한다. 검출기는 (㉡)를 사용한다.

① ㉠ 산, ㉡ 수소불꽃이온화 검출기
② ㉠ 산, ㉡ 전자포획 검출기
③ ㉠ 알칼리, ㉡ 수소불꽃이온화 검출기
④ ㉠ 알칼리, ㉡ 전자포획 검출기

해설

ES 04504.1b 폴리클로로리네이티드바이페닐-용매추출/기체크로마토그래피

- 물속에 존재하는 폴리클로리네이티드바이페닐(Polychlorinated Biphenyls, PCBs)을 측정하는 방법으로, 채수한 시료를 헥산으로 추출하여 필요시 알칼리 분해한 다음 다시 헥산으로 추출하고 실리카겔 또는 플로리실 칼럼을 통과시켜 정제한다. 이 액을 농축시켜 기체크로마토그래프에 주입하고 크로마토그램을 작성하여 나타난 피크 패턴에 따라 PCB를 확인하고 정량하는 방법이다.
- 검출기는 전자포획 검출기(ECD ; Electron Capture Detector)를 사용한다.

48 pH 표준액의 조제 시 보통 산성 표준액과 염기성 표준액의 각각 사용기간은?

① 1개월 이내, 3개월 이내
② 2개월 이내, 2개월 이내
③ 3개월 이내, 1개월 이내
④ 3개월 이내, 2개월 이내

해설

ES 04306.1c 수소이온농도

표준용액

pH 표준용액의 조제에 사용되는 물은 정제수를 15분 이상 끓여서 이산화탄소를 날려 보내고 산화칼슘(생석회) 흡수관을 닫아 식혀서 준비한다. 제조된 pH 표준용액의 전도도는 2μS/cm 이하이어야 한다. 조제한 pH 표준용액은 경질 유리병 또는 폴리에틸렌병에 담아서 보관하며, 보통 산성 표준용액은 3개월, 염기성 표준용액은 산화칼슘 흡수관을 부착하여 1개월 이내에 사용한다.

49 생물화학적 산소요구량 측정방법 중 시료의 전처리에 관한 설명으로 틀린 것은?

① pH가 6.5~8.5의 범위를 벗어나는 산성 또는 알칼리성 시료는 염산용액(1M) 또는 수산화나트륨용액(1M)으로 시료를 중화하여 pH 7~7.2로 맞춘다.
② 시료는 시험하기 바로 전에 온도를 20±1℃로 조정한다.
③ 수온이 20℃ 이하일 때의 용존산소가 과포화되어 있을 경우에는 수온을 23~25℃로 상승시킨 이후에 15분간 통기하고 방치하고 냉각하여 수온을 다시 20℃로 한다.
④ 잔류염소가 함유된 시료는 시료 100mL에 아자이드화나트륨 0.1g과 아이오딘화칼륨 1g을 넣고 흔들어 섞은 다음 수산화나트륨을 넣어 알칼리성으로 한다.

해설

ES 04305.1c 생물화학적 산소요구량

잔류염소를 함유한 시료는 시료 100mL에 아자이드화나트륨 0.1g과 아이오딘화칼륨 1g을 넣고 흔들어 섞은 다음 염산을 넣어 산성으로 한다(약 pH 1).

50 자외선/가시선 분광법으로 비소를 측정할 때 방법으로 (   ) 안에 옳은 내용은?

> 물속에 존재하는 비소를 측정하는 방법으로, (㉠)로 환원시킨 다음 아연을 넣어 발생되는 수소화비소를 다이에틸다이티오카바민산은의 피리딘 용액에 흡수시켜 생성된 (㉡) 착화합물을 (㉢)에서 흡광도를 측정하는 방법이다.

① ㉠ 3가비소, ㉡ 청색, ㉢ 620nm
② ㉠ 3가비소, ㉡ 적자색, ㉢ 530nm
③ ㉠ 6가비소, ㉡ 청색, ㉢ 620nm
④ ㉠ 6가비소, ㉡ 적자색, ㉢ 530nm

정답 47 ④ 48 ③ 49 ④ 50 ②

해설

ES 04406.2c 비소-자외선/가시선 분광법

- 물속에 존재하는 비소를 측정하는 방법으로, 3가비소로 환원시킨 다음 아연을 넣어 발생되는 수소화비소를 다이에틸다이티오카바민산은(Ag-DDTC)의 피리딘 용액에 흡수시켜 생성된 적자색 착화합물을 530nm에서 흡광도를 측정하는 방법이다.
- 지표수, 폐수 등에 적용할 수 있으며, 정량한계는 0.004mg/L이다.
- 안티몬 또한 이 시험 조건에서 스티빈으로 환원되고 흡수용액과 반응하여 510nm에서 최대 흡광도를 갖는 붉은색의 착화합물을 형성한다. 안티몬이 고농도의 경우에는 이 방법을 사용하지 않는 것이 좋다.
- 높은 농도의 크롬, 코발트, 구리, 수은, 몰리브덴, 은 및 니켈은 비소 정량을 방해한다.
- 황화수소 기체는 비소 정량에 방해하므로 아세트산납을 사용하여 제거하여야 한다.

51 시안 화합물을 측정할 때 pH 2 이하의 산성에서 에틸렌다이아민테트라초산이나트륨을 넣고 가열 증류하는 이유는?

① 킬레이트 화합물을 발생시킨 후 침전시켜 중금속 방해를 방지하기 위하여
② 시료에 포함된 유기물 및 지방산을 분해시키기 위하여
③ 시안화물 및 시안착화합물의 대부분을 시안화수소로 유출시키기 위하여
④ 시안화합물의 방해성분인 황화합물을 유화수소로 분리시키기 위하여

해설

ES 04353.1e 시안-자외선/가시선 분광법

물속에 존재하는 시안을 측정하기 위하여 시료를 pH 2 이하의 산성에서 가열 증류하여 시안화물 및 시안착화합물의 대부분을 시안화수소로 유출시켜 포집한 다음 포집된 시안이온을 중화하고 클로라민-T를 넣어 생성된 염화시안이 피리딘-피라졸론 등의 발색시약과 반응하여 나타나는 청색을 620nm에서 측정하는 방법이다.

52 시판되는 농축 염산은 12N이다. 이것을 희석하여 1N의 염산 200mL를 만들고자 한다. 농축 염산은 몇 mL가 필요한가?

① 7.9
② 16.7
③ 21.3
④ 31.5

해설

$$\frac{1,000\text{mL}}{12} \times \frac{200\text{mL}}{1,000\text{mL}} \fallingdotseq 16.67\text{mL}$$

53 금속 필라멘트 또는 전기저항체를 검출소자로 하여 금속판 안에 들어 있는 본체와 여기에 직류전기를 공급하는 전원회로, 전류조절부 등으로 구성된 기체크로마토그래프 검출기는?

① 열전도도 검출기
② 전자포획형 검출기
③ 알칼리열 이온화 검출기
④ 수소염 이온화 검출기

해설

열전도도 검출기(TCD ; Thermal Conductivity Detector)는 금속 필라멘트(Filament)에 안정된 직류전기를 공급하는 전원회로, 전류조절부, 신호검출 전기회로, 신호 감쇄부 등으로 구성된다. 네 개로 구성된 필라멘트에 전류를 흘려주면 필라멘트가 가열되는데, 이 중 2개의 필라멘트는 운반기체인 헬륨에 노출되고 나머지 두 개의 필라멘트는 운반기체에 의해 이동하는 시료에 노출된다. 이 둘 사이의 열전도도 차이를 측정함으로써 시료를 검출하여 분석한다.

51 ③ 52 ② 53 ① 정답

54 취급 또는 저장하는 동안에 기체 또는 미생물이 침입하지 아니하도록 내용물을 보호하는 용기는?

① 밀봉용기 ② 밀폐용기
③ 기밀용기 ④ 차광용기

해설

ES 04000.d 총칙

① '밀봉용기'라 함은 취급 또는 저장하는 동안에 기체 또는 미생물이 침입하지 아니하도록 내용물을 보호하는 용기를 말한다.
② '밀폐용기'라 함은 취급 또는 저장하는 동안에 이물질이 들어가거나 또는 내용물이 손실되지 아니하도록 보호하는 용기를 말한다.
③ '기밀용기'라 함은 취급 또는 저장하는 동안에 밖으로부터의 공기 또는 다른 가스가 침입하지 아니하도록 내용물을 보호하는 용기를 말한다.
④ '차광용기'라 함은 광선이 투과하지 않는 용기 또는 투과하지 않게 포장한 용기이며 취급 또는 저장하는 동안에 내용물이 광화학적 변화를 일으키지 아니하도록 방지할 수 있는 용기를 말한다.

55 유기물 함량이 비교적 높지 않고 금속의 수산화물, 산화물, 인산염 및 황화물을 함유하고 있는 시료에 적용되는 전처리 방법은?

① 질산에 의한 분해
② 질산-염산에 의한 분해
③ 질산-황산에 의한 분해
④ 질산-과염소산에 의한 분해

해설

ES 04150.1b 시료의 전처리 방법

56 최대유속과 최소유속의 비가 가장 큰 유량계는?

① 벤투리미터(Venturi Meter)
② 오리피스(Orifice)
③ 피토(Pitot)관
④ 자기식 유량측정기(Magnetic Flow Meter)

해설

ES 04140.1c 공장폐수 및 하수유량-관(Pipe) 내의 유량측정방법

유량계에 따른 최대유속과 최소유속의 비율

유량계	범위(최대유량 : 최소유량)
벤투리미터	4 : 1
유량측정용 노즐	4 : 1
오리피스	4 : 1
피토관	3 : 1
자기식 유량측정기	10 : 1

57 n-헥산추출물질 시험법에서 염산(1+1)으로 산성화 할 때 넣어주는 지시약과 pH의 연결이 맞는 것은?

① 메틸레드지시액 - pH 4.0 이하
② 메틸오렌지지시액 - pH 4.0 이하
③ 메틸레드지시액 - pH 4.5 이하
④ 메틸렌블루지시액 - pH 4.5 이하

해설

ES 04302.1b 노말헥산 추출물질

시료적당량(노말헥산 추출물질로서 5~200mg 해당량)을 분별깔때기에 넣고 메틸오렌지용액(0.1%) 2~3방울을 넣고 황색이 적색으로 변할 때까지 염산(1+1)을 넣어 시료의 pH를 4 이하로 조절한다.

정답 54 ① 55 ② 56 ④ 57 ②

58 질산성 질소 분석방법과 가장 거리가 먼 것은?

① 이온크로마토그래피법
② 자외선/가시선 분광법-부루신법
③ 자외선/가시선 분광법-활성탄흡착법
④ 연속흐름법

해설

질산성 질소 분석방법
- 이온크로마토그래피(ES 04361.1b)
- 자외선/가시선 분광법-부루신법(ES 04361.2c)
- 자외선/가시선 분광법-활성탄흡착법(ES 04361.3c)
- 데발다합금 환원증류법(ES 04361.4c)

59 온도표시 기준 중 '상온'으로 가장 적합한 범위는?

① 1~35℃
② 10~15℃
③ 15~25℃
④ 20~35℃

해설

ES 04000.d 총칙
표준온도는 0℃, 상온은 15~25℃, 실온은 1~35℃로 하고, 찬 곳은 따로 규정이 없는 한 0~15℃의 곳을 뜻한다.

60 시료용기를 유리제로만 사용하여야 하는 것은?

① 플루오린
② 페놀류
③ 음이온 계면활성제
④ 대장균군

해설

ES 04130.1e 시료의 채취 및 보존 방법
- 플루오린 : P
- 페놀류 : G
- 음이온 계면활성제 : P, G
- 대장균군 : P, G

여기서, P : Polyethylene, G : Glass

제4과목 | 수질환경관계법규

61 폐수재이용업 등록기준에 관한 내용 중 알맞지 않은 것은?

① 기술능력 : 수질환경산업기사 1인 이상
② 폐수운반차량 : 청색으로 도색하고 흰색바탕에 녹색 글씨로 회사명 등을 표시한다.
③ 저장시설 : 원폐수 및 재이용 후 발생되는 폐수의 각각 저장시설의 용량은 1일 8시간 최대 처리량의 3일분 이상의 규모이어야 한다.
④ 운반장비 : 폐수운반장비는 용량 $2m^3$ 이상의 탱크로리, $1m^3$ 이상의 합성수지제 용기가 고정된 차량, 18L 이상의 합성수지제 용기(유가품인 경우만 해당한다)이어야 한다.

해설

물환경보전법 시행규칙 [별표 20] 폐수처리업의 허가요건
- 폐수운반장비는 용량 $2m^3$ 이상의 탱크로리, $1m^3$ 이상의 합성수지제 용기가 고정된 차량, 18L 이상의 합성수지제용기(유가품인 경우만 해당한다)이어야 한다. 다만, 아파트형공장 내에서 수집하는 경우에는 고정식 파이프라인으로 갈음할 수 있다.
- 폐수운반장비는 운반폐수에 부식되지 아니하는 재질로서 운반 도중 폐수가 누출되지 아니하도록 안전한 구조로 되어 있어야 한다.
- 폐수운반장비는 내부용량을 계측할 수 있는 구조 또는 그 양을 확인할 수 있도록 되어 있어야 한다.
- 폐수운반차량은 청색[색번호 10B5-12(1016)]으로 도색하고, 양쪽 옆면과 뒷면에 가로 50cm, 세로 20cm 이상 크기의 노란색 바탕에 검은색 글씨로 폐수운반차량, 회사명, 허가번호, 전화번호 및 용량을 지워지지 아니하도록 표시하여야 한다.

※ 법 개정으로 '등록기준'이 '허가요건'으로 변경됨

58 ④ 59 ③ 60 ② 61 ② 정답

62 상수원의 수질보전을 위하여 전복, 추락 등 사고 시 상수원을 오염시킬 우려가 있는 물질을 수송하는 자동차의 통행을 제한할 수 있는 지역이 아닌 것은?

① 상수원보호구역
② 특별대책지역
③ 배출시설의 설치제한지역
④ 상수원에 중대한 오염을 일으킬 수 있어 환경부령으로 정하는 지역

해설

물환경보전법 제17조(상수원의 수질보전을 위한 통행제한)
전복(顚覆), 추락 등의 사고 발생 시 상수원을 오염시킬 우려가 있는 물질을 수송하는 자동차를 운행하는 자는 다음의 어느 하나에 해당하는 지역 또는 그 지역에 인접한 지역 중에서 환경부령으로 정하는 도로·구간을 통행할 수 없다.

- 상수원보호구역
- 특별대책지역
- 한강수계 상수원수질개선 및 주민지원 등에 관한 법률, 낙동강수계 물관리 및 주민지원 등에 관한 법률, 금강수계 물관리 및 주민지원 등에 관한 법률 및 영산강·섬진강수계 물관리 및 주민지원 등에 관한 법률에 따라 각각 지정·고시된 수변구역
- 상수원에 중대한 오염을 일으킬 수 있어 환경부령으로 정하는 지역

63 행위제한 권고기준 중 대상행위가 어패류 등 섭취, 항목이 어패류 체내 총수은(Hg)인 경우의 권고기준(mg/kg)은?

① 0.1
② 0.2
③ 0.3
④ 0.5

해설

물환경보전법 시행령 [별표 5] 물놀이 등의 행위제한 권고기준

대상 행위	항 목	기 준
어패류 등 섭취	어패류 체내 총수은(Hg)	0.3mg/kg 이상

64 낚시금지구역 또는 낚시제한구역의 지정 시 고려하여야 할 사항으로 틀린 것은?

① 용수의 목적
② 오염원 현황
③ 수중생태계의 현황
④ 호소 인근 인구 현황

해설

물환경보전법 시행령 제27조(낚시금지구역 또는 낚시제한구역의 지정 등)
시장·군수·구청장(자치구의 구청장을 말한다)은 낚시금지구역 또는 낚시제한구역을 지정하려는 경우에는 다음의 사항을 고려하여야 한다.

- 용수의 목적
- 오염원 현황
- 수질오염도
- 낚시터 인근에서의 쓰레기 발생 현황 및 처리 여건
- 연도별 낚시 인구의 현황
- 서식 어류의 종류 및 양 등 수중생태계의 현황

65 사업장 규모에 따른 종별 구분이 잘못된 것은?

① 1일 폐수 배출량 5,000m^3 – 제1종 사업장
② 1일 폐수 배출량 1,500m^3 – 제2종 사업장
③ 1일 폐수 배출량 800m^3 – 제3종 사업장
④ 1일 폐수 배출량 150m^3 – 제4종 사업장

해설

물환경보전법 시행령 [별표 13] 사업장의 규모별 구분

종 류	배출규모
제1종 사업장	1일 폐수배출량이 2,000m^3 이상인 사업장
제2종 사업장	1일 폐수배출량이 700m^3 이상 2,000m^3 미만인 사업장
제3종 사업장	1일 폐수배출량이 200m^3 이상 700m^3 미만인 사업장
제4종 사업장	1일 폐수배출량이 50m^3 이상 200m^3 미만인 사업장

정답 62 ③ 63 ③ 64 ④ 65 ③

66 물환경보전법령상 공공수역에 해당되지 않는 것은?

① 상수관거
② 하 천
③ 호 소
④ 항 만

해설

물환경보전법 제2조(정의)
'공공수역'이란 하천, 호소, 항만, 연안해역, 그 밖에 공공용으로 사용되는 수역과 이에 접속하여 공공용으로 사용되는 환경부령으로 정하는 수로를 말한다.

67 상수원 구간에서 조류경보단계가 '조류대발생'인 경우 발령기준으로 ( ) 안에 맞는 것은?

> 2회 연속 채취 시 남조류 세포수가 ( )세포/mL 이상인 경우

① 1,000
② 10,000
③ 100,000
④ 1,000,000

해설

물환경보전법 시행령 [별표 3] 수질오염경보의 종류별 경보단계 및 그 단계별 발령·해제기준
조류경보-상수원 구간

경보단계	발령·해제 기준
조류대발생	2회 연속 채취 시 남조류 세포수가 1,000,000 세포/mL 이상인 경우

68 배출시설의 변경(변경신고를 하고 변경을 하는 경우) 중 대통령령이 정하는 변경의 경우에 해당되지 않는 것은?

① 폐수배출량이 신고 당시보다 100분의 50 이상 증가하는 경우
② 특정수질유해물질이 배출되는 시설의 경우 폐수배출량이 허가 당시보다 100분의 25 이상 증가하는 경우
③ 배출시설에 설치된 방지시설의 폐수처리 방법을 변경하는 경우
④ 배출허용기준을 초과하는 새로운 오염물질이 발생되어 배출시설 또는 방지시설의 개선이 필요한 경우

해설

물환경보전법 시행령 제34조(변경신고에 따른 가동시작 신고의 대상)
'대통령령으로 정하는 변경의 경우'란 다음의 어느 하나에 해당하는 경우를 말한다.
- 폐수배출량이 신고 당시보다 100분의 50 이상 증가하는 경우
- 배출시설에서 배출허용기준을 초과하는 새로운 수질오염물질이 발생되어 배출시설 또는 방지시설의 개선이 필요한 경우
- 배출시설에 설치된 방지시설의 폐수처리방법을 변경하는 경우
- 방지시설 설치면제기준에 따라 방지시설을 설치하지 아니한 배출시설에 방지시설을 새로 설치하는 경우

69 수질오염방지시설 중 화학적 처리시설인 것은?

① 혼합시설　② 폭기시설
③ 응집시설　④ 살균시설

해설

물환경보전법 시행규칙 [별표 5] 수질오염방지시설
화학적 처리시설
- 화학적 침강시설
- 중화시설
- 흡착시설
- 살균시설
- 이온교환시설
- 소각시설
- 산화시설
- 환원시설
- 침전물 개량시설

66 ① 67 ④ 68 ② 69 ④ 정답

70 **방지시설을 반드시 설치해야 하는 경우에 해당하더라도 대통령령이 정하는 기준에 해당되면 방지시설의 설치가 면제된다. 방지시설설치의 면제기준에 해당되지 않는 것은?**

① 배출시설의 기능 및 공정상 수질오염물질이 항상 배출허용기준 이하로 배출되는 경우
② 폐수처리업의 등록을 한 자 또는 환경부장관이 인정하여 고시하는 관계 전문기관에 환경부령으로 정하는 폐수를 전량 위탁처리하는 경우
③ 폐수배출량이 신고 당시보다 100분의 10 이상 감소하는 경우
④ 폐수를 전량 재이용하는 등 방지시설을 설치하지 아니하고도 수질오염물질을 적정하게 처리할 수 있는 경우로서 환경부령으로 정하는 경우

해설

물환경보전법 시행령 제33조(방지시설설치의 면제기준)

'대통령령으로 정하는 기준에 해당하는 배출시설(폐수무방류배출시설은 제외한다)의 경우'란 다음의 어느 하나에 해당하는 경우를 말한다.

- 배출시설의 기능 및 공정상 수질오염물질이 항상 배출허용기준 이하로 배출되는 경우
- 폐수처리업자 또는 환경부장관이 인정하여 고시하는 관계 전문기관에 환경부령으로 정하는 폐수를 전량 위탁처리하는 경우
- 폐수를 전량 재이용하는 등 방지시설을 설치하지 아니하고도 수질오염물질을 적정하게 처리할 수 있는 경우로서 환경부령으로 정하는 경우

※ 법 개정으로 위와 같이 내용 변경

71 **배출부과금을 부과할 때 고려할 사항이 아닌 것은?**

① 배출허용기준 초과 여부
② 수질오염물질의 배출량
③ 수질오염물질의 배출시점
④ 배출되는 수질오염물질의 종류

해설

물환경보전법 제41조(배출부과금)

배출부과금을 부과할 때에는 다음의 사항을 고려하여야 한다.

- 배출허용기준 초과 여부
- 배출되는 수질오염물질의 종류
- 수질오염물질의 배출기간
- 수질오염물질의 배출량
- 자가측정 여부

72 **배출시설의 설치 허가 및 신고에 관한 설명으로 (   )에 알맞은 내용은?**

> 배출시설을 설치하려는 자는 (㉠)으로 정하는 바에 따라 환경부장관의 허가를 받거나 환경부장관에게 신고하여야 한다. 다만, 규정에 의하여 폐수무방류배출시설을 설치하려는 자는 (㉡).

① ㉠ 환경부령, ㉡ 환경부장관의 허가를 받아야 한다.
② ㉠ 대통령령, ㉡ 환경부장관의 허가를 받아야 한다.
③ ㉠ 환경부령, ㉡ 환경부장관에게 신고하여야 한다.
④ ㉠ 대통령령, ㉡ 환경부장관에게 신고하여야 한다.

해설

물환경보전법 제33조(배출시설의 설치 허가 및 신고)

배출시설을 설치하려는 자는 대통령령으로 정하는 바에 따라 환경부장관의 허가를 받거나 환경부장관에게 신고하여야 한다. 다만, 폐수무방류배출시설을 설치하려는 자는 환경부장관의 허가를 받아야 한다.

정답 70 ③ 71 ③ 72 ②

73 유역환경청장은 국가 물환경관리기본계획에 따라 대권역별로 대권역 물환경관리계획을 몇 년마다 수립하여야 하는가?

① 1년 ② 3년
③ 5년 ④ 10년

해설
물환경보전법 제24조(대권역 물환경관리계획의 수립)
유역환경청장은 국가 물환경관리기본계획에 따라 대권역별로 대권역 물환경관리계획을 10년마다 수립하여야 한다.

74 낚시제한구역에서의 낚시방법의 제한사항에 관한 내용으로 틀린 것은?

① 1명당 4대 이상의 낚시대를 사용하는 행위
② 1개의 낚시대에 3개 이상의 낚시바늘을 사용하는 행위
③ 쓰레기를 버리거나 취사행위를 하거나 화장실이 아닌 곳에서 대·소변을 보는 등 수질오염을 일으킬 우려가 있는 행위
④ 낚시바늘에 끼워서 사용하지 아니하고 물고기를 유인하기 위하여 떡밥·어분 등을 던지는 행위

해설
물환경보전법 시행규칙 제30조(낚시제한구역에서의 제한사항)
'환경부령으로 정하는 사항'이란 다음의 사항을 말한다.
- 낚시방법에 관한 다음의 행위
  - 낚시바늘에 끼워서 사용하지 아니하고 물고기를 유인하기 위하여 떡밥·어분 등을 던지는 행위
  - 어선을 이용한 낚시행위 등 낚시 관리 및 육성법에 따른 낚시어선업을 영위하는 행위(내수면어업법 시행령에 따른 외줄낚시는 제외한다)
  - 1명당 4대 이상의 낚시대를 사용하는 행위
  - 1개의 낚시대에 5개 이상의 낚시바늘을 떡밥과 뭉쳐서 미끼로 던지는 행위
  - 쓰레기를 버리거나 취사행위를 하거나 화장실이 아닌 곳에서 대·소변을 보는 등 수질오염을 일으킬 우려가 있는 행위
  - 고기를 잡기 위하여 폭발물·배터리·어망 등을 이용하는 행위(내수면어업법에 따라 면허 또는 허가를 받거나 신고를 하고 어망을 사용하는 경우는 제외한다)
- 내수면어업법 시행령에 따른 내수면 수산자원의 포획금지행위
- 낚시로 인한 수질오염을 예방하기 위하여 그 밖에 시·군·자치구의 조례로 정하는 행위

75 수질오염경보의 종류 중 조류경보단계가 '조류대발생'인 경우 취수장·정수장 관리자의 조치사항으로 틀린 것은?(단, 상수원 구간 기준)

① 조류증식 수심 이하로 취수구 이동
② 정수 처리 강화(활성탄 처리, 오존 처리)
③ 취수구와 조류가 심한 지역에 대한 차단막 설치
④ 정수의 독소분석 실시

해설
물환경보전법 시행령 [별표 4] 수질오염경보의 종류별·경보단계별 조치사항
조류경보-상수원 구간

단 계	관계 기관	조치사항
조류 대발생	취수장·정수장 관리자	• 조류증식 수심 이하로 취수구 이동 • 정수 처리 강화(활성탄 처리, 오존 처리) • 정수의 독소분석 실시

76 하천수질 및 수생태계 상태가 생물등급으로 '약간 나쁨~매우 나쁨'일 때의 생물 지표종(저서생물)은?(단, 수질 및 수생태계 상태별 생물학적 특성 이해표 기준)

① 붉은깔따구, 나방파리
② 넓적거머리, 민하루살이
③ 물달팽이, 턱거머리
④ 물삿갓벌레, 물벌레

해설
환경정책기본법 시행령 [별표 1] 환경기준
수질 및 수생태계 상태별 생물학적 특성 이해표

생물등급	생물 지표종
	저서생물(底棲生物)
약간 나쁨~매우 나쁨	왼돌이물달팽이, 실지렁이, 붉은깔따구, 나방파리, 꽃등에

73 ④ 74 ② 75 ③ 76 ① 정답

77 위임업무 보고사항 중 보고횟수 기준이 연 2회에 해당되는 것은?

① 배출업소의 지도, 점검 및 행정처분 실적
② 배출부과금 부과 실적
③ 과징금 부과 실적
④ 비점오염원의 설치신고 및 방지시설 설치 현황 및 행정처분 현황

해설

물환경보전법 시행규칙 [별표 23] 위임업무 보고사항

업무내용	보고횟수
배출업소의 지도·점검 및 행정처분 실적	연 4회
배출부과금 부과 실적	연 4회
과징금 부과 실적	연 2회
비점오염원의 설치신고 및 방지시설 설치 현황 및 행정처분 현황	연 4회

78 제5종 사업장의 경우 과징금 산정 시 적용하는 사업장 규모별 부과계수로 옳은 것은?

① 0.2
② 0.3
③ 0.4
④ 0.5

해설

물환경보전법 시행규칙 제18조(오염할당사업자 등에 대한 과징금 부과기준 등)

과징금의 부과기준은 다음과 같다.

- 과징금은 행정처분기준에 따른 조업정지일수에 1일당 부과금액과 사업장 규모별 부과계수를 각각 곱하여 산정할 것
- 위에 따른 1일당 부과금액은 300만원으로 하고, 사업장(오수를 배출하는 시설을 포함한다) 규모별 부과계수는 제1종 사업장은 2.0, 제2종 사업장은 1.5, 제3종 사업장은 1.0, 제4종 사업장은 0.7, 제5종 사업장은 0.4로 할 것. 다만, 영 제8조의 시설에 대한 부과계수는 2.0으로 한다.

79 비점오염원의 변경신고 기준으로 ( )에 옳은 것은?

> 총사업면적·개발면적 또는 사업장 부지면적이 처음 신고면적의 ( ) 증가하는 경우

① 100분의 10
② 100분의 15
③ 100분의 25
④ 100분의 30

해설

물환경보전법 시행령 제73조(비점오염원의 변경신고)

총사업면적·개발면적 또는 사업장 부지면적이 처음 신고면적의 100분의 15 이상 증가하는 경우

80 대권역 물환경관리계획을 수립하고자 할 때 대권역계획에 포함되어야 하는 사항이 아닌 것은?

① 물환경의 변화 추이 및 물환경목표기준
② 하수처리 및 하수 이용현황
③ 점오염원, 비점오염원 및 기타수질오염원의 분포현황
④ 점오염원, 비점오염원 및 기타수질오염원에서 배출되는 수질오염물질의 양

해설

물환경보전법 제24조(대권역 물환경관리계획의 수립)

대권역계획에는 다음의 사항이 포함되어야 한다.

- 물환경의 변화 추이 및 물환경목표기준
- 상수원 및 물 이용현황
- 점오염원, 비점오염원 및 기타수질오염원의 분포현황
- 점오염원, 비점오염원 및 기타수질오염원에서 배출되는 수질오염물질의 양
- 수질오염 예방 및 저감 대책
- 물환경 보전조치의 추진방향
- 기후위기 대응을 위한 탄소중립·녹색성장 기본법에 따른 기후변화에 대한 적응대책
- 그 밖에 환경부령으로 정하는 사항

정답 77 ③ 78 ③ 79 ② 80 ②

2021년 제2회 과년도 기출복원문제

※ 2021년부터는 CBT(컴퓨터 기반 시험)로 진행되어 수험자의 기억에 의해 문제를 복원하였습니다. 실제 시행문제와 일부 상이할 수 있음을 알려드립니다.

제1과목 | 수질오염개론

01 Glucose($C_6H_{12}O_6$) 800mg/L 용액을 호기성 처리 시 필요한 이론적 인(P)의 양(mg/L)은?(단, BOD_5 : N : P = 100 : 5 : 1, K_1 = 0.1day^{-1}, 상용대수기준)

① 약 9.6 ② 약 7.9
③ 약 5.8 ④ 약 3.6

해설

$C_6H_{12}O_6 + 6O_2 \rightarrow 6CO_2 + 6H_2O$

180g : 6 × 32g

800mg/L : x

x ≒ 853.3mg/L

$BOD_5 = BOD_u \times (1-10^{-0.5}) = 853.3\text{mg/L} \times (1-10^{-0.5})$ ≒ 583.5

∴ BOD_5 : P = 100 : 1이므로, 필요한 P의 양은 약 5.8mg/L이다.

02 미생물의 발육과정을 순서대로 나열한 것은?

① 유도기 – 대수증식기 – 정지기 – 사멸기
② 대수증식기 – 정지기 – 유도기 – 사멸기
③ 사멸기 – 대수증식기 – 유도기 – 정지기
④ 정지기 – 유도기 – 대수증식기 – 사멸기

해설

미생물 발육과정 4단계

유도기(지체기) → 대수증식기 → 정지기 → 대수사멸기

03 하천 모델의 종류 중 Streeter–Phelps Models에 관한 내용으로 틀린 것은?

① 하천의 유기물 분해가 1차 반응에 따르는 플러그 흐름 반응기라고 가정한 모델이다.
② 최초의 하천수질 모델링이다.
③ 비점오염원으로부터 오염부하량을 고려한다.
④ 유기물의 분해에 따라 용존산소 소비와 재폭기를 고려한다.

해설

점오염원으로부터 오염부하량을 고려한다.

04 물의 밀도에 대한 설명으로 가장 거리가 먼 것은?

① 물의 밀도는 비중량을 부피로 나눈 값이다.
② 물의 밀도는 3.98℃에서 최댓값을 나타낸다.
③ 물의 밀도는 3.98℃보다 온도가 상승하거나 하강하면 감소한다.
④ 해수의 밀도가 담수의 밀도보다 큰 값을 나타낸다.

해설

물의 밀도는 질량을 부피로 나눈 값이다.

05 0.1M–NaOH의 농도를 mg/L로 나타낸 것은?

① 40 ② 4
③ 4,000 ④ 400

해설

$$\frac{0.1\text{mol NaOH}}{\text{L}} \times \frac{40\text{g}}{1\text{mol}} \times \frac{10^3\text{mg}}{1\text{g}} = 4{,}000\text{mg/L}$$

1 ③ 2 ① 3 ③ 4 ① 5 ③ 정답

06 비료, 가축분뇨 등이 유입된 하천에서 pH가 증가되는 경향을 볼 수 있는데, 여기에 주로 관여하는 미생물과 반응은?

① Bacteria, 호흡작용

② Fungi, 광합성

③ Algae, 광합성

④ Bacteria, 내호흡

해설

조류(Algae)의 광합성작용은 수중 알칼리도를 탄산알칼리도로 전환하기 때문에 pH를 증가시킨다.

07 글리신($CH_2(NH_2)COOH$)의 이론적 COD/TOC의 비는?(단, 글리신의 최종 분해물은 CO_2, HNO_3, H_2O이다)

① 4.67 ② 5.83

③ 6.72 ④ 8.32

해설

$CH_2(NH_2)COOH + 3.5O_2 \rightarrow 2CO_2 + 2H_2O + HNO_3$

$\therefore \frac{COD}{TOC} = \frac{3.5 \times 32}{2 \times 12} \fallingdotseq 4.67$

08 Formaldehyde(CH_2O)의 COD/TOC의 비는?

① 2.67 ② 2.88

③ 3.37 ④ 3.65

해설

$CH_2O + O_2 \rightarrow CO_2 + H_2O$

$\therefore \frac{COD}{TOC} = \frac{1 \times 32}{1 \times 12} \fallingdotseq 2.67$

09 하천의 수질이 다음과 같을 때 이 물의 이온강도는?

$Ca^{2+} = 0.02M$, $Na^{+} = 0.05M$, $Cl^{-} = 0.02M$

① 0.085 ② 0.075

③ 0.065 ④ 0.055

해설

$\mu = \frac{1}{2} \sum_i C_i \cdot Z_i^2$

여기서, μ : 이온강도

C_i : 이온의 몰농도

Z_i : 이온의 전하

$\therefore \mu = \frac{1}{2}[(0.02) \times (+2)^2 + (0.05) \times (+1)^2 + (0.02) \times (-1)^2]$

$= 0.075$

10 수중의 암모니아를 함유한 용액은 다음과 같은 평형때문에 수산화암모늄이라고 한다. 0.25M-NH_3 용액 500mL를 만들기 위한 시약의 부피(mL)는? (단, NH_3 분자량 17.03, 진한 수산화암모늄 용액(28.0wt%의 NH_3 함유)의 밀도 = 0.899g/cm^3)

$NH_3 + H_2O \rightleftarrows NH_4^+ + OH^-$

① 4.23 ② 8.46

③ 14.78 ④ 29.56

해설

시약의 부피(mL)

= 몰농도 × 부피 × 몰질량 ÷ 순도 ÷ 밀도

$= \frac{0.25mol}{L} \times 0.5L \times \frac{17.03g}{mol} \div \frac{28}{100} \div \frac{0.899g}{cm^3}$

$\fallingdotseq 8.4568mL$

정답 6 ③ 7 ① 8 ① 9 ② 10 ②

11 호소의 성층현상에 관한 설명으로 옳지 않은 것은?

① 호소의 정체층이 수심에 따라 3개의 층, 즉 표층부, 변환부, 심층부로 분리되는 현상이 성층현상이다.

② 겨울이 여름보다 수심에 따른 수온차가 더 커져 호소는 더욱 안정된 성층현상이 일어난다.

③ 수표면의 온도가 4℃인 이른 봄과 늦은 가을에 수직적으로 전도현상이 일어난다.

④ 계절의 변화에 따라 수온차에 의한 밀도차로 수층이 형성된다.

해설

여름이 겨울보다 수심에 따른 수온차가 더 커져 호소는 더욱 안정된 성층현상이 일어난다.

12 지하수의 특성에 관한 설명으로 옳지 않은 것은?

① 염분농도는 비교적 얕은 지하수에서는 하천수보다 평균 30% 정도 이상 큰 값을 나타낸다.

② 지하수에 무기물질이 물에 용해되는 순서를 보면 규산염, Ca 및 Mg의 탄산염, 마지막으로 염화물 알칼리 금속의 황산염 순서로 된다.

③ 자연 및 인위의 국지적 조건의 영향을 받기 쉽다.

④ 세균에 의한 유기물의 분해가 주된 생물작용이 된다.

해설

지하수에 무기물질이 물에 용해되는 순서는 염화물 알칼리 금속의 황산염, 칼슘 및 마그네슘 탄산염, 규산염 순서이다.

13 탈질소화(Denitrification) 과정만으로 짝지어진 것은?

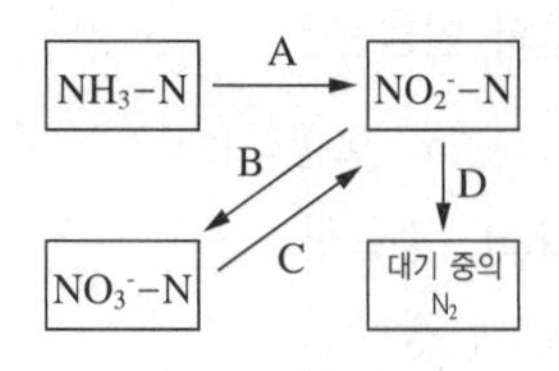

① A, B　　② C, D

③ B, D　　④ C, A

해설

- A : 질산화
- B : 질산화
- C : 탈질소화
- D : 탈질소화

14 수질모델링 주요절차 중 수질관련 반응계수, 수리학적 입력계수 등의 입력자료의 변화 정도가 수질항목 농도에 미치는 영향을 파악하는 것은?

① 보 정　　② 감응도 분석

③ 검 증　　④ 보전성 분석

해설

감응도 분석은 수질관련 반응계수, 수리학적 입력계수, 유입지천의 유량과 수질 또는 오염부하량 등의 입력자료의 변화 정도가 수질항목 농도에 미치는 영향을 분석하는 것을 말한다.

15 호기성 Bacteria의 질소 함량은?(단, 경험적 호기성 박테리아를 나타내는 화학식 기준)

① 약 4.2%　　② 약 8.9%

③ 약 12.4%　　④ 약 18.2%

해설

경험적 호기성 박테리아의 화학식은 $C_5H_7O_2N$이다.

$$\frac{N}{C_5H_7O_2N} \times 100 = \frac{14}{113} \times 100 \fallingdotseq 12.39\%$$

11 ② 12 ② 13 ② 14 ② 15 ③ 정답

16 세균의 세포형성에 따른 분류가 아닌 것은?

① 구 균
② 진 균
③ 간 균
④ 나선균

해설
세포는 형태학상으로 구균, 간균, 나선균으로 분류한다.

17 우리나라의 물 이용 형태별로 볼 때 가장 수요가 많은 용수는?

① 생활용수
② 공업용수
③ 농업용수
④ 유지용수

해설
우리나라의 수자원 이용현황
농업용수 > 유지용수 > 생활용수 > 공업용수

18 자정계수(f)에 관한 다음 설명 중 잘못된 것은?

① 자정계수는 소규모 저수지보다 대형 호수가 크다.
② [재폭기계수/탈산소계수]로 나타낸다.
③ 수온이 증가할수록 자정계수는 높아진다.
④ 하천의 유속이 클수록 자정계수는 커진다.

해설
수온이 증가할수록 자정계수는 낮아진다.

19 폐수의 분석결과 COD 400mg/L이었고, BOD_5가 250mg/L이었다면 NBDCOD(mg/L)는?(단, 탈산소계수 K_1(밑이 10) = 0.2day^{-1}이다)

① 78 ② 122
③ 172 ④ 210

해설
BOD 소모공식을 이용한다.
$BOD_t = BOD_u(1-10^{-k_1 t})$
$250 = BOD_u(1-10^{-1})$, $BOD_u \fallingdotseq 277.78mg/L$
$COD = BDCOD + NBDCOD = BOD_u + NBDCOD$
$400 = 277.78 + NBDCOD$
∴ $NBDCOD \fallingdotseq 122.22mg/L$

20 수분함량 97%의 슬러지 14.7m^{3}를 수분함량 85%로 농축하면 농축 후 슬러지 용적(m^3)은?(단, 슬러지 비중은 1.0)

① 1.92 ② 2.94
③ 3.21 ④ 4.43

해설
슬러지 부피의 함수율 공식을 사용한다.
$V_o(100-P_o) = V_1(100-P_1)$
여기서, V_o : 수분 P_o%일 때, 슬러지 부피
V_1 : 수분 P_1%일 때, 슬러지 부피
$14.7(100-97) = V_1(100-85)$
∴ $V_1 = 14.7 \times \frac{100-97}{100-85} = 2.94m^3$

정답 16 ② 17 ③ 18 ③ 19 ② 20 ②

제2과목 | 수질오염방지기술

21 활성탄 흡착의 정도와 평형관계를 나타내는 식과 관계가 가장 먼 것은?

① Langmuir식 ② BET식
③ Michaelis-Santen식 ④ Freundlich식

해설
활성탄 흡착에 관련된 식
- Freundlich식
- Langmuir식
- BET식

22 슬러지의 함수율이 95%에서 90%로 줄어들면 슬러지의 부피는?(단, 슬러지 비중 = 1.0)

① 2/3로 감소한다. ② 3/4으로 감소한다.
③ 1/2로 감소한다. ④ 1/3로 감소한다.

해설
슬러지 부피의 함수율 공식을 사용한다.

$V_o(100-P_o)=V_1(100-P_1)$

여기서, V_o : 수분 P_o%일 때, 슬러지 부피
V_1 : 수분 P_1%일 때, 슬러지 부피

$V_o(100-95)=V_1(100-90)$

$V_1=V_o\frac{100-95}{100-90}=\frac{1}{2}V_o$

∴ 1/2로 감소한다.

23 회전원판법(RBC)에 관한 설명으로 가장 거리가 먼 것은?

① 부착성장공법으로 질산화가 가능하다.
② 슬러지의 반송율은 표준 활성슬러지법보다 높다.
③ 활성슬러지법에 비해 처리수의 투명도가 나쁘다.
④ 살수여상법에 비해 단회로 현상의 제어가 쉽다.

해설
회전원판법(RBC)는 슬러지 반송을 하지 않는다.

24 고형물 상관관계에 대한 표현으로 틀린 것은?

① VSS = FSS + FDS
② TS = VS + FS
③ TSS = VSS + FSS
④ VS = VSS + VDS

해설
FS = FSS + FDS

25 하수슬러지 농축방법 중 부상식 농축의 장단점으로 틀린 것은?

① 잉여슬러지의 농축에 부적합하다.
② 소요면적이 크다.
③ 실내에 설치할 경우 부식문제의 유발 우려가 있다.
④ 약품 주입 없이 운전이 가능하다.

해설
부상식 농축은 잉여슬러지의 농축에 효과적이며, 잉여슬러지의 농축에 부적합한 농축방법은 중력식 농축이다.
부상식 농축
- 잉여슬러지의 농축에 효과적이다.
- 고형물 회수율이 비교적 높다.
- 약품 주입 없이 운전이 가능하다.
- 소요면적이 크고, 동력비가 많이 든다.
- 유지관리가 어렵다.

21 ③ 22 ③ 23 ② 24 ① 25 ① 정답

26 유량이 $100m^3$/day이고 TOC 농도가 150mg/L인 폐수를 고정된 탄소흡착 칼럼으로 처리하고자 한다. 유출수의 TOC 농도를 10mg/L로 유지하려고 할 때, 탄소 kg당 처리된 유량(L/kg)은?(단, 수리학적 용적부하율 = $1.5m^3/m^3 \cdot h$, 탄소밀도 = $500kg/m^3$, 파과점 농도까지 처리된 유량 = $300m^3$)

① 약 205 ② 약 216

③ 약 275 ④ 약 311

해설

요구되는 탄소의 양 $= \frac{100m^3}{day} \times \frac{day}{24h} \times \frac{m^3 \cdot h}{1.5m^3} \times \frac{500kg}{m^3}$

$\fallingdotseq 1,388.89kg$

∴ 탄소 kg당 처리된 유량 $= \frac{300m^3}{1,388.89kg} \times \frac{10^3L}{m^3} \fallingdotseq 216L/kg$

27 생물막을 이용한 처리공법인 접촉산화법에 관한 설명으로 옳지 않은 것은?

① 분해속도가 낮은 기질제거에 효과적이다.

② 매체에 생성되는 생물량은 부하조건에 의하여 결정된다.

③ 미생물량과 영향인자를 정상상태로 유지하기 위한 조작이 어렵다.

④ 대규모 시설에 적합하고, 고부하 시 운전조건에 유리하다.

해설

접촉산화법은 소규모 시설에 적합하며, 고부하 시 매체의 폐쇄 위험이 크다.

28 일반적인 도시하수 처리 순서로 알맞은 것은?

① 소독 – 스크린 – 침사지 – 1차 침전지 – 포기조 – 2차 침전지

② 스크린 – 침사지 – 1차 침전지 – 포기조 – 2차 침전지 – 소독

③ 스크린 – 침사지 – 포기조 – 1차 침전지 – 2차 침전지 – 소독

④ 소독 – 스크린 – 침사지 – 포기조 – 1차 침전지 – 2차 침전지

29 분무식 포기장치를 이용하여 CO_2 농도를 탈기시키고자 한다. 최초의 CO_2 농도 $30g/m^3$ 중에서 $12g/m^3$을 제거할 수 있을 때 효율계수(E)와 최초 CO_2 농도가 $50g/m^3$일 경우 유출수 중 CO_2 농도(C_e, g/m^3)는?(단, CO_2의 포화농도 = $0.5g/m^3$)

① $E = 0.6$, $C_e = 30$

② $E = 0.4$, $C_e = 20$

③ $E = 0.4$, $C_e = 30$

④ $E = 0.6$, $C_e = 20$

해설

- 최초 CO_2 농도 $30g/m^3$ 중에서 $12g/m^3$가 제거된다면

  효율계수(E) $= \frac{12g/m^3}{30g/m^3} = 0.4$

- 최초 CO_2 농도가 $50g/m^3$일 경우 제거효율이 0.4이므로 유출수 중 CO_2 농도(C_e) $= 50 \times (1-0.4) = 30g/m^3$

정답 26 ② 27 ④ 28 ② 29 ③

30 납이온을 함유하는 폐수에 알칼리를 첨가하면 다음 식과 같은 반응이 일어난다. 30mg/L의 납이온을 함유하는 폐수를 침전처리할 경우 이론상 OH^-의 첨가량은 이 폐수 1L당 몇 mg인가?(단, Pb = 207)

$$Pb^{2+} + 2OH^- = PbO + H_2O$$

① 2.9 ② 4.9

③ 7.4 ④ 9.4

해설

$Pb^{2+} + 2OH^- = PbO + H_2O$

207g : 2×17g

30mg/L : x

∴ x ≒ 4.93mg/L

31 다음의 생물학적 고도처리 공정 중 수중 인의 제거를 주목적으로 개발한 공법은?

① 4단계 Bardenpho 공법

② 5단계 Bardenpho 공법

③ A^2/O 공법

④ A/O 공법

해설

① 질소 제거 공정

②·③ 질소, 인 동시 제거 공정

32 Symbiosis에 관한 설명으로 가장 알맞는 것은?

① 호기성 미생물의 이화작용, 동화작용에 의한 물질대사관계

② 폐수와 미생물막의 물질이전관계

③ 호기성 박테리아와 혐기성 박테리아의 배양환경조건

④ 박테리아와 조류 간의 공생작용관계

해설

공생(Symbiosis)은 각기 다른 두 종이 서로 영향을 주고 받는 관계를 말한다.

33 용존공기를 이용한 부상조 설계를 위해 고려하여야 하는 사항 중 가장 거리가 먼 것은?

① 공기용해도

② 압력탱크의 고형물 농도

③ 공기/고형물의 비

④ 유입공기속도

해설

$$A/S비 = \frac{1.3C_{air}(f \cdot P - 1)}{SS}$$

여기서, A/S비 : 공기/고형물의 비

C_{air} : 공기용해도

SS : 고형물의 농도

f : 유효전달계수

P : 압력

34 하수 소독 방법인 UV 살균의 장점으로 가장 거리가 먼 것은?

① 유량과 수질의 변동에 대해 적응력이 강하다.

② 접촉시간이 짧다.

③ 물의 탁도나 혼탁이 소독효과에 영향을 미치지 않는다.

④ 강한 살균력으로 바이러스에 대해 효과적이다.

해설

UV 살균 시 물이 혼탁하거나 탁도가 높으면 소독효과가 저하된다.

30 ② 31 ④ 32 ④ 33 ④ 34 ③ 정답

35 활성슬러지 폭기조의 F/M비를 0.4kg, BOD/kg, MLSS·day로 유지하고자 한다. 운전조건이 다음과 같을 때 MLSS의 농도(mg/L)는?(단, 운전조건 : 폭기조 용량 $100m^3$, 유량 $1,000m^3$/day, 유입 BOD 100mg/L)

① 1,500
② 2,000
③ 2,500
④ 3,000

해설

$$\text{F/M비} = \frac{\text{BOD} \times Q}{\text{MLSS} \times V}$$

$$\therefore \text{MLSS} = \frac{\text{BOD} \times Q}{\text{F/M비} \times V} = \frac{100\text{mg/L} \times 1,000\text{m}^3/\text{day}}{0.4/\text{day} \times 100\text{m}^3} = 2,500\text{mg/L}$$

36 $3,200m^3$/day의 하수를 폭 4m, 깊이 3.2m, 길이 20m인 직사각형 침전지로 처리한다면 이 침전지의 표면부하율은?

① 30m/day ② 40m/day
③ 50m/day ④ 60m/day

해설

$$\text{표면부하율} = \frac{\text{처리유량}}{\text{수면적}}$$

$$\text{수면적} = 4\text{m} \times 20\text{m} = 80\text{m}^2$$

$$\therefore \text{표면부하율} = \frac{3,200\text{m}^3/\text{day}}{80\text{m}^2} = 40\text{m/day}$$

37 응집제 투여량에 영향을 미치는 인자로서 가장 거리가 먼 것은?

① DO
② 수 온
③ 응집제의 종류
④ pH

해설

DO는 응집에 영향을 미치지 않는다.
응집에 영향을 미치는 인자 : 응집제, 교반조건, pH, 알칼리도, 수온, 용존물질의 성분

38 표준활성슬러지법의 특성과 가장 거리가 먼 것은?(단, 하수도 시설기준 기준)

① MLSS 농도(mg/L) : 1,500~2,500
② 반응조의 수심(m) : 2~3
③ HRT(시간) : 6~8
④ SRT(일) : 3~6

해설

표준활성슬러지법의 반응조 수심은 4~6m를 기준으로 한다.

정답 35 ③ 36 ② 37 ① 38 ②

39 염소요구량이 5mg/L인 하수 처리수에 잔류염소 농도가 0.5mg/L가 되도록 염소를 주입하려고 한다. 이때 염소주입량(mg/L)은?

① 4.5
② 5.0
③ 5.5
④ 6.0

해설
염소주입량 = 염소요구량 + 잔류염소량
= 5mg/L + 0.5mg/L = 5.5mg/L

40 폭기조 용액을 1L 메스실린더에서 30분간 침강시킨 침전슬러지 부피가 500mL이었다. MLSS 농도가 2,500mg/L라면 SDI는?

① 0.5
② 1
③ 2
④ 4

해설

$$SDI = \frac{1}{SVI} \times 100$$

$$SVI = \frac{SV_{30}(mL/L)}{MLSS(mg/L)} \times 10^3 = \frac{500}{2,500} \times 10^3 = 200$$

$$\therefore SDI = \frac{1}{200} \times 100 = 0.5$$

제3과목 | 수질오염공정시험기준

41 원자흡수분광광도계에 사용되는 가장 일반적인 불꽃 조성 가스는?

① 산소-공기
② 아세틸렌-공기
③ 프로판-산화질소
④ 아세틸렌-질소

해설
ES 04400.1d 금속류-불꽃 원자흡수분광광도법
불꽃생성을 위해 아세틸렌(C_2H_2) 공기가 일반적인 원소분석에 사용된다.

42 DO(적정법) 측정 시 End Point(종말점)에 있어서의 액의 색은?

① 무 색 ② 적 색
③ 황 색 ④ 황갈색

해설
ES 04308.1e 용존산소-적정법
티오황산나트륨용액(0.025M)으로 용액이 청색에서 무색이 될 때까지 적정한다.

43 수질오염공정시험기준에 따라 분석에 요구되는 시료량은 시험항목 및 시험횟수에 따라 차이가 있으나 일반적으로 채취하는 시료의 양(L)은?

① 0.5~1 ② 1.5~2
③ 2~3 ④ 3~5

해설
ES 04130.1e 시료의 채취 및 보존 방법
시료채취량은 시험항목 및 시험횟수에 따라 차이가 있으나 보통 3~5L 정도이어야 한다.

39 ③ 40 ① 41 ② 42 ① 43 ④ 정답

44 **흡광광도계 측광부의 광전측광에 광전도 셀이 사용될 때 적용되는 파장은?**

① 근자외 파장
② 자외 파장
③ 가시 파장
④ 근적외 파장

해설
광전관, 광전자증배관은 주로 자외 내지 가시파장 범위에서, 광전도 셀은 근적외 파장 범위에서, 광전지는 주로 가시파장 범위 내에서의 광선측광에 사용된다.

45 **분원성 대장균군의 정의이다. ( ) 안에 내용으로 옳은 것은?**

> 온혈동물의 배설물에서 발견되는 (㉠)의 간균으로서 (㉡)℃에서 락토스를 분해하여 가스 또는 산을 발생하는 모든 호기성 또는 통성 혐기성균을 말한다.

① ㉠ 그람음성 · 무아포성, ㉡ 44.5
② ㉠ 그람양성 · 무아포성, ㉡ 44.5
③ ㉠ 그람음성 · 아포성, ㉡ 35.5
④ ㉠ 그람양성 · 아포성, ㉡ 35.5

해설
ES 04702.1e 분원성 대장균군-막여과법
분원성 대장균군이란 온혈동물의 배설물에서 발견되는 그람음성 · 무아포성 간균으로서 44.5℃에서 락토스를 분해하여 가스 또는 산을 생성하는 모든 호기성 또는 통성 혐기성균을 말한다.

46 **식물성 플랑크톤을 현미경계수법으로 분석하고자 할 때 분석절차에 관한 설명으로 틀린 것은?**

① 시료의 개체수는 계수면적당 10~40 정도가 되도록 희석 또는 농축한다.
② 시료 농축방법인 자연침전법은 일정시료에 포르말린용액 또는 루골용액을 가하여 플랑크톤을 고정시켜 실린더 용기에 넣고 일정시간 정치 후 사이펀을 이용하여 상층액을 따라 내어 일정량으로 농축한다.
③ 시료 농축방법인 원심분리방법은 일정량의 시료를 원심침전관에 넣고 100~150g로 20분 정도 원심분리하여 일정배율로 농축한다.
④ 시료가 육안으로 녹색이나 갈색으로 보일 경우 정제수로 적절한 농도로 희석한다.

해설
ES 04705.1c 식물성 플랑크톤-현미경계수법
원심분리방법은 일정량의 시료를 원심침전관에 넣고 1,000×g으로 20분 정도 원심분리하여 일정배율로 농축한다.

47 **피토관에 관한 설명으로 틀린 것은?**

① 피토관으로 측정할 때는 반드시 일직선상의 관에서 이루어져야 한다.
② 피토관의 설치장소는 엘보, 티 등 관이 변화하는 지점으로부터 최소한 관지름의 5~15배 정도 떨어진 지점이어야 한다.
③ 피토관의 유속은 마노미터에 나타나는 수두차에 의해 계산한다.
④ 부유물질이 적은 대형관에서 효율적인 유량측정기이다.

해설
ES 04140.1c 공장폐수 및 하수유량-관(Pipe) 내의 유량측정방법
피토관의 설치장소는 엘보(Elbow), 티(Tee) 등 관이 변화하는 지점으로부터 최소한 관 지름의 15~50배 정도 떨어진 지점이어야 한다.

정답 44 ④ 45 ① 46 ③ 47 ②

48 기체크로마토그래피법에 의해 알킬수은이나 PCB를 정량할 때 기록계에 여러 개의 피크가 각각 어떤 물질인지 확인할 수 있는 방법은?

① 표준물질의 피크 높이와 비교해서
② 표준물질의 머무르는 시간과 비교해서
③ 표준물질의 피크 모양과 비교해서
④ 표준물질의 피크 폭과 비교해서

해설
표준물질의 머무르는 시간과 대상물질의 머무르는 시간을 비교함으로써 정성분석이 가능하다.

49 예상 BOD값에 대한 사전경험이 없을 때 BOD시험을 위한 시료용액 조제 시 희석기준에 관한 설명으로 틀린 것은?

① 오염된 하천수는 10~20%의 시료가 함유되도록 희석한다.
② 처리하여 방류된 공장폐수는 5~25%의 시료가 함유되도록 희석한다.
③ 처리하지 않은 공장폐수는 1~5%의 시료가 함유되도록 희석한다.
④ 오염 정도가 심한 공장폐수는 0.1~1.0%의 시료가 함유되도록 희석한다.

해설
ES 04305.1c 생물화학적 산소요구량
오염된 하천수는 25~100%의 시료가 함유되도록 희석 조제한다.

50 COD 분석을 위해 0.02M-$KMnO_4$ 용액 2.5L를 만들려고 할 때 필요한 $KMnO_4$의 양(g)은?(단, $KMnO_4$ 분자량 = 158)

① 6.2
② 7.9
③ 8.5
④ 9.7

해설
$$\frac{0.02\text{mol}}{\text{L}} \times 2.5\text{L} \times \frac{158\text{g}}{\text{mol}} = 7.9\text{g}$$

51 다음 중 4각 위어에 의한 유량측정 공식은?(단, Q : 유량(m^3/min), K : 유량계수, h : 위어의 수두(m), b : 절단의 폭(m))

① $Q = Kh^{5/2}$
② $Q = Kh^{3/2}$
③ $Q = Kbh^{5/2}$
④ $Q = Kbh^{3/2}$

해설
ES 04140.2b 공장폐수 및 하수유량-측정용 수로 및 기타 유량측정방법

52 수소이온농도를 기준전극과 비교전극으로 구성된 pH 측정기로 측정할 때, 간섭물질에 대한 설명으로 틀린 것은?

① pH 10 이상에서는 나트륨에 의해 오차가 발생할 수 있는데 이는 '낮은 나트륨 오차 전극'을 사용하여 줄일 수 있다.
② pH는 온도변화에 따라 영향을 받는다.
③ 기름층이나 작은 입자상이 전극을 피복하여 pH 측정을 방해할 수 있다.
④ 유리전극은 산화 및 환원성 물질, 염도에 의해 간섭을 받는다.

해설
ES 04306.1c 수소이온농도
간섭물질
- 일반적으로 유리전극은 용액의 색도, 탁도, 콜로이드성 물질들, 산화 및 환원성 물질들 그리고 염도에 의해 간섭을 받지 않는다.
- pH 10 이상에서 나트륨에 의해 오차가 발생할 수 있는데, 이는 '낮은 나트륨 오차 전극'을 사용하여 줄일 수 있다.
- 기름층이나 작은 입자상이 전극을 피복하여 pH 측정을 방해할 수 있는데, 이 피복물을 부드럽게 문질러 닦아내거나 세척제로 닦아낸 후 증류수로 세척하여 부드러운 천으로 물기를 제거하여 사용한다. 염산(1+9)을 사용하여 피복물을 제거할 수 있다.
- pH는 온도변화에 따라 영향을 받는다. 대부분의 pH 측정기는 자동으로 온도를 보정하나 수동으로 보정할 수 있다.

48 ② 49 ① 50 ② 51 ④ 52 ④ 정답

53 다음은 공장폐수 및 하수유량 측정방법 중 최대유량이 $1m^3/min$ 미만인 경우에 용기사용에 관한 설명이다. ( ) 안에 알맞은 것은?

> 용기는 용량 100~200L인 것을 사용하여 유수를 채우는 데에 요하는 시간을 스톱워치로 잰다. 용기를 물에 받아 넣는 시간을 ( )되도록 용량을 결정한다.

① 20초 이상　② 30초 이상
③ 60초 이상　④ 90초 이상

해설
ES 04140.2b 공장폐수 및 하수유량–측정용 수로 및 기타 유량측정방법
최대유량이 $1m^3/min$ 미만인 경우
용기는 용량 100~200L인 것을 사용하여 유수를 채우는 데에 요하는 시간을 스톱워치(Stop Watch)로 잰다. 용기에 물을 받아 넣는 시간을 20초 이상이 되도록 용량을 결정한다.

54 총질소의 측정방법으로 틀린 것은?

① 염화제일주석환원법
② 카드뮴환원법
③ 환원증류–킬달법(합산법)
④ 자외선/가시선 분광법

해설
총질소 측정방법
- 자외선/가시선 분광법–산화법(ES 04363.1a)
- 자외선/가시선 분광법–카드뮴 · 구리 환원법(ES 04363.2b)
- 자외선/가시선 분광법–환원증류 · 킬달법(ES 04363.3b)
- 연속흐름법(ES 04363.4c)

55 시험에 적용되는 용어의 정의로 틀린 것은?

① 기밀용기 : 취급 또는 저장하는 동안에 밖으로부터의 공기 또는 다른 가스가 침입하지 아니하도록 내용물을 보호하는 용기
② 정밀히 단다 : 규정된 양의 시료를 취하여 화학저울 또는 미량저울로 칭량함을 말한다.
③ 정확히 취하여 : 규정된 양의 액체를 부피피펫으로 눈금까지 취하는 것을 말한다.
④ 감압 : 따로 규정이 없는 한 $15mmH_2O$ 이하를 뜻한다.

해설
ES 04000.d 총칙
감압 또는 진공이라 함은 따로 규정이 없는 한 15mmHg 이하를 뜻한다.

56 총대장균군의 분석법이 아닌 것은?

① 막여과법　② 현미경계수법
③ 시험관법　④ 평판집락법

해설
현미경계수법은 식물성 플랑크톤 측정방법이다(ES 04705.1c).
총대장균군 분석법
- 막여과법(ES 04701.1g)
- 시험관법(ES 04701.2g)
- 평판집락법(ES 04701.3e)
- 효소이용정량법(ES 04701.4b)

정답 53 ① 54 ① 55 ④ 56 ②

57 수중의 부유물질을 측정하기 위한 실험에서 다음과 같은 결과를 얻었다. 이 결과로부터 알 수 있는 거름종이와 여과물질(건조상태)의 무게는?(단, 거름종이 무게 : 1.991g, 시료의 SS : 120mg/L, 시료량 : 200mL)

① 2.005g ② 2.015g
③ 2.150g ④ 2.550g

해설

ES 04303.1b 부유물질

$SS(\text{mg/L}) = (b-a) \times \frac{1,000}{V}$

$120\text{mg/L} = (b-1,991) \times \frac{1,000}{200}$

$\therefore\ b = 2,015\text{mg} = 2.015\text{g}$

58 익류(Over Flow)폭이 5m인 유분리기(Oil Separator)로부터 폐수가 넘쳐흐르고 있다. 넘쳐흐르는 부분의 수두를 측정하니 10cm로 하루종일 변동이 없었다. 배출하는 하루 유량은?(단, $Q[\text{m}^3/\text{s}] = 1.7bh^{3/2}$)

① $1.21 \times 10^4 \text{m}^3/\text{day}$
② $2.32 \times 10^4 \text{m}^3/\text{day}$
③ $3.43 \times 10^4 \text{m}^3/\text{day}$
④ $4.54 \times 10^4 \text{m}^3/\text{day}$

해설

$Q = 1.7bh^{\frac{3}{2}} = 1.7 \times 5 \times 0.1^{\frac{3}{2}} \fallingdotseq 0.27\text{m}^3/\text{s}$

$\therefore\ \frac{0.27\text{m}^3}{\text{s}} \times \frac{86,400\text{s}}{\text{day}} \fallingdotseq 23,328\text{m}^3/\text{day}$

59 순수한 물 150mL에 에틸알코올(비중 0.79) 80mL를 혼합하였을 때 이 용액 중의 에틸알코올 농도(W/W%)는?

① 약 30%
② 약 35%
③ 약 40%
④ 약 45%

해설

$\text{W/W}(\%) = \frac{\text{용질(g)}}{\text{용액(g)}} \times 100$

$= \frac{80\text{mL} \times \frac{0.79\text{g}}{\text{mL}}}{150\text{mL} \times \frac{1\text{g}}{\text{mL}} + 80\text{mL} \times \frac{0.79\text{g}}{\text{mL}}} \times 100 \fallingdotseq 29.64\%$

60 공장폐수 및 하수유량(측정용 수로 및 기타 유량측정방법) 측정을 위한 위어의 최대유속과 최소유속의 비로 옳은 것은?

① 100 : 1
② 200 : 1
③ 400 : 1
④ 500 : 1

해설

ES 04140.2b 공장폐수 및 하수유량-측정용 수로 및 기타 유량측정방법

위어는 최대유속과 최소유속의 비가 500 : 1에 해당한다.

57 ② 58 ② 59 ① 60 ④ 정답

제4과목 | 수질환경관계법규

61 사업장별 환경기술인의 자격기준에 해당하지 않는 것은?

① 방지시설 설치면제 대상인 사업장과 배출시설에서 배출되는 수질오염물질 등을 공동방지시설에서 처리하게 하는 사업장은 제4종 사업장・제5종 사업장에 해당하는 환경기술인을 둘 수 있다.

② 연간 90일 미만 조업하는 제1종부터 제3종까지의 사업장은 제4종 사업장・제5종 사업장에 해당하는 환경기술인을 선임할 수 있다.

③ 대기환경기술인으로 임명된 자가 수질환경기술인의 자격을 함께 갖춘 경우에는 수질환경기술인을 겸임할 수 있다.

④ 공동방지시설의 경우에는 폐수배출량이 제1종, 제2종 사업장 규모에 해당하는 경우 제3종 사업장에 해당하는 환경기술인을 둘 수 있다.

해설

물환경보전법 시행령 [별표 17] 사업장별 환경기술인의 자격기준

- 특정수질유해물질이 포함된 수질오염물질을 배출하는 제4종 또는 제5종 사업장은 제3종 사업장에 해당하는 환경기술인을 두어야 한다. 다만, 특정수질유해물질이 포함된 1일 $10m^3$ 이하의 폐수를 배출하는 사업장의 경우에는 그러하지 아니하다.
- 공동방지시설의 경우에는 폐수배출량이 제4종 또는 제5종 사업장의 규모에 해당하면 제3종 사업장에 해당하는 환경기술인을 두어야 한다.
- 공공폐수처리시설에 폐수를 유입시켜 처리하는 제1종 또는 제2종 사업장은 제3종 사업장에 해당하는 환경기술인을, 제3종 사업장은 제4종 사업장・제5종 사업장에 해당하는 환경기술인을 둘 수 있다.
- 연간 90일 미만 조업하는 제1종부터 제3종까지의 사업장은 제4종 사업장・제5종 사업장에 해당하는 환경기술인을 선임할 수 있다.
- 대기환경기술인으로 임명된 자가 수질환경기술인의 자격을 함께 갖춘 경우에는 수질환경기술인을 겸임할 수 있다.

62 비점오염원관리대책에 포함되는 사항과 가장 거리가 먼 것은?(단, 그 밖에 관리지역의 적정한 관리를 위하여 환경부령이 정하는 사항은 제외)

① 관리목표

② 관리대상 수질오염물질의 종류 및 발생량

③ 관리대상 수질오염물질의 발생예방 및 저감방안

④ 관리현황

해설

물환경보전법 제55조(관리대책의 수립)

환경부장관은 관리지역을 지정・고시하였을 때에는 다음의 사항을 포함하는 비점오염원관리대책(이하 '관리대책')을 관계 중앙행정기관의 장 및 시・도지사와 협의하여 수립하여야 한다.

- 관리목표
- 관리대상 수질오염물질의 종류 및 발생량
- 관리대상 수질오염물질의 발생 예방 및 저감 방안
- 그 밖에 관리지역을 적정하게 관리하기 위하여 환경부령으로 정하는 사항

63 오염총량관리기본계획 수립 시 포함되어야 하는 사항이 아닌 것은?

① 해당 지역 개발계획의 내용

② 해당 지역 개발계획에 따른 오염부하량의 할당계획

③ 관할 지역에서 배출되는 오염부하량의 총량 및 저감계획

④ 지방자치단체별・수계구간별 오염부하량의 할당

해설

물환경보전법 제4조의3(오염총량관리기본계획의 수립 등)

오염총량관리지역을 관할하는 시・도지사는 오염총량관리기본방침에 따라 다음의 사항을 포함하는 기본계획(이하 '오염총량관리기본계획')을 수립하여 환경부령으로 정하는 바에 따라 환경부장관의 승인을 받아야 한다. 오염총량관리기본계획 중 대통령령으로 정하는 중요한 사항을 변경하는 경우에도 또한 같다.

- 해당 지역 개발계획의 내용
- 지방자치단체별・수계구간별 오염부하량(汚染負荷量)의 할당
- 관할 지역에서 배출되는 오염부하량의 총량 및 저감계획
- 해당 지역 개발계획으로 인하여 추가로 배출되는 오염부하량 및 그 저감계획

정답 61 ④ 62 ④ 63 ②

64 1일 폐수배출량이 500m^{3}인 사업장의 종별 규모는?

① 1종 사업장
② 2종 사업장
③ 3종 사업장
④ 4종 사업장

해설

물환경보전법 시행령 [별표 13] 사업장의 규모별 구분
제3종 사업장 : 1일 폐수배출량이 200m^3 이상 700m^3 미만인 사업장

65 환경부장관이 폐수처리업자의 허가를 취소하거나 6개월 이내의 기간을 정하여 영업정지를 명할 수 있는 경우가 아닌 것은?

① 다른 사람에게 허가증을 대여한 경우
② 1년에 2회 이상 영업정지처분을 받은 경우
③ 고의 또는 중대한 과실로 폐수처리영업을 부실하게 한 경우
④ 허가 받은 후 1년 이내에 영업을 개시하지 아니한 경우

해설

물환경보전법 제64조(허가의 취소 등)
환경부장관은 폐수처리업자가 다음의 어느 하나에 해당하는 경우에는 그 허가를 취소하거나 6개월 이내의 기간을 정하여 영업정지를 명할 수 있다.

- 다른 사람에게 허가증을 대여한 경우
- 1년에 2회 이상 영업정지처분을 받은 경우
- 고의 또는 중대한 과실로 폐수처리영업을 부실하게 한 경우
- 영업정지처분 기간에 영업행위를 한 경우

66 방지시설을 반드시 설치해야 하는 경우에 해당하더라도 대통령령이 정하는 기준에 해당되면 방지시설의 설치가 면제된다. 방지시설설치의 면제기준에 해당되지 않는 것은?

① 배출시설의 기능 및 공정상 수질오염물질이 항상 배출허용기준 이하로 배출되는 경우
② 폐수처리업의 등록을 한 자 또는 환경부장관이 인정하여 고시하는 관계 전문기관에 환경부령으로 정하는 폐수를 전량 위탁처리하는 경우
③ 폐수배출량이 신고 당시보다 100분의 10 이상 감소하는 경우
④ 폐수를 전량 재이용하는 등 방지시설을 설치하지 아니하고도 수질오염물질을 적정하게 처리할 수 있는 경우로서 환경부령으로 정하는 경우

해설

물환경보전법 시행령 제33조(방지시설설치의 면제기준)
'대통령령으로 정하는 기준에 해당하는 배출시설(폐수무방류배출시설은 제외한다)의 경우'란 다음의 어느 하나에 해당하는 경우를 말한다.

- 배출시설의 기능 및 공정상 수질오염물질이 항상 배출허용기준 이하로 배출되는 경우
- 폐수처리업자 또는 환경부장관이 인정하여 고시하는 관계 전문기관에 환경부령으로 정하는 폐수를 전량 위탁처리하는 경우
- 폐수를 전량 재이용하는 등 방지시설을 설치하지 아니하고도 수질오염물질을 적정하게 처리할 수 있는 경우로서 환경부령으로 정하는 경우

64 ③ 65 ④ 66 ③ 정답

67 **국립환경과학원장이 설치 · 운영하는 측정망의 종류에 해당하지 않는 것은?**

① 공공수역 오염원 측정망
② 생물 측정망
③ 퇴적물 측정망
④ 비점오염원에서 배출되는 비점오염물질 측정망

해설
물환경보전법 시행규칙 제22조(국립환경과학원장 등이 설치 · 운영하는 측정망의 종류 등)
국립환경과학원장, 유역환경청장, 지방환경청장이 설치할 수 있는 측정망은 다음과 같다.
- 비점오염원에서 배출되는 비점오염물질 측정망
- 수질오염물질의 총량관리를 위한 측정망
- 대규모 오염원의 하류지점 측정망
- 수질오염경보를 위한 측정망
- 대권역 · 중권역을 관리하기 위한 측정망
- 공공수역 유해물질 측정망
- 퇴적물 측정망
- 생물 측정망
- 그 밖에 국립환경과학원장, 유역환경청장 또는 지방환경청장이 필요하다고 인정하여 설치 · 운영하는 측정망

68 **물환경보전법상 100만원 이하의 벌금에 해당되는 경우는?**

① 환경기술인의 요청을 정당한 사유 없이 거부한 자
② 배출시설 등의 운영상황에 관한 기록을 보존하지 아니한 자
③ 배출시설 등의 운영상황에 관한 기록을 거짓으로 기록한 자
④ 환경기술인 등의 교육을 받게 하지 아니한 자

해설
물환경보전법 제80조(벌칙)
환경기술인의 업무를 방해하거나 환경기술인의 요청을 정당한 사유 없이 거부한 자는 100만원 이하의 벌금에 처한다.
② · ③ 물환경보전법 제82조(과태료) 300만원 이하의 과태료
④ 물환경보전법 제82조(과태료) 100만원 이하의 과태료

69 **개선명령을 받은 자가 개선명령을 이행하지 아니하거나 기간 이내에 이행은 하였으나 검사결과가 배출허용기준을 계속 초과할 때의 처분인 '조업정지명령'을 위반한 자에 대한 벌칙기준은?**

① 1년 이하의 징역 또는 1천만원 이하의 벌금
② 3년 이하의 징역 또는 3천만원 이하의 벌금
③ 5년 이하의 징역 또는 5천만원 이하의 벌금
④ 7년 이하의 징역 또는 7천만원 이하의 벌금

해설
물환경보전법 제76조(벌칙)
환경부장관은 개선명령을 받은 자가 개선명령을 이행하지 아니하거나 기간 이내에 이행은 하였으나 검사 결과가 배출허용기준을 계속 초과할 때에는 해당 배출시설의 전부 또는 일부에 대한 조업정지를 명할 수 있으나 이에 따른 조업정지명령을 위반한 자는 5년 이하의 징역 또는 5천만원 이하의 벌금에 처한다.

70 **수질오염방지시설 중 화학적 처리시설인 것은?**

① 혼합시설 ② 폭기시설
③ 응집시설 ④ 살균시설

해설
물환경보전법 시행규칙 [별표 5] 수질오염방지시설
화학적 처리시설
- 화학적 침강시설
- 중화시설
- 흡착시설
- 살균시설
- 이온교환시설
- 소각시설
- 산화시설
- 환원시설
- 침전물 개량시설

정답 67 ① 68 ① 69 ③ 70 ④

71 수질 및 수생태계 환경기준 중 하천(사람의 건강보호기준)에 대한 항목별 기준값으로 틀린 것은?

① 비소 : 0.05mg/L 이하
② 납 : 0.05mg/L 이하
③ 6가크롬 : 0.05mg/L 이하
④ 수은 : 0.05mg/L 이하

해설
환경정책기본법 시행령 [별표 1] 환경기준
수질 및 수생태계–하천–사람의 건강보호기준
수은 : 검출되어서는 안 됨(검출한계 0.001)

72 유역환경청장은 국가 물환경관리기본계획에 따라 대권역별로 대권역 물환경관리계획을 몇 년마다 수립하여야 하는가?

① 1년 ② 3년
③ 5년 ④ 10년

해설
물환경보전법 제24조(대권역 물환경관리계획의 수립)
유역환경청장은 국가 물환경관리기본계획에 따라 대권역별로 대권역 물환경관리계획을 10년마다 수립하여야 한다.

73 물환경보전법에서 비점오염원의 배출원으로 옳지 않은 것은?

① 도 시 ② 농 지
③ 하수발생시설 ④ 공사장

해설
물환경보전법 제2조(정의)
'비점오염원'(非點汚染源)이란 도시, 도로, 농지, 산지, 공사장 등으로서 불특정 장소에서 불특정하게 수질오염물질을 배출하는 배출원을 말한다.

74 하수도법령상 분뇨처리시설의 방류수수질기준의 대상항목에 해당하지 않는 것은?

① 생물화학적 산소요구량(BOD)
② 총인(T-P)
③ 총슬러지(TS)
④ 총질소(T-N)

해설
하수도법 시행규칙 [별표 2] 분뇨처리시설의 방류수수질기준
대상 항목 : 생물화학적 산소요구량(BOD), 총유기탄소량(TOC), 부유물질(SS), 총대장균군수, 총질소(T-N), 총인(T-P)

75 기타수질오염원 대상에 해당되지 않는 것은?

① 골프장
② 수산물 양식시설
③ 농축수산물 수송시설
④ 운수장비정비 또는 폐차장 시설

해설
물환경보전법 시행규칙 [별표 1] 기타수질오염원
시설구분 : 수산물 양식시설, 골프장, 운수장비정비 또는 폐차장 시설, 농축수산물 단순가공시설, 사진 처리 또는 X-Ray 시설, 금은판매점의 세공시설이나 안경점, 복합물류터미널 시설, 거점소독시설

76 위임업무 보고사항 중 골프장 맹·고독성 농약 사용 여부 확인 결과에 대한 보고횟수 기준으로 옳은 것은?

① 수 시 ② 연 4회
③ 연 2회 ④ 연 1회

해설
물환경보전법 시행규칙 [별표 23] 위임업무 보고사항)

업무내용	보고횟수
골프장 맹·고독성 농약 사용 여부 확인 결과	연 2회

정답 71 ④ 72 ④ 73 ③ 74 ③ 75 ③ 76 ③

77 시장, 군수, 구청장이 낚시 금지구역 또는 낚시 제한구역을 지정하려는 경우 고려하여야 할 사항이 아닌 것은?

① 서식 어류의 종류 및 양 등 수중생태계의 현황
② 낚시터 발생 쓰레기의 환경영향평가
③ 연도별 낚시 인구의 현황
④ 수질오염도

해설
물환경보전법 시행령 제27조(낚시금지구역 또는 낚시제한구역의 지정 등)
시장·군수·구청장(자치구의 구청장을 말한다)은 낚시금지구역 또는 낚시제한구역을 지정하려는 경우에는 다음의 사항을 고려하여야 한다.
- 용수의 목적
- 오염원 현황
- 수질오염도
- 낚시터 인근에서의 쓰레기 발생 현황 및 처리 여건
- 연도별 낚시 인구의 현황
- 서식 어류의 종류 및 양 등 수중생태계의 현황

78 초과부과금 산정을 위한 기준에서 수질오염물질 1kg당 부과금액이 가장 낮은 수질오염물질은?

① 카드뮴 및 그 화합물
② 유기인 화합물
③ 비소 및 그 화합물
④ 크롬 및 그 화합물

해설
물환경보전법 시행령 [별표 14] 초과부과금의 산정기준

수질오염물질		수질오염물질 1kg당 부과금액(단위 : 원)
크롬 및 그 화합물		75,000
특정 유해물질	카드뮴 및 그 화합물	500,000
	유기인화합물	150,000
	비소 및 그 화합물	100,000

79 공공수역 중 환경부령으로 정하는 수로가 아닌 것은?

① 지하수로　② 농업용수로
③ 상수관로　④ 운 하

해설
물환경보전법 시행규칙 제5조(공공수역)
'환경부령으로 정하는 수로'란 다음의 수로를 말한다.
- 지하수로
- 농업용 수로
- 하수도법에 따른 하수관로
- 운 하

80 사업장별 환경기술인의 자격기준으로 틀린 것은?

① 제1종 사업장 : 수질환경기사 1명 이상
② 제2종 사업장 : 수질환경산업기사 1명 이상
③ 제3종 사업장 : 2년 이상 수질분야 환경관련 업무에 종사한 자 1명 이상
④ 제4종 사업장·제5종 사업장 : 배출시설 설치허가를 받거나 배출시설 설치신고가 수리된 사업자 또는 배출시설 설치허가를 받거나 배출시설 설치신고가 수리된 사업자가 그 사업장의 배출시설 및 방지시설 업무에 종사하는 피고용인 중에서 임명하는 자 1명 이상

해설
물환경보전법 시행령 [별표 17] 사업장별 환경기술인의 자격기준

구 분	환경기술인
제1종 사업장	수질환경기사 1명 이상
제2종 사업장	수질환경산업기사 1명 이상
제3종 사업장	수질환경산업기사, 환경기능사 또는 3년 이상 수질분야 환경관련 업무에 직접 종사한 자 1명 이상
제4종 사업장·제5종 사업장	배출시설 설치허가를 받거나 배출시설 설치신고가 수리된 사업자 또는 배출시설 설치허가를 받거나 배출시설 설치신고가 수리된 사업자가 그 사업장의 배출시설 및 방지시설업무에 종사하는 피고용인 중에서 임명하는 자 1명 이상

정답 77 ② 78 ④ 79 ③ 80 ③

2022년 제2회 과년도 기출복원문제

제1과목 | 수질오염개론

01 Streeter-Phelps 모델에 관한 내용으로 옳지 않은 것은?

① 점오염원으로부터 오염부하량을 고려한다.
② 유기물의 분해에 따라 용존산소 소비와 재폭기를 고려한다.
③ 유속, 수심, 조도계수에 의한 확산계수를 결정한다.
④ 최초의 하천 수질모델링이다.

해설

유속, 수심, 조도계수에 의한 확산계수를 결정하는 모델은 QUAL-Ⅰ, Ⅱ이다.

Streeter-Phelps Model

- 최초의 하천 수질모델이다.
- 유기물 분해에 따른 DO 소비와 대기로부터 수면을 통해 산소가 재공급되는 재폭기만을 고려한 모델이다.
- 점오염원으로부터 오염부하량을 고려한다.

02 생물학적 폐수처리 시의 대표적인 미생물인 호기성 Bacteria의 경험적 분자식을 나타낸 것은?

① $C_2H_5O_3N$　② $C_2H_7O_5N$
③ $C_5H_7O_2N$　④ $C_5H_9O_3N$

03 물의 물리, 화학적 특성에 관한 설명으로 가장 거리가 먼 것은?

① 물은 고체상태인 경우 수소결합에 의해 육각형 결정구조를 가진다.
② 물(액체) 분자는 H^+와 OH^-의 극성을 형성하므로 다양한 용질에 유용한 용매이다.
③ 물은 광합성의 수소 공여체이며 호흡의 최종산물로서 생체의 중요한 대사물이 된다.
④ 물은 융해열이 크지 않기 때문에 생명체의 결빙을 방지할 수 있다.

해설

물은 융해열이 크기 때문에 생명체의 결빙이 쉽게 일어나지 않는다.
※ 물 분자의 산소와 수소의 큰 전기음성도 차이로 발생하는 극성으로 인한 수소결합 때문에 물은 분자 간 결합이 강하여 융해열이 크다.

04 미생물의 발육과정을 순서대로 나열한 것은?

① 유도기 - 대수증식기 - 정지기 - 사멸기
② 대수증식기 - 정지기 - 유도기 - 사멸기
③ 사멸기 - 대수증식기 - 유도기 - 정지기
④ 정지기 - 유도기 - 대수증식기 - 사멸기

해설

미생물 발육과정 4단계

유도기(지체기) → 대수증식기 → 정지기 → 대수사멸기

1 ③ 2 ③ 3 ④ 4 ① 정답

05 Henry 법칙에 가장 잘 적용되는 기체는?

① Cl_2 ② O_2
③ NH_3 ④ HF

해설

헨리의 법칙
- 난용성 기체(NO, NO_2, CO, O_2 등)에 적용된다.
- 수용성 기체(Cl_2, HCl, SO_2 등)에는 적용되지 않는다.

06 BOD_5 300mg/L, COD 800mg/L인 경우 NBDCOD (mg/L)는?(단, 탈산소계수 K_1 = 0.2day^{-1}, 상용대수 기준)

① 367 ② 467
③ 397 ④ 497

해설

BOD 소비식

$BOD_t = BOD_u(1-10^{-K_1 t})$

$300mg/L = BOD_u(1-10^{-0.2\times5})$

$BOD_u \fallingdotseq 333.3mg/L$

$COD = BOD_u + NBDCOD$이므로

800mg/L = 333.3mg/L + NBDCOD

∴ NBDCOD ≒ 467mg/L

07 농업용수의 수질평가 시 사용되는 SAR(Sodium Adsorption Ratio) 산출식에 직접 관련된 원소로만 옳게 나열된 것은?

① K, Mg, Ca ② Mg, Ca, Fe
③ Ca, Mg, Al ④ Ca, Mg, Na

해설

$$SAR = \frac{Na^+}{\sqrt{\frac{Ca^{2+}+Mg^{2+}}{2}}}$$

08 일반적으로 담수의 DO가 해수의 DO보다 높은 이유로 가장 적절한 것은?

① 수온이 낮기 때문에
② 염도가 낮기 때문에
③ 산소의 분압이 크기 때문에
④ 기압에 따른 산소용해율이 크기 때문에

해설

담수의 DO가 해수의 DO보다 높은 이유는 염도가 낮기 때문이다.

09 물의 경도(Hardness)를 유발하는 이온으로만 이루어진 것은?

① K^+, Na^+ ② Ca^{2+}, Mg^{2+}
③ Ca^{2+}, Na^+ ④ K^+, Mg^{2+}

해설

경도는 물속에 용해되어 있는 Ca^{2+}, Mg^{2+}, Fe^{2+}, Mn^{2+}, Sr^{2+} 등의 2가 양이온 금속이온에 의해 발생한다.

정답 5 ② 6 ② 7 ④ 8 ② 9 ②

10 성층현상이 있는 호수에서 수온의 큰 도약을 가지는 층은?

① Hypolimnion

② Thermocline

③ Sedimentation

④ Epilimnion

해설

성층현상이 있는 호수에서 수온의 큰 도약을 가지는 층은 수온약층(Thermocline)이다.

11 크기가 300m³인 반응조에 색소를 주입할 경우, 주입농도가 150mg/L이었다. 이 반응조에 연속적으로 물을 넣어 색소 농도를 2mg/L로 유지하기 위하여 필요한 소요시간(h)은?(단, 유입유량은 5m³/h이며, 반응조 내의 물은 완전혼합, 1차 반응이라 가정한다)

① 205 ② 215

③ 260 ④ 295

해설

$$\ln\frac{C_t}{C_o}=-\frac{Q}{V}\times t$$

$$\ln\frac{2}{150}=-\frac{5\text{m}^3/\text{h}}{300\text{m}^3}\times t$$

$\therefore\ t \fallingdotseq 259.05\text{h}$

12 미생물 중 Fungi에 관한 설명이 아닌 것은?

① 탄소 동화작용을 하지 않는다.

② pH가 낮아도 잘 성장한다.

③ 충분한 용존산소에서만 잘 성장한다.

④ 폐수처리 중에는 Sludge Bulking의 원인이 된다.

해설

Fungi는 폐수 내 질소와 용존산소가 부족한 경우에도 잘 성장한다.

13 분뇨처리장에서 1차 처리 후 BOD 농도가 2,000mg/L, Cl^- 농도가 200mg/L로 너무 높아 2차 처리에 어려움이 있어 희석수로 희석하고자 한다. 희석수의 Cl^- 농도는 10mg/L이고, 희석 후 2차 처리 유입수의 Cl^- 농도가 20mg/L일 때 희석배율은?

① 18배 ② 21배

③ 23배 ④ 25배

해설

$$Q_m=\frac{Q_1C_1+Q_2C_2}{Q_1+Q_2}$$

$$20=\frac{Q_1\times 200+Q_2\times 10}{Q_1+Q_2}$$

$$\therefore\ \frac{Q_2}{Q_1}=18$$

14 물의 동점성계수를 가장 알맞게 나타낸 것은?

① 전단력 τ와 점성계수 μ를 곱한 값이다.

② 전단력 τ와 밀도 ρ를 곱한 값이다.

③ 점성계수 μ를 전단력 τ로 나눈 값이다.

④ 점성계수 μ를 밀도 ρ로 나눈 값이다.

해설

동점성계수는 점성계수(μ)를 밀도(ρ)로 나눈 값이다.

10 ② 11 ③ 12 ③ 13 ① 14 ④ 정답

15 pH = 6.0인 용액의 산도의 8배를 가진 용액의 pH는?

① 5.1 ② 5.3
③ 5.4 ④ 5.6

해설
$pH = -\log[H^+]$
$[H^+] = 10^{-pH} mol/L = 10^{-6} mol/L$
산도가 8배이므로
$\therefore pH = -\log(8 \times 10^{-6}) ≒ 5.1$

16 산(Acid)이 물에 녹았을 때 가지는 특성과 가장 거리가 먼 것은?

① 맛이 시다.
② 미끈미끈거리며 염기를 중화한다.
③ 푸른 리트머스시험지를 붉게 한다.
④ 활성을 띤 금속과 반응하여 원소상태의 수소를 발생시킨다.

해설
염기가 물에 녹았을 때 미끈미끈거린다.

17 우리나라의 하천에 대한 설명으로 옳은 것은?

① 최소유량에 대한 최대유량의 비가 작다.
② 유출시간이 길다.
③ 하천유량이 안정되어 있다.
④ 하상계수가 크다.

해설
① 최소유량에 대한 최대유량의 비가 크다.
② 유출시간이 짧다.
③ 하천유량이 불안정하다.

18 다음 중 지하수에 대한 설명 중 틀린 것은?

① 천층수 : 지하로 침투한 물이 제1불투수층 위에 고인 물로, 공기와의 접촉가능성이 커 산소가 존재할 경우 유기물은 미생물의 호기성 활동에 의해 분해될 가능성이 크다.
② 심층수 : 제1불침투수층과 제2불침투수층 사이의 피압지하수를 말하며, 지층의 정화작용으로 거의 무균에 가깝고 수온과 성분의 변화가 거의 없다.
③ 용천수 : 지표수가 지하로 침투하여 암석 또는 점토와 같은 불투수층에 차단되어 지표로 솟아나온 것으로, 유기성 및 무기성 불순물의 함유도가 낮고, 세균도 매우 작다.
④ 복류수 : 하천, 저수지 혹은 호수의 바닥, 자갈 모래층에 함유되어 있는 물로, 지표수보다 수질이 나쁘며 철과 망간과 같은 광물질 함유량도 높다.

해설
복류수는 하천, 저수지 혹은 호수의 바닥, 자갈 모래층에 함유되어 있는 물로, 지표수보다 수질이 양호하여 정수공정에서 침전지를 생략하는 경우도 있다.

정답 15 ① 16 ② 17 ④ 18 ④

19 **수은(Hg) 중독과 관련이 없는 것은?**

① 난청, 언어장애, 구심성 시야협착, 정신장애를 일으킨다.
② 이타이이타이병을 유발한다.
③ 유기수은은 무기수은보다 독성이 강하며 신경계통에 장애를 준다.
④ 무기수은은 황화물 침전법, 활성탄 흡착법, 이온교환법 등으로 처리할 수 있다.

해설

수은은 미나마타병을 유발하며, 이타이이타이병은 카드뮴 중독에 의해 발생한다.

20 **물의 물성을 나타내는 값으로 가장 거리가 먼 것은?**

① 비점 : 100℃(1기압하)
② 비열 : 1.0cal/g℃(15℃)
③ 기화열 : 539cal/g(100℃)
④ 융해열 : 179.4cal/g(0℃)

해설

물의 융해열은 79.4cal/g(0℃)이다.

제2과목 | 수질오염방지기술

21 **살수여상을 저속, 중속, 고속 및 초고속 등으로 분류하는 기준은?**

① 여재의 종류 ② 수리학적 부하
③ 살수간격 ④ 재순환 횟수

해설

살수여상은 수리학적 부하율과 유기물 부하율에 의해 분류된다.

22 **일반적인 슬러지 처리공정의 순서로 옳은 것은?**

① 안정화 → 개량 → 농축 → 탈수 → 소각
② 개량 → 농축 → 안정화 → 탈수 → 소각
③ 농축 → 안정화 → 개량 → 탈수 → 소각
④ 탈수 → 개량 → 안정화 → 농축 → 소각

해설

슬러지 처리공정

농축 → 안정화 → 개량 → 탈수 → 중간처리(소각, 건조) → 최종처분(매립, 퇴비화)

23 **하수 소독 방법인 UV 살균의 장점으로 가장 거리가 먼 것은?**

① 물의 탁도나 혼탁이 소독효과에 영향을 미치지 않는다.
② 유량과 수질의 변동에 대해 적응력이 강하다.
③ 접촉시간이 짧다.
④ 강한 살균력으로 바이러스에 대해 효과적이다.

해설

UV 살균 시 물이 혼탁하거나 탁도가 높으면 소독능력이 저하된다.

19 ② 20 ④ 21 ② 22 ③ 23 ① 정답

24 **도시하수에 함유된 영양물질인 질소, 인을 동시에 처리하기 어려운 생물학적 처리공법은?**

① A^2/O

③ 5단계 Bardenpho

③ UCT

④ A/O

해설

A/O 공정은 인 처리공정이며, 질소를 동시에 처리하기 위해 A/O 공정에 무산소조를 추가한 것이 A^2/O 공정이다.

25 **500g Glucose($C_6H_{12}O_6$)가 완전한 혐기성 분해를 한다고 가정할 때 이론적으로 발생 가능한 CH_4 Gas 용적은?(단, 표준상태 기준)**

① 24.2L　　② 62.2L

③ 186.7L　　④ 1,339.3L

해설

CH_4 가스의 용적

$$C_6H_{12}O_6 \rightarrow 3CO_2 + 3CH_4$$

$$180g \qquad\qquad 3\times22.4L$$

$$\therefore\ CH_4\ \text{Gas 용적} = 500g \times \frac{3\times22.4L}{180g} \fallingdotseq 186.67L$$

26 **하수처리 시 소독방법인 자외선 소독의 장단점으로 틀린 것은?(단, 염소 소독과의 비교)**

① 요구되는 공간이 적고 안전성이 높다.

② 소독이 성공적으로 되었는지 즉시 측정할 수 없다.

③ 잔류효과, 잔류독성이 없다.

④ 대장균 살균을 위한 낮은 농도에서 Virus, Spores, Cysts 등을 비활성화시키는데 효과적이다.

해설

자외선 소독은 대부분의 Virus, Spores, Cysts 등을 비활성화시키는데 염소 소독보다 효과적이다. 그러나 대장균 살균을 위한 낮은 농도에서는 Virus, Spores, Cysts 등을 비활성화시키는데 염소 소독보다 효과적이지 못하다.

27 **수돗물의 부식성을 평가하기 위한 지표로 랑게리아 지수(LSI ; Langelier Saturation Index)를 사용한다. 물이 파이프 등의 탄산칼슘 보호코팅을 제거할 경우의 LSI 기준으로 가장 적절한 것은?**

① LSI = 0　　② LSI > 0

③ LSI < 0　　④ LSI ≥ 0

해설

랑게리아 지수가 음의 값이면 불포화상태로 부식성이 크다.

랑게리아 지수(LSI ; Langelier Saturation Index)

- 원수의 pH가 6.5~9.5 범위 내에 있을 때 탄산칼슘을 용해시킬 것인지 아니면 침전시킬 것인지를 나타내는 척도로서, 물의 실제 pH와 이론적인 pH의 차이로 표시된다. 이것은 물의 안정도와 부식의 판단 여부를 나타내는 척도로 많이 이용된다.
- LSI = 물의 실제 pH − 포화상태에서의 물의 pH
  - 랑게리아 지수값이 양인 경우(LSI > 0) : 과포화상태로 침전이 발생되며, 탄산칼슘 피막이 형성되므로 물의 부식성이 적다.
  - 랑게리아 지수값이 음인 경우(LSI < 0) : 불포화상태로 부식성이 크다고 할 수 있다.
  - 랑게리아 지수값이 0인 경우(LSI = 0) : 평형상태이므로 물이 안정되어 있다.

정답 24 ④ 25 ③ 26 ④ 27 ③

28 특정 범위 안에 존재하는 생물종의 다양한 정도를 종다양성 지수(SDI ; Species Diversity Index)라 한다. 오염이 심한 지역의 SDI를 나타낸 것은?

① 수중생물의 종류수가 적고 개체총수는 적다.
② 수중생물의 종류수가 많고 개체총수는 적다.
③ 수중생물의 종류수가 적고 개체총수는 많다.
④ 수중생물의 종류수가 많고 개체총수는 많다.

해설
오염이 심한 하천일수록 SDI값은 감소하므로, 종의 수는 적고 개체수는 많다.

29 ( )에 알맞은 내용은?

> 상수의 계획취수량을 확보하기 위하여 필요한 저수용량의 결정에 사용하는 계획기준년은 원칙적으로 ( )에 제1위 정도의 갈수를 기준년으로 한다.

① 5개년 ② 7개년
③ 10개년 ④ 15개년

해설
상수의 계획취수량을 확보하기 위하여 필요한 저수용량의 결정에 사용하는 계획기준년은 원칙적으로 10개년에 제1위 정도의 갈수를 기준년으로 한다.

30 하수관의 부식과 가장 관계가 깊은 것은?

① NH_3 가스 ② H_2S 가스
③ CO_2 가스 ④ CH_4 가스

해설
하수관거의 부식에 영향을 주는 가스는 H_2S이다.
H_2S에 의한 관정부식
관거를 흐르는 하수 또는 폐수 내의 용존산소가 고갈되면 하수 내에 존재하는 황산염 이온이 황산염 환원세균에 의해서 황화물(Sulphides)로 환원되고, 이는 황화수소의 형태로 하수관 내부의 공기 중으로 유출된다. 황화수소는 관거 표면에 부착하여 성장하는 미생물의 생화학적 작용에 의해 황산으로 변환되는데, 이렇게 형성된 황산은 매우 강한 산이기 때문에 관거의 내부를 부식시키는데 이를 관정부식이라고 한다.

31 활성탄 흡착의 정도와 평형관계를 나타내는 식과 관계가 가장 먼 것은?

① Freundlich식
② Michaelis-Santen식
③ Langmuir식
④ BET식

해설
활성탄 흡착식 : Freundlich식, Langmuir식, BET식

32 인(P)의 제거방법 중 금속(Al, Fe)염 첨가법의 장점이라 볼 수 없는 것은?

① 기존시설에 적용이 비교적 쉽다.
② 방류수의 인 농도를 금속염 주입량에 의하여 최대의 효율을 나타낼 수 있다.
③ 처리실적이 많고 제거조작이 간편, 명확하다.
④ 금속염을 사용하지 않는 재래식 폐수처리장의 슬러지보다 탈수가 용이하다.

해설
금속염 첨가법은 슬러지의 탈수성이 좋지 않다.

28 ③ 29 ③ 30 ② 31 ② 32 ④ 정답

33 2,700m^3/day의 폐수처리를 위해 폭 5m, 길이 15m, 깊이 3m인 침전지(유효수심이 2.7m)를 사용하고 있다면 침전된 슬러지가 바닥에서 유효수심의 1/5이 찬 경우 침전지의 수평유속(m/min)은?

① 약 0.17　　② 약 0.42
③ 약 0.82　　④ 약 1.23

해설

수평유속 $V = \frac{Q}{A} = \frac{Q}{WH}$

여기서, $A = WH = 5\text{m} \times \left(2.7\text{m} \times \frac{4}{5}\right) = 10.8\text{m}^2$

$\therefore V = \frac{2,700\text{m}^3}{\text{day}} \times \frac{1}{10.8\text{m}^2} \times \frac{\text{day}}{1,440\text{min}} \fallingdotseq 0.174\text{m/min}$

34 염소요구량이 5mg/L인 하수 처리수에 잔류염소 농도가 0.5mg/L가 되도록 염소를 주입하려고 한다. 이때 염소주입량(mg/L)은?

① 4.5　　② 5.0
③ 5.5　　④ 6.0

해설

염소주입량 = 염소요구량 + 잔류염소량
= 5mg/L + 0.5mg/L = 5.5mg/L

35 BOD 12,000ppm, 염소이온 농도 800ppm의 분뇨를 희석해서 활성오니법으로 처리하였다. 처리수가 BOD 60ppm, 염소이온 농도 50ppm으로 되었을 때 BOD 제거율은?(단, 염소이온은 활성오니법으로 처리할 때 제거되지 않는다고 가정)

① 85%　　② 88%
③ 92%　　④ 95%

해설

먼저 염소이온 농도를 이용하여 희석배수를 구한다.

희석배수 $= \frac{800}{50} = 16$

$\therefore \eta = \left(1 - \frac{BOD_o}{BOD_i}\right) \times 100 = \left(1 - \frac{60 \times 16}{12,000}\right) \times 100 = 92\%$

36 유량이 2,500m^3/day인 폐수를 활성슬러지법으로 처리하고자 한다. 폭기조로 유입되는 SS 농도가 200mg/L이고, 포기조 내의 MLSS 농도가 2,000mg/L이며, 포기조 용적이 2,000m^3일 때 슬러지일령(day)은?

① 3　　② 4
③ 6　　④ 8

해설

$S_a = \frac{V \times X}{Q \times SS} = \frac{2,000\text{m}^3 \times 2,000\text{mg/L}}{2,500\text{m}^3/\text{day} \times 200\text{mg/L}} = 8\text{day}$

정답 33 ① 34 ③ 35 ③ 36 ④

37 차아염소산과 수중의 암모니아나 유기성 질소화합물이 반응하여 클로라민을 형성할 때 pH가 9인 경우 가장 많이 존재하게 되는 것은?

① 모노클로라민
② 다이클로라민
③ 트라이클로라민
④ 헤테로클로라민

해설
pH 8.5 이상에서는 모노클로라민(NH_2Cl)이 가장 많이 생성된다.
$NH_3 + HOCl \rightarrow NH_2Cl + H_2O$

38 산화지에 관한 설명으로 틀린 것은?

① 호기성 산화지의 깊이는 0.3~0.6m 정도이며 산소는 바람에 의한 표면포기와 조류에 의한 광합성에 의하여 공급된다.
② 호기성 산화지는 전수심에 걸쳐 주기적으로 혼합시켜 주어야 한다.
③ 임의성 산화지는 가장 흔한 형태의 산화지며, 깊이는 1.5~2.5m 정도이다.
④ 임의성 산화지는 체류시간은 7~20일 정도이며 BOD 처리효율이 우수하다.

해설
호기성 산화지는 체류시간은 7~20일 정도이며 BOD 처리효율이 우수하다.

39 철과 망간 제거방법에 사용되는 산화제는?

① 과망간산염 ② 수산화나트륨
③ 산화칼슘 ④ 석 회

해설
철과 망간의 제거에 쓰이는 산화제로는 염소, 과망간산염, 이산화염소, 오존 등이 있다.

40 활성슬러지 폭기조의 F/M비를 0.4kg, BOD/kg, MLSS · day로 유지하고자 한다. 운전조건이 다음과 같을 때 MLSS의 농도(mg/L)는?(단, 운전조건 : 폭기조 용량 100m³, 유량 1,000m³/day, 유입 BOD 100mg/L)

① 1,500 ② 2,000
③ 2,500 ④ 3,000

해설
$$\text{F/M비} = \frac{\text{BOD} \times Q}{\text{MLSS} \times V}$$
$$\therefore \text{MLSS} = \frac{\text{BOD} \times Q}{\text{F/M비} \times V} = \frac{100\text{mg/L} \times 1{,}000\text{m}^3\text{/day}}{0.4\text{/day} \times 100\text{m}^3}$$
$$= 2{,}500\text{mg/L}$$

37 ① 38 ④ 39 ① 40 ③ 정답

제3과목 | 수질오염공정시험기준

41 **흡광광도계 측광부의 광전측광에 광전도 셀이 사용될 때 적용되는 파장은?**

① 근자외 파장 ② 근적외 파장
③ 자외 파장 ④ 가시 파장

해설
광전관, 광전자증배관은 주로 자외 내지 가시 파장 범위에서, 광전도 셀은 근적외 파장 범위에서, 광전지는 주로 가시 파장 범위 내에서의 광선측광에 사용된다.

42 **분석을 위해 채취한 시료수에 다량의 점토질 또는 규산염이 함유된 경우, 적합한 전처리 방법은?**

① 질산-황산에 의한 분해
② 질산-황산-과염소산에 의한 분해
③ 회화에 의한 분해
④ 질산-과염소산-플루오린화수소산에 의한 분해

해설
ES 04150.1b 시료의 전처리 방법

43 **피토관에 관한 설명으로 틀린 것은?**

① 피토관으로 측정할 때는 반드시 일직선상의 관에서 이루어져야 한다.
② 피토관의 설치장소는 엘보, 티 등 관이 변화하는 지점으로부터 최소한 관 지름의 5~15배 정도 떨어진 지점이어야 한다.
③ 피토관의 유속은 마노미터에 나타나는 수두차에 의해 계산한다.
④ 부유물질이 적은 대형관에서 효율적인 유량측정기이다.

해설
ES 04140.1c 공장폐수 및 하수유량-관(Pipe) 내의 유량측정방법
피토관의 설치장소는 엘보(Elbow), 티(Tee) 등 관이 변화하는 지점으로부터 최소한 관 지름의 15~50배 정도 떨어진 지점이어야 한다.

44 **총대장균군의 분석법이 아닌 것은?**

① 현미경계수법 ② 막여과법
③ 시험관법 ④ 평판집락법

해설
현미경계수법은 식물성 플랑크톤 측정방법이다(ES 04705.1c).
총대장균군 분석법
- 막여과법(ES 04701.1g)
- 시험관법(ES 04701.2g)
- 평판집락법(ES 04701.3e)
- 효소이용정량법(ES 04701.4b)

정답 41 ② 42 ④ 43 ② 44 ①

45 노말헥산 추출물질 시험법은?

① 중량법　② 흡광광도법
③ 적정법　④ 원자흡광광도법

해설

ES 04302.1b 노말헥산 추출물질

물 중에 비교적 휘발되지 않는 탄화수소, 탄화수소유도체, 그리스 유상물질 및 광유류를 함유하고 있는 시료를 pH 4 이하의 산성으로 하여 노말헥산층에 용해되는 물질을 노말헥산으로 추출하고 노말헥산을 증발시킨 잔류물의 무게로부터 구하는 방법이다. 다만, 광유류의 양을 시험하고자 할 경우에는 활성규산마그네슘(플로리실) 칼럼을 이용하여 동식물유지류를 흡착·제거하고 유출액을 같은 방법으로 구할 수 있다.

46 하천수 채수위치로 적합하지 않은 지점은?

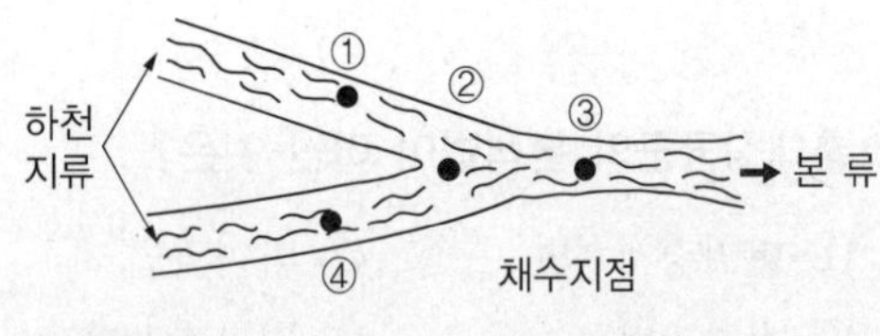

① 1지점　② 2지점
③ 3지점　④ 4지점

해설

ES 04130.1e 시료의 채취 및 보존 방법

하천본류와 하천지류가 합류하는 경우에는 합류 이전의 각 지점과 합류 이후 충분히 혼합된 지점에서 각각 채수하여야 하므로, 합류지점 근처인 2지점에서 하천수를 채취하는 것은 적합하지 않다.

47 이온크로마토그래프로 분석할 때 머무름 시간이 같은 물질이 존재할 경우 방해를 줄일 수 있는 방법으로 틀린 것은?

① 칼럼 교체
② $0.2\mu m$ 막 여과지로 여과
③ 시료 희석
④ 용리액 조성 변경

해설

ES 04350.1b 음이온류-이온크로마토그래피

머무름 시간이 같은 물질이 존재할 경우 칼럼 교체, 시료 희석 또는 용리액 조성을 바꾸어 방해를 줄일 수 있다.

48 검정곡선 작성용 표준용액의 농도를 C, 반응값을 R이라 할 때 감응계수를 옳게 나타낸 것은?

① 감응계수 $= \frac{R}{C}$

② 감응계수 $= \frac{C}{R}$

③ 감응계수 $= C - R$

④ 감응계수 $= R \times C$

해설

ES 04001.b 정도보증/정도관리

감응계수는 검정곡선 작성용 표준용액의 농도(C)에 대한 반응값(R ; Response)으로 다음과 같이 구한다.

감응계수 $= \frac{R}{C}$

45 ① 46 ② 47 ② 48 ① 정답

49 측정 금속이 수은인 경우, 시험방법으로 해당되지 않는 것은?

① 자외선/가시선 분광법
② 양극벗김전압전류법
② 냉증기-원자형광법
④ 유도결합플라스마 원자발광분광법

해설

수은 시험방법
- 냉증기-원자흡수분광광도법(ES 04408.1c)
- 자외선/가시선 분광법(ES 04408.2c)
- 양극벗김전압전류법(ES 04408.3a)
- 냉증기-원자형광법(ES 04408.4c)

50 원자흡수분광광도계에 사용되는 가장 일반적인 불꽃 조성 가스는?

① 산소-공기
② 프로판-산화질소
③ 아세틸렌-질소
④ 아세틸렌-공기

해설

ES 04400.1d 금속류-불꽃 원자흡수분광광도법

불꽃 생성을 위해 아세틸렌(C_2H_2)-공기가 일반적인 원소분석에 사용되며, 아세틸렌-아산화질소(N_2O)는 바륨 등 산화물을 생성하는 원소의 분석에 사용된다. 아세틸렌은 일반등급을 사용하고, 공기는 공기압축기 또는 일반 압축공기 실린더 모두 사용 가능하다. 아산화질소 사용 시 시약등급을 사용한다.

51 수심이 0.6m, 폭이 2m인 하천의 유량을 구하기 위해 수심 각 부분의 유속을 측정한 결과가 다음과 같다. 하천의 유량(m^3/s)은?(단, 하천은 장방형이라 가정한다)

수 심	표 면	20% 지점	40% 지점	60% 지점	80% 지점
유속(m/s)	1.5	1.3	1.2	1.0	0.8

① 1.05　　② 1.26
③ 2.44　　④ 3.52

해설

ES 04140.3b 하천유량-유속 면적법

소구간 단면에 있어서 평균유속 V_m은 수심 0.4m를 기준으로 다음과 같이 구한다.

수심이 0.4m 이상일 때 $V_m = \frac{V_{0.2}+V_{0.8}}{2}$

여기서, $V_{0.2}$, $V_{0.8}$: 각각 수면으로부터 전 수심의 20% 및 80%인 점의 유속

'유량 = 평균유속 × 단면적'이므로

- 평균유속 $= \frac{1.3+0.8}{2} = 1.05\text{m/s}$
- 단면적 $= 2 \times 0.6 = 1.2\text{m}^2$

∴ 유량 $= 1.05\text{m/s} \times 1.2\text{m}^2 = 1.26\text{m}^3/\text{s}$

52 용존산소-적정법으로 DO를 측정할 때 지시약 투입 후 적정 종말점 색은?

① 청 색　　② 무 색
③ 황 색　　④ 홍 색

해설

ES 04308.1e 용존산소-적정법

BOD병의 용액 200mL를 정확히 취하여 황색이 될 때까지 티오황산나트륨용액(0.025M)으로 적정한 다음, 전분용액 1mL를 넣어 용액을 청색으로 만든다. 이후 다시 티오황산나트륨용액(0.025M)으로 용액이 청색에서 무색이 될 때까지 적정한다.

정답 49 ④ 50 ④ 51 ② 52 ②

53 원자흡수분광광도법을 이용한 시험방법에 관한 내용이다. ( ) 안에 들어갈 내용으로 알맞은 것은?

> 시료를 적당한 방법으로 해리시켜 중성원자로 증기화하여 생긴 (㉠)가 (㉡)을 투과하는 특유 파장의 빛을 흡수하는 현상을 이용한다.

① ㉠ 바닥상태의 원자, ㉡ 원자 증기층
② ㉠ 여기상태의 원자, ㉡ 분자 증기층
③ ㉠ 바닥상태의 원자, ㉡ 불꽃 증기층
④ ㉠ 여기상태의 원자, ㉡ 원자 이온층

해설

원자흡수분광광도법
시료를 적당한 방법으로 해리시켜 중성원자로 증기화하여 생긴 바닥상태(Ground State)의 원자가 이 원자 증기층을 투과하는 특유 파장의 빛을 흡수하는 현상을 이용하여 광전측광과 같은 개개의 특유 파장에 대한 흡광도를 측정하여 시료 중의 원소 농도를 정량하는 방법이다.

54 순수한 물 150mL에 에틸알코올(비중 0.79) 80mL를 혼합하였을 때 이 용액 중의 에틸알코올 농도(W/W%)는?

① 약 30%　② 약 35%
③ 약 40%　④ 약 45%

해설

$$W/W(\%) = \frac{용질(g)}{용액(g)} \times 100$$

$$= \frac{80mL \times \frac{0.79g}{mL}}{150mL \times \frac{1g}{mL} + 80mL \times \frac{0.79g}{mL}} \times 100 \fallingdotseq 29.64\%$$

55 물벼룩을 이용한 급성 독성 시험법(시험생물)에 관한 내용으로 틀린 것은?

① 시험하기 12시간 전부터는 먹이 공급을 중단하여 먹이에 대한 영향을 최소화한다.
② 태어난 지 24시간 이내의 시험생물일지라도 가능한 한 크기가 동일한 시험생물을 시험에 사용한다.
③ 배양 시 물벼룩이 표면에 뜨지 않아야 하고, 표면에 뜰 경우 시험에 사용하지 않는다.
④ 물벼룩을 옮길 때 사용하는 스포이드로 교차 오염이 발생하지 않도록 주의한다.

해설

ES 04704.1c 물벼룩을 이용한 급성 독성 시험법
시험 2시간 전에 먹이를 충분히 공급하여 시험 중 먹이가 주는 영향을 최소화한다.

56 수질오염공정시험기준 총칙에 정의된 용어에 관한 설명으로 가장 거리가 먼 것은?

① 냉수는 15℃ 이하를 말한다.
② '약'이라 함은 기재된 양에 대하여 ±5% 이상의 차가 있어서는 안 된다.
③ 시험조작 중 '즉시'란 30초 이내에 표시된 조작을 하는 것을 뜻한다.
④ '항량으로 될 때까지 건조한다.'라 함은 같은 조건에서 1시간 더 건조할 때 전후 무게의 차가 g당 0.3mg 이하일 때를 말한다.

해설

ES 04000.d 총칙
'약'이라 함은 기재된 양에 대하여 ±10% 이상의 차가 있어서는 안 된다.

53 ① 54 ① 55 ① 56 ② 정답

57 플루오린화합물 측정방법이 가장 적절하게 짝지어진 것은?

① 자외선/가시선 분광법-기체크로마토그래피
② 자외선/가시선 분광법-불꽃 원자흡수분광광도법
③ 유도결합플라스마/원자발광광도법-불꽃 원자흡수분광광도법
④ 자외선/가시선 분광법-이온크로마토그래피

해설

플루오린화합물 측정방법
- 자외선/가시선 분광법(ES 04351.1b)
- 이온전극법(ES 04351.2a)
- 이온크로마토그래피(ES 04351.3a)
- 연속흐름법(ES 04351.4)

58 투명도 측정원리에 관한 설명으로 (   ) 안에 알맞은 것은?

> 지름 30cm의 투명도판(백색원판)을 사용하여 호소나 하천에 보이지 않는 깊이로 넣은 다음 이것을 천천히 끌어 올리면서 보이기 시작한 깊이를 (㉠) 단위로 읽어 투명도를 측정한다. 이때 투명도판은 무게가 약 3kg인 지름 30cm의 백색원판에 지름 (㉡)의 구멍 (㉢)개가 뚫린 것을 사용한다.

① ㉠ 0.1m, ㉡ 5cm, ㉢ 8
② ㉠ 0.1m, ㉡ 10cm, ㉢ 6
③ ㉠ 0.5m, ㉡ 5cm, ㉢ 8
④ ㉠ 0.5m, ㉡ 10cm, ㉢ 6

해설

ES 04314.1a 투명도
- 투명도를 측정하기 위하여 지름 30cm의 투명도판(백색원판)을 사용하여 호소나 하천에 보이지 않는 깊이로 넣은 다음 이것을 천천히 끌어 올리면서 보이기 시작한 깊이를 0.1m 단위로 읽어 투명도를 측정하는 방법이다.
- 투명도판(백색원판)은 지름이 30cm로 무게가 약 3kg이 되는 원판에 지름 5cm의 구멍 8개가 뚫려 있다.

59 용액 중 CN^- 농도를 2.6mg/L로 만들려고 하면 물 1,000L에 용해될 NaCN의 양(g)은?(단, 원자량 Na 23)

① 약 5　② 약 10
③ 약 15　④ 약 20

해설

NaCN의 양을 x라 하면

$$x = \frac{2.6\text{mg CN}}{\text{L}} \times \frac{49\text{g NaCN}}{26\text{g CN}} \times \frac{1\text{g}}{10^3\text{mg}} \times 1{,}000\text{L} = 4.9\text{g}$$

60 다음은 총대장균군(평판집락법) 측정에 관한 내용이다. (   )에 내용으로 옳은 것은?

> 굳힌 페트리접시의 배지 표면에 평판집락법 배지를 넣어 표면을 얇게 덮고 실온에서 정치하여 굳힌 후 배양한 다음 진한 전형적인 (   ) 집락을 계수한다.

① 황 색
② 적 색
③ 청 색
④ 녹 색

해설

ES 04701.3e 총대장균군-평판집락법

굳힌 페트리접시의 배지 표면에 다시 45℃로 유지된 평판집락법 배지를 3~5mL 넣어 표면을 얇게 덮고 실온에서 정치하여 굳힌 후 35±0.5℃에서 18~20시간 배양한 다음 진한 전형적인 적색 집락을 계수한다.

정답 57 ④ 58 ① 59 ① 60 ②

제4과목 | 수질환경관계법규

61 공공수역 중 환경부령으로 정하는 수로가 아닌 것은?

① 지하수로

② 상수관로

③ 농업용 수로

④ 운 하

해설

물환경보전법 시행규칙 제5조(공공수역)

'환경부령으로 정하는 수로'란 다음의 수로를 말한다.

- 지하수로
- 농업용 수로
- 하수도법에 따른 하수관로
- 운 하

62 법적으로 규정된 환경기술인의 관리사항이 아닌 것은?

① 폐수배출시설 및 수질오염방지시설의 관리에 관한 사항

② 폐수배출시설 및 수질오염방지시설의 개선에 관한 사항

③ 환경오염방지를 위하여 환경부장관이 지시하는 부하량 통계 관리에 관한 사항

④ 운영일지의 기록・보존에 관한 사항

해설

물환경보전법 시행규칙 제64조(환경기술인의 관리사항)

환경기술인이 관리하여야 할 사항은 다음과 같다.

- 폐수배출시설 및 수질오염방지시설의 관리에 관한 사항
- 폐수배출시설 및 수질오염방지시설의 개선에 관한 사항
- 폐수배출시설 및 수질오염방지시설의 운영에 관한 기록부의 기록・보존에 관한 사항
- 운영일지의 기록・보존에 관한 사항
- 수질오염물질의 측정에 관한 사항
- 그 밖에 환경오염방지를 위하여 시・도지사가 지시하는 사항

63 환경기준에서 수은의 하천수질기준으로 적절한 것은?(단, 구분 : 사람의 건강보호)

① 0.01mg/L 이하

② 0.02mg/L 이하

③ 0.03mg/L 이하

④ 검출되어서는 안 됨

해설

환경정책기본법 시행령 [별표 1] 환경기준

수질 및 수생태계-하천-사람의 건강보호 기준

항 목	기준값(mg/L)
수은(Hg)	검출되어서는 안 됨 (검출한계 0.001)

64 물환경보전법상 100만원 이하의 벌금에 해당되는 경우는?

① 배출시설 등의 운영상황에 관한 기록을 보존하지 아니한 자

② 환경기술인의 요청을 정당한 사유 없이 거부한 자

③ 환경기술인 등의 교육을 받게 하지 아니한 자

④ 배출시설 등의 운영상황에 관한 기록을 거짓으로 기록한 자

해설

물환경보전법 제80조(벌칙)

환경기술인의 업무를 방해하거나 환경기술인의 요청을 정당한 사유 없이 거부한 자는 100만원 이하의 벌금에 처한다.

①・④ 배출시설 등의 운영상황에 관한 기록을 보존하지 아니하거나 거짓으로 기록한 자에게는 300만원 이하의 과태료를 부과한다(물환경보전법 제82조(과태료)).

③ 환경기술인 등의 교육을 받게 하지 아니한 자에게는 100만원 이하의 과태료를 부과한다(물환경보전법 제82조(과태료)).

61 ② 62 ③ 63 ④ 64 ② 정답

65 물환경보전법률상 공공수역에 해당되지 않은 것은?

① 상수관로 ② 하 천

③ 호 소 ④ 항 만

해설

물환경보전법 제2조(정의)

'공공수역'이란 하천, 호소, 항만, 연안해역, 그 밖에 공공용으로 사용되는 수역과 이에 접속하여 공공용으로 사용되는 환경부령으로 정하는 수로를 말한다.

66 환경부장관이 폐수배출시설, 비점오염저감시설 및 공공폐수처리시설을 대상으로 조사하는 기후변화에 대한 시설의 취약성 조사주기는 얼마인가?

① 3년 ② 5년

③ 7년 ④ 10년

해설

물환경보전법 시행규칙 제28조의2(기후변화 취약성 조사)

환경부장관은 폐수배출시설, 비점오염저감시설 및 공공폐수처리시설을 대상으로 10년마다 기후변화에 대한 시설의 취약성 등의 조사를 실시하여야 한다.

67 비점오염원의 변경신고 기준으로 ( )에 옳은 것은?

> 총사업면적·개발면적 또는 사업장 부지면적이 처음 신고면적의 ( ) 증가하는 경우

① 100분의 10 이상

② 100분의 15 이상

③ 100분의 25 이상

④ 100분의 30 이상

해설

물환경보전법 시행령 제73조(비점오염원의 변경신고)

총사업면적·개발면적 또는 사업장 부지면적이 처음 신고면적의 100분의 15 이상 증가하는 경우

68 다음은 조업정지처분에 갈음하여 부과할 수 있는 과징금에 관한 내용이다. ( ) 안에 들어갈 내용으로 옳은 것은?

> 환경부장관은 제조업의 배출시설(폐수무방류배출시설은 제외한다)을 설치·운영하는 사업자에 대하여 조업정지를 명하여야 하는 경우로서 그 조업정지가 주민의 생활, 대외적인 신용, 고용, 물가 등 국민경제 또는 그 밖의 공익에 현저한 지장을 줄 우려가 있다고 인정되는 경우에는 조업정지처분을 갈음하여 매출액에 ( )를(을) 곱한 금액을 초과하지 아니하는 범위에서 과징금을 부과할 수 있다.

① 100분의 3 ② 100분의 5

③ 100분의 7 ④ 100분의 10

해설

물환경보전법 제43조(과징금 처분)

환경부장관은 다음의 어느 하나에 해당하는 배출시설(폐수무방류배출시설은 제외한다)을 설치·운영하는 사업자에 대하여 조업정지를 명하여야 하는 경우로서 그 조업정지가 주민의 생활, 대외적인 신용, 고용, 물가 등 국민경제 또는 그 밖의 공익에 현저한 지장을 줄 우려가 있다고 인정되는 경우에는 조업정지처분을 갈음하여 매출액에 100분의 5를 곱한 금액을 초과하지 아니하는 범위에서 과징금을 부과할 수 있다.

- 의료법에 따른 의료기관의 배출시설
- 발전소의 발전설비
- 초·중등교육법 및 고등교육법에 따른 학교의 배출시설
- 제조업의 배출시설
- 그 밖에 대통령령으로 정하는 배출시설

69 기타수질오염원 대상에 해당되지 않는 것은?

① 골프장

② 수산물 양식시설

③ 농축수산물 수송시설

④ 운수장비정비 또는 폐차장 시설

해설

물환경보전법 시행규칙 [별표 1] 기타수질오염원

시설구분 : 수산물 양식시설, 골프장, 운수장비정비 또는 폐차장 시설, 농축수산물 단순가공시설, 사진 처리 또는 X-Ray 시설, 금은판매점의 세공시설이나 안경점, 복합물류터미널 시설, 거점소독시설

정답 65 ① 66 ④ 67 ② 68 ② 69 ③

70 사업장 규모에 따른 종별 구분이 잘못된 것은?

① 1일 폐수배출량 5,000m^3 – 제1종 사업장
② 1일 폐수배출량 1,500m^3 – 제2종 사업장
③ 1일 폐수배출량 800m^3 – 제3종 사업장
④ 1일 폐수배출량 150m^3 – 제4종 사업장

해설

물환경보전법 시행령 [별표 13] 사업장의 규모별 구분

종 류	배출규모
제1종 사업장	1일 폐수배출량이 2,000m^3 이상인 사업장
제2종 사업장	1일 폐수배출량이 700m^3 이상 2,000m^3 미만인 사업장
제3종 사업장	1일 폐수배출량이 200m^3 이상 700m^3 미만인 사업장
제4종 사업장	1일 폐수배출량이 50m^3 이상 200m^3 미만인 사업장

71 물환경보전법의 목적으로 가장 거리가 먼 것은?

① 수질오염으로 인한 국민건강 및 환경상의 위해 예방
② 하천·호소 등 공공수역의 물환경을 적정하게 관리·보전
③ 국민이 그 혜택을 널리 누릴 수 있도록 함
④ 수질환경을 적정하게 관리하여 양질의 상수원수를 보전

해설

물환경보전법 제1조(목적)

이 법은 수질오염으로 인한 국민건강 및 환경상의 위해(危害)를 예방하고 하천·호소(湖沼) 등 공공수역의 물환경을 적정하게 관리·보전함으로써 국민이 그 혜택을 널리 누릴 수 있도록 함과 동시에 미래의 세대에게 물려줄 수 있도록 함을 목적으로 한다.

72 환경부장관이 폐수처리업자의 허가를 취소할 수 있는 경우와 가장 거리가 먼 것은?

① 파산선고를 받고 복권되지 아니한 자
② 거짓이나 그 밖의 부정한 방법으로 허가를 받은 경우
③ 허가를 받은 후 1년 이내에 영업을 시작하지 아니하거나 계속하여 1년 이상 영업실적이 없는 경우
④ 대기환경보전법을 위반하여 징역의 실형을 선고받고 그 형의 집행이 끝나거나 집행을 받지 아니하기로 확정된 후 2년이 지나지 아니한 사람

해설

물환경보전법 제64조(허가의 취소 등)

환경부장관은 폐수처리업자가 다음의 어느 하나에 해당하는 경우에는 그 허가를 취소하여야 한다.

㉠ 제63조의 어느 하나에 해당하는 경우. 다만, 법인의 임원 중 제63조의 ㉤에 해당하는 사람이 있는 경우 6개월 이내에 그 임원을 바꾸어 임명한 경우는 제외한다.
㉡ 거짓이나 그 밖의 부정한 방법으로 허가 또는 변경허가를 받은 경우
㉢ 허가를 받은 후 2년 이내에 영업을 시작하지 아니하거나 계속하여 2년 이상 영업실적이 없는 경우
㉣ 해양환경관리법에 따른 배출해역 지정기간이 끝나거나 폐기물해양배출업의 등록이 취소되어 기술능력·시설 및 장비 기준을 유지할 수 없는 경우

물환경보전법 제63조(결격사유)

다음의 어느 하나에 해당하는 자는 폐수처리업의 허가를 받을 수 없다.

㉠ 피성년후견인 또는 피한정후견인
㉡ 파산선고를 받고 복권되지 아니한 자
㉢ 제64조에 따라 폐수처리업의 허가가 취소(제63조의 ㉠·㉡ 또는 제64조의 ㉢에 해당하여 허가가 취소된 경우는 제외한다)된 후 2년이 지나지 아니한 자
㉣ 이 법 또는 대기환경보전법, 소음·진동관리법을 위반하여 징역의 실형을 선고받고 그 형의 집행이 끝나거나 집행을 받지 아니하기로 확정된 후 2년이 지나지 아니한 사람
㉤ 임원 중에 ㉠부터 ㉣까지의 어느 하나에 해당하는 사람이 있는 법인

70 ③ 71 ④ 72 ③ 정답

73 사업장별 환경기술인의 자격기준에 해당하지 않은 것은?

① 방지시설 설치면제 대상인 사업장과 배출시설에서 배출되는 수질오염물질 등을 공동방지시설에서 처리하게 하는 사업장은 제4종 사업장 · 제5종 사업장에 해당하는 환경기술인을 둘 수 있다.
② 연간 90일 미만 조업하는 제1종부터 제3종까지의 사업장은 제4종 사업장 · 제5종 사업장에 해당하는 환경기술인을 선임할 수 있다.
③ 대기환경기술인으로 임명된 자가 수질환경기술인의 자격을 함께 갖춘 경우에는 수질환경기술인을 겸임할 수 있다.
④ 공동방지시설의 경우에는 폐수배출량이 제1종 또는 제2종 사업장의 규모에 해당하면 제3종 사업장에 해당하는 환경기술인을 두어야 한다.

해설

물환경보전법 시행령 [별표 17] 사업장별 환경기술인의 자격기준
공동방지시설의 경우에는 폐수배출량이 제4종 또는 제5종 사업장의 규모에 해당하면 제3종 사업장에 해당하는 환경기술인을 두어야 한다.

74 위임업무 보고사항 중 골프장 맹 · 고독성 농약 사용 여부 확인 결과에 대한 보고횟수 기준으로 옳은 것은?

① 수 시 ② 연 4회
③ 연 2회 ④ 연 1회

해설

물환경보전법 시행규칙 [별표 23] 위임업무 보고사항

업무내용	보고횟수
골프장 맹 · 고독성 농약 사용 여부 확인 결과	연 2회

75 시장, 군수, 구청장이 낚시금지구역 또는 낚시제한구역을 지정하려는 경우 고려하여야 할 사항이 아닌 것은?

① 서식 어류의 종류 및 양 등 수중생태계의 현황
② 낚시터 발생 쓰레기의 환경영향평가
③ 연도별 낚시 인구의 현황
④ 수질오염도

해설

물환경보전법 시행령 제27조(낚시금지구역 또는 낚시제한구역의 지정 등)
시장 · 군수 · 구청장(자치구의 구청장을 말한다)은 낚시금지구역 또는 낚시제한구역을 지정하려는 경우에는 다음의 사항을 고려하여야 한다.
- 용수의 목적
- 오염원 현황
- 수질오염도
- 낚시터 인근에서의 쓰레기 발생 현황 및 처리 여건
- 연도별 낚시 인구의 현황
- 서식 어류의 종류 및 양 등 수중생태계의 현황

76 환경정책기본법 시행령에서 명시된 환경기준 중 수질 및 수생태계(해역)의 생활환경 기준 항목이 아닌 것은?

① 총질소 ② 총대장균군
③ 수소이온농도 ④ 용매 추출유분

해설

환경정책기본법 시행령 [별표 1] 환경기준
수질 및 수생태계-해역-생활환경

항 목	수소이온농도 (pH)	총대장균군 (총대장균군수/100mL)	용매 추출유분 (mg/L)
기 준	6.5~8.5	1,000 이하	0.01 이하

정답 73 ④ 74 ③ 75 ② 76 ①

77 **유역환경청장은 대권역별 대권역 물환경관리계획을 몇 년마다 수립하여야 하는가?**

① 3년　　② 5년
③ 7년　　④ 10년

해설

물환경보전법 제24조(대권역 물환경관리계획의 수립)
유역환경청장은 국가 물환경관리기본계획에 따라 대권역별로 대권역 물환경관리계획을 10년마다 수립하여야 한다.

78 **오염총량관리 조사・연구반이 속한 기관은?**

① 시・도보건환경연구원
② 유역환경청 또는 지방환경청
③ 국립환경과학원
④ 한국환경공단

해설

물환경보전법 시행규칙 제20조(오염총량관리 조사・연구반)
오염총량관리 조사・연구반은 국립환경과학원에 둔다.

79 **배출부과금을 부과할 때 고려하여야 하는 사항에 해당되지 않는 것은?**

① 배출시설 규모
② 배출허용기준 초과 여부
③ 수질오염물질의 배출기간
④ 배출되는 수질오염물질의 종류

해설

물환경보전법 제41조(배출부과금)
배출부과금을 부과할 때에는 다음의 사항을 고려하여야 한다.
- 배출허용기준 초과 여부
- 배출되는 수질오염물질의 종류
- 수질오염물질의 배출기간
- 수질오염물질의 배출량
- 자가측정 여부
- 그 밖에 수질환경의 오염 또는 개선과 관련되는 사항으로서 환경부령으로 정하는 사항

80 **유류・유독물・농약 또는 특정수질유해물질을 운송 또는 보관 중인 자가 해당 물질로 인하여 수질을 오염시킨 경우 지체 없이 신고해야 할 기관이 아닌 곳은?**

① 시 청　　② 구 청
③ 환경부　　④ 지방환경관서

해설

물환경보전법 제16조(수질오염사고의 신고)
유류, 유독물, 농약 또는 특정수질유해물질을 운송 또는 보관 중인 자가 해당 물질로 인하여 수질을 오염시킨 때에는 지체 없이 지방환경관서, 시・도 또는 시・군・구(자치구를 말한다) 등 관계 행정기관에 신고하여야 한다.

77 ④ 78 ③ 79 ① 80 ③ 정답

2023년 제1회 최근 기출복원문제

제1과목 | 수질오염개론

01 물의 동점성계수를 가장 알맞게 나타낸 것은?

① 전단력 τ와 점성계수 μ를 곱한 값이다.
② 전단력 τ와 밀도 ρ를 곱한 값이다.
③ 점성계수 μ를 전단력 τ로 나눈 값이다.
④ 점성계수 μ를 밀도 ρ로 나눈 값이다.

해설
동점성계수는 점성계수(μ)를 밀도(ρ)로 나눈 값이다.

02 수중의 질소순환과정의 질산화 및 탈질의 순서를 옳게 표시한 것은?

① $NH_3 \rightarrow NO_2 \rightarrow NO_3 \rightarrow N_2$
② $NO_3 \rightarrow NH_3 \rightarrow NO_2 \rightarrow N_2$
③ $NO_3 \rightarrow N_2 \rightarrow NH_3 \rightarrow NO_2$
④ $N_2 \rightarrow NH_3 \rightarrow NO_3 \rightarrow NO_2$

해설
- 질산화 반응식
  $NH_3 \rightarrow NO_2^- \rightarrow NO_3^-$
- 탈질화 반응식
  $NO_3^- \rightarrow N_2$

03 일반적으로 물속의 용존산소(DO) 농도가 증가하게 되는 경우는?

① 수온이 낮고 기압이 높을 때
② 수온이 낮고 기압이 낮을 때
③ 수온이 높고 기압이 높을 때
④ 수온이 높고 기압이 낮을 때

해설
용존산소량
- 수온이 낮을수록 용존산소량이 증가한다.
- 기압이 높을수록 용존산소량이 증가한다.
- 유속이 빠를수록 용존산소량이 증가한다.
- 염분이 낮을수록 용존산소량이 증가한다.

04 물의 밀도에 대한 설명으로 가장 거리가 먼 것은?

① 물의 밀도는 3.98℃에서 최댓값을 나타낸다.
② 해수의 밀도가 담수의 밀도보다 큰 값을 나타낸다.
③ 물의 밀도는 3.98℃보다 온도가 상승하거나 하강하면 감소한다.
④ 물의 밀도는 비중량을 부피로 나눈 값이다.

해설
밀도는 질량을 부피로 나눈 값이다.

정답 1 ④ 2 ① 3 ① 4 ④

05 2차 처리 유출수에 포함된 10mg/L의 유기물을 분말활성탄 흡착법으로 3차 처리하여 유출수가 1mg/L가 되게 만들고자 한다. 이때 폐수 1L당 필요한 활성탄의 양(mg)은?(단, 흡착식은 Freundlich 등온식을 적용, $K=0.5$, $n=2$)

① 9　② 12
③ 16　④ 18

해설

Freundlich 등온 흡착식

$\frac{X}{M}=KC_o^{\frac{1}{n}}$

여기서, X : 흡착된 오염물질량(C_i-C_o)
M : 흡착제 무게
C_o : 처리 후 오염물질량
K, n : 경험적인 상수

$\therefore\ \frac{(10-1)}{M}=0.5\times 1^{\frac{1}{2}}$, $\therefore\ M=$18mg/L

06 성층현상이 있는 호수에서 수온의 큰 도약을 가지는 층은?

① Hypolimnion
② Thermocline
③ Sedimentation
④ Epilimnion

해설

성층현상 시 표층(순환대, Epilimnion), 수온약층(변천대, Thermocline), 심수층(정체대, Hypolimnion)으로 구분하며 수온의 변화가 큰 층은 수온약층이다.

07 포도당($C_6H_{12}O_6$) 300mg이 탄산가스와 물로 완전 산화하는 데 소요되는 이론적 산소요구량(mg)은?

① 240　② 280
③ 320　④ 360

해설

반응식을 세우면 다음과 같다.
$C_6H_{12}O_6 + 6O_2 \rightarrow 6CO_2 + 6H_2O$
$1\times 180 : 6\times 32 = 300 : x$
$\therefore\ x=$320mg

08 지하수의 특성을 설명한 것으로 가장 거리가 먼 것은?

① 탁도가 높다.
② 자정작용이 느리다.
③ 수온의 변동이 적다.
④ 국지적인 환경조건의 영향을 크게 받는다.

해설

지하수의 특성
- 탁도가 낮다.
- 유기물의 함량이 적고 경도가 높다.
- 연중 수온이 거의 일정하다.
- 광화학 반응이 일어나지 않아 세균에 의한 유기물의 분해가 주된 자정작용이다.
- 유속과 자정속도가 지표수에 비해 느리다.
- 지표수에 비해 용존염류가 많이 포함되어 있다.
- 지리적 환경조건의 영향을 크게 받는다.

5 ④ 6 ② 7 ③ 8 ① 정답

09 석회를 투입하여 물의 경도를 제거하고자 한다. 반응식이 다음과 같을 때 Ca^{2+} 20mg/L을 제거하기 위해 필요한 석회량(mg/L)은?(단, Ca의 원자량은 40이다)

$$Ca(HCO_3)_2 + Ca(OH)_2 \rightarrow 2CaCO_3\downarrow + 2H_2O$$

① 18 ② 28
③ 37 ④ 45

해설
$Ca(HCO_3)_2 + Ca(OH)_2 \rightarrow 2CaCO_3 \downarrow + 2H_2O$
$40 : 74 = 20 : x$
$\therefore x = 37$mg

10 96TLm은 NH_3 = 2.5mg/L, Cu^{2+} = 1.5mg/L, CN^- = 0.2mg/L이고, 실제 시험수의 농도가 Cu^{2+} = 0.6mg/L, CN^- = 0.01mg/L, NH_3 = 0.4mg/L이였다면, Toxic Unit은?

① 0.25 ② 0.61
③ 1.23 ④ 1.52

해설
$$\text{Toxic Unit} = \frac{\text{독성물질 농도}}{\text{Incipient TLm}} = \frac{\text{독성물질 농도}}{\text{96hr(48hr) TLm}}$$
Cu^{2+}의 Toxic Unit = (0.6 / 1.5) = 0.4
CN^-의 Toxic Unit = (0.01 / 0.2) = 0.05
NH_3의 Toxic Unit = (0.4 / 2.5) = 0.16
∴ Toxic Unit의 합 = 0.4 + 0.05 + 0.16 = 0.61

11 반응조에 주입된 물감의 10%, 90%가 유출되기까지의 시간을 각각 t_{10}, t_{90}이라 할 때 Morrill 지수는 t_{90}/t_{10}으로 나타낸다. 이상적인 Plug Flow인 경우의 Morrill 지수의 값은?

① 1보다 작다.
② 1보다 크다.
③ 1이다.
④ 0이다.

해설
Morrill 지수가 1에 가까울수록 플러그 흐름 상태이다.

혼합 정도	완전혼합 흐름상태	플러그 흐름상태
분 산	1일 때	0일 때
분산수	∞	0
Morrill 지수	클수록	1에 가까울수록

12 수분함량 97%의 슬러지 14.7m^3를 수분함량 85%로 농축하면 농축 후 슬러지 용적(m^3)은?(단, 슬러지 비중 = 1.0)

① 1.92 ② 2.94
③ 3.21 ④ 4.43

해설
슬러지 부피의 함수율 공식을 사용한다.
$V_o(100-P_o) = V_1(100-P_1)$
여기서, V_o : 수분 P_o%일 때 슬러지 부피
V_1 : 수분 P_1%일 때 슬러지 부피
$14.7(100-97) = V_1(100-85)$
$\therefore V_1 = 14.7\text{m}^3 \times \frac{100-97}{100-85} = 2.94\text{m}^3$

정답 9 ③ 10 ② 11 ③ 12 ②

13 Streeter-Phelps 모델에 관한 내용으로 옳지 않은 것은?

① 최초의 하천 수질 모델링이다.
② 유속, 수심, 조도계수에 의한 확산계수를 결정한다.
③ 점오염원으로부터 오염부하량을 고려한다.
④ 유기물의 분해에 따라 용존산소 소비와 재폭기를 고려한다.

해설

② 유속, 수심, 조도계수에 의한 확산계수를 결정하는 것은 QUAL-Ⅰ, Ⅱ Model이다.

Streeter-Phelps Model
- 최초의 하천 수질 모델링이다.
- 점오염원으로부터 오염부하량을 고려한다.
- 유기물의 분해에 따른 DO 소비와 재폭기만을 고려한다.
- Streeter-Phelps Model 가정조건
  - 물의 흐름 방향만을 고려한 1차원으로 가정한다.
  - 하천을 1차 반응에 따르는 플러그 흐름 반응기로 가정한다.
  - $dC/dt = 0$, 즉 정상상태로 가정한다.
  - 유속에 의한 오염물질의 이동이 크기 때문에 확산에 의한 영향은 무시한다.
  - 오염원은 점배출원으로 가정한다.
  - 하천에 유입된 오염물은 하천의 단면 전체에 분산된다고 가정한다.
  - 하천의 축방향으로의 확산은 일어나지 않는다고 가정한다.
  - 방출지점에서 방출과 동시에 완전히 혼합된다고 가정한다.

14 화학반응에서 의미하는 산화에 대한 설명이 아닌 것은?

① 산소와 화합하는 현상이다.
② 원자가가 증가되는 현상이다.
③ 전자를 받아들이는 현상이다.
④ 수소화합물에서 수소를 잃는 현상이다.

해설

산화와 환원
- 산화 : 산소를 얻거나 수소 및 전자를 잃는 현상
- 환원 : 산소를 잃거나 수소 및 전자를 얻는 현상

15 탄소동화작용을 하지 않는 다세포 식물로서 유기물을 섭취하여 수중에 질소나 용존산소가 부족한 경우에도 잘 성장하는 미생물은?

① Bacteria　② Algae
③ Fungi　④ Protozoa

해설

Fungi는 탄소동화작용을 하지 않으며 수중에 질소나 용존산소가 부족한 경우에도 잘 성장한다.

16 해수의 화학적 성질에 관한 설명으로 가장 거리가 먼 것은?

① 해수의 pH는 8.2로서 약알칼리성을 가진다.
② 해수의 주요 성분 농도비는 지역에 따라 다르며 염분은 적도 해역에서 가장 낮다.
③ 해수의 밀도는 수온, 염분, 수압의 함수이며 수심이 깊을수록 증가한다.
④ 해수 내 주요 성분 중 염소이온은 19,000mg/L 정도로 가장 높은 농도를 나타낸다.

해설

해수의 특성
- pH는 약 8.2로 약알칼리성이다.
- 해수의 Mg/Ca비는 3~4 정도로 담수 0.1~0.3에 비해 크다.
- 해수의 염도는 약 35,000ppm 정도이며, 심해로 갈수록 커진다.
- 염분은 적도 해역에서 높고, 극지방 해역에서는 다소 낮다.
- 해수의 밀도는 약 1.02~1.07g/cm^3 정도이며, 수심이 깊어질수록 증가한다.
- 해수의 주요 성분 농도비는 일정하고, 대표적인 구성원소를 농도에 따라 나열하면 $Cl^- > Na^+ > SO_4^{2-} > Mg^{2+} > Ca^{2+} > K^+ > HCO_3^-$ 순이다.

13 ② 14 ③ 15 ③ 16 ② 정답

17 **분뇨의 퇴비화 과정에서 병원균을 사멸하기 위해 알맞은 온도는?**

① 25~30℃
② 35~40℃
③ 45~50℃
④ 55~60℃

해설
퇴비화 과정에서 병원균을 사멸시키기 위해서는 온도를 55~60℃로 유지하는 것이 좋다.

18 **적조의 발생에 관한 설명으로 옳지 않은 것은?**

① 정체해역에서 일어나기 쉬운 현상이다.
② 강우에 따라 오염된 하천수가 해수에 유입될 때 발생될 수 있다.
③ 수괴의 연직안정도가 크고 독립해 있을 때 발생한다.
④ 해역의 영양 부족 또는 염소농도 증가로 발생된다.

해설
적조의 발생 원인
- 강한 일사량, 높은 수온, 낮은 염분일 때 발생한다.
- N, P 등의 영양염류가 풍부한 부영양화 상태에서 잘 일어난다.
- 미네랄 성분인 비타민, Ca, Fe, Mg 등이 많을 때 발생한다.
- 정체수역 및 용승류(Upwelling)가 존재할 때 많이 발생한다.

19 **폐수의 분석결과 COD가 400mg/L이었고 BOD_5가 250mg/L이었다면 NBDCOD(mg/L)는?(단, 탈산소계수 K_1(밑이 10) = 0.2day^{-1}이다)**

① 68　　② 122
③ 189　　④ 222

해설
BOD 소모공식을 이용한다.
$BOD_t = BOD_u(1-10^{-K_1 t})$
$250 = BOD_u(1-10^{-1})$, $BOD_u \fallingdotseq 277.8mg/L$
COD = BDCOD + NBDCOD, BDCOD = BOD_u 이므로
400 = 277.8 + NBDCOD
∴ NBDCOD ≒ 122.2mg/L

20 **수화현상(Water Bloom)이란 정체수역에서 식물플랑크톤이 대량 번식하여 수표면에 막층 또는 플록(Floc)을 형성하는 현상을 말하는데, 이의 발생원이 아닌 것은?**

① 유기물 및 질소, 인 등 영양염류의 다량 유입
② 여름철의 높은 수온
③ 긴 체류시간
④ 수층의 순환

해설
수화현상은 수층의 성층화가 원인 중 하나이다.

정답 17 ④ 18 ④ 19 ② 20 ④

제2과목 | 수질오염방지기술

21 **침전지의 수면적 부하와 관련이 없는 것은?**

① 유 량　② 표면적
③ 속 도　④ 유입농도

해설
침전지의 수면적 부하는 유량, 표면적, 유속, 수심, 체류시간 등과 관련이 있다.

$V_o = \frac{Q}{A} = \frac{HV}{L} = \frac{H}{t}$

22 **3차 처리 프로세스 중 5단계-Bardenpho 프로세스에 대한 설명으로 가장 거리가 먼 것은?**

① 1차 포기조에서는 질산화가 일어난다.
② 혐기조에서는 용해성 인의 과잉흡수가 일어난다.
③ 인의 제거는 인의 함량이 높은 잉여슬러지를 제거함으로 가능하다.
④ 무산소조에서는 탈질화 과정이 일어난다.

해설
혐기조에서는 인의 방출이 일어나며, 인의 과잉흡수가 일어나는 반응조는 1단계 호기조이다.

23 **Zeolite로 중금속을 제거하려고 한다. 반응탑 직경 2m, 폐수의 통과량 200m^3/h일 때 선속도(m^3/m^2 · h)는?**

① 약 150　② 약 120
③ 약 96　④ 약 64

해설
선속도 = 처리유량 / Zeolite층의 단면적

단면적 = $\frac{\pi D^2}{4} = \frac{\pi (2)^2}{4} \fallingdotseq 3.14\text{m}^2$

∴ 선속도 = (200m^3/h) / 3.14m^2 ≒ 63.69m^3/m^2 · h

24 **슬러지 처리의 목표가 아닌 것은?**

① 부피의 감소
② 중금속 제거
③ 안정화
④ 병원균 제거

해설
슬러지 처리의 목표 : 안정화, 안전화(병원균 제거), 감량화(부피의 감소)

25 **회전원판법(RBC)의 단점으로 거리가 먼 것은?**

① 일반적으로 회전체가 구조적으로 취약하다.
② 처리수의 투명도가 나쁘다.
③ 충격부하 및 부하변동에 약하다.
④ 외기기온에 민감하다.

해설
회전원판법의 특징
- 폐수량 및 BOD 부하변동에 강하다.
- 슬러지 발생량이 적다.
- 질산화 작용이 일어나기 쉽고 이로 인해 처리수의 BOD가 높아질 수 있으며, pH가 내려가는 경우도 있다.
- 활성슬러지법에서와 같이 팽화현상이 없으며, 이로 인한 2차 침전지에서의 일시적인 다량의 슬러지가 유출되는 현상이 없다.
- 미세한 SS가 유출되기 쉽고 처리수의 투명도가 나쁘다.
- 운전관리상 조작이 용이하고 유지관리비가 적게 든다.

21 ④ 22 ② 23 ④ 24 ② 25 ③ 정답

26 **활성슬러지법에 의한 폐수처리의 운전 및 유지관리상 가장 중요도가 낮은 사항은?**

① 포기조 내의 수온
② 포기조에 유입되는 폐수의 용존산소량
③ 포기조에 유입되는 폐수의 pH
④ 포기조에 유입되는 폐수의 BOD 부하량

해설

포기조 내의 DO를 2~3mg/L로 유지하는 것은 바람직하나, 유입되는 폐수의 용존산소량은 다른 요소들에 비해 중요도가 낮다.

27 **BOD 12,000ppm, 염소이온 농도 800ppm의 분뇨를 희석해서 활성오니법으로 처리하였다. 처리수가 BOD 60ppm, 염소이온 농도 50ppm으로 되었을 때 BOD 제거율은?(단, 염소이온은 활성오니법으로 처리할 때 제거되지 않는다고 가정)**

① 85%　　② 88%
③ 92%　　④ 95%

해설

염소이온은 제거되지 않으므로 희석배수를 구하면
희석배수 = 800 / 50 = 16
희석 후 BOD 농도 = 12,000 / 16 = 750ppm
BOD 제거율 = $\frac{750-60}{750} \times 100 = 92\%$

28 **가스 상태의 염소가 물에 들어가면 가수분해와 이온화반응이 일어나 살균력을 나타낸다. 이때 살균력이 가장 높은 pH 범위는?**

① 산성 영역　　② 알칼리성 영역
③ 중성 영역　　④ pH와 관계없다.

해설

pH가 낮아지면 HOCl이 증가하여 살균력이 높아진다.
살균력 : HOCl > OCl^- > Chloramine

29 **도금공정에서 발생되는 폐수의 6가크롬 처리에 가장 알맞은 방법은?**

① 오존산화법　　② 알칼리염소법
③ 환원처리법　　④ 활성슬러지법

해설

Cr^{6+}의 환원 수산화물 침전법

- 크롬(Cr^{6+})이 함유된 폐수에 pH 2~3이 되도록 H_2SO_4를 투입 후 환원제($NaHSO_3$)를 주입하여 Cr^{3+}으로 환원 후 수산화 침전시켜 제거하는 방법
- 순 서
  - 1단계 : Cr^{6+}(황색) → Cr^{3+}(청록색)
    pH 조절을 위해 H_2SO_4 투입(pH 2~3), 환원반응을 위한 환원제 투입($NaHSO_3$)
  - 2단계 : Cr^{3+}(청록색) → $Cr(OH)_3$
    침전반응, 환원반응에서 pH가 매우 낮아졌으므로 알칼리제 투입
- 크롬폐수 → 3가크롬으로 환원 → 중화 → 수산화물 침전 → 방류 순으로 공정이 이루어진다.

30 **정수처리시설 중 완속여과지에 관한 설명으로 가장 거리가 먼 것은?**

① 완속여과지의 여과속도는 15~25m/day를 표준으로 한다.
② 여과면적은 계획정수량을 여과속도로 나누어 구한다.
③ 완속여과지의 모래층의 두께는 70~90cm를 표준으로 한다.
④ 여과지의 모래면 위의 수심은 90~120cm를 표준으로 한다.

해설

완속여과지의 여과속도는 4~5m/day를 표준으로 한다.

정답 26 ② 27 ③ 28 ① 29 ③ 30 ①

31 식품공장 폐수를 생물학적 호기성 공정으로 처리하고자 한다. 수질을 분석한 결과, 질소분이 없어 요소($(NH_2)_2CO$)를 주입하고자 할 때 필요한 요소의 양(mg/L)은?(단, BOD = 5,000mg/L, TN = 0, BOD : N : P = 100 : 5 : 1 기준)

① 약 430 ② 약 540

③ 약 670 ④ 약 790

해설

BOD : N = 100 : 5이므로 필요한 N은 250mg/L

$(NH_2)_2CO : 2N = x : 250mg/L$

$60g : 28g = x : 250mg/L$

$\therefore x ≒ 535.71mg/L$

32 질산화 미생물에 대한 설명으로 옳은 것은?

① 혐기성이며 독립영양성 미생물

② 호기성이며 독립영양성 미생물

③ 혐기성이며 종속영양성 미생물

④ 호기성이며 종속영양성 미생물

해설

질산화 미생물은 호기성 미생물이며 탄소원으로 CO_2를 사용하기 때문에 독립영양성 미생물이다.

33 다음 조건에서 폐슬러지 배출량(m^3/day)은?

조건
- 포기조 용적 : 10,000m^3
- 포기조 MLSS 농도 : 3,000mg/L
- SRT : 3day
- 폐슬러지 함수율 : 99%
- 유출수 SS 농도는 무시

① 1,000 ② 1,500

③ 2,000 ④ 2,500

해설

$$SRT = \frac{VX}{X_r Q_w + (Q - Q_w)SS_e}$$

2차 침전지 유출수 중의 SS를 무시하면

$$SRT = \frac{VX}{X_r Q_w}$$

폐슬러지의 함수율이 99%이므로 $X_r = 1\% = 10,000mg/L$

$$3day = \frac{10,000m^3 \times 3,000mg/L}{10,000mg/L \times Q_w}$$

$\therefore Q_w = 1,000m^3/day$

34 유기인 함유 폐수에 관한 설명으로 틀린 것은?

① 폐수에 함유된 유기인 화합물은 파라티온, 말라티온 등의 농약이다.

② 유기인 화합물은 산성이나 중성에서 안정하다.

③ 물에 쉽게 용해되어 독성을 나타내기 때문에 전처리 과정을 거친 후 생물학적 처리법을 적용할 수 있다.

④ 가장 일반적이고 효과적인 방법으로는 생석회 등의 알칼리로 가수분해시키고 응집침전 또는 부상으로 전처리한 다음 활성탄 흡착으로 미량의 잔류물질을 제거시키는 것이다.

해설

유기인은 물에 극히 난용성이다.

31 ② 32 ② 33 ① 34 ③ 정답

35 폐수처리 과정인 침전 시 입자의 농도가 매우 높아 입자들끼리 구조물을 형성하는 침전형태는?

① 농축침전 ② 응집침전
③ 압밀침전 ④ 독립침전

해설

압밀침전(압축침전)

- 고농도의 침전된 입자군이 바닥에 쌓일 때 일어난다.
- 바닥에 쌓인 입자군의 무게에 의해 공극의 물이 빠져나가면서 농축되는 현상이다.
- 침전된 슬러지와 농축조의 슬러지 영역에서 나타난다.

36 유량이 2,500m^3/day인 폐수를 활성슬러지법으로 처리하고자 한다. 폭기조로 유입되는 SS 농도가 200mg/L이고, 포기조 내의 MLSS 농도가 2,000mg/L이며, 포기조 용적이 2,000m^{3}일 때 슬러지 일령(day)은?

① 3 ② 4
③ 6 ④ 8

해설

$$S_a = \frac{V \times MLSS}{Q_i \times SS_i} = \frac{2{,}000\text{m}^3 \times 2{,}000\text{mg/L}}{2{,}500\text{m}^3/\text{day} \times 200\text{mg/L}} = 8\text{day}$$

37 하수관의 부식과 가장 관계가 깊은 것은?

① NH_3 가스
② H_2S 가스
③ CO_2 가스
④ CH_4 가스

해설

H_2S는 물과 반응하여 황산을 생성하여 하수관을 부식시킨다.

38 염소의 살균력에 관한 내용으로 틀린 것은?

① pH가 낮을수록 살균능력이 크다.
② 온도가 낮을수록 살균능력이 크다.
③ HOCl은 OCl^-보다 살균력이 크다.
④ Chloramine은 OCl^-보다 살균력이 작다.

해설

온도가 높을수록 살균능력이 크다.

정답 35 ③ 36 ④ 37 ② 38 ②

39 유기성 폐하수의 고도처리 및 효율적인 처리법으로 사용되고 있는 미생물 자기조립법에 의한 처리방법이 아닌 것은?

① AUSB법　　② UASB법
③ SBR법　　④ USB법

해설
미생물 자기조립법 : AUSB, UASB, USB, MBR 등

40 BOD 1,000mg/L, 유량 1,000m^3/day인 폐수를 활성슬러지법으로 처리하는 경우, 포기조의 수심을 5m로 할 때 필요한 포기조의 표면적(m^2)은? (단, BOD 용적부하 0.4kg/m^3 · day)

① 400　　② 500
③ 600　　④ 700

해설

$$\text{BOD 용적부하} = \frac{BOD \times Q}{V}$$

$$\frac{0.4\text{kg}}{\text{m}^3 \cdot \text{day}} = \frac{1{,}000\text{mg}}{\text{L}} \times \frac{1{,}000\text{m}^3}{\text{day}} \times \frac{\text{kg}}{10^6\text{mg}} \times \frac{10^3\text{L}}{\text{m}^3} \times \frac{1}{V}$$

$V = 2{,}500\text{m}^3$

$$\therefore \text{표면적} = \frac{2{,}500\text{m}^3}{5\text{m}} = 500\text{m}^2$$

제3과목 | 수질오염공정시험기준

41 유기물 함량이 비교적 높지 않고 금속의 수산화물, 산화물, 인산염 및 황화물을 함유하고 있는 시료에 적용되며 휘발성 또는 난용성 염화물을 생성하는 금속물질의 분석에 주의하여야 하는 시료의 전처리 방법(산분해법)으로 가장 적절한 것은?

① 질산-염산법　　② 질산-황산법
③ 질산-과염소산법　　④ 질산-불화수소산법

해설
ES 04150.1b 시료의 전처리 방법
질산-염산법 : 유기물 함량이 비교적 높지 않고 금속의 수산화물, 산화물, 인산염 및 황화물을 함유하고 있는 시료에 적용되며 휘발성 또는 난용성 염화물을 생성하는 금속물질의 분석에는 주의한다.

42 물속의 냄새 측정 시 잔류염소 냄새는 측정에서 제외한다. 잔류염소 제거를 위해 첨가하는 시약은?

① 티오황산나트륨용액
② 과망간산칼륨용액
③ 아스코르빈산암모늄용액
④ 질산암모늄용액

해설
ES 04301.1b 냄새
잔류염소 냄새는 측정에서 제외한다. 따라서 잔류염소가 존재하면 티오황산나트륨 용액을 첨가하여 잔류염소를 제거한다.

39 ③　40 ②　41 ①　42 ① 정답

43 용액 중 OH^- 농도를 1.7mg/L로 만들려고 하면 물 1,000L에 용해될 NaOH의 양(g)은?(단, Na 원자량 : 23)

① 4 ② 8
③ 12 ④ 16

해설
OH^- 1.7mg/L는 0.1×10^{-3}M이므로 NaOH도 0.1×10^{-3}M로 만들면 된다.
NaOH의 분자량 40g이며, 0.1×10^{-3}M로 만들려면 1L당 4mg이 필요하다.
따라서 물 1,000L에 용해될 양은
$4 \times 1,000 = 4,000mg = 4g$

44 수은(냉증기-원자흡수분광광도법) 측정 시 물속에 있는 수은을 금속수은으로 산화시키기 위해 주입하는 것은?

① 이염화주석
② 아연분말
③ 염산하이드록실아민
④ 시안화칼륨

해설
ES 04408.1c 수은-냉증기-원자흡수분광광도법
물속에 존재하는 수은을 측정하는 방법으로, 시료에 이염화주석($SnCl_2$)을 넣어 금속수은으로 산화시킨 후, 이 용액에 통기하여 발생하는 수은증기를 원자흡수분광광도법으로 253.7nm의 파장에서 측정하여 정량하는 방법이다.

45 공장 폐수의 BOD를 측정하기 위해 검수 30mL를 취한 다음 물 270mL를 BOD병에 취하였다. 20℃에서 5일간 방치한 후 다음과 같은 결과를 얻었다면 이 공장 폐수의 BOD(mg/L)는?(단, 초기 용존산소량=8.0mg/L, 5일 후의 용존산소량=4.0mg/L)

① 40 ② 36
③ 24 ④ 12

해설
ES 04305.1c 생물화학적 산소요구량
식종하지 않은 시료의 BOD 계산식은 다음과 같다.
$BOD(mg/L) = (D_1 - D_2) \times P$
여기서, D_1 : 15분간 방치된 후의 희석한 시료의 DO(mg/L)
D_2 : 5일간 배양한 다음의 희석한 시료의 DO(mg/L)
P : 희석시료 중 시료의 희석배수(희석시료량/시료량)

$$\therefore BOD(mg/L) = (D_1 - D_2) \times P = (8-4) \times (300/30) = 40mg/L$$

46 다음은 아연의 자외선/가시선 분광법에 관한 설명이다. 빈칸에 들어갈 알맞은 것은?

> 아연이온이 (   )에서 진콘과 반응하여 생성하는 청색 킬레이트 화합물의 흡광도를 측정하는 방법이다.

① pH 약 2 ② pH 약 4
③ pH 약 9 ④ pH 약 12

해설
ES 04409.2b 아연-자외선/가시선 분광법
물속에 존재하는 아연을 측정하기 위하여 아연이온이 pH 약 9에서 진콘(2-카르복시-2′-하이드록시(hydroxy)-5′술포포마질-벤젠·나트륨염)과 반응하여 생성하는 청색 킬레이트 화합물의 흡광도를 620nm에서 측정하는 방법이다.

정답 43 ① 44 ① 45 ① 46 ③

47 **용존산소-적정법으로 DO를 측정할 때 지시약 투입 후 적정 종말점 색은?**

① 청 색 ② 무 색
③ 황 색 ④ 홍 색

해설

ES 04308.1e 용존산소-적정법
BOD병의 용액 200mL를 정확히 취하여 황색이 될 때까지 티오황산나트륨 용액(0.025M)으로 적정한 다음, 전분용액 1mL를 넣어 용액을 청색으로 만든다. 이후 다시 티오황산나트륨용액(0.025M)으로 용액이 청색에서 무색이 될 때까지 적정한다.

48 **이온전극법과 관련된 설명으로 틀린 것은?**

① 시료 중 분석대상 이온의 농도에 감응하는 비교전극과 이온전극 간에 나타나는 전위차를 이용하는 방법이다.
② 목적이온의 농도를 정량하는 방법으로 시료 중 양이온과 음이온의 분석에 이용된다.
③ 비교전극은 분석대상 이온에 대해 고도의 선택성이 있고, 이온농도에 비례하여 전위를 발생할 수 있는 전극이다.
④ 저항 전위계 또는 이온측정기는 mV까지 읽을 수 있는 고압력 저항 측정기여야 한다.

해설

ES 04350.2b 음이온류-이온전극법
• 비교전극 : 이온전극과 조합하여 이온 농도에 대응하는 전위차를 나타낼 수 있는 것으로서 표준전위가 안정된 전극이 필요하다. 일반적으로 내부전극으로 염화제일수은 전극(칼로멜 전극) 또는 은-염화은 전극이 많이 사용된다.
• 이온전극 : 이온전극은 이온에 대한 고도의 선택성이 있고, 이온농도에 비례하여 전위를 발생할 수 있는 전극을 말한다.

49 **다음 중 분석에 요구되는 시료의 최대 보존기간이 다른 것은?**

① 염소이온 ② 부유물질
③ 총 인 ④ 총유기탄소

해설

ES 04130.1e 시료의 채취 및 보존방법
시료의 최대 보존기간
• 염소이온 : 28일
• 부유물질 : 7일
• 총인 : 28일
• 총유기탄소 : 28일

50 **익류(Over Flow)폭이 5m인 유분리기(Oil Separator)로부터 폐수가 넘쳐흐르고 있다. 넘쳐흐르는 부분의 수두를 측정하니 10cm로 하루 종일 변동이 없었다. 배출하는 하루 유량은?(단, $Q[\mathrm{m^3/s}] = 1.7bh^{3/2}$)**

① $1.21 \times 10^4 \mathrm{m^3/day}$
② $2.32 \times 10^4 \mathrm{m^3/day}$
③ $3.43 \times 10^4 \mathrm{m^3/day}$
④ $4.54 \times 10^4 \mathrm{m^3/day}$

해설

$Q = 1.7bh^{3/2}$

$Q = 1.7 \times 5 \times 0.1^{3/2} \fallingdotseq 0.2688\mathrm{m^3/s}$

$\therefore \dfrac{0.2688\mathrm{m^3}}{\mathrm{s}} \times \dfrac{24\mathrm{hr}}{\mathrm{day}} \times \dfrac{3{,}600\mathrm{s}}{\mathrm{hr}} \fallingdotseq 2.32 \times 10^4 \mathrm{m^3/day}$

47 ② 48 ③ 49 ② 50 ② 정답

51 다음 중 밀봉용기에 대한 설명으로 옳은 것은?

① 취급 또는 저장하는 동안에 기체 또는 미생물이 침입하지 아니하도록 내용물을 보호하는 용기를 말한다.

② 취급 또는 저장하는 동안에 이물질이 들어가거나 또는 내용물이 손실되지 아니하도록 보호하는 용기를 말한다.

③ 광선이 투과하지 않는 용기 또는 투과하지 않게 포장한 용기이며 취급 또는 저장하는 동안에 내용물이 광화학적 변화를 일으키지 아니하도록 방지할 수 있는 용기를 말한다.

④ 취급 또는 저장하는 동안에 밖으로부터의 공기 또는 다른 가스가 침입하지 아니하도록 내용물을 보호하는 용기를 말한다.

해설

② 밀폐용기, ③ 차광용기 ④ 기밀용기의 정의이다.
※ ES 04000.d 총칙

52 자외선/가시선 분광법으로 측정하지 않는 항목은?

① 유기인

② 페놀류

③ 암모니아성 질소

④ 시 안

해설

ES 04503.1c 유기인-용매추출/기체크로마토그래피
유기인은 용매추출, 기체크로마토그래피법으로 측정한다.

53 생물화학적 산소요구량(BOD) 분석방법에 대한 설명으로 틀린 것은?

① 시료의 예상 BOD값으로부터 단계적으로 희석배율을 정하여 3~5종의 희석시료를 조제한다.

② 공장폐수나 혐기성 발효의 상태에 있는 시료는 호기성 산화에 필요한 미생물을 식종하여야 한다.

③ 탄소BOD를 측정해야 할 경우에는 질산화 억제 시약을 첨가한다.

④ 5일 저장기간 동안 산소의 소비량이 20~40% 범위 안의 희석시료를 선택하여 BOD를 계산한다.

해설

ES 04305.1c 생물화학적 산소요구량
5일 저장기간 동안 산소의 소비량이 40~70% 범위 안의 희석시료를 선택하여 BOD를 계산한다.

54 웨어는 관내의 압력이 필요하지 않은 측정용 수로의 유량 측정장치이다. 폐수처리 공정에서 웨어가 적용되지 않는 것은?

① 공장폐수원수

② 1차 처리수

③ 2차 처리수

④ 공정수

해설

ES 04140.2b 공장폐수 및 하수유량-측정용 수로 및 기타 유량측정방법
폐수처리 공정에서 유량측정장치의 적용
- 웨어 : 1차 처리수, 2차 처리수, 공정수
- 플륨 : 공장폐수원수, 1차 처리수, 2차 처리수, 공정수

정답 51 ① 52 ① 53 ④ 54 ①

55 식물성 플랑크톤을 현미경계수법으로 분석하고자 할 때 분석절차에 관한 설명으로 잘못된 것은?

① 시료의 개체수는 계수 면적당 10~40 정도가 되도록 희석 또는 농축한다.

② 시료가 육안으로 녹색이나 갈색으로 보이면 정제수로 적절한 농도로 희석한다.

③ 시료 농축방법인 원심분리방법은 일정량의 시료를 원심침전관에 넣고 100~150g로 20분 정도 원심분리하여 일정 배율로 농축한다.

④ 시료 농축방법인 자연침전법은 일정 시료에 포르말린 용액을 1% 또는 루골용액을 1~2% 가하여 플랑크톤을 고정해 실린더 용기에 넣고 일정 시간 정치 후(0.5h/mm) 싸이폰을 사용하여 상층액을 따라 내어 일정량으로 농축한다.

해설

ES 04705.1c 식물성플랑크톤-현미경계수법

원심분리방법

- 일정량 시료를 원심침전관에 넣고 1,000×g으로 20분 정도 원심분리하여 일정 배율로 농축한다.
- 미세조류는 1,500×g에서 30분 정도 원심분리를 행한다. 침강성이 좋지 않은 남조류가 많은 시료는 루골용액으로 고정한 후 농축하거나 일정량을 플랑크톤 넷트 또는 핸드 넷트로 걸러 일정 배율로 농축한다.

56 알칼리성과망간산칼륨에 의한 화학적 산소요구량(COD) 측정법에서 반응 후 적정에 사용하는 시약과 종말점에서 변하는 색은?

① $Na_2S_2O_3$, 무색

② $KMnO_4$, 엷은 홍색

③ Ag_2SO_4, 엷은 홍색

④ $Na_2C_2O_4$, 적색

해설

ES 04315.2b 화학적 산소요구량-적정법-알칼리성과망간산칼륨법

티오황산나트륨용액(0.025M)으로 무색이 될 때까지 적정한다.

57 공장폐수 및 하수유량(측정용 수로 및 기타 유량측정방법) 측정을 위한 파샬수로의 최대유속 및 최소유속의 범위로 알맞은 것은?

① 10 : 1~30 : 1

② 10 : 1~40 : 1

③ 10 : 1~55 : 1

④ 10 : 1~75 : 1

해설

ES 04140.2b 공장폐수 및 하수유량-측정용 수로 및 기타 유량측정방법

- 웨어는 최대유속과 최소유속의 비가 500 : 1에 해당한다.
- 파샬수로는 최대유속과 최소유속의 비가 10 : 1~75 : 1에 해당하며, 이 수치는 파샬수로의 종류에 따라 변한다.

58 원자흡수분광광도계에 사용되는 가장 일반적인 불꽃 조성 가스는?

① 산소 - 공기

② 아세틸렌 - 공기

③ 프로판 - 산화질소

④ 아세틸렌 - 아산화질소

해설

ES 04400.1d 금속류-불꽃 원자흡수분광광도법

불꽃생성을 위해 아세틸렌(C_2H_2) 공기가 일반적인 원소분석에 사용되며, 아세틸렌-아산화질소(N_2O)는 바륨 등 산화물을 생성하는 원소의 분석에 사용된다.

55 ③ 56 ① 57 ④ 58 ② 정답

59 **시험에 적용되는 용어의 정의로 틀린 것은?**

① 기밀용기 – 취급 또는 저장하는 동안에 밖으로부터의 공기 또는 다른 가스가 침입하지 아니하도록 내용물을 보호하는 용기를 말한다.

② 정밀히 단다 – 규정된 양의 시료를 취하여 화학저울 또는 미량저울로 칭량함을 말한다.

③ 정확히 취하여 – 규정한 양의 액체를 부피피펫으로 눈금까지 취하는 것을 말한다.

④ 감압 – 따로 규정이 없는 한 15mmH_2O 이하를 뜻한다.

해설

ES 04000.d 총칙

"감압 또는 진공"이라 함은 따로 규정이 없는 한 15mmHg 이하를 뜻한다.

60 **A폐수의 부유물질 측정을 위한 실험결과가 다음과 같을 때 부유물질의 농도는?**

- 시료 여과 전의 유리섬유여지의 무게 : 42.6645g
- 시료 여과 후의 유리섬유여지의 무게 : 42.6812g
- 시료의 양 : 100mL

① 0.167mg/L

② 1.67mg/L

③ 16.7mg/L

④ 167mg/L

해설

ES 04303.1b 부유물질

$$부유물질(mg/L) = (b-a) \times \frac{1,000}{V}$$

여기서, a : 시료 여과 전의 유리섬유여지 무게(mg)

b : 시료 여과 후의 유리섬유여지 무게(mg)

V : 시료의 양(mL)

$$\therefore 부유물질 = (42.6812g - 42.6645g) \times \frac{10^3 mg}{1g} \times \frac{1,000}{100mL} = 167mg/L$$

제4과목 | 수질환경관계법규

61 **물환경보전법에서 정하는 기술인력, 환경기술인, 기술요원 등의 교육에 관한 설명으로 틀린 것은?**

① 교육기관은 국립환경인재개발원과 환경보전협회이다.

② 최초 교육 후 3년마다 실시하는 보수교육을 받게 하여야 한다.

③ 지방환경청장은 당해 지역 교육계획을 매년 1월 31일까지 환경부장관에게 보고하여야 한다.

④ 시·도지사는 관할구역의 교육대상자를 선발하여 그 명단을 교육과정 개시 15일 전까지 교육기관의 장에게 통보하여야 한다.

해설

물환경보전법 시행규칙 제95조(교육계획)

교육기관의 장은 다음 해의 교육계획을 교육과정별로 매년 11월 30일까지 환경부장관에게 제출하여 승인을 받아야 한다.

62 **기타 수질오염원 대상에 해당되지 않는 것은?**

① 골프장

② 수산물 양식시설

③ 농축수산물 수송시설

④ 운수장비 정비 또는 폐차장 시설

해설

물환경보전법 시행규칙 [별표 1] 기타 수질오염원

- 수산물 양식시설
- 골프장
- 운수장비 정비 또는 폐차장 시설
- 농축수산물 단순가공시설
- 사진 처리 또는 X-Ray 시설
- 금은판매점의 세공시설이나 안경원
- 복합물류터미널 시설
- 거점소독시설

정답 59 ④ 60 ④ 61 ③ 62 ③

63 수질 및 수생태계 환경기준 중 사람의 건강보호 기준에서 검출되어서는 안 되는 항목은?(단, 하천 기준이다)

① 카드뮴 ② 수 은
③ 벤 젠 ④ 사염화탄소

해설

환경정책기본법 시행령 [별표 1] 환경기준
수질 및 수생태계–하천–사람의 건강보호 기준
- 카드뮴 : 0.005mg/L 이하
- 수은 : 검출되어서는 안 됨(검출한계 0.001mg/L)
- 벤젠 : 0.01mg/L 이하
- 사염화탄소 : 0.004mg/L 이하

64 시장 · 군수 · 구청장이 낚시금지구역 또는 낚시제한구역을 지정하려는 경우 고려하여야 할 사항이 아닌 것은?

① 서식 어류의 종류 및 양 등 수중생태계의 현황
② 낚시터 발생 쓰레기의 환경영향평가
③ 연도별 낚시 인구의 현황
④ 수질오염도

해설

물환경보전법 시행령 제27조(낚시금지구역 또는 낚시제한구역의 지정 등)
시장 · 군수 · 구청장은 낚시금지구역 또는 낚시제한구역을 지정하려는 경우에는 다음의 사항을 고려하여야 한다.
- 용수의 목적
- 오염원 현황
- 수질오염도
- 낚시터 인근에서의 쓰레기 발생 현황 및 처리 여건
- 연도별 낚시 인구의 현황
- 서식 어류의 종류 및 양 등 수중생태계의 현황

65 폐수처리업에 종사하는 기술요원의 폐수처리기술요원과정의 교육기간은?

① 8시간(1일) 이내
② 2일 이내
③ 4일 이내
④ 6일 이내

해설

물환경보전법 시행규칙 제94조(교육과정의 종류 및 기간)
폐수처리업에 종사하는 기술요원의 교육과정의 교육기간은 4일 이내로 한다. 다만, 정보통신매체를 이용하여 원격교육을 실시하는 경우에는 환경부장관이 인정하는 기간으로 한다.

66 배출부과금을 부과할 때 고려하여야 하는 사항에 해당되지 않는 것은?

① 배출시설 규모
② 배출허용기준 초과 여부
③ 수질오염물질의 배출기간
④ 배출되는 수질오염물질의 종류

해설

물환경보전법 제41조(배출부과금)
배출부과금을 부과할 때에는 다음의 사항을 고려하여야 한다.
- 배출허용기준 초과 여부
- 배출되는 수질오염물질의 종류
- 수질오염물질의 배출기간
- 수질오염물질의 배출량
- 자가측정 여부
- 그 밖에 수질환경의 오염 또는 개선과 관련되는 사항으로서 환경부령으로 정하는 사항

63 ② 64 ② 65 ③ 66 ① 정답

67 위임업무 보고사항 중 보고 횟수가 다른 것은?

① 배출업소의 지도·점검 및 행정처분 실적
② 배출부과금 부과 실적
③ 과징금 부과 실적
④ 비점오염원의 설치신고 및 방지시설 설치 현황 및 행정처분 현황

해설
①·②·④는 연 4회, ③은 연 2회이다.
※ 물환경보전법 시행규칙 [별표 23] 위임업무 보고사항

68 1일 폐수배출량 2천m^3 미만인 '나지역'에 위치한 폐수배출시설의 총유기탄소량(mg/L) 배출허용기준으로 옳은 것은?(단, 2020년 1월 1일부터 적용되는 기준으로 한다)

① 20 이하
② 30 이하
③ 50 이하
④ 75 이하

해설
물환경보전법 시행규칙 [별표 13] 수질오염물질의 배출허용기준
1일 폐수배출량 2천m^3 미만인 나지역의 배출허용기준(2020년 1월 1일부터 적용되는 기준)
- 생물화학적 산소요구량(mg/L) : 120 이하
- 총유기탄소량(mg/L) : 75 이하
- 부유물질량(mg/L) : 120 이하

69 폐수 수탁처리 영업을 하려는 자의 준수사항으로 틀린 것은?

① 처리가 어렵거나 처리능력을 초과하는 경우에는 폐수를 수탁받지 아니할 것
② 처리능력이나 용량 미만의 시설을 설치하거나 운영하지 아니할 것
③ 등록한 사항 중 환경부령이 정하는 중요사항을 변경하는 때에는 시장·군수에게 등록할 것
④ 기술능력·시설 및 장비 등을 항상 유지·점검하여 폐수처리업의 적정 운영에 지장이 없도록 할 것

해설
물환경보전법 제62조(폐수처리업의 허가)
폐수처리업의 허가를 받은 자는 다음의 사항을 준수하여야 한다.
- 자신의 폐수처리시설에서 처리가 어렵거나 처리능력을 초과하는 경우에는 폐수를 수탁받지 아니할 것
- 기술능력·시설 및 장비 등을 항상 유지·점검하여 폐수처리업의 적정 운영에 지장이 없도록 할 것
- 환경부령으로 정하는 처리능력이나 용량 미만의 시설을 설치하거나 운영하지 아니할 것
- 수탁받은 폐수를 다른 폐수처리업자에게 위탁하여 처리하지 아니할 것. 다만, 사고 등으로 정상처리가 불가능하여 환경부령으로 정하는 기간 동안 폐수가 방치되는 경우는 제외한다.
- 수탁받은 폐수를 다른 폐수와 혼합하여 처리하려는 경우 환경부령으로 정하는 바에 따라 폐수 간 반응여부 등을 확인할 것
- 그 밖에 수탁폐수의 적정한 처리를 위하여 환경부령으로 정하는 사항

70 다음 중 특정수질유해물질이 아닌 것은?

① 구리와 그 화합물
② 바륨화합물
③ 수은과 그 화합물
④ 시안화합물

해설
물환경보전법 시행규칙 [별표 3] 특정수질유해물질

정답 67 ③ 68 ④ 69 ③ 70 ②

71 폐수무방류배출시설을 설치·운영하는 사업자가 규정에 의한 관계 공무원의 출입·검사를 거부·방해 또는 기피한 경우의 벌칙기준은?

① 1년 이하의 징역 또는 1천만원 이하의 벌금에 처한다.

② 1년 이하의 징역 또는 500만원 이하의 벌금에 처한다.

③ 500만원 이하의 벌금에 처한다.

④ 300만원 이하의 벌금에 처한다.

해설

물환경보전법 제78조(벌칙)
규정에 따른 관계 공무원의 출입·검사를 거부·방해 또는 기피한 폐수무방류배출시설을 설치·운영하는 사업자는 1년 이하의 징역 또는 1천만원 이하의 벌금에 처한다.

72 공공폐수처리시설의 방류수 수질기준(mg/L) 중 BOD, TOC, SS 각각의 농도 기준은?(단, Ⅰ지역, 2020.1.1 이후)

① 10 이하, 15 이하, 10 이하

② 10 이하, 15 이하, 20 이하

③ 20 이하, 10 이하, 20 이하

④ 20 이하, 20 이하, 30 이하

해설

물환경보전법 시행규칙 [별표 10] 공공폐수처리시설의 방류수 수질기준

Ⅰ지역 수질기준(2020년 1월 1일부터 적용되는 기준)

- 생물화학적 산소요구량(BOD)(mg/L) : 10(10) 이하
- 총유기탄소량(TOC)(mg/L) : 15(25) 이하
- 부유물질(SS)(mg/L) : 10(10) 이하
- 총질소(T-N)(mg/L) : 20(20) 이하
- 총인(T-P)(mg/L) : 0.2(0.2) 이하
- 총대장균군수(개/mL) : 3,000(3,000) 이하
- 생태독성(TU) : 1(1) 이하

73 수질오염감시경보에 관한 내용으로 측정항목별 측정값이 관심단계 이하로 낮아진 경우의 수질오염감시경보단계는?

① 경 계 ② 주 의

③ 해 제 ④ 관 찰

해설

물환경보전법 시행령 [별표 3] 수질오염경보의 종류별 경보단계 및 그 단계별 발령·해제기준
해제 : 측정항목별 측정값이 관심단계 이하로 낮아진 경우

74 오염총량초과과징금의 납부통지는 부과 사유가 발생한 날부터 며칠 이내에 하여야 하는가?

① 15일

② 30일

③ 60일

④ 90일

해설

물환경보전법 시행령 제11조(오염총량초과과징금의 납부통지)
오염총량초과과징금의 납부통지는 부과 사유가 발생한 날부터 60일 이내에 하여야 한다.

71 ① 72 ① 73 ③ 74 ③ 정답

75 시·도지사가 희석하여야만 오염물질의 처리가 가능하다고 인정할 수 있는 경우로 틀린 것은?

① 폐수의 염분 농도가 높아 원래의 상태로는 생물화학적 처리가 어려운 경우
② 폐수의 유기물 농도가 높아 원래의 상태로는 생물화학적 처리가 어려운 경우
③ 폐수의 중금속 농도가 높아 원래의 상태로는 화학적 처리가 어려운 경우
④ 폭발의 위험 등이 있어 원래의 상태로는 화학적 처리가 어려운 경우

해설

물환경보전법 시행규칙 제48조(수질오염물질 희석처리의 인정 등)
시·도지사가 희석하여야만 수질오염물질의 처리가 가능하다고 인정할 수 있는 경우는 다음의 어느 하나에 해당하여 수질오염방지공법상 희석하여야만 수질오염물질의 처리가 가능한 경우를 말한다.
- 폐수의 염분이나 유기물의 농도가 높아 원래의 상태로는 생물화학적 처리가 어려운 경우
- 폭발의 위험 등이 있어 원래의 상태로는 화학적 처리가 어려운 경우

76 국가 물환경관리기본계획에 따라 대권역별로 대권역 물환경관리계획을 몇 년마다 수립하여야 하는가?

① 5년
② 7년
③ 10년
④ 20년

해설

물환경보전법 제24조(대권역 물환경관리계획의 수립)
유역환경청장은 국가 물환경관리기본계획에 따라 대권역별로 대권역 물환경관리계획을 10년마다 수립하여야 한다.

77 조업정지처분에 갈음하여 과징금을 부여할 수 있는 사업장으로 틀린 것은?

① 발전소의 발전설비
② 의료기관의 배출시설
③ 학교의 배출시설
④ 공공기관의 배출시설

해설

물환경보전법 제43조(과징금 처분)
환경부장관은 다음의 어느 하나에 해당하는 배출시설(폐수무방류배출시설은 제외한다)을 설치·운영하는 사업자에 대하여 조업정지를 명하여야 하는 경우로서 그 조업정지가 주민의 생활, 대외적인 신용, 고용, 물가 등 국민경제 또는 그 밖의 공익에 현저한 지장을 줄 우려가 있다고 인정되는 경우에는 조업정지처분을 갈음하여 매출액에 100분의 5를 곱한 금액을 초과하지 아니하는 범위에서 과징금을 부과할 수 있다.
- 의료법에 따른 의료기관의 배출시설
- 발전소의 발전설비
- 초·중등교육법 및 고등교육법에 따른 학교의 배출시설
- 제조업의 배출시설
- 그 밖에 대통령령으로 정하는 배출시설

78 사업장 규모에 따른 종별 구분이 잘못된 것은?

① 1일 폐수배출량 5,000m^3 – 제1종 사업장
② 1일 폐수배출량 1,500m^3 – 제2종 사업장
③ 1일 폐수배출량 800m^3 – 제3종 사업장
④ 1일 폐수배출량 150m^3 – 제4종 사업장

해설

물환경보전법 시행령 [별표 13] 사업장의 규모별 구분
제3종 사업장 : 1일 폐수배출량이 200m^3 이상, 700m^3 미만인 사업장

정답 75 ③ 76 ③ 77 ④ 78 ③

79 호소수 이용 상황 등의 조사·측정에 관한 내용으로 다음 빈칸에 들어갈 말로 옳은 것은?

> 환경부장관은 1일 ( ) 이상의 원수(原水)를 취수하는 호소에 대해 물환경을 보전할 필요가 있는 호소로 지정·고시하고, 그 호소의 물환경을 정기적으로 조사·측정 및 분석하여야 한다.

① 10만ton ② 20만ton
③ 30만ton ④ 50만ton

해설

물환경보전법 시행령 제30조(호소수 이용 상황 등의 조사·측정 및 분석 등)

환경부장관은 다음의 어느 하나에 해당하는 호소로서 물환경을 보전할 필요가 있는 호소를 지정·고시하고, 그 호소의 물환경을 정기적으로 조사·측정 및 분석하여야 한다.

- 1일 30만ton 이상의 원수를 취수하는 호소
- 동식물의 서식지·도래지이거나 생물다양성이 풍부하여 특별히 보전할 필요가 있다고 인정되는 호소
- 수질오염이 심하여 특별한 관리가 필요하다고 인정되는 호소

80 배출시설의 설치허가를 받아야 하는 경우가 아닌 것은?

① 특정수질유해물질이 환경부령으로 정하는 기준 이상으로 발생되는 배출시설
② 특별대책지역에 설치하는 배출시설
③ 상수원보호구역으로부터 상류로 10km 이내에 설치하는 배출시설
④ 특정수질유해물질이 발생되지 아니하더라도 배출되는 폐수를 폐수종말처리시설에 유입시키는 경우

해설

물환경보전법 시행령 제31조(설치허가 및 신고 대상 폐수배출시설의 범위 등)

설치허가를 받아야 하는 폐수배출시설은 다음과 같다.

- 특정수질유해물질이 환경부령으로 정하는 기준 이상으로 배출되는 배출시설
- 특별대책지역에 설치하는 배출시설
- 환경부장관이 고시하는 배출시설 설치제한지역에 설치하는 배출시설
- 상수원보호구역에 설치하거나 그 경계구역으로부터 상류로 유하거리 10km 이내에 설치하는 배출시설
- 상수원보호구역이 지정되지 아니한 지역 중 상수원 취수시설이 있는 지역의 경우에는 취수시설로부터 상류로 유하거리 15km 이내에 설치하는 배출시설
- 설치신고를 한 배출시설로서 원료·부원료·제조공법 등이 변경되어 특정수질유해물질이 규정에 따른 기준 이상으로 새로 배출되는 배출시설

79 ③ 80 ④ 정답

참고문헌 및 자료

◉ 수질오염개론

수질화학, 양운진 역, 신광문화사, 2001
환경공학, 조영일 외 공역, 동화기술, 1998
수질관리학, 박석순 저, 도서출판 해치, 2009
상하수도용어집, 한국상하수도협회, 2007
수질환경기사・산업기사, 신동성, 조희경 공저, 동화기술, 2008
수질환경기사・산업기사, 이승원 외, 성안당, 2010

◉ 상하수도계획

상수도시설기준, 한국상하수도협회, 2004
하수도시설기준, 한국상하수도협회, 2005
상수도공학, 김동하 외 공저, 사이텍미디어, 2004
하수도공학, 김성홍 외 공저, 동화기술, 2002

◉ 수질오염방지기술

하수도시설기준, 한국상하수도협회, 2005
폐수처리공학, 김동민 외 공저, 동화기술, 2001
폐수처리공학, 고광백 외 공역, 동화기술, 2000
수질환경기사・산업기사, 신동성, 조희경 공저, 동화기술, 2008
수질환경기사・산업기사, 이승원 외, 성안당, 2010

◉ 수질오염공정시험기준

수질오염공정시험기준, 국립환경과학원

◉ 수질환경관계법규

환경정책기본법
물환경보전법

우리 인생의 가장 큰 영광은 결코 넘어지지 않는 데 있는 것이 아니라

넘어질 때마다 일어서는 데 있다.

– 넬슨 만델라 –

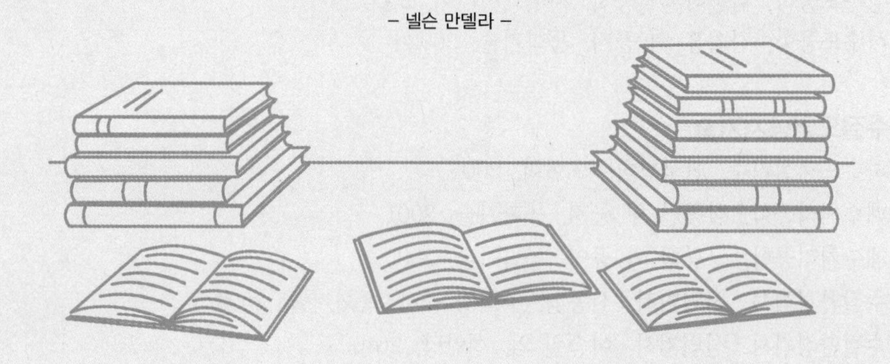

얼마나 많은 사람들이 책 한권을 읽음으로써

인생에 새로운 전기를 맞이했던가.

– 헨리 데이비드 소로 –

교육은 우리 자신의 무지를 점차 발견해 가는 과정이다.

– 윌 듀란트 –

Win-Q 수질환경기사 · 산업기사 필기

개정12판1쇄 발행	2024년 05월 10일 (인쇄 2024년 03월 29일)
초 판 발 행	2011년 06월 15일 (인쇄 2011년 04월 25일)
발 행 인	박영일
책 임 편 집	이해욱
편 저	문진영
편 집 진 행	윤진영, 김미애
표지디자인	권은경, 길전홍선
편집디자인	정경일, 박동진
발 행 처	(주)시대고시기획
출 판 등 록	제10-1521호
주 소	서울시 마포구 큰우물로 75 [도화동 538 성지 B/D] 9F
전 화	1600-3600
팩 스	02-701-8823
홈 페 이 지	www.sdedu.co.kr

I S B N	979-11-383-6962-6(13530)
정 가	32,000원